BEBIDAS ALCOÓLICAS

CIÊNCIA E TECNOLOGIA

Blucher

Waldemar Gastoni Venturini Filho
Coordenador

BEBIDAS ALCOÓLICAS

CIÊNCIA E TECNOLOGIA

Volume 1

2ª edição

Esta obra tem o apoio cultural da:

Fundação de Estudos e Pesquisas
Agrícolas e Florestais

www.fepaf.org.br

Fundação de Estudos Agrários
Luiz de Queiroz

www.fealq.org.br

Centro Universitário de Lavras

www.unilavras.edu.br

Bebidas alcoólicas: ciência e tecnologia
© 2016 Waldemar Gastoni Venturini Filho
1ª edição – 2010
2ª edição – 2016
2ª reimpressão – 2019
Editora Edgard Blücher Ltda.

Blucher

Rua Pedroso Alvarenga, 1245, 4º andar
04531-934 – São Paulo – SP – Brasil
Tel.: 55 11 3078-5366
contato@blucher.com.br
www.blucher.com.br

Segundo o Novo Acordo Ortográfico, conforme 5. ed.
do *Vocabulário Ortográfico da Língua Portuguesa*,
Academia Brasileira de Letras, março de 2009.

É proibida a reprodução total ou parcial por quaisquer meios
sem autorização escrita da editora.

Todos os direitos reservados pela Editora Edgard Blücher Ltda.

Dados Internacionais de Catalogação na Publicação (CIP)
Angélica Ilacqua CRB-8/7057

Bebidas alcoólicas : ciência e tecnologia /
coordenado por Waldemar Gastoni Venturini
Filho. – 2. ed. – São Paulo : Blucher, 2016.
576 p.

Bibliografia
ISBN 978-85-212-0955-3

1. Bebidas – Brasil 2. Bebidas alcoólicas – Processo
de fabricação 3. Indústria de bebidas – Brasil –
Tecnologia I. Venturini Filho, Waldemar Gastoni.

15-0993 CDD-663.10981

Índice para catálogo sistemático :
1. Bebidas alcoólicas

Prefácio da 2ª edição

Conhecereis a verdade e a verdade vos libertará.
João 8.32

Quando começa a chegar o tempo da nossa aposentadoria, quando começamos a contar os anos que faltam para encerrar nossa carreira, começamos a fazer um balanço do que fizemos no plano profissional. O retrospecto da nossa vida acadêmica pode trazer alguns desconfortos e alguns contentamentos. Desconforto pelo que não fizemos, pelo que não fomos capazes de fazer e pelos erros cometidos. Contentamento pelos acertos.

A publicação do livro *Tecnologia de bebidas* em 2005 e da série Bebidas, em 2010 e 2011, pela Editora Blucher é para mim motivo de contentamento. Fico feliz pelo fato de ter conseguido sensibilizar mais de uma centena de autores, especialistas nos mais diversos tipos de bebidas alcoólicas e não alcoólicas, para escreverem capítulos para esta série. É motivo também de contentamento o fato de este projeto editorial ter sido realizado com a Editora Blucher, que sempre cuidou muito bem da qualidade gráfica dos nossos livros. A conquista do Prêmio Jabuti (segundo lugar na área de Ciências Exatas, Tecnologia e Informática) em 2011 com o livro *Bebidas alcoólicas* foi o coroamento desse processo de sinergia entre autores, coordenador e Editora.

Em sua primeira edição, o livro *Bebidas alcoólicas* contou com 23 capítulos e 33 autores que escreveram 461 páginas editadas. Na segunda edição, este livro contará com 28 capítulos que foram redigidos por 48 autores. Como, neste momento, este volume está sendo editado, não é possível informar o número exato de páginas que certamente ultrapassará as 500.

Considerando a série Bebidas, a primeira edição foi publicada em três volumes, com 69 capítulos, 1382 páginas editadas e 118 autores. Na segunda edição, o número de volumes será o mesmo, o de capítulos deverá passar dos 80, o de autores estará em torno de 150 e o de páginas deverá ultrapassar as 1500. Esses números são estimativas já que o volume 3 (*Indústria de bebidas*) está em fase de preparação de sua segunda edição. A obra está ficando grande no tamanho e na qualidade e temos (coordenador, autores e Editora) o desafio de mantê-la em crescimento no decorrer do tempo. Para que este projeto editorial tenha vida longa, precisarei passar o bastão para novos coordenadores que possam dar continuidade ao trabalho.

Gostaria de aproveitar este momento para agradecer algumas pessoas que contribuíram diretamente para a criação e crescimento desta série. Em primeiro lugar, o Prof. Urgel de Almeida Lima (Esalq/USP), mestre e professor, pelos seus ensinamentos técnicos e éticos; com ele aprendi o valor da tolerância.

O Prof. João Batista de Almeida e Silva (EEL/USP), responsável pela internacionalização da série Bebidas, em função da sua rede de contatos no exterior; com ele aprendi a importância do trabalho colaborativo. Na Editora Blucher, a Cleide, o Angelini e o Eduardo, pelo profissionalismo e coleguismo; com eles aprendi a importância do respeito nas relações interpessoais. Por fim, agradeço a todos os autores, pois sem eles esta obra seria impossível; agradecimento especial àqueles que, na segunda edição, fizeram as devidas correções e atualizações de seus textos.

Para o leitor, profissional ou estudante, deixo a mensagem de que tem em mãos uma obra de boa qualidade técnica e gráfica, uma excelente introdução ao mundo da tecnologia das bebidas. Boa leitura!

Botucatu, 23 de agosto de 2015.

Waldemar Venturini
Coordenador

Prefácio da 1ª edição

Este livro faz parte da série Bebidas (Volume 1: *Bebidas alcoólicas: ciência e tecnologia*; Volume 2: *Bebidas não alcoólicas: ciência e tecnologia*; Volume 3: *Indústria de bebidas: inovação, gestão e produção*). Esta trilogia é resultado do esforço coletivo de 99 autores de nove nacionalidades (Brasil, Costa Rica, Cuba, México, Peru, Uruguai, Irlanda, Portugal e República Tcheca) que escrevem os 74 capítulos previstos. Os 42 capítulos dos volumes 1 e 2 já foram redigidos e entregues na Editora Blucher para sua editoração. Neste momento, trabalhamos na viabilização dos 32 capítulos do volume 3.

A série Bebidas constitue-se em um desdobramento natural do livro *Tecnologia de bebidas*, publicado pela Editora Blucher em 2005.

Dos 23 capítulos que compõem o volume 1, 11 são referentes às bebidas fermentadas, nove abordam as bebidas destiladas, dois descrevem as bebidas obtidas por mistura e há um capítulo sobre bebidas retificadas. Há três capítulos sobre cerveja e cinco sobre vinho. Neste volume, dez capítulos referem-se a bebidas obtidas a partir da uva.

No volume 2, há 19 capítulos, sendo nove sobre sucos de frutas e bebidas correlatas e outros dez sobre água (de coco e mineral), bebidas isotônicas, à base de soja, lácteas, estimulantes, cajuína, refrigerante e aquelas regionais produzidas na Amazônia e nos Cerrados.

O volume 3 é uma novidade proposta pelo editor Eduardo Blücher, que nos sugeriu um volume sobre a gestão na indústria de bebidas. Com o apoio de colegas dessa área, neste momento, o volume está em processo avançado de execução e deverá ser publicado um pouco mais tarde em relação aos dois primeiros. Esse volume foi dividido em três partes: 1) aspectos da produção, com 11 capítulos; 2) gestão de processos e produtos, com 14 capítulos; 3) novas tecnologias e novos produtos, com sete capítulos.

Pela sua característica, esta trilogia deverá crescer continuamente em quantidade de informação com a incorporação de novos capítulos, uma vez que há lacunas a serem preenchidas nos três volumes. Crescerá também em qualidade, já que os autores incrementam sua capacitação a cada ano de trabalho.

Merece destaque o processo de internacionalização que ocorreu nos volumes 1 e 3. Temos a participação de autores latino-americanos e europeus. Eles foram responsáveis, em parceria ou não com autores brasileiros, pelos capítulos sobre cerveja, uísque, pisco, tequila, rum, embalagens e novas tecnologias. O mentor deste processo foi o Prof. João Batista de Almeida e Silva, da Escola de Engenharia de Lorena – USP, que mantém vários convênios internacionais, facilitando o ingresso dos autores estrangeiros no projeto desta série.

2009 é o ano do octogésimo aniversário do Prof. Urgel de Almeida Lima, aposentado da Escola Superior de Agricultura Luiz de Queiroz – USP, que formou várias gerações de professores e pesquisadores brasileiros. Ele dedicou sua vida profissional à Tecnologia de Alimentos e Bebidas, sendo autor de dois capítulos (Bebidas Estimulantes e Licor) dos dois primeiros volumes, devendo ter participação em outros do volume 3. Em nome de todos os autores, gostaríamos de parabenizá-lo.

Gostaríamos de agradecer a todos os autores que confiaram seus esforços no trabalho do coordenador. Esta Série só existe em função deles. Agradecemos também àqueles que nos ajudaram a selecionar autores para os capítulos cujos assuntos não nos eram familiares, aos que nos auxiliaram na organização do volume 3 e também àqueles de aceitaram em trabalhar em parceria.

Nossos agradecimentos também ao editor Eduardo Blücher por nos ter desafiado a criar o volume 3 que não estava nos planos originais deste projeto. Esse volume nos obrigou a alargar o nosso campo de visão, a sair do mundo da tecnologia para aventurarmos por outras áreas desconhecidas, mas tão importantes quanto à primeira para a viabilização da produção industrial de bebidas. Agradecemos a toda equipe da Editora Blucher pelo carinho e profissionalismo com que tem nos recebido.

Lembramos que o trabalho meticuloso de correção das bibliografias dos capítulos foi feito pelas bibliotecárias Célia Regina Inoue e Janaína Celoto Guerrero, ambas da biblioteca da Faculdade de Ciências Agronômicas da Unesp, Campus de Botucatu. Todos os autores lhes são gratos.

Cabe destacar que algumas fundações universitárias apoiaram financeiramente a série Bebidas (Fepaf/FCA/Unesp, Fealq/Esalq/USP e FEL/Unilavras) e outras deverão apoiar, pois este processo ainda está em andamento, na presente data. Nossos agradecimentos aos autores (Prof. Urgel de Almeida Lima da Esalq/USP, Profª Maura Seiko Tsutsui Esperancini da FCA/Unesp e Prof. Disney Ribeiro Dias da Unilavras) que conseguiram apoio junto a suas fundações, bem como aos seus diretores.

Por fim, temos a certeza de que o leitor tem em mãos livros de boa qualidade que foram escritos por especialistas de cada área abordada. Que ele esteja certo de que não há no mercado editorial brasileiro qualquer obra equiparável a esta, em termos de abrangência de conteúdos e qualidade de informações.

Botucatu, 23 de agosto de 2009.

Waldemar Venturini
Coordenador

Sobre os autores

ACIR MORENO SOARES JÚNIOR

Universidade Estadual do Rio de Janeiro, Instituto Politécnico – Rua Bonfim n. 25, CEP 28625-570, Nova Friburgo, RJ

acir@soledade.com

ALESSANDRO NOGUEIRA

Universidade Estadual de Ponta Grossa, Departamento de Engenharia de Alimentos – Avenida General Carlos Cavalcanti n. 4748, Campus de Uvaranas, CEP 84030-900, Ponta Grossa, PR

alessandronog@yahoo.com.br

ALEXANDRE SOARES DOS SANTOS

Universidade Federal dos Vales do Jequitinhonha e Mucuri, Campus JK – Rodovia MGT 367, Km 583, n. 5000, Alto da Jacuba, CEP 39100-000, Diamantina, MG

alexandre.soares@ufvjm.edu.br

ALINE MARQUES BOTOLETTO

Universidade de São Paulo, Escola Superior de Agricultura Luiz de Queiroz – Av. Pádua Dias n. 11, Caixa postal 9, CEP 13418-900, Piracicaba, SP

aline.bortoletto@usp.br

ANDRÉ RICARDO ALCARDE

Universidade de São Paulo, Escola Superior de Agricultura Luiz de Queiroz – Av. Pádua Dias n. 11, Caixa postal 9, CEP 13418-900, Piracicaba, SP

aralcard@esalq.usp.br

BEATRIZ HATTA

Facultad de Industrias Alimentarias, Universidad Nacional Agraria La Molina – Av. La Molina s/n La Molina, Apartado 12056 Lima 12 Peru

bhs@lamolina.edu.pe

CARLOS AUGUSTO ROSA
Universidade Federal de Minas Gerais, Instituto de Ciências Biológicas, Departamento de Microbiologia – Av. Antônio Carlos, 6627, Pampulha, C.P. 486, CEP 31270-901, Belo Horizonte, MG
carlrosa@mono.icb.ufmg.br

CELITO CRIVELLARO GUERRA
Embrapa Uva e Vinho – Caixa postal 130, CEP 95700-000, Bento Gonçalves, RS
celito.guerra@embrapa.br

CÍNTIA LACERDA RAMOS
Universidade Federal de Lavras, Departamento de Biologia – Caixa postal 3037, CEP 37200-000, Lavras, MG
cintialramos@yahoo.com.br

CLAUDIA CRISTINA AULER DO AMARAL SANTOS
Universidade Federal de Lavras, Departamento de Biologia – Caixa postal 3037, CEP 37200-000, Lavras, MG
claudiauler@yahoo.com.br

DANIEL PEREIRA DA SILVA
Universidade Federal de Sergipe, Departamento de Engenharia de Produção – Av. Murilo Dantas n. 300, Prédio do ITP, CEP 49032-490, Aracaju, SE
silvadp@hotmail.com

DANIELA BARNABÉ
Laboratório Randon – Rua Ênio da Silva Marques n. 102, CEP 95012-344, Caxias do Sul, RS
daniela@labran.com.br

DISNEY RIBEIRO DIAS
Universidade Federal de Lavras, Departamento de Ciência dos Alimentos – Caixa postal 3037, CEP 37200-000, Lavras, MG
diasdr@dca.ufla.br

ELDIR GONZE DE OLIVEIRA
Centro Federal de Educação Tecnológica – Rua Sete de Setembro n. 808, CEP 95680-000, Canela, RS
eldirenologia@hotmail.com

EMILIO HECHAVARRÍA FERNÁNDEZ
Cuba Ron S.A.- Edificio E-17. Apto. 24. Zona 10 Alamar. Habana del Este. C.P. 12500. Ciudad La Habana Cuba
pilarhs@cubarte.cult.cu

ENRICO BERTI
Consultor – Rua Joaquim José Esteves n. 60 Apto. 22, CEP 04740-000 Alto da Boa Vista, São Paulo, SP
enrico.berti@hotmail.com

ENRIQUE JAVIER CARVAJAL BARRIGA
Pontificia Universidad Católica del Ecuador – Av. 12 de Octubre 1076 y Roca, Quito, Equador, Postal: 17-01-2184
EJCARVAJAL@puce.edu.ec

FERNANDA BARBOSA PILÓ
Universidade Federal de Minas Gerais, Instituto de Ciências Biológicas, Departamento de Microbiologia – Av. Antônio Carlos n. 6627, Pampulha, C.P. 486, CEP 31270-901, Belo Horizonte, MG
fernanda_pilo@yahoo.com

GILMAR PEDRUCCI

Bacardi-Martini do Brasil – Rua Martini n. 292, CEP 09623-030, São Bernardo do Campo, SP

gpedrucci@bacardi.com

GILVAN WOSIACKI

Universidade Estadual de Ponta Grossa, Pró-Reitoria de Pesquisa e Pós-Graduação. Programa de Pós-Graduação *stricto sensu*. Ciência e Tecnologia de Alimentos. Avenida General Carlos Cavalcanti n. 4748, Campus de Uvaranas, CEP 84030-900, Ponta Grossa, PR

wosiacki@uol.com.br

GIULIANO MARCELO DRAGONE MELNIKOV

Universidade do Minho, Instituto de Biotecnologia e Bioengenharia, Departamento de Engenharia Biológica, Campus Gualtar, 4710-057 Braga, Portugal

gdragone@deb.uminho.pt

JOÃO BATISTA DE ALMEIDA E SILVA

Universidade de São Paulo, Escola de Engenharia de Lorena – Rodovia Itajubá-Lorena, km 74,5, CEP 12600-970, Lorena, SP

joaobatista@debiq.eel.usp.br

JOÃO BOSCO FARIA

Universidade Estadual Paulista, Faculdade de Ciências Farmacêuticas, Departamento de Alimentos e Nutrição – Rodovia Araraquara / Jaú, km 1, Caixa postal 502, CEP 14801-902, Araraquara, SP

fariajb@fcfar.unesp.br

JOSÉ ANTÓNIO COUTO TEIXEIRA

Universidade do Minho, Instituto de Biotecnologia e Bioengenharia, Departamento de Engenharia Biológica, Campus Gualtar, 4710-057 Braga, Portugal

jateixeira@deb.uminho.pt

JOSÉ IGNACIO DEL REAL LABORDE

Tequila Sauza, S. de R. L. de C.V. – Av. Vallarta 6503 local 49, Zona E CentroComercial Concentro, Zapopan Jalisco 45010, México

ignacio.delreal@beamglobal.com

JÚLIO MENEGUZZO

Instituto Federal Rio Grande do Sul – Avenida Osvaldo Aranha n. 540, CEP 95700-000 – Bento Gonçalves, RS

juliomeneguzzo@yahoo.com.br

LÍLIAN PANTOJA

Universidade Federal dos Vales do Jequitinhonha e Mucuri, Campus I, Prédio 2, Sala 48 – Rua da Glória n. 187, CEP 39100-000, Diamantina, MG

l.pantoja@ict.ufvjm.edu.br

LÍVIA DE LACERDA DE OLIVEIRA PINELI

Universidade de Brasília, Campus Darcy Ribeiro, Faculdade de Saúde, Departamento de Nutrição Humana – SHCES 1405, Bloco I, Ap. 304, CEP 70658-459, Cruzeiro, DF

liviapineli@gmail.com

LUCIANA TREVISAN BRUNELLI

Universidade Estadual Paulista, Faculdade de Ciências Agronômicas, Laboratório de Bebidas – Rua José Barbosa de Barros n. 1780, CEP 18610-307, Botucatu, SP

ltbrunelli@fca.unesp.br

LUIZ ANTENOR RIZZON
Embrapa Uva e Vinho – Rua Livramento n. 515, Caixa postal 130, CEP 95700-000, Bento Gonçalves, RS
rizzon@cnpuv.embrapa.br

MARCELO HENRIQUE BREDA
Cervejaria da Cuesta – Rua Dr. Jorge Tibiriça n. 232, CEP 18602-270, Botucatu, SP
breda@cervejariadacuesta.com.br

MÁRCIA JUSTINO ROSSINI MUTTON
Universidade Estadual Paulista, Faculdade de Ciências Agrárias e Veterinárias, Departamento de Tecnologia – Via de acesso Prof. Paulo Donato Castellane, s/n, CEP 14884-900, Jaboticabal, SP
mjrmut@fcav.unesp.br

MARÍA D. GONZÁLEZ FLÓREZ
Centro de Referencia de Alcoholes y Bebidas (CERALBE) do Instituto Cubano de Investigaciones de los Derivados de la Caña de Azúcar (ICIDCA) – Via Blanca 804 y Carretera Central, Havana-Cuba
ceralbe@icidca.edu.cu

MARNEY PASCOLI CEREDA
Universidade Católica Dom Bosco, Departamento de Biotecnologia, Ciências Ambientais e Sustentabilidade Agropecuária, Av. Tamandaré n. 8000, CEP 79117-900, Jardim Seminários, Campo Grande, MS
cereda@ucdb.br

MIGUEL A. VÁZQUEZ GARCÍA
Centro de Referencia de Alcoholes y Bebidas (CERALBE) do Instituto Cubano de Investigaciones de los Derivados de la Caña de Azúcar (ICIDCA) – Via Blanca 804 y Carretera Central, Havana-Cuba
ceralbe@icidca.edu.cu

MIGUEL ÂNGELO MUTTON
Universidade Estadual Paulista, Faculdade de Ciências Agrárias e Veterinárias, Departamento de Produção Vegetal – Via de acesso Prof. Paulo Donato Castellane, s/n, CEP 14884-900, Jaboticabal, SP
miguel842@terra.com.br

MIGUEL CEDEÑO CRUZ
Consultor independente – Rinconada del Balcon 297, Seccion Balcones, El Palomar, Tlajomulco de Zuñiga, Jalisco, 45643, Mexico
cedenocruz@hotmail.com

RAFAELA NEMER XAVIER ARRUDA
Consultora independente – Rua das Laranjeiras n. 462/703, CEP 22.240-006, Rio de Janeiro, RJ
rafaelanemer@gmail.com

RICARDO DE OLIVEIRA ORSI
Universidade Estadual Paulista – Faculdade de Medicina Veterinária e Zootecnia – Rua José Barbosa de Barros n. 1780, CEP 18610-307, Botucatu, SP
orsi@fmvz.unesp.br

ROSANE FREITAS SCHWAN
Universidade Federal de Lavras, Departamento de Biologia – Caixa postal 3037, CEP 37200-000, Lavras, MG
rschwan@ufla.br

TASSIANA AMÉLIA DE OLIVEIRA E SILVA
Universidade de Taubaté – Rua Madame Curie n. 560, CEP 12606-330, Lorena, SP
tassianaamelia@hotmail.com

TOMÁS BRÁNYIK

Institute of Chemical Technology Prague – Technická 5, 166 28 Prague 6, Czech Republic

tomas.branyik@vscht.cz

URGEL DE ALMEIDA LIMA

Universidade de São Paulo, Escola Superior de Agricultura Luiz de Queiroz – Rua Dr. Paulo Pinto n. 63, CEP 13416-222, Piracicaba, SP

ualima1@gmail.com

VALTER MARZAROTTO

Laboratório Randon Ltda – Rua Ênio da Silva Marques n. 102, CEP 95012-344, Caxias do Sul, RS

valter@labran.com.br

VERÔNICA CORTEZ GINANI

Universidade de Brasília, Faculdade de Saúde, Departamento de Nutrição – SHIN QL 02, conjunto 12, casa 01, Lago Norte, CEP 71510-125, Brasília, DF

vcginani@gmail.com

VITOR HUGO DOS SANTOS BRITO

Universidade Católica Dom Bosco, Departamento de Biotecnologia, Ciências Ambientais e Sustentabilidade Agropecuária, Av. Tamandaré n. 8000, CEP 79117-900, Jardim Seminários, Campo Grande, MS

britovitorhugo@yahoo.com.br

VITOR MANFROI

Universidade Federal do Rio Grande do Sul, Instituto de Ciência e Tecnologia de Alimentos, Laboratório de Enologia e Bebidas – Caixa Postal 15.090, CEP 91.501-970, Porto Alegre, RS

manfroi@ufrgs.br

WALDEMAR GASTONI VENTURINI FILHO

Universidade Estadual Paulista, Faculdade de Ciências Agronômicas – Rua José Barbosa de Barros n. 1780, CEP 18610-307, Botucatu, SP

venturini@fca.unesp.br

Conteúdo

Parte I
Bebidas fermentadas

1. BEBIDAS INDÍGENAS ALCOÓLICAS 25

1.1 Introdução 25
1.2 Matérias-primas 27
1.3 Técnicas de elaboração dos fermentados primitivos 30
1.4 Bebidas fermentadas a partir de amiláceos – as cervejas primitivas 30
1.5 Bebidas fermentadas de frutas 35
1.6 Bebidas de seiva 35
1.7 Os hidroméis 35
Bibliografia 36

2. CAXIRI 39

2.1 Introdução 39
2.2 Matéria-prima 43
2.3 Microbiologia 44
2.4 Processamento 45
Bibliografia 48

3. CERVEJA 51

3.1 Introdução 51
3.2 Matérias-primas 59
3.3 Microbiologia 63
3.4 Processamento 66
3.5 Características organolépticas da cerveja 81
3.6 Cálculos e aplicações práticas da fórmula de Balling 82
Bibliografia 83

4. CERVEJA ARTESANAL 85

4.1 Introdução 85
4.2 Matérias-primas 86
4.3 Estilos de cerveja 91
4.4 Definindo um estilo e montando uma receita de cerveja 93
4.5 Processo de produção 96
4.6 Equipamentos 104
4.7 Serviço da cerveja 107
4.8 Copos 108
4.9 Pratos e harmonizações 109
Bibliografia 111

5. CERVEJA SEM ÁLCOOL 113

5.1 Introdução 113
5.2 Ingredientes e microbiologia aplicada 116
5.3 Processos de obtenção de cervejas sem álcool 116
5.4 Avaliação e qualidade do produto final 126
Bibliografia 127

6. CHICHA 129

6.1 Introdução 129
6.2 Matérias-primas 131
6.3 Microbiologia 132
6.4 Processamento 133
6.5 Armazenamento e conservação 135
Bibliografia 136

7. FERMENTADOS DE FRUTAS 137

7.1 Introdução 137
7.2 Matérias-primas 140
7.3 Microbiologia 141
7.4 Processamento 148
7.5 Conclusões 161
Bibliografia 161

8. HIDROMEL 165

8.1 Introdução 165
8.2 Composição físico-química do hidromel 168
8.3 Matérias-primas 169
8.4 Microbiologia 174
8.5 Processamento 174
8.6 Qualidade do hidromel 178
8.7 Conclusão 178
Bibliografia 179

9. SIDRA 183

9.1	Histórico	183
9.2	Definições e características	183
9.3	Países produtores	185
9.4	Processamento	185
9.5	Defeitos da sidra	208
	Bibliografia	209

10. VINHO BRANCO 213

10.1	Introdução	213
10.2	Cultivares de uva	214
10.3	Sistema tradicional de vinificação em branco	215
10.4	Recepção das uvas	216
10.5	Extração do mosto	217
10.6	Sulfitagem	219
10.7	Enzimagem	220
10.8	Clarificação dos mostos	221
10.9	Condução da fermentação alcoólica	228
10.10	Estabilização e maturação	229
10.11	Engarrafamento	231
	Bibliografia	232

11. VINHO COMPOSTO 235

11.1	Introdução	235
11.2	Matérias-primas	237
11.3	Efeitos medicinais benéficos e adversos	238
11.4	Preparação da matéria-prima e processamento	241
11.5	A preparação do vermute	247
11.6	Guarda e conservação	249
	Bibliografia	249

12. VINHO ESPUMANTE 251

12.1	Introdução	251
12.2	Elaboração do vinho base	252
12.3	Processos de elaboração	252
	Bibliografia	260

13. VINHOS LICOROSOS 261

13.1	Introdução	261
13.2	Características particulares dos principais vinhos licorosos	262
13.3	Características organolépticas dos vinhos licorosos	270
13.4	Sobrematuração e "apassionamento" da uva	272
13.5	Podridão nobre	273
13.6	Tipos de vinhos licorosos, segundo a forma de se elaborar	273

13.7 O uso de leveduras 275

13.8 Estabilização microbiológica 275

13.9 Considerações finais 277

Bibliografia 277

14. VINHO TINTO 279

14.1 Introdução 279

14.2 Tipos de vinhos tintos 279

14.3 Matéria-prima para a elaboração de vinhos tintos 280

14.4 Fatores determinantes da qualidade da uva e do vinho tinto.......... 282

14.5 Composição química de vinhos tintos... 284

14.6 Vinificação 287

14.7 Operações executadas ao longo da vinificação 298

14.8 Principais técnicas alternativas de vinificação em tinto 300

14.9 Problemas tecnológicos mais frequentes na elaboração de vinhos tintos 301

Bibliografia 302

Parte II
Bebidas destiladas

15. AGUARDENTE DE CANA 307

15.1 Introdução 307

15.2 Sistema de produção agrícola da cana-de-açúcar 313

15.3 Moagem.. 323

15.4 Preparo e correção do mosto 327

15.5 Fermento 329

15.6 Fermentação.. 330

15.7 Destilação 336

15.8 Operações finais da produção de aguardentes................................. 344

Bibliografia 345

16. AGUARDENTE DE CANA BIDESTILADA.. 349

16.1 Introdução 349

16.2 Definição.. 349

16.3 Processo de produção.. 350

Bibliografia 358

17. CACHAÇA DE ALAMBIQUE 359

17.1 Introdução 359

17.2 Matéria-prima 360

17.3 Fermentação.. 361

17.4 Destilação 365

17.5 Armazenamento e envelhecimento 367

17.6 Conclusões... 368

Bibliografia 368

18. COGNAC 371

18.1 Introdução 371
18.2 Matérias-primas 374
18.3 Processo de produção 374
Bibliografia 387

19. DESTILADO DE VINHO 389

19.1 Introdução 389
19.2 Principais cultivares de videira para elaboração de destilado de vinho 390
19.3 Elaboração de vinho para destilar 390
19.4 Descrição do destilador *Charantais* 391
19.5 Aspectos práticos da destilação 392
19.6 Papel do cobre na destilação 393
19.7 Destilação do vinho 393
19.8 Principais alterações do destilado de vinho 394
19.9 Redução do grau alcoólico do destilado 395
19.10 O destilado de vinho e a legislação brasileira 395
19.11 Características analíticas do destilado de vinho da serra gaúcha 396
19.12 Envelhecimento do destilado de vinho 397
19.13 Características sensoriais do destilado de vinho 398
Bibliografia 399

20. GRASPA 401

20.1 Introdução 401
20.2 Matéria-prima para elaboração da graspa 402
20.3 Ensilagem do bagaço 402
20.4 Fermentação alcoólica do bagaço doce 403
20.5 Alterações do bagaço 403
20.6 Alambique para obter graspa 404
20.7 Manutenção do alambique 405
20.8 Destilação do bagaço para elaboração da graspa 405
20.9 Rendimento da graspa 406
20.10 Redução do grau alcoólico da graspa 406
20.11 Envelhecimento da graspa 407
20.12 Preparação da graspa para engarrafamento 407
20.13 Características sensoriais da graspa 407
20.14 Alterações da graspa 408
Bibliografia 410

21. PISCO 411

21.1 Introdução 411
21.2 Matérias-primas 413
21.3 Processamento 414
21.4 Características sensoriais e químicas do pisco, que determinam sua qualidade 418
Bibliografia 419

22. RUM 421

22.1 Introdução 421
22.2 Matérias-primas e aditivos 425
22.3 Microbiologia 427
22.4 Processamento 428
Bibliografia 433

23. TEQUILA 435

23.1 Introdução 435
23.2 História 435
23.3 Definições 436
23.4 Matérias-primas 437
23.5 Processo de produção 440
23.6 Estatísticas de produção 459
23.7 Autenticidade 461
23.8 Novas tecnologias 462
Bibliografia 463

24. TIQUIRA 469

24.1 Introdução 469
24.2 Matéria-prima 473
24.3 Processamento da tiquira 475
Bibliografia 486

25. UÍSQUE 489

25.1 Introdução 489
25.2 Matérias-primas 497
25.3 Microbiologia 500
25.4 Processo de produção 501
25.5 Benefícios à saúde 515
Bibliografia 515

Parte III
Bebidas retificadas

26. VODKA E GIN 521

26.1 Introdução 521
26.2 Legislação brasileira para bebidas alcoólicas retificadas 521
26.3 Tipos de bebidas destilo-retificadas 523
26.4 Princípios básicos de destilação e de retificação 523
26.5 Definições 524
26.6 Processo de produção 525
Bibliografia 529

Parte IV
Bebidas obtidas por mistura

27. LICORES 533

27.1	Breve histórico		533
27.2	Legislação		534
27.3	Glossário		534
27.4	Definições e classificação dos licores		536
27.5	Licores naturais		536
27.6	Licores artificiais		536
27.7	Classificação		537
27.8	Licores por destilação		537
27.9	Licores por maceração		538
27.10	Licores por mistura de óleos essenciais ou de essências		539
27.11	Essência e óleos essenciais		539
27.12	Propriedades sensoriais de vegetais		540
27.13	Vinhos amargos		540
27.14	Vinhos de licor		540
27.15	Vinhos aromatizados		540
27.16	Vinhos medicinais		540
27.17	Vermutes		541
27.18	Cordiais		541
27.19	Fabricação de licores artificiais		541
27.20	Matérias-primas		543
27.21	Clarificação dos licores		548
27.22	Matérias aromáticas		550
27.23	Essências		550
27.24	Extração das essências		551
27.25	Matérias corantes		551
27.26	Xaropes compostos		552
27.27	Frutas ao espírito ou frutas em aguardente		552
27.28	Receituário		552
27.29	Licores artificiais não doces		553
27.30	Licores artificiais doces		553
27.31	Licores formulados pelo autor		555
	Bibliografia		557

28. SANGRIA, COOLER E COQUETEL DE VINHO 559

28.1	Introdução		559
28.2	Matéria-prima		567
28.3	Microbiologia		568
28.4	Processamento		569
28.5	Engarrafamento		572
28.6	Guarda e conservação		575
	Bibliografia		575

Parte I

BEBIDAS FERMENTADAS

BEBIDAS INDÍGENAS ALCOÓLICAS

ROSANE FREITAS SCHWAN
CÍNTIA LACERDA RAMOS
CLAUDIA CRISTINA AULER DO AMARAL SANTOS
DISNEY RIBEIRO DIAS

1.1 INTRODUÇÃO

As bebidas alcoólicas são elaboradas e consumidas desde os primórdios da humanidade por diversos povos. Nas culturas indígenas, a "maneira de beber" e "como" ou "quanto beber", tem sido definido pela respectiva etnia. O preparo de diferentes bebidas alcoólicas ocupa um lugar privilegiado em diversas culturas, e geralmente as bebidas estão associadas a cerimônias e rituais religiosos. Para muitos grupos indígenas, as bebidas fermentadas eram ou são usadas para construção da coletividade, para manifestação das atividades constitutivas do grupo social, expressando sensações e valores particulares. Além disso, as bebidas fermentadas fazem parte da dieta e são importante fonte de nutrientes essenciais.

Os nativos brasileiros consumiam, cotidianamente, suas bebidas não alcoólicas e mingaus. Entretanto, o consumo de bebidas alcoólicas é reservado para ocasiões especiais, entre elas as festas de natureza social e/ou mágico-religiosa (como nos nascimentos, atribuição de nomes, casamentos e funerais), na recepção a convidados e visitantes, e nas deliberações sobre guerras e alianças (FERNANDES, 2004). Em algumas etnias, bebidas alcoólicas também estavam presentes na morte dos inimigos em seus rituais antropofágicos. O consumo das bebidas alcoólicas também esteve e está relacionado com a caça, a pesca, colheitas e outras atividades para obtenção de alimentos, podendo durar de algumas horas a muitos dias, geralmente até se exaurir o estoque de bebida.

Embora o conhecimento e uso de bebidas alcoólicas perdurem desde os tempos mais remotos, somente no século XX apareceram estudos sobre o consumo excessivo de álcool por indígenas (BUCHER, 1991). O alcoolismo dos nativos brasileiros, tal como entre outras populações "primitivas" atingidas pela conquista europeia, é uma consequência da desagregação das suas sociedades indígenas imposta pelo contato com os "brancos" e, muitas vezes, manipulada pelos interesses coloniais (FERNANDES, 2002, 2003).

O registro das tecnologias alimentares utilizadas pelas populações indígenas sobreviventes é de suma importância na preservação da identidade cultural destes povos, em razão do fato de a bibliografia existente ser escassa e pouco específica, não identificando e valorizando suas peculiaridades. O microbiologista Oswaldo Gonçalves de Lima, em 1975, escreveu um importante livro sobre as bebidas dos índios brasileiros: "*Pulque, Balchê* e *Pajuaru*, na etnobiologia das bebidas e dos alimentos fermentados" (LIMA, 1975). Atualmente, na redescoberta das tradições, as bebidas fermentadas indígenas estão sendo estudadas e descritas por pesquisadores brasileiros (PUERARI, et al. 2015, RAMOS et al., 2015, 2011, 2010; FREIRE et al., 2013, SANTOS et al.,

2012; MIGUEL et al., 2014, 2012; PINELI et al., 2010; SCHWAN et al., 2007; ALMEIDA et al., 2007). As bebidas preparadas e consumidas pelos índios brasileiros podem ser comparadas com bebidas e alimentos fermentados produzidos em outros continentes, como África e Ásia. Assim sendo, apresentamos neste capítulo algumas bebidas fermentadas alcóolicas produzidas e consumidas pelos índios brasileiros, bem como as tecnologias utilizadas por eles.

1.1.1 Definição

As bebidas fermentadas alcoólicas indígenas não são mencionadas na legislação brasileira, as quais tratam basicamente de bebidas industrializadas. As bebidas alcoólicas indígenas são geralmente preparadas a partir de diferentes matérias-primas (substratos), como grãos e tubérculos amiláceos, mel, cana-de-açúcar, além de frutas nativas e seivas de palmeiras. A fermentação ocorre pela ação de microrganismos selvagens e contaminantes do substrato. A graduação alcoólica de 10 a 11% v/v obtida nas bebidas *cauim, caxiri* e *pajauaru* e o processamento com adição de sucos de frutas, infere que essas bebidas sejam consideradas como fermentado de frutas, conforme o Decreto n. 6.871, de 4 de junho de 2009 (BRASIL, 2009). O artigo 44 do referido decreto explicita que fermentado de fruta é a bebida com graduação alcoólica de 4 a 14% em volume, a 20 graus Celsius, obtida pela fermentação alcoólica do mosto de fruta sã, fresca e madura de uma única espécie, do respectivo suco integral ou concentrado ou polpa com adição de água. O artigo 48 do mesmo decreto descreve o hidromel, como uma bebida com graduação alcoólica de 4 a 14% em volume, a 20 graus Celsius, obtida pela fermentação alcoólica de solução de mel de abelha, sais nutrientes e água potável. O artigo 49 classifica o fermentado de cana como a bebida com graduação alcoólica de 4 a 14% em volume, a 20 graus Celsius, obtida do mosto de caldo de cana-de-açúcar fermentado (BRASIL, 2009).

1.1.2 Composição e valor nutritivo

Para as sociedades pré-históricas, e para diversas etnias na atualidade, os fermentados representam uma fonte essencial de nutrientes, raramente obtidos por outros meios. Vinhos e cervejas primitivos são suspensões opacas, efervescentes, contendo resíduos dos substratos e leveduras de fermentação, além de outros microrganismos. As bebidas fermentadas elaboradas por algumas comunidades indígenas, em diferentes regiões do mundo, não somente servem para o tratamento de deficiências calóricas dessas populações, como também são fonte de vitaminas do complexo B, as quais são provenientes dos substratos utilizados durante a elaboração, fermentação e das leveduras e outros microrganismos (STEINKRAUS, 1996). Além das vitaminas, essas cervejas e vinhos primitivos contêm pequenas quantidades de proteínas e aminoácidos que contribuem para a nutrição de povos com dietas deficientes (STEINKRAUS, 1996). Frikel (1971) relatou a importância nutricional de bebidas fermentadas, como *sakurá* e *caxiri* para tribos indígenas. Com a abstinência de *caxiri*, algumas etnias brasileiras apresentaram um tipo de avitaminose, que, em alguns casos, chegou a ser uma anemia profunda. Alimentos fermentados contêm proteínas e vitaminas necessárias para o bom funcionamento do organismo. As vitaminas tiamina e riboflavina também podem estar presentes na dieta indígena por meio do vinho ou cerveja primitiva, prevenindo doenças como o beribéri e deficiência de riboflavina (STEINKRAUS, 1996, 1994).

Os microrganismos presentes em bebidas fermentadas espontaneamente contribuem na produção e disponibilidade de vitaminas tais como tiamina, riboflavina, biotina, niacina, ácido pantotênico e ácido ascórbico (EKINCI; KADAKAL, 2005; VANDAMME, 1992). Durante o processo de fermentação dos grãos maduros de milho, para a elaboração da bebida fermentada denominada *chicha*, ocorre aumento da disponibilidade de lisina e produção de vitaminas do complexo B (principalmente tiamina, e niacina ou ácido nicotínico) (BARGHINI, 2004). Geralmente, dietas de milho são pobres em niacina e frequentemente levam à pelagra, uma doença nutricional causada pela deficiência da vitamina niacina ou do aminoácido essencial triptofano. As populações que subsistem a partir do milho, porém que incluem os vinhos e cervejas rudimentares em sua dieta, são capazes de controlar essa doença. Outro fator nutricional importante é a formação abundante de pirodextrinas (dextrinas de torrefação) em bebidas produzidas a partir de tortas tostadas de mandioca (beijus), além das dextrinas-limite de origem na hidrólise do amido e das unidades de amido não degradadas. Todas essas dextrinas são capazes de promover o crescimento bacteriano no intestino, atuando como prebióticos e, consequentemente, promovem a síntese de vitaminas do complexo B (LIMA, 1975).

A composição nutricional da fruta empregada como substrato para os fermentados contribui extensamente para as características da bebida, para composição do mosto, o tipo de inóculo e as condições de fermentação e pós-fermentação (DIAS et al., 2010).

1.2 MATÉRIAS-PRIMAS

São inúmeras as raízes e tubérculos que apresentam alto teor de carboidratos (amido e outros polissacarídeos) e que podem ser fermentados para a produção de bebidas alcoólicas. Nas regiões tropicais da África e América, há várias espécies nativas como a *Ipomoea batatas* (batata-doce), *Cana edulis* (biri), *Dioscorea spp.* (inhame), *Colocasia esculenta* (taro), *Maranta arundinacea* (araruta), *Polymnia sonchifolia* (yacon) e *Manihot esculenta* (mandioca), que apresentam uso real ou potencial nos processos de fermentação alcoólica (VENTURINI FILHO; MENDES, 2003).

A mandioca (*Manihot esculenta* Crantz), da família das Euforbiáceas, é uma espécie de origem latino-americana e constituiu-se, por muito tempo, como o alimento básico do indígena brasileiro. A mandioca, de fácil adaptação a variação climática, é cultivada em todos os estados brasileiros, situando-se entre os nove primeiros produtos agrícolas do país, em termos de área cultivada, e o sexto em valor de produção (VENTURINI FILHO; MENDES, 2003). No mundo, mais de 80 países produzem mandioca,

sendo que o Brasil participa com mais de 15% da produção mundial, com cerca de 25 milhões de toneladas de raízes ao ano.

A mandioca brava ou amarga possui alto teor de ácido cianídrico, substância tóxica, que pode provocar náuseas, vômitos, sonolência e levar ao óbito. Entretanto, a macaxeira, aipim ou mandioca doce possui menor teor de glicosídeos cianogênicos, os quais podem ser eliminados do alimento quando submetidos ao sol ou a altas temperaturas. De acordo com a Tabela de Composição de Alimentos (TACO, 2011), apresentada resumidamente na Tabela 1.1, a mandioca apresenta teor de umidade em torno de 62%, dependendo da idade da planta no momento de colheita e das condições ambientais, além de carboidratos 36%, proteínas 1%, fibra alimentar 1,9% e cinzas 0,6%. Os minerais em maior concentração são o potássio, fósforo, magnésio e cálcio, enquanto o ferro é encontrado em baixas concentrações. O carboidrato mais abundante na mandioca é o amido, que compõe cerca de 30 a 50% do peso seco do seu bagaço, que contém compostos como vitaminas B2 (riboflavina) e B3 (niacina) (PANDEY et al., 2000). Do processamento da mandioca são obtidos: farinha, goma, polvilho, tapioca, tucupi, além de bebidas como *caxiri*, *pajauaru* e *caxiri* de beiju queimado, produtos muito utilizados na alimentação indígena (CAMARGO, 1989).

Tabela 1.1 Composição centesimal de grãos e tubérculos amiláceos.

Alimento	Composição de alimentos por 100 gramas de parte comestível					
	Umidade (%)	Energia (kcal)	Proteína (g)	Lipídeo (g)	Carboidrato (g)	Fibra alimentar (g)
Amido de milho	12,2	361	0,6	Tr	87,1	0,7
Milho verde	63,5	138	6,6	0,6	28,6	3,9
Abóbora menina brasileira	95,7	14	0,6	Tr	3,3	1,2
Batata-doce	69,5	118	1,3	0,1	28,2	2,6
Batata inglesa	82,9	64	1,8	Tr	14,7	1,2
Cará	73,7	96	2,3	0,1	23,0	7,3
Mandioca	61,8	151	1,1	0,3	36,2	1,9
Farinha de mandioca torrada	8,3	365	1,2	0,3	89,2	6,5
Farinha de puba	9,8	360	1,6	0,5	87,3	4,2
Inhame	73,3	97	2,1	0,2	23,2	1,7

Tr: traço. Adotou-se traço nas situações em que os valores de nutrientes estavam entre 0 e 0,1 e valores abaixo dos limites de quantificação.

Fonte: Adaptado de TACO (2011) (http://www.unicamp.br/nepa/taco/).

As tuberosas e os grãos amiláceos são eminentemente calóricos, razão pela qual são considerados alimentos de subsistência, capazes de proporcionar energia para populações carentes. A Figura 1.1 apresenta a produção de caloria alimentar por cultivo de cereais (cinza claro) e tuberosas (cinza escuro) em mega Joules por hectare por dia. Dos cereais, o milho é a cultura que disponibiliza maior quantidade de energia. Entre as tuberosas, a batata e o inhame são os destaques. As fontes de amido mais importantes são os grãos de cereais, que apresentam de 40 a 90% do peso seco constituído por amido, os grãos de leguminosas, com 30 a 70% e as tuberosas, que têm de 65 a 85% (GUILBOT; MERCIER, 1985). As cinco principais culturas consideradas mundialmente como fontes comerciais de amido são o milho, o trigo, o arroz, a batata e a mandioca.

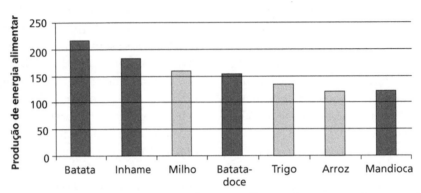

Figura 1.1 Produção de energia alimentar por cultivos amiláceos (em MJ por hectare dia-1). Cinza claro: cereais; Cinza escuro: tuberosas.

Fonte: Cereda (2002).

Algumas bebidas indígenas também são produzidas a partir de palmeiras, algaroba e mel; frutas como banana e abacaxi, e de batata-doce e cana-de-açúcar. Na América do Sul, as bebidas elaboradas a partir de milho, mandioca e algaroba são as mais importantes na elaboração de bebidas alcoólicas. Todavia, de modo geral, em todas as tribos, a bebida preferencial é feita a partir da planta de maior consumo da alimentação local. A algaroba (*Prosopis juliflora*), nativa do Peru, foi utilizada na alimentação pré-hispânica dos peruanos e das tribos do *Chaco* no Paraguai para o preparo da *chicha* de algaroba, não sendo relatado seu uso por indígenas brasileiros (MÉTRAUX, 2012). Essa planta foi trazida ao Brasil somente na década de 1940 e é rica em sacarose (teor médio de 30%), proteína, nitrogênio, aminoácidos, e contém considerável teor de sais minerais; condições ideais para o processo de fermentação alcoólica.

O vinho de palmeira, feito com a seiva ou o fruto de várias palmeiras (de espécies dos gêneros *Mauritia, Guilielma* e outras), ocorre principalmente no Alto Amazonas, no rio Negro, e em menor extensão no Mato Grosso e médio Paraná, entre as etnias *Guató, Bororó, Kaingáng* e *Mbayá*. A maioria das palmeiras nativas usadas como alimento pelos povos indígenas possui mesocarpo contendo amido, proteínas e vitaminas, além do óleo em diferentes proporções. As palmeiras usadas como alimentos são preparadas como sucos (geralmente chamados de "vinho" na Amazônia), cozidas (pupunha) ou até frescas (tucumã). Tradicionalmente, as plantas que apresentam maior conteúdo de amido são usadas para fermentação. A fermentação é utilizada pelos povos *krahô* para buriti e bacaba e espécies do gênero *Attalea* spp. (NASCIMENTO, 2010). A Tabela 1.2 apresenta resumidamente a composição de alguns palmitos e frutos de palmeiras nativas do Brasil.

O hidromel, bebida de mel fermentado, é frequente em duas áreas principais: parte da América Central e na cabeceira meridional do rio Amazonas, estendendo-se, ainda, da costa sudeste até o sul do Brasil. Nessa área, o hidromel é preparado pelos índios *Tupi-Guarani* e *Gê*. Provavelmente, o hidromel não é amplamente difundido na América do Sul, uma vez que, na maioria das áreas, outros ingredientes para bebidas alcoólicas são mais abundantes do que o mel. O mel de abelhas (*Apis*) é composto de carboidratos, principalmente frutose (40-50%) e glicose (32-37%) em água (13-20%), com pequenas quantidades de sacarose e constituintes minerais, além de vitaminas e traços de aminoácidos, proteínas, ácidos e corantes, como clorofila e caroteno. A composição química e a qualidade organoléptica do mel dependem da origem floral, de onde as abelhas coletam o néctar, e das condições ambientais. Um hidromel "fortificado" é usado pelos índios *Xucuru* e designados "gedoê dos gentios", cujo componente vegetal são as cascas da árvore cabraíba (*Myrospermum erythroxylum*) maceradas em água e deixadas em panela nova de barro durante três dias, quando então se utiliza a mistura com mel de abelha uruçu ou mandaçaia (VALENCIA-BARRERA et al., 2000).

Tabela 1.2 Composição centesimal de palmitos e frutos de palmeiras brasileiras.

Alimento	Composição de alimentos por 100 gramas de parte comestível					
	Umidade (%)	Energia (kcal)	Proteína (g)	Lipídeo (g)	Carboidrato (g)	Fibra alimentar (g)
Palmito de juçara	91,4	23	1,8	0,4	4,3	3,2
Palmito de pupunha	89,4	29	2,5	0,5	5,5	2,6
Tucumã	51,3	262	2,1	19,1	26,5	12,7
Coco	43,0	406	3,7	42,0	10,4	5,4
Pupunha	54,5	219	2,5	12,8	29,6	4,3

Fonte: Adaptada de TACO (2011) (http//unicamp.br/nepa/taco).

As bebidas fermentadas de banana, abacaxi, batata-doce e cana-de-açúcar ocorrem, com maior frequência, nas florestas tropicais e subtropicais, bem como nas regiões de savanas da América Central, Venezuela, Guianas e cabeceiras dos rios Orinoco e Amazonas. As frutas contêm cerca de 80% de água, carboidratos, vitaminas, proteínas, sais minerais e lipídeos, sendo ricas fontes de nutrientes para o metabolismo humano. A composição centesimal do mel de abelhas e de frutas brasileiras é demonstrada na Tabela 1.3.

Tabela 1.3 Composição centesimal de frutas brasileiras, cana-de-açúcar e mel de abelhas.

Alimento	Composição de alimentos por 100 gramas de parte comestível					
	Umidade (%)	Energia (kcal)	Proteína (g)	Lipídeo (g)	Carboidrato (g)	Fibra alimentar (g)
Abacaxi	86,3	48	0,9	0,1	12,3	1,0
Açaí	88,7	58	0,8	3,9	6,2	2,6
Acerola	90,5	33	0,9	0,2	8,0	1,5
Banana da terra	63,9	128	1,4	0,2	33,7	1,5
Banana pacova	77,7	78	1,2	0,1	20,3	2,0
Cajá-Manga	86,9	46	1,3	Tr	11,4	2,6
Caju	88,1	43	1,0	0,3	10,3	1,7
Jabuticaba	83,6	58	0,6	0,1	15,3	2,3
Pequi	65,9	205	2,3	18,0	13,0	19,0
Pinhão	50,5	174	3,0	0,7	43,9	15,6
Caldo de cana	81,7	65	Tr	Tr	18,2	0,1
Mel de abelha	15,8	309	0,0	0,0	84,0	0,0

Tr: traço. Adotou-se traço nas situações em que os valores de nutrientes estavam entre 0 e 0,1 e valores abaixo dos limites de quantificação.

Fonte: Adaptado de TACO (2011) (http://www.unicamp.br/nepa/taco/).

A batata-doce, (*Ipomoea* batatas L. (Lam.)) é originária das Américas Central e Sul, sendo encontrada desde a Península de Yucatam, no México, até a Colômbia. A cultura da batata-doce adapta-se melhor em áreas tropicais sendo um alimento de bom conteúdo nutricional, principalmente como fonte de energia e proteínas. A batata-doce é considerada uma cultura rústica, pois apresenta grande resistência às pragas, pouca resposta à aplicação de fertilizantes e cresce em solos pobres e degradados, e tem grande importância na produção industrial de farinha, amido e álcool (SILVA et al., 2002). Comparada com culturas como arroz, banana, milho e sorgo, a batata-doce tem mais quantidade de energia líquida produzida por unidade de área e por unidade de tempo. Isso ocorre porque produz grande volume de raízes em um ciclo relativamente curto, a um custo baixo, o ano inteiro (SILVA et al., 2002). A batata-doce possui hidrolases e invertases, o que representa uma útil ferramenta no desenvolvimento de processos fermentativos, auxiliando na hidrólise do amido dos substratos utilizados.

1.3 TÉCNICAS DE ELABORAÇÃO DOS FERMENTADOS PRIMITIVOS

As etapas inerentes ao processo de preparação de bebidas alcoólicas diferem segundo a tribo ou área geográfica. De maneira geral, os grãos e tubérculos são secos e pilados (ou moídos) até virarem farinha. Em algumas áreas, os grãos são postos de molho, até germinarem. Tubérculos podem ser deixados submersos em água antes de serem utilizados. Em seguida, tanto grãos quanto tubérculos são geralmente fervidos ou aquecidos. Em alguns procedimentos de preparo das bebidas adiciona-se substrato mastigado antes ou depois dessa fervura (ou entre uma primeira e segunda fervura). O líquido é deixado, então, a fermentar, geralmente por dois ou mais dias (BAHIRU et al., 2001; BENITE, 2001).

As bebidas fermentadas produzidas a partir de cereais e tubérculos são usualmente referidas como cervejas, enquanto as produzidas a partir de frutas são classificadas como vinhos. Esta última classificação inclui a fermentação de uma grande variedade de alimentos ou mistura de frutas, cereais, leite, seiva e mel, entre outros (BAHIRU et al., 2001; BENITE, 2001). Segundo a classificação proposta por Lima (1975), é possível apontar a existência de três tipos básicos de cervejas "primitivas":

a) As cervejas insalivadas: as enzimas presentes na saliva (amilases), cumprem o papel de indutor da fermentação. A grande maioria das bebidas nativas no Brasil, como o *cauim*, a *chicha* e o *caxiri*, pertence a essa categoria.

b) Cervejas maltadas: a fermentação ocorre a partir da adição de grãos germinados, contendo enzimas que hidrolisam o amido, ao material original. São feitas à base das cervejas europeias, e segundo relatos, estão pouco representadas entre os indígenas no Brasil.

c) Cervejas claras: a quebra do amido é provocada pela ação de fungos adicionados durante o preparo como ocorre com o *sakê* japonês. Os fungos são usados pelos índios no preparo de bebidas como o *paiauru*.

As bebidas fermentadas rudimentares brasileiras são preparadas basicamente de duas maneiras: com ou sem mastigação das matérias-primas. Bebidas de seiva de palmeira, mel, cana-de-açúcar e frutas, ricas em sacarose, frutose ou glicose, são preparadas sem mastigação. Bebidas de coco, banana, batata-doce, arroz, mandioca, milho, algaroba e outras sementes ricas em amido são comumente registradas como sendo elaboradas com prévia mastigação (ALMEIDA et al., 2007; SCHWAN et al., 2007; LIMA, 1975).

Em se tratando de ingredientes que são ricos em amido, como os grãos amiláceos (arroz e milho), raízes e tubérculos feculentos (mandioca, batata-doce e babaçu), o preparo com mastigação tem por fim promover a transformação do amido em carboidratos mais simples sobre os quais as leveduras possam atuar. A saliva contém ptialina (amilase salivar) que hidrolisa parte do amido em carboidratos simples, e assim acelera a fermentação, dando impulso e acelerando o metabolismo das leveduras (ALMEIDA et al., 2007; SCHWAN et al., 2007; LIMA, 1975).

1.4 BEBIDAS FERMENTADAS A PARTIR DE AMILÁCEOS – AS CERVEJAS PRIMITIVAS

1.4.1 Cauim

Denomina-se cauim a bebida fermentada produzida pelos índios a partir de diversas matérias-primas, tais como milho (verde), arroz, mandioca (puba), amendoim, banana, semente de algodão, bacaba, abóbora e semente de banana brava, que envolve a adição de saliva (insalivação) como etapa do processo (ALMEIDA et al., 2007). As índias mastigam os substratos, mandioca, milho ou batata-doce, e adicionam esse líquido aos recipientes contendo a matéria-prima que será então fermentada. O cauim não alcoólico é um alimento básico consumido por adultos e crianças, é uma bebida refrescante caracterizada pela presença de ácido lático proveniente da fermentação realizada por bactérias do ácido lático. O cauim alcoólico é consumido durante festivais, chamados cauinagem, geralmente realizados para comemorar datas festivas. O cauim alcoólico é caracterizado pela presença do etanol, produzido, principalmente, por leveduras durante fermentação alcoólica, e também pela presença de ácidos orgânicos, produzidos por bactérias.

Segundo os estudos de Métraux (2012), a cauinagem é indispensável em qualquer circunstância da vida social ou religiosa indígena, no nascimento de uma criança, a primeira menstruação, a perfuração do lábio inferior de um rapaz, comemorar a chegada da colheita devida às chuvas e posterior produtividade da terra, as cerimônias que antecediam o início de uma guerra, a comemoração de uma vitória, principalmente o sacrifício ritual dos prisioneiros tomados, ou mesmo toda vez que se necessitava tomar uma decisão importante, estando em jogo a sorte ou o simples interesse tribal.

Os índios da etnia *Arara*, do Pará, produzem uma bebida semelhante ao cauim, conhecida como *piktu*. É uma cerveja elaborada a partir de mandioca, milho ou banana. É também produzida pela técnica da insalivação, na qual a massa obtida a partir da matéria-prima é bochechada por um grande número de pessoas, preferencialmente mulheres, mas também por homens. Essa massa é colocada em recipientes, os quais são deixados a fermentar por cerca de três dias. Durante esse período, acrescenta-se água até se atingir a consistência e o grau de fermentação desejado (TEIXEIRA-PINTO, 1997).

1.4.1.1 *Microbiologia do cauim*

Tendo-se em vista a ausência do uso de técnicas para conferir a microbiota do mosto de amiláceos e, na hipótese provável da ebulição esterilizante ou redutora de determinados microrganismos mais sensíveis à elevada temperatura, admite-se que o *cauim* de mandioca dos indígenas é uma cerveja de baixo teor alcoólico. O *cauim* é produzido em condições que favorecem principalmente o desenvolvimento de uma microbiota, sobretudo bacteriana, termotolerante ou termofílica, incluindo espécies de *Clostridium*, *Bacillus* e de *Lactobacillus*. O relatado sabor azedo do *cauim* é característico de um processo acidificante, bem de acordo com o condicionamento microbiológico oferecido pela sequência das operações indígenas.

Estudos sobre a microbiota de diferentes cauins mostram a coexistência de bactérias e leveduras, porém com prevalência de bactérias, as quais produzem ácidos orgânicos gerando uma bebida com sabores ácidos e refrescantes (RAMOS et al., 2011; 2010; ALMEIDA et al., 2007; SCHWAN et al., 2007). Almeida et al. (2007), estudando o *cauim* produzido pelos índios *Tapirapé* da tribo *Tapi'itãwa* (Confresa, MT), observaram acidificação progressiva da bebida durante a fermentação, com queda nos valores de pH de 5,5 para 3,4. Essa queda foi causada, principalmente, pelo acúmulo de ácido lático. A produção de ácidos e de outros componentes antimicrobianos durante a fermentação podem favorecer ou melhorar a segurança microbiológica e a estabilidade do produto. Ademais, foram detectadas quantidades significativas de etanol e ácido acético. As bactérias do ácido lático foram os microrganismos dominantes e as espécies encontradas foram *Lactobacillus pentosus* e *Lactobacillus plantarum*.

Outras espécies identificadas foram *Corynebacterium xerosis*, *Bacillus cereus*, *B. licheniformis*, *B. pumilus* e *Paenibacillus macerans*. Algumas dessas espécies secretam amilases, e os gêneros *Lactobacillus* e *Bacillus* foram os que mostraram maior hidrólise de amido em placas. Schwan et al. (2007) encontraram no mesmo *cauim* fermentado de arroz e mandioca a presença das leveduras *Candida tropicalis*, *C. intermedia*, *C. parapsilosis*, *Pichia guilliermondii*, *Saccharomyces cerevisiae* e *Trichosporon asahii*. Ramos et al. (2010), estudando a fermentação espontânea de *cauim* de arroz e amendoim, encontraram, como leveduras dominantes, *Pichia guilliermondii*, além de *S. cerevisiae* e *Rhodotorula mucilaginosa*.

Os microrganismos associados à elaboração de *cauim* de sementes de algodão e arroz foram estudados por Ramos et al. (2011), que observaram que as bactérias do ácido lático (*Lactobacillus plantarum*, *L. vermiforme*, *L. paracasei*) foram as bactérias mais frequentemente isoladas. *Bacillus subtilis* também estava presente no processo de fermentação. As espécies de leveduras detectadas foram *Candida parapsilosis*, *C. orthopsilosis*, *Clavispora lusitaniae* e *Rhodotorula mucilaginosa*. Foi observada a diminuição do valor de pH de 6,92 para 4,76 (após 48 h), e a concentração de ácido lático chegou a 24 g/L ao fim da fermentação. Já foi relatada uma elevada acidez, fixa e volátil, característica das cervejas primitivas, sobretudo naquelas da região tropical, nas quais a contribuição bacteriana no processo fermentativo acidificante é destacada frente às leveduras.

1.4.2 Paiauaru

Paiauaru, *pajauaru*, ou *pajuarú* é definida como uma bebida fermentada feita de beiju queimado. Esses beijus, chamado pelos indígenas de beiju-açú, são guardados nas ocas indígenas. O desenvolvimento de fungos filamentosos nos beijus os torna propícios ao uso como inóculo para a elaboração de bebidas alcoólicas (PEREIRA, 1954).

A tribo *caraíba* dos *waiwai* produz, também, uma cerveja do tipo *paiauaru*, cujos recipientes para o preparo de bebidas fermentadas são cochos de madeira feitos de troncos escavados à maneira de canoas. A análise dos apontamentos sobre bebidas fermentadas das tribos *caraíbas*, principalmente as que habitavam a ampla faixa esquerda do Amazonas, mostrou que o método de insalivação não constituía um elemento de cultura próprio e tradicional, sendo substituído por uma técnica superior, a sacarificação por fungos (MACIEL, 2009).

Os beijus tostados também são usados na fabricação de aguardente amazônica, a *tiquira*. Nessa bebida, combinam-se a técnica nativa de preparação e fermentação da mandioca e a técnica europeia da destilação.

1.4.2.1 *Microbiologia do paiauaru*

A obtenção do beiju é uma etapa essencial para o preparo do *paiauaru*. Nessa etapa ocorre o crescimento de fungos filamentosos, principalmente *Aspergillus niger* e *Neurosopora sitophilus*, que auxiliam no processo de sacarificação do amido. Venturini Filho e Mendes (2003) relataram a presença também de *Aspergillus orizae* na composição da microbiota predominante em beijus. São características do bolor *A. orizae* a alta atividade amilolítica, a capacidade de multiplicação, quando submerso em água, e a não produção de aflatoxinas ou substâncias potencialmente carcinogênicas (TUNG et al., 2004). O *paiauaru* resulta da primeira fermentação, realizada por fungos e bactérias (fermentação lacto-propiônica), seguida por uma fermentação secundária, realizada por leveduras levemente alcoólicas, que atuam no final como complemento da atividade bacteriana.

1.4.3 Caxiri

A palavra *caxiri* é aplicada a diferentes bebidas amazônicas, tanto ao autêntico fermentado dos beijus tostados, como aos macerados de frutos. O termo *caxiri* tornou-se denominação comum para representar um grupo de bebidas fermentadas indí-

genas, a maioria das quais são elaboradas a partir de mandioca e outros amiláceos. A preparação dos beijus como fase intermediária em tal processo é observada com frequência, podendo haver insalivação ou não.

Os indígenas *aruaques* da região do Alto Rio Negro, pertencentes aos troncos linguísticos *Tukáno*, *Aruák* e *Makú*, compartilham o cultivo da mandioca amarga e o consumo de *caxiri*. Normalmente, a idade de início do uso de *caxiri* é correlacionada ao tipo de *caxiri*: fraco ou forte. O primeiro com fermentação rápida e fraco teor alcoólico, não é considerado uma bebida, mas um alimento consumido a partir da primeira infância (três ou quatro anos). Essa prática é compartilhada por outras etnias, como os *Kaxináwa*, *Yamináwa*, *Kulína*, *Kaingáng* e *Tapirapé*. O *caxiri* forte, considerado bebida, tem consumo inicial descrito por volta dos 12 a 15 anos de idade. O uso nessa faixa etária está ligado ao ritual de iniciação masculina (REICHEL-DALMATOFF, 1986).

Entre os *Yudjá*, as mulheres produzem diversas bebidas (*awari*), entre elas o *caxiri*, feito com a puba fresca da mandioca. É produzido o ano inteiro e sua receita é à base de mandioca brava, adocicada (o *wãwaru*) ou o milho seco submetido a fermentação alcoólica (MIGUEL et al., 2014; SANTOS et al., 2012; LIMA, 2005).

Lima (2005) descreveu o processo de pubagem para produção de *caxiri*, e relata que a mandioca é posta a pubar (em canoas de navegação ou em cercados na beira do rio ou de igarapés), até o ponto em que se torna pastosa, momento em que é absolutamente necessário interromper o processo de pubagem. O *tipiti*, artefato que funciona como uma prensa artesanal de palha para a retirada de água das raízes, também costuma ser utilizado durante esta etapa (SCHWAN et al., 2015). A puba fresca é posta a secar ao sol por alguns dias ou torrada em tacho de ferro com fogo de lenha para acelerar o processo. Essa puba seca é então socada em pilão, dissolvida em água e peneirada. Para liquefazer o mingau grosso e escuro, acrescenta-se uma porção de batata-doce crua ralada. Após dois ou três dias, a bebida está fermentada e apresenta sabor agradável, ligeiramente picante e ácido.

Os *caxiri* dos indígenas *Tucanos*, designado *peru*, são fermentados tipo cerveja ou vinho de frutas, ou, ainda, similar a mingaus. Nem sempre ocorre fermentação alcoólica, podendo ser fermentado inicialmente por ação de bactérias láticas. Esses fermentados são papas azedas elaboradas a partir de *manicuera* (líquido da mandioca mansa extraído pela prensagem das raízes), de beiju ou de outros substratos amiláceos, além de frutas, especialmente de palmeiras. Da pupunha (*Guillielma speciosa*) fazem um *caxiri* com a mastigação de milho por mulheres idosas e esputo na massa diluída dos frutos, deixando-se fermentar durante três dias. Esse *caxiri* é chamado *a-re-kó* (GIACONE, 1952).

Desde sua origem ameríndia, a elaboração de *caxiri* sofreu algumas adaptações para sua inserção nos hábitos de consumo do homem branco, a partir de sua fixação em áreas próximas às reservas indígenas e do contato de militares e estudiosos com as tribos na região amazônica. Assim, da mastigação da massa de mandioca aos processos biotecnológicos modernos, podem ser considerados, pelo menos, dois tipos de processamento da bebida (insalivação e pubagem), além de outros, segundo as sucessivas modificações da técnica. A preparação atual do *caxiri*, segundo as mulheres do Rio Waupés está esquematizada na Figura 1.2 a seguir.

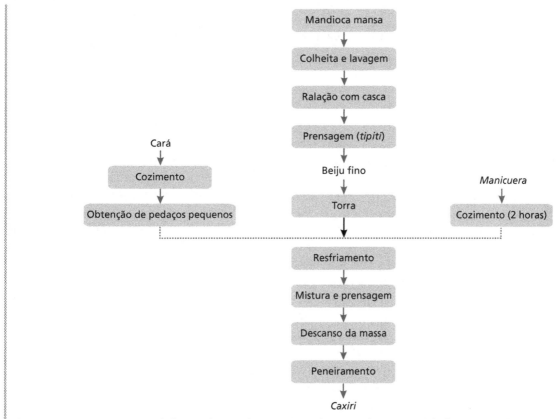

Figura 1.2 Esquema geral da produção do *caxiri* moderno pelas comunidades rionegrinas.

Fonte: Adaptado de Santos et al. (2012) e Lima (2005).

Para o preparo do *caxiri*, a mandioca doce é colhida, lavada e ralada com casca, é então prensada no *tipiti* para retirar o excesso de água (*manicuera*) e formar a massa de mandioca (SCHWAN et al., 2015. A massa é transformada em beiju ou puba bem fina que é, em seguida, torrada. A *manicuera* que escorreu do *tipiti* é submetida à cocção por duas horas. Os carás são também cozidos até que fiquem esmigalhados ou desmanchando. Depois que todos os ingredientes (beiju, *manicuera* e carás) estiverem a temperatura ambiente são então misturados e bem amassados, e, após algumas horas de descanso da massa, são peneirados e servidos (SANTOS et al., 2012; GARNELO; BARÉ, 2009).

O processo de obtenção da puba pelo modo artesanal, em pequena escala, não envolve procedimento complexo. A determinação do ponto final da fermentação baseia-se na experiência do indígena, que leva em consideração o aspecto, o odor e o tato, observando-se o grau de amolecimento das raízes. Estas devem estar totalmente desintegradas, sem pedaços rígidos. A fermentação da mandioca é complexa, pois o meio natural favorece o crescimento de determinada microbiota responsável por transformações dos substratos orgânicos em ácido lático, butírico, acético, acetona, etanol e butanol, podendo também ser encontrado o ácido propiônico. O ácido butírico está relacionado com o sabor e aroma peculiar do produto (MENEZES; SARMENTO, 2003).

Concentrações decrescentes de amido solúvel foram encontradas em todo o processo (Tabela 1.4) e os valores de proteína solúvel mantiveram-se constantes durante o processo de fermentação.

Tabela 1.4 Parâmetros físico-químicos analisados durante a fermentação do *caxiri*.

Parâmetros	Tempo de fermentação (horas)						
	AP	0	24	48	72	96	120
pH	$4,37 \pm 0,32$	$4,76 \pm 0,25$	$3,62 \pm 0,11$	$3,27 \pm 0,22$	$3,18 \pm 0,17$	$3,19 \pm 0,16$	$3,15 \pm 0,13$
Proteína (%)	$5,70 \pm 0,14$	$1,20 \pm 0,14$	$1,35 \pm 0,07$	$1,95 \pm 0,35$	$0,90 \pm 0,01$	$1,45 \pm 0,07$	$1,00 \pm 0,01$
Amido (%)	$10,3 \pm 0,70$	$11,3 \pm 0,43$	$8,13 \pm 2,62$	$7,35 \pm 1,05$	$5,93 \pm 0,15$	$5,57 \pm 0,10$	$5,80 \pm 0,25$

AP – água de puba (excesso de água retirado pela prensagem com *tipiti*); $\pm$ - Desvio padrão.

Fonte: Adaptado de Santos (2012).

1.4.3.1 Microbiologia do caxiri

O *caxiri* produzido pelo povo Juruna ou *Yudjá* pode ser produzido utilizando-se mandioca e batata-doce, ou mandioca e milho. Em ambos processos fermentativos apresenta crescimento de microrganismos durante o período de fermentação, especialmente leveduras. O produto final é caracterizado por teores elevados de etanol, que podem variar 89 a 104,69 g/L, de acordo com os substratos utilizados (MIGUEL et al., 2014; SANTOS et al., 2012). A produção de ácido lático durante o processo fermentativo provoca a diminuição dos valores de pH de 4,8 para 3,0. *Saccharomyces cerevisiae* foi a levedura fermentativa predominante, seguida de *Rhodotorula mucilaginosa, Pichia membranifaciens, P. guilliermondii* e *Cryptococcus luteolus, Bacillus pumilus, Bacillus spp.* (grupo de *B. cereus*) e *B. subtilis* foram as principais espécies bacterianas identificadas no *caxiri* de mandioca, sendo que as bactérias *Klebsiella pneumoniae, Staphylococcus carnosus* e *Escherichia coli* foram somente mencionadas no *caxiri* de mandioca e milho (MIGUEL et al., 2014; SANTOS et al., 2012).

1.4.4 Chicha

Chicha é um termo que pode ser aplicado a bebidas alcoólicas e não alcoólicas. A *chicha* é uma bebida clara, amarelada e efervescente com sabor semelhante a uma cidra, e tem sido consumida pelos índios dos Andes durante séculos, podendo seu teor alcoólico variar de 2 a 12% v/v. Chicha é tradicionalmente fermentada utilizando saliva como fonte de amilase para a conversão do amido em açúcares fer-

mentescíveis. A maltagem (germinação) dos grãos de milho para produzir as amilases necessárias para a conversão do amido é um procedimento alternativo, que é amplamente usado atualmente. Frequentemente, a insalivação é combinada com a maltagem na produção da *chicha*. As informações sobre essa bebida, originalmente produzida pelos *Incas*, são numerosas e de conhecimento geral. Geralmente, utiliza-se como matéria-prima o milho duro. Entretanto os materiais e processos envolvidos em seu preparo, como germinação, torrefação e mastigação do grão, além da fermentação do mosto, estão ligados às regiões e etnias produtoras (STEINKRAUS, 1996).

No território indígena *Krahô*, no Tocantins, a única bebida alcoólica era a *chicha*, fabricada pelos próprios índios. Os índios *Kaiowá* também elaboram a *chicha*, bebida fermentada derivada do milho ou da batata-doce para complementação de sua alimentação bem como para os rituais e festas (LIMA, 1975).

1.4.4.1 Microbiologia da chicha

As leveduras, em particular *Saccharomyces cerevisiae*, e as bactérias do gênero *Lactobacillus* são os principais microrganismos encontrados durante a fermentação da *chicha* alcoólica elaborada no norte da Argentina (STEINKRAUS, 1996). Na fermentação da *chicha* colombiana outras leveduras também foram relatadas: *S. cerevisiae, S. apiculata, S. pastorianus, Mycoderma vini, Oidium lactis* e *Monilia candida*. Bactérias pertencentes aos gêneros *Leuconostoc, Lactobacillus, Acetobacter* e diversos fungos filamentosos, incluindo *Aspergillus* e *Penicillium* também foram relatados como participantes do processo de elaboração da chicha (STEINKRAUS, 1996). Leveduras não foram encontradas durante a fermentação da *chicha* não alcoólica produzida pelos índios *Umutina* no Mato Grosso, sendo bactérias láticas e *Bacillus* sp. os grupos microbianos predominantes nessa fermentação (PUERARI et al., 2015).

1.5 BEBIDAS FERMENTADAS DE FRUTAS

Bebidas elaboradas a partir de sucos de frutas cultivadas pelos indígenas são muitas vezes denominados de *caiçuma* ou "vinho". Esses fermentados de frutas não se assemelham aos vinhos de uva europeus, embora possuam conteúdo alcoólico mais elevado do que as cervejas insalivadas de mandioca e de milho. São, em geral, provenientes de uma maceração simples das diversas espécies de frutas, preservando muito do sabor original dos sucos, e sendo logo consumidos, em razão do rápido processo de acidificação a que os sucos de frutas fermentados estão sujeitos (LIMA, 1975).

As frutas são maceradas em um pilão pelas índias e depositadas em um recipiente (cabaça). O processo fermentativo se estende por vários dias, gerando uma bebida ácida, nutritiva e de baixo teor alcoólico.

Os indígenas utilizam grande variedade de frutas como matérias-primas para a fabricação de bebidas alcoólicas, entre eles estão jabuticaba, pitanga, araticum, abacaxi, caraguatá, jenipapo, cagaita, pequi, açaí, mangaba, dentre outras frutas.

1.5.1 Microbiologia dos fermentados de frutas indígenas

O processo fermentativo espontâneo dos sucos de frutas ácidas silvestres se distingue daquele elaborado com seivas exsudadas das chamadas "árvores cervejeiras" ou das palmeiras, pelo fato de essas últimas apresentarem mostos próximos à neutralidade ou levemente alcalina. Nos fermentados de sucos de frutas maduras, os microrganismos predominantes são leveduras. Estas estão sempre presentes na superfície das frutas e se desenvolvem quando encontram condições ótimas nos mostos dos frutos macerados (LIMA, 1975).

A coexistência de bactérias e leveduras foram também descritas no *acaiu-cauim* tupi, um fermentado de caju (LIMA, 1975). Dentre as leveduras, foram identificadas espécies de *Kloeckera apiculata,* enquanto que dentre as bactérias houve predomínio de espécies do gênero *Lactobacillus*. A bebida apresentou um teor alcoólico de 4%. De modo geral, os indígenas usam vasos de cerâmica porosa que retêm microrganismos e reinoculam a cada nova adição de mosto fresco, atuando como inóculo pré-adaptado.

1.6 BEBIDAS DE SEIVA

As bebidas de seiva fermentada apareceram muito cedo na vida do homem primitivo, confundindo sua história com a dos métodos rudimentares empregados para a conservação dos sumos vegetais açucarados. Os indígenas descobriram seivas sacarinas de várias espécies vegetais utilizadas no início por mera mastigação e sucção de seus tecidos tenros e, mais tarde, por meio do uso primitivo de instrumentos resultante de reiteradas tentativas de obter seiva em abundância, por esmagamento, torção e compressão (LIMA, 1975).

O acuri (*Syagrus romanzoffiana*) é uma importante palmeira de cuja seiva os indígenas preparam uma bebida fermentada, o *guató* (LIMA, 1975). Outras palmeiras cuja seiva é utilizada na elaboração de bebidas alcoólicas são o meriti (*Mauritia flexuosa*) e a inajá (*Maximiliana maripa*). Esta última é utilizada pelos índios *Arara* para a produção de um fermentado, o *aremko*, por meio de fermentação espontânea da seiva (TEIXEIRA-PINTO, 1997).

1.6.1 Microbiologia das bebidas de seiva

O principal componente da seiva doce de palmeira é a sacarose, com 12 a 15% (m/m). Além do açúcar, a seiva também contém 0,23% (m/m) de proteína, 0,02% (m/m) de gordura, matéria mineral e ácido ascórbico (5,7 mg/100 mL) (THEIVENDIRARAJAH et al., 1977). Durante a fermentação, a sacarose é hidrolisada em glicose e frutose por microrganismos, principalmente leveduras, que possuem a enzima invertase. Nas primeiras 24 h, mais de 50% do total de açúcares são fermentados. Ácidos acético e lático são produzidos juntamente com o etanol durante a fermentação por complexa microbiota composta por bactérias e leveduras. Após aproximadamente 36 a 48 h, a concentração de etanol atinge um máximo de 5,0 a 5,3% v/v, em razão da atividade fermentativa de leveduras, principalmente *S. cerevisiae*. O pH inicial da seiva de palmeira que se encontrava entre 7,2 e 8,0 decresce para 5,5 a 5,8 durante o processo fermentativo (STEINKRAUS, 1996).

1.7 OS HIDROMÉIS

O hidromel é uma bebida fermentada elaborada à base de mel e água, cujo uso esteve muito difundido entre os povos da antiguidade (PEDERSON, 1979). A *tucanaíra*, bebida fermentada típica dos Tembés (tribo historicamente localizada no nordeste da Amazônia, hoje no que seria entre o Pará e o Maranhão), era produzida a partir da mistura de água, mel de abelhas nativas e do *saburá* (conjunto de potes de pólen coletados pelas abelhas nativas). Esse mosto era deixado sob o sol por alguns dias permitindo que ocorresse fermentação espontânea, realizada por leveduras selvagens. Essa fermentação resultava em uma bebida com teor alcóolico semelhante aos vinhos (aproximadamente 10 % v/v) e, de acordo com Lima (1975), era consumida em rituais festivos, acompanhada de muita dança e música. Os índios *kaingang* também apreciavam muito o hidromel. Eles misturavam o mel à uma bebida azeda, feita com milho fermentado, o *goifá*, criando uma bebida alcoólica, o *quiquy* (RIBEIRO, 1997).

1.7.1 Microbiologia do hidromel

Em virtude da escassez de estudos relacionados a bebidas indígenas, não há relatos detalhados sobre a microbiota envolvida na fermentação dos hidroméis produzidos pelos indígenas. Os méis de abelha, mesmo os xaropes pouco densos de espécies de *Melípona* e *Trigona* do Brasil, contendo resíduo seco, ainda que inferior a 65%, apresentam um lento processo fermentativo provocado por leveduras osmofílicas ou osmotolerantes. Em geral, a fermentação espontânea do mel requer sua diluição a um teor de açúcares abaixo de 30%; mesmo assim, o processo se desenvolve lentamente, em virtude da baixa densidade de população microbiana inicial e da relativa pobreza de nutrientes minerais fundamentais (LIMA, 1975).

A atividade antimicrobiana do mel, comprovada contra várias espécies bacterianas, também foi observada, em menor medida, contra *S. cerevisiae*. Isto pode justificar, em parte, a lenta fermentação dos hidroméis. A ação antimicrobiana dos méis de abelha pode ser atribuída, pelo menos em parte, à produção de peróxido de hidrogênio pelo sistema glicose-oxidase neles existentes (GONÇALVES et al., 2005).

O registro bibliográfico das bebidas e tecnologias alimentares utilizadas pelas populações indígenas é de suma importância na preservação da identidade cultural desses povos, bem como para um melhor entendimento da difusão dessa cultura na sociedade em geral. Embora o número de bibliografias sobre bebidas indígenas nos últimos anos tenha aumentado, ainda são escassos estudos relacionados a composição nutricional e microbiota desses

alimentos. Os pesquisadores são desafiados a buscar informações e entender esses processos fermentativos realizados de forma rudimentar, mas que representam importante base empírica para os conhecimentos das tecnologias atuais.

BIBLIOGRAFIA

ALMEIDA, E. G.; RACHID, C. C. T. C.; SCHWAN, R. F. Microbial population present in fermented beverage 'cauim' produced by Brazilian Amerindians. **International Journal of Food Microbiology**, Gugliasco, v. 120, n. 1/2, p. 146-151, 2007.

BAHIRU, B.; MEHARI, T.; M. ASHENAFI. Chemical and nutritional properties of '*tej*', an indigenous Ethiopian honey wine: variations within and between production units. **The Journal of Food Technology in África**, Nairobi, v. 6, n. 3, p. 104-108, 2001.

BARGHINI, A. O milho na América do Sul pré-colombiana. São Paulo: Instituto de Estudos Avançados da Universidade de São Paulo, 2004. Disponível em: <http://www.iea.usp.br/midiateca/apresentacao/barghinimilho.pdf/at_download/file>. Acesso em: 01 jun. 2015.

BENITE, A. As narrativas de representantes indígenas sobre o uso de bebidas alcoólicas dentro das áreas indígenas. In: SEMINÁRIO SOBRE ALCOOLISMO E VULNERABILIDADE ÀS DST/AIDS ENTRE OS POVOS INDÍGENAS DA MACRORREGIÃO SUL, SUDESTE E MATO GROSSO DO SUL, 1999, Londrina. **Anais...** Brasília, DF: Ministério da Saúde, 2001. p. 13-21. (Série seminários e congressos, 4).

BRASIL. Ministério da Agricultura, Pecuária e Abastecimento. Decreto n. 6.871, de 04 de junho de 2009. Regulamenta a Lei n. 8.918, de 14 de julho de 1994, que dispõe sobre a padronização, a classificação, o registro, a inspeção, a produção e a fiscalização de bebidas. **Diário Oficial da União**, Brasília, DF, 05 jun. 2009. Disponível em: <http://www.planalto.gov.br/ccivil_03/_Ato2007-2010/2009/Decreto/D6871.htm>. Acesso em: 15 maio 2015.

BUCHER, R. Visão histórica e antropológica das drogas. In: ———. (Ed.). **Prevenção ao uso indevido de drogas.** 2. ed. Brasília, DF: Editora da Universidade de Brasília, 1991. p. 17-32.

CAMARGO, R. Produtos da mandioca. In: ———. (Ed.). **Tecnologia dos produtos agropecuários.** São Paulo: Nobel, 1989. p. 258-267.

CEREDA, M. P. Importância das tuberosas tropicais. In: ———. (Ed.). **Agricultura:** tuberosas amiláceas latino americanas. São Paulo: Fundação Cargill, 2002. v. 2, p. 13-25.

DIAS, D. R.; PANTOJA, L.; SCHWAN, R. F. Fermentados de frutas. In: VENTURINI FILHO, W. G. (Ed.). **Bebidas** alcoólicas: ciência e tecnologia. São Paulo: Blucher, 2010. v. 1, p. 85-111.

EKINCI, R.; KADAKAL, C. Determination of seven water-soluble vitamins in tarhana, a traditional Turkish cereal food, by high-performance liquid chromatography. **ACTA Chromatographica,** Katowice, n. 15, p. 289-297, 2005.

FERNANDES, J. A. Cauinagens e bebedeiras: os índios e o álcool na história do Brasil. **Revista Anthropológicas,** Recife, v. 13, n. 2, p. 39-59, 2002.

FERNANDES, J. A. **De cunhã a mameluca:** a mulher tupinambá e o nascimento do Brasil. João Pessoa: UFPB Editora Universitária, 2003. 303 p.

FERNANDES, J. A. **Selvagens bebedeiras, embriaguez, álcool, e contatos culturais no Brasil colonial.** 2004. 392f. Tese (Doutorado em História) - Universidade Federal Fluminense, Niterói, 2004.

FREIRE, A. L. et al. Study of the physicochemical parameters and spontaneous fermentation during the traditional production of yakupa, an indigenous beverage produced by Brazilian Amerindians. **World Journal of Microbiology & Biotechnology,** Hull, v. 30, n. 2, p. 567-577, 2013.

FRIKEL, P. **Dez anos de aculturação Tiriyó:** 1960-1970: mudanças e problemas. Belém: Museu Paraense Emilio Goeldi, 1971. 116 p.

GARNELO, L; BARÉ, G. B. **Comidas tradicionais indígenas do Alto Rio Negro – AM.** Manaus: Fiocruz – Centro de Pesquisa Leônidas e Maria Deane, 2009. 113p.

GIACONE, A. **Pequena gramática e dicionário da língua tucana.** Manaus: Missão salesiana do Rio Negro-Amazonas, 1952. 61p.

GONÇALVES, A. L.; ALVES FILHO, A.; MENEZES, H. Atividade antimicrobiana do mel da abelha nativa sem ferrão *Nannotrigona testaceicornis* (hymenoptera: apidae, meliponini). **Arquivos do Instituto Biológico,** São Paulo, v. 72, n. 4, p. 455-459, 2005.

GUILBOT, A.; MERCIER, C. Starch. In: ASPINALL, G. O. **The polysaccharides.** Orlando: Academic Press, 1985. v. 3, cap. 3, p. 209-282.

LIMA, O. G. **Pulque, Balchê e Pajauaru na etnobiologia das bebidas dos alimentos fermentados.** Recife: Universidade Federal de Pernambuco, 1975.

LIMA, T. S. **Um peixe olhou para mim:** o povo Yudjá e a perspectiva. São Paulo: Editora Unesp, 2005. p. 294-295.

MACIEL, B. E. S. P. Da proa da canoa: por uma etnografia do movimento indígena em Tefé. **Somanlu,** Manaus, v. 9, n. 2, p. 111-126, 2009.

MENEZES, T. J. B.; SARMENTO, S. B. S. Influência da maceração com enzimas na qualidade do processamento de puba. In: CEREDA, M. P.; VILPOUX, O. F. **Tecnologia,** usos e potencialidades de tuberosas amiláceas latino americanas. São Paulo: Fundação Cargill, 2003. v. 3, cap. 22, p. 643-657.

MÉTRAUX, A. **A civilização material das tribos tupi-guarani.** Campo Grande: Governo de Mato Grosso do Sul, 2012.

MIGUEL, M. G. C. P. et al. Physico-chemical and microbiological characterization of corn and rice calugi produced by Brazilian Amerindian people. **Food Research International,** Campinas, v. 49, n. 1, p. 524-532, 2012.

MIGUEL, M. G. C. P. et al. Bacterial dynamics and chemical changes during the spontaneous production of the fermented porridge (*calugi*) from cassava and corn. **African Journal Microbiology Research,** Lagos, v. 8, n. 9, 839-849, 2014.

NASCIMENTO, A. R. T. Riqueza e etnobotânica de palmeiras no território indígena krahô, Tocantins, Brasil. **Floresta,** Curitiba, v. 40, n. 1, p. 209-220, 2010.

PANDEY, A. et al. Biotechnology potential of agro-industrial residues: part II: cassava bagasse. **Bioresource Technology,** New York, v. 74, n. 1, p. 81-87, 2000.

PEDERSON, C. S. **Microbiology of fermentation.** 2. ed. Westport: AVI Publishing, 1979. 384 p.

PEREIRA, N. **Os índios maués.** Rio de Janeiro: Editora Organização Simões, 1954. v. 1.

PINELI, L. L. O.; GINANI, V. C.; XAVIER, R. N. Caxiri. In: VENTURINI FILHO, W. G. (Ed.). **Bebidas alcoólicas:** ciência e tecnologia. São Paulo: Blucher, 2010. v. 1, p. 3-13.

PUERARI, C.; MAGALHÃES-GUEDES, K. T.; SCHWAN, R. F. Physicochemical and microbiological characterization of chicha, a rice-based fermented beverage produced by Umutina Brazilian Amerindians. **Food Microbiology,** Illinois, v. 46, p. 210-217, 2015.

RAMOS, C. L. et al. Determination of dynamic characteristics of microbiota in a fermented beverage produced by Brazilian Amerindians using culture-dependent and culture-independent methods. **International Journal of Food Microbiology,** Gugliasco, v. 140, n. 2-3, p. 225-231, 2010.

RAMOS, C. L. et al. Diversity of bacteria and yeast in the naturally fermented cotton seed and rice beverage produced by Brazilian Amerindians. Food Microbiology, Illinois, v. 28, n. 7, p. 1380-1386, 2011.

RAMOS, C. L. et al. Microbiological and chemical characteristics of tarubá, an indigenous beverage produced from solid cassava fermentation. **Food Microbiology,** Illinois, v. 49, n. 0, p. 182-188, 2015.

REICHEL-DALMATOFF, G. D. **Simbolismo de los índios Tukano del Vaupes.** 2. ed. Bogotá: Procultura, 1986.

RIBEIRO, B. G. Apresentação. In: ———. (Ed.). **Suma etnológica brasileira:** etnobiologia. 3. ed. Belém: Universidade Federal do Pará, 1997.

SANTOS, C. C. A. A. et al. Microbiological and physico-chemical characterisation of caxiri, an alcoholic beverage produced by the indigenous Juruna people of Brazil. **International Journal of Food Microbiology**, Gugliasco, v. 156, n. 2, p. 112-121, 2012.

SCHWAN, R. F. et al. Yeast diversity in rice cassava fermentations produced by the indigenous Tapirape people of Brazil. **FEMS Yeast Research**, Oxford, v. 7, n. 11, p. 966-972, 2007.

SCHWAN, R. F.; SANTOS, C. C. A. A.; RAMOS, C. L. Bebidas indígenas não alcoólicas. In: VENTURINI FILHO, W. G. (Coord.). **Bebidas não alcoólicas**: ciência e tecnologia. São Paulo: Blucher, 2015. Cap. 5. No prelo.

SILVA, J. B. C.; LOPES, C. A.; MAGALHÃES, J. S. Cultura da batata-doce. In: CEREDA, M. P. (Ed.). **Agricultura**: tuberosas amiláceas latino americanas: cultura de tuberosas amiláceas latino americanas. São Paulo: Fundação Cargill, 2002. v. 2, p. 13-25.

STEINKRAUS, K. H. Nutritional significance of fermented foods. **Food Research International**, Campinas, v. 27, n. 3, p. 259-267, 1994.

STEINKRAUS, K. H. **Handbook of indigenous fermented foods**. 2. ed. New York: Marcel Dekker, 1996. 776 p.

TABELA brasileira de composição dos alimentos. 4. ed. rev. ampl. Campinas: Núcleo de Estudos e Pesquisas em Alimentação, 2011. Disponível em: <http://www.unicamp.br/nepa/taco/contar/taco_4_edicao_ampliada_e_revisada.pdf?arquivo=taco_4_versao_ampliada_e_revisada.pdf>. Acesso em: 01 jun. 2015.

TEIXEIRA-PINTO, M. **Ieipari**: sacrifício e vida social entre os índios arara. São Paulo: Hucitec e Anpocs, 1997. 413p.

THEIVENDIRARAJAH, K.; DASSANAYAKE, M. D.; JEYASEELAN, K. Studies on the Fermentation of Kitul (Caryota urens). **The Ceylon Journal of Science (Biological Science)**, Peradeniya, v. 12, n. 2, p. 147-150, 1977.

TUNG, T. Q.; MIYATA, N.; IWAHORI, K. Growth of *Aspergillus oryzae* during treatment of cassava starch processing wastewater with high content of suspended solids. **Journal of Bioscience and Bioengineering**, Osaka, v. 97, n. 5, p. 329-335. 2004.

VALENCIA-BARRERA, R. S.; HERRERO, B.; MOLNÁR, T. Pollen and organoleptic analysis of honeys in León province (Spain). **Grana**, Stockholm, v. 39, n. 2/3, p. 133-140, 2000.

VANDAMME, E. J. Production of vitamins, coenzymes and related biochemicals by biotechnological processes. **Journal of Chemical Technology and Biotechnology**, Chichester Sussex, v. 53, n. 4, p. 313-327, 1992.

VENTURINI FILHO, W. G.; MENDES, B. P. Fermentação alcoólica de raízes tropicais. In: CEREDA, M. P. et al. (Ed.). **Tecnologias, usos e potencialidades de tuberosas latino americanas**. São Paulo: Fundação CARGILL. 2003. v. 3, cap. 19, p. 530-575. (Série Culturas de Tuberosas Amiláceas Latino Americanas).

2

CAXIRI

LÍVIA DE LACERDA DE OLIVEIRA PINELI
VERÔNICA CORTEZ GINANI
RAFAELA NEMER XAVIER

2.1 INTRODUÇÃO

Entre os hábitos indígenas que os descobridores europeus depararam, ao chegarem ao Brasil, destacava-se o consumo de uma "raiz leitosa, autóctone da América Tropical", que Pero Vaz de Caminha confundiu com o inhame consumido na África. Essa raiz tuberosa – a mandioca – foi denominada "pão dos trópicos", "pão caboclo", "pão de pobre" e "pão nosso de cada dia", por seu valor alimentício. De baixa perecibilidade, logo foi incorporada à alimentação dos navegadores, servindo de alimento para as tripulações e para os novos habitantes do território descoberto (REBELO, 2001).

Além dos hábitos alimentares, os exploradores também detectaram entre os nativos vícios, como o alcoolismo. Os fermentados que bebiam eram produzidos por eles próprios e consumidos durante suas danças e em outras ocasiões sociais. Esses fermentados podiam ser feitos de frutas silvestres, milho, batatas agrestes ou mandioca, e recebiam nomes sonoros, como *caxiri*[1] (ORICO, 1972).

Por sua ação psicoativa, as bebidas fermentadas são, usualmente, consumidas coletivamente, durante celebrações comunitárias, pelas populações primitivas em todo o mundo. O *caxiri*, em particular, é tradicionalmente relacionado com rituais sagrados e profanos dos índios. Permite ao pajé o acesso ao mundo sobrenatural, durante os rituais do *turé*.[2] Nessas ocasiões, tanto o pote (o recipiente), quanto o *caxiri* (a bebida), transformam-se em "entidades sobrenaturais" da cosmogonia indígena.

Segundo Vidal (1999), o *caxiri* está intimamente relacionado à mandioca e ao *tipiti*,[3] artefato que sempre acompanha o pote de cerâmica em que se fermenta a bebida, e é indispensável em qualquer negociação com os espíritos do outro mundo e para agradar e festejar os *karuãnas*,[4] os seres do *fundo*,[5] que

---

[1] Etimologia de origem duvidosa; Antônio Geraldo da Cunha (Dicionário Histórico das Palavras Portuguesas de Origem Tupi. 3. ed. São Paulo: Melhoramentos, 1989), sugere, sem dúvida, origem tupi; entretanto, segundo Luiz Caldas Tibiriçá, é termo caribe que corresponde ao cauim (caldo de cana fermentado). Segundo o Dicionário Aurélio, a. Bebida feita com beiju-açu fermentado em água. b. Licor extraído da mandioca fermentada. c. Aguardente, cachaça.

[2] Do arauaque, das tribos do Oiapoque; ritual sagrado liderado por um pajé em agradecimento aos *karuãnas*.

[3] Do tupi "tipi', espremer, e "ti", suco, líquido; espécie de cesto para espremer a massa de mandioca.

[4] Entre os arauaques do Oiapoque, Amapá, seres sobrenaturais invisíveis (espíritos) habitantes de rios, lagos, mares, montanhas, com formas de coisas, animais e plantas e vistos como seres humanos apenas pelos pajés, a quem protegem e ajudam no trânsito dos mundos visível e invisível.

[5] *Fundo* é como os karipunas chamam o mundo invisível, assim como o fundo das águas, o fundo da terra, o que há sob o sol, o habitat dos *karuãnas*.

são chamados para as sessões de cura e convidados para os festejos do *turé*. Tanto é assim, que Deus não poderia deixar de reconhecer a relação insubstituível entre índio e *caxiri* e, dessa forma, os teria criado juntos e, ao mesmo tempo, indissociáveis, para assegurar a vida, a sociabilidade e a reprodução dos índios. Essa é a crença, por exemplo, entre os Karipuna.[6]

Bebida de preparo exclusivamente feminino, seu consumo representa, para os índios brasileiros, entre outros, momentos de confraternização e festa. O simbolismo atribuído a essa bebida ultrapassa o ato do consumo e revela-se nas diversas etapas do seu preparo, tornando-se fator limitante para a qualidade do produto final. Oscilações de comportamento (por exemplo, a prática sexual exercida pela índia responsável por seu preparo) podem, de acordo com a crença ameríndia, modificar sua consistência, tornando-o mais encorpado e estragado (ASSIS, 2001).

2.1.1 Histórico

Da mesma forma que para outras bebidas fermentadas que fazem parte da identidade dos povos ameríndios, o processo de elaboração e o consumo do *caxiri* são relatados por diversos sertanistas e religiosos que conviveram com as várias tribos do território sul-americano.

De acordo com a definição de Lima (1990), citado por Fernandes (2004), o *caxiri* é classificado como "cerveja" insalivada. Diferentemente das cervejas maltadas, em que as amilases endógenas dos grãos germinados convertem o amido em açúcares simples para posterior fermentação, e das bebidas orientais fermentadas de arroz, em que a quebra do amido é proporcionada pela ação de fungos, as "cervejas" insalivadas usam enzimas salivares no processo de sacarificação.

O processo de produção do *caxiri* foi, primordialmente, descrito por Hans Staden (citado por FERNANDES, 2004) que observou grupos femininos responsáveis pela produção da bebida em aldeias indígenas em que esteve prisioneiro (Figura 2.1). As raízes da mandioca eram fervidas, por um tempo prolongado, em grandes recipientes. Posteriormente, a massa formada era transferida para outros potes e, quando esfriada, era mastigada pelas índias e cuspidas em outra vasilha. Esse procedimento, no entanto, foi inibido com a chegada dos brancos europeus, que repudiavam essa conduta. A massa mastigada voltava para os grandes potes, que eram completados com água e, depois de bem misturados, novamente aquecidos. Colocava-se, a seguir, a massa reaquecida, em vasilhas especiais, decoradas com figuras místicas e desenhos geométricos, de fina inspiração artística, enterradas até a metade, e tampava-se até que a bebida fermentasse (ORICO, 1972). O líquido forte, denso e nutritivo permanecia no tonel por dois dias para, depois, ser consumido até à embriaguez.

Por sua vez, o capuchinho Claude d'Abbeville, citado por Fernandes (2004), descreve um procedimento mais elaborado dos Tupinambás do Maranhão seiscentista, que utilizavam a "levedura de farinha de milho miúdo ou comum". Segundo o religioso, após a mastigação da macaxeira cozida, além da adição de água, em quantidades proporcionais ao volume de bebida que se pretendia fabricar, misturava-se também o derivado do milho, seguido de reaquecimento e fermentação.

Figura 2.1 Fabricação do *caxiri* por mulheres indígenas.

Fonte: Fernandes (2004).

Ressalte-se que cada *oca*[7] fazia sua própria bebida. Por motivo de comemorações diversas, pelo

---

[6] Povo indígena arauaque do Amapá, ao sul do Oiapoque. Etnia não pura (o próprio nome significa "povo misturado", que inclusive fala como segunda língua um "patois" da Guiana Francesa (ex.: ghãpapa, para avô, do francês grand-papa).

[7] Casa do índio, cujo coletivo é a maloca, aldeia.

menos mensalmente, os integrantes masculinos da tribo reuniam-se de *oca* em *oca*, sempre acabando com o estoque de *caxiri* de uma para passar para a seguinte. Para beber, sentavam-se ao redor dos potes, alguns sobre achas de lenha e outros no chão. A bebida era distribuída pelas mulheres, ordenadamente. Começavam, então, as mudanças de comportamento: cantorias, gritos e danças ao redor dos potes e fogueiras eram comuns. Raras eram as desavenças durante esses eventos (CÂMARA CASCUDO, 2004).

Na medida em que as expedições se aproximavam da região amazônica, todavia, observavam-se técnicas mais avançadas de manipulação de microrganismos, que produziam bebidas com teor alcoólico mais elevado, o que revela certa transição entre as "cervejas" insalivadas e aquelas obtidas pela ação sacarificante de fungos e bactérias.

Lima (1990), citado por Fernandes (2004), relatou, em sua obra, registros das primeiras expedições ao Alto Amazonas, em que eram descritas algumas bebidas de indígenas dessa região. A utilização de *massato* e de *macato*, massa de mandioca mastigada e envolta em folhas, foi observada na fabricação de bebidas fermentadas. O *massato* era estocado em cima da cobertura das casas. Sob o clima quente e úmido da floresta, a massa embolorava e fermentava. Quanto ao *macato*, foi descrito como "mandioca ralada, deixada 'apodrecer' debaixo da terra ou em buracos úmidos nas árvores", quando ficava pronto para ser usado na fabricação do *caxiri*.

De acordo com relato de memória,[8] observam-se modificações naturais no processo de elaboração do *caxiri*. As informações revelam que a bebida é um produto comum de povos vizinhos, que habitam a Bacia Amazônica e deriva, inicialmente, da imersão da macaxeira (mandioca mansa) na beira do rio ou dos igarapés, por vários dias. O momento para recolher a macaxeira é sinalizado quando há formação de espuma, juntamente com a presença de um odor diferenciado que exala da casca da raiz. A casca se desprende facilmente da macaxeira que pode ser amassada com as mãos ou com o auxílio do *tipiti*. O líquido extraído é coado e colocado em um recipiente, onde deve permanecer por vários dias. Decorrem, exatamente, três luas novas até que a bebida esteja pronta para o consumo.

Piso (1948), citado por Fernandes (2004), relatou a descrição feita por Joan Nieuhof em 1649, em sua obra sobre o Brasil holandês, da fabricação das bebidas fermentadas a partir de beiju de mandioca, obtendo-se a cerveja do tipo *paiauru*.[9] O cronista falava da obtenção de uma "cerveja" muito forte, resultante da fermentação de bolos finos de farinha de mandioca assados, mergulhados em água e deixados em potes por algum tempo. Ferreira (1983), citado por Fernandes (2004), esclareceu o processo de fabricação da bebida a partir de beijus ensopados em água e deitados entre duas folhas de embaúba, onde eram deixados embolorar por quatro a cinco dias. Posteriormente, a massa era coada e recolhida em grandes talhas. Para acelerar a fermentação, beijus mastigados por índias velhas podiam, ainda, ser adicionados.

Mais recentemente, Vannuchi (2000), em expedição a aldeias na região do Oiapoque, no extremo norte do Brasil, relatou que índios da tribo do Manga, em festejos que antecedem campeonatos esportivos, utilizam o *caxiri* durante o *turé* (Figura 2.2). A bebida é oferecida aos espíritos e consumida pelos participantes, que tocam instrumentos e cantam cânticos sagrados.

Figura 2.2 Ritual do *caxiri*, servido na cuia. Índios das tribos karipuna, galibi marworno, galibi do Oiapoque e palikur da região norte do Brasil.

Fonte: Vannuchi (2000).

---

8   Relato do Sr. Wedner M. Cavalcante (wednermc@hotmail.com), produtor comercial de caxiri.

9   Cerveja de beijus queimados, fermentada pela ação exclusiva de fungos.

A bebida é também descrita por Cunningham (2007) como parte de hábitos da tribo Yudja (Juruna) do Baixo Xingu, única a preparar o *caxiri* na região. Segundo observações do pesquisador, o *caxiri* é um tipo de mingau alcoólico fermentado.

O *caxiri* faz parte da cerimônia de entrega do Facão de Guerreiro de Selva – FGS[10] realizada no Centro de Instrução de Guerra na Selva (Exército Brasileiro, 2008). O *caxiri selvático*, preparado segundo o processo tradicional dos índios, deve ser consumido pelos recipiendários do FGS, simbolizando a identificação com as tradições e a cultura amazônicas (Figura 2.3). A bebida era originalmente preparada na região pelas índias, por meio da mastigação da banana pacovã ou da mandioca, para a indução da fermentação. Para os rituais mais recentes, o *caxiri* é preparado pela Comunidade Indígena Beija-Flor, de Rio Preto de Eva – AM, composta por mais de dez etnias, majoritariamente Saterê e Tucano. A principal receita, elaborada pelas índias da comunidade, é composta pela mistura de abacaxi e açúcar, que deixada para fermentar durante três dias. Em algumas cerimônias, os militares também fazem uso do *caxiri* preparado pela adição de bebida destilada à banana-pacovã, batida com canela e açúcar.

Figura 2.3 Cerimônia de entrega do Facão de Guerreiro de Selva. À esquerda na foto, a cuia com *caxiri*. O uso da foto foi gentilmente autorizado pelo Centro de Instrução de Guerra na Selva – CIGS.

Fonte: Exército Brasileiro (2008).

---

[10] Facão-de-mato (terçado). Às tropas de elite de todo o mundo estão associadas facas ou facões que as identificam. É usual, no encontro de camaradas de forças armadas amigas, a mostra recíproca deste emblemático artefato que, de certa forma, revela o significado histórico das corporações que integram. Os guerreiros de selva formados pelo Centro de Instrução e Guerra na Selva (CIGS) são um grupo de elite do Exército Brasileiro. Fonte: Exército Brasileiro (2008).

2.1.2 Definição legal

Historicamente, o *caxiri* vem sendo denominado como "cerveja", "vinho" ou bebida fermentada da raiz da mandioca, podendo ser classificado como cerveja insalivada, obtida por meio da utilização de microrganismos selvagens com atividade amilolítica.

Até o momento, apesar de sua derivação da mandioca, ainda não possui legislação própria, ao contrário da *tiquira* que é originária da mesma matéria-prima. Considerando-se sua graduação alcoólica de 10 a 11 °GL (próxima dos teores alcoólicos de fermentados de frutas) e seu processamento com adição de bebidas destiladas e de sucos de frutas, sugere-se que seja admitido na classe "Outras bebidas fermentadas", conforme o Decreto n. 6.871, de 4 de junho de 2009 (BRASIL, 2009).

2.1.3 Composição e valor nutritivo

O crescimento microbiano causa, segundo Fellows (2006), mudanças complexas no valor nutritivo de alimentos fermentados, por alterações na composição de proteínas, gorduras e carboidratos, bem como pela utilização e secreção de vitaminas. Em muitas fermentações, a produção de vitaminas pelos microrganismos implica o aumento do valor nutritivo do alimento ou bebida. As leveduras também hidrolisam compostos poliméricos para produzir substratos para o crescimento celular, podendo resultar em aumento da digestibilidade de proteínas e polissacarídeos. No caso da fermentação da mandioca, Buhner (1998) constatou grande incremento do teor proteico, tendo observado na raiz não fermentada 1,5% de proteínas, contra 8% da raiz fermentada.

As leveduras sintetizam vitaminas do complexo B, além de vitamina C, constituindo a principal fonte dessas vitaminas para os povos sul-americanos pré-industriais. Portanto, mais que bebida inebriante, os fermentados representam, para as sociedades indígenas, uma importante fonte de nutrientes, raramente obtida por outros meios.

Uma possível explicação para o incremento do teor proteico refere-se à não filtração do *caxiri*. Aquarone et al. (2001) relatam que o rejeito da produção de bebidas alcoólicas é composto pela matéria-prima usada na fermentação e pelas leveduras que cresceram, sendo estas, provavelmente, a fonte do incremento de proteínas. Enquanto as demais cervejas são filtradas e clarificadas, excluindo-se essa fração da formulação, o *caxiri* é consumido integralmente, como um mingau alcoólico, permanecendo em sua composição as leveduras que se multiplicaram no meio e todos os demais produtos da fermentação. Buhner (1998) relatou um aumento de 15% do teor de lisina e de 300% do teor de tiamina durante a fermentação de *tape*, bebida fermentada de origem indonésia.

Relatando um caso esclarecedor dessa função alimentícia da bebida, o etnólogo e missionário franciscano Protásio Frikel, citado por Fernandes (2004), descreve o impacto desastroso da abstinência de *sakura*, uma bebida do tipo *caxiri*, entre os índios Tiriyó, do Suriname, catequizados a partir da década de 1960. Relata o religioso que a abstinência *"não teve boas consequências, pois, como hoje se sabe, o caxiri, por causa da fermentação, contém vitaminas necessárias ao organismo do índio, dificilmente obtidas por outros meios. A carência dessas vitaminas, durante um período de cinco anos, parece ter causado um certo depauperamento físico dos Tiriyó. Nota-se em algumas pessoas um tipo de avitaminose, que, em alguns casos, chega a ser uma anemia profunda"*.

De acordo com o autor, o consumo da bebida é favorecido pelo seu baixo teor alcoólico, consequência da técnica da insalivação. Observavam-se nas bebidas grande quantidade de fragmentos de amido, o que revela a importância alimentar das "cervejas" insalivadas para os índios, que, quando a bebiam, nada mais comiam. Almeida et al. (2007) reportam que o cauim, fermentado de mandioca com arroz, produzido pelos índios *Tapirapé Tapi'itãwa*, do Estado do Mato Grosso, é consumido diariamente nas refeições por adultos e crianças, sendo essa bebida o principal alimento para os menores de 2 anos de idade. Os autores também observaram o aumento de 3 para 5% no teor de proteínas durante a fabricação da bebida.

Pode-se observar, na Tabela 2.1, que o *caxiri* é uma bebida alcoólica de alto valor calórico e que o carboidrato é o macronutriente predominante em sua composição nutricional (98,40%). Uma porção média (80 mL) contém valor calórico equivalente a 167,17 kcal. Os dados da Tabela 2.1 foram obtidos com a produção da bebida em laboratório, a partir do receituário fornecido por um produtor comercial do *caxiri*, cujo processo de produção ocorre em duas etapas, sendo, a primeira, a fermentação da mandioca e, a segunda, a mistura dos demais ingredientes. Tem-se uma bebida similar a uma batida. Os micronutrientes existentes não foram pesquisados, sendo necessários outros estudos nesse sentido.

Nota-se, entretanto, que a quantidade de proteína não confirma os resultados relatados (AQUARONE et al., 2001). O percentual proteico verificado é nutricionalmente irrelevante, pois deve-se considerar a porção (80 ml), que resulta em apenas 1,23 g de proteína. Deve-se considerar também o fato do reduzido valor biológico da mandioca, como alimento vegetal (SZARFARC et al., 1980).

Tabela 2.1 Composição nutricional média das matérias-primas e do *caxiri* fabricado pelo método artesanal.

Ingredientes	Quantidade (g)	Calorias (kcal)	Carboidrato (g)	Proteína (g)	Gordura (g)
Mandioca	276,00	413,72	99,36	2,21	0,83
Maracujá	656,20	655,54	139,11	14,44	4,59
Açúcar refinado	500,00	1.994,00	498,50	0,00	0,00
Água	1.065,00	0,00	0,00	0,00	0,00
Sal	1.780,00	0,00	0,00	0,00	0,00
Caxiri	1,60	4.089,60	1.022,40	0,00	0,00
TOTAL	4.278,80	7.152,87	1.759,37	16,64	5,42
%			98,40%	0,92%	0,68%

2.2 MATÉRIA-PRIMA

A valorização da cultura da mandioca se justifica, no mundo contemporâneo, pelas características do seu sistema de produção. Vegetal de grande resistência, a mandioca prospera em condições precárias de fertilidade do solo e de umidade. O uso de agrotóxicos é dispensável, podendo a cultura integrar, sem restrições, programas de produção de alimentos com baixa agressão ao meio ambiente e à saúde humana. Pesquisas indicam a tendência de persistirem, como fontes de alimentos, produtos resultantes de culturas com as características da mandioca: exigência de pequenas extensões de terras, cultivo independente de variações climáticas e de solo. São características que tornam a mandioca um produto cujo cultivo se harmoniza com os cuidados com o meio ambiente (COVENEY; SANTICH, 1997).

Os produtos à base de mandioca devem, no entanto, atender às exigências do mercado mundial. A disponibilidade de produtos industrializados, com apelos diversos, como praticidade de consumo e valores nutricionais de acordo com padrões globais, torna a mandioca e seus derivados tradicionais inadequados, por vezes, ao contexto alimentar atual.

A cultura indígena desenvolveu o uso da mandioca, antes da chegada dos portugueses, por aproximadamente 10.000 anos. Posteriormente, cientistas e pesquisadores encontraram diferenciados usos para essa raiz. Portanto, ações que possam unir a moderna tecnologia aos aspectos culturais que ressaltam o *sentido de pertencer,* dos indivíduos e das comunidades, atribuído ao alimento tradicional e típico, têm alta relevância para todos os brasileiros. Deve ser estimulado o resgate, auxiliado pela moderna tecnologia de alimentos, das receitas indígenas, que têm a mandioca como ingrediente básico, para que a diversidade do sabor seja preservada, e, com ela, a identidade dos povos. Como produto advindo da mandioca, o *caxiri* traz, em sua essência e simbologia, parte da história ameríndia, e pode ser explorado comercialmente, além de ter em seu perfil características populares, pois seu custo é reduzido e seu acesso pode ser facilitado. Evidentemente, como bebida alcoólica, seu consumo deve ser moderado e restrito a ocasiões especiais. Respeitando-se esses princípios, sua popularização pode beneficiar a indústria brasileira, e, indiretamente, a população do país, uma vez que pode ser gerador de empregos e renda.

2.3 MICROBIOLOGIA

A identificação dos microrganismos atuantes na fabricação de bebidas fermentadas à base de mandioca foi objeto de alguns estudos. A fermentação natural de raízes de mandioca é denominada "pubagem" (MENEZES et al., 1998). Além da degradação de compostos cianogênicos e formação de substâncias aromáticas, o processo fermentativo promove o amolecimento das raízes. Bactérias, leveduras e bolores foram encontrados por Almeida (1992) no líquido de fermentação da mandioca, observando que os ácidos acético, butírico e lático predominavam na maceração, que se inicia a partir de 48 horas e se completa quando a atividade amilolítica é máxima. O autor mostrou que, durante a pubagem, a microbiota se altera. Enterobactérias e corinebactérias iniciam o processo e são, aos poucos, substi-

tuídas por bactérias láticas e bactérias esporuladas. Em seguida, os fungos *Candida, Saccharomyces, Penicillium* e *Aspergillus* passam a predominar. Menezes et al. (1998) relatam que, entre as bactérias, diversas linhagens são amilolíticas ou pectinolíticas. Bactérias láticas importantes na fermentação da mandioca, como *Lactobacillus plantarum* e *Leuconostoc mesenteroides,* são produtoras de pectinases (JUVEN et al., 1985; SAKELLARIS et al., 1989) e fungos *Aspergillus* são reconhecidamente produtores de enzimas amilolíticas, pécticas, celulolíticas e hemicelulolíticas.

Os pesquisadores Park et al. (1982) encontraram em beijus de mandioca a presença predominante de mofos, principalmente *Aspergillus niger* e *Paelomyces sp.*, e contagens moderadas de *Rhizopus sp.* e *Rhizopus delemar* e pequenas de *Neurospora sp.* Quanto à produção de enzimas amilolíticas pelos bolores, observou-se uma alta produção de alfa-amilase por *Paelomyces sp.*, enquanto *Aspergillus niger* e *Rhizopus delemar* foram responsáveis pela alta atividade de amiloglucosidase.

Além de *Aspergillus niger* e *Neurosopora sitophilus,* Venturini Filho e Mendes (2004) relatam a presença também de *Aspergillus orizae* na composição da microbiota predominante em beijus. São características desse fungo a alta atividade amilolítica, a capacidade de multiplicação, quando submerso em água, e a não produção de aflatoxinas ou substâncias potencialmente carcinogênicas (TUNG et al., 2004). Segundo os autores, os fungos, que inicialmente crescem sobre a superfície, penetram a massa após alguns dias e sacarificam o amido pela excreção de amilases. A fermentação alcoólica da massa hidrolisada e adicionada de água ocorre pela ação de microrganismos existentes naturalmente no beiju, na água e nos recipientes em que os produtos ficam armazenados.

Almeida et al. (2007) caracterizaram e identificaram as populações de microrganismos encontradas durante a produção de cauim de mandioca por índios *Tapirapé Tapi'itãwa*. Os autores observaram a progressiva acidificação, durante a fermentação, com decréscimo de pH de 5,5 para 3,4. A carga microbiana era alta no início da fermentação, sendo que a contagem total de bactérias e de leveduras era de 6,8 e 3,7 log UFC/mL, respectivamente. Um total de 335 bactérias foram identificadas, sendo classificadas como gram-negativas (3,5%), gram-positivas não esporuladas (78%) e gram-positivas esporuladas (18,5%). Bactérias láticas multiplicaram-se durante a fermentação e se tornaram a classe dominante durante todo o processo.

Entre as espécies de bactérias encontradas citam-se *Lactobacillus pentosus, L. plantarum, Corynebacterium xerosis, C. amylocolatum, C. vitarumen, Bacillus cereus, B. licheniformis, B. pumilus, B. circulans* e *Paenibacillus macerans*. Dessas, *Lactobacillus pentosus* e *Lactobacillus plantarum* predominaram durante o processo. São características importantes desses microrganismos a alta atividade amilolítica, a produção de ácido lático e a inibição de enterobactérias e bactérias produtoras de ácido butírico (ALMEIDA et al., 2007; EMANUEL, et al., 2005). Por causa dos efeitos benéficos proporcionados à saúde humana, esses microrganismos têm sido considerados probióticos emergentes (HERIAS et al., 1999).

2.4 PROCESSAMENTO

Desde sua origem ameríndia aos dias atuais, a produção de *caxiri* sofreu algumas adaptações para sua inserção nos hábitos de consumo do homem branco, a partir de sua fixação em áreas próximas às reservas indígenas e do contato de militares e estudiosos com as tribos da região amazônica. Assim, da simples mastigação da massa de mandioca, aos processos biotecnológicos modernos, podem ser extraídos três fluxogramas de processamento da bebida, segundo as paulatinas modificações da técnica.

De acordo com Assis (2001), o modo de fabricação atual pelos povos do Alto Rio Negro pode ser representado num fluxograma geral, para o *caxiri* dos povos amazônicos, conforme apresentado na Figura 2.4. A mandioca colhida é lavada e descascada. A seguir, é ralada ou cortada. A massa da mandioca é diluída em água e deixada em cozimento. De acordo com Cereda (2005), o cozimento da massa da mandioca promove a geleificação do amido, o que facilita a ação das enzimas amilolíticas. O cozimento resulta num tipo de caldo grosso, ao qual se adiciona mais água e a mistura é depositada em coxos, feitos de troncos de árvore, em grandes panelas de barro ou em potes. Além de se usar a mandioca como base do *caxiri*, pode-se misturar à massa a batata-doce, o cará ou a garapa feita da cana-de-açúcar (FUNAI, 2007). Após o cozimento, a massa de mandioca é mastigada. Tecnicamente, a mastigação tem como principal objetivo o início da digestão. No caso da produção de bebida fermentada pelos índios, ela era utilizada como precursora da hidrólise do amido. A mistura que ocorre na boca promove a interação entre a massa e a ptialina, responsável por iniciar a hidrólise do carboidrato. Maltose e dextrina são os produtos dessa reação, que provoca ainda a sacarificação, resultante da ação dos ácidos orgânicos sobre os oligossacarídeos (MAHAN, STUMP, 2005). Alternativamente, pode-se juntar à massa o beiju torrado, em pedaços, o que provoca a necessária fermentação (ASSIS, 2001). A adição do beiju, cujo amido já está geleificado, também favorece a ação das amilases de origem autóctone (CEREDA, 2005).

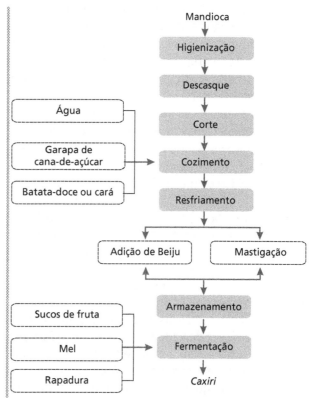

Figura 2.4 Fluxograma da produção tradicional do *caxiri* pelos povos ameríndios. Blocos tracejados indicam etapas ou ingredientes alternativos, de acordo com as diferentes tribos indígenas da região amazônica, incorporando inovações, como o uso da cana-de-açúcar, que não tem origem no continente americano.

Uma variação deste processo aplicada atualmente pelos índios *Tapirapé Tapi'itãwa*, do Mato Grosso, foi reportada por Almeida et al. (2007). A bebida, denominada como cauim de mandioca, é preparada com mandioca, arroz e inóculo de batata-doce. A mandioca é imersa em água corrente por três a quatro dias para amaciamento da casca, é descascada, secada ao sol, raspada e moída. Cerca de dois quilos da farinha de mandioca resultante e 1 kg de arroz são misturados a aproximadamente 30 litros de água e cozinha-se até que se tenha a distribuição uniforme do substrato. Resfria-se a mistura por seis a oito horas ao ambiente, antes da inoculação. O inóculo, constituído pelo suco da mastigação de batata-doce, é adicionado lentamente. A fermentação ocorre em recipiente aberto, por 48 horas, à temperatura ambiente (aproximadamente 30 °C). Ao fim do processo fermentativo, a bebida está pronta para ser consumida.

De acordo com Galvão (1979), citado por Assis (2001), nas aldeias de contato mais frequente com a sociedade não indígena, o processo de fermentação, por meio da mastigação pelas mulheres, é visto com certa "abominação" e eles fazem questão de dizer que seu *caxiri* é preparado com beiju.

Após três ou quatro dias, a bebida está levemente fermentada. A seguir, é coada em peneira com crivo fino para separação das impurezas. Essa bebida apresenta um sabor entre picante e azedo, muito agradável.

Outra variação do processo é relatada pela Funai (2007) na descrição dos rituais dos povos do Oiapoque. Na preparação de um ritual, um grupo de mulheres prepara no forno um grande beiju de mandioca ralada e prensada. Para revirar o beiju, elas o desenham e recortam em fatias, como se faz com uma pizza. Isso se chama *pataje kasab*, que configura um padrão decorativo usado em muitos suportes, especialmente nos trançados. Esse beiju é colocado com água em um pote grande, adicionando-se açúcar ou mel, e, às vezes, um xarope de abacaxi. Antes de ser deixado para descansar e fermentar, as mulheres se reúnem ao redor do pote, cantam cantos xamânicos e colocam, no fundo do pote, emborcada, uma pequena cuia com folhas de abacaxi. Quando a bebida fermenta, a cuia sobe à superfície, significando que ela está pronta para ser consumida. Enquanto a cuia não sobe, a bebida não está, ainda, adequada para o consumo (Figura 2.5).

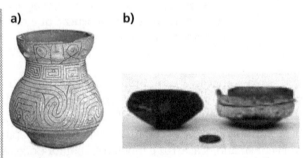

Figura 2.5 Grande pote para o preparo do *caxiri* a); e pequeno pote b), para o consumo da mesma bebida.

Fonte: a) http://oiapoque.museudoindio.gov.br/exposicao/. Fotografia: Lux Vidal, Fábio Maffei, Ugo Maia Andrade e Paulo R. Copolla. b) http://ich.unito.com.br/controlPanel/materia/resource/download/41398. Fotografia André Prous.

A produção artesanal do *caxiri*, registrada nas regiões Centro-Oeste e Norte, por sua vez, é semelhante à elaboração de uma batida, cujos ingredientes principais são a massa de mandioca cozida e peneirada, a cachaça (aguardente de cana), ou a *tiquira* (aguardente de mandioca), e uma calda feita com açúcar e sucos de frutas ácidas, como o maracujá ou o abacaxi (Figura 2.6). Usualmente, os próprios índios misturam à bebida fermentada, as destiladas, como a *tiquira*, fabricada por eles mesmos, ou outra aguardente, com vistas a aumentar a velocidade da embriaguez (ASSIS, 2001). De acordo com Fernandes (2004), são inúmeras as referências documentais que atestam o impacto negativo da introdução de bebidas destiladas entre os nativos da América, bem como a radical transformação dos padrões de consumo e beberagem nativa, a partir do contato com os europeus.

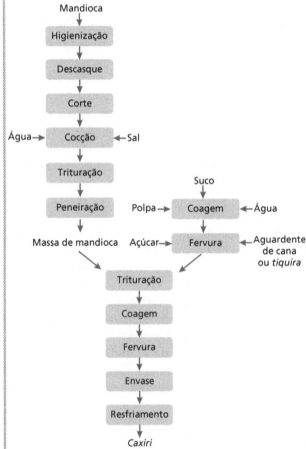

Figura 2.6 Fluxograma da produção do *caxiri*, adaptada pelo homem branco.

Após a lavagem e sanitização das raízes, em solução com 10 mg de cloro ativo por litro, a mandioca é cortada em pedaços e cozida por dez minutos sob pressão, imersa em água. À água de cozimento pode ser adicionado sal, que atuará como realçador de sabor. A mandioca cozida é amassada e passada em peneira para remoção das fibras. À massa é misturada calda de maracujá ou abacaxi, obtida por fervura da polpa ou suco das frutas, água, açúcar e bebida destilada (aguardente de cana ou *tiquira*). Esse último ingrediente substitui a fermentação alcoólica da massa de mandioca, fazendo que o processo se assemelhe ao da elaboração de uma batida de frutas.

A calda e a massa de mandioca são misturadas em liquidificador industrial e peneiradas, com o objetivo de clarificar o líquido, mantendo, contudo, a viscosidade característica, e fervida, a 85 °C, por cinco minutos, para ser envasada imediatamente em frascos esterilizados. A embalagem deve ser fechada e invertida ainda quente, por 15 minutos, para esterilização de todo o espaço interno pela temperatura do produto. A bebida produzida por esse método apresenta graduação alcoólica de aproximadamente 11 °GL e é atualmente comercializada no Estado de Goiás e na Capital Federal.

A adequação do processamento do *caxiri* às operações unitárias industriais é possível, por meio da adaptação do fluxograma da produção da *tiquira*, bebida destilada de mandioca. Nesse processo, pode-se obter uma bebida fermentada de mandioca com suco de frutas, com graduação alcoólica em torno de 10 °GL. A sacarificação do amido de mandioca, originalmente promovida pela ptialina após mastigação das raízes, agora ocorre por ação de amilases industriais. De acordo com Arce et al. (2005), a produção de *tiquira* com amilases industriais e levedura prensada é viável, em substituição ao processo tradicional. Em concordância com esse trabalho, testes para produção de *caxiri* foram realizados com aplicação da enzima amilase dextrinizante bacteriana Termamyl 120 L, na proporção de 3 mL/kg de amido, seguida da amiloglucosidase sacarificante AMG 300 L, na dosagem de 2 mL/kg de amido (Novozime do Brasil). O fluxograma do processo biotecnológico proposto é apresentado na Figura 2.7.

Após a ralação e cocção da mandioca, previamente lavada, higienizada e descascada, a massa, misturada com água (duas partes de água para uma parte de massa de mandioca) é cozida, novamente triturada em liquidificador industrial e aquecida em um tacho com camisa dupla, com aquecimento elétrico, ou por vapor, a 90-105 °C, para boa atividade da amilase dextrinizante. O tempo de atuação da enzima é de 120 minutos. Ao final da hidrólise, o pH é reduzido para 4,0-4,5, com ácido cítrico a 30%, e a temperatura é reduzida para 60 °C, por meio de circulação de água fria na camisa do equipamento, e assim mantida, para melhor atividade da amilase sacarificante, que atua por 60 minutos.

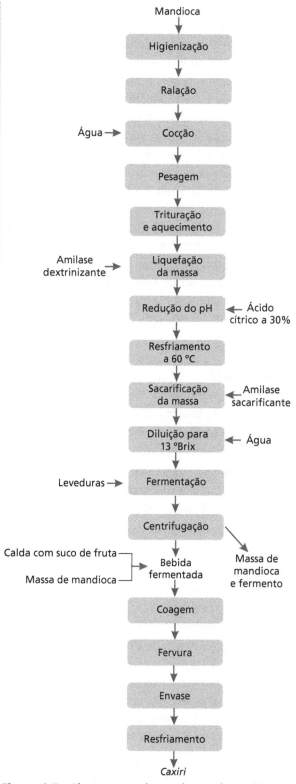

Figura 2.7 Fluxograma da produção de *caxiri* com enzimas comerciais e levedura prensada.

A massa hidrolisada apresenta teor de sólidos solúveis entre 38 e 40 °Brix. Faz-se necessária a diluição com água para 13 °Brix. O fermento, na forma de levedura prensada, é inoculado na proporção de 10 g/L. A fermentação ocorre por 24 horas, até que o teor de sólidos solúveis totais se reduza a 4-5 °Brix. A bebida fermentada é resfriada, por meio da circulação de água mais fria na camisa dupla do tacho, e centrifugada duas vezes, para remoção das leveduras. Obtém-se, dessa forma, um fermentado de mandioca líquido e translúcido, ligeiramente amarelado.

O fermentado é misturado à massa de mandioca, preparada da mesma forma e nas mesmas proporções usadas para a produção artesanal do *caxiri* com aguardente, e à calda de suco de frutas (composta por açúcar mais suco previamente fervido). Como a massa original é removida, juntamente com as leveduras, na etapa de centrifugação, a adição da massa de mandioca cozida é importante para reconstituir a viscosidade original e para atuar como agente estabilizante, pela ação do gel de amido, evitando a separação do suco e mantendo a homogeneidade da bebida.

BIBLIOGRAFIA

ABBEVILLE, C. **História da missão dos padres capuchinhos na Ilha do Maranhão e terras circunvizinhas.** Belo Horizonte: Itatiaia; São Paulo: EdUSP, 1975. 297p.

ALMEIDA, E. G.; RACHID, C. C. T. C.; SCHWAN, R.F. Microbial population present in fermented beverage 'cauim' produced by Brazilian Amerindians. **International Journal of Food Microbiology**, Turin, v. 120, p. 146-151, 2007.

AQUARONE, E.; et al. **Biotecnologia industrial:** biotecnologia na produção de alimentos. 1. ed. São Paulo: Blucher, v. 4, 2001. 523p.

ASSIS, L. P. S. **Do** *caxiri* **à cachaça:** mudanças nos hábitos de beber do povo Daw no Alto Rio Negro. São Gabriel da Cachoeira: UFAM, 2001. 86p. (Monografia).

BRASIL. Decreto n. 6.871, de 4 de junho de 2009. Regulamenta a Lei n. 8.918, de 14 de julho de 1994, que dispõe sobre a padronização, a classificação, o registro, a inspeção, a produção e a fiscalização de bebidas. Disponível em: <http://extranet.agricultura.gov.br/sislegis-consulta/consultarLegislacao.do?operacao=visualizar&id=20271>. Acesso em: 23 out. 2009.

BUHNER, S. H. **Sacred and herbal healing beers:** the secrets of ancient fermentation. Boulder: Brewers Publications, 1998.

CÂMARA CASCUDO, L. **História da alimentação no Brasil.** 3. ed. São Paulo: Global, 2004. 954p.

CEREDA, M. P. Tiquira e outras bebidas de mandioca. In: VENTURINI FILHO, W. **Tecnologia de bebidas.** São Paulo: Blucher, 2005. Cap. 21, p. 525-550.

CUNNINGHAM, P. Projeto Xingu: no coração do Brasil. 2007. Disponível em: <http://www.bbc.co.uk/portuguese/forum/story/2007/05/printable/070525_projetoxingu8.shtml>. Acesso em: 15 jun. 2007.

EMANUEL, V.; JOCHMANN, K.; GADEKEN, D. Isolation of a *Lactobacillus plantarum* strain used for obtaining a product for the preservation of fodders. **African Journal of Biotechnology**, Bowie, v. 4, n. 5, p. 403-408, 2005.

EXÉRCITO BRASILEIRO. Centro de Instrução de Guerra na Selva. Facão do Guerreiro de Selva. Manaus, 2008. Disponível em: <http://www.cigs.ensino.eb.br/fgs.pdf>. Acesso em: 06 set. 2008.

FELLOWS, P. J. **Tecnologia de Processamento de Alimentos.** 2. ed. Porto Alegre: Artmed, 2006. 602p.

FERNANDES, J. A. **Selvagens bebedeiras:** álcool, embriaguez e contatos culturais no Brasil colonial. 2004. 392f. Tese (Doutorado em História). Universidade Federal Fluminense, Rio de Janeiro, 2004.

FERREIRA, A. R. **Viagem filosófica ao Rio Negro.** Belém: Museu Paraense Emílio Goeldi, 1983. 775p.

FUKUDA, W. M. G. **Mandioca palito.** Paranavaí: Associação Brasileira de Produtores de Amido de Mandioca, 2004. Disponível em: <http://www.abam.com.br/artigos/Artigo%20W%E2nia%20Fukuda%20-%20mandioca%20frita-ABAM.doc>. Acesso em: 10 jul. 2007.

FUNDAÇÃO NACIONAL DO ÍNDIO. **Museu do índio**: a presença do invisível: vida cotidiana e ritual entre os povos indígenas do Oiapoque. Rio de janeiro, 2007. Disponível em: <http://oiapoque.museudoindio.gov.br/exposicao/ture/caxiri>. Acesso em: 15 jun. 2007.

GALVÃO, E. **Encontro de sociedades:** índios e brancos no Brasil. Rio de Janeiro: Paz e Terra, 1979. 300p.

GOMENSORO, M. L. C. de. **Pequeno dicionário de gastronomia.** Rio de Janeiro: Objetiva, 1999. 432p.

JUVEN, B. J.; LINDNER, P.; WEISSLOWICZ, H. Pectin degradation in plant materials by Leuconostoc mesenteroides. **Journal of Applied Bacteriology**, Oxford, v. 53, p. 533-538, 1985.

LIMA, O. G. **Pulque, balché e pajauaru:** en la etnobiología de las bebidas y dos alimentos fermentados. Ciudad del México: Fondo de Cultura Econômica, 1990. 405p.

MAHAN, K.; STUMP, S. E. **Krause: alimentos, nutrição e dietoterapia**. 11. ed. São Paulo: Roca, 2005. 1242p.

MENEZES, T. J. B.; SARMENTO, S. B. S.; DAIUTO, E. R. Influence of macerating enzymes in the production of "Puba". **Ciência e Tecnologia de Alimentos**. Campinas, v. 18, n. 4, p. 380-396, 1998.

MODESTI, C. DE F. et al. Caracterização de concentrado proteico de folhas de mandioca obtido por precipitação com calor e ácido. **Ciência e Tecnologia de Alimentos**. Campinas, v. 27, n. 3, p. 464-469, 2007.

ORICO, O. **Cozinha amazônica**: uma autobiografia do paladar. Belém: Universidade Federal do Pará, 1972. 193p. (Coleção amazônica. Série Ferreira Vianna).

PARK, Y. K. et al. Microflora in beiju and their biochemical characteristics. **Journal of Fermentation Technology**, Osaka, v. 60, n. 1, p. 1-4, 1982.

PISO, G. **História natural do Brasil**. São Paulo: Nacional, 1948. 434p.

SAKELLARIS, G.; Nikolaropoulos, S.; Evangelopoulos, A. E. Purification and characterization of an extracellular polygalacturonase from Lactobacillus plantarumstrain BA 11. **Journal of applied microbiology**, v. 67, n. 1, p. 77-85. 1989.

SZARFARC, S. C. et al. Qualidade proteica de dietas avaliadas segundo os padrões FAO 1968 e FAO 1973. **Rev. Saúde Pública**, São Paulo, v. 14, n. 2, p. 151-160, 1980.

3
CERVEJA

GIULIANO DRAGONE
TASSIANA AMÉLIA DE OLIVEIRA E SILVA
JOÃO BATISTA DE ALMEIDA E SILVA

3.1 INTRODUÇÃO

A cerveja, que deriva da palavra em latim *bibere* (beber), é uma bebida fermentada com uma história de 6.000 a 8.000 anos, cujo processo de elaboração, cada vez mais regulado e mais bem controlado, tem permanecido inalterado durante séculos. Os ingredientes básicos para a produção da maioria das cervejas são: cevada maltada, água, lúpulo e levedura; de fato, a lei bavária de pureza, com quase 500 anos (*Reinheitsgebot*), restringe os cervejeiros a utilizarem apenas esses ingredientes nas cervejas produzidas na Alemanha. Por outro lado, embora a maioria dos outros cervejeiros do mundo inteiro possua uma maior flexibilidade na escolha de diferentes matérias-primas, a indústria cervejeira é consciente da importância de manter a tradição na produção dessa bebida. Porém, a legislação brasileira permite que parte do malte de cevada possa ser substituída por cereais maltados ou não, e por carboidratos de origem vegetal transformados ou não, conhecidos como adjuntos. Esses adjuntos têm por finalidade contribuir como fonte alternativa de substrato, custos geralmente inferiores ao do malte de cevada e, adicionalmente, proporcionar à bebida características organolépticas peculiares em função da fonte de que provêm. Tradicionalmente, esses adjuntos eram outros grãos de cereais, como trigo, milho, arroz, sorgo, mas pesquisas estão sendo desenvolvidas utilizando outras fontes de carboidratos denominados adjuntos não convencionais, como arroz preto, banana, pupunha, cana de açúcar, pinhão, café, soro de leite, cajá, umbu cajá, tamarindo, cacau, mas sempre procurando manter os teores alcoólicos tradicionalmente usados para a bebida. Comparada com outras bebidas alcoólicas, a cerveja apresenta baixo teor alcoólico, inclusive pela proporção de água que possui, porém contém uma grande riqueza aromática exatamente pelas características das matérias-primas utilizadas em sua preparação.

3.1.1 Histórico

A origem das primeiras bebidas alcoólicas é incerta, mas provavelmente foram feitas de cevada, tâmaras, uvas ou mel. A prática da cervejaria parece ter sido originada na região da Mesopotâmia, onde a cevada cresce em estado selvagem. Há evidências de que a cerveja feita de cevada maltada já era fabricada na Babilônia no ano 6000 antes de Cristo. No Egito, a cerveja era uma bebida nacional de grande consumo, ocupando um lugar importante nos ritos religiosos, sendo distribuída ao povo.

O processo cervejeiro era exercido por padeiros em razão da natureza da matéria-prima, como grãos de cereais e leveduras. A cevada era deixada de molho até germinar e, então, moída grosseiramente, moldada em bolos aos quais se adicionava a levedura. Os bolos, após parcialmente assados e desfeitos, eram colocados em jarra com água e deixados fermentar. Essa cerveja rústica ainda é fabricada no Egito, com o nome de Bouza. Os egípcios fizeram com que a cerveja ficasse conhecida pelos outros povos orientais, fazendo com que ela chegasse à Europa e, daí, para o resto do mundo. Recentemente, foi encontrada uma receita de cerveja extraída de murais de túmulos egípcios datados de 2650 e 2180 a.C. Segundo a cervejaria japonesa Kirin Brewery que encontrou tal raridade, a cerveja obtida com essa fórmula tem cor castanha escura, gosto amargo e grau alcoólico de 10%, apresenta baixo teor de gás carbônico e muito pouca ou quase nenhuma espuma.

Sabe-se atualmente que a produção e o consumo de bebidas alcoólicas são umas das atividades mais antigas desenvolvidas pelo homem. No caso específico da cerveja, talvez a mais popular das bebidas, sua produção vem de milhares de anos durante os quais sofreu aprimoramento técnico, visando o aumento de sua produção e de seu consumo.

Na idade média, o lúpulo foi introduzido como matéria-prima e a arte cervejeira teve algum avanço, devido ao início da produção em maior escala. Nessa época, ainda utilizava-se de toda espécie de ingredientes na elaboração da cerveja. Por este motivo, no ano de 1516, o Duque Guilherme IV da Baváría (Alemanha), aprovou a que atualmente é conhecida como a lei mais antiga do mundo sobre a manipulação de alimentos, a lei alemã *Reinheitsgebot* relacionada com a elaboração da cerveja, que deveria ser produzida somente com cevada, lúpulo e água.

Entre todas as ervas que têm sido utilizadas ao longo da história para dar sabor e preservar a cerveja, o lúpulo (*Humulus lupulus*) é considerado na atualidade, em nível mundial, como uma matéria-prima essencial para a produção da cerveja. Embora o lúpulo já fosse cultivado na Babilônia em épocas tão distantes quanto o ano 200 d.C., não existem registros do seu uso na produção da cerveja até o ano 1079. A lei de pureza alemã de 1516 (*Reinheitsgebot*) decretou que somente o lúpulo podia ser utilizado para conferir sabor amargo à cerveja produzida no país.

No Brasil, o hábito de tomar cerveja foi trazido por D. João VI, no início do século XIX, durante a permanência da família real portuguesa em território brasileiro. Nessa época, a cerveja consumida era importada de países europeus. Mais tarde, em 1888, foi fundada na cidade do Rio de Janeiro a "Manufatura de Cerveja Brahma Villigier e Cia." e poucos anos depois, em 1891, na cidade de São Paulo, a "Companhia Antárctica Paulista".

3.1.2 Mercado de cerveja

O mercado cervejeiro caracteriza-se por apresentar um elevado grau de internacionalização desde há vários séculos. A arte de produzir cerveja foi espalhada por meio de conquistas, colonizações, empreendimentos comerciais e viagens individuais. Nas últimas duas décadas, várias marcas e tipos de cerveja têm-se convertido em produtos globalizados, da mesma maneira como outros produtos originais de um determinado país são, posteriormente, fabricados e consumidos no mundo inteiro. O ritmo de globalização dessa bebida tem acelerado significativamente durante esse período, devido principalmente ao aumento da atividade de empresas multinacionais, mediante a aquisição de cervejarias existentes, como, por exemplo, a AB-ImBev, e também pela construção de novas instalações em mercados emergentes, assim como por meio do licenciamento da produção de suas marcas fora de seus países de origem. Por outro lado, o aumento de renda e a mudança do estilo de vida nos países em desenvolvimento contribuem para o aumento do consumo de cerveja.

3.1.2.1 *Panorama mundial do mercado cervejeiro*

O total da produção mundial de cerveja foi estimado em 195 bilhões de litros em 2012 (Tabela 3.1). Dentro desse contexto, a China figura como o maior país produtor e consumidor de cerveja no mundo desde 2002, ultrapassando os Estados Unidos que apresentam ainda um mercado praticamente estagnado desde os anos 1980. O consumo de cerveja no gigante asiático aumentou de menos de 1% em 1980 para mais de um quinto do total mundial na atualidade. Durante o mesmo período, a participação das empresas dos Estados Unidos caiu de 26% para 17%.

Tabela 3.1 Produção mundial de cerveja (10^9 L) por país e ano.

Posição em 2012	País	2000	2010	2011	2012
1	China	22,000	44,830	48,988	49,020
2	Estados Unidos	23,250	22,898	22,648	22,931
3	Brasil	8,260	12,835	13,278	13,743
4	Rússia	5,490	10,293	9,814	9,740
5	Alemanha	11,043	9,568	9,555	9,462
6	México	5,781	7,989	8,150	8,250
7	Japão	7,100	5,810	5,600	5,547
8	Reino Unido	5,528	4,500	4,569	4,205
9	Polônia	2,400	3,600	3,600	3,780
10	Espanha	2,640	3,338	3,357	3,300
11	África do Sul	2,450	2,960	3,087	3,150
12	Ucrânia	1,027	3,100	3,051	3,005
13	Vietnam	0,743	2,650	2,780	2,980
14	Holanda	2,507	2,394	2,365	2,427
15	Nigéria	0,630	1,760	1,960	2,400
16	Tailândia	1,154	1,995	2,060	2,370
17	Colômbia	1,350	2,050	2,100	2,255
18	Venezuela	1,859	2,000	2,350	2,147
19	Canadá	2,307	1,965	1,952	1,953
20	Índia	0,550	1,560	1,850	1,950
21	França	1,893	1,560	1,911	1,900
22	Coreia do Sul	1,857	1,817	1,850	1,888
23	Bélgica	1,473	1,812	1,857	1,850
24	República Tcheca	1,792	1,766	1,778	1,827
25	Romênia	1,210	1,700	1,690	1,790
26	Austrália	1,715	1,742	1,738	1,735
27	Argentina	1,200	1,750	1,700	1,670
28	Filipinas	1,220	1,570	1,570	1,580
29	Peru	0,563	1,100	1,150	1,320
30	Itália	1,258	1,237	1,251	1,279
31	Turquia	0,690	0,967	0,980	0,998
32	Angola	0,123	0,736	0,820	0,950
33	Áustria	0,875	0,867	0,892	0,893
34	Irlanda	0,871	0,825	0,851	0,820
35	Portugal	0,645	0,831	0,830	0,750
36	Camarões	0,367	0,589	0,600	0,690
37	Dinamarca	0,746	0,634	0,659	0,660
38	Hungria	0,730	0,600	0,624	0,616
39	Chile	0,419	0,568	0,596	0,600
40	Equador	0,245	0,570	0,550	0,593
Total dos 40 maiores países produtores (Fatia de mercado)		127,961	171,336	177,011	179,024 (91,7%)
Total da produção mundial de cerveja em 2012					195,128

Desde o ano 2000, o mercado cervejeiro vem se concentrando cada vez mais como consequência das grandes fusões e aquisições de empresas (Tabela 3.2). Desde então, as quatro principais companhias cervejeiras aumentaram sua participação combinada no mercado mundial de 25% para mais de 40%, aproximadamente. Estima-se que o custo total das fusões e aquisições na última década tenha superado os U$S 240 bilhões. Além disso, as empresas multinacionais de cerveja vêm investindo ativamente na construção de novas fábricas, principalmente na China e em países da África. De maneira similar a outras corporações, os grandes grupos cervejeiros estão se expandindo para além das suas fronteiras nacionais visando operar em mercados internacionais de rápido crescimento. Como resultado, a consolidação dos mercados de cerveja está ocorrendo em todo o mundo.

Tabela 3.2 Fusões e aquisições de grupos cervejeiros desde 2002 a 2015.

Ano	Comprador ou parceiro de fusão	Aquisição ou parceiro	Custo (bilhões de U$S)
2002	SAB	Miller (EUA)	5,6
2004	Interbrew	AmBev (Brasil)	11,0
2004	Anheuser-Busch	Harbin (China)	0,72
2005	SABMiller	Bavaria SA (Colômbia)	7,8
2005	Molson	Coors (EUA)	3,4
2006	InBev	Sedrin (China)	0,74
2007	SAB	MolsonCoors (EUA)	----
2008	InBev	Anheuser-Busch	52
2008	Heineken + Carlsberg	Scottish & Newcastle (EUA)	11,5
2009	Asahi	Tsingtao (19,9%) (China)	0,7
2009	Kirin	Lion Nathan (53,87%) Austrália	3,7
2009	Kirin	San Miguel (48,3%) (Filipinas)	1,4
2010	Kirin	F&N (14,7%) (Singapura)	1,0
2010	Heineken	FEMSA (México)	5,5
2011	Kirin	Schincariol (Brasil)	2,5
2011	Asahi	Independent Liquor (Nova Zelândia)	1,3
2011	SABMiller	Foster's (Austrália)	10,2
2011	SABMiller	Efes (Rússia, Ucrânia)	1,9
2012	ABInBev	CND (República Dominicana)	1,24
2012	Molson	Starbev (República Checa)	3,5
2012	ABInBev	Modelo (México)	20,0
2015	ABInBev	SABMiller (Reino Unido)	109,0

Em 2012, o maior grupo cervejeiro (Anheuser-Busch InBev) foi responsável por 18,1% da produção mundial, seguido da SABMiller (9,7%), Heineken (8,8%) e Carlsberg (6,2%). Três grandes e crescentes empresas da China encontram-se também entre os maiores produtores mundiais de cerveja: China Resources, Tsingtao e Beijing Yanjing (Tabela 3.3). Apesar do crescente investimento e da maior participação nos mercados estrangeiros, as vendas dos quatro principais grupos cervejeiros centra-se principalmente em seus mercados mais tradicionais. Nesse sentido, a maior percentagem de receitas da ABInBev proveem da América do Norte e do Sul. O grupo SABMiller apresenta uma maior diversificação em sua receita por regiões, com vendas na África, na América do Norte, na América Latina e na Europa. Carslberg e Heineken têm uma forte presença na Europa ocidental e central. Por outro lado, as vendas desses quatro grupos cervejeiros na China, embora venham aumentando, ainda são significativamente menores em relação às receitas provenientes dos outros mercados.

Tabela 3.3 40 maiores grupos cervejeiros no mundo em 2012.

Posição	Cervejaria	País	Produção (10⁶ hL)	Participação na produção mundial (%)
1	Anheuser-Busch InBev [1]	EUA/Bélgica/Brasil	352,9	18,1
2	SABMiller [2]	Reino Unido	190,0	9,7
3	Heineken	Holanda	171,7	8,8
4	Carlsberg	Dinamarca	120,4	6,2
5	China Resources Brewery Ltd.	China	106,2	5,4
6	Tsingtao Brewery Group	China	78,8	4,0
7	Grupo Modelo	México	55,8	2,9
8	Molson-Coors	EUA/Canadá	55,1	2,8
9	Beijing Yanjing Brewery	China	54,0	2,8
10	Kirin Brewery	Japão	49,3	2,5
11	Efes Group	Turquia	28,4	1,5
12	BGI / Groupe Castel	França	26,7	1,4
13	Asahi	Japão	21,2	1,1
14	Gold Star	China	19,7	1,0
15	Diageo (Guinness)	Irlanda	19,2	1,0
16	Petrópolis	Brasil	18,0	0,9
17	Polar	Venezuela	17,7	0,9
18	San Miguel Corporation	Filipinas	17,3	0,9
19	Singha Corporation	Tailândia	15,9	0,8
20	Radeberger Gruppe	Alemanha	13,0	0,7
21	Saigon Beverage Corp. (SABECO)	Vietnam	12,6	0,6
22	Grupo Mahou – San Miguel	Espanha	12,3	0,6
23	Pearl River	China	11,7	0,6
24	Oriental Brewery	Coreia do Sul	11,7	0,6
25	Chongqing Beer Stock Co. Ltd.	China	11,4	0,6
26	United Brewery	India	10,1	0,5
27	Oettinger	Alemanha	10,0	0,5
28	CCU	Chile	10,0	0,5
29	Obolon	Ucrânia	9,0	0,5
30	Damm	Espanha	8,5	0,4
31	Sapporo	Japão	8,4	0,4
32	Hite	Coreia do Sul	8,3	0,4
33	Shenzhen Kingway	China	7,9	0,4
34	Suntory	Japão	7,9	0,4
35	Bitburger Braugruppe	Alemanha	7,5	0,4
36	Krombacher	Alemanha	6,5	0,3
37	Beer Thai (Chang)	Tailândia	6,1	0,3
38	Habeco	Vietnam	6,0	0,3
39	Brau Holding International	Alemanha	5,4	0,3
40	SiPing Ginsberg Brewery	China	5,1	0,3
Total			1.607,7	82,4%
Produção mundial de cerveja			1.951,3	100%

[1] Sem Modelo; [2] Sem China Resource Brewery Ltd.

BEBIDAS ALCOÓLICAS

O consumo anual *per capita* de cerveja apresenta tendências diferentes em função do grau de riqueza do país em consideração. Nos países ricos, onde uma elevada proporção da população tem idade avançada, o consumo *per capita* encontra-se estagnado ou em declínio; por outro lado, países emergentes, com populações com renda média em crescimento, têm mostrado um aumento nos litros de cerveja consumida por pessoa por ano.

Na China, por exemplo, o consumo *per capita* tem aumentado de 17 L no ano 2000 para 36 L em 2012 (Tabela 3.4). De acordo com as estimativas desse último ano, a República Tcheca é o líder mundial no consumo de cerveja *per capita* com 144 L por ano, seguido por Alemanha (108 L) e Áustria (108 L). Dentre os países não europeus que também registam um elevado consumo *per capita* de cerveja encontram-se Austrália, Estados Unidos, Venezuela e Canadá.

Os Estados Unidos têm apresentado uma diminuição no consumo *per capita*, quando considerados os últimos anos, passando de 78 L em 2010 para 75 L em 2012. O consumo no Canadá também registou uma redução de 3 L por ano no mesmo período de tempo, alcançando os 65 L em 2012. Por outro lado, o crescimento no consumo anual de cerveja por habitante tem sido significativo em países como México, Rússia e Brasil. O consumo anual por habitante brasileiro passou de 49 L em 2005 para 62 L em 2012, o que representa um aumento de 26%.

Tabela 3.4 Consumo anual *per capita* de cerveja (L/hab) nos principais países produtores de cerveja em 2012.

Posição	País	População (10^6 habitantes)	Consumo per capita (L/ano)
1	República Tcheca	10,5	144
2	Alemanha	80,2	108
3	Áustria	8,4	108
4	Polônia	38,2	98
5	Romênia	21,4	89
6	Irlanda	4,5	86
7	Austrália	22,6	82
8	Rússia	141,6	80,2
9	Bélgica	11	78
10	EUA	311,9	75
11	Venezuela	29,3	75
12	Reino Unido	62,6	73
13	Holanda	16,7	72
14	Dinamarca	5,6	68
15	Canadá	34,5	65
16	Hungria	10	65
17	Brasil	196,7	62
18	México	114,8	60
19	África do Sul	50,7	57
20	Ucrânia	45,7	55
21	Angola	19,6	54
22	Peru	29,4	49
23	Japão	127,3	48
24	Espanha	46,2	48
25	Portugal	10,6	48

(continua)

Tabela 3.4 Consumo anual *per capita* de cerveja (L/hab) nos principais países produtores de cerveja em 2012. *(continuação)*

Posição	País	População (10⁶ habitantes)	Consumo per capita (L/ano)
26	Argentina	40,8	44
27	Colômbia	46,9	43
28	Chile	17,3	40
29	Equador	14,7	40
30	Coreia do Sul	49	39
31	Camarões	20	38
32	Vietnam	87,8	37
33	China	1.345,2	36
34	Tailândia	69,5	32
35	França	65,2	30
36	Itália	60,8	29
37	Filipinas	94,8	18
38	Turquia	73,7	12
39	Nigéria	162,4	11
40	Índia	1.241,6	2

3.1.2.2 Mercado de cerveja no Brasil

Brasil é o terceiro maior mercado mundial de cerveja com 13,743 bilhões de litros produzidos em 2012. Entre os diferentes tipos de cervejas consumidas neste país, a esmagadora maioria (98%) corresponde às cervejas do tipo Pilsen.

A maioria do mercado (68%) pertence à AmBev (Figura 3.1), proprietária das marcas Skol, Brahma, Antarctica e Bohemia, sendo esta última, a marca de cerveja mais antiga do Brasil ainda em produção. Em 2004, a AmBev e o grupo belga Interbrew (proprietária das marcas Stella Artois e Becks, entre outras) anunciaram uma aliança estratégica, constituindo a maior cervejaria do mundo (InBev), que, em 2008, adquiriu a cervejaria norte-americana Anheuser-Busch, tornando-se a AB-InBev. Em 2010, o grupo holandês Heineken comprou todas as cervejarias do grupo mexicano Femsa, incluindo a unidade brasileira. Por outro lado, em 2011, a maioria das ações do grupo brasileiro Schincariol foi adquiridas pelo grupo japonês Kirin Brewery em um negócio avaliado em U$S 2,5 bilhões. Em novembro de 2012, a Kirin mudou o nome da Schincariol para Brasil Kirin.

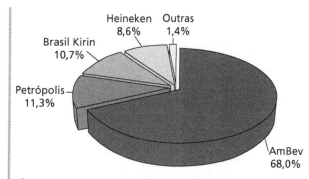

Figura 3.1 Segmentação do mercado cervejeiro nacional por empresas em 2012.

3.1.3 Definição legal

O Decreto n. 6.871, de 4 de junho de 2009, publicado no Diário Oficial da União de 04 de junho de 2009, regulamenta a Lei n. 8.918, de 14 de julho de 1994, que dispõe sobre a padronização, a classificação, o registro, a inspeção, a produção e a fiscalização de bebidas.

De acordo com a legislação brasileira, mencionado no Artigo 36 do referido decreto, "Cerveja é a bebida obtida pela fermentação alcoólica do mosto cervejeiro, oriundo do malte de cevada, e água potável, por ação da levedura, com adição de lúpulo".

O malte de cevada usado na elaboração de cerveja e o lúpulo poderão ser substituídos por seus respectivos extratos.

Parte do malte de cevada poderá ser substituído por cereais maltados ou não, como o arroz, o trigo, o centeio, o milho, a aveia e o sorgo, todos integrais, em flocos ou a sua parte amilácea, e por carboidratos de origem vegetal transformados ou não.

A quantidade de carboidrato (açúcar) empregado na elaboração de cerveja, em relação ao extrato primitivo, não poderá ser superior a 15% na cerveja clara.

Na cerveja escura, a quantidade de carboidrato (açúcar), poderá ser até 50%, em relação ao extrato primitivo, podendo conferir ao produto acabado as características de adoçante.

A cerveja extra poderá apresentar o teor de carboidrato (açúcar) no máximo de 10% do extrato primitivo.

Os cereais ou seus derivados serão usados de acordo com a classificação da cerveja quanto à proporção de malte de cevada, em peso, sobre o extrato primitivo.

Os carboidratos transformados são os derivados da parte amilácea dos cereais obtidos por meio de transformações enzimáticas.

Os carboidratos (açúcares) são a sacarose (açúcar refinado ou cristal), açúcar invertido, glicose, frutose e maltose.

Malte é o produto obtido pela germinação e secagem da cevada, devendo o malte de outros cereais ter a designação acrescida do nome do cereal de sua origem.

Extrato de malte é o resultante da desidratação do mosto de malte até o estado sólido, ou pastoso, devendo, quando reconstituído, apresentar as propriedades do mosto de malte.

Mosto cervejeiro é a solução, em água potável, de carboidratos, proteínas, glicídios e sais minerais, resultantes da degradação enzimática dos componentes da matéria-prima que compõem o mosto.

Mosto lupulado é o mosto fervido com lúpulo (*Humulus lupulus*), ou seu extrato, e dele apresentando os princípios aromáticos e amargos que permitem melhor conservação da cerveja e apuram o gosto e o aroma característico da bebida.

Extrato de lúpulo é o resultante da extração, por solvente adequado, dos princípios aromáticos e amargos do lúpulo, isomerizados ou não, reduzidos ou não, devendo o produto final estar isento de solvente.

Extrato primitivo ou original é o extrato do mosto de malte de origem da cerveja.

A cerveja deverá apresentar as seguintes características:

A cor da cerveja deverá ser proveniente das substâncias corantes do malte da cevada, sendo que para corrigir ou intensificar a cor da cerveja será permitido o uso de outros corantes naturais previstos na legislação específica; na cerveja escura será permitido o uso de corante natural caramelo.

Na fermentação do mosto será usada a levedura cervejeira como coadjuvante de tecnologia.

A cerveja deverá ser estabilizada biologicamente por processo físico apropriado, podendo ser denominado de *Chope* a cerveja não pasteurizada no envase.

A água potável empregada na elaboração da cerveja poderá ser tratada com substâncias químicas, por processo físico ou outro que lhe assegure as características desejadas para boa qualidade do produto, em conjunto ou separadamente.

A cerveja deverá apresentar, a vinte graus Celsius, uma pressão mínima de uma atmosfera de gás carbônico proveniente da fermentação, sendo permitida a correção por dióxido de carbono ou nitrogênio, industrialmente puros.

As cervejas são classificadas:

I – quanto ao extrato primitivo em:

a) cerveja leve, a que apresentar extrato primitivo igual ou superior a 5% e inferior a 10,5%, em peso;

b) cerveja comum, a que apresentar extrato primitivo igual ou superior a 10,5% e inferior a 12,5%, em peso;

c) cerveja extra, a que apresentar extrato primitivo igual ou superior a 12,5% e inferior a 14%, em peso;

d) cerveja forte, a que apresentar extrato primitivo igual ou superior a 14%, em peso.

II – quanto à cor:

a) cerveja clara, a que tiver cor correspondente a menos de 20 unidades EBC (European Brewery Convention);

b) cerveja escura, a que tiver cor correspondente a 20 ou mais unidades EBC (European Brewery Convention).

III – quanto ao teor alcoólico em:

a) cerveja sem álcool, quando seu conteúdo em álcool for menor que 0,5% em volume, não sendo obrigatória a declaração no rótulo do conteúdo alcoólico;

b) cerveja com álcool, quando seu conteúdo em álcool for igual ou superior a 0,5% em volume, devendo obrigatoriamente constar no rótulo o percentual de álcool em volume;

IV – quanto à proporção de malte de cevada em:

a) cerveja puro malte, aquela que possuir 100% de malte de cevada, em peso, sobre o extrato primitivo, como fonte de açúcares;

b) cerveja, aquela que possuir proporção de malte de cevada maior ou igual a 50%, em peso, sobre o extrato primitivo, como fonte de açúcares;

c) cerveja com o nome do vegetal predominante, aquela que possuir proporção de malte de cevada maior que 20% e menor que 50%, em peso, sobre o extrato primitivo, como fonte de açúcares.

V – quanto à fermentação;

a) de baixa fermentação; e

b) de alta fermentação.

De acordo com o seu tipo, a cerveja poderá ser denominada: "Pilsen", "Export", "Lager", "Dortmunder", "München", "Bock", "Malzbier", "Ale", "Stout", "Porter", "Weissbier", "Ice" e outras denominações internacionalmente reconhecidas que vierem a ser criadas, observadas as características do produto original. A Tabela 3.5, mostra as características de alguns tipos de cerveja existente ao redor do mundo.

A cerveja poderá ser adicionada de suco e extrato de vegetal, ou ambos, que poderão ser substituídos, total ou parcialmente, por óleo essencial, essência natural ou destilado vegetal de sua origem.

A cerveja que for adicionada de suco de vegetal, deverá ser designada "cerveja com...", acrescida do nome do vegetal.

Tabela 3.5 Características dos tipos de cervejas mencionadas na legislação brasileira.

Cerveja	Origem	Coloração	Teor alcoólico	Fermentação
Pilsen	República Tcheca	Clara	Médio	Baixa
Export	Alemanha	Clara	Médio	Baixa
Lager	Alemanha	Clara	Médio	Baixa
Dortmunder	Alemanha	Clara	Médio	Baixa/Alta
München	Alemanha	Escura	Médio	Baixa
Bock	Alemanha	Escura	Alto	Baixa
Malzbier	Alemanha	Escura	Alto	Baixa
Ale	Inglaterra	Dourada	Médio/Alto	Alta
Stout	Inglaterra	Escura	Alto	Geralmente Baixa
Porter	Inglaterra	Escura	Alto	Alta ou Baixa
Weissbier	Alemanha	Clara	Médio	Alta
Ice	Canadá	Clara	Alto	-

Quando o suco natural for substituído total ou parcialmente pelo óleo essencial, essência natural ou destilado do vegetal de sua origem, será designada de "cerveja sabor de ..." acrescida, do nome do vegetal.

É proibido o uso de aromatizantes, flavorizantes e corantes artificiais na elaboração de cerveja.

3.2 MATÉRIAS-PRIMAS

3.2.1 Água

A água é, pela quantidade, a principal matéria-prima no decorrer de um processo cervejeiro, pois aproximadamente 92 a 95% do peso da cerveja é constituído de água. Por este motivo, as indústrias cervejeiras localizam-se em regiões onde a composição da água é relativamente uniforme e de boa qualidade.

Na natureza toda água contém sais dissolvidos, possuindo-os em quantidades diferentes, de acordo com a região. Se a quantidade for alta, a água passa a ter "gosto" conforme os sais nela dissolvidos. Além disso, as águas naturais podem possuir matéria orgânica e compostos gasosos que, além de gosto, comunicam-lhes odor. Deste modo, a quantidade dos sais dissolvidos e dos compostos orgânicos presentes na água, influenciam diretamente os processos químicos e enzimáticos que ocorrem durante a fermentação e, consequentemente, na qualidade da cerveja produzida. No entanto, se a água não for de boa qualidade ou não apresentar composição química adequada, poderá ser tratada por diferentes processos que visam purificá-la e, se necessário, efetuar algumas modificações nos níveis de íons inorgânicos apresentados.

Alguns dos requisitos necessários da água cervejeira de qualidade encontram-se listados na Tabela 3.6.

Tabela 3.6 Principais requisitos da água cervejeira de qualidade.

		Intervalo		Objetivo
		Mínimo	Máximo	
pH		5	9,5	---
Ca	mg/L	70	90	80
Mg	mg/L	0	10	---
Na	mg/L	0	20	---
HCO_3	ppm $CaCO_3$	10	50	25
Cl	mg/L	30	80	50
SO_4	mg/L	30	150	100
NO_3	mg/L	0	25	---
SiO_2	mg/L	0	25	---
Alcalinidade residual	ppm $CaCO_3$	---	20	---
Trihalometanos	µg/L	0	10	---
Fe	mg/L	0	0,1	---
Mn	mg/L	0	0,05	---
NH_4	mg/L	0	0,5	---
NO_2	mg/L	0	0,1	---
BrO_3	mg/L	0	0,01	---
H_2S	µg/L	0	5	---
Turbidez	NTU	0	0,5	---

Fonte: Bamforth (2006).

As águas utilizadas em microcervejarias, provenientes de um modo geral da rede pública ou de poços, devem ser regularmente analisadas quanto à dureza em carbonatos e avaliadas quanto ao odor, sabor, coloração e turbidez e, em intervalos maiores, submetidas a uma análise mais completa, incluindo, exames microbiológicos.

Algumas cervejarias fazem uma distinção entre a água utilizada para a produção do mosto e a água para diluição da cerveja em termos do nível permitido de trihalometanos. Além disso, o conteúdo de cálcio na água de diluição não deve ser maior do que a concentração de cálcio na cerveja concentrada para evitar a precipitação de oxalato. Existem também requisitos rigorosos relacionados com o conteúdo de oxigênio que deveria ser inferior a 20 ppb. A composição microbiológica da água de diluição é muito importante, uma vez que essa água não é necessariamente fervida. Dessa forma, é indispensável o tratamento com um adequado sistema de desinfeção e um sistema de raios ultravioleta prévio a sua utilização.

3.2.2 Malte

O termo técnico *malte* define a matéria-prima resultante da germinação, sob condições controladas, de qualquer cereal (cevada, arroz, milho, trigo, aveia, sorgo, triticale etc.). A princípio, qualquer cereal pode ser maltado, considerando-se, entre outros fatores, o seu poder diastásico e o seu valor econômico.

O malte utilizado em cervejarias é obtido de cevada, cereal de cultivo muito antigo, utilizado em culturas neolíticas no Egito entre 6000 e 5000 anos antes de Cristo. A cevada é uma gramínea pertencente ao gênero *Hordeum*, cujos grãos na espiga, alinhados em duas ou seis fileiras, são envoltos por diversas camadas celulósicas, sendo a primeira camada, denominada palha, eliminada no beneficiamento, e outras camadas aderentes ao grão, em conjunto denominado de casca, não eliminadas no beneficiamento e que posteriormente desempenham um papel importante na técnica cervejeira.

Após a colheita da safra, os grãos (sementes) são armazenados em silos, sob condições controladas de temperatura e umidade, aguardando o envio para a maltaria, indústria de transformação da cevada em malte. O processo de transformação do grão de cevada em malte consiste em colocar a semente em condições favoráveis de germinação, controlando temperatura, umidade e aeração, interrompendo a germinação tão logo o grão tenha iniciado a criação de uma nova planta. Nessa fase, o amido presente no grão maltado apresenta-se em cadeias menores que na cevada, o que o torna menos duro e mais solúvel, possuindo enzimas no interior dos grãos que são fundamentais para o processo cervejeiro. A Tabela 3.7 apresenta a composição média do grão de cevada em comparação ao malte, ou seja, grão de cevada após o tratamento da maltagem.

O malte produzido no processo de maltagem tradicional pode ser posteriormente processado de várias maneiras para elaborar produtos que sejam facilmente incorporados em bebidas ou alimentos com o objetivo de criar ou realçar o flavor, ou melhorar os parâmetros de processamento. Sendo assim, diversos tipos de maltes com cores e sabores mais acentuados são obtidos. Os maltes secados convencionalmente podem ser posteriormente torrados para criar uma gama de cores desde 110 até 1500 unidades de cor EBC (para uma diluição de 10%). Quando o malte é aquecido lentamente e mantido por mais tempo na etapa mais úmida da torrefação, o grão é estufado, produzindo flavores mais adocicados e cores no intervalo de 2 a 400 unidades de cor EBC. A maneira com que esses diferentes maltes são misturados na etapa de moagem, forma parte da arte do cervejeiro. Os maltes coloridos oferecem a possibilidade de simplesmente ajustar ou melhorar a cor empregando uma pequena quantidade na mistura de gãos para moagem. Pequenas proporções de malte cristal nessa mistura podem melhorar outros flavores de malte ou criar sensações mais "arredondadas" na boca. As cervejas tipo Ale incorporam maltes cristal e cara; cervejas tipo Porter utilizam maltes chocolate e cristal mais escuros. Entretanto, as cervejas tipo Stout usam maltes chocolate muito escuro e pretos, assim como cevada torrada. As possibilidades são quase infinitas.

Tabela 3.7 Composição do grão de cevada e do malte.

Características	Cevada	Malte
Massa do grão (mg)	32 – 36	29 – 33
Umidade (%)	10 – 14	4 – 6
Amido (%)	55 – 60	50 – 55
Açúcares (%)	0,5 – 1,0	8 – 10
Nitrogênio total (%)	1,8 – 2,3	1,8 – 2,3
Nitrogênio solúvel (% de N total)	10 – 12	35 – 50
Poder diastásico, °Lintner	50 – 60	100 – 250
α-amilase, unidades de dextrina	Traços	30 – 60
Atividade proteolítica	Traços	15 – 30

Fonte: Cereda (1983).

3.2.3 Lúpulo

O lúpulo (*Humulus lupulus*) é uma planta dioica (flores masculinas e femininas em plantas diferentes) de difícil cultivo e típica de regiões frias. As flores femininas são agrupadas em cachos ou umbelas as quais possuem uma vértebra que apresenta várias dobras sobre as quais se fixam os pares de brácteas e bractéolas. As brácteas e as bractéolas formam glândulas onde são produzidos os grânulos de lupulina, que encerra as substâncias de interesse cervejeiro.

O lúpulo exerce um enorme impacto sobre o sabor da cerveja, mesmo sendo utilizado em quantidades relativamente pequenas. Diferentes tipos de lúpulos têm sido usados na fabricação de cerveja desde 1079, fornecendo a esta bebida o amargor e o aroma característicos, e agindo também como conservante. O amargor na cerveja é medido em unidades internacionais de amargor (IBU – International Bitterness Units). O intervalo típico costumava ser entre 20 e 50 IBU, com algumas cervejas apresentando IBU ainda maiores. Atualmente, existe uma tendência muito clara para a produção de cervejas menos amargas, com IBU entre 10 e 25 ou ainda tão baixos quanto 6 ou 7 IBU.

Pesquisas recentes têm revelado possíveis atributos do lúpulo relacionados com a saúde que poderão reposicionar a sua importância como matéria-prima, não só para a produção de cerveja, mas também para outras áreas, como as dos alimentos funcionais e nutracêuticos.

A obtenção de aromas intensos de lúpulo não implica necessariamente um elevado amargor, por causa da grande variedade de produtos disponíveis. O lúpulo pode ser comercializado na forma de flores secas (in natura), pélete ou em extratos, podendo tradicionalmente ser classificados conforme suas características predominantes em lúpulos aromáticos e de amargor.

A composição do lúpulo in natura depende da variedade, da safra, da área de cultivo, do tempo de colheita e das condições de secagem e armazenamento. A Tabela 3.8, apresenta a composição química do lúpulo em flor.

Tabela 3.8 Composição química do lúpulo em flor.

Características	Conteúdo (%)
Resinas amargas totais	12 – 22
Proteínas	13 – 18
Celulose	10 – 17
Polifenóis	4 – 14
Umidade	10 – 12
Sais minerais	7 – 10
Açúcares	2 – 4
Lipídios	2,5 – 3,0
Óleos essenciais	0,5 – 2,0
Aminoácidos	0,1 – 0,2

Fonte: Tschope (2001).

Considerando que os lipídeos, as proteínas e a celulose são substâncias insolúveis, enquanto os açúcares e os aminoácidos, embora solúveis, encontram-se em pequena proporção, tais substâncias quando da dosagem de lúpulos (1,5 a 4,5 g/L) praticamente não contribuem com o processo cervejeiro. Portanto, são os óleos essenciais, as substâncias minerais, os polifenóis e as resinas amargas as substâncias mais importantes e fundamentais ao processo.

Apesar de serem altamente voláteis, ocorrendo perdas de 96 a 98% no decorrer do processo cervejeiro, os óleos essenciais conferem ao mosto e à cerveja o caráter aromático do lúpulo. Os polifenóis são ricos em taninos de baixa massa molar, protetores da cerveja, ao contrário de seus produtos resultantes de condensações poliméricas, de média e alta massas molares, que reagem com as proteínas, causando turvações coloidais, prejudicando as características da espuma, o corpo e o paladar da cerveja. As resinas do lúpulo, por sua vez, podem ser resinas brandas totais, que apresentam α-ácidos ou humulonas que, após isomerização, tornam-se solúveis e responsáveis pelo principal amargor da cerveja, e resinas duras, substâncias solúveis e responsáveis por um amargor brutal e áspero.

3.2.3.1 Lúpulo em pélete

Existem dois tipos de lúpulo peletizado, Tipo 90 e Tipo 45. Os péletes Tipo 90 são simplesmente cones de lúpulo compactado. O nome provém da ideia de que 100% do lúpulo original in natura é reduzido para, aproximadamente, 90%, em virtude das perdas durante o processamento e purificação. Atualmente, essas perdas são menores, sendo o rendimento final do pélete superior a 90%. Os péletes Tipo 45 são lúpulos com um elevado teor de lupulina. Originalmente, o número 45 indicava um duplo enriquecimento dos péletes Tipo 90, mas, uma vez que o teor original de α-ácidos nos lúpulos in natura pode limitar o grau de enriquecimento, esses péletes são melhor referidos como lúpulos peletizados enriquecidos em lupulina.

3.2.3.2 Lúpulo em extrato

O lúpulo pode também apresentar-se na forma de extrato, o que permite uma maior redução da massa e volume do lúpulo in natura em comparação ao lúpulo peletizado, possibilitando assim uma redução dos custos de transporte e armazenamento. Ambos os fatores, juntamente com um aproveitamento mais eficiente dessa matéria-prima, compensam parte dos custos do seu processamento.

Vários solventes têm sido utilizados para produzir extratos de lúpulo (por exemplo: metanol, diclorometano e hexano), mas apenas dois, o dióxido de carbono e etanol, cumprem atualmente os requisitos em termos de segurança, impacto ambiental e custos. Ambos os solventes permitem produzir extratos com diferentes composições. O etanol dissolve uma maior proporção de compostos do lúpulo enquanto o dióxido de carbono é mais seletivo para as resinas e componentes do aroma.

3.2.3.3 Extratos isomerizados de lúpulo

Com a tecnologia aplicada no processo de lupulagem, novos produtos têm sido desenvolvidos, como, por exemplo, os extratos isomerizados que permitem o ajuste de amargor pós-fermentação, e os extratos isomerizados e reduzidos, que permitem proteção contra luz e retenção de espuma. A utilização de um ou mais desses extratos, resultantes do desenvolvimento tecnológico, ocorre em função das necessidades particulares de cada processo e das características que compõem cada tipo específico de cerveja. Por este motivo, o processo de lupulagem torna-se parte integrante das formulações técnicas de uma indústria cervejeira, uma vez que afeta, diretamente, as características qualitativas do produto.

3.2.4 Adjuntos

Os adjuntos podem ser definidos como carboidratos não maltados de composição apropriada e propriedades que beneficamente complementa ou suplementa o malte de cevada, ou ainda, como usualmente são considerados, fontes não maltadas de açúcares fermentescíveis.

Os adjuntos cereais mais comuns são a cevada, o milho, o arroz e o trigo, mas também podem ser utilizados o sorgo, a aveia e o triticale, os quais são adicionados na fase de preparação do mosto cervejeiro, utilizando-se das enzimas contidas no próprio malte para hidrolisar o amido existente em açúcares fermentescíveis. As enzimas desdobram o amido contido no próprio malte e podem ainda hidrolisar o correspondente a 50% do peso de malte, em forma de adjunto amiláceo acrescentado, sendo necessária, acima desse limite, a adição de enzimas suplementares.

Quando da utilização de adjuntos na forma de açúcares (cristalizados ou xaropes), há vantagens sobre os cereais, como, por exemplo, baixos teores de proteínas, não precisam de pré-tratamento (sacarificação) e menores volumes de armazenamento em razão de sua maior concentração. Entretanto, altas concentrações de glicose podem causar efeito de inibição, denominado fermentação lenta ou fermentação por arraste. No entanto, com o avanço da tecnologia de processos enzimáticos, foi possível obter xaropes de maltose derivados do milho contendo determinados perfis de carboidratos, como, por exemplo, o xarope com alto teor de maltose, ou ainda a maltose de cereais na forma cristalina. Esses novos produtos permitiram a introdução de adjuntos sem alterar o perfil de carboidratos do mosto e, consequentemente, evitaram maiores dificuldades na sala de preparação de mosto, na fermentação e na maturação. Em análises sensoriais realizadas na cerveja produzida utilizando o xarope com alto teor de maltose não foram verificadas diferenças significativas em relação a outros produtos obtidos em processos tradicionais.

Outros cereais não convencionais, como o arroz preto brasileiro e o milho preto do Peru, estão sendo investigados para serem utilizados como adjunto e também como aromatizantes naturais à bebida, proporcionando características organoléticas especiais na cerveja.

Fontes de carboidratos de origem vegetal, como a mandioca e batata, já foram utilizados como adjunto no processo de obtenção de cerveja. Outras, como banana, pupunha, pinhão, caldo de cana, café, soro de queijo, soro de leite, cajá, umbu cajá, tamarindo, cacau estão sendo pesquisados como possíveis substitutos de parte do malte de cevada e também como aromatizantes da bebida. Algumas cervejarias e também microcervejarias já tem utilizado o limão, cereja, morango, abacaxi, kiwi, maçã, chocolate e até mesmo rosa, como aromatizante da bebida.

3.3 MICROBIOLOGIA
3.3.1 Leveduras

As características de sabor e aroma de qualquer cerveja estão determinadas de forma preponderante pelo tipo de levedura utilizada. Embora o etanol seja o principal produto de excreção produzido pela levedura durante a fermentação do mosto, esse álcool primário tem pequeno impacto no sabor da cerveja. O tipo e a concentração de vários outros produtos de excreção formados durante a fermentação são o que, primariamente, determina o sabor da cerveja. Sua formação depende do balanço metabólico global do cultivo da levedura. Vários fatores podem afetar este balanço e consequentemente o sabor da cerveja, incluindo a cepa de levedura, a temperatura e o pH de fermentação, o tipo e a proporção de adjunto, o modelo de fermentador e a concentração do mosto.

O gênero *Saccharomyces* apresenta várias cepas consideradas seguras e capazes de produzir dois metabólitos primários importantes, etanol e dióxido de carbono. Os dois tipos de cerveja mais importantes (*lager* e *ale*) são fermentados com cepas de *S. uvarum (carlsbergensis)* e *S. cerevisiae*, respetivamente. Atualmente, taxonomistas de leveduras têm designado todas as cepas empregadas na produção de cerveja à espécie *S. cerevisiae*. A Tabela 3.9, mostra as mudanças na nomenclatura das cepas pertencentes à espécie *S. cerevisiae*.

BEBIDAS ALCOÓLICAS

Tabela 3.9 Mudanças na nomenclatura da *S. cerevisiae*.

1952	1970	1984
S. cerevisiae	*S. cerevisiae*	
S. willianus		
S. coreanus	*S. coreanus*	
S. carlsbergensis	*S. uvarum*	
S. uvarum		
S. logos		
S. bayanus	*S. bayanus*	
S. pastorianus		
S. oviformis		
S. beticus		
S. heterogenicus	*S. heterogenicus*	*S. cerevisiae*
S. chevalieri	*S. chevalieri*	
S. fructuum		
S. italicus	*S. italicus*	
S. steineri		
S. globosus	*S. globosus*	
	S. aceti	
	S. diastaticus	
	S. oleaginosus	
	S. prostoserdovii	
	S. capensis	
	S. inusitatus	
	S. hispalensis	
	S. cerevisiae	

Fonte: Martini e Martini (1989), citados por Jin e Speers (1998).

Embora a literatura científica progressivamente se refira às leveduras como *S. cerevisiae* tipo *ale* e *S. cerevisiae* tipo *lager*, existem algumas diferenças bioquímicas entre esses dois tipos de cepas de leveduras, que justificam manter uma diferenciação entre elas. As cepas de *S. uvarum* (*carlsbergensis*) tipo *lager* possuem os genes MEL que produzem a enzima extracelular α–galactosidase (melibiase), permitindo a utilização do dissacarídeo melibiose (glicose-galactose). Porém, as cepas de *S. cerevisiae* tipo *ale* carecem desses genes MEL, o que impossibilita a utilização da melibiose (Figura 3.2). Além disso, as cepas *ale* podem crescer à 37 °C, enquanto as cepas *lager* não apresentam crescimento com mais de 34 °C.

Tradicionalmente, a cerveja *lager* é produzida por leveduras de baixa fermentação a 7-15 °C, as quais floculam no final da fermentação primária ou principal (sete a dez dias), sendo coletadas na base do fermentador. As leveduras de alta fermentação, usadas para a produção das cervejas *ale*, fermentam com temperaturas entre 18 e 22 °C. No final da fermentação (três a cinco dias), as células adsorvidas nas bolhas de CO_2, são carregadas até a superfície do mosto, onde são coletadas. A diferença entre *lager* e *ale*, baseada em leveduras de fundo ou de superfície, tem se tornado menos usual com a utilização dos fermentadores cilindrocônicos e das centrífugas. A Figura 3.3, mostra um esquema genérico dos principais processos de produção de cerveja, em relação à levedura utilizada.

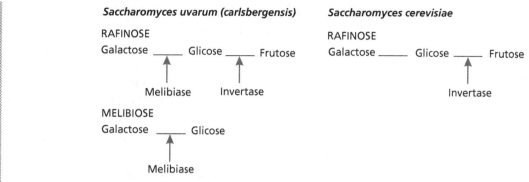

Figura 3.2 Utilização dos açúcares rafinose e melibiose pelas leveduras *lager* e *ale*.

Fonte: Stewart e Russell (1998).

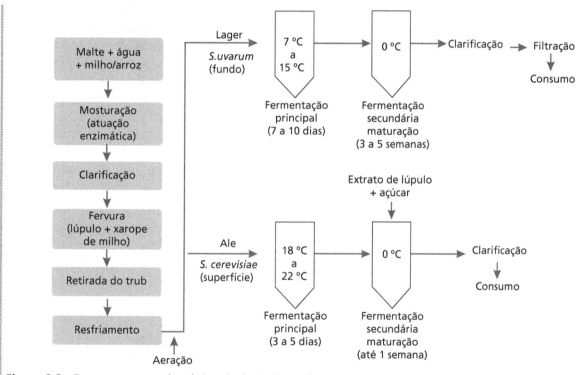

Figura 3.3 Processamento dos dois principais tipos de cervejas.

Fonte: Russel (1994).

3.3.1.1 Carboidratos de reserva presentes na levedura

As células de levedura produzem dois carboidratos de reserva, glicogênio e trealose. Ambos são acumulados pela levedura ao final da fermentação. Glicogênio é uma molécula multirramificada que consiste de numerosas cadeias de resíduos de D-glicose unidos por ligações α-(1,4). As cadeias contendo uma média de 12 resíduos de D-glicose formam uma estrutura de árvore, e as ramificações são formadas por ligações α-(1,6). A α-trealose é um dissacarídeo que consiste de dois resíduos de D-glicose ligados por meio de seus átomos de carbono redutores. O glicogênio serve como uma reserva bioquímica de energia e carbono para suprir a célula durante períodos de inanição. Também é utilizado como um fornecedor imediato de energia durante o estágio aeróbico da fermentação, quando os lipídeos estão sendo sintetizados. À medida que os constituintes do mosto vão sendo absorvidos pela levedura, o nível de glicogênio das células vai aumentando até alcançar o máximo e, então, diminui levemente ao redor do final da fermentação. Idealmente, o conteúdo de glicogênio na levedura a ser inoculada deveria ser alto.

Como o glicogênio é rapidamente consumido durante o armazenamento, é importante que a levedura seja preferencialmente reutilizada após 24 a 48 horas de sua coleta sendo que a velocidade de consumo de glicogênio é dependente de um número de fatores, incluindo a cepa de levedura e as condições de utilização. O impacto dos procedimentos de manipulação da levedura sobre o desenvolvimento do *flavor* da cerveja durante a fermentação provoca baixos níveis de glicogênio nas células, resultante de efeitos, tais como altas temperaturas e tempos excessivos de armazenagem. Isto influi na viabilidade celular, nos tempos de fermentação e nos níveis de diacetil, acetaldeído e dióxido de enxofre ao final da fermentação. Quando as células de *Saccharomyces ssp* encontram-se em condições de inanição, produzem ATP pelo catabolismo da trealose, que envolve a ação da enzima trealase para a obtenção de glicose. A trealose garante a viabilidade da levedura durante a germinação, a inanição e a desidratação, protegendo a membrana plasmática contra autólise.

3.3.2 Contaminantes
3.3.2.1 Bactérias

Bactérias são agentes danificadores comuns da cerveja. São comumente divididas nas categorias gram positivas e gram negativas. As bactérias gram positivas, que trazem os maiores problemas para a cerveja, são as bactérias láticas pertencentes aos gêneros *Lactobacillus* e *Pediococcus*, sendo que pelo menos dez espécies de lactobacilos podem causar danos a esse produto. Os lactobacilos cervejeiros são heterofermentativos e homofermentativos, produzindo ácido lático e acético, dióxido de carbono, etanol e glicerol como produtos finais, com algumas espécies também produzindo diacetil. Os pediococos são homofermentativos e possuem seis espécies identificadas, mas a espécie predominante encontrada na cerveja é *Pediococcus damnosus*, sendo sua infecção caracterizada pela formação de ácido lático e diacetil. Entre as bactérias gram negativas que causam danos à cerveja incluem-se as bactérias acéticas (*Acetobacter* e *Gluconobacter*), e certos membros da família das enterobactérias (*Escherichia, Aerobacter, Klebsiella, Citrobacter* e *Obesumbacterium*) como também *Zymomonas, Pectinatus* e *Megasphaera*.

3.3.2.2 Leveduras selvagens

Levedura selvagem é qualquer levedura diferente da levedura de cultivo utilizada na elaboração de cerveja. Leveduras selvagens podem se originar de diferentes fontes. Estudos com 120 leveduras selvagens isoladas a partir da cerveja, leveduras em propagação e garrafas vazias, mostram que, além de várias espécies de *Saccharomyces*, foram encontradas espécies dos gêneros *Brettanomyces, Candida, Debaromyces, Hansenula, Kloeckera, Pichia, Rhodotorula, Torulaspora* e *Zygosaccharomyces*. Os efeitos potencialmente causados pela contaminação por levedura selvagem variam de acordo com cada contaminante. Se o contaminante é uma outra levedura cervejeira, os principais problemas estão relacionados com a velocidade de fermentação, atenuação final, floculação e paladar do produto final. Se o contaminante é uma espécie não cervejeira e que pode competir com a levedura principal pelos constituintes do mosto, possivelmente podem ocorrer problemas de produção de substâncias *off flavor* semelhantes àqueles produzidos pelas bactérias.

3.4 PROCESSAMENTO

O processo tradicional de produção de cerveja pode ser dividido em oito operações essenciais: moagem do malte; mosturação ou tratamento enzimático do mosto; filtração do mosto; fervura do mosto; tratamento do mosto (remoção do precipitado, resfriamento e aeração); fermentação; maturação e clarificação.

3.4.1 Moagem do malte

A etapa de moagem do malte tem uma influência direta sobre a rapidez das transformações físico-químicas, o rendimento, a clarificação e a qualidade do produto final. O objetivo é a redução do grão de malte de modo uniforme, para obter: (1) rompimento da casca no sentido longitudinal, expondo desta forma o endosperma, porção interna do grão; (2) a desintegração total do endosperma, promovendo uma melhor atuação enzimática e (3) a produção mínima de farinha com granulometria muito fina, evitando a formação de substâncias que produzam uma quantidade excessiva de pasta dentro da solução. A Tabela 3.10, mostra os valores de granulometria utilizados por grande parte das indústrias.

Tabela 3.10 Valores de granulometria do malte na indústria.

Componentes da moagem	Malha (mm)	% massa total
Cascas	1,270	18 a 30
Sêmola grossa	1,010	8 a 11
Sêmola fina I	0,647	35
Sêmola fina II	0,253	17 a 21
Farinha	0,152	3 a 10
Pó de farinha	fundo	11 a 15

Fonte: Tschope (2001).

3.4.1.1 Moagem seca

Existe uma ampla variedade de moinhos a seco que contêm dois, três, quatro, cinco ou seis rolos (cilindros), mas nas grandes cervejarias, eles são quase exclusivamente da variedade de seis rolos dispostos em três pares, com o espaçamento entre cada par sucessivo menor que o do par precedente. O primeiro par de rolos tem como objetivo quebrar o grão de malte para remover a casca, que posteriormente é separada em uma peneira vibratória e disposta para não ser tratada nas etapas subsequente da moagem. Os rolos superiores, com diâmetros entre 250 e 300 mm e espaçamento entre eles de 1,6 a 1,8 mm, podem ser canelados e normalmente giram a 300 – 400 rpm. Os pares sucessivos são similares, mas com espaçamento entre 0,8 e 1,2 mm no segundo para e entre 0,5 e 0,8 mm no terceiro par.

3.4.1.2 Moagem seca com condicionamento

A fim de reduzir os danos causados à casca durante a moagem a seco, o malte pode ser previamente condicionado mediante o aumento do teor de umidade da casca (até 10% aproximadamente). Isto pode ser alcançado por meio do tratamento do malte com água quente ou vapor de pressão. Esse tratamento é geralmente utilizado apenas em processos em grande escala que utilizam moinhos de seis rolos.

3.4.1.3 Moagem com martelo

A moagem com martelo é um processo a seco utilizado exclusivamente para a preparação dos grãos para uso em filtros de mistura. O equipamento consiste de um cilindro perfurado (ou peneira), e dentro dele, de um rotor girando a aproximadamente 1.500 rpm, montado com martelos que oscilam livremente. O malte é introduzido no centro do cilindro e, então, pulverizado entre o rotor e a peneira com perfurações entre 2,0 e 4,0 mm. As partículas obtidas são até três vezes menores em comparação àquelas resultantes da moagem seca com moinho de rolos. Apesar da maior produção de extrato pela utilização do moinho de martelo, também podem-se enumerar algumas desvantagens; esse tipo de moinho é muito barulhento e requer ser confinado em um ambiente fechado para proteger os funcionários da cervejaria. Além disso, são necessários motores de alta potência para impulsionar os cilindros, e estes devem estar equipados com sistemas de travagem de emergência.

3.4.1.4 Moagem úmida com condicionamento

Na moagem úmida condicionada, o malte é alimentado em uma câmara de condicionamento antes da moagem, e logo aspergido com água a 50 – 70 °C por um tempo controlado (geralmente 60 s), de tal modo que a absorção de umidade pelas cascas é aumentada consideravelmente (até 25-30%) para torná-las mais maleáveis e preservá-las nas operações subsequentes de moagem. O moinho é normalmente constituído por um par de rolos com um espaçamento de 0,3 a 0,5 mm entre eles. A principal vantagem desse processo é a preservação da integridade das cascas e, consequentemente, a maior porosidade da camada filtrante na tina de filtração. Assim, é possível aumentar a carga específica do leito filtrante em até 20%, em relação à obtida com a moagem a seco.

3.4.1.5 Moagem com discos submersos

Atualmente, outros tipos de moagem húmida vêm sendo também avaliados. Tem sido reportado que a umidificação do malte e posterior moagem em baixo d'água em um moinho de disco, pode rapidamente produzir uma massa de grãos finamente moídos, apropriada para uso em filtros de mosto tipo Meura 2001. Desta maneira, a moagem e mosturação acontecem simultaneamente. Os discos de moagem, geralmente de 600 mm de diâmetro e com um espaçamento entre eles que pode ser alterado (0,35 a 0,55 mm), giram a 1.275 rpm. Quanto menor é o espaçamento entre as placas, maior é a moagem obtida, embora com um maior consumo de potência. Este sistema é considerado ligeiramente superior quando comparado à moagem com martelo e fornece uma mistura de grãos moídos com muito boa capacidade de filtração e um elevado rendimento de extrato.

3.4.2 Mosturação

A mistura do malte moído juntamente com água em temperatura controlada, de acordo com um programa previamente estabelecido, tem por objetivo solubilizar as substâncias do malte diretamente solúveis em água e, com o auxílio das enzimas, solubilizar as substâncias insolúveis, promovendo a gomificação e posterior hidrólise do amido a açúcares. Neste sentido, deve-se considerar que todo processo enzimático depende da temperatura, do tempo, do grau de acidez e concentração do meio, da qualidade do malte e constituição do produto da moagem.

Ao longo dos tempos têm sido desenvolvidos diferentes processos de mosturação, que basicamente podem ser divididos em métodos de infusão e decocção. Apesar disso, muitas vezes resulta necessário distinguir entre a mosturação por infusão tradicional, mosturação por decocção, mosturação dupla, mosturação por infusão com temperatura programada ou mosturação com adjuntos, embora as diferenças entre estas classes não sejam consideradas como absolutas. A escolha do tipo de mosturação ou programa de tempo/temperatura a ser aplicado durante a atuação enzimática vai depender da composição e do tipo de cerveja desejado, agregando, por exemplo, conhecimentos do quanto de açúcares fermentescíveis deseja-se ou do quanto de substâncias proteicas de alto peso molecular almeja-se para o "corpo" da cerveja e consistência da espuma. A ação das enzimas produz um mosto que contém de 70-80% de carboidratos fermentescíveis, incluindo glicose, maltose e maltotriose.

Diferentes recipientes são utilizados para os diversos tipos de mosturação. A mosturação por infusão tradicional, por exemplo, é realizada em apenas um recipiente, enquanto os sistemas que utilizam tinas de filtração requerem dois recipientes, um tanque para a produção do mosto e outro para sua separação do bagaço de malte. Naqueles sistemas que utilizam filtros de mosto é também empregado um recipiente para mistura em uma etapa prévia à transferência da mistura malte moído-mosto para o filtro. Por outro lado, os sistemas de decocção requerem de uma caldeira de mistura adicional para aquecer parte da suspensão. Da mesma maneira, quando são utilizados adjuntos sólidos, é necessário um cozedor de cereais adicional.

A mosturação por infusão tradicional difere dos outros sistemas de mosturação pois é conduzida em um único recipiente (tina de mosturação) utilizado tanto para a solubilização das substâncias do malte como para a separação do mosto. Esse tipo de mosturação é amplamente utilizada em cervejarias de porte médio no Reino Unido. É também o método preferido em cervejarias menores em vários países, em virtude de sua simplicidade. A mosturação por infusão começa quando o malte moído é misturado com água em um equipamento conhecido como mosturador de *Steel*. Esse dispositivo é uma estrutura tubular equipada com uma rosca transportadora e lâminas de mistura. O controle da temperatura é muito importante durante esse processo, uma vez que a mistura malte–água que entra na tina deve permanecer a 62-65 °C, não havendo possibilidades de ajustar facilmente essa temperatura em etapas posteriores. A mistura é deixada em repouso durante 20 a 60 min para permitir a atuação das enzimas, antes do escoamento do mosto. No começo do escoamento, a densidade do mosto é alta, mas diminui durante o processo, pela aspersão de água quente (a 75-78 °C) por cima da mistura. O peso exercido pela água de aspersão e a gravidade contribuem na passagem do mosto através da camada filtrante. Após a coleta do mosto, a camada filtrante é drenada para retirada do bagaço de malte. Em operações em grande escala, esse processo é realizado por um sistema de remoção motorizado, mas em cervejarias menores a remoção é geralmente realizada de forma manual.

A mosturação pode ser também realizada em recipientes separados daqueles empregados na etapa de filtração do mosto. Nesses casos, são utilizados tanques providos de agitadores, aquecimento (com vapor ou água), controlador e indicador de temperatura e isolamento térmico. Os recipientes de conversão da mistura malte-água são geralmente circulares com uma relação altura/diâmetro de 0,6.

A mosturação por infusão com temperatura programa, cada vez mais utilizada para a elaboração de cervejas tipo *ale* e *lager*, constitui um dos exemplos onde a produção e filtração do mosto são realizadas em equipamentos separados. Para esse processo, os programas com temperaturas crescentes podem ser ajustados de diferentes maneiras, permitindo o repouso da mistura nas temperaturas desejadas. As temperaturas de aquecimento da mistura malte moído e água (denominada água primária) podem obedecer a seguinte variação como apresentada na Figura 3.4. O pH inicial é ajustado em 5,4, pela adição de ácido lático, e tamponado com $CaCl_2$ na proporção de 1,26 g/kg de malte. Os valores de temperatura e pH correspondentes às atuações enzimáticas são mostrados na Tabela 3.11.

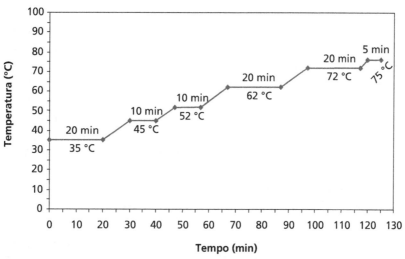

Figura 3.4 Variação da temperatura em função do tempo, durante o processo de mosturação.

Fonte: Tschope (2001).

Tabela 3.11 Temperatura e pH de atuação das enzimas.

Enzimas	Temperatura ótima (°C)	pH ótimo	Substrato
Hemicelulases	40 a 45	4,5 a 4,7	Hemicelulose
Exopeptidases	40 a 50	5,2 a 8,2	Proteínas
Endopeptidases	50 a 60	5,0	Proteínas
Dextrinase	55 a 60	5,1	Amido
Beta-amilase	60 a 65	5,4 a 5,6	Amido
Alfa-amilases	70 a 75	5,6 a 5,8	Amido

Fonte: Tschope (2001).

No final da mosturação, a 72 °C, é realizado o teste com solução de iodo 0,2 N a fim de verificar a sacarificação do malte. Após a confirmação da completa hidrólise do amido, pela ausência da coloração roxo-azulada, característica da reação do iodo com o amido (em temperatura ambiente), a solução é aquecida até 76 °C com o objetivo de inativar as enzimas presentes.

Nos processos de mosturação por decocção, uma parte da mistura malte moído–água é retirada do recipiente de conversão e fervida em uma caldeira de mostura de menor tamanho. Após essa etapa, a massa é retornada à mistura principal, aumentando a temperatura desta última. Uma distinção deve ser realizada entre os processos por decocção simples, dupla ou tripla, em função do número de vezes, em que a mistura é fervida.

Tanto nos sistemas de mosturação por decocção como nos de infusão com temperatura programada, é geralmente utilizada uma baixa concentração da mistura malte moído–água (3,3 a 5 hL água/100 kg malte) para facilitar a agitação e bombeado da suspensão de grãos entre os recipientes.

Quando adjuntos sólidos, como milho ou arroz são empregados no processo de mosturação, estes devem ser tratados em cozedores de cereais a alta temperatura, para solubilizar o amido. O cereal, a água e uma pequena proporção de malte (5-10% do peso total) são adicionados ao recipiente a 35-50 °C. A temperatura é aumentada lentamente a uma taxa de 1 °C/min para que as enzimas solubilizem o amido, mantendo uma agitação constante e rápida durante todo o processo de cocção, visando evitar a decantação da massa. Essa agitação pode ser diminuída durante a transferência do conteúdo do cozedor de cereais para o recipiente de conversão da mistura.

3.4.3 Filtração do mosto

Após a completa conversão da mistura malte–água e hidrólise do amido em açúcares fermentáveis, a solução de extrato aquoso deve ser separada dos sólidos insolúveis do malte para produzir o mosto. O método e o equipamento utilizado são principalmente uma questão de escolha de cada cervejeiro, e, às vezes, depende da tradição. A separação do mosto pode ser realizada por vários métodos diferentes: com tina de mosturação (descrito aqui), com tina de clarificação, com filtros de mistura ou com o

Strainmaster. Este último sistema é cada vez menos utilizado na prática.

Tanto as tinas de clarificação como os filtros de mistura têm sido utilizados por várias décadas, mas foram aperfeiçoados e desenvolvidos de tal maneira que ainda continuam sendo as tecnologias preferidas, com uma maior utilização das tinas de clarificação, que produz aproximadamente 75% do volume total de cerveja em todo o mundo. A escolha entre ambos os métodos de clarificação é influenciada por vários fatores, incluindo: matéria-prima utilizada, diversidade de receitas, custos de capital, capacidade da cervejaria, geografia e até acordos de franquia, dentre outros.

As tinas de clarificação têm sido utilizadas há vários anos para separar mostos provenientes da mosturação por decocção, mas atualmente estão sendo também empregadas em uma etapa posterior à mosturação por infusão com temperatura programada. Em geral, o formato da tina de clarificação assemelha-se ao das tinas de mosturação, sendo habitualmente circulares na seção transversal, embora possam também existir tinas retangulares. Esses recipientes contêm um fundo falso perfurado com uma superfície aberta representando cerca de 6-30% da área da placa. Para poder filtrar malte finamente moído, o tanque é equipado com um sistema de rastelos que são usados com o fim de quebrar a camada filtrante e facilitar a separação sólido–líquido. As tinas de clarificação são normalmente preenchidas com misturas com uma relação água/malte moído de 7,5 L/kg, podendo ter uma relação menor na produção de cervejas de altas densidades. Esses recipientes são capazes de filtrar misturas contendo 100% de malte, até aquelas contendo 50% de malte e 50% de adjunto. Suspensões com menos de 50% de malte não contêm suficiente material das cascas para formar uma adequada camada filtrante. A mistura deve entrar tangencialmente pela parede lateral ou através do fundo da tina para evitar turbulência e oxidação. O enchimento do recipiente leva em torno de 10 min e a carga da camada filtrante pode variar de 153 a 339 kg/m^2, dependendo do número de cozimentos por dia.

No lugar das tinas de clarificação, algumas cervejarias utilizam filtros de mistura para separar o mosto do bagaço de malte. Esses filtros são similares aos filtros de placa e quadro, sendo constituídos por uma série de placas tipo grelha, alternadas com placas de quadros ocos suspensos em trilhos laterias. Cada grelha do filtro é coberta em ambos os lados com um tecido de polipropileno. A mistura é bombeada para as câmaras dos quadros sob pressão e o mosto atravessa o tecido filtrante para os quadros adjacentes. Em comparação com as tinas de clarificação, os filtros de mistura permitem utilizar malte mais finamente moído e trabalhar com ciclos de tempo mais curtos. A espessura da camada filtrante é escolhida em função da granulometria dos grãos moídos, sendo que para maltes mais finamente moídos, mais estreita deve ser essa camada. Valores entre 4 e 6 cm e até 10 cm de espessura têm sido comumente utilizados.

3.4.4 Fervura

Na etapa seguinte, com acréscimo do lúpulo, o mosto filtrado é submetido a fervura, visando a inativação de enzimas, esterilização do mosto, coagulação proteica, extração de compostos amargos e aromáticos do lúpulo, formação de substâncias constituintes do aroma e sabor, evaporação de água excedente e de componentes aromáticos indesejáveis ao produto final.

A fervura do mosto é realizada em equipamento denominado *fervedor de mosto* ou *tina de fervura*, construída em aço inoxidável, encamisada e com sistema de aquecimento e isolamento térmico. Às vezes, se a tina de fervura não se encontra disponível imediatamente, o mosto é mantido em um recipiente intermediário antes de ser fervido. Esses recipientes tampão devem estar isolados, e tanto a entrada como saída do mosto devem estar equipadas com defletores para minimizar a captação de oxigênio. Nessas condições, o mosto deverá permanecer a uma elevada temperatura (75-80 °C) para minimizar os riscos de contaminação microbiana.

Quando se usa adjunto na forma de açúcar (xarope ou cristalizado), este deve ser acrescentado nesta etapa na proporção em que se deseja ajustar a concentração final de açúcar no mosto.

Os diversos tipos de lúpulo podem ser adicionados todos de uma vez, ou em até quatro momentos da etapa de fervura para proporcionar à cerveja seus atributos antimicrobianos, de flavor e aroma. Os lúpulos devem ser aquecidos para converter seus α-ácidos em iso-α-ácidos em um processo conhecido como isomerização. Esse é um processo rápido, uma vez que 90% do amargor final do mosto é produzido durante os primeiros 30 min de fervura, atingindo seu nível máximo após 60-70 min. Para a produção de cervejas com baixo amargor (20-24 BU) e sutil aroma de lúpulo, os lúpulos são geralmente adicionados todos de uma vez após o completo enchimento da tina de fervura ou até 20 min após o começo da fervura. Se os lúpulos são adicionados em duas partes, 70 a 80% dos lúpulos totais deveriam ser adicionados 10 a 20 min após o começo da ebulição, e os restantes 20 a 30% deveriam ser adicionados 10 a 30 min antes do final da fervura. Geralmente, os lúpulos de amargor são adicionados, primeiro, para maximizar a isomerização do conteúdo dos seus α-ácidos e para liberar compostos voláteis indesejáveis. Em etapas posteriores, até perto do final da ebulição, são adicionados os lúpulos de aroma, com qualidades crescentes, retendo assim os desejáveis óleos do lúpulo na cerveja. Adições de lúpulo na tina de fervura após a finalização da ebulição ou mesmo na etapa seguinte de tratamento do mosto proporcionam um nítido e intenso aroma de lúpulo, que poderá ser mantido apenas com um estrito controle dos níveis de oxigênio. A adição de lúpulo *in natura* (na forma de cones ou em pó) ou lúpulo em extrato, nos tanques de maturação, proporciona um aroma de lúpulo mais intenso, mas menos estável do que aquele obtido nas adições na tina de fervura ou no *whirpool*.

O mosto é mantido em fervura até atingir a concentração desejada de açúcar para o início da fermentação, durante 60-90 min, permitindo uma evaporação máxima de até 10% do volume inicial.

3.4.5 Tratamento do mosto

Após a sua fervura, o mosto deve passar por etapas de retirada do precipitado, resfriamento e posterior aeração. Durante a primeira etapa, fazendo uso de forças centrípetas por meio da rotação forçada do meio, precipitam-se os complexos de proteínas, resinas e taninos denominados de *trub*, os quais sedimentam no fundo do tanque, sendo separados do mosto límpido. A quantidade de *trub* presente no mosto varia entre 2 e 8 g/L, dependendo do tipo e da densidade do mosto, e deveria ser diminuída para menos de 0,1 g/L antes da etapa de resfriamento. Os flocos de *trub* com até 5 a 10 mm de diâmetro podem ser reduzidos, por exemplo pelo bombeamento, em aglomerados de 20-80 μm de diâmetro, e uma maior exposição a forças de cisalhamento podem reduzir ainda mais seu tamanho até partículas de 0,5-1,5 μm. Assim, o *trub* quente deverá ser removido do mosto o mais completamente possível, sendo essa remoção facilitada com partículas maiores. Consequentemente o mosto fervido deve ser tratado com cuidado, evitando o atrito para minimizar danos ao *trub*.

Posteriormente à retirada do *trub*, o mosto é resfriado em trocador de calor de placas, até a temperatura de fermentação. Mostos de cerveja tipo *lager* são usualmente resfriados entre 7 e 15 °C e os de tipo *ale* são resfriados em média entre 18 e 22 °C, antes da adição da levedura. O mosto frio, pronto para ser inoculado, deverá ser saturado com oxigênio dissolvido para facilitar a atuação da levedura no começo da fermentação. A injeção de ar filtrado estéril é ainda amplamente utilizada, embora por esse método resulte difícil alcançar mais de 8-10 ppm de oxigênio. Por norma, em algumas cervejarias considera-se que o conteúdo de oxigênio (em ppm) deve ser igual aos graus Plato do mosto. Desta forma, nas cervejarias modernas onde é produzida cerveja pelo processo de altas densidades a partir de mosto com concentração inicial superior a 15ºP, é necessário injetar oxigênio puro para atingir o nível requerido de oxigênio no mosto.

3.4.6 Fermentação

O processo fermentativo consiste no ponto central para produção de qualquer bebida alcoólica, possuindo como principal objetivo a conversão de açúcares em etanol e gás carbônico pela levedura, sob condições anaeróbicas. A etapa de fermentação do mosto (fermentação primária) é iniciada utilizando culturas de leveduras renovadas após certo número de ciclos fermentativos (quatro a seis); entre os ciclos, as células são tratadas com soluções ácidas eliminando possíveis contaminantes. Quando o número máximo de ciclos é alcançado, a cultura de leveduras é descartada, e uma nova cultura pura é introduzida na cervejaria. Essa prática implica o uso de uma planta de culturas de leveduras puras e um sistema para manutenção e cultivo de culturas de referência no laboratório.

Os métodos utilizados na multiplicação de fermento são, em geral, variantes do processo de cortes, no qual o mosto em fermentação é diluído com mosto estéril toda vez que a fermentação se mostra vigorosa. Algumas das variações na técnica utilizada levam a adaptações graduais para o teor de açúcares no mosto ou para abaixamento gradual da temperatura, ou ambos os fatores. O processo mais tradicional de multiplicação do fermento consta de repicagens sucessivas em mosto estéril não lupulado, em porções de 100 a 1.000 mL, até que, em volumes maiores (aprox. 4.000 L), utilizam-se mosto lupulado, porém não estéril. Em geral, o número de células viáveis antes de cada corte deve estar ao redor de 6×10^6 células/mL.

Um mosto de 15 °Plato, contendo aproximadamente 150 g/L de açúcares fermentescíveis e 150 mg/L de nitrogênio aminado livre (FAN), é comumente inoculado com uma concentração de 12-15 × 10⁶ células/mL que correspondem a 1 g/L em peso seco ou cerca de 5 g/L de células úmidas. Durante a fermentação, a concentração celular pode aumentar até cinco vezes o seu valor inicial. O crescimento celular é acompanhado pela formação de até 45 g/L de etanol e 42 g/L de dióxido de carbono. A conversão de açúcares em etanol é de aproximadamente 85% da conversão teórica. A diferença para a conversão teórica representa a proporção de açúcares do mosto utilizados para formação de biomassa e de outros metabólitos. O rendimento do dióxido de carbono é ligeiramente menor do que aquele do etanol, dado que parte do CO_2 é fixado pela levedura em reações de carboxilação. O crescimento da levedura no mosto é um processo exotérmico, portanto é necessário utilizar um sistema de resfriamento durante a fermentação para dissipar o calor liberado.

Todos os carboidratos fermentescíveis (maltose, maltotriose, glicose etc.) são metabolizados pela levedura alcoólica. Além disso, numerosos subprodutos se desenvolvem durante a fermentação, sendo que vários produtos intermediários permanecem no líquido e muitos componentes do mosto são assimilados pela levedura. Todos os compostos envolvidos com a assimilação, formação de produtos e subprodutos, influenciam no aroma, no paladar e nas características finais da cerveja pronta.

As leveduras produzem os compostos de aroma e sabor da cerveja como subprodutos de seu metabolismo, sendo que os teores desses compostos variam com os padrões de crescimento celular, que são influenciados pelas condições de processo. Com isto, a influência das condições de fermentação, tais como concentração e composição do mosto, temperatura e duração do processo fermentativo sobre as características organoléticas da cerveja tem sido objeto de estudo de vários pesquisadores.

Os mostos obtidos apenas a partir de malte contêm como fonte de carbono os seguintes açúcares: glicose, frutose, sacarose, maltose e maltotriose, além de dextrinas.

Em situação normal, as leveduras cervejeiras são capazes de utilizar glicose, frutose, sacarose, maltose e maltotriose, nesta sequência aproximada, embora algum grau de sobreposição aconteça, sendo que as dextrinas somente são utilizadas por *Saccharomyces diastaticus*.

A principal fonte de nitrogênio existente no mosto para síntese de proteínas, ácidos nucleicos e outros componentes nitrogenados é a variedade de aminoácidos formados a partir da proteólise das proteínas do malte ocorrida durante o processo de mosturação. O mosto obtido desse processo contém 19 aminoácidos, os quais, sob as condições fermentativas de uma cervejaria, são consumidos pelas leveduras de uma maneira ordenada, sendo diferentes aminoácidos removidos em vários estágios do ciclo fermentativo.

O oxigênio, fornecido na aeração do mosto antes da inoculação, é consumido pela levedura, geralmente em poucas horas, e utilizado para produzir ácidos carboxílicos insaturados e esteróis que são essenciais para a síntese da membrana celular e, consequentemente, para o crescimento celular, o qual ficaria restrito na ausência desse oxigênio inicial, causando fermentação anormal e mudanças nas características organoléticas da cerveja.

Em cervejarias tradicionais, mostos com concentração de 11 a 12 °Plato são fermentados para produzir cervejas contendo 3 a 5% m/v de etanol. O uso de mosto de alta densidade, até o limite de 14 a 16 °P, traz como vantagem o aumento da eficiência das instalações, redução no consumo de energia, no tempo de trabalho e nos custos, melhora do aroma e do sabor, reduz a turvação e proporciona aumento do rendimento em etanol por unidade de extrato fermentescível. Na prática, em um processo utilizando mosto com concentração de 15 °P, o produto obtido será diluído com água na proporção de 25% de seu volume, para que sua concentração de sólidos solúveis se iguale o produto obtido com mostos de 12 °P.

Mostos produzidos com elevada razão cereal/água sofrem maior degradação enzimática do que mostos, nos quais essa razão é mais baixa. Isto ocorre por causa de um significativo aumento de glicose e maltotriose à custa de dextrinas. As enzimas amilolíticas nas tinas com alta razão cereal/água tornam-se mais resistentes à inativação térmica e, portanto, ocorre uma atuação enzimática mais prolongada.

A fermentação é conduzida em fermentador provido de controlador e indicador de temperatura, manômetro para indicação da pressão interna, para a monitoração do CO_2 formado durante o processo fermentativo.

3.4.7 Maturação

A cerveja, no final da fermentação primária é chamada de "cerveja verde" pois contém uma baixa concentração de dióxido de carbono, é turva e seu aroma e sabor são qualitativamente inferiores aos da cerveja pronta para comercialização. Para refinar estas caraterísticas, a cerveja deve ser maturada ou condicionada. O processo, também conhecido como *lagering*, quando utilizadas leveduras de baixa fermentação, transcorre durante um longo período, chegando a algumas semanas e até mesmo alguns meses, embora atualmente possa ser completado em uma ou duas semanas, ou em até menos tempo.

Tradicionalmente, a maturação envolve a fermentação secundária e é afetada pela pequena quantidade de leveduras restante na cerveja, quando esta é transferida desde o tanque de fermentação. Essa levedura pode utilizar os carboidratos fermentescíveis remanescentes na cerveja no final da fermentação primária ou pequenas quantidades de carboidratos fermentescíveis provenientes de fontes externas. Em alguns sistemas, a fonte de açúcares provém da adição de mosto cervejeiro ou até de mosto em fermentação em um processo conhecido como *krausening*.

Um composto chave na maturação é o diacetil, que também é formado como um subproduto na fermentação principal. O diacetil (2,3 butanodiona) e a 2,3 pentanodiona (Figura 3.5) são hoje os principais produtos pesquisados no processo fermentativo para produção de cerveja. O precursor do diacetil, α-acetolactato, é produzido pela levedura quando da síntese dos aminoácidos valina e leucina, necessários à síntese proteica. Uma série de reações similares ocorre para a formação de 2,3 pentanodiona, cujo precursor é o α-acetohidroxibutirato, produzido pela levedura quando da síntese do aminoácido isoleucina. Os precursores α-acetolactato e α-acetohidroxibutirato que deixam a célula durante a fermentação, sofrem uma descarboxilação oxidativa, formando as respetivas dicetonas.

Figura 3.5 a) Fórmulas estruturais do diacetil; e b) 2,3 pentanodiona.

As dicetonas são produzidas e depois reduzidas pela levedura durante a fermentação e maturação. Também podem ser produzidas por bactérias durante e após a fermentação. As cervejas preparadas com concentração de açúcares relativamente altas e valores de teor de amargor mais elevados podem mascarar o sabor do diacetil de uma forma melhor do que cervejas com concentração de açúcares e amargor inferiores. As opiniões sobre o limite de percepção (teor que é detetável pela média dos degustadores treinados) do diacetil são variáveis. Alguns cervejeiros têm por objetivo a obtenção de um produto com um teor de diacetil inferior a 0,15 mg/L; outros preferem produzir cervejas com níveis inferiores a 0,05 mg/L. Em cervejas fermentadas com levedura contendo uma contagem insignificante de bactérias produtoras de diacetil, teores elevados desse produto podem ser decorrentes da diminuição precoce da temperatura nos tanques de fermentação, deficiência de nutrientes para a levedura ou período de tempo muito curto durante a fermentação secundária. O limite de deteção humana do sabor característico da 2,3 pentanodiona em cervejas, está ao redor de 1 mg/L enquanto para 2,3 butanodiona está em torno de 0,07 mg/L a 0,2 mg/L para cervejas tipo *lager* e aproximadamente 0,4 mg/L para cervejas *ale*. Os valores usualmente encontrados em cervejas variam para a 2,3 pentanodiona de 0,01 a 0,15 mg/L e para a 2,3 butanodiona de 0,01 a 0,4 mg/L. O sabor semelhante à manteiga dessas dicetonas é agradável a baixas concentrações, mas se torna ofensivo a concentrações maiores, especialmente em cervejas tipo *lager*.

A concentração dessas dicetonas ao final da fermentação é determinada pelo balanço entre a síntese e secreção de α-acetohidroxi ácidos e suas subsequentes conversões. A formação dessas dicetonas vicinais é influenciada por vários fatores, mas a concentração final é predominantemente dependente da atividade da levedura ao final da fermentação principal.

O aumento na velocidade de crescimento da levedura é acompanhado por uma diminuição da concentração de precursores das dicetonas vicinais (acetolactato e acetohidroxibutirato). A concentração dos precursores pode ser controlada se a velocidade de crescimento da levedura durante a fermentação for controlada. O crescimento da levedura é acelerado por um aumento na aeração, agitação, elevação da temperatura e pela redução da pressão. O crescimento é retardado pela redução da aeração e da agitação, diminuição da temperatura e ocorrência de pressurização.

Durante o curso da fermentação do mosto, a formação de compostos que influenciam o sabor da cerveja apresenta uma boa correlação com o crescimento da levedura. O crescimento da levedura, por sua vez, apresenta uma boa correlação com o pH e com o consumo de aminoácidos, entretanto o consumo de açúcares não se correlaciona com esses índices. A correlação entre a velocidade de crescimento da levedura e o consumo de aminoácidos mostrou uma variação mínima, sendo que o mesmo aconteceu quando correlacionados o consumo de aminoácidos e a formação de compostos ativos do sabor. As correlações foram independentes das condições de fermentação e do tipo de levedura utilizada, levando a conclusão de que como a concentração celular no tanque de fermentação não é homogênea, o consumo de aminoácidos pode ser um melhor índice para o controle e manutenção da qualidade da cerveja do que o consumo de açúcares.

O processo de maturação, no qual a cerveja é armazenada ou permanece em tanques sob baixas temperaturas, possibilita o desenvolvimento dessas reações, proporcionando as características organoléticas finais do produto. O processo também proporciona a clarificação pela precipitação de leveduras e proteínas, assim como de sólidos insolúveis. Ocorrem também alterações químicas que auxiliam a clarificação e melhoram o aroma e o sabor. Ao iniciar-se a maturação, a maior parte dos açúcares foi metabolizada a álcool etílico, gás carbônico, glicerol, ácido acético e alcoóis superiores. Durante o processo de maturação, ocorrem algumas alterações de grande importância para a qualidade da cerveja, como o gás carbônico produzido durante a fermentação secundária, que provoca a carbonatação da cerveja; o repouso a baixa temperatura, que provoca a precipitação dos resíduos de leveduras que ainda permanecem na cerveja; a maturação do sabor, pelas transformações que ocorrem na concentração de ácido sulfídrico, de acetaldeído e de diacetil, os quais são minimizados durante o processo. Os alcoóis superiores e ácidos graxos que se formaram durante a fermentação não se modificam significativamente no decorrer da maturação. Durante o período de maturação, são formados ésteres responsáveis pelo aroma e o sabor que caracterizam a cerveja; entre os ésteres predominam o acetato de etila (21,4 mg/L) e o acetato de amila (2,6 mg/L).

3.4.8 Clarificação

Após a maturação, a cerveja contém leveduras, partículas coloidais dos complexos proteínas-polifenóis e outras substâncias insolúveis, formadas em decorrência do baixo pH existente e das baixas temperaturas utilizadas durante essa etapa. Portanto, para se obter um produto brilhante e límpido, é necessária uma etapa de clarificação, prévia ao engarrafamento da cerveja, que permita remover esse material insolúvel. Existem quatro técnicas básicas de clarificação que podem ser utilizadas, tanto individualmente como em combinação: a) sedimentação por gravidade, b) uso de agentes clarificantes, c) centrifugação, e d) filtração.

3.4.8.1 Sedimentação por gravidade

A sedimentação por gravidade é o método mais simples para se obter uma cerveja límpida, sendo o único empregado antes do desenvolvimento das centrífugas e dos filtros. Nesse método, a cerveja fermentada é resfriada durante longos períodos a temperaturas próximas a 0°C, promovendo assim a sedimentação das leveduras e de outras partículas em suspensão. Apesar da simplicidade, é necessária certa precaução com o uso desse método, pois se a cerveja engarrafada apresentar uma massa de leveduras, pode ocorrer autólise das células, especialmente quando a temperatura é aumentada. Com esse método de clarificação por sedimentação as perdas de cerveja são relativamente elevadas, sendo também cara a limpeza do fundo dos tanques.

3.4.8.2 Clarificantes

Embora a cerveja possa ser obtida com uma boa limpidez a partir da simples técnica de sedimentação, melhores resultados podem ser alcançados, e em tempos menores, quando são utilizados agentes clarificantes. Em razão de sua estrutura química, esses agentes possuem carga positiva e interagem com as células de leveduras, as quais apresentam cargas negativas, e com proteínas carregadas negativamente. Como consequência, a posterior etapa de filtração da cerveja é facilitada, e a remoção desses compostos melhora a estabilidade física do produto obtido. O agente clarificante mais comumente utilizado é a cola de peixe (ictiocola ou "isinglass"), a qual é produzida pelo tratamento químico da bexiga natatória de certos peixes. Outros agentes clarificantes também empregados são o ácido tânico, os silicatos e a sílica gel.

3.4.8.3 Centrifugação

O princípio da centrifugação está baseado na lei de Stokes, que determina a velocidade de sedimentação das partículas. Essa velocidade aumenta com diferentes fatores que podem ser controlados, tais como: a) menor viscosidade do líquido, b) maior diâmetro das partículas, e c) maior diferença das densidades entre as partículas e o líquido. Porém a velocidade de sedimentação é aumentada pela elevada força criada pela centrífuga (até 10.000 g).

Basicamente existem dois tipos de centrífugas (decantadora e clarificadora) utilizadas atualmente nas cervejarias para separar as leveduras da cerveja antes da filtração, as quais podem ser classificadas de acordo com a carga de sólidos que conseguem processar. A centrífuga decantadora é um equipamento do tipo parafuso, geralmente horizontal, que trabalha com partículas fibrosas e de maior tamanho, presentes em líquidos com até 60% de sólidos (Figura 3.6a). Quando em operação, a força centrípeta desloca as partículas para a superfície externa da carcaça cilindrocônica, onde são transportadas pelo parafuso até a descarga. Normalmente, esse tipo de centrífuga opera com fluxo de até 40 hL/h e é utilizado para recuperar o mosto a partir do bagaço de malte após a etapa de filtração e para recuperar a cerveja do fundo dos tanques que contêm leveduras. O segundo e mais comum tipo de centrífuga, a centrífuga clarificadora, consiste em um tambor vertical com vários discos empilhados, separados por espaços entre 0,5 e 2 mm (Figura 3.6b). Essas centrífugas podem ejetar sólidos de forma intermitente ou contínua e seus discos podem trabalhar com líquidos que contêm até 30% de sólidos, sendo ideais para uso na cervejaria dado que são autolimpantes, impermeáveis ao ar e apresentam sistema CIP. Nesse tipo de centrífuga, a força centrípeta desloca as partículas para fora do tambor, onde os sólidos são removidos intermitentemente por sucessivas aberturas do tambor, ou continuamente, através de um bocal. Dependendo da concentração de sólidos, o fluxo pode variar de 40 a 600 hL/h. As centrífugas clarificadoras apresentam um melhor desempenho quando recebem um fluxo de alimentação com uma concentração uniforme de sólidos. Desta forma, elas são mais eficientes para clarificar a cerveja após a separação das leveduras, pela técnica de sedimentação por gravidade, ou após a fermentação com leveduras pulverulentas.

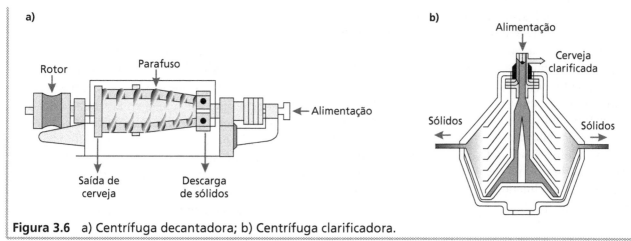

Figura 3.6 a) Centrífuga decantadora; b) Centrífuga clarificadora.

Fonte: Briggs et al. (2004).

3.4.8.4 Filtração

A filtração para clarificação da cerveja é um processo realizado em várias etapas com o objetivo de remover os materiais em suspensão, cujos tamanhos de partículas variam de 0,5 a 4 μm, e as leveduras residuais que podem provocar turbidez na cerveja. Ao final desse processo, obtém-se um produto transparente.

Os mecanismos de filtração podem ser classificados em três tipos: 1) filtração de superfície, 2) filtração por profundidade por meio do aprisionamento mecânico das partículas e 3) filtração por profundidade por meio da adsorção das partículas. Na filtração de superfície, as partículas são obstruídas na superfície do meio de filtração pois são maiores do que os poros desse meio (Figura 3.7a). Na filtração por profundidade, as partículas passam pela matriz de filtração, mas são retidas tanto mecanicamente nos poros ou adsorvidas na superfície dos poros internos do meio filtrante (Figuras 3.7b, c).

 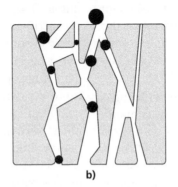 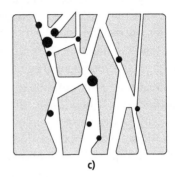

Figura 3.7 Mecanismos de filtração. a) Filtração de superfície; b) Filtração por profundidade (partículas retidas mecanicamente); c) Filtração por profundidade com adsorção de partículas.

Fonte: Kunze (1996).

A filtração da cerveja pode ser realizada em duas ou mais etapas, dependendo das características das operações nas adegas. A filtração principal ou primária remove a maior parte das leveduras e material em suspensão, enquanto a filtração secundária produz uma cerveja límpida e brilhante. A adição de agentes estabilizantes é normalmente realizada antes da filtração principal, o que permite sua maior remoção nos filtros primários, onde quase sempre são utilizados auxiliares filtrantes em forma de pó. Na segunda etapa, denominada filtração final ou de polimento, são removidos quaisquer outros sólidos em suspensão resultantes da maturação a baixas temperaturas e outros adsorventes adicionados para estabilizar a cerveja. Na filtração de polimento podem ser utilizados dois filtros independentes. Além disso, após o primeiro filtro, filtros de segurança (geralmente de membranas) podem ser usados como proteção contra qualquer falha dos filtros precedentes.

3.4.8.5 Tipos de filtros e auxiliares filtrantes

Entre os diversos tipos de filtros disponíveis para clarificar a cerveja, os mais comuns são os filtros que utilizam auxiliares filtrantes em forma de pó, tais como os filtros de placa e quadro, os de velas e os de folhas horizontais ou verticais (Figura 3.8). O princípio de operação desses filtros baseia-se na formação de um leito ou torta do auxiliar filtrante sobre o septo ou malha de filtração. Esse leito poroso cria uma superfície que retém os sólidos em suspensão removendo-os da cerveja. Geralmente, o septo de filtração é pré-coberto com o auxiliar filtrante em uma etapa prévia à filtração da cerveja.

Desta forma, a pré-cobertura constitui a camada base para o leito. A cerveja a ser filtrada é então misturada com mais auxiliar filtrante em uma concentração baseada na quantidade de sólidos a serem removidos. Ao contrário da filtração primária, a adição de auxiliar filtrante pode não ser requerida na filtração de polimento.

Os filtros são então operados até que o diferencial de pressão aumente a um determinado ponto em que a diminuição do fluxo seja requerida, ou quando a profundidade do leito atinja uma espessura que preencha os espaços entre os septos no filtro.

Os dois tipos de auxiliares filtrantes mais utilizados são a terra diatomácea (conhecida também como *kieselguhr*) e a perlita. O primeiro consiste de fósseis ou esqueletos de organismos primitivos chamados diatomáceas (algas unicelulares que contêm dióxido de silício), dos quais existem mais de 15.000 tipos no mar. O segundo é um mineral de origem vulcânica composto principalmente de silicato de alumínio. Quando triturada e aquecida a temperaturas próximas a 800 °C, a água contida na perlita expande-se, provocando seu inchaço e rompimento. A perlita expandida é então moída e classificada, produzindo um auxiliar filtrante com diferentes permeabilidades, aproximadamente 30% mais leve por unidade de volume do que a terra diatomácea. Recentemente, tem sido testado como auxiliar filtrante o Crosspure®, um polímero sintético de fórmula molecular $(CH(C_6H_5)-CH_2)_m$; $(C_6H_9NO)_n$. Uma análise de ecoeficiência validada por duas organizações de certificação da Alemanha resume os atributos de desempenho que tornam o Crosspure® superior ao *kieselguhr*, listando benefícios, como praticamente

100% de prevenção de resíduos e reduções significativas no consumo de energia e emissões. Os custos de ciclo de vida são 20% mais baixos, e os riscos de saúde relacionados com a exposição durante a manipulação dos resíduos do *kieselguhr* são eliminados. O Crosspure® pode ser utilizado em linhas de filtragem existentes com apenas pequenas adaptações necessárias.

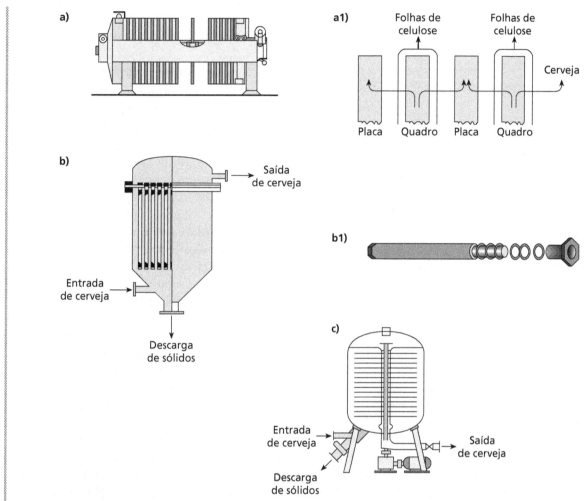

Figura 3.8 Filtros para cerveja. a) De placa e quadro; a1) Disposição de placas e quadros e fluxo de cerveja; b) De velas; b1) Detalhes de vela; c) De folhas horizontais.

Fonte: Briggs et al. (2004).

3.4.9 Estabilização

Além da filtração, vários outros tratamentos podem ser aplicados na etapa de acabamento da cerveja, visando aumentar sua vida de prateleira. A turbidez na cerveja pode ser causada por diversos compostos, mas principalmente é devida às ligações cruzadas de certas proteínas com polifenóis. Desta forma, removendo algum desses compostos é possível prorrogar o prazo de validade do produto. Os polifenóis podem ser removidos com polivinilpolipirrolidona (PVPP), enquanto as proteínas podem ser precipitadas pela adição de ácido tânico, hidrolisadas com a enzima papaína ou mais comumente, adsorvidas em hidrogéis e xerogéis de sílica.

3.4.10 Carbonatação

O dióxido de carbono (CO_2) é um constituinte muito importante da cerveja, responsável pela efervescência e a sensação de acidez deixada na boca, em razão de suas propriedades de gás ácido. Por essa razão, sua concentração na cerveja deve ser cuidadosamente controlada de forma a assegurar que os consumidores possam beber um produto de qualidade.

A solubilidade do dióxido de carbono na cerveja é geralmente medida em volume de CO_2 por volume de cerveja, em condições normais de temperatura e pressão. Isso significa que um volume de CO_2 é igual a 0,196% CO_2 em peso ou 0,4 kg CO_2/hL. A maioria das cervejas prontas para consumo contém entre dois a três volumes de CO_2, enquanto o produto obtido após a fermentação principal e secundária contém, no máximo, 1,2 a 1,7 volumes desse gás. Desta forma, o CO_2 deve ser adicionado à cerveja na etapa anterior ao engarrafamento, chamada carbonatação.

A carbonatação pode ser realizada pela injeção de CO_2 em linha ou em tanque. Na carbonatação em linha, considerado o procedimento mais simples e comumente utilizado nas cervejarias, o CO_2 desidratado é injetado no líquido através de uma placa porosa de aço inoxidável, durante a transferência da cerveja do filtro até os tanques de armazenamento pressurizados. Esses tanques, conhecidos também como tanques de pressão, mantêm uma elevada contrapressão (12 a 15 psi) durante o seu enchimento, permitindo a retenção do CO_2 na cerveja e minimizando a formação de espuma. Na carbonatação em tanque, o CO_2 é injetado através de um ou mais difusores porosos ("pedras" de carbonatação) fabricados em cerâmica ou aço inoxidável, localizados no fundo do tanque. Esses difusores de carbonatação produzem pequenas bolhas e facilitam a dissolução do dióxido de carbono na cerveja. Embora menos eficiente e mais difícil para controlar, essa técnica permite a remoção de oxigênio e de compostos voláteis indesejáveis quando o tanque é aberto para a atmosfera, durante o começo do processo de carbonatação. Após a "lavagem" desses gases, o recipiente deve ser fechado para permitir o aumento da pressão e a dissolução do CO_2 na cerveja.

Dada a necessidade de uso do CO_2 na carbonatação e em outras etapas do processo, algumas cervejarias recuperam o excesso de CO_2 produzido durante a fermentação. Nesse caso, após ser coletado, o gás passa através de depuradores com água e purificadores com carvão ativado para logo ser liquefeito. Posteriormente, o CO_2 é secado em secadores de alumina e armazenado em estado líquido até o momento da sua utilização, quando é restabelecido seu estado gasoso em evaporador. Em várias cervejarias, as perdas junto com o volume requerido no processo podem exceder a quantidade de CO_2 recuperado, sendo indispensável, portanto, a compra desse gás a partir de empresas especializadas.

3.4.11 Envase

O envase é o procedimento de engarrafamento, enlatamento ou embarrilamento do produto e é a etapa mais dispendiosa em uma cervejaria, em termos de matérias-primas e de mão-de-obra. Essa operação é executada em um equipamento denominado de enchedora, no caso de garrafas e latas, ou em máquinas de embarrilamento, quando se trata de barris.

3.4.11.1 Enchedora de garrafas e latas

As garrafas que entram na sala de engarrafamento são primeiramente lavadas e, no caso das garrafas retornáveis (ou seja, que tenham sido utilizadas previamente com cerveja), é realizada uma limpeza mais profunda por dentro e por fora com detergentes cáusticos quentes e enxaguamento completo com água. Na operação de enchimento, a cerveja filtrada proveniente dos tanques de pressão é primeiramente transferida para outro tanque de recepção, localizado dentro da enchedora. As enchedoras de garrafas são máquinas baseadas no princípio de carrossel rotatório. As garrafas são transportadas em esteiras e sequencialmente são posicionadas sob as cabeças de enchimento livres, cada uma das quais contém um tubo de enchimento. Após a aplicação de um selo hermético e retirada do ar mediante um sistema de vácuo, dá-se início à etapa de enchimento. No começo dessa etapa, é aplicada uma contrapressão com dióxido de carbono, antes que o líquido desça por gravidade, desde o tanque de recepção da enchedora até as garrafas. A enchedora é ajustada automaticamente de tal forma que o volume desejado de cerveja seja introduzido em cada embalagem. A garrafa cheia é liberada da cabeça de enchimento com o alívio da pressão interna. Durante o transporte para a tampadora é necessário eliminar o ar do espaço vazio (headspace) das garrafas para evitar a subsequente oxidação da cerveja. Esse processo é atualmente realizado pelo jateamento com água. Água esterilizada em alta pressão é jateada sob cada garrafa aberta. Apenas alguns poucos µl de água entram na garrafa, causando uma intensa formação de espuma que ascende pelo gargalo e expele o oxigênio, evitando sua entrada posterior. Após o arrolhamento, as garrafas são transportadas até o pasteurizador de túnel (quando a cerveja é pasteurizada após o enchimento, pois, quando é utilizada a filtração estéril, tanto a enchedora quanto a tampadora encontram-se em uma sala estéril). Finalmente, as garrafas encontram-se prontas para etiquetagem, empacotamento e armazenagem.

O enchimento de latas com cerveja é muito similar ao enchimento de garrafas não retornáveis. As latas podem ser de alumínio ou de aço inoxidável, e apresentam um verniz interno para proteger a cerveja da superfície metálica, e vice-versa. Antes de serem enchidas, as latas são invertidas e lavadas com água para remover a poeira proveniente do seu transporte desde o fabricante até a cervejaria. Após o enchimento, a tampa é encaixada na lata basicamente pela dobragem de ambas as peças de metal, o que permite formar uma costura estável, impedindo a passagem tanto de cerveja quanto de gás.

3.4.11.2 Embarrilamento

Os barris são recipientes de 10, 25, 30, 50 ou 100 L de volume, normalmente fabricados em alumínio, aço inoxidável ou madeira, com um tubo central que permite seu enchimento, esvaziamento e limpeza (Figura 3.9). Na cervejaria, eles são lavados externamente sendo, em seguida, transferidos para um equipamento que realiza sua lavagem interna, esterilização e enchimento. A lavagem envolve a aspersão de água a 70 °C, aproximadamente, em alta pressão, sob toda a superfície interna do recipiente. Após cerca de 10 s, o barril passa para a etapa de aquecimento com vapor, no qual a temperatura é mantida a 105 °C durante 30 s. Posteriormente, o barril é posicionado sob a cabeça de enchimento, onde uma breve purga com dióxido de carbono, para a retirada do ar, precede a introdução de cerveja, que é realizada em poucos minutos. O barril cheio é pesado para assegurar que contenha a quantidade necessária de cerveja, sendo então armazenado.

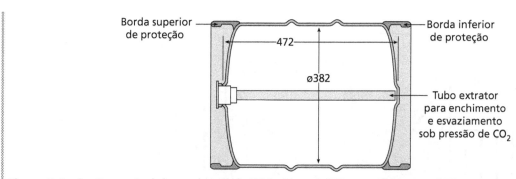

Figura 3.9 Seção vertical de um barril de 50 L. Altura: 472 mm; diâmetro: 382 mm.

Fonte: Briggs et al. (2004).

3.4.12 Pasteurização

A cerveja é uma bebida que apresenta características desfavoráveis para o desenvolvimento de vários microrganismos, sendo reconhecida como um produto de considerável estabilidade microbiológica. Porém, algumas espécies de microrganismos são capazes de se multiplicar nessa bebida, conferindo características indesejáveis, tais como turbidez e mudanças sensoriais, as quais prejudicam a qualidade do produto final. Por este motivo, a maioria das cervejas é tratada, antes ou durante o engarrafamento, para eliminar qualquer levedura cervejeira residual, leveduras selvagens ou bactérias contaminantes. A completa eliminação desses microrganismos da cerveja pode ser feita mediante tratamentos de pasteurização ou filtração estéril. A pasteurização consiste na destruição dos microrganismos presentes em soluções aquosas, pela ação do calor.

Na prática, a pasteurização da cerveja pode ser dividida em duas categorias: pasteurização *flash* e pasteurização em túnel. A pasteurização *flash* é realizada antes do engarrafamento da cerveja, e constitui, portanto, uma alternativa à filtração estéril. Essa técnica é aplicada comumente ao produto a ser disposto em barris. Entre as suas principais vantagens destacam-se os menores custos de instalação e a necessidade de um menor espaço da planta, em comparação à pasteurização em túnel. A pasteurização em túnel, por outro lado, aplicada à cerveja após enchimento em garrafas e latas, é a forma mais segura de garantir até seis meses de vida de prateleira do produto nesses tipos de embalagens. Essa técnica baseia-se na aplicação de uma menor temperatura do que a utilizada na pasteurização *flash*, durante um período de tempo maior (até 1 hora), em razão do tempo necessário para elevar, estabilizar e diminuir a temperatura do líquido no interior da embalagem.

O tratamento térmico da cerveja é representado pelo termo "unidades de pasteurização". Uma unidade de pasteurização (UP) é definida como a destruição biológica obtida pela exposição da cerveja durante um minuto a 60 °C. Tratamentos térmicos com 5-6 UP podem ser utilizados quando as concentrações de microrganismos contaminantes no produto são inferiores a 100 células/mL. Porém, a pasteurização da cerveja é normalmente realizada com 15-30 UP, podendo ser ainda empregados tratamentos com níveis mais elevados, como, por exemplo, no caso de cervejas com baixo conteúdo de álcool, as quais são mais propensas a contaminação.

3.4.12.1 Pasteurização flash

Na pasteurização *flash*, a cerveja circula por um trocador de calor de placas, que aumenta rapidamente sua temperatura até 72 °C aproximadamente (Figura 3.10). A cerveja é mantida nessa temperatura durante 30 a 60 s, sendo em seguida resfriada e posteriormente engarrafada. Como a solubilidade do CO_2 diminui com o aumento da temperatura da cerveja, é necessário manter uma elevada pressão no pasteurizador para evitar a liberação desse gás. As placas no pasteurizador são também dimensionadas de forma a fornecer um elevado grau de recuperação de calor (90-95%). Os equipamentos para a pasteurização *flash* apresentam uma mecânica muito simples, são baratos e fáceis de operar. É o sistema ideal para o enchimento de barris e está sendo cada vez mais utilizado para embalagens pequenas, tais como garrafas de PET e de vidro. Nesse último caso, as garrafas, tampas e enchedora também devem estar estéreis para garantir o sucesso desse tratamento térmico.

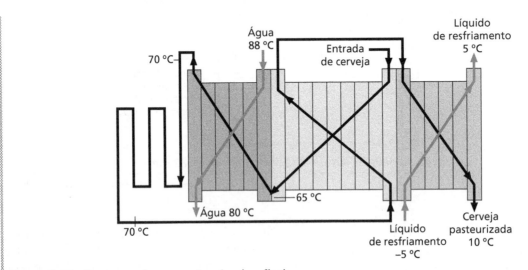

Figura 3.10 Esquema de um pasteurizador *flash*.

Fonte: Priest e Stewart (2006).

3.4.12.2 Pasteurização em túnel

Os pasteurizadores de túnel são extensas câmaras aquecidas e fechadas, através das quais as garrafas de vidro e latas são transportadas durante quase uma hora (Figura 3.11), ao contrário do curto tempo empregado no pasteurizador *flash*. Para economizar espaço, os mais modernos apresentam dois andares. O pasteurizador opera com uma série de zonas, por onde as garrafas são transportadas sob um conjunto de aspersores de água. Tais aspersores encontram-se dispostos de tal forma que as embalagens fiquem expostas a temperaturas crescentes da água, até que a cerveja atinja a temperatura de pasteurização. Essa temperatura, geralmente 60 °C, é mantida durante 20 min, o que proporciona cerca de 20 UP à cerveja. Posteriormente, as garrafas são transportadas para uma zona de resfriamento onde aspersores com água fria diminuem a temperatura da cerveja.

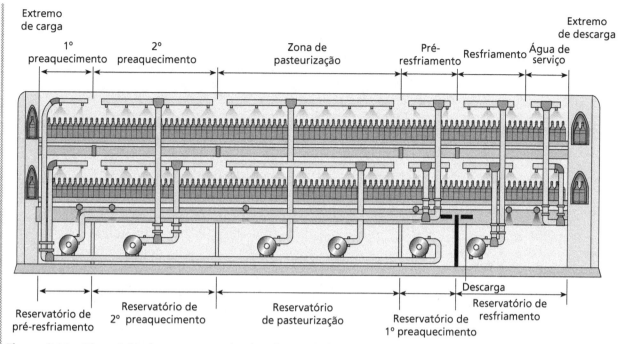

Figura 3.11 Disposição de um pasteurizador de túnel de dois andares. Tempos e temperaturas para as diferentes zonas: 1º preaquecimento, 5 min a 35-50 °C; 2º preaquecimento, 13 min a 50-62 °C; pasteurização, 20 min a 60 °C; pré-resfriamento, 5 min a 60-49 °C; resfriamento, 13 min a 49-30 °C; descarga, 2 min a 30-20 °C. Para a pasteurização de latas, as zonas de preaquecimento e resfriamento podem ser mais curtas e, portanto, a cerveja demora menos tempo nessas zonas.

Fonte: Briggs et al. (2004).

3.5 CARACTERÍSTICAS ORGANOLÉPTICAS DA CERVEJA

Historicamente, as características organolépticas das grandes cervejas espalhadas pelo mundo eram obtidas por meio de uma mistura envolvendo tradição, invenção e demanda popular. Até os anos de 1840, as cervejas eram produzidas na ausência de procedimentos industriais e também na ausência de expectativa de sua manutenção além de duas semanas ou mesmo de serem transportadas por longas distâncias, porém as revoluções industrial e científica alteraram essa interpretação.

Nos últimos 50 anos, houve grande desenvolvimento na pesquisa sobre as características de aroma e sabor das cervejas. O sucesso comercial depende da atração permanente das cervejas aos consumidores, e sendo o aroma e o sabor fatores críticos da qualidade do produto, torna-se necessária sua medição para melhor conhecê-los e controlá-los no produto.

Muito se tem discutido a respeito das propriedades sensoriais dos alimentos e de como avaliá-las adequadamente. Diversos pesquisadores buscam, ao longo do tempo, desenvolver metodologias para que os objetivos dos testes sejam bem definidos e para que estas metodologias conduzam à seleção de métodos e provadores capacitados, utilizando delineamentos estatísticos e interpretações adequadas dos dados. Embora a indústria de alimentos tenha reconhecido a importância da qualidade sensorial de seus produtos, os métodos utilizados para medi-la variaram muito, em função do estágio de evolução tecnológica.

Neste sentido, os argumentos para um ajuste de terminologia de aroma e sabor são os mesmos exigidos para um ajuste de terminologia química, biológica ou de uma escala comum de temperatura. No entanto, aroma e sabor são fenômenos complexos, e o sistema deve conter termos suficientes que permitam aos membros da equipe sensorial descreverem o que realmente encontraram, além de usar terminologia apropriada acessível a todos os usuários, independente de seu grau de treinamento e experiência. Deste modo, para descrever a cerveja, estabeleceu-se uma terminologia internacional que reúne cerca de 120 termos. A disposição esquemática dos termos referentes a cerveja foi resumida a um "Círculo dos Aromas e Sabores", conforme apresentado na Figura 3.12.

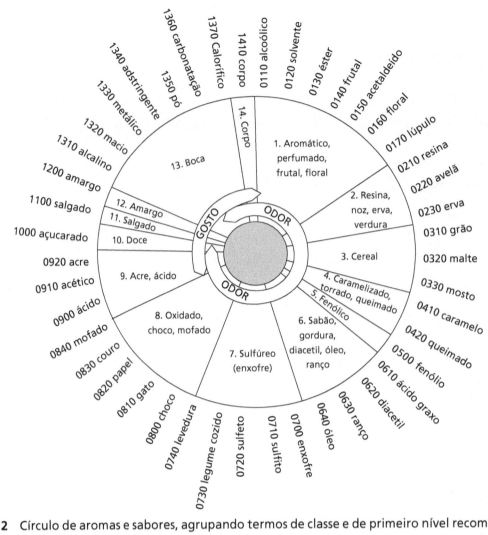

Figura 3.12 Círculo de aromas e sabores, agrupando termos de classe e de primeiro nível recomendados em degustação de cerveja.

Fonte: Meilgaard et al. (1979).

3.6 CÁLCULOS E APLICAÇÕES PRÁTICAS DA FÓRMULA DE BALLING

Carl Joseph Napoleon Balling, nasceu na Alemanha, e viveu entre 1805 e 1868. Grande parte de sua vida habitou na região de Saaz na Boêmia, República Tcheca. Em 1843, foi Professor do Instituto Politécnico de Praga, e alí, realizando intensos estudos sobre o processo cervejeiro, desenvolveu a seguinte equação para o balanço de massa do processo:

$$2{,}0665\ g(Extrato) = 1{,}000\ g(\text{álcool}) + 0{,}9565\ g(CO_2) + 0{,}11\ g(levedura) \quad (3.1)$$

Daí, o fator de rendimento proposto por Balling para a conversão de extrato do mosto cervejeiro em álcool é de 0,4839g/g, ou seja cada 2,0665 gramas de extrato do mosto, produz após a fermentação, 0,11 g de levedura, 0,9565 g de CO_2 e 1,0 g de etanol, então deduziu que para 100 g de cerveja, a quantidade de extrato original do mosto deve ser de:

$$Extrato = 100\ g(cerveja) + 1{,}0665 * A\%(p/p) \quad (3.2)$$

ou, ainda, para os mesmos 100 g de cerveja,

$$Extrato = 100 * (A\%(p/p) * 2{,}0665 + E_R) \quad (3.3)$$

Balling, com sua escala, desenvolveu um densímetro para medir a densidade do mosto ou da cerveja em qualquer instante da fermentação. Infelizmente, Balling realizou seus estudos na temperatura de 17,5 °C, analiticamente impraticável. Anos mais tarde, o alemão Fritz Plato, reproduz a escala de Balling realizando os estudos a 20 °C, criando assim os graus

Plato, que equivalem a gramos de sacarose em 100 g de solução. O grau Plato foi adotado pelas cervejarias de todas as partes do mundo, e a fórmula de Balling trouxe uma contribuição incrível para o setor cervejeiro e é adotada em mais 100 países, há mais de 170 anos.

O extrato do mosto foi admitindo como extrato original, expresso em g/100 g, inicialmente graus Balling, determinado a 17,5 °C, e mais tarde passou-se a usar graus Plato, determinado a 20 °C. Balling, havia proposto a equação 3.4 para determinação do extrato original.

3.6.1 Extratos original, extrato real e extrato aparente

$$EO = \%P = \frac{2,0665*A + ER}{100 + 1,0665*A}*100 \qquad (3.4)$$

Onde

°P: graus Platos que equivalem a gramos de sacarose em 100 g de solução

A: concentração alcoólica do mosto ou cerveja, expressa em peso (g/ 100 g)

ER: extrato real, aquele que de fato contém a cerveja, mas em razão da presença de etanol não pode ser medido com exatidão, expresso também em g de extrato em 100 g de solução

O extrato real é calculado pela equação 3.5.

$$ER = EA + 0,46*A\%(p/p) \qquad (3.5)$$

onde EA é o extrato aparente, aquele determinado pelo densímetro na cerveja, expresso em g/100 g.

3.6.2 Concentração alcoólica

Conversão da concentração alcoólica da cerveja expressa em volume para a expressão em massa:

$$A\%(p/p) = \frac{A\%(v/v)*0,791}{GEcerveja} \qquad (3.6)$$

Geralmente, a cerveja tem gravidade específica (GE) igual a 1,02.

3.6.3 Densidade relativa ou gravidade específica

Densidade Relativa ou Gravidade Específica é a razão entre a densidade de uma substância em relação da densidade de uma substância de referência, no caso para o mosto e a cerveja, é a relação entre a densidade do mosto ou da cerveja em relação a densidade da água.

$$GE = \frac{\rho mosto}{\rho água}; GE = \frac{\rho cerveja}{\rho água}; \qquad (3.7)$$

3.6.4 Cálculo da concentração do mosto pela densidade

Cálculo da gravidade específica do mosto, em Graus Plato a 20 °C.

$$\frac{kgExtrato}{hLMosto} = EO\%P*GE \ como \qquad (3.8)$$
$$GE = 1 + 0,004*EO(\%)$$

Exemplo: Um mosto com 15 °P, tem gravidade específica igual a 1,060, equivale a uma solução com 60 unidades de gravidade ou pontos de gravidade.

$GE = 1 + 0,004*15 = 1,060$, então um mosto com uma concentração em graus Plato de $15\% = \frac{60}{4}$, ou seja, o número de pontos de gravidade específica dividido por 4, é aproximadamente igual à concentração em graus Plato.

A Tabela de Goldiner e Klemann, ou Tabela VLB, (*"Versuchs – und Lehranstalt für Brauerei in Berlin"*), mostra as características densimétricas do mosto (GOLDINER; KLEMANN, 1951). Assim, um mosto que contenha uma gravidade específica de 1,060 terá uma concentração de 14,74 °P, de acordo com a Tabela VLB. Conforme mencionado aqui, dividindo 60 pontos de gravidade por 4, resulta um mosto com 15 °P, o que se aproxima muito bem dos dados da Tabela VLB.

BIBLIOGRAFIA

ANDRADE, C. M.; SANTOS, C. D. O.; ALMEIDA e SILVA, J. B. Cerveja produzida com arroz preto como adjunto de malte. In: VENTURINI FILHO, W. G. **Indústria de bebidas:** inovação, gestão e produção. São Paulo: Blucher, 2011. Cap. 24. p. 487-496.

ALMEIDA, R. B. **Avaliação dos fatores que influenciam na concentração de dicetonas vicinais na cerveja produzida pelo processo de alta densidade com utilização de planejamento de experimentos.** 1999. 96f. Dissertação (Mestrado em Biotecnologia Industrial) – Faculdade de Engenharia Química de Lorena, Lorena, 1999.

AMERICAN SOCIETY OF BREWING CHEMISTS. **Methods of analysis of the American Society of Brewing Chemists.** 8. ed. Minnesota: ASBC Technical Committee; ASBC Editorial Committee, 1996.

ASSOCIAÇÃO BRASILEIRA DE NORMAS TÉCNICAS. NBR 12806: análise sensorial dos alimentos e bebidas: terminologia. São Paulo: ABNT, 1993. 8p.

ASSOCIAÇÃO BRASILEIRA DE NORMAS TÉCNICAS. NBR 14140: teste de análise descritiva quantitativa (ADQ). São Paulo: ABNT, 1998. 5p.

BAMFORTH, C. W. Brewing and brewing research: past, present and future. **Journal of the Science of Food and Agriculture**, Barking, v. 80, p. 1371-1378, 2000.

BAMFORTH, C. W. **Brewing**: new technologies. Cambridge: Woodhead Publishing, 2006. 484p.

BRIGGS, D. E. et al. **Brewing**: science and practise. Cambridge: Woodhead Publishing, 2004. 1000p.

BRASIL. Decreto n. 6.871, de 4 de junho de 2009. Regulamenta a Lei n. 8.918, de 14 de julho de 1994, que dispõe sobre a padronização, a classificação, o registro, a inspeção, a produção e a fiscalização de bebidas. **Diário Oficial da União**, Brasília, DF, 4 jun. 2009. Disponível em: <http://www.planalto.gov.br/ccivil_03/_Ato2007-2010/2009/Decreto/D6871.htm>. Acesso em: 27 jun. 2014.

CARVALHO, G. B. M. et al. Cerveja a partir de banana como adjunto de malte. In: VENTURINI FILHO, W. G. **Indústria de bebidas**: inovação, gestão e produção. São Paulo: Blucher, 2011. Cap. 23. p. 475-486.

CEREDA, M. P. Cervejas. In: AQUARONE, E.; ALMEIDA LIMA, U.; BORZANI, W. **Alimentos e bebidas produzidos por fermentação**. São Paulo: Blucher, 1983. p. 45-78.

DRAGONE, G.; ALMEIDA e SILVA, J. B. Cerveja. In: VENTURINI FILHO, W. G. **Bebidas alcoólicas**: ciência e tecnologia. São Paulo: Blucher, 2010. Cap. 2. p. 15-50.

DRAGONE, G.; ALMEIDA e SILVA, J. B. Produção de cerveja pelo processo contínuo. In: VENTURINI FILHO, W. G. **Bebidas alcoólicas**: ciência e tecnologia. São Paulo: Blucher, 2010. Cap. 3. p. 51-67.

EUROPEAN BREWERY CONVENTION. **Analytica EBC**. 4th ed. Zürich: Bräuerei-und Getränke-rundschau, 1987. 498p.

ESSLINGER, H. M. **Handbook of brewing**: processes, technology, markets. Weinheim: Wiley-VCH, 2009. 746p.

GOLDINER, F.; KLEMANN, H. **Tafel sur umrechnung der spezifischen gewichte Von zuckerlosungen auf zuckerprozente, und Von alkohol-wassermishungen auf gewichtsprozente alkool**. Berlin: Institute fur Gurungstewerve, 1951.

GUEDES, R. P. Obtenção de uísque cortado a partir de destilados alcoólicos simples de malte de cevada (*Hordeum vulgare*) e de quirera de arroz preto (*Oryza sativa*). 2013. 142f. Tese (Doutorado em Biotecnologia Industrial) – Escola de Engenharia de Lorena, Universidade de São Paulo, 2013.

JINN, Y.; SPEERS, R. A. Flocculation of *Saccharomyces cerevisiae*. **Food Research International**, Barking, v. 31, n. 6-7, p. 421-440, 1998.

KUNZE, W. **Technology, brewing and malting**. Berlin: VLB, 1996. 726p.

MEILGAARD, M. C.; DALGLIESH, C. E.; CLAPPERTON, J. F. Beer flavor terminology. **Journal of the American Society of Brewing Chemists**, St. Paul, v. 37, n. 1, p. 47-52, 1979.

MURRAY, C. R.; BARICH, T.; TAYLOR, D. The effect of yeast storage conditions on subsequent fermentations. **MBAA Technical Quarterly**, St. Paul, n. 29, p. 189-194, 1984.

PFISTERER, E. A. The influence of various parameters on the accumulation of fermentable carbohydrates throughout the mash cycle. **Proceedings of the American Society of Brewing Chemists**, St. Paul, p. 39-47, 1971.

PRIEST, F. G. Gram positive brewery bacteria. In: PRIEST, F.G.; CAMPBELL, I. (Ed.). **Brewing microbiology**. London: Elsevier, 1987. p. 121-154.

PRIEST, F. G.; STEWART, G. G. **Handbook of brewing**. Boca Raton: CRC, 2006. 853p.

RUSSELL, I. Yeast. In: HARDWICK, W. A. **Handbook of brewing**. New York: Marcel Dekker, 1994. p. 169-202.

SILVA, D. P. et al. Cerveja sem álcool. In: VENTURINI FILHO, W. G. **Bebidas alcoólicas**: ciência e tecnologia. São Paulo: Blucher, 2010. Cap. 4. p. 69-84.

SOUZA, P. G. **Elaboração de cervejas tipo lager a partir de farinha de pupunha (*Bactris gasipaes* kunth) como adjunto, em bioprocessos conduzidos com leveduras livres e imobilizadas**. 2010. 95f. Dissertação (Mestrado em Biotecnologia) – Universidade do Estado do Amazonas, Manaus, 2010.

STEWART, G. G.; RUSSELL, I. **An introduction to brewing science e technology**: series III: brewer's yeast. London: Institute of Brewing, 1998. 108p.

TSCHOPE, E. C. **Microcervejarias e cervejarias**: a história, a arte e a tecnologia. São Paulo: Aden, 2001. 223p.

4

CERVEJA ARTESANAL

MARCELO HENRIQUE BREDA

4.1 INTRODUÇÃO

A diferença mais importante entre se produzir cerveja artesanalmente e industrialmente está na liberdade em se criar receitas personalizadas e poder experimentar variações no processo de produção, sem que isso afaste o artesão de seu objetivo, qual seja, obter como produto final cervejas de alto padrão.

Historicamente, essa liberdade foi um dos ingredientes responsáveis pela evolução da bebida, de suas técnicas de produção, da variedade de estilos, de seus equipamentos e, até mesmo, das diferenças sutis entre os ingredientes básicos utilizados.

Em muitas regiões da Europa a tradição de utilizar frutas e ervas, fermentar ou maturar a cerveja em barris de madeira, fazer *blends*[1] com bebidas de idades ou produções diferentes se mantém até os dias atuais, havendo até movimentos de retomada de processos ancestrais e da forma antiga de consumo em países como Inglaterra, Irlanda e Estados Unidos.

Mas como se traduzir essa liberdade em termos práticos se a cerveja é basicamente produzida utilizando-se apenas água, malte[2], lúpulo e levedura?

Mais adiante, falaremos um pouco sobre as variações existentes de cada ingrediente, lembrando que você encontrará informações básicas sobre matérias-primas no capítulo "Cerveja", deste mesmo volume, bem como as definições de cada um desses quatro ingredientes, deixando claro como é possível obter um sem-número de combinações e como é possível diferenciar uma cerveja artesanal de uma cerveja industrial.

A tarefa é um pouco complexa, já que atualmente as *lagers*[3], responsáveis por mais de 90% do total de cerveja consumida no Brasil, são produzidas utilizando-se um único tipo de malte, o Pilsen, nas cervejas claras, em alguns casos, o malte torrado em conjunto com o malte Pilsen, nas cervejas escuras, e, por vezes, alguns adjuntos – em geral cereais não maltados, como milho e arroz, entre outros, também mencionados no capítulo "Cerveja". Contudo há no mundo uma grande variedade de maltes de cevada, além de maltes de outros cereais, como maltes de trigo, centeio e aveia, que são chamados de *maltes especiais*. Além disso, combinações de lúpulos, leveduras e variações no processo produtivo causam mudanças enormes no resultado final, e estas combinações não são tão rentáveis quanto a cerveja pilsen do ponto de vista econômico para a produção da

---

[1] **Blends:** do inglês misturas. Algumas cervejas são produzidas em etapas e resultam da mistura entre duas levas produzidas em períodos diferentes. Exemplos são as Vintages inglesas e as Lambics Belgas.

[2] **Malte:** O termo técnico *malte* define a matéria-prima resultante da germinação, sob condições controladas, de qualquer cereal (cevada, arroz, milho, trigo, aveia, sorgo, triticale etc.) (DRAGONE, 2010).

---

[3] **Lagers:** grupo de cervejas fermentadas com leveduras de baixa fermentação. Ex. Pilsen, Bock, Doppelbock, entre outras (ver Tabela 4.7).

grande indústria cervejeira. Isso abre, portanto, muitas oportunidades para a produção artesanal, cujo grande diferencial é a facilidade e a flexibilidade de criar vários produtos e diversificar sua produção, em razão do pequeno volume produzido.

4.2 MATÉRIAS-PRIMAS
4.2.1 Malte

Para que seja utilizada no processo cervejeiro, a cevada passa por uma etapa de malteação[4] (ver capítulo *Cerveja*). Depois desse processo, o malte resultante terá determinadas características de cor e potencial de sacarificação que o classifica como malte base, em geral chamado de malte Pilsen, pois não foi submetido a nenhum outro processo além da malteação. Maltes base, via de regra, representam um grande percentual da quantidade total de grãos na produção de cerveja por fornecer a maior parte do poder enzimático que será fundamental durante o processo de mosturação.

Além dos maltes base, existem muitas variações de torra que fornecerão ao malte características especiais que influenciarão principalmente a cor, o sabor e os potenciais de sacarificação e fermentabilidade, sem deixar de lado outras características, como proteínas de alto peso molecular, que ajudarão na formação do corpo, e de médio peso molecular, que interferem na formação da espuma. Entretanto, os maltes especiais são utilizados em pequenas quantidades para acrescentar determinadas características à bebida, exceção feita às cervejas de trigo, que podem apresentar percentuais equivalentes de malte base e de malte de trigo ou até superiores deste último, chegando a 70% ou, até mesmo, a 100% em algumas cervejas produzidas fora do Brasil. Portanto, o cervejeiro pode utilizar inúmeras combinações de maltes especiais baseado nas características que deseja adicionar à sua criação.

4.2.1.1 Coloração da cerveja

A coloração da cerveja pode variar muito apenas com a utilização de um pequeno percentual de malte especial na sua composição. Para entender melhor a cor da bebida, é importante saber que esse

---

[4] **Malteação**: Porcesso de transformação do grão em malte consiste em colocar a semente em condições favoráveis de germinação, controlando temperatura, umidade e aeração, interrompendo a germinação tão logo o grão tenha iniciado a criação de uma nova planta. (DRAGONE, 2010).

parâmetro é medido em uma escala de cores. Uma delas é chamada de *SRM* (*Standard Reference Method*) ou *LOVIBOND* e determinada em pontos que vão de 1 a 40, sendo que, quanto menor a numeração, mais clara será a cerveja (Tabela 4.1). Há também a classificação em *EBC* (*European Brewery Convention*), que é adotada pela legislação brasileira de cervejas, cuja fórmula para conversão de escalas: EBC = SRM × 1,97.

Tabela 4.1 Escala de cores padrão SRM – Standard Reference Method.

Cor	Exemplo de estilo	SRM	
Água	–	0	
Amarelo-palha	Lite American Lager, Berliner Weisse	2-3	
Amarelo	German Pilsner	3-4	
Dourado	Dortmunder Export	5-6	
Âmbar	Maibock/Helles Bock	6-9	
Cobre-claro	California Comon Beer	10-14	
Cobre	Dusseldorf Altbier, Roggenbier	14-17	
Marron-claro	Roggenbier	17-18	
Marron	Southern English Brow Ale	19-22	
Marron-escuro	Robust Porter, Oatmeal Stout	22-30	
Marron muito escuro	Sweet Stout	30-35	
Preto	Foreign Extra Stout	35 +	
Preto opaco	Russian Imperial Stout	40 +	

Fonte: BJCP Guideline (2008).

A compreensão correta da coloração da cerveja é muito importante, à medida que se percebe a existência de estilos diferentes da bebida, pois a coloração adequada é característica obrigatória de uma boa cerveja. Isto posto, podemos então explanar sobre os tipos de malte e sua contribuição para a coloração da cerveja.

4.2.1.2 Tipos de malte

Observe que, como citado anteriormente, cada tipo de malte tem um processo de torra diferente, o que concede ao produto características e proprie-

Cerveja artesanal

dades únicas, pois somente com o conhecimento de todo o processo de malteação e torra específicos de cada tipo de malte poderíamos repetir, a partir da cevada, tais características. Dentre elas, o potencial de SRM em cada tipo será o fator que, aliado à quantidade utilizada, dará à cerveja a coloração desejada.

Vale salientar que a Tabela 4.2 informa o SRM de cada tipo de malte o que difere da Tabela 4.1, que informa a coloração da bebida pronta. A Tabela 4.2 apresenta os principais tipos de malte e as características que devem ser consideradas na determinação da coloração da cerveja a ser produzida.

Tabela 4.2 Tipos de Malte (Potencial de sacarificação e SRM).

Nome	Potencial	SRM	Nome	Potencial	SRM	Nome	Potencial	SRM
Malte Pilsner Inglês	1.036	1	Malte Tostado	1.029	5	Malte Trigo Caramelo	1.035	46
Aveia Maltada	1.037	1	Malte Trigo Escuro	1.039	9	Special Roast	1.033	50
Malte Pilsen 2 Fileiras	1.036	2	Malte Munich	1.037	9	CaraMunich	1.033	56
Malte Pilsen 6 Fileiras	1.035	2	Malte Defumado (Smoked)	1.037	9	Crystal 60	1.034	60
Goldem Promise	1.036	2	Crystal 10	1.034	10	Brown Malt	1.032	65
Belgian Pilsner 2 Fileiras	1.036	2	Munich 10	1.035	10	Crystal 80	1.034	80
German Pilsner 2 Fileiras	1.037	2	Carastan 15	1.034	15	Crystal 90	1.034	90
Lager Malt	1.038	2	Crystal 20	1.034	20	Crystal 120	1.034	120
Malte Trigo Belga	1.037	2	Munich 20	1.035	20	CaraAroma	1.035	130
Malte Trigo Alemão	1.039	2	CaraRed	1.035	20	Crystal 150	1.035	150
White Wheat	1.040	2	Malte Melanoidina	1.037	20	Special B	1.030	180
CaraPils	1.033	2	Amber Malt	1.035	22	Malte Centeio Chocolate	1.031	250
Malte Dextrina	1.033	2	CaraVienna	1.034	22	Cevada Torrada	1.025	300
Malte Acidificado	1.027	3	Belgian Biscuit Malt	1.036	23	Carafa I	1.032	337
Peated Malt	1.034	3	Brumalt	1.033	23	Malte Chocolate	1.034	350
Maris Otter	1.038	3	Belgian Aromatic	1.036	26	Malte Trigo Chocolate	1.033	400
Optic	1.038	3	Victory Malt	1.034	28	Carafa II	1.032	412
Malte Pale Ale	1.038	4	Crystal 30	1.034	30	Black Patent Malte	1.025	500
English Mild	1.037	4	Carastan 35	1.034	35	Black Barley	1.025	500
Malte Vienna	1.036	4	Crystal 40	1.034	40	Carafa III	1.032	525

Fonte: Homebrewtalk (2013) – adaptada pelo autor.

Além da cor, o teor de açúcar do mosto está intimamente ligado à quantidade de malte utilizada. Assim, a relação kg de malte/litros de água no processo de produção dará como resultado o teor de açúcar do mosto que posteriormente será um dos pilares para a determinação do teor alcoólico do produto. O *potencial de sacarificação*[5] do malte deve ser fornecido pelo fabricante. Contudo há um valor médio estimado para auxiliar o cervejeiro nos cálculos que determinarão a quantidade de malte necessária para a elaboração de cada cerveja (Tabela 4.2), principalmente em se tratando de produção artesanal, já que não se tem, como na grande indústria, condições de analisar em laboratório cada lote de malte adquirido a fim de determinar com precisão as quantidades necessárias para manter a qualidade e a padronização da bebida. Mesmo assim é possível manter a produção dentro de uma variação aceitável, repetindo-se as mesmas receitas e procurando-se obter parâmetros mínimos sobre a matéria-prima utilizada para que os cálculos nos ajudem a manter uma aproximação que, do ponto de vista artesanal, pode ser considerada um padrão. Os cálculos serão apresentados no tópico "Definindo um estilo e montando uma receita de cerveja" mais adiante, no item 4.4 deste capítulo.

4.2.2 Lúpulo

Além do malte, o lúpulo utilizado traz grandes possibilidades de variações na cerveja. Voltamos à liberdade da produção artesanal; podemos observar essa grande diferença ao utilizar um mesmo mosto base, separá-lo em algumas partes e proceder ao processo de fervura e lupulagem com diferentes tipos de lúpulo; desta maneira observar-se-á sensorialmente sem dificuldades que o resultado será diretamente proporcional à similaridade de características dos lúpulos utilizados.

As características mais importantes a se considerar na escolha dos tipos de lúpulo são seu potencial de amargor (% de alfa ácidos) e seu teor de óleos essenciais. Esses dois parâmetros fornecerão ao cervejeiro as informações necessárias para que ele identifique se o tipo é mais adequado para ceder amargor ou aroma à bebida, e poderá determinar qual quantidade de cada tipo deverá utilizar para atingir os parâmetros desejados.

Abaixo, detalhes das duas principais características do lúpulo em sua aplicação na produção de cerveja:

- **Amargor** – o *Hummulus lupulus* possui substâncias amargas, chamadas de alfa ácidos ou ácidos alfa, que são responsáveis pelo amargor da cerveja. Essas substâncias somente se solubilizam em alta temperatura e levam alguns minutos para conferir amargor ao líquido no qual estão imersas.
- **Aroma** – o lúpulo também é rico em óleos essenciais, contudo, ao contrário dos alfa ácidos, esses óleos são muito voláteis e se perdem facilmente, se submetidos a altas temperaturas e se imersos em mosto quente por mais de 15 minutos. Desta forma, em face das características expostas acima, a fragmentação da lupulagem se faz necessária para que tenhamos em nossa cerveja o equilíbrio desejado entre amargor e aroma.

As cargas de amargor serão adicionadas no início da fervura e permanecerão no mosto por mais tempo (1ª adição) e a carga de aroma deve ser adicionada sempre no final da fervura. Na receita descrita ao final deste capítulo, será adicionado nos cinco últimos minutos que antecedem o término da fervura (2ª adição).

A Tabela 4.3 apresenta algumas variedades de lúpulo, sua origem, indicação principal de utilização e seu potencial de alfa ácidos de referência.

O teor de amargor da cerveja é medido em unidades de amargor, cuja sigla utilizada internacionalmente é o *IBU (International Bittering Units)*. Há parâmetros de amargor sugeridos para cada estilo de cerveja, e grandes diferenças nos níveis de amargor são encontradas de estilo para estilo.

Os cálculos para determinação de amargor serão apresentados no tópico "Formulando uma receita de cerveja" mais adiante neste capítulo.

---

[5] **Potencial de sacarificação:** capacidade do grão para fornecer açúcares ao mosto, em virtude de seu poder diastático e teor de amido que será convertido em açúcares durante o processo de mosturação.

Cerveja artesanal

Tabela 4.3 Variedades de lúpulo e potencial de amargor.

Tipo	Origem	Utilização	% Alfa ácidos
Admiral	UK	Amargor	14.8%
Ahtanum	US	Aroma	65
Amarillo Gold	US	Aroma	8.5%
Aquila	US	Aroma	6.5%
Banner	US	Amargor	10%
Bramling Cross	UK	Aroma	6%
Brewers Gold	UK/Germany	Aroma/Amargor	8%
British Columbia Goldings	USA/Canada	Aroma	5%
Bullion	UK/USA	Aroma/Amargor	8%
Cascade	USA	Aroma/Amargor	6%
Centinnial	USA	Aroma/Amargor	10%
Challenger	UK	Aroma/Amargor	9%
Chinook	USA	Amargor	13%
Cluster	USA	Amargor	7%
Columbus	USA	Aroma/Amargor	14%
Comet	USA	Amargor	10%
Crystal	USA/Germany	Aroma	4%
East Kent Goldings	UK/USA/Canada	Aroma	5%
Eroica	USA	Aroma/Amargor	12%
Fuggles	UK/USA	Aroma/Amargor	5%
Galena	USA	Amargor	13%
Green Bullet	New Zeland	Amargor	10%
Haulertau Germany Us	Germany/USA	Aroma/Amargor	5%
Haulertau Hersbrucker	Germany	Aroma/Amargor	4%
Haulertaus Mittelfruh	Germany/USA	Aroma/Amargor	5%
Liberty	USA	Aroma/Amargor	4%
Lublin	Poland	Aroma	4%
Mt. Hood	USA	Aroma/Amargor	5%
Northern Brewer	UK/Germany	Aroma/Amargor	9%
Nugget	USA	Aroma/Amargor	14%
Omega	UK	Amargor	10%
Perle	Germany/USA	Aroma/Amargor	9%
Pride Of Ringwood	Austrailia	Aroma/Amargor	9%
Progress	UK	Aroma	7%
Saaz	Czech/USA	Aroma/Amargor	5%
Spalter	Germany/USA	Aroma	5%
Sticklebract	New Zeland	Amargor	10%
Styrian Goldinigs	Slovenia	Aroma/Amargor	5%
Target	UK	Amargor	11%
Tetnanger	Germany	Aroma	4%
Whitbread Golding	UK	Aroma	6%
Williamette	USA	Aroma/Amargor	5%
Yeoman	UK	Amargor	12%
Zenith	UK	Amargor	10%

Fonte: Beersmith (2013).

4.2.3 Levedura

Da mesma maneira que os anteriores, mas com uma influência ainda maior na diferenciação dos estilos de cerveja, as leveduras desempenham o papel principal no processo de produção.

Sabe-se que um mesmo mosto cervejeiro e com os mesmos tipos de lúpulo se transformará em cervejas completamente diferentes, em decorrência da levedura escolhida para o processo de fermentação. Tomaremos como exemplo a receita de cerveja que será desenvolvida ao final deste capítulo e que pode ser produzida tanto com leveduras de alta ou baixa fermentação[6] tendo como resultado uma *lager* ou uma *ale*, diferentes em várias características.

A estrela do processo cervejeiro é a *Saccharomyces cerevisiæ*, porém essa levedura possui muitas cepas distintas e são essas cepas que podem transformar um mesmo mosto cervejeiro em cervejas totalmente diferentes, como comentado anteriormente. Há uma grande variedade de cepas que foram catalogadas e selecionadas por laboratórios especializados na propagação de leveduras específi-cas para a produção de cerveja, sendo que algumas das cervejas mais famosas do mundo têm na cepa utilizada seu grande segredo e não na sua receita em termos de malte, lúpulo e água, como se imagina.

Há leveduras específicas para produção de cervejas de estilos belgas, ingleses, americanos, australianos, irlandeses, alemães, enfim, a utiliza-ção de determinada cepa nos permite saber muita coisa sobre a cerveja que estamos apreciando, sim-plesmente pelo fato de reconhecer as particulari-dades trazidas por ela à bebida.

É muito importante definir quais leveduras uti-lizar. Para que essa decisão seja mais tranquila, se-guem algumas informações importantes para que possa ser utilizada a levedura mais adequada ao tipo de cerveja que se pretende produzir:

A Tabela 4.4 mostra algumas leveduras e al-guns estilos de cerveja que são mais adequadamente produzidos se esses fermentos forem utilizados, o que não impede o cervejeiro de produzir suas cerve-jas de outra maneira, lembrando que é esta a liber-dade a que nos referimos no início do capítulo.

Tabela 4.4 Leveduras x estilos de cerveja.

Leveduras de alta	Estilo de cerveja	Levedura de baixa	Estilo de cerveja
Fermentis S-04	*Ales* inglesas	Fermentis W34/70	*Pilsen* e *lagers* em geral
Fermentis US-05	*Ales* americanas	Fermentis T-58	*Ales* belgas/condimentadas
Fermentis WB-06	Cervejas de trigo alemãs	Lallemand Nothinghan	*Ales* Inglesas de alto teor alcoólico
Fermentis S-33	*Wit biers* e Trapistas	Lallemand Windsor	*Pale Ales* e *Porters*
Fermentis S-23	*Lagers* c/ notas de éster	Lallemand Munich	Cervejas de trigo

4.2.4 Água

A água é, de fato, muito importante para a be-bida, porém, com toda a tecnologia e conhecimento atuais, reproduzir as características de uma água em seus parâmetros cervejeiros (Tabela 4.5) é tarefa que as grandes indústrias realizam com certa facili-dade, embora "montar" totalmente uma água espe-cífica para elaboração de um tipo determinado de cerveja não seja economicamente viável. Portanto o mais utilizado na prática é a adaptação da receita às características do líquido disponível e a correção de alguns itens principais da água, de forma a não pre-judicar a produção da bebida. Logo, se a grande in-dústria tem limitações financeiras para tratar e ob-ter a água ideal para cada estilo de cerveja, ao produtor artesanal restam poucas alternativas que podem ser resumidas em se utilizar a água de sua rede de abastecimento local ou adquiri-la de fontes minerais confiáveis e que tenham características próximas do aceitável. Contudo, dependendo da quantidade a ser produzida, adquirir água mineral inviabilizará a produção, e restará ao cervejeiro arte-sanal a primeira alternativa.

---

[6] As cervejas se dividem em dois grandes grupos: as *lagers* que empregam leveduras de *baixa fermentação* e as *ales* que utilizam leveduras de *alta fermentação*. Há ainda as cervejas de fermentação espontânea que não recebem adição de leveduras. Ver capítulo *Cerveja*.

Tabela 4.5 Águas cervejeiras típicas.

Análise	Pilsen	Berlim	Burton	Munique	Dortmund
Resíduos totais (mg/L)	51	–	1.226	284	1.110
CaO (mg/L)	10	205	375	106	367
MgO (mg/L)	4	37	103	30	38
SO_3 (mg/L)	4	314	532	8	241
Cl (mg/L)	5	–	36	2	107
Dureza total (°dH)	1,6	25,7	51,8	14,8	42
Dureza permanente (°dH)	0,3	22,5	38,6	0,6	25,2
Dureza carbonatária (°dH)	1,3	3,2	13,2	14,2	16,8
Alcalinidade residual (°dH)	0,9	–3,4	0,4	10,6	5,5

Fonte: Reinold (1997).

Tabela 4.6 Especificações físico químicas da água cervejeira.

Parâmetro	Unidade	Especificação
Aparência	–	Límpida e clara
Sabor	–	Insípida
Odor	–	Inodora
pH	pH	6,5 – 8,0
Cor	(mg Pt/L)	0 – 5
Turbidez	NTU	menor que 0,4
Matéria orgânica	(mg O_2/L)	0 – 0,8
Sólidos dissolvidos totais	(mg/L)	50 – 150
Dureza total	(mg $CaCO_3$/L)	18,0 – 79,0
Dureza temporária	(mg $CaCO_3$/L)	18,0 – 25,0
Dureza permanente	(mg $CaCO_3$/L)	0 – 54,0
Alcalinidade	(mg $CaCO_3$/L)	0,8 – 25,0
Sulfatos	(mg SO_4/L)	1 – 30
Cloretos	(mg Cl/L)	1 – 20
Nitratos	(mg NO_3/L)	ausência
Nitritos	(mg NO_2/L)	ausência
Sílica	(mg SiO_2/L)	1 – 15
Cálcio	(mg Ca^{2+}/L)	5 – 22,0
Magnésio	(mg Mg^{2+}/L)	1 – 6
Ferro	(mg Fe/L)	ausência
Alumínio	(mg Al/L)	máx. 0,05
Amoníaco	(mg N/L)	Ausência
CO_2 livre	(mg CO_2/L)	0,5 – 5

Fonte: Reinold (1997).

Na produção artesanal há uma grande preocupação com o pH, com a presença de cloro, com sólidos totais e com a quantidade de sais presentes na água que será utilizada, que quase sempre é a da rede pública. Uma tripla filtragem, utilizando filtros de partículas e de carvão ativado, resolverá, na maioria das vezes, o problema do cervejeiro ao eliminar sólidos em suspensão e grande parte do cloro, cuja parcela residual, que não seja retida na filtragem, será retirada no processo. O cloro se torna volátil acima dos 45 °C e o processo cervejeiro passa por temperaturas superiores a essa por tempo considerável. Como o processo artesanal é realizado em tinas abertas, a tendência é que o elemento seja totalmente eliminado durante o fabrico.

Restará então ao cervejeiro corrigir o pH, o que exigiria a adição de ácido lático, mas que na produção em pequena escala não se faz obrigatória na grande maioria das vezes. Com a própria brassagem, o mosto cervejeiro acaba por atingir um pH entre 5,2 e 5,6, nível este adequado para a produção da grande maioria dos estilos de cerveja.

4.3 ESTILOS DE CERVEJA

Demonstrado como é possível obter inúmeras variações de cerveja apenas combinando as três matérias-primas e a levedura, falaremos um pouco sobre os diferentes estilos da bebida e as iniciativas internacionais para a padronização desses estilos ao redor do mundo.

Como o brasileiro tem mais afinidade pelas *lagers*, mais precisamente pelas Pilsen, não é difícil estar em qualquer lugar do mundo onde se serve um copo de cerveja e identificar que se trata desse tipo de produto que se está consumindo. Contudo, com a disseminação da cultura cervejeira nos últimos anos, não raro encontramos um estilo de cerveja dentro da garrafa cujo rótulo não corresponde ao líquido. Isto não significa que estamos sendo enganados ou que o fabricante agiu de má fé, mas pode significar um desvio na classificação da bebida quanto ao seu estilo correto.

Com o objetivo de parametrizar alguns dos estilos mais comumente encontrados e produzidos em diversos países, organizações como o BJCP (*Beer Judge Certification Program*) e o BA (*Brewers Association*), por meio de estudos e análises detalhadas, criaram listas de estilos aos quais atribuíram

faixas admissíveis de parâmetros dentro dos quais o fabricante de cerveja pode posicionar seu produto de forma a nomear, com segurança, sua bebida no estilo em que foi concebida.

Esse é um exemplo claro e simples do "porquê" saber distinguir de alguma maneira quais os tipos existentes de cerveja e não achar simplesmente que toda cerveja é igual ou que somente existe um tipo da bebida, a Pilsen. Como citado anteriormente, há dois grandes grupos de cervejas que são determinados pelo tipo de levedura utilizado na sua produção. A Tabela 4.7 mostra esses grupos e seus principais estilos, além de um pequeno grupo que admite-se que seja produzido utilizando ambas as leveduras.

Tabela 4.7 Estilos de cerveja.

ALE		LAGER	Mixed
American amber ale	Fruit beer	American lite lager	Altbier
American brown ale	Fruit limbic	American pilsen	Barleywine
American pale pale	Gueuze	American premium	Biére de garde
American Wheat/Rye	Imperial IPA	American standard	Kölsch
Belgian blond Ale	Imperial stout	Baltic Porter	Maerzen
Belgian dark strong ale	India pale ale	Bohemian pilsner	Oktoberfest
Belgian Dubbel	Irish red ale	Dark American Lager	Roggenbier
Belgian golden strong ale	Lambic	Doppelbock	Smoked beer
Belgian pale ale	Oatmeal stout	Dortmunder Export	Steam beer
Belgian specialty ale	Ordinary bitter	Eisbock	
Belgian Tripel	Oud bruin	German pilsner	
Belgian White/Wit	Pale Ale	Helles bock	
Berliner	Rauchbier	Munich dunkel	
Blond ale	Robust porter	Munich helles	
Brown porter	Russian imperial stout	Schwarzbier	
Cream ale	Saison	Traditional bock	
Dry stout	Scotish export 80-	Vienna	
Dunkelweizen	Scotish heavy 70-		
English brown	Scotish light 60-		
English mild	Special bitter		
English old (strong) ale	Strong "scotch" ale		
Extra special bitter	Sweet stout		
Faro	Weizenbier		
Flanders red	Weizenbock		
Foreign extra stout			

Fonte: BJCP (2012).

Como a grande indústria se concentrou na produção de *lagers*, principalmente as Pilsen, o brasileiro foi, de certa forma, privado por muito tempo de uma grande parcela de conhecimento sobre as variações da bebida. Porém a partir de meados do ano de 2003, com a entrada de várias cervejas importadas no mercado nacional, esse cenário começou a mudar, e hoje vivenciamos uma grande evolução no segmento chamado de cervejas especiais, em que a pequena produção das microcervejarias e dos produtores artesanais começa a ganhar espaço.

Além da flexibilidade de se produzir vários estilos sem grandes dificuldades, os grandes diferenciais da produção artesanal são poder atingir mercados de nicho específico e com público diferenciado e ter aplicações gastronômicas, dada a qualidade da bebida produzida.

No Brasil, ainda há um grande caminho a ser percorrido, mas na Europa, em países como Alemanha, Bélgica, Inglaterra, Irlanda, Holanda, Estados Unidos e Canadá, é comum encontrar determinadas cervejas somente em uma região, cidade ou um único estabelecimento, sendo a bebida uma exclusividade daquele local, o que movimenta inclusive o turismo em determinadas regiões.

Mas como chegar a tal grau de especificidade na produção de uma bebida, em tese, tão limitada por seus ingredientes? Somente em pequena escala é possível produzir dezenas de estilos diferentes com agilidade e a um custo viável; para tanto, basta que o cervejeiro artesanal detenha o conhecimento no preparo da bebida desde a concepção de sua receita até a conclusão do produto e sua liberação para consumo.

Essa tarefa se inicia com a escolha do estilo a ser produzido e a determinação dos parâmetros que colocarão a cerveja dentro dos limites admitidos para o estilo desejado. Tais parâmetros são diretrizes que permitem ao cervejeiro balancear os ingredientes que utilizará, de forma a manter sua cerveja dentro de intervalos permitidos para cada parâmetro. São eles:

Tabela 4.8 Parâmetros de estilo.

OG Original Gravity	Densidade inicial do mosto antes da fermentação
FG Final Gravity	Densidade final da cerveja após o término da fermentação
IBU International Bittering Units	Unidades de amargor da cerveja
SRM Standard Reference Method	Parâmetro de coloração da cerveja
ABV Alcohol by volume	Teor alcoólico por volume

Fonte: BJCP (2012).

4.4 DEFININDO UM ESTILO E MONTANDO UMA RECEITA DE CERVEJA

Para clarificar as informações obtidas até o momento, tomemos como exemplo uma cerveja *Blond Ale*, consultando as diretrizes do estilo definidos pelo BJCP e pelo BA para simples visualização das diferenças entre os parâmetros admitidos para um mesmo estilo. Teremos como valores para produzir esta cerveja os limites informados abaixo:

Tabela 4.9 Parâmetros BJCP e BA.

Estilo BJCP – 6B. Blond Ale			Estilo BA – Blond Ale		
	DE	ATÉ		DE	ATÉ
OG	1.038	1.054	OG	1.054	1.068
FG	1.008	1.013	FG	1.008	1.014
IBU	15	28	IBU	15	28
SRM	3	6	SRM	4	7
ABV	3,8%	5,5%	ABV	5,0%	6,2%

Fonte: BJCP (2008) e BA (2012).

Cabe agora ao cervejeiro determinar sua receita e a quantidade de ingredientes em função do volume de cerveja a ser produzido, de forma a atingir os parâmetros informados nos intervalos acima, permitidos a cada item. Assim, posicionaremos nossa receita no centro do intervalo do BJCP e perseguiremos os seguintes parâmetros na definição de nossa receita:

Tabela 4.10 Parâmetros escolhidos para a cerveja experimental.

Receita – Blond Ale	
OG	1.046
FG	1.012
IBU	22
SRM	4
ABV	4,7%

Com os parâmetros determinados, o próximo passo é definir o volume a ser produzido e os ingredientes a serem utilizados. Tomemos então uma produção de cem litros dessa cerveja sendo que escolheremos malte, lúpulos e levedura, da seguinte forma:

◆ Malte Pilsen;

◆ Lúpulos: Columbus (Amargor) e Saaz (Aroma);

◆ Levedura de alta fermentação: Fermentis S-33.

Determinados os ingredientes, é preciso calcular a quantidade necessária de cada um deles, de forma que seja possível atingir os parâmetros definidos anteriormente. De acordo com o estilo escolhido, pode haver alguma outra regra ou diretriz a ser seguida, como, por exemplo, no caso das cervejas de trigo alemãs, que exigem pelo menos 50% de malte de trigo na sua composição. Nesses casos, teremos que considerar esses aspectos na formulação da receita se o estilo assim determinar.

Teremos, portanto, 100% de malte Pilsen para nossa receita e o cálculo abaixo nos dará a quantidade de malte em quilogramas para atingirmos o parâmetro de densidade inicial (OG) de 1.046, que foi determinado como objetivo de produzir cem litros de cerveja.

4.4.1 Calculando a quantidade de malte

Para calcular a quantidade necessária de malte para elaborar a cerveja *Blond Ale* é necessário conhecer o rendimento do seu equipamento.

Os dados abaixo são necessários para o cálculo:

Volume total: 100 litros

OG desejada: 1.046

Rendimento do equipamento (RT): 77%

Potencial de sacarificação do Malte Pilsen 2 fileiras (MCU): 1.036

CALCULANDO:

Volume total de apronte – conversão de litros em galões (Vt)

Vt = 100 litros / 3,7879

Vt = 26,399 galões

Unidades de densidade (GU)

$$GU = (OG - 1.000)*\text{Volume em galões}$$
$$GU = (1.046 - 1.000)*26,399$$
$$GU = 1.214,35$$

Quantidade de matéria-prima (Qmp)

$$Qmp = GU / [(MCU - 1000)*RT]$$
$$Qmp = 1.214,77 / [(1.036 - 1.000)*0,77]$$
$$Qmp = 1.214,77 / 27,72$$
$$Qmp = 43,82 \text{ libras} => 1 \text{ libra} = 0,453 \text{ kg}$$
$$Qmp = 19,85 \text{ kg} => \sim20,0 \text{ kg}$$

4.4.2 Calculando a quantidade de lúpulo

Como o mais comum é utilizar lúpulo na forma de *pellet* 90, e o aproveitamento em termos de solubilização dos alfa ácidos é de 33%, consideraremos esse fator. Caso o cervejeiro utilize outros tipos de lúpulo, como flores ou extrato, deve alterar esse fator no cálculo.

Assim, teremos:

$$IBU = \frac{\text{Massa lúpulo (g) * Teor alfa ácidos * 1.000 * \%solubilização * Taxa utilização}}{\text{Volume (L)}}$$

A taxa de utilização é dada em percentual e varia de acordo com o tempo de fervura. A tabela abaixo informa o tempo de fervura e as respectivas taxas de utilização:

Tabela 4.11 Percentual de utilização do lúpulo x tempo de fervura.

Fervura (minutos)	Taxa de utilização	Fervura (minutos)	Taxa de utilização	Fervura (minutos)	Taxa de utilização	Fervura (minutos)	Taxa de utilização
1	1%	16	22%	31	52%	46	88%
2	1%	17	24%	32	54%	47	89%
3	2%	18	26%	33	57%	48	91%
4	3%	19	27%	34	59%	49	93%
5	8%	20	29%	35	61%	50	95%
6	9%	21	31%	36	63%	51	96%
7	10%	22	33%	37	65%	52	96%
8	12%	23	35%	38	68%	53	97%
9	13%	24	37%	39	71%	54	98%

(continua)

Tabela 4.11 Percentual de utilização do lúpulo x tempo de fervura. (*continuação*)

Fervura (minutos)	Taxa de utilização	Fervura (minutos)	Taxa de utilização	Fervura (minutos)	Taxa de utilização	Fervura (minutos)	Taxa de utilização
10	14%	25	39%	40	73%	55	99%
11	15%	26	41%	41	75%	56	99%
12	16%	27	43%	42	77%	57	100%
13	18%	28	45%	43	80%	58	100%
14	19%	29	47%	44	83%	59	100%
15	21%	30	49%	45	86%	60	100%

Voltemos ao nosso cálculo para um IBU de 22 unidades considerando 60 minutos de fervura, teremos:

$$22 = \frac{X * 14\% * 1.000 * 33\% * 100\%}{100}$$

X= 47,62 g => ~48,0 g de lúpulo *Columbus* para amargor.

Utilizaremos nessa cerveja apenas um lúpulo (amargor), contudo, se o cervejeiro pretende utilizar mais de um tipo, será necessário fazer uma somatória de cálculos, repetindo a fórmula acima para cada tipo de lúpulo. Observe que o valor de IBU desejado precisa ser dividido também, de forma que a somatória final não ultrapasse o IBU total que se visa atingir.

A lupulagem de aroma influencia muito pouco no teor de amargor, portanto pode-se desprezar sua taxa de utilização. Para conhecimento, no exemplo acima, os 20 g de lúpulo Saaz a serem adicionados aos cinco minutos do término da fervura somarão 0,26 IBU à cerveja.

É importante frisar que:

- A eficiência ou rendimento do processo varia de equipamento para equipamento; e que o valor de 77% utilizado no cálculo acima é uma referência média inicial até que o cervejeiro possa aferir o valor correto da eficiência de seu equipamento após algumas brassagens;

- Os valores de potencial de SRM (coloração) e de potencial de sacarificação (MCU) utilizados são padrões de valores médios para cada tipo de malte. Na prática, o cervejeiro deve considerar o laudo enviado pelo fornecedor da matéria-prima a cada lote de malte adquirido, pois pode haver variações nos teores apresentados;

- O potencial de amargor (teor de alfa ácidos) de cada lúpulo também deve ser observado a cada lote adquirido.

Teremos então para 100 litros de cerveja 20 kg de malte Pilsen para atingir uma OG de 1.046 com uma eficiência de 77%. Teremos ainda que utilizar 48 g de lúpulo Columbus para amargor e 20 g de lúpulo Saaz para aroma, desta forma atingiremos um IBU de 22 unidades.

Com a utilização do fermento cervejeiro de alta fermentação poderemos atingir a densidade final (FG) de 1.012, considerando uma capacidade de atenuação de 74% da levedura (valor fornecido pelo fabricante de leveduras, sendo suficiente a utilização de 11,5 g de levedura liofilizada para cada 20 litros de mosto de acordo com o fabricante), assim:

FG = ((OG – 1.000) – ((OG – 1.000) * (% atenuação da levedura)) + 1.000)

FG = (1.046 – 1.000) – ((1046 – 1.000) * (74%)) + 1.000

FG = 1.012

Resta apenas atingir a coloração (SRM) desejada. Esse valor pode ser obtido naturalmente pela correta determinação da mistura de maltes e pela determinação dos tempos e temperaturas corretas de brassagem, porém o cervejeiro precisa ter bastante cuidado para não ultrapassá-lo, em virtude de um fenômeno chamado de Reação de Maillard[7], o que pode ocorrer

---

[7] **Reação de Maillard:** reação química entre aminoácidos e açúcares que ocasiona o escurecimento do mosto. Estimulada pelo calor, essas reações podem se traduzir em caramelização, embora existam outros efeitos. No processo cervejeiro pode trazer à bebida notas de nozes, caramelo e *toffee*. Esses sabores advêm de compostos conhecidos como melanoidinas que são alguns dos subprodutos da reação de Maillard. Em determinados estilos, tais como, *Bock*, *Dunkelweizen* e, especialmente, *Doppelbock*, esses sabores são desejáveis e também podem ser encontrados nas *Barley Wine*. Em outros estilos, como as Pilsen, no entanto, não são desejáveis, podendo ser considerados como um defeito.

em caso de fervura prolongada ou quando a mosturação é feita pelo processo de decocção[8].

Com esta receita atingiremos os parâmetros definidos para nossa cerveja. A partir de agora, traçaremos o processo de produção.

4.5 PROCESSO DE PRODUÇÃO

Antes de iniciarmos a produção, o primeiro passo é definir a quantidade de água a ser utilizada na mosturação. Como prática, deve-se utilizar de dois a três litros por quilograma de malte. Como bom procedimento, utilizaremos 2,5 litros de água por kg de malte. Assim teremos:

$$20 \text{ kg} \times 2,5 \text{ litros/kg} = 50,0 \text{ litros de água}$$

O pH ideal para a grande maioria das cervejas deve estar entre 5,2 e 5,6, contudo essa leitura deve ser feita após a arriada[9] do malte. O mais aconselhável é que qualquer correção da água cervejeira em termos de pH seja feita depois da colocação dos maltes, pois há uma queda natural do pH causada pelo malte, assim o ajuste será mais eficiente e adequado.

Definiremos agora a curva de mosturação traçando os tempos e as temperaturas que utilizaremos em nossa brassagem.

4.5.1 Mosturação

Durante a mosturação, cada faixa de temperatura está associada à temperatura ótima de uma determinada enzima. Conforme é mostrado na Tabela 4.12.

Tabela 4.12 Temperatura e pH de atuação das enzimas.

Enzimas	Temperatura ótima	pH ótimo	Substrato
Hemicelulases	40-45	4,5-4,7	Hemiceluloses
Exopeptidases	40-50	5,2-8,2	Proteínas
Endopeptidases	50-60	5,0	Proteínas
Dextrinase	55-60	5,1	Amido
Beta-amilases	60-65	5,4-5,6	Amido
Alfa-amilases	70-75	5,6-5,8	Amido

Fonte: Tschope (2001).

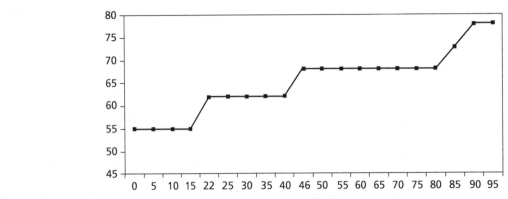

Figura 4.1 Gráfico de rampas e patamares para mosturação.

[8] **Decocção**: processo de mosturação que consiste na retirada de parte do mosto da mosturação primária para ser fervido e posteriormente devolvido à mosturação, para a elevação da temperatura da mosturação primária a um novo patamar.

[9] **Arriada do malte**: também chamada de *mash-in*, momento em que o malte é despejado na tina de brassagem, e que marca o início da mosturação.

4.5.2 Clarificação

Terminada a mosturação, iniciaremos o processo de clarificação do mosto por recirculação. Nesse momento ocorre a formação da camada filtrante, a partir da casca de malte, no fundo da tina de mosturação. Esta torta é responsável pela retenção das partículas em suspensão e, consequentemente, pela filtração do mosto, tornando-o límpido. A recirculação é feita até que o mosto esteja clarificado.

Antes, porém, de iniciarmos a trasfega, precisamos ter preparado a água de lavagem do bagaço de malte. Necessitaremos de 70 litros de água a 78 °C (mesma temperatura de encerramento da mosturação) que vai transpassar o bagaço do malte, que forma a torta filtrante, a fim de extrair ao máximo todos os açúcares que foram retidos pelas cascas do malte durante o processo de mosturação.

Vale aqui uma breve explanação sobre alguns itens sobre os quais falaremos a seguir:

I. **Clarificação**: já detalhada aqui, consiste em tornar o mosto límpido, por meio de filtração, antes de enviá-lo para a tina de fervura;

II. **Mosto primário**: mosto obtido por meio de filtração da massa da mostura através das cascas de malte (torta). Neste momento o cervejeiro pode fazer uma medição de densidade para revisão da quantidade necessária para água de lavagem.

III. **Lavagem**: também chamada de *sparging*, processo sequencial à clarificação que consiste em lavar o bagaço de malte resultante da mosturação de forma a se retirar ao máximo os açúcares que restam retidos nas cascas dos grãos por meio da adição de água quente;

IV. **Mosto secundário**: mosto retirado após a lavagem do bagaço de malte e que carrega os açúcares que estavam retidos nas cascas após a clarificação. Esse mosto ainda carrega taninos e proteínas em maior quantidade do que o mosto primário, em razão do processo de lavagem das cascas de malte do bagaço.

Assim, com esses conceitos colocados, podemos então explicar qual decisão deve ser tomada pelo cervejeiro após a clarificação. Como citado, há dois procedimentos possíveis utilizados na lavagem do bagaço do malte, são eles:

V. *Fly Sparging*: processo no qual a adição de água quente de lavagem a 78 °C é feita simultaneamente à trasfega do mosto para a tina de fervura. Nesse processo, o cervejeiro leva uma grande vantagem, qual seja a de não expor ao contato com o ar todo o colchão de malte formado na clarificação. Há também uma maior necessidade de se controlar a densidade do mosto que está sendo trasfegado para a fervura de forma a não haver nenhum erro de adição excessiva de água;

VI. *Batch Sparging*: consiste em drenar todo o mosto primário clarificado e trasfegá-lo para a tina de fervura sem adicionar água de lavagem. Após essa drenagem, o bagaço é lavado com água quente a 78 °C e devido à turvação da mistura trazida pela adição de água se faz necessária uma nova recirculação para clarificação. Estando o mosto secundário bem clarificado, será trasfegado para a tina de fervura para que juntamente com o mosto primário forme o mosto resultante que passará para o próximo estágio da produção.

No caso de *Batch Sparging*, o procedimento de lavagem e recirculação pode ser feito mais de uma vez até que o mosto resultante alcance a densidade desejada pelo cervejeiro. Esse procedimento tem como desvantagem o fato de expor o colchão filtrante de malte ao contato com o ar, o que pode trazer risco de oxidação do mosto. Além disso, é pouco mais lento do que o *Fly Sparging*, em razão da necessidade de recirculação após a drenagem do mosto primário.

4.5.3 Lavagem

Iniciada a trasfega do mosto clarificado iniciaremos concomitantemente a adição de água de lavagem para procedermos a clarificação em processo de *Fly Sparging* e faremos uma única passagem de água pela torta de malte, sem que haja exposição da torta, até que todo o mosto clarificado seja trasfegado para a tina de fervura. Terminada a trasfega, faremos a conferência da densidade após a clarificação para determinarmos o tempo de correção da fervura antes da lupulagem, de forma a mantermos o objetivo de atingir nossa OG sem descuidar do tempo máximo de fervura para não corremos nenhum risco quanto à coloração da cerveja.

4.5.4 Fervura

Após a trasfega para a tina de fervura, ocorrerão os seguintes processos: correção da densidade;

lupulagem e *whirlpool*. Durante a fervura, o mosto libera substâncias indesejáveis para o produto final, tais como proteínas, taninos e polifenóis que devem ser retirados do caldeirão com uma colher ou espátula utilizada para mexer o mosto na fervura. Normalmente, o processo de fervura dura algo em torno de 90 a 120 minutos, mas esse tempo varia de acordo com a eficiência do sistema de aquecimento. Deste período, pelo menos 30 minutos precisam ser utilizados para a volatilização de substâncias que não são desejáveis na fermentação e, por conseguinte, no produto final. Além disso, a correção da densidade é realizada neste período que antecede a lupulagem, pois após a lavagem esta estará abaixo do ideal planejado.

O tempo de fervura para correção de densidade pré-lupulagem nem sempre é necessário, porém o cervejeiro precisa saber calcular a evaporação em razão da eficiência do seu sistema para manter ao máximo a litragem desejada e atingir a densidade pretendida, sem entrar na faixa de tempo de fervura excessiva que prejudicará a cor de sua cerveja. Além disso, essa fervura que antecede a adição dos lúpulos objetiva a precipitação de proteínas e polifenóis presentes no mosto e que serão arrastados posteriormente para o *trub* quente.

4.5.5 Lupulagem

Atingida a densidade correta pré-lupulagem, será feita a primeira adição de lúpulo. Os tempos de lupulagem são contados regressivamente, portanto a lupulagem de amargor será feita com 48 g de lúpulo Columbus a 60 minutos; isso significa que faremos sua adição no início da fervura para que este permaneça em contato com o mosto fervente por 60 minutos. Faremos uma segunda adição dos 20 g de Saaz aos cinco minutos do término do processo.

Logicamente, o cervejeiro poderá fracionar o lúpulo em mais cargas e ter um número maior de adições, porém o importante é utilizar uma calculadora e considerar todas as quantidades e tempos desejados para cada adição, de forma que o nível de amargor final da cerveja seja obtido corretamente. Para calcular o amargor da cerveja (IBU) ver cálculo de lupulagem no item 4.4.1.

Teremos, portanto:

48 g *Columbus* aos 60 min

20 g Saaz aos 5 min

Tabela 4.13 Composição do lúpulo.

Componente	%
Resinas amargas totais	
Fração alfa	de 12,0 a 22,0
Fração beta	
Fração gama	
Óleos essenciais	de 0,5 a 2,0

Fonte: Tschope (2001).

Normalmente, nos últimos 15 minutos de fervura, é acrescentado um aditivo floculante ao mosto para auxiliar na decantação de proteínas e sua interação com taninos de alto peso molecular, que colaborarão na formação do *trub* quente e na clarificação do mosto fervido. Na grande maioria das vezes, o cervejeiro artesanal utiliza um componente chamado de *whirlflock*, composto por carragena, mas as pequenas cervejarias utilizam outras substâncias. Esse passo é opcional, contudo sua utilização melhora o resultado final da fervura em termos de limpidez do mosto pronto.

4.5.6 Whirlpool

Adicionados os lúpulos e fervido o mosto pelos 60 minutos necessários para uma boa lupulagem, passaremos ao processo de *whirlpool*. O sistema de aquecimento deve ser desligado totalmente nesse momento para possibilitar o início do resfriamento.

Figura 4.2 Movimento de *whirlpool*.

Com o auxílio de colher ou espátula, realiza-se um movimento circular contínuo e vigoroso criando um redemoinho no interior do caldeirão. Observe que nesse movimento não é desejável que se crie uma oxigenação do mosto quente para que não ocorra sua oxidação.

Esse redemoinho (*whirlpool*) fará com que todos os sólidos em suspensão sejam atraídos para o fundo e para o centro do caldeirão criando uma "torta" chamada de *trub* quente. Esse procedimento é essencial para a produção de uma boa cerveja, pois o *trub* não deve ser enviado para os fermentadores, sob pena de trazer à cerveja um sabor desagradável de grama verde, além disso, as resinas do lúpulo acabam por envolver as células de levedura, o que prejudica sensivelmente o processo de fermentação prolongando-o e baixando a eficiência do levedo.

O tempo de *whirlpool* deve ser de 15 minutos, sendo 5 minutos de *rotapool*, ou seja, rotação do mosto para concentração do *trub* quente no fundo e no centro da tina (Figura 4.3) e os dez minutos restantes de repouso, para que a decantação seja completa e o mosto pronto esteja o mais límpido possível para iniciar o resfriamento.

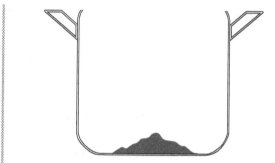

Figura 4.3 *Trub* depositado no fundo da tina após *whirlpool*.

4.5.7 Resfriamento do mosto

Como faremos uma cerveja de alta fermentação (*Blond Ale*), o resfriamento do mosto deve ser feito até a faixa ideal de temperatura (18-20 °C). Para conhecimento, se nossa receita fosse de uma cerveja *lager*, ou seja, de baixa fermentação, essa temperatura deveria ficar entre 11-13 °C.

O resfriamento deve ser feito no menor tempo possível, sendo ideal que não ultrapasse os 60 minutos. A recomendação é de que se faça o resfriamento em até 40 minutos, ficando os outros 20 minutos como margem de manobra para eventuais problemas.

4.5.8 Ativação e inoculação da levedura

Enquanto o mosto é resfriado, faremos a ativação da levedura. Esse procedimento é recomendado por estarmos utilizando leveduras liofilizadas e que precisam de um período de readaptação e hidratação antes de serem inoculadas no mosto para a realização do processo de fermentação.

Coletaremos então 300 ml de mosto resfriado para cada 11,5 g, e procederemos a ativação. Como utilizaremos 1 sachê de 11,5 g para cada 20 litros de mosto (quantidade recomendada pelo fabricante), teremos então cinco sachês para cem litros de mosto, o que nos levará a coletar 1,5 litro de mosto para a ativação. O mosto deve estar à temperatura de 18-20 °C e a ativação deve transcorrer durante 20-30 minutos. Após esse período, a levedura estará pronta para ser inoculada no mosto para a fermentação.

A inoculação deve ser feita após a correta aeração ou oxigenação do mosto. A aeração pode ser feita com a utilização de ar comprimido filtrado, por aproximadamente dez minutos para cada fermentador de 20 litros ou pela oxigenação com injeção de O_2 puro diretamente no mosto, utilizando-se um difusor por um minuto à pressão de 0,3 kgf/cm^2. Após a inoculação, os fermentadores devem ser lacrados e as válvulas de alívio de pressão (*airlock*) colocadas para possibilitar a eliminação do CO_2 proveniente do processo fermentativo.

4.5.9 Fermentação

Chegamos a um ponto chave do processo cervejeiro: a fermentação. Muito da cerveja como produto final se deve a essa etapa e qualquer deslize aqui será fatal para a bebida, e, primeiramente, é muito importante definir quais leveduras utilizar.

Considerando a produção experimental sugerida neste capítulo, utilizamos uma levedura de alta fermentação. Assim a temperatura de trabalho deve ser mantida entre 15 °C e 22 °C. Fora deste intervalo, a qualidade da cerveja será prejudicada, podendo a fermentação ser demasiadamente lenta, se estiver abaixo dos 15 °C, ou trazer muitos aromas indesejados à bebida, se estiver acima dos 22 °C. Outro fator muito importante a ser observado é a estabilidade da temperatura, pois oscilações muito grandes e constantes podem estressar as leveduras, interferindo negativamente no resultado do processo. Caso a levedura escolhida fosse uma *lager* a temperatura ficaria entre 9 °C e 15 °C.

A fermentação deve ser conduzida a 18 °C, com levedura de alta fermentação. O ideal será manter a fermentação durante cinco a sete dias nessa temperatura.

Essas são informações gerais que podem ser utilizadas para todas as leveduras dos grupos *Ales* e

Lagers, porém, caso o cervejeiro tenha acesso a informações específicas da levedura escolhida e que foram fornecidas pelo fabricante, deve utilizá-las como forma de maximizar a eficiência do processo.

Durante a fermentação, se faz necessário o controle da atenuação, ou seja, o acompanhamento dos valores de densidade final ou FG planejada, pois à medida que as leveduras vão convertendo os açúcares do mosto em álcool e CO_2, este valor vai sendo reduzido. O controle da atenuação precisa ser feito diariamente para que o cervejeiro possa observar o comportamento das leveduras e se certificar de que a fermentação chegou efetivamente ao final. Para tanto, é recomendada a observação de estabilização da densidade por pelo menos 48 horas, para que a finalização dessa etapa seja feita no momento correto e com segurança. Em seguida, a cerveja deve ser resfriada a 0-2 °C por dois dias, para favorecer a decantação das leveduras e a clarificação da cerveja.

Durante esse período, o fermento deve ser purgado dos fermentadores, para possibilitar uma maturação livre de leveduras e favorecer a formação do *trub* frio que será purgado durante o período. Essa purga pode ser feita facilmente em fermentadores de fundo cônico, porém, caso o cervejeiro utilize outro tipo de fermentador, as purgas podem ser substituídas por uma trasfega total da cerveja para outro tanque, de forma a separar a bebida da borra de leveduras.

A trasfega deve ser feita, na medida do possível, sem que haja contato da cerveja com o ar. Os tanques devem estar muito bem limpos e sanitizados, atenção especial deve ser dada às válvulas, registros ou torneiras, e a passagem da bebida para o tanque de maturação não deve gerar tumulto ou espuma.

4.5.10 Maturação

Finda a fermentação, entramos em uma das fases mais importantes da produção de cerveja. Nessa fase, a cerveja "verde", assim chamada por não estar "madura" para o consumo, ganhará aromas e sabores em um "ajuste fino" que será determinado pela relação tempo × temperatura na qual a cerveja será mantida para a maturação.

Na produção de cervejas artesanais, esse período pede variar de dez dias a vários meses e está associado aos resultados desejados para cada estilo de cerveja. Em nosso exemplo, utilizaremos uma maturação de cinco dias à temperatura de 12 °C e cinco dias a 6 °C.

Após dez dias de maturação, a temperatura será rebaixada para 0 °C por dois dias, para o *laggering*

e teremos uma nova decantação. Isto deixará a cerveja com um ótimo brilho, mesmo não tendo sido filtrada, o que colaborará muito para a estabilidade da bebida após seu envase, além de ajudar muito na sua apresentação quando servida. Após os dois dias de decantação a cerveja estará pronta para uma nova trasfega e para o envase.

4.5.11 Envase

A cerveja artesanal pode ser envasada em garrafas ou em barris. Latas atualmente não são uma opção muito acessível para os cervejeiros artesanais devido ao alto custo do equipamento, a dificuldade em se obter o recipiente em pequenas quantidades e, o mais importante, pela complexidade de tratar assuntos ligados a geração de defeitos pós-envase que aparecem com maior intensidade nas latas, visto que a sua área de contato com o ar residual interno da embalagem é proporcionalmente muito maior do que nas garrafas.

Podemos envasar nossa cerveja em garrafas ou em barril KEG de aço inox, sendo este mais indicado para facilitar e simplificar o processo de envase. Em se tratando de cervejas artesanais essa é a opção de menor custo e carga de trabalho para o cervejeiro. Porém, adiante, podem ser encontrados os procedimentos para envase em garrafas com a utilização do processo de carbonatação natural que é a refermentação após envase.

Em se tratando do envase em garrafas, na produção artesanal, o processo mais utilizado é conhecido como *priming*. Esse processo consiste na adição de alguns gramas de açúcar fermentescível em cada garrafa de cerveja e seu posterior enchimento com a bebida ainda sem carbonatação. Após o fechamento da garrafa, a cerveja é refermentada para produzir gás carbônico e, consequentemente, carbonatar a bebida. Após a realização do *priming*, as garrafas precisam permanecer à temperatura de fermentação (*Lagers* entre 9 e 15 °C e *Ales* entre 15 e 22 °C) para que o processo se desenvolva a contento, pois se as garrafas forem colocadas sob refrigeração a baixas temperaturas as leveduras hibernarão e não realizarão seu trabalho, deixando a cerveja "choca", ou seja, totalmente sem gás.

Em geral, essa carbonatação leva de sete a dez dias e tende a apresentar grande variação, de acordo com a limpidez que a cerveja apresentava no final da maturação, pois a quantidade de levedura em suspensão presente na cerveja influenciará na velocidade de refermentação. Uma grande dúvida que circunda os cervejeiros nesse momento é sobre qual tipo de açúcar a ser utilizado e, por conseguinte, qual a quantidade ideal por litro de cerveja pronta ou por garrafa deverá ser adicionada.

A Tabela 4.14 enumera alguns açúcares utilizados no processo de *priming* pelos cervejeiros artesanais, e aponta seu potencial de fermentabilidade. A quantidade de açúcar indicada nesta tabela é suficiente para gerar um volume de CO_2 por volume de cerveja.

Tabela 4.14   Açúcares utilizados no processo de *priming*.

Ingrediente		Atenução		Massa (g/L)
		Aparente	Real	
Açúcar de cana (sacarose)		–	100%	3,82
Açúcar de milho (glucose)		–	100%	4,02
DME (Dried Malt Extract)	Munton & Fison	75%	60%	6,8
	Northwestern	70%	56%	7,2
	Laaglander	55%	44%	9,3

Definido qual será o açúcar a ser utilizado no *priming*, cabe ao cervejeiro calcular a quantidade adequada para carbonatar sua cerveja. Utilizando a fórmula abaixo se chega facilmente ao resultado desejado:

Fórmula para calcular a carbonatação com glicose:

$$Massa\ glicose = \frac{V - V0}{0,27027}$$

Fórmula para calcular a carbonatação com sacarose

$$Massa\ sacarose = \frac{V - V0}{0,286}$$

$V0$ = nível inicial de saturação da cerveja, em volume de CO_2 a 20 °C.

V = nível de saturação de CO_2 desejado, após a carbonatação, A 20 °C.

Aqui ilustraremos o *priming* somente com a sacarose por ser o açúcar mais fácil e comumente utilizado. Assim, para efeito de cálculo, cada 4,0 g/L de sacarose resultará em um volume de CO_2. Lembrando que, também para efeito de cálculo, utilizaremos como quantidade padrão de CO_2 solubilizado na cerveja pós-fermentação primária o valor de 0,9 g/L a temperatura de 20 °C.

EXEMPLO:

Carbonatação desejada: 3,0 volumes

CO_2 residual: 0,9 volumes

Carbonatação adicional: 2,1 volumes

$$Massa\ sacarose = \frac{3,0 - 0,9}{0,286} = 7,34\ g$$

É muito importante frisar que o *priming* traz alguns pontos negativos para a cerveja em relação a outros processos de envase, são eles:

- Baixa estabilidade da cerveja após o envase: quando se engarrafa com *priming*, a cerveja apresentará alterações de aroma e sabor ao longo do tempo, pois as leveduras remanescentes na cerveja (lembrando que não filtramos nossa bebida) continuarão a trabalhar enquanto houver açúcares fermentescíveis disponíveis no interior da garrafa;

- Turbidez na cerveja: em decorrência da adição de açúcar e da nova fermentação, haverá uma propagação das leveduras, o que ocasionará novamente um depósito no fundo da garrafa e a turbidez no líquido quando a garrafa for movimentada.

Como citado, há outras formas de envase, além do *priming*, mas que demandarão a utilização de outros equipamentos e que trarão benefícios ao produto final bem como maiores custos ao cervejeiro, são eles:

- Envase em barris;
- Envase em garrafas com contrapressão de CO_2.

A grande vantagem dessas formas de envase é manter a limpidez e a estabilidade da bebida, pois não há a necessidade de refermentação e consequente geração de depósito de leveduras que tornarão a cerveja mais turva. Em contrapartida, haverá a necessidade de se adquirir o sistema de enchimento e todos os equipamentos para a extração da cerveja dos barris, o que somente se justificará em termos de custo se a produção for relativamente grande. Vale lembrar que, para volumes artesanais, a partir de 100 litros por batelada, já se justifica a utilização de envase com CO_2.

Equipamento necessário para envase em barril:
- Barril KEG ou tanque de pressão;
- Válvula extratora para barril;
- Cilindro de CO_2 com manômetro;
- Mangueiras e conexões.

Equipamento necessário para envase com contrapressão em garrafas:
- Todos os itens acima para envase em barril;
- Enchedor de contrapressão.

4.5.11.1 Envase em barril

Para cem litros de cerveja serão necessários os seguintes materiais:
- dois barris KEG de 50 litros;
- um cilindro de CO_2 com manômetro;
- uma válvula extratora KEG;
- uma chave para válvula KEG (abertura e fechamento do barril).

O barril precisa ser aberto e lavado com água limpa para remoção de sujidades mais grosseiras. Após a lavagem com água, se o barril apresentar incrustações, será necessária a lavagem com soda cáustica em solução com concentração de 2 a 3%, preferencialmente a 60 °C, por pelo menos 30 minutos. Após essa etapa, o barril deve ser enxaguado novamente com água limpa e declorada a temperatura ambiente para remoção da soda. Feita a lavagem, o barril deverá ser sanitizado com solução de ácido peracético a 2% por pelo menos 20 minutos, esvaziado e colocado com a válvula aberta e virada para baixo para evitar que eventuais partículas acabem por adentrar o recipiente sanitizado e de forma que todo o excesso escorra para fora do barril. Após esse procedimento o barril estará pronto para receber a bebida, não havendo necessidade de enxágue do ácido peracético, somente seu completo escorrimento.

O enchimento deve ser feito da forma mais branda possível para evitar a turbulência e a formação intensa de espuma dentro do barril, pois a ocorrência desses eventos pode gerar a absorção de oxigênio pela bebida e trazer grandes prejuízos ao produto final.

Diferentemente das grandes e das microcervejarias, o cervejeiro artesanal, via de regra, não possui tanques de aço inox que suportam o armazenamento da cerveja já carbonatada. Assim, como a cerveja ainda não está carbonatada, será necessário manter um pequeno espaço equivalente a 5% do volume no interior do barril (*head space*) para possibilitar a carbonatação da bebida após o envase.

A figura abaixo demonstra o correto dimensionamento do *head space* para uma boa e rápida carbonatação:

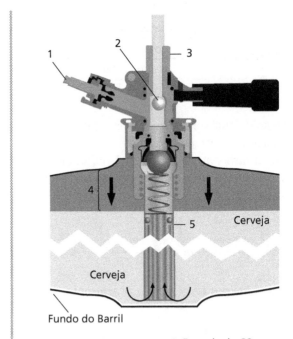

1. Entrada de CO_2
2. Esfera de checagem
3. Sonda
4. *Headspace*
5. Sifão de extração

Figura 4.4 Desenho esquemático do interior de um barril KEG.

Fonte: Breda (2011).

Após o enchimento, fechar a válvula do barril, acoplar a extratora, conectar o cilindro de CO_2 e injetar o gás até atingir a pressão de 2,0 kgf/cm² no interior do barril para carbonatação da cerveja. Essa injeção deve ser feita quatro vezes ao dia durante quatro dias para uma perfeita carbonatação da bebida.

Após cada injeção o barril deve ser mantido na temperatura de 0 a 1 °C para que a bebida incorpore o CO_2 adicionado. Não é necessária qualquer agitação no barril.

4.5.11.2 Envase em garrafa

O envase em garrafas pode ser feito de duas formas, com carbonatação forçada por contrafluxo ou pelo processo de *priming* (ver item 4.5.11, letra k). O cervejeiro artesanal tem atualmente condições de proceder a qualquer das técnicas sem incorrer em alto custo.

A carbonatação forçada com CO_2 demanda alguns equipamentos adicionais, pois a cerveja será carbonatada antes do envase nas garrafas, para isso é necessário que o cervejeiro possua um tanque de pressão de alto custo ou, o que acontece na prática nas pequenas produções, utilize a carbonatação em barris, procedendo ao envase como citado no item 4.5.11.1. Uma vez carbonatada a cerveja no barril, o cervejeiro estará apto a encher suas garrafas com a bebida já carbonatada e pronta para servir.

Para esse envase, a utilização de um dispositivo de enchimento por contrafluxo (Figura 4.5) é o mais recomendado, pois se assemelha ao processo industrial com a diferença básica da automatização, pois será manual, e da capacidade de envase que será feito garrafa a garrafa, e não em série, como na grande indústria.

As grandes vantagens desse processo são a rapidez em ter a bebida pronta para consumo; a transparência que se confere à bebida pelo fato de não haver necessidade de refermentação na garrafa; e a estabilidade da bebida após o envase, a qual será bem maior, se comparada à obtida no processo de *priming*.

A segunda forma de envase artesanal é o *priming*, que consiste na adição de algum tipo de açúcar fermentescível na garrafa e que será consumido pelas leveduras residuais da cerveja não filtrada, gerando uma carbonatação no interior da garrafa.

A grande vantagem desse processo reside no fato de que o cervejeiro não necessita de nenhum equipamento adicional para proceder ao envase, basta que ele adicione o açúcar fermentescível escolhido em cada garrafa, com uma seringa comum, por exemplo, e a encha com a cerveja até o nível correto; tampe a garrafa e a deixe à temperatura de fermentação por alguns dias.

As desvantagens desse processo são o tempo de fermentação secundária dentro da garrafa que gira em torno de sete a dez dias e a tendência de formação de depósito de leveduras no fundo da garrafa. Isso causará tanto a turvação da bebida ao ser servida quanto sua instabilidade ao longo do tempo que for mantida em armazenamento, pois as leveduras manter-se-ão ativas enquanto houver nutrientes e modificarão as características da cerveja continuamente até que, por falta de nutrientes, comecem a morrer e, por conseguinte, se autolisar[10].

Após aproximadamente um mês nossa cerveja *Blond Ale* artesanal, dentro dos parâmetros internacionais de estilo, está pronta para consumo. Ao passo que a grande indústria cervejeira produz a bebida em ciclos de 72 a 96 horas e consegue colocar sua produção para comercialização em apenas dez dias, na produção artesanal pode-se levar de 20 dias a vários meses para que uma cerveja esteja pronta para o consumo.

Processos seculares e receitas tradicionais são repetidos fielmente até os dias atuais, e isto faz da cerveja artesanal um produto de altíssima qualidade e de inúmeras características que as diferenciam das grandes cervejas de massa, produzidas pela indústria cervejeira.

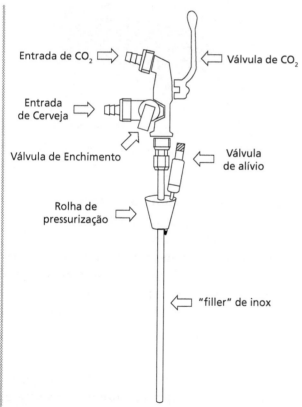

Figura 4.5 Dispositivo de envase de garrafas por contrapressão de CO_2.

Fonte: Breda (2010).

---

[10] **Autolisar**: Sofrer autólise. Processo no qual as leveduras, após sua morte, sofrem o rompimento de sua parede celular, permitindo que todo o material citoplasmático se misture ao líquido onde se encontra imersa, no caso a cerveja, causando uma série de problemas sensoriais e deteriorando a qualidade da bebida.

4.6 EQUIPAMENTOS

A cerveja artesanal é caracteristicamente produzida em caldeirões de alumínio, cobre ou aço inoxidável. Evidentemente a melhor alternativa em termos sanitários é o aço inoxidável, contudo o alto custo tanto desses caldeirões quanto dos de cobre traz como melhor custo benefício o alumínio. Isto posto, detalharemos os componentes básicos para a montagem de um sistema completo destinado à produção da cerveja artesanal, começando pelas tinas que formam a cozinha cervejeira também chamada de sala de brassagem.

4.6.1 Moinho de malte

Para que o processo de brassagem seja adequado, o malte a ser utilizado deve ser moído uniformemente, de modo que se obtenha o rompimento da casca, expondo, dessa forma, o endosperma; a desintegração total do endosperma, promovendo uma melhor atuação enzimática e a produção mínima de farinha com granulometria muito fina (DRAGONE, 2010).

Com esta finalidade, são utilizados moinhos de diversos tipos prevalecendo na lista de equipamentos do cervejeiro caseiro o moinho de discos para cereais (Figura 4.6a.). Esse tipo de moinho, embora de baixo custo, não é ideal para a moagem da cevada no processo de produção de cerveja, pois não permite uma boa homogeneidade dos grãos moídos, em razão de seu sistema de discos que pode, em uma mesma regulagem, liberar grãos inteiros e muito pó ao mesmo tempo, em virtude do fato de que seu sistema de regulagem, em geral, se destina a moagem de grãos sem casca e com o objetivo de gerar farinha fina. Além disso, a moagem é muito lenta e a adaptação de um sistema de motorização é complicada por causa do torque necessário para mover os discos. Entretanto, esse equipamento é largamente utilizado pelos cervejeiros caseiros por ser barato e de fácil obtenção.

O sistema mais adequado para a moagem no processo cervejeiro, mesmo caseiro, é a utilização de um moinho de rolos (Figura 4.6b.), pois possibilita uma regulagem fina no distanciamento dos rolos o que resulta em uma moagem homogênea e mais rápida do que a feita com um moinho de discos. A adaptação de motorização nesse sistema é bem mais simples, podendo ser utilizada uma furadeira comum para girar o moinho com grande eficiência.

Há ainda vários tipos de moinhos de rolos com dois, três ou quatro pares de cilindros, mas se destinam a grandes volumes de moagem e não se aplicam a produção caseira, por seu alto custo, e também o moinho de martelos, este em geral utilizado por grandes cervejarias, e que gera uma moagem mais fina, o que demanda equipamentos de mosturação e de filtragem extremamente sofisticados e que não são foco deste capítulo.

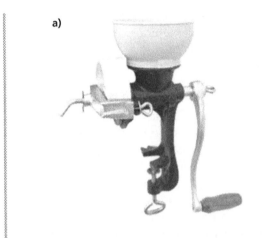

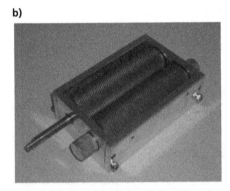

Figura 4.6 Moinhos de discos (a) e de rolos (b).

4.6.2 Tina de mostura ou brassagem

Recipiente no qual o malte devidamente moído será cozido durante o processo de mosturação (ver item 4.5.1). A tina de mostura pode ter duas variações principais de configuração dependendo do processo escolhido pelo cervejeiro, são elas:

a) Com utilização de fundo falso ou bazuca;
b) Sem fundo falso.

Essa diferença de configuração determina como será feita a segunda tina da cozinha cervejeira e, além de influenciar na montagem do equipamento, como já mencionado, trará diferenças nos procedimentos tomados durante a brassagem.

Figura 4.7 Tina de brassagem e clarificação.

4.6.3 Tina de clarificação

Destinada aos processos de clarificação do mosto e lavagem do bagaço de malte, a tina de clarificação pode ou não existir como equipamento isolado na configuração do equipamento cervejeiro. Diretamente influenciado pela configuração da tina de mostura, o processo de clarificação pode acontecer de duas maneiras. A primeira delas se dá diretamente na tina de mosturação quando esta possuir fundo falso, o que permitirá que o bagaço gerado na mostura seja retido e que o mosto seja clarificado por recirculação. A recirculação pode ser feita manualmente utilizando-se uma jarra comum. Nessa opção o cervejeiro abre o registro inferior da tina de mostura, o qual se localiza abaixo do fundo falso (peneira) e vai aos poucos retirando o mosto filtrado e devolvendo-o ao caldeirão. Essa operação circular faz com que, gradativamente, o bagaço de malte vá se depositando junto à peneira e criando uma camada filtrante que retém as partículas sólidas em suspensão no mosto, clarificando-o. O procedimento será repetido até que o mosto esteja límpido o suficiente para ser trasfegado[11] para a tina de fervura.

Da mesma forma, é possível utilizar uma pequena bomba para a recirculação, o que tornará essa parte do processo mais rápida e eficiente. A mais simples pode ser uma bomba utilizada em equipamentos domésticos, como máquinas de lavar louças, pois suportam água em altas temperaturas. A bomba conecta os registros inferior e superior (Figura 4.7).

---

[11] **Trasfega:** processo de transferência do mosto de uma tina para outra ou de um fermentador para o maturador, de forma a passar o líquido para a etapa subsequente do processo. A transferência pode ser feita por bomba ou por sifonamento. Em alguns casos, como na brassagem caseira, pode ser feito com a utilização de uma jarra.

O fluxo deve ser controlado de forma a não gerar turbulência no interior da tina e facilitar a formação da torta filtrante.

A segunda maneira de clarificação ocorre quando o cervejeiro utiliza a configuração da tina de mostura sem fundo falso. Nesse caso, ele necessitará de uma tina específica para clarificação. O processo será feito bombeando ou drenando com jarra (a exemplo do que foi explanado no item anterior) todo o conteúdo do tanque de mostura para a tina de clarificação. Observe que nesta configuração o recipiente que terá o fundo falso (ou peneira) para filtragem do mosto será a tina de clarificação, portanto todo o conteúdo da mosturação será trasfegado para essa tina. Uma vez bombeado o mosto denso[12] para a tina de clarificação, inicia-se a recirculação. Após estar clarificado, o mosto será trasfegado para a tina de fervura.

Embora não seja aparente, ambos os sistemas de clarificação apresentam vantagens em termos de processo, contudo qualquer dos dois pode ser escolhido pelo cervejeiro sem prejuízo, pois exigirão o mesmo equipamento em termos de componentes, ficando a decisão por um ou por outro para o cervejeiro, com base em sua adaptação ao processo que mais lhe agrada.

Antes da trasfega para a fervura, porém, cabe ainda ao cervejeiro optar por um entre os dois procedimentos cabíveis, pois a clarificação acaba por deixar retida na torta de filtro uma grande quantidade de açúcares que precisam ser coletados e enviados para a fervura de forma a aumentar a eficiência do sistema e o aproveitamento da matéria-prima utilizada.

4.6.4 Tina de fervura

Nessa tina, se executam os processos de fervura, lupulagem e *whirlpool* do mosto, pois será para essa tina que o cervejeiro enviará o mosto clarificado.

A tina de fervura precisa somente de uma válvula inferior para drenagem do mosto para seu posterior resfriamento. É muito importante frisar que essa válvula deve ser deslocada ao máximo do centro da tina, pois em razão do processo de *whirlpool* (ver item 4.5.4) o *trub* acumulado não deve ser drenado para os fermentadores o que é mais facilmente evitado se o dreno seja feito na extremidade da tina, desta forma, o trüb ficará retido no fundo da panela, possibilitando que todo o mosto pronto seja retirado sem carregá-lo.

---

[12] **Mosto denso:** o conteúdo total da tina de brassagem composto pelo mosto cervejeiro e pelo bagaço do malte.

Figura 4.8 Tina de fervura.

4.6.5 Trocador de calor

O trocador de calor mais comumente utilizado pelos cervejeiros artesanais é o *chiller*, que consiste em uma serpentina de cobre, alumínio ou inox, por onde circula água gelada ou mosto quente, optando o cervejeiro no caso do *chiller* por uma de duas alternativas:

4.6.5.1 Chiller *de passagem*

Nesta configuração, o mosto quente circula por dentro do *chiller*, que por sua vez estará imerso em água gelada (usualmente água + gelo), usada como líquido refrigerante, saindo o mosto resfriado na outra extremidade do *chiller* diretamente para o fermentador.

Vantagens: Economia de água;
Menor tempo de contato entre o mosto e o cobre (material mais utilizado);
Maior velocidade de resfriamento.

Desvantagens: Dificuldade de sanitização interna do *chiller*;
Incidência de custo do gelo.

Figura 4.9 *Chiller* de passagem.

4.6.5.2 Chiller *de imersão*

Utilizando um *chiller* de imersão o cervejeiro circulará água fria pela serpentina que deverá ser mergulhada no mosto. No interior do *chiller* pode circular água corrente a temperatura ambiente ou água gelada. Evidentemente, se a água estiver gelada, o resfriamento será mais eficiente, porém o cervejeiro necessitará de um reservatório de água gelada e uma bomba para possibilitar essa configuração.

Vantagens: Não utilização de gelo se o cervejeiro optar por circular água corrente;
Facilidade de sanitização externa do *chiller*.

Desvantagens: Alto consumo de água;
Longo tempo de contato do *chiller* com o mosto quente;
Menor velocidade de resfriamento.

Figura 4.10 *Chiller* de imersão.

Como um dos fatores mais importantes nesta fase é o tempo de resfriamento que, por boas práticas de fabricação, não deve levar mais de 60 minutos (30 minutos é o tempo ideal), cabe ao cervejeiro sopesar os prós e contras das alternativas, e escolher a que melhor o atende, pois o mosto resfriado deve ser imediatamente enviado para os fermentadores, para sua aeração e inoculação das leveduras.

Enquanto o fermentador é abastecido, uma porção do mosto resfriado deve ser coletada para a ativação das leveduras.

Observação: Se você for utilizar mais de um fermentador – por exemplo, para cem litros irá precisar de cinco fermentadores de 20 litros – faça as ativações separadamente, assim terá mais controle da quantidade de leveduras que inoculou em cada fermentador.

Deve-se ativar a levedura por 20-30 minutos antes da inoculação. Enquanto a ativação se processa o cervejeiro deve aerar o mosto no fermentador. A aeração será crucial para a primeira fase da fermentação que é a reprodução das leveduras após a inoculação.

Ativada a levedura e aerado o mosto faremos a inoculação, vedaremos os fermentadores e adicionaremos a eles o dispositivo de liberação de pressão (*airlock*).

4.6.6 Airlock

Esse componente é de extrema importância para o cervejeiro artesanal e tem basicamente duas funções importantíssimas, quais sejam, a) liberar o CO_2 gerado pelas leveduras durante a fermentação, evitando assim que o fermentador venha a se romper pelo excesso de pressão; b) Evitar que o ar ou qualquer outra substância façam o caminho contrário, ou seja, passe do ambiente externo para o interior do fermentador, impedindo assim que a cerveja seja contaminada.

O cervejeiro artesanal usa geralmente três tipos de *airlock*, mostrados na Figura 4.11.

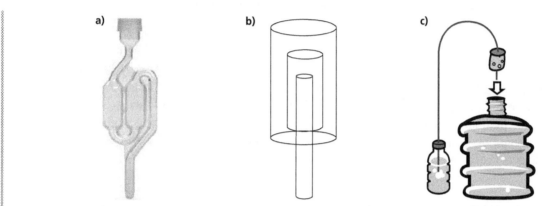

Figura 4.11 *Airlock* em 8 ou sifão (a). *Airlock* de três peças (b). *Airlock* caseiro (c).

Todos realizam a mesma função com muita eficácia. Portanto, cabe ao cervejeiro escolher o que melhor o atende e utilizá-lo da maneira correta para que tenha resultados adequados. Lembrando que a fermentação deve ocorrer à temperatura de trabalho de cada levedura, conforme exposto anteriormente.

4.7 SERVIÇO DA CERVEJA

A cerveja precisa ser consumida a uma temperatura adequada que permita ao apreciador identificar ao máximo todos os aromas e sabores que cada estilo da bebida oferece. Como a cultura geral de consumo de cerveja no Brasil nos remete à necessidade de manter o líquido sempre a baixas temperaturas – "estupidamente gelada" –, somos induzidos a erro, e podemos perder boa parte do prazer que cada estilo pode nos oferecer. Sabemos que temperaturas muito baixas causam uma queda na percepção das papilas gustativas presentes em nossa língua, assim como os componentes voláteis de aroma permanecerão na bebida e não sensibilizarão os nossos nervos olfativos, o que torna difícil a identificação de notas mais delicadas de aroma e sabor presentes nas cervejas especiais.

Como regra geral, cervejas mais leves devem ser consumidas a temperaturas mais baixas. À medida que aumenta a complexidade do estilo e o teor alcoólico, aumenta também sua temperatura ideal de consumo.

A seguir segue um breve resumo das temperaturas adequadas para a apreciação de cada estilo.

Tabela 4.15 Estilos e suas respectivas temperaturas de consumo.

Estado	Temperatura	Estilos
Bem gelada	0 °C – 4 °C	*Light Lager, Pale Lager, Malt Liquor, Golden Ale, Cream Ale, Cervejas de baixo teor alcoólico.*
Gelada	4 °C – 7 °C	*Hefe Weizen, Kristal Weizen, Kolsch, Premium Lager, Pilsner, Classic German Pilsner, Fruit Beer, Strong Lager, Berliner Weisse, Belgian White (Wit bier), American Dark Lager, Fruit Lambics e Gueuzes.*
Fresca	8 °C – 12 °C	*American & Australian Pale Ale, Amber Ale, Dunkelweizen, Sweet Stout, Foreign Stout, Dry Stout, Porter, English Golden Ale, Dry Fruit Lambics e Gueuzes, Faro, Belgian Ale, Bohemian Pilsner, Dunkel, Dortmunder/Helles, Vienna, Schwarzbier, Smoked, Altbier, Tripel, Irish Ale.*
Fresca	12 °C – 14 °C	*Bitter, Premium Bitter, Brown Ale, India Pale Ale, English Pale Ale, English Strong Ale, Old Ale, Saison, Lambic não blendadas, Flemish Sour Ale, Biere de Garde, Baltic Porter, Abbey Dubbel, Belgian Strong Ale, Weizen Bock, Bock, Foreign Stout, Scottish Ale, Scotch Ale, Strong Ale, Mild.*
Morna	14 °C – 16 °C	*Barley Wine, Quadrupel, Imperial Stout, Imperial/Double IPA, Doppelbock, Eisbock.*

4.8 COPOS

Como qualquer bebida, a cerveja deve ser apreciada em copos apropriados, além disso, a exemplo do vinho, há copos adequados para o consumo de cada estilo de cerveja, pois como podemos observar pela variedade de estilos apresentados na Tabela 4.7, seria prejudicial a um ou outro estilo se degustássemos todas as cervejas em um único tipo de copo. Veremos a seguir alguns tipos principais de copos para cerveja e as razões pelas quais saborear cada estilo utilizando seu copo adequado trará mais prazer ao apreciador da bebida.

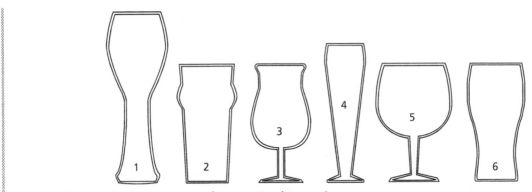

Figura 4.12 Principais copos para degustação de cervejas.

Copo 1 – Weizen

Talvez seja o mais conhecidos dos copos especiais e destinado a apreciação de cervejas de trigo claras. O copo possui um formato característico com base espessa que aumenta sua estabilidade, de bojo arredondado e com boca larga que favorece a percepção dos aromas trazidos pelo estilo. O corpo longo e delgado favorece a apreciação da carbonatação e também induz a formação de espuma a cada gole, mantendo a tradicional camada de creme até o final do copo. São encontrados em tamanho grande com capacidade de 500 ml (volume tradicional para acomodar todo o conteúdo de uma garrafa alemã de uma só vez) e no seu formato reduzido de 250 ml, que possibilita a divisão de uma garrafa em dois copos.

Copo 2 – Nonic

Copo muito utilizado para o consumo da bebida no Reino Unido é muito famoso por ser indicado para se degustar cervejas *Ale* inglesas e irlandesas, em geral avermelhadas e de médio teor alcoólico. O *Nonic* tem capacidade de 568 ml e também é conhecido por

Imperial Pint por sua semelhança com o *Pint Inglês*. Possui um anel mais saliente na parte superior do copo que tem a nobre função de evitar que os copos fiquem grudados uns aos outros quando empilhados para economizar espaço no armazenamento.

Copo 3 – Tulipa

Assim batizado pela semelhança que seu bojo possui com o formato da flor de mesmo nome, semelhante ao *Goblet*, mas com uma curvatura extra voltada para fora na sua parte superior, propicia um encaixe mais confortável junto à boca do degustador além de aumentar o diâmetro da boca do copo, recurso que permite a maior percepção de aromas e evita que o apreciador tenha contato acidental com a espuma. Deve possuir as paredes muito finas, de forma a transmitir a real temperatura da bebida no contato com os lábios. Tem como diferencial a possibilidade de receber vários estilos de cerveja sendo indicado para o consumo dos tipos mais aromáticos e com complexidade de sabores.

Copo 4 – Lager

O mais popular copo para consumo de cerveja, não somente no Brasil, mas em vários países do mundo, tradicionalmente com volumes que variam de 250 a 330 ml é o copo ideal para servir a cerveja Pilsen e possui muitas variações em seu formato. Em geral com corpo delgado e cônico, permite que se aprecie a transparência e o brilho da cerveja. Sua boca deve ser mais larga do que a base e o vidro precisa ser muito fino de forma a permitir que o apreciador sinta a refrescância da baixa temperatura na qual o estilo de cerveja é servida (ver Tabela 4.15). Preferencialmente, o copo deve ser levemente arredondado em sua conicidade, ou mesmo trazer linhas retas, permitindo um melhor fluxo ao se consumir a bebida que, dependendo do estilo, não possui sabores e aromas para que seja apreciada vagarosamente. Pode ser utilizado para o consumo da maioria das cervejas *lager*.

Copo 5 – Goblet ou cálice

Um dos copos que mais apresenta variações em seu formato, mas que mantém sempre as características principais que o levam a ser indicado para o consumo de cervejas dos estilos belgas, dentre elas as cervejas de Abadia e as famosas Trapistas. De tradição medieval, são copos ornamentados com a borda dourada e muitas vezes com sua haste decorada com desenhos e formas geométricas. Sua capacidade varia de 300 a 400 ml, mas podem ser encontrados em versões de 200 ml para cervejas de edições especiais. Sua boca extremamente larga permite que cervejas com uma explosão de aromas sejam apreciadas e possibilita ao degustador identificar muitos dos aromas volatilizados durante o consumo.

Copo 6 – Pint Inglês

Um dos copos mais desejados pelos apreciadores de cerveja e famoso por sua grande utilização no consumo de cervejas inglesas, o *Pint,* que leva o nome de uma unidade de medida de volume (568 ml no Reino Unido e 473 ml nos Estados Unidos), é o mais utilizado para o consumo de cervejas do tipo *Stout*, mas pode também ser o receptáculo de outras *Ales* inglesas sem cerimônia. Tem como característica principal o estreitamento do seu corpo na parte inferior de forma a favorecer a formação da também tradicional *chuva* ou *cascata* observada no serviço das boas *Stout*. Além disso favorece a empunhadura do copo, aumentando a capacidade em volume nessa região, o que auxilia na diminuição da troca de calor quando nas mãos do apreciador. Sua base espessa ajuda na estabilidade do copo além de trazer um visual bastante interessante para o perfil do recipiente, principalmente quando está preenchido com o líquido negro.

4.9 PRATOS E HARMONIZAÇÕES

Cervejas especiais merecem pratos especiais. Há aproximadamente dez anos, com a mudança de hábitos de consumo da cerveja e o descobrimento gradativo dos inúmeros estilos da bebida, surgiram diversas iniciativas, bem-sucedidas, de se introduzir cervejas especiais na alta gastronomia, seja ela da culinária regional ou internacional.

Esse movimento contínuo permitiu que o brasileiro fosse agraciado com pratos fantásticos e repaginações de algumas iguarias antes consumidas somente com vinhos ou destilados, como o conhaque. O uso da cerveja na alta gastronomia ganha força a cada dia e a criatividade é o limite, em razão da variedade de aromas e sabores que podem ser encontrados nos muitos estilos da bebida.

A seguir seguem algumas receitas de iguarias para serem feitas com cervejas e harmonizadas com a bebida.

Camarão empanado na cerveja

Tradicional petisco para cerveja, o camarão empanado é uma iguaria refinada. Adicionar um copo de cerveja à massa, em vez de água, a tornará muito mais crocante evitando que absorva muito óleo durante o processo de fritura, e fará com que o petisco, mesmo após esfriar, continue crocante.

Ideal se consumido a com molhos à base de maionese, *curry*, *chilli* e mostarda.

Excelente acompanhamento para cervejas *Lager* em geral, *Pale Ales*, cervejas de trigo claras e a tradicional Pilsen.

Costelinhas de porco ao forno

Esse prato tem grande influência norte-americana e pode ser encontrado em muitos restaurantes dessa origem. A cerveja aqui dá um toque especial ao molho *barbecue* que recobre o assado. Sua textura e paladar são modificados se em seu preparo for utilizada 330 ml de cerveja (a mais recomendada é uma *Amber Ale*) que deve ser misturada ao *barbecue* tradicional e reduzida[13] em fogo brando. Acompanha cervejas avermelhadas e de amargor médio que contrastarão muito bem com o adocicado do molho.

Tacos de frango marinado na cerveja

Muito conhecido, este prato mexicano ganha nova roupagem com um toque especial trazido pela cerveja. A bebida deve ser utilizada para marinar a carne de frango. Misturada junto aos temperos, a dica é utilizar uma cerveja escura que pode ser uma *Lager* ou uma *Ale* caso o *chef* deseje, respectivamente, menos ou mais sabores cedidos à carne. O acompanhamento pode ser feito com cervejas do estilo *Rauch Bier*, que darão um toque defumado ao conjunto.

Carne & Chili na cerveja

Feijões, carne moída, *chili*, várias pimentas, cominho, açúcar mascavo, cebola, tomate, pimentão e queijo ralado para dar um toque. Quem já provou sabe que essa especialidade mexicana é irresistível. Mas falta o ingrediente principal para os amantes da cerveja; a receita original pede uma *Dry Stout* para cozinhar a carne e os feijões, dando um toque de torrado e, combinando com o açúcar mascavo, um caramelado incrível ao prato. Razoavelmente apimentado a será muito bem acompanhado por uma *India Pale Ale* (IPA) inglesa ou americana.

Hamburger Guinness®

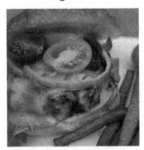

Na moda nas mais badaladas hamburgerias brasileiras, o hambúrguer americano, feito em casa, com muita carne moída, alto, tenro e malpassado. Essa paixão norte-americana ficou com uma roupagem irlandesa ao se adicionar a mais famosa *Stout* do mundo: a Guinness®. Nessa versão a bebida é ingrediente do molho *barbecue* e da própria mistura do hambúrguer, adicionado aos temperos da carne. Caramelada, acaba fornecendo um brilho único ao grelhado e transfere notas tostadas e torradas ao prato. Combina com uma boa *Dry Stout*.

Frango assado com shoyu, mel e cerveja

Para aproveitar todo o sabor desse prato, o frango precisa marinar por 24 horas em uma mistura de cerveja Pilsen, shoyu, mel e especiarias. Use sua criatividade ou seu tempero tradicional, mas não abra mão da marinada. O assado terá um brilho incrível e a pele do frango ficará irresistível. O prato é acompanhado por cervejas Pilsen ou *Amber Lager*.

---

13 **Reduzida**: Do termo "redução", que em culinária significa "diminuir pela fervura a quantidade de líquido". Processo que consiste em tornar espesso ou intensificar o sabor de uma mistura líquida, como uma sopa ou molho por evaporação.

Assado com Belgian Pale Ale

Carne de panela, cozida com cebolas até que os vegetais derretam e formem um creme, mostarda Dijon, cogumelos, caldo de galinha, manteiga e uma garrafa (330 ml) de *Belgian Pale Ale*. Para beber, continue com as belgas Tripel ou Dubbel, que são excelentes acompanhantes para esse belo prato.

Brownies com Double Chocolate Stout

A cerveja por si já seria uma ótima sobremesa, mas a combinação com o *brownie* supera qualquer expectativa. A bebida deve ser misturada à massa do *brownie* e, acredite, não há como não perceber a presença da cerveja na sobremesa pronta. O acompanhamento pode ser feito com várias cervejas *Stouts, Brown Ales, Robust Porter*, mas a melhor combinação será uma *Chocolate Stout*.

BIBLIOGRAFIA

ANNEMÜLLER, G.; MANGER, H. J.; LIETZ, P. Important microbiological and biochemical fundamentals of the yeast multiplication and their significance for the pure yeast culture and for the yeast propagation. In: ———. **The yeast in the brewery management**. Berlin: VLB, 2011. cap. 4, p. 154-155.

BECKHAUSER, L. **O mundo da cerveja caseira e outras bebidas**. Joinville: Cedepesc, 1984. 98p.

BEERSMITH. Hop varieties for beer brewing. 2013. Disponível em: <http://beersmith.com/hop-list/> Acesso em: 22 jul. 2013.

BREDA, M. H. Carbonatação de cerveja pelo processo *priming*. 2010. Disponível em: <http://brejadobreda.blogspot.com.br/2010/11/desmistificando-o-medo-do-priming.html>. Acesso em: 20 jul. 2013.

BREDA, M. H. Carbonatação de cerveja em barris. 2011. Disponível em: <http://brejadobreda.blogspot.com.br/2011/01/cerveja-no-barril.html>. Acesso em: 20 jul. 2013.

DANIELS, R. Beer color. In: ———. **Designing great beers the ultimate guide to brewing classic beer styles**. Boulder: Brewers Publications, 1996. cap. 1, p. 45-62.

DANIELS, R. Water. In: ———. **Designing great beers the ultimate guide to brewing classic beer styles**. Boulder: Brewers Publications, 1996. cap. 1, p. 63-71.

DANIELS, R. Using hops and hop bitterness. In: ———. **Designing great beers the ultimate guide to brewing classic beer styles**. Boulder: Brewers Publications, 1996. cap. 1, p. 72-90.

DRAGONE, G.; SILVA, J. B. A. Cerveja. In: VENTURINI FILHO, W. G. **Bebidas alcoólicas**: ciência e tecnologia. São Paulo: Blucher, 2010. v. 1, cap. 2, p. 15-50.

FIX, G. J. Wort boiling. In: ———. **Principles of brewing science a study of serious brewing issues**. Boulder: Brewers Publications, 1999. cap. 2, p. 53-75.

FIX, G. J. Fermentation. In: ———. **Principles of brewing science a study of serious brewing issues**. Boulder: Brewers Publications, 1999. cap. 3, p. 79-97

HOMEBREWTALK. Malts Chart. [201-]. Disponível em: <http://www.homebrewtalk.com/wiki/index.php/Malts_Chart>. Acesso em: 22 jul. 2013.

LEWIS, A. The basics of the brewing process. In: ———. **The homebrewer's answer book solutions to every problem, answer to every question**. North Adams: Storey Publishing, 2007. cap. 1, p. 12-40.

LEWIS, A. Choosing and using brewing equipment. In: ———. **The homebrewer's answer book solutions to every problem, answer to every question**. North Adams: Storey Publishing, 2007. cap. 2, p. 41-82.

LEWIS, A. Fermentation and lagering. In: ———. **The homebrewer's answer book solutions to every problem, answer to every question**. North Adams: Storey Publishing, 2007. cap. 6, p. 213-256

LEWIS, M. J.; YOUNG, T. W. Water for brewing. In: ———. **Brewing**. 2. ed. New York: Springer, 2001. cap. 4, p. 57-70

LEWIS, M. J.; YOUNG, T. W. Mashing technology. In: ———. **Brewing**. 2. ed. New York: Springer, 2001. cap. 12, p. 205-232

LEWIS, M. J.; YOUNG, T. W. Mashing biochemistry. In: ———. **Brewing**. 2. ed. New York: Springer, 2001. cap. 13, p. 233-250

MORADO, R. **Larousse da cerveja**. São Paulo: Larousse do Brasil, 2009. 357p.

MOSHER, R. **Radical brewing recipes, tales & world-altering meditations in a glass**. Boulder: Brewers Publications, 2004. 324p.

REINOLD, M. R. **Manual prático de cervejaria**. São Paulo: Aden, 1997. 214p.

TSCHOPE, E. C. **Microcervejarias e cervejarias**. São Paulo: Aden, 2001. 223p.

VENTURINI FILHO, W. G. Cerveja. In: AQUARONE, E. et al. **Biotecnologia industrial**: biotecnologia na produção de alimentos. São Paulo: Blucher, 2001. v. 4, cap. 4, p. 91-144.

WHITE, C. **Yeast**: the practical guide to beer fermentation. Boulder: Brewers Publications, 2010. 304p.

5

CERVEJA SEM ÁLCOOL

DANIEL PEREIRA DA SILVA
TOMÁS BRÁNYIK
JOSÉ ANTÓNIO TEIXEIRA
JOÃO BATISTA DE ALMEIDA E SILVA

5.1 INTRODUÇÃO

Sabe-se que a produção e o consumo de bebidas alcoólicas são práticas antigas desenvolvidas pelo homem. Entre essas bebidas, a cerveja, conhecida há milhares de anos e produzida por fermentação de mosto preparado a partir de malte de cereais, principalmente a cevada, tem sido alvo de diversas pesquisas propondo o desenvolvimento de novos processos e produtos. Um dos principais objetivos desses estudos é obter novas características na cerveja que possam agradar e responder às expectativas dos atuais consumidores. Dentro desse contexto, o teor alcoólico é visto como um importante parâmetro a ser considerado, surgindo cervejas ditas sem álcool ou de menor teor alcoólico, quando comparadas com as convencionais.

Por outro lado, a produção de cerveja sem álcool responde a uma tendência por parte dos consumidores, sobretudo nos últimos anos. Essa tendência tem sido confirmada pelo aumento nas vendas desse tipo de produto, como provável reflexo da mudança de estilo de vida dos consumidores. Assim, novos processos para produção de cerveja sem álcool estão em constante desenvolvimento, respondendo não somente à necessidade de garantir a permanência de consumidores que, por algum motivo, deixaram de ingerir álcool ou produtos com determinadas

concentrações de álcool, mas também em busca de novos mercados.

Por definição, cerveja sem álcool é toda bebida proveniente da fermentação do mosto cervejeiro que teve seu teor de álcool reduzido, quer seja por restrição ou ajustes durante a etapa de fermentação quer seja por extração do álcool diretamente do produto final. Entretanto, é sabido que a produção de cervejas sem álcool sempre teve suas dificuldades de processamento, como por exemplo, um residual de açúcares no produto, quando aplicadas alterações no processo de fermentação convencional, ou mesmo a presença de determinadas características sensoriais, quando submetidas a processos térmicos para extração do álcool. Essas dificuldades têm levado ao desenvolvimento de novos procedimentos e conceitos baseados especialmente na qualidade do produto final. Aliás, um dos requisitos mais importantes para um bom processamento de cerveja sem álcool é a manutenção das características organolépticas e propriedades físico-químicas da cerveja convencional contendo álcool.

5.1.1 Legislação para cervejas sem álcool

De um modo geral, ainda não existe uma legislação de concordância internacional para o uso do termo "cerveja sem álcool", nem quanto ao critério de obrigatoriedade da indicação do teor ou percentagem alcoólica na embalagem do produto (rótulo) quando essa é inferior a determinados valores. Um exemplo é a definição legal daquilo que constitui cerveja sem álcool e cerveja de baixo teor alcoólico; ainda nos dias atuais essa definição irá depender do país onde é produzida e comercializada. Com isso, a terminologia para esse tipo de produto também fica dependente de cada país, possuindo diferentes significados em diferentes países, podendo ser encontrados termos como "cervejas reduzidas em álcool", "cervejas com baixo teor alcoólico", "cervejas desalcoolizadas", e "cervejas sem álcool".

Para os países que englobam o Mercosul, segundo o Regulamento Técnico Mercosul de Produtos de Cervejaria (MERCOSUL/GMC/RES. n. 14/01), tendo em vista o Tratado de Assunção, o Protocolo de Ouro Preto, as Resoluções n. 91/93, n. 152/96 e n. 38/98 do Grupo Mercado Comum e a Recomendação n. 9/99 do SGT n. 3 "Regulamentos Técnicos e Avaliação de Conformidade" (MERCOSUL, 2001), entende-se por cerveja sem álcool a cerveja cujo conteúdo alcoólico é inferior ou igual a 0,5% em volume (% vol). Além disso, no Brasil, e de acordo com o Decreto n. 6.871 de 4 de junho de 2009, da Presidência da República, as bebidas são classificadas em bebidas alcoólicas ou não alcoólicas. As bebidas alcoólicas são todas aquelas com teor alcoólico acima de 0,5% e até 54% vol, a 20 °C. Bebidas com teor alcoólico até 0,5% vol são classificadas como bebidas não alcoólicas ou, no caso específico da cerveja, podem ser denominadas de cervejas sem álcool.

De um modo geral, quando uma cerveja possui um conteúdo de álcool entre 0,5 a 1,2% vol pode ser definida como sendo de baixo teor alcoólico, enquanto para produtos com conteúdo de álcool inferior a 0,5% vol a definição passa a ser de cerveja sem álcool. Neste capítulo, usaremos essas definições como critério de diferenciação entre os produtos.

5.1.2 Histórico da produção

Assim como muitas outras bebidas, a origem da cerveja sem álcool é incerta. Na literatura, há muito pouco mencionado, provavelmente por causa de sua origem estar próxima ou confundir com aquela da cerveja convencional.

Entretanto, e segundo relatos, é provável que os egípcios tenham sido os primeiros na elaboração de uma cerveja sem álcool, cerca de 4.000 anos atrás. Para o antigo povo egípcio, a religiosidade estava presente em todos os momentos da vida cotidiana, de forma similar a todos os outros povos da antiguidade. Assim, naquela época e no templo onde se encontrava a estátua da "deusa Athor" (ou Hator), considerada por muitos como a "deusa celestial" ou "deusa-mãe" e adorada na forma de uma mulher com chifres de vaca e um disco solar na cabeça ou como uma mulher com cabeça de vaca ou simplesmente uma vaca (animal considerado símbolo da maternidade), eram aquecidos recipientes repletos de cerveja. Desse modo, com os recipientes posicionados ao pé da estátua, os adoradores pretendiam que o vapor da cerveja (álcool), subindo ao céu, deixasse a deusa com bom humor e, assim, atendesse aos seus pedidos. O líquido que restava, cerveja sem álcool, era vendido entre os seguidores para levantar fundos destinados a conservação do templo.

Apesar de ter sido referido que, assim como na história da cerveja convencional, foi no Egito onde ocorreu a descoberta da cerveja sem álcool, os produtos relacionados a esse tipo de mercado podem ser considerados relativamente novos em nível mundial. Quer relacionada a produção em grandes volumes quer no desenvolvimento de patentes industriais, o certo é que somente nos últimos cem anos houve o início dos acontecimentos envolvendo a cerveja sem álcool, utilizando-se de um amplo campo da ciência interligando a engenharia, a bioquímica e a microbiologia.

A primeira grande produção no mundo de cervejas ditas sem álcool ocorreu na época da Primeira e Segunda Guerra Mundial (1914-1918 e 1939-1945, respectivamente), não somente por causa do argumento de escassez de matérias-primas nessa época, mas também interligado ao período de proibição do consumo de bebidas alcoólicas nos Estados Unidos (1919-1933), condenando legalmente a fabricação, venda, transporte, importação e exportação de bebidas alcoólicas em toda a extensão dos Estados Unidos e dos territórios judicialmente submetidos a eles. Depois desses acontecimentos, a produção de cerveja sem álcool voltou a ter o interesse no final da década de 1970. Nessa época, houve o início das restrições por parte da legislação relacionando o consumo de bebidas alcoólicas com a condução de veículos motorizados, bem como com o surgimento de conceitos relacionando a saúde com o menor consumo de bebidas alcoólicas.

No Brasil, a sua história é ainda mais recente, datando de 1972 a introdução das primeiras marcas de cervejas sem álcool (importadas), e somente em 1991 ocorreu o lançamento e produção da primeira cerveja sem álcool brasileira, denominada "Kronenbier Long Neck sem Álcool", produzida pela Companhia Antarctica Paulista. Conforme a legislação brasileira, nessas bebidas podem existir teores de até 0,5% em volume de álcool, o que configura o lançamento, somente em 2006, da primeira cerveja brasileira, e também de toda a América Latina, totalmente sem álcool (0,0% vol) denominada "Liber" e produzida pela Companhia de Bebidas das Américas – AmBev, uma empresa formada pela associação no ano de 1999 das cervejarias Brahma e Antarctica.

No entanto, por todo o mundo, o interesse por cervejas com reduzido teor alcoólico tem se renovado nos últimos anos especialmente em razão da mudança comportamental de muitos consumidores, o que tem evoluído, juntamente com o aparecimento de um novo mercado voltado à experimentação de novos e diversificados produtos. Entretanto, o mercado de cerveja sem álcool ainda é fortemente influenciado e impulsionado pelos mesmos critérios do mercado de cerveja sem álcool da década de 1970, ou seja, pela legislação e fiscalização do teor alcoólico em condutores de veículos motorizados, bem como o surgimento a cada dia de novas considerações relacionadas ao critério saúde e qualidade de vida sem o álcool.

No Brasil, o consumo desse tipo de cerveja ainda é bastante reduzido, dado ao fato de ser um produto ainda bem recente ao gosto e percepção dos consumidores.

Independentemente de toda esta perspectiva de crescimento, a cerveja sem álcool está em plena disputa por espaço com outras bebidas, alcoólicas ou não, à base de extratos de frutas ou de diferentes aromas. Todas essas alterações sociais, que seguidamente marcam o mercado atual de alimentos e bebidas, certamente influenciaram de forma positiva muitos processos e produtos, alterando-os certamente para uma melhor adaptação às realidades do mercado. No fim, caberá aos consumidores escolher, entre diversos produtos, qual aquele que melhor se adapta a suas exigências e hábitos de consumo.

5.1.3 Aspectos funcionais e nutricionais

Segundo definição mais recente do International Life Science Institute (ILSI), alimentos funcionais são aqueles que, em razão da presença de componentes ativos, promovem benefícios à saúde para além daqueles proporcionados pela nutrição básica.

Assim, por sua própria definição, a cerveja, bebida elaborada com ingredientes naturais à base de água, cevada e lúpulo, pode ser responsável por centenas de nutrientes e compostos benéficos à saúde de seu consumidor. Além de possuir diversas propriedades funcionais, como, por exemplo, a presença de folatos, polifenóis, fibras solúveis, maltodextrina, e silício, a cerveja possui ainda proteínas, aminoácidos, hidratos de carbono, sais minerais, anidrido carbônico e vitaminas do complexo B. Entre todos esses efeitos positivos, temos também a presença de elementos como o potássio associado a uma baixa concentração de sódio que favorece a eliminação de determinados agentes indesejáveis em nosso organismo.

Entretanto, é importante observar certas características positivas da cerveja sem álcool perante os produtos ditos convencionais (cervejas com teores normais de álcool, 4-5% vol). Nesse caso, a cerveja sem álcool ou mesmo aquelas de baixo teor alcoólico podem ser consideradas como produtos isotônicos ou hipotônicos, ou seja, possuindo concentração de minerais semelhante ou inferior às encontradas nos fluidos corporais. Esses tipos de bebidas são especialmente formulados para praticantes de atividades físicas, com o objetivo da rápida reposição hídrica e eletrolítica, uma vez que o balanço entre os eletrólitos (minerais) evita a desidratação durante a prática esportiva. Por outro lado, as cervejas convencionais possuem características em geral hipertônicas, isto é, possuindo concentração de minerais superior às encontradas nos fluidos corporais, como no sangue, podendo aumentar o risco de desidratação em situações específicas em que se demanda uma rápida absorção de água.

Outro parâmetro a ser considerado é que as cervejas sem álcool, de um modo geral, possuem cerca da metade das calorias das cervejas convencionais. Assim, um litro de cerveja sem álcool tem cerca de 150-200 kcal, enquanto um litro da convencional contém em média 400 kcal. A explicação para a menor quantidade de calorias nas cervejas sem álcool, embora em alguns processos possam existir maior concentração de carboidratos, deve-se ao fato de o álcool (densidade igual a 0,789 g/mL) possuir um ganho energético equivalente a 7 kcal/g, enquanto o carboidrato possui 3,75 kcal/g e a proteína 4 kcal/g. No entanto, esses valores podem ser alterados perante os tipos de matérias-primas, bem como o processo utilizado por cada cervejaria. Na Tabela 5.1 é apresentada a equivalência calórica da cerveja sem álcool (200 mL) em comparação com alguns outros alimentos.

Tabela 5.1 Equivalência calórica de um copo de cerveja sem álcool (200 mL) em comparação a outros alimentos.

Alimento	Quantidade
Açúcar	7 g
Cenoura	100 g
Ovo	1/2 ovo
Carne	25 g (1/4 porção)
Pão integral	12 g (1/4 de fatia)
Iogurte desnatado	62 mL (1/2 iogurte)
Peixe	33 mg (1/3 porção)
Leite semidesnatado	66 mL (1/3 de copo)

Fonte: Cerveza (2008).

No entanto, pessoas que não podem ou não pretendem, por algum motivo, ingerir álcool, devem estar atentas as rotulagens e em caso de dúvida procurar o serviço de atendimento ao cliente do respectivo produto, pois é importante lembrar que apesar da denominação "sem álcool" elas podem, na maioria dos casos, possuir um teor alcoólico de até 0,5% vol e, portanto, para cada caso vale a informação descrita na embalagem sobre sua composição.

Nesse mesmo sentido, a presença de açúcares como componente residual nas cervejas sem álcool também torna-se preocupante, especialmente para os consumidores diabéticos, uma vez que o valor irá depender diretamente do tipo de processo utilizado pela cervejaria.

Entretanto, em relação ao álcool, e no caso das cervejas convencionais ou qualquer outro produto alcoólico, nenhum conhecimento ou estudo pode garantir em detalhes o que acontecerá com uma pessoa após a ingestão de certa quantidade de álcool, uma vez que o efeito vai depender de muitos fatores, desde sua sensibilidade ao álcool até sua velocidade de metabolizar esse produto. A Organização Mundial da Saúde (OMS) calcula que, na Europa, o consumo de bebidas alcoólicas *per capita* seja o dobro em relação à média mundial, assim como a ocorrência de doenças relacionadas ao consumo do álcool, que atualmente é o terceiro fator de risco de morte, principalmente entre jovens, depois da hipertensão e do fumo. Seguindo esse contexto, as cervejas sem álcool são uma excelente alternativa, comparada às cervejas convencionais, pois além de não possuírem álcool ou terem sua concentração reduzida, essas bebidas são menos calóricas mantendo todos os outros benefícios para a saúde que são encontradas em uma cerveja convencional.

Com esses dados, e muitos outros, é que o setor de desenvolvimento, produção e vendas, estima uma crescente expansão relacionada ao mercado de cervejas de baixo teor alcoólico ou de cervejas sem álcool, cujo volume de produção tem aumentado a cada ano, refletindo de modo direto não somente mudanças de processos e *marketing* de vendas, mas também discussões ou posturas relacionadas entre seu consumo e a saúde.

5.2 INGREDIENTES E MICROBIOLOGIA APLICADA

A cerveja sem álcool é fabricada com os mesmos ingredientes (matérias-primas) da cerveja convencional, diferindo, porém, somente em alguma etapa do processo de fabricação. Entretanto, a utilização de matérias-primas de qualidade é pré-requisitos fundamental para se obter qualquer tipo de cerveja com boa estabilidade físico-química e características organolépticas dentro dos parâmetros estabelecidos pelo mercado.

Em relação a parte microbiológica, ou seja, o tipo de levedura ou o modo como estas são utilizadas na fermentação dos açúcares presentes no mosto cervejeiro, a alteração em comparação ao processo convencional, se existir, irá depender do tipo de processamento utilizado para a obtenção da cerveja sem álcool, conforme será mencionado nos itens a seguir.

5.3 PROCESSOS DE OBTENÇÃO DE CERVEJAS SEM ÁLCOOL

Nos dias atuais, buscando estratégias diferenciadas para superar desafios de um mercado cada vez mais competitivo e globalizado, sejam elas relacionadas às características sensoriais da bebida final ou ao tipo de processo de fabrico, o mercado de cerveja sem álcool está se consolidando pela presença de diferentes produtos.

Entretanto, cerveja é basicamente uma solução constituída por múltiplos componentes, entre os quais, água, em elevada concentração (cerca de 90-95% vol), álcool (3-6% vol), gás carbônico dissolvido (CO_2) e demais substâncias, essas últimas comumente denominadas extrato, no qual, em geral, estão incluídos carboidratos, açúcares, proteínas, aminoácidos etc. O principal objetivo dos processos de obtenção de cervejas sem álcool, também denominados processos de desalcoolização, é reduzir o conteúdo alcoólico sem alterar o conteúdo de extrato na cerveja, e com isso preservar suas características organolépticas.

Assim, em diferentes empresas ao redor do mundo é possível encontrar diversos processos sendo aplicados ou ainda em avaliação quanto a sua viabilidade. Entretanto, independentemente de sua aplicação ou do estágio de desenvolvimento, podemos dividir os processos de obtenção de cervejas sem álcool em dois grandes grupos (Figura 5.1): aqueles relacionados à restrição na formação do álcool por alterações no processo convencional de fermentação, por um preparo de mosto cervejeiro diferenciado ou manipulação nas condições do processo de fermentação relacionadas a temperatura, tempo ou emprego de uma levedura especial, e aqueles relacionados à remoção propriamente dita do álcool após a etapa de fermentação, também denominado por alguns autores como tratamento físico na cerveja convencional, envolvendo etapas como evaporação, filtração por membranas, adsorção, entre outros.

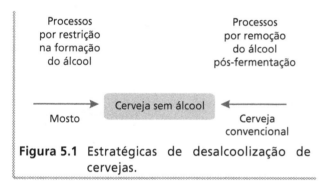

Figura 5.1 Estratégicas de desalcoolização de cervejas.

Fonte: Adaptado de Stein (1993).

Quando técnicas ou processos do primeiro grupo são empregados para elaboração de cervejas sem álcool, ou de menor teor alcoólico, são usados os mesmos equipamentos existentes no processo convencional, sem que sejam necessárias grandes modificações na linha de produção preexistente. Na aplicação dos processos de remoção do álcool em produtos acabados e preparados de forma convencional, novas instalações e equipamentos especializados são necessários, o que, por consequência, aumenta ainda mais os custos da produção.

Independentemente do grupo ou divisão, apresentado na Figura 5.1, cada processo possui diferentes vantagens e desvantagens inerentes ao seu procedimento, no qual as empresas desenvolvem procedimentos próprios e que são guardados como segredos industriais. Assim, por exemplo, é possível observar que, enquanto alguns processos utilizam técnicas de fermentação interrompida seguida de correção do teor alcoólico, outros empregam equipamentos mais sofisticados, usando sistemas de membranas que retiram o álcool. Entretanto, em todos os processos, o objetivo é manter as características do produto final o mais próximo possível da bebida convencional, se possível, diferenciando-se apenas no teor alcoólico final.

5.3.1 Produção de cerveja sem álcool por restrição na formação do álcool

Entre os principais processos de produção de cerveja sem álcool por restrição na formação do álcool empregando alterações em processos convencionais de produção de cerveja, é possível encontrar procedimentos de alteração no mosto cervejeiro, mais especificamente na sua composição, alteração no processo fermentativo ou, ainda, procedimentos que utilizam leveduras especiais para a obtenção de cervejas sem álcool ou de baixo teor alcoólico.

Por outro lado, a aplicação desses processos, pode fornecer produtos com elevado conteúdo em extrato não fermentescível, quando as alterações são efetuadas na etapa de obtenção do mosto, ou produtos com alto conteúdo de extrato fermentescível, mas não fermentado, nesse caso quando as alterações são efetuadas na etapa de fermentação. Como consequência, na cerveja obtida, ocorre a ausência de certos compostos característicos do aroma e do sabor da cerveja convencional, principalmente em razão das limitações impostas quanto as reações ao longo do processo. Portanto, esses produtos, em sua maioria, possuem um típico sabor de mosto, o qual claramente indica a origem do processo usado para a produção, restrição na formação do álcool por alterações nos processos convencionais.

5.3.1.1 Alterações na composição do mosto cervejeiro

Por meio dos açúcares fermentescíveis presentes no mosto, é que a levedura, após etapa de assimilação, produz o álcool, sendo a composição desses açúcares determinada diretamente na etapa de preparo do mosto cervejeiro. Desse modo, com alterações nesta etapa (etapa de mosturação) é possível obter um perfil de açúcares que durante a etapa de fermentação, em sua maioria, não serão convertidos em álcool, como por exemplo, por uso de maiores temperaturas (75-80 °C) que as convencionais durante a etapa de preparo do mosto.

Por esse procedimento, a produção de açúcares fermentescíveis é reduzida por limitação na sacarificação da beta-amilase (temperatura ótima 60-65 °C), uma vez que essa enzima é inativada mais facilmente que as alfa-amilase (temperatura ótima 70-75 °C). Assim, será obtido um mosto com uma alta razão dextrina/açúcares, resultando em uma cerveja final com alto teor de dextrina. Em geral, o produto obtido desse tipo de procedimento possui características bem diferentes das cervejas convencionais.

No entanto, ainda existem outros métodos relacionados à obtenção de cervejas sem álcool por preparação de mosto de forma não convencional, envolvendo técnicas de: mosturação "fria", aplicando temperaturas máximas de 60 °C, não permitindo extensa sacarificação; substituição de parte do mosto (40-70%) por bagaço de malte de cevada; ou ainda por uso de variedades especiais de cevada, fornecendo um malte com baixa atividade de beta-amilase.

Paralelamente a todos esses processos envolvendo modificação na composição do mosto por alterações em seu preparo convencional, há também o processo que utiliza de técnicas de separação de certos açúcares. Desse modo, é possível retirar a maltose, o principal açúcar presente no mosto, fazendo com que a fermentação posterior seja limitada somente a uma pequena parte dos açúcares fermentescíveis, fornecendo um produto final com menor teor de álcool.

Associados a essas alterações na composição do mosto cervejeiro, outros procedimentos foram desenvolvidos. Como exemplo, podemos citar o processo *Barrell*, em que são envolvidos misturas de cervejas provenientes de mostos de diferentes concentrações, conforme indicado na Figura 5.2.

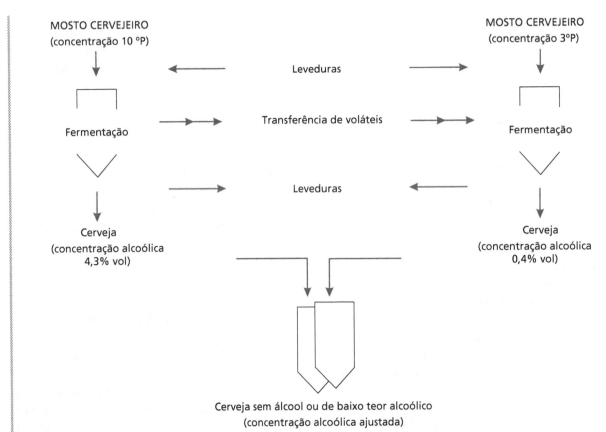

Figura 5.2 Representação gráfica do processo Barrell (*Barrell system*) para produção de cerveja sem álcool ou de baixo teor alcoólico.

Fonte: Adaptado de Attenborough (1988).

Neste tipo de processo, o gás carbônico (CO_2) produzido durante a etapa de fermentação do mosto de maior concentração, contendo compostos voláteis, é transferido para aquela fermentação do mosto de menor concentração, cuja formação de compostos voláteis será limitada. Em geral, e após a mistura das cervejas obtidas, seguindo proporções específicas, conforme o grau de álcool desejado, o produto resultante possui uma melhor qualidade, em comparação a alguns outros processos envolvidos somente no uso de alterações na composição do mosto. Entretanto, nesse tipo de procedimento são obtidos produtos também com ausência, mesmo que menor, de certos compostos voláteis, uma vez que alguns alcoóis superiores não são suficientemente voláteis para que sejam transferidos por arraste entre processos fermentativos.

5.3.1.2 Alterações no processo de fermentação

Mediante uso de um bom procedimento de controle, é possível obter cervejas sem álcool (dentro dos critérios estabelecidos pela legislação) por ajuste no tempo de fermentação, técnica também conhecida como fermentação interrompida. Entretanto, esse método necessita de uma boa seleção e controle das matérias-primas, no processo de preparo do mosto cervejeiro, bem como da etapa de fermentação propriamente dita com uma boa seleção de temperatura, tipo e quantidade de levedura a ser usada. O tempo de fermentação pode ser interrompido por elevação ou queda brusca da temperatura (choque térmico), por retirada das leveduras do meio fermentativo (centrifugação ou filtração), ou ainda por aumento da pressão.

No entanto, quando aplicado procedimento de alterações no processso de fermentação, a menor formação dos voláteis corresponde diretamente a formação restrita do etanol. Em estudos de comparação entre a composição média obtida em cervejas sem álcool, produzidas por diferentes processos envolvendo fermentação interrompida (ou fermentação limitada), e cervejas convencionais alemãs, mostraram que cervejas sem álcool possuem somente 15% dos alcoóis superiores e 20% dos ésteres do total presente em cervejas convencionais.

Outros processos são também utilizados, como no caso do processo de contato a frio. Por uso desse processo, o mosto cervejeiro convencional é levado a baixas temperaturas (−1 a 0 °C) e inoculado com alta concentração de leveduras, até 10^8 células/mL contra uma concentração de, aproximadamente, $5\text{-}10 \times 10^6$ células/mL utilizadas quando na tecnologia interrompida, e obtidas de processos recentemente fermentados.

A mistura, levedura e mosto cervejeiro, são deixados por diversos dias nessa condição. Em razão da baixa temperatura, o metabolismo da levedura é baixo, mas não o suficiente para reduzir por completo todas as suas atividades metabólicas. Nessas condições, ocorre a adsorção de certos compostos presentes no mosto pela superfície da levedura causando redução de 60 a 85% nos compostos de carbonila, compostos responsáveis pelo sabor de mosto encontrados na maioria dos produtos obtidos por técnicas de alteração dos processos convencionais.

Processos com leveduras imobilizadas, e em modo contínuo, também podem ser usados para obtenção de cervejas sem álcool (Figura 5.3). Existem diversos sistemas para fermentação em processos contínuos, podendo ser aplicados em reatores de mistura, de leito empacotado ou ainda de leito fluidizado. Esses sistemas podem ainda ser modificados dependendo do tipo de suporte e métodos de imobilização. Baixo custo de investimento e produção, rapidez e alta produtividade volumétrica são alguns dos repetitivos e tão conhecidos argumentos em favor desse modo de produção de cervejas convencionais. No entanto, apesar do desenvolvimento significativo da biotecnologia, verificado nas últimas décadas, algumas possíveis dificuldades técnicas que acompanham esse processo ainda não têm sido inteiramente solucionadas, como por exemplo, os problemas relacionados às limitações difusionais da transferência de massa e alterações na fisiologia e metabolismo das células imobilizadas.

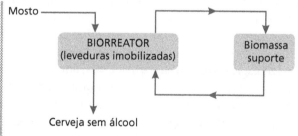

Figura 5.3 Processo de fermentação contínua, usando biorreator de leveduras imobilizadas para produção de cerveja sem álcool.

Fonte: Adaptado de Stein (1993).

A produção de cervejas sem álcool usando esse tipo de processo, células imobilizadas e em modo contínuo, além de alcançar as diversas vantagens citadas anteriormente, também possibilita um maior controle no processo fermentativo. Recentemente, têm sido realizados estudos visando o uso de bagaço de malte de cevada, um resíduo proveniente da própria indústria cervejeira, como suporte para imobilização de leveduras em fermentações contínuas para obtenção de cervejas sem álcool.

5.3.1.3 Uso de leveduras especiais

Nesse método de produção de cerveja sem álcool, a preocupação está relacionada ao uso de leveduras especiais para a etapa de fermentação. Cada levedura tem seu perfil próprio e definido de açúcares que será assimilado e convertido ou não em álcool, gás carbônico e compostos característicos do aroma e do sabor da cerveja (sobretudo alcoóis e ésteres) durante a etapa de fermentação alcoólica. Como a maltose é o açúcar de maior concentração existente no mosto cervejeiro, quando usado no processo fermentativo uma levedura como a *Saccharomycodes ludwigii*, que assimila apenas açúcares como glicose, frutose e sacarose, somente parte dos açúcares normalmente fermentescíveis e presentes no mosto cervejeiro são convertidos em álcool.

Assim sendo, em um mosto convencional, o qual possui cerca de 15% de seu extrato constituído por açúcares simples, o conteúdo de álcool resultante nesse tipo de processo seria relativamente baixo e, por consequência, produzindo um produto final com baixa concentração de álcool (cerca de 0,4% vol). Associado a esse método, podem ser acrescentados outros procedimentos para também impedir o consumo total desses açúcares, como, por exemplo, a fermentação interrompida por resfriamento rápido ou remoção da levedura antes da atenuação completa ter sido obtida, reduzindo ainda mais a concentração de álcool formado. A temperatura nesse tipo de processo fermentativo geralmente é inferior às convencionais e a oxigenação do mosto na parte inicial é limitada, para evitar a formação do diacetil. Entretanto, a cerveja obtida possui um elevado teor de maltose, um açúcar de menor poder adoçante em relação à glicose ou à sacarose, mas, geralmente, não encontrada ou muito pouco encontrada em cervejas convencionais.

Novos desenvolvimentos científicos têm feito uso de leveduras mutantes (com alteração na produção de uma enzima pertencente ao ciclo de Krebs) ou modificadas geneticamente, as quais podem apresentar propositadamente baixa eficiência fermentativa, levando à obtenção de menores teores de álcool e elevados teores de ácidos orgânicos no produto final, porém essa técnica possui aplicações comerciais bastante limitadas no momento, ficando restrita somente a pesquisas.

5.3.2 Remoção do álcool pós-etapa de fermentação

Entre as técnicas usadas para obtenção de cervejas sem álcool por remoção do álcool da bebida pós-etapa de fermentação, existem procedimentos térmicos, como processos por destilação ou evaporação do álcool, e separação do álcool por uso de membranas. Outros processos também podem ser considerados, como, por exemplo, absorção, ou ainda extração por solvente.

5.3.2.1 Destilação

Processo de remoção do álcool de cervejas por destilação é um dos métodos mais antigos aplicados na obtenção de cerveja sem álcool ou de baixo teor alcoólico. Basicamente, a desalcoolização de cervejas por esse método é obtida por adição lenta da cerveja convencional em uma caldeira de fervura parcialmente preenchida com volume específico de água em temperatura de ebulição. O processo de fervura é mantido constante até redução de aproximadamente 30% do volume total. A redução do volume de água da cerveja por evaporação é compensada por aquele volume de água pré-adicionada na caldeira (Figura 5.4).

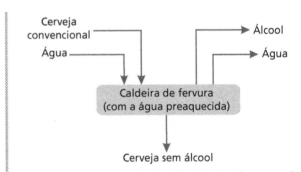

Figura 5.4 Processo de destilação simples para desalcolização de cerveja.

Entretanto, muitos compostos existentes na cerveja são afetados, em decorrência do prolongado tratamento térmico durante a etapa de fervura, resultando em uma cerveja com características indesejáveis de cozido, e esse método é raramente utilizado nos dias atuais. Como tentativa de eliminar os efeitos indesejáveis alcançados no produto final, procedimentos podem ser elaborados associando o uso dessa técnica de destilação com uma posterior mistura do produto desalcoolizado obtido com proporções específicas de cerveja convencional e mosto em etapa de fermentação ativa (*krausen*), seguindo posteriormente para a maturação.

5.3.2.2 Destilação a vácuo

A destilação a vácuo surgiu como tentativa de melhorar os resultados obtidos no processo anterior, destilação tradicional. Nesse tipo de processo, a destilação é conduzida sob vácuo (0,04-0,20 bar) permitindo remoção do álcool em menores temperaturas (40-60 °C). Essa alteração reduz as perdas de muitos compostos, mas ainda não evita a eliminação ou perdas de outros também importantes ao produto final, como perdas de ésteres (90-100%) e alcoóis superiores (70-80%).

Nesse caso, para a obtenção de cervejas sem álcool ou de baixo teor alcoólico, a cerveja é previamente aquecida (35 °C) e passada sob vácuo por um sistema de evaporadores, similares aos trocadores de calor, a uma temperatura de 50 °C, seguindo para um separador onde a cerveja (parte líquida) é coletada e o vapor obtido nessa etapa (principalmente álcool) é transferido para um condensador para obtenção de um subproduto rico em álcool, conforme apresentado na Figura 5.5.

A cerveja pode ser novamente recirculada no interior do sistema, buscando maior remoção do álcool, para somente depois ser levada ao tratamento de refrigeração. No entanto, o uso de processos com múltiplos estágios de evaporadores e separadores para alcançar o valor de remoção de álcool desejado fornece maior controle e melhor rendimento energético quando comparado ao processo único de evaporação.

Entretanto, em processos envolvendo a produção de cerveja sem álcool pode ser acrescentada uma etapa inicial para remoção dos ésteres e de outros compostos voláteis, para somente depois, e na sequência, o álcool ser removido da cerveja. Com essa etapa, inicialmente, a cerveja é aquecida em placas trocadoras de calor (45-50 °C) e desesterificada. Os componentes voláteis removidos são coletados, e a cerveja desesterificada é então separada do álcool por uso de uma coluna de destilação a vácuo em 40 °C.

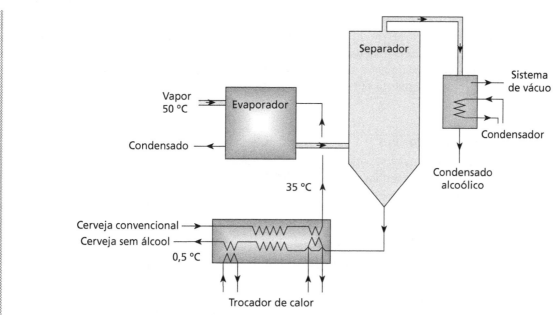

Figura 5.5 Processo único de destilação a vácuo para obtenção de cerveja sem álcool.

Fonte: Lewis e Young (2002) e Regan (1990).

Esse procedimento evita perdas excessivas de compostos voláteis importantes ao produto final, os quais seriam retirados juntamente com o álcool. Na etapa final, a cerveja é resfriada e misturada novamente aos seus compostos originais (Figura 5.6).

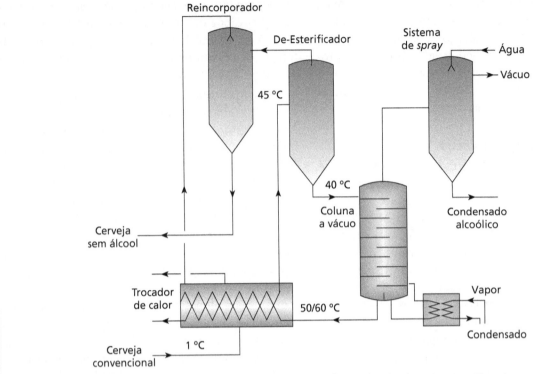

Figura 5.6 Destilação a vácuo e de/reesterificação para obtenção de cerveja sem álcool.

Fonte: Regan (1990).

No entanto, nem todos os compostos originais conseguem ser reincorporados, havendo perdas significativas de ésteres e alcoóis superiores quando se compara às cervejas convencionais. Esta etapa de reincorporação dos voláteis, ou o adicionamento de 6% de krausen, é capaz de reduzir somente em 50% as perdas dos voláteis.

5.3.2.3 Evaporação por camada fina

Buscando minimizar ainda mais os efeitos da degradação de compostos voláteis, normalmente existente em processos térmicos, foram desenvolvidas sofisticadas técnicas com evaporadores de camada fina. Nesse tipo de processamento, em geral, são usadas temperaturas inferiores (30-40 °C) às necessárias em processos de destilação, mencionadas anteriormente, com reduzido tempo de exposição térmica.

Para isso, a cerveja é alimentada em um evaporador de camada fina, sendo distribuída ao longo da parte interna de superfícies rotativas cônicas. Sobre essas superfícies aquecidas, a força centrífuga causa a distribuição da cerveja em camadas muito finas (0,1 mm) causando, desse modo, uma rápida evaporação do álcool. A cerveja permanece nessa posição somente por poucos segundos e alcança uma temperatura de 30 a 40 °C. A cerveja total ou parcialmente desalcoolizada é coletada pelo periférico do cone, saindo do evaporador e sendo transportada para refrigeradores, onde é novamente carbonatada e refrigerada. Os vapores de álcool são transportados pela parte central do cone para condensadores onde são coletados como subprodutos (Figura 5.7).

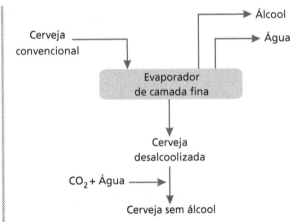

Figura 5.7 Processo de evaporação por camada fina para obtenção de cerveja sem álcool.

Ainda envolvendo aplicação de técnicas com evaporadores de camada fina, há o procedimento que utiliza evaporadores tubulares de camada fina. Diferentemente do procedimento descrito anteriormente, em que são usadas partes rotativas para a distribuição e formação da camada fina de cerveja ao longo de superfícies aquecidas, nesse procedimento a cerveja desce pela parte interna de diversos tubos, em geral de longo comprimento (6 m) e de curto diâmetro (32-50 mm), os quais são aquecidos com vapor pela parte externa. Desse modo, o vapor não entra em contato com a cerveja, mas fornece calor suficiente para que no final dos tubos, e quando a cerveja entrar em contato com um tanque separador, possa ocorrer a separação do álcool vaporizado da parte líquida cerveja sem álcool.

Em ambos os casos, a cerveja pode ser novamente recirculada no interior do sistema buscando maior remoção do álcool, para somente depois ser levada ao tratamento de refrigeração, carbonatação e ajustes do teor de água. Por esse tipo de processamento, o qual poderá trabalhar em modo contínuo ou em descontínuo, não há exposição da cerveja em temperaturas muito elevadas nem por longos períodos de tempo, evitando, com isso, características indesejáveis no produto final, como alteração no sabor ou mesmo na coloração por efeito térmico, uma real vantagem, comparado a outras técnicas de destilação a vácuo.

5.3.2.4 Processo de osmose reversa

Por definição, osmose é um fenômeno natural físico-químico de transporte de solvente, em geral água, através de uma membrana semipermeável de uma solução mais diluída para uma de maior concentração. Essa transferência ou transporte de solvente tem por objetivo igualar a concentração nos dois lados da membrana, até que se encontre um equilíbrio entre as soluções. Nesse contexto, podemos definir osmose reversa como o processo no qual é aplicada uma grande pressão sobre o lado da solução mais concentrada, contrariando o fluxo natural da osmose e usando a membrana como um filtro extremamente fino e seletivo. Por essa razão, o processo é denominado osmose reversa (ou inversa), conforme é mostrado na Figura 5.8.

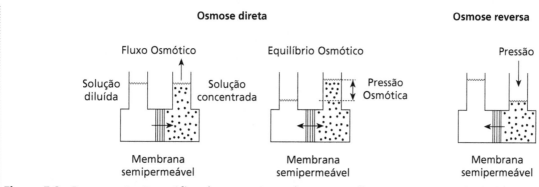

Figura 5.8 Representação gráfica do mecanismo de osmose direta e osmose reversa.

Na prática, a pressão de operação deve superar não somente a pressão osmótica, definida como a pressão necessária a ser aplicada sobre uma solução concentrada, de modo que ocorra o equilíbrio de transferência de solvente entre a solução concentrada e a diluída (Figura 5.8), mas também a resistência da membrana, a resistência da zona de concentração e a resistência interna do equipamento. Com relação à membrana, seus fabricantes esforçam-se para desenvolver novos produtos que sejam cada vez mais eficientes com aquilo que se deseja, em geral, empregando-se membranas sintéticas porosas com tamanhos de poros tão pequenos que são capazes de filtrar os sais dissolvidos em um solvente como a água.

A osmose reversa tem considerável aplicação na purificação e concentração de diferentes soluções. Exemplos de aplicação desse tipo de processo podem ser verificados em tratamento de água para caldeiras, purificação de substâncias com remoção de bactérias e vírus, ou em processos de purificação de água do mar e de esgotos fabris. A tecnologia e aplicação de membranas na indústria de alimentos tem sido alvo de um grande interesse nos últimos anos.

Assim, quando da aplicação do processo de osmose reversa no preparo de cervejas sem álcool, somente a água e alguns compostos de baixa massa molecular, como o etanol, são transportados através da membrana, mantendo outros constituintes da cerveja inalterados. Para esse tipo de processo, a cerveja convencional é permeada através da superfície da membrana em alta pressão (30-80 bar), que pode ser de acetato de celulose, nylon ou ainda de outros polímeros, causando a transferência de determinadas componentes.

No entanto, a transferência do álcool aumenta com a elevação de sua concentração no lado interior da membrana. Nesse instante, água pura, desmineralizada e sem oxigênio é transitada no lado exterior, o que causa a continuidade da transferência do etanol presente na cerveja concentrada. O processo termina quando o conteúdo de álcool após a diluição da cerveja, em geral até 3 hL de água desmineralizada por 1 hL de cerveja (um hectolitro equivale a cem litros, nomenclatura comumente usada em cervejarias), alcançar os valores desejados (Figura 5.9). Em alguns casos, o procedimento de diluição é realizado na cerveja original ainda no início do processo. Esse procedimento não somente irá compensar a perda de água durante a osmose reversa, mas também irá evitar maiores possibilidades de entupimento da membrana. Processos contínuos também podem ser aplicados em procedimentos de remoção do álcool de cervejas por osmose reversa (Figura 5.10).

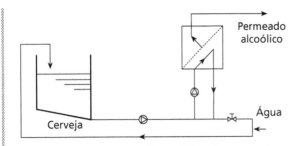

Figura 5.9 Representação gráfica da remoção do álcool de cervejas por osmose reversa (modo descontínuo).

Fonte: Stein (1993).

Os benefícios mais relevantes da separação do álcool por processo de osmose reversa estão baseados na eliminação de etapas envolvendo tratamento térmico, etapas necessárias em processos clássicos, como de destilação ou evaporação. Com a ausência do aquecimento, substâncias sensíveis à temperatura como aquelas que originam o aroma, o sabor, bem como vitaminas específicas e demais constituintes, não sofrerão nenhum tipo de alteração. Entretanto, a perda de compostos da cerveja original, por uso desse processo, está limitada àqueles de menor massa molecular.

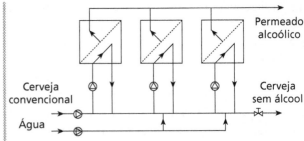

Figura 5.10 Representação gráfica da remoção do álcool de cervejas por osmose reversa (modo contínuo).

Fonte: Stein (1993).

Outros parâmetros críticos deste tipo de processo têm sido avaliados e foi verificado que as condições promissoras para a obtenção de cervejas sem álcool foram aquelas que empregavam valores máximos de pressão permitida pela membrana, para um maior fluxo permeado e melhor perfil de aroma no produto final, e em condições de baixa temperatura por refrigeração do sistema, como, por exemplo, a 5 °C. Entretanto, e em processos com osmose reversa, o uso de membranas requer demasiado gasto com etapas de sanitização e trocas regulares, em virtude da deterioração das membranas, possuindo ainda a desvantagem de ser um processo que necessita de elevadas pressões.

5.3.2.5 Processo de diálise

No método de diálise, o procedimento também é baseado no uso de membrana semipermeável (10-25 μm de espessura), no entanto, a diferença existente com o método de osmose reversa para a obtenção de cervejas sem álcool está relacionada principalmente ao uso de menores valores de pressão de trabalho (0,2-0,6 bar). Nesse tipo de processo, em geral, existem duas soluções de concentrações diferentes, entre as quais por estarem separadas por uma membrana semipermeável, e em razão da diferença nos índices de difusão dos componentes da mistura, ocorre a transferência de moléculas de pequenas dimensões através dos poros da membrana. Desse modo, a diálise usa a diferença de concentração para a transferência de matéria através da membrana, ao contrário do processo por osmose reversa que utiliza o gradiente da pressão como força impulsora dessa transferência.

Entretanto, por aplicação de um pequeno diferencial de pressão, a taxa de difusão é facilitada, a qual é proporcional ao gradiente de concentração e inversamente proporcional ao tamanho das moléculas.

Porém, por essa aplicação de pressão no lado da membrana onde está a cerveja, o mecanismo de transporte por convecção é acrescentado ao mecanismo de difusão. Nessas condições, esses dois mecanismos de transporte passam a ter efeito de forma simultânea. O componente difusivo é de importância primária para a eliminação de moléculas de álcool, enquanto o componente convectivo torna-se importante no transporte de maiores moléculas, prejudicando o produto final. A influência mais positiva ou negativa desse mecanismo vai depender dos valores de pressão utilizados bem como do tipo de membrana e vazão do sistema. Além disso, na literatura científica é possível encontrar modelos matemáticos simples desenvolvidos para uso em módulo de diálise de cerveja ajustados por resultados experimentais, buscando, por exemplo, a maximização na remoção de álcool da cerveja e, de modo simultâneo, a minimização na remoção do extrato presente no produto original, esse último compreendendo compostos de maiores massas moleculares.

Algumas outras alterações, com o objetivo de aumentar a remoção do álcool da cerveja e evitar maiores perdas de compostos específicos extraídos juntamente com o álcool, ainda podem ser aplicadas no decorrer do processo de produção de cervejas sem álcool por uso desse método de diálise. Para isso, foi acrescentado um procedimento de destilação a vácuo junto à coluna por onde há o fluxo do licor proveniente do processo de diálise (Figura 5.11). Nesse fluxo, e pelo efeito da destilação a vácuo, o álcool é continuamente removido e o restante dos compostos presentes no licor é reincorporado na unidade de diálise.

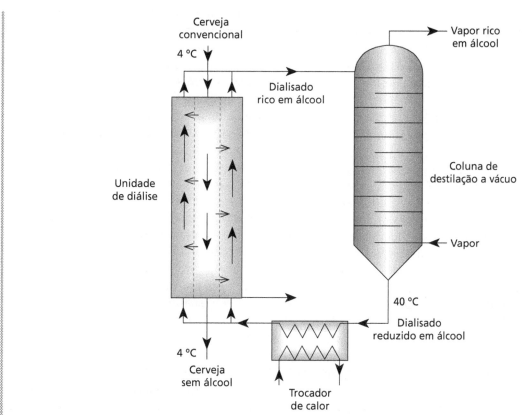

Figura 5.11 Representação gráfica da remoção do álcool de cervejas por processo de diálise.

Fonte: Lewis e Young (2002).

Assim, desde que o diferencial de pressão para a diálise seja um gradiente de concentração e as concentrações de materiais não voláteis que atravessam a membrana sejam os mesmos, somente materiais voláteis, e em especial o álcool, continuam a ser removidos e passam pela coluna de destilação. Além disso, o uso do processo de destilação a vácuo para recuperação final do álcool evita uso de maiores temperaturas (1-6 °C), o que causaria degradação térmica em compostos que tenham sido removidos de modo conjunto com o álcool, e um possível retorno destes para a cerveja.

Alguns outros ajustes podem ser efetuados para melhoria do processo, como, por exemplo, a dissolução de pequena parcela de CO_2 no dialisado, evitando maiores perdas desse gás da cerveja durante o processo de desalcoolização. O grau de redução do álcool, quando em processo por diálise, é controlado pelas velocidades relativas da cerveja e do dialisado, bem como pelos respectivos tempos de residência no módulo (unidade de dilálise). Instalações em série ou em paralelo também são alternativas para obtenção de melhores resultados na remoção de álcool por esse processo.

5.3.2.6 *Pervaporação, adsorção e extração supercrítica*

Diversas são as tentativas e desenvolvimentos de novos processos com o objetivo de produção de cervejas sem álcool, em especial por técnicas de remoção do álcool em etapas posteriores à fermentação. Processos recentes têm surgido, mas que ainda necessitam de novos esforços acadêmicos-industriais para que possam ser implementados. Desse modo, surgem, como exemplo, processos por pervaporação, adsorção e extração supercrítica por solvente.

Em processos por pervaporação são novamente aplicadas técnicas envolvendo membranas, em que um componente específico em fase líquida passa preferencialmente através de uma membrana para o outro lado como fase gasosa. Nesse contexto, a remoção do álcool da cerveja convencional é realizada por vaporização parcial através de uma membrana seletiva e semipermeável, aplicando vácuo no lado do permeado. Os vapores permeados são condensados e recuperados. Como em outros processos aplicando membranas, uma das vantagens da pervaporação é a possibilidade de o trabalho ser realizado em baixas temperaturas, o que evita a degradação de compostos termosensíveis encontrados na cerveja.

Adsorção é outro processo de remoção do álcool de cervejas em que o critério mais importante está relacionado à seletividade de um material em relação ao álcool o que possibilitará sua absorção (peneiras moleculares). Nesse sentido, material à base de silicato que permite a esterilização por calor apresenta uma vantagem a ser considerada.

A extração com gases comprimidos, extração supercrítica por solvente, é uma operação unitária que explora as características dos fluidos quando próximos ou acima do seu ponto crítico. Em termodinâmica, o ponto crítico pode ser definido como sendo referente àquela situação de temperatura e pressão na qual não é possível observar as fases líquida e gasosa, mas sim uma fase com características das duas em conjunto. Quando comparado com um gás em condições ambientes, o fluido supercrítico apresenta aumento da capacidade de solubilização e maior coeficiente de difusão, além de menor viscosidade quando comparado com o líquido correspondente. O gás carbônico (CO_2), sob certas condições de pressão e temperatura, possui características que permitem a remoção do álcool da cerveja. Como vantagens, esse tipo de processo de remoção de álcool possui o fato de oferecer grande versatilidade e eficiência, bem como por ser proveniente de um solvente atóxico.

5.4 AVALIAÇÃO E QUALIDADE DO PRODUTO FINAL

Cervejas sem álcool, em geral, quando produzidas por métodos de fermentação interrompida, são normalmente caracterizadas por um sabor de mosto e pela perda do aroma frutal, esse último normalmente encontrado em cervejas regulares. Tais defeitos podem ser originários de um procedimento de fermentação que não reduz suficientemente as combinações químicas responsáveis pelo sabor de mosto (aldeídos), e também pela produção limitada dos ésteres e dos alcoóis superiores. Entre os ésteres responsáveis pelo aroma e sabor frutado, de forma quantitativa e qualitativamente, os mais importantes são o acetato de etila e o acetato de isoamila; enquanto, entre os vários alcoóis, diferentemente do etanol que é produzido na cerveja durante a etapa de fermentação, os mais importantes são o n-propanol, isobutanol e alcoóis de isoamila (2-metil e 3-metil-butanol), os quais também contribuem significativamente para um bom e agradável sabor e aroma na cerveja final.

Qualquer mudança no processo de produção, seja para reduzir os custos ou mesmo para obter novos produtos, deve preservar as características organolépticas geralmente encontradas na cerveja tradicional.

Diante desse conceito, torna-se pouco provável definir o melhor processo para produção de cerveja sem álcool, em razão de inúmeras possibilidades de manipulação não somente entre os diferentes processos apresentados anteriormente, mas também por inúmeras alterações que podem causar melhorias ou deficiências no produto final. Entretanto, processos envolvendo a remoção do álcool tornam-se vantajosos quando há necessidade de produção de cervejas com teores de álcool abaixo de 0,05%, como, por exemplo, para produção de cervejas sem álcool destinadas aos países islâmicos ou a certos mercados específicos, prevalecendo, nesse caso, o mínimo possível em concentração de álcool.

BIBLIOGRAFIA

ATTENBOROUGH, W. M. Evaluation of processes for the production of low- and non-alcohol beer. **Ferment**, London, v. 1, n. 2, p. 40-44, 1988.

BAMFORTH, C. W. Brewing and brewing research: past, present and future. **Journal of the Science of Food and Agriculture**, London, v. 80, p. 1371-1378, 2000.

BENARD, M. Controle organoléptico. In: SCRIBAN, R. (Ed.). **Biotecnologia**. São Paulo: Manole, 1985. p. 371-383.

BRANYIK, T. et al. A review of flavour formation in continuous beer fermentations. **Journal of the Institute of Brewing**, London, v. 114, p. 3-13, 2008.

————. Continuous immobilized yeast reactor system for complete beer fermentation using spent grains and corncobs as carrier materials. **Journal of Industrial Microbiology and Biotechnology**, Heidelberg, v. 33, p. 1010-1018, 2006.

BRASIL. Presidência da República. Casa Civil. Decreto n. 6.871 de 4 de junho de 2009. Regulamenta a Lei n. 8.918, de 14 de julho de 1994. Disponível em: <http://www.planalto.gov.br/ccivil_03/ato2007–2010/decreto/d6871.htm>. Acesso em: 03 set. 2009.

BRIGGS, D. E. et al. **Brewing**: science and practice. Cambridge: Woodhead, 2004. 881p.

BRUESCHKE, H. E. A. Removal of ethanol from aqueous streams by pervaporation. **Desalination**, Amsterdam, v. 77, p. 323-329, 1990.

CATARINO, M. et al. Alcohol removal from beer by reverse osmosis. **Separation Science and Technology**, London, v. 42, n. 13, p. 3011-3027, 2007.

————. Beer dealcoholization by reverse osmosis. **Desalination**, Amsterdam, v. 200, p. 397-399, 2006.

CERVEJA sem álcool tem 0,5% do mercado, julho de 2006. Minas Gerais: O Tempo. Disponível em: <http://www.otempo.com.br/otempo/noticias/?IdEdicao=661&IdCanal=5&IdSubCanal=&IdNoticia=55738&IdTipoNoticia=1>. Acesso em: 10 mar. 2008.

CERVEZA sin alcohol: sus propiedades. Madrid: Centro de Información Cerveza y Salud. Disponível em: <http://www.cervezaysalud.es/dossier_sin_CICS.pdf>. Acesso em: 02 maio 2008.

DONHAUSER, S. et al. Behavior of beer components during the manufacture of alcohol-reduced products by dialysis. **Brauwelt International**, Nürnberg, v. 2, p. 139-144, 1991.

ESPANHA. Ministerio de la Presidencia. Por el que se aprueba la reglamentacion tecnico-sanitaria para la elaboracion, circulacion y comercio de la cerveza y de la malta liquida. Real Decreto n. 53/1995, 20 de janeiro de 1995. **REGLAMENTACION TECNICO-SANITARIA PARA LA ELABORACION Y COMERCIO DE LA CERVEZA Y DE LA MALTA LIQUIDA**, Madrid, 9 de fevereiro de 1995. Disponível em: <http://www.boe.es/g/es/bases_datos/doc.php?coleccion=iberlex&id=1995/03394>. Acesso em: 02 maio 2008.

EUROPA lidera consumo de bebidas alcoólicas em todo o mundo, abril de 2006. São Paulo: Folha OnLine. Disponível em: <http://www1.folha.uol.com.br/folha/mundo/ult94u95067.shtml>. Acesso em: 10 abr. 2008.

HISTORIA de la gastronomía, março de 2008. Disponível em: <http://historiagastronomia.blogia.com/2008/marzo.php>. Acesso em: 21 jun. 2008.

INFORME socioeconómico del sector de la serveza en españa 2007. Madrid: Convenio MAPA, Cerveceros de España, 2008. 35p.

KUNZE, W. Processes for removing alcohol. In: ————. **Technology brewing and malting**. Berlin: VLB, 1999b, p. 437-444.

————. Suppression of alcohol formation. In: ————. **Technology brewing and malting**. Berlin: VLB, 1999a, p. 444-446.

LEA, A. G. H.; PIGGOTT, J. R. **Fermented beverage production**. 2. ed. New York: Kluwer Academic, 2003. 462p.

LEWIS, M.; YOUNG, T. W. **Brewing**. 2. ed. New York: Springer, 2002. 398p.

LINKO, M. et al. Recent advances in the malting and brewing industry. **Journal of Biotechnology**, Amsterdam, v. 65, p. 85-98, 1998.

MENSOUR, N. A. et al. New Developments in the Brewing Industry Using Immobilised Yeast Cell Bioreactor Systems. **Journal of the Institute of Brewing**, London, v. 103, p. 363-370, 1997.

MERCOSUL.GMC/RES. n. 14/01: regulamento técnico mercosul de produtos de cervejaria, junho de 2001. Brasília, DF: Ministério da Agricultura, Pecuária e Abastecimento. Disponível em: <http://www.mercosur.int/msweb/portal%20intermediario/pt/index.htm>. Acesso em: 03 fev. 2008.

MONTAGNA, M. C. et al. Alimentos funcionales. In: VÁZQUEZ, C.; DE COS, A. I.; LÓPEZ-NOMDEDEU, C. (Eds.). **Alimentación y nutrición**. 2. ed. Madrid: Díaz de Santos, 2005, p. 151-162.

NARZISS, L. et al. Alcohol removal from beer by countercurrent distillation in combination with rectification. **Brauwelt**, Nürnberg, v. 133, n. 38, p. 1806-1820, 1993.

———. Technology and composition of non-alcoholic beers. Processes using arrested fermentation. **Brauwelt International**, Nürnberg, v. 4, p. 396-410, 1992.

NAVRATIL, M. et al. Production of non-alcoholic beer using free and immobilized cells of Saccharomyces cerevisiae deficient in the tricarboxylic acid cycle. **Biotechnology and Applied Biochemistry**, New York, v. 35, n. 2, p. 133-140, 2002.

PERPETE, P.; COLLIN, S. Fate of the worty flavors in a cold contact fermentation. **Food Chemistry**, Amsterdam, v. 66, n. 3, p. 359-363, 1999.

———. How to improve the enzymatic worty flavour reduction in cold contact fermentation. **Food Chemistry**, Amsterdam, v. 70, p. 457-462, 2000.

PETKOVSKA, M.; LESKOSEK, I.; NEDOVIC, V. Analysis of mass transfer in beer diafiltration with cellulose-based and polysulfone membranes. **Food and Bioproducts Processing**, Amsterdam, v. 75, n. 4, p. 247-252, 1998.

PILKINGTON, P. H. et al. Fundamentals of Immobilized Yeast Cells for Continuous Beer Fermentation: A Review. **Journal of Institute Brewing**, London, v. 104, p. 19-31, 1998.

PRO-TESTE. Cervejas sem álcool. Março de 2006. Disponível em: <http://www.hepato.com/p_alcool_cigarro/cerveja_20060205.html>. Acesso em: 21 jun. 2008.

REGAN, J. Production of alcohol-free and low alcohol beers by vacuum distillation and dialysis. **Ferment**, London, v. 3, n. 4, p. 235-237, 1990.

SANTAMARÍA, M R. **Industria alimentaria**: tecnologías emergentes. Madrid: UPC, 2005. 210p.

STEIN, W. Dealcoholization of beer. **MBAA Technical Quarterly**, Minnesota, v. 30, p. 54-57, 1993.

VAN IERSEL, M. F. M. et al. Continuous production of non-alcohol beer by immobilized yeast at low temperature. **Journal of Industrial Microbiology**, Heidelberg, v. 14, n. 6, p. 495-501, 1995.

VON HODENBERG, G. W. Production of alcohol free beers using reverse-osmosis. **Brauwelt International**, Nürnberg, v. 2, p. 145-148, 1991.

YUEN, C. C. et al. Multi-objective optimization of membrane separation modules using genetic algorithm. **Journal of Membrane Science**, Amsterdam, v. 176, p. 177-196, 2000.

6

CHICHA

FERNANDA BARBOSA PILÓ
ENRIQUE JAVIER CARVAJAL BARRIGA
CARLOS AUGUSTO ROSA

6.1 INTRODUÇÃO

A *chicha* é uma bebida alcoólica clara, de coloração amarela e espumante, produzida nas regiões dos Andes e, algumas vezes, em regiões de baixa altitude do Equador, Peru, Bolívia, Colômbia, Brasil e Argentina (Figura 6.1) (STEINKRAUS, 1996). O nome *chicha* pode ser explicado por meio de algumas vertentes. Uma delas acredita que o nome é proveniente da palavra *chichab*, da língua original falada no território atual do Panamá, e que significa milho. Outra acredita que a palavra deriva do nome *Chibcha*, civilização que povoou a Colômbia e o Panamá. No entanto, antes do estabelecimento dos Incas, existia uma etnia no sul da Bolívia que era denominada *Chichas* (GOMES et al., 2010).

Indícios da produção de *chicha* em territórios andinos são muito comuns. No Equador, os primeiros relatos de produção de *chicha* datam de 200 a.C., o que mostra que essa bebida vinha sendo produzida bem antes da invasão dos Incas no território equatoriano (MOLESTINA, 2006). A chegada da civilização Inca e, mais tarde, dos espanhóis, trouxe uma mistura de costumes, técnicas e também tecnologias de fermentação para a produção da *chicha* (ECHEVERRÍA; MUÑOZ, 1988).

No Equador, o mercado da *chicha* encontra-se restrito à produção artesanal, feita em pequenos volumes em bares, casas e restaurantes, tendo em vista que a industrialização desse produto torna-se um desafio tecnológico, devido ao fato de o milho ser muito rico em lípideos, os quais conferem rancidez ao produto, com o decorrer do tempo. A fermentação ocorre no período de, aproximadamente, uma semana, mas a *chicha* com melhores características sensoriais pode ser bebida entre o segundo e quarto dia. Em outras palavras, a *chicha* é uma bebida "viva" e como tal, muda ao longo do tempo, até a perda das características sensoriais desejáveis.

Figura 6.1 *Chicha* de milho (Equador).

Futuros desenvolvimentos técnicos e científicos deverão ser feitos com a finalidade de se obter uma *chicha* estável e saborosa, com um longo período de vida de prateleira. O equilíbrio na produção de álcool e de ácido lático é fundamental na qualidade e no sabor da bebida. No entanto, o desenvolvimento de fermentações mistas, assim como a eliminação dos óleos que produzem a rancidez, são condições prévias para se atingir estabilidade microbiológica e físico-química no produto, podendo abrir assim, um novo mercado na América e em outros continentes.

A maior parte do consumo da *chicha* é realizada nas festas populares comemorativas da colheita do milho, assim como também em festas anuais que celebram o sincretismo religioso produzido por uma mistura da cultura autóctone com a cultura europeia. Uma das festas mais conhecidas é o *Yamor*, que acontece nos meses de agosto e setembro, na cidade de Otavalo, ao norte do Equador, onde se consome a *chicha* de sete grãos de milho ou *chicha* do *Yamor*. No presente capítulo, são mostradas as análises químicas e microbiológicas desta e de outras *chichas* equatorianas.

6.1.1 Legislação

De acordo com o Decreto 6.871, que dispõe sobre a padronização, a classificação, o registro, a inspeção, a produção e a fiscalização de bebidas (BRASIL, 2009), é possível classificar a *chicha* como uma bebida alcoólica fermentada. Mas essa bebida não está prevista no Decreto, apesar de existir em território brasileiro, em algumas comunidades indígenas, que produzem bebidas similares à *chicha*.

6.1.2 Composição e valor nutritivo

A *chicha* apresenta uma série de propriedades nutricionais. O álcool e os açúcares livres são fonte de calorias e as vitaminas B presentes nas leveduras são nutrientes importantes. Além disso, acredita-se que seja uma bebida segura, em razão da combinação de ácido lático e etanol, os quais inibem o crescimento da maioria dos microrganismos patogênicos (STEINKRAUS, 1996).

As Tabelas 6.1 e 6.2 mostram dados de alguns parâmetros físico-químicos determinados em 15 amostras de *chichas* coletadas durante o período de agosto a outubro de 2010, no Equador. O menor valor de pH encontrado foi de 3,01, em uma amostra com sete dias de fermentação e o maior valor encontrado foi de 4,15, em uma amostra com 24 horas de fermentação. É esperado que uma amostra com mais dias de fermentação apresente menor pH, porque, com a evolução da fermentação, ocorrerá a síntese de ácidos orgânicos, que levam à acidificação do meio.

Tabela 6.1 Parâmetros físico-químicos de *chichas* coletadas no Equador.

Amostra	Substrato	Tempos de fermentação (dias)	pH	Açúcares redutores totais (g/L)	Etanol (% v/v)	(g/L)
1	mandioca	4	3,94	7,93	3,15	24,56
2	mandioca	1	4,15	34,83	2,28	17,81
3	milho	3	3,55	34,20	2,40	18,75
4	arroz	ND	3,48	38,68	0,54	4,25
5	milho	1	3,79	12,42	1,07	8,33
6	milho	1	3,64	9,11	1,87	14,57
7	milho	ND	3,39	16,70	4,22	32,90
8	milho	2	3,45	36,24	2,76	21,54
9	sete grãos de milho	ND	3,71	14,71	2,99	23,31
10	sete grãos de milho	ND	3,3	7,48	0,71	5,56
11	sete grãos de milho	ND	3,31	2,76	1,98	15,47
12	milho	7	3,01	7,91	1,71	13,36
13	milho	1	3,23	6,81	5,97	46,55
14	milho	1	3,23	20,6	2,75	21,42
15	milho	2	3,3	10,08	1,21	9,43

ND = Não determinado.

Tabela 6.2 Teores de açúcares, glicerol, ácido lático e ácido acético de *chichas* coletadas no Equador.

Amostra	Substrato	Tempos de fermentação (dias)	Dextrina (g/L)	Maltotriose (g/L)	Maltose (g/L)	D-Glicose (g/L)	Glicerol (g/L)	Ácido lático (g/L)	Ácido acético (g/L)
1	mandioca	4	43,79	0,74	–	1,67	1,34	4,58	–
2	mandioca	1	59,73	20,67	17,33	2,60	1,40	4,72	–
3	milho	3	17,43	–	–	17,15	2,51	1,94	–
4	arroz	ND	24,67	–	0,86	1,50	–	–	–
5	milho	1	3,25	–	–	20,44	1,12	1,70	–
6	milho	1	2,63	–	–	19,20	1,27	2,11	–
7	milho	ND	10,06	0,95	1,55	24,50	3,38	3,79	–
8	milho	2	22,79	0,73	–	27,80	2,04	3,77	1,03
9	sete grãos de milho	ND	53,08	0,60	0,99	72,69	2,59	6,90	–
10	sete grãos de milho	ND	57,73	–	–	–	–	5,76	–
11	sete grãos de milho	ND	44,36	–	–	–	2,13	6,66	–
12	milho	7	1,42	–	–	–	–	3,40	16,55
13	milho	1	16,12	1,10	1,69	0,95	3,35	4,50	1,05
14	milho	1	8,46	0,99	1,12	12,36	1,99	1,93	–
15	milho	2	12,97	1,50	2,53	8,56	0,83	3,79	

ND = Não determinado. As análises foram feitas por cromatografia líquida de alta eficiência (CLAE).

Os ácidos orgânicos contribuem para o aroma final da bebida. No entanto, quando presente em elevadas quantidades, o ácido acético pode resultar em *off-flavours* (aromas e gosto desagradáveis). Para o vinho, o valor máximo desse ácido não pode ser superior a 1,0 – 1,5 g/L, variando de acordo com o país (ROMANO et al., 2006). Nas *chichas* analisadas, os valores variaram de 0 a 16,55 g/L. O ácido lático foi encontrado em 14 das 15 amostras analisadas, indicando que essas bebidas apresentaram também fermentação lática.

O glicerol é um álcool de grande importância em bebidas alcoólicas, pois confere um aroma adocicado e contribui para a viscosidade do produto final (ROSA et al., 2007). O glicerol foi encontrado em 12 das 15 amostras analisadas.

6.2 MATÉRIAS-PRIMAS

O nome *chicha* é, na verdade, um nome genérico que compreende várias bebidas alcoólicas fermentadas ou bebidas não fermentadas, que podem ser preparadas a partir de diversas matérias-primas, como milho, mandioca, batata-doce, banana, cana de açúcar, arroz, aveia e quinoa, apesar de o milho ser a matéria-prima mais comum (GOMES et al., 2010; STEINKRAUS, 1996). A *chicha* de milho mais comum produzida nos Andes é a *chicha* de *jora*. *Jora* é o grão de milho maltado (germinado e seco) (Figura 6.2). Os grãos de milho, normalmente da variedade *maíz amarillo*, são germinados e, depois, então secos ao sol, interrompendo a germinação. No Equador, também é produzida uma *chicha* à base de grãos de *morocho* e outra a partir de sete variedades de milho, como *jora*, *maíz amarillo*, *maíz blanco*, *maíz negro*, *chulpi*, *morocho* e *cangil* (milho de pipoca). O arroz e a aveia são também muito utilizados na produção de *chichas*. No entanto, na maioria das vezes, as bebidas resultantes não são fermentadas. A mandioca ou *yuca* é também uma importante matéria-prima utilizada para produção de *chicha*. Essa *chicha* é produzida, ainda nos dias de hoje, pela população indígena e mestiça. No entanto, também pode ser encontrada nos restaurantes de alto nível como uma especialidade equatoriana.

Nos Andes Centrais, é produzida uma *chicha* à base dos frutos da planta *Schinus molle* (Anacardiaceae). Há relatos também da produção de uma *chicha* (GOLDSTEIN; COLEMAN, 2004) produzida a partir do estroma de fungos do gênero *Cyttaria*, pelos indígenas da comunidade *mapuche*, que habitou as florestas da Argentina e Chile. Os fungos *Cyttaria* são parasitas obrigatórios de diversas espécies de árvores do gênero *Nothofagus* (Figura 6.3) (GOMES et al., 2010).

Figura 6.2 *Jora* (grão de milho maltado) utilizada na fabricação de *chichas*.

Figura 6.3 Estroma do fungo *Cyttaria hariotti* em *Nothofagus betuloides*.

Foto: Diego Libkind.

Além das matérias-primas citadas aqui, podem ser, eventualmente, adicionados à *chicha* outros ingredientes, como ervas (erva-cidreira, limão verbena, camomila, folhas de laranja e de abacaxi), especiarias (cravo, canela, pimenta da Jamaica, anis), frutas [maracujá, abacaxi, *naranjilla* (fruta da família Solanaceae, encontrada na região dos Andes)], açúcar, rapadura e também essências, como a essência de baunilha. Na Amazônia equatoriana, é comum também a adição do suco dos frutos da palma à massa de mandioca fermentada.

6.3 MICROBIOLOGIA

Geralmente, as fermentações naturais são conduzidas por leveduras, bactérias do ácido lático e bolores, algumas vezes formando uma microbiota complexa que atua em cooperação. A microbiota é responsável pela produção de diversos compostos químicos e voláteis que conferem características peculiares ao produto final (LAPPE-OLIVERAS et al., 2008).

Soriano (1938), ao avaliar a microbiota de *chichas* da Argentina, encontrou leveduras e bactérias do ácido lático como os microrganismos fermentadores primários. Gomez (1949) encontrou uma microbiota complexa em *chichas* da Colômbia, que compreendeu leveduras e bactérias láticas, como também, fungos filamentosos e bactérias do ácido acético. Em *chichas* do Peru, assim como nas *chichas* da Colômbia, foram encontradas leveduras, bactérias e fungos filamentosos (BLANDINO et al., 2003).

A partir da análise microbiológica de 15 amostras de *chichas* do Equador, compreendendo amostras de mandioca, milho e arroz, foram obtidos isolados de leveduras e de bactérias láticas. Dentre as 17 espécies de leveduras encontradas, a espécie *Saccharomyces cerevisiae* foi a predominante (Fernanda Piló, resultados não publicados). Soriano (1938) também encontrou *S. cerevisiae* como a levedura primária na fermentação de *chichas* do norte da Argentina. Jespersen (2003) apontou esta levedura como a principal responsável pela fermentação de alimentos e bebidas fermentados artesanais da África. A levedura *S. cerevisiae* é importante não só para a produção de etanol, em bebidas alcoólicas, como também para a produção de compostos secundários, como glicerol, ésteres e alcoóis, responsáveis pelo aroma que caracteriza o produto final (LURTON et al., 1995).

As bactérias láticas têm grande importância na fermentação de alimentos, tanto pela produção de compostos secundários, como os compostos aromáticos, quanto pelo papel exercido na degradação de amido e proteínas da matéria-prima. Esses microrganismos também exercem um efeito de antibiose, devido à produção de inúmeros compostos, como ácidos orgânicos, peróxido de hidrogênio e gás carbônico. As bactérias láticas encontradas predominantemente nas *chichas* do Equador foram do gênero *Lactobacillus* (PILÓ, dados não publicados).

Algumas possíveis funções das leveduras envolvidas na fermentação de alimentos e bebidas tradicionais compreendem a fermentação de carboidratos, com a formação de alcoóis, a produção de compostos aromáticos, como ésteres, alcoóis e ácidos orgânicos, a estimulação de bactérias do ácido lático por meio do fornecimento de metabólitos essenciais, a inibição de bolores produtores de micotoxinas, por meio de competição por nutrientes e produção de compostos tóxicos, a degradação de micotoxinas, a degradação de compostos cianogênicos, a produção de enzimas, como celulases e pectinases e as propriedades probióticas (JESPERSEN, 2003).

A microbiota presente na *chicha* pode ser proveniente de diversos ambientes, bem como de matéria-prima, utensílios e equipamentos utilizados na produção. Além disso, pode ser carreada por insetos ou manipuladores.

6.4 PROCESSAMENTO

As *chichas* podem ser produzidas de diversas maneiras. As bebidas, que foram consumidas há centenas e, talvez, até milhares de anos, pela população indígena andina, são produzidas, ainda hoje, em condições muito artesanais. Apesar das receitas serem sempre passadas de geração a geração, todas se baseiam na transformação de amido em açúcar, seguida pela fermentação do mosto adocicado. Como o processo de produção se assemelha ao processo de fabricação da cerveja, a *chicha* pode ser denominada como cerveja indígena andina (ECHEVERRÍA; MUÑOZ, 1988; GOMES et al., 2010).

Na produção da *chicha* de *jora,* o processo de maltagem produz as enzimas necessárias para a hidrólise do amido de milho (STEINKRAUS, 1996). Para o preparo da *jora,* é necessário deixar o milho germinar por aproximadamente duas semanas. Para tanto, os grãos são imersos em uma vasilha com água durante um dia e uma noite. Depois desse período, os grãos são dispostos em esteiras de palha ou em sacos de plástico e deixados sob o sol durante dois dias para a secagem. Depois de secos, os grãos são, então, moídos em um moinho de rosca, gerando a farinha de *jora.*

A *chicha* de *jora* antiga era produzida somente com a *jora*, no entanto, hoje em dia, o que se observa é a introdução de outros ingredientes, como ervas, especiarias, frutas, açúcar e rapadura. Além da adição de novos ingredientes, houve também redução no tempo de preparo da bebida. Os mais antigos contam que, antes, se cozinhava a bebida por muitas horas e, assim, se levava mais tempo no preparo.

Nos dias de hoje, o tempo de fervura da farinha de *jora* varia entre 20 minutos a cinco horas. A Figura 6.4 mostra uma forma tradicional de se produzir a *chicha* de *jora*. Inicialmente, mescla-se a farinha de *jora* à água fria, enquanto, em uma panela, se ferve água e ervas. Depois se adiciona a mescla de farinha e água fria à panela com a infusão de ervas e deixa-se ferver durante aproximadamente 20 minutos. Durante a fervura, a mistura é sempre mexida com uma colher de madeira. Depois de cozida, a mistura é coada em uma peneira de alumínio e então colocada em um balde plástico para fermentar. O resíduo sólido que permanece na peneira é denominado *afrecho* e serve como alimento para animais. Pedaços de rapadura em barra são, então, adicionados à bebida. Frutas também podem ser adicionadas nesse momento. Quando a bebida já está fria, o balde é tampado com um plástico, e assim permanece até o dia seguinte. Após mais um dia de fermentação, a bebida já está pronta para o consumo. Alguns produtores costumam ferver a farinha de *jora* junto com outros ingredientes, inclusive a rapadura, e depois coar. Outros ainda fazem uma mistura à parte de rapadura e ervas e só depois a adicionam à mescla de farinha de *jora* e água.

Em algumas regiões andinas indígenas, sobretudo no Peru, se utiliza a mastigação na produção da *chicha*, como alternativa ao uso dos grãos maltados. Dessa forma, a hidrólise do amido será obtida então a partir das amilases salivares (STEINKRAUS, 1996). A mastigação ocorre logo depois da moagem dos grãos de milho e as massas resultantes da mastigação são deixadas em repouso por um dia. No dia seguinte, a massa está pronta para ser utilizada no preparo da *chicha*.

Na região amazônica do Equador é produzida outra *chicha*, conhecida como *chicha* de *yuca* ou *chicha* de mandioca. Essa *chicha*, ainda nos dias de hoje, é produzida pela população indígena e tem uma maneira peculiar de ser produzida, uma vez que é utilizada a salivação. A Figura 6.5 mostra o fluxograma de produção. Inicialmente, a mandioca é descascada e cozida por 1 hora, em panela de alumínio. Depois de resfriada, a mandioca cozida é amassada com um bastão de madeira. Aos poucos, pedaços da massa obtida são coletados para a mastigação, que ocorre por três a cinco repetições, durante 15 minutos a cada vez. A mastigação é realizada pela mulher indígena. A massa obtida é colocada, então em pote plástico e deixada para fermentar. Depois de um a três dias, é feita uma mescla do suco de sementes de palma com a massa fermentada e, deste modo, a bebida está pronta para o consumo.

Figura 6.4 Produção da *chicha* de *jora*. a) Adição da farinha de *jora* à água fria; b) adição da mescla à infusão fervente de folhas de *cedrón*; c) cozimento da mistura; d) filtragem do mosto; e) bebida filtrada e *afrecho* obtido da filtração; f) adição de pedaços de rapadura à bebida; g) bebida após adição de rapadura; h) *chicha* com 24 horas de fermentação.

O contato dos produtores indígenas com técnicas mais modernas de produção de bebidas trouxe profundas mudanças na produção da *chicha*. O que se verifica é que os vasos de barro e madeira utilizados na fervura e fermentação da *chicha* foram substituídos por vasilhas de alumínio e baldes de plástico, mais resistentes e com maior durabilidade. O moinho e a peneira de alumínio também são utensílios modernos. As mulheres mais velhas relatam que antigamente a *jora* era moída sobre uma pedra, com auxílio de outra pedra. Outras mudanças típicas incluíram o uso do açúcar, para adoçar ou aumentar o teor de álcool da bebida. A Figura 6.5 (a, b, c e d) mostra uma panela de alumínio utilizada por mulheres da comunidade *Guiyero*, da região amazônica do Equador, na produção da *chicha* de *yuca*.

Figura 6.5 Produção da *chicha* de *yuca*. a) Cozimento da mandioca já limpa; b) mandioca cozida; c) mandioca sendo amassada; d) mastigação da mandioca; e) mandioca com 24 horas de fermentação; f) suco de sementes de palma; g) *chicha* de *yuca* pronta.

Por serem tradicionalmente bebidas indígenas, as *chichas* sempre estiveram ligadas às cerimônias religiosas e, portanto, à magia. Nas crônicas dos espanhóis, há relatos do emprego de práticas pouco ortodoxas na elaboração da *chicha*. O uso de excremento humano e urina constituem parte de uma mesma prática. Como as vasilhas usadas na preparação das *chichas* eram herdadas de mãe para filha, as mulheres acreditavam que parte de suas mães ficavam nas vasilhas e, ao adicionar suas excretas nestes recipientes, estariam, de certa forma, juntando suas partes com as partes da mãe. No entanto, essas práticas não são mais empregadas no processo de produção das *chichas* artesanais.

6.5 ARMAZENAMENTO E CONSERVAÇÃO

Depois de preparada, a *chicha* é usualmente colocada em frascos de vidro, garrafas plásticas ou em refresqueiras para a sua venda. No entanto, é uma bebida perecível e tende a azedar em um período inferior a sete dias (JENNINGS, 2005). Decorrido esse período, a bebida é utilizada no preparo de alguns pratos tradicionais, como, por exemplo, o *hornado* do Equador. O milho germinado pode ser conservado por semanas ou até por meses antes do preparo da *chicha*, no entanto, a vida útil da farinha é baixa, pois está mais sujeita ao ataque de insetos e torna-se rançosa mais rápido do que o grão de milho (JENNINGS, 2005).

BIBLIOGRAFIA

BLANDINO, A. et al. Cereal-based fermented foods and beverages. **Food Research International**, Kidlington, v. 36, p. 527-543, 2003.

BRASIL. Ministério da Agricultura, Pecuária e Abastecimento. Decreto n. 6.871, de 4 de junho de 2009, que regulamenta a Lei n. 8.918, de 14 de julho de 1994, que dispõe sobre a padronização, a classificação o registro, a inspeção, a produção e a fiscalização de bebidas. **Diário Oficial da União**, Poder Executivo, Brasília, DF, 05 jun. 2009.

ECHEVERRÍA, J.; MUÑOZ, C. **Maíz**: regalo de los dioses. Quito: Instituto Otavaleño de Antropología, 1988.

GOLDSTEIN, D. J.; COLEMAN, R. C. *Schinus molle* L. (Anacardiaceae) *chicha* production in the Central Andes. **Economic Botany**, New York, v. 58, p. 523-529, 2004.

GOMES, F. C. O. et al. Traditional foods and beverages from South America: microbial communities and production strategies. In: KRAUSE, J.; FLEISHER, O. (Orgs.). **Industrial Fermentation**: food processes, nutrient sources and production strategies. Hauppauge NY: Nova Science Publishers, 2010. cap. 3, v. 1, p. 1-15.

GOMEZ, P. J. **La chicha**: su fabricación y algunas sugerencias tecnicas adicionales a las disposiciones legales en actual vigencia. Notas Agronomicas. Palmira, Equador: Estación Agrícola Experimental de Palmira, 1949. v. 2, p. 20-42.

JENNINGS, J. La chichera e el patrón: chicha and the energetics of feasting in the prehistoric Andes. **Archaelogical Papers of the American Anthropological Association**, Hoboken, v. 14, p. 241-259, 2005.

JERPERSEN, L. Occurrence and taxonomic characteristics of strains of *Saccharomyces cerevisiae* predominant in African indigenous fermented foods and beverages. **FEMS Yeast Research**, Chichester , v. 3, p. 191-200, 2003.

LAPPE-OLIVERAS, P. et al. Yeasts associated with the production of Mexican alcoholic nondistilled and distilled *Agave* beverages. **FEMS Yeast Research**, Chichester, v. 8, p. 1037-1052, 2008.

LURTON, L. et al. Influence of the fermentation yeast strain on the composition of wine spirits. **Journal of the Science of Food and Agriculture**, Chichester, v. 67, p. 485-491, 1995.

MOLESTINA, M. C. El pensamiento simbólico de los habitants de La Florida (Quito Ecuador). **Bulletin de l`Intitut d`Etudes Andines**, Lima, v. 35, p. 377-395, 2006.

ROMANO, P.; CAPECE, A.; JESPERSEN, L. Taxonomic and ecological diversity of food and beverages yeasts. In: QUEROL, A.; FLEET, G. H. (Eds.). **Yeasts in food and beverages**. Berlin: Springer-Verlag, 2006. cap. 2, p. 13-53.

ROSA, C. A. et al. Cachaça: os segredos da fermentação. **Ciência Hoje**, São Paulo, v. 41, p. 67-69, 2007.

SORIANO, S. Estudio del proceso de fermentación de la chicha. **Revista del Instituto Bacteriológico del Departamento Nacional de Higiene**, Buenos Aires, v. 8, p. 231-322, 1938.

STEINKRAUS, K. **Handbook of indigenous fermented foods**. New York: Marcel Dekker, 1996. 776p.

7

FERMENTADOS DE FRUTAS

DISNEY RIBEIRO DIAS
LÍLIAN PANTOJA
ALEXANDRE SOARES DOS SANTOS
ROSANE FREITAS SCHWAN

7.1 INTRODUÇÃO
7.1.1 Histórico

A elaboração de bebidas alcoólicas é um dos mais antigos processos que acompanham a civilização, tendo, ao que tudo indica, sido iniciada com a produção de vinho e cerveja há milhares de anos. Análises químicas de compostos orgânicos adsorvidos e preservados em jarras de cerâmica da aldeia Neolítica de Jiahu, na província de Henan, Norte da China, revelaram que uma bebida fermentada de arroz, mel e frutas havia sido produzida há 9.000 anos, aproximadamente a mesma datação das primeiras cervejas e vinhos produzidos no oriente médio. Essas bebidas, bem como outras que surgiram com a própria evolução da sociedade, tiveram a sua tecnologia de produção melhorada à medida que se tornaram uma fonte extensiva de geração de capital e trabalho. Além do aspecto financeiro, há toda uma cultura e tradição por trás da produção de bebidas, sendo algumas caracterizadoras de suas regiões produtoras. Bem conhecidas são as cervejas holandesas, belgas e alemãs; os vinhos europeus provenientes da França, da Itália, de Portugal, da Espanha e da Alemanha; os maltes escoceses, que geram excelentes uísques; além da tequila mexicana, do saquê japonês, do rum cubano e da bebida destilada mais produzida no mundo, a cachaça ou aguardente brasileira.

Há uma tendência de se buscarem, a cada dia, novas tecnologias que tragam além de maior produtividade, melhoria na qualidade do produto final. Os processos de vinificação têm sido um bom exemplo desse progresso. A fermentação alcoólica do mosto de uva, algo totalmente empírico no passado, tornou-se uma das mais fortes áreas da pesquisa agroindustrial. Dentro desse contexto, a viticultura e a enologia estudam vários aspectos para a melhoria da produção, que vão desde a seleção das melhores variedades de vinha, dos processos de vinificação, de microrganismos para fermentação, até os cuidados para obtenção da bebida final, sua estabilização, engarrafamento e venda. As leveduras utilizadas no processo de fermentação são de extrema importância para o produto final obtido. São elas que transformarão os açúcares em etanol, e do seu metabolismo também serão gerados os demais compostos formadores de aroma que caracterizam, peculiarmente, a bebida.

Além da uva, outras frutas têm sido utilizadas para a produção de bebidas alcoólicas fermentadas. Entre as mais difundidas estão a maçã, utilizada na fermentação da sidra; a pera, cujo mosto fermentado resulta no *Perry*. Muitas das bebidas alcoólicas tiveram sua origem a partir de descendência cultural, que posteriormente assumiu os moldes capitalistas e tornou-se indústria. Algumas outras surgiram como alternativa para o aproveitamento do excesso de produção frutícola de certas regiões ou como uma inovação tecnológica para o uso das frutas, como as bebidas alcoólicas fermentadas obtidas de pêssego, laranja e caju.

Na década de 1970, Garcia et al. (1976) utilizaram banana, água de coco e tomate como substrato para elaboração de bebidas alcoólicas fermentadas. Nos últimos dez anos, entretanto, vem crescendo o número de trabalhos de pesquisa relativos ao emprego de frutas na produção de bebidas alcoólicas fermentadas, destacando-se o uso de kiwi, banana, cajá, manga, acerola, jabuticaba, graviola, cacau, laranja e gabiroba.

Sob os aspectos de superprodução e aproveitamento das safras frutícolas brasileiras, são observadas algumas necessidades para que o montante de perdas seja atenuado. Dados estatísticos relatam que os volumes perdidos, em relação às frutas tropicais, estão próximos de 30%, no Brasil. Em contrapartida, a fruticultura tem sido apontada como uma das alternativas viáveis de produção agrícola. Uma associação entre a diversificada flora frutífera brasileira e as tecnologias de produção de bebidas alcoólicas fermentadas pode ser uma confluência para o aproveitamento da produção ou para gerar novas perspectivas, quando da utilização de frutas nativas. A elaboração de bebidas fermentadas de frutas vem a ser uma alternativa para evitar o desperdício, além de poder gerar novos empregos e tecnologias. A biotecnologia dos processos fermentativos pode ser empregada eficazmente para a elaboração de fermentados de frutas. Há, porém, a necessidade de testar o procedimento técnico apropriado para cada fruta, o que requer estudos mais detalhados para determinação de metodologia apropriada.

7.1.2 Legislação

De acordo com o Art. 44 do Decreto n. 6.871, de 4 de junho de 2009, do Ministério da Agricultura, Pecuária e do Abastecimento (MAPA), que regulamenta a Lei n. 8.918, de 14 de julho de 1994, sobre padronização, classificação, registro, inspeção, produção e fiscalização de bebidas, fermentado de fruta é a bebida com graduação alcoólica de 4 a 14% em volume, a 20 graus Celsius, obtida da fermentação alcoólica do mosto de fruta sã, fresca e madura. O § 2º informa que o fermentado de fruta pode ser adicionado de açúcares, água e outras substâncias previstas em ato administrativo complementar, para cada tipo de fruta. E o § 4º que quando o fermentado for adicionado de dióxido de carbono, será denominado fermentado de fruta gaseificado.

No regulamento técnico para a fixação dos padrões de identidade e qualidade (PIQ) para fermentado de fruta, proposto na Portaria n. 64, de 23 de abril de 2008, Art. 6º, os ingredientes básicos utilizados na produção do fermentado de fruta são o mosto de fruta sã, fresca e madura e os opcionais, açúcar e água. A água utilizada deve obedecer às normas e aos padrões aprovados pela legislação específica para água potável e estar condicionada, exclusivamente, à padronização da graduação alcoólica do produto final e o açúcar empregado deve ser sacarose.

Quanto à composição química, o fermentado de fruta deverá obedecer aos limites fixados na Tabela 7.1.

Tabela 7.1 Padrão de identidade e qualidade para fermentado de fruta.

Parâmetros	Valor mínimo	Valor máximo
Graduação alcoólica	4% (v/v) à 20 °C	14% (v/v) à 20 °C
Acidez total	50 meq.L^{-1}	130 meq.L^{-1}
Acidez fixa	30 meq.L^{-1}	–
Acidez volátil	–	20 meq.L^{-1}
Extrato seco reduzido	7 g.L^{-1}	–

Fonte: Brasil (2008).

A Portaria n. 64, de 23 de abril de 2008, Art. 8º, preconiza que o fermentado de fruta não deverá ter a sua característica organoléptica ou composição alterada pelo material do recipiente, utensílio ou equipamento utilizado no seu processamento e comercialização. Ressalva, ainda, que é vedada a adição de qualquer substância ou ingrediente que altere as características sensoriais naturais do produto final, excetuados os casos previstos na legislação. O fermentado de fruta deverá apresentar o sabor e o aroma dos elementos naturais contidos na matéria-prima utilizada.

7.1.3 Composição e valor nutritivo

As frutas são alimentos que fornecem uma gama de atrativos sensoriais (cor, textura, sabor e aroma). Além desses atributos, a grande maioria apresenta em sua estrutura, 80% de água, contendo também carboidratos, vitaminas, proteínas, sais minerais e lipídios (Tabela 7.2), sendo rica fonte de nutrientes para o metabolismo humano.

A composição nutricional do fermentado de fruta dependerá, além da fruta empregada, que contribui extensamente nas características da bebida, da composição do mosto, tipo de inóculo, condições de fermentação e procedimentos pós-fermentação.

Parte das vitaminas e outros compostos das frutas são termolábeis, sendo que, para seu aproveitamento, é necessário ingerir a fruta fresca, sem tratamento térmico.

Os oligoelementos fornecidos pelas frutas são fundamentais para o metabolismo celular humano. Além disso, muitas frutas fornecem, a partir de seus tecidos (pericarpo, mesocarpo e endocarpo), comumente conhecidos por casca e polpa, um alto teor de fibras alimentares.

Grande parte da produção nacional de frutas não é voltada ao consumo fresco, mas ao processamento. Dentro dessa produção, a maior parcela é direcionada para a elaboração de sucos, polpas, néctares e bebidas alcoólicas, enquanto a parcela restante é destinada ao preparo de doces, compotas e sorvetes.

Tabela 7.2 Composição nutricional de polpas de frutas para cada 100 g de porção comestível.

Fruta	Nome científico	Glicídios (g)	Proteínas (g)	Lipídios (g)	Vit. A (mcg)	Vit. C (mg)	Ca (mg)	Fe (mg)
Abiu	*Pauteria caimito* Radke	22,0	0,40	0,20	46,0	13,2	13,0	0,40
Cacau	*Theobroma cacao* L.	17,00	2,00	0,30	nf	4,5	6,00	0,70
Cajá	*Spondias mombin* L.	13,80	0,80	2,10	nf	4,7	26,0	2,20
Ciriguela	*Spondias purpurea* L.	22,00	0,90	0,10	nf	nf	22,0	0,60
Cupuaçu	*Theobroma grandiflorum* Schum	14,70	1,70	1,60	30,0	26,5	23,0	2,60
Graviola	*Annona muricata* L.	14,90	1,10	0,40	2,00	26,0	24,2	0,50
Jabuticaba	*Myrciaria cauliflora* Berg.	11,20	0,54	0,00	0,00	12,8	9,00	1,26
Pitanga	*Eugenia pitanga* Kk	6,40	1,02	1,90	210,0	14,0	9,00	0,20
Sapoti	*Manilkara zapota* L.,van Royen	20,69	1,36	1,00	8,0	6,7	25,0	0,30
Uvaia	*Eugenia uvalha* L.	6,80	1,70	0,40	30,0	200,4	10,0	2,60

Fonte: Franco (2001). *nf* = dado não fornecido.

Do ponto de vista nutricional, as bebidas fermentadas de fruta apresentam quantidades variáveis de açúcares, ácidos orgânicos e etanol, os quais respondem por seu valor calórico. Uma taça de bebida alcoólica fermentada de fruta (com 10% de álcool em volume), com cerca de 200 mL, tem cerca de 25 g de álcool, resultando em 177 kcal. Esses cálculos são referentes às bebidas fermentadas do tipo "seca" – sem açúcar ou com quantidade mínima de açúcar. Para bebidas com quantidades residuais de açúcares maiores que 5 g por litro, há de se considerar o valor energético de 4 kcal por cada grama de açúcar. Além dos compostos responsáveis por seu valor calórico, ainda estão presentes vitaminas, minerais e substâncias bioativass como flavonoides, procianidinas e outros compostos fenólicos. Os flavonóides exercem efeitos anti-inflamatórios e ação antioxidante – espe-

cialmente contra a oxidação dos ácidos graxos (lipídeos) que resulta na formação de radicais livres, responsáveis pelos fenômenos de formação da aterosclerose e trombose. As procianidinas aumentam a resistência das fibras colágenas, exercendo um efeito protetor sobre as paredes dos vasos sanguíneos. Há evidências, no entanto, de que o consumo excessivo de álcool associado a fatores de risco (como obesidade, colesterol alto, hipertensão) pode ter efeito contrário, ou seja, pode favorecer as doenças cardiovasculares. Assim sendo, o uso indiscriminado de bebidas alcoólicas, inclusive de bebidas fermentadas de frutas, por razões de saúde, não deve ser incentivado.

Vários frutos vêm sendo utilizados como matéria-prima para elaboração de bebida alcoólica fermentada, conforme apresentado na Tabela 7.3.

BEBIDAS ALCOÓLICAS

Tabela 7.3 Bebidas alcoólicas obtidas da fermentação de mostos de frutas por leveduras.

Substrato	Referência
Abacaxi (*Ananas comosus* L. Merr)	Ndip et al. (2001)
Acerola (*Malpighia punicifolia* L.)	Santos et al. (2005)
Araçá-boi (*Eugenia stipitata* McVaugh)	Pantoja (2006)
Banana-prata (*Musa* sp.)	Akubor et al. (2003); Arruda et al. (2003)
Cacau (*Theobroma cacao* L.)	Dias et al. (2007)
Cajá (*Spondia mombin* L.)	Dias et al. (2003).
Caju (*Anacardium occidentale* L)	Garrutti (2006).
Camu-camu (*Myrciaria dubia* McVaugh)	Maeda e Andrade (2003).
Cupuaçu (*Theobroma grandiflorum* Shum)	Pantoja (2006)
Gabiroba (*Campomanesia pubenscens* (DC.) O.Berg)	Duarte et al. (2009)
Graviola (*Annona muricata* L.)	Pantoja et al. (2005)
Jabuticaba (*Myrciaria cauliflora* Berg.)	Campos et al. (2002); Chiarelli et al. (2005).
Kiwi (*Actinidia deliciosa*)	Soufleros et al. (2001).
Laranja (*Citrus* sp.)	Corazza et al. (2001); Selly (2007).
Manga (*Magifera indica* L.)	Reddy e Reddy (2005)
Melão (*Cucumis melo* L.)	Goméz et al. (2008)
Pupunha (*Bactris gasipaes* Kunth)	Sotero et al. (1996); Pantoja et al. (2001); Andrade et al. (2003).

7.2 MATÉRIAS-PRIMAS

Diversas frutas podem ser utilizadas para produção de bebidas fermentadas com características típicas, desde que sejam feitas as correções do mosto, de nutrientes para as leveduras, e respeitada a legislação vigente. No Brasil, a produção de frutas ocorre praticamente durante todo o ano e, além da produção abundante, existe também uma enorme perda no período pós-colheita. Frutas como manga, jabuticaba, goiaba, amoras e acerola, nativas ou plantadas em pomares comerciais, são perdidas em grande quantidade em virtude da rápida maturação dos frutos e, portanto, o uso dessas frutas na produção de geleias, sucos e vinhos representa uma alternativa na alimentação e renda familiar. Entre as frutas nativas brasileiras, destacam-se aquelas oriundas do bioma do Cerrado, que representa 2 milhões de km² do território brasileiro. Atualmente, são conhecidas aproximadamente 58 espécies de frutíferas nativas do Cerrado, as quais são utilizadas pela população local. Frutos como araticum, cagaita, mangaba, jatobá, cajuí, buriti e jenipapo podem ser consumidos e comercializados sob diferentes formas nos diferentes estados brasileiros.

A utilização de frutas como fonte de renda é uma realidade não muito recente em nosso país. Todavia, alguns aspectos, pendentes quando do início da fruticultura como mercado, continuam a preocupar esse importante setor comercial brasileiro. O solo brasileiro é propício ao cultivo de um vasto número de plantas frutíferas, em razão da variada constituição química do solo, somada às variações climáticas aqui existentes. Dependendo da região do país, as espécies frutíferas podem ser adaptadas, gerando novas fontes de investimento e desenvolvimento. Para que o fruticultor atenda aos mercados internos e externos, é necessário um equilíbrio entre qualidade e quantidade do fruto a ser comercializado, com maior atenção à qualidade e, com isso, tornando o país um grande produtor mundial nesse setor. Outro aspecto que se relaciona à qualidade do produto final é o montante que pode ser perdido durante as fases de pré e pós-colheita. Dentre as causas de perda, as principais são as mecânicas (colheita, transporte e armazenamento), fisiológicas (estádio de maturação, alterações metabólicas decorrentes de injúrias, se o fruto é climatérico) e microbiológicas (microbiota endógena, contaminação durante transporte e armazenamento).

Grande parte das perdas na pós-colheita é reflexo do pouco conhecimento de como o excesso da produção poderia ser utilizado. O processamento das frutas pode ser uma das formas de diminuir o prejuízo. Para algumas frutas, como laranja, toda a produção já possui destino certo em algumas atividades industriais (produção de sucos, principalmente). Existem alguns problemas para frutas cujo consumo sem processamento não absorve a produção anual ou de uma safra, sendo necessário processá-las (polpas, sorvetes, bebidas e doces). Mesmo que a qualidade de uma fruta íntegra não seja mantida, um pré-processamento garantiria maior aproveitamento da produção.

7.3 MICROBIOLOGIA

Durante muito tempo, a produção de vinho e cerveja foi feita por processos empíricos. Um passo científico importante para o entendimento da elaboração de bebidas foi dado por Leeuwenhoek, que, em 1680, observou, em seu microscópio, células, que seriam leveduras presentes em mosto de cerveja. Pasteur, nos anos de 1866 e 1876, publicou, respectivamente, os artigos *Études sur le Vin* e *Études sur la Bière*. Os estudos de Pasteur contribuíram imensamente para a elucidação do que ocorria na fermentação alcoólica. No segundo estudo, o cientista constatou que células de leveduras, ou fermentos, promoviam a fermentação em ausência de ar e que, durante o processo, as leveduras convertiam açúcar em etanol e dióxido de carbono. Atualmente, em função do desenvolvimento científico e tecnológico, diversas bebidas difundiram-se entre países e alcançaram mercado e reconhecimento internacional (Tabela 7.4).

Tabela 7.4 Bebidas alcoólicas e sua distribuição.

Bebida	Substrato	Microbiota	Geografia	Destilada	Teor alcoólico (°GL)
Cachaça	Cana-de--açúcar	*Saccharomyces cerevisiae* e/ou microbiota natural	Brasil	Sim	38-48
Cerveja	Cevada	*Saccharomyces cerevisiae*	Mundial	Não	3-6
Chicha	Milho	*Aspergillus* sp, *Penicillium* sp, leveduras e bactérias	Peru Venezuela	Não	1-3
Licor	Frutas	–	Mundial	Não	15-54
Rum	Melaço Caldo de cana	*Saccharomyces cerevisiae* e/ou microbiota natural	Cuba, Caribe	Sim	38-54
Saquê	Arroz	*Aspergillus oryzae* e leveduras	Japão	Não	14-26
Sorghum	Sorgo e milho	Bactérias do ácido lático e leveduras	África do Sul	Não	1-8
Tequila	Agave	Leveduras	México, Américas	Sim	36-54
Uísque	Cevada Cereais	*Saccharomyces cerevisiae*	Escócia, Mundial	Sim	38-54
Vinho	Uva	*Saccharomyces cerevisiae* e/ou microbiota natural	Europa, Mundial	Não	7-20
Vodca	Cereais	*Saccharomyces cerevisiae*	Rússia, Mundial	Sim	36-54

7.3.1 Inóculo

Culturas selecionadas de *Saccharomyces cerevisiae* têm recebido atenção especial por apresentarem qualidades, principalmente para elaboração de bebidas que normalmente não estão presentes em outros processos de fermentação. Algumas características desejáveis envolvem a rápida iniciação da fermentação, conversão eficiente de açúcares fermentescíveis a etanol, manutenção das células por todo o período de fermentação, tolerância ao etanol, viabilidade durante a estocagem, resistência ao dióxido de enxofre, produção de fator killer, formação de componentes do buquê e capacidade de floculação. As *Saccharomyces* apresentam algumas características indesejáveis, como sintetizar derivados sulfitados ou mercaptanas, produzir excesso de acetaldeído, ácido acético e alcoóis superiores, capacidade de formar espuma e produção de ureia, a qual pode ser convertida a carbamato de etila, que tem ação tóxica ao organismo humano.

7.3.1.1 Origem do inóculo

A fermentação espontânea é uma prática comum nos países menos industrializados e tem sido utilizada desde os primeiros tempos da descoberta dos processos fermentativos, sendo a base da produção de bebidas em países em desenvolvimento. Esses produtores acreditam que a fermentação espontânea gera bebidas de qualidade superior, com mais corpo e aroma. Esse conhecimento empírico foi comprovado por alguns estudos científicos. Alguns outros estudos não observaram essa correlação.

O uso de culturas selecionadas para iniciar a fermentação nas indústrias de vinho data da década de 1950. Desde então, institutos de pesquisa e universidades começaram a isolar culturas puras de leveduras com ótimo rendimento fermentativo, partindo de microrganismos selvagens, e formar coleções próprias. As culturas iniciadoras da fermentação são obtidas pela inoculação do microrganismo selecionado no mosto de frutas em escala de laboratório. Após três estágios de 12 h, tendo-se transferido o inóculo para frascos de maior volume, o volume celular é suficiente para iniciar a fermentação comercial. Já na década de 1960, as indústrias passaram a produzir leveduras na forma liofilizada ou, como são normalmente comercializadas, *active dry yeasts*, que se difundiram globalmente.

Essa forma de levedura é de fácil utilização, bastando ressuspendê-las em um volume de mosto a uma dada temperatura para que estejam ativas e em condições de iniciar a fermentação.

7.3.2 Metabolismo microbiano

O crescimento microbiano pode ser dividido em quatro fases sequenciais, conhecidas como fase *lag* (adaptação metabólica), fase exponencial, fase estacionária e fase de morte. Outras duas fases podem ser consideradas na curva de crescimento: a fase de aceleração, entre as fases *lag* e exponencial, e a fase de desaceleração, entre as fases exponencial e estacionária. Na fase estacionária, as células encontram-se em uma condição metabólica denominada *quiescence* (quietude ou latência). Nesse estado, as células têm a capacidade de divisão celular cessada, podendo voltar a multiplicar-se novamente em função das condições do meio (um processo chamado de reproliferação celular).

Para a aplicação industrial, os produtos do metabolismo microbiano podem ser agregados em metabólitos primários e metabólitos secundários. Entre os produtos do metabolismo primário, incluem-se substâncias provenientes das vias de anabolismo (como ácidos nucleicos, proteínas, polissacarídeos, lipídeos e vitaminas) e das vias de catabolismo (etanol, ácido lático, acetona e butanol), que são geradas, predominantemente, durante a fase exponencial de crescimento. Os metabólitos primários são essenciais à manutenção da atividade celular por serem precursores de macromoléculas ou atuarem como reserva energética. São derivados de compostos carbonados (carboidratos) e nitrogenados (aminoácidos) que são assimilados pelos microrganismos como fontes de nutrientes. Os produtos do metabolismo secundário têm sua origem no final da fase exponencial e predominam durante a fase estacionária. Os principais metabólitos secundários para a indústria são os antibióticos (penicilinas, aminoglicosídicos, tetraciclinas e macrolídeos) e o ácido giberélico. Toxinas bacterianas e micotoxinas também são formadas durante o metabolismo secundário. Biopesticidas e fatores de crescimento animal também são metabólitos secundários de interesse. A produção industrial de metabólitos secundários é extremamente importante para a economia, movimentando milhões de dólares anualmente.

A grande maioria dos produtos do metabolismo secundário não desempenha função essencial para o anabolismo microbiano. No caso dos antibióticos, estes conferem proteção ao microrganismo produtor por inibirem o crescimento de outros organismos que poderiam competir por uma fonte nutricional comum. Os metabólitos secundários são, estruturalmente, derivados dos produtos do metabolismo primário.

7.3.3 Fermentação alcoólica

Processo gerador de ATP no qual moléculas orgânicas atuam tanto como doadores quanto como receptores de elétrons, e que ocorre em anaerobiose, significa a degradação de fontes orgânicas de carbono que rende duas moléculas de ATP para cada molécula de substrato de partida, não requerendo oxigênio e não necessitando de cadeia de transporte de elétrons. Isso se deve ao fato de grande parte da energia permanecer nas ligações químicas dos produtos finais, como o ácido lático (fermentação lática), ácido acético (fermentação acética), etanol (fermentação alcoólica) e ácido propiônico, entre outros. A grande maioria dos organismos fermentadores tem em comum o fato de metabolizar a fonte de carbono até o piruvato e, deste, sintetizar outros compostos orgânicos retentores de energia, como os supracitados. Nessa reação, as duas moléculas de piruvato são convertidas em duas moléculas de acetaldeído e duas de dióxido de carbono por ação da piruvato descarboxilase, que promove descarboxilação simples e não envolve a oxidação do piruvato. A piruvato descarboxilase requer o cátion Mg^{2+} e tem como coenzima a tiamina pirofosfato (TPP). Em um segundo passo, o acetaldeído é reduzido a etanol por ação da enzima álcool desidrogenase, tendo o NADH (derivado da atividade da gliceraldeído-3-fosfato desidrogenase, quando utilizada a via glicolítica) como fornecedor de elétrons. A piruvato descarboxilase é característica de muitas leveduras, em especial as do gênero *Saccharomyces*, sendo grandes responsáveis pela produção de bebidas alcoólicas e de produtos de panificação. A equação geral da fermentação alcoólica é dada a seguir.

$$C_6H_{12}O_6 + 2ADP + 2Pi \rightarrow 2CH_3CH_2OH + 2CO_2 + 2ATP + 2H_2O$$

As leveduras têm preferência por unidades monoméricas de carboidratos. O gênero *Saccharomyces* pode utilizar mais de uma fonte de carbono para realizar a fermentação alcoólica, como sacarose, maltose, galactose, manose, frutose e glicose, sendo esses dois últimos metabolizados de forma mais eficiente e tendo a glicose como metabólito de escolha pela maioria das células.

Além de etanol, glicerol e ácido acético, outros compostos orgânicos são sintetizados pela levedura alcoólica em menores concentrações durante o processo fermentativo, e são responsáveis pelo aroma e sabor da bebida (por exemplo, ésteres, aldeídos, alcoóis superiores e ácidos orgânicos). Outros compostos microbianos como mercaptanas e gás sulfídrico, originam odores desagradáveis na bebida, diminuindo sua qualidade.

7.3.4 Produtos originados da fermentação

Sob condições anaeróbias, as leveduras têm sua atividade metabólica atenuada em razão da baixa síntese de ATP, o que faz com que a multiplicação celular seja reduzida. Com isso, ativam seu metabolismo fermentativo para a formação de compostos orgânicos passíveis de armazenamento de energia. A indução da formação de alguns desses compostos é a base da biotecnologia para a obtenção de produtos de interesse industrial. No caso de bebidas alcoólicas, não só o etanol, mas substâncias como glicerol, ésteres (acetato de etila e acetato de metila), alcoóis superiores ou fúseis (isoamílico, 2-metil-1-propanol e amílico), entre outros, são responsáveis pela formação do aroma ou buquê que caracteriza o produto final. A Figura 7.1 apresenta algumas vias de formação de compostos durante a fermentação.

7.3.4.1 Etanol

O etanol ou álcool etílico é um dos principais metabólitos primários de interesse industrial, seja na produção de bebida alcoólica, seja para produção de combustível. Esse composto é formado a partir da clássica via de Embden-Meyerhof-Parnas (EMP) ou via glicolítica, sob condições de anaerobiose. A partir de monossacarídeos (glicose, frutose e manose), basicamente, as células produzem piruvato sob a ação de várias enzimas (Figura 7.1). O piruvato é convertido em acetaldeído por ação da enzima piruvato descarboxilase (EC 4.1.1.1). O acetaldeído é o substrato da enzima álcool desidrogenase (EC 1.1.1.1) que, reduzido, forma a molécula de etanol, liberando o NAD^+ a partir de $NADH + H^+$.

144 BEBIDAS ALCOÓLICAS

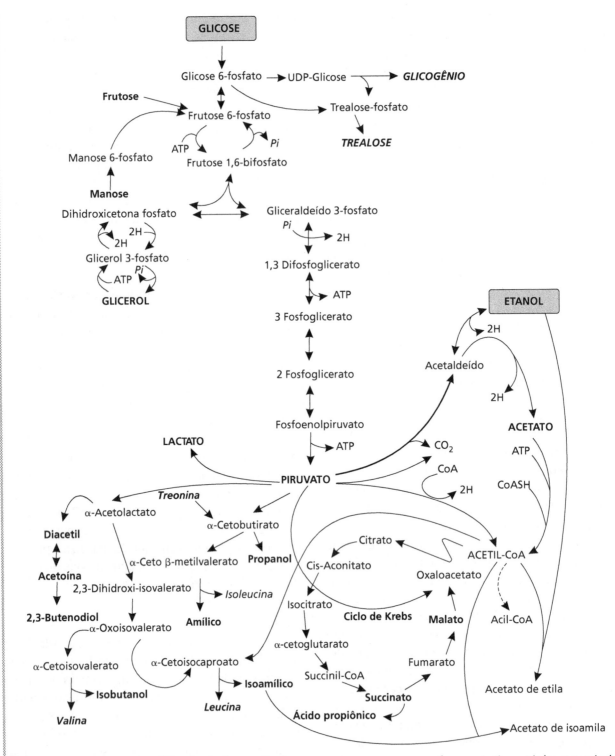

Figura 7.1 Esquema simplificado da formação de compostos em processos fermentativos. Linhas tracejadas indicam presença de reações intermediárias.

Na biossíntese de etanol, são empregadas linhagens selecionadas de *Saccharomyces cerevisiae*. É importante que a cultura de levedura possua um crescimento vigoroso e uma elevada tolerância ao etanol, apresentando bom rendimento final. O etanol torna-se inibidor em altas concentrações, e a tolerância das leveduras é ponto crítico para a produção elevada desse metabólito primário. A tolerância ao etanol varia consideravelmente de acordo com as linhagens de leveduras. De modo geral, o crescimento celular diminui significativamente quando a concentração de etanol no mosto atinge 5% de etanol (v/v), e a taxa de crescimento pode ser cessada quando a concentração atinge 10% de etanol (v/v).

A presença de etanol é essencial para reforçar as características sensoriais dos outros componentes presentes na bebida. O etanol influencia a viscosidade e atua como fixador de aroma nas bebidas fermentadas. O excesso de etanol, no entanto, pode produzir mascaramento na real percepção global do aroma e do sabor da bebida.

7.3.4.2 Glicerol

O glicerol, propanotriol ou glicerina, é um poliálcool formado a partir de intermediários da via glicolítica. Nas bebidas, esse composto está associado à melhoria da viscosidade, da textura e do sabor.

Um dos aspectos interessantes da síntese de glicerol é que ele está envolvido com a regulação da produção de etanol (Figura 7.1). Em condições normais de crescimento, grande parte da glicose assimilada por *Saccharomyces cerevisiae* é convertida em etanol. Nesse processo, o NAD^+ (oxidado) é primeiramente reduzido a $NADH + H^+$, que será reoxidado durante a redução do acetaldeído para formação de etanol. Uma pequena quantidade de $NADH + H^+$ é desviada e usada na redução da Dihidroxicetona-fosfato a Glicerol-3-fosfato, o qual é desfosforilado e gera glicerol. Por um mecanismo de retroalimentação, devido ao excesso de etanol, pode haver desvio de rota e o $NADH + H^+$ formado será utilizado para formação de glicerol, em vez de etanol. Nos casos de fermentação controlada, nos quais são utilizados derivados de enxofre, estes podem ligar-se ao acetaldeído e formar complexos que não reagirão com o $NADH + H^+$. As moléculas de $NADH + H^+$ disponíveis não formarão etanol e poderão ser utilizadas na síntese de glicerol.

A adição de enxofre em um meio rico em açúcar, fermentado por *Saccharomyces cerevisiae*, induz à formação de glicerol como metabólito principal, em vez de etanol e dióxido de carbono, como normalmente ocorre na fermentação alcoólica. Esse processo é conhecido como "segunda forma de fermentação", que é baseada na capacidade que o íon sulfato tem de ligar-se ao acetaldeído e, assim, bloquear as reações de regeneração do NAD^+. Esse NAD^+ será, então, regenerado durante a redução da Dihidroxicetona-fosfato a glicerol-3-fosfato que, por hidrólise, gera o glicerol.

Há evidências de relação direta entre a elevação de temperatura e o aumento da produção de polialcoóis. A elevada temperatura de incubação e o aumento da concentração de açúcar no meio fermentativo são fatores que podem elevar a produção de glicerol por leveduras do gênero *Saccharomyces*, o que favorece a sobrevivência desses microrganismos em condições de hiperosmolaridade.

7.3.4.3 Outros componentes formadores de sabor e aroma

Estes compostos, formados durante a fermentação, podem ser agrupados em cinco classes: alcoóis superiores ou fúseis, ésteres, compostos carbonilados (aldeídos e cetonas), compostos sulfurados e ácidos orgânicos (Tabela 7.5). A concentração e a diversidade de formação desses compostos variarão tanto com o microrganismo fermentador quanto com o substrato a ser fermentado, fazendo com que cada bebida tenha sua identidade. A concentração de açúcares fermentescíveis e de fontes nitrogenadas também é significativo, principalmente para a formação dos alcoóis.

Tabela 7.5 Componentes responsáveis por características sensoriais nas bebidas e seu limiar de sensibilidade.

Compostos	Limite de sensibilidade (ppm)
Alcoóis superiores	
1-propanol	800
1-butanol	450
2-metilpropanol (Isobutanol)	200
2-metilbutanol (Amílico)	65
3-metilbutanol (Isoamílico)	70
Ácidos	
Acético	175
Propiônico	150

(*continua*)

Tabela 7.5 Componentes responsáveis por características sensoriais nas bebidas e seu limiar de sensibilidade.* (*continuação*)

Compostos	Limite de sensibilidade (ppm)
Butírico	2,2
Lático	400
Ésteres	
Acetato de etila	33
Butirato de etila	0,4
Lactato de etila	250
Aldeídos e Cetonas	
Acetaldeído	25
Acetona	200
Diacetil	0,15
Compostos sulfurados	
Dimetilssulfeto (mercaptana)	50

* Valor estimado da menor concentração do composto que pode ser detectada pelos sentidos humanos.

O tipo de processo no qual a fermentação é conduzida, em contínuo ou batelada, pode interferir na formação de alguns componentes. A síntese dos compostos formadores de aroma pode seguir várias rotas metabólicas, sendo normalmente formados a partir do piruvato, aminoácidos e acetil-CoA, entre outros (Figura 7.1). Na sequência, serão abordadas algumas características dos grupos de compostos mencionados anteriormente.

7.3.4.3.1 Alcoóis superiores

Os alcoóis superiores constituem um grupo de compostos encontrados em grande número nas bebidas alcoólicas, exercendo papel importante no aroma e no sabor da bebida. São também chamados de alcoóis fúseis e os principias encontrados nas bebidas são o n-propanol, isobutanol, 2-feniletanol, álcool isoamílico, álcool amílico e hexanol. Esses compostos podem ser formados a partir de esqueletos de carbono dos aminoácidos, em razão da descorboxilação ou desaminação ocorrendo simultaneamente, mas com desvio da rota degradativa para a rota biossintética quando os aminoácidos do meio já tenham sido metabolizados. Na via catabólica de Ehrlic, primeiramente o aminoácido é transaminado originando um α-cetoácido em reação catalisada por uma aminotransferase. O α-cetoácido formado é convertido a aldeído pela ação da piruvato descarboxilase e o aldeído é posteriormente convertido ao álcool superior correspondente ao aminoácido em uma reação catalisada por uma álcool desidrogenase.

A produção desses compostos é influenciada por uma série de fatores como o tipo de levedura, temperatura, presença de compostos nitrogenados, aminoácidos no mosto e substituição de açúcares como maltose pela glicose. Quando presentes em concentrações baixas, alcoóis fúseis proporcionam características desejáveis às bebidas. No entanto, concentrações elevadas (superiores a 400 mg.L^{-1}) podem influenciar negativamente a qualidade da bebida.

7.3.4.3.2 Aldeídos

Nas bebidas alcoólicas, estão presentes vários compostos carbonílicos cuja influência sobre as qualidades sensoriais é de grande importância. Entre os compostos carbonílicos destacam-se os aldeídos, que são intermediários na formação de alcoóis superiores, podendo comumente ser associados a aroma desagradável mesmo quando presentes em pequenas quantidades. Os aldeídos contribuem para formação de características de aroma e sabor, cuja sensação, em análise sensorial, pode estar relacionada com "maçãs pisadas" e "castanhas", além de serem associados à oxidação de vinhos.

Nas bebidas fermentadas, atenção especial é dada ao acetaldeído, por ser encontrado em maior quantidade. No vinho, suas concentrações podem variar de 10 a 300 mg.L^{-1} podendo, em outras bebidas, corresponder a 90% da fração aldeído. Assim, como a maioria dos aldeídos, o acetaldeído é originado durante a fermentação alcoólica, podendo também ser formado a partir da oxidação enzimática do etanol, degradação de Strecker (oxidação de aminoácidos e autoxidação de ácidos graxos). Na fase de envelhecimento de bebidas fermentadas, o etanol pode ser quimicamente convertido a acetaldeído, em razão da presença de oxigênio dissolvido no meio ou de condições inadequadas de armazenamento. Após o engarrafamento, a formação de aldeídos pode continuar na bebida engarrafada, também, pela autoxidação de compostos fenólicos, o que pode provocar alteração na cor do produto final.

7.3.4.3.3 Ésteres

Os ésteres são compostos cuja presença nas bebidas alcoólicas está direta e fortemente ligada ao aroma, sendo considerados os compostos produzidos por leveduras que mais influenciam o buquê das bebidas. Vários ésteres estão relacionados ao aroma frutado dos vinhos e demais bebidas fermentadas, sendo os que mais se destacam o acetato de etila (aroma frutado e, em geral, o éster mais abundante), acetato de isoamila (aroma de pera), acetato de isobulita (aroma de banana), caproato de etila ou hexanoato de etila, (aroma de maçã) e acetato de 2-feniletila (aroma de mel, flores e frutas).

Os ésteres podem ser agrupados com base em seu ponto de ebulição. Esse agrupamento envolve três classes: ésteres leves, ésteres médios e ésteres pesados. Os ésteres de baixo ponto de ebulição (leves) são voláteis à temperatura ambiente e, mesmo em pequenas quantidades, sua presença é facilmente detectada em análises sensoriais.

Os ésteres são formados pelas leveduras durante a fermentação pela ação de acil-CoA sintetase, a qual tem grande importância na formação de ácidos orgânicos. A síntese dos ésteres envolve um ácido graxo, um álcool e uma acil-CoA. A acetil-CoA, presente na formação do acetato de etila, é obtida pela descarboxilação oxidativa do piruvato. Outras acil-CoA são formadas por reação de acilação da CoASH catalisada pela acil-CoA sintetase. Podem ser considerados dois estágios de indução na síntese de ésteres durante a fermentação. No primeiro, a síntese de ésteres é lenta e baixa, pois nessa fase há grande demanda de acetil-CoA para geração de energia, lipídeos e outros compostos necessários ao crescimento das leveduras. Ao final da síntese de ácidos graxos e esteróis, o nível celular de acetil-CoA é elevado, ocorrendo então o segundo estágio de indução da síntese de ésteres, aumentando a concentração desses compostos no mosto. A primeira etapa ocorre oito horas após o início da fermentação e a segunda depois de 20 horas do início da fermentação.

7.3.4.3.4 Ácidos orgânicos

Os ácidos orgânicos são compostos de grande importância, pois têm influência sobre diversas propriedades sensoriais como aroma, sabor e cor das bebidas alcoólicas. Esses compostos também estão relacionados ao controle da estabilidade microbiológica das bebidas.

Os ácidos orgânicos presentes nas bebidas são divididos em dois grupos, os voláteis e não voláteis. A distinção entre esses dois grupos é realizada com base em suas massas moleculares (comprimento da cadeia carbonada). No mosto de uva, os ácidos não

voláteis encontrados em maior quantidade são os ácidos tartárico e málico, representando aproximadamente 90% da acidez titulável. Os ácidos voláteis apresentam cadeia curta de carbono e, no vinho, o principal representante desse grupo é o ácido acético, cuja quantidade geralmente encontrada pode corresponder a 90% do conteúdo de ácidos voláteis. Ácidos com cadeia variando entre três e 16 átomos de carbono são sintetizados durante a fermentação alcoólica e têm influência sobre o aroma. O aroma das bebidas alcoólicas recebe interferência principalmente dos ácidos graxos de cadeia curta, como o ácido isobutírico, ácido butírico, ácido propiônico, ácido isopropilacético (isovalérico), ácido hexanoico ("caproico"), ácido octanoico ("caprílico") e ácido decanoico ("cáprico").

Ácidos como málico, succínico, tartárico e cítrico são provenientes da fruta, sendo o tartárico característico da uva, o málico da maçã e o cítrico da laranja e do limão. Durante a fermentação, decorrente do metabolismo microbiano, são originados os ácidos lático, acético e succínico, e, em menores quantidades, ácidos como pirúvico, galacturônico, glucurônico, citromálico, dimetilglicérico e cetoglutárico.

A quantidade de ácidos voláteis dos vinhos pode variar entre 500 e 1000 mg.L^{-1}, correspondendo a 10-15% do conteúdo total de ácidos. Seu impacto pode ser positivo ou negativo no sabor e amora da bebida, dependendo do tipo e concentração em que estão presentes. A ação dos ácidos pode também influenciar o crescimento e a sobrevivência de microrganismos, a eficiência do tratamento com bentonita, reações de oxidação, polimerização de pigmentos, solubilidade de proteínas e sais de tartarato, eficiência de antimicrobianos e enzimas adicionados ao mosto.

Ácidos de cadeia média são secretados pelas leveduras durante a fermentação, quando o pH decresce para próximo de 3,5. Esse fato está relacionado ao aroma pungente presente nas bebidas alcoólicas. Os ácidos de maior peso molecular não são excretados pelas células, mas sim incorporados por estas à sua estrutura celular sob forma de fosfolipídios.

7.3.4.3.5 Compostos sulfurados

Os compostos sulfurados, quando presentes, são geralmente associados a aroma desagradável, tendo efeito negativo (odor de ovo choco, alho, cebola, couve e borracha) sobre a qualidade da bebida. Todavia, alguns podem contribuir de forma positiva por conferir aroma de maracujá e morango. Com base em sua estrutura química, esses compostos são divididos em cinco categorias: tióis, sulfetos, polissulfetos, compostos heterocíclicos e tioesteres. A maioria dos compostos sulfurados encontrados em bebidas alcoólicas é proveniente do mosto. Uma pequena porção é formada durante a fermentação pelas leveduras. O H_2S pode ser formado na degradação da cisteína e metionina, liberadas durante a autólise das leveduras, ou a partir do enxofre inorgânico presente no meio. Em geral, leveduras não *Saccharomyces* produzem quantidades superiores de H_2S, quando comparadas com leveduras do gênero *Saccharomyces*. Outro composto que pode ser formado pela ação das leveduras é o dimetilssulfeto, a partir de S-metil-metionina e D-dimetilssulfóxido presentes no meio.

7.3.5 Carboidratos de reserva

As leveduras são capazes de armazenar carboidratos em duas formas distintas: glicogênio (homopolissacarídeo de glicose) e trealose (homodímero de glicose). Esses carboidratos podem chegar a 40% da massa seca celular. Normalmente, os níveis de glicogênio são superiores aos de trealose quando as células estão em crescimento. Em relação à presença de oxigênio, os níveis de trealose são maiores na aerobiose. Também são maiores quando a célula está em condições de estresse. A trealose está associada à formação de ascósporos. As vias biossintéticas de trealose e glicogênio são semelhantes, podendo, ambos, ser sintetizados a partir de UDP-glicose (Figura 7.1). Quando em condições de estresse (temperatura, osmolaridade e catabólitos) ou falta de nutrientes, as leveduras fazem uso dessas reservas para manter seu metabolismo basal, retomando seu ciclo celular quando as adversidades do ambiente são cessadas.

A molécula de glicogênio tem sua biossíntese promovida, principalmente, por duas enzimas. Uma delas, a glicogênio sintase (EC 2.4.1.11), é responsável pelas ligações α-(1→4) entre os monômeros de glicose, promovendo a elongação linear da cadeia. A outra enzima, amilo-(1,4→1,6)-transglicosilase ou enzima ramificadora do glicogênio (EC 2.4.1.18), é responsável pela formação das ramificações glicosídicas α-(1→6) a partir da cadeia linear. Na degradação do glicogênio, outras duas enzimas estão envolvidas. A degradação do glicogênio ocorre por ação da fosforilase do glicogênio (EC 2.4.1.1), que catalisa a transferência de grupamentos fosfato para as unidades não redutoras α-(1→4) de glicosil e libera glicose-1-fosfato. Essa estrutura pode sofrer ação da fosfoglicomutase (EC 2.7.5.1) e ser convertida em glicose-6-fosfato, importante metabólito da via glicolítica. A fosforilase não atua nas ligações α-(1→6). Outra enzima, a α-(1→6) glicosidase (EC 3.2.1.33), atua nas ramificações das frações de glicogênio originadas pela ação da fosforilase, liberando glicose.

A formação de trealose ocorre a partir da ação da enzima trealose-6-fosfato sintase (EC 2.4.1.15) sobre a glicose-6-fosfato e UDP-glicose, formando trealose-6-fosfato. Por ação de fosfatases, a trealose-6-fosfato é convertida em trealose, cujas moléculas de glicose estão ligadas por ligações glicosídicas do tipo α-(1→1). A degradação da trealose, liberando duas moléculas de glicose, ocorre pela ação de trealases presentes no citosol (pH neutro) e no vacúolo (pH ácido).

7.4 PROCESSAMENTO

O planejamento do processo de elaboração de bebida fermentada consiste em etapa fundamental para obtenção de um produto de qualidade. Em muitas situações, pelo fato de a matéria-prima utilizada ainda não ter sido avaliada (frutas ainda não empregadas na produção de bebida alcoólica), tornam-se necessárias a redução de escala e a avaliação do processo, empregando-se pequenos volumes de mosto. Os parâmetros já previamente estabelecidos na produção de uma bebida podem ser reavaliados em função do interesse na otimização, alteração ou adequação do processo, bem como pelo interesse em alterar características do mosto e da fermentação visando melhorar a qualidade da bebida alcoólica.

Cuidados com a colheita, transporte e seleção das frutas são imprescindíveis para elaboração de bebidas com qualidade. A adoção de pré-tratamentos da fruta e do mosto variará com a matéria-prima e com o processo. O fluxograma apresentado na Figura 7.2 ilustra, de forma geral, as diferentes etapas envolvidas no processo de fermentação do mosto de frutas até a formação do produto final. Como mencionado, a depender da matéria-prima, da definição do processo fermentativo e das características desejadas na bebida final, haverá variações nas etapas e no número de etapas envolvidas.

Na sequência, serão apresentadas informações sobre processamento de algumas frutas para elaboração de bebidas alcoólicas fermentadas.

Figura 7.2 Etapas gerais que podem estar presentes no processamento de frutas para obtenção de bebidas alcoólicas fermentadas.

Cacau (*Theobroma cacao* L.)

O cacaueiro (*Theobroma cacao* L.) é uma fruteira de altura média e muito ramificada. Possui folhas alternas, curto-pecioladas e flores cuja coloração pode ser amarela, branca ou rósea. O formato do fruto é ovoide-oblongo, capsular, com cinco saliências longitudinais arredondadas, medindo até 21 cm de comprimento (Figura 7.3). Suas sementes são ovoides, envoltas por polpa aquosa e mucilaginosa, de coloração branca ou rósea. Da fermentação da polpa pode-se obter uma bebida vinosa, álcool e vinagre. Das sementes fermentadas, produz-se o chocolate.

Figura 7.3 Fruto de cacau, com detalhe do endocarpo e amêndoas.

Foto: Rosane F. Schwan.

O cacau, assim como o cupuaçu, pertence à família *Sterculiaceae*, gênero *Theobroma*. A cultura do cacaueiro tem grande importância econômica, porque seu principal produto, o chocolate, é um alimento energético muito consumido em países de clima frio. Quando os espanhóis chegaram ao México, os maias e os astecas já utilizavam o cacau como bebida e moeda. Mas ele só começou a ser aceito na Europa quando se passou a colocar açúcar na bebida. Uma região no sul da Bahia, conhecida como "Região Cacaueira", tendo como centro as cidades de Ilhéus e Itabuna, é responsável por cerca de 90% da produção brasileira, calculada em torno de 170.000 t de amêndoas secas, que abastecem o mercado nacional e são exportadas principalmente para os Estados Unidos, Rússia, Alemanha, Reino Unido e Japão. A Tabela 7.6 apresenta a caracterização do fruto de cacau.

Tabela 7.6 Caracterização físico-química do fruto de cacau maduro.

Características	Médias
Massa total (g)	543,00
Casca (%)	50,50
Polpa (%)	26,40
Sementes (%)	23,10
Comprimento (mm)	169,10
Diâmetro (mm)	94,60
Sólidos solúveis totais (°Brix)	20,55
Acidez total titulável (%)	1,00
Sólidos solúveis/Acidez	20,55
pH	3,20
Açúcares solúveis totais (%)	17,40
Açúcares redutores (%)	10,70
Amido (%)	0,16
Pectina total (%)	0,57
Pectina fracionada (% em relação aos S.I.A)	A.M.: 4,04 | B.M.: 1,49 | Prot.: 1,03
Fenólicos solúveis em água (%)	0,17
Fenólicos solúveis em metanol (%)	0,15
Fenólicos solúveis em metanol 50% (%)	0,13

Fonte: Schwan, Souza e Mendonça (2001).
Obs.: S.I.A. = sólidos insolúveis em álcool; A.M. = alta metoxilação; B.M. = baixa metoxilação e Prot. = protopectina.

As polpas de cacau, extraídas preferencialmente por meio de despolpadeira automática, visando maior rendimento, são empregadas na elaboração do mosto. Uma parte da polpa é transferida para dorna fermentativa de aço inox. Com base no °Brix da polpa e no grau alcoólico desejado na bebida final, o mosto é adicionado de 1 parte de solução de sacarose. De maneira geral, cada 25 g de sacarose adicionados a um volume final de 1 L elevam o °Brix do mosto em, aproximadamente, duas unidades. O °Brix no mosto rende, em média, 45% em etanol na bebida final.

Dependendo do pH do mosto, haverá necessidade de sua correção, caso haja interesse em adicionar enzimas comerciais para favorecer etapas posteriores de clarificação e filtração. O carbonato de cálcio ($CaCO_3$) é comumente empregado para essa finalidade. Para a desacidificação do mosto devem ser levadas em conta as características da enzima ou complexo enzimático que será empregado, lembrando que, quanto menos ácida for a bebida, na prática, com valores de pH acima de 4,5, maiores são as chances de contaminação por bactérias.

O metabissulfito de potássio ($K_2S_2O_5$), que rende cerca de 50% de seu peso em SO_2, pode ser empregado como agente antioxidante. Para o fermentado de cacau, entre 50 e 100 mg de SO_2 por litro de mosto, ou entre 100 e 200 mg de $K_2S_2O_5.L^{-1}$, são sufucientes para a fermentação. Essa massa de metabissulfito é adicionada ao mosto após a correção do pH. A bentonita adicionada ao mosto na concentração de 1 $g.L^{-1}$, a partir de solução estoque a 10% em água destilada é eficaz na sedimentação de substâncias dispersas no mosto.

A fermentação deve ser realizada com inóculo selecionado de *Saccharomyces cerevisiae* e o final do processo fermentativo avaliado pelo decréscimo do Brix. Ao final da fermentação, deve ser realizada uma trasfega na bebida, com aeração. Após essa primeira trasfega, a bebida deve ser acondicionada a 10 °C por mais 30 dias. Ao final desses 30 dias, deve ser feita a segunda trasfega, sem aeração e, então, o produto final deve ser estocado por mais dez dias à temperatura de 10 °C antes da filtração. A bebida fermentada apresenta (Tabela 7.7) características físico-químicas semelhantes ao vinho de mesa, conforme a legislação brasileira (BRASIL, 1988 e 2004).

Tabela 7.7 Concentração de compostos voláteis e não voláteis encontrados no fermentado de cacau, determinados em HPLC e GC.

Análises por HPLC		Análises por GC	
Compostos	($g.L^{-1}$)	Compostos	($mg.L^{-1}$)
Carboidratos		*Aldeídos*	
Sacarose	0	Acetaldeído	0
Glicose	0		
Frutose	0	*Ésteres*	
		Acetato de metila	0
Alcoóis		Acetato de etila	350,7
Etanol	120,3		
Glicerol	4,6	*Alcoóis*	
		Metanol	0
Ácidos			
Acético	1,1	*Alcoóis Superiores (A. S.)*	
Cítrico	5,5	Propanol	44,8
Lático	0	Isobutanol	90,4
Málico	1,4	Butanol	0
Oxálico	0	Álcool Isoamílico	498,8
Succínico	2,0	Álcool Amílico	0
Tartárico	0,7	Hexanol	0
		Total de A. S.	634

Fonte: Dias et al. (2007).

Cajá (*Spondias mombin* L.)

A cajazeira (*Spondias mombin* L.), também conhecida por taperebá ou cajazeira-mirim, é uma árvore com cerca de 20 metros de altura. Suas folhas possuem de 20 cm a 30 cm de comprimento e sete a 17 folíolos. O fruto, conhecido por cajá, taperebá ou cajá-mirim é uma drupa com até 6 cm de comprimento, casca amarelada e lisa, cuja polpa é mole e ácida (Figura 7.4). Cresce bem em quase todo o território brasileiro, preferindo climas úmidos e subúmidos, quentes e temperados quentes, sendo nativo de florestas tropicais que vão do Sul do México até o Peru e o Brasil.

Figura 7.4 Frutos maduros de cajá.

Foto: Rosane F. Schwan.

A polpa de cajá pode ser usada no preparo de bebidas levemente ácidas com agradável sabor, para a produção de geleias, compotas, refrescos e sorvetes. A Tabela 7.8 apresenta a caracterização do fruto de cajá em dois estádios de maturação, as Tabelas 7.9 e 7.10 apresentam a caracterização química da bebida fermentada de cajá, e a Figura 7.5 mostra as bebidas elaboradas com cacau e cajá. Apesar de serem frutas bem diferentes, os índices utilizados para a qualificação da bebida estão muito envolvidos com os cuidados tomados durante o processo de sua elaboração, apontando que, os resultados foram satisfatórios em relação à metodologia proposta. A análise de açúcares totais por cromatografia líquida de alta eficiência não detectou presença de sacarose, glicose ou frutose. Não foi detectada a presença de metanol nem no mosto e nem no produto final.

Tabela 7.8 Caracterização físico-química do fruto de cajá em dois estádios de maturação.

Características	Predominantemente amarelo			Amarelo		
Massa total (g)	15,91			19,92		
Polpa + casca (%)	81,58			81,65		
Semente (%)	18,42			18,34		
Comprimento (mm)	39,70			43,10		
Diâmetro (mm)	28,10			32,20		
Sólidos solúveis totais (°Brix)	10,30			11,56		
Acidez total titulável (%)	1,07			1,03		
Sólidos solúveis/Acidez	9,56			11,23		
pH	3,10			3,17		
Açúcares redutores totais (%)	7,22			8,41		
Açúcares redutores (%)	6,28			7,65		
Amido (%)	1,92			0,52		
Pectina total(%)	0,13			0,28		
Pectina solúvel(%)	0,09			0,07		
Pectina Fracionada (% – em relação aos S.I.A)	A.M. 9,75	B.M. 0,87	Prot. 1,09	A.M. 10,30	B.M. 2,1	Prot. 2,21
Pectinametilesterase (U.A.E)	305,22			362,31		
Poligalacturonase (UA.E)	19,78			18,32		
Vitamina C total (mg/100 g)	36,87			36,86		
Fenólicos solúveis em água (%)	0,10			0,12		
Fenólicos solúveis em metanol (%)	0,10			0,11		
Fenólicos solúveis em metanol 50% (%)	0,13			0,14		

Fonte: Filgueiras, Moura e Alves (2000).
Obs.: S.I.A. = sólidos insolúveis em álcool; A.M. = alta metoxilação; B.M. = baixa metoxilação; U.A.E. = unidade de atividade enzimática e Prot. = protopectina.

BEBIDAS ALCOÓLICAS

Tabela 7.9 Valores analíticos encontrados no fermentado de cajá e valores legais estabelecidos para vinho.

Índices para vinhos de mesa*	Limites		Valores obtidos no fermentado de cajá
	Máximo	**Mínimo**	
Álcool etílico (°GL)	13,0	10,0	12,0
Álcool metílico (g.L^{-1})	0,35		0,0
Acidez total (meq.L^{-1})	130,0	55,0	29,0
Acidez volátil (meq.L^{-1})	20,0		5,5
Sulfatos totais, em K_2SO_4 (g.L^{-1})	1,0		
Cloretos totais, em NaCl (g.L^{-1})	0,20		
Anidrido sulfuroso (SO_2) total (g.L^{-1})	0,35		
Açúcares totais (g.L^{-1}):			
Vinho seco	5,0		3,0
Vinho meio seco	20,0	4,0	
Vinho suave ou doce		20,1	
pH			3,5

* **Fonte:** Brasil (1988).

Tabela 7.10 Concentração de compostos voláteis e não voláteis encontrados no fermentado de cajá, determinados em HPLC e GC.

Análises por HPLC		Análises por GC	
Compostos	(g.L^{-1})	**Compostos**	(mg.L^{-1})
Carboidratos		*Aldeídos*	
Sacarose	0	Acetaldeído	0
Glicose	0		
Frutose	0	*Ésteres*	
		Acetato de metila	0
Alcoóis		Acetato de etila	250
Etanol	93,2		
Glicerol	6,9	*Alcoóis*	
		Metanol	0
Ácidos			
Acético	0,9	*Alcoóis Superiores (A. S.)*	
Cítrico	0,5	Propanol	0
Lático	0	Isobutanol	0
Málico	0,6	Butanol	31,0
Oxálico	0	Álcool Isoamílico	676
Succínico	1,3	Álcool Amílico	0
Tartárico	0,2	Hexanol	7,8
		Total de A. S.	715

Fonte: Dias et al. (2003).

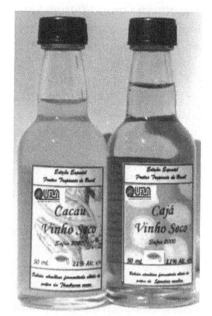

Figura 7.5 Bebidas elaboradas a partir de polpas de cacau e cajá.

Foto: Disney R. Dias.

Camu-camu (*Myrciaria dubia* (H. B. K.) McVaugh)

O camu-camu (Figura 7.6) é um fruto pertencente à família Myrtaceae. Os frutos são globosos, com epicarpo liso, brilhante e de coloração rósea a vermelho-escura ou púrpura-negra quando maduros, e verde, quando imaturos. Possui de uma a quatro sementes por fruto, sendo o mais comum duas a três sementes reniformes, elipsoides, cobertas com malha de fibrila. A grande importância do camu-camu como alimento é devida ao seu elevado teor de vitamina C, que é superior ao encontrado na maioria das plantas cultivadas, com relatos de até 6.112,0 mg/100 g. Sua frutificação ocorre entre os meses de novembro a março. Nas Tabelas 7.11 e 7.12 encontram-se as características físicas e químicas dos frutos de camu-camu, respectivamente.

Figura 7.6 Frutos de camu-camu.

Foto: Roberto N. Maeda.

Tabela 7.11 Características físicas dos frutos de camu-camu (Fazenda Yurikan-AM).

	Fruto (g)	Mesocarpo (g)	Epicarpo (g)	Semente (g)	Diâmetro transversal (cm)	Diâmetro longitudinal (cm)
Média	9,21	4,02	2,572	2,60	2,57	2,59
CV (%)	17,69	21,69	10,81	27,98	10,5	12,8

Fonte: Maeda et al. (2006).

Tabela 7.12 Composição química da polpa de camu-camu.

Parâmetro	Valor*
Umidade (g/100 g)	92,65
Lipídios (g/100 g)	0,05
Proteína (g/100 g)	0,29
Açúcares redutores (g/100 g)	2,96
Açúcares totais (g/100 g)	4,47
pH	2,64
Sólidos solúveis (°Brix)	6,20
Acidez (g/100 g)	3,40

Fonte: Maeda et al. (2006).
* Valores expressos em matéria fresca.

Para elaboração de bebida alcoólica fermentada, os frutos maduros de camu-camu devem ser lavados e branqueados a 90 °C por sete minutos, seguidos de resfriamento em banho de água com gelo. O branqueamento é realizado para reduzir o sabor amargo e adstringente da polpa do fruto. A seguir, a polpa é retirada manualmente, friccionando o fruto contra tela de aço ou peneira com malha de 1 mm, ou mecanicamente com o uso de despolpadeira. A polpa obtida em despolpadeira pode ser passada em peneira com malha fina a fim de obter uma polpa mais homogênea. As cascas, após serem separadas da semente são incorporadas ao mosto de fermentação.

O meio de fermentação é elaborado pela adição de xarope de sacarose (chaptalização) e água à polpa. O xarope deve ser preparado na concentração ideal para se obter a concentração de etanol desejada. Para dar início ao processo fermentativo, 2% de levedura comercial desidratada, previamente reidratada deve ser inoculada ao meio de fermentação. A fermentação deve ser conduzida por 25 dias, ao abrigo da luz, à temperatura de 25±1 °C. A clarificação e maturação da bebida devem ser realizadas por seis meses a 25 °C. A cada três meses deve-se realizar uma trasfega para a remoção das borras. Após esse período, realiza-se a filtração em membrana de celulose, o engarrafamento e a pasteurização, a 70 °C por 15 minutos, com resfriamento em banho de água com gelo.

O produto final obtido apresenta coloração vermelho-alaranjada com sabor e aroma agradáveis. Na Tabela 7.13 encontra-se a composição química das bebidas alcoólicas fermentadas de camu-camu, após seis meses de armazenamento.

Tabela 7.13 Composição química de bebidas alcoólicas fermentadas de camu-camu, elaboradas em diferentes condições, após seis meses de armazenamento.

Componentes	B	SB	BC	SBC
Acidez (% em ácido cítrico)	0,47	0,49	0,55	0,55
Açúcares redutores (g/100 mL)	1,03	1,16	1,10	1,07
pH	2,70	2,70	2,70	2,70
Sólidos solúveis (°Brix)	4,50	4,50	4,50	4,50
Álcool (°GL)	11,00	11,00	11,00	11,00
Compostos fenólicos (mg/100 mL)	140,44	81,62	180,88	123,90

Fonte: Maeda e Andrade (2003).
Obs.: B – polpa de fruto branqueado, SB – polpa de fruto não branqueado, BC – polpa de fruto branqueado + casca, SBC – polpa de fruto não branqueado + casca.

Cupuaçu (*Theobroma grandiflorum* Shum)

O cupuaçu, fruto pertencente à família *Sterculiaceae*, apresenta características particulares de baga, com epicarpo duro, lenhoso, de coloração verde, recoberto por capa pulverulenta de cor de ferrugem (Figura 7.7). O mesocarpo também é duro, de consistência menos lenhosa e de coloração creme. O endocarpo é carnoso, envolvendo, em média, 32 sementes e firmemente aderido ao tegumento por fibras de coloração branca a creme (Figura 7.8). Possui sabor agradável, levemente ácido e aroma característico. Sua frutificação ocorre no primeiro semestre do ano, com pico nos meses de fevereiro a abril. Na Tabela 7.14 encontram-se a composição física e química, respectivamente, do cupuaçu procedente do Amazonas.

Figura 7.7 Aspecto do epicarpo do fruto cupuaçu.

Foto: Lílian Pantoja.

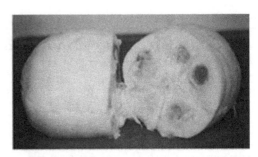

Figura 7.8 Aspecto do endocarpo do fruto cupuaçu.

Foto: Lílian Pantoja.

Para fermentação, o mosto preparado a partir da polpa de cupuaçu deve ser diluído na proporção de 1:4 (polpa:água). O processo fermentativo para obtenção da bebida pode ser conduzido com células de *Saccharomyces cerevisiae* inoculadas na forma livre ou imobilizada (Figura 7.9). A técnica de imobilização celular pode ser definida como um procedimento que confina fisicamente células íntegras e metabolicamente ativas em um sistema reacional e impede que elas passem à fase móvel que contém substrato e produto. O material utilizado para imobilização pode ser o alginato de cálcio, entre outros. O inóculo com células livres deve corresponder a 0,5% do total do mosto e o com células imobilizadas a 8.000 esferas.L^{-1} ($2,9 \times 10^{10}$ células por esfera). Nessas condições o processo fermentativo ocorre, geralmente, em 48 horas, a 20 °C. Após a filtração, em membrana de celulose, sob vácuo, as bebidas devem ser transferidas com cuidados assépticos para garrafas de vidro, pasteurizadas a 85 °C por três minutos, resfriadas em banho de água com gelo e deixadas em repouso para maturar. A maturação deve ser feita ao abrigo da luz, sob refrigeração, por um período de oito meses. Mensalmente deve ser realizada uma trasfega, a fim de se obter bebida límpida e de melhor qualidade. Após a última trasfega, as bebidas devem ser novamente pasteurizadas. O grau de doçura final da bebida pode ser obtido pela adição de sacarose.

de cupuaçu, obtidas por processos conduzidos com leveduras livres e imobilizadas.

Figura 7.9 Células de levedura imobilizadas em alginato de cálcio.

Foto: Lílian Pantoja.

Tabela 7.14 Características físicas e químicas do fruto cupuaçu proveniente de Careiro da Várzea (AM).

Medidas	Valor médio
Peso do fruto (g)	1.663,0
Diâmetro (cm)	12,0
Comprimento (cm)	19,6
Umidade (%)	82,91
Matéria seca (%)	17,09
Proteína (%)	0,81
Lipídios (%)	0,48
Cinza (%)	0,93
pH	3,64
Acidez total (%)	2,17
Açúcares redutores (%)	1,81
Açúcares não redutores (%)	7,03
Açúcares totais (%)	9,12
Compostos fenólicos (mg/100 g)	253,23

Fonte: Pantoja (2006).

As bebidas são translúcidas, livres de sedimentos e mantêm as características de sabor e aroma característicos do fruto. Nas Tabelas 7.15 e 7.16 estão apresentados resultados da composição físico-química e de ácidos orgânicos de bebidas fermentadas

Tabela 7.15 Composição físico-química das bebidas alcoólicas fermentadas elaboradas a partir de cupuaçu, utilizando leveduras livres e imobilizadas em alginato de cálcio.

Componentes	Bebidas de Cupuaçu	
	Células livres	Células imobilizadas
pH	3,793a	3,640a
Acidez total (g.L^{-1})*	5,59a	5,36a
Acidez fixa (g.L^{-1})*	5,33a	5,13b
Acidez volátil (g.L^{-1})*	0,26a	0,23a
Extrato seco reduzido (g.L^{-1})	13,74b	11,43a
Açúcares redutores totais (g.L^{-1})	0,43b	4,75a
Etanol % (v/v) **	4,416a	4,038b
Etanol (g.L^{-1})***	38,4a	27,9b
Metanol (g.L^{-1})	0,030a	0,000b
Iso-butanol (g.L^{-1})	0,082a	0,074b
Amílico (g.L^{-1})	0,261a	0,228b
Glicerol (g.L^{-1})	4,759a	3,838b

Fonte: Pantoja (2006).
* Os valores apresentados foram convertidos de 1 mEq.L^{-1} para g.L^{-1} utilizandoa relação 1 mEq.L^{-1} = 0,06 g.L^{-1};
** Quantificado por titulometria;
*** Quantificado por Cromatografia Gasosa (CG).
Letras iguais dentro da linha, não há diferença estatística em nível de 5% de significância pelo teste de Tukey.

Tabela 7.16 Composição de ácidos orgânicos em bebidas alcoólicas fermentadas elaboradas a partir de cupuaçu, utilizando leveduras livre e imobilizada em alginato de cálcio.

Ácido orgânico (g.L⁻¹)	Cupuaçu Células livres	Cupuaçu Células imobilizadas
Cítrico	8,948	8,001
Tartárico	0,000	0,000
Málico	0,000	9,679
Succínico	0,015	8,417
Lático	0,005	0,395
Acético	0,000	0,011
Propiônico	0,000	0,000

Fonte: Pantoja (2006).

Gabiroba (*Campomanesia pubescens* (DC.) O.Berg)

A espécie *Campomanesia pubescens* (DC) O. Berg é popularmente conhecida por gabiroba ou guabiroba. O gênero Campomanesia é representado por árvores e arbustos, podendo ser encontrado do norte da Argentina até Trinidad e Tobago, e das costas brasileiras até os Andes, Peru, Equador e Colômbia. O nome Campomanesia é uma homenagem ao naturalista espanhol Rodrigues de Campomanes e a palavra "gabiroba" tem suas raízes na língua tupi-guarani e significa casca amarga.

As plantas são pouco exigentes quanto ao tipo de solo. A frutificação ocorre nos meses de setembro a novembro. Os frutos apresentam formato arredondado e coloração que varia do verde-escuro ao verde-claro e amarelo, exalando aroma adocicado e bastante agradável (Figura 7.10). Comumente, são consumidos *in natura* em algumas regiões de ocorrência, sendo também utilizados para produção de sorvetes, sucos, doces e picolés. As espécies do gênero *Campomanesia* se destacam como potencial recurso alimentar da avifauna e do homem (Tabela 7.17).

Tabela 7.17 Caracterização físico-química da gabiroba madura.

Carcaterísticas	Média	Desvio padrão
Massa total (g)	47,00	2,51
Casca (%)	43,69	0,88
Semente (%)	6,43	0,50
Polpa (%)	49,88	1,59
Umidade (%)	79,73	0,64
Matéria seca (%)	20,27	0,64
pH	4,14	0,10
Acidez total titulável (%)	0,16	0,01
Açúcares redutores (%)	7,61	0,34
Açúcares totais (%)	12,52	0,63
Sacarose (%)	4,66	0,29
Sólidos solúveis totais (°Brix)	14,07	0,12
Pectina solúvel (%)	2,27	0,17
Pectina total (%)	3,38	0,27
Solubilização (%)	67,20	0,31
Amido (%)	1,18	0,05
Vitamina C (mg/100 g)	1.090,0	10
Fenólicos solúveis em água (%)	0,70	0,03
Fenólicos solúveis em metanol 50% (%)	0,68	0,02
Fenólicos solúveis em metanol (%)	0,96	0,05
Fibra bruta (%)	1,94	0,10
Fibra detergente neutra (%)	3,32	0,16
Fibra detergente ácida (%)	3,00	0,03
Celulose (%)	0,32	0,14
Hemicelulose (%)	1,40	0,06
Lignina (%)	1,68	0,04
Polifenoloxidase (mmol/g.mim)	272,91	6,00
Peroxidase (mmol/g.mim)	116,51	2,64
Pectina metil esterase (mmol/g.mim)	208,00	6,93
Poligalacturonase (mmol/g.mim)	23,85	1,00

Fonte: Duarte et al. (2009).

Figura 7.10 Frutos maduros de gabiroba.
Foto: Whasley F. Duarte.

A polpa da gabiroba, obtida por prensagem mecânica ou manual de frutos maduros e sadios, previamente submetida à separação da casca pode ser utilizada no preparo do mosto para obtenção de bebida alcoólica fermentada (Figura 7.2). Em razão da viscosidade da polpa, é necessário diluí-la (1:1). Essa diluição pode ser feita empregando-se água ou solução de sacarose, sendo esta utilizada para correção do brix final do mosto (chaptalização). A chaptalização varia de acordo com o grau alcoólico que se pretende obter na bebida final, respeitada a legislação para fermentados de frutas (BRASIL, 2008).

A Tabela 7.18 apresenta a caracterização química de bebidas fermentadas de gabiroba obtidas de mosto fermentado espontaneamente, sem adição de leveduras, e empregando-se inóculo selecionado (*Saccharomyces cerevisiae* Ufla CA1162).

Tabela 7.18 Principais compostos químicos presentes nas bebidas fermentadas elaboradas a partir da polpa de gabiroba obtidas da fermentação espontânea do mosto e empregando *Saccharomyces cerevisiae* Ufla CA1162 como inóculo selecionado.

Composto	Espontânea	UFLA CA1162
Acetaldeído (mg.L⁻¹)	33,74a	71,31b
2-furaldeído (mg.L⁻¹)	290,46b	151,48a
Acetato de etila (mg.L⁻¹)	141,77a	115,65a
Fenil Acetato (mg.L⁻¹)	8,67b	0,00a
2,3-butanodiol (mg.L⁻¹)	341,67b	308,42a
1,2-propanodiol (mg.L⁻¹)	20,66b	0,00a
2-feniletanol (mg.L⁻¹)	63,79b	39,87a
Álcool Isoamílico (mg.L⁻¹)	136,74a	214,28b
Ácido Propiônico (mg.L⁻¹)	74,61a	74,51a
Ácido Acético (g.L⁻¹)	1,64a	1,22a
Ácido Lático (g.L⁻¹)	1,14b	0,00a
Ácido Cítrico (g.L⁻¹)	4,05b	3,13a
Ácido Málico (g.L⁻¹)	0,00a	2,70b
Ácido Tartárico (g.L⁻¹)	1,26a	1,02a
Ácido Succínico (g.L⁻¹)	6,21a	8,73b
Ácido Oxálico (g.L⁻¹)	0,00a	0,26a
Glicose (g.L⁻¹)	1,94b	0,49a
Frutose (g.L⁻¹)	0,85a	0,85a
Acetoína (mg.L⁻¹)	10,76b	0,00a
Glicerol (g.L⁻¹)	2,05a	1,65a
Etanol (g.L⁻¹)	38,71a	38,72a

Fonte: Duarte et al. (2009).
Valores seguidos de mesma letra não diferem entre si pelo teste Tukey ao nível de 1% de significância.

Graviola (*Annona muricata* L.)

A graviola (Figura 7.11), fruto pertencente à família Annonaceae, possui forma assimétrica e casca verde escura brilhante e delgada. A polpa é branca, suculenta, aromática, com sabor agridoce a doce. Os frutos são comercializados *in natura* ou na forma de polpa congelada. Seu período de frutificação é entre janeiro e março.

Figura 7.11 Fruto de graviola.
Foto: Lílian Pantoja.

Na Tabela 7.19 encontra-se a composição química de frutos de graviola procedentes do Estado do Amazonas.

Tabela 7.19 Caracterização química da graviola, segundo diferentes autores, em 100 g de polpa.

Parâmetros	Salgado et al. (1999)	Pinto et al. (2005)	Cavalcanti Mata et al. (2005)	Pantoja (2006)
Umidade (%)	87,12	81,00	89,00	80,57
Matéria seca (%)	–	–	–	19,43
Proteína (%)	–	1,0	–	0,88
Lipídios (%)	–	0,6	–	0,15
Cinzas (%)	–	0,61	–	0,71
pH	3,61	–	4,50	3,53
Acidez total (%)	1,46	1,00	1,20	1,27
AR (%)	7,31	–	–	13,77
ANR (%)	–	–	–	0,21
ART (%)	9,50	–	8,20	13,98
SST (°Brix)	12,66	–	10,70	–
CF (mg/100 g)	–	–	–	352,01
Taninos (mg/100 g)	–	85,30	–	–

AR – Açúcares Redutores; ANR – Açúcares Não Redutores; ART – Açúcares Redutores Totais; SST – Sólidos Solúveis Totais; CF – Compostos Fenólicos.

Para elaboração da bebida fermentada de graviola, a polpa deve ser diluída na proporção de 1:4 (polpa:água) e chaptalizada com sacarose na forma de xarope. A fermentação pode ser realizada por processo descontínuo e conduzida tanto com células livres como com células imobilizadas, por um período de 36 horas a 20 °C. No processo fermentativo realizado com células imobilizadas, o suporte deve ser preparado a partir de uma suspensão de células correspondente aos 0,5% do total do volume do fermentado. As células reidratadas são misturadas a uma solução de alginato de sódio a 2%, as quais são gotejadas em uma solução de cloreto de cálcio ($CaCl_2$) 0,1 M, formando as esferas. As esferas devem ser deixadas durante 24 horas sob refrigeração e, em seguida, lavadas e então usadas. Para cada litro de meio fermentado devem ser inoculadas 2.500 esferas.

Ao completar 36 horas de fermentação, as bebidas devem ser filtradas em peneira (malha de 1,5 mm), acondicionadas em garrafões de vidro de cinco litros de capacidade e pasteurizadas a 70 °C por 5 min. Após resfriamento em banho de gelo, as bebidas devem ser mantidas sob refrigeração (entre 5 e 10 °C) para maturação por um período de oito meses. Ao final desse período as bebidas devem ser cuidadosamente filtradas em membrana de celulose, em sistema a vácuo, contendo uma fina camada de algodão para reter as células remanescentes. Posteriormente, as bebidas são envasadas em garrafas de 1 L, pasteurizadas a 85 °C por 3 min e refrigeradas a 11 °C. As bebidas obtidas por esse processo mantêm as características organolépticas do fruto e apresentam-se translúcidas e livres de sedimentos. Nas Tabelas 7.20 e 7.21 estão apresentados a composição química e o teor de ácidos orgânicos, respectivamente, das bebidas alcoólicas fermentadas, elaboradas a partir de graviola, utilizando leveduras livre e imobilizada.

Tabela 7.20 Composição química das bebidas alcoólicas fermentadas elaboradas a partir de graviola, utilizando leveduras livre e imobilizada em alginato de cálcio.

Componente	Bebida fermentada de graviola	
	Células livres	Células imobilizadas
pH	3,737a	3,593b
Acidez total (g.L⁻¹)*	4,44a	3,92b
Acidez fixa (g.L⁻¹)*	4,00a	3,50b
Acidez volátil (g.L⁻¹)*	0,43a	0,25b

(continua)

Tabela 7.20 Composição química das bebidas alcoólicas fermentadas elaboradas a partir de graviola, utilizando leveduras livre e imobilizada em alginato de cálcio. (continuação)

Componente	Bebida fermentada de graviola	
	Células livres	Células imobilizadas
Extrato seco reduzido (g.L⁻¹)	12,97b	11,26a
Açúcares redutores totais (g.L⁻¹)	1,07b	6,74a
Etanol % (v/v) **	5,137a	4,193b
Etanol (g.L⁻¹)***	32,23a	25,08b
Metanol (g.L⁻¹)	0,065a	0,043b
Isobutanol (g.L⁻¹)	0,064a	0,055a
Álcool amílico (g.L⁻¹)	0,305a	0,269b
Glicerol (g.L⁻¹)	6,116a	5,149b

Fonte: Pantoja (2006).

* Os valores apresentados foram convertidos de 1mEq.L⁻¹ para g.L⁻¹ utilizando a relação 1 mEq.L⁻¹ = 0,06 g.L⁻¹.
** Quantificado por titulometria.
*** Quantificado por Cromatografia Gasosa (CG).
Letras iguais dentro da linha, não há diferença estatística em nível de 5% de significância pelo teste de Tukey.

Tabela 7.21 Composição de ácidos orgânicos das bebidas alcoólicas fermentadas elaboradas a partir de graviola utilizando leveduras livre e imobilizada em alginato de cálcio.

Ácido orgânico (g.L⁻¹)	Graviola	
	Células livres	Células imobilizadas
Cítrico	2,470	0
Tartárico	0	0
Málico	2,289	2,501
Succínico	2,040	1,674
Lático	0,875	0,488
Acético	0	0
Propiônico	0	0

Fonte: Pantoja (2006).

Jabuticaba (*Myrciaria cauliflora* Berg)

A jabuticaba é conhecida pelos povos civilizados há mais de quatro séculos. Fruta nativa do Brasil, foi chamada pelos Tupis de *Iapoti'kaba*, que quer dizer "fruta em botão", em uma referência à sua forma arredondada. Os indígenas saboreavam-na *in natura*, além de preparar bebida fermentada.

A jabuticabeira é uma espécie originada do centro-sul do Brasil, apresentando tipos diferentes de plantas e de frutos em muitas regiões, sendo cultivada do extremo sul ao extremo norte do país.

Pertencentes à família *Myrtaceae* e gênero *Myrciaria*, são conhecidas cinco espécies de jabuticabeira: *Myrciaria peruviana* var *trunciflora* (Berg) Mattos (jabuticaba de cabinho), *Myrciaria cauliflora* (DC.) Berg. (jabuticaba paulista), *Myrciaria jaboticaba* (Vell.) Berg. (jabuticaba Sabará), *Myrciaria spirito-santensis* Mattos e *Myrciaria aureana* Mattos (jabuticaba branca).

Os frutos, que são produzidos em pequenos cachos ao longo do tronco, possuem diâmetro de 1 a 4 cm, casca grossa, que se torna fina e de coloração negra quando os frutos estão maduros (Figura 7.12). A polpa é branca, de sabor subácido, e cada fruto possui de uma a quatro sementes. A Tabela 7.22 apresenta a composição da polpa de *Myrciaria jaboticaba*, conhecida popularmente como jabuticaba Sabará.

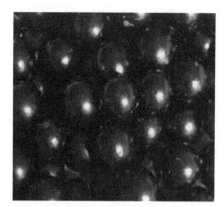

Figura 7.12 Frutos maduros de jabuticaba variedade Sabará.

Foto: Rosane F. Schwan.

O fruto da jabuticabeira apresenta potencial de mercado, tanto para consumo *in natura* como para industrialização, sendo que sua comercialização é prejudicada por sua perecibilidade. O fruto pode ser empregado na elaboração de vários produtos, entre eles aguardente, compota, geleia, licor, suco, xaropes (para preparo de sorvetes ou refrescos), vinagre e vinhos.

A caracterização da bebida fermentada de polpa de jabuticaba, utilizando leveduras selecionadas, encontra-se na Tabela 7.23. O teor alcoólico obtido encontra-se entre 10-12%, a partir do mosto corrigido para 22 °Brix (Tabela 7.24).

Tabela 7.22 Caracterização química da polpa de jabuticaba Sabará *in natura* e após autoclavagem (121 °C/15 min).

Análises	Polpa *in natura*	Polpa autoclavada
Proteínas (%)	0,49	0,45
Sólidos solúveis totais (°Brix)	15,90	15,90
pH	3,75	3,78
Acidez titulável (%)	0,73	0,78
Açúcares redutores (%)	12,52	13,85
Açúcares não redutores (%)	3,08	3,75
Açúcares totais (%)	17,09	16,47
Pectina solúvel (mg/100 g)	303,86	294,89
Pectina total (mg/100 g)	611,09	564,30
Solubilização (%)	49,00	52,26
Tanino (mg/100 g)	259,58	240,37
Vitamina C total (mg/100 g)	47,22	44,77
Amido (%)	0,255	0,179
Fibra bruta (%)	0,095	0,090
FDN (%)	0,45	0,29
FDA (%)	0,27	0,16
Lignina (%)	0,10	0,07
Hemicelulose (%)	0,180	0,135
Celulose (%)	0,18	0,09
Peroxidase (mmol/g.mim)	40,02	36,09
Poligalaturonase (mmol/g.mim)	36,77	33,33
Polifenoloxidase (mmol/g.mim)	0	0

Fonte: Campos et al. (2002).

Tabela 7.23 Análise físico-química de bebida fermentada de jabuticaba Sabará, obtida com *S. cerevisiae* selecionada.

Análise	Concentração
Álcool etílico (°GL)	11,0
Acidez volátil (meq.L^{-1})	4,0
Acidez total (meq.L^{-1})	97,75
pH	3,63
Acidez titulável (% de ácido cítrico)	0,64
Sólidos solúveis (%)	3,63
Açúcares redutores (glicose) (%)	1,17
Açúcares não redutores (sacarose) (%)	1,31
Açúcares totais (%)	2,56
Pectina total (mg/100 g)	263,95
Pectina solúvel (mg/100 g)	141,78
Tanino (%)	1,25
Proteína (%)	0,095

Fonte: Campos et al. (2002).

Pupunha (*Bactris gasipaes* Kunth)

A pupunha é oriunda de uma palmeira, pertencente à família *Arecaeae*, cujos frutos crescem em cachos. O fruto é uma drupa que mede de 3 a 7 cm de diâmetro, pesando em média, 30 g. Possui forma ovalar ou globular cujos elementos do cálice são aderidos a sua base. Apresentam epicarpo com cores variadas, amarelo, verde, vermelho e cores intermediárias. Seu mesocarpo (polpa) pode apresentar-se desde bastante oleosa até amilácea, com característica farinácea ou fibrosa. Possui textura firme e coloração amarela a amarelo-alaranjada. A pupunha apresenta um alto grau de perecibilidade, fato atribuído as suas características de umidade, alta concentração de amido e lipídios, o que faz com que o fruto estrague rapidamente.

Os frutos são consumidos tradicionalmente cozidos em água e sal (Figura 7.13), seguidos do descasque e remoção da semente. A cocção do fruto inativa substâncias que inibem a digestão de proteínas e irritam a mucosa da boca.

Figura 7.13 Frutos de pupunha cozidos.

Foto: Lílian Pantoja.

A safra principal ocorre nos meses de dezembro a fevereiro/março e a secundária nos meses de julho a agosto.

Na Tabela 7.24 encontra-se a composição físico-química de frutos de pupunha procedentes do estado do Amazonas.

Considerando a sazonalidade e a perecibilidade, os frutos de pupunha podem ser estocados a fim de disponibilizar a matéria-prima por maior período de tempo. Após a retirada dos frutos do cacho, devem ser realizadas a seleção, a lavagem e a sanitização, seguidas de nova lavagem. Frutos brocados, rachados, verdes ou com sinais de senescência devem ser descartados. Em seguida, os frutos devem ser submetidos a tratamento térmico a 100 °C por cinco minutos. Após a drenagem da água, os frutos devem ser resfriados em temperatura ambiente e, então, armazenados em sacos plásticos de polietileno de alta densidade. Os frutos devem ser armazenados a –10 °C, apresentando durabilidade de, no mínimo, 30 dias.

Tabela 7.24 Composição química da pupunha *in natura* e cozida expressa na base úmida, pertencente à raça Solimões, procedentes do município de Coari (AM).

Constituintes	*In natura*	Cozida
Umidade (%)	46,09	54,63
Proteínas (%)	1,30	1,16
Lipídios (%)	5,93	4,52
Amido (%)	44,32	35,69
Fibra total (%)	0,76	0,69
Cinza (%)	0,72	0,50
Carotenoides (mg/100 g)	2,46	4,71

Fonte: Pantoja (2001).

A bebida alcoólica fermentada de pupunha pode ser obtida utilizando-se a proporção de 1:1,5 ou 1:4 (massa de pupunha:xarope). O xarope de sacarose deve ser preparado na concentração suficiente para se obter 12% de etanol (v/v). Para obtenção da massa, os frutos devem ser descongelados e submetidos à cocção por aproximadamente duas horas. A seguir, os frutos devem ser descascados, cortados ao meio, descartando-se o caroço. A polpa deve ser triturada em processador de alimentos até obtenção de uma massa homogênea. Após a adição do xarope à massa de pupunha homogeneizada, deve-se inocular o agente fermentativo. A levedura *Saccharomyces cerevisiae*, na forma de fermento desidratado, deve ser reidratada em água de boa qualidade. A concentração do inóculo é de 0,1%.

Considerando que a concentração de açúcar presente no fruto é negligenciável, e que a levedura *S. cerevisiae* é incapaz de fermentar matérias amiláceas, um prévio procedimento hidrolítico do amido presente na massa de pupunha pode liberar açúcares fermentáveis, contribuindo para a redução da quantidade de xarope utilizado no meio de fermentação. Para tal procedimento, podem ser utilizadas as enzimas comerciais alfa e glicoamilase. O processo fermentativo deve ser conduzido por um período de até sete dias, à temperatura de 27±1 °C.

Para clarificação da bebida, deve-se realizar filtração, utilizando uma fina e compacta camada de algodão em um sistema a vácuo. A seguir, a bebida deve ser envasada em garrafa de vidro, pasteurizada a 85 °C por seis minutos, resfriada em banho de água com gelo e armazenada sob refrigeração a 5 °C. A bebida apresenta aspecto límpido e sabor e aroma agradáveis. Na Tabela 7.25 encontra-se a composição química das bebidas alcoólicas fermentadas de pupunha.

Tabela 7.25 Composição química da bebida alcoólica fermentada de pupunha.

Análise	Bebida alcoólica fermentada	
	Sem enzima*	Com enzima**
pH	3,88	3,9
Acidez total (g.L^{-1})	9,60	0,27
Açúcares redutores (g.L^{-1})	1,01	0,16
Sólidos solúveis (°Brix)	7,25	6,24
Álcool (g.L^{-1})	95,2	75,1
Carotenoides totais (ug.L^{-1})	7,0	7,0

Fonte: *Andrade et al. (2003); **Pantoja et al. (2001). Elaborada sem tratamento enzimático na proporção de 1:4 (massa de pupunha:xarope) e com tratamento enzimático na proporção de 1:1,5 (massa de pupunha:xarope).

7.5 CONCLUSÕES

Os processos fermentativos clássicos para elaboração de bebidas fermentadas podem ser adaptados para a obtenção de fermentados alcoólicos de frutas. A Figura 7.2 representa as etapas gerais da conversão de polpa de frutas em bebidas alcoólicas. Todavia, em função das características químicas (composição nutricional), bioquímicas (alterações enzimáticas pós-colheita e durante o armazenamento/processamento) e físicas (relação polpa/massa total, facilidade de despolpamento e solubilidade) do fruto, alguns passos complementares devem ser considerados.

Os fermentados alcoólicos de frutas constituem uma alternativa ao processamento pós-colheita, podendo gerar novos mercados regionais e, até, internacionais. A tecnologia do processamento dessas bebidas precisa ser avaliada em relação à fruta utilizada como substrato, à levedura a ser empregada no processo fermentativo e à qualidade da bebida final obtida, quando ampliada para escala industrial.

Para os fermentados de frutas com metodologia já definida, serão necessários mais estudos sobre

sua guarda, conservação e estabilidade. Geralmente essas bebidas são armazenadas em ambiente refrigerado (temperaturas inferiores a 8 °C) ao abrigo da luz, sendo algumas estáveis à temperatura ambiente quando em garrafas de vidro escuro e sem exposição direta à luminosidade.

A despeito da importância das demais etapas envolvidas na elaboração da bebida, a fermentação é uma das grandes responsáveis pela qualidade do produto final. Nesse contexto, o emprego de leveduras selecionadas (seja da própria fruta ou de outro ambiente) como inóculo padrão confere qualidade à bebida.

BIBLIOGRAFIA

ABBAS, C. A. Production of antioxidants, aromas, colours, flavours, and vitamins by yeast. In: QUEROL, A.; FLEET, H. (Eds.). **Yeast in food and beverages**. Berlin: Spring-Verlag, 2006. cap. 10, p. 285-334.

AKUBOR, P. I. et al. Production and quality evaluation of banana wine. **Plant Foods for Human Nutrition**, Dordrecht, v. 58, p. 1-6, 2003.

ALIA, N. A.; MUSENGE, H. M. Effect of fermentation and aging on some flavouring components in tropical fruit wines. **Zambia Journal of Science and Tecnology**, Lusaka, v. 2, n. 1, p. 10-17, 1977.

ANDRADE, J. S.; PANTOJA, L.; MAEDA, R. N. Melhoria do rendimento e do processo de obtenção da bebida alcoólica de pupunha (*Bactris gasipaes* Kunth). **Ciência e Tecnologia de Alimentos**, Campinas, v. 23, p. 34-38, dez. 2003. Suplemento.

ARANDA, A.; QUEROL, A. OLMO, M. del. Correlation between acetaldehyde and ethanol resistance and expression of HSP genes in yeast strains isolated during the biological aging of sherry wines. **Archives of Microbiology**, Heidelberg, v. 177, p. 304-312, 2002.

ARRUDA, A. R. et al. Processamento de bebida fermentada de banana. **Revista Ciência Agronômica**, Fortaleza – CE, v. 34, n. 2, p. 161-163, 2003.

BARRETTO, W. S. et al. Características físicas e químicas de frutos de araçá-boi (*Eugenia stipitata* Mc Vaugh) Produzidas no Sul da Bahia. 2002. Disponível em: <http://www.ufpel.tche.br/sbfruti/anais_xvii_cbf/tecnologia_de_alimentos/827.htm>. Acesso em: 29 dez. 2005.

BERRY, D. R.; WATSON, D. C. Production of organoleptic compounds. In: BERRY, D. R.; RUSSELL, I.; STEWART, G. G. (Eds.). **Yeast biotechnology**. London: Allen & Unwin, 1987. cap. 11, p. 343-364.

BLANCO, P.; VÁZQUEZ-ALÉN, M.; LOSADA, A. Influence of yeast population on characteristics of the wine obtained in spontaneous and inoculated fermentations of must from *Vitis vinifera* Lado. **Journal of Industrial Microbiology & Biotechnology**, Heidelberg, v. 35, p. 183-188, 2008.

BRASIL. Ministério da Agricultura e do Abastecimento. Decreto n. 6.871, de 4 de junho de 2009, que regulamenta a Lei n. 8.918, de 14 de julho de 1994. Dispõe sobre a padronização, a classificação, o registro, inspeção, a produção e a fiscalização de bebidas, Brasília, DF, 2009. Disponível em: <http://www.agricultura.gov.br>. Acesso em: 20 jul. 2009.

BRASIL. Ministério da Agricultura e do Abastecimento. Portaria n. 229, de 25 de outubro de 1988. Aprova as normas referentes a complementação dos padrões de identidade e qualidade do vinho. Brasília, DF, 2008. Disponível em: <http://www.agricultura.gov.br>. Acesso em: 06 out. 2008.

BRASIL. Ministério da Agricultura e do Abastecimento. Lei n. 7.678, de 8 de novembro de 1988. Dispõe sobre a produção, circulação e comercialização do vinho e derivados da uva e do vinho, e dá outras providências. Brasília, DF, 2008. Disponível em: <http://www.agricultura.gov.br>. Acesso em: 28 jul. 2008.

BRASIL. Ministério da Agricultura e do Abastecimento. Lei n. 10.970, de 16 de novembro de 2004. Altera dispositivos da Lei n. 7.678, de 8 de novembro de 1988, que dispõe sobre a produção, circulação e comercialização do vinho e derivados da uva e do vinho, e dá outras providências. Brasília, DF, 2008. Disponível em: <http://www.agricultura.gov.br>. Acesso em: 06 out. 2008.

BRASIL. Ministério da Agricultura e do Abastecimento. Portaria n. 64, de 23 de abril de 2008. Aprovam os regulamentos técnicos para a fixação dos padrões de identidade e qualidade para as bebidas alcoólicas fermentadas: fermentado de fruta, sidra, hidromel. Anexo I. Art. 6. Brasília, DF, 2008. Disponível em: <http://www.agricultura.gov.br>. Acesso em: 24 jul. 2008.

CAMPOS, C. R. et al. Avaliação do processo fermentativo da bebida alcoólica de jabuticaba (*Myrciaria cauliflora* Berg.) In: CONGRESSO BRASILEIRO DE CIÊNCIA E TECNOLOGIA DE ALIMENTOS, 13., 2002, Porto Alegre. **Anais...** Porto Alegre: SBCTA, 2002, p. 932-935. 1 CD-ROM.

CHIARELLI, R. H.; NOGUEIRA, A. M. P.; VENTURINI FILHO, W. G. Fermentados de jabuticaba: processos de produção, características físico-químicas e rendimento. **Brazilian Journal of Food Technology**, Campinas, v. 8, n. 4, p. 277-282, 2005.

CORAZZA, M. L.; RODRIGUES, D. G.; NOZAKI, J. Preparação e caracterização do vinho de laranja. **Química Nova**, São Paulo, v. 24, n. 4, p. 449-452, 2001.

COSME, F.; SILVA, J. M. R. da.; LAUREANO, O. Interactions between protein fining agents and proanthocyanidins. **Food Chemistry**, Amsterdan, v. 106, p. 536-544, 2008.

DIAS, D. R. et al. Elaboration of a fruit wine from cocoa (*Theobroma cacao* L.). **International Journal of Food Science and Technology**, London, v. 42, p. 319-329, 2007.

DIAS, D. R.; SCHWAN, R. F.; LIMA, L. C. O. Metodologia para elaboração de fermentado de cajá (*Spondias mombin* L.). **Ciência e Tecnologia de Alimentos**, Campinas, v. 23, n. 3, p. 342-350, 2003.

DUARTE, W. F. et al. Spontaneous and inoculated fermentation with *Saccharomyces cerevisiae* Ufla CA1162 in gabiroba pulp for elaboration of fermented beverage. **Journal of Industrial Microbiology and Biotechnology**, Heidelberg, v. 36, n. 4, p. 557-569, 2009.

FAOSTAT. FAOSTAT Database collection: Agricultural data. Disponível em: <http://faostat.fao.org/site/567/default.aspx>. Acesso em: 29 mar. 2008.

FLEET, G. H. Yeast interactions and wine flavour. **International Journal of Food Microbilogy**, Amsterdan, v. 86, n. 1/2, p. 11-22, 2003.

FLEET, H.; HEARD, G. M. Yeast growth during fermentation. In: FLEET G. H. (Ed.). **Wine microbiology and biotechnology**. London: Harwood Academic, 1993, p. 27-57.

FLEET. G. H. Micro-organisms in food ecosystems. **International Journal of Food Microbiology**, Amsterdan, v. 50, n. 1, p. 101-117, 1999.

GANCEDO, J. Yeast carbon catabolite repression. **Microbiology and Molecular Biology Reviews**, New York, v. 62, n. 2, p. 334-361, June 1998.

GARCIA, E. H.; CAHANAP, A. C.; CABRERA, M. P. Organoleptic and chemical properties of four new Philippine fruit wines II (banana, buko water, pineapple and tomato). **The Philippine Journal of Plant Industry**, Manila, v. 40, p. 29-35, 1976.

GARDE-CERDÁN, T.; ANCÍN-AZPILICUETA, C. Effect of SO_2 on the formation and evolution of volatile compounds in wines. **Food Control**, Amsterdan, v. 18, n. 12, p. 1501-1506, 2007.

GARRUTI, D. S. et al. Assessment of aroma impact compounds in a cashew apple based alcoholic beverage by GC/MS and GC-olfactometry. **Food Science and Technology**, Oxford, v. 39, n. 4, p. 372-377, 2006.

GIUDICI, P.; ROMANO, P.; ZAMBONELLI, C. A biometric study of higher alcohol production in *Saccharomyces cerevisiae*. **Canadian Journal of Microbiology**, Ottawa, v. 36, p. 61-64, 1990.

GOMÉZ, L. F. H.; ÚBEDA, J.; BRIONES, A. Characterisation of wines and distilled spirits from melon (*Cucumis melo* L.). **International Journal of Food Science and Technology**, Amsterdan, v. 43, p. 644-650, 2008.

MAEDA, R. N.; ANDRADE, J. S. Aproveitamento do camu-camu (*Myrciaria dubia*) para produção de bebida alcoólica fermentada. **Acta Amazônica**, Manaus, v. 33, n. 3, p. 489-498, 2003.

MAEDA, R. N. et al. Determinação da formulação e caracterização do néctar de camu-camu (*Myrciaria dubia* McVaugh). **Ciência e Tecnologia de Alimentos**, Campinas, v. 26, n. 1, p. 70-74, jan./mar. 2006.

MINGORANCE-CARZOLA, L. et al. Contribution of different natural yeasts to the aroma of two alcoholic beverages. **World Journal of Microbiology & Biotechnology**, Amsterdan, v. 19, p. 297-304, 2003.

MYERS, N. et al. Biodiversity hotspots for conservation priorities. **Nature**, New York, v. 403, p. 853-858, 2000.

NDIP, R. et al. Characterization of yeast strains for wine production. **Applied Biochemistry and Biotechnology**, New York, v. 95, n. 3, p. 209-220, 2001.

NUNEZ, M. J.; LEMA, J. M. Cell immobilization: application to alcohol production. **Enzyme Microbial Technology**, Amsterdan, v. 9, p. 642-651, 1987.

PANETTA, J. C. Qual o futuro da fruticultura brasileira? **Higiene Alimentar**, São Paulo, v. 14, n. 74, p. 3, jul. 2000.

PANTOJA, L. **Seleção e aproveitamento biotecnológico de frutos encontrados na Amazônia para elaboração de bebida alcoólica fermentada utilizando leveduras imobilizadas.** 2006. 196 f. Tese (Doutorado em Biotecnologia) – Universidade Federal do Amazonas, Manaus, 2006.

PANTOJA, L. et al. Processo fermentativo para produção de bebida alcoólica de pupunha (*Bactris gasipaes* Kunth). **Biotecnologia Ciência e Desenvolvimento**, Brasília, v. 3, n. 19, p. 50-54, 2001.

PANTOJA, L. et al. Aprovechamiento biotecnológico de la guanabana en la elaboración de bebidas acohólicas fermentadas utilizando levedura inmobilizada em alginato de cálcio. **Brazilian Journal of Food Technology**, Campinas, p. 96-102, 2005. Edição especial.

PRADELLA, J. G. C. Reatores com células imobilizadas. In: SCHIMIDELL et al. **Biotecnologia industrial**: engenharia bioquímica. São Paulo: Blucher, 2001, v. 2, p. 355-372.

ROMANO, P.; SUZZI, G. Origin and production of acetoin during wine yeast fermentation. **Applied and Environmental Microbiology**, Washington, DC, v. 62, n. 2, p. 309-315, Feb. 1996. (Minireview).

ROSE, A. H. History and scientific basis of alcoholic beverage production. In: ROSE, A. H (Ed.). **Alcoholic beverages**. London: Academic Press, 1977. v. 1, cap. 1. (Economic Microbiology series).

SANTOS, S. C. et al. Elaboração e análise sensorial do fermentado de acerola (*Malpighia punicifolia* L.). **Brazilian Journal of Food Technology**, Campinas, v. 10, n. 181, p. 47-50, 2005.

SCHWAN, R. F.; MENDONÇA, A. T.; SILVA JÚNIOR, J. J. et al. Microbiology and physiology of cachaça (aguardente) fermentations. **Antonie van Leeuwenhoek**, Amsterdam, v. 79, p. 89-96, Dec. 2001.

SOCIEDADE BRASILEIRA DE FRUTICULTURA. **Estatísticas**: exportações de frutas. Disponível em: <http:www. asbyte.com.br/sbfruti/historia3.htm>. Acesso em: 31 jan. 2001.

SOTERO, V. E.; GARCIA, D.; LESSI, E. Bebida fermentada a partir de pujuayo (*Bactris gasipaes* H.B.K.) parametros y evolucion. Iquitos-Peru. **Folia Amazônica**, Loreto, v. 8, n. 1, p. 5-18, 1996.

STANBURY, P. F.; WHITAKER, A.; HALL, S. J. **Principles of fermentation technology**. 2. ed. Oxford: Pergamon, 1995. 357p.

WALKER, G. M. **Yeast physiology and biotechnology**. Chichester: Wiley, 1998. 350p.

YUYAMA, K.; AGUIAR, J. P. L.; YUYAMA, L. K. O. Camu-camu: um fruto fantástico como fonte de vitamina C. **Acta Amazônica**, Manaus, v. 32, n. 1, p. 169-174, 2002.

8

HIDROMEL

LUCIANA TREVISAN BRUNELLI
RICARDO DE OLIVEIRA ORSI
WALDEMAR GASTONI VENTURINI FILHO

8.1 INTRODUÇÃO

O hidromel é uma bebida alcoólica regulamentada pela legislação brasileira (BRASIL, 2009), entretanto, pouquíssimos brasileiros a conhecem. É uma bebida fermentada de mel elaborada de forma artesanal e em pequena escala, na maioria das vezes, por apicultores. Essa bebida ainda não motiva o interesse comercial por parte da indústria brasileira de bebidas, sejam elas de grande, médio ou pequeno porte. Os apicultores que se dedicam à produção dessa bebida como atividade complementar à produção de mel, a fazem na informalidade, isto é, sem registro no Ministério da Agricultura, Pecuária e Abastecimento (MAPA). A elaboração de hidromel pode ser uma atividade econômica rentável aos apicultores, mas é preciso qualificá-los em tecnologia de produção da bebida, o que terá reflexo positivo na qualidade sanitária, química e sensorial da bebida comercializada.

Como o hidromel é produzido na informalidade, não há dados estatísticos de produção e consumo desta bebida no Brasil. Este cenário poderia ser alterado positivamente, caso houvesse a profissionalização dos produtores e a maior divulgação dessa bebida; mas, ao que tudo indica, isto não acontecerá no curto espaço de tempo.

O intuito deste capítulo é sistematizar informações sobre a produção do hidromel, tendo como público-alvo não apenas estudantes, mas todos os profissionais que se interessam pela bebida.

8.1.1 Histórico

Provavelmente, o hidromel tenha sido criado no continente africano, para depois ser introduzido nas regiões banhadas pelo mar Mediterrâneo e na Europa. As bebidas fermentadas de mel são as mais antigas bebidas alcoólicas conhecidas pelo homem, sendo produzidas antes mesmo do vinho e da cerveja; pois há relatos de coletas de mel por volta de 8.000 a.C. (IGLESIAS et al., 2014).

Há evidência arqueológica da elaboração de hidromel a 7.000 a.C. No norte da China, foram encontrados vasos de cerâmica com provável mistura de hidromel, arroz e outras frutas, com sinais de compostos orgânicos oriundos de fermentação (GUPTA; SHARMA, 2009).

A primeira descrição conhecida de hidromel foi encontrada no *Rigved*, Livro dos Hinos, que foi escrito por volta de 1.700 – 1.100 a.C. Na mitologia celta, o hidromel era uma parte importante dos rituais, por ser considerado a bebida dos nobres e dos deuses. Para esse povo, essa bebida proporcionava imortalidade, conhecimento e dom da poesia, e acreditava-se ter poderes mágicos e de cura, capazes de aumentar a força, a virilidade e a fertilidade (GUPTA; SHARMA, 2009).

Os escritores romanos, *Lucius Junius Moderatus* (*Columella*), conhecido por se dedicar à agricultura, em seu livro *De Re Rustica* (42 d.C.), e o naturalista *Plínio* (*Velho*), em sua obra *Naturalis Historia* (77 d.C.), relataram o uso empírico de mel para a produção de hidromel e forneceram uma descrição detalhada do procedimento utilizado para a elaboração da bebida (IGLESIAS et al., 2014).

8.1.2 Atualidade

Embora o hidromel seja o mais antigo produto fermentado utilizado pelo homem, ainda é difícil encontrá-lo comercialmente, nos tempos atuais (GUPTA; SHARMA, 2009). A queda na produção de hidromel na Polônia, um dos países que culturalmente produz e consome esta bebida, ocorreu em virtude da escassez de estudo científico referente à tecnologia de produção de bebidas fermentadas de mel (SROKA; TUSZYNSKI, 2007). Entretanto, há estudos visando melhorias na produção de hidromel que incluem o desenvolvimento de formulações com aditivos e melhorias nas condições do processamento, como o uso de ultrafiltração, pasteurização e fermentação com células imobilizadas (IGLESIAS et al., 2014).

O hidromel é uma bebida que pode ter elevado valor agregado. O preço de uma garrafa de 750 mL de hidromel no exterior está na faixa de US$ 10,00 a US$ 20,00, podendo chegar a custar U$ 70,00, dependendo da qualidade da bebida, enquanto, no mercado brasileiro, uma garrafa de mesma capacidade pode apresentar preço de R$ 50,00 (BERRY, 2007).

O grande potencial de comercialização do hidromel já é evidente em alguns países, como, por exemplo, nos Estados Unidos, onde atualmente existem em torno de 45 marcas de hidromel comercial e este número continua a crescer (IGLESIAS et al., 2014).

A elaboração de hidromel tradicional é bem simples e se baseia na diluição do mel em água (IGLESIAS et al., 2014). No preparo do mosto, o mel pode ser diluído com água em diferentes proporções; mostos concentrados (30 a 40 °Brix) geram bebidas adocicadas e mostos diluídos (15 a 20 °Brix), resultam em bebidas secas. No decorrer do tempo, surgiram várias alterações na elaboração dessa bebida

(Tabela 8.1), partindo do método tradicional (mel e água) e dando origem às misturas complexas com sucos de frutas e especiarias. Como será visto mais adiante, a legislação brasileira não prevê a utilização de sucos de frutas e especiarias na fabricação do hidromel, sendo essa uma prática realizada em outros países produtores.

Tabela 8.1 Tipos de hidroméis e suas matérias-primas.

Denominação	Ingredientes
Mead	Bebida fermentada de água e mel
Great mead	Hidromel envelhecido
Melomel	Hidromel com adição de frutas (exceto uvas)
Pyment	Hidromel com adição de uvas (preferencialmente uvas viníferas)
Metheglin	Hidromel com adição de especiarias, lúpulo e até pétalas de rosa
Braggot	Hidromel com adição de malte
Hippocras	Hidromel com adição de pimentas
Cyser	Hidromel com adição de maçã

Fonte: Berry (2007).

Embora na legislação brasileira não apresente regulamentação, há relatos de produção de hidromel gaseificado (hidromel espumante), resultado de execução de uma segunda fermentação após o engarrafamento, que mantém o dióxido de carbono dissolvido no produto engarrafado (INGLESIAS et al., 2012).

No hidromel tradicional, podem ser adicionadas pequenas quantidades de frutas, especiarias e ervas aromáticas, mas a incorporação desses ingredientes não deve mascarar o sabor e o aroma caraterístico de mel (MCCONNELL; SCHRAMM, 1995). Na Tabela 8.2 está descrita a denominação do hidromel em alguns países.

O Hidromel, segundo o Decreto n. 6871 de 4 de julho de 2009, "é a bebida com graduação alcoólica de 4 a 14 % em volume, 20 °C, obtida pela fermentação alcoólica de solução de mel de abelha, sais nutrientes e água potável" (BRASIL, 2009).

Tabela 8.2 Nomes do hidromel ao redor do mundo.

Nome	País
Aguamiel	Espanha
Chouchen	França (mel e suco de maçã)
Hidromel	França (mel e água)
Hidromel	Portugal
Idromele	Itália
Iqhilika	África do sul
Madhu	Índia
Med	Ucrânia
Mede	Holanda
Medica	Eslovênia
Medovina	Bulgária
Medovukha	Rússia
Medu/Met	Alemanha
Midus	Lituânia
Miòd	Polônia
Mjød	Noruega
Mõdu	Estônia

Fonte: Brunelli (2015).

A Instrução Normativa n. 34 de 29 novembro de 2012 estabelece os parâmetros legais para o hidromel (Tabela 8.3), além de ressaltar que o uso de açúcar (sacarose) para a elaboração dessa bebida não é permitido. De acordo com este instrumento legal, o hidromel pode ser classificado de acordo a quantidade de açúcar em *seco* ou *suave* (BRASIL, 2012).

Tabela 8.3 Padrão de identidade e qualidade do hidromel.

Itens	Parâmetros	Limite mínimo	Limite máximo	Classificação
1	Acidez fixa, em meq L^{-1}	30	---	
2	Acidez total, em meq L^{-1}	50	130	
3	Acidez volátil, em meq L^{-1}	---	20	
4	Anidrido sulfuroso, em g L^{-1}	---	0,35	
5	Cinzas, em g L^{-1}	1,5	---	
6	Cloretos totais, em g L^{-1}	---	0,5	
7	Extrato seco reduzido, em g L^{-1}	7	---	
8	Graduação alcoólica, em % v/v a 20 °C	4	14	
9	Teor de açúcar, em g L^{-1}	---	≤ 3	Seco
		> 3	---	Suave

Fonte: Instrução Normativa n. 34 (BRASIL, 2012).

8.2 COMPOSIÇÃO FÍSICO-QUÍMICA DO HIDROMEL

A composição físico-química dos hidroméis está relacionada com os tipos de matérias-primas empregadas, com a proporção em que elas entram na formulação, com as cepas de leveduras alcoólicas utilizadas na fermentação e com o tipo processamento adotado. A caraterização físico-química de hidroméis produzidos a partir de três tipos de mel (laranjeira, silvestre e eucalipto) e diferentes concentrações de sólidos solúveis no mosto (20, 30 e 40 °Brix), utilizando levedura de panificação durante o processo fermentativo, está apresentada na Tabela 8.4.

Tabela 8.4 Composição físico-química de hidroméis produzidos com mel de laranjeira, silvestre e de eucalipto e mostos com diferentes teores de sólidos solúveis.

Parâmetros	Mel de laranjeira		
	20 °Brix	30 °Brix	40 °Brix
pH	3,31	3,43	3,53
Acidez total (meq L^{-1})	63,25	83,00	95,50
Acidez volátil (meq L^{-1})	6,63	11,50	19,23
Acidez fixa (meq L^{-1})	56,63	72,5	76,53
Açucares redutores (% m/v)	0,94	7,32	27,68
Extrato seco reduzido (g L^{-1})	29,95	105,41	290,4
Teor alcoólico (% v/v)	10,86	13,94	10,50
Turbidez (NTU)	11,10	20,03	61,40
	Mel de eucalipto		
pH	3,30	3,36	3,42
Acidez total (meq L^{-1})	61,25	76,63	89,75
Acidez volátil (meq L^{-1})	8,00	12,38	18,13
Acidez fixa (meq L^{-1})	51,25	64,25	68,38
Açucares redutores (% m/v)	0,57	6,90	29,01
Extrato seco reduzido (g L^{-1})	27,40	80,17	232,86
Teor alcoólico (% v/v)	11,28	14,08	10,46
Turbidez (NTU)	13,98	19,98	64,05
	Mel silvestre		
pH	3,34	3,56	3,66
Acidez total (meq L^{-1})	63,38	83,50	96,88
Acidez volátil (meq L^{-1})	6,63	12,58	19,38
Acidez fixa (meq L^{-1})	56,75	72,93	85,50
Açucares redutores (% m/v)	0,87	6,54	24,73
Extrato seco reduzido (g L^{-1})	26,70	81,09	236,25
Teor alcoólico (% v/v)	10,98	14,36	11,72
Turbidez (NTU)	12,50	22,70	62,60

Fonte: Brunelli (2015).

O teor alcoólico dos hidroméis elaborados com 20, 30 e 40 °Brix, varia entre 10,5 a 14,4 % v/v, sendo que este último valor representa a concentração máxima de etanol que a levedura de panificação pode suportar nas condições em que os testes foram realizados. Os hidroméis apresentam valores de pH inferiores a 4,0, caracterizando-os como uma bebida ácida, inibindo a presença de microrganismos patogênicos e favorecendo a sua conservação. A maior concentração de sólidos solúveis no mosto (40 °Brix) proporciona os maiores teores de acidez total, fixa e volátil, indicando que parte da acidez da bebida é proveniente do mel. As bebidas elaboradas com a menor quantidade de mel na formulação (20 °Brix) apresentam uma fermentação completa por exibir teores de açúcares redutores (AR) inferiores de 1 g de glicose 100 mL^{-1}, enquanto as bebidas elaboradas com maior proporção inicial de mel (30 e 40 °Brix) demostram uma fermentação incompleta por exibirem teores de AR superiores a 6 g de glicose 100 mL^{-1} e 24 g de glicose 100 mL^{-1}, respectivamente. A maior concentração de sólidos solúveis no mosto eleva os valores de turbidez e intensidade de cor, parâmetros diretamente relacionados com o atributo sensorial da aparência. Além disso, proporciona riqueza em compostos de aroma do mel (aroma primário) e aqueles provenientes do metabolismo da levedura alcoólica (aroma secundário).

A Tabela 8.5 mostra a caracterização físico-química de hidroméis produzidos a partir de cinco cepas de levedura alcoólica da espécie *Saccharomyces cerevisiae* (panificação, vinho branco, vinho tinto, hidromel e cerveja de alta fermentação) e mosto com concentração de sólidos solúveis de 30 °Brix.

Tabela 8.5 Composição físico química de hidroméis produzidos a partir de cinco cepas de levedura alcoólica.

Parâmetros	Levedura alcoólica				
	Panificação	Vinho branco	Vinho tinto	Hidromel	Cerveja
pH	3,42	3,63	3,72	3,77	3,81
Acidez total (meq L^{-1})	78,13	92,63	87,50	80,73	79,13
Acidez volátil (meq L^{-1})	11,78	15,12	13,43	12,65	10,82
Acidez fixa (meq L^{-1})	66,23	77,47	74,25	69,43	67,35
Açucares redutores (% m/v)	5,90	4,80	6,10	4,30	4,67
Extrato seco reduzido (g L^{-1})	32,17	37,26	31,54	41,34	39,68
Teor alcoólico (% v/v)	13,78	14,67	13,86	14,65	14,56
Turbidez (NTU)	12,98	5,14	13,75	4,80	5,26

Fonte: Brunelli (2015).

Os hidromeis produzidos com fermento recomendado para a produção de vinhos (branco e tinto) produzem as maiores concentrações de acidez total e fixa, indicando que parte da acidez da bebida é proveniente do metabolismo das leveduras.

Os fermentos recomendados para a elaboração de vinho branco, hidromel e cerveja foram mais eficientes na fermentação do açúcar, pois seus hidromeis apresentam menores teores de açúcares redutores e maiores de etanol. A maior concentração de álcool nas bebidas fermentadas contribui para sua melhor conservação. Hidromeis fermentados a partir de mosto com teor de sólidos solúveis de 30 °Brix resultam em bebidas contendo álcool em torno de 14 % v/v.

Os hidromeis elaborados com fermento de vinho branco, hidromel e cerveja (Tabela 8.5) apresentam os menores valores de turbidez; esse comportamento pode ser atribuído ao maior poder floculante dessas leveduras. Há cepas de leveduras que possuem a habilidade de se agregarem espontaneamente e formarem flocos que sedimentam no fundo dos fermentadores ao final da fermentação.

8.3 MATÉRIAS-PRIMAS
8.3.1 Mel

O mel é uma solução concentrada de açúcares com predominância de glicose e frutose. Além disso, contém uma mistura complexa de outros hidratos de carbono, enzimas, aminoácidos, ácidos orgânicos, minerais, substâncias aromáticas, pigmentos e grãos de pólen.

8.3.1.1 Legislação brasileira do mel

Segundo a Instrução Normativa n. 11 de 20 de outubro de 2000 (BRASIL, 2000), o mel é o

produto alimentício produzido pelas abelhas melíferas, a partir do néctar das flores ou das secreções procedentes de partes vivas das plantas ou de excreções de insetos sugadores de plantas que ficam sobre partes vivas de plantas, que as abelhas recolhem, transformam, combinam com substâncias específicas próprias, armazenam e deixam madurar nos favos da colmeia.

O mel é classificado pela legislação vigente (BRASIL, 2000) quanto a sua origem, procedimento de obtenção e apresentação/processamento.

– Segundo sua origem

1. Mel floral: obtido dos néctares das flores. a) Mel unifloral ou monofloral: quando o produto procede principalmente de flores de uma mesma família, gênero ou espécie e possua características sensoriais, físico-químicas e microscópicas próprias. b) Mel multifloral ou polifloral: obtido a partir de diferentes origens florais.

2. Melato ou Mel de Melato: obtido principalmente a partir de secreções das partes vivas das plantas ou de excreções de insetos sugadores de plantas que se encontram sobre elas.

– Segundo o procedimento de obtenção de mel

1. Mel escorrido: obtido por escorrimento dos favos desoperculados, sem larvas.

2. Mel prensado: obtido por prensagem dos favos, sem larvas.

3. Mel centrifugado: obtido por centrifugação dos favos desoperculados, sem larvas.

– Segundo sua apresentação e/ou processamento:

1. Mel: produto em estado líquido, cristalizado ou parcialmente cristalizado.

2. Mel em favos ou mel em secções: produto armazenado pelas abelhas em células operculadas de favos novos, construídos por elas mesmas, que não contenha larvas, e comercializado em favos inteiros ou em secções de tais favos.

3. Mel com pedaços de favo: produto que contém um ou mais pedaços de favo com mel, isentos de larvas.

4. Mel cristalizado ou granulado: produto que sofreu um processo natural de solidificação, como consequência da cristalização dos açúcares.

5. Mel cremoso: produto com estrutura cristalina fina e que pode ter sido submetido a um processo físico, que lhe confira essa estrutura e que o torne fácil de untar.

6. Mel filtrado: produto submetido a um processo de filtração, sem alterar o seu valor nutritivo.

A legislação brasileira não permite a adição de açúcares e/ou outras substâncias que alterem a composição original do mel (BRASIL, 2000).

Em relação às características sensoriais, a cor do mel é variável de quase incolor a pardo-escura, devendo ter sabor e aroma característicos, de acordo com a sua origem, e a consistência é variável, de acordo com o estado físico em que se apresenta (BRASIL, 2000).

Os padrões de identidade e qualidade (PIQ) do mel são mostrados na Tabela 8.6 (BRASIL, 2000).

Tabela 8.6 Parâmetros físico-químicos do mel estabelecidos pela lei brasileira.

Parâmetro	Especificação	
	Mel floral	**Melato**
Açúcares redutores (g 100 g^{-1})	Mínimo 65	Mínimo 60
Sacarose aparente (g 100 g^{-1})	Máximo 6	Máximo 15
Umidade (g 100 g^{-1})	Máximo 20	
Sólidos insolúveis em água (g 100 g^{-1})	Máximo 0,1	
Minerais (g 100 g^{-1})	Máximo 0,6	Máximo 1,2
Acidez (meq kg^{-1})	Máximo 50	
Hidroximetilfurfural (mg kg^{-1})	Máximo de 60	

Fonte: Adaptado de Brasil (2000).

8.3.1.2 Composição físico-química do mel

O mel é a principal matéria-prima para a produção de hidromel, influenciando diretamente as características físico-químicas e sensoriais dessa bebida (RAMALHOSA et al., 2011). Há uma grande variação na composição química e física do mel, devida à sua origem floral, condições climáticas, estágio de maturação, espécie de abelha, além das condições de processamento e armazenamento (SILVA et al., 2004; ARRÁEZ-ROMÁN et al., 2006; MENDES et al., 2009).

A composição química desse produto natural é complexa, incluindo mais de 200 substâncias fixas (ARRÁEZ-ROMÁN et al., 2006), sendo os carboidratos e a água os principais constituintes, seguidos pelos minerais, ácidos orgânicos, aminoácidos, proteínas, vitaminas, lipídios, compostos de aroma, compostos fenólicos, o 5-hidroximetilfurfural (HMF), pigmentos, ceras, grãos de pólen, enzimas, entre outros compostos (FINOLA et al., 2007; ESTEVINHO et al., 2012; IGLESIAS et al., 2012).

Os carboidratos (Tabela 8.7) correspondem a aproximadamente 80% m/m da composição do mel (WHITE, 1975). Os principais açúcares são a frutose, glicose e sacarose. Outros açúcares, como maltose, isomaltose e alguns polissacarídeos, podem ser encontrados em pequenas quantidades, sendo que a soma desses carboidratos não é superior a 12% m/m (ANKLAM, 1998; FINOLA et al., 2007). As leveduras alcoólicas não possuem enzimas responsáveis pela hidrólise dos polissacarídeos citados, com isso, eles permanecem na bebida após o término do processo fermentativo.

Sob o ponto de vista quantitativo, a água é o segundo componente mais importante do mel. O teor de água no mel é influenciado pelo clima e pela origem floral, sendo os tratamentos aplicados durante a coleta e armazenamento do mel de grande importância para este parâmetro (OLAITAN et al., 2007; MENDES et al., 2009). O teor de água no mel pode influenciar na viscosidade, maturidade, cristalização, conservação e na palatabilidade do produto (MENDES et al., 2009).

Tabela 8.7 Composição do mel floral brasileiro (g 100 g^{-1}), valores médios, mínimo e máximo.

	REGIÕES				
	SUDESTE	SUL	NORDESTE	CENTRO	NORTE
Umidade (%)	18,4 (15,1–23,4)	18,2 (15,9-20,5)	18,1 (13,2-24,0)	18,7 (16,7-23,4)	17,6 (16,6-18,6)
Condutividade (S cm^{-1})	647,9 (160,7-2.865,0)	681,1 (261,7-2.383,3)	425,9 (154,7-1.667,7)	513,3 (178,0-1.157,0)	434,4 (258,7-521,0)
pH	4,05 (2,6-4,6)	3,8 (3,4-4,7)	3,6 (3,1-5,3)	3,7 (3,3-4,3)	3,4 (3,3-3,5)
Acidez (meq kg^{-1})	26,8 (6,0-75,5)	25,5 (12,0-49,7)	23,6 (6,0-81,3)	16,5 (15,0-47,7)	34,1 (27,3-42,7)
Viscosidade (mPa.s)	1.702,6 (98,0-5.520,0)	1.912,7 (280,0-6.430,0)	1.907,2 (140,0-6.770,0)	1.690,9 (380,0-3.850,0)	1997,5 (1320,0-2840,0)
HMF (mg kg^{-1})	16,05 (0,0-247,0)	7,8 (0,1-157,3)	24,5 (0,4-268,4)	31,9 (0,9-191,6)	42,5 (0,9-157,3)
Cinzas (%)	0,275 (0,02-0,92)	0,246 (0,02-1,58)	0,164 (0,01-0,66)	0,192 (0,05-0,60)	0,144 (0,09-0,21)
ART (%)	76,5 (67,8-88,3)	77,4 (71,0-84,0)	79,7 (59,2-89,2)	79,5 (67,9-86,8)	73,3 (70,5-75,6)
AR (%)	73,6 (66,4-80,0)	74,5 (65,0-81,6)	76,4 (61,7-88,7)	76,0 (67,3-83,0)	71,3 (69,2-74,6)
Sacarose (%)	2,7 (0,1-27,4)	3,7 (0,1-7,2)	3,1 (0,1-11,4)	3,3 (0,3-7,2)	1,9 (0,9-2,9)
Proteínas (%)	0,288 (0,04-0,72)	0,280 (0,115-0,485)	0,252 (0,06-0,706)	0,281 (0,17-0,50)	0,253 (0,13-0,32)

Sudeste: São Paulo (205 amostras) e Minas Gerais (42 amostras); Sul: Santa Catarina (20 amostras), Paraná (9 amostras) e Rio Grande do Sul (15 amostras); Nordeste: Bahia (173 amostras), Piauí (38 amostras) e Ceará (52 amostras); Centro-Oeste: Tocantins (21 amostras), Mato Grosso (8 amostras) e Mato Grosso do Sul (17 amostras); Norte: Rondônia (4 amostras).

Fonte: Marchini et al. (2004).

A atividade de diastase e teor de HMF (Hidroximetilfurfural) são indicadores do frescor e são ferramentas úteis para detectar defeitos quando o mel é armazenado ou processado inadequadamente em temperaturas elevadas (ANKLAM, 1998; DE RODRIGUEZ et al., 2004; MENDES et al., 2009).

Os ácidos orgânicos são responsáveis pela acidez do mel e contribuem para o seu sabor caraterístico (OLAÌTAN et al., 2007; ANKLAM, 1998). O principal ácido é o glucônico que é produzido pela ação da enzima glicose-oxidase sobre a glicose e está em equilíbrio com a glicolactona (OLAITAN et al., 2007). Esse equilíbrio caracteriza a acidez lactônica, isto é, uma reserva potencial de acidez, que, juntamente com a acidez livre, constitui a acidez total do mel (WHITE, 1975; CRANE, 1990; VALBUENA, 1992). Segundo Bogdanov (2010), a presença de ácidos orgânicos no mel, como o ácido glucônico, contribui para sua estabilidade contra agentes microbianos. Em menor quantidade, podem-se encontrar outros ácidos como o fórmico, acético, butírico, lático, oxálico, cítrico, entre outros (WHITE, 1975; MENDES; COELHO, 1983). O pH do mel não está diretamente relacionado com sua a acidez, em virtude da ação tamponante de seus ácidos e sais minerais (DE RODRIGUEZ et al., 2004).

Na fração cinzas (minerais), o potássio é o mineral mais abundante, seguido do cálcio, cobre, ferro, manganês e fósforo (OLAITAN et al., 2007). Os teores de minerais influenciam na coloração do mel, havendo uma relação direta entre a intensidade de cor e o teor de cinzas (BERTONCELJ et al., 2007).

Os constituintes voláteis do mel são responsáveis pelo seu sabor característico (FINOLA et al., 2007). Muitos desses compostos provêm do néctar de flores. Mais de 300 compostos voláteis foram identificados, incluindo ácidos, alcoóis, cetonas, aldeídos, ésteres e terpenos (CASTRO-VÁSQUEZ et al., 2009). A presença desses compostos pode fornecer informações sobre a origem botânica do mel (ESCRICHE et al., 2009).

O mel contém uma grande diversidade de compostos fenólicos, principalmente flavonoides e ácidos fenólicos (ARRÁEZ-ROMÁN, et al., 2006; ESTEVINHO et al., 2008; LIANDA; CASTRO, 2008). O conteúdo de flavonoide pode atingir cerca de 6.000 mg Kg^{-1}, consistindo principalmente de flavanonas e flavonas (ANKLAM, 1998). Os compostos fenólicos, além de influenciar o sabor, aroma e coloração do mel, possuem efeitos benéficos para a saúde humana (ESTEVINHO et al., 2008).

Além do sabor e do aroma, a cor do mel é uma característica que permite a identificação da sua origem botânica. O mel pode apresentar as seguintes colorações: branco aquoso, superbranco, branco, âmbar superclaro, dourado, âmbar claro, âmbar e âmbar escuro, escuro (BERTONCELJ et al., 2007). Essa propriedade está relacionada com o teor de minerais, pólen e compostos fenólicos presentes no mel (BERTONCELJ et al., 2007). Além da origem botânica, a cor pode variar com a idade e as condições de armazenagem do mel. No entanto, a transparência ou claridade do mel depende da quantidade de partículas em suspensão, tais como o pólen (OLAITAN et al., 2007).

8.3.2 Água

A Instrução Normativa n. 34, de 29 de novembro de 2012 que aprova o Regulamento Técnico de Identidade e Qualidade das bebidas fermentadas, entre elas o hidromel; ressalta que a água utilizada na elaboração dessa bebida à base de mel, *deve obedecer* às normas e aos padrões aprovados pela legislação específica para água potável e estar condicionada, exclusivamente, à padronização da graduação alcoólica do produto final (BRASIL, 2012).

Com isso, a água empregada no processo deve ser apropriada para o consumo humano cujos parâmetros microbiológicos, físicos, químicos e radioativos atendam ao padrão de potabilidade e que não ofereça riscos à saúde (BRASIL, 2012); esses parâmetros estão especificados na Portaria n. 518, de 25 de março de 2004 (BRASIL, 2004). No caso de uso de água da rede pública, é aconselhável a filtração com carvão ativo para a eliminação do cloro, pois esse elemento em excesso pode resultar em aromas indesejados na bebida.

8.3.3 Matérias-primas não previstas pela legislação brasileira

A legislação brasileira define como ingredientes básicos para a produção de hidromel apenas o mel de abelhas, os sais nutrientes e a água (BRASIL, 2012). No entanto, em outros países há tipos de hidroméis que apresentam, em sua formulação, a adição de frutas na forma de suco ou polpa, especiarias e ervas aromáticas, tais como pimenta, camomila, baunilha, canela, noz-moscada, cravo-da-india, entre outros. Estas devem ser adicionadas ao processamento do hidromel em forma de extrato ou diretamente em qualquer etapa no processamento da bebida (GUPTA; SHARMA, 2009).

O lúpulo, matéria-prima cervejeira, é usualmente adicionado ao hidromel. Esse ingrediente proporciona um sabor diferenciado, além disso, suas resinas, óleos, taninos e pectina podem auxiliar na clarificação e estabilização da bebida (GUPTA; SHARMA, 2009).

8.3.4 Aditivos

Os aditivos alimentares são todo e qualquer ingrediente adicionado intencionalmente aos alimentos, sem o propósito de nutrir, com o objetivo de modificar as características físicas, químicas, biológicas ou sensoriais, durante a fabricação, o processamento, a preparação, o tratamento, a embalagem, o acondicionamento, a armazenagem, o transporte ou a manipulação de um alimento (BRASIL, 1997).

Na elaboração do hidromel, os aditivos mais relevantes são os conservadores, pois eles auxiliam na prevenção e inibição da deterioração da bebida por microrganismos contaminantes. Os sulfitos, bissulfito e metabissulfito de sódio ou de potássio são comumente usados como conservantes na etapa de engarrafamento para evitar uma fermentação indesejável (GUPTA; SHARMA, 2009).

A Agência Nacional de Vigilância Sanitária (ANVISA) estabelece limites máximos para adição dos aditivos em bebidas alcoólicas fermentadas. Na Tabela 8.8 estão especificados os tipos e a quantidade máxima (g 100 mL^{-1} ou g 100 g^{-1}) dos aditivos permitidos.

Tabela 8.8 Aditivos previstos pela ANVISA para bebidas alcoólicas fermentadas.

INS		Limite máximo (g 100 mL^{-1} ou g 100 g^{-1})
	Acidulantes (reguladores de acidez)	
270	Ácido lático	*quantum satis*
296	Ácido málico	*quantum satis*
330	Ácido cítrico	*quantum satis*
338	Ácido fosfórico, ácido ortofosfórico	0,004
	Antiespumante	
900	Dimetilsilicone, dimetilpolisiloxano, polidimetilsiloxano	0,001
	Antioxidante	
220	Dióxido de enxofre, anidrido sulfuroso	0,005
221	Sulfito de sódio	0,005
222	Metabissulfito de sódio	0,005
223	Metabissulfito de potássio	0,005
225	Sulfito de potássio	0,005
227	Bissulfito de cálcio, sulfito ácido de cálcio	0,005
228	Bissulfito de potássio	0,005
300	Ácido ascórbico	0,03
301	Ascorbato de sódio	0,03
302	Ascorbato de cálcio	0,03
303	Ascorbato de potássio	0,03
315	Ácido eritórbico, ácido isoascórbico	0,01
316	Eritorbato de sódio, isoascorbato de sódio	0,01
539	Tiossulfato de sódio	0,005
	Estabilizante	
405	Alginato de propileno glicol	0,007
414	Goma arábica, goma acácia	*quantum satis*
415	Goma xantana	*quantum satis*
440	Pectina, pectina amidada	*quantum satis*
461	Metilcelulose	*quantum satis*
464	Hidroxipropilmetilcelulose	*quantum satis*
466	Carboximetilcelulose sódica	*quantum satis*

Fonte: ANVISA (2014).

8.4 MICROBIOLOGIA

As caraterísticas organolépticas, principalmente o aroma e o sabor, das bebidas alcoólicas estão diretamente relacionadas com o tipo de levedura utilizada no processo fermentativo. O etanol é o principal produto excretado pelas leveduras durante a fermentação; entretanto, esse álcool apresenta baixa influência no sabor da bebida. Os compostos que conferem aroma e sabor à bebida são formados no metabolismo secundário da levedura (GUERRA, 2010).

As leveduras empregadas no processo de fermentação do hidromel pertencem ao gênero *Saccharomyces*. Elas devem apresentar alta velocidade de fermentação, tolerância à elevada concentração de álcool, açúcares e ácidos orgânicos, elevado poder floculante, além de produzir compostos aromáticos que contribuam com o aroma e o sabor da bebida (BRUNELLI, 2015).

Quanto à flora indesejável, as leveduras selvagens e as bactérias contaminantes, principalmente as produtoras de ácido lático são relevantes. As leveduras selvagens são qualquer espécie de levedura distinta do cultivo utilizado na produção do hidromel, sendo que podem ser originárias das matérias-primas, equipamentos e do próprio ambiente. Já as bactérias contaminantes podem produzir ácidos lático e acético, dióxido de carbono, etanol, glicerol e diacetil. As contaminações podem influenciar negativamente na velocidade de fermentação, atenuação limite, produção de álcool, floculação da levedura, no sabor e no amora da bebida (GUERRA, 2010; BRUNELLI, 2015).

8.5 PROCESSAMENTO

O método básico para a elaboração de hidromel (Figura 8.1), com teor alcoólico em torno de 12 % v/v, consiste na diluição do mel em água para obter um mosto com teor de sólidos solúveis de 22 °Brix (JOSHI et al., 1990).

8.5.1 Preparo do mosto

No processamento do hidromel, as diluições (mel:água) mais usuais são 1:0,5; 1:1; 1:2 e 1:3. As misturas (1:0,5 e 1:1) que contêm concentrações mais elevadas de açúcar podem ocasionar a inibição da levedura alcoólica, em razão da pressão osmótica excessiva; assim, é necessário fracionar a quantidade de mel durante o processo de fermentação (SROKA; TUSZYŃSKI, 2007). Caso o mel esteja cristalizado, poderá ser aquecido até 60-65 °C para sua liquefação, antes da sua diluição em água.

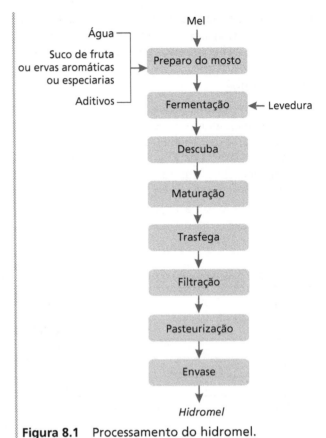

Figura 8.1 Processamento do hidromel.

Fonte: Adaptado de Gupta e Sharma (2009).

Na elaboração de hidroméis com frutas (*Melomel, Cyser*) ou ervas aromáticas (*Metheglin*), é nessa etapa em que a polpa ou o suco de frutas (maçã, damasco, pêssego, ameixa, uva, mirtilo, framboesa, cereja, groselha, etc.) entra no processo (GUPTA, SHARMA; 2009).

É importante manter o valor do pH do mosto dentro de uma faixa de 3,7 – 4,0 para iniciar a fermentação (MCCONNELL; SCHRAMM, 1995). Os aditivos indicados para o ajuste do pH são o carbonato de cálcio, carbonato de potássio, bicarbonato de potássio, ácido tartárico, cítrico ou lático (Tabela 8.8). Os sais apresentam reação alcalina e elevam o pH do mosto, porém, quando em excesso, podem conferir um sabor amargo-salgado superior ao aceitável (MCCONNELL; SCHRAMM, 1995). A adição de ácidos orgânicos, além de reduzir o pH do mosto, favorece o crescimento das leveduras, auxilia no controle de microrganismos contaminantes e promove o equilíbrio da acidez fixa na bebida final.

Com o intuito de favorecer o metabolismo da levedura alcoólica, diferentes nutrientes podem ser adicionados ao mosto. Gupta e Sharma (2009) recomendam que, para cada litro de mosto, deve-se adicionar 5 g de ácido cítrico; 1,5 g de fosfato de monoamônio; 1g de bitartarato de potássio; 0,25 g de cloreto de magnésio e 0,25 g de cloreto de cálcio, além de 100 ppm de SO_2. O enriquecimento do mosto com sais é uma prática tecnologicamente adequada e está prevista na legislação brasileira.

O mel é deficiente em nitrogênio, minerais e nutrientes importantes para o crescimento das leveduras; o que pode comprometer a fermentação alcoólica (GUPTA; SHARMA, 2009). Por isso, é necessário o emprego de suplementos nutricionais com a finalidade de otimizar as condições de fermentação (MENDES-FERREIRA et. al., 2010). De acordo com Morse (1980), a adição de ingredientes nutricionais em mosto de hidromel reduz o tempo de fermentação, evita o desenvolvimento de microrganismos contaminantes responsáveis pela produção de odores indesejáveis e, além disso, favorece o aumento da vida útil do produto. A Tabela 8.9 mostra as diferentes formulações de suplementos nutricionais que podem ser usados na produção de hidromel, em países da Ásia e Europa.

Tabela 8.9 Suplementos nutricionais usados na produção de hidromel.

País	Preparação do mosto	Tempo de fermentação (dias)	Levedura	Temperatura de fermentação (°C)
Índia	$C_6H_{12}O_6$ $MgSO_4$ $ZnSO_4$ KH_2PO_4 Extrato de levedura Peptona	> 90	*S. cerevisiae*	18-30
Portugal	$(NH_4)_2HPO_4$	5	*S. cerevisiae* (QA23 3 ICV D47)	25
Portugal	Supplemento 1: nutrientes comerciais (Enovit®) e $C_4H_6O_6$. Supremento 2: $NH_4H_2PO_4$ $KNaC_4H_4O_6.4H_2O$ $MgSO_4.7H_2O$ $CaSO_4$ $C_4H_6O_6$ Bentonita	25-30	*S. cerevisiae*	20-22
Portugal	Ácido málico $(NH_4)_2HPO_4$	11-14	*S. cerevisiae* UCD522	25
Portugal	Nutrientes comerciais SO_2	15	*S. cerevisiae* ph.r. *bayanus* PB2002	20-25 e 30
Eslováquia	Sem adição	60-90	*Saccharomyces*	15-22
Espanha	$K_2S_2O_5$ Pólen		*S. cerevisiae, ENSIS-LES®*	25

Fonte: Adaptado de Iglesias et al. (2014).

A adição de grão de pólen (10 a 50 g L^{-1}) no mosto do hidromel pode promover uma melhora nas taxas de fermentação, na produção de álcool e nos atributos sensoriais da bebida; além disso, o uso do pólen proporciona a redução da acidez total na bebida (ROLDA'N et al., 2011). O uso de mel com maior quantidade de pólen em sua composição resulta em uma fermentação mais rápida, pois os pólens são fornecedores de compostos nitrogenados para as leveduras (VIDRIH; HRIBAR, 2007).

Há estudos científicos que recomendam o preaquecimento do mosto antes da fermentação, para pasteurizá-lo. Esse tratamento térmico ocasiona o aumento na vida de prateleira da bebida (UKPABI, 2006).

No entanto, o tratamento térmico é capaz de alterar a capacidade antioxidante do produto final, pois altera os perfis de seus compostos fenólicos (WINTERSTEEN et al., 2007).

Outros métodos menos agressivos com o intuito de reduzir a carga microbiana do mosto estão sendo recomendados, tais como o uso de sais de metabissulfito de sódio ou potássio, os quais liberam dióxido de enxofre, que inibem ou podem eliminar a maioria dos microrganismos (MCCONNEL; SCHRAMM, 1995; ROLDA'N et al., 2011).

8.5.2 Fermentação

As leveduras usadas na produção de hidromel devem ser cepas utilizadas na produção de vinho ou cerveja, pois conferem aroma e sabor agradáveis à bebida. Há diversas cepas diferentes de leveduras enológicas, em sua maioria da espécie *Saccharomyces cerevisiae* (SCHULLER; CASAL, 2005). Entretanto, as leveduras para a produção de hidromel devem apresentar a habilidade de propagação em meios com elevada concentração de açúcares (PEREIRA et al., 2009).

O processo fermentativo mais comum é descontinuo e a temperatura indicada é de 18 °C (GUPTA; SHARMA; 2009). De acordo com Sroka e Tuszynski (2007), a quantidade de levedura seca ativa para iniciar a fermentação não pode ser inferior a 0,5 % m/v. Barone (1994) sugere a utilização de fermento seco na concentração entre 0,20 e 0,30 g L^{-1}.

Pereira et al. (2014) informam que quanto maior o inóculo (10^8 UFC mL^{-1}), menor será o tempo de fermentação; entretanto, a clarificação do hidromel é prejudicada. Em contrapartida, estes autores afirmam que o uso de menor concentração de inóculo (10^5 UFC mL^{-1}) resultam em uma bebida com maior concentração de compostos que interferem beneficamente no perfil aromático, tais como alcoóis superiores, ésteres, fenóis voláteis e ácidos graxos voláteis.

O alto teor de açúcar no mosto pode interferir nessa etapa, pois a fermentação tende a ser mais lenta; isto pode desencadear a refermentação do mosto por bactérias, as quais produzem ácido lático e acético. Estes compostos podem elevar o teor de acidez e a produção de ésteres voláteis (CASELLAS, 2005).

Pereira et al. (2009) e Mendes-Ferreira et al. (2010) avaliaram o desempenho fermentativo de cepas de *Saccharomyces cerevisiae* na elaboração de hidromel. Os resultados não apontaram diferença significativa no desempenho fermentativo das leveduras, sugerindo que a seleção de leveduras deve estar associada às caraterísticas sensoriais do produto.

A Figura 8.2 mostra a cinética de consumo de substrato de cinco tipos de levedura alcoólica durante a fermentação de hidromel. Observa-se que a levedura recomendada para a produção de hidromel apresenta o melhor desempenho cinético, bem como é a mais eficiente na conversão de açúcar em álcool. A levedura de panificação apresenta a pior performance tanto na cinética como na eficiência fermentativa. As demais leveduras apresentam desempenho intermediário. Em relação às caraterísticas sensoriais, o hidromel produzido com levedura de vinho branco apresenta uma maior aceitação e o inverso ocorre com a bebida elaborada com fermento de panificação.

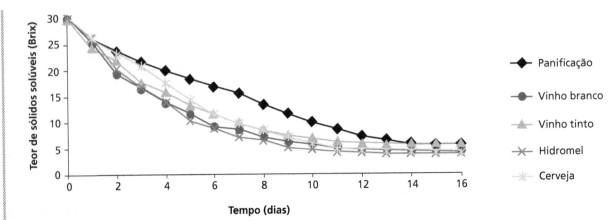

Figura 8.2 Cinética de consumo de substrato dos cinco tipos de fermentos (panificação, vinho branco, vinho tinto, hidromel e cerveja) na produção de hidromel.

Fonte: BRUNELLI (2015).

A temperatura é um fator relevante na etapa de fermentação, na Tabela 8.9 observa-se que para cada tipo de levedura, há uma temperatura ótima apropriada. Na elaboração de vinhos, temperaturas mais baixas proporcionam alto rendimento alcoólico e interferem na formação de ésteres responsáveis pelo aroma frutado. Para a levedura *S. cerevisiae,* as taxas mais elevadas de fermentação são obtidas em temperaturas entre 20 e 30 °C, enquanto as temperaturas inferiores a 15 °C estão associadas a reduções significativas na sua velocidade. No entanto, é importante observar que a taxa de fermentação também diminui quando a temperatura é superior a 30 °C. A fim de otimizar a velocidade de fermentação e obter uma bebida com ótimas caraterísticas químicas (concentração de etanol entre 11,5% a 12,3%, ácido acético 0,10-0,65 g L^{-1}, glicerol 6,0 a 7,0 g L^{-1}, glucose 2,5 a 3,5 g L^{-1}, frutose 5,0 a 10,0 g L^{-1}), é importante que a fermentação ocorra a 24 °C (GOMES et al., 2013).

A fermentação é dada por encerrada com a estabilização do teor de sólidos solúveis (°Brix) do fermentado.

8.5.3 Descuba

Com o término da fermentação alcoólica, cessa o desprendimento de gás carbônico, o que favorece a sedimentação de partículas em suspensão, tais como células de leveduras, sais insolúveis, proteínas, polifenóis, clarificadores, entre outros, resultando em um fermentado mais límpido. Esses depósitos, que recebem a denominação de borra, são indesejáveis, por serem fontes de contaminação e por favorecer reações químicas e bioquímicas, as quais podem originar substâncias causadoras de aroma e sabor impróprios à bebida (MANFROI, 2010).

A descuba é uma etapa indispensável ao processo de elaboração de hidromel, pois é a operação que consiste na separação da borra (sólido) do fermentado (líquido). A remoção da fração líquida de um fermentador para outro recipiente é realizada pela gravidade ou por meio do bombeamento. Está operação deve ser realizada após sete a dez dias do término da fermentação; nesse período a borra já se depositou no fundo do recipiente e o líquido permanece por um tempo mínimo em contato com ela, não havendo prejuízos para a qualidade da bebida.

8.5.4 Maturação

O fermentado, após a descuba, é mantido em repouso para maturar, na ausência de ar, a uma temperatura entre 10 a 12 °C, por um a seis meses, em recipiente equipado com botoque hidráulico ou válvula de Müller (GUPTA; SHARMA; 2009).

Essa etapa é importante na produção da bebida, principalmente em relação ao desenvolvimento de compostos aromáticos que irão compor o buquê do hidromel. Nessa fase, o processo de clarificação da bebida continua em função da sedimentação dos sólidos em suspensão.

É necessário cuidado com os teores de acetato de etila, pois esse composto em concentração elevada pode conferir odor de solvente na bebida final (MENDES-FERREIRA et al., 2010). Os teores de acetato de etila estão diretamente relacionados aos de ácido acético; assim, hidroméis com maiores valores de acidez volátil apresentam concentrações mais acentuadas de acetato de etila (ROLDA'N et al., 2011).

8.5.5 Trasfega e clarificação

Após a maturação, o fermentado é trasfegado, isto é, o líquido é transferido para outro recipiente, separando-o da borra depositada no fundo do recipiente. A época e a quantidade de trasfegas realizadas na produção do hidromel ficam a cargo do técnico responsável pelo processamento, entretanto podem variar com as caraterísticas da matéria-prima, do tipo de bebida, da metodologia de elaboração (uso de agente clarificante), da temperatura da maturação e do tipo de recipiente.

Nos Estados Unidos e na Europa, a primeira trasfega do hidromel é realizada no período de um a três meses após a descuba. A segunda trasfega, dentro de quatro a seis meses após a primeira, seguida do engarrafamento (UKPABI, 2006).

A clarificação do hidromel, além das operações de trasfega, pode ser beneficiada com o emprego da filtração e o uso de agentes clarificantes. A filtração tem a finalidade de remover leveduras e material em suspensão. Além da filtração, a clarificação do hidromel pode ser feita mediante uso de agentes clarificantes, como a argila bentonita; neste caso, os sólidos insolúveis da bebida são removidos por sedimentação. Esses processos de clarificação podem ser empregados isoladamente ou em conjunto (GUPTA; SHARMA; 2009).

8.5.6 Operações finais

Segundo Ukpabi (2006), a vida de prateleira do hidromel pode ser prolongada quando se realiza trasfega e filtração, além do acondicionamento em garrafas de vidro hermeticamente fechadas, a fim de garantir condição de anaerobiose à bebida.

Outra operação recomendada ao processo de obtenção de hidromel é a pasteurização, na qual a bebida é mantida na temperatura de 62,5 °C por 15 minutos ou 63 °C por cinco minutos e envase a quente, para aumentar a vida de prateleira da bebida (GUPTA; SHARMA; 2009; MORSE, 1980).

Rivaldi et al. (2009) armazenaram hidromel em garrafões de vidro e em tonel de carvalho, com a finalidade de avaliar as diferenças nas caraterísticas sensórias da bebida. Os hidroméis envelhecidos em tonel de carvalho apresentaram caraterísticas sensoriais mais aceitáveis em relação aos envelhecidos em frasco de vidro.

8.5.7 Problemas associados com a produção de hidromel

Durante a etapa de fermentação, podem ocorrer diversos problemas, sendo que os mais comuns são teores alcoólicos inferiores do pretendido e processo de fermentação longo, tendo como consequência a heterogeneidade do produto final (PEREIRA et al., 2014; REDDY et al., 2008).

A ocorrência da fermentação secundária por leveduras selvagens e/ou bactérias contaminantes resulta na produção de ácido lático e ácido acético, aumentando a produção de ésteres voláteis indesejáveis e, como consequência, o surgimento de aroma desagradável (RAMANHOSA, 2013; CASELLAS, 2005). Os compostos indesejáveis mais rotineiros associados com sabores estranhos (*off-flavor*) são acetato de etila, ácido octanóico e ácido hexanóico. A combinação desses compostos modifica negativamente a qualidade sensorial do hidromel.

De acordo com o descrito por Gupta e Sharma (2009), a metodologia convencional usada na produção de hidromel, que envolve longos períodos de exposição do mosto, mel e da bebida acabada ao calor, está diretamente relacionada com a produção de sabor desagradável (sabor de borracha e resina).

Além disso, a presença de leveduras remanescentes no produto após a fermentação, devida a procedimentos de filtração ineficazes, pode produzir odores indesejáveis, entre os quais os de ésteres, ácidos ou de sulfeto de hidrogênio, este último associado ao odor de ovo podre (BOYLE, 2013).

8.6 QUALIDADE DO HIDROMEL

De acordo com KAHOUN et al. (2008), os parâmetros mais importantes para avaliar a qualidade hidromel são o hidroximetilfurfural (HMF) e conteúdo fenólico. O HMF é um aldeído cíclico formado pela degradação de açúcares, resultando na redução do valor nutricional do mel e, consequentemente, do hidromel. Esse composto resulta da desidratação de hexoses em condições ácidas e a sua cinética de formação varia diretamente com a temperatura, assim é um indicador de sobreaquecimento e armazenamento em condições impróprias do mel e do hidromel (FALLICO et al., 2008; KAHOUN et al., 2008; VARGAS, 2006).

A ausência da maioria dos compostos fenólicos comuns (miricetina, triacetina, quercetina) é indicadora de aquecimento excessivo durante a produção do mel e do hidromel. A detecção de concentrações mais elevadas de alguns compostos fenólicos, como a vanilina, pode ser indicativa de adulteração (RAMALHOSA et al., 2011).

Entretanto, na legislação brasileira, mais precisamente nos padrões de identidade e qualidade (PIQ) do hidromel (BRASIL, 2012), não há referência para as determinações de HMF e compostos fenólicos nessa bebida.

8.7 CONCLUSÃO

O hidromel é uma bebida pouco conhecida do público brasileiro e também pouco estudada pelos tecnólogos de alimentos deste país. Estudos devem ser feitos na área econômica e da tecnologia de produção da bebida. Trabalhos sobre a viabilidade econômica de projetos de produção de hidromel serão bem-vindos, para que o empreendedor, seja ele apicultor ou não, obtenha lucro com esse tipo de atividade. Pesquisas sobre as matérias-primas (mel e água), agentes de fermentação (cepas apropriadas de leveduras) e processamento (uso de novas tecnologias) devem ser feitas com o intuito de melhorar a qualidade e o desenvolvimento de padrões para o hidromel.

BIBLIOGRAFIA

ANVISA Agência Nacional de vigilância Sanitária. **Anvisa disponibiliza consolidado da legislação brasileira de aditivos alimentares.** 2014. Disponível em: <http://portal.anvisa.gov.br/wps/wcm/connect/d1b6da0047457b-4d880fdc3fbc4c6735/PORTARIA_540_1997.pdf?MOD=AJPERES>. Acesso em: 20 jun. 2015.

ANKLAM, E. A review of the analytical methods to determine the geographical and botanical origin of honey. **Food Chemistry,** Barking, v. 63, n. 4, p. 549-562, 1998.

ARRÁEZ-ROMÁN, D. et al. A. Identification of phenolic compounds in rosemary honey using solid-phase extraction by capillary electrophoresis–electrospray ionization-mass spectrometry. **Journal of Pharmaceutical and Biomedical Analysis,** Münster, v. 41, p. 1648-1656, 2006.

BARONE, M. C. **Influência da condução do processo de fermentação sobre a qualidade e produtividade do hidromel.** 1994. 156f. Dissertação (Mestrado) – Escola Superior de Agricultura "Luiz de Queiroz", Universidade de São Paulo, Piracicaba, 1994.

BERRY, B. **The global mead market:** opportunities for canadian mead exporters. Ottawa, Ontário; Agriculture and Agri-Food Canada, 2007. Disponível em: <http://www.agr.gc.ca/eng/programs-and-services/list-of-programs-and-services/agri-food-trade-service/?id=1410965065217>. Acesso em: 10 maio 2014.

BERTONCELJ, J.; DOBERSˇEK, U.; JAMNIK, M.; GOLOB, T. Evaluation of the phenolic contente, antioxidante activity and colour of Sloveian honey. **Food Chemistry,** Oxford, v. 105, p. 822-828, 2007.

BOGDANOV, S. The Book of Honey: physical properties of honey. In: BEE-HEXAGON (Cord.).**The book honey.** Physical Properties of Honey. Bee Product Science, 2010, chapter 4, p 1-5. Disponível em: <http://www.beehexagon.net/files/file/fileE/Honey/4PhysicalPropertiesHoney.pdf>. Acesso em: 06 out. 2014.

BOYLE, P. et al. **Alcohol:** science, policy and public health 2013. Oxford: Oxford University Press, 2013.

BRASIL. Ministério da saúde. Agência Nacional de Vigilância Sanitária. Portaria SVS/MS n. 540, de 27 de outubro de 1997. Aprova o Regulamento Técnico: Aditivos Alimentares Definições, Classificação e Emprego. **Diário Oficial República Federativa do Brasil,** Brasília, 28 de outubro de 1997. Disponível em: <http://portal.anvisa.gov.br/wps/wcm/connect/d1b6da0047457b4d880fdc3fbc4c6735/PORTARIA_540_1997.pdf?MOD=AJPERES>. Acesso em: 20 jun. 2015.

BRASIL. Ministério da Agricultura, Pecuária e Abastecimento. Decreto n. 6.871, de 04 de junho de 2009. Regulamenta a Lei n. 8.918, de 14 julho de 1994. Dispõe sobre a padronização, a classificação, o registro, a inspeção, a produção e a fiscalização de bebidas. **Diário Oficial da República Federativa do Brasil,** Brasília, DF, 5 jun. 2009. Disponível em: <http://gpex.aduaneiras.com.br/gpex/gpex.dll/infobase/atos/decreto/decreto6871_09/dec%2006871_09_01.pdf>. Acesso em: 20 nov. 2011.

BRASIL. Ministério da Agricultura, Pecuária e Abastecimento. Instrução Normativa n. 11, de 20 de outubro de 2000. Aprova o Regulamento Técnico de Identidade e Qualidade do Mel. **Diário Oficial da República Federativa do Brasil,** Brasília, DF, 23 out. 2000. Seção 1, p. 23. Disponível em: <http://sistemasweb.agricultura.gov.br/sislegis/action/detalhaAto.do?method=consultarLegislacaoFederal>. Acesso em: 01 fev. 2015.

BRASIL. Ministério da Agricultura, Pecuária e Abastecimento. Instrução Normativa n. 34, de 29 de novembro de 2012. Aprova o Regulamento Técnico de Identidade e Qualidade das bebidas fermentadas: fermentado de fruta; fermentado de fruta licoroso; fermentado de fruta composto; sidra; hidromel; fermentado de cana; saquê ou sake. **Diário Oficial da República Federativa do Brasil,** Brasília, DF, 23 nov. 2012. Seção 1, p. 3.

BRASIL. Ministério da Saúde. Portaria No. 518 , de 25 março de 2004. Estabelece os procedimentos e responsabilidades relativos ao controle e vigência de qualidade da água para consumo humano e seu padrão de potabilidade. **Diário Oficial da República Federativa do Brasil,** Brasilia, DF, 13 de março de 2004. Disponível em: <www.sesp.pa.gov.br/Sus/Portaria/PT2004/portaria0518.htm>. Acesso em: 20 jun. 2015.

BRUNELLI, L.T. **Caracterização físico-química, energética e sensorial de hidromel.** 2015. 156f. Tese (Doutorado em Energia na Agricultura) – Faculdade de Ciências Agronômicas, Universidade Estadual Paulista, Botucatu, 2015.

CASELLAS, G. B. **Effect of low temperature fermentation and nitrogen content on wine yeast metabolism.** 2005. 240f. Tese (Doutorado em Bioquímica e Biotecnologia) – Universitat Rovira i Virgili, Barcelona, Espanha, 2005.

CASTRO-VÁSQUEZ, L.; DÍAZ-MAROTO, M. C.; GONZÁLEZ-VIÑAS, M. A.; PÉREZ-COELLO, M. S. Differentiation of monofloral citrus, roemary, eucalyptus, lavander, thyme and Heather honey based on volatile composition ans sensory descriptive analysis. **Food Chemistry,** Oxford, v. 112, p. 1022-1030, 2009.

CRANE, E. **Bees and beeking:** sciences practice and world resources. New York: Cornell University Press, 1990. 720p.

DE RODRÍGUEZ, G. O.; FERRER, B. S.; FERRER, A. Characterization of honey produced in Venezuela. **Food Chemistry,** Oxford, n. 84, p. 499-502, 2004.

ESCRICHE, I.; VISQUERT, M.; JUAN-BORRÁS, M.; FITO, P. Influence of simulated industrial thermal treatments on the volatile fractions of different varieties of honey. **Food Chemistry**, Oxford, v. 112, p. 329-338, 2009.

ESTEVINHO, L. M; FEÁS, X.; SEIJAS, J. A.; VÁZQUEZ--TATO, M. P. Organic honey from Trás-Os-Montes region (Portugal): Chemical, palynological, microbiological and bioactive compounds characterization. **Food and Chemical Toxicology**, Amsterdam, v. 50, n. 34, p. 258-264, 2012.

ESTEVINHO, L.; PEREIRA A. P.; MOREIRA, L.; LUÍS G. DIAS, L. G.; PEREIRA, E. Antioxidant and antimicrobial effects of phenolic compounds extracts of Northeast Portugal honey. **Food and Chemical Toxicology**, Amsterdam, v. 46, p. 3774-3779, 2008.

FALLICO, B.; ARENA, E.; ZAPPALA, M. Degradation of 5-hydroxymethylfurfural in honey. **Jounal Food Science**, Malden, v. 73, p. 625-631, 2008.

FINOLA, M. S., LASAGNO, M. C., MARIOLI, J. M. Microbiological and chemical characterization of honeys from central Argentina. **Food Chemistry**, Oxford, v. 100, p. 1649-1653, 2007.

GOMES, T.; BARRADAS, C.; DIAS, T.; VERDIAL, J. MORAIS, J. S.; RAMALHOSA, E.; ESTEVINHO; L. M. Optimization of mead production using response surface methodology. **Food and Chemical Toxicology**, Amsterdam, v. 59, p. 680-686, 2013.

GUERRA, C. C. Vinho Tinto. In: VENTURINI FILHO, W. G (Coord.). **Bebidas alcoólicas**: ciência e tecnologia. São Paulo: Blucher, 2010. cap. 11, p 209-233.

GUPTA, J. K.; SHARMA, R. Production technology and quality characteristics of mead and fruit-honey wines: a review. **Natural Product Radiance**, New Delhi, v. 8, p. 345-355, 2009.

IGLESIAS, A.; FEÁS, X.; RODRIGUES, S.; SEIJAS, J. A.;VÁZQUEZ-TATO, M. P.; DIAS, L. G.; ESTEVINHO, L. M. Comprehensive study of honey with protected denomination of origin and contribution to the enhancement of legal specifications. **Molecules Basel**, Basel, v. 17, p. 8561-8577, 2012.

IGLESIAS, A.; PASCOAL, A.; CHOUPINA, A. B.; CARVALHO, C. A.; FEÁS, X.; ESTEVINHO, L. M. Developments in the Fermentation Process and Quality Improvement Strategies for Mead Production. **Molecules Basel**, Basel, v. 19, n. 8, p. 12577, 2014.

JOSHI, V. K.; ATTRI, B. L.; GUPTA, J. K.; CHOPPRA, S. K. Comparative fermentation behaviour. **Indian Journal of Horticulture**, New Delhi, v. 47, p. 49-54, 1990.

KAHOUN, D. et al. Determination of phenolic compounds and hydroxymethylfurfural in meads using high performance liquid chromatography with coulometric–array

and UV detection. **Journal of Chromatography**, Oxford, v. 1202, p. 19-33, 2008.

MANFROI, V. Vinho Branco. In: VENTURINI FILHO, W. G (Coord.). **Bebidas alcoólicas**: ciência e tecnologia. São Paulo: Blucher, 2010. Cap. 7, p. 143-164.

MARCHINI, L. C.; SODRÉ, G. S.; MORETI, A. C. C. C. **Mel Brasileiro**: composição e normas. Ribeirão Preto: A.S. Pinto, 2004. 111p.

LIANDA, R. L. P.; CASTRO, R. N. Isolamento e identificação da morina em mel brasileiro *de Apis mellifera*. **Quimica Nova**, v. 31, n. 6, p. 1472-1475, 2008.

MCCONNELL, D. S.; SCHRAMM, K. D. Mead success: ingredients, processes and techniques. **Zymurgy**, Boulder, v. 4, p. 33-39, 1995.

MENDES, C. G. et al. As análises de mel: revisão. **Revista Caatinga**, v. 22, n. 2, p. 07-14, 2009.

MENDES, B. A.; COELHO, E. M. Considerações sobre características de mel de abelhas – Análises e critérios de inspeção. **Informe Agropecúario**, Belo Horizonte, v. 9, n. 106, p. 56-67, 1983.

MENDES-FERREIRA, A.; COSME, F.; BARBOSA, C.; FALICO, V.; INÊS, A.; MENDES-FAI, A. Optimization of honey--must preparation and alcoholic fermentation by Saccharomyces cerevisiae for mead production. **International Journal of Food Microbiology**, Oxford, v. 144, p. 193-198, 2010.

MORSE, R. A. Mead honey wine: history, recipes, methods and equipment. Ithaca: Wicwas Press, 1980. 127p.

OLAITAN, P. B.; ADELEKE, O. E.; OLA, I. O. Honey: a reservoir for microorganisms and an inhibitory agent for microbes. **African Health Sciences**, Ajol, v. 7, p. 159-165, 2007.

PEREIRA, A. P. R. Caraterização de mel com vista à produção de hidromel. 2008. 81f. Dissertação (Mestrado em Qualidade e Segurança Alimentar) – Escola Superior Agrária de Bragança, Instituto Politécnico de Bragança, Bragança, 2009.

PEREIRA, A. P.; MENDES-FERREIRA, A.; OLIVEIRA, J. M. Effect of Saccharomyces cerevisiae cells immobilisation on mead production. **LWT- Food Science and Technology**, Amsterdan, v. 56, p. 21-30, 2014.

RAMALHOSA, E; GOMES, T.; PEREIRA, P. P; DIAS, T.; ESTEVINHO, L. M. Mead production: tradition versus modernity. **Advances in Food and Nutrition Research**, Amsterdan, v. 63, p. 101-118, 2011.

REDDY, L. V.; REDDY, Y. H. K.; REDDY, L. P. A.; REDDY, O. V. S. Wine production by novel yeast biocatalyst prepared by immobilization on watermelon (Citrullus vulgaris) rind pieces and characterization of volatile compounds. **Process Biochemistry**, London, v. 43, p. 748-752, 2008.

RIVALDI, J. D.; SILVA, M. M.; COELHO , T. C.; OLIVEIRA, C. T.; MANCILHA, I. M. Characterization and sensorial profile of mead produced by *Sacchomyces cerevisiae* IZ 888. **Brazilian Journal of Food Techonology**, Campinas, VII BMCFB, p. 58-63, 2009.

ROLDÁN, A.; MUISWINKEL, G.; LASANTA, C.; PALACIOS, V.; CARO, I. Influence of pollen addition on mead elaboration: Physicochemical and sensory characteristics. **Food Chemistry**, Oxford, v. 126, p. 574-582, 2011.

SILVA, R. N.; QUEIROZ, A. J. M.; FIGUEIREDO, R. M. F. Caracterização físico-química de méis produzidos no Estado do Piauí para diferentes floradas. **Revista Brasileira de Engenharia Agrícola e Ambiental**, Campina Grande, v. 8, n. 2-3, p. 260-263, 2004.

SCHULLER, D.; CASAL, M. The use of genetically modified Saccharomyces cerevisiae strains in the wine industry. Mini-review. **Applied Microbiology Biotechnology**, Münster, v. 68, p. 292-304, 2005.

SROKA, P.; TUSZYŃSKI, T. Changes in organic acid contents during mead wort fermentation. **Food Chemistry**, Oxford, v. 104, p. 1250-1257, 2007.

UKPABI, U. J. Quality evaluation of meads produced with cassava (*Manihot esculenta*) floral honey under farm conditions in Nigeria. **Tropical and Subtropical Agroecosystems**, Mérida, v. 6, p. 37-41, 2006.

VALBUENA, A. O. **Contribución a la denominación de origen de la miel de la Alcarria**. 1992. 250f. Tese (Doutorado em Biología) – Facultad de Ciencias Biológicas de La Universidad Complutense de Madrid, Madrid, 1992.

VARGAS, T. **Avaliação da qualidade do mel produzido na Região dos Campos Gerais do Paraná**. 2006. 134f. Dissertação (Mestrado em Ciências e Tecnologia dos Alimentos) – Universidade Estadual de Ponta Grossa, Ponta Grossa, 2006.

VIDRIH, R.; HRIBAR, J. Studies on the sensory properties of mead and the formation of aroma compounds related to the type of honey. **Acta Alimentaria**, Budapest, v. 36, n. 2, p. 151-162, 2007.

WHITE, J. W. Physical characteristics of honey. In: CRANE, E. **Honey a comprehensive survey**. London: Heinemann, 1975. cap. 6, p. 207-239.

WINTERSTEEN, C. L.; ANDRAE, L. M.; ENGESETH, N. J. Effect of Heat treatment on antioxidant capacity and flavor volatiles of mead. **Journal of Food Science**, Malden, v. 70, p. 119-126, 2007.

9

SIDRA

ALESSANDRO NOGUEIRA
GILVAN WOSIACKI

9.1 HISTÓRICO

O processo de fermentação de mosto de maçã visando a obtenção de uma bebida alcoólica já era praticado no Mediterrâneo Oriental, há mais de 2000 anos (JARVIS et al., 1995, apud LAPLACE et al., 2001). Em documentos antigos, podem ser encontrados termos como "Sikéra" (grego) e "Sicera" (latim), descritos por Plínio no século I (Histoire Naturelle) e por Hipócrates, Patrono da Medicina, no século V, relacionados a bebidas fermentadas à base de maçãs e peras (ROBIN; DE LA TORRE, 1988).

Na França, a região oeste detém a reputação de produzir a melhor sidra disponível no mercado consumidor, mas teve sua época áurea em meados do século XIII, quando as vinhas foram substituídas por pomares de maçã, em face das condições edafoclimáticas da região. Apresentou, entretanto, fases de declínio de produção e consumo, logo após a Primeira Guerra Mundial (1914-18), por causa da migração dos camponeses aos centros urbanos. A marcada preferência dos soldados pelo vinho deixou também reflexos de seus hábitos nas regiões francesas da Bretanha e da Normandia. Mais tarde, já na década de 1960, o declínio do consumo da sidra foi influenciado pelo desenvolvimento da produção de cerveja, porém ainda consiste na terceira bebida fermentada mais consumida (DRILLEAU, 1991a; LEA; DRILLEAU, 2004).

9.2 DEFINIÇÕES E CARACTERÍSTICAS

Na América do Norte e na Inglaterra, o termo inglês *cider* se refere ao suco turvo de maçãs consumido sem tratamento térmico e o *hard cider* corresponde ao mesmo produto, porém fermentado. Em países como a França, o termo francês *cidre*, na Espanha e no Brasil *sidra*, é exclusivamente reservado ao produto fermentado (LEA; DRILLEAU, 2004). Na Alemanha, o produto semelhante à sidra pode ser encontrado na região de Trier, sendo conhecido pelo nome de Viez e considerado um desvio tecnológico do fermentado de maçã "Apfelwein" (POSSMANN, 1992).

Na França, Alemanha, Espanha e Brasil, as definições são restritas por legislação e as características de qualidade dos produtos são bem diferentes (Tabela 9.1). O mínimo de álcool na Alemanha é 5% (v/v), não havendo explicitação de valor máximo; na França aquele valor é 4% (v/v). No Brasil e na Inglaterra, o máximo de álcool pode chegar a 8% (v/v). As sidras francesas são caracterizadas pelo sabor suave, adstringente (tanínicos) e aromas frutados, entretanto, em países de língua germânica (Alemanha e Suíça), as sidras são relativamente mais secas e ácidas. Na Espanha, principalmente na região de Astúrias, a preferência é por um produto com aroma pungente com predominância do ácido acético. No Brasil o produto é suave, pouco aromático e com baixa acidez, uma vez que é produzido essencialmente de maçãs de mesa (MANGAS et al., 1999; LEA, 1995; LEA; DRILLEAU, 2004; NOGUEIRA, 2003).

Tabela 9.1 Diferenças nas especificações dos padrões de identidade e qualidade da sidra em alguns países europeus e no Brasil.

Adição de açúcar fermentescível (e concentrados)	
Inglaterra:	Permite *ad liv** (a)
França:	Não permite, mas concentrados podem ser adicionados até 50% (b)
Alemanha:	Permite até a densidade máxima de 1.055 kg.m^{-3}(b)
Brasil:	Permite adicionar a mesma quantidade de açúcares presentes no mosto (c)
Grau alcoólico	
Inglaterra:	1,2% mínimo e 8,5% máximo (a)
França:	1,5% mínimo (3% máximo para sidra doce) (b)
Alemanha:	5% mínimo (b)
Brasil:	4% mínimo e 8% máximo (c)
Adição de ácidos	
Inglaterra:	Permite *ad liv.* málico, cítrico, tartárico, lático (a)
França:	Permite somente: cítrico, málico (máximo de 5 g.L^{-1}) (b)
Alemanha:	Permite somente lático (máximo de 3 g.L^{-1}) (b)
Brasil:	Permite os aprovados pelo Ministério da Agricultura, com teores no produto final mínimo de 3 g.L^{-1} e máximo 8 g.L^{-1}, com acidez expressa em ácido málico (c)
Adoçantes	
Inglaterra:	Permite *ad liv* de açúcares e adoçantes (a)
França:	Permitidos somente em suco de maçã. Residuais na sidra são os seguintes: semisseca 28-42 g.L^{-1}; seca < 28 g.L^{-1}; doce >35 g.L^{-1} (b)
Alemanha:	Permite somente açúcares (máximo de 10 g.L^{-1}) (b)
Brasil:	Permite os aprovados pelo Ministério da Agricultura. Residuais na sidra são os seguintes: seca ≤ 20 g.L^{-1}; doce ou suave ≥ 20 g.L^{-1} (c)
Corantes	
Inglaterra:	Todos os corantes de alimentos são permitidos (a)
França:	Permite Cochinel e caramelo (b)
Alemanha:	Pequenas quantidades de caramelo somente (b)
Brasil:	Permite os aprovados pelo Ministério da Agricultura (c)
Açúcar livre no extrato seco	
Inglaterra:	13 g.L^{-1} mínimo (a)
França:	16 g.L^{-1} mínimo (b)
Alemanha:	18 g.L^{-1} mínimo (b)
Brasil:	15 g.L^{-1} mínimo (c)

Fonte: (a) NACM 1998; (b) Lea 1995; (c) Brasil. Decreto n. 3.510, de 16 de junho de 2000. Norma de identidade e qualidade das sidras. Diário Oficial da União. Brasília; Nogueira, 2003.

Nota: *ad liv: adicionado livremente.

Na França, a bebida tem a seguinte definição legal:

Nenhuma bebida pode ser transportada com o objetivo de venda, colocada à venda ou vendida, sob o nome de sidra, se ela não provém exclusivamente da fermentação do suco de maçãs frescas ou de uma mistura de maçãs e peras frescas, extraídas com ou sem adição de água potável (LEA; DRILLEAU, 2004).

No Brasil, a definição legal a qualifica como:

Sidra é a bebida com graduação alcoólica de quatro a oito por cento em volume, a vinte graus Celsius, obtida pela fermentação alcoólica do mosto de maçã, podendo ser adicionada de suco de pera, em proporção máxima de trinta por cento, sacarose não superior aos açúcares da fruta e água potável (BRASIL, 2000).

Na Inglaterra, a sidra é definida como:

Bebida obtida por parcial ou completa fermentação do suco de maçãs...ou concentrado de maçãs... com ou sem a adição, antes da fermentação, de açúcares e água potável (NACM, 1998).

Pela legislação brasileira, a sidra é um produto que pode ser obtido pela fermentação alcoólica do mosto de maçãs. Trata-se, pois, de um fermentado de fruta semelhante ao de uva, porém com menor concentração alcoólica. Como nos demais fermentados de fruta, deve ser obtida a partir de material fresco e sadio, podendo ser adicionados açúcares como sacarose, glucose e frutose (açúcar invertido) até, no máximo, a mesma quantidade de açúcar contida na fruta. A legislação também determina os produtos que podem ser utilizados na fabricação da sidra, como gás carbônico industrial, conservantes, como ácido sórbico (0,02%) e dióxido de enxofre (0,045%), e acidulantes, como ácido cítrico (0,5%) e lático (0,5%).

9.3 PAÍSES PRODUTORES

O maior produtor mundial de sidra é a Inglaterra (480 milhões de litros), com uma região produtora situada nos condados de Hereford e Worcester. A produção na França, de 115 milhões de litros, está restrita às Regiões da Bretanha e Normandia. A maior parte do processamento de sidra na Alemanha, de cerca de 100 milhões de litros, está localizada no eixo Trier/Frankfurt. Outras produções ainda expressivas existem no norte da Espanha (70 milhões de litros), na República da Irlanda (45 milhões de litros), mas em alguns países como Brasil, Bélgica, Áustria, Suíça, Suécia, Finlândia, África do Sul, Austrália, Canadá, Argentina e Chile a produção é pequena. Nos Estados Unidos, o consumo de *hard cider* foi elevado no século XIX, e após um considerável declínio, sua disponibilização no mercado consumidor vem aumentando rapidamente, tendo atingido uma produção da ordem de 12 milhões de litros em 1998. Há que se levar em conta, todavia, que são produzidos 100 milhões de litros de fermentado de maçã para conversão direta em vinagre (LEA, 1989; LEA; DRILLEAU, 2004), o que torna os Estados Unidos o maior produtor mundial desse produto.

O consumo de sidra apresenta uma característica interessante nesse país: apesar de estar disponível no mercado consumidor durante todo o ano, apenas é consumida nas festas de final de ano. Nessas ocasiões, o consumo de sidra compete com o de vinhos espumantes, do tipo champanha, assim como com outras bebidas gaseificadas (WOSIACKI et al., 1997).

9.4 PROCESSAMENTO

No Brasil, conforme pode ser observado na Figura 9.1, as frutas destinadas ao processamento da sidra são provenientes do descarte comercial, frutas que não apresentaram aspectos desejáveis para o consumo *in natura*, no momento da colheita ou após um período de armazenamento em câmaras frias. Em seguida, são selecionadas para eliminação daquelas contaminadas ou deterioradas, lavadas com água por aspersão ou imersão e, posteriormente, trituradas em moinhos de martelos. Após a trituração, é realizada a extração em prensas de pistão ou de esteiras e o mosto obtido é beneficiado com a adição de enzimas pectinolíticas nas dosagens recomendadas pelos fabricantes, além da primeira sulfitagem, com 30-50 mg.L^{-1} de anidrido sulfuroso. Após a despectinização e precipitação, em cerca de 24 horas, o mosto é trasfegado e a borra encaminhada para nova prensagem, usualmente em filtro prensa.

Algumas indústrias, após a clarificação, adicionam até 80% de água, mediante o uso de uma solução contendo açúcar líquido, ativadores de fermentação, como sais de amônio, vitaminas, ergosterol e ácidos graxos insaturados, e ácido cítrico com o objetivo de aumentar o rendimento de sidra. Esta prática de adição de água é permitida pela legislação brasileira (Decreto n. 6.871 de 4/06/2009), além de descaracterizar e prejudicar a qualidade do produto final.

Na sequência, o mosto é deixado para fermentar naturalmente com as leveduras presentes na fruta ou recebe o inóculo sob a forma de levedura seca ativa a uma razão de 20 g.hL^{-1}, que corresponde a uma população inicial de aproximadamente $2,0 \times 10^6$ ufc.mL^{-1}. A fermentação alcoólica ocorre em dornas à temperatura ambiente durante os meses de fevereiro, março e abril, ou seja, durante o final do verão e início do outono no Hemisfério Sul. Ao término da fermentação, com a transformação total dos açúcares em etanol e CO_2, o fermentado de maçã é filtrado e transferido para outros tanques onde, após o atesto, permanece durante o período de maturação de, no mínimo, 30 dias, quando ocorrem as fermentações secundárias.

Completada a maturação é adicionada a sacarose, com variações de 75 a 100 g.L^{-1} e, caso seja necessário, é corrigida a acidez com ácido lático; os agentes de conservação utilizados compreendem o metabissulfito de potássio, com 20 a 80 mg.L^{-1} de SO_2 livre e o sorbato de potássio na concentração permitida pela legislação (WOSIACKI et al., 1997).

O fermentado é então clarificado por colagem, geralmente com gelatina ou caseína, com bentonita como coadjuvante. As fases seguintes são a estabilização do produto por tratamento térmico, a dissolução de CO_2 (3-5 bar) no produto à baixa temperatura, o engarrafamento em embalagens de vidros resistentes à alta pressão, o enrolhamento e a rotulagem.

Na Figura 9.1, estão sumarizadas as principais etapas do processamento explicitando-se as diferenças na fabricação da sidra brasileira e da francesa. A sidra brasileira tem sua produção exclusivamente em indústrias de grande porte, enquanto a sidra francesa pode ser obtida em pequenos, médios e grandes produtores, os quais se diferenciam, segundo Christen e LéQuéré (2002), em: **pequenos produtores,** compram a matéria-prima ou as produzem em pequena quantidade; utilizam apenas o suco puro; gaseificação natural na garrafa e sem tratamento térmico; **médios produtores,** utilizam o suco puro, gaseificação artificial (em geral) e sem uso de calor; **grandes ou industriais,** a gaseificação artificial; pasteurização; difusão do bagaço com água após a prensagem; o suco de difusão é reintegrado ao processo.

O processamento de sidra praticado no Brasil é detalhado a seguir e comparado com aquele utilizado na França, com o qual se obtêm produtos de elevada qualidade, e reconhecimento internacional. Assim, é possível identificar pontos de divergência que, sanados, podem contribuir com uma similaridade tecnológica e, consequentemente, produtos melhores com certa semelhança, respeitada a preferência dos consumidores.

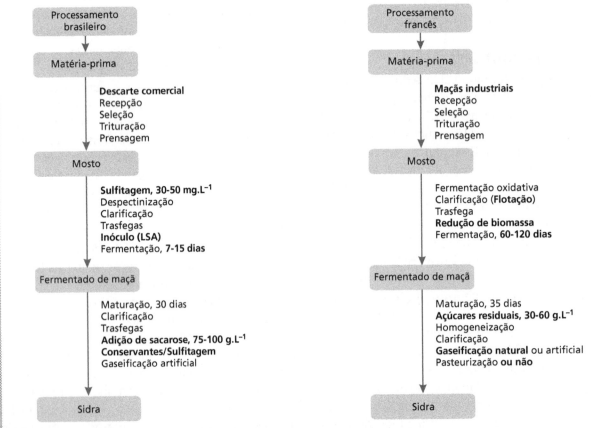

Figura 9.1 Diferenças entre o processamento da sidra brasileira e da francesa.

Fonte: Wosiacki et al. (1997); LeQuéré; Drilleau (1993); Nogueira (1998).
Nota: as principais diferenças estão indicadas em negrito.

9.4.1 Preparação do substrato de fermentação

9.4.1.1 A matéria-prima

A produção brasileira de maçã, em termos comerciais, está localizada nos estados sulinos do país, compreendendo as regiões de elevada altitude no sul e sudoeste do Paraná, a região serrana de Santa Catarina e a Serra Gaúcha no Rio Grande do Sul, com um clima subtropical. As contribuições de outras regiões, conquanto existam, são pequenas. O período que compreende a safra brasileira inicia com a colheita das cultivares precoces em meados de dezembro, nas regiões com um clima mais ameno, o que coincide com o início do verão e se estende até meados de abril, atingindo assim o início do outono. A colheita, manual, leva em consideração a fragilidade da ligação entre o pedúnculo e o ramo, indicativo prático do grau de maturidade da fruta, e é feita por pessoal treinado, munido de vestimenta adequada para colher as maçãs e, posteriormente, depositá-las em caixotes denominados *bins*, sem prejuízos para a sua qualidade, uma vez que são destinadas ao consumo *in natura*.

As frutas consideradas como industriais, ou matéria-prima, no Brasil, são aquelas que não têm valor comercial por apresentarem defeitos fisiológicos, morfológicos e fitopatológicos: tamanho pequeno, má distribuição de cor, formas inadequadas, marcas de cicatrizes e injúrias mecânicas, isto é, frutas inadequadas para o comércio *in natura*. As maçãs industriais diferem do descarte industrial que compreende ainda as maçãs infectadas por microrganismos, que deveriam se constituir na verdadeira fração de descarte de produção. A matéria-prima, processada à medida em que chega à indústria, sem que exista uma separação de cultivares, se constitui assim, uma mistura de frutas de cultivares comerciais e suas polinizadoras, na maioria dos casos também comerciais.

Para efeitos comparativos, os locais de produção de maçãs na França abrangem a Bretanha e a Normandia, entre outros, onde se observa um clima temperado mais característico, com definição bem clara das estações. O período de colheita de maçãs para a fabricação de sidra, nessas regiões francesas, vai de 15 de outubro a 15 de dezembro, ou seja, numa época tipicamente de outono. A colheita pode ser realizada tanto manual quanto mecanicamente, com o uso de máquinas especializadas, mas é muito raro uma sidra ser produzida a partir de uma única cultivar[1] de maçã, tendo como exemplo o produto obtido com a maçã Guillevic, única bebida monocultivar comercializada (LEPAGE, 2001). Na situação francesa, torna-se necessária a mistura de algumas cultivares para obtenção de um balanço adequado de açúcares, acidez e taninos, parâmetros significativos para a obtenção de um produto de qualidade, dificilmente encontrados em uma única cultivar nos teores exigidos. Dessa forma, as indústrias detêm o controle da mistura de cultivares de seus pomares e mantêm contratos adequados com produtores, sendo que os pequenos e médios produtores efetuam suas próprias misturas. Ao contrário de outros países, na França se utilizam exclusivamente maçãs para sidra (*pommes à cidre*) como matéria-prima para a elaboração da bebida, sendo que mais de 300 cultivares foram listadas e caracterizadas por Bore e Fleckinger (1997).

9.4.1.2 Classificação industrial das maçãs

No Brasil, a matéria-prima consiste em uma mistura de frutas de diferentes cultivares, com defeitos que impedem sua comercialização, mesmo que estejam sadias. As maçãs pequenas, de formatos esdrúxulos e com má distribuição de pigmentos na epiderme, constituem uma parcela significativa em termos de quantidade e de qualidade, uma vez que mantêm as mesmas características físico-químicas com um adicional importante: como apresentam uma superfície maior e como os compostos aromáticos, de certa forma, se concentram na epiderme das frutas, os produtos acabam exalando aromas mais frutados e de maior aceitação no mercado (NICOLAS et al., 1994; WOSIACKI et al., 1991). Assim, não existem ainda atitudes concretas no sentido de procurar maçãs mais adequadas para o processamento, uma vez que a maioria disponibilizada ao setor industrial é das cultivares Gala e Fuji.

Na Europa, a relação entre açúcar e acidez, assim como entre taninos e acidez (Figura 9.2), permite a classificação de cultivares em quatro categorias de sabor, a saber: sabor doce, doce-amargo, amargo e ácido (DRILLEAU, 1991b, 1993; LEQUÉRÉ; DRILLEAU, 1993a). As doces, com cerca de 15 g.100 mL^{-1}, e as doce-amargas constituem a base da mistura, dando suporte para a obtenção de elevados teores de álcool,

---

[1] A maçã é um dos poucos produtos comercializados pelo nome da cultivar.

caso os microrganismos mais resistentes estejam presentes no processo. Classificações mais antigas diferenciavam as cultivares ácidas das azedas (TAVERNIER; JACQUIN, 1946). Aquelas classificadas como ácidas, com acidez total titulável de 70 a 90 meq.L^{-1}, favorecem a percepção do "corpo" da sidra e facilitam a formação do *chapeau brun*, enquanto as azedas levam a um produto com "frescor" mais acentuado, além de melhorar o sabor, conferindo uma certa proteção contra alterações microbiológicas, como a *casse oxydasique e framboisé*.

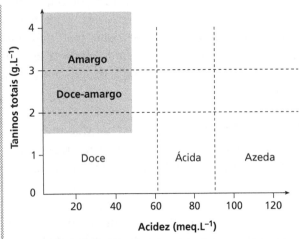

Figura 9.2 Classificação das maçãs para sidra em categorias de sabor.

Fonte: Drilleau (1991); Tavernier; Jacquin (1946).

A matéria-prima inglesa é constituída de misturas entre maçãs para sidra e maçãs "de mesa" e, nesse caso, as maçãs utilizadas pelas indústrias são divididas em quatro categorias (Tabela 9.2): ácidas, amargo-ácidas, amargo-doces e doces (BEECH, 1972).

Tabela 9.2 Classificação inglesa de maçãs para sidra.

Categorias	Acidez (g.100 mL^{-1})	Taninos (g.100 mL^{-1})
Ácidas (*Sharp*)	⩾0,45	⩽0,20
Amargo-ácidas (*Bittersharp*)	⩾0,45	⩾0,20
Amargo-doces (*Bittersweet*)	⩽0,45	⩾0,20
Doces (*Sweet*)	⩽0,45	⩽0,20

Fonte: Beech (1972).

Essas cultivares, selecionadas somente para esse propósito, possibilitam ao fabricante uma mistura judiciosa de diferentes categorias de frutas, o que possibilita obter, a cada ano, uma sidra equilibrada e de boa conservação.

Como um pressuposto fundamental em procedimentos tecnológicos, somente frutas com boa qualidade fitopatológica e maturidade podem proporcionar a obtenção de sidras de alta qualidade e de boa conservação. As frutas sadias são, em geral, estocadas alguns dias, a fim de alcançarem a maturidade necessária, para a operação de prensagem.

Na França, três estádios de maturidade são respeitados (DRILLEAU, 1991a). As **maçãs de primeira estação** constituem-se de frutas tenras que amadurecem na árvore, já no final do mês de setembro, e são de difícil conservação. As **maçãs de segunda estação** são frutas semiduras que amadurecem na árvore, do início de outubro até meados de novembro, e são conservadas por certo tempo para alcançar a maturidade de prensagem. As **maçãs de terceira estação** são frutas com textura firme, que precisam passar por um período de conservação prolongado para finalizar o amadurecimento, em dezembro ou janeiro.

9.4.1.3 Composição físico-química das maçãs

A composição de um mosto de maçãs industriais europeias difere em limites máximos de alguns compostos em relação ao mosto de maçãs "de mesa" brasileiro (Tabela 9.3). Os açúcares constituem a maior porção de carboidratos e também os maiores constituintes sólidos solúveis das maçãs. Os principais são a frutose, a glucose e a sacarose, distribuídos de forma uniforme por todas as partes da fruta, os quais serão transformados em etanol no processo fermentativo das leveduras. Os mostos apresentam um teor médio de açúcares redutores totais de 12,0 g.100 mL^{-1} e 10,8 g.100 mL^{-1} para as cultivares europeias e brasileiras, respectivamente (Tabela 9.3). A frutose é o principal açúcar da maçã, sua concentração pode ser de duas a três vezes a quantidade de glucose, sendo que em algumas cultivares a frutose pode representar até 80% do total (SMOCH; NEUBERT, 1950; WOSIACKI, et al., 2005).

O teor de amido total (amilose e amilopectina) em frutas maduras não ultrapassa 1% (Tabela 9.3). No processamento da sidra, frutas com teores superiores de amido, ou seja, frutas que ainda não estão completamente maduras, resultarão em bebidas com menor teor alcoólico, pelo fato de a levedura não hidrolisar esse polissacarídio. Além disso, o amido pode ser responsável pela turvação no produto final (SMOCH; NEUBERT, 1950; BEVERIDGE, 1997; DEMIATE et al., 2003).

Tabela 9.3 Amplitude dos teores de compostos orgânicos e minerais encontrados em sucos de maçãs produzidas na Europa e no Brasil, de acordo com diversos pesquisadores.

Compostos	Maçã europeia Mín.-máx.	Maçã brasileira Mín.-máx.
Frutose (g.100 mL^{-1})	5,2-13,0	4,2-11,5
Glucose (g.100 mL^{-1})	0,9-3,0	1,0-4,2
Sacarose (g.100 mL^{-1})	2,0-4,5	0,3-6,3
Açúcares totais (g.100 mL^{-1})	9,0-15,0	7,9-13,8
Sorbitol (g.100 mL^{-1})	0,2-1,0	0,19-0,52
Amido (%)	<1*	<1*
Pectina (g.100 mL^{-1})	0,1-1	0,37-0,70**
Nitrogênio (mg.L^{-1})	27-574	90-300
Aminoácidos (mg.L^{-1})	25-2.000	821-1.200
Tiamina (µg.100 mL^{-1})	2,8-13,2	–
pH	3,3-4,0	2,9-4,3
Ácido málico (g.100 mL^{-1})	0,4-1,3	0,07-0,84
Cinzas (g.100 mL^{-1})	0,14-0,46	0,50-0,66
Potássio (mg.L^{-1})	1200	2.027-2.068
Cálcio (mg.L^{-1})	–	12,7-13,6
Fósforo (mg.L^{-1})	–	22,5-31,0
Magnésio (mg.L^{-1})	–	4,78-6,85
Fenóis totais (mg.L^{-1})	188-3.000	114-685
Ácido clorogênico (mg.L^{-1})	149-900	9,0-19,0
Phloridzina (mg.L^{-1})	9,0-200	19,0-29,0
Epicatequina e procianidol (mg.L^{-1})	4,0-1700	6,0-96,8

Fonte: Lea; Beech (1978); Beech (1972); Lea (1996); Drilleau (1990a,1991); Goverd; Carr (1974); Czelusniak et al. (2003); Wosiacki; Nogueira (2001); Wosiacki et al. (2002, 2004); Paganini et al. (2003); Fan et al. (1995); Kovacs et al. (1999); Canteri-Chemin (2003); Alberti et al. (2015).

Nota: (*) acima de 2% para frutas imaturas; (**) em porcentagem no suco; (–) não determinado.

As pectinas são cadeias de carboidratos formados por unidades de ácido galacturônico, constituintes cimentantes da parede celular vegetal que conferem ao mosto, após prensagem, o aspecto de turbidez e viscosidade. Essas substâncias devem ser hidrolisadas e retiradas do mosto, antes da fermentação, por causa da dificuldade das filtrações por entupimento dos filtros e da desmetoxilação da pectina em metanol pelas enzimas endóginas da fruta e pelas leveduras fermentativas.

Na Tabela 9.3, o nitrogênio total das cultivares industriais europeias apresenta uma amplitude superior (27 a 574 mg.L^{-1}) ao das frutas brasileiras (90 a 300 mg.L^{-1}), o que reflete um *status* de nutrientes que pode alterar as características da fermentação e a qualidade final da sidra (vide item 9.4.3.2).

O principal ácido da maçã que contribui com a acidez da fruta é o málico. Algumas cultivares industriais foram selecionadas por apresentarem elevados teores desse ácido (1,3 g.100 mL^{-1}), sendo utilizada principalmente em misturas, a fim de baixar o pH do mosto.

Na maçã, existem várias vitaminas, porém a principal no processamento da sidra é a tiamina (Tabela 9.3), considerada como um fator de crescimento agindo sobre a multiplicação e atividade celular (DOWNING, 1989). Ela desaparece rapidamente do mosto no início da fermentação. A adição de tiamina é autorizada pela legislação de vários países da CEE, com limite máximo de 50 mg.hL^{-1}, não para acelerar a fermentação, mas para diminuir por descarboxilação os ácidos cetônicos importantes, susceptíveis de participarem nas combinações com o dióxido de enxofre (vide 9.4.2.2) (RIBÉREAU-GAYON et al., 1998).

O mosto de maçã apresenta teores de minerais qualitativa e quantitativamente adequado para o desempenho das leveduras. Pouco é conhecido sobre a função precisa, porém sabe-se que alguns, em baixas concentrações, são constituintes de sistemas enzimáticos.

Na Tabela 9.3, pode ser observada a principal diferença entre a maçã industrial europeia (França e Inglaterra) e a brasileira, que compreende os teores de compostos fenólicos (ver item seguinte).

9.4.1.4 Os compostos fenólicos

Na maçã, quase todos os compostos fenólicos estão localizados nos vacúolos (97%), sendo que, nas células da epiderme e subepiderme, a concentração de fenóis é superior à quantidade nos tecidos internos da fruta. Em diferentes cultivares, essa relação casca/polpa de concentração de compostos fenólicos pode ser de três a dez vezes superior (NICOLAS et al., 1994).

A composição de compostos fenólicos em mostos de maçãs e sidras depende da cultivar da maçã, do seu grau de maturação, das condições culturais e do tipo de extração durante a operação de prensagem (LEA; ARNOLD, 1978). No processamento, a concentração de fenóis pode ser modificada pela reação de escurecimento enzimático devida à ação do sistema enzimático da polifenoloxidase (SATAQUE; WOSIACKI, 1987) e pela formação de precipitados (LEA; TIMBERLAKE, 1978; CLIFF et al., 1991). A oxidação enzimática pode ser bloqueada pela utilização de aditivos antioxidantes, como o dióxido de enxofre e o ácido ascórbico, que podem atuar na inibição da enzima, ou interagir com intermediários da oxidação enzimática ou mesmo com agentes redutores, reconvertendo as quinonas aos compostos fenólicos orginais (SHAHIDI; NACZK, 1995; SAYAVEDRA-SOTO; MONTGOMERY, 1986; NICOLAS et al., 1994). Dessa forma, as maiores perdas de compostos fenólicos no processamento de maçãs ocorrem pela oxidação, durante e após a operação de trituração, por uma incompleta extração dos tecidos da fruta e na clarificação do suco (SHAHIDI; NACZK, 1995; NOGUEIRA et al., 2004).

As concentrações de taninos e de acidez no mosto são critérios antigos utilizados na classificação francesa (TAVERNIER; JACQUIN, 1946) e inglesa (BEECH, 1972) de cultivares de maçãs para sidra. Esses compostos estão envolvidos no sabor amargo e adstringente da sidra, contribuindo na formação do "corpo da bebida" (DRILLEAU, 1993, 1991; LEA, 1990), e assim constituem marcadores importantes na qualidade final da bebida. Além disso, a cor da sidra é essencialmente devida aos compostos fenólicos, implicados em reações de oxidação. Alguns fenóis, como os ácidos hidroxicinâmicos, são precursores de constituintes voláteis que contribuem ao aroma da sidra. As maçãs "para sidra" (maçãs industriais) podem apresentar dez vezes mais fenóis que maçãs "de mesa" (WHITING, 1975, VAN BUREN, 1970 citados por SANONER et al., 1999).

O interesse sobre os compostos fenólicos reside na sua capacidade antioxidante, que contribui para a proteção contra os efeitos prejudiciais ocasionados pelo *stress* oxidativo sobre a saúde (LEE; SMITH, 2000; MANGAS et al., 1999). Seis classes de fenóis estão presentes na maçã: derivados hidroxicinâmicos, flavonóis, antocianinas, dihidrochalconas, monoméricos flavan-3-óis e taninos ou procianidóis (NICOLAS et al., 1994). Os principais compostos identificados em cada classe estão relacionados na Tabela 9.4.

Os polifenóis das maçãs para sidra podem ser divididos em duas grandes categorias: os ácidos fenólicos e os flavonoides, estes se subdividindo ainda em três subclasses (os flavan-3-óis; os flavonóis e as dihidrochalconas) (DRILLEAU, 1991b). O ácido *p*-coumárico e o ácido cafeico são os mais frequentes. Esses dois compostos estão geralmente na maçã, sob uma forma esterificada pelo ácido quínico, para formar, respectivamente, o ácido *p*-coumaroilquínico (Figura 9.3a) e o ácido 5'-cafeoilquínico, também chamado de ácido clorogênico (Figura 9.3b) e que é o substrato da PPO que intervém na primeira etapa do escurecimento enzimático.

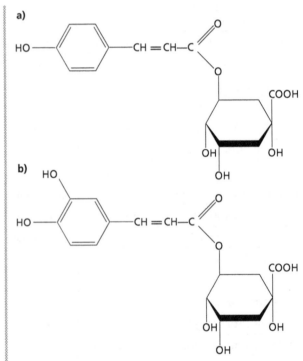

Figura 9.3 Ácidos hidroxicinâmicos: a) ácido p-coumaroilquínico (monofenol) e b) ácido 5'-cafeoilquínico ou ácido clorogênico (difenol).

Na categoria dos flavanoides, a classe dos flavan-3-óis é a mais importante, sendo representada pelas formas monoméricas (+)-Catequinas e, sobretudo (−)-Epicatequinas (Figura 9.4a) e formas poliméricas de taninos condensados ou procianidóis (Figura 9.4b).

Tabela 9.4 Principais fenóis identificados em maçãs e produtos de maçãs.

Classes	Compostos identificados
Ácidos fenólicos (ácidos hidroxicinâmicos)	*Ácido 5´-cafeoilquínico* ou *clorogênico*, 4´- cafeoilquínico; 3´- cafeoilquínico; 5´-ρ- coumaroulquínico, 4´-ρ- coumaroulquínico; ρ- coumaroilglucose, cafeoilglucose, feruloilglucose.
Flavan-3-óis	(–)-*Epicatequina*; (+)-catequina, B1, B2, B5, C1 e formas de alta polimerização.
Flavonol	*Quercetina-3-O-β-D-galactopiranosídio*, quercetina-3-O-β-D-glucopiranosídio; quercetina-3-O-β-D-xilose; quercetina-3-O-α-L-rhamnopiranosídio; quercetina-3-O-α-L-arabinofuranosídio; quercetina-3-O-rutinosídio.
Dihidrochalconas	Floretina-2´-O-glucosídio (floridzina); floretina-2´-xiloglucosídio.
Antocianinas*	Cianidina-3-galactosídio; cianidina-3-glucosídio; cianidina-3-xilosídio, cianidina-3-arabinosídio; cianidina-3-arabinose; cianidina-3-glucosídio e cianidina-3-xilosídio.

Fonte: Nicolas et al. (1994).

Nota: (*) Presente em cultivares de maçãs de casca vermelha; os principais compostos de cada classe estão destacados em itálico.

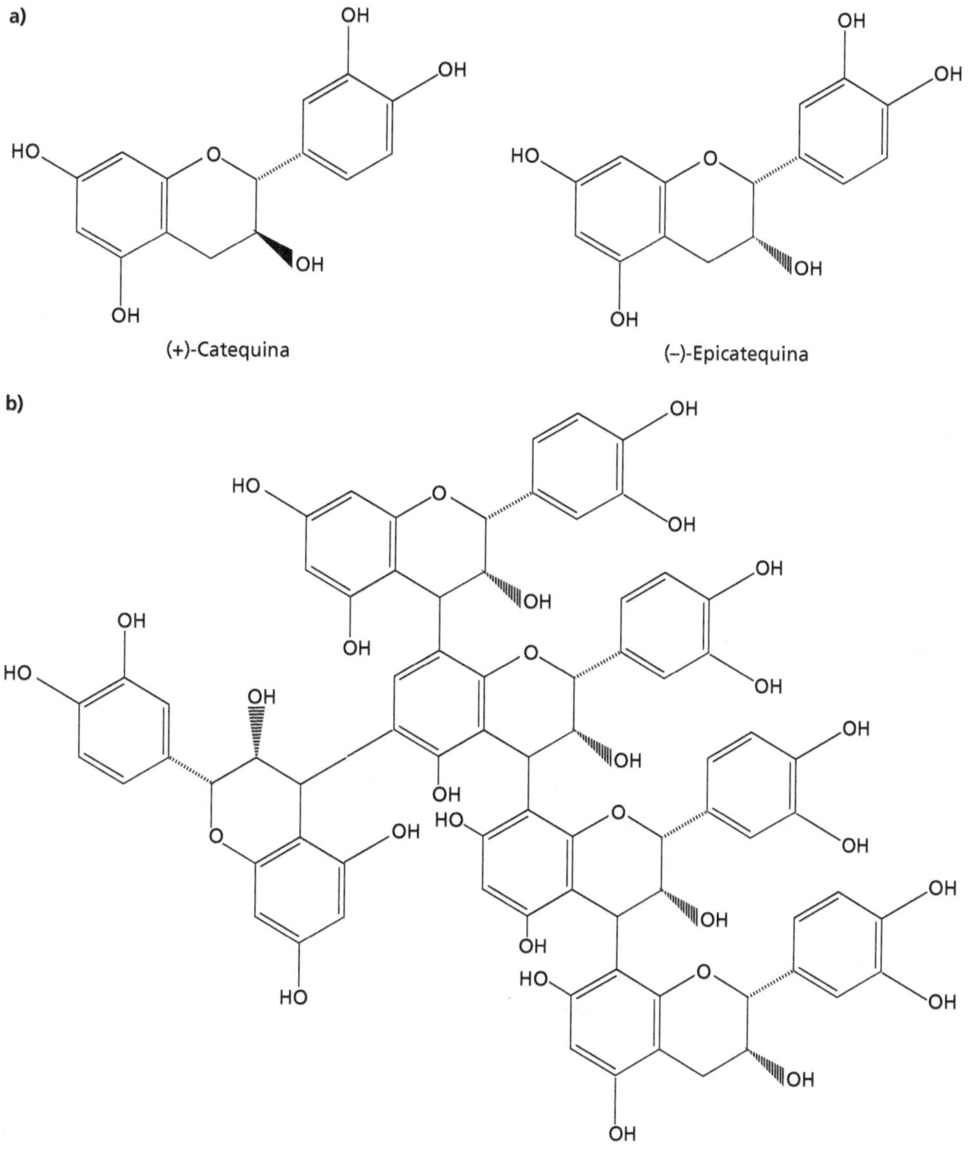

Figura 9.4 Flavan-3-óis: a) monômeros; e b) exemplo do procianidol (quatro unidades).

Os monômeros de catequinas representam de 15 a 20% do total de polifenóis nas cultivares de maçã para sidra. Os polifenóis de (−)-epicatequina, os procianidóis (Figura 9.4b), são compostos importantes nas maçãs para sidra, tanto em quantidade, podendo representar até 90% dos compostos fenólicos de algumas cultivares (SANONER et al., 1999), quanto em função tecnológica, uma vez que estão implicados com turbidez, colagem e inibição enzimática. São caracterizados pelo número de unidades constituintes, ou grau de polimerização (GPn). Outros flavonoides estão divididos em duas outras classes menores, os flavonoides derivados da quercetina e localizados na epiderme, e as dihidrochalconas, como a floridzina, um xiloglucosídio de floretina.

9.4.2 Extração do mosto

As frutas são estocadas em silos ou em pilhas próximos a pequenos canais que servem para transportar as frutas por flotação[2] até o local de tratamento. Nesse transporte hidráulico, as maçãs passam por uma pré-lavagem, eliminando parte da terra e de resíduos vegetais. Antes de serem trituradas, as frutas recebem uma última limpeza em água corrente.

A trituração é realizada em um ralador ou moinho. O material utilizado produz uma polpa fina permitindo obter rendimentos elevados com um pequeno tempo de prensagem. O controle da espessura do triturado é importante, uma vez que a textura das maçãs pode mudar de um lote para outro; deve ser fino e sólido, evitando a formação de massa sem resistência que prejudica o rendimento na prensagem.

A maceração, processo que ocorre antes da prensagem, tem por objetivo acentuar a cor do mosto e pode ser desenvolvida durante um período de tempo que pode levar de cinco minutos (a quente) até algumas horas (a frio), dependendo da tecnologia empregada pelo produtor. Nessa etapa do processamento, enzimas comerciais contendo pectinases e celulases podem ser adicionadas ao triturado como forma de melhorar o rendimento, atingindo cerca de 80 a 85% do peso da matéria-prima (SHAHIDI; NACZK, 1995).

A extração tradicional em prensa hidráulica consiste de empilhar várias camadas de massa triturada, separadas por material de drenagem física (telas), e o conjunto é submetido a uma pressão por um pistão hidráulico, no sentido vertical. A pressão inicial baixa permite extrair o suco do centro do conjunto, criando assim um canal de drenagem. A seguir, a pressão é elevada ao seu valor máximo e mantida até o suco parar de escorrer. Esse tipo de prensa está sendo progressivamente substituído por prensas automáticas horizontais e por prensas contínuas de bandas, ou esteiras. O princípio da operação continua o mesmo, que é extrair o suco da massa ralada, utilizando o binômio tempo x pressão, para que se obtenha um rendimento maximizado (NOGUEIRA, 1998). A consistência da massa ralada, que determina a resistência à prensagem, comanda o estabelecimento do tempo a ser empregado e interfere no escoamento do produto final. Assim, em dependência de muitos parâmetros, com um tempo de 30 minutos o rendimeno pode atingir de 65 a 70% (MICHEL, 1987). Alguns procedimentos alternativos implicam o uso de coadjuvantes, como celulose ou casca de arroz, em uma proporção de 1 a 2% ao triturado, acarretando um aumento de até 10% no rendimento de extração, porém a utilização do bagaço *a posteriori* fica comprometida (BINNIG; POSSMANN, 1993).

Ao final do processo de extração, obtém-se o suco natural, com um rendimento de cerca de 600 a 700 litros por tonelada de maçã, e o bagaço, resíduo da polpa prensada, completa o balanço de massa com uma quantidade de 300 a 400 kg por tonelada de maçã. O bagaço contém uma grande quantidade de açúcares que pode ser extraída por adição de água. Essa prática, chamada de "difusão", é realizada em ocasiões nas quais a produção de maçãs foi baixa. O procedimento industrial mais conhecido utiliza a adição de água de forma contínua em prensas de esteira em contracorrente, viável quando há necessidade de submeter o produto final a uma concentração tradicional (suco concentrado) para sua comercialização ou para estender o período de sua utilização como substrato para produção de bebidas fermentadas. Como alternativa, o rendimento pode ser aumentado por extração em procedimentos de batelada, com adição de água em proporções determinadas ao bagaço, como, por exemplo, 1/1, e por prensagem, sendo o líquido extraído adicionado a um segundo lote de bagaço; o procedimento é repetido até o terceiro lote e, dessa forma, o rendimento, em termos de sólidos solúveis, pode chegar a 80% conforme ilustrado na Figura 9.5 (PAGANINI et al., 2003).

O mosto assim obtido, também chamado de "suco de difusão" ou "pequeno suco", tem como caracte-

---

[2] Maçãs apresentam densidade inferior a 1.

rística o fato de ser mais diluído, atingindo até 60% da concentração de açúcares do suco puro (LEPAGE, 2002). De acordo com esse processo, existem três tipos de mostos resultantes da extração: aqueles constituídos de suco puro, os sucos de difusão e a mistura dos dois (DRILLEAU, 1985; 1996).

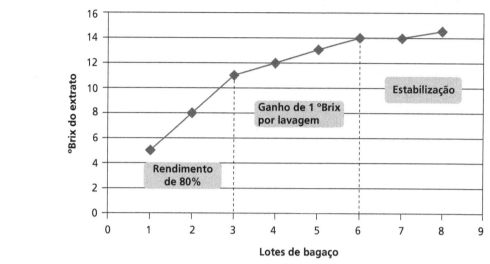

Figura 9.5 Efeito da lavagem sobre o número de lotes de bagaço, respeitanto a proporção de 1/1 (água/bagaço).

Fonte: Paganini et al. (2003).

9.4.2.1 Clarificação na pré-fermentação

A etapa conhecida como pré-fermentação compreende o período que vai da prensagem até o início da fermentação alcoólica (DRILLEAU, 1990b). Ao sair da prensa, o mosto contém substâncias pécticas, hidrocoloides que elevam a viscosidade do líquido, interferindo nos fenômenos de transporte e de filtração. Esses hidrocoloides apresentam uma estrutura de suporte para a adsorção de pigmentos coloridos derivados da ação enzimática sobre os compostos fenólicos, culminando com o estabelecimento de um produto escurecido e de aparência pouco agradável.

A clarificação industrial do mosto é feita por um dos dois processos disponíveis no setor agroindustrial: por flotação ou por colagem, ambos após despectinização enzimática. O processo de despectinização envolve dois tipos principais de reação que acarretam a redução de tamanho molecular e a descaracterização dos polissacarídios como substâncias coloidais: o de hidrólise e o de beta-eliminação. A hidrólise enzimática dos grupamentos metoxilados causa a modificação da estrutura apenas em termos de cargas negativas, que surgem após a ação das esterases pécticas.

A clarificação por flotação é a mais utilizada na elaboração da sidra e demanda um tempo que vai de três a oito dias em função da temperatura. As bases do processo se fundamentam na ação de desmetoxilação das substâncias pécticas pelo sistema pectinolítico endógeno da matéria-prima ou por enzimas comerciais disponíveis no setor agroindustrial, que promovem as modificações estruturais, liberando carboxilas que podem então reagir com cátions como cálcio, causando uma gelificação puramente química (DRILLEAU, 1989). A estrutura de gel assim formada sequestra partículas da polpa, mas também leveduras e bactérias, numa magnitude perceptível nas dornas usadas no processo. Quando as leveduras oxidativas iniciam o processo de fermentação, o gás carbônico (CO_2) produzido diminui a densidade aparente dessa estrutura, que sobe à superfície tomando a forma de uma espuma marrom chamada de *chapéu marrom* (NOGUEIRA, 1998). Porém, para o sucesso da operação o mosto não pode ser sulfitado e a temperatura deve estar entre 10-15 °C, o que favorece o início da fermentação natural, de forma lenta. Com a fermentação rápida, a grande quantidade de bolhas liberadas pelas leveduras fermentativas impediria o processo de flotação com a formação do *chapéu marrom*, da maneira operacional adequada.

A pectinesterase e o cálcio estão presentes na maçã em concentrações baixas, inviabilizando uma clarificação sem o uso de coadjuvantes, o que implica a adição de preparações enzimáticas comerciais e de cloreto de cálcio sob a forma solúvel (LEQUÉRÉ; DRILLEAU, 1993b). A densidade do mosto após a flotação é próxima daquela determinada ao sair da prensa, e o mosto límpido pode ser então trasfegado para tonéis ou dornas, onde será desenvolvido o processo fermentativo (MICHEL, 1987). Entretanto, a clarificação por flotação é menos eficaz para mostos provenientes de maçãs ácidas, uma vez que as baixas concentrações de substâncias pécticas e os elevados teores de ácido málico interferem com a formação do gel de pectinato de cálcio.

Dessa forma, a despectinização mais efetiva é uma alternativa interessante para esse tipo de mosto. O processo consiste em propiciar a ruptura enzimática de algumas ligações glicosídicas da cadeia principal das substâncias pécticas usando um *pool* comercial contendo, entre outras, as poligalacturonases e as transeliminases; a primeira rompe a ligação glicosídica por uma reação de hidrólise e a segunda, por um rearranjo eletrônico entre os carbonos C4 e C5 dos resíduos metoxilados do ácido galacturônico, formando uma dupla ligação entre eles. Esses rompimentos na cadeia principal de hidrocoloides acarretam uma queda brusca de viscosidade, pois os tamanhos das moléculas são drasticamente diminuídos, o que faz com que deixem de fazer parte do sistema coloidal predominante, possibilitando a sedimentação de materiais em suspensão e formando precipitados chamados de *borras*. Essa reação ocorre num período que vai de 10 a 24 horas, dependendo de vários fatores, entre os quais a ação enzimática e a temperatura do sistema, sendo que o processo de clarificação se completa com a retirada dos componentes hidrolisados e oxidados por colagem, com gelatina e/ou bentonita e, após, por filtração (DRILLEAU, 1985; LEQUÉRÉ, 1991; LEPAGE, 2002).

9.4.2.2 Sulfitagem

O dióxido de enxofre (SO_2), também chamado de anidrido sulfuroso ou gás sulfuroso, já era utilizado, no século XIX, no processamento da sidra, mas somente em meados do século XX foram realizados estudos mais profundos sobre o seu mecanismo de ação. Via de regra, o SO_2 é aplicado sob a forma de anidrido e expresso em $mg.L^{-1}$ (ppm) ou $g.hL^{-1}$. Independentemente da forma empregada, dióxido de enxofre gasoso ou líquido, solução de bissulfito de potássio ($KHSO_3$) ou ainda metabissulfito de potássio ($K_2S_2O_5$), o efeito é o mesmo. O equilíbrio entre as diferentes formas é idêntico (Equação 9.1), mas depende do pH e da presença de moléculas que combinam com dióxido de enxofre (RIBÉREAU-GAYON et al., 1998; BEECH, 1953).

As propriedades do SO_2 compreendem: **antisséptico**, inibe o desenvolvimento de microrganismos, apresentando ação mais efetiva em relação às bactérias do que em relação às leveduras. Dessa forma, pode ser utilizado no mosto, após a prensagem, a fim de eliminar contaminações bacterianas e favorecer o desenvolvimento das leveduras *Saccharomyces* e no produto final como um estabilizante microbiológico; **antioxidante**, reage com o oxigênio dissolvido, porém o processo é lento e protege o produto apenas das oxidações de natureza química, uma vez que as reações do escurecimento enzimático são muito rápidas; **antioxidásico**, inibe a atividade das oxidases presentes no mosto, porém esse processo também ocorre lentamente. É oportuno observar que essa oxidação enzimática, em alguns casos, é considerada necessária para atenuar a coloração da sidra (RIBERÉAU-GAYON et al., 1998; LEA, 1995; BLOUIN, 1993; SAYAVEDRA; MONTGOMERY, 1986).

O tratamento do mosto com uma baixa concentração de dióxido de enxofre (SO_2), antes da fermentação, é uma das formas mais utilizadas no controle de microrganismos indesejáveis, além de favorecer o crescimento de leveduras *Saccharomyces*, que apresentam certa resistência ao SO_2. Na Suíça, os mostos são tratados com 35-40 ppm de dióxido de enxofre e inoculados dois dias depois. No Brasil, a concentração de SO_2 varia de 30-50 ppm, dependendo da condição fitossanitária das frutas. Em países que utilizam fermentação natural, como na França e na Espanha, a sulfitagem pré-fermentação não é utilizada (DOWNING, 1989; NOGUEIRA, 2003).

O entendimento da importância das proporções de SO_2 livre, ou ativo, e do bissulfito (HSO_3^-) é fundamental, pois as propriedades enológicas são atribuídas ao primeiro.

$$SO_2 + H_2O \rightleftharpoons HSO_3^- + H^+ \qquad (9.1)$$

A porcentagem de SO_2 ativo varia de 6,06 a 0,64 entre os valores de pH de 3,0 e 4,0 respectivamente. Com o aumento de pH, a forma ativa diminui, o que explica a necessidade de uma maior quantidade de sulfito em pH elevado (RIBERÉAU-GAYON et al., 1998). Além disso, o SO_2 livre pode combinar-se com as carbonilas presentes no mosto, sob a forma de monossacarídios, o que acarreta uma diminuição de sua ação antimicrobiana, apesar de ser detectado na dosagem de SO_2 total.

$$R\text{—}CHO + HS_3^- \rightleftharpoons R\text{—}\overset{\overset{\displaystyle OH}{|}}{CH}\text{—}SO_3^- \qquad (9.2)$$

$$R\text{—}\overset{\overset{\displaystyle O}{\|}}{C}\text{—}R' + HSO_3^- \rightleftharpoons R\text{—}\overset{\overset{\displaystyle R'}{|}}{\underset{\underset{\displaystyle OH}{|}}{CH}}\text{—}SO_3^- \qquad (9.3)$$

Os principais compostos de combinação no mosto são 5-cetofrutose, oriundo de frutas em deterioração, a L-xilosone, do ácido ascórbico e o ácido galacturônico, da pectina. Entretanto, durante a fermentação, a maior parte do dióxido de enxofre é combinado com compostos formados na via glicolítica e no ciclo de Krebs (Tabela 9.5) (LEA, 1995; BLOUIN, 1993). Para minimizar a disponibilidade destas moléculas bioativas, a adição de tiamina, por exemplo, reduz a concentração de piruvato e de α-cetoglutarato durante a fermentação, como um cofator na conversão do piruvato em etanol, assim como a adição de pantotenato diminui a concentração de acetaldeído (LEA; DRILLEAU, 2004).

Tabela 9.5 Exemplos de compostos presentes na sidra capazes de combinar com o SO_2.

Compostos	Concentração (ppm)	Combinações (ppm)[a]
Naturalmente presente		
Glucose	7.000	8
Ácido galacturônico	1.000	15
L-Xilosone	20	4
Acetaldeído	25	35
Piruvato	20	12
α-cetoglutarato	15	4
Contaminação bacteriana		
5-cetofrutose	–	–
Ácido 2,5-dicetoglucônico	–	–
Total de SO_2 combinado	78	
Total de SO_2 (livre + combinado)	128	

Fonte: Adaptado de Lea (1995).
Nota: [a] Calculado para 50 ppm de SO_2 livre.

Na Tabela 9.6, pode ser observado que as diferentes formas de dióxido de enxofre no mosto ou no fermentado apresentam propriedades e intensidades diferentes. O dióxido de enxofre, na forma de solução de metabissulfito de potássio, com cerca de 50% de SO_2 livre, pode ser adicionado como segue: 75 ppm entre pH 3,0 – 3,3; 100 ppm entre pH 3,3 – 3,5; 150 ppm entre pH 3,5 – 3,8 (BEECH, 1972; BURROUGHS, 1973). Em mostos com pH acima de 3,8, a sulfitagem de 200 ppm, limite máximo na França e Inglaterra, não apresenta eficiência desejada, e no Brasil este limite é de 350 ppm. Recomenda-se que mostos com pH elevado sejam misturados com mostos de frutas ácidas ou recebam ácido DL-málico, antes da sulfitagem. Após seis horas em repouso, a dosagem do dióxido de enxofre livre é realizada para controle do processo (DOWNING, 1989; LEA, 1995).

Tabela 9.6 Propriedades de diferentes formas de dióxido de enxofre.

Propriedades	SO_2	HSO_3	$R\text{-}SO_3$
Antileveduras	+	Fraco	–
Antibactérias	+	Fraco	Fraco
Antioxidantes	+	+	–
Antioxidásicas	+	+	–
Característica sensorial	Aroma picante, gosto de SO_2	Sem aroma, gosto salgado e amargo	Sem aroma e sem gosto*

Fonte: Ribéreau-Gayon et al. (1998).
Nota: * quando utilizadas doses normais.

O SO_2 é utilizado no produto acabado em duas situações: na dose de conservação, quando o produto não será colocado na prateleira durante três a seis meses; e na dose de consumo, onde o produto encontra-se no comércio (Tabela 9.7). Dessa forma, o produto está protegido contra oxidações, desenvolvimento de microrganismos contaminantes e refermentações em sidras suaves.

Tabela 9.7 Teores de dióxido de enxofre livre a manter nas sidras.

	Sidra seca	Sidra doce
Conservação	30-40 ppm	40-80 ppm
Consumo	30-50 ppm	20-30 ppm

Fonte: Adaptado de Ribéreau-Gayon (1998).

Na fabricação da sidra no Brasil, o SO_2 é indispensável em face das altas temperaturas na época de processamento, com um valor médio de 25 °C, o que pode acarretar contaminações em diferentes etapas do processamento. Entretanto, o seu excesso mascara o aroma da sidra, além de produzir um odor sufocante e irritante e a sensação de "queimar" ao final da degustação. Outro inconveniente é que o SO_2 pode ser tóxico e causar sintomas de náusea, regurgitação e irritação gástrica, quando utilizado acima das doses suportadas pelos seres humanos e permitidas pela legislação. Em pessoas com asma, os efeitos de intoxicação podem ser maiores. A dose admissível para o homem, estabelecida pela FDA (Food and Droug Administration) americana é de 0,7 mg/kg/dia, o que torna aceitável a dose de 42 a 56 mg por dia, em função do peso corporal, compreendido entre 60 e 80 kg, respectivamente. Ainda não foi encontrado um produto que possa substituir o SO_2 em termos de propriedades enológicas e que não apresente esses inconvenientes.

9.4.3 Fermentação

A fermentação da sidra é o resultado da ação de uma microbiota complexa sobre um substrato também complexo (LEQUÉRÉ; DRILLEAU, 1993). A fermentação alcoólica da sidra francesa apresenta características diferentes das outras fermentações industriais por ser **lenta**, de um a dois meses, **parcial**, mantendo açúcares residuais, pois os teores de álcool não ultrapassam 5%, e **mista**, por ser conduzida por uma microbiota complexa (MICHEL et al., 1990). Essas três diferenças fundamentais não são observadas no processamento brasileiro.

Na Tabela 9.8, estão identificadas as principais espécies microbianas encontradas na fermentação da sidra, entre elas, 500 cepas de leveduras isoladas do mosto e de equipamentos na produção artesanal e industrial de sidra na região da Bretanha e Normandia, na França. A cepa *Saccharomyces cerevisiae* variedade *uvarum* foi a principal levedura encontrada (LE QUE-RE; DRILLEAU, 1993a, 1998; MICHEL et al., 1988).

Tabela 9.8 Principais espécies microbianas encontradas na fermentação da sidra.

Leveduras	*Brettanomyces sp.* *Hanseniaspora valbyensis* *Metschnikowia pulcherrima* *Saccharomyces cerevisiae var. uvarum*
Bactérias láticas	*Lactobaclillus brevis* *Leuconostoc mesenteroides* *Leuconostoc oenos*
Bactérias acéticas	*Acetobacter aceti* *Gluconobacter oxydans*

Fonte: Michel et al. (1988).

Beech (1993) confirmou esses resultados analisando a microbiota natural dos mostos de maçãs na Inglaterra e observou a presença de *Saccharomyces cerevisiae* e espécies, como *Pichia, Torulopsis, Hansenula* e *Kloeckera apiculata*, que é a forma imperfeita da *Hanseniaspora valbyensis* (SHEHATA et al., citado por MICHEL et al., 1988).

9.4.3.1 Fermentação principal

O processo fermentativo de sidra francesa compreende duas fases distintas, sendo a primeira denominada de oxidativa e a segunda, fermentativa.

Fase oxidativa

A fase oxidativa, realizada por leveduras de baixa ação fermentativa, pode durar de cinco a 15 dias após a preparação do mosto e corresponde, de forma geral, ao consumo de cerca de 10 g.L^{-1} de açúcares e 30 a 40 mg.L^{-1} de nitrogênio (LEQUÉRÉ; DRILLEAU, 1998). As leveduras encontradas nesta fase, em especial a *Metschnikowia pulcherrima* e a *Hanseniaspora valbyensis*, participam do processo de clarificação por flotação mediante a liberação de CO_2 e dominam o meio de fermentação por alguns dias, antes de serem suplantadas pelas leveduras fermentativas, *Saccharomyces cerevisiae* var. *uvarum* e, às vezes, *S. cerevisiae* (Figura 9.6) (MICHEL et al., 1988; NOGUEIRA, 2003). O tempo de ação das cepas oxidativas varia em função do microrganismo, de sua população inicial e da disponibilidade de oxigênio durante a fase de crescimento. A fermentação da sidra realizada somente com leveduras fermentativas proporciona resultados sensoriais, como aroma neutro e/ou pouco típico, porém com a presença da cepa *Hanseniaspora* aparecem notas, como "sidra frutada", ou seja, com aroma de frutas, e ésteres, como acetato de etila e fenil-etila. Entretanto, algumas vezes, a fermentação alcoólica é realizada unicamente sob a influência de leveduras oxidativas (apiculadas), o que resulta em uma importante produção de acetato de etila, prejudicial ao aroma do produto (DRILLEAU, 1996). Os microrganismos oxidativos e leveduras fracamente fermentativas podem ser completamente inibidos pela adição de anidrido sulfuroso, prática corrente em vários países.

Fase fermentativa

No início da fase fermentativa, as leveduras oxidativas são suplantadas pelas cepas fermentativas. A fermentação alcoólica acontece, na quase totalidade dos casos, sob ação da microbiota selvagem presente na fruta e do material de processamento, entretanto é possível seu desenvolvimento pela adição de levedura seca-ativa disponível ao setor agroindustrial.

As leveduras do gênero *Saccharomyces* apresentam crescimento durante a fase oxidativa, com população inicial de aproximadamente $6,0 \times 10^4$ ufc.mL^{-1}, estabilizando sua população após um consumo de 10 a 15 g.L^{-1} de açúcares e apresentando população máxima de cerca de $1,0$ a $4,0 \times 10^7$ ufc.mL^{-1}, situação na qual a velocidade de fermentação atinge seu valor máximo (LEQUÉRÉ; DRILLEAU, 1998; DRILLEAU, 1996).

A fermentação lenta tem como objetivos obter um produto com melhor qualidade sensorial e benefícios de ordem prática para os produtores, como facilitar a organização dos tratamentos durante o processo. Para diminuir a velocidade de fermentação, algumas estratégias tecnológicas são utilizadas, tais como baixas temperaturas, clarificação por flotação, trasfegas, centrifugações e filtrações.

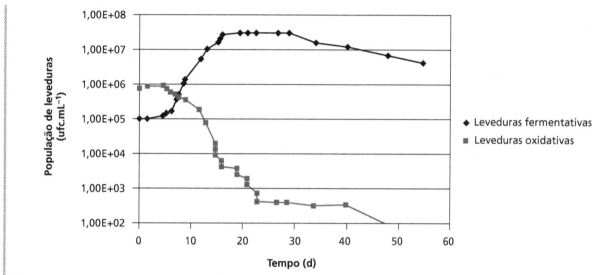

Figura 9.6 Curva de crescimento de leveduras fermentativas e oxidativas durante a fermentação natural da sidra.

Fonte: Nogueira (2003).

Relação com a qualidade sensorial

No método tradicional, a fermentação lenta tem sido sempre considerada necessária à obtenção de uma sidra de qualidade. Nos produtos de fermentação rápida, a presença de aroma de fermento mascara ou substitui o aroma frutado, considerado como benéfico à qualidade do produto. Esse aroma indesejável de fermento diminui um pouco na fase de maturação, mas se for expressivo durante a fermentação, permanecerá no produto final (LEQUÉRÉ, 1991). Compostos, como diacetil e acetoína, mostram efeitos sensoriais indesejáveis típicos de produtos rançosos. Essas substâncias são produzidas, em grande quantidade, em fermentações rápidas, devidas às temperaturas elevadas e à presença de uma grande população de leveduras (DRILLEAU, 1991).

No Brasil, ocorre uma situação diferente, pois a fermentação é rápida e total, ou seja, com consumo total de açúcares. Dessa forma, existe uma grande intensidade de aroma indesejável ao final da fermentação, uma vez que os microrganismos oxidativos haviam sido eliminados pela ação do SO$_2$. Além disso, as leveduras podem utilizar outros substratos como ácidos orgânicos, uma vez que a sulfitação do mosto prejudica ou inibe o desenvolvimento de bactérias láticas (Figura 9.7b), o que prejudica o corpo final do produto. Os compostos fenólicos diminuem, em razão das associações com a parede celular da levedura e das reações de oxidação, o que resulta em um produto com pouca cor e adstringência, conforme ilustrações apresentadas na Figura 9.7a (RENARD et al., 2001; NOGUEIRA et al., 2004).

Estratégias tecnológicas para diminuir a velocidade de fermentação

A fermentação deve ser interrompida, antes do consumo total dos açúcares, isto é, com um teor de açúcares residuais compatível com o tipo de produto desejado. Se a fermentação for rápida, a empresa disporá de um espaço de tempo muito curto para realizar a "estabilização", ou seja, interromper a fermentação, antes que todos os açúcares sejam consumidos. Enfim, diminuir a velocidade de fermentação facilita a organização do trabalho, possibilitando os tratamentos em época de maior disponibilidade de mão de obra (DRILLEAU, 1991).

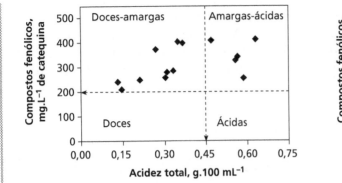
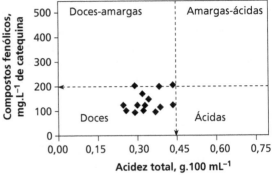

Figura 9.7 Dispersão dos compostos fenólicos e acidez total do mosto de diferentes cultivares brasileiras (A) e após a fermentação total dos açúcares (B).

Fonte: Nogueira et al. (2004).

As **baixas temperaturas** podem reduzir a atividade das leveduras. Temperaturas inferiores a 5 °C propiciam resultados interessantes em relação aos aromas, porém exigem instalações de alto custo, com isolamento térmico e potência frigorífica adequada (DRILLEAU, 1991). A amplitude térmica na fermentação da sidra fica entre 7 e 15 °C, interferindo na sua velocidade, porém essa ação não é a única (LEPAGE, 2002).

O **método de flotação** também tem efeito na cinética da fermentação, o que se comprova experimentalmente com um ensaio sem clarificação (testemunha) que dura 20 dias, comparado ao mesmo mosto clarificado pelo método de flotação, que pode chegar a 48 dias (LEPAGE, 2002). A eliminação de leveduras e bactérias no *chapeau brun* promove um empobrecimento nutricional do mosto, em particular pela redução da concentração de nitrogênio (BEECH, 1951), uma vez que as primeiras gerações desses microrganismos utilizaram os compostos nitrogenados para se desenvolver, consumindo cerca de 30 a 60% do nitrogênio inicial (LEQUÉRÉ, 1991; DRILLEAU, 1990b). Além de diminuir a velocidade de fermentação, essa prática permite um meio de fermentação límpido, considerado favorável à formação de constituíntes do aroma. Quando a flotação é realizada corretamente, a fermentação se interrompe naturalmente, antes que todos os açúcares sejam consumidos (DRILLEAU, 1985).

Tradicionalmente, os produtores realizam **trasfegas sucessivas**, a fim de eliminar a biomassa precipitada, denominada de borra, diminuindo o potencial nutricional do meio pelo mesmo princípio da flotação. Porém, quando a velocidade de fermentação inicial é elevada, isso provoca uma corrente de convecção no sistema, que impede a sedimentação.

Essas duas práticas (flotação e trasfegas) são raramente suficientes para diminuir a velocidade de fermentação, uma vez que a concentração de nitrogênio dobrou ou triplicou nos últimos 50 anos, em razão do excesso de adubações nitrogenadas. Por isso, a flotação e as trasfegas são, muitas vezes, ineficazes e, sendo assim, é necessário compensar essa modificação da matéria-prima, por meio de centrifugação ou filtração. A fim de sistematizar a eliminação da biomassa, foi proposta uma clarificação (durante a fase de crescimento da levedura) por filtração ou centrifugação, feita após o consumo de 10 g.L^{-1} de açúcares. Até esse momento, a população máxima não foi atingida e o crescimento pode recomeçar, proporcionando uma fermentação lenta na taxa de 2 a 6 g.L^{-1} de açúcares por semana (LEQUÉRÉ, 1991).

A **centrifugação** é muito utilizada para a diminuição da quantidade de biomassa e, consequentemente, da velocidade de fermentação. A sua ação é pouco influenciada pela quantidade de material em suspensão e pela presença de substâncias pécticas residuais, podendo, dessa forma, ser usada como uma operação de segurança, quando a operação de flotação não for suficiente para atingir os resultados esperados. A centrifugação pode diminuir a população de leveduras de $7,5 \times 10^7$ para $3,8 \times 10^4$ ufc.mL^{-1}, porém existe o inconveniente de que as bactérias não são separadas pelo processo de centrifugação, em face de suas dimensões. A eliminação de leveduras pode conduzir a uma proliferação da população de bactérias, devida à ausência de competição ou de inibição entre elas. Para agravar a situação, a dificuldade de limpeza de certas máquinas e tubulações aumenta o potencial de inóculo de bactérias, assim como a aeração produzida pela operação. A população de bactérias de 10 (antes do processo) pode passar para $1,8 \times 10^4$ ufc.mL^{-1} (LEQUÉRÉ, 1991; DRILLEAU, 1990b).

As **filtrações** em sílica gel, membranas e sobre placas, normalmente utilizadas no acabamento final do produto, são eficientes para reduzir a biomassa e, assim, desacelerar a fermentação (Figura 9.8a). Porém, para ser realizada (em termos de custos), a filtração deve ser utilizada com um mosto sem material péctico e com poucas partículas em suspensão. A flotação é uma operação prévia indispensável. A filtração, quando é realizada após a diminuição de cinco pontos de densidade, o período de fermentação normal de 20-30 dias (densidade final de 1.015-1.020 kg.m^{-3}), estende para 2-3 meses (Figura 9.8a), devido à eliminação de 80 mg.L^{-1} de nitrogênio total (Figura 9.8b). Outro benefício dessa operação é a diminuição das bactérias, porém essa redução é inferior àquela observada na quantidade de leveduras. Em uma sidra contaminada, a filtração por sílica-gel diminuiu a população de leveduras de $3,2 \times 10^4$ para 20 ufc.mL^{-1} e a população de bactérias acéticas de $1,4 \times 10^5$ para $2,0 \times 10^4$ ufc.mL^{-1} (LEQUÉRÉ, 1991; DRILLEAU, 1990b). Na década de 1980, a microfiltração e a ultrafiltração em membrana começaram a ser utilizadas no processamento da sidra. Nessa operação, o líquido percorre tangencialmente a membrana, sendo que seus poros asseguram a condução do filtrado. As membranas de micro ou ultrafiltração contêm poros de tamanho da ordem de décimos de mícrons e elimina, após a filtração, grande parte dos microrganismos, demandando, todavia, inóculo com leveduras secas ativas (DRILLEAU, 1985).

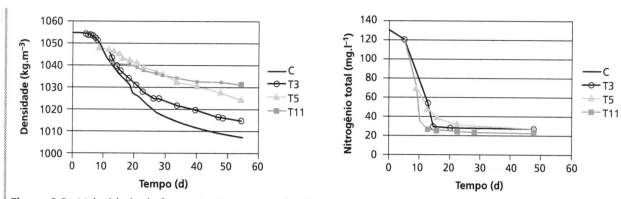

Figura 9.8 Velocidade de fermentação e teores de nitrogênio total após a eliminação de biomassa em diferentes densidades (C: testemunha 1.054 kg.m^{-3}; T3: 1.052 kg.m^{-3}; T5: 1.049 kg.m^{-3}; T11: 1.039 kg.m^{-3}).

Fonte: Nogueira (2003).

Existem cuidados a serem observados visando a eficiência da operação, pois se a filtração for realizada muito tarde, existe o risco de a fermentação ser interrompida por completo, porém se for prematura, o efeito pode ser ineficaz (DRILLEAU, 1991).

Metabolismo fermentativo da levedura *Saccharomyces*

Os açúcares simples (frutose e glicose) são degradados no interior do citoplasma e somente a sacarose é hidrolisada pela invertase ligada à parede celular (Figura 9.9), no exterior da levedura (MARC, 1982). A água, o dióxido de carbono e o oxigênio são as raras moléculas que, em virtude da solubilidade nos lipídios das biomembranas, são absorvidas ou excretadas por simples difusão. Todas as outras moléculas, que entram ou que saem do citoplasma, necessitam de um processo, seja por difusão facilitada, seja por transporte ativo (MARC, 1982). As hexoses penetram a célula pela difusão facilitada, que corresponde à passagem de um composto pela membrana contra um gradiente de concentração, acelerado por um transportador de natureza proteica (LAGUNAS, 1993).

Uma vez na célula, os substratos nitrogenados e carboidratos passam por várias transformações. Os açúcares simples glucose e frutose são substratos diretos da glicólise (via de Embden-Meyerhof-Parnas), sendo rapidamente degradados (Figura 9.9). Essa fase requer a intervenção de três enzimas para a fosforilação desses açúcares: a hexoquinase PI e PII e a glucoquinase (MAITRA, 1970). As duas enzimas hexoquinases PI e PII são capazes de realizar a fosforilação da glucose e da frutose, porém com rendimentos diferentes (razão 3:1 em favor da glucose), enquanto a glucoquinase fosforila exclusivamente a glucose, quando em elevadas concentrações. Essas diferenças explicam por que a glucose é consumida em maior velocidade que a frutose em fermentação alcoólica e também por que há maior concentração de frutose ao final do processo (D´AMORE et al., 1989; MARC, 1982).

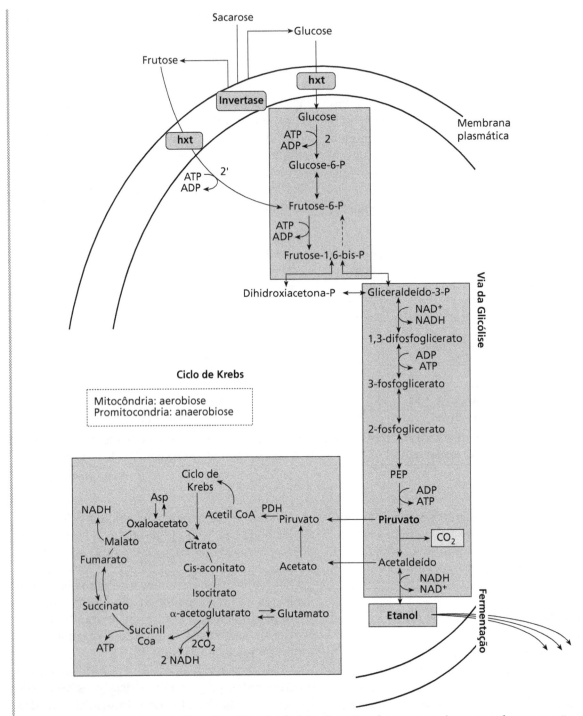

Figura 9.9 Esquema metabólico simplificado da levedura *Saccharomyces* durante a fermentação alcoólica.

Fonte: Adaptado de Nogueira (2003); Rosenfeld (2001); Ribéreau-Gayon et al. (1998); Walker (1998); Marc (1982). 1: transportadores de hexoses (hxt). 2: hexoquinases (I e II) e glucoquinase; 2': hexoquinases I e II.

Em seguida, os açúcares fosfatados são transformados em piruvato pela via glicolítica (Figura 9.9). As hexoses-fosfatos (frutose-6-fosfato e glucose-6-fosfato) são moléculas importantes, utilizadas em outros metabolismos secundários, principalmente na síntese de polissacarídeos, moléculas que intervêm na síntese da parede celular das leveduras. Para cada molécula de açúcar metabolizado são formadas duas moléculas de piruvato (WALKER, 1998). O ácido pirúvico é um intermediário da glicólise e precursor de numerosos compostos (WHITING, 1976, citado por DRILLEAU, 1996).

Em aerobiose, a respiração permite a oxidação total do substrato de carbono pelo ciclo de Krebs e da fosforilação oxidativa (ALBERTS et al., 1997). Em anaerobiose, o piruvato é principalmente orientado para a produção de etanol regenerando o cofator NAD^+, consumido no nível do gliceraldeído-3-fosfato. O piruvato é descarboxilado em acetaldeído (receptor final de elétrons) pela enzima piruvato descarboxilase (cofator: tiamina pirofosfato – TPP), e então reduzido a etanol por meio da enzima álcool desidrogenase, formando o NAD^+ (Figura 9.9). A síntese de um grau de etanol (1% v/v) em fermentação alcoólica representa um consumo médio de 17 gramas por litro de açúcares redutores (glucose e frutose). O etanol, por ser uma pequena molécula hidrofílica, atravessa a membrana plasmática por simples difusão (JONES, 1988; WALKER, 1998). Do ponto de vista energético, a glicólise fornece duas moléculas de ATP por molécula de glucose degradada, ou seja, 14,6 kcal/61,08 kjl biologicamente utilizáveis por mol de glucose fermentado (RIBÉREAU-GAYON et al., 1998).

A levedura *S. cerevisiae* sintetiza suas proteínas durante a fermentação por meio da incorporação de compostos nitrogenados presentes no mosto. Essa constatação explica o fato de que a levedura em condições enológicas seja capaz de sintetizar os aminoácidos de que necessita, a partir de fontes de nitrogênio disponíveis. Para isso, a *S. cerevisiae* apresenta extraordinária capacidade de transaminação entre aminoácidos e ácidos α-cetônicos (JONES et al., 1969).

Os microrganismos utilizam parte do ciclo de Krebs para sintetizar os aminoácidos e os lipídios necessários ao crescimento (Figura 9.9). A levedura é capaz de sintetizar as vitaminas, os esteróis e os ácidos nucleicos necessários à sua multiplicação, porém os elementos inorgânicos indispensáveis ao funcionamento das enzimas são diretamente extraídos do mosto (RIBÉREAU-GAYON et al., 1998).

9.4.3.2 Importância dos compostos nitrogenados

Os compostos nitrogenados no mosto exercem uma importante função anabólica na biossíntese de proteínas e nas funções enzimáticas, influenciando o crescimento e o metabolismo das leveduras, chegando a constituir 10% da sua matéria seca (WALKER, 1998; HENSCHKE; JIRANEK, 1992).

Atualmente, os produtores franceses procuram técnicas menos radicais ou de custo mais baixo para limitar o número de intervenções sobre o produto e conduzir fermentações com quantidades pequenas de leveduras. Essa preocupação é frequente nas fábricas que recebem maçãs provenientes de pomares novos, com concentração de nitrogênio elevada, mesmo após a mistura com outros mostos de baixa concentração em nitrogênio (DRILLEAU, 1993). Entretanto, nem todos os produtores, de grande, médio ou pequeno porte, providenciam um controle analítico do nitrogênio no mosto, antes de iniciar a elaboração da sidra, o que pode prejudicar ainda mais o processo.

Compostos nitrogenados no mosto

O mosto de maçã contém diferentes compostos nitrogenados (Tabela 9.9). A concentração de nitrogênio total está em contínuo aumento, em função da idade dos pomares. Foi observado que, quanto mais novos são os pomares, maiores as quantidades de nitrogênio total no mosto, chegando até 2.000 $mg.L^{-1}$ e quanto mais velhas são as árvores, menores as concentrações desses compostos. Como grande parte dos pomares antigos estão sendo remanejados, além da excessiva adubação nitrogenada, isso não permite mais realizar a fermentação parcial dos mostos apenas pelo controle da concentração de nitrogênio.

Tabela 9.9 Diferentes frações nitrogenadas encontradas no suco de maçã.

N total segundo Kjedhal (44 a 329 $mg.L^{-1}$)	Fração nitrogenada	N total
	Forma amina	15,2 a 61,2%
	Forma amida	5 a 30%
	Forma amoniacal	Máximo de 1%

Fonte: Burroughs (1957).

A análise de nitrogênio total em 27 mostos da colheita de maçãs realizada em 1993, na França, mostrou que 25% tinham menos de 75 $mg.L^{-1}$ (baixos teores), 51% entre 75 e 155 mg.L^{-1} (teores normais) e os 24% restantes apresentaram valores superiores a 150 mg.L^{-1} (altos teores). Para a mesma cultivar na safra, o teor de nitrogênio variou entre os pomares; no entanto, em um mesmo pomar uma cultivar variou em função das safras (DRILLEAU, 1996; LEA, 1996).

Ao se analisar as diferentes formas de nitrogênio nas maçãs e nos mostos, foi demonstrado que, após a prensagem, acontece um fracionamento dos compostos nitrogenados; alguns ficam retidos no bagaço e outros passam para o mosto em quantidades que variam em função do estado fisiológico da fruta, incluindo o grau de maturação (BARON et al., 1982).

O nitrogênio presente sob a forma de α-amina livre do mosto chega a constituir até 50% do nitrogênio total da fruta e, quando ultrapassa o período de maturação, esse valor tende a diminuir. Entre os aminoácidos, cinco deles (asparagina, glutamina, ácido aspártico, ácido glutâmico e serina) representam de 86 a 95% dos aminoácidos totais do mosto (Tabela 9.10) e são os mais facilmente assimiláveis pelas leveduras. Quando as frutas procedem de pomares novos ou velhos fortemente nitrogenados, a presença desses aminoácidos pode ser multiplicada por um fator de duas a cinco vezes (BARON et al., 1977).

Tabela 9.10 Composição de aminoácidos no suco de maçã.

Aminoácidos	Quantidade em mg.L^{-1}
Ácido aspártico	20-350
Treonina	1-20
Serina	5-60
Asparagina	100-1.500
Ácido glutâmico	10-300
Glutamina	máx. 25
Glicina	máx. 10
Alanina	1-50
Valina	máx. 40
Metionina	máx. 30
Isoleucina	máx. 10
Leucina	máx. 10
Tirosina	máx. 10
Fenilalanina	máx. 15
Ácido α-aminobutírico	1-30
Ornitina	máx. 1,0
Lisina	máx. 10
Histidina	máx. 10
Arginina	máx. 10

Fonte: Lea (1996); Binnig e Possmann (1993).

Influência do nitrogênio na fermentação

O crescimento de microrganismos ocorre na presença de fatores nutricionais que suprem as diferentes necessidades da célula, tais como carboidratos, nitrogênio, minerais e vitaminas. Se um desses fatores estiver em baixa concentração, não suprindo as necessidades da célula, será total e rapidamente consumido, fazendo com que o crescimento do microrganismo seja interrompido. Essa é uma característica de fator conhecido como limitante. Tradicionalmente, o nitrogênio é considerado como fator limitante da fermentação sidrícola.

No processamento da sidra, uma baixa concentração de nitrogênio total era considerada uma condição necessária na condução da fermentação lenta e na estabilização em densidade, ou seja, com a presença de açúcares residuais no produto final, sem nutrientes para uma refermentação. Foi observado que, para isso acontecer, a relação **N/A** do mosto deveria ser inferior a 0,4 (**N** representa a concentração total de nitrogênio do mosto em mg.L^{-1} e **A**, a concentração de açúcares totais em g.L^{-1}).

Observou-se, em meios sintéticos, que valores de nitrogênio total de 50 mg.L^{-1} foram totalmente consumidos durante a fermentação, sendo que, após o 12º dia, estava quase totalmente estabilizado e, ao final do 17º dia, apresentava a densidade de 1.025 kg.m^{-3}. Os mesmos mostos com 100 e 150 mg.L^{-1} completaram a fermentação, chegando à densidade de 1.000 kg.m^{-3}, ao final do 17º dia com nitrogênio residual, mostrando que o poder fermentativo das leveduras é diretamente proporcional à concentração de nitrogênio. Isso explica a estabilização "em densidade" de mostos com baixas concentrações de nitrogênio. Além disso, o consumo de aminoácidos pelas leveduras deixa o meio menos favorável ao desenvolvimento de bactérias nas duas primeiras semanas de fermentação. Durante a fermentação, as leveduras liberam ácido glutâmico e valina, essenciais para o desenvolvimento bacteriano durante o processo da bioconversão malolática.

9.4.3.3 *Importância do oxigênio*

A troca gasosa entre a sidra e o ambiente ocorre em função do equilíbrio de pressões parciais de oxigênio, via ar atmosférico. Trata-se de um gás pouco solúvel em fluidos, sendo observado que sua solubilidade a determinada temperatura em água pura era comparável àquela observada nas diversas soluções hidroalcoólicas, como o vinho (MOUTOUNET; MAZAURIC, 2001; VIVAS et al., 1999). Além disso, a presença de substâncias coloides favorece a solubilização. O oxigênio não é um gás presente em altas concentrações nos vinhos e, ao contrário do nitrogênio gasoso ou do CO_2, o oxigênio no vinho, uma vez dissolvido, é rapidamente consumido e utilizado nos mecanismos de oxirredução, até o seu desaparecimento completo (VIVAS et al., 1999).

A Tabela 9.11 ilustra a magnitude da presença de oxigênio, em face das adições em diferentes estados da vinificação, desde a extração do mosto até o engarrafamento; porém cabe ressaltar que esses valores podem variar em função da tecnologia utilizada no processamento.

Tabela 9.11 Magnitude da presença de oxigênio, em face das adições em diferentes estados da vinificação.

Origem	Operações	Oxigênio dissolvido
Extração do mosto	Prensagem	3-5 mg.L^{-1}
Manipulação	Bombeamento	2 mg.L^{-1}
	Transvasar de dorna para barrica	6 mg.L^{-1}
	Transvasar de dorna para dorna por baixo	4 mg.L^{-1}
	Transvasar de dorna para dorna pelo alto	6 mg.L^{-1}
Tratamento	Filtração sobre terra	7 mg.L^{-1}
	Filtração sobre placas	4 mg.L^{-1}
	Centrifugação	8 mg.L^{-1}
	Engarrafamento	3 mg.L^{-1}
Trasfegas	Trasfegas com aeração	5 mg.L^{-1}
	Trasfegas sem aeração	3 mg.L^{-1}

Fonte: Ribéreau-Gayon et al. (1998); Vivas et al. (1999).

Oxigênio e o mosto

Em enologia, o oxigênio influencia a qualidade do vinho pela **ação biológica** sobre as leveduras e a fermentação alcoólica e pela **ação química e bioquímica** sobre o mosto, antes ou após a fermentação. Em relação a esse último ponto, é observado que, após a adição de oxigênio, quantidades importantes desse gás são consumidas de forma espontânea pelo mosto, por meio da oxidação de substâncias fenólicas catalisada pelas polifenoloxidases. As reações de oxidação transformam os compostos fenólicos nativos do mosto de maçãs, a maioria incolores, em compostos amarelos ou castanhos, sendo conhecidas como reações de escurecimento. Para que isso ocorra, são necessários três agentes: os polifenóis, as polifenoloxidases e o oxigênio. De maneira geral, a velocidade das reações pode ser influenciada pelas concentrações desses agentes, pela natureza e proporções dos fenóis nativos e, ainda, pelo efeito da acidez (pH) e da temperatura do mosto.

O mecanismo de escurecimento apresenta duas etapas: uma reação enzimática e as reações de oxidações químicas. A principal propriedade dos ácidos hidroxicinâmicos é a sua sensibilidade à oxidação pela via enzimática (NICOLAS et al., 1994). Nas frutas, eles são substratos para a polifenoloxidase, a qual funciona como uma oxidorredutase, que, na presença de oxigênio, catalisa dois tipos de reações: a hidroxilação de monofenóis em ortodifenóis pela atividade creolase e a reação de oxidação de ortodifenóis em ortoquinonas de coloração amarela pela catecolase (Figura 9.10). Em maçãs, o ácido clorogênico e as catequinas são particularmente sensíveis à ação da polifenoloxidase (GUNATA et al., 1987; AUBERT et al., 1992, citados por LEPAGE, 2002). Entretanto, o ácido para-coumaroilquínico é um inibidor competitivo da reação e os procianidóis apresentam efeito inibidor sobre a polifenoloxidase (JANOVITZ-KLAPP et al., 1990). A intensidade de inibição aumenta com o grau de polimerização (GPn) do substrato. As lacases, de origem essencialmente fúngica, constituem uma classe diferente de polifenoloxidases (MAYER; HAREL, 1991). São capazes de oxidar os ortodifenóis e paradifenóis em orto e para-quinonas, respectivamente. Não são encontradas em maçãs sadias, mas quando a sidra é processada com matéria-prima de avançado grau de maturidade, pode ocorrer um escurecimento ao contato com o ar, formando um complexo castanho avermelhado, chamado de *casse oxidásica*.

As ortoquinonas reagem muito rápido no meio por diversos mecanismos (por exemplo, adições e reações acopladas), utilizando outros compostos fenólicos, como catequinas e procianidóis. Os procianidóis da maçã são inibidores da PPO, porém podem ser oxidados por um sistema de oxirredução e essas reações conduzem à formação de pigmentos amarelos e castanhos chamados de melanoidinas (Figura 9.11) (LEA, 1984).

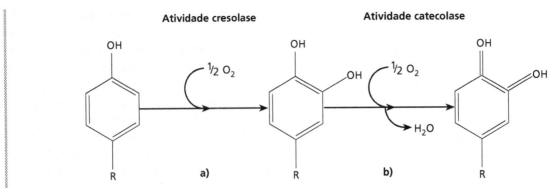

Figura 9.10 Reações catalisadas pela polifenoloxidase: a) hidroxilação do monofenol para o-difenol; b) desidrogenação de o-difenol para o-quinona.

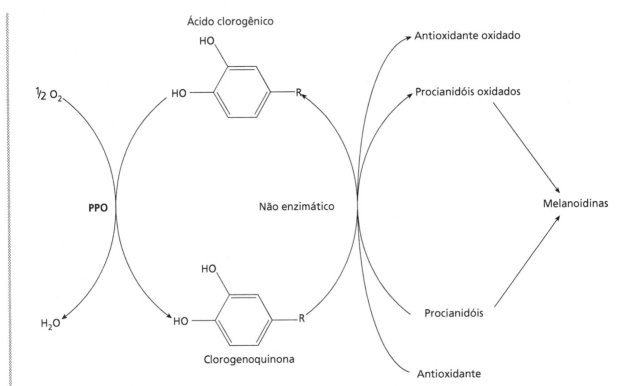

Figura 9.11 Utilização do oxigênio no sistema de oxidorredução do ácido clorogênico em clorogenoquinona, induzida pela PPO.

Oxigênio e a fermentação alcoólica

Trabalhos realizados em enologia e nas cervejarias demonstraram um efeito favorável de adições de oxigênio sobre a cinética de fermentações alcoólicas. Foi demonstrado que, para desenvolver e conservar uma boa viabilidade (capacidade reprodutiva) e uma boa vitalidade (capacidade de produzir energia), as leveduras necessitam de baixas concentrações de oxigênio (10 mg.L^{-1}). Este se faz necessário para a síntese de esteróis e ácidos graxos insaturados, constituintes da membrana plasmática imprescindível para o crescimento celular (ANDREASEN et al., 1953; ANDREASEN et al., 1954).

A relação entre oxigênio e a fermentação depende do modo de conduta do primeiro. O momento de adição de oxigênio e a quantidade a adicionar são critérios importantes para atingir o resultado esperado. No caso do vinho, é pouco aconselhável adicionar oxigênio, antes ou no momento do inóculo das leveduras, quando muitas enzimas, como polifenoloxidase, podem ainda estar ativas e, assim, aumentar o risco de oxidação, e a adição de oxigênio é menos eficaz para as leveduras. O momento ótimo preconizado para as adições é o primeiro quarto da fermentação alcoólica, se adicionado somente oxigênio, e talvez, atrasar até o meio da fermentação para adicionar o combinado de oxigênio e nitrogênio assimilável (SABLAYROLLES et al., 1986; SABLAYROLLES et al., 1996). Foram discutidos diferentes métodos de adicionar oxigênio ao processo fermentativo. Essas etapas, quando realizadas com nitrogênio, permitem melhorar a cinética das fermentações e diminuir os riscos das fermentações muito lentas (BLATEYRON et al., 1998).

Oxigênio e a levedura *Saccharomyces*

Saccharomyces cerevisiae pertence ao grupo das leveduras anaeróbias facultativas, capazes de utilizar a glucose, tanto em anaerobiose quanto em aerobiose, com preferência pela segunda opção (VAN DIJKEN et al., 1993). A concentração de açúcares e de oxigênio no sistema de fermentação orienta o metabolismo da levedura para o processo fermentativo ou para o respiratório. As diferentes vias implicadas no consumo de oxigênio foram muito mais estudadas em condições de metabolismo respiratório do que em fermentação alcoólica. O crescimento das leveduras em anaerobiose normalmente requer oxigênio em taxas mínimas para favorecer a síntese de esteróis e ácidos graxos insaturados, e esses compostos, conhecidos como fatores de crescimento em anaerobiose (FCA), são essenciais para a integridade da membrana plasmática. O oxigênio molecular é necessário também na ciclização do esqualeno para a síntese de esteroides e subsequente desmetilação para lanosterol; está implicado também na biossíntese de ácidos graxos, onde $\frac{1}{2}O_2$ é necessário para a formação de cada dupla ligação nas posições Δ^9, Δ^{10} e Δ^{15} dos carbonos 16 e 18 dos respectivos ácidos graxos (RATLEDGE; EVANS, 1989). Durante a fermentação da cerveja, o máximo de oxigênio para a biossíntese de esteróis é de 0,3-1,0 mg.L^{-1} de oxigênio dissolvido e 1,0 mg.L^{-1} para a biossíntese de ácidos graxos (KIRSOP, 1977).

Via respiratória

A respiração consiste em um aporte energético necessário para a manutenção e para a multiplicação da levedura *S. cerevisiae*, sendo fundamentado na fosforilação oxidativa da síntese de adenosina trifosfato (ATP). Essa molécula rica em energia, produzida pela regeneração de diferentes cofatores, é sintetizada em um processo de desgaste energético de elétrons, que contam com o oxigênio como receptor final na cadeia respiratória.

O metabolismo de oxigênio na levedura desenvolve-se principalmente na mitocôndria. Nessa organela, vários sistemas energéticos conduzem ao consumo de oxigênio como a cadeia respiratória "clássica" e as vias de respiração chamadas de "alternativas" (AINSWORTH et al., 1980; GOFFEAU et al., 1978; HENRY et al., 1975; LATIES, 1982).

9.4.3.4 *Os compostos voláteis*

Os compostos voláteis da sidra são, em grande parte, qualitativamente idênticos ao de todas as outras bebidas fermentadas. Centenas de compostos voláteis que contribuem para o aroma da sidra, isolados de diferentes leveduras já foram identificados e listados (WILLIAMS; TUCKNOTT, 1971, 1978; WILLIAMS, 1974; WILLIAMS et al., 1978, 1980; WILLIAMS; MAY, 1981 citados por LEA; DRILLEAU, 2004). As sidras apresentam como característica um alto teor em alcoóis secundários, principalmente o 2-fenil-etanol, formados face ao *status* de nutrientes no mosto (LEA, 1995).

Porém, durante a fermentação alcoólica pode ser formado um composto, que está sendo considerado como exclusivo da sidra, conhecido como "*cidery*" aroma. Esse composto de peso molecular de 172 daltons apresenta-se em baixa concentração, porém contribui com o aroma do produto (WILLIANS et al., 1987; HUNBERT et al., 1990 apud LEA, 1995).

O diacetil é sintetizado a partir do piruvato por espécies de *Leuconostoc*, durante a fermentação malolática, e contribuem positivamente com o aroma amanteigado em vinhos e sidras; ainda nessa fase podem ser formados aromas descritos como picantes e fenólicos, principalmente quando as frutas são classificadas como ácidas-amargas. Esses compostos são o etil-fenol e etil-catecol que resultam da hidrólise, da descarboxilação e redução do ácido p-coumaroil-quínico e ácido clorogênico, respectivamente (BEECH; CARR, 1977).

Sidras de qualidade superior apresentam gosto doce e aromas frutados e perfumados, enquanto produtos com aromas picantes e sufocantes e com sabores ácidos, adstringentes, não são bem aceitos (LEGUERINEL et al., 1987). Segundo os autores, o isobutanol aumenta os aromas frutados e perfumados e o 2-3 butanodiol apresenta uma ação inibidora sobre esses aromas.

Na Tabela 9.12, podem ser observados alguns compostos voláteis no suco clarificado e no produto fermentado, mostrando o aumento de vários compostos durante os processos fermentativos (3-metil-1-butanol, 2,3-butanodiol, 2-metil-1-propanol, 2-fenil-etanol, 2-metil-ácido butanoico, ácido octanoico, 3-hidroxi-2-butanona). Alguns compostos (5) mantiveram-se sem alterações, enquanto o hexanol diminuiu.

Tabela 9.12 Concentração dos componentes aromáticos do suco de maçã clarificado e do produto fermentado, expressos em mg.L⁻¹.

Compostos	Suco clarificado	Produto fermentado
2-Metil-1-propanol	1,91	23,02
3-Metil-butil-acetato	0,05	0,37
Butanol	33,57	32,45
3-Metil-1-butanol	4,90	81,28
1-Pentanol	0,23	0,23
Acetato de hexila	0,02	0,78
3-Hidroxi-2-butanona	0,47	2,74
Hexanol	4,38	3,89
Etil-3-hidroxi-butirato	0,13	0,18
2,3-Butanodiol	0,46	6,84
2-Metil-ácido propanóico	0,05	0,68
Butirolactona	0,08	0,27
2-Metil-ácido butanóico	0,40	1,19
Álcool bexzílico	0,03	0,04
2-Fenil-etanol	0,11	4,09
Etil-tetradecanoato	0,14	0,14
Ácido octanóico	0,08	1,80

Fonte: Adaptado de Massiot et al. (1994).

9.4.3.5 Fermentação secundária ou maturação

Nos anos 1970 e 1980, pesquisadores britânicos descobriram na sidra a presença de bactérias ácido-tolerantes, bactérias láticas e acéticas, e comprovaram que nas frutas existiam espécies do gênero *Leuconostoc* e *Lactobacillus* (SALIH et al., 1988). Entre elas, o *Lactobacillus plantarum*, bacilo homofermentativo, era o mais comum, seguido do *Bacillus collinoides*, bacilo heterofermentativo (DRILLEAU, 1991b).

Durante a fermentação, os bacilos homofermentativos deixam de ser detectados e as cepas heterofermentativas do gênero *Leuconostoc* (*Leuconostoc oenos*) preponderam na sidra, sendo responsáveis pela bioconversão malolática "TML", que é a transformação do ácido L-málico da matéria-prima em ácido L-lático no produto (DRILLEAU, 1991b). Entretanto, essa bactéria, por ser heterofermentativa e estar num meio rico em açúcares, como é o caso da sidra de consumo, pode provocar a aparição do que se convencionou chamar de picada lática, da expressão francesa "*piqûre láctique*", caracterizada por produção excessiva de ácido acético comprometendo o padrão de qualidade do produto final (DRILLEAU, 1991b). Alguns outros compostos que apresentam os mesmos prejuízos à qualidade também são produzidos, como o diacetil, acetoína, lactato de etila e alguns fenóis voláteis (DRILLEAU, 1991a).

A transformação malolática é iniciada ao final da fermentação principal e dura aproximadamente cinco semanas, quando a população de bactérias lácteas aumenta 1.000 ou até mesmo 10.000 vezes (SALIH et al., 1988). Para que ela possa realizar-se, é necessária uma população bacteriana de cerca de $1,0 \times 10^6$ a $1,0 \times 10^7$ ufc.mL⁻¹ (DRILLEAU, 1990a). A diminuição da acidez, necessária em sidras com elevada acidez, é devida à transformação de um ácido mono-hidróxi-di-carboxílico de quatro carbonos (málico) para um mono-hidróxi-mono-carboxílico de três carbonos (lactato), deixando o produto menos agressivo ao paladar. Porém, há que se tomarem medidas de controle processual, visto que produtos pouco ácidos podem diminuir a característica de textura da sidra (RANKINE, 1970; DRILLEAU, 1991a; VAN VUUREN; DICKS, 1993; LAPLACE et al., 2001).

O início da transformação malolática pode ser influenciado por dois fatores: a taxa de inóculo em bactérias láticas e a quantidade de compostos fenólicos do meio. Taxa superior a 10^5 ufc.mL⁻¹ diminui o tempo de carência para o início da biotransformação e impede a formação da picada lática na sidra com uma velocidade de degradação do ácido málico elevada. Alta concentração em compostos fenólicos apresenta um efeito desfavorável ao início do processo, podendo ser consequência da inibição do crescimento de bactérias láticas ou de suas funções enzimáticas. Entretanto, a velocidade de conversão de ácido L-málico é pouco afetada (SALIH et al., 1987, 1988).

A fermentação secundária ou maturação apresenta algumas características como duração de três a seis meses, consumo limitado de açúcares não ultrapassando de 2 a 4 g.L⁻¹ ao mês, em um meio que contém de 30 a 50 g.L⁻¹ de açúcares (leveduras eliminadas por filtração), baixo teor alcoólico de cerca de 2-3% (v/v), pH relativamente elevado (3,8-4,2) e presença de uma microbiota complexa (LEQUÉRÉ; DRILLEAU, 1993, 1998).

As bactérias malolácticas podem ser controladas pelo anidrido sulfuroso (SO_2) e a resistência desses microrganismos ao antisséptico depende da concentração do anidrido sulfuroso livre, que pode variar segundo o pH do mosto (vide item 9.4.2.2).

9.4.3.6 Gaseificação natural

A gaseificação natural ou *prise de mousse* é considerada como o processo de lento acúmulo de CO_2 liberado durante a fermentação secundária, podendo ocorrer diretamente em garrafas ou em dornas fechadas resistentes à pressão. Na gaseificação natural em garrafa, ao contrário dos vinhos espumantes elaborados segundo método *crémant* (antigo método *champenoise*), as sidras permanecem com as leveduras no interior da garrafa. Essa operação não é realizada no Brasil, onde a gaseificação é essencialmente artificial.

Para evitar uma supergaseificação resultante do excesso ou do crescimento de leveduras na garrafa, torna-se necessário que a gaseificação seja lenta e seja interrompida naturalmente, após alguns meses de conservação (de um a dois meses a 10-15 °C). A concentração ótima de gás carbônico dissolvido deve se situar entre 4 e 6 g.L^{-1}, correspondendo a uma pressão de 2 a 3 bars a 10 °C. Para isso, a levedura deverá consumir entre 9 e 13 g.L^{-1} de açúcares, ou seja, a gaseificação natural deve ser iniciada entre cinco e sete pontos da densidade desejada no produto final (DRILLEAU, 1993a; LEQUÉRÉ, 1992).

Dois fatores importantes fazem variar a velocidade de *prise de mousse*: a temperatura e a população de leveduras. Utilizar a temperatura como ferramenta para acelerar ou diminuir a produção de gás carbônico pode ser interessante, sob o aspecto prático. Entretanto, a baixa temperatura pode mascarar uma instabilidade do produto que se revelará mais tarde na *cave* do produtor, nos locais de comercialização e ou na *cave* do consumidor. O controle da população de leveduras, todavia, pode assegurar uma *prise de mousse* regular e uma estabilidade da sidra, uma vez que a velocidade de fermentação é proporcional ao número de leveduras vivas (SIMON, 1982). Esse controle da população inicial de leveduras é simples. Após a eliminação das leveduras da sidra por uma filtração fina, é adicionada uma população de leveduras antes do engarrafamento, sendo que essa adição pode ser feita sob a forma de leveduras secas ativas (4 g.hL^{-1}) ou pelo inóculo de um pequeno volume de sidra não filtrada, previamente analisada. A vantagem dessa operação em relação à gaseificação artificial é que o oxigênio incorporado na operação de filtração (4 a 7 mg.L^{-1}) e engarrafamento (3 mg.L^{-1}) será consumido pelas leveduras; em ambos os casos, o oxigênio, após tratamentos térmicos, pode gerar reações químicas de oxidação, alterando o sabor e o aroma do produto final (LEQUÉRÉ, 1992; RIBÉREAU-GAYON, 1998).

9.4.4 Operações pós-fermentação

Os produtores de sidra, muitas vezes, fazem misturas entre fermentados para obter o equilíbrio gustativo e o teor de açúcares residuais desejados. A fermentação é interrompida por uma filtração destinada a eliminar as leveduras e as bactérias, e a densidade na qual se efetua a filtração depende da categoria da sidra desejada, que pode ser seca, semisseca ou suave. Vários tipos de filtração podem ser empregados na estabilização das sidras, tais como sobre placas, com diatomáceas e em módulos de membranas para filtração tangencial.

9.4.4.1 Engarrafamento

O engarrafamento é realizado quando a sidra está estabilizada, ou seja, a densidade não varia mais que dois pontos ao mês (MICHEL, 1987). A técnica de *prise de mousse* natural em garrafa não requer equipamento específico de enchimento das garrafas. Entretanto, na gaseificação artificial, os produtores utilizam máquinas chamadas de *tireuses* isobáricas, com ou sem ajuste do nível de gás carbônico. Nesse sistema, o líquido em baixa temperatura é mantido em pressão superior à pressão de saturação para evitar a perda de gás e a formação de espuma durante a trasfega. A primeira etapa é colocar a garrafa sob pressão, a segunda começa quando o líquido passa a ser transvasado para o interior da garrafa, no momento em que a pressão da garrafa é a mesma do reservatório. A sidra então é fechada, rotulada e está pronta para a comercialização (LEPAGE, 2002).

9.4.4.2 Gaseificação pela adição de CO_2

A saturação ou gaseificação é uma operação unitária, utilizada no momento do engarrafamento que permite a obtenção de uma efervescência artificial isenta de processo fermentativo. O esquema de um saturador de coluna é observado na Figura 9.12.

A alimentação é geralmente assegurada por gravidade (uma dorna fechada com entrada pela parte superior) até um tanque de reserva situado sob o equipamento, onde o nível é regulado por uma boia. Uma bomba assegura o enchimento da coluna, contendo anéis de *Raschig*. A pressão de saturação de 3 bars permite uma concentração de CO_2 de 5 g.L^{-1} no produto final. Entretanto, nesse caso, até 8 g.L^{-1} de oxigênio pode ser adicionado com essa operação, se medidas de prevenções antioxigênio não forem tomadas (LEQUÉRÉ, 1992). Em seguida, a garrafa é fechada com diferentes tipos de dispositivos (Figura 9.13), sendo o mais comum na Europa a rolha de cortiça e no Brasil a rolha em material plástico; ambas possuem uma gaiola de metal que tem a função de fixar a rolha, em razão da pressão interna. Dessa forma, as etapas de engarrafamento e gaseificação são importantes para a qualidade do produto.

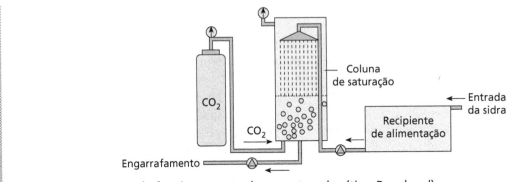

Figura 9.12 Esquema de funcionamento de um saturador (tipo Ronchard).

Fonte: Lepage (2002).

Figura 9.13 Diferentes dispositivos utilizados no fechamento das garrafas.

Fonte: Chandon (2001).

9.5 DEFEITOS DA SIDRA
9.5.1 Contaminações bacterianas

A composição do mosto o torna susceptível a contaminações bacterianas, e os principais problemas são aqueles já conhecidos na fabricação do vinho, como "gordura" (*graisse* ou *ropiness*), picada lática, picada acética e a picada acroleica. Somente a doença chamada de *framboisé* é específica da sidra. A **picada acética** acontece em razão da ação de bactérias aeróbicas, como as do gênero *Gluconobacter oxydans*, em início de fermentação e as *Acetobacter aceti*, em fim de maturação. Essa contaminação ocorre principalmente em sidras secas ou em fermentações interrompidas, porém com a prática habitual, a permanência de uma pequena produção de CO_2 impede a dissolução de oxigênio que poderia provocar a acetificação, o que se torna um problema raro na sidra de consumo. Entretanto, essa contaminação apresenta maior frequência em sidras para destilação, as quais não tiveram uma proteção adequada ao oxigênio. A **picada lática** é um problema de maior frequência, principalmente quando provocada pelas bactérias responsáveis pela transformação malolática. A "**gordura**" (*graisse* ou *ropiness*), considerada como uma doença nas sidras de pH elevado, desenvolve-se na garrafa prejudicando o seu tratamento. A sua principal característica é o aumento da viscosidade ligada à produção de cadeias de glucano por bactérias láticas (*Lactobacillus* e *Leuconostoc* spp.) a partir de açúcares, apresentando o aspecto de óleo, detectável pelo seu brilho. Uma vez que o aroma não é afetado, a sidra pode ser tratada apenas com agitação rigorosa para quebrar as cadeias de glucanos e adição de 100 ppm de sulfito para inibir um novo crescimento (LEQUÉRÉ; DRILLEAU, 1998; LEA, 1995). A **picada acroleica** concerne especificamente às sidras destinadas à destilação, trata-se de uma degradação do glicerol formado pelas leveduras fermentativas, por bactérias láticas como *Lactobacillus brevis* ou *Lactobacillus colinoides*. A degradação do glicerol forma um precursor o 3-hidroxipropionaldeído (3 HPA) que pode se decompor em acroleína, durante a destilação. Na presença desse precursor na sidra, a legislação da França proíbe a destilação (LEQUÉRÉ; DRILLEAU, 1998). A *framboisé* (França) ou *sickness* (Inglaterra), considerada específica da sidra, tem como características a produção de elevadas concentrações de acetaldeído e formação de uma viscosidade leitosa, devida a combinações do etanal com certos compostos fenólicos. Dois microrganismos foram isolados de sidras com essa contaminação: o *Acetobacter rancens* que seria responsável pela transformação do ácido lático em acetaldeído e o *Zymomonas anaerobia* var. *pomaceae*, capaz de transformar glucose e frutose em etanol com acúmulo de acetaldeído, em sidras com pH acima de 3,7. Porém, ainda existem muitas dúvidas, principalmente devidas à dificuldade de reproduzir o fenômeno em laboratório. O SO_2 não é eficaz, em razão das elevadas concentrações de etanal (de 1.000-2.000 mg.L^{-1}) produzido no meio, ou seja, não existem medidas para evitar este problema. Uma boa higiene e procedimento de trabalho rigoroso reduzem o risco, porém, após apresentar a contaminação na unidade de produção, sempre haverá grandes chances de o problema ressurgir (LEQUÉRÉ; DRILLEAU, 1998; BEECH; CARR, 1977, LEA, 1995).

9.5.2 Precipitações no produto engarrafado

Na Europa, principalmente na Inglaterra, a levedura *Saccharomycodes ludwigii*, presente na casca da maçã e resistente ao sulfito, tem como particularidade apresentar grandes células (25 µm de diâmetro), as quais precipitam na garrafa e são assim chamadas de depósito "proteico" (LEA, 1995). Depósitos proteicos em sidras são raros, por causa da baixa concentração de proteínas na maçã (100 mgL^{-1}). Normalmente, esse depósito aparece após um tratamento de clarificação com excesso de gelatina.

Os compostos fenólicos também são responsáveis por depósitos, por meio de associações com proteínas e polissacarídeos, principalmente após o resfriamento do produto. Esses compostos têm uma grande importância para a sidra, entretanto também são responsáveis por uma série de aromas indesejados, como, por exemplo, a presença de naftaleno em sidras estocadas. A ação de microrganismos (presentes em frutas com elevado grau de maturação) promove uma série de aromas indesejados a partir dos fenóis (curral, sulfídico, madeira etc.) (SHAHIDI; NACZK, 1995; LEA, 1995).

BIBLIOGRAFIA

AINSWORTH, P. J.; BALL, A. J. S.; TUSTANOFF, E. R. Cyanid-resistant respiration in yeast; isolation of a cyanide-insentive NAD(P)H oxidoreductase. **Arch. Biochem. Biophys.**, Duluth, v. 202, p. 172-186, 1980.

ALBERTI, A. et al. Impact on chemical profile in apple juice and cider made from unripe, ripe and senescent dessert varieties. **LWT – Food Science and Technology**, v. 65, p. 436-443, 2015.

ALBERTS, B. B. D. et al. **Biologia Molecular da Celula**. 3. ed. Porto Alegre: Artes Médicas Sul, 1997. 1291p.

ANDREASEN, A. A.; STIER, T. J. Anaerobic nutrition of Saccharomyces cerevisiae. I – Ergosterol requirement for growth in a defined medium. **J. Cell. Comp Physiol**, Philadelphia, v. 41, p. 23-26, 1953.

ANDREASEN, A. A.; STIER, T. J. B. Anaerobic nutrition of Saccharomyces cerevisiae. II – Unsaturated fatty acid requirement for growth in a defined medium. **J. Cell Comp. Physiol.**, Philadelphia, v. 43, p. 217-281, 1954.

BARON, A.; GOAS, M.; DRILLEAU, J. F. Évolution au cours de la maturation, des fractions azotées et des acides aminés dans la pomme et dans le moût correspondant. **Sci. Aliments**, Paris, v. 2, n. 1, p. 15-23, 1982.

BARON, A.; BOHUON, G.; DRILLEAU, J. F. Remarques sur l'indice formol des concentrés de jus de pomme. **Ann. Falsific. l'Expertise Chimique**, v. 70, n. 749, p. 19-26, 1977.

BEECH, F. W.; CHALLINOR, S. W. Maceration and defecation in cider-making I. Changes occurring in the pectin and nitrogen contents of apple juices. **Annu. Rep. Agric. Hortic. Res. Station**, Long Ashton, p. 143-161, 1951.

BEECH, F. English cidermaking: technology, microbiology and biochemistry. **Prog. Ind. Microbiol.**, Amsterdam, v. 11, p. 133-213, 1972.

BEECH, F. W. Yeasts in cider-making. In: ROSE, A. H.; HARRISON, J. S. **The yeasts, yeast technology**. 2. ed. London: Academic Press, 1993. p. 169-213.

BEECH, F. W.; CARR, J. G. Cider and Perry. In: ROSE, H. A. **Economic microbiology**. London: Academic Press, 1977. p. 139-313.

BEVERIDGE, T. Haze and cloud in apple juices. **Crit. Rev. Food Sci. Nutr.**, Boca Raton, v. 37, n. 1, p. 75-91, 1997.

BINNIG, R.; POSSMANN, P. Apple Juice. In: NAGY, S.; CHEN, C. S.; SHAW, P. E. **Fruit juice. processing technology.** Auburndale: Agscience, 1993. p. 271-317.

BURROUGHS, L. F. The amino-acids of apple juices and ciders. **J. Sci. Food Agric.,** Barking, v. 8, n. 3, p. 122-131, 1957.

BURROUGHS, L. F.; SPARKS, A. H. Sulphite-binding power of wines and ciders I. Equilibrium constants for the dissociation of carbonyl bisulphite compounds. **J. Sci. Food Agric.,** Barking, v. 24, p. 187-198, 1973.

BLATEYRON, L. et al. Control of oxygen additions during alcoholic fermentations. **Vitic. Enol. Sci.,** v. 53, p. 131-135, 1998.

BLOUIN, J. Le SO2. Qu'en savons-nous en 1993? **Rev. Oenologues,** v. 67, n. 1, p. 13-17, 1993.

BRASIL. Normas de identidade e qualidade da sidra. Decreto n. 6.871, de 4 de junho de 2009. **Diário Oficial da União,** Brasília, 2009.

CANTERI-SCHEMIN, M. H. **Obtenção de pectina alimentícia a partir de bagaço de maçã.** 2003. 70f. Dissertação (Mestrado em Tecnologia de Alimentos) – Universidade Federal do Paraná, Curitiba, 2003.

CHANDON, J. A. **Faites votre cidre.** Bats: Editions d'Utovie, 2001. 56p.

CHRISTEN, P.; LÉQUÉRE, J. M. La fabrication du cidre. **Process,** n. 92, p. 1186, 2002.

CLIFF, M.; DEVER, M. C.; GAYTON, R. Juice extraction process and apple cultivar influences on juice properties. **J. Food Sci.,** Chicago v. 56, n. 6, p. 1614-1627, 1991.

CZELUSNIACK, C. et. al. Qualidade de maçãs comerciais produzidas no Brasil. Aspectos físico-químicos. **Braz. J. Food Technol.,** v. 6, p. 25-31, 2003.

D'AMORE, T.; RUSSELL, I.; STEWART, G. G. Sugar utilization by yeast during fermentation. **J. Ind. Microbiol.,** Amsterdam, v. 4, p. 315-324, 1989.

DEMIATE, I. M. et al. Propriedades físicas, químicas e funcionais de amido de maçã. **SEMINA: Ciências Agrárias,** v. 24, n. 2, p. 289-298, jul./dez. 2003.

DOWNING, D. L. Apple cider. In: DOWNING, D. L. **Processed apple products.** New York: Van Nostrand Reinhold, 1989. p. 169-187.

DRILLEAU, J. F. French fruit processing for cider. **Flüssiges Obst.,** Schönborn, n. 8, p. 429-433, 1985.

———. Comportement du cidre. Effets de quelques traitements préfermentaires. **Pomme,** n. 20, p. 19-20, 1990a.

———. La fermentation en cidrerie. Quelques généralités et principes d'élaboration. **Pomme,** n. 21, p. 20-22, 1990b.

———. Consolider les connaissances et maîtriser la qualité du produit fini. **Pomme,** n. 23, p. 23-25, 1991a.

———. Produits cidricoles. Quelques mots sur les composés phénoliques (tanins). **Technologie,** v. 23, p. 21-22, 1991b.

DRILLEAU, J. F. La cidrerie. In: BOURGEOIS, C. M.; LARPENT, C. **Microbiologie alimentaire.** Paris: Apria, 1989.

DRILLEAU, J. F. Pommes et cidres, matières premières du calvados. In: CANTAGREL, R. **Elaboration et connaissance des spiritueux.** Cognac: BMCE, 1993. p. 193-200.

DRILLEAU, J. F. La cidrerie. In: BOURGEOIS, C. M.; LARPENT, J. P. **Microbiologie alimentaire, aliments fermentés et fermentations alimentaires.** Paris: Apria, 1996. tome 2, p. 138-161.

FAN, X. et al. Changes in amylose and total starch content in Fuji apples during maturation. **Hortscience,** v. 30, n. 1, p. 104-105, 1995.

GOFFEAU, A.; CROSBY, B.A. new type of cyanide-insensitive respiration in the yeasts Schizosaccharomyces pombe and Saccharomyces cerevisiae. In: BACILE, M.; HORECKER, B. L.; STOPPANI, A. O. M. **Biochemistry and genetics of yeasts-pure and applied aspects.** New York: Academic Press, 1978. p. 81-86.

GOVERD, K. A.; CARR, J. G. The content of some B-group vitamins in single-variety apple juices and commercial ciders. **J. Sci. Food Agric.,** Barking, v. 25, p. 1185-1190, 1974.

HENRY, M. F.; NYNS, E. D. J. Cyanide-insensitive respiration. An alternative mitochondrial pathway. **Subcell. Biochem.,** New York, v. 4, p. 1--65, 1975.

HENSCHKE, P. A.; JIRANEK, V. Yeasts – metabolism of nitrogen compounds. In: FLEET, G. H. **Wine microbiology and biotechnology.** Switzerland: Harwood Academic Publishers, 1992. p. 77-164.

JANOVITZ-KLAPP, A. H. et al. Kinetic studies on apple polyphenol oxidase. **J. Agric. Food Chemistry,** Washington, v. 38, n. 7, p. 1437-1441, 1990.

JONES, R. P. Intracellular ethanol – accumulation and exit from yeast and other cells. **FEMS (Fed. Eur. Microbiol. Soc.) Microbiol. Rev.,** Amsterdam, v. 54, p. 239-258, 1988.

JONES, M.; PRAGNELL, M. J.; PIERCE, J. S. Absortion of amino acids from wort by yeasts. **J. Inst. Brew.,** London, v. 70, p. 307-315, 1969.

KIRSOP, B. H. Oxygen and sterol synthesis during beer fermentations. **EUCHEM Conf. MeTabela React. Yeast Cell Anaerobic Aaerobic Cond. Proc.,** p. 41-42, 1977.

KOVACS, E.; SASS, P.; AL-ARIKI, K. Cell-wall analysis of different apple cultivars. **Acta Hortic. (Wageningen),** n. 485, p. 219-224, 1999.

LAGUNAS, R. Sugar transport in Saccharomyces cerevisiae. **FEMS (Fed. Eur. Microbiol. Soc.) Microbiol. Rev.,** Amsterdam, v. 104, p. 229-242, 1993.

LAPLACE, J. M. et al. Incidence of land and physicochemical composition of apples on the qualitative and quantitative development of microbial flora during cider fermentations. **J. Inst. Brew.**, London, v. 107, n. 4, p. 227-233, 2001.

LATIES, L. The cyanide-resistant, alternative path in higher plant respiration. **Annu. Rev. Plant Physiol.**, Palo Alto, v. 35, p. 519-555, 1982.

LEA, A. G. H.; DRILLEAU, J. F. Cidermaking. In: LEA, A. G. H., PIGGOT, J. R. **Fermented beverage production**. 2. ed. London: Blackie Academic & Professional, 2004, p. 59-87.

LEA, A. G. H. Cidermaking. In: LEA, A. G. H.; PIGGOTT, J. R. **Fermented beverage production**. London: Blackie Academic & Professional, 1995, p. 66-96.

LEA, A. G. H. Oxidation of apple phenols. **Bulletin de Liaison – Groupe Polyphenols**, p. 462-464, 1984.

LEA, A. G. H. Juice composition and its effect on cider quality. **Flüssiges Obst.**, Schönborn, v. 56, n. 12, p. 744-750, 1989.

LEA, A. G. H. Bitterness and astringency: the procyanidins of fermented apple ciders. In: ROUSSEFF, R. L. **Bitterness in foods and beverages**. Amesterdan: Elsevier, 1990, p. 123-143.

LEA, A. G. H.; TIMBERLAKE, C. F. The phenolics of ciders: Effect of processing conditions. **J. Sci. Food Agric.**, Barking, v. 29, p. 484-492, 1978.

LEA, A. G.; BEECH, F. W. The phenolics of ciders: effect of cultural conditions. **J. Sci. Food Agric.**, Barking, v. 29, p. 493-496, 1978.

LEA, A. G.; ARNOLD, G. M. The phenolics of ciders: bitterness and astringency. **J. Sci. Food Agric.**, Barking, v. 29, p. 478-483, 1978.

LEE, C. Y.; SMITH, N. L. Apples: an important source of antioxidants in the american diet. **N. Y. Fruit Q.**, v. 8, n. 2, p. 15-17, 2000.

LEGUERINEL, J. J. et al. Essai d'évaluation des caractéristiques organoleptiques des cidres par analyses instrumentales. **Sci. Aliments**, Paris, v. 7, n. 2, p. 223-239, 1987.

LE QUERE, J. M.; DRILLEAU, J. F. Fermentation of french cider, the process and yeast species. **Fermentation – Food, Drink and Waste Management, the Future**. Britt'Atlantic Conference, England, 1993a.

LE QUERE, J. M.; DRILLEAU, J. F. Microorganismes et typicité «cidre». **Pomme**, n. 31, p. 16-19, 1993b.

LE QUERE, J. M.; DRILLEAU, J. F. Microbiologie et technologie du cidre. **Rev. Oenologues**, n. 88, p. 17-20, 1998.

LE QUERE, J. M. Effervescence naturelle et gazéification. Pomme, n. 25, p. 15-17, 1992.

————. Fermentation lente du cidre. Pour une élaboration de qualité. **Pomme**, n. 22, p. 17-19, 1991.

LEPAGE, A. **Cidre de variété Guillevic: vers la maîtrise d'un cidre de qualité supérieure**. 2002. 158f. Monographie.

(Scienses et Techniques des Industries Agro-Alimentaires) – Conservatoire National des Arts et Metiers, Paris. 2002.

MAITRA, P. K. A glucokinase from *Saccharomyces cerevisiae*. **J. BioL. Chem.**, v. 245, p. 2423-2431, 1970.

MANGAS, J. J. et al. Study of the phenolic profile of cider apple cultivar at maturity by multivariate techniques. **J. Agric. Food Chem.**, Washington, v. 47, n. 10, p. 4046-4052, 1999.

MANGAS, J. J. et al. Influencia de la clarificacion prefermentativa en la fermentacion mosto de manzana extraido en prensa continua de bandas. **Alimentaria**, Madrid, n. 277, p. 77-81, 1996.

MAYER, A. M.; HAREL, E. Polyphenol oxidase and their significance in fruits and vegetables. FOX, P. F. **Food enzymology**. Elsevier, 1991. 373p.

MARC, I. La levure en fermentation: étude bibliographique. **Bios**, Unadilla, v. 13, n. 10, p. 45, 1982.

MASSIOT, P.; LE QUERE, J. M.; DRILLEAU, J. F. Biochemical characteristics of apple juices and fermented products from musts obtained enzymatically. **Fruit Processing**, Schönborn, n. 4, p. 108-113, 1994.

MICHEL, A. Production du cidre à la ferme. **Pomme**, v. 17, n. 9, p. 1, 1987.

MICHEL, A.; BIZEAU, C.; DRILLEAU, J. F. Relations métaboliques entre levures impliquées dans la fermentation du cidre. **Belg. J. Food Chem. Biotechnol.**, Lunuwila, v. 45, n. 3, p. 98-102, 1990.

MICHEL, A.; BIZEAU, C.; DRILLEAU, J. F. Flore levurienne présente dans les cidreries de l'ouest de la France. **Sci. Aliments**, Paris, v. 8, p. 359-368, 1988.

MOUTOUNET, M.; MAZAURIC, J. P. L'oxygène dissous dans les vins. **Rev. Française d'Oenologie**, n. 186, p. 12-15, 2001.

NATIONAL ASSOCIATION OF CIDERMAKERS. **Code of practice for the production of cider and perry**. London, 1998.

NICOLAS, J. J. et al. Enzymatic browning reactions in apple and apple products. **Crit. Rev. Food Sci. Nutr.**, Boca Raton, v. 34, n. 2, p. 109-157, 1994.

NOGUEIRA, A. **Tecnologia de processamento sidrícola. Efeitos do oxigênio e do nitrogênio na fermentação lenta da sidra**. 2003. 210f. Tese (Doutorado em Processos Biotecnológicos Agroindustriais) – Setor de Engenharia Química, Universidade Federal do Paraná, Curitiba, 2003.

NOGUEIRA, A. **Inovações Tecnológicas no Processamento da Sidra. Agoindústria da Maçã**. 1998. 58 f. Monografia. Departamento de Zootécnia e Tecnologia de Alimentos. Universidade Estadual de Ponta Grossa, Ponta Grossa, 1998.

NOGUEIRA, A.; AYOUB, B.; WOSIACKI, G. Processamento de suco e de fermentado de maçã. Aptidão de 14 variedades.

In: SIMPÓSIO LATINO AMERICANO DE CIÊNCIA E TECNOLOGIA DE ALIMENTOS. 5., **Anais...**, Unicamp, Campinas, 2003.

NOGUEIRA, A. et al. Análise dos indicadores físico-químicos de qualidade da sidra brasileira. **Semina: Ciências Agrárias**, Londrina, v. 24, n. 2, p. 289-298, 2004.

PAGANINI, C. et al. Beneficiamento do bagaço de maçã visando a produção de álcool ou concentrado de fibras. SIMPÓSIO LATINO AMERICANO DE CIÊNCIA E TECNOLOGIA DE ALIMENTOS. 5., **Anais...**, Unicamp, Campinas, 2003.

POSSMANN, P. A comparison of cider and Apfelwein. **Flüssiges Obst.**, Schönborn, v. 59, n. 8, p. 486-492, 1992.

RANKINE, B. C. La fermentation malo-lactique et son importance dans les vins rouges de table australiens. **Bull. O.I.V. (Off. Int. Vigne Vin)**, Paris, n. 4, p. 383-397, 1970.

RATLEDGE, C.; EVANS, C. T. Lipids and their metabolism. In: ROSE, A. H.; HARRISON, J. S. **The yeasts, metabolism and physiology of yeasts**. 2. ed. New York: Academic Press, 1989, p. 367-455.

RENARD, C. et al. Interactions between apple cell walls and native apple polyphenols: quantification and some consequences. **Int. J. Biol. Macromolecules**, v. 29, n. 2, p. 115-125, 2001.

RIBEREAU-GAYON, P. D., D.; DONÈCHE, B.; LONVAUD, A. **Traité d'oenologie**: microbiologie du vin vinifications. Paris: Dunod, 1998, p. 617.

ROBIN, P.; DE LA TORRE, M. **Le cidre, la pomme, le calvados**. Paris: Editions du Papyrus, 1988, p. 192

ROSENFELD, E. **Réponse à l'oxygène de Saccharomyces cerevisiae en conditions de fermentations alcoolique (modèle oenologique). Étude des voies de consommation d'oxygène.** 2001. 339f. Thése (Doctorat Biochimie et Biologie Moléculaire) – Université de Montpellier II, Montpellier, 2001.

SABLAYROLLES, J. M.; BARRE, P. Évaluation des besoins en oxygène de fermentations alcooliques en conditions oenologiques simulées. **Sci. Aliments**, Paris, v. 6, n. 3, p. 373-384, 1986.

SABLAYROLLES, J. M. Besoins en oxygène lors des fermentations oenologiques. **Rev. Française d'Oenologie**, v. 124, p. 77-79, 1990.

SABLAYROLLES, J. M.; SALMON, J. M.; BARRE, P. Carences nutritionnelles des moûts. Efficacité des ajouts combinés d'oxygène et d'azote ammoniacal. **Rev. Française d'Oenologie**, n. 159, p. 25-32, 1996.

SALIH, A. G. et al. Facteurs contribuant au contrôle de la transformation malolactique dans les cidres. **Sci. Aliments**, Paris, v. 7, n. 2, p. 205-221, 1987.

SALIH, A. G. et al. A survey of microbiological aspect of cider-making. **J. Inst. Brew.**, London, v. 94, p. 5-8, 1988.

SANONER, P. et al. Polyphenols profiles of french cider apple varieties (*Malus domestica* sp.). **J. Agric. Food Chem.**, Washington, v. 47, p. 4847-4853, 1999.

SAYAVEDRA-SOTO, L. A.; MONTGOMERY, M. W. Inhibition of polyphenoloxidase by sulfite. **J. Food Sci.**, Chicago, v. 51, n. 6, p. 1531-1536, 1986.

SATAQUE, E.Y.; WOSIACKI, G. Caracterização da polifenoloxidase de maçã (variedade Gala). **Arq. Biol. Tecnol.**, Curitiba, v. 30, n. 2, p. 287-299, 1987.

SHAHIDI, F.; NACZK, M. **Food Phenolics – Sources, Chemistry, Effect, Applications.** Pennsylvania: Technomic, 1995. 321p.

SIMON, D. Dissolution d'oxygène au soutirage. **Bios**, v. 13, n. 10, p. 33, 1982.

SMOCK, R. M.; NEUBERT, A. M. **Apples and apples products.** New York: Interscience Publishers, 1950. 486p.

TAVERNIER, J., JACQUIN, P. Influence de l'élimination partielle des matières azotées des moûts des pommes sur la fermentation des cidres. **C. R. Acad. Sc.**, v. 222, n. 416, p. 1-10, 1946.

VAN DIJKEN, J., WEUSTHUIS, R. PRONK, J. Kinetics of growth and sugar consumption in yeasts. **Antonie Leeuwenhoek**, Dordrecht, v. 63, p. 343-352, 1993.

VAN VUUREN, H. J.; DICKS, L. M. T. Leuconostoc oenos: a review. **Am. J. Enol. Vitic.**, Davis, v. 44, p. 99-112, 1993.

VIVAS, N. Acquisitions récentes sur l'oxydoréduction des vins rouges los de leur élevage. **Rev. Oenologues**, v. 90, p. 15-20, 1999.

WALKER, G. M. **Yeast physiology and bitechnology.** Scotland: John Wiley & Sons, 1998. 350p.

WOSIACKI, G.; NOGUEIRA, A. Apple varieties growing in subtropical areas. The situation of Parana – Brazil. **Fruit Processing**, Oberhonnerfeld, v. 11, n. 5, p. 177-182, may 2001.

WOSIACKI, G.; CHERUBIN, R. A.; SANTOS, D. S. Cider processing in Brazil. **Fruit Processing**, Schönborn, v. 7, n. 7, p. 242-249, 1997.

WOSIACKI, G.; KAMIKOGA, A. T. M.; NEVES JÚNIOR, J. F. Características do suco clarificado de maçãs. **Alimentos & Tecnologia**, São Paulo, v. 8, n. 37, p. 76-79, 1991.

WOSIACKI, G. et al. Apple varieties growing in subtropical areas. The situation in Santa Catarina-Brazil. **Fruit Processing**, Oberhonnerfeld, v. 12, n. 1, p. 19-28, 2002.

WOSIACKI, G.; PHOLMAN, B. C.; NOGUEIRA, A. Características de qualidade de maçãs. Avaliação físico-química e sensorial de 15 variedades. **Ciência e Tecnologia de alimentos**, v. 24, n. 3, p. 347-352, jul-set. 2004.

WOSIACKI, G. et al. The apple and its fructose content cultivar sansa – Acose study. Publ. VEPG Ci. **Exatas terras, Ci. Agr. Enjo.**, Ponta Grossa, v. II, n. 2, p. 27-39, ago. 2005.

10

VINHO BRANCO

VITOR MANFROI

10.1 INTRODUÇÃO

Existem várias definições do termo vinificação. Uma das mais simples, citada por Castino (1993), diz que a vinificação é um processo biotecnológico, por meio do qual a matéria-prima (uva) é transformada em vinho. Ela contempla dois aspectos importantíssimos: primeiro, que essa bebida é fundamentalmente uma ação de microrganismos (biológico); e segundo, que é uma atividade que necessita da intervenção humana (tecnológico), a fim de se conseguir um produto superior, a partir de uvas com o máximo de qualidade possível.

As condições de alimentação em quase todas as partes do mundo têm conduzido os consumidores a preferir alimentos mais rápidos e vinhos relativamente mais ligeiros (mais fáceis de serem bebidos), tendo permitido uma ampla difusão dos vinhos brancos que, em geral, possuem aromas frutados e sabor fresco e ácido, características essas requeridas tanto para vinhos brancos finos quanto para brancos de mesa. No entanto, em termos mundiais, e no Brasil não é diferente, o consumo de vinhos tintos vem crescendo em detrimento dos brancos, principalmente em função dos propalados maiores benefícios à saúde, e da mesma maneira, está se privilegiando cada vez mais a qualidade, mesmo nos vinhos de mesa.

Se o vinho tinto está de modo preponderante ligado às características peculiares da uva, os vinhos brancos, diferentemente, estão muito ligados às intervenções técnicas a que a uva e o mosto são submetidos durante o período da extração do mosto e fermentação. É difundida entre os técnicos uma assertiva que considera que a qualidade de um vinho branco está ligada em torno de 50% à uva e 50% à intervenção do técnico, porque são maiores as intervenções tecnológicas aplicáveis a uva e aos mostos de uvas brancas. Não se quer com essa explicação, esquecer a influência da cultivar, as condições edafoclimáticas, e as técnicas culturais, fatores esses que são impossíveis de serem aqui discutidos, mas que conservam toda a sua validade.

Assim sendo, falar de vinhos brancos é falar da tecnologia enológica mais refinada. A elaboração de vinhos brancos exige, nos dias atuais, a aplicação de conceitos e técnicas (incluindo equipamentos) dos mais modernos, não admitindo aproximações, não admitindo erros. Sobre esse tema escreve De Rosa (1978): os vinhos tintos, ao contrário dos brancos, podem vir a ser de boa qualidade, ainda que a intervenção do técnico não seja das mais adequadas. Por que isso acontece? Pela sua natureza mais complexa (sua composição química), os vinhos tintos toleram com muito mais facilidade intervenções inadequadas; ou seja, o equilíbrio dos vinhos brancos é muito mais delicado; erros, ainda que pequenos, podem deixar traços profundos e com pouca possibilidade de remediar.

10.2 CULTIVARES DE UVA

A videira é uma planta pertencente à família das *Vitaceas*, que engloba cerca de 600 espécies, e entre os diversos gêneros dessa família, o gênero *Vitis* é o mais importante. Existem inúmeras espécies que pertencem a esse gênero, porém as cerca de 5.000 cultivares catalogadas no mundo, podem ser agrupadas em três principais grupos de interesse econômico: videiras europeias (*Vitis vinifera*), videiras americanas (*Vitis labrusca e Vitis bourquina*) e videiras híbridas (*Vitis* spp.).

A seguir, se fará uma breve exposição das principais cultivares utilizadas em nosso meio para elaboração de vinhos brancos e espumantes, que pertencem ao grupo das viníferas. Algumas características gerais desse grupo é que são cultivares precoces a intemediárias, de produção média e que são sensíveis a problemas fúngicos, em especial o míldio e as podridões de cacho.

Riesling Itálico: não se tem com precisão seu local de origem, que, provavelmente seja a França, mas foi no nordeste da Itália que melhor se adaptou e onde foram selecionados os melhores clones. É parte importante da história dos vinhos finos brasileiros, pois foi a primeira casta nobre a ser utilizada na elaboração de vinhos brancos varietais. Hoje, ainda que não seja a casta com maior volume de produção, é considerada por muitos profissionais, como sendo a cultivar branca que poderia se transformar em um ícone regional (ao menos no sul do país) pela importância e tipicidade que tem, principalmente, na elaboração de vinhos espumantes. Possui cacho pequeno e compacto, com bom potencial de acúmulo de açúcar.

Chardonnay: originária da Borgonha, é considerada a mais nobre das cultivares brancas, e possui dispersão mundial. Passou a ter importância comercial no Brasil a partir da década de 1980, e tem incrementado sua produção, principalmente pela elevada complexidade aromática dos vinhos, que os torna bastante apreciados pelos consumidores. É muito precoce, sendo afetada por geadas tardias no Rio Grande do Sul (RS) e Santa Catarina (SC). Possui uma produtividade média menor que o Rieling Itálico.

Sauvignon Blanc: originária da região de Bourdeaux e Vale do Loire. No Brasil, não é uma cultivar que tenha grande área de produção, ainda que se tenham realizado algumas introduções dessa uva recentemente. Não manifesta no sul do Brasil todas as suas potencialidades enológicas, como em outras regiões (França, Chile e Nova Zelândia), porém, pelo seu caráter aromático, precisa ser mais bem estudada.

Trebbiano: cultivar de origem italiana, existem alguns tipos de Trebbiano, sendo os mais conhecidos o Toscano e o Friuliano. Na França, sob a denominação de Ugni Blanc, é uma das principais cultivares brancas. No Brasil, foi introduzida no final do século passado, e foi até a década de 1970 a casta de maior produção no RS, pela sua alta produtividade. Além disso, ela é tardia, e mais rústica que a maioria das cultivares brancas. Apesar da relativa neutralidade de seus vinhos, é uma cultivar com múltiplas aptidões enológicas, podendo ser empregada em cortes, para destilados, base para espumantes e mesmo para vinho monovarietal.

Grupo das Pinots: existem várias, sendo as mais conhecidas a Pinot Blanc e a Pinot Grigio. A Pinot Blanc é originária da Borgonha, sendo uma mutação somática da tinta Pinot Noir. É uma cultivar também precoce que não possui, nas condições do sul do Brasil, um grande potencial de acúmulo de açúcar. Já a Pinot Grigio (ou Gris) é identificada como sendo uma forma diferenciada da Pinot Noir, com bagas de coloração acinzentada. Ainda que no Brasil seja ínfima sua produção, vem demonstrando um bom potencial, com bons exemplares de vinhos sendo comercializados.

Gewurztraminer: não se sabe ao certo seu local de origem, ainda que alguns afirmem que seja do Tirol italiano. O que se tem certeza é que, hoje, os vinhos mais típicos desta cultivar são os da Alsácia. Junto com os Moscatos e Malvasias, gera vinhos do grupo dos aromáticos (aromas primários, oriundos da própria uva). É uma cultivar de película rosada, que é vinificada em branco, com cachos pequenos e compactos. Ainda que seja de excelente distinguibilidade, vem tendo sua área bastante reduzida pela morte precoce de plantas, além de sofrer muito com podridões, e ser de baixa produtividade.

Grupo das Moscatos: é um grupo numeroso, com dezenas de cultivares espalhadas mundialmente. A grande maioria delas gera vinhos aromáticos, com maior ou menor tipicidade. No RS, as principais são a Moscato Branco ou Italiano, Moscato Giallo, Moscato de Hamburgo e Moscato de Alexandria. A principal em produção, a Moscato Branco, naquelas condições, apresenta alta produtividade, com baixo potencial de açúcar, gerando vinhos relativamente ácidos. São a base dos vinhos espumantes moscatéis, produto que vem crescendo enormemente no Brasil.

Grupo das Malvasias: também é um grupo numeroso, sendo as mais importantes no Brasil, as Malvasias Di Candia, Amarela, Branca e Verde. Como as Moscatos, também são cultivares mais rústicas e produtivas, que geram, na maioria delas, vinhos de acentuados aromas primários.

Pinot Noir: originária da Borgonha, é de película tinta, porém, é vinificada em branco, e muito utilizada no "assemblage" do vinho base para espumantes, em especial os elaborados pelo método tradicional. Diferentemente das demais cultivares tintas, é precoce, e muito sensível à maioria das doenças fúngicas, o que faz com que, nas condições do sul do Brasil, não atinja a plena maturação, e seu vinho seja relativamente neutro. Como referido, vem sendo muito utilizada para aumentar a estrutura dos melhores espumantes elaborados no Brasil.

10.3 SISTEMA TRADICIONAL DE VINIFICAÇÃO EM BRANCO

Uma das principais características dos vinhos brancos é que são obtidos pela fermentação dos mostos, sem a presença, ou maceração, das partes sólidas que compõem a uva, principalmente a película, por tempos prolongados. Em termos de composição, a maior diferença dos vinhos brancos e tintos é a quantidade de polifenóis totais (flavonoides e não flavonoides) – sempre maior nos tintos – dos quais derivam os seus diversos graus de oxidação, característica que também diferencia vinhos brancos e tintos. Não se pode deixar de mencionar que é possível elaborar vinhos brancos de uvas tintas, desde que se fermente apenas o líquido sem o contato com as películas. Essa prática é corriqueira em parte dos vinhos utilizados na produção de espumantes.

A seguir, será feita uma breve descrição do principal sistema de vinificação em branco para obtenção de vinhos secos superiores, a vinificação tradicional.

A separação rápida das cascas, como propõe a vinificação tradicional, permite obter vinhos com ótimas características qualitativas em termos olfativos, possuidores de aromas secundários obtidos da fermentação, segundo as exigências do mercado; mas, e isto é plenamente observado, acaba ocorrendo uma uniformização dos vinhos, que terminam com pouca personalidade e pobre em relação às notas olfativas típicas das variedades de origem.

Na vinificação em branco, a prensagem, como maneira de extrair o mosto, precede a fermentação, ao contrário da vinificação em tinto. A ideia é evitar o contato do mosto, extraído da polpa, com a película das bagas de uva. Na prática, a ausência de maceração não é absoluta, porém, a vinificação em branco tradicional apregoa que, para que o vinho branco seja de boa qualidade, é importante que o mosto seja separado imediatamente das cascas após o esmagamento.

Nos vinhos brancos que são privados de antocianinas, o efeito do oxigênio se acentua diretamente sobre os demais polifenóis (em especial catequinas, leucoantocianos e flavonas), do que deriva a necessidade de elaborar vinhos com a menor quantidade possível desses compostos. Considerando que esses polifenóis estão localizados, sobretudo, nas células da película, o objetivo principal da vinificação em branco tradicional, é obter rapidamente o mosto, eliminando imediatamente as películas do líquido, com um consequente menor enriquecimento de compostos oxidáveis.

Nunca é demais referir que o mosto extraído por primeiro (flor ou gota) é o que origina o melhor vinho, pois com o aumento da prensagem ocorre uma maior extração de compostos da película, principalmente os polifenóis, como já referido, que são grandes receptores de oxigênio (oxidáveis), determinando vinhos com menor fineza de aroma e paladar. Assim, nas vinícolas é comum proceder-se a separação de mostos de diferentes graus de prensagem, que são fermentados em separado, e que vão originar vinhos de diferentes atributos.

Ao final, separado o mosto, o mesmo é enviado aos tanques ou equipamentos de clarificação e, após, aos fermentadores, onde sofrerá os controles próprios para esta etapa da vinificação.

Além da vinificação tradicional, existem outros sistemas, alguns deles descritos, resumidamente, a seguir:

Maceração Pelicular: essa maceração pode ser conduzida a temperaturas amenas (em torno de 15 °C) ou a temperaturas mais baixas (próximas de 5 °C); nesse último caso, chamada de maceração a frio ou criomaceração. A maceração pelicular, além de aumentar potencialmente os aromas, permite uma elevação do pH e uma diminuição da acidez titulável dos vinhos, já que ocorre uma extração maior de substâncias minerais, verificando-se uma parcial salificação dos ácidos com esses cátions. O tempo de maceração é bastante variável, podendo ir de 2 a 24 horas (ou até mais), dependendo das condições apresentadas e os resultados desejados. Nas condições do Brasil, em geral, vai de 4 a 12 horas, e caberá ao técnico fazer as avaliações, os devidos ajustes e definir o período mais indicado, de acordo com a sua proposta. Feita a maceração, separa-se o mosto, e segue o processo normal da vinificação clássica.

Hiperoxigenação dos mostos: é uma técnica recente de processamento em mostos para vinificação em branco. Certamente, também é a que sofre ainda maiores restrições, já que foge da recomendação usual de proteção às oxidações. Do ponto de vista prático, deve-se encará-la como uma metodologia que pode diferenciar um vinho, criar um estilo particular, ainda que os resultados sensoriais apresentados até então sejam conflitantes. A hiperoxigenação pressupõe que a oxidação dos mostos reduz a capacidade de oxidação dos futuros vinhos. Propõe obter vinhos brancos de coloração mais ou menos intensa, em um primeiro momento, e estável ao longo do tempo, provocando uma precoce evolução dos polifenóis oxidáveis, por meio de um aporte maciço de oxigênio, em ausência de dióxido de enxofre.

Vinificação 'sur lie': o termo correntemente utilizado para esta metodologia de trabalho é conservação (ou estocagem) 'sur lie', que nos últimos anos vem crescendo em importância, principalmente na elaboração de vinhos brancos mais típicos e maduros, e, como diz o próprio termo francês, literalmente, se trata de conservação sobre borras. O princípio do método consiste em colocar o vinho já pronto a um baixo nível de oxigênio, permitindo, em alguns casos, uma pequena fermentação dos açúcares residuais e, modernamente, forçar um contato com as células das leveduras, possibilitando a liberação de compostos considerados precursores de aromas.

Maceração carbônica em branco: é um sistema de vinificação típico de vinhos tintos, nos quais têm-se obtido resultados bastante interessantes. No caso de vinhos brancos, existem breves relatos, sendo que o princípio é o mesmo dos vinhos tintos: manter as uvas íntegras por um período de dias, em atmosfera de CO_2, onde ocorre uma pequena maceração e um início de fermentação alcoólica, mas, especialmente, uma fermentação intracelular, de origem enzimática, que diminui sensivelmente o ácido málico e forma aromas agradáveis. Após esse período, as uvas são prensadas e fermentadas normalmente.

A Figura 10.1 mostra as principais operações utilizadas na vinificação em branco, tradicional cuja escolha, bem como sua formatação e execução podem variar de vinícola para vinícola, de acordo com a filosofia de trabalho, perfil de produto a ser obtido, equipamentos disponíveis etc. A partir dele, o trabalho segue, mantendo a numeração crescente, descrevendo cada etapa.

Figura 10.1 Operações básicas realizadas na vinificação tradicional em branco.

10.4 RECEPÇÃO DAS UVAS

As uvas são colhidas e transportadas até o local de vinificação, normalmente em caixas plásticas com capacidade de cerca de 20 kg, perfuradas na parte inferior.

Na vinícola, durante a recepção das uvas, são realizados alguns controles iniciais que servem para registrar o produtor e sua produção, e ainda obter informações sobre alguns parâmetros da uva e mosto que servem como uma primeira orientação da vinificação.

10.4.1 Reconhecimento das cultivares e pesagem

Na chegada da uva, se efetua primeiramente o reconhecimento da cultivar, já que, em geral, as diversas cultivares são vinificadas separadamente e possuem preços diferentes; verifica-se, ainda, o grau de sanidade e o aspecto geral da uva.

Em seguida, as uvas são pesadas, e isso vai depender da metodologia de cada empresa (por caixa, por vagoneta, por caminhão) e retira-se uma amostra representativa, para efetuar as análises iniciais do mosto. A pesagem das uvas, além de servir para o pagamento em si, permite o planejamento interno das atividades, os cálculos de rendimento do mosto, e futuramente do vinho, bem como doses a adicionar de SO_2, enzimas e leveduras.

10.4.2 Verificação dos teores de açúcar e acidez

Os teores de açúcar são usualmente medidos utilizando o mostímetro Babo, cuja análise aferida é o °Babo, que nada mais é do que a porcentagem em peso de açúcar encontrado no mosto. Ainda pode-se lançar mão da densidade, que, com o uso de tabelas, também fornecem os teores de açúcar e, posteriormente, o álcool provável dos vinhos. Nas frutas, em geral, utiliza-se o °Brix, que mede sólidos solúveis totais (SST); porém, o fato de o °Babo medir porcentagem de açúcar, facilita os cálculos posteriores para correção do álcool. Existem, ainda, outros mostímetros utilizados por outros países, como o Baumé, o Guyot, o Oechsle e o Salleron.

Esses aparelhos são, normalmente, aferidos a 15 ou 20 °C, daí a necessidade de medir a temperatura do mosto, para posterior ajuste, caso a sua temperatura não coincida com a de aferição do aparelho. No caso do °Babo, considera-se que em um mostímetro aferido a 20 °C, para cada 2 °C abaixo de 20 °C diminui-se 0,1 °Babo, enquanto para cada 2 °C acima aumenta-se 0,1 °Babo. A tomada de temperatura, nesse momento, também pode indicar a necessidade de resfriamento dos mostos, em especial o de uvas brancas, que fermentam em temperaturas mais baixas.

A medição da acidez, via pH ou acidez titulável, permite iniciar uma boa condução da fermentação, já que, se houver algum valor que não seja adequado pode-se acidificar ou desacidificar o mosto. A concentração de íons H^+ livres possui uma importância muito grande no desenvolvimento da atividade biológica, e condiciona seletivamente as reações bioquímicas, daí a necessidade de se conhecer o pH das uvas na entrada da vinícola.

10.5 EXTRAÇÃO DO MOSTO

A extração do mosto, também chamada de operação mecânica de trabalho das uvas, tem por finalidade separar as partes do cacho (engace/ráquis e baga/grão) e extrair o suco das bagas, que, dependendo do tipo de vinificação (em branco ou em tinto), são realizadas de diferentes maneiras.

O suco localizado na parte central da baga é o mais equilibrado em termos de açúcar e acidez, porém é próximo da película que estão retidos os compostos da cor e aroma. Assim, dependendo da vinificação, há a necessidade de efetuar uma extração seletiva dessas diferentes partes, a fim de obter os compostos desejados a cada tipo de vinificação.

O rendimento máximo da uva em mosto é de 80% sobre o peso total. E atenta-se que o primeiro suco liberado é o que se encontra na faixa central, o chamado mosto flor ou mosto gota.

10.5.1 Desengace

O desengace, ou separação da ráquis, objetiva separar o engaço do restante do cacho, antes do esmagamento das uvas. O engaço não alcança um nível adequado de maturação, e a separação antecipada é fundamental para a qualidade do vinho. A participação do engaço na vinificação acentua os gostos herbáceos e amargos, já que possui taninos considerados "verdes", grosseiros, que aumentam consideravelmente a adstringência dos vinhos. Todavia, o engaço quando triturado, é responsável por uma diluição do mosto, além de interferir em sua composição mineral.

Além disso, a retirada do engaço gera uma economia de espaço (representa de 3 a 7% do peso do fruto), ganho em cor, em especial nos vinhos tintos, já que ocorre fixação de matéria corante na sua estrutura; e aumento em álcool de até 0,5 °GL, visto que o engaço não contém açúcar e ainda absorve álcool.

A retirada do engaço, seguida de esmagamento (preferencialmente usada na vinificação em tinto), pode ser realizada utilizando dois tipos principais de equipamentos: as desengaçadeiras-esmagadeiras horizontais (do tipo Amos) (Figura 10.2), e as desen-

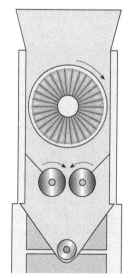

Figura 10.2 Desengaçadeira-esmagadeira horizontal do tipo Amos.

Fonte: Manfroi (1998a).

gaçadeiras-esmagadeiras verticais (centrífugas). O primeiro tipo é o mais difundido no Brasil, enquanto o segundo, apesar de um rendimento mais elevado, acarreta uma elevada quantidade de detritos do engaço, além de formar grandes quantidades de borras.

10.5.2 Esmagamento

O esmagamento realiza a primeira separação entre o suco e as partes sólidas (película e semente), dos taninos, e dos compostos, ocorrendo assim a liberação do mosto, facilitando sua posterior clarificação.

A desengaçadeira-esmagadeira horizontal, de construção simples e relativamente barata, é munida de funil de recepção, batedor (eixo de hastes), grade rotativa perfurada, rolos canelados de esmagamento, dispositivos de saída para o engace e para as bagas esmagadas. Esse equipamento funciona da seguinte forma: no batedor, as bagas são desprendidas do cacho e separadas pela grade perfurada, enquanto o engaço é eliminado, já que não consegue passar pelas perfurações. Ao cair nos rolos, que são revestidos de borrachas com ranhuras e cuja distância é regulável, as bagas são levemente esmagadas, e expõem a polpa e o suco da fruta, agora já mosto, é encaminhado, via bombas e tubulações para os recipientes de fermentação. Esse equipamento não tritura a película, mas apenas rompe o grão, em um ligeiro esmagamento (tendência atual) e forma pouca borra, em razão da velocidade moderada em que trabalha. Já o esmagamento com a máquina do tipo vertical realiza um trabalho muito violento, tritura em demasia a película, e forma, como já referido, uma quantidade considerável de borras.

10.5.3 Prensagem

A prensagem das uvas antes da fermentação é realizada, quase que exclusivamente, na vinificação em branco, já que, nesse caso, ela ocorre apenas com o líquido, sem a presença das partes sólidas. A prensagem pode ser realizada diretamente na uva inteira, na uva desengaçada e esmagada, e ainda na uva desengaçada e esmagada, cujo mosto foi previamente escorrido.

Para tanto, utilizam-se três diferentes equipamentos: prensa pneumática, prensa de pratos e prensa contínua. Ainda são utilizadas as prensas verticais, em empresas de pequena escala, que podem ser manuais ou movidas a motor.

Prensagem da uva inteira: é realizada, em geral, com as prensas pneumáticas. Essas prensas são descontínuas, isto é, precisam ser carregadas, efetua-se a operação da prensagem, descarregam-se as partes sólidas, e volta-se a carregar a prensa com mais uva, e inicia-se nova operação. O corpo dessas prensas está disposto horizontalmente, com formato cilíndrico; são rotativas e possuem no seu interior uma membrana (lona) que é inflada depois da prensa carregada.

Para um melhor entendimento do seu funcionamento, compare sua estrutura a um pneu de automóvel com câmara: antes de carregar com as uvas, a membrana interna é esvaziada por vácuo, colocam-se as uvas e, depois, infla-se a membrana, com uma espécie de ventilador, e efetua-se a prensagem.

Esse processo de prensagem permite trabalhar com baixas pressões ($0,5$ kg/cm^2) na extração do mosto-flor (que corresponde ao redor de 50% do mosto total), possibilitando a obtenção de mostos de excelente qualidade enológica, com baixos teores de borra (cerca de 2% em relação ao volume de mosto), e de fácil clarificação. Após a extração do mosto-flor, aumenta-se a pressão até o esgotamento total da uva. A desvantagem desse procedimento é o inconveniente da liberação de substâncias amargas e adstringentes do engace.

Prensagem da uva desengaçada e esmagada: pode ser feita com a mesma prensa citada acima, ou, o que é mais comum, utilizando a prensa de pratos, que é a mais difundida na vitivinicultura gaúcha para vinhos finos brancos (Figura 10.3).

Nesse equipamento, que também é descontínuo, a desengaçadeira-esmagadeira é colocada, normalmente, acima da prensa, e ocorre o carregamento por gravidade. Existe a opção de, em ambas as prensas, se afastar ao máximo os rolos da esmagadeira, a fim de não romper em demasia as bagas, e permitir esse trabalho às prensas.

Na prensa de pratos, podem aplicar-se diferentes níveis de pressão, que são, em geral, maiores que a pneumática, e assim obter o mosto-flor, e os diferentes mostos-prensa. Normalmente, os 10 a 20% de mostos finais (existem empresas que separam até 50%), que são obtidos nas pressões mais elevadas, possuem uma maior quantidade de compostos da película, são vinificados em separado, por apresentarem coloração mais acentuada, e originam vinhos mais pesados, com menor fineza de aroma e paladar.

A quantidade de borra formada nesse equipamento é de cerca de 7%, com boas condições para clarificação.

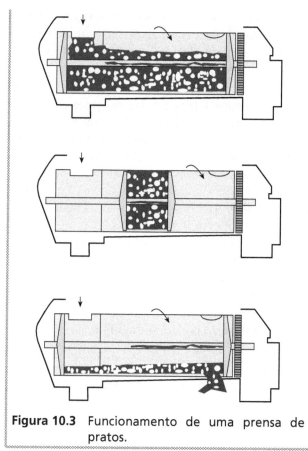

Figura 10.3 Funcionamento de uma prensa de pratos.

Fonte: Vaslin (folheto comercial).

Prensagem da uva que sofreu escorrimento prévio: em geral, se utilizam prensas contínuas, que podem ser horizontais ou inclinadas, e que também são utilizadas para prensagem do bagaço das uvas tintas, após a maceração.

Nesse equipamento, a pressão aplicada é muito forte, e tritura em demasia as partes sólidas da uva, formando, dessa maneira, cerca de 15% de borras, e mostos de difícil clarificação. Assim sendo, os mostos obtidos por essas prensas são utilizados, na maioria das vezes, para elaborar vinhos de consumo corrente.

10.5.4 Escorrimento

O escorrimento (ou esgotamento) tem por objetivo separar o mosto liberado pelo esmagamento das uvas. Os métodos principais são:

Método estático ou espontâneo: que pode ser efetuado de duas maneiras:

a) No carregamento das prensas (pratos ou pneumática): neste caso o escorrimento ocorre, pelo próprio peso da carga e o atrito entre os cachos e grãos, o rompimento espontâneo das bagas, e o líquido escorrido fará parte do mosto-flor de primeira prensagem (baixas pressões).

b) Esgotadores estáticos (*poter*): estes esgotadores são tanques de aço inoxidável, munidos de um fundo "em bisel", com uma superfície perfurada, que permite escorrer o mosto, e reter as cascas das uvas. Nesses *poters* podem-se efetuar as operações de enzimagem e maceração pelicular, mas, ao mesmo tempo, podem ser aumentados os inconvenientes da maceração excessiva das películas e da oxidação, dependendo do tempo de permanência da uva esmagada no recipiente. O trabalho dos esgotadores estáticos são complementados com uma prensagem da massa escorrida, visto não se conseguir mais do que 50 a 60% do total do mosto.

Método dinâmico ou mecânico: está praticamente banido na elaboração de vinhos finos superiores. Utiliza um esgotador que possui formato semelhante à prensa contínua, só que num plano inclinado (Figura 10.4). Esse esgotador possui no seu interior uma rosca sem fim, que é circundada por uma superfície perfurada, que recolhe o mosto escorrido; no final do plano inclinado, geralmente, a parte sólida cai numa prensa contínua, que retira o restante do líquido da massa.

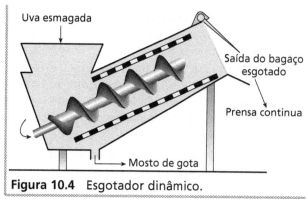

Figura 10.4 Esgotador dinâmico.

Fonte: Manfroi (1998a).

Esse método vem sendo abolido pela intensa agitação que provoca no líquido, e pela alta carga de sólidos que forma (de 15 a 20%), além da dificuldade na clarificação do mosto assim obtido.

10.6 SULFITAGEM

O uso do dióxido de enxofre, ou anidrido sulfuroso, ou simplesmente gás sulfuroso (SO_2) é difundido na enologia há mais de cem anos, sendo empregado na elaboração e conservação de vinhos, cumprindo uma série de ações extremamente benéficas. É indiscutível a importância que o SO_2 exerceu sobre a indústria vitivinícola mundial, considerando que a sua difusão coincidiu com a elevação da qualidade dos vinhos pelo mundo afora, em virtude de suas características peculiares, bem como de sua simplicidade de emprego e baixo custo. No entanto, deve-se buscar racionalizar o uso, a fim de se obter produtos com os mais baixos teores, sem perder os benefícios que transmite aos vinhos.

O SO_2 pode se apresentar na forma livre (molecular) ou combinada, e a soma destas gera o SO_2 total, cujo teor máximo permitido pela legislação brasileira é de 350 mg/L, o qual é elevado, visto que valores próximos a esse limite legal inviabilizariam o consumo do produto do ponto de vista organoléptico. Boa parte do SO_2 adicionado se combina com outros compostos, como o oxigênio, açúcares e aldeídos, e somente o SO_2 livre é que permanece ativo, impedindo futuras oxidações no mosto e, principalmente, no vinho acabado.

As principais propriedades do anidrido sulfuroso são: a) ação antimicróbica e antisséptica; b) ação seletiva sobre as leveduras; c) ação inibitória de enzimas oxidásicas; d) ação solubilizante; e) ação auxiliar na limpidez de mostos e vinhos; f) ação reguladora da temperatura; g) ação antioxidante.

O anidrido sulfuroso é um gás incolor, de odor agressivo e rascante, relativamente solúvel em água, sendo que a maior parte da dose empregada nos vinhos é adicionada no momento da vinificação, ainda que a manutenção de níveis mínimos de SO_2 livre seja buscada durante a conservação e maturação dos vinhos. Todavia, certa quantidade de SO_2 pode ser formada a partir de sulfatos presentes no mosto, e pela atuação de leveduras durante a fermentação.

O dióxido de enxofre pode ser agregado ao vinho na forma de gás (por borbulhamento direto), na forma de solução aquosa, em geral, em uma concentração de 5%, ou por meio do sal metabissulfito de potássio ($K_2S_2O_5$), que possui, teoricamente, ao redor de 57% de seu peso em SO_2. Essa última forma é a mais utilizada pelos pequenos produtores, que na prática diluem esse sal em água, e dobram as doses recomendadas para o SO_2 puro, admitindo a condição de que o sal libere 50% de SO_2 ao meio.

Habitualmente, recomenda-se que quanto mais rápida for a aplicação do anidrido sulfuroso, tanto mais efetiva vai ser a atuação inicial; então o mais coerente é adicioná-lo logo após o esmagamento; no entanto deve-se atentar quando do uso de enzimas.

Alguns autores têm considerado que a proteção contra a oxidação se mostra mais necessária para os vinhos do que para os mostos, sugerindo trabalhar com doses mais baixas na fermentação, e adequar o SO_2 livre desejado no vinho pronto, diminuindo assim as concentrações de SO_2 combinado.

As doses utilizadas na vinificação devem levar em conta alguns fatores, entre os quais o grau de maturação da uva (relacionada à sua riqueza em açúcar e, sobretudo, em acidez), o estado sanitário das uvas e a temperatura de emprego. Essas condições devem ser levadas em consideração visto que, por exemplo, com acidez alta (pH baixo) a eficiência do SO_2 é maior, por isso se usam doses mais baixas. Pelo contrário, com temperaturas altas a eficiência do SO_2 é menor, e devem-se elevar as doses. De maneira semelhante, uvas podres propiciam a presença mais forte de enzimas oxidásicas, o que recomenda elevar as doses de SO_2.

As doses de SO_2 empregadas comumente durante a vinificação podem ser assim resumidas:

◆ uvas sãs, média maturação, forte acidez: 3-5 g/hL;

◆ uvas sãs, alta maturação, fraca acidez: 5-10 g/hL;

◆ uvas podres: 10-15 g/hL.

10.7 ENZIMAGEM

A maioria das reações que ocorrem durante a fermentação do mosto, maturação e envelhecimento dos vinhos, constitui essencialmente fenômenos enzimáticos. Essas reações catalisadas por enzimas são determinadas pela sua especificidade em relação ao substrato.

As enzimas mais fortemente empregadas são as pectolíticas e as celulolíticas, mais conhecidas, e com atuação bem estudada e definida. No entanto, as pesquisas nesse campo estão em franca expansão, como, por exemplo, com as enzimas lipásicas, e ainda as que possibilitam a diminuição dos venilfenóis, responsáveis por defeitos olfativos, o que nos leva a crer que outras atuações e preparados estarão à disposição da indústria enológica, num curto espaço de tempo.

As principais atuações/indicações dos complexos enzimáticos, na verdade, se encontram entrelaçadas, e normalmente aparecem de forma integrada quando do uso dos preparados:

◆ Auxiliam na clarificação e filtração de mostos e vinhos, principalmente em mostos de uvas com altas quantidades de pectinas (que representam cerca de 50% das substâncias coloidais do mosto), ou obtidos com sistemas de desengace-esmagamento muito enérgicos, e atuam pela quebra das cadeias desses polímeros coloidais, responsáveis por boa parte da turbidez.

- ◆ Favorecem o escorrimento do mosto-flor, e facilitam os trabalhos de prensagem, pela atuação sobre os componentes fibrosos das bagas (celuloses e hemiceluloses), desagregando a estrutura celular, e diminuindo a viscosidade dos mostos.
- ◆ Asseguram maiores rendimentos do mosto, pela atuação citada aqui, além da redução dos tempos de prensagem.
- ◆ Favorecem os fenômenos de maceração e extração de compostos, em especial, os responsáveis pela cor e pelo extrato dos vinhos.
- ◆ Possibilitam reduzir os tempos de maceração pelicular.
- ◆ Permitem incrementar a intensidade aromática, favorecendo a liberação de aromas da película, e de "aromas ligados".

Considerando que a atividade da maioria das enzimas, em especial as pectolíticas, é parcialmente inibida pelas baixas temperaturas e doses elevadas de SO_2, os produtores dos preparados enzimáticos aconselham aumentar as doses de emprego e/ou o tempo de contato (no caso de uvas brancas), quando a temperatura atingir 10 a 15 °C, e adicionar a enzima antes do SO_2, ou após no mínimo 1-2 horas, de modo a dar tempo ao SO_2 de se combinar com os açúcares e o oxigênio.

Nesse ponto temos um problema, em especial nos mostos de uvas brancas: quando desejarmos uma breve maceração pelicular com uso de enzimas, teremos que optar pelo uso moderado de SO_2 no esmagamento (ou mesmo pelo não uso). Do mesmo modo, quando se prensa as uvas com a presença do engaço, deve-se atentar para a utilização de uvas bem maduras, ou usar preparados enzimáticos que não atuem de forma tão efetiva sobre os componentes do cacho.

O pH também influencia na atividade enzimática, cujo intervalo ótimo se situa entre 3,5-4,0 que, algumas vezes, aparece nos mostos, o que de maneira nenhuma impede ou inibe, de forma sensível, a atuação das enzimas.

Os preparados enzimáticos comerciais se apresentam na forma granulada (liofilizada) ou líquida. Os primeiros estão em desuso, já que a forma líquida facilita a utilização. As doses utilizadas em mostos a serem vinificados variam de acordo com a atividade desejada e as condições do meio acima referidas. As doses devem levar em conta as recomendações do fornecedor e testes laboratoriais realizados na própria vinícola.

Pelas baixas doses utilizadas, recomenda-se a aplicação utilizando dosadores acoplados nas bombas que efetuam o transporte do mosto.

10.8 CLARIFICAÇÃO DOS MOSTOS

A clarificação dos mostos, também chamada de *debourbage*, ou ainda defecação, é prática fundamental, realizada antes da fermentação, e que completa a série de operações pré-fermentativas. Os vinhos assim obtidos apresentam um maior frescor e uma acidez equilibrada, com aromas francos e estáveis, menos sensíveis às condições externas, com coloração mais clara e também mais estável.

A *debourbage* serve para limitar os fenômenos negativos de eventual maceração e, sobretudo, para eliminar as partículas em suspensão no mosto, capazes de imprimir características prejudiciais ao vinho. Seu objetivo é clarificar os mostos antes do início da fermentação, eliminando aquelas partículas que poderiam formar gostos e aromas estranhos. Portanto, a refrigeração do mosto, a limpeza das instalações e dos meios de transporte, o manuseio das uvas, como também a utilização prudente do SO_2 podem favorecer o adiamento do início da fermentação, e facilitar a *debourbage*.

As partículas em suspensão, que darão turbidez ao mosto ou formarão as chamadas borras (depósitos que precipitam no fundo dos recipientes), são constituídas de fragmentos das partes sólidas da uva (películas, sementes, engace, folhas), resíduos de terra, insetos, membranas das paredes celulares, mucilagens, substâncias pécticas, proteicas e outros coloides. Constituem uma fonte indesejável de compostos fenólicos e de metais pesados, e também contribuem para o aumento da atividade oxidásica. Por conseguinte, a retirada das borras antes da fermentação é indispensável em se tratando da vinificação em branco, e vem sendo efetuada em algumas modernas técnicas de vinificação em rosado.

A quantidade de borras depende da consistência das bagas (cultivar, grau de maturação e estado sanitário), mas sobretudo da intensidade das intervenções mecânicas aplicadas à uva durante o esmagamento (esmagamento, movimentação do mosto, maceração a frio ou a quente e prensagem). A quantidade e a finura dos sólidos suspensos no mosto podem ser muito variáveis e requerem, portanto, intervenções diferenciadas para a sua retirada. Em geral, o esmagamento e a prensagem suaves determinam uma menor produção de borras, enquanto aquelas agressivas imprimem um aumento. O mosto turvo apresenta normalmente valores em torno de 10% de sólidos em suspensão (variável de 2 a 20%, ou mais em alguns casos).

Não será possível, neste breve relato, expor de forma minuciosa todos os aspectos e possibilidades que existem na técnica da clarificação dos mostos. Porém, procurar-se-á considerá-la da forma mais abrangente, enfocando, inicialmente, a necessidade de sua realização para favorecer a obtenção de produtos com maior qualidade.

Os valores apresentados nas Tabela 10.1 e 10.2 colocam em evidência como a clarificação conduz a uma diminuição de compostos considerados indesejáveis, ao passo que auxilia na formação de outros que aumentam a qualidade dos vinhos. Nas referidas tabelas, os teores de alcoóis superiores provenientes, em parte, da composição das borras ricas em

substâncias nitrogenadas, são maiores nos vinhos provenientes dos mostos não clarificados (os alcoóis superiores conferem rusticidade ao produto); enquanto os outros dois voláteis (acetatos e ésteres etílicos), que são considerados fatores de qualidade, possuem teores maiores nos vinhos cujos mostos foram clarificados.

Tabela 10.1 Influência da clarificação do mosto sobre o teor em substâncias voláteis dos vinhos (valores expressos em mg/L).

Componente	Mosto não clarificado	Mosto clarificado
Alcoóis superiores	360	209
Acetatos dos alcoóis superiores	1,69	4,39
Ésteres etílicos dos ácidos graxos	1,56	2,80

Fonte: Giacomini (s.d.).

Tabela 10.2 Influência do conteúdo de borras durante a fermentação sobre a formação de substâncias voláteis do vinho (valores expressos em mg/L).

Componente	Mosto teste não clarificado (26% de borras)	Mosto clarificado	Mosto clarificado		
			+ 1% de borras	+ 2,5% de borras	+ 5% de borras
Alcoóis superiores	435	316	322	345	356
Acetato dos alcoóis superiores	3,00	5,50	4,70	3,80	4,00
Ésteres etílicos dos ácidos graxos	1,70	3,34	2,90	1,90	2,00

Fonte: Giacomini (s.d.).

Examinando ainda a Tabela 10.2, deduz-se que o mosto deve ser clarificado da melhor maneira possível, sendo que teores muito baixos de borras levam, de qualquer maneira, a uma diminuição da qualidade organoléptica dos vinhos.

E aqui deve-se considerar a questão de quem teme que a excessiva clarificação dos mostos leve à obtenção de vinhos "vazios" ou pouco característicos. Não é lógico pensar que as borras possam constituir um elemento de qualidade ou contribuir para o melhoramento sensorial dos vinhos, ou ainda, tentar imaginar como estas poderiam melhorar as características desses mesmos vinhos.

O que pode ocorrer, em detrimento da clarificação, é o empobrecimento de algum elemento nutritivo utilizado pelas leveduras, levando a eventual lentidão, ou mesmo parada de fermentação. Nesse caso se faz necessário suplementar com nutrientes, atualmente à disposição no mercado, para sanar tais deficiências.

Existem dois grandes campos de atuação da técnica de clarificação dos mostos:

◆ **Clarificação dinâmica:** é aquela em que são fundamentalmente empregados equipamentos, como centrífugas e filtros.

◆ **Clarificação estática:** que utiliza basicamente os clarificantes, associados à refrigeração, sulfitação e tratamentos enzimáticos, que podem ser usados nos dois campos.

Modernamente, vem se aplicando o conceito de ciclo de clarificação para mostos ou vinhos que podem sofrer os mesmos processos, podendo-se usar diversas técnicas associadas e corretamente aplicadas, como, por exemplo, efetuar uma defecação utilizando um clarificante e depois efetuar uma filtração ou mesmo o contrário.

O uso de uma ou outra operação vai depender, entre outros fatores, da estrutura da vinícola, do volume e da composição do mosto a ser tratado bem como da eficácia do tratamento. Por exemplo, para o uso da clarificação dinâmica é necessário uma capacidade de investimento grande para a compra de equipamentos, enquanto o uso de clarificantes não compromete tanto a empresa, mas supõe-se que haja um bom número de tanques, para permitir uma clarificação estática eficiente, principalmente em dias de pico de vindima.

Por outro lado, resultados encontrados com um tipo de uva em determinada vinícola ou safra, podem ser distintos em outra condição, visto ser grande o número de variáveis que atuam no processo. Assim sendo, é importantíssimo que o técnico conheça e domine os fundamentos da técnica e, de acordo com as condições materiais e objetivos do trabalho, proponha e execute criteriosamente o que planejar.

10.8.1 Clarificação dinâmica

10.8.1.1 Filtração

A filtração como conceito físico é a separação mecânica de partículas presentes em um fluido. Em enologia, pode-se definir a filtração como sendo um processo de clarificação, uma técnica de separação de duas fases do mosto (ou vinho), sólida e líquida, através de um meio poroso, que se constitui no filtro.

Os filtros utilizados em enologia são agrupados, a grosso modo, em duas categorias: os de profundidade, que retêm as partículas no interior da massa filtrante (como os que utilizam auxiliar filtrante); e os de superfície, que funcionam como uma peneira, retendo os componentes sólidos na superfície do material (como os de membrana).

Em nosso meio, os mais usados para mostos são os filtros com auxiliar filtrante, que, em geral, permitem uma filtração mais grosseira, sendo que uma variante do filtro de terra tradicional (ou de pressão), o filtro rotativo a vácuo, é o que vem tendo maior utilização em mostos e sucos, pelo seu grande caudal de trabalho. Ainda para mostos, e mesmo para vinhos, tem sido recomendada a utilização da filtração tangencial, muito utilizada na Europa, e que já está sendo usada em vinícolas locais. Os demais tipos de filtros usados em enologia (de placas de celulose e de cartuchos de membrana) são utilizados para vinhos prontos, na estabilização e no engarrafamento de vinhos.

Filtração com auxiliar filtrante

Os filtros que utilizam auxiliar filtrante, também conhecidos como filtro de terra, ou filtro à pressão, são muito utilizados pelas diversas possibilidades de trabalho, que permitem filtrar mostos e vinhos com diferentes graus de turbidez (Figura 10.5).

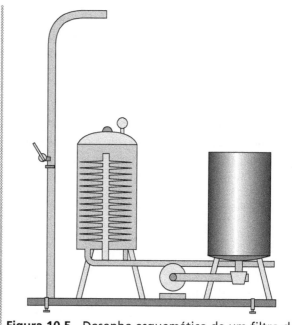

Figura 10.5 Desenho esquemático de um filtro de terras horizontal.

Fonte: Mesal (folheto comercial).

A operação consiste em passar o líquido por uma espécie de peneira, construída em inox ou plástico, onde foi formada uma pré-capa com o auxiliar filtrante. No curso da filtração, pode ser acrescido certa quantidade desse agente filtrante, de modo a aumentar a capa, e seguir retendo material em suspensão, retardando a colmatagem (entupimento do filtro) (Figura 10.6).

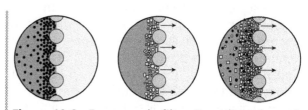

Figura 10.6 Esquema de filtração utilizando auxiliar filtrante.

Fonte: Perfiltra (folheto comercial).

Os principais auxiliares filtrantes são de duas origens: perlita (rocha vulcânica) e farinha fóssil ou de diatomáceas (rochas sedimentares). Os auxiliares possuem diversas granulometrias, que permitem, de acordo com a escolha do técnico, filtrar líquidos muito turvos (como os mostos), vinhos que irão para consumo corrente, ou preparar vinhos finos que sofrerão filtrações mais finas.

Filtração a vácuo

O filtro rotativo a vácuo é o que desponta, atualmente, como sendo um grande atrativo para empresas de maior porte para clarificação dinâmica de mostos que irão fermentar, e ainda na elaboração de sucos naturais e concentrados.

A pressão exercida nesse tipo de filtro, ao contrário do tipo tradicional, é negativa (vácuo), portanto o líquido misturado a um auxilar de filtração (terra diatomáceas) é aspirado através do meio filtrante.

Forma-se a pré-capa de forma lenta, com esse auxiliar, com distribuição uniforme e compacta por todo o tambor do filtro, ficando uma parte do tambor imersa no líquido, evitando o ressecamento e queda da pré-capa. Ao final do ciclo de filtração, a pré-capa é raspada (cortada) por uma lâmina que avança à medida que o tambor gira, permitindo que uma nova superfície de filtração fique constantemente exposta ao líquido a filtrar, possibilitando filtrações contínuas de longo ciclo. No entanto, a filtração executada com filtros a vácuo exige o emprego de enormes quantidades de coadjuvantes de filtração, com resultados de filtração nem sempre satisfatórios.

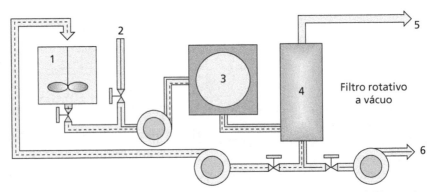

Figura 10.7 Filtro rotativo a vácuo: 1) tanque de pré-capa; 2) produto a filtrar; 3) filtro; 4) receptor de vácuo; 5) fonte de vácuo; 6) produto filtrado.

Fonte: Manfroi (1999a).

Filtração tangencial

A filtração tangencial é o procedimento para clarificação mais inovador, sendo usado há pouco tempo em enologia, inclusive em mostos, ainda que sua maior utilização seja para vinhos prontos, já que permite separar partículas de 0,1 a 0,01 μm. Essa filtração utiliza filtro que possui uma membrana de características particulares, e tem por princípio orientar o fluxo do líquido a filtrar paralelamente (tangencialmente) ao meio filtrante, enquanto o líquido permeado é recolhido perpendicularmente ao fluxo do líquido turvo. O fluxo tangencial diminui a formação de torta sobre a membrana, aumentando a capacidade do filtro por ciclo de operação.

Ao lado de grandes vantagens (estabilidade microbiológica, ótima clarificação em uma única operação e funcionamento automático), possui alguns inconvenientes, como o alto custo do equipamento e a vazão muito baixa, devida à constante diminuição do fluxo (média de 40 L/hm^2).

Além do mosto propriamente dito, outro material em que se pode aplicar a filtração são as borras formadas na clarificação estática, e ainda nas que se formam na primeira trasfega. Nesses casos, são utilizados filtros mais grosseiros, como os de massa ou de placas de algodão.

10.8.1.2 Centrifugação

A centrifugação leva em conta exatamente a força centrífuga, separando por esse princípio as partículas que estão em suspensão. O mosto ao entrar em rotação provoca a sedimentação das partículas mais pesadas, que acabam sendo conduzidas para as paredes e o fundo do equipamento. Na centrifugação, a velocidade de separação é milhares de vezes mais rápida que a defecação estática, obtendo-se mostos límpidos, sendo que a maior parte das centrífugas utilizadas possui expulsão automática das impurezas, permitindo trabalho em contínuo.

No entanto, a centrifugação por si só não permite obter bons resultados de limpidez, uma vez que elimina somente as frações mais grossas, não possibilitando a separação das partículas mais finas, e ainda pode ocorrer a passagem de oxigênio ao mosto, comprometendo o futuro vinho.

Existem trabalhos que descrevem a utilização de coadjuvantes de clarificação (silicatos e gelatinas) que são adicionados ao mosto para a formação de coágulos que são eliminados por sucessivas centrifugações. Nesse caso, temos a utilização de princípios da clarificação estática e dinâmica associados.

10.8.2 Clarificação estática

A clarificação estática, também chamada de colagem, procura acelerar a clarificação espontânea, que ocorre principalmente após a fermentação ou nos vinhos prontos.

O mecanismo da clarificação estática é relativamente simples, e baseia-se na atração de partículas carregadas com cargas opostas. As partículas em suspensão carregadas com cargas negativas ou positivas, de acordo com sua origem, são atraídas pelas partículas dos clarificantes, também carregadas negativa ou positivamente. Essa atração provoca a formação de flóculos eletricamente neutros, que vão aumentando de tamanho e peso, e acabam precipitando, podendo arrastar ainda outras substâncias.

A clarificação estática de um mosto (ou vinho) turvo possui uma boa dose de empirismo, visto que o êxito de sua aplicação depende de conjugar-se a lista extensa de clarificantes à disposição, e o comportamento de cada vinho à ação deles. Nesse sentido, é prudente realizar testes de clarificação, ao menos no início dos trabalhos de vindima, com o intuito de estabelecer os clarificantes e as doses de utilização. Assim sendo, deve-se observar: a) o tempo de aparição dos flocos, que corresponde à rapidez da coagulação do clarificante; b) a rapidez da precipitação, já que, em determinados casos, pode haver uma boa floculação e demorar para haver a precipitação; c) o grau de limpidez; d) volume das borras formadas, que deve ser o menor possível.

A separação da borra após a adição dos agentes clarificantes pode ser realizada por sifonagem, ou por separação seletiva do líquido filtrado, utilizando tanques que possuem uma torneira especial (chamada de "pescador"), ou ainda mediante sistemas dinâmicos como a centrifugação.

10.8.2.1 Clarificantes utilizados em enologia

Existe uma série de substâncias que são utilizadas para clarificar mostos e vinhos, algumas com larga utilização e outras que vêm sendo abandonadas, e, da mesma forma, um sem-número de classificações para elas. Será apresentada a seguir uma classificação que leva em conta a origem do clarificante.

I) Clarificantes orgânicos: as substâncias que os compõem possuem, em geral, cargas positivas.

    a) origem animal ou proteicos: gelatina, caseína, caseinatos, albumina de ovo, albumina de sangue e ictiocola (cola de peixe);

    b) origem vegetal: celulose, alginato de sódio e ágar-ágar;

    c) origem biológica: enzimas e leveduras;

    d) de síntese industrial: PVP, PVPP e poliamida.

II) Clarificantes minerais: substâncias na sua grande maioria com cargas negativas: bentonita, sais de sílica (silicatos), carvão, caolim e terras filtrantes (perlita e diatomáceas).

III) Clarificantes complexos: há, no mercado, produtos chamados complexos, que nada mais são do que misturas de clarificantes de diferentes origens que, preparados industrialmente, facilitam as operações; são marcas comerciais que agregam, por exemplo, bentonita e caseinato de potássio.

Na sequência, serão apresentados os clarificantes mais utilizados, atualmente, para clarificação de mostos. Não serão enfocados os clarificantes complexos, pois o que for salientado para cada um deles em separado vale quando da complexação.

Em se tratando da clarificação estática, ainda existe uma recomendação da escola americana que apregoa utilizar também ou tão somente clarificantes durante a fermentação; algum sucesso nesse sentido tem sido obtido, utilizando-se bentonita e caseinato de potássio.

Sol de sílica e gelatina

O emprego do complexo sol de sílica e gelatina tem sido muito usado na clarificação de mostos pela comodidade de aplicação e alta eficiência, tendo-se conseguido clarificações excelentes no espaço de poucas horas – quatro a seis horas.

O dióxido de silício é comercializado em uma suspensão aquosa, opalescente, muito fluída, tendo uma concentração de 15 a 30%, e um pH superior a 8. Na prática, em virtude da pouca solubilidade da sílica em água, o produto é preparado industrialmente por dispersão de soluções de silicatos alcalinos solúveis, e posteriormente purificado.

A adição de sol de sílica a um meio com pH próximo a 3, como o mosto ou vinho, origina uma dispersão coloidal diluída, estável e homogênea, que interage com as partículas presentes sem coagular; a geleificação com englobamento das partículas suspensas resulta da posterior adição de gelatina, com um mecanismo de mútua coagulação que provoca a formação de um precipitado pesado e compacto. A ação clarificante baseia-se na reatividade do dióxido de silício, sob forma coloidal, sobre as frações proteicas introduzidas sob forma de gelatina. A gelatina, de fato, é indispensável para a precipitação do sol de sílica e para garantir um bom efeito clarificante.

A gelatina é obtida por cozimento prolongado em autoclave de substâncias colágenas: ossos, cartilagens e peles. A escolha do tipo de gelatina a usar é de extrema importância, visto que nem todas aquelas disponíveis no mercado apresentam um adequado grau de polimerização para assegurar a completa coagulação do sol de sílica. As primeiras gelatinas utilizadas apresentavam-se na forma de placas ou em pó e, mais recentemente, passou-se a comercializar uma gelatina líquida, específica, de alta concentração, apta para emprego direto; essa gelatina líquida, com concentração superior a 50%, substitui vantajosamente e com maior eficácia os outros tipos, por sua facilidade de utilização e pela imediata reação. Obtêm-se, desse modo, flocos muito mais pesados que sedimentam facilmente, apesar da elevada viscosidade do mosto e, arrastando na sua queda as partículas de borras em suspensão.

A introdução das soluções no mosto prevê como norma a adição de sol de sílica antes e a gelatina depois, limitando a poucos casos a exigência de inverter a ordem, como, por exemplo, para os mostos ricos em polifenóis. Para um bom resultado da precipitação, é também indispensável individualizar, com simples ensaio de laboratório, a dose correta de sol de sílica (variável de 50 a 100 g/hL) e de gelatina (variável entre a 5 e 20 g/hL) em cada condição operativa, para haver o menor volume de sedimentos e obter a limpidez desejada. Na Figura 10.8, é mostrado o efeito da aplicação de sol de sílica e gelatina sobre algumas variáveis do mosto, que dão uma ideia da eficácia de sua aplicação.

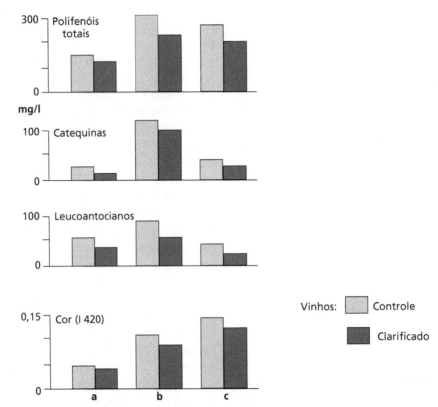

Figura 10.8 Influência da clarificação com sol de sílica e gelatina sobre as substâncias fenólicas e a cor dos vinhos, em três regiões da Itália (a, b, c).

Fonte: Giacomini (s.d.).

Bentonita e caseinato de potássio

A aplicação desses dois clarificantes tem sido causa de diversas pesquisas, sendo que a bentonita é utilizada largamente em enologia desde 1930. Há recomendações do uso associado a menos tempo, e, ainda, de diversas maneiras: na *debourbage*, durante a fermentação (nesse caso, chamados de coadjuvantes da fermentação), e ainda após no vinho novo, ou mesmo para a estabilização de vinhos mais evoluídos. A aplicação dos dois conjuntamente segue o princípio de maximizar o processo de clarificação, ainda que ambos possam ser utilizados isoladamente.

A bentonita é um clarificante mineral, obtido da argila do tipo montmorilonita, sendo constituída principalmente de silicato de alumínio, com quantidades variáveis de magnésio, óxido de ferro, e outros componentes. As propriedades da bentonita se devem a sua capacidade de absorção de água ou outro líquido, aumentando, assim, o volume, e formando uma pasta gelatinosa, a qual, em razão de sua superfície de contato, apresenta grande capacidade de troca.

Possui carga elétrica negativa, que lhe permite adsorver, além de íons metálicos, as partículas coloidais de proteínas (uma das causas mais frequentes de alterações na limpidez de vinhos brancos), que no pH do vinho, são carregadas com cargas positivas. Além disso, a bentonita adsorve a maior parte das polifenoloxidases (lacase e tirosinase) presentes sobretudo nas uvas deterioradas, permitindo trabalhar com doses mais baixas de SO_2. Ela também diminui o teor de aminoácidos não nobres, responsáveis por gostos desagradáveis.

É melhor adicionar a bentonita no mosto para extrair as proteínas do que tratar o vinho, uma vez que no mosto ainda não estão formados os compostos voláteis que têm origem na fermentação. Também, nesse caso, entra em vigor uma regra prática que diz: "tratar o mosto e não tratar o vinho".

O caseinato de potássio é um preparado proteico extremamente puro, obtido do leite fresco, que, com procedimentos industriais, foi tornado completamente solúvel em água, e atualmente é comercializado na forma micronizada, isto é, finamente pulverizado. Substitui vantajosamente a caseína lática que, para ser usada deve ser previamente solubilizada, mediante tratamento com soda, havendo, com isso, a possibilidade de elevar o pH, transmitir gosto amargo e odor de queijo aos mostos tratados. Esse caseinato de potássio apresenta pH praticamente neutro, teor de proteína superior a 96% e odor neutro.

O uso do caseinato de potássio provoca uma nítida diminuição de polifenóis oxidáveis (catequinas e leucoantocianos), ferro e cobre, com consequente diminuição da cor, e melhoramento organoléptico do vinho. O caseinato permite substituir vantajosamente o carvão descolorante (que adsorve também os constituintes do aroma, deixando os vinhos tratados vazios e insípidos).

Esses clarificantes são geralmente aplicados em solução aquosa de 5 a 10%, e as doses utilizadas em mostos variam de 50 a 100 g/hL, de acordo com testes realizados previamente. No caso de bentonita comum, há a necessidade de prepará-la antecipadamente, utilizando água morna.

Como já comentado, a utilização desses clarificantes durante o processo fermentativo tem mostrado resultados bastante satisfatórios, evidenciados pela Tabela 10.3, que apresenta o perfil aromático de um vinho tratado com bentonita e caseinato, comparado a um não tratado.

Tabela 10.3 Perfil aromático de vinho tratado com bentonita e caseinato de K (100 g/hL) durante a fermentação (valores em mg/L).

	Testemunha	Tratado
Acetato de etila	36,5	50,0
Acetato de isobutila	0,18	0,19
Acetato de isoamila	4,50	14,4
Acetato de hexila	1,0	1,3
Monoacetato de 1,3 propanodiol	1,2	6,3
Butirato de etila	0,37	0,58
Caproato de etila	8,89	2,10
Caprilato de etila	1,30	1,45
Caprato de etila	0,49	0,63

Fonte: Giacomini (s.d.).

10.8.2.2 Flotação

Em substituição (ou acréscimo) aos sistemas de clarificação estática descontínuos, nos últimos anos, vêm-se estudando uma técnica de limpeza dos mostos que trabalha em contínuo: a flotação, cujo princípio é exatamente o contrário da clarificação estática tradicional (sedimentação).

A técnica da flotação consiste em saturar o mosto, adicionado de clarificantes (sol de sílica, gelatina ou bentonita), com microbolhas de gás (nitrogênio ou oxigênio, no caso da hiperoxidação), que se unem aos flóculos formados, criando um complexo sólido-gás com uma densidade menor do que o líquido no qual estão imersos, carregando-os para a superfície, onde são eliminados de forma contínua. O sistema é muito semelhante ao usado em unidades de tratamento de água em grandes centros urbanos.

Apesar de se ter alguns bons resultados, há a necessidade de se fazer, ao menos, duas intervenções: tratamento com enzimas pectolíticas, que permitem a "demolição" dos principais coloides do mosto, reduzindo a viscosidade e facilitando o movimento ascendente das partículas em suspensão; uso adequado de coadjuvantes, a fim de permitir uma rápida formação de coágulos, de dimensões próprias para sofrer a flotação, em um período de dois a três horas após o tratamento.

10.9 CONDUÇÃO DA FERMENTAÇÃO ALCOÓLICA

Como já referido nos aspectos gerais da vinificação, este é um processo biológico, que é fortemente influenciado pelos microrganismos que o conduzem – as leveduras – e por parâmetros físicos, e entre estes a temperatura é um dos mais importantes, não só por modificar a velocidade com que o fenômeno se produz, mas também por condicionar parcialmente seu êxito final.

A transformação do açúcar em álcool e anidrido carbônico, representação simplificada da fermentação alcoólica, na verdade é composta de numerosas transformações enzimáticas. Estima-se que pelo menos 2.000 sistemas enzimáticos, ativos ou potencialmente ativos, estejam presentes nas células das leveduras, o que supõe que a síntese de determinados produtos secundários seja favorecida em determinada temperatura, enquanto outros, ao contrário, tenham sua produção diminuída ou até inibida.

Em todo o mundo, têm-se elaborado vinhos brancos utilizando-se temperaturas de fermentação mais baixas que as usadas para tintos. E, quando se citam baixas temperaturas se entende valores entre 15 e 20 °C, quando se trata de vinhos mais maduros, ou que servirão de base para espumantes naturais.

Por causa do valor relativamente elevado do pH dos mostos, as baixas dosagens de dióxido de enxofre e as altas temperaturas da uva colhida (frequentemente superiores a 30 °C), tende-se hoje, a enviar para a clarificação, mostos refrigerados (incluindo aqueles provenientes da maceração a frio). Isso determina um posterior melhoramento qualitativo do vinho, porque em baixa temperatura tem-se

a dupla vantagem da diminuição da intensidade dos fenômenos de maceração provocados pelas borras, e também a inibição da atividade das enzimas oxidásicas, mesmo quando os sólidos ainda estão presentes.

Algumas particularidades são observadas quando se analisam vinhos assim elaborados, comparativamente a outros obtidos em temperaturas mais elevadas:

- ◆ Grau alcoólico ligeiramente maior, por consequência de uma menor evaporação e, além disto, a levedura produz maior concentração de etanol em baixas temperaturas, pois o efeito tóxico deste é menor para ela nessa condição;
- ◆ Menor acidez volátil e menores teores em acetaldeídos e ácidos cetônicos;
- ◆ Maior intensidade aromática, com acentuada fineza de perfumes, e uma maior diversidade de aromas.

Para conseguir manter essas temperaturas, visto que a fermentação é uma reação exotérmica, existem dois grandes grupos de equipamentos, que trabalham da seguinte maneira:

a) **Refrigeração direta**: aparelhos refrigerantes que operam pela expansão do gás frigorífico, refrigerando diretamente o produto.

b) **Refrigeração indireta**: aparelhos que operam com um líquido refrigerante, normalmente uma solução hidroalcoólica, que é responsável pela refrigeração dos mostos. Os equipamentos mais usados são: o trocador de calor de placas e de tubos, cintas e camisa dupla nos tanques, serpentina imersa, entre outros.

Além dos cuidados com a temperatura, para uma boa condução da fermentação, em especial nos vinhos brancos, a utilização de leveduras selecionadas na condução do processo é fundamental. Atualmente, há à disposição das empresas uma gama bastante variada de leveduras, em geral, comercializadas na forma liofilizada, que são reativadas por hidratação, e ainda aplicadas via pé de cuba. A quase totalidade é da espécie *Saccharomyces cerevisiae*, ou ainda *S. cerevisiae* var. *bayanus*, essa última para elaboração de vinhos com um teor alcoólico mais elevado, ou para elaboração de espumantes.

No caso de mostos brancos que sofrem clarificação com perdas importantes na sua composição original, se faz necessário adicionar um ativador de fermentação, cujos produtos comerciais possuem uma fonte de nitrogênio (normalmente fosfato de amônia), e ainda complexos vitamínicos (em especial, do complexo B). A presença desses ativadores resulta sempre oportuna, procurando-se evitar paradas de fermentação ou formação de compostos sulfurados.

Sabe-se que a escassez de nutrientes, leva a levedura a se comportar como se estivesse em presença de agentes inibidores, promovendo fermentações anormais. É conveniente que os ativadores de fermentação sejam adicionados no início do processo.

10.10 ESTABILIZAÇÃO E MATURAÇÃO

A qualidade final de um vinho guarda estreito relacionamento com a matéria-prima que o gerou. A vinificação, e as fases que compõem o processo de elaboração do vinho, nada mais são do que a continuação do trabalho que iniciou ainda no vinhedo.

Dessa forma, é preciso, desde já, identificar as três principais fases que podem-se distinguir na vida de um vinho: nascimento (vinificação), crescimento (estabilização e maturação) e envelhecimento. Ter-se-ia, ainda, uma quarta fase, na qual o vinho, após ter atingido o ápice de sua evolução, entra em decadência e acaba perdendo os atributos alcançados nas fases anteriores, e se degrada nos seus componentes.

Um grande número de enólogos confunde maturação e envelhecimento, não distinguindo esses diferentes estágios. Na maturação, o vinho começa a desenvolver suas qualidades gustativas e adquire limpidez e estabilidade; é acondicionado em recipientes de madeira ou outro material, permanecendo mais ou menos em contato intermitente com o ar; enquanto a fase de envelhecimento ocorre obrigatoriamente em garrafas, onde a entrada de oxigênio é praticamente nula, resultando um meio redutor, responsável por mudanças substanciais no vinho.

A fase de estabilização tem início após o término da fermentação alcoólica e engloba todos os fenômenos físicos, químicos e biológicos que ocorrem a partir daquele momento: a desacidificação biológica (fermentação malolática), a precipitação dos tartaratos, e a clarificação do vinho, entre outros fenômenos. Assim, do ponto de vista organoléptico, um vinho, após a sua estabilização, é diferente de como era antes; é a revelação de um potencial intrínseco: ele vai perdendo as características desagradáveis, fica mais harmônico e redondo, e chega ao seu apogeu, cujo ponto máximo é bastante variável no tempo, podendo ser de meses ou anos. E, em cada um desses eventos mencionados, o técnico pode intervir, com operações mais ou menos intensas, a fim de manter um controle mais efetivo de todo o processo, além de, em alguns casos, acelerar o que acabaria ocorrendo naturalmente ao vinho.

Após o término da fermentação alcoólica, cessa o desprendimento de gás carbônico, e as partículas em suspensão no vinho (fragmentos de partes sólidas da uva, células de leveduras, sais, agregados de proteínas, clarificantes, polifenóis etc.) tendem a se depositar no fundo dos recipientes, deixando o líquido mais ou menos límpido. Estes depósitos, que recebem o nome de borras, são indesejáveis, já que são fonte de contaminação e sede de reações químicas e bioquímicas, que podem dar origem a produtos com cheiro e sabor desagradáveis (sulfidretos e mercaptano, por exemplo).

A separação do líquido mais límpido das borras, transferindo-o de um recipiente para outro, é a operação que se denomina *trasfega*. Assim, após a fermentação alcoólica, é o primeiro e mais elementar tratamento a ser feito no vinho, e deve ser realizado tantas vezes quantas forem necessárias durante a permanência do vinho na vinícola, sendo de extrema importância para a qualidade final do produto. Alguns insucessos na conservação de vinhos advêm da realização inadequada dessa operação.

Alguns fatores são determinantes para definir a época das trasfegas, como: a origem da matéria-prima, o tipo de vinho, a metodologia de elaboração, a temperatura e o tipo de recipiente.

A primeira trasfega, também chamada de desborra, deve ser realizada, no máximo, após sete a dez dias do término da fermentação. A recomendação clássica sugere que, no primeiro ano, se efetue uma segunda trasfega de 40 a 60 dias após a primeira, separando a borra mais fina que, em geral, acaba passando na primeira trasfega. Uma terceira deve ser realizada após o inverno, e uma quarta no começo do verão. A partir do segundo ano, o vinho deveria ser trasfegado uma ou duas vezes por ano, de acordo com seu estado, definição que fica a cargo do técnico.

Com o advento do frio artificial, do uso de clarificantes, e a colocação no mercado de vinhos mais jovens, o número de trasfegas vem sendo reduzido, principalmente no primeiro ano, podendo chegar a duas (ou até uma) de acordo com a adoção desses procedimentos. Por exemplo, ao sair da fermentação, um vinho já pode ser clarificado, se necessário, ao mesmo tempo que sofre a estabilização de sais pelo frio, e ficar à disposição para ser filtrado e engarrafado, diminuindo a incidência de posteriores transferências.

A presença de oxigênio na superfície dos vinhos, estocados nos mais diversos recipientes, é responsável por oxidações e desenvolvimento de microrganismos. Portanto, após a fermentação, deve-se ter cuidados no que tange a esse delicado aspecto. O *atesto* nada mais é do que a operação de preencher periodicamente os recipientes que contêm o vinho, em função de sua diminuição de volume. Assim como a trasfega, o atesto é uma operação de simples execução, no entanto fundamental para controlar eventuais contaminações, principalmente de bactérias aeróbicas, e manter as qualidades químicas e sensoriais dos vinhos.

Existem diversas causas responsáveis pela diminuição do volume do vinho no interior dos recipientes, podendo-se citar a perda de CO_2 para a atmosfera, após a fermentação; pelo resfriamento natural do líquido após a fermentação; pela diminuição da temperatura durante o inverno; através da absorção do vinho pela madeira; evaporação do vinho, principalmente através da madeira; vazamentos acidentais.

A periodicidade do atesto depende, portanto, do conjunto dessas causas, mas, fundamentalmente, da velocidade de perda do CO_2, da temperatura do meio e do líquido e da natureza do recipiente. Em geral, se efetua o atesto de uma a duas vezes por semana, logo após a fermentação, e depois a cada sete a 15 dias, dependendo da época do ano.

O vinho a ser utilizado para o atesto deve ter características semelhantes ao que vai ser atestado, e deve ter sido analisado físico-química e sensorialmente. É importante enfatizar que a utilização de um vinho que não esteja sadio, pode levar à contaminação de volumes maiores.

As dificuldades e os perigos (como uma possível contaminação) da operação do atesto utilizando vinho tem aberto uma oportunidade para a adoção de um sistema que mantém sempre um gás inerte, e pouco solúvel, em contato com a superfície do vinho contido nos recipientes. Os gases inertes que podem ser utilizados são o nitrogênio (N_2) e o anidrido carbônico (CO_2). A possibilidade do uso do argônio (Ar), que, em teoria, possui ótimas propriedades de inércia química, resulta em custos relativamente excessivos, que inviabilizam sua utilização. O uso dos gases é feito com uma ligeira sobrepressão, por volta de 0,1 bar.

A literatura não recomenda o uso do N_2 e CO_2 de forma isolada, mas sim misturas dos dois gases, como forma de manter ou, eventualmente, modificar favoravelmente os teores de gás carbônico nos vinhos conservados, principalmente nos vinhos jovens. Teores percentuais de 85% de N_2 e 15% de CO_2 são valores que se adaptam à grande maioria dos vinhos, e que permitem manter íntegras as características gustativas.

Para todos os vinhos se apregoa a prática da *estabilização tartárica*, como forma de auxiliar na limpidez, visto ser uma operação que, após realizada, se mantém no tempo, durante toda a vida comercial do vinho, independentemente de ser de poucos meses ou vários anos.

O vinho possui uma série de sais, dissolvidos ou em suspensão, sendo que os formados a partir do ácido tartárico, principalmente bitartarato de potássio e tartarato neutro de cálcio, são os mais importantes em termos de quantidade. Esses sais podem cristalizar e comprometer a limpidez dos vinhos.

A prevenção desse problema pode ser feita das seguintes formas:

Química: utiliza-se o ácido metartárico, que era considerado, até bem pouco tempo, apenas um paliativo, quase que exclusivamente em vinhos de consumo corrente. Esse produto impede a cristalização e a precipitação de sais; no entanto, possui problemas com temperaturas elevadas, pois permanece com efeito de alguns anos a 0 °C, e é inativado em algumas semanas à temperatura de 25 °C. Está em período de testes um novo produto, conjugado com a goma arábica, que não sofreria essa dificuldade no que se refere à temperatura.

Física: Utilizando o frio, natural ou artificial. O resfriamento do vinho a temperaturas próximas do ponto de congelamento permite que ocorra a formação de cristais de tartaratos, que acabam precipitando por aumento de peso molecular, e são eliminados por sifonagem do vinho límpido e filtração grosseira. A estabilização pelo frio pode ser *longa*, quando se refrigera o vinho utilizando um intercambiador de calor e se conduz até um recipiente isolado, para manter o líquido a temperaturas próximas do congelamento. Assim, necessita-se de sete a dez dias para atingir a temperatura de cristalização e para que ocorra o máximo de precipitação. Pode-se diminuir para quatro a seis dias se houver a possibilidade de agitar periodicamente esse vinho, o que favorece a formação de núcleos de cristalização. Ainda, pode ser *por contato*, quando se introduz no vinho uma quantidade de 400 a 500 g/hL de bitartarato micronizado, que funciona como um núcleo de cristalização, e se agita constantemente o líquido. A temperatura, nesse caso, pode ser aumentada, em comparação ao sistema tradicional, para cerca de 0 °C, e nessas condições diminui-se bastante o tempo de estabilização, que pode chegar a poucas horas. E, por último, pode se estabilizar utilizando equipamentos *em contínuo*, que vêm ganhando espaço, principalmente em empresas de grande porte, em razão do grande volume de vinho a ser tratado, que compensa o alto investimento realizado na aquisição do maquinário. O equipamento é munido de um recipiente em forma cônica, no qual o vinho é introduzido pela parte inferior, onde atinge baixas temperaturas, e também entra em contato com núcleos de cristalização, seguindo um percurso mais ou menos complexo, de acordo com o equipamento, sendo recolhido na parte superior e conduzido imediatamente para a filtração. Nessa passagem, há a formação dos cristais que tendem a precipitar. O tempo para estabilização é de 30 a 90 minutos, dependendo da limpidez inicial, e das características do produto. Deve-se atentar para as temperaturas obtidas e a velocidade de fluxo do vinho, que são variáveis importantes no processo.

Apresentar um produto impecável do ponto de vista da limpidez é uma necessidade diferente em se tratando de vinhos brancos e tintos. Evidentemente os vinhos brancos necessitam de uma maior limpidez.

O vinho é uma bebida sensível que, de acordo com determinadas condições do meio, pode reagir de diferentes formas à aplicação de distintas operações. Assim sendo, é conveniente retomar-se os conceitos básicos da *clarificação* e *filtração* (um processo polivalente) apresentados no início do capítulo, onde se fez um apanhado dessas técnicas. A montagem do *layout* das operações para obter vinhos límpidos é tarefa do técnico, que deve ter em mente o tipo de vinho desejado, as condições da cantina, os operadores e os equipamentos disponíveis. Assim sendo, o dimensionamento dos sistemas de clarificação e filtração deve levar em conta alguns quesitos básicos, como eficiência, segurança, facilidade de operação e economia.

Os clarificantes mencionados para mostos podem ser utilizados sem restrições no tratamento de vinhos. Assim, gelatina, sílica, bentonita e caseinato de potássio permanecem como alternativas de utilização, sendo a bentonita o produto mais tradicional

em se tratando de vinhos. Aliam-se a eles, os clarificantes complexos e, ainda, as albuminas, de uso mais restrito em vinhos brancos.

No que tange à filtração, os filtros que vêm tendo maior aplicação em vinhos prontos são os de placas de celulose, que servem para dar um afinamento e abrilhantamento, e os de membrana, que promovem a estabilização microbiológica, a chamada filtração esterilizante. Os filtros de terras (perlita e diatomáceas) promovem uma filtração mais grosseira, como mencionado na seção clarificação dos mostos.

10.11 ENGARRAFAMENTO

O *layout* tradicional para o envasamento de vinhos finos tranquilos (aqueles que não possuem gás carbônico) inclui a seguinte linha de engarrafamento: a) filtros (incluindo os de membrana); b) lavadora de garrafas; c) enchedora; d) arrolhadora; e) capsuladora; f) rotuladora; h) encaixotamento.

Esses equipamentos podem ser manuais, semiautomáticos ou automáticos, dependendo da escala de produção e poder de investimento da empresa.

No engarrafamento de vinhos correntes, quando utilizam-se, em geral, embalagens de maior volume, como garrafões de 4,6 L, há a necessidade de fazer-se adaptações, e pode-se usar outros equipamentos, como, por exemplo, um pasteurizador, quando do envase de vinhos suaves.

Atualmente, além do tradicional vidro, outros materiais estão sendo utilizados na confecção de embalagens para bebidas, como o plástico (PET) e as caixas multilaminadas, sendo que estão retornando, em algumas regiões, embalagens artesanais, utilizando-se cerâmica e outros materiais.

Não cabem neste texto pormenorizações quanto ao presente tópico, mas é importante enfatizar que, para cada um dos equipamentos citados, existe uma gama enorme de modelos, marcas e detalhes, que no projeto de uma linha devem ser estudados.

O mesmo vale para as matérias-primas utilizadas na sala de engarrafamento como as rolhas, garrafas, rótulos etc. O controle de qualidade desses insumos deve ser rígido, existindo manuais específicos para tal. De nada adiantará ter-se cuidados extremados na vinificação, se o vinho for acondicionado em uma garrafa com sujidades, ou com uma rolha inferior, ou mesmo apresentar um rótulo inadequado e/ou pouco chamativo, que não apresente o produto de forma satisfatória.

BIBLIOGRAFIA

AMERINE, M. A.; BERG, H. W.; CRUESS, W. V. **The tecnology of wine making**. Westport: AVI, 1972. 802p.

AMERINE, M. A.; OUGH, C. S. **Analisis de vinos y mostos**. Zaragoza: Acribia, 1974. 158p.

ARAGON, P.; ATIENZA, J.; CLIMENT, M. D. Influence of clarification, yeast type, and fermentation temperature on the organic acid and higher alcohols of Malvasia and Muscatel wines. **American Journal of Viticulture and Enology**, Davis, v. 49, n. 2, p. 211-219, 1998.

BORANGA, G. Lavori preparatori alla vinificazione. **Vignevini**, Bologna, n. 9, p. 15-17, 1986.

CAMARGO, U. A. **Uvas do Brasil**. Bento Gonçalves: Embrapa, CNPUV, 1994. 90p.

CANTARELLI, C. S. Trattamenti enzimatici sui constituenti fenolici dei mosti come prevenzione della maderizzazione. **Vini d'Italia**, Brescia, v. 3, p. 87-98, 1986.

CASTELLARI, M. et al. Evolution of phenolic compounds in red winemaking as affected by must oxygenation. **American Journal of Viticulture and Enology**, Davis, v. 49, n. 1, p. 91-94, 1998.

CASTINO, M.; BELLA, P. Gli enzimi pectolitici nella preparazione dei vini rossi. **Rivista di Viticoltura e Enologia**, Bologna, v. 5, p. 179-197, 1981.

CASTINO, M. **Vini bianchi**: tecnologia di produzione. Bologna: Edagricole, 1994. 286p.

COPAT, L.; MÉVEL, P.; RIZZON, L. A. Incidência de operações pré-fermentativas na elaboração de vinho branco fino brasileiro. In: CONGRESSO LATINO AMERICANO DE VITICULTURA Y ENOLOGIA, VI; JORNADAS VITIVINICOLAS, 5., 1994, Santiago. **Anais**... Santiago: Associación Nacional de Ingenieros Agronomos Enólogos, 1994, p. 332-340.

DE ROSA, T. **Enologia nelle piccole cantine**. Bologna: Edagricole, 1989. 84p.

————. Tecnologia di vini bianchi. Brescia: AEB, 1978. 443p.

GAROGLIO, P. G. **Nuova enologia**. Brescia: AEB, 1981. 629p.

GIACOMINI, P. Criteri innovativi ed applicativi sulle tecnologie di vinificazione in bianco ed in rosato. **Vignevini**, Bologna, n. 7/8, p. 15-20, 1984.

GIACOMINI, P. **Nuevas tendencias en la tecnologia de vinificación en blanco, rosado y tinto**. 18p. s.n.t.

GIUGLIANI FILHO, J. Maturação e envelhecimento dos vinhos. In: ENCONTRO DE ATUALIZAÇÃO VITIVINÍCOLA, 4., Bento Gonçalves, 1978. **Anais**... Bento Gonçalves: MEC; COAGRI; EAFBG, 1978, p. 128-132.

GIOVANNINI, E. Classificação e cultivares copa e porta-enxertos. In: CURSO de especialização por tututoria à distância: módulo 2. Brasília, DF: Abeas; UFRGS, 1998. 56p.

LONA, A. A. **Vinhos**: degustação, elaboração e serviço. Porto Alegre: AGE, 1996. 151p.

MANFROI, V. **Novas tendências nas tecnologias de vinificação em branco e rosado**. Bento Gonçalves: EAFPJK, 1995. 24p. Notas de aula. Adaptado de material fornecido pela AEB Bioquímica Latino Americana.

MANFROI, V. Operações pré-fermentativas. In: CURSO de especialização por tutoria à distância: módulo 7: maturação, colheita, composição da uva e operações pré-fermentativas. Brasília, DF: Abeas; UFRGS, 1998a, p. 19-38.

MANFROI, V. Vinificação em branco. In: CURSO de especialização por tutoria à distância: módulo 8: vinificação em branco e tinto. Brasília, DF: ABEAS; UFRGS, 1999a, p. 1-26.

MANFROI, V. Estabilização, engarrafamento e envelhecimento de vinhos. In: CURSO de especialização por tutoria a distância: módulo 9. Brasília, DF: Abeas; UFRGS, 1999b. 24p.

MANFROI, V. et al. L'emploi de l'anhydride sulfureux en differentes etapes du processus de vinification. In: CONGRESSO MUNDIAL DA VINHA E DO VINHO, 23., Lisboa, 1998. **Anais**... Lisboa: OIV, 1998b. v. 2, p. 447-452.

MANFROI, V. et al. Influência da bentonita na composição química de vinhos quando utilizada para estabilização. **Boletim CEPPA**, Curitiba, v. 12, n. 2, p. 99-108, 1994.

OREGLIA, F. **Enologia teórico-practica**. Buenos Aires: Instituto Salesiano de Artes, 1978. 622p.

PATERNOSTER, A. Tecnologia di vinificazione e di produzione di un vino bianco aromatico. **Vini d'Italia**, Brescia, p. 35-42, [s.d.].

PONTALLIER, P. Vinhos tintos de qualidade: elaboração e envelhecimento. In: SIMPÓSIO LATINO-AMERICANO DE ENOLOGIA E VITICULTURA, 2.; JORNADA LATINO-AMERICANA DE VITICULTURA E ENOLOGIA, 2.; SIMPÓSIO ANUAL DE VITIVINICULTURA, 2., 1987, Garibaldi/Bento Gonçalves. **Anais**... Bento Gonçalves: ABTEV, 1987, p. 214-219.

RIBÉREAU-GAYON, J. et al. **Sciences et Techniques du vin**. Paris: Bordas, 1975. 3v.

RIBÉREAU-GAYON, J. et al. **Trattato di scienza e tecnica enologica**. Brescia: AEB, 1980. 4v.

RIZZON, L. A.; ZANUZ, M. C.; MANFREDINI, S. **Como elaborar vinho de qualidade na pequena propriedade**. Bento Gonçalves: Embrapa, CNPUV, 1994. 36p. (Documentos, 12).

RIZZON, L. A.; ZANUZ, M. C. MENEGUZZO, J. **Efeito da prensagem da uva na composição do vinho semillon**. Bento Gonçalves: Embrapa, CNPUV, 1991. 16p. (Boletim de pesquisa, 4).

SATO, M. et al. Winemaking from Koshu variety by the *sur lie* method: behavior of free amino acids and proteolytic activities in the wine. **American Journal of Viticulture and Enology**, Davis, v. 48, n. 1, p. 1-6, 1997.

SCHNEIDER, V. Must hyperoxidation: a rewie. **American Journal of Viticulture and Enology**, Davis, v. 49, n. 1, p. 65-73, 1998.

SPLENDOR, F; MANFROI, V. Necessidad de recuperación del anhidrido sulfuroso de los mostos sulfitados destinados a dessulfitación. In: CONGRESSO MUNDIAL DE LA VINA Y EL VINO, 21., Punta del Este, 1995. **Anais**... Punta del Este: OIV, 1995. v. 2B, p. 230-246.

USSEGLIO-TOMASSET, L. **Chimica enologica**. 2. ed. Brescia: AEB. 1985. 343p.

USSEGLIO-TOMASSET, L; CIOLFI, G.; UBIGLI, M. Vinificazione in bianco senza anidride solfurosa. **Vini d'Italia**, Brescia, n. 5, p. 11-17, 1985.

VINE, R. P. **Commercial wine making**: processing and controls. Westport: AVI, 1981. 493p.

VIVAS, N. Manejo do oxigênio visando à adequação da estabilização e do envelhecimento do vinho tinto. In: SEMINÁRIO FRANCO-BRASILEIRO DE VITICULTURA, ENOLOGIA E GASTRONOMIA, 1., 1998, Bento Gonçalves. **Anais**... Bento Gonçalves: Embrapa Uva e Vinho, 1999, p. 77-87.

ZIRONI, R.; CELOTTI, E.; BATTISTUTTA, F. Research for a marker of the hyperoxidation treatment of musts for the production of white wines. **American Journal of Viticulture and Enology**, Davis, v. 48, n. 2, p. 150-156, 1997.

ZOECKLEIN, B. W.; MARCY, J. E.; JANINSKI, Y. Effect of fermentation, storage *sur lie* or post-fermentation thermal processing on White Riesling (*Vitis vinifera* L.) glycoconjugates. **American Journal of Viticulture and Enology**, Davis, v. 48, n. 4, p. 397-402, 1997.

VINHO COMPOSTO

GILMAR PEDRUCCI
ENRICO BERTI

11.1 INTRODUÇÃO

11.1.1 Definição legal

Vinho e vinho composto são definidos e classificados, no Brasil, pela Lei n. 7.678 de 8 de novembro de 1988 (BRASIL, 1988) e pela Lei n. 10.970 de 12 de novembro de 2004 (BRASIL, 2004). Segundo esses instrumentos legais, vinho é a bebida obtida pela fermentação alcoólica do mosto simples de uva sã, fresca e madura. A denominação vinho é privativa do produto a que se refere este artigo, sendo vedada sua utilização para produtos obtidos de quaisquer outras matérias-primas.

Os vinhos são classificados:

Quanto à classe:

a) de mesa;
b) leve;
c) fino;
d) espumante;
e) frisante;
f) gaseificado;
g) licoroso;
h) composto.

Vinho composto é a bebida com teor alcoólico de 14% a 20% em volume, elaborado pela adição ao vinho de mesa de macerados ou concentrados de plantas amargas ou aromáticas, substâncias de origem animal ou mineral, álcool etílico potável de origem agrícola, açúcar, caramelo e mistela simples.

O vinho composto deverá conter, no mínimo, 70% de vinho de mesa.

O vinho composto classifica-se em:

a) vermute, o que contiver losna (*Artemísia absinthium*, L) predominante entre os seus constituintes aromáticos;
b) quinado, o que contiver quina (*Cinchona* e seus híbridos);
c) gemado, o que contiver gema de ovo;
d) vinho composto com jurubeba;
e) vinho composto com ferro quina;
f) outros vinhos compostos.

Quanto ao teor de açúcares totais calculado em g/l de sacarose, o vinho composto será classificado:

a) seco ou Dry, teor máximo de 40,0;
b) meio doce ou meio seco, teor mínimo de 40,01 e máximo de 80,0;
c) doce, teor mínimo de 80,01.

Padrões de qualidade:

I. Ingredientes:

Básicos: vinho de mesa; álcool etílico potável; concentrado, macerados e/ou destilados de plantas amargas ou aromáticas.

Opcionais: sacarose e/ou mosto de uva para adoçamento; caramelo de uva, de açúcar ou de milho.

II. Parâmetros Analíticos:

Tabela 11.1 Padrão de identidade e qualidade de vinhos compostos.

	Máximo	Mínimo
Álcool etílico em %Vol., a 20 °C	20,0	14,0
Acidez total em meq/l – tintos	–	50,0
Acidez total em meq/l – brancos e rosados	–	40,0
Acidez fixa, em meq/l – tintos	–	40,0
Acidez fixa, em meq/l – brancos e rosados	–	30,0
Extrato seco reduzido, em g/l tintos	–	12,0
brancos e rosados	–	9,0
Sulfatos totais, em sulfato de potássio, em g/l	1,0	–
Acidez volátil corrigida, em meq/l	15,0	–
Anidrido sulfuroso total, em g/l	0,25	–
Cloretos totais, em cloreto de sódio, em g/l	0,20	–
Cinzas, em g/l	–	1,0
Álcool metílico, em g/l	0,20	–

III. Critérios de Qualidade:
a) Os vinhos considerados "base" para elaboração do vinho composto deverão obedecer às características para o vinho de mesa.
b) O vinho composto deverá conter um mínimo de 70% v/v de vinho de mesa.
c) A adição de álcool etílico potável, expresso em álcool anidro, não poderá ser superior a 60% da graduação alcoólica do vinho composto.
d) O vinho quinado deverá possuir um teor mínimo de 6 mg e máximo de 10 mg de quinino por 100 ml do produto, calculado em sulfato de quinino.

IV. Práticas Enológicas:
a) Corte entre vinhos e mistela simples, respeitando o mínimo de 70% de vinho de mesa.
b) Coloração pela adição de caramelo de uva, de açúcar ou de milho.
c) São permitidas também todas as práticas enológicas definidas na Portaria n. 229, de 25 de outubro de 1988, publicada no DOU de 31/10/1988, Secção 1, p. 20948.

Apesar da diversidade que compõe o grupo dos vinhos compostos no Brasil, este capítulo focará prioritariamente os vermutes. Esse produto é o mais tradicional e com maior representatividade histórica e econômica no nosso país e no mundo vitivinícola.

11.1.2 Histórico

A invenção do vermute remonta à época do Mediterrâneo antigo, em que era comum a maceração de plantas ou outros condimentos no vinho. Eram os chamados vinhos aromáticos, feitos principalmente com as folhas de hortelã e absinto, abundantes na Grécia, especialmente na ilha de Creta, e bastante utilizadas no cotidiano por suas supostas propriedades tônicas e digestivas.

Essa invenção foi creditada ao "pai da medicina", Hipócrates, que, no ano 460 a.C., na ilha de Cós, na Grécia, macerava em um filtro *Apulo* (concha em barro cozido com furos laterais que servem de filtro para segurar as ervas) vinho branco alcoólico e rico em açúcares com partes aéreas de Absinto (*Artemisia absinthium*) e flores de Dítamo (*Origanum dictamnus*). Este vermute primordial foi batizado de *Vinum Absinthianum* ou *Vinum Hippocratico*.

Figura 11.1 Filtro Apulo (Museu particular de Martini & Rossi em Pessione – Turim) Século IV – A.C. "Attingitoio con filtro in stile geometrico – IV secolo a.C. – Apulia".

A fama do *Vinum Hippocratico* espalhou-se pelo mundo antigo. Chegando a Roma, na época de Cícero e Plínio, foi enriquecido de novos aromas e sabores dados pelas novas espécies botânicas, como o Tomilho (*Thymus vulgaris*), Alecrim (*Rosmarinus officinalis*), Orégano (*Origanum vulgare*) e Zimbro (*Jeniperus communis*).

Na idade média, a República de Veneza tinha o monopólio do comércio exterior com Índia, Indonésia e África, o que facilitou a introdução na Itália de plantas aromáticas até então ali desconhecidas. Dessa forma, os venezianos puderam contribuir para a complexidade e riqueza do *Vinum Hippocratico*, pela adição de espécies botânicas importadas dessas regiões, como o Cardamomo (*Eletteria cardamomum*), Quina (*Cinchona succirubra*), Rabarbaro (*Rheum officinale baill*), Canela (*Cinnamomum zeylanicum*).

No século XVI, o *Vinum Hippocratico* ou *Vinum Absinthianum* foi introduzido na Baviera. Nessa região, o Absinto (Losna) era considerado erva vermífuga e sua denominação era *Wormwood* e, por esse motivo, o *Vinum Absinthianum* passou a ser traduzido como *Wermutwein*. O termo alemão *warmwurz* (losna) significa *raiz quente*. Em grego, o termo usado para referir-se à losna significa *privado de doçura*.

Quando a bebida passou a ser consumida na França, seu nome foi alterado para *Vermouth*.

O termo francês *Vermouth* sofreu um processo na língua portuguesa, chamado de epítese ou mudança fonética operada por acréscimo. Por isso, também pode ser chamado de vermute.

O vermute atual teve a sua verdadeira expansão comercial no século XVII na cidade de Turin, na região de Piemonte (Itália), rica em vinhos brancos que combinaram muito bem com a flora alpina, muito aromática. Nesse período, surgiram as marcas mais tradicionais, que ainda hoje elaboram os melhores vermutes. Algumas dessas marcas são a Martini & Rossi, Carpano, Cinzano e Cora.

O vermute no século passado espalhou-se pelo mundo todo, chegando à América Latina. Atualmente, no Brasil, além das marcas internacionais, temos diversas marcas locais.

11.1.3 Composição e valor nutritivo

O vermute é uma combinação de vinho, macerados, concentrados ou destilados de plantas aromáticas, açúcar, substâncias de origem vegetal ou animal e álcool etílico potável.

A diferença entre os diversos tipos de vermute encontra-se essencialmente na presença ou ausência de certas plantas em suas fórmulas. Existem duas famílias principais de vermute – doces e secos – que diferem principalmente em seu conteúdo de açúcar. Enquanto os vermutes doces contêm cerca de 150 g/L de açúcar, os secos apresentam menos de 40 g/L. Os vermutes secos são todos brancos e servem, principalmente, como base para coquetéis, embora também possam ser bebidos puros.

Tabela 11.2 Composição química de diferentes tipos de vermute.

	Vermute Bianco	Vermute Dry	Vermute Rosato	Vermute Rosso
Álcool (%)	16,0	18,0	16,0	16,0
Proteínas (g/100 ml)	0	0	0	0
Gorduras (g/100 ml)	0	0	0	0
Colesterol (mg/100 ml)	0	0	0	0
Sódio (mg/L)	30	30	30	80
Calorias (kJ/100 ml)	630	460	630	600
(kcal/100 ml)	150	110	150	144
(kcal/dose)	67	49	67	64
Carboidratos (g/100 ml)	17	3	17	15
Açúcar (g/100 ml)	17	3	17	15

11.2 MATÉRIAS-PRIMAS

As matérias-primas utilizadas na elaboração dos vermutes são principalmente o vinho, álcool, água, açúcar, extratos e destilados naturais de plantas aromáticas, e caramelo quando necessário.

O vinho utilizado pode ser o de mesa ou fino, mas a principal característica procurada é a neutralidade, para que este não interfira no aroma e no sabor do vermute. Apesar disso, a estrutura do vermute acabado depende muito do vinho base, já que a presença deste deverá ser de, no mínimo, 70% do volume final.

O álcool etílico é outro componente importante. Ele deve ser potável, de origem agrícola e o mais neutro possível, para não interferir no aroma e no sabor dos vermutes e dos extratos e destilados de plantas aromáticas.

O açúcar poderá ter sua procedência da cana-de-açúcar ou da beterraba, porém deverá apresentar-se sem impurezas e sem melaço. O açúcar atenua ligeiramente o amargor de certas substâncias que, de outra forma, seriam desagradáveis ao paladar. Ele agrega corpo, firmeza e maciez aos vermutes.

A água deve ser ausente de cloro, cálcio, ferro e outros metais ou metaloides que possam prejudicar o produto final. Desta forma, o uso da água nos processos de preparação de extratos e destilados, produção de caramelo e clarificações do vinho e do vermute não representará nenhum risco para a estabilidade e qualidade do produto final.

Os extratos naturais de plantas aromáticas são conseguidos mediante extração, por maceração, dos princípios ativos de ervas específicas, dependendo dos aromas e sabores requeridos. Cada erva possui seus próprios atributos, que podem ser encontrados em estruturas botânicas diferentes dependendo da planta. Impropriamente quando falamos de extratos vegetais aromáticos de ervas, podemos induzir o leitor a erros. De uma planta podem ser usadas as folhas, os frutos, as flores, as infrutescências, as sementes, as cascas das frutas, as cascas das árvores, as raízes, os lenhos e os cernes, isto é, as partes aromáticas.

Os destilados naturais de plantas aromáticas também são originados dos princípios ativos de determinadas espécies vegetais (até de frutas, como a framboesa, ou de flores, como a rosa), que são maceradas inicialmente, ou não, e posteriormente destiladas, extraindo-se, assim, os componentes desejados. A destilação é utilizada quando necessitamos de determinadas substâncias voláteis contidas em certas partes das plantas, e excluir componentes de peso molecular mais alto que poderiam ter efeitos físicos ou organolépticos negativos nos vermutes.

O único corante natural legalmente aceito é o caramelo, que é obtido da mistura de açúcar com água em banho-maria até obter um produto denso de coloração âmbar.

Na elaboração de um vermute, além das matérias-primas, vários materiais são usados, com funções diferentes, para obter um produto final estável e cristalino. Entre eles podemos citar:

- clarificantes: bentonita, caseinato de potássio, ictiocola, tanino, resinas, gelatina;
- materiais filtrantes: terra diatomácea, perlita, placas filtrantes, cartuchos filtrantes;
- descorante: carvão vegetal ativado;
- acidulante: ácido cítrico;
- conservante: dióxido de enxofre e seus sais.

11.3 EFEITOS MEDICINAIS BENÉFICOS E ADVERSOS

Sendo o vermute um derivado do Vinho (Vinho Composto), possui todas as características benéficas deste, além dos benefícios individuais de cada erva que poderá ser adicionada para compor os diversos tipos de vermutes.

Vejamos algumas das principais ervas utilizadas na composição dos vermutes e seus principais efeitos:

11.3.1 Absinto

O absinto *(Artemisia absinthium),* também conhecido como *losna, erva-do-fel, alenjo, erva-de-santa-margarida, sintro* ou *erva-dos-vermes* é um arbusto de origem europeia, perene (cultivado muitas vezes como anual), que alcança de 1 a 1,20 m de altura; produz folhas recortadas, de coloração verde-acinzentada e flores amarelas, pequenas e reunidas em pequenos cachos.

11.3.1.1 *Efeitos benéficos*

Os componentes responsáveis pelos efeitos medicinais da losna ou absinto são: um óleo essencial (vermífugo e emenagogo – estimulador do fluxo menstrual), a absintina (responsável pelo sabor amargo), resinas, tanino, ácidos e nitratos. Como planta digestiva e aperitiva, sua ação se dá pelo estímulo à salivação e à produção de sucos gástricos e, por essa mesma razão, pode apresentar efeitos indesejáveis para pessoas que apresentam problemas, como úlceras, gastrite e hipersecreção ácida. Usada corretamente e sem excessos, a infusão da losna pode aumentar a secreção biliar, favorecendo o funcionamento do fígado e, ingerida meia hora antes da refeição, pode agir como estimulante do apetite e auxiliar da digestão.

11.3.1.2 *Efeitos adversos*

O *Absinthe*, um destilado popular na França do século XIX, era amplamente estigmatizado como causador de alucinações, convulsões, desmaios e insanidade, tendo sido proibido na França, na Bélgica e na Suíça, em 1915.

11.3.1.2.1 *Thujone*

Alegou-se que o principal composto responsável pelos efeitos negativos do absinto seria uma substância denominada *thujone,* ou *tuinona,* um dos principais constituintes do sabor da erva chamada losna/*wormwood* (cujo nome em francês é, de fato, *absinthe*). Entretanto, a quantidade e a qualidade do álcool usado no absinto na época teriam por si próprias, sérios efeitos negativos.

Praticamente todas as espécies do gênero *Artemísia sp* contêm *thujone.* Contudo, a fonte mais comum de *thujone* em alimentos é a sálvia, uma erva cujo nome e história são sinônimos de boa saúde. A sálvia é ampla e tradicionalmente utilizada como tempero em muitos países.

Uma única linguiça temperada com sálvia, disponível em mercados do Reino Unido, pode conter tanto *thujone* quanto vários litros de vermute, assim como o famoso prato "saltimbocca alla Romana", cuja receita determina duas folhas de sálvia por pessoa.

O *thujone* pode ser encontrado ainda em queijos (Salbei-Käse), ou pratos com carne como Gänsebraten, Hamburger Aalsuppe, ou Wildpasteten, ou chás de ervas.

11.3.1.2.2 O thujone nos vermutes

A Lei americana n. 160/91 exige que "espécies do gênero *Artemísia sp*" estejam reconhecidamente presentes nos vermutes. Entretanto, o teor de *thujone* de qualquer vermute no comércio é consideravelmente inferior à dosagem permitida pela lei e à tolerada pelo organismo.

A "European Flavour Directive" (88/388) determina limites máximos de ocorrência natural de *thujone* em comidas e bebidas (5 mg/kg para bebidas alcoólicas com menos de 25% de álcool). Os vermutes, com menos de 1 mg/kg, estão perfeitamente dentro desses limites.

11.3.2 Ruibarbo

O ruibarbo é um arbusto originário da Mongólia, do Tibet e de outras regiões da China, onde suas propriedades medicinais são descritas há aproximadamente 3.000 anos. Pode ser encontrado em altitudes de até 3.700 metros acima do nível do mar. No século I a.C., os gregos importavam suas raízes do Oriente, e seu uso é mencionado nos escritos de Plínio, o Velho, no início da era cristã. Posteriormente, introduziu-se através da Ásia Menor nos jardins europeus até o ano de 1763, estendendo-se massivamente através de seu uso popular em todo o continente. Ainda hoje o ruibarbo é uma planta rara e custosa. Na China, anualmente colocam-se à venda lotes, através de leilões, desta planta preciosa. Por esse motivo, é denominado também de "Ruibarbo Cinese".

11.3.2.1 Efeitos benéficos

Têm sido descritas, principalmente, propriedades orexígenas (estimuladoras do apetite), anti-inflamatórias e laxantes.

Os glucósidos antraquinônicos exercem um efeito laxante suave quando se emprega o rizoma seco. Paradoxalmente, em doses pequenas (0,3 g/dia) exerce um efeito antidiarreico e digestivo (por ação predominante dos taninos). Essas doses apresentam uma ação que estimula o apetite, devida especialmente ao seu sabor amargo.

As antraquinonas, além disso, são propostas em alguns trabalhos como eficazes na atividade contra o vírus do herpes simples. A reina (substância de cor amarela encontrada na raiz do Ruibarbo) tem mostrado atividade antibacteriana frente a anaeróbios.

11.3.3 Genciana

É uma planta muito frequente nos Alpes, com flores amarelas muito bonitas. Suas qualidades fitoterápicas foram descobertas por volta do século II d.C. O seu aproveitamento foi atribuído a Gentilus, rei da Ibéria, e por esse motivo o seu nome botânico é *Gentiana lútea*.

11.3.3.1 Efeitos benéficos

A genciana é usada como antidiabética, antiemética (contra náuseas e vômitos), anti-inflamatória, antimicrobiana, orexígena, colagoga (estimulante do esvaziamento da vesícula biliar, prevenindo estase e formação de cálculos), além de outros efeitos estimulantes do trato gastrintestinal.

11.3.4 Cardo santo

Planta originária e nativa da região Mediterrânea da Europa e da Ásia e foi adaptada à região sul do Brasil. Possui folhas verde-acinzentadas com manchas brancas e espinhos na orla do caule. Sobre o cardo santo, existe a lenda que diz: – "Durante a fuga de Maria e José para o Egito, com o intuito de proteger o menino Jesus de Erodes, a família parou para alimentar o menino. Sentados perto de uma planta de cardo, suas folhas ficaram com algumas máculas brancas por causa de gotas de leite que caíram da boca do menino". Por esse motivo, é hoje conhecido como cardo santo ou cardo mariano (*Silybum marianum*).

11.3.4.1 Efeitos benéficos

O cardo santo é usado frequentemente para regular o equilíbrio hormonal em mulheres e aliviar cólicas menstruais dolorosas, sendo um componente comum nas fórmulas de ervas usadas para aliviar os sintomas menstruais.

As sementes do cardo santo contêm um elemento denominado "Silibina" que desintoxica o fígado e também tem propriedades diuréticas.

Acredita-se, ainda, que tenha efeitos expectorantes, diaforéticos (estimulantes da sudorese), eméticos (estimulantes do vômito, propriedade que pode ser útil em caso de intoxicações exógenas por via oral), diuréticos, antipiréticos (controle da febre), além de estimular a atividade gástrica.

11.3.5 Gengibre

O gengibre (*Zingiber officinale*) é uma planta herbácea asiática, originária da ilha de Java, da Índia e da China. Atualmente, no Brasil, o gengibre é cultivado principalmente na faixa litorânea do Espírito Santo, de Santa Catarina, do Paraná e no sul de São Paulo, em razão das condições de clima e de solo mais adequadas.

11.3.5.1 Efeitos benéficos

Suas propriedades terapêuticas são resultado da ação de várias substâncias, especialmente do óleo essencial que contém canfeno, felandreno, zingibereno e zingerona. É estimulante gastrintestinal, aperiente (que abre o apetite), tônico e expectorante. Age também no combate aos gases intestinais (carminativo), aos vômitos e à rouquidão. Externamente, é revulsivo, utilizado em traumatismos e reumatismos.

Popularmente, o chá de gengibre, feito com pedaços do rizoma fresco fervido em água, é usado no tratamento contra gripes, tosse, resfriado e até ressaca. Banhos e compressas quentes de gengibre são indicados para aliviar os sintomas de gota, artrite, dores de cabeça e na coluna, além de diminuir a congestão nasal e as cólicas menstruais. Estudos *in vitro* sugerem que os efeitos anti-inflamatórios do gengibre estão relacionados com a inibição do metabolismo do ácido aracdônico, com diminuição da agregação plaquetária e redução da produção de tromboxano.

11.3.6 Coentro

É uma planta glabra, da família das umbelíferas (*Coriandrum sativum*), de flores róseas ou alvas, pequenas e aromáticas, cujo fruto é diaquênio, e cuja folha, usada como tempero ou condimento, exala odor característico. Foi trazido à Europa pelos romanos, que misturavam coentro com vinagre para conservar a carne.

11.3.6.1 Efeitos benéficos

O chá de coentro é indicado para aliviar dores de estômago. Compressas feitas com as suas folhas dão alívio a inflamações e dores nas juntas. As sementes de coentro sempre foram conhecidas como especiarias de caráter curativo. Na Europa, elas são chamadas de *plantas antidiabéticas*; na Índia, elas são utilizadas por suas propriedades anti-inflamatórias; e atualmente nos Estados Unidos, as sementes estão sendo estudadas pela sua capacidade de reduzir o colesterol. As sementes de coentro também funcionam como um estimulante para o estômago e o intestino, o que faz delas uma iguaria para ser consumida como aperitivo antes das refeições. Na Ásia, as ervas e o óleo da semente de coentro são conhecidos por sua capacidade de curar hemorroidas, dores de cabeça, inchaços, conjuntivites, reumatismos, úlceras na boca, além de também serem usadas em compressas.

11.3.7 Sálvia

De origem Mediterrânea, desde a costa sul da Espanha até a Itália, a sálvia (*Salvia officinalis*) é tida desde tempos imemoriais como a erva da longevidade. Seu nome deriva da palavra latina "*salvere*", que significa estar de boa saúde, curar.

11.3.7.1 Efeitos benéficos

Ajuda a fazer a digestão, é antisséptica, fungicida e contém estrógeno; ajuda a combater a diarreia. O chá é indicado para o tratamento de gengivas inflamadas, aftas, dores de garganta e problemas de mucosas, além de aliviar diabetes e sintomas de menopausa. Diminui suor excessivo e é restauradora de energia, tendo poder tonificante sobre o fígado. Usada também para dores de ovário, icterícia, depressão, tremores, vertigens e impotência sexual.

11.3.8 Alecrim

O alecrim (*Rosmarinus officinalis*) é originário dos países banhados pelo mar Mediterrâneo. Devido ao seu aroma característico, os romanos designavam-no como *rosmarinus*, que, em latim, significa *orvalho do mar*. Arbusto muito ramificado, sempre verde, com hastes lenhosas, folhas pequenas e finas, opostas, lanceoladas. A parte inferior das folhas é de cor verde-acinzentada, enquanto a superior é quase prateada. As flores reúnem-se em espiguilhas terminais e são de cor azul ou esbranquiçada. O fruto é um aquênio. Floresce quase todo o ano e não necessita de cuidados especiais nos jardins. Toda a planta exala um aroma forte e agradável.

11.3.8.1 Efeitos benéficos

É utilizado como estimulante digestivo e para falta de apetite (inapetência), contra azia, para problemas respiratórios e debilidade cardíaca (cardiotônico), contra cansaço físico e mental, combate hemorroidas, antiespasmódico (uso interno) e cicatrizante (uso externo).

11.3.9 Tomilho

O tomilho (*Thymus vulgaris*), família *Lamiaceae*, é um subarbusto aromático da família das labiadas. Possui folhas pequenas, lineares ou lanceoladas, e flores róseas ou esbranquiçadas.

11.3.9.1 Efeitos benéficos

Tem propriedades antissépticas, tônicas, antiespasmódicas, expectorantes e vermífugas. Em infusão, é usado no combate a infecções de garganta e pulmonares, na asma e na febre dos fenos, bem como na eliminação de parasitas. Revigorante e tônico, é essencialmente usado como remédio respiratório.

11.3.10 Canela

A canela (*Cinnamomum zeylanicum*) é a especiaria obtida da parte interna da casca do tronco da caneleira. É nativa do Sri Lanka, no sul da Ásia. As folhas possuem um formato oval-longo com 7-18 cm de comprimento. As flores, que florescem em pequenos maços, são esverdeadas e possuem um odor distinto.

11.3.10.1 Efeitos benéficos

Estudos indicam que o uso de canela na quantidade de uma colher de chá, diariamente, reduz significantemente o açúcar no sangue e melhora a taxa de colesterol (LDL e triglicerídeos). Os efeitos, que podem ser conseguidos ao utilizar canela em chás, beneficiam também diabéticos.

11.3.10.2 Efeitos adversos

Considerando as dosagens utilizadas na elaboração dos vermutes e a forma de extração dos princípios aromáticos nos extratos e destilados, não são conhecidos efeitos adversos para o organismo. É sempre recomendável porém, evitar o abuso do consumo da bebida.

11.4 PREPARAÇÃO DA MATÉRIA-PRIMA E PROCESSAMENTO

11.4.1 O vinho

11.4.1.1 Corte

O corte de vinhos, também conhecido como *assemblage* ou mescla, traz como objetivo a combinação de fatores qualitativos em busca de um melhor

equilíbrio e de um ganho qualitativo no produto resultante. Os enólogos costumam dizer nesses casos o "todo" é melhor que "a soma das partes", pois entendem efetivamente poder alcançar um vinho final melhor que qualquer um dos vinhos que fizeram parte da mistura.

No caso dos vermutes, o vinho base tem papel fundamental na qualidade final do produto e a preparação dessas misturas deve ser feita de forma científica e padronizada para que todos os lotes tenham garantidas as características que se quer alcançar. Um vinho base para vermute deve ter características organolépticas de neutralidade, mas isso não significa que escolheremos vinhos sem personalidade ou totalmente desestruturados, sob pena de termos um vermute frágil e de pouca longevidade.

Normalmente, um *vinho base* deve ser pensado desde a ideal maturação das uvas, a escolha das variedades apropriadas, os aspectos da elaboração e conservação dos vinhos e, finalmente, a padronização dos lotes de *vinho base* para elaboração dos vermutes.

A maturação das uvas e a sua sanidade permitirão a elaboração de vinhos mais estáveis do ponto de vista do potencial de oxidação no futuro vermute. Lembre-se que agregaremos ao vinho uma série de extratos de ervas que, por si só, carregam componentes oxidáveis que não podemos evitar.

Normalmente, se utilizam no Brasil, variedades brancas como o *Couderc 13*, que apresenta boa produção com resistência às podridões, o vinho é bastante neutro, evitando assim a necessidade de muitas clarificações e preservando o corpo da bebida. Historicamente, foi muito utilizada a variedade *Herbemont*, que por ter grande produtividade e ter uma cor levemente rosada, facilitava a elaboração em branco ao mesmo tempo em que permitia baixos custos. Seu defeito maior é a baixa resistência à podridão o que pode levar a uma acidez volátil no vinho acima do recomendado (até 8 meq/l). Outras variedades de uvas brancas podem ser usadas, inclusive as variedades finas (Trebiano, Semillon, Riesling etc.), sempre que tenhamos disponibilidade e o custo permita. O que devemos evitar são as variedades aromáticas como Moscato (vinífera), ou Niagara (comum), pela sua característica olfativa intensa que certamente competiria com os aromas característicos do vermute.

A elaboração desses vinhos deve preservar ao máximo a estrutura, mas necessita também dar-lhes, por meio de clarificações convenientes, uma estabilidade no tempo. A acidez total é um aspecto importante já que um vermute com acidez desequilibrada pode parecer vazio, seco ou doce em demasia.

Justamente para equilibrar todas essas características físico-químicas e organolépticas é que lançamos mão dos cortes, a fim de padronizar a base aromática e gustativa que servirá de ponto de partida para os futuros vermutes.

11.4.1.2 Clarificação

O processo de clarificação consiste em tornar o vinho límpido e brilhante. Sabe-se que, em todos os vinhos, sobretudo nos jovens, há em suspensão substâncias de várias naturezas, que tendem lentamente a sedimentar. Alguns desses compostos, de natureza coloidal, possuem partículas de dimensões tão pequenas que podem permanecer em suspensão por um longo tempo. Por essa razão, devemos clarificar os vinhos (antes ou depois dos cortes) e eliminar substâncias que não contribuirão para a qualidade do vermute.

A seguir, descrevemos os principais clarificantes proteicos, não proteicos e coadjuvantes na clarificação do vinho supra descrito.

11.4.1.2.1 Clarificantes proteicos

Os clarificantes proteicos são utilizados em solução aquosa, convenientemente diluídos, para facilitar sua distribuição homogênea e rápida pelo vinho. Os principais clarificantes proteicos utilizados na clarificação dos vinhos são:

Gelatina

A gelatina é um dos clarificantes mais utilizados em Enologia, apresentando-se no vinho como um coloide com carga elétrica positiva e tendo um amplo expectro de atuação. Necessita de tanino, bentonite ou solução de sílica para flocular. Ela se obtém a partir da cocção prolongada de restos de animais (peles, tecidos conjuntivos, ossos) que contêm colágeno e são formados por um conjunto de proteínas.

As gelatinas de uso enológico podem ser de origem bovina ou suína. No comércio, podem ser encontradas de várias formas: em pó, granulada, em lâminas, líquida etc. e as doses recomendas variam de acordo com as características do vinho que será clarificado e de acordo com o tipo de gelatina utilizada. Em geral os fabricantes têm à disposição farto material com informações de preparo e doses de utilização.

Em linhas gerais, no caso das gelatinas sólidas recomenda-se utilizar de 3 a 5 g/hl em vinhos brancos e de 8 a 15 g/hl nos vinhos tintos; já para as líquidas recomenda-se utilizar de 15 a 35 ml/hl para os vinhos ligeiros e doses mais altas em vinhos estruturados, seguindo testes de clarificação.

A clarificação com gelatina, assim como toda clarificação feita com proteínas, produz mudanças na composição dos vinhos, com diminuição dos compostos fenólicos, extrato seco, matéria corante e cinzas.

As principais vantagens e inconvenientes da gelatina são:

◆ A gelatina proporciona uma rápida clarificação e a formação de sedimentos compactos. Mesmo nos casos mais difíceis, o tratamento com ela resulta em vinhos brilhantes e facilmente filtráveis.

◆ A gelatina, combinada à bentonita, melhora substancialmente a compactação dos carvões ativos descorantes, além de oferecer vinhos mais brilhantes.

◆ A gelatina reduz os componentes polifenólicos nos vinhos tratados, contribuindo, dessa forma, para uma diminuição de sabores adstringentes e amargos; ao mesmo tempo proporciona uma maior estabilidade, devida à remoção de taninos indesejáveis.

◆ Nos vinhos brancos, de reduzido teor tânico, a associação com a bentonita também é recomendada, a fim de que a gelatina precipite os sólidos em suspensão e desenvolva seu efeito clarificante.

Caseína

É uma fosfoproteína e constitui o principal composto nitrogenado do leite. É insolúvel em água pura e solúvel em água alcalinizada por hidróxidos e carbonatos.

A caseína não coagula pelo calor, e, na clarificação dos vinhos, se aplica como caseinato sódico e potássico, que têm a vantagem de serem solúveis em água.

As vantagens e inconvenientes da caseína são:

◆ A caseína e os caseinatos têm um elevado poder descolorante. Arrastam, ao flocular, certa quantidade de tanino, e mesmo empregando quantidades elevadas não produzem sobre-encolado.

◆ Atua como desferrizante, ao eliminar o fosfato férrico por floculação recíproca, já que esse fosfato no vinho é um coloide eletronegativo e é o principal responsável pela quebra branca ou fosfórica.

◆ Diminui a amplitude do vinho para madeirizar-se, já que elimina parte do ferro e do tanino, que, como se sabe, auxiliam a oxidação. Também elimina parte dos leucoantocianos, que intervêm nos mecanismos dos fenômenos da oxidação e do pardeamento da cor dos vinhos licorosos.

- Tem o inconveniente de diminuir o aroma dos vinhos.

Emprega-se em doses de 10 a 30 g/hl em vinhos brancos. Em casos especiais, como para evitar o madeirizado dos vinhos, usa-se até 100 g/hl. Não tem aplicação, para o caso dos vinhos tintos.

11.4.1.2.2 Clarificantes não proteicos
Carvão ativo

As matérias-primas que são empregadas na elaboração dos carvões são madeiras, sangue, couro e ossos. Por isso, os carvões podem ser vegetais ou animais, segundo sua procedência.

Em enologia, utilizam-se principalmente os carvões derivados da madeira e adequadamente ativados, que são produtos ricos em carbono, aptos para remover dos líquidos as substâncias odoríferas e corantes, ou adsorver gases e vapores, segundo a ação específica para a qual tenham sido fabricados.

Os métodos de ativação dos carbonos utilizados em enologia são os seguintes:

- físicos: tratamentos com vapor superaquecido, anidrido carbônico e outros gases;
- químicos: destilação pirogenética da matéria-prima na presença de catalisadores, como cloreto de zinco, ácido fosfórico e outros;
- outros tratamentos à base de substâncias líquidas e sólidas.

Os carvões são constituídos por finíssimos grãos de estrutura reticular, na forma de esponja, que apresentam uma grande superfície específica. Suas ações, tanto descorantes como desodorizantes, devem-se a fenômenos de adsorção superficial.

A preparação do carvão a ser adicionado ao vinho é feita com água e a adição deve ser acompanhada de uma remontagem suficiente para circular uma vez e meia o volume da massa tratada. Deixa-se em repouso algumas horas e torna a remontar. Depois, se separa o carvão por meio de uma clarificação, e, se for necessário, finaliza-se o processo com uma filtração.

As quantidades de carvão que se utilizam vão de 25 a 200 g/hl, segundo o tipo de vinho ou mosto que se trate e o grau de descoloração ou desodorização que se deseja.

11.4.1.2.3 Coadjuvantes
Bentonita

Pertence ao grupo das argilas mais ricas em silício. Incha-se em água e outros líquidos resultando em dispersões coloidais liófobas de sinal negativo. Tem uma notável capacidade de troca de bases, e manifesta fortes propriedades absorventes a adsorventes.

As bentonitas sódicas, ativadas com carbonato sódico, apresentam um retículo cristalino com espaços laminares amplos, o que lhes permite absorver quantidades de água até duas vezes o seu próprio volume. Têm notáveis propriedades adsorventes, com forte atração por partículas eletropositivas, e na clarificação produzem depósitos muito abundantes, e relativamente soltos e esponjosos.

As bentonitas cálcicas incham-se menos, e produzem um depósito menos abundante e mais denso do que as sódicas, mas são menos ativas e pouco recomendáveis para a clarificação dos vinhos.

Para a sua preparação, dissolvem-se em uma quantidade de água igual em volume a 5-6 vezes o peso da bentonita que se vai empregar. Deixa-se em repouso de 24 a 48 horas e se incorpora homogeneamente ao vinho.

As vantagens da bentonita são as seguintes:

- Eliminam do vinho os protídeos naturais, coaguláveis pelo calor, e que são os que podem comprometer sua estabilidade físico-química.
- Também elimina os protídeos agregados, como clarificantes, e que permaneceram no meio em estado disperso sobre-encolando os vinhos, estabilizando, dessa maneira, o vinho com relação à quebra proteica.
- Capacidade de adsorção das polifenoloxidases que podem estar presentes no vinho, o que as elimina parcialmente, contribuindo para a estabilização do vinho com respeito à quebra oxidásica.
- Elimina a fração coloidal da matéria corante presente no vinho submetido à clarificação.
- Adsorve a matéria corante combinada com o ácido sulfuroso.
- Os compostos de ferro férrico estão com cargas negativas, e, em consequência, não são precipitados pela bentonita. Não obstante, a clarificação com a bentonita produz um fenômeno de proteção do ferro, que impede a floculação do fosfato férrico coloidal, que é o responsável pela quebra branca. Esse fenômeno explica por que a bentonita, ao eliminar os protídeos, não pode precipitar por floculação recíproca ao fosfato férrico, coloide eletronegativo.

- A bentonita, ao eliminar os protídeos dos vinhos, lhes confere uma maior resistência à quebra cúprica, que de fato, não se produz com quantidades de até 162 mg/l de cobre. Isso se deve ao fato de que a bentonita elimina o suporte proteico do turvamento.
- Elimina totalmente as vitaminas B1 e B2.
- Adsorve as diferentes formas de nitrogênio proteico, e elimina quantidades notáveis de compostos nitrogenados de peso molecular mais baixo (peptonas e polipeptídios). Isso explica por que vinhos com alguns gramas de açúcar fermentável, clarificados com bentonita, mostram-se estáveis biologicamente.
- A bentonita não precisa de tanino para coagular, mas o excesso de substâncias tânicas no vinho dificulta a ação clarificante e desproteinizante da bentonita.

Os principais inconvenientes que a clarificação com bentonita apresenta são:
- Produz um apreciável volume de borra, já que se empregam doses de 20 e até 30 vezes maiores que a dos clarificantes proteicos. A quantidade de vinho de embebição, que fica retido pela bentonita, estima-se em 1,5 vezes o volume da bentonita empregada.
- Possível enriquecimento do vinho em ferro e cálcio.
- Produz uma breve diminuição da acidez fixa do vinho, uma pequena elevação do pH, um reduzido aumento das cinzas e de sua alcalinidade, e diminuição do teor de nitrogênio.

As doses que se utilizam são:
- para vinhos brancos: 25-50 g/hl;
- para vinhos tintos: 25-40 g/hl.

Aconselha-se, particularmente, sua utilização nos vinhos sobre-encolados, nos de extrato elevado, porque elimina os protídeos, sendo que o apreciável peso específico de seus géis faz com que sedimentem bem em todos os casos.

Clarifica bem a qualquer temperatura, inclusive a –4 °C, ainda que o faça melhor a temperaturas próximas às da pasteurização. Em todos os casos, é mais eficaz a 20 °C que a 10 °C. As baixas temperaturas diminuem as micelas de bentonita que constituem núcleos ou centros de cristalização para precipitação de bitartaratos potássicos, o que corrobora para o resultado final de uma boa clarificação.

11.4.1.2.4 Clarificantes de Síntese Industrial – PVPP

Esses clarificantes têm uma orientação específica que é a de prevenir a oxidação (enzimática ou não) do substrato dos mostos e dos vinhos, e remover os compostos fenólicos oxidados, origem e causa do pardeamento da cor dos vinhos brancos.

O PVPP apresenta-se como um pó fino, branco-amarelado. É um homopolímero da polivinilpirrolidona – PVP. Na enologia, pode-se utilizar esse agente clarificante antes ou durante a fermentação, prevenindo o pardeamento dos vinhos brancos, ao atuar seletivamente sobre o substrato oxidável dos mostos (ácidos fenólicos e precursores dos taninos, isto é, os leucoantocianos e as catequinas). Nos vinhos brancos, controla ou elimina o pardeamento, ao adsorver certos compostos fenólicos oxidados por enzimas ou quinonas a oxiquinonas condensadas, de cor marrom característico.

As principais vantagens e inconvenientes são:
- A PVPP elimina os compostos fenólicos oxidados.
- Melhora a cor e o brilho, eliminando as substâncias indesejadas produzidas pela oxidação.
- Melhora o aroma, fomentando o *bouquet* natural do vinho.
- Melhora o sabor, conservando o frescor e eliminando os componentes de sabor áspero.
- Apresenta todas as vantagens da PVP sem ter seus inconvenientes, precisamente por ser insolúvel nos mostos e nos vinhos.
- A PVPP pode ser utilizada em conjunto com os demais agentes clarificantes e pode auxiliar na redução do teor de SO_2 nos vinhos.
- O tratamento com PVPP pode ser efetuado em qualquer ponto do processo de elaboração de vinhos, seja antes, durante ou após a fermentação, preferencialmente antes da filtração final.
- Como a PVP, o custo da PVPP é elevado.

Utilizam-se, preferencialmente, nos vinhos brancos, em doses de 5 a 10 g/hl. Incorpora-se ao vinho em suspensão aquosa a 10%. Deve-se misturar muito bem e sua ação se produz em 40 a 60 minutos. Uma maior permanência não tem nenhum efeito, porque é um produto insolúvel. Quando se acrescenta ao mosto em fermentação, é eliminado com a borra, e quando se agrega ao vinho é separado com uma filtração.

Ao término das operações de clarificação, acrescenta-se ao vinho uma adequada dose de anidrido sulfuroso para protegê-lo de eventuais contaminações ou alterações microbiológicas e das ações do oxigênio.

É adequado recordar que o oxigênio regula não só os mecanismos biológicos, mas também os físico-químicos; continuamente há fenômenos de oxidação, alguns dos quais são facilmente observados, como o rápido escurecimento de uma maçã recém-cortada. No vinho, observamos fenômenos análogos, só que mais lentos e complexos que tendem, geralmente, a modificá-lo. O anidrido sulfuroso limita a influência negativa do oxigênio no vinho.

Depois do processo de clarificação e corte, o *vinho base* será deixado em repouso por cerca de uma semana, o que permitirá a completa sedimentação de todo o turvado contido na bebida.

11.4.1.3 Filtração

A operação é, em si, relativamente simples e reproduz, em escala industrial, aquilo que se pode realizar com um funil normal coberto com um papel absorvente ou com uma tela de malha muito fina. Se vertermos lentamente sobre o papel ou sobre a tela um pouco de vinho turvo, o elemento filtrante reterá os sólidos insolúveis, permitindo a passagem do vinho filtrado, límpido e brilhante.

A filtração industrial é feita usando-se outros materiais, de origem vegetal (celulose) ou mineral (terra diatomácea).

Sabemos que a celulose e a terra diatomácea são materiais inertes e, quando oportunamente misturadas, formam uma camada filtrante, através da qual o vinho será empurrado por uma bomba, para ser filtrado. Depois da filtração o vinho está pronto para a preparação do vermute.

Durante a conservação do vinho clarificado, são efetuadas numerosas análises por parte do serviço de controle de qualidade da fábrica, as quais têm a competência de assinalar oportunamente eventuais anormalidades de características físicas, químicas e orgânicas, e, sobretudo, de confirmar a completa idoneidade do vinho de base.

11.4.2 Aromatização

Os aromatizantes vegetais são, juntamente com o vinho, os ingredientes mais importantes na preparação do vermute. Eles são normalmente definidos como ervas aromatizantes. Trata-se de vegetais ou de partes de vegetais que são empregados, misturando-os, por suas características organolépticas e em função da localização de seus princípios ativos responsáveis pelo aroma e pelo sabor.

Temos, agora, uma lista das partes vegetais utilizadas e alguns exemplos de plantas empregadas:

- a raiz (genciana, colombo, angélica e rabárbaro);
- o rizoma (ireos, gengibre e ruibarbo);
- o tronco (sândalo e quassio);
- a casca (china, cascarilla e canela);
- a folha (artemísia, manjericão, menta, hissopo, dítamo, sálvia e alecrim);
- o fruto (lamponi, cardamomo e cariandolo);
- a semente (angélica, ambretta e anice);
- o bago (junípero);
- a resina (aloe, catecu e mirra);
- a casca do fruto (limão, laranja amarga e laranja doce);
- a flor (rosa, lavanda e cravo).

As ervas aromatizantes têm origens diversas. Algumas são expressamente cultivadas em cultura intensiva, outras crescem espontaneamente nas regiões e nos continentes diversos:

- Das planícies e dos Alpes *piemontese* e *valdostane* provém uma numerosa variedade local: *achillea, genzianella, genepy, violette selvatiche* e o absinto romano que, no próprio vale d'Aosta, encontrou sua zona de eleição e de apreço.
- Da Itália mediterrânea, vem o lírio, a menta, o hissopo, o orégano, a manjerona, o tomilho, o louro, o rosmarino e o zimbro.
- Creta, como no tempo de Hipócrates, oferece o dítamo; a Ásia fornece rabárbaro, canela, cravo, mirra, incenso e cardamomo; da África vem o aloe e o coriandolo; e, da América, a china e a serpentária.

Somente a Oceania não contribui para este coquetel de nomes e de perfumes que resgatam da memória imagens de naves e aventuras que, depois de longos meses de viagem, desembarcam nos portos italianos e europeus seus preciosos carregamentos de espécies raras e inebriantes.

Assim como a preparação de um grande vinho começa pela colheita da uva, a elaboração de um extrato destinado a um grande vermute começa pela colheita dos vegetais aromatizantes. Essa deve ser efetuada no "tempo aromático", que se dá no período em que as ervas contêm o máximo dos seus princípios ativos desejáveis (não necessariamente esse momento, fundamental para a propriedade e para a qualidade do vermute, coincide com a maturidade fisiológica da planta). Habitualmente, as ervas, logo depois da colheita, são secadas à sombra, em locais oportunamente ventilados, de modo a conservar a riqueza aromática.

A escolha cuidadosa, a colheita, a conservação e, sobretudo a dosagem das numerosas ervas são um problema de natureza complexa, que o herborista procura resolver conciliando a experiência da prática tradicional e consciência científica sempre mais aprofundada.

Antigamente, as espécies aromáticas eram colocadas em sacos de algodão e mergulhadas em soluções hidroalcoólicas, ou no próprio vinho, por tempo indeterminado. Os princípios aromáticos migravam das espécies para a solução, por osmose. Porém, os extratos resultantes eram sempre desiguais, influindo muito na qualidade final do produto.

Seguramente, se hoje existe a receita de um produto de sucesso, este deve saber unir a genialidade e a criatividade do artista e a sabedoria e a consciência do cientista.

Em função da classe a que pertencem, das partes aromatizantes empregadas e dos princípios ativos que vão ser utilizados, as ervas são tratadas com modalidades diferentes. Os sistemas empíricos do passado são substituídos hoje por técnicas modernas e eficientes, que conseguem reproduzir os procedimentos tradicionais com extremo rigor e racionalidade.

Assim, os compostos amargos, definidos como fixos, aos quais é devido o gosto agradavelmente amargo, são extraídos mediante macerações ou infusões das ervas em uma adequada solução hidroalcoólica. Essa operação vem a ser executada em grandes extratores rolantes, nos quais as ervas são deixadas em contato com a solução por alguns dias.

Ao término de tal fase, retira-se o extrato bruto que apresenta-se como um líquido de cor verde-escura, de aroma intensíssimo, levemente turvo pela presença de partículas vegetais. Antes do uso, o extrato é várias vezes decantado e submetido à maturação e afinamento, necessários para eliminar as substâncias turvantes e para misturar os vários componentes aromáticos.

As substâncias responsáveis pelo aroma, denominadas voláteis, são obtidas por meio da destilação das ervas nas quais estão presentes. Esse processo efetua-se em destiladores de cobre.

As operações descritas anteriormente permitem, portanto, obter dois tipos de produto:

◆ Da maceração de algumas ervas obtém-se a parte que contém essencialmente as substâncias responsáveis pelo gosto.

◆ Da destilação de outras ervas obtém-se a parte que contém principalmente os compostos voláteis responsáveis pelo aroma.

Note que o resultado final, o vermute, não depende somente da receita. A originalidade é dada, por um lado, pelo processo de extração dos aromas e, por outro, pela mistura, que se obtém dosando sabiamente as soluções dos aromas para chegar ao extrato final usado para a aromatização do vinho. A descrição reproduz que os componentes da mistura dependem do tipo de produto requerido. Isso porque no *Bianco* e no *Rosso* encontram-se componentes amargos, enquanto no *Dry* e no *Rosato* seus atributos são dados pela prevalente sensação olfativa mais floral e frutiva.

É verdadeiramente extraordinária a variedade e a riqueza dos conjuntos olfativos e gustativos suscitados dessa incrível mistura aromática.

Mais de 70 espécies botânicas podem ser usadas na elaboração do vermute. Enumeramos algumas das mais conhecidas. Algumas espécies são comuns aos quatro tipos de vermutes, outras específicas para um ou outro tipo.

Tabela 11.3 Algumas espécies botânicas usadas em vermutes.

Nome espécie botânica	Branco doce	Branco seco	Tinto	Rosato
Absinto	X	X	X	X
Aloe		X		
Acácia	X	X		X
Alecrim	X	X	X	X
Alcaçuz			X	
Açafrão		X	X	X
Aniz estrelado	X	X	X	
Camomila	X		X	X
Canela	X	X	X	X
Cardamomo	X		X	
Casca de laranja doce	X	X		
Casca de laranja amarga	X	X	X	X
Casca de limão	X	X	X	X

(*continua*)

Tabela 11.3 Algumas espécies botânicas usadas em vermutes. (*continuação*)

Nome espécie botânica	Branco doce	Branco seco	Tinto	Rosato
Cravo-da-índia	X	X	X	X
Cominho		X	X	
Gengibre	X	X	X	X
Genciana	X	X	X	X
Lenho quassio			X	X
Lirio fiorentino		X		
Lúpulo	X		X	
Coentro	X	X	X	X
Framboesa		X		X
Macis	X	X	X	X
Melissa			X	
Noz-moscada	X	X	X	X
Mirto	X	X	X	
Oregano	X	X	X	
Quina	X		X	X
Rasbarbaro	X	X	X	X
Rosa-damascena				X
Sálvia	X	X	X	X
Tomilho	X	X	X	X
Zimbro		X		X
Vanilla	X			

11.4.3 O açúcar

A sacarose cristalina usada como dulcificante, obtida da cana-de-açúcar ou da beterraba, é dissolvida diretamente em uma parte de *vinho base*, para formar um xarope que se mistura ao lote principal de vinho, juntamente com os outros ingredientes que constituem o vermute.

O caramelo ou "açúcar queimado", único ingrediente legalmente aceito para a coloração do Vermute Rosso, é produzido por meio de um aquecimento lento e apuradamente controlado, para evitar que a temperatura muito elevada possa originar um produto muito escuro e de gosto azedo; obtém-se um líquido viscoso, de consistência pegajosa e de um perfume característico e agradável.

Até o açúcar, antes de sua utilização, deve sujeitar-se a rigorosos controles analíticos e organolépticos para assegurar a uniformidade e a qualidade superior do produto, evitando o sabor de melaço, comum nos açúcares de baixa qualidade.

11.4.4 O álcool

O álcool, que segundo a legislação, deve ser de origem agrícola, é em parte empregado na preparação dos extratos e dos destilados, em parte, adicionado diretamente no tanque de fabricação.

Como os outros ingredientes, deve superar todas as provas analíticas e de degustação aos quais é submetido antes do uso.

Tabela 11.4 Composição química de vermute doce e seco.

	Vermute	
	Doce	Seco
Álcool (% v/v)	16-16,5	18-18,5
Açúcar (% m/m)	14-15	3-4
Extrato sem açúcar (g/L)	15-20	15-20
Ácidos totais (g ácido tartárico/L)	4,5-5,5	4,5-5,5
Outros (g/L)	1,4-1,8	1,4-1,8

11.5 A PREPARAÇÃO DO VERMUTE

O xarope de açúcar, o álcool, os extratos, os destilados e, quando necessário, o caramelo, nas doses e nos tipos estabelecidos em relação ao produto que se deseja elaborar, são diluídos no *vinho base* para obter uma solução perfeitamente homogênea. Pequenas quantidades de clarificante facilitarão o clareamento do vermute recém-feito. O produto recém--elaborado é submetido a uma agitação lenta (para evitar oxidações) e contínua para obter um produto homogêneo. O vermute assim produzido, se degustado, dá a impressão de desarmônico. Temos perfumes ou sabores que se sobressaem mais que outros.

11.5.1 Maturação

É a fase que consiste na harmonização dos ingredientes e no afinamento do produto.

Quando se experimenta um vermute recém-feito, percebe-se e se distingue cada um dos componentes: uma nota um pouco marcante, devida ao álcool, enfraquecendo a sensação aromática, muito marcante, das ervas. Todas essas sensações devem fundir-se harmonicamente de modo a não permitir a evidência dos componentes que lhe deram origem.

Essa fusão perfeita de todos os ingredientes se verifica com a maturação, depois da qual o vermute se tornará equilibrado, redondo e agradável, com aroma e gosto característicos do tipo específico.

De forma geral um Rosso será mais herbáceo, um Rosato mais floral, um Bianco mais *vanilado* e um Dry mais áspero.

O processo de maturação dura de três a quatro semanas, dependendo do produto, normalmente em temperatura ambiente enquanto se processam as fases de clarificação, decantação e filtração. Nessa fase e nas seguintes, é muito importante evitar ao máximo as oxidações, se possível, pelo uso de recipientes de aço inoxidável.

11.5.2 Refrigeração

Esta operação é de extrema importância porque consiste em estabilizar o produto contra os fenômenos induzidos pela baixa temperatura e pelo tempo.

É lógico que o vinho, sobretudo se jovem, e especialmente durante o inverno, tende a formar um depósito branco cristalino no fundo da garrafa. Tal depósito é constituído de bitartaratos de potássio, um sal que se forma da união do ácido tartárico com o potássio; esse ácido orgânico e esse elemento são constituintes naturais e típicos da uva e do vinho.

Com o tempo e por efeito de vários fatores, que incluem principalmente a baixa temperatura e a graduação alcoólica elevada, o ácido tartárico tende a insolubilizar-se, e vir a reagir com alguns elementos presentes no vinho para formar os depósitos cristalinos. Uma vez que para preparar o vermute, a graduação alcoólica é aumentada com o acréscimo de álcool, pode ocorrer durante a conservação do produto em ambiente frio (no refrigerador do bar ou de casa), a formação de um depósito cristalino devido à precipitação do bitartarato de potássio (com o frio o tartarato de potássio se transforma em bitartarato de potássio que precipita). Para evitar que isso ocorra, a precipitação deve ser induzida e acelerada durante a fase de fabricação, mantendo o vermute por cinco a seis dias em temperaturas muito baixas (–8 °C), em adequados tanques termoisolados. Em seguida, vem o tratamento físico, que elimina o excesso dos sais instáveis, e o vermute torna-se estável ao tempo.

11.5.3 Filtração a frio e filtração final

Depois da fase de refrigeração, o vermute será filtrado a frio para reter os cristais tartáricos e eliminar eventuais precipitados formados ou depositados durante o descanso à baixa temperatura. Geralmente, são usados filtros de placas com o auxílio de pequenas doses de terras diatomáceas de baixa granulometria para assegurar toda a retenção dos cristais.

Após análises de certificação e apurada degustação, o produto sofrerá, então, uma filtração adicional de polimento (abrilhantamento), com placas filtrantes de baixa porosidade (1 µm). Pode haver a necessidade de alguma pequena correção e, nesse caso, ela será feita antes da filtração final que já encaminha o produto aos tanques de espera para engarrafamento.

11.5.4 Análise e controle de idoneidade

Ao final desse longo percurso produtivo, depois de ter seguido pontualmente cada fase que vai do nascimento à evolução do vermute, depois de ter verificado constantemente a relação dos modelos de qualidade desejados e dos requisitos requeridos pela lei, das análises e degustações buscando e confirmando a harmonia e a tipicidade de suas características, o vermute estará pronto para ser engarrafado.

11.5.5 Engarrafamento

A norma legal estabelecida pelo Ministério da Agricultura define que as áreas de engarrafamento para a indústria de vinhos e derivados deve ter uma área mínima de 25 m² e pé direito mínimo de 4 m; paredes com revestimento de azulejos ou outro material impermeável até a altura mínima de 2 m, e daí para cima, pintadas com tinta a óleo ou outra apropriada, que resista à limpeza.

Evidentemente que, em se tratando de produto alimentício, todas as normas das Boas Práticas de Fabricação e de Análise de Perigos e Pontos Críticos de Controle podem e devem ser aplicadas para assegurar a sanidade e a segurança do produto para o consumidor.

O vermute, como vinho composto, sofre dos mesmos riscos dos vinhos normais relativos a contaminações e oxidações. Apesar de conter uma concentração alcoólica de 16% ou superior (acima dos 15% críticos para os controles microbiológicos), o vermute pode sofrer com ataques de fungos e bactérias e é obrigação do produtor assegurar que todos os processos, em especial o engarrafamento, considerem a obrigatoriedade de uma sanitização efetiva e permanente. É recomendável sempre o uso de vasilhames novos, e, no caso de reutilização de garrafas, os cuidados devem ser redobrados.

Para evitar os problemas de aeração exagerada e a consequente oxidação do produto, recomenda-se que a transferência do produto dos tanques até as máquinas de enchimento seja feita por gravidade, sem o uso de bombas, e protegido do oxigênio. Equipamentos alternativos de bombeamento podem ser utilizados sempre que evitarem a incorporação de oxigênio ao líquido, o que aceleraria os processos de oxidação e envelhecimento do vermute engarrafado.

11.5.6 Fluxograma do processo

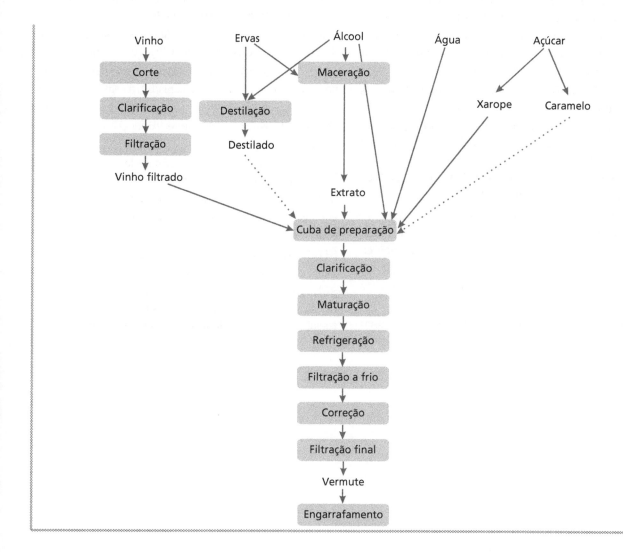

11.6 GUARDA E CONSERVAÇÃO

Para uma melhor conservação do vermute, devemos sempre evitar temperaturas elevadas e/ou sua variação constante, e a sua exposição direta à luz. Essas duas variáveis sozinhas ou somadas reduzem em muito a vida útil do produto, já que aceleram a oxidação dos compostos aromáticos e posteriormente da cor do vermute.

Em geral, se mantidas as boas condições de conservação, um vermute pode ser consumido até os três anos posteriores à sua produção, sempre que o nível de qualidade das matérias-primas e todas as fases do processo tenham sido respeitados. Além desse tempo, a bebida perderá progressivamente seu frescor e sua riqueza aromática característica.

Dificilmente um vermute poderá trazer danos à saúde, mesmo depois de vários anos de guarda. Sua evolução é muito parecida a dos vinhos em geral, com alterações na cor, aroma e sabor, que o torna menos atraente ao consumo, mas nunca perigoso para a vida.

BIBLIOGRAFIA

ALLEMANDI, U. Il museo martini di storia dell'enologia. Torino: Libro Co. Italia SRL, 1992. 269p.

BRASIL. Portaria n. 879, de 28 de novembro de 1975. Aprova as "Normas para Instalações e Equipamentos Mínimos para Estabelecimentos de Bebidas e Vinagres". **Diário Oficial da União**, Brasília, DF, 22 dez. 1975. Disponível em: <http://extranet.agricultura.gov.br/sislegis-consulta/consultarLegislacao.do?operacao=visualizar&id=8935>. Acesso em: 06 fev. 2008.

BRASIL. Lei n. 10.970, de 12 de novembro de 2004. Altera dispositivos da Lei n. 7.678, de 8 de novembro de 1988, que dispõe sobre a produção, circulação e comercialização do vinho e derivados da uva e do vinho, e dá outras providências. **Diário Oficial da União**, Brasília, DF, 16 nov. 2004. Disponível em: <http://extranet.agricultura.gov.br/sislegis-consulta/consultarLegislacao.do?operacao=visualizar&id=10011>. Acesso em: 19 fev. 2008.

BRASIL. Lei n. 7.678, de oito de novembro de 1988. Dispõe sobre a produção, circulação e comercialização do vinho e derivados da uva e do vinho, e dá outras providências. **Diário Oficial da União**, Brasília, DF, 8 nov. 1988. Disponível em: <http://extranet.agricultura.gov.br/sislegis-consulta/consultarLegislacao.do?operacao=visualizar&id=189>. Acesso em: 19 fev. 2008.

CAINELLI, J. C. Goma arábica: um protetor natural dos vinhos. Bento Gonçalves: Associação Brasileira de Enologia. Disponível em: <http://www.enologia.org.br/conteudo.asp?id_artigo=338&id_categoria=5&sTipo=artigo&sSecao=artigos&sSubSecao=&bSubMenu=1&sParamMenu=>. Acesso em: 06 fev. 2008.

DE ROSA, T. **Tecnologia dei vini liquorosi e da dessert.** Brescia: AEB, 1987. 202p.

DIAS, T. Bebidas livres de impurezas. Disponível em: <http://www.meiofiltrante.com.br/materias.asp?action=detalhe&id=282>. Acesso em: 06 fev. 2008.

FENAROLI, G.; BURDOCK, G. **Manual fenaroli de ingredientes do sabor.** Boca Raton: CRC, 1995. 990p.

HERNANDES, P. Você sabia? Disponível em: <http://www.paulohernandes.pro.br/vocesabia/001/vcsabia060.html>. Acesso em: 06 fev. 2008.

LIDDLE, P.; BOERO, L. **Vermute.** Torino: Elsevier Science, 2002. 1247p.

MARTINI, È.; ROSSI, S. P. A. **Il vermute**: le origini e il piacere di gustarlo. Torino: Ezio Bovone & Associate, 1996. 79p.

RIBÉREAU-GAYON, J. et al. **Trattato di scienza e tecnica enologica**: chiarificazione e stabilizzazione del vino. Brescia: AEB, 1988. 439p.

STEINMETZ, E. F. **Codex vegetabilis.** Nördlingen: Haarmann & Reimer, 1999. 136p.

SUBSTANCES aromatisantes et sources naturelles de matières aromatisantes: accord partiel dans le domaine social et la santé publique. Strasbourg: Maisonneuve S.A., 1981. 376p.

12

VINHO ESPUMANTE

VITOR MANFROI

12.1 INTRODUÇÃO

No âmbito da vasta gama de produtos que a indústria enológica dispõe hoje aos consumidores, esse tipo de vinho particular, o espumante, se destaca dos demais pelas suas características peculiares, tendo uma vida própria, praticamente independente das vicissitudes econômicas do restante da produção vitivinícola. Do mesmo modo, a diversidade de espumantes, seja pelas diferentes matérias-primas ou processos de elaboração, bem como dos diferentes parâmetros físico-químicos e sensoriais que podem aparecer nos produtos, fazem com que o consumidor tenha uma grande gama de possibilidades, e possa escolher o espumante que mais lhe agrade.

O que diferencia esse produto vinícola é precisamente a formação da espuma, tradicionalmente chamada de *perlage*, quando se serve na taça. As pequenas borbulhas responsáveis pelo *perlage* são formadas por dióxido de carbono (CO_2), cujo tamanho e persistência de desprendimento é função de uma série de parâmetros tecnológicos e analíticos.

O espumante brasileiro, como produto de qualidade superior, já vem sendo elaborado há alguns anos e tem alcançando prestígio internacional. Por outro lado, o consumidor brasileiro tem por hábito consumir esse produto em momentos característicos, como festas e comemorações, ainda que, aos poucos, esse conceito venha se alterando. Dessa maneira, o consumo e a produção, ainda que restritos – já que ainda o brasileiro não descobriu por inteiro o espumante como acompanhante da refeição ou uma bebida para todos os dias –, vem crescendo, como demonstrado na Tabela 12.1.

Tabela 12.1 Comercialização de espumantes naturais brasileiros, período 2000-2007 (expresso em L).

Tipo	2000	2001	2002	2003	2004	2005	2006	2007
Espumante clássico	4.137.264	4.019.853	3.742.169	4.775.891	4.812.109	5.705.224	6.407.878	6.883.686
Moscatel	193.445	474.162	525.998	594.044	673.332	1.071.448	1.320.284	1.582.512
Total	4.330.709	4.494.015	4.268.167	5.369.935	5.485.441	6.776.672	7.728.162	8.466.198
Participação Moscatel (%)	4,68	11,80	14,06	12,44	13,99	18,78	20,60	22,99

Fonte: Adaptada de Lona (2008).

12.1.1 Legislação brasileira

A Legislação Brasileira, segundo a Lei n. 7.678 (1988) modificada pela Lei n. 10.970 (2004), traz as seguintes definições para os espumantes:

Art. 11. Champanha (Champanhe), Espumante ou Espumante Natural é o vinho cujo anidrido carbônico provém exclusivamente de uma segunda fermentação alcoólica do vinho em garrafas (método Champenoise/tradicional) ou em grandes recipientes (método Charmat), com uma pressão mínima de 4 (quatro) atmosferas a 20 °C (vinte graus Celsius) e com teor alcoólico de 10% (dez por cento) a 13% (treze por cento) em volume. (Alterado pela Lei n. 10.970).

Art. 12. Vinho moscato espumante ou Moscatel Espumante é o vinho cujo anidrido carbônico provém da fermentação em recipiente fechado, de mosto ou de mosto conservado de uva moscatel, com uma pressão mínima de 4 (quatro) atmosferas a 20 °C (vinte graus Celsius), e com um teor alcoólico de 7% (sete por cento) a 10% (dez por cento) em volume, e no mínimo 20 (vinte) gramas de açúcar remanescente. (Alterado pela Lei n. 10.970).

Art. 13. Vinho Gaseificado é o vinho resultante da introdução de anidrido carbônico puro, por qualquer processo, devendo apresentar um teor alcoólico de 7% (sete por cento) a 14% (catorze por cento) em volume, e uma pressão mínima de 2,1 (dois inteiros e um décimo) a 3,9 (três inteiros e nove décimos) atmosferas a 20 °C (vinte graus Celsius). (Alterado pela Lei n. 10.970).

§ 1° Vinho Frisante é o vinho com teor alcoólico de 7% (sete por cento) a 14% (catorze por cento) em volume, e uma pressão mínima de 1,1 (um inteiro e um décimo) a 2,0 (dois inteiros) atmosferas a 20 °C (vinte graus Celsius), natural ou gaseificado. (Alterado pela Lei n. 10.970).

Além desses produtos, ainda cabe citar o filtrado doce, que possui graduação alcoólica de até 5%, proveniente de mosto de uva, parcialmente fermentado ou não, podendo ser adicionado de vinho de mesa e, opcionalmente, ser gaseificado até três atmosferas, e o *Cooler* que pode ser adicionado de outros sucos, além do de uva.

Quanto ao açúcar, os vinhos espumantes são assim tipificados:

◆ Extra-Brut (ou Nature): até 6 g/L; – Brut: 6,1 a 15 g/L; – Seco: 15,1 a 20 g/L; – Demi-sec: 20,1 a 60 g/L – Doce: mais de 60 g/L.

12.2 ELABORAÇÃO DO VINHO BASE

Em nosso meio, as cultivares brancas mais utilizadas para os espumantes são a Chardonnay e a Riesling Itálico, em menor grau a Trebbiano e outras; enquanto as cultivares tintas, que são vinificadas em branco, as mais usadas são a Pinot Noir e também a Cabernet Franc. No caso da Moscatel até pela definição do produto, são utilizadas as cultivares desse grupo, que possuem a característica de serem aromáticas.

O vinho que será utilizado para efetuar a segunda fermentação (também chamada de tomada de espuma ou espumantização), nos métodos *Champenoise* e *Charmat*, é denominado de vinho base. A metodologia básica para a sua elaboração segue os preceitos já apresentados no capítulo do "vinho branco".

As diferenças mais importantes estão relacionadas: ao uso moderado dos clarificantes, que de alguma forma podem influenciar a qualidade da espuma; à temperatura de fermentação, que pode, dependendo do produto, ser um pouco mais elevada, a fim de obter vinhos um pouco mais maduros; à fermentação malolática, que deve ser efetuada ao menos em parte dos vinhos que irão participar do corte final do vinho base; à utilização de vinhos brancos elaborados a partir de uvas tintas, para aumentar a estrutura do vinho e sua complexidade aromática.

Em geral, os vinhos têm uma graduação alcoólica não muito elevada (10,0 a 11,5%), e com um teor de acidez que permita a obtenção de espumantes com um frescor adequado (80 a 90,0 meq/L de acidez titulável e pH ao redor de 3,2). Além disso, são parâmetros importantes, o baixo teor de açúcares residuais (menos do 2,0 g/L), a baixa acidez volátil (inferior a 10,0 meq/L) e o baixo teor de dióxido de enxofre (inferior a 50,0 mg/L). O corte (*assemblage*) dos diferentes tipos de produtos são, em geral, realizados com a utilização de vinhos maduros e vinhos jovens.

12.3 PROCESSOS DE ELABORAÇÃO

Os três principais métodos de elaboração de espumantes serão apresentados a seguir, de forma esquemática, e com textos explicativos em cada um deles, enfatizando as principais operações.

12.3.1 Processo Charmat

O fluxograma básico para elaboração de espumantes por esse método é mostrado a seguir (Figura 12.1).

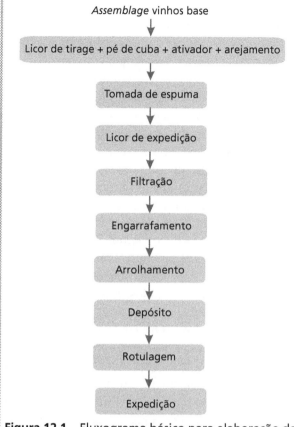

Figura 12.1 Fluxograma básico para elaboração de espumantes pelo método Charmat.

Esse método de elaboração utiliza tanques de pressão (ainda chamados por muitos de autoclaves) que possuem tamanho variável, normalmente de 10.000 a 50.000 L. Esses tanques são construídos em aço inoxidável, de forma especial para suportar uma pressão nominal de 20 atm, bem superior à pressão do produto final, e são munidos de cintas para controle de temperatura, ou possuem camisa dupla para esse mesmo fim. São munidos, ainda, de um agitador, para facilitar a mistura das matérias-primas componentes do espumante, e de um manômetro, para monitorar o aumento da pressão, consequência de uma adequada refermentação (Figura 12.2).

O *assemblage* (corte) dos vinhos base pode ser realizado com vinhos provenientes de diferentes cultivares e safras. Em vindimas excepcionais, o espumante pode ser safrado, dando origem ao *millésime*, ou ainda apresentarem-se 100% varietais, características que denotam a opção filosófica ou mercadológica de cada empresa elaboradora. Em geral, quando se desejam espumantes mais maduros, em especial no método tradicional, é comum utilizar-se de vinhos com maior idade. Da mesma maneira, pode-se optar por utilizar parte do corte com vinhos que tenham sofrido a fermentação malolática, como instrumento de certa diferenciação sensorial do produto final.

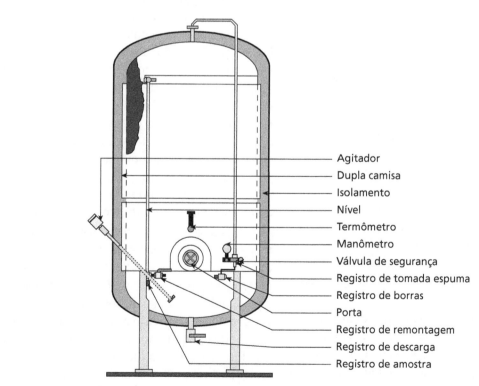

Figura 12.2 Tanque de pressão, com suas partes principais.

Fonte: De Rosa (1987).

A quantidade de açúcar responsável pela segunda fermentação, adicionada antes desta se iniciar, é chamada de **licor de *tirage***, que não possui tradução para o português, assim como outros termos utilizados no texto. O açúcar é adicionado nesta fase para permitir a formação do CO_2, responsável pela pressão e espuma formada. Se considera que para formar 1,0 atmosfera de pressão são necessários 4,0 g/L de açúcar, na forma de sacarose, que é o açúcar utilizado normalmente. Assim, para uma pressão de 6 atm, que geralmente é a pressão que se busca para o espumante, seriam necessárias 24,0 g/L de sacarose, que geraria ao redor de 1,4% de álcool, aumento este na graduação alcoólica que deve-se levar em conta no perfil do produto final, como já referido quando mencionadas as características do vinho base. O licor de *tirage* é preparado, normalmente, utilizando uma solução de 50,0% de açúcar (em peso), diluído no próprio vinho a ser espumantizado.

As leveduras que são utilizadas na formação do **pé de cuba** são das linhagens *Saccharomyces cervisiae* e *Saccharomyces bayanus*, ou mesmo, têm-se usado preparados comerciais dessas duas linhagens. Essas leveduras possuem boa capacidade de fermentação em teor alcoólico mais elevado, com pressão elevada e temperaturas relativamente baixas. Além disso, devem conferir, ao final da fermentação, boas características aromáticas e facilitar a retirada do depósito formado, normalmente pelo poder floculante que essas linhagens possuem, o que faz com que se formem como pequenos flocos ao final do processo.

O pé de cuba nada mais é do que a utilização das leveduras num pré-inócuo, que contemple toda sua dose a ser utilizada no volume total do vinho. Normalmente, esse pé de cuba é preparado em 10,0% do volume total a ser elaborado. O pé de cuba é preparado com leveduras liofilizadas, numa dose de 10 a 30 g/hL, que é hidratada previamente em água a temperatura de 35 a 38 °C. Cuidados devem ser dedicados para que essa preparação se dê em condições de máxima assepsia, a fim de não haver contaminação desse inócuo.

Para uma adequada tomada de espuma, nesse momento, ou logo após, também deve-se aplicar um **ativador de fermentação**, hoje comercializado na forma de um composto, constituído basicamente de uma fonte de nitrogênio amoniacal, forma preferencial de uso pelas leveduras, que normalmente é fosfato de amônia, mais um "pool" de vitaminas, em especial, vitaminas do complexo B (como a tiamina), e algum clarificante de rápida complexação. Também se recomenda um leve **arejamento** nessa massa, que servirá para homogeneizá-la, além de favorecer o crescimento das leveduras.

Feita a mistura das matérias-primas, se inicia o **processo fermentativo**, ou a tomada de espuma, durante o qual um dos pontos cruciais é o controle da temperatura, realizada em todo o ambiente, e, preferencialmente, no tanque de pressão. As temperaturas cobrem um intervalo, relativamente amplo, que vai de 10 a 18 °C. As temperaturas mais baixas (10 a 14 °C) geram espumantes com aromas mais frutados e *perlage* (espuma) com borbulhas mais finas, enquanto temperaturas maiores levam à formação de aromas mais evoluídos. A tomada de espuma leva de 20 a 30 dias, período durante o qual deve-se monitorar o processo, com o controle da temperatura e pressão, bem como a retirada de amostras para controle da população de leveduras, além de análise sensorial, a fim de verificar a qualidade do produto.

Ao final desse tempo, o espumante estaria praticamente pronto para ser encaminhado às operações finais. Entretanto, algumas empresas, nos últimos anos, têm optado por prolongar a estadia das leveduras junto ao líquido refermentado, numa variante do processo, chamada de *Charmat Longo*. A ideia básica é fazer que ocorra uma lise mais intensa das células, proporcionando um aumento da complexidade sensorial do espumante, buscando um perfil mais próximo do método tradicional, bem como uma maior estabilidade da espuma. Esse tempo pode variar, no nosso meio, de dois a dez meses (o sistema original apregoava de oito a 24 meses), função do perfil sensorial buscado, bem como da capacidade de estocagem da empresa, visto a necessidade de um número maior de tanques de pressão, pelo aumento do tempo de permanência do produto em refermentação.

Desde o momento da tomada de espuma até o fechamento final, incluindo a colocação do licor de expedição, há a necessidade de se evitar a perda de pressão adquirida durante a refermentação, e evitar que o líquido espume, ou seja ocorra perdas de CO_2. Para tanto, é necessário manter um ciclo isobarométrico, ou seja, por toda a linha, incluindo mangueiras, filtros e tanques, deve-se manter igual pressão em relação àquela atingida nos tanques de refermentação. Isso é conseguido, via de regra, com a injeção em linha de uma mistura de nitrogênio e CO_2, cuja solubilização pode ser auxiliada pela manutenção de uma temperatura do líquido próxima de zero.

O **licor de expedição** é adicionado ao produto refermentado, normalmente, antes da filtração. Esse licor determina as diferentes categorias de espumante em relação ao teor de açúcar apresentado anteriormente (*brut, demi-sec* etc.), e pode servir para ampliar alguma característica sensorial. É composto basicamente de sacarose e vinho base, ao qual pode-se adicionar SO_2, ácido tartárico, ou mesmo algum outro produto vínico, como destilado de vinho ou *brandy*. Um pouco diferente do licor de *tirage*, o licor de expedição é preparado com uma solução de 75,0% de açúcar (em peso).

Após a adição do licor de expedição, o espumante passa por uma **filtração**, mantendo a isobarometria, em uma filtração mais grosseira, utilizando placas de celulose. Essa primeira filtração pode ser repetida, utilizando-se uma placa de porosidade menor, ou mesmo utilizando cartuchos de membrana, que promovem uma filtração mais efetiva, podendo chegar a 0,45 μm de porosidade nominal, o que permite uma maior estabilidade microbiológica ao produto engarrafado. Após a filtração, o espumante é depositado em tanque pulmão, onde permanece até o engarrafamento, ou mesmo encaminhado diretamente à linha de produção.

O **engarrafamento**, da mesma maneira que as demais operações pós-refermentação, é realizado em ciclo fechado, mantendo a isobarometria e uma temperatura próxima a 0 °C, para evitar a perda de CO_2 e espuma. As enchedoras isobarométricas são fabricadas por meio de diferentes conceitos, mas o mais utilizado é aquele em que, em uma câmara apropriada permanece uma mistura de gases, que é injetada na garrafa, na mesma pressão que o espumante, e somente depois é colocado o líquido, que expulsa a mistura novamente para a câmara.

As garrafas utilizadas para os espumantes são chamadas champanheiras, e possuem algumas características específicas, a começar pela própria constituição, que deve suportar de cinco a seis vezes a pressão do espumante, diferentemente de outros formatos básicos (como a bordalesa, renana ou borguinhona). Além desses básicos, existem as garrafas fantasias, que não obedecem a padrões e que podem adquirir formatos dos mais variados. O formato padrão é cilíndrico, tendo o gargalo uma embocadura característica que permite prender a gaiolinha, e, ainda, a colocação de tampinha do tipo corona, no método tradicional (Figura 12.3).

A garrafa champanheira possui as seguintes dimensões médias: altura, 290 a 305 mm; diâmetro na "barriga", 80 a 90 mm; peso, 700 a 930 g; espessura, 3 a 4 mm; diâmetro interno do bico, ao redor de 18 mm. Quanto à cor, a mais empregada é o verde (com seus variantes de tons) podendo ir de âmbar a transparente. Quanto ao volume, as garrafas usadas para espumantes obedecem a quatro tipos básicos: miniatura, em torno de 180 mL; meia garrafa, 375 mL; garrafa, 720 mL a 750 mL; magnum, 1.500 mL. Para espumantes naturais, existem outras graduações de volume, que podem chegar até o tipo chamado *primato* (26.250 mL), passando por tipos como Mathusalem (6.000 mL), Nabucodonosor (15.000 mL) e outras.

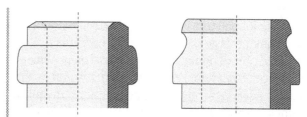

Figura 12.3 Embocadura da garrafa tipo champanheira: a direita, para o método tradicional.

Fonte: De Rosa (1987).

Após o enchimento das garrafas, é feita a colocação da **rolha** e da **gaiolinha**. A rolha utilizada para os espumantes superiores é de cortiça, retirada de um tipo de carvalho (*Quercus suber*), encontrado em maior quantidade na Península Ibérica, ainda que existam as confeccionadas em plástico, para produtos atuais (Figura 12.4 e 12.5). A cortiça possui várias características, inerentes ao próprio material, que são bastante interessantes, como a boa impermeabilidade, grande elasticidade e resistência ao desgaste. No entanto, sendo um material natural, e até pelas próprias características, pode vir a causar problemas, como vazamentos, e transmitir o temível sabor de rolha.

Para espumantes, a confecção da rolha é diferenciada, apresentando de dois a três discos de cortiça natural, que ficam em contato com o líquido, e uma porção com cortiça aglomerada, para resistir às altas pressões; o diâmetro varia de 28 a 31 mm e o comprimento de 48 a 55 mm, ou seja, bem maior do que as medidas da garrafa, principalmente em relação ao diâmetro interno do bico (18 mm). A colocação da rolha é realizada por máquinas arrolhadoras, manuais ou automáticas, que exercem uma relativa pressão a fim de permitir essa grande diminuição do diâmetro das rolhas.

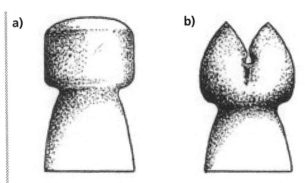

Figura 12.4 Rolha de cortiça que utilizou o "chapéu" na gaiolinha (a) e que não utilizou (b).

Fonte: De Rosa (1987).

A gaiolinha tem um papel de extrema importância, já que protege o espumante do eventual estouro da rolha, prendendo-se a esta na parte que permanece externa à garrafa. Em geral, é constituída de arame galvanizado, formada por um conjunto de quatro arames entrelaçados, formando dois anéis maiores, o superior apoiado sobre uma chapinha de metal ("chapéu"), e o inferior formando um terceiro anel de menor dimensão, que é "parafusado" abaixo da saliência inferior do gargalo, servindo de ponto de "escora" do sistema (Figura 12.5). As gaiolas também podem ser aplicadas às garrafas por equipamentos manuais ou automáticos.

Após arrolhamento, as garrafas são colocadas em contêiner, ou mesmo depositadas em pilhas, para que a sua temperatura atinja a condição ambiente e assim possam ser **rotuladas**, visto que, se essa operação fosse realizada de imediato não teria sucesso, pela condensação de água na garrafa, que impediria a colocação do rótulo, ou ainda traria prejuízos estéticos a este. A rotulagem, assim, é realizada de 10 a 15 dias após o enchimento, bem como a colocação da cápsula, que é utilizada para a proteção da boca da garrafa e da rolha. No entanto, cumpre mais o papel estético do que propriamente o de proteção efetiva, já que o seu material não resiste a choques mais fortes. Atualmente, vem sendo utilizada, na maioria dos espumantes, a cápsula de alupoli, um material formado da combinação de plástico e alumínio, com apresentação idêntica ao chumbo.

Após a rotulagem, antes da expedição, se deveria ainda manter controles ao redor de 30 dias, em função de eventuais quebras de garrafas nesse período, além de realizar amostragens para aferir a pressão, utilizando-se um afrômetro, aparelho manual usado para essa finalidade (Figura 12.6).

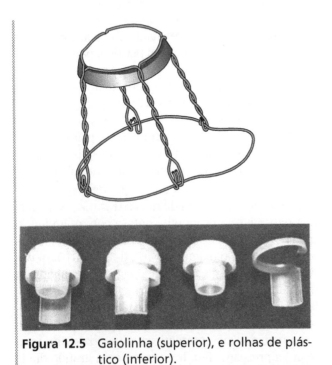

Figura 12.5 Gaiolinha (superior), e rolhas de plástico (inferior).

Fonte: De Rosa (1987).

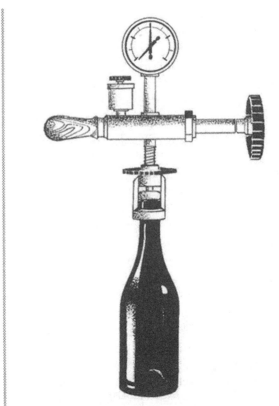

Figura 12.6 Afrômetro.

Fonte: De Rosa (1987).

12.3.2 Processo *Champenoise*

O método *Champenoise*, também conhecido como método tradicional, é o único permitido na região de Champagne, e se diferencia do anterior, pois todas as operações, a partir do vinho base, se dão na garrafa champanheira. Os tanques de pressão podem ser utilizados para fazer a mistura inicial das matérias-primas, já que munido de agitador, ele permite uma melhor homogeneização. A Figura 12.7 mostra o fluxograma de elaboração do espumante por esse método.

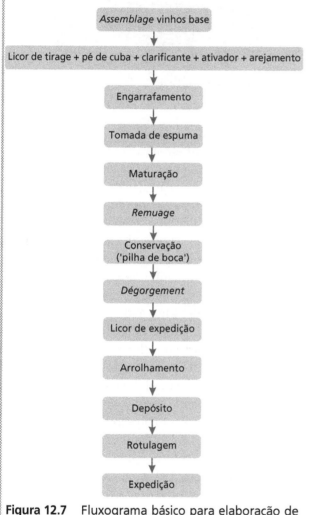

Figura 12.7 Fluxograma básico para elaboração de espumantes pelo Método *Champenoise*.

O *assemblage* dos vinhos base segue os mesmos preceitos preconizados no método anterior, enfatizando que no método tradicional, normalmente, entram no corte vinhos mais maduros, com um perfil sensorial mais evoluído. O licor de *tirage*, também possui as mesmas características que para o método anterior.

Já para a **levedura** se utilizam as mesmas cepas, mas com linhagens que possuem de maneira mais acentuada a característica de floculação, formando flocos que sedimentam e facilitam sua retirada. Para esse método, essa condição é fundamental, visto que, não se fazem filtrações posteriores, e toda a massa de células deve ser retirada na própria garrafa. Para facilitar a retirada desse depósito já existem no mercado duas possibilidades a mais, além do emprego de clarificantes, que são o uso de esferas de alginato, que possuem no seu interior as leveduras, que fermentam os açúcares, sem migrar para o interior do líquido; assim, ao finalizar o processo fermentativo, essas esferas são retiradas da garrafa e o espumante já fica límpido. A outra possibilidade é o emprego de cartuchos de membrana com células no seu interior, semelhantes aos empregados para filtração normal, que com a porosidade de 0,45 μm, impedem a passagem da levedura ao líquido, possibilitando a refermentação sem turvar o produto final.

Utilizando leveduras livres, há a necessidade de utilização de um **clarificante**, normalmente bentonita, para auxiliar na clarificação posterior, tendo-se o cuidado de utilizar doses que não comprometam a espuma, ao redor de 5 g/hL. O ativador de fermentação e o arejamento são aplicados da mesma maneira que para o método anterior.

Para iniciar o processo fermentativo, **a tomada de espuma**, a mistura das matérias-primas é feita em tanque que permita sua homogeneização. Após, essa mistura é engarrafada diretamente na garrafa champanheira, e é colocada uma tampinha metálica, tipo corona, e, opcionalmente, no interno do gargalo, um "opérculo" de polietileno, também conhecido como "bidule". A tampinha corona, além de mais barata que a rolha (que ainda necessitaria a gaiolinha), permite uma boa vedação e é de fácil retirada, e o opérculo, facilita a remoção dos depósitos. As garrafas, assim preenchidas e vedadas, são colocadas em salas ou caves que permitam o controle da temperatura, dispostas horizontalmente, formando pilhas, ou mesmo em *contêineres*, dependendo da estrutura da empresa. O tempo para que ocorra esse processo varia de um a três meses, dependendo, principalmente, da temperatura de refermentação e da cepa de levedura utilizada. Para controlar a refermentação, também se recomenda a utilização de um afrômetro colocado em uma das garrafas do lote a ser elaborado.

As garrafas são conservadas no mesmo local, mesmo depois da segunda fermentação, para sofrer a **maturação**, por um período próximo a 1 ano (tempo total desde a mistura até o fechamento final), quando ocorrerá então a autólise das leveduras. A autólise libera determinados componentes (em especial aminoácidos) que auxiliam na evolução do sabor e do aroma do espumante, em boa parte atribuído às transformações físico-químicas que ocorrem nesse período. O tempo de permanência, como já referido, não deveria ser inferior a um ano, e pode chegar a 2-3 anos, de acordo com o perfil sensorial que se deseje para o produto.

Após completado o tempo de maturação, deve-se proceder a retirada das borras, depósito que se forma pela própria multiplicação das leveduras, juntamente com o clarificante utilizado. Esse depósito deve ser conduzido lentamente para o bico da garrafa para ser retirado. Essa operação, tradicionalmente, é realizada em *pupitres* por meio da *remuage*. Os *pupitres* são estrados de madeira, dispostos em V invertido, com linhas perfuradas, que permitem a colocação do bico de uma garrafa por furo. As garrafas são colocadas inicialmente em uma posição quase horizontal, e, diariamente, são movimentadas com pequenos golpes e giros, ao mesmo tempo em que se vão inclinando as garrafas, até atingirem um ângulo ao redor de 20°, em uma posição quase vertical. O tempo dessa operação é variável, mas geralmente o *remuage* dura ao redor de 15 dias. Quando a operação é feita de maneira muito rápida, as partículas mais grossas tendem a descer também muito rápido, dificultando o arraste das partículas mais finas.

Em empresas vinícolas de maior porte, para facilitar essa operação, vem sendo utilizados os *giro pallets*, um sistema pneumático que, em vez de girar garrafa por garrafa, como faz um operador manual, permite que a *remuage* seja feita em um *contêiner*, que tem capacidade para centenas de garrafas, número variável, dependendo do modelo utilizado (Figura 12.8). O tempo para operação nesse sistema automatizado pode chegar até um mínimo de cinco dias.

Feita a *remuage*, as garrafas podem ser estocadas nos próprios *pupitres*, esperando a próxima operação, quando o número de *pupitres* assim o permitir. As garrafas podem ainda ser estocadas em "pilha de boca", com o bico voltado para baixo, em *pallets*, caixas de plástico ou caixas de madeira de maior porte, o que facilita a colocação posterior na câmara fria, e assim permanecer por tempo variável.

Figura 12.8 *Giro pallets.*

Fonte: De Rosa (1987).

O *dégorgement* é realizado para separar a borra que foi depositada no bico da garrafa, após o processo da *remuage*. As garrafas de "boca" para baixo são colocadas em uma câmara fria para atingir uma temperatura próxima de 0 °C (assim como o espumante no processo *Charmat* antes do engarrafamento) para evitar perda acentuada de CO_2. Depois, são enviadas para o banho de congelamento, também chamado de "champagel", equipamento que possui no seu interior uma solução hidroalcoólica ao redor de –30 °C, e nele a garrafa é depositada com o bico para baixo, para congelar apenas essa parte do líquido (Figura 12.9). A seguir, retira-se a garrafa do aparelho, e, com o bico voltado para cima, se procede a retirada da tampa corona, que ao ser retirada, faz com que, pela pressão do espumante, o pequeno bloco congelado, onde está a borra, seja expulso. O *dégorgement*, por melhor que seja realizado, ocasiona certa perda de CO_2, que pode se estimar ao redor de 0,2 a 0,5 atm.

Após a retirada do bloco de gelo, adiciona-se o **licor de expedição**, ou mesmo o próprio espumante (quando se tratar de *nature* ou *extra-brut*), e nivela-se o volume da garrafa, utilizando um nivelador, que aspira o excesso de líquido do bico.

Ao final, mantém-se o mesmo fluxograma do processo *Charmat*: coloca-se a rolha e a gaiolinha, deixa-se em depósito para equalização da temperatura, e depois procede-se a rotulagem definitiva e a expedição.

Figura 12.9 Banho de congelamento ou "champagel".

Fonte: De Rosa (1987).

12.3.3 Processo moscatel espumante

Este processo gera um produto muito semelhante ao espumante tipo *Asti*, elaborado na região do Piemonte, na Itália. Por algum tempo, no Brasil, em particular nas décadas de 1970 a 2000, se utilizou o termo *Asti*, e depois Moscatel Espumante, processo *Asti*, e, atualmente, cunhou-se entre as empresas e consumidores, o termo isolado Moscatel Espumante. Na verdade, o processo *Asti*, que se utilizava, era o *Sistema Mensio*, reconhecido internacionalmente como o sistema mais tradicional para elaborar espumantes com esse perfil sensorial, associado a um grande potencial aromático, pela utilização exclusiva de uvas do grupo moscatéis, média graduação alcoólica (7,0 a 10,0%) e adocicados (acima de 60,0 g/L de açúcar).

O Sistema Mensio (Figura 12.10) baseava a produção desse tipo de espumante no empobrecimento dos teores de nitrogênio assimilável do mosto pelas leveduras, por sua multiplicação progressiva, que ao final, pela falta desse componente, tinham sua atividade praticamente cessada, promovendo uma estabilidade microbiológica do produto. Entretanto, havia perdas de componentes aromáticos, exatamente por essa multiplicação, e as sucessivas operações, o que promoveu uma adaptação menos agressiva a esses componentes.

Atualmente, no Brasil, é comum, quando a estrutura da vinícola permite, obter o mosto base, fermentá-lo até uma graduação alcoólica próxima de 6,5%, e assim conservá-lo a baixas temperaturas, em tanques climatizados, até que se proceda a tomada de espuma.

É interessante enfatizar que nesse espumante não ocorre uma segunda fermentação, mas sim, uma parte da fermentação acontece com o tanque aberto, e o restante em tanque de pressão fechado, como os utilizados no processo *Charmat* (Figura 12.3), para obtenção de uma pressão próxima de 6 atm. Antes do engarrafamento, se procede a filtração do tipo esterilizante, com filtros de membrana com porosidade de 0,45 µm e higienização perfeita de utensílios e equipamentos, além de, em alguns casos, o uso de antifermentativo, em geral, ácido sórbico e seus sais.

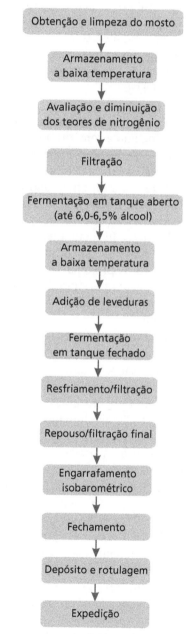

Figura 12.10 Fluxograma básico para elaboração de Moscatel Espumante tradicional pelo Sistema Mensio.

A **obtenção do mosto base** é realizada podendo utilizar uvas não desengaçadas, desde que estejam com boa maturação e em bom estado sanitário. Deve-se dar preferência a prensas descontínuas pneumáticas, que possibilitam a extração do mosto a baixas pressões (0,5 atm), permitindo a obtenção de mostos mais límpidos, menos carregados, e com limpeza aromática. Pode-se utilizar enzimas pectolíticas para ampliar a extração de compostos aromáticos, e facilitar a extração do suco, desde que não comprometam sua qualidade olfativa.

Finda a extração do mosto, se adicionam clarificantes de ação rápida (sílica e gelatina), e, após um máximo de 12 horas, se retira o sobrenadante, que é esfriado em tanques a temperaturas próximas de 0 °C, normalmente armazenados em câmaras frias, onde permanece por tempos variáveis, não excedendo 3-4 meses.

No momento em que se deseja iniciar a fase de empobrecimento, esse mosto é conduzido para outro tanque, onde, atingindo a temperatura ambiente, se faz uma inoculação de um pé de cuba com uma quantidade aproximada de cinco milhões de células/mL. Após os teores de N terem diminuído por volta de 30,0%, o suco é centrifugado ou filtrado (filtro de terras), colocado novamente no tanque, inoculado com novo pé de cuba e fermentado até uma graduação próxima de 6,0-7,0% em tanque aberto. Com uma concentração de N próxima de 50 mg/L, é armazenado novamente a temperatura de 0 °C, e retirado em lotes, conforme a capacidade de realização da tomada de espuma.

A **tomada de espuma** ocorre quando há a necessidade para tal, com a retirada do estoque do produto pré-processado. A este se acrescenta nova quantidade de leveduras selecionadas, específicas para o produto, em temperaturas que variam de 14 a 18 °C, durante 20 a 30 dias, em tanques de pressão, agora fechados para evitar a saída do CO_2. O espumante assim atinge de 7,5 a 8,5% de álcool, com uma pressão aproximada de 6 atm.

A **fase final do processo**, após a tomada de espuma, inicia com o resfriamento a temperaturas próximas de –3 °C, para precipitar partículas em suspensão e cristais. Depois, o espumante passa por filtrações e, eventualmente, se adiciona açúcar para elevar sua concentração para 70 a 80 g/L. O espumante pode ficar em depósito ou ir para o engarrafamento, com filtração esterilizante. É importante lembrar que todas essas operações devem acontecer em isobarometria, e temperaturas próximas de 0 °C, incluindo o engarrafamento, a colocação da rolha e da gaiolinha, a exemplo do referido nos demais processos. A rotulagem e expedição seguem os mesmos procedimentos descritos para os processos anteriores.

BIBLIOGRAFIA

AMERINE, M. A.; BERG, H. W.; CRUESS, W. V. **The tecnology of wine making**. Westport: AVI, 1972. 802p.

BESSIÉRES, F. La technologie de la méthode Champenoise. In: SIMPÓSIO LATINO-AMERICANO DE VITICULTURA E ENOLOGIA, 3.; CONGRESSO BRASILEIRO DE VITICULTURA E ENOLOGIA, 6.; JORNADA LATINO-AMERICANA DE VITICULTURA E ENOLOGIA, 4., 1990, Bento Gonçalves/Garibaldi. **Anais**... Bento Gonçalves: Embrapa; Abatev; OIV. p. 53-56.

CASTINO, M. **Vini bianchi**: tecnologia di produzione. Bologna: Edagricole, 1994. 286p.

CAVAZZANI, N. **Fabricación de vinos espumosos**. Zaragoza: Acribia, 1989. 166p.

DE ROSA, T. **Tecnologia dei vini spumanti**. Brescia: AEB, 1987. 285p.

DUMAY, R. **Le vin de champagne**. Lousane: Moutalbal, 1977. 151p.

LONA, A. A. **Vinhos**: degustação, elaboração e serviço. Porto Alegre: AGE, 1996. 151p.

LONA, A. A. Moscatel espumante: trinta anos de história no Brasil. In: CONGRESSO BRASILEIRO DE VITICULTURA E ENOLOGIA, 12., 2008, Bento Gonçalves. **Anais**... Bento Gonçalves: Embrapa Uva e Vinho, 2008. p. 75-78.

MANFROI, V. **Introdução ao estudo de vinhos e espumantes**. Porto Alegre: UFRGS, ICTA, 1998. 110p. Apostila da Disciplina de Enologia.

MANFROI, V. **Curso de degustação de espumantes e champagnes**. Porto Alegre: UFRGS, ICTA, 1999. 30p. Apostila de curso.

MANFROI, V. Elaboração de espumantes. In: CURSO de especialização por tutoria à distância: módulo 11: vinificações especiais e subprodutos da uva e do vinho. Brasília, DF: Abeas; UFRGS, 2000, p. 20-24.

MANFROI, V. **Degustação de vinhos**. Porto Alegre: Ed. da UFRGS, 2004. 127p.

MEVEL, P. O Champanhe (e a champanhe). **Revista do Vinho**, Bento Gonçalves, v. 6, n. 33, p. 16-19, 1992.

PRESA-OWENS, C. et al. Effect of mèthode Champenoise process on aroma of four V.vinifera varieties. **American Journal of Enology and Viticulture**, Davis, v. 49, n. 3, p. 289-294, 1998.

REAL, M. C. **Sua excelência o champanha**. Porto Alegre: Sulina, 1981. 179p.

RIZZON, L. A.; MENEGUZZO, J.; ABARZUA, C. E. **Elaboração de vinho espumante na propriedade vitícola**. Bento Gonçalves: Embrapa Uva e Vinho, 2000. 60p. (Documentos, 29).

RIZZON, L. A.; MIELE, A.; ZANUZ, M. C. Composição química de alguns vinhos espumantes brasileiros. **Boletim da Sociedade Brasileira de Ciência e Tecnologia de Alimentos**, Campinas, v. 28, n. 1, p. 25-32, 1994.

13

VINHOS LICOROSOS

ELDIR GONZE DE OLIVEIRA

13.1 INTRODUÇÃO

Vinho é, por definição, o produto da fermentação alcoólica do mosto de uvas. Tal conceito, todavia, encerra todo um complexo e vasto universo de técnicas e práticas possíveis na elaboração desse produto, sendo particularmente admirável e abrangente no caso dos vinhos licorosos.

Há que se fazer valer aqui o consenso que rege os dogmas da elaboração de vinhos de que "é a qualidade da uva que determinará, por fim, a qualidade do vinho". Não obstante, é evidente que existe uma grande gama de intervenções enológicas e mesmo de atitudes em relação ao vinho já elaborado que podem interferir em sua qualidade final. De forma que não será jamais garantia alguma de boa qualidade para um vinho, o de ter havido uma excelente qualidade na uva, no caso de as atitudes enológicas e de preservação não serem atendidas a contento. Outrossim, dir-se-ia que um vinho fatalmente será sempre o reflexo das características preexistentes na uva, agregadas às boas práticas enológicas, que estabelecerão todas as reações físico-químicas necessárias para determinar o caráter do vinho em questão.

No caso dos vinhos licorosos, as distinções entre maturação e estado sanitário das uvas e as técnicas de vinificação revelam uma disparidade talvez nunca encontrada em outras classes de vinhos. Quer se dizer com isso que, nos vinhos tintos e brancos tranquilos, e também nos espumantes, são desejadas uvas mais ou menos adequadas a um padrão estabelecido, com protocolos de vinificação quase sempre semelhantes ou pouco variáveis, desde que se parta do princípio de um ideal de qualidade. Não ocorre o mesmo para os vinhos licorosos, que encerram em si praticamente todas as classes de vinhos. Assim, a qualidade destes não implica um padrão razoavelmente estipulado para uvas e/ou técnicas utilizáveis. A começar, podem eles ser brancos, rosados ou tintos; podem, ainda, ser secos, moderadamente doces ou doces; suas uvas podem ser sadias, atacadas por fungos (podridão nobre), sobrematuradas ou desidratadas (seja na planta, em áreas sombreadas ou ao sol); podem advir de mostos naturais, alcoolizados ou cozidos; podem ser fermentados em estados redutores e oxidativos (levedura flor) ou apenas oxidativo (sem formação de flor) ou em fermentações normais, que procuram evitar tanto um estado quanto outro.

A definição que classifica os licorosos dá conta de serem eles vinhos com conteúdo em etanol entre 14 e 18%, embora se encontrem exemplares dessa classe que variem de 12 a 24% em álcool. O fato é que, em sua grande maioria, trata-se de vinhos fortificados, seja pela adição de álcool etílico, seja pela fermentação dos elevados índices de açúcar contidos na uva.

Também conhecidos como "vinhos de sobremesa" (embora os brancos secos sejam frequentemente propostos como aperitivo) são, geralmente, espessos, encorpados, provindos de envelhecimento mais ou menos prolongado (alguns Porto suportam envelhecimentos de mais de 80 anos em barricas; há garrafas de Jura e Tokaj de 200 anos ainda intactas), dadas suas características de complexidade e estabilidade.

Elaborados muitas vezes com uvas que apresentam, nos casos mais extremos, teores acima de 600 g.L^{-1} em açúcar (como termo comparativo, uvas para vinhos tintos tranquilos que estejam em estado ótimo de maturação, apresentarão cerca de 250 g.L^{-1}), não há contudo uma regra geral que defina as concentrações de açúcares residuais (aqueles que permanecem no vinho após o término da fermentação alcoólica) para os diversos tipos de licorosos. Variam de vinhos muito secos, como os Vernaccia Secca di Oristano (quase nulo), aos muito doces, como os *Tokaj aszú* (que chegam a ultrapassar 150 g.L^{-1} em açúcares residuais) ou alguns licorosos russos (às vezes, superiores a 200 g.L^{-1}). Vinhos do Porto sustentam teores em torno de 100 a 140 g.L^{-1}, e os Sauternes variam de 50 a 150 g.L^{-1}, após o término da fermentação alcoólica.

Falar em teores dos diversos compostos inerentes ao vinho dentre os licorosos é um assunto que não se pode restringir a linhas gerais, já que concentrações em ácidos, extrato seco, glicerol e outros compostos estão diretamente relacionados com o tipo de vinificação e a qualidade da uva, o que, já sabemos é extremamente variante de um tipo de vinho para outro. Sabe-se, por exemplo, que uvas "botritizadas" (atacadas pela *podridão nobre*, como nos Sauternes e Tokaj) tendem a apresentar teores bem mais elevados de glicerol, ou que vinhos que foram alcoolizados favorecem precipitações variadas, diminuindo a relação de extrato seco. É importante notar que uma alta acidez em vinhos doces não é desejável, já que o aparecimento de um sabor ácido-adocicado tende a ser desagradável. Por outro lado, alguns Málaga apresentam baixíssima acidez, com sabor raso e desinteressante.

Percebe-se o grande número de "senões" nas regras que norteiam a elaboração de vinhos licorosos, fazendo prever uma gama imensa de alternativas para essa classe de produtos. Isso tudo posto – e conhecendo-se ainda outras tantas técnicas, como as que variam a temperatura de fermentação, as que introduzem pasta de uvas desidratadas no mosto (Tokaj) ou fazem macerar cascas de uvas no vinho em elaboração (Moscatel de Setúbal) etc. – ter-se-á como resultado um potencial infinito para produzir aromas e sabores, que criará esse universo exuberante que é a elaboração de vinhos licorosos.

13.2 CARACTERÍSTICAS PARTICULARES DOS PRINCIPAIS VINHOS LICOROSOS

Vinhos licorosos são produzidos em todas as regiões vitivinícolas do planeta, sendo atualmente bastante comuns os vinhos denominados de "colheita tardia" ou "late harvest" (vinhos que provêm de uvas propositadamente colhidas após alguma desidratação, passado o seu tempo normal de maturação, o que eleva seus teores em açúcar). Contudo, existem determinados licorosos que são verdadeiras legendas no mundo do vinho, constituindo exemplares ímpares e destacados, os quais nenhum bom enólogo ou enófilo poderia, em hipótese alguma, ignorar. É importante frisar, além de tudo, que muitos vinhos licorosos representam, na maioria das vezes, os vinhos mais afamados de uma determinada região ou país, como o são o Porto (para o Douro, Portugal), o Madeira (para a Ilha da Madeira), o Tokaj (para a Hungria), o Marsala (para a Sicília, Itália), o Jerez (para a Andalucia, sul da Espanha), o Commandaria (para Chipre), os Moscatéis (na Rússia), o Icewine (no Canadá) e o *vin jeune* (na região de Jura, França). Além disso, vinhos como o Porto, o Sauternes (região de Bordeaux, França), o *Tokaj* e o Madeira são tão especiais e renomados que, em consequência de toda a fama, têm seus processos imitados ao redor do mundo.

Cada um desses exóticos vinhos é um exemplar único, seja pelo solo em que as uvas são cultivadas, pelas condições climáticas, pelas práticas adotadas em relação à maturação da uva, seja pelas técnicas enológicas envolvidas ou o conjunto dessas atitudes. Muitos livros relatam particularmente todos os processos envolvidos para cada um deles, pois encerram universos próprios e vastos. Citaremos alguns dados gerais, contudo importantes, para que, ao menos, se destaquem as características mais prementes e individuais de cada vinho. Com relação aos processos de vinificação, serão abordados adiante, de forma genérica, no tópico "Tipos de vinhos licorosos, segundo a forma de se elaborar".

Jerez

A denominação de origem Jerez está delimitada pela zona de vinhedos compreendida pelos municípios de Jerez de la Frontera (de onde tomam seu nome), Puerto de Santa María, Sanlúcar de Barrameda, Chiclana, Puerto Real, Chipiona, Rota e Trebujena, em uma pequena região da província de Cádiz, Andalucia, sul da Espanha. Os vinhos de Jerez encerram, talvez, uma das classes de vinhos mais extraordinárias do planeta, tanto pelo seu processo peculiar, quanto por seus sabores e aromas inolvidáveis e característicos, além da grande variedade de produtos permitidos. Impossível não reconhecer um Jerez, quando se está diante dele.

Os solos – nos quais se produzem as principais castas brancas autorizadas, Palomino e Pedro Ximénez – são extremamente áridos – de rochas brancas conhecidas como *albariza* –, o que determina uma produtividade muito baixa, com uvas de médio teor em açúcares e baixa acidez. Esse é um dos motivos pelo qual se desenvolveu a técnica de "apassionamento" (desidratação) das uvas, denominada *soleo*. A citar, outras variedades que entram em pequena quantidade na elaboração dos diversos vinhos de Jerez são a Perruno, Cañocazo, Albillo, Mantuos e Moscatel, porém sem grande importância.

O *soleo* é uma técnica que visa desidratar a uva para melhorar sua concentração em açúcares e ácidos. A vindima, realizada no mês de setembro, é efetivada em duas ou mais etapas, sendo colhidas as uvas o mais maduras possível. Ainda assim, para a obtenção de uma boa qualidade no Jerez, as uvas são espalhadas ao sol (de onde vem o termo *soleo*) por 24-48 horas, quando o que se deseja elaborar é um vinho Jerez fino ou oloroso. Para a variedade Pedro Ximénez, que produzirá um vinho particularmente doce, a uva permanece ao sol de dez a 15 dias, até que a concentração em açúcares atinja algo em torno de 550 a 570 g.L^{-1}.

Após o esmagamento e a prensagem da uva, ocorre outra prática bastante característica dos vinhos de Jerez, chamada *gessatura*, que consiste no emprego de gesso (sulfato de cálcio), na ordem de 1 g por quilo de uva, com o intuito de aumentar a acidez real do mosto (lembremos que é baixa a acidez das uvas colhidas).

Para que um vinho possa ostentar a denominação de origem Jerez, há que ser elaborado e envelhecido em barris de carvalho, chamados na Espanha de *botas*, com volume de 500 litros. Embora haja outras regiões produtoras de uvas (como já visto acima), existe a condição de que a vinificação seja levada a termo apenas em vinícolas localizadas nas cidades de Jerez, Puerto de Santa Maria e Sanlúcar de Barrameda, sendo que os vinhos elaborados nessa última levam a denominação de Manzanilla.

Quando do término da fermentação alcoólica, durante a separação das borras, acontece uma primeira degustação e classificação, que irá determinar o futuro vinho a que cada barrica dará origem. Após, o vinho é *encabeçado*, ou seja, alcoolizado: até 15-16% para vinhos do tipo Fino e Manzanilla e até 18-19% para vinhos do tipo Oloroso.

Nos vinhos *encabeçados* até 16% de álcool deseja-se obter a formação de flor (ver uso de leveduras), para que o processo seja conduzido por oxidação e redução do mosto. Já nos vinhos alcoolizados até 19%, quer-se justamente inibir a formação da flor, para que o processo prossiga apenas com a oxidação do mosto. Essa diferença irá aportar características distintas aos vinhos, tanto em aroma quanto em corpo, cor e sabor.

A essa altura, os vinhos estarão acondicionados nas barricas de 500 litros, empilhados em três ou mais fileiras, constituindo o sistema tradicionalíssimo nos vinhos de Jerez conhecido por "solera". Tal sistema permite que vinhos de diversas safras sejam mesclados e constituam uma complexa trama evolutiva, que findará em um vinho totalmente original, de ano para ano. A fileira mais próxima ao solo, e por essa razão chamada de *solera*, é a que possui o vinho mais velho (algumas vezes, afirma-se que contenha vinhos de mais de 50 safras diferentes) e de onde será retirada a parcela (em geral, 1/3 do volume) a ser engarrafada. A fileira que se sobrepõe a essa, e que lhe segue em idade, a primeira *criadera*, é que fornecerá o vinho que voltará a completar o volume inicial das barricas da *solera*. O processo se repete, nas fileiras que se sobrepõem, sempre a de cima completando a de baixo. O número de *criaderas* varia de acordo com os tipos de vinho, sendo maior em geral para os Finos que para os Olorosos e Amontillados.

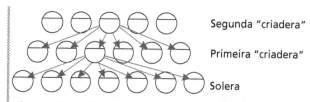

Figura 13.1 Esquema exemplificando o sistema de "soleras" (com a *solera* e duas *criaderas*) no Jerez.

Um terço do volume de cada barrica da *solera* é retirado para engarrafamento. O mesmo volume é retirado então das barricas da *primeira criadera* para repor o volume das barricas de *solera*. O processo se repete das barricas da *segunda criadera* para a *primera criadera*. Os volumes retirados de cada barrica são homogeneizados em um só e distribuídos igualmente pelas barricas da fileira abaixo.

Com base em toda essa complexa malha de sistemas e com a rara habilidade dos *bodegueros* de Jerez, esse vinho espanhol resulta em vários tipos, dependentes da forma em que são conduzidos os processos e do resultado almejado pelos produtores. Dentre os vinhos elaborados, destacam-se:

◆ *Finos*: cor ouro palha, ligeiro, pouco ácido, seco, com 15,5 a 17% em álcool. Perfume de frutas e amêndoas.

◆ *Los Palmas*: uma variação do Fino, porém com maior fineza e aromas delicados.

◆ *Amontillados*: cor âmbar, muito seco, suave e cheio de paladar. Aromas pungentes, notadamente de avelãs. Álcool entre 16 e 18%, chegando a 22-24% com envelhecimento.

◆ *Rayas*: um oloroso inferior, com aromas menos delicados. De 18% ou mais em álcool. Cor de ouro velho.

◆ *Olorosos*: cor ouro escuro, muito aromático (nozes, notadamente), de muito corpo, seco ou ligeiramente abocado. Graduação alcoólica entre 18 e 20%, chegando a 22% nos mais envelhecidos.

◆ *Palo Cortado*: intermediário entre os amontillados e os olorosos. Diz-se ter o aroma destes e o paladar daqueles. Cor e álcool similares aos olorosos.

◆ *Cream*: ligeiramente doce é uma mistura de vinhos olorosos com uma parte de Pedro Ximénez.

◆ *Pedro Ximénez*: vinho doce natural (obtido de uvas que passaram pelo *soleo*). Álcool entre 10 e 15% e perfume notável de uvas-passas.

◆ *Manzanilla*: cor amarelo palha escuro, perfume similar ao fino (notadamente maçã madura), ligeiro de corpo, seco e pouco ácido, com leve amargor, caracterizada e ligeiramente salgado (em razão do vento marítimo da zona de Sanlúcar de Barrameda).

Outros tipos são também classificados, porém menos conhecidos, como o *Moscatel*, o *Pale*, o *East Índia*, o *Medium*, o *Brown*, o *Pajarete*, o *Color* e o *Arrope*.

Jura

A região de Jura, ao leste da França, produz uma gama variada de vinhos, todavia, está celebrada por seu renomado *vin jaune* (vinho amarelo). Não tão conhecidos internacionalmente, os vinhos de Jura, entretanto, são muito antigos e já chamavam a atenção do naturalista romano Plínio, o Velho, ainda no século I. Foi também nessa região que Pasteur (em vinhedos próprios) fez seus estudos relativos à fermentação, no que é considerada a origem da ciência do vinho ou a enologia.

Elaborado a partir de uma única casta, a Savagnin, o *vin jaune* passa, a princípio, por uma vinificação normal para brancos, após colheita tardia das uvas. A fermentação se completa totalmente, com o vinho permanecendo nos tanques até a primavera seguinte, quando são transportados para pequenas barricas de carvalho que, como se diz, possuem o "gosto de amarelo". A partir desse momento, um processo semelhante ao que se verifica nos vinhos de Jerez surge, com a formação de uma fina flor de leveduras à superfície, que possibilitará um processo de oxidação do vinho, dando-lhe as características típicas de sabor e aromas que evocam, sobretudo, nozes. Após seis anos de repouso, são engarrafados em garrafas únicas chamadas *clavelin*, de 630 ml, o que corresponde à quantidade final obtida de vinho a partir de 1 litro inicial.

O *vin jaune* é um vinho que permite longa guarda, como demonstram algumas caves da região, ao manterem orgulhosamente algumas garrafas de até 1811, ainda em perfeito estado, com grande qualidade.

O principal *vin jaune* é o *Chateau-Chalon*, considerado como um dos melhores vinhos brancos franceses.

A região de Jura elabora ainda um vinho adocicado de fama, conhecido por *vin de paille* ("vinho de palha", pelo fato de as uvas repousarem sobre esteiras de palha, de dois a quatro meses, para lenta desidratação). Dessas uvas sairá um mosto não muito abundante, rico em açúcares, que propiciará um vinho de médio teor alcoólico, doce e com perfumes untuosos. Sua coloração é escura como um topázio, sendo apreciado como vinho de sobremesa.

Madeira

A Ilha da Madeira se localiza a 600 km da costa marroquina e pertence territorialmente a Portugal. Sendo verdadeiramente pequena (50 km de comprimento por 25 km de largura), tem apenas 1/3 de sua área cultivável. As primeiras cepas foram para lá levadas ainda no século XV, quando de sua descoberta, sendo inicialmente da variedade Malvasia, vindas de Creta, Chipre, Candía e do Reno. As regiões sul e sudoeste da ilha produzem os melhores Madeira.

O solo, de origem vulcânica, guarda semelhança com aqueles das regiões do Douro (vinho do Porto) e Jerez (vinho Jerez) por serem de difícil aragem e plantio. As cepas atualmente cultivadas são as brancas

Malvasia, Verdelho, Bual e Sercial, assim como a tinta Negra Mole (que produz um vinho ordinário, de corte, para ser consumido no mesmo ano). Em algumas regiões, a híbrida Jacquez é cultivada e usada para elaborar Madeira, o que tem contribuído para a má fama atual de certos vinhos dessa origem.

As uvas Sercial são destinadas aos Madeira mais secos (0 a 25 g.L^{-1}), envelhecidos no mínimo por oito a dez anos, servidos geralmente como aperitivo. A Verdelho originará um vinho tipo *demi-sec* (açúcares residuais de 25 a 45 g.L^{-1}), apresentando aromas de baunilha, servido em todas as ocasiões. Os vinhos provenientes da cultivar Bual (ou Boal) são do tipo semidoce (de 45 a 65 g.L^{-1}), com sabores de uva-passa e baunilha, sendo um vinho também para todas as ocasiões. Por último, os Malmsey ou Malvasia são os mais doces (65 a 90 g.L^{-1}), de cor ouro muito escura, com sabores de fruta madura e mel, mais adequados às sobremesas. Todos os vinhos Madeira apresentam notado caráter aromático de madeira, lembrando também especiarias (nos mais secos), e frutas cozidas (nos mais doces).

A colheita assume uma característica bastante peculiar, embora nos dias atuais a tradição, muitas vezes, seja deixada de lado. Não obstante, ainda se encontrem muitos *borracheiros* (como são conhecidos aqueles que conduzem a uva da colheita para a cantina) carregando seus *borrachos* (odres de pele de cabra) ou pequenos barris de 45 a 56 litros. Primitivamente, esse mosto era fermentado ao sol, por três ou quatro dias, até se "caramelizar" (particularmente nos vinhos doces). Atualmente, usa-se cozer o mosto a 50 °C.

Como curiosidade, esse vinho era conhecido como "vinho de volta", pois era frequentemente embarcado em navios que se dirigiam para o oriente e que, depois de um ano ou mais de viagem, retornavam. Passando por zonas tropicais e acondicionados em barris de madeira por tanto tempo, o vinho adquiria sabores e aromas que eram muito apreciados. Desse fato, surgiram as técnicas de cozimento do mosto e envelhecimento em madeira que permanecem até hoje, para os Madeira. Alguns vinhos são adoçados com suco de uva fortificado, chamado "vinho surdo". Os vinhos são também usualmente alcoolizados, depois da fermentação concluída, para atingir teor alcoólico nunca inferior a 17%. As grandes marcas usam álcool vínico, produzido na própria região, porém há quem se utilize de álcool de cana, para o mesmo efeito.

Como história ilustrativa, conta-se que o Duque de Clarence, preso na Torre de Londres por seu irmão Eduardo IV, escolheu como pena de morte afogar-se em um barril de Malvasia. Em um de seus textos, Shakespeare atesta a fama desses vinhos, contando como o personagem Falstaff vende sua alma por um bom cálice de Madeira e uma coxa de frango.

Málaga

A denominação de origem Málaga compreende toda a província dessa cidade ao sul da Espanha, do litoral às regiões serranas, com altitudes que variam dos 50 aos 700 metros acima do nível do mar, com solos áridos e pluviosidade baixa (cerca de 600 mm anuais).

As principais variedades utilizadas na elaboração de seus vinhos são a Pedro Ximénez e a Moscato de Alexandria, com pequeno percentual para as demais cepas: Doradilla, Lairen, Montua e Jaén. Essa é uma região que, ademais, alcança uma produção importante de uvas-passas, especialmente a partir de uvas Moscato.

A prática de "apassionamento" das uvas também é aqui empregada, com a sua permanência ao sol (ainda na planta e depois de colhidas), até pontos de dessecamento variáveis, dependendo do vinho desejado. É importante apontar que os mais afamados Málaga são aqueles de elevada graduação alcoólica e altos teores de açúcar. Os mostos advindos de tais uvas são, portanto, ricos em açúcar (por vezes, com teores em torno de 570 g.L^{-1}), de acidez muito baixa e de cor escura. Assim, a fermentação se dá lentamente, com grande aumento de temperatura.

Após a fermentação, os vinhos são levados ao envelhecimento em um sistema muito semelhante à *solera* dos vinhos de Jerez, onde sofrerão análogo processo oxidativo, por um período entre quatro e cinco anos.

São variados os tipos de Málaga, diferindo entre si nos percentuais de "matéria-prima" utilizada na elaboração. Tais "matérias-primas" possuem denominações particulares, sendo elas:

- O Caldo: o próprio mosto.
- O Arrope: mosto concentrado a 1/3 de seu volume inicial, em fogo direto ou banho-maria, sendo envelhecido para que perca o gosto de mosto cozido.
- O Color: arrope adicionado de caramelo.
- O Tierno: obtido de uvas Pedro Ximénez, com elevado "apassionamento" ao sol e alcoolizado a cerca de 16%.
- O Seco: provém de uvas não "passificadas", alcoolizado e com teor de açúcar menor que 5 g.L^{-1}.

- O Dulce: alcoolizado com 5% de álcool e açúcares residuais superiores a 50 g.L⁻¹.

Do uso dessas "matérias-primas", surgem os diversos tipos de Málaga, a se saber:
- *Lacrima Christi*: de cor ouro velho ao âmbar escuro, doce, com aromas de especiarias e baunilha.
- *Pedro Ximénez*: Málaga de longa evolução, de cor escura, com reflexos avermelhados. Muito doce e perfumado.
- *Moscatel*: de cor dourada a âmbar escuro, com aromas marcados de moscato.
- *Dulce Color*: cor variável do âmbar escuro ao marrom escuro, com presença importante de arrope. Muito doce, com aromas de especiarias e baunilha.
- *Pajarete*: de cor dourada escura ao âmbar escuro, sendo um tipo jovem de Málaga, com envelhecimento limitado, não muito aromático.
- *Seco*: cor amarelo pálido ao âmbar, com fermentação completa de uvas não "passificadas" e alcoolizado, com semelhança ao vinho de Jerez.

Alguns termos são utilizados nas bodegas de Málaga de forma curiosa, como: *sacristia*, para definir o local em que se conserva o vinho mais precioso, destinado somente a visitantes privilegiados; e *místico*, para aquela pipa colocada à disposição dos funcionários, a fim de que possam concluir uma boa jornada de trabalho com *una copita* (um cálice) de Málaga.

Marsala

A origem do Marsala se deve ao comerciante inglês Woodhouse, que, na década de 70 do século XVIII, notou que o vinho artesanal elaborado na Sicília apresentava bastante semelhança com os vinhos de Madeira, tão ao gosto dos ingleses da época. Assim, ele deu início à produção industrial desse licoroso que, mais tarde, fixaria sua denominação de origem na província de Trapani, nessa famosa ilha.

As uvas fundamentais para a obtenção do Marsala são as brancas Grillo e Catarratto, com a participação ainda da variedade Inzolia, com cerca de 15% da produção. Para um tipo de Marsala conhecido como *rubino*, usam-se as variedades tintas Pignatello, Calabrese e Nerello Mascalese.

A elaboração do Marsala obedece a alguns estágios particulares. Em primeiro lugar, as uvas colhidas preparam um vinho base, que, em parte, será utilizado para a obtenção do Marsala e, em parte, será destinado a um vinho normal para refeições. A escolha se baseia nos teores de acidez volátil, que nunca deve ser superior a 0,7%. Uma vez escolhido, o vinho base é alcoolizado até 18-19%, adicionando-se ainda mosto concentrado e mosto cozido (que conferirá cor e sabores de queimado). O vinho, após uma semana, é clarificado e colocado em barricas de carvalho para envelhecimento. Segundo a mescla acima e o tempo em barrica, obtêm-se os diversos tipos de Marsala pretendidos:
- *Marsala Fine*: de seco a doce, mínimo de 17% álcool, mínimo de um ano em barrica. A dose de mosto concentrado é variável, de acordo com o tipo *oro* ou *rubino*. Para o tipo *ambra* adiciona-se ainda o mosto cozido.
- *Marsala Superiore*: seco a doce, mínimo de dois anos em barril, com diferentes siglas conforme o sistema de preparação: L.P. – London Particular; SOM – Superior Old Marsala; G.D. – Garibaldi Dolce e O.P. – Old Particular.
- *Marsala Riserva*: mesmo sistema do anterior, porém com mínimo de quatro anos em barril.
- *Marsala Vergine*: seco, mínimo de 18% de álcool, envelhecimento mínimo de cinco anos em barril. Elaborado sem a adição de mosto concentrado ou mosto cozido, com sistema semelhante à *solera*, dos vinhos de Jerez.
- *Marsala Vergine Stravecchio*: mesmas características do anterior, contudo passando, ao menos, por dez anos em barrica.
- *Cremovo*: álcool mínimo de 16%, açúcares residuais de 200 g.L⁻¹. Vinho composto com, pelo menos, 80% de Marsala e gema de ovo, podendo ser adicionados caramelo e sacarose.

Garibaldi, por ocasião de seu desembarque na Sicília, teria dito que o Marsala "é um vinho forte e generoso como o povo que o produz, como os homens que lutarão comigo pela liberdade. Aqui está um vinho que terá seu nome na história".

Porto

O vinho do Porto provém da mais antiga região demarcada do mundo (1756) – no vale do rio Douro –, e é um vinho fortificado (adicionado de álcool vínico, até atingir uma graduação em torno de 18 a 19% em etanol), constituindo um clássico no mundo dos vinhos. Pode ser branco, originando-se de castas autóctones como Donselinho, Esmaga Cão, Fogazão, Gouveio, Malvasia Fina, Malvasia Rei, Rabigato, Viosinho e Códega, entre as principais. Já para o Porto tinto (mais conhecido e afamado) as principais castas, também autóctones, são a Bastardo, Donselinho

Tinto, Mourisco, Souzão, Touriga Nacional, Touriga Francesa, Tinta Cão, Tinta Roriz, Tinta Francisca, Tinta Amarela e Tinta Barroca.

O solo característico da região é muito pedregoso e as videiras são plantadas em patamares escavados nas encostas das colinas. As uvas, uma vez colhidas, são ainda hoje esmagadas – muitas vezes, por pisoteio –, em tanques de pedra típicos da região, chamados *lagares*. Métodos mais modernos de processamentos são também obviamente utilizados. Uma mescla de diversas cultivares são usadas, no sentido de se obter a melhor cor possível para o vinho.

Levados a fermentar, os teores de açúcar são reduzidos dos 220 a 250 g.L^{-1} iniciais para algo em torno de 120 g.L^{-1}, quando o mosto é fortificado com álcool resultante da destilação de vinhos produzidos na própria região. A alcoolização interrompe a fermentação e estabiliza o vinho.

Após a fortificação, o vinho é conduzido para a cidade de Vila Nova de Gaia, situada na margem oposta do Douro em relação à cidade do Porto, de onde o vinho toma seu nome. O Porto, depois de convenientemente envelhecido nas tradicionais pipas (550 L), em Vila Nova de Gaia, pode chegar a teores alcoólicos de 20 a 22%, com novas alcoolizações. Dois rumos podem ser tomados pelos diversos vinhos obtidos: ser um *blended* ou um *vintage*. Profissionais altamente treinados e gabaritados misturam os vinhos de acordo com suas características, para a obtenção dos variados tipos de Porto desejados. Vinhos de uma colheita com excepcionais qualidades se tornarão um *vintage*, enquanto os demais serão mesclados – inclusive de safras diversas – para a obtenção dos *blendeds*. Entre esses caminhos, outras classificações surgem para os vinhos licorosos do Porto, conforme especificado na Tabela a seguir:

Tabela 13.1 Origem e classificação dos diversos tipos de Porto.

Blended			*Vintage*			
Misturas de colheitas diversas			**Misturas de uma mesma colheita**			
3 anos em madeira	2 ou 3 anos em madeira	10 a 40 anos em madeira	Mínimo 7 anos em madeira	4 a 6 anos em madeira	2 anos em madeira	2 anos em madeira
↓	↓	↓	↓	↓	↓	↓
Mínimo de 2 anos em garrafa	Pronto para beber, em garrafa	Pronto para beber, em garrafa	Pronto para beber, em garrafa	Pronto para beber, em garrafa	5 a 50 anos em garrafa	5 a 50 anos em garrafa
↓	↓	↓	↓	↓	↓	↓
Presença de borras			Datado	Datado	Datado	Datado
↓	↓	↓	↓	↓	↓	↓
Porto *Crusted*	*Tawny* ou Ruby Branco	*Tawnies* Envelhecidos	*Tawny, Vintage,* Colheita	LBV (*Late Bottled Vintage*)	*Vintage*	SQV (*Single Quinta Vintage*)

Imitado em todo o mundo, da Califórnia à Austrália, diz-se com propriedade a seu respeito: "Todo vinho seria um Porto... se pudesse".

Sauternes

O Sauternes é um dos numerosos grandes vinhos provenientes da região de Bordeaux, França. A AOC (*appellation d'origine contrôlée*), que delimita os Sauternes, compreende cinco comunas a sudoeste de Bordeaux: Sauternes, Fargues, Bommes, Preignac e Barsac. Os controles culturais, as vindimas, a vinifi-

cação e a conservação dos vinhos – sempre oriundos das mesmas castas, Sauvignon, Sémillon e Muscadelle – são idênticos para todos os vinhos dessa região. Todavia, características particulares são desenvolvidas pelos vinhos de cada comunidade, sobretudo em função das propriedades do solo dos diferentes locais.

Embora ultimamente a tendência seja a de plantar cada cultivar em parcelas individualizadas (em virtude da diferente sensibilidade de cada cepa a parasitas), algumas propriedades particulares ainda cultivam vinhedos em que as três variedades permitidas estão misturadas em uma mesma parcela, geralmente na seguinte proporção: quatro plantas de Sémillon e uma de Sauvignon e, a cada dez plantas, uma de Muscadelle. A Sémillon é cultivada em maior número por ser a variedade que apresenta melhores resultados ao ataque da "podridão nobre".

A característica básica dos Sauternes reside no fato de o vinho ser elaborado a partir de uvas contaminadas por um fungo, o *Botrytis cinerea*, que, nas condições excepcionais daquela região, produz não uma moléstia fatal para as uvas, mas uma desidratação e sobrematuração conhecida como "podridão nobre". Esse fato se observa em razão, essencialmente, das condições climáticas de altas temperaturas e umidade presentes na região, que fazem com que o fungo se instale, porém não desenvolva todas suas fases evolutivas, promovendo apenas a desidratação e sobrematuração dos frutos. A uva resultante desse ataque apresentará uma elevada concentração de açúcares, glicerol e compostos aromáticos, ao mesmo tempo em que a acidez diminui, condições estas que proporcionarão, ao vinho elaborado, todas as nuances aromáticas e gustativas particulares dos Sauternes.

A colheita é peculiarmente mais delicada que em outras regiões. Em virtude da necessidade de a uva estar justamente desidratada pela "podridão nobre", são colhidas apenas as uvas – e às vezes não completamente o cacho – que apresentarem as condições básicas para a boa qualidade do vinho que delas resultará, de forma que são necessárias numerosas triagens para que se efetue toda a vindima das uvas de Sauternes.

O mosto proveniente dessas uvas deve apresentar um mínimo de 221 g.L^{-1} de açúcar natural, para dar origem a vinhos com o mínimo de 13% em etanol. O rendimento, como se pode esperar, é muito baixo, sendo fixado por base em 2.500 litros por hectare de vinhas em produção.

Dois tipos de Sauternes são produzidos: o tradicional, com conteúdos de açúcar um pouco mais elevados (10 a 20 g.L^{-1}) e amadeirado; e o moderno, menos doce, menos amadeirado e mais frutado.

O maior representante dos Sauternes e único classificado como *Premier Cru Supérieur Classé*, o tradicional Chateau D'Yquem é considerado por muitos como o melhor vinho branco do mundo. Dos vinhos Sauternes foi dito, de forma poética, que são "um raio de sol concentrado em uma taça" ou "a extravagância do perfeito".

Tokaj

Ao se referir a um vinho Tokaj, é praticamente imediata a associação com os afamados Tokaj Aszú, embora a região delimitada por 17 distritos produtores da cidade de Tokaj, na Hungria, produza também o Tokaj Furmint (feito de uvas não "passificadas"), o Tokaj Szamarodni (feito de uvas que contêm parcialmente grãos dessecados ou atacados por "podridão nobre", podendo ser seco ou doce) e os especiais Tokaj Essenz (mosto fermentado obtido apenas da trituração de uvas "passificadas" ou com "podridão nobre"). O Tokaj Essenz é extremamente caro, riquíssimo em açúcar, de baixa graduação alcoólica, usado normalmente para cortes, podendo todavia, sob condições excepcionais, ser vendido puro. Não obstante, é fato que o mundialmente consagrado vinho de Tokaj está expresso na figura do Tokaj Aszú (do húngaro, *murcho*).

Oriundos de uvas sobrematuradas e atacadas pela Botrytis, como nos Sauternes, as diferenças entre um vinho e outro começam nas variedades adotadas para vinificação. O caráter nos Tokaj é dado pela uva Furmint, que participa com cerca de 55% na composição do mosto, acrescido das variedades Hárslevelü (40%) e Muscat Lunel (5%). As uvas murchas, colhidas uma a uma, possuem um teor de açúcares da ordem de 450 a 600 g.L^{-1}.

Uma vez na vinícola, essas uvas são processadas por trituramento para a obtenção de uma pasta, rica em açúcares (cerca de 70%) e compostos aromáticos e gustativos. A seguir, surge a técnica que diferenciará os Tokaj em vinhos com menor ou maior intensidade de aromas, sabores e doçura: pelo método tradicional, essa pasta é medida em recipientes de 25 quilos de capacidade (aproximadamente 15 litros), conhecidos como *puttonyo*, sendo transferida para barricas chamadas *gönci*, que possuem volume total de 136 litros. São usadas de três a seis medidas para cada *gönci*, originando os Tokaj de três a seis *puttonyos*, como são identificados posteriormente em garrafa. As barricas são completadas com vinho novo seco para a sequência do processo de vinificação. Logicamente, quanto maior a quantidade de *puttonyos* em um Tokaj, maior a doçura e a concentração de aromas e sabores, originando também um acréscimo no preço do produto.

Diversos países produzem vinhos com a denominação Tokaj, porém jamais se igualam à qualidade dos vinhos húngaros. Apenas aqueles que apresentem as características acima podem verdadeiramente

Vinhos licorosos

ser chamados de Tokaj. Afinal, sobre o Tokaj, Luis XIV afirmou ser "vinho de reis e rei dos vinhos".

Vinsanto (Passitos)

O *vinsanto* é produzido na Itália, em duas regiões em especial: Toscana e Trento. Ambos são vinhos brancos, de sabor suave, o primeiro sendo elaborado preponderantemente a partir de uvas Malvasia, mas também de Trebiano Toscano, e o segundo quase que particularmente de uvas Nosiola. Nos dois casos, as uvas são colhidas antes da maturação completa (para preservar a sanidade) e colocadas a "passificar" em grades ou arames. No *vinsanto* toscano, as uvas permanecem desidratando por cerca de três meses (até apresentarem de 250 a 300 g.L⁻¹ em açúcar), enquanto que no trentino, por cinco a seis meses (teores de açúcar de até 400 g.L⁻¹), sendo vinificadas proximamente à semana santa, donde pode ter advindo sua denominação. Esses vinhos, assim como outros que utilizam a técnica de "apassionamento" das uvas, são conhecidos na Itália como *passitos*.

O mosto resultante do esmagamento das uvas é colocado em barricas de volume variável (de 50 a 500 litros), nos quais se processa uma fermentação muito lenta (até mesmo pela baixa temperatura no inverno), que pode durar até dois anos. A permanência em barrica se estenderá ainda por três a quatro anos. Durante o envelhecimento, que pode ser muito longo em garrafa, o vinho passa da cor amarela-escura com reflexos esverdeados ao âmbar acobreado.

Ao final, o *vinsanto* toscano apresenta um grau alcoólico de 16%, superior aos 12-13% do *vinsanto* trentino. Em contrapartida, o vinho de Trento apresenta açúcares residuais bem mais elevados (80 a 130 g.L⁻¹) do que o vinho da Toscana (cerca de 20 a 40 g.L⁻¹). Os aromas lembram baunilha, alcaçuz, uvas-passas e fermento de pão, sempre dentro de um quadro de madeirização.

Vinhos licorosos brasileiros

O Brasil não possui grande tradição na elaboração de vinhos licorosos, muito embora algumas vinícolas apresentem entre seus produtos alguns vinhos dessa classe. São o já citado "late harvest", algumas tentativas de imitação de vinhos do Porto e dois tipos de vinhos muito doces, que são fortificados bem ao início da fermentação, chamados mistela e jeropiga. A mistela, também elaborada em outros países, é alcoolizada ao início da fermentação, quando o mosto ainda contém muito açúcar e pouco teor alcoólico. A jeropiga, tradicionalmente produzida na Ilha dos Marinheiros, município de Rio Grande/RS, por colônia de descendentes portugueses, têm sua fermentação interrompida tão logo se inicia pela adição de álcool. Todavia, são vinhos de simples elaboração e que não alcançam grande projeção.

É possível, entretanto, que com a disseminação do conhecimento, das técnicas de elaboração e do surgimento de novas regiões produtoras, o país possa vir a interessar-se por esse universo tão rico dentro da enologia.

Tabela 13.2 Dados comparativos sobre cultivares, técnicas de sobrematuração e alcoolização e tipos de vinhos, dentre os mais conhecidos vinhos licorosos.

Vinhos	Cultivares	Sobrematuração	Alcoolização	Tipos de vinho
Jerez	Palomino, Pedro Ximénez, Albillo, Perruno, Mantuos, Cañocazo e Moscatel	*Soleo* (desidratação ao sol, depois de colhidas)	*Cabeceo* – álcool vínico.	Fino, Oloroso, Amontillado, Palo Cortado, Cream, Pedro Ximénez e Manzanilla
Jura	*Jaune*: Savagnin *Paille*: Melon, Savagnin, Poulsard, Troussau e Pinot Noir	Na própria planta (Jaune) e em esteiras (Paille)	Não	Vin Jaune e Vin de Paille
Madeira	Malvasia, Verdelho, Bual, Sercial e Negra Mole	Não	Álcool vínico ou álcool de cana	Malmsey, Verdelho, Boal e Sercial
Málaga	Pedro Ximénez, Moscato de Alexandria, Doradilla, Lairen, Montua e Jaén	Na própria planta e depois de colhidas as uvas	Em alguns vinhos sim, em outros não	Seco, Lacrima Christi, Pedro Ximénez, Moscatel, Dulce Color e Pajarete
Marsala	*Brancas*: Grillo, Catarratto e Inzolia *Tintas*: Pignatello, Calabrese e Nerello Mascalese	Não	Álcool vínico	Fine, Vergine, Superiore, Riserva, Cremovo e Rubino

(continua)

Tabela 13.2 Dados comparativos sobre cultivares, técnicas de sobrematuração e alcoolização e tipos de vinhos, dentre os mais conhecidos vinhos licorosos. (*continuação*)

Vinhos	Cultivares	Sobrematuração	Alcoolização	Tipos de vinho
Porto	*Brancas*: Donselinho, Esmaga Cão, Gouveio, Fogazão, Malvasia Fina, Malvasia Rei, Rabigato, Viosinho e Códega *Tintas*: Donselinho Tinto, Bastardo, Tinta Roriz, Mourisco, Souzão, Tinta Cão, Touriga Nacional, Touriga Francesa, Tinta Francisca, Tinta Amarela e Tinta Barroca.	Pequena, na própria planta	Álcool vínico, destilado de vinhos da própria região	*Blended*: Crusted, Tawny e Ruby Brancos, Tawny envelhecido. *Vintage*: Vintage, Tawny, LBV, Colheita e SQV
Sauternes	Sémillon, Sauvignon e Muscadelle	Podridão nobre	Não	Sauternes
Tokaj	Furmint, Hárslevelü e Muscat Lunel	Podridão nobre e sobrematuração na planta	Não	Szamarodni, Furmint, Aszú (3,4,5 ou 6 puttonyos), Essenz
Vinsanto (Passitos)	Trebbiano Toscano, Malvasía de Chianti, Canaiolo Blanco, Nosiola	Em grades ou varais, depois de colhidas as uvas	Não	Vinsanto Toscano e Vinsanto Trentino

13.3 CARACTERÍSTICAS ORGANOLÉPTICAS DOS VINHOS LICOROSOS

Como já dito anteriormente, os vinhos de sobremesa podem ser tanto brancos, como rosados ou tintos. Dentro dessas categorias, chegam – no que tange à cor – a assumir matizes os mais variados possíveis. A cor desses vinhos está amiúde associada não somente à variedade de uva utilizada, bem como aos processos de vinificação, envelhecimento em barricas e às reações oxidativas. Essas últimas tendem a produzir uma pantalha de tons amarronzados para os vinhos brancos, de forma que o produtor pode manipular a cor de seus vinhos de acordo com padrões que previamente estabeleça, inclusive com subtipos, como ocorre nos vinhos do Porto.

Para licorosos brancos, jamais é aceita uma cor como o branco carta. Os matizes devem variar do dourado ligeiro (um Picolit jovem ou Jerez fino jovem) ao dourado carregado, chegando a cores âmbares-escuras (alguns Marsalas). A cor âmbar significa, geralmente, um vinho envelhecido e amadeirado. Os principais licorosos brancos somente são colocados no mercado após algum tempo de envelhecimento em condições oxidativas e passagem por madeira, justamente para a obtenção de cor, entre outras características.

Nos licorosos rosados, a cor média aceita vem a ser um rosado com componentes amarelados, tendendo ao marrom, sintomas evidentes de vinho amadeirado. Os tokay da Califórnia apresentam uma coloração vermelho-âmbar, já que, totalmente ao contrário dos Tokaj húngaros, são elaborados a partir do corte de vinhos tipo Porto, sherry da Califórnia e Angélica.

Para os tintos, cores como um rubi vivo não podem ser aceitas, partindo-se, no mínimo, de um rubi-granada (no caso de um Mônica di Sardegna ou um Porto jovem, que sofreram amadeiramento limitado), seguindo para vermelho-púrpura intenso (Porto Vintage) até tonalidades de marrom, em vinhos muito envelhecidos e de longo estágio em barricas.

Todas as diferenças existentes quanto às tecnologias de elaboração dos vinhos licorosos, às diversidades de matéria-prima e às condições climáticas da zona de origem das uvas alteram sobremaneira as características de vinho para vinho. Não seria diferente com relação aos aromas.

Pelas particularidades gerais de elaboração dos vinhos de sobremesa, quase sempre com envelhecimento e passagem por barrica, a maior parte dos aromas encontrados tem relação direta com as técnicas de vinificação e com os processos de envelhecimento, os ditos aromas secundários e terciários do vinho. A maior exceção ao grupo é feita pelos vinhos Moscatéis que provêm de uvas sobrematuradas e são considerados vinhos de sobremesa, embora sejam obtidos de uvas frescas, sem envelhecimento e

Vinhos licorosos 271

sem alcoolização. Nesses vinhos, os aromas primários, provenientes da própria uva, se fazem notar particularmente no que diz respeito aos alcoóis terpenos e seus derivados. Os principais compostos terpênicos observados são o linalol, o geraniol, o nerol, o α-terpineol, o diendiol e o citronelol, que conferem aromas florais, de mel e cera de abelha. Para a boa conservação desses aromas, os Moscatéis devem ser preservados a baixa temperatura (+ 10 °C), já que em temperaturas a partir de 20 °C há uma rápida deterioração qualitativa, com forte perda das características aromáticas originais.

Tabela 13.3 Valores comparativos de percentual alcoólico, açúcares residuais, cor e aromas, responsáveis pelas características organolépticas dos vinhos licorosos mais conhecidos.

Vinho	Álcool (%)	Açúcares residuais (g.L⁻¹)	Cor	Aromas característicos
Jerez	Fino: 15-16 Oloroso: 18-24	Secos (Finos) a 150 (Pedro Ximénez)	Ouro (Finos, Olorosos e Manzanillas) âmbar (Amontillados) e escuros (Pedro Ximénez, Cream)	maçãs passadas, castanhas (acetaldeído) manteiga, fruta verde (acetal) coco (γ-butirolactona) castanhas, herbáceo, levemente frugal e acre (isovaleraldeído)
Jura	Jaune: 12-13 Paille: 14	Jaune: 1,5 Paille: 100	Jaune: Amarelo brilhante a amarelo dourado. Paille: Topázio	maçãs passadas, castanhas (acetaldeído) manteiga, fruta verde (acetal) nozes, curry (sotolon) tabaco
Madeira	19-21	Secos (Sercial) a 90 (Malvasia)	Dourado (Sercial), âmbar-escuro (Verdelho), âmbar muito escuro (Bual) e ouro com reflexos marrons (Malvasia)	madeira (furfural, lactonas) baunilha (vanilina) frutas cozidas (hidroximaltol) uvas-passas (5-dodecanolide) caramelo (hidroximetilfurfural)
Málaga	14-23	Seco (< 5) a doces (< 230)	Dourado a dourado intenso e até negro	frutas maduras (ésteres do ácido lático) especiarias (4-vinilguaiacol e 4-etilguaiacol) baunilha (vanilina)
Marsala	17-20	Seco (< 40) Semi-seco (de 40-100) Doce (> 100)	Ouro, âmbar e âmbar muito escuro, com nuances de marrom	alcaçuz uva-passa (5-dodecanolide) tostado de madeira (furfural) carvalho (β-metil-γ-octalactona) amêndoas amargas (álcool benzílico)
Porto	18-22	100-140	Brancos: Dourado, palha e pálido. Tintos: Aloirado, rubi, tinto e retinto.	mel (piroglutamato de etila) gorduroso, frugal (octanal) caramelo (hidroximetilfurfural) rosa, mel (acetato de 2-feniletila) tostado de madeira (furfural)
Sauternes	13-16	50-150	Palha de média intensidade ou mais carregado, com nuances ouro.	Rôti, especiarias (4-etilguaiacol) pêssego (decalactonas) nozes, mel (sotolon) frutas secas (4-vinilguaiacol)
Tokaj	Máximo de 16,5	Mínimo 60 (para 3 puttonyos) e mínimo 150 (para 6 puttonyos)	Âmbar-escuro (com o envelhecimento se torna ainda mais carregado)	pêssego (decalactonas) nozes, curry (sotolon) frutas maduras (ésteres do ácido lático) manteiga (acetoína) baunilha (vanilina)
Vinsanto (Passitos)	12-18	Toscano: (20-40) Trentino: (80-130)	Amarelo dourado, tendendo ao âmbar com o envelhecimento	baunilha (vanilina) alcaçuz uva-passa (5-dodecanolide) fermento de pão (leveduras)

Os aromas secundários, advindos da fermentação, são compostos resultantes das diversas interações entre aromas naturais das uvas e subprodutos da fermentação, tendo nos ésteres seu representante principal, presentes em diversos vinhos de sobremesa. Não obstante, o envelhecimento em barricas vai, paulatinamente, substituindo-os por aqueles resultantes das interações entre vinho e madeira (aromas terciários), resultados de esterificações e de aromas próprios da madeira utilizada, geralmente carvalho francês ou americano. Os diferentes sistemas de vinificação (como os métodos de cozimento nos licorosos Madeira, Málaga e Vino Cotto delle Marche), as adições de mostos fervidos nos Marsalas e os processos de oxidação-redução pelas leveduras-flor (nos vinhos de Jerez e outros *sherries*) aportam igualmente odores e sabores muito particulares a cada um desses produtos. Especialmente nesses últimos, os *sherries*, o meio oxidativo favorece um elevado conteúdo de aldeídos, principalmente o acetaldeído, que confere aromas de maçãs passadas e castanhas. Da reação desse componente com alcoóis superiores dá-se origem ao acetal, dotado de odor intenso e característico (manteiga e fruta verde). A partir de diversas reações propiciadas pelo meio, vários compostos se formarão e influenciarão decisivamente os aromas desses vinhos (em particular o Jerez), especialmente os alcoóis da série amílica e feniletílica (odores de rosas secas). O elevado teor de álcool nesses vinhos aumenta a taxa de esterificação dos ácidos orgânicos. A título de curiosidade, um éster encontrado no Jerez, o etil-4-hidroxibutirato, composto aromático volátil que está em equilíbrio com uma lactona (γ-butirolactona), é conhecido em medicina como um anestésico ou sedativo, de onde surge a explicação para certa propriedade sedativa que alguns degustadores atribuem ao Jerez. Por sua vez, a γ-butirolactona confere ao Jerez aromas de coco.

Os vinhos provenientes de uvas contaminadas pela *podridão nobre* possuem características odoríferas também bastante particulares. Em estudos com o Tokaj aszú, foram identificados muitos ésteres, como o metílico, o n-propílico e o isobutílico do ácido lático (relacionados a aromas de frutas maduras), juntos aos ésteres etílicos de diversos ácidos, bem como os ésteres do ácido succínico com vários alcoóis. Altas doses de acetoína (aroma de manteiga) também foram identificadas. No grupo das lactonas, foram identificadas a 3-metil-γ-octalactona isomérica e as γ e δ decalactonas (aromas de pêssego). Outros compostos isolados foram a acetilamina, a

3-metilbutilacetamida, a 2-feniletilacetamida e a vanilina (odor a baunilha). É fácil supor que a explosão de aromas de um Tokaj está explicada pelo amplo conjunto de compostos aromáticos encontrados nesse vinho.

Aromas provenientes de substâncias como o furfural, o 5-metil-furfural, a β-metil-γ-octalactona e a vanilina estão presentes em quase todos os vinhos maturados por um longo período em carvalho.

No aspecto gustativo, a grande maioria das sensações olfativas se repete na boca, ou seja, é possível reconhecer os diversos sabores relacionados à sensação olfativa com grande intensidade e persistência. É evidente que a enorme variação de teores de açúcar, de um vinho para outro, se faz perceber imediatamente, bem como o alto teor alcoólico apresentado pelos licorosos.

Para concluir, é importante ter-se em conta que os vinhos licorosos devam ser servidos, preferencialmente, à temperatura em torno de 12 ºC, o que contribui para diminuir o efeito do grau alcoólico e permite uma persistência um tanto mais longa dos compostos aromáticos à boca.

13.4 SOBREMATURAÇÃO E "APASSIONAMENTO" DA UVA

Na prática, a sobrematuração exerce sobre as uvas uma desidratação, que ocasiona uma diminuição no tamanho das bagas, à medida em que a conexão destas com a planta vai se tornando mais e mais precária. Pode-se estabelecer como início da sobrematuração, o momento a partir do qual a uva atingiu seu tamanho e peso máximos. Desse momento em diante, novas transformações se darão nas bagas maduras. Principiam a amolecer e sofrem diminuição de peso da ordem de 5 a 10%, dependendo das condições climáticas. Um aumento de concentração de cor, aroma e sabores são frequentemente observados em vinhos elaborados com uvas adequadamente sobrematuradas, uma vez que as células da película se fragilizam, tornando-se, assim, teoricamente mais fácil a extratibilidade de seus compostos.

É bom lembrar que, na sobrematuração, tudo o que há na uva, de bom ou ruim, tende a se concentrar, sendo que o rendimento cai notadamente. Ácidos aumentam relativamente suas concentrações (embora os ácidos continuem a ser metabolizados, a relação ácido/polpa cresce), sólidos solúveis aumentam significativamente e o pH tende a se elevar. A acidez no vinho costuma baixar, dada a maior precipitação de tartaratos, graças à maior concentração de potássio e cálcio na uva sobrematurada. Alguns autores descrevem que se podem reduzir os aromas varietais (por combustão), contudo é possível observar uma liberação de aromas combinados.

O "apassionamento" da uva leva as condições descritas acima a uma radicalização ainda maior. Os objetivos sempre estão relacionados a uma desidratação das bagas, com consequente aumento nas concentrações das substâncias presentes na uva, em particular os açúcares, o que permitirá obter vinhos de alta graduação alcoólica e/ou altos teores em açúcar residual. O grau de desidratação das bagas está diretamente relacionado com as condições climáticas (sobretudo temperatura) e práticas observadas. Altas temperaturas, baixa umidade e boa ventilação são condições ótimas para o sucesso na desidratação e na prevenção de moléstias.

O "apassionamento" das bagas se dá, em geral, com as uvas já colhidas – para que não haja mais influência da planta sobre a uva –, já que se deseja apenas a desidratação das bagas. Diversas práticas foram desenvolvidas, de acordo com as condições ideais de cada região e os propósitos desejados para a melhor elaboração dos vinhos. Assim, temos uvas desidratadas ao sol (o *soleo*, no Jerez), sobre esteiras (*vin de paille*, de Jura) e em varais ou grades (*passitos*, na Itália).

Alguns licorosos são elaborados a partir de apenas uma sobrematuração das uvas, ainda na planta, como é o caso do Porto e do *Vin Jaune* de Jura.

13.5 PODRIDÃO NOBRE

Podridões, em geral, são moléstias que afetam diretamente a qualidade nos vinhos. O agente infeccioso *Botrytis cinerea* é encontrado a infectar vinhedos por quase todas as partes do mundo, causando, normalmente, a moléstia conhecida como podridão cinzenta, de péssimas consequências para os vinhos. Entretanto, em algumas regiões em que as condições climáticas combinam altas temperaturas e uma certa névoa de umidade que se vai dissipando ao longo do dia (como em Sauternes, França e na região de Tokaj, na Hungria), num estágio em que as uvas já se encontrem perfeitamente maduras, ocorre um fato inusitado no ciclo evolutivo deste fungo: ele não se completa, mantendo-se no estado de micélio, de maneira a apenas promover uma desidratação da baga, sem infectá-la, entretanto. Os filamentos miceliares penetram através da película por microfissuras, sem, no entanto, arrebentar a baga. Sob esse efeito, há um decréscimo no volume da baga de até 50%, mas um acréscimo da concentração de seus compostos, além do favorecimento da síntese de outras substâncias. Os fungos acabam mortos pelo aumento da pressão osmótica, dada pela concentração ocorrida na uva.

De maneira geral, os efeitos que o *Botrytis cinerea* causa à uva são a desorganização da película, consumo de açúcares e ácidos (que todavia se concentram, pela desidratação da baga – proporcionalmente, mais os açúcares que os ácidos), formação de novos ácidos (ácido cítrico, em particular), ocorrência de numerosas diástases (que pela oxidação dão ao vinho uma cor ouro) e formação de gomas, glicerol e substâncias aromáticas e gustativas diversas, de forma que, no caso da podridão nobre, o processo de desidratação da uva em conjunto com a síntese de diversos outros compostos remetem à elaboração de vinhos licorosos bastante distintos e de altíssima qualidade.

13.6 TIPOS DE VINHOS LICOROSOS, SEGUNDO A FORMA DE SE ELABORAR

Existem muitas formas de se elaborar um vinho licoroso, e cada tipo encerra características particulares, sendo tarefa difícil agrupá-los de maneira que obedeçam a um protocolo rígido de vinificação. Assim, qualquer classificação que desejasse ordenar em classes os vinhos licorosos ficaria comprometida. Todavia, alguns pontos básicos podem ser abordados para uma compreensão geral dos processos.

O grupo dos vinhos Moscatéis está difundido por todas as partes do mundo – os mais afamados são o Moscatel de Setúbal e alguns moscatéis russos, além de exemplares da África do Sul, Grécia, Bulgária e outros tantos países. É composto por vinhos que resultam da fermentação natural do mosto de uvas brancas levemente sobrematuradas, da variedade moscato (predominantemente Moscato de Alexandria e Moscato Branco). Geram, costumeiramente, vinhos leves, frutados e adocicados, de matizes que tendem ao dourado, para serem consumidos jovens. O máximo de potencial aromático se logra quando a uva atinge cerca de 225 g.L^{-1} em açúcares. Maturações muito prolongadas podem levar à diminuição de teores dos ácidos e um certo "apassionamento" da uva, aportando aromas e sabores que não são desejados em tais vinhos, assim como cores mais escurecidas. A vinificação segue, na maioria dos casos, o protocolo de uma vinificação em branco tradicional. O mosto é sulfitado (adição de SO_2), já ao se iniciar o processo, na ordem de 50 a 100 mg.L^{-1}.

Alguns elaboradores optam por uma maceração das cascas – no Moscatel de Setúbal, essa maceração é feita após a fermentação, quando cascas são adicionadas ao vinho, permanecendo a macerar até o inverno seguinte. Nos casos em que a maceração se dá no início do processo, as cascas são deixadas em contato com o mosto por um período variável de dois a oito dias, até o corte com álcool, embora alguns vinhos permaneçam em contato por mais uma semana. A maceração objetiva a extração máxima de aromas e dá uma característica de cor tanto mais tendenciosa ao marrom quanto maior o período de contato com as cascas. O corte com álcool se dá, nos melhores moscatéis, com álcool vínico, no ponto em que se julgar adequado, de acordo com o vinho desejado, se mais seco ou doce. Alguns moscatéis podem apresentar graduações finais de 20% em álcool. Para a estabilização, volta-se a uma nova sulfitagem, da ordem de 100 mg.L^{-1}, evitando possíveis retomadas de fermentação ou ação de bactérias no meio.

Os vinhos brancos elaborados a partir de uvas com podridão nobre – Sauternes e outros vinhos dessa região da França (Barsac, Cérons, Sainte-Croix--du-Mont, Loupiac e Cadillac) Tokaj (Hungria) e Trockenbeerenauslese (Alemanha) – apresentam como característica comum certa dificuldade para a realização da fermentação, dadas as altas concentrações de açúcar e os baixos teores de nitrogênio, aspectos próprios dessas uvas. A adição de nutrientes e uma boa aclimatação das leveduras são essenciais para o sucesso da fermentação. Tradicionalmente, os mostos desses vinhos são fermentados em barricas de pequena capacidade, o que favorece o processo de seleção das vindimas, com posterior separação, segundo a qualidade dos vinhos obtidos. Ademais, o controle da temperatura se vê facilitado, já que a fermentação se desenvolve praticamente à temperatura ambiente. No momento em que os teores de álcool e açúcar desejados são alcançados nesses vinhos, incorpora-se, de uma só vez, uma grande dosagem de dióxido de enxofre (100 a 200 mg.L^{-1}) para interromper a fermentação. Durante a estabilização, os teores de SO$_2$ deverão ser constantemente checados, já que nesse tipo de vinho as reações de combinação do SO$_2$ são intensas, de forma a poder deixar o vinho desprotegido contra a ação maléfica de microrganismos. Os vinhos de podridão nobre costumam ganhar muita complexidade após um estágio de dois anos ou mais em barricas, além de um período posterior em garrafa. São vinhos de grande longevidade e caráter aromático e gustativo bastante peculiar.

Os vinhos brancos de levedura-flor são elaborados segundo processos bastante particulares, de acordo com o vinho em questão. Certamente a característica que os une é o fato de serem vinhos que se desenvolvem sob a formação de véus de levedura sobre a sua superfície. A Organização Internacional do Vinho (OIV) assim os define:

> Vinhos cuja característica principal é a de estarem submetidos a um período de transformação biológica em contato com o ar, pelo desenvolvimento de um véu de leveduras típicas sobre a superfície livre do vinho, logo depois da fermentação alcoólica do mosto. O vinho pode ser adicionado de aguardente de vinho ou álcool retificado alimentar ou álcool vitícola; nesse caso, o título alcoométrico adquirido do produto terminado deve ser igual ou superior a 15% vol.

Os vinhos de levedura-flor permanecem em barricas de carvalho por longos períodos, para que atinjam suas melhores características. Durante anos, o véu de leveduras se forma e se rompe várias vezes, de acordo com as alterações climáticas de inverno e verão. Esse fator acaba por submeter o vinho a processos alternantes de redução e oxidação, que acabarão por dotar o produto de aromas e sabores característicos. Os altos teores de acetaldeído formado e subprodutos que surgem do contato com a madeira e pela autólise das leveduras são peculiares aos vinhos de levedura-flor.

Outrossim, vinhos tipo *sherry*, que imitam o Jerez, são elaborados em grande número, por todo o mundo.

A prática de cozimento do mosto está eleita para a elaboração de alguns licorosos importantes, como o Madeira, Málaga, Marsala e Vino Cotto delle Marche. Como na maioria dos vinhos licorosos, são empregadas na elaboração desses produtos, especialmente uvas brancas, embora algumas variedades de tintas possam entrar também na composição. Tais uvas são colhidas, em geral, com algum retardo, propiciando certa sobrematuração, que pode variar de intensidade, de acordo com o vinho desejado. Cada um dos vinhos citados possui igualmente suas próprias características, compartilhando todos, entretanto, do fato de se utilizarem do cozimento do mosto, em maior ou menor grau e em maior ou menor quantidade, também de acordo com cada filosofia de elaboração. Todavia, tal cozimento trará características organolépticas similares a todos os vinhos (cor escurecida, aromas e sabores de frutas cozidas e até queimado). O tipo de cozimento do mosto pode ser feito em fogo direto ou aquecimento em banho-maria. O cozimento se constitui igualmente em uma forma de extração de aromas e concentração de açúcares, pela diminuição do volume inicial. Tais mostos costumam fermentar lentamente, em razão dos altos teores de açúcar alcançados. Uma vez fermentados, os vinhos oriundos desse processo costumam ser deixados por vários anos em barricas de madeira, para evoluírem lentamente e adquirirem também características aromáticas advindas de tal contato.

Na categoria dos vinhos licorosos tintos, o Porto é, sem sombra de dúvida, o exponencial (embora exista também o Porto branco). Sua elaboração parte de um grande número de variedades de uvas autóctones, levemente sobrematuradas. As castas utilizadas são uma particularidade de cada vinícola, cujo enólogo busca sempre a melhor composição, visando, sobretudo, dar uma boa coloração ao vinho, já que grande parte dos aromas de vinhos do Porto advêm dos processos fermentativos e de envelhecimento em barrica e garrafa, por longos anos (até 80 anos ou mais). É bom sublinhar que, mundo afora, elaboram-se vinhos que buscam imitar as características do vinho do Porto (alguns até assim se autointitulam), porém jamais logram atingir o mesmo padrão de qualidade.

O processo inicial assemelha-se a uma vinificação tradicional em tinto, até o momento em que o vinho é alcoolizado para reter a fermentação e promover uma estabilização biológica. A partir desse ponto, principia-se um longo e profícuo processo de envelhecimento, não mais em seu local de origem, já que os vinhos são conduzidos às grandes propriedades, em Vila Nova de Gaia. Desde então, os cortes a que serão submetidos e os períodos de envelhecimento (ver Tabela 13.1) é que determinarão o futuro vinho do Porto que chegará ao consumidor.

13.7 O USO DE LEVEDURAS

Leveduras são fungos unicelulares eucariontes da classe *Ascomycetes*, usadas em enologia no processo de fermentação, basicamente para a produção de álcool, embora se conheçam seus atributos em uma série de outras reações ocorridas no vinho (perfil aromático, polifenólico etc.), de forma que o vinho jamais existiria não fosse a ação das leveduras. Nessa função especial, encontram-se inúmeras espécies aptas a realizar tal tarefa, algumas mais especializadas que outras. Na própria película da uva sobrevivem leveduras, ditas indígenas ou selvagens, que podem perfeitamente iniciar um processo fermentativo. Muitos enólogos preferem lançar mãos de leveduras

secas selecionadas, produzidas por laboratórios, que garantem uma boa e controlada fermentação do mosto. Em algumas regiões, tradicionalmente mantêm-se culturas de leveduras específicas, que são precondicionadas ao meio, antes de serem levadas a fermentar o mosto, prática que se conhece como pé de cuba. As principais leveduras utilizadas em enologia fazem parte do gênero *Saccharomyces*, pertencente à família *Saccharomycetaceae*.

As práticas descritas acima e o uso de linhagens de diferentes leveduras são empregados de acordo com a filosofia de cada produtor, sendo encontradas distintas associações nas mais diversas vinificações de vinhos licorosos. Um caso em particular, todavia, chama a atenção na classe de vinhos licorosos: as chamadas leveduras-flor. Em vinhos como o Jerez e o Vin Jaune du Jura, tais leveduras, após algum tempo de estágio em madeira, passam à formação de um véu na superfície (daí "flor", denominação adotada pelos espanhóis), que evoluirá e submeterá o vinho a uma série de reações oxidativas ou oxirredutoras, que serão decisivas para as propriedades físico-químicas e organolépticas de tais vinhos. Várias são as linhagens responsáveis por tal efeito, geralmente pertencentes ao gênero *Saccharomyces*, podendo ser identificadas também as cepas *Cândida mycoderma*, a *Hansenula anomala* e a *Zygosaccharomyces acidifaciens*. Tais leveduras encontram-se, usualmente, impregnadas na madeira das barricas utilizadas, fazendo parte de um microssistema praticamente preestabelecido nas diversas vinícolas elaboradoras.

Outrossim, é de suma relevância lembrar que uma grande variedade de microrganismos pode ser encontrada nos mostos de uvas, sendo que as bactérias láticas compõem também um grupo de grande importância. Durante a fermentação alcoólica, as leveduras tendem a prevalecer sobre os demais microrganismos, que permanecem como que em estado latente. Todavia, muitos vinhos licorosos têm sua fermentação alcoólica interrompida quando os teores de açúcar ainda são elevados. Ora, uma vez que as leveduras tenham sofrido a autólise, há uma inclinação para que bactérias passem a fermentar esse açúcar residual, com consequências que podem ser nefastas ao vinho (produção de ácido acético). De tal forma, técnicas que promovam a estabilização microbiológica desses vinhos são sumamente importantes, quiçá fundamentais.

13.8 ESTABILIZAÇÃO MICROBIOLÓGICA

Deve-se lembrar que grande parte dos renomados vinhos licorosos existentes surgiu de situações inesperadas e imprevistas, e tinham como objetivo "salvar" o vinho elaborado, sobretudo no que tange a sua conservação, ou o que se conhece no meio enológico como sua estabilização microbiológica.

Os açúcares presentes no mosto de uvas são a grande fonte de energia no metabolismo de leveduras e bactérias. Leveduras e bactérias são encontradas nos mostos em suas formas nativas, provindas da própria uva, embora leveduras alcoólicas e bactérias lácteas selecionadas possam ser inoculadas para garantir maiores benefícios ao vinho – uma boa fermentação alcoólica pelas leveduras e fermentação malolática (transformação do ácido málico em ácido lático) pelas bactérias. Contudo, particularmente no que se refere às bactérias, a presença de açúcar pode significar extremo perigo ao vinho. Enquanto, em seu metabolismo, as leveduras procedem à glicólise para a formação de álcool e CO_2, as bactérias utilizam o mesmo açúcar para a produção de ácido acético, com sério prejuízo ao vinho, em casos de concentrações elevadas (acima de 20 meq.L^{-1}). Ora, levando-se em conta que nos vinhos licorosos os teores de açúcares residuais são geralmente elevados, cuidados são essenciais para evitar a contaminação, pois tais microrganismos poderiam facilmente reiniciar seus processos metabólicos, destruindo o vinho. Outros problemas advindos da metabolização do ácido cítrico e tartárico (com formação de ácido acético), da síntese de aminas biogênicas a partir de aminoácidos e da degradação do glicerol em acroleína são também relativos a atividades bacterianas e trazem profundos malefícios ao vinho.

A estabilização biológica é obtida por alguns processos que visam manter sob controle as atividades microbiológicas passíveis de acontecerem em um vinho, de forma a não ocorrerem riscos de contaminação e deterioração do produto. Tais processos podem ser divididos em ações antagônicas de antissépticos e/ou antibióticos; ações que visam eliminar ou inativar os microrganismos do vinho por meio físicos (ação mecânica, térmica ou energética); e o bloqueio do metabolismo dos microrganismos pela adição de determinadas substâncias ou pela carência nutricional.

A fórmula básica de controle microbiológico consta da adição de dióxido de enxofre (ação antisséptica), praxe em quase todas as vinificações, que obedecem a um protocolo determinado. No início da vinificação, objetiva certa seleção das cepas que atuarão na fermentação alcoólica, já que várias linhagens de leveduras se tornam inativas com a adição de níveis medianos de SO_2. Este ajuda também na predominância das leveduras em relação às bactérias. Durante o processamento do vinho, o controle dos níveis de dióxido de enxofre deve ser observado, para que se evite a proliferação de microrganismos oportunistas, prejudicando assim a vinificação. Ao final, antes do engarrafamento, nova correção deve ser efetuada, visando estabelecer uma estabilização biológica que garanta as boas propriedades do vinho. Nos licorosos, os teores de SO_2 para engarrafamento variam de acordo com os teores de açúcar e de álcool presentes nos vinhos, bem como à presença de podridão nas uvas. Assim, verificam-se concentrações que variam de 15 a 40 mg.L^{-1} para os Jerez mais secos, de 75 a 100 mg.L^{-1} nos vinhos do Porto, até 400 mg.L^{-1} em alguns Sauternes. Parte deste SO_2 se combinará com outros compostos, sendo que somente a forma livre que restará possui ação antisséptica. Outros compostos antissépticos como o ácido sórbico e o éster dietílico do ácido pirocarbônico podem ser associados ao dióxido de enxofre para potencializar sua ação. As doses desses compostos, todavia, devem ser usadas dentro dos limites legais, pois o excesso pode ocasionar toxicidade ao consumidor.

O uso de antibióticos é restrito, por sua possibilidade tóxica e limitado espectro de atuação.

A filtração (ação mecânica) constitui um mecanismo de grande eficiência na estabilização microbiológica. Processos de filtração modernos são capazes de esterilizar completamente o vinho, contudo muitas vezes são evitados pelos elaboradores, já que significam um custo alto e acabam também por reter compostos que dariam estrutura de corpo e aroma ao vinho. No caso de licorosos doces, sua ação é contraindicada, pelo fato de que descaracterizaria o vinho. Sua utilização, portanto, depende da filosofia de trabalho do enólogo em conjunto com os objetivos desejados para o vinho em questão. Filtrações mais brandas, todavia, podem ser eleitas em sua associação com o uso de clarificantes.

Os processos térmicos a que são submetidos alguns vinhos licorosos são também bastante eficazes na sua esterilização, muito embora possam ocorrer contaminações ao longo do processo de vinificação se cuidados não forem tomados. Outros processos térmicos, como a pasteurização e a inativação microbiológica por engarrafamento a quente, são por vezes utilizados, com resultados efetivos.

O uso de ondas energéticas (raios ultravioleta, ultrassom e raios infravermelhos) é plausível, mas não encontram respaldo em enologia, pela dificuldade da aplicação e por influírem de maneira desfavorável sobre o gosto do vinho.

O álcool, quer seja produzido pela fermentação, quer seja adicionado ao mosto, possui alto poder inibitório no metabolismo dos microrganismos. Concentrações em torno de 16 a 18%, na maioria dos casos, determinam uma estabilização microbiológica completa. Não à toa, grande parte dos vinhos licorosos tem seus teores em álcool bastante elevados. Altas concentrações de açúcar, por seu efeito osmótico, em associação com o álcool, também podem ser fator estabilizador no vinho.

O enólogo, ao elaborar seu vinho, deve levar em conta todas as técnicas de estabilização disponíveis, sendo bastante comum utilizar-se de mais de uma delas, em associações que se adaptem melhor a seus objetivos de proteger o vinho, sem causar-lhe qualquer descaracterização.

13.9 CONSIDERAÇÕES FINAIS

Penetrar no vasto universo da elaboração dos vinhos licorosos é uma aventura fascinante e perturbadora, tantas são as variáveis e tantas as surpresas que nos revelam os processos pelos quais se podem obter grandes vinhos. Tais processos e métodos, além de tudo, nos remetem à história particular de cada um deles, por vezes de séculos de tradições. É evidente que a alta tecnologia para elaboração de vinhos atualmente disponível foi e está sendo adaptada para melhor conduzir tal sorte de produtos, sem que se permita todavia descaracterizar os valores inerentes a cada processo. Os vinhos aqui citados são verdadeiras legendas, ostentam valorosas qualidades, representam seus países com orgulho e são marcas indeléveis da capacidade humana de transformar, criar e elaborar.

Por meio das práticas vitícolas, da colheita da uva, de seu transporte, das técnicas enológicas, dos processos de estabilização, envelhecimento e armazenagem desses vinhos pode-se desvendar um pouco de seus mistérios espetaculares. Um pouco, pois à divindade só se poderá compreendê-la ao brindar seus lábios e boca com uma taça desses verdadeiros néctares.

BIBLIOGRAFIA

AMERINE, M. A.; CRUESS, W. V. **The technology of wine making.** Westport: AVI Publishing, 1960. 709p.

AMERINE, M. A.; ROESLLER, E. B. **Wines:** their sensory evaluation. San Francisco: W. H. Freeman, 1976. 230p.

AMERINE, M. A.; SINGLETON, V. L. **Wine:** an introduction. Los Angeles: University of California Press, 1977. 373p.

AMERINE, M. A. **Wine production technology in the United States.** Washington: American Chemical Society, 1981. 229p.

BLOUIN, J.; GUIMBERTEAU, G. **Maturation et maturité des raisins.** Bordeaux: Éditions Féret, 2000. 151p.

CALÒ, A. et al. **Vinho:** escolha, compra, serviço e degustação: manual do sommelier. São Paulo: Globo, 2004. 189p.

CHATONNET, P. Volatile and odoriferous compounds in barrel-aged wines: impact of cooperage techniques and aging conditions. In: WATERHOUSE, A. L.; EBELER, S. E. **Chemistry of wine flavor.** Washington: American Chemical Society, 1999. p. 180-207.

DE ROSA, T. **Tecnologia dei vini dessert.** Brescia: Edizioni AEB S.P.A, 1987. 202p.

EBELER, S. Characterization and measurement of aldehyhes in wine. In: WATERHOUSE, A. L.; EBELER, S. E. **Chemistry of wine flavor.** Washington: American Chemical Society, 1999. p. 166-179.

ETIÉVANT, P. Wine. In: MAARSE, H. **Volatile compounds in foods and beverages.** New York: Marcel Dekker, 1991. p. 483-546.

FÉRET, C. **Bordeaux et ses vins.** Bordeaux: Éditions Féret et Fils, 1982. 1887p.

FLANZY, C. **Oenologie:** fondements scientifiques et technologiques. Paris: Editions Tec & Doc. 1998. 1311p.

GONÇALVES, F. E. **Portugal país vinícola.** Lisboa: Editora Portuguesa de Livros Técnicos e Científicos, 1984. 273p.

HERNÁNDEZ, M. R. **La cata y conocimiento de los vinos.** Madrid: A. Madrid Vicente Ediciones; Mundi-Prensa, 2003. 356p.

IMBRIANI, L. **Los mejores vinos del mundo.** Barcelona: Editorial De Vecchi, 1991. 359p.

LAROUSSE / VUEF. **Larousse des vins:** tous les vins du monde. Montréal: Larousse, 2001.

MAGA, J. A. Lactones in foods. **Critical Reviews Food Science Nutrition,** Boca Raton, v. 8, p. 1-56, 1976.

OLLAT, N. et al. Grape berry development: a review. **Journal International des Sciences de la Vigne et du Vin.** Bordeaux, v. 36, p. 109-131, 2002.

OREGLIA, F. **Enologia teórico-práctica.** Buenos Aires: Instituto Salesiano de Artes Gráficas, 1979. 622p.

PARONETTO, I. **Stabilità e controllo biológico del vino.** Brescia: Edizioni AEB Brescia, 1977. 249p.

PEYNAUD, E. **Létat de maturité conditionne la qualité et meme le type de vin.** Le vin n'est pas tout le raisin. Bordeaux: Chambre d'Agriculture de la Gironde. Service Vigne, 1996.

PIALLAT, R.; DEVILLE, P. **Œnologie & crus des vins.** Les Lilas: Éditions Jérôme Villette, 1984. 296p.

RIBÉREAU-GAYON, P. et al. **Tratado de Enologia.** Buenos Aires: Hemisferio Sur, 2003. 636p.

SCHROEDER, O. B. **Iniciação ao vinho.** Florianópolis: Editora Lunardelli, 1987. 296p.

SPENCE, G. **The port companion:** a connoisseur's guide. London: Quintet Publishing, 1997. 224p.

VILLA, E. A. **El gran libro del vino.** Barcelona: Editorial Blume, 1975. 478p.

WILLIAMS, A. A.; MERVYN J. L.; MAY, H. V. The volatile flavour components of commercial Port wines. **Journal of the Science of Food and Agriculture.** London, v. 34, p. 311-319, 1983.

14

VINHO TINTO

CELITO CRIVELLARO GUERRA

14.1 INTRODUÇÃO

É provavel que, o primeiro tipo de vinho produzido pelo homem tenha sido tinto. Ainda hoje, é o mais encorpado e complexo de todos os produtos da fermentação da uva. Há alguns anos, pesquisas científicas confirmaram que o mesmo possui propriedades nutracêuticas e terapêuticas que há muito se supunha existirem. Esse fato marcou o início de uma verdadeira revolução na produção, comercialização e consumo de vinhos no mundo. Até o final da década de 1980, os vinhos brancos representavam o maior volume da produção mundial. Essa realidade transformou-se com folga a favor dos tintos, a partir das descobertas científicas mencionadas. A comunicação, o marketing, a comercialização e o consumo de vinhos tintos conheceram incrementos sem precedentes. Apesar de ser uma bebida alcoólica, seu consumo contínuo e moderado tem sido estimulado por médicos e outros profissionais da saúde. Acompanhando essa tendência, os efeitos positivos do vinho tinto sobre a saúde humana são discutidos, aceitos e descritos em textos da legislação em diversos países produtores. A Organização Internacional da Uva e do Vinho (OIV) possui em seus quadros científicos, especialistas que estudam, permanentemente, os efeitos do consumo de vinho tinto. Um grande número de cientistas pelo mundo estudam de modo cada vez mais detalhado o efeito de centenas de compostos orgânicos e minerais do produto. É, portanto, razoável supor que o vinho tinto continuará ainda por um bom tempo a ser o alvo principal da atenção de uma parcela considerável da humanidade.

14.2 TIPOS DE VINHOS TINTOS

Vinho tinto é, por definição, a bebida obtida pela fermentação alcoólica do mosto simples de uvas tintas sãs, frescas e maduras. Entretanto, há uma enorme gama de tipos de vinhos tintos, em função da variedade de uva que lhe deu origem, da origem geográfica do vinhedo, da estrutura química, da capacidade de envelhecimento, do teor de açúcar e do método empregado na sua elaboração.

14.2.1 Vinhos de mesa e vinhos finos

Segundo a legislação brasileira (BRASIL, 1988, 2004), o vinho tinto é classificado como sendo de mesa se for elaborado a partir de uvas Vitis labrusca, uvas de outras espécies americanas ou seus híbridos. Por outro lado, é classificado como vinho tinto fino se elaborado com uvas Vitis vinifera, da categoria "nobres". Ambos os tipos devem ter entre 8,6 e 14 °GL de álcool, formado via fermentação pelas leveduras. A legislação proíbe toda e qualquer adição de álcool ao vinho. Se a uva não contiver o teor necessário de açúcar, deve-se adicioná-lo no início da fermentação, respeitando o limite estabelecido (máximo de 3 °GL na graduação alcoólica final). Por sua vez, vinho tinto leve é aquele que apresenta graduação alcoólica de 7,0 a 8,5 °GL, obtida exclusivamente pela fermentação dos açúcares naturais de uva.

14.2.2 Vinhos jovens e vinhos de guarda

A estrutura química dos vinhos tintos é determinante para sua longevidade. Determinados vinhos estão aptos ao consumo pouco tempo após sua elaboração. Nesse caso, possuem longevidade limitada. São os chamados vinhos jovens e dificilmente mantêm suas características sensoriais intactas por mais de três anos após sua elaboração. Outros, nos primeiros anos após sua elaboração, são tânicos, adstringentes e, portanto, precisam evoluir em suas características sensoriais para serem consumidos. Com o tempo, porém, vão se tornando harmônicos, aveludados e macios ao paladar. São os chamados vinhos de guarda, que podem ter longevidade de vários anos. Há relatos de vinhos tintos em perfeitas condições de consumo até 30 anos após sua elaboração. Safra, variedade da uva, grau de maturação e tecnologia de elaboração são fatores fundamentais para a longevidade de um vinho tinto.

14.2.3 Qualidade intrínseca de vinhos tintos e pirâmide da nobreza

A noção de qualidade é algo bastante complexo, logo, de difícil definição. Em relação a vinhos, considera-se que tem direta e estreita relação com a composição química de cada produto. Essa qualidade intrínseca pode ser mais ou menos percebida pelo consumidor. *In vino veritas*, portanto. Tecnicamente, pode-se considerar que a qualidade de um vinho está diretamente relacionada a três atributos: composição química rica e complexa (vinho encorpado), harmonia dos diferentes compostos e capacidade de conferir ao consumidor uma sensação agradável, imediata, intensa e duradoura, nos planos olfativo e gustativo. Considerando-se que os vinhos que apresentam de modo intenso e inequívoco os atributos citados aqui são os de mais alta qualidade, pode-se considerá-los também os mais nobres. Desse modo, pode-se também estabelecer uma pirâmide de nobreza, segundo os tipos de vinho. Assim, os vinhos tintos e os licorosos estariam no topo da pirâmide da nobreza, seguido dos brancos, espumantes e compostos.

14.2.4 Expressão sensorial da qualidade de vinhos tintos

Considerando que a qualidade intrínseca de um vinho tinto está diretamente relacionada à complexidade e à harmonia de sua composição química, sua expressão sensorial ocorre nos planos olfativo e gustativo por uma sensação que será tanto mais agradável, intensa e duradoura, quanto maior for a qualidade.

No plano olfativo, a qualidade se expressa principalmente pela complexidade aromática, advinda do aroma secundário ou terciário. Uvas Vitis vinifera tintas não apresentam aroma primário intenso. Consequentemente, os vinhos tintos finos não apresentam aroma primário de alta intensidade. As pirazinas, que são compostos do aroma primário de certos tintos finos como Cabernet Sauvignon, Cabernet Franc e Merlot, conferem a estes notas aromáticas de pimentão verde de baixa ou média intensidade. Por outro lado, uvas Vitis labrusca tintas, como Isabel e Bordô, possuem antranilato de metila, substância que confere o aroma intenso e característico (chamado foxado) aos vinhos delas originados.

O aroma mais característico de todos os vinhos tintos finos, sejam de estilo jovem ou de guarda, é o secundário ou de fermentação. Ele se manifesta por meio de notas frutadas, como cereja, mirtilo, groselha, morango, ameixa ou frutas silvestres. Eventualmente, pode manifestar-se por meio de notas florais, de fermentação ou de substâncias extraídas da madeira, no caso de o vinho ser estocado em barricas. Por sua vez, os vinhos tintos de guarda desenvolvem o aroma terciário ou de envelhecimento, que se manifesta por meio de notas de confeitaria, mel, néctar, frutas passa, condimentos e especiarias.

No plano gustativo, a qualidade dos vinhos tintos expressa-se de diferentes maneiras: pela harmonia dos gostos ácido e doce, pelas sensações de "encorpado" e "aveludado" propiciada por polissacarídeos e por certos polifenóis, pela característica de adocicado e quente, propiciada pelo álcool, pela persistência do conjunto das sensações agradáveis e pela ausência de amargor, adstringência e secura da boca ao ser degustado.

14.3 MATÉRIA-PRIMA PARA A ELABORAÇÃO DE VINHOS TINTOS

14.3.1 Tipos de uvas

A vitivinicultura é uma atividade recente no Brasil, principalmente no seu segmento de vinhos finos. Nos anos 1960, os vinhos finos começaram a ganhar importância na Serra Gaúcha, a maior e mais importante região vitivinícola do Brasil. Entretanto, das principais variedades da época, poucas são cultivadas atualmente. Cabernet Sauvignon, Cabernet Franc, Merlot, Tannat e Pinot noir são as variedades tintas mais cultivadas atualmente. Elas ganharam importância em termos de área cultivada desde o início dos anos 1980. Nos últimos anos, novas variedades começaram a ser testadas e cultivadas. As principais são Ancellota, Egiodola, Marselan, Malbec e Gamay.

Nos últimos anos, novos polos de produção de uvas finas surgiram no país. Considerando o conjunto das novas regiões vitivinícolas, têm se destacado as seguintes variedades: Teroldego, Touriga Nacional, Touriga Franca, Tempranillo, Syrah, Cabernet Sauvignon, Merlot, Cabernet Franc, Petit Verdot, Pinot noir, Montepulciano, Barbera e Ruby Cabernet.

Em relação ao segmento dos vinhos tintos de mesa, as principais variedades de uva são: Isabel, Bordô e Seibel. A variedade Concord é bastante cultivada, mas a maior parte da produção é utilizada para a elaboração de suco de uva. Também a BRS-Margot, variedade recentemente lançada pela Embrapa, tem sido bastante cultivada.

14.3.2 Características da uva para a elaboração de vinhos tintos de qualidade

Considerando os fatores intrínsecos da qualidade dos vinhos mencionados aqui, é necessário que a uva destinada à elaboração de vinhos tintos de alta qualidade tenha características físicas e químicas adequadas.

As principais características físicas requeridas são:

- Tamanho pequeno das bagas.
- Bagas com casca espessa, permitindo elevada relação peso da casca/peso da baga.
- Rendimento em mosto moderado (no máximo 60%).

As principais características químicas requeridas são:

- Teor de açúcar de, no mínimo, 220 g/L, medido no mosto da uva madura.
- Acidez situada entre 70,0 mEq/L e 75,0 mEq/L.
- Alto teor de antocianinas (pelo menos 800 mg/L de antocianinas totais no vinho ao final da maceração, exceto variedades como Pinot noir ou Gamay, cujo limite mínimo é de 400 mg/L).
- Teor de taninos de pelo menos 2,5 g/L, expressos em taninos totais.
- Alta extratibilidade de taninos e antocianinas das cascas (próxima a 100%).
- Relação taninos das cascas/taninos das sementes de, no mínimo, 1,0.

14.3.3 Maturação e colheita: índices de maturação de uvas destinadas à vinificação em tinto

Para a elaboração de vinhos tintos de qualidade, as uvas devem ser colhidas segundo critérios que determinam o ponto ótimo de maturação, considerando-se as variáveis açúcares, ácidos, pH e polifenóis. As primeiras três variáveis determinam o índice de maturação tecnológica, e os polifenóis compõem o índice de maturação fenólica.

Para a medida da quantidade de açúcares na uva, deve-se colher bagas representativas do vinhedo e efetuar as medidas. O método mais utilizado a campo é a medida da escala de graus Babo, que representa a percentagem de açúcar existente em uma amostra de mosto, ou em escala de graus Brix, que representa o teor de sólidos solúveis totais na amostra, 90% dos quais são açúcares fermentescíveis. A medida do teor de açúcar do mosto pode ser também efetuada em laboratório, com o auxílio de um densímetro.

A partir da medida da riqueza glucométrica da uva, é possível calcular o teor de álcool potencial do vinho. Para tal, considera-se que, para a obtenção de 1,0 °GL de álcool na fermentação alcoólica, são necessários 17,0 g/L de açúcar na uva. Considerando que vinhos tintos devem conter, no mínimo, 12,0 °GL, eles deverão ser elaborados com uvas contendo pelo menos 20,5% (205 g/L) de açúcares fermentescíveis, o que corresponde a 20,5 °Babo ou 22,5 °Brix, medidos a 20 °C.

A medida da acidez total (soma dos ácidos) do mosto é efetuada no laboratório, por método titulométrico. É empregada juntamente com a medida do grau glucométrico, pois o balanço entre teor de açúcar e acidez confere ao vinho um equilíbrio gustativo determinante para sua qualidade geral. Ao contrário dos açúcares, os ácidos da uva diminuem a partir da mudança de cor. Idealmente, na colheita, a uva deve conter entre 70,0 mEq/L e 75,0 mEq/L. A técnica da cromatografia líquida de alta performance (HPLC) permite obter em laboratório o teor de cada um dos ácidos da uva: tartárico, málico, cítrico e succínico. Considerando-se que os dois primeiros são responsáveis por pelo menos 90% da acidez total da uva e que o ácido málico pode ser transformado em ácido lático pela fermentação malolática, essa análise é importante para a obtenção da relação ácido tartárico/ácido málico, a qual constitui-se em um dos principais indicadores da qualidade da acidez da uva e do vinho.

O pH representa a quantidade de íons hidrogênio livres do mosto, fator esse determinado pelo equilíbrio entre os ácidos e os cátions presentes na amostra. O pH ideal do mosto destinado à elaboração de vinho tinto deve situar-se entre 3,2 e 3,4.

A partir da medida da maturação tecnológica da uva, por meio da mensuração dos teores de açúcares fermentescíveis, do teor dos ácidos e do pH, medidas derivadas podem ser efetuadas, permitindo a obtenção de índices específicos que orientarão o enólogo no uso de técnicas e parâmetros na vinificação em tinto. Esses índices são: relação açúcares totais/acidez total, relação grau glucométrico/pH^2 e relação ácido tartárico/ácido málico.

A maturação fenólica consiste na quantificação dos teores e da extratibilidade de taninos e antocianinas das cascas e dos teores de taninos das sementes da uva tinta. A técnica permite a obtenção dos seguintes índices: relação taninos das cascas/taninos das sementes, teor e extratibilidade de taninos das cascas, teor e extratibilidade das antocianinas. Por meio desses índices, aliados aos índices da maturação tecnológica, o enólogo pode determinar o tipo de vinho tinto a elaborar em função das características da uva, bem como os processos e parâmetros de vinificação a adotar.

14.4 FATORES DETERMINANTES DA QUALIDADE DA UVA E DO VINHO TINTO

A qualidade da uva para a elaboração de vinhos tintos é definida pela sanidade e pela constituição física e química das bagas, fatores que determinam a quantidade e a qualidade dos compostos extraídos durante a vinificação. Os componentes da uva determinantes para a qualidade do vinho tinto são compostos fenólicos, açúcares, ácidos orgânicos, polissacarídeos, minerais, proteínas e substâncias voláteis. Um número considerável de fatores está na origem do perfil qualitativo e quantitativo desses compostos. São variáveis ligadas ao potencial genético de cada variedade de videira, a fatores do meio ambiente e da tecnologia agronômica e enológica.

14.4.1 Potencial genético das variedades de videira

Menos de 30 variedades de videira produtoras de uvas tintas são responsáveis por mais de 90% do volume de vinho tinto produzido no mundo. Embora a pequena variabilidade em relação ao número de variedades, observa-se uma grande variabilidade de tipos de vinho. Tal fato ocorre pela significativa diferença entre as variedades com respeito ao potencial de produção de compostos, tais como matéria corante, taninos e polissacarídeos. Outro fator não menos importante é o potencial de adaptação das variedades a diferentes condições ambientais. Algumas podem produzir uvas de alto potencial enológico sob distintas condições de meio ambiente. São as chamadas "variedades cosmopolitas". Outras produzem uvas de alto potencial enológico em condições ambientais particulares, o que restringe o número de regiões nas quais são cultivadas. Por fim, a resistência a pragas e doenças, fator diretamente ligado ao potencial genético das videiras, também interfere no potencial enológico da uva, uma vez que esse advém do somatório da qualidade sanitária e físico-química da uva.

Atualmente, a quase totalidade das uvas cultivadas para a elaboração de vinhos finos é plantada sobre porta-enxertos, que funcionam como filtros, induzindo, em parte, a expressão do potencial genético de cada variedade. Ademais, para cada variedade existem clones com características específicas, os quais conferem à variedade alta adaptação às condições naturais, resultando em alta qualidade na produção.

14.4.2 Fatores naturais

A maior parte do potencial de qualidade dos vinhos, e dos tintos em particular, advém dos fatores naturais, cuja otimização permite a plena expressão do potencial genético de cada variedade de videira. Embora o excepcional avanço da tecnologia agronômica e enológica ocorrido nas últimas décadas, a enologia continua fortemente dependente de um grande número de variáveis climáticas e pedológicas inerentes a cada local de produção da uva. O viticultor tem uma influência reduzida sobre os fatores naturais, de modo que a escolha correta do local de plantio na instalação de um vinhedo é fator fundamental para o sucesso do empreendimento. A seguir, é apresentado um detalhamento de todas as variáveis que intervêm na expressão do potencial de qualidade enológica da uva das variedades de videira tintas.

14.4.2.1 Localização do vinhedo

Os especialistas em climatologia aplicada à vitivinicultura formularam o conceito de clima vitivinícola, que é o conjunto de elementos ligados ao clima que interferem e determinam o potencial de qualidade enológica da uva. Nesse contexto, as variáveis latitude, altitude, continentalidade e relevo, elementos relativos à localização de um determinado vinhedo, interferem diretamente nas condições ambientais das regiões vitícolas.

Embora a videira seja originalmente uma planta de clima temperado, ela tem sido adaptada a cultivos em zonas mais frias e mais quentes. Entretanto, observa-se uma variabilidade muito grande no potencial enológico da uva de diferentes variedades tintas em função da latitude. Videiras cultivadas em altas latitudes apresentam ciclo alongado. O contrário é observado em regiões de baixa latitude (próximas aos trópicos), com um encurtamento significativo do ciclo produtivo das plantas. O mesmo efeito é observado em relação à altitude. Quanto maior a altitude, mais longo o ciclo da videira. Em geral, pode-se afirmar que altitudes elevadas compensam o efeito causado pela baixa latitude. Assim, é possível obter-se uvas de alto potencial enológico em zonas tropicais, se os vinhedos estiverem localizados em altitude elevada. Por outro lado, vinhedos localizados em climas temperados ou frios não suportam altitudes elevadas. Nesse caso, a uva não amadurece, pelo efeito das temperaturas excessivamente baixas durante o clico produtivo.

Continentalidade é uma variável que denota a localização de um vinhedo ou região vitivinícola em relação ao continente. Nesse aspecto, vinhedos localizados próximos ao mar apresentam uvas com características enológicas distintas daquelas oriundas de vinhedos localizados no interior dos continentes, longe do efeito oceânico.

O relevo também exerce um efeito importante sobre as variáveis pedológicas e climáticas, interferindo decisivamente na qualidade e no potencial enológico da uva. Cultivos localizados em encosta são, em geral, mais aptos à qualidade do que os localizados em terreno plano, uma vez que uma boa drenagem do solo é fator fundamental para a obtenção de uvas tintas ricas em compostos formados pelo metabolismo bioquímico secundário da videira.

A alta qualidade enológica é obtida pela localização do vinhedo em condições ótimas de todas as variáveis descritas aqui. A localização de um vinhedo em condições impróprias em apenas uma dessas variáveis pode comprometer o efeito positivo de todas as outras.

14.4.2.2 Clima e suas variáveis

O clima pode exercer grande importância sobre a produção de uvas destinadas à elaboração de vinhos tintos. As variáveis climáticas mais importantes para a qualidade de uvas tintas são as temperaturas diárias, a pluviosidade e a radiação solar.

A temperatura atua sobre os processos fisiológicos da videira, influenciando a duração do ciclo produtivo. Durante os períodos de brotação e floração, influi pouco sobre a qualidade da uva, a não ser que haja ocorrência de eventos extremos, como geadas. No período de maturação, o ideal é haver amplitude térmica diária de pelo menos 12 °C, em uma faixa de 12 a 15 °C para as mínimas e 25 a 30 °C para as máximas. Altas temperaturas durante a maturação causam transformação precoce de precursores de aromas, degradação exagerada dos ácidos, principalmente o ácido málico, e instabilidade química dos polifenóis (taninos e antocianinas) das uvas tintas, ocasionando um descompasso entre as maturações tecnológica e fenólica. Temperaturas muito

baixas no período resultam em uvas muito ácidas, pouco doces e incompletamente maduras. Sejam as temperaturas muito altas ou muito baixas, ou ainda a amplitude térmica diária muito pequena, o desbalanceamento térmico resulta em vinhos tintos tânicos, adstringentes, desequilibrados ao paladar, com limitado potencial de envelhecimento.

Em relação à pluviosidade, as videiras possuem requerimento hídrico distinto ao longo do ciclo produtivo. No início da primavera, a brotação se inicia com forte demanda por água para a multiplicação e o desenvolvimento celular. Durante a floração, o excesso de precipitação pode comprometer a fertilidade e a formação das bagas. Ao final da fase de desenvolvimento das bagas e durante a maturação, o ideal é que ocorra um estresse hídrico moderado, resultando em bagas pequenas, com casca espessa e contendo altos teores de açúcar, antocianinas e taninos. Se essas condições ocorrerem sob um regime térmico ideal, os compostos formados serão quimicamente estáveis e contribuirão diretamente para a estrutura, a qualidade e a longevidade do vinho.

Além dos aspectos físicos e químicos da baga, precipitações moderadas e escassas contribuem para um melhor controle sanitário da uva, originando uvas sem resíduos de agroquímicos e em perfeito estado sanitário, situação ideal para um alto potencial de qualidade enológica em uvas tintas.

A radiação solar é diretamente responsável pelos processos fisiológicos da videira, com reflexos na qualidade da uva. A condição ideal para a videira em todo seu ciclo produtivo é abundância de luz solar aliada a temperaturas moderadas. Em regiões de clima temperado, onde as quatro estações são bem definidas, variedades de videira de ciclo longo tendem a produzir vinhos melhores, uma vez que o final da maturação se dá no início do outono, sob condições ideais de luminosidade, temperatura e precipitação.

14.4.2.3 Solo e suas variáveis

O solo exerce influência sobre o estado nutricional e sobre a capacidade de desenvolvimento das raízes da videira, com efeito sobre o potencial enológico da uva. Fatores como rocha-mãe, pH e fertilidade natural determinam maior ou menor vigor para as plantas. As variedades produtoras de uvas tintas, cultivadas visando à elaboração de vinhos tintos, obedecem a uma lógica particular. Além de uma restrição hídrica moderada ser benéfica à qualidade da uva, a baixa fertilidade do solo também o é. Essas duas condições unidas limitam o crescimento vegetativo (folhas e ramos) e ativam rotas bioquímicas do chamado metabolismo secundário da videira, com formação de altos teores de polifenóis, polissacarídeos e proteínas, além de favorecer altos teores de açúcares. Essa condição só é conseguida com moderada produtividade do vinhedo. Considera-se que, em condições ideais, a partir do início da maturação das bagas a videira deve parar seu crescimento vegetativo. Sua continuação significa que a planta não está sob restrição nutricional e hídrica, acarretanto alta produção, com baixo potencial enológico.

A videira é uma planta de raízes pivotantes, que crescem indefinidamente em profundidade, se o solo permitir. Para que isso ocorra, o solo deve ser bem drenado (a videira adapta-se a diversos tipos de solo, exceto os alagados e mal drenados) e com moderado teor de argila, facilitando a aeração e a porosidade. Nessas condições, a videira resiste a estresses hídricos e nutricionais, produzindo uvas de alta qualidade enológica, sem perigo de definhar ou morrer precocemente.

14.4.3 Fatores agronômicos

Os fatores tecnológicos dependentes do viticultor podem ser modificados de modo a permitir a otimização das condições do meio ambiente onde a videira implantada se desenvolverá, buscando melhor qualidade. Os principais fatores são o sistema de condução, a densidade de plantação, o uso de porta-enxertos e clones específicos, a orientação das linhas, a adequação da nutrição mineral do solo, o tipo de poda de inverno, a área foliar do dossel, a produtividade por planta, o manejo das plantas durante o ciclo produtivo (desfolha, desponte dos ramos etc.) e o protocolo fitossanitário adotado. Esse conjunto de práticas culturais visa ao controle do vigor das plantas, ao equilíbrio vegetação/produção, à uniformidade da produção e ao controle sanitário da uva. É efetivo no aumento do potencial enológico de uvas tintas, em complemento à otimização dos fatores naturais. Como o clima varia de ano para ano, afetando também as condições de solo, o resultado é que há uma variabilidade significativa na qualidade das safras. Desse modo, quanto melhor a qualidade da safra, menor é o efeito dos fatores agronômicos sobre o potencial enológico da uva e a qualidade do vinho e vice-versa.

14.4.4 Tecnologia enológica

A vinificação em tinto é um conjunto de procedimentos que permite a obtenção de vinho tinto tranquilo a partir de uvas tintas. Em função do grande número de variáveis que intervêm no processo, é possível, por meio dela, obter uma vasta gama de tipos de vinhos. Todavia, independentemente do tipo considerado (jovem, de guarda, varietal, de assemblage, de alta gama etc.) a qualidade repousa sobre a ausência de defeitos tecnológicos, a riqueza da estrutura química, a complexidade e a harmonia organoléptica, a tipicidade olfato-gustativa e a persistência das sensações sensoriais agradáveis.

Na elaboração de um vinho tinto, qualquer que seja o tipo considerado, o enólogo deve trabalhar tendo por objetivo os componentes da qualidade acima mencionados. Para tanto, vários procedimentos podem ser utilizados. Em geral, eles são classificados em dois grupos: os que privilegiam métodos físicos de vinificação e os que privilegiam os aditivos enológicos. Em uma enologia racional, os dois tipos de procedimentos podem ser empregados, mas com incidência bem mais forte da utilização dos métodos físicos.

O emprego dos métodos físicos possui a grande vantagem de originar vinhos cujo perfil físico-químico e sensorial está estreitamente ligado à origem geográfica da uva, com otimização da qualidade via utilização de procedimentos tais como a extração seletiva ou a condução das fermentações alcoólica e malolática, de modo a favorecer certas reações químicas durante a estabilização. Por outro lado, o emprego exclusivo de aditivos enológicos tende a gerar vinhos estandardizados, nos quais a diversidade ligada à região de origem da uva pode ser completamente anulada. Ademais, tais vinhos tendem a ser organolepticamente desarmônicos, sendo que a harmonia olfato-gustativa é um dos pilares da qualidade intrínseca (GUERRA; ANGELUCCI DE AMORIM, 2003).

14.5 COMPOSIÇÃO QUÍMICA DE VINHOS TINTOS

O vinho é uma mistura complexa de compostos orgânicos, complementada por elementos inorgânicos. Os principais componentes do vinho são: água, alcoóis, ácidos orgânicos, polifenóis, proteínas, polissacarídeos, açúcares, compostos aromáticos, minerais e vitaminas. Os compostos responsáveis pela cor, pelo aroma e pelo gosto são os responsáveis pelas diferenças entre os vários tipos de vinho tinto.

14.5.1 Água

Em termos gerais, representa de 70 a 90% do volume do vinho tinto. Provém inteiramente da uva, sendo sua adição ao vinho terminantemente proibida.

14.5.2 Alcoóis

Vinhos tintos de qualidade possuem teor alcoólico total entre 12,0 e 14 °GL.

O etanol ou álcool etílico é o mais importante álcool dos vinhos. No plano sensorial, apresenta gosto levemente adocicado, auxiliando também no volume/estrutura. Além disso, é importante para a estabilidade química do vinho. Atua como solvente na extração de pigmentos e taninos durante a fermentação do vinho tinto e na dissolução de compostos voláteis.

O glicerol é o segundo álcool em importância. No aspecto sensorial, tem gosto adocicado e é viscoso, contribuindo para a untuosidade do vinho.

O Álcool metílico ou metanol pode ser encontrado no vinho tinto proveniente da hidrólise das pectinas da uva ou da hidrólise de compostos da madeira, se o vinho for estabilizado em barricas tostadas. A quantidade de metanol de um vinho tinto é maior quando ocorre adição de enzimas pectinolíticas à uva esmagada no início de fermentação, quando emprega-se maceração longa ou ainda quando o vinho é derivado de certas uvas Vitis labrusca ou seus híbridos, ricos em pectina.

Os vinhos tintos contêm também pequenos volumes de alcoóis de três ou mais carbonos. São os chamados alcoóis superiores. Os principais são: 1-propanol, 2-metil-1-propanol (álcool isobutílico), 2-metil-1-butanol (álcool amílico) e 3-metil-1-butanol (álcool isoamílico). O 2-metil-1-propanol representa cerca de 1/4 dos alcoóis superiores em vinhos tintos. Esses alcoóis, em baixas concentrações, podem contribuir positivamente para a qualidade sensorial do vinho. Em teores excessivamente elevados, porém, podem aportar notas desagradáveis. A formação dos alcoóis superiores na fermentação é favorecida pela aeração em excesso (fermentação em recipientes abertos), temperaturas elevadas e predominância de certas cepas de levedura.

14.5.3 Ácidos orgânicos

Os principais ácidos do vinho são tartárico, málico, cítrico (provenientes da uva) lático, succínico e acético (provenientes da fermentação). A acidez total nos vinhos tintos é, em geral, ligeiramente mais baixa que a dos brancos, em função de os tintos serem mais estruturados e tânicos. Entretanto, não deve ser demasiadamente baixa, sob pena de provocar instabilidade da cor, desequilíbrio gustativo e limitação da longevidade.

Os ácidos tartárico, málico, lático, succínico e cítrico formam a chamada acidez fixa do vinho. Normalmente, pelo menos 90% da acidez fixa é representada pelos ácidos tartárico e málico. Nos mostos de uvas tintas a relação ácido tartárico/ácido málico situa-se entre 2 e 4. Como a grande maioria dos vinhos tintos sofre fermentação malolática (transformação do ácido málico em ácido lático), normalmente a relação ácido tartárico/ácido lático encontrada em vinhos engarrafados é em torno de 5.

A acidez volátil do vinho é uma pequena fração da acidez total, formada como subproduto das fermentações, ou pela transformação de certos compostos das barricas que tenham sofrido processo de tostagem. O principal ácido volátil do vinho é o acético. São encontrados também traços dos ácidos fórmico, butírico e propiônico. Vinhos tintos normalmente contêm acidez volátil ligeiramente superior àquela encontrada em vinhos brancos, em função da maceração e da passagem por barricas de madeira.

14.5.4 Compostos fenólicos ou polifenóis

Provêm principalmente das cascas e sementes da uva, por isso são compostos majoritários nos vinhos tintos, aos quais aportam propriedades específicas tais como cor, adstringência e estrutura química, designada na degustação como o corpo do vinho. São também antioxidantes potentes, responsáveis diretos pela longevidade dos vinhos. De acordo com sua estrutura química, podem ser classificados em flavonoides (os que possuem estrutura química básica de tipo C_6, C_3, C_6) e não flavonoides. Os flavonoides são representados por vários subgrupos. Os de maior interesse enológico são: antocianinas, flavanóis, flavonóis e flavanonóis. Os não flavonoides são representados pelos estilbenos e pelos fenóis ácidos, derivados dos ácidos cinâmico e benzoico, formando duas séries de compostos (cinâmica e benzoica).

Os compostos não flavonoides são encontrados nos vinhos tintos em teores variando entre 20 e 50 mg/L. Os derivados do ácido cinâmico, como o ácido p-cumárico, ácido ferúlico e ácido cafeico, encontram-se frequentemente na forma de ésteres do ácido tartárico. Assim, ácido tartárico + ácido cafeico = ácido caftárico; ácido tartárico + ácido p-cumárico = ácido cutárico. Os ácidos da série benzoica não provêm da uva, mas são extraídos da madeira, por ocasião da estabilização do vinho em barricas. Os principais representantes dessa série são os ácidos salicílico, p-hidroxibenzoico, vanílico, gentísico, siríngico, gálico e protocatéquico. Esses compostos possuem pouca ou nenhuma importância para a qualidade e a tipicidade de vinhos tintos. Por outro lado, os estilbenos, e o resveratrol em especial, possuem grande importância nos vinhos tintos, uma vez que têm relação com a saúde humana. Descobertas científicas publicadas nos últimos anos dão conta de efeitos preventivos desse compostos sobre doenças coronarianas e certos tipos de câncer, por meio do consumo contínuo e moderado de vinho tinto.

Os flavonoides são os compostos fenólicos mais importantes para o vinho tinto. Das antocianinas e dos flavanóis depende a qualidade organoléptica, sendo as antocianinas responsáveis pela cor e, os flavanóis pela cor, sabor, corpo, adstringência e amargor. Deles também depende a longevidade dos vinhos.

As antocianinas da uva são cinco: cianidina, paeonidina, delfinidina, petunidina e malvidina. Essa última é o principal pigmento da uva, representando no mínimo 50% do teor total. As antocianinas estão presentes principalmente nas primeiras camadas de células da casca da uva, sendo extraídas nos primeiros dias da maceração na vinificação em tinto. São os pigmentos responsáveis pela cor do vinho tinto recém-elaborado. Durante a fermentação e a estabilização, reagem quimicamente com os flavanóis e outros compostos do vinho, formando produtos polimerizados, quimicamente estáveis, os quais são diretamente responsáveis pela longevidade dos vinhos.

Os flavanóis formam o principal grupo dos chamados taninos do vinho. As catequinas são as unidades flavanólicas básicas. Durante a maturação da uva, seu grau de polimerização aumenta. As catequinas da uva são: (+)–catequina, (–)–epicatequina, galocatequina e epigalocatequina. As procianidinas são formas parcialmente polimerizadas, constituídas de combinações de catequinas. As procianidinas diméricas da série B são dímeros de (+)–catequina e (–)–epicatequina. Os taninos condensados são polímeros de alto peso molecular, derivados da polimerização das catequinas.

Os flavonóis e os flavanonóis possuem propriedades semelhantes às dos flavanóis, mas têm importância menor, em razão dos teores com que se encontram nos vinhos. Os principais flavonóis do vinho são kaempferol, quercetina e miricetina. Os principais flavanonóis são naringenina, eriodictiol, taxifolina e fustina.

A uva tinta em estágio ideal de maturação possui cerca de 20% dos flavanóis sob a forma monomérica, cerca de 30% sob as formas oligoméricas e os 50% restantes sob as formas poliméricas. Essa repartição varia em função da cultivar de videira. Por outro lado, quanto mais avançado o estágio de maturação da uva, maior a percentagem de flavanóis polimerizados e maior a percentagem estocada nas cascas, em relação às sementes.

No vinho tinto, os flavanóis reagem com as proteínas, provocando sua precipitação. Também influem na evolução da cor, pois reagem com as antocianinas formando pigmentos quimicamente estáveis. Por fim, possuem expressiva atividade antioxidante.

14.5.5 Proteínas e outros compostos nitrogenados

Os compostos nitrogenados estão presentes nos vinhos na forma inorgânica, como amônia e nitratos, e em diversas formas orgânicas, incluindo, aminas, amidas, aminoácidos, pirazinas, bases nitrogenadas, pirimidinas, ácidos nucleicos e proteínas. Em vinhos tintos, o teor proteico total varia de 1,0 a 4,0 g/L.

Proteínas e aminoácidos têm grande importância no sabor do vinho tinto, além de serem precursores de diversos outros compostos, como, por exemplo, as aminas biogênicas. O conteúdo de aminas em vinhos varia de traços até 130 mg/L, dependendo de fatores como variedade da uva, safra, estresse hídrico e adubação. Dentre essas substâncias, putrescina é a mais abundante. São encontradas também histamina, tiramina, cadaverina, espermidina, triptamina, feniletilamina, agmatina e serotonina. Em teores moderados, as aminas não são percebidas no vinho, mas teores mais elevados podem aportar problemas à degustação, além de serem potencialmente nocivas à saúde.

As pirazinas são substâncias voláteis características de algumas variedades de uvas tintas como Cabernet Sauvignon e Cabernet Franc, sendo as maiores responsáveis pelo aroma primário dos vinhos dessas variedades.

14.5.6 Açúcares

Os principais açúcares da uva são a glicose e a frutose. São os açúcares utilizados na fermentação alcoólica pelas leveduras. Ao final da fermentação, restam alguns açúcares não fermentados (residuais), como heptulose e pentoses. Uvas colhidas em estágio ideal de maturação (maturação tecnológica) apresentam relação glicose/frutose igual a 1,0. Essa relação é maior em uvas incompletamente maduras e menor em uvas sobremaduras. Vinhos elaborados com uvas sobremaduras podem apresentar teores elevados de açúcares residuais, em função da dificuldade que certas cepas de leveduras *Saccharomyces cerevisiae* têm de fermentar a frutose.

O açúcar do vinho pode provir também da adição externa, desde que esta ocorra dentro dos parâmetros estabelecidos em lei. Nesse caso, a sacarose (proveniente da cana-de-açúcar ou da beterraba) é o único tipo permitido. O processo de correção do teor glucométrico do mosto de uvas deficientes em açúcar chama-se chaptalização.

14.5.7 Polissacarídeos

A uva tinta é particularmente rica em polissacarídeos. Uma uva adequadamente madura possui teores elevados de polissacarídeos neutros e teores menores de polissacarídeos ácidos. No vinho tinto, esses compostos têm fundamental importância na manutenção do equilíbrio coloidal. Os mesmos evitam que haja precipitação prematura de diversas macromoléculas, contribuindo assim para a longevidade do vinho. Além disso, à degustação, contribuem na sensação de "volume" e "aveludado".

14.5.8 Compostos aromáticos

O aroma dos vinhos, e dos tintos em particular, é constituído por um conjunto numeroso e complexo de moléculas. As uvas maduras contêm substâncias encontradas principalmente sob formas químicas não aromáticas, os chamados precursores de aroma. Durante a vinificação ocorrem fenômenos tais como extração, maceração, hidrólise e oxidação, transformando os precursores em substâncias aromáticas e forjando o chamado aroma varietal ou primário do vinho. Desde a fermentação alcoólica até o final da fase de estabilização, forma-se o aroma de fermentação ou secundário, constituído essencialmente de alcoóis, ésteres, compostos carbonilados, sulfurosos e até fenóis voláteis. Uma vez terminada a fase oxidativa, o vinho é engarrafado. A partir desse momento, ocorrem transformações físico-químicas que resultam no chamado aroma terciário ou de envelhecimento, que será tanto mais complexo quanto maior for o potencial de envelhecimento (longevidade) do vinho.

Um dos principais grupos de substâncias aromáticas dos vinhos tintos, as metoxi-pirazinas, têm aroma predominante de pimentão verde e herbáceo. Estão presentes em teores apreciáveis nas partes verdes de certas variedades tintas de videira, incluindo as bagas, onde os teores decrescem ao longo da maturação. Assim, uma colheita precoce acarreta teores mais levados desses compostos, ao passo que uvas colhidas em estágio mais avançado de maturação resultam em vinhos tintos com predominância de notas aromáticas de frutas vermelhas ou especiarias.

O maior grupo de aromas de frutas nos vinhos tintos provém de alcoóis e ésteres da uva. Os norisoprenoides são aromas terpênicos produzidos por grande número de variedades de videira, em especial certas castas tintas. Damascenona e β-ionona são norisoprenoides com aromas de pêssego e violeta, respectivamente. Os aromas são "revelados" no decorrer da vinificação. Compostos aromáticos contendo enxofre na molécula (por exemplo, mercapto-pentanonas) agregam notas agradáveis de frutas tais como abacaxi. Notas aromáticas de groselha também provêm de substâncias combinadas ao íon enxofre e formam-se durante a fermentação ou

estabilização dos vinhos. Por sua vez, os fenóis voláteis e os sequiterpenos conferem ao vinho tinto aromas de fungo seco, especiarias e pimenta.

Para a obtenção de vinhos tintos ricos em aroma frutado (groselha, cereja, ameixa, cassis, mirtilo, pêssego etc.) é necessária exposição solar adequada, temperaturas diárias variando entre 12 e 28 °C e restrição hídrica moderada no período de maturação das bagas. Videiras de uvas tintas cultivadas em climas mais quentes tendem a originar vinhos com aromas de figo, compota, mel, ameixa seca, uva-passa, conhaque e café. Entretanto, esses aromas podem estar fundidos a outros menos agradáveis, como aroma de cozido ou de sarmento seco de videira.

14.5.9 Minerais

As cinzas representam a soma de todos os elementos minerais do vinho, que provêm essencialmente da casca da uva. Os componentes inorgânicos dos vinhos são cátions e ânions. Os principais cátions são potássio, sódio, cálcio e magnésio. Os principais ânions são cloretos, fosfatos e sulfatos.

O potássio é, quantitativamente, o cátion mais importante do vinho tinto. Os teores variam entre 700 e 1.700 mg/L e estão em função dos teores encontrados no solo e das condições climáticas da safra. Já os teores de sódio estão intimamente relacionados com a procedência da uva. Vinhedos localizados em regiões próximas ao mar ou de clima seco tendem a originar vinhos com teores elevados do elemento. Produtos enológicos, principalmente bentonites, também concorrem para aumentar os teores de sódio nos vinhos, que variam entre 30 e 50 mg/L. Por sua vez, os teores de cálcio são consequência das condições do solo, do tratamento dos mostos com carbonato de cálcio e da utilização de certos agentes filtrantes. Em vinhos tintos, variam entre 60 e 110 mg/L. Os teores de magnésio normalmente encontrados em vinhos tintos variam entre 50 e 90 mg/L.

Os teores de outros minerais em vinhos tintos são: manganês – entre 1,5 e 3,5 mg/L; ferro – traços a 15 mg/L; cobre – traços a 5 mg/L; zinco – entre 0,4 e 2,0 mg/L; lítio – traços a 30 µg/L; rubídio – traços a 8 mg/L; fósforo – entra 50 e 120 mg/L.

14.6 VINIFICAÇÃO

A vinificação em tinto consiste em um somatório de técnicas e procedimentos executados sob diferentes parâmetros, que podem ser genericamente divididos nas seguintes fases: pré-fermentação, fermentações, estabilização e envelhecimento. O somatório de técnicas e procedimentos tradicionais, executados nos padrões usuais, forma a chamada vinificação em tinto clássica. Entretanto, um número muito grande de variáveis pode ser acrescentado, suprimido ou modificado, em função do tipo de produto que se deseja elaborar. Na enologia atual, cada variável da vinificação pode ser conduzida e controlada de forma tão minuciosa que é perfeitamente possível adotar o conceito de vinificação varietal. Esse conceito denota a especialização da técnica de vinificação em tinto segundo a casta de uva vinificada e o tipo de vinho que se procura elaborar.

14.6.1 Protocolo básico da vinificação clássica em tinto

O esquema a seguir mostra as principais etapas de uma vinificação em tinto. As células centrais constituem o conjunto das técnicas adotadas, enquanto as células laterais contêm os procedimentos afetos a cada técnica. As células com linhas pontilhadas representam os procedimentos optativos; aquelas com linhas contínuas referem-se aos procedimentos a executar obrigatoriamente.

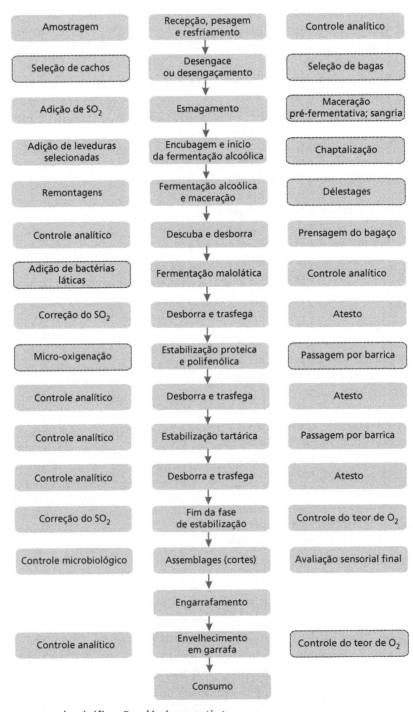

Figura 14.1 Fluxograma da vinificação clássica em tinto.

14.6.2 Seleção das uvas para vinificação

A colheita manual e a seleção das uvas constituem procedimentos obrigatórios para a elaboração de vinhos de alta gama. Devem começar no vinhedo, pela execução de colheitas seletivas, visando à maior uniformidade possível do lote colhido e pelos cuidados com a higiene na colheita, incluindo a retirada de cachos podres, folhas e outras sujidades. Na vinícola, é efetuada uma seleção complementar das uvas, por meio da seleção manual de cachos ou ainda pela seleção manual de grãos, após o desengace. Para tanto, existem mesas seletoras construídas em aço inoxidável, vibratórias ou não.

14.6.3 Desengace e esmagamento

Na vinificação em tinto, o desengace e o esmagamento da uva podem ser executados simultaneamente, por uma mesma máquina, denominada esmagadora-desengaçadora. Atualmente, existem no mercado esmagadoras-desengaçadoras dotadas de regulagens que permitem evitar completamente a quebra dos engaces (pequenos pedaços de engace misturam-se à uva esmagada e aportam amargor e adstringência ao vinho) mediante controle da velocidade de trabalho. Permitem, ainda, regular a intensidade do esmagamento, fator fundamental para a qualidade aromática e gustativa do vinho tinto.

Algumas vinícolas adotam, em certas vinificações em tinto, o desengace prévio da uva, com ou sem seleção subsequente dos grãos. Nesse caso, as uvas são transportadas inteiras ao tanque de fermentação por meio de bombas peristálticas ou caçambas especiais, onde são esmagadas delicada e paulatinamente durante a maceração. Uma outra possibilidade é o esmagamento delicado por meio de esmagadora regulável, após a seleção manual dos grãos previamente desengaçados.

14.6.4 Modificação da relação fase sólida/fase líquida

O aumento da relação fase sólida/fase líquida é um procedimento bastante utilizado em vinificações visando à obtenção de vinhos tintos de guarda. O modo mais simples, fácil e econômico de executá-la consiste na retirada de 10 a 20% do mosto, entre 12 e 24 horas após o esmagamento da uva. Esse procedimento é conhecido como sangria.

Algumas vinícolas retiram água do mosto através de um concentrador a vácuo. É um método caro, pelo custo do equipamento e pelo gasto de energia para sua operação. Mediante esse método, consegue-se retirar cerca de 5% da água do mosto. A técnica tem a vantagem de aumentar a riqueza glucométrica do mosto e, consequentemente, o teor alcoólico potencial do vinho. Porém, tem o inconveniente de concentrar outros compostos que podem vir a limitar a qualidade físico-química e organoléptica do vinho.

Enquanto a sangria tende a ser empregada para uvas adequadamente maduras e de alto potencial de qualidade para a obtenção de vinhos estruturados e com alto potencial de envelhecimento, a concentração a vácuo tende a ser utilizada para uvas colhidas em estágio precoce de maturação, apresentando limitado potencial de qualidade enológica. Por essa razão e pelo alto custo, é pouco empregada em enologia.

14.6.5 Adição de antioxidante

O ácido ascórbico tem sido usado nas vinificações pela sua forte ação antioxidante, mas seu baixo efeito germicida limita o uso em enologia. Por sua vez, o anidrido sulfuroso ou dióxido de enxofre (SO_2), pela sua ação antioxidante, bactericida e levuricida, é o conservante universalmente usado na vinificação. No mosto ou no vinho, o SO_2 reage segundo o esquema: $H_2O_2 + SO_2 \rightarrow HSO_3^- + H_2O \rightarrow H_2SO_4$. O HSO_3^- constitui a fração ativa, também conhecida como SO_2 livre. Essa fração, ao ser medida pelos métodos usuais em enologia, costuma ser superestimada, pois o vinho tinto contém diversas substâncias redutoras que interferem nos teores medidos. Assim, o SO_2 livre pode ser multiplicado por 0,9 e o resultado é a fração de SO_2 livre real. Um a dois terços do anidrido sulfuroso adicionado ao mosto ou vinho reagem com diversos componentes, transformando-se em formas inativas. É o SO_2 ligado. A soma das frações produz o SO_2 total.

A aplicação de anidrido sulfuroso na uva, no mosto ou no vinho é conhecida como sulfitagem. Alguns elaboradores de vinhos de alta gama têm adotado a prática da aplicação de anidrido sulfuroso na uva madura algumas horas antes da colheita. A prática tem o efeito de diminuir fortemente as populações de leveduras e bactérias, diminuindo os riscos de proliferação de microrganismos indesejáveis no início da vinificação e facilitando o estabelecimento da cultura pura de levedura empregada da fermentação.

Durante a vinificação em tinto, adiciona-se SO_2 às uvas recém-esmagadas, em doses variando entre 80 e 100 ppm. Durante a fermentação alcoólica, grande parte do SO_2 é perdida por transformação química ou evaporação. Daí a necessidade de que a fermentação malolática ocorra ao final da fermentação alcoólica e seja rápida, pois uma demora pode acarretar no desenvolvimento de bactérias acéticas, com acetificação (avinagramento) parcial do vinho.

Ao final da fermentação malolática, nova correção de SO_2 é efetuada. O teor de SO_2 livre real deve elevar-se acima de 30 ppm. Durante a estabilização, os teores de SO_2 livre, real e total devem ser monitorados após cada trasfega/desborra. Vinhos tintos jovens, para os quais o período de estabilização é curto (cerca de seis meses), podem sofrer nova correção de SO_2 apenas ao final desta, antecedendo o engarrafamento. Por outro lado, vinhos estruturados, de alta longevidade, podem necessitar uma ou mais correções suplementares de SO_2. Uma passagem longa por barricas pode aumentar os teores de SO_2 e acarretar problemas à qualidade química e aromática do vinho, razão pela qual o monitoramento dos teores deve ser feito frequentemente.

Em função de eventuais efeitos alérgicos em altas doses, procura-se adicionar aos vinhos teores de SO_2 minimamente efetivos, sem haver excesso. Para que tal seja conseguido, uma adequada higiene da vinícola e de todos os equipamentos e insumos enológicos é fundamental. Por outro lado, teores muito baixos, ou a ausência de SO_2 no vinho, podem causar graves problemas gustativos e deterioração prematura.

14.6.6 Adição de enzimas

As principais enzimas empregadas em vinificação são pectinases, hemicelulases, glucanases e glicosidases. As pectinases degradam as pectinas do mosto e as hemicelulases, as pectinas da casca da uva. As glucanases são usadas na clarificação dos mostos de uvas atacadas por podridões e na aceleração da autólise de leveduras, acelerando a clarificação do vinho. As glicosidases quebram o açúcar que liga certos compostos aromáticos, aumentando a intensidade aromática do vinho.

O anidrido sulfuroso, aplicado nas doses usuais após o esmagamento da uva, por um lado, protege a massa vinária de oxidações e inibe o crescimento microbiano, mas, por outro, inibe as pectinases naturais da uva. Tais pectinases são importantes na quebra das pectinas, as quais encontram-se em teores tanto mais elevados quanto maior for o estágio de maturação da uva tinta. Daí a importância do uso de enzimas pectolíticas (pectinases) industriais, que permitem uma melhor decantação das borras ao final das fermentações, diminuem a necessidade de filtração e permitem a obtenção de vinhos mais límpidos e de aroma mais franco. Segundo os prospectos

dos fornecedores de enzimas industriais, o uso de enzimas de extração na vinificação em tinto possui múltiplas vantagens, incluindo uma melhor estabilidade da cor, uma vez que os complexos enzimáticos possuem antocianases. Entretanto, ensaios cientificamente controlados têm demonstrado resultados controversos quanto a esses aspectos. É importante salientar que o uso de preparados enzimáticos na vinificação em tinto não substitui a necessidade de uma adequada maturação das uvas. Com efeito, o efeito dessas enzimas parece ser pouco efetivo em uvas colhidas em estágio precoce de maturação e/ou com altos percentuais de grãos podres.

14.6.7 Adição de leveduras

As leveduras são os agentes biológicos da vinificação. Na moderna enologia, não se concebe a elaboração de vinho sem o uso de leveduras selecionadas. O método tradicional de adição da levedura à uva recém-esmagada na vinificação em tinto é aplicado por meio de pé de cuba, que consiste em diluir um preparado comercial de leveduras secas ativas em uma quantidade de mosto que represente 2 a 5% do volume total a fermentar. Atualmente, o alto desempenho de estabelecimento das culturas puras de leveduras comerciais permite a adição do produto comercial diretamente na massa vinária, diluindo-as previamente em alguns litros de mosto, sem a necessidade de esperar cerca de 48 horas para que atinjam a concentração de leveduras de cerca de 10^9 células/mL de mosto.

As características desejáveis das leveduras para produção de vinho tinto são: tolerância à elevada concentração de açúcares, capacidade de fermentar frutose, alta inversão de açúcares em etanol, tolerância a elevados teores de dióxido de enxofre, baixa produção de metanol e alcoóis superiores, elevado poder de floculação, moderada produção de acetaldeído a temperaturas entre 25 e 30 °C e capacidade de produção de aromas típicos. Existem vários preparados comerciais de *Saccharomyces cerevisiae*, com diferentes cepas "especializadas" na fermentação de diferentes tipos de vinho. Estudos científicos recentes apontam uma razoável influência da cepa de levedura na tipicidade aromática de certos vinhos tintos varietais.

14.6.8 Correção de açúcar

O vinho é o produto da transformação do açúcar da uva em álcool e em produtos secundários. Para a obtenção de cada 1,0 °GL de álcool, são necessários 17 g/L de açúcar na uva.

O ideal para vinhos tintos de alta gama é um teor alcoólico entre 12,5 e 13,5 °GL. Desse modo, as uvas tintas deveriam conter, por ocasião da colheita, pelo menos 215 g/L de açúcar, ou cerca de 23,5 °Brix.

Se a uva não contiver o teor glucométrico mínimo, pode-se adicionar açúcar. Essa prática, denominada chaptalização, é comumente empregada quando as condições adversas da safra impedem o acúmulo de teores adequados de açúcar na uva madura. A legislação brasileira estabelece que a chaptalização não deve ultrapassar a correção máxima de 3 °GL. Entretanto, para vinhos tintos de alta gama, a chaptalização não deveria ser superior a 1 °GL de álcool potencial. Tal restrição não se deve ao comprometimento da qualidade do vinho pelo teor glucométrico em si, mas pelo fato de uvas com teor inadequado de açúcar serem também deficientes em termos de maturação fenólica e de perfil qualitativo e quantitativo de polissacarídeos, proteínas e compostos voláteis.

Se a chaptalização for executada na vinificação em tinto, recomenda-se executá-la em duas etapas: a primeira, durante a maceração, adicionando-se a metade do açúcar. A segunda, imediatamente após a descuba. O açúcar deve ser dissolvido em pequena quantidade de mosto e então adicionado ao tanque de fermentação. Após a chaptalização, deve-se realizar uma remontagem para melhorar a homogeneização do açúcar.

14.6.9 Fermentação alcoólica

A fermentação alcoólica pode ser definida como a transformação dos açúcares do mosto da uva madura (glicose e frutose) em álcool etílico e outros compostos (glicerol, acetaldeído, ácidos acético, lático etc.). A transformação do açúcar em álcool é dada pela seguinte equação, conhecida como equação de Gay Lussac:

$$C_6H_{12}O_6 \rightarrow 2\ C_2H_5OH + 2\ CO_2 + 2\ ATP + calor$$

Por ela, são necessários 17,0 g de glicose ou frutose para a formação de 1,0 °GL.

A fermentação de glicose e frutose é catalisada por enzimas e termina com a produção de etanol e CO_2. Em certas etapas do processo enzimático, é necessária a presença de alguns cátions como Mg^{++}, Zn^{++}, Co^{++}, Fe^{++}, Ca^{++} e K^+, que atuam como cofatores.

Na vinificação em tinto, a fermentação alcoólica pode ser dividida em duas fases: tumultuosa e lenta. A primeira caracteriza-se pela grande atividade leveduriana, gerando elevação da temperatura e grande liberação de gás carbônico. Dura de três a seis dias. Na fase lenta, a intensidade da fermentação diminui gradativamente, em razão da diminuição do teor de açúcar e aos teores crescentes de álcool, que limitam o desenvolvimento das leveduras. Nessa fase, devem ser iniciados os procedimentos para evitar a oxidação descontrolada do vinho, com o fechamento hermético do tanque de fermentação e a colocação de batoque hidráulico, permitindo a saída do gás carbônico, sem entrada de ar. A fermentação lenta na vinificação em tinto deve durar de cinco a dez dias.

14.6.9.1 Principais fatores que afetam a fermentação alcoólica na vinificação em tinto

14.6.9.1.1 Açúcares

As uvas contêm essencialmente glicose e frutose. No início da maturação, contêm somente glicose. Ao longo da maturação, os teores de frutose aumentam. No ponto de maturação tecnológica, a relação entre os açúcares é igual a 1,0. A partir desse ponto, a frutose predomina mais e mais. As leveduras fermentam preferencialmente a glicose. Em uma fermentação de uvas sobremaduras, com altos teores de frutose, pode haver parada da fermentação antes do consumo total do açúcar, ficando o vinho com teores elevados de açúcar residual, o que pode comprometer sua qualidade. Da mesma forma, concentrações de açúcar no mosto acima de 25% podem atrasar o início da fermentação, em razão das condições osmóticas adversas às leveduras.

14.6.9.1.2 Álcool

As linhagens de *S. cerevisiae* possuem diferentes sensibilidades quanto à capacidade fermentativa em meios contendo álcool. A maioria das linhagens é capaz de manter a fermentação até teores de 15 °GL de álcool no meio. O crescimento das leveduras normalmente ocorre em concentrações alcoólicas bem abaixo daquelas que inibem a fermentação.

14.6.9.1.3 Compostos nitrogenados

O teor mínimo de nitrogênio assimilável necessário para uma fermentação completa é de 0,15 g/L, sendo que os níveis ótimos variam de 0,4 a 0,5 g/L. Concentrações elevadas promovem multiplicação celular excessiva, com consequente redução da conversão de açúcar em álcool, enquanto baixas concentrações favorecem a formação de altos teores de alcoóis superiores. O nitrogênio é incorporado mais rapidamente na fase de crescimento e divisão celular das leveduras durante a fermentação. Não há necessidade de adição de suplementos nitrogenados na vinificação em tinto, desde que as uvas estejam em adequado estágio de maturação e em bom estado sanitário.

14.6.9.1.4 Oxigênio

O processo fermentativo requer baixos teores de oxigênio. A aeração do mosto é necessária principalmente para a multiplicação das leveduras, em início de fermentação. As operações de desengace e esmagamento da uva, e de bombeamento do mosto para os recipientes de fermentação exercem a aeração necessária para promover o adequado crescimento das leveduras durante a vinificação. Na sequência, ao final da fase tumultuosa, a presença de oxigênio no vinho começa a ser controlada.

14.6.9.1.5 Dióxido de carbono (CO_2)

Um grande volume de CO_2 é formado durante a fermentação. Seu desprendimento promove a remoção, por arraste, de parte do calor gerado, como também de compostos voláteis e álcool (cerca de 1% do álcool produzido). A liberação do CO_2 produz correntes de convecção no mosto que ajudam a equilibrar os nutrientes e a temperatura no interior dos recipientes de fermentação, principalmente nos verticais.

14.6.9.1.6 Temperatura

A fermentação alcoólica produz grandes quantidades de energia, liberada sob a forma de calor. Na vinificação em tinto, é necessário resfriar a massa vinária para evitar que sua temperatura se eleve acima de 30 °C, vindo a prejudicar a qualidade aromática e gustativa do vinho.

Temperaturas baixas permitem obter alto rendimento em álcool e menor perda por evaporação, além de interferir na natureza e quantidade dos compostos voláteis (aromáticos) formados. Os ésteres de odor frutado são formados em maior quantidade em vinhos que fermentam a temperaturas abaixo de 25 °C. Entretanto, as temperaturas mais elevadas praticadas na fermentação da vinificação em tinto (entre 26 e 28 °C) devem-se à extração de polifenóis, pois a temperatura e o álcool são os principais fatores que influenciam a extração desses compostos a partir das cascas e sementes da uva.

Estudos efetuados na Embrapa Uva e Vinho (Guerra, 2003; 2005; 2007) apontam para uma quali-dade organoléptica significativamente maior do vinho tinto obtido pelo uso da modulagem da temperatura na vinificação. Os parâmetros selecionados foram:

- Fase tumultuosa da fermentação alcoólica (cinco dias): 28,0 °C.
- Fase lenta da fermentação alcoólica (cinco dias): 20,0 °C.
- Final da fermentação alcoólica até o final da fermentação malolática: sem controle de temperatura. Nessas condições, em cerca de 48 horas, a temperatura sobe para 24 a 25 °C e se mantém nesse patamar, favorecendo a ocorrência de uma fermentação malolática rápida e completa.
- Fase de estabilização: 15,0 °C.

A modulagem da temperatura na vinificação em tinto tem a vantagem da facilitar a extração seletiva de compostos que concorrem para a qualidade do vinho. Uma vez extraídos, auxilia na preservação de sua integridade química, por meio do favorecimento de certas reações químicas que ocorrem naturalmente no vinho durante a estabilização.

14.6.10 Maceração

A maceração é, juntamente com a estabilização, uma das duas etapas cruciais para a qualidade dos vinhos tintos. Isso porque é nessa fase que ocorre a extração sólido/líquido, a qual determina em grande parte a estrutura química e a harmonia organoléptica do vinho, isto é, o essencial de sua qualidade (GUERRA, 1997; SAUCIER et al., 2004).

Normalmente a maceração ocorre concomitantemente à fermentação alcoólica. Em casos específicos, pode iniciar antes, ou ser estendida um pouco além desta. Em quaisquer dos casos, consiste na extração seletiva de certos compostos presentes nas partes sólidas da uva, que concorrem para a alta qualidade do vinho, evitando ao máximo a extração de outros compostos que concorrem para sua diminuição. Assim sendo, a seletividade é o principio básico que rege a maceração. Todavia, é muito difícil consegui-la, uma vez que um número muito grande de variáveis intervém na sua execução.

14.6.10.1 Maceração pré-fermentativa a frio

Nos últimos 20 anos, o recurso à maceração pré-fermentativa a frio tornou-se comum na vinificação em tinto. O objetivo principal do recurso à técnica é obter vinhos tintos com marcado aroma varietal, cor intensa, boa estrutura tânica e maciez em boca. A técnica tem sido usada com sucesso em vários países, em vinificações de varietais tais como Merlot, Pinot noir, Sangiovese, Malbec, Montepulciano, Tempranillo, Cabernet Sauvignon e outros. Como padrão geral, resfria-se a uva recém-colhida em câmaras frias por algumas horas. A uva é então desengaçada, esmagada, enzimada, sulfitada, colocada em tanque de fermentação de aço inoxidável e imediatamente refrigerada a cerca de 0,0 °C, permanecendo nessa temperatura por 48 a 72 horas, com remontagens ou *délestages* a cada 12 horas. Normalmente, a maceração é conduzida sob atmosfera inerte, em razão da sensibilidade à oxidação das antocianinas extraídas pela maceração.

14.6.10.2 Maceração fermentativa

A maceração fermentativa, como o próprio nome indica, é aquela que ocorre durante a fermentação alcoólica. Pode ser curta, média ou longa. Normalmente, considera-se curta uma maceração de três a seis dias, média, se durar de sete a dez dias, e longa, se durar acima de dez dias.

14.6.10.3 Maceração pós-fermentativa

Em casos específicos de vinificações de uvas aptas a produzir vinhos tintos estruturados, com alto potencial de guarda, a maceração pode ser alongada para além da fermentação alcoólica, a qual normalmente dura de dez a 12 dias. Por exemplo, na região francesa de Bordeaux é comum algumas vinificações desse gênero serem efetuadas com maceração de 20 dias ou mais.

O período final da maceração, que ocorre após o término da fermentação alcoólica, é chamado de maceração pós-fermentativa a qual, pode ser efetuada à temperatura ambiente ou com aquecimento da massa vinária, visando a uma máxima extração de polifenóis das cascas.

14.6.10.4 Técnicas e variáveis utilizadas para a extração sólido/líquido seletiva

Sendo a seletividade o princípio básico que rege as macerações, certas técnicas são comumente empregadas para que haja a máxima extração dos compostos que concorrem para a alta qualidade do vinho, limitando ao máximo a extração dos compostos que concorrem para sua diminuição. A seguir, são descritas sumariamente as principais técnicas atualmente empregadas.

14.6.10.4.1 Modulagem da temperatura
Ver item 14.6.9.1.6.

14.6.10.4.2 Remontagens

A remontagem é uma técnica utilizada para homogeneizar as fases sólida e líquida, dado que a fase sólida (bagaço) concentra-se na parte superior do recipiente. Em vinificações realizadas em tanques verticais, a técnica tradicional de remontagem consiste em retirar o mosto em fermentação da parte inferior e introduzi-lo novamente pela parte superior. As principais variáveis relativas às remontagens na vinificação em tinto são: o número, a frequência, a duração e o modo pelo qual são efetuadas.

O ideal para a otimização da extração de compostos benéficos à qualidade do vinho é a remontagem de duas a três vezes o volume de líquido do tanque a cada 24 horas, durante a fase tumultuosa da fermentação e de uma vez o volume do líquido do tanque a cada 24 horas, até o final da maceração. O número ideal de remontagens efetuadas diariamente para atingir o volume remontado acima indicado é de quatro na fase tumultuosa da fermentação e duas na fase lenta.

A intensidade ideal da remontagem é aquela que permite a desagregação completa da fase sólida. Essa desagregação pode ser obtida pelo próprio líquido remontado ou por meio de métodos mecânicos auxiliares.

14.6.10.4.3 Extração seletiva via emprego de técnicas alternativas

Atualmente, a elaboração de vinhos de qualidade pressupõe o uso de recipientes verticais de fermentação e estocagem, construídos em aço inoxidável, para os quais existem técnicas alternativas à remontagem tradicional, visando à homogeneização das fases sólida e líquida e à maceração seletiva. Um resumo é dado a seguir.

Remontagem automática: trata-se de um sistema que possui o mesmo princípio da remontagem tradicional por bomba e mangueira, cujo aparato consiste em uma bomba elétrica, tubulação ligando a parte inferior à parte superior do tanque e bico aspersor, que introduz o líquido sob a forma de chuva, na parte superior. O conjunto é acionado por um componente eletrônico programável. Tem a vantagem de ser totalmente automatizado, permitindo a execução de remontagens precisas em número, duração e frequência, com necessidade mínima de mão de obra. As principais desvantagens são: o alto custo do sistema, a necessidade de um aparato auxiliar para a desestruturação da fase sólida, além da possibilidade de entupimento da tubulação por porções de bagaço, caso o sistema não seja projetado adequadamente.

Imersão da fase sólida: trata-se de sistema construído em aço inoxidável, composto por um disco com diâmetro ligeiramente menor que o da boca superior do tanque, fixado em seu centro por um êmbolo. O sistema pode ser acionado mecanicamente ou por bomba hidráulica. Promove a imersão da fase sólida, durante a qual ocorre sua desagregação parcial. Por ser um aparato móvel, tem seu custo tanto mais diluído quanto maior for o número de tanques servidos por ele, além de proporcionar uma boa seletividade na maceração. Por outro lado, apresenta como desvantagens a necessidade de recipientes com bocas superiores grandes, dispostos em posição simétrica, para facilitar o uso do sistema, assim como de uma estrutura superior suspensa, permitindo o deslocamento do aparato. Por fim, ao submergir o chapéu de bagaço (fase sólida), não promove sua desestruturação completa.

Sistema de rosca sem-fim: uma rosca sem-fim, construída em aço inoxidável e de altura pouco maior que o corpo do tanque, é posicionada verticalmente em seu centro. Uma vez acionada (por sistema mecânico ou elétrico), promove a desagregação da fase sólida e sua homogeneização com a fase líquida. O sistema tem a vantagem de promover uma maceração seletiva, ser de fácil manejo e ter custo tanto mais diluído quanto maior for o número de tanques servidos por ele. Entretanto, sua mudança de um tanque para outro é difícil, dado seu tamanho e peso. Além disso, necessita que o pé-direito da vinícola seja elevado, para poder ser manejado sem transtornos.

Sistema Ganimede®: trata-se de um sistema constituído de um diafragma (tipo "chapéu chinês") construído em aço inoxidável, fixado internamente, na parte mediana do corpo do recipiente de fermentação. Externamente e na mesma altura do diafragma, é instalada uma válvula de passagem. O sistema é conectado a uma central eletrônica de controle. Quando a uva tinta esmagada e desengaçada é colocada no tanque de fermentação, a maior parte do mosto fica abaixo do diafragma. A fase sólida (chapéu de bagaço), embebida de parte da fase líquida, situa-se acima deste. Durante a fase tumultuosa, o gás carbônico gerado pela fermentação do mosto fica aprisionado no diafragma, gerando pressão. Quando esta atinge um determinado valor, o sistema eletrônico aciona a válvula, que libera todo o gás para a parte superior do diafragma. Este, ao ser liberado de forma abrupta, provoca uma desestruturação completa do chapéu de bagaço, provocando uma liberação dos compostos da casca da uva que conferem qualidade ao vinho, com liberação mínima dos compostos da semente, que a limitam. O sistema funciona perfeitamente durante a fase tumultuosa, mas quando a liberação de gás carbônico diminui, necessita de injeção de gás carbônico engarrafado para seu funcionamento. Além dessa limitação, que encarece e dificulta seu funcionamento, seu custo é elevado, o que tem limitado seu uso, apesar da alta qualidade que proporciona ao vinho pela maceração seletiva que provoca.

Sistema Vinimatic: é constituído por um tanque horizontal de fermentação de pelo menos 5.000 L, construído em aço inoxidável e colocado sobre um suporte metálico com rolamentos, os quais permitem movimentos giratórios do tanque contendo a uva desengaçada e esmagada. O sistema pode ser operado manualmente ou por meio de comando eletrônico. Tem sido pouco usado, pois além de oneroso, promove uma maceração pouco seletiva, gerando vinhos tintos excessivamente tânicos, adstringentes e amargos.

Vinificação integral®: adota o mesmo princípio do sistema Vinimatic, mas é executado em barricas de carvalho de 400 L ou 500 L. Esse fator aporta uma diferença considerável em favor da alta qualidade do vinho. Por meio dele, obtêm-se vinhos com alta intensidade de cor, aroma frutado intenso e agradável, boa estrutura, maciez e untuosidade em boca, alta harmonia, persistência olfato-gustativa e grande potencial de guarda. Em função do elevado custo do sistema e dos volumes limitados ao tamanho das barricas, presta-se a elaboração de vinhos de alta gama, estilo boutique.

Desestruturação manual da fase sólida: enólogos de pequenas vinícolas com limitação de recursos para investir em equipamentos enológicos ou em automação podem recorrer a esta técnica nas vinificações em tinto. Pode ser usada como tal ou em adição ao sistema tradicional de remontagem. Normalmente, usa-se a remontagem tradicional e efetua-se manualmente a desestruturação da fase sólida com auxílio de um disco de madeira ou aço inoxidável, preso a um êmbolo longo.

Délestage: termo de origem francesa que designa a retirada total do líquido do recipiente de fermentação, para introduzi-lo de uma só vez, por meio de bombeamento, sobre a fase sólida que ficou depositada no fundo do tanque. Essa ação leva à desestruturação completa, mas não excessiva, da fase sólida, provocando uma maceração altamente seletiva. Deve ser efetuada uma a duas vezes a cada 24 horas, na fase intermediária da maceração. A técnica contribui para a obtenção de vinhos com boa intensidade de cor, aroma frutado intenso e agradável, boa estrutura, maciez e untuosidade em boca, alta harmonia e persistência olfato-gustativa.

14.6.10.4.4 Retirada antecipada das sementes

A fase tumultuosa da maceração e as manipulações da massa vinária provocam a dilaceração das polpas da uva-tinta, com a liberação de grande parte das sementes. Estas contêm certos polifenóis que, uma vez extraídos, contribuem para a limitação da qualidade físico-química e organoléptica do vinho tinto. Desse modo, em certas vinificações com macerações médias ou longas, pode ser conveniente a retirada antecipada das sementes. Atualmente, os recipientes verticais usados para a elaboração de vinhos tintos são construídos com fundo torricônico, contendo na extremidade inferior uma válvula de esfera, através da qual pode ser facilmente efetuada a retirada das sementes antes do final da fase de maceração. Estudos recentes indicaram uma melhora sensível da qualidade organoléptica do vinho tinto elaborado com maceração de dez dias, com retirada antecipada das sementes. No estudo, as sementes foram retiradas no quinto e no sétimo dias após o início da maceração, tendo sido estimado que metade das sementes foi retirada.

14.6.11 Descuba

Consiste na separação das fases sólida e líquida ao final da maceração. A retirada do líquido é feita por gravidade para uma tina colocada sob a válvula de saída do tanque de fermentação e dali é bombeado para outro recipiente, assegurando a aeração necessária às reações de polimerização dos polifenóis do vinho. Ao final da maceração, o vinho encontra-se turvo, pois contém muitos sólidos em suspensão. Desse modo, 24 horas após a descuba, deve ser efetuada a retirada das borras que decantaram. Esse procedimento auxilia na evolução qualitativa do aroma do vinho.

Após a descuba o bagaço é prensado, a fim de que seja recuperada a maior parte do líquido nele contido, que representa cerca de 10% do total de líquido da massa vinária. O produto obtido por uma prensagem leve é misturado ao vinho retirado por escorrimento. Aquele obtido por uma prensagem mais severa é normalmente destinado à destilação.

Existem vários tipos de prensas no mercado, todas com ótimo desempenho de trabalho. Para a prensagem do bagaço de uvas-tintas, a mais utilizada é a vertical hidráulica, que proporciona ótima qualidade de prensagem, e tem baixo custo.

14.6.12 Fermentação malolática

A fermentação malolática consiste principalmente na transformação do ácido málico em ácido lático. Ela contribui para a redução da acidez do vinho, aumenta a estabilidade microbiana e melhora significativamente o aroma, reduzindo as notas vegetais e acentuando os aromas frutados. Os vinhos tintos são beneficiados com essa fermentação, por adquirirem maior complexidade aromática, suavidade e maciez gustativa.

O agente da fermentação malolática é a bactéria *Leuconostoc oenos*, conhecida como bactéria lática. Normalmente, a fermentação malolática inicia ao final da fermentação alcoólica, quando a autólise das leveduras se intensifica. Pode ocorrer de forma espontânea ou por meio da inoculação de bactérias láticas ao vinho. A inoculação do vinho com bactérias láticas pode ser feita com concentrados comerciais, compostos por bactérias liofilizadas. A reativação e multiplicação das bactérias antes da inoculação são necessárias a fim de evitar a perda de sua viabilidade. A reativação é feita colocando o preparado comercial em uma alíquota do vinho a sofrer fermentação malolática. O melhor momento para a inoculação é ao final da fermentação alcoólica.

Durante a fermentação malolática, ocorre liberação de gás carbônico, de modo que o recipiente de fermentação deve permanecer com o batoque hidráulico e atestado.

14.6.13 Fase de estabilização

Na vinificação, a estabilização ocorre na sequência das fermentações alcoólica e malolática, quando os elementos originados da uva ou da autólise das leveduras são neutralizados e sedimentados via métodos químicos ou físicos. Uma vez decantados, devem ser extraídos pela simples retirada das borras, por filtração ou centrifugação. Na vinificação em tinto, essa fase é tanto mais longa quanto maior for o potencial de guarda do vinho, podendo ocorrer em barricas, tanques de aço inoxidável ou em ambos os recipientes.

Além das leveduras e das bactérias, as principais famílias de compostos orgânicos implicados na estabilização de vinhos tintos são ácidos, polifenóis, proteínas e polissacarídeos.

14.6.13.1 Estabilização polifenólica

Os polifenóis são compostos orgânicos altamente solúveis em um meio hidroalcoólico como o vinho. Durante a maceração, altos teores desses compostos são extraídos da uva e passam para o vinho. Em função de serem altamente reativos, participam de uma série de reações químicas de oxidação, entre si e com outros componentes do vinho.

Há uma grande multiplicidade de estruturas polifenólicas ionizáveis no vinho tinto, algumas com cargas negativas e outras com cargas positivas. Desse modo, utiliza-se em enologia a adição de proteínas para que reajam com os polifenóis, precipitando-os. Trata-se de uma forma de apressar a estabilização polifenólica e de torná-la mais completa. Essa prática é denominada colagem, e consiste na adição de preparados proteicos que reagem com os polifenóis, formando compostos de alto peso molecular e resultando na precipitação de boa parte, durante a estabilização. Sob o plano organoléptico, há redução do amargor, da adstringência e da tanicidade geral do vinho.

A colagem é realizada no início da estabilização, algumas semanas após a fermentação malolática. Os agentes de estabilização polifenólica tradicionalmente utilizados são preparados comerciais à base de gelatina, caseína, cola de peixe ou clara de ovo. Todos possuem alto poder de coagulação. Entretanto, restrições relativas à certas características alergênicas desses agentes têm orientado os pesquisadores a desenvolver produtos à base de proteínas vegetais. Provavelmente, em um futuro próximo, tais produtos serão os únicos a serem permitidos para a colagem de vinhos.

A adição dos preparados comerciais de clarificantes ao vinho deve ser feita após sua dissolução em uma alíquota de vinho aquecido a cerca de 35 °C, agitando-se vagarosamente após a operação. Devem-se realizar testes prévios em laboratório, com pequenas quantidades de vinho, para a determinação da quantidade ótima de agente clarificante a utilizar.

14.6.13.2 Estabilização proteica

Vinhos tintos recém-elaborados apresentam altos teores de proteínas, peptídeos, aminoácidos e compostos nitrogenados em geral. Felizmente, esses vinhos contêm também altos teores de compostos fenólicos, que reagem naturalmente com as substâncias proteicas ao longo da estabilização, formando complexos de alto peso molecular, que terminam por precipitar.

A clarificação com argila (bentonite) é comumente empregada em vinhos brancos tranquilos ou espumantes, com a finalidade de promover a estabilização proteica e eliminar a turbidez. A ação clarificante da argila compreende a precipitação de boa parte das proteínas e a prevenção da turvação por cobre e ferro. Em vinhos tintos, entretanto, seu uso é limitado, em virtude da alta capacidade de adsorção da matéria corante.

14.6.13.3 Estabilização dos ácidos

Quando resfriados, os vinhos sofrem um processo físico de formação de sais de potássio ou cálcio, a partir da reação desses cátions com o ácido tartárico. Assim, a estabilização efetuada por meio do uso de frio artificial provoca a precipitação dos sais, sob a forma de placas cristalinas que aderem à superfície interna dos tanques de estabilização. Recomenda-se deixar o vinho por cerca de três semanas à temperatura de –5,0 °C. A estabilização tartárica, como é conhecido o procedimento, resulta na redução da acidez fixa do vinho. O resfriamento é efetuado utilizando-se o próprio sistema de resfriamento existente na vinícola para a regulagem da temperatura de fermentação. Para pequenos volumes, podem ser colocados recipientes contendo o vinho a estabilizar em refrigerador ou câmaras frias. A estabilização dos ácidos evita que os cristais se formem na garrafa.

14.6.13.4 Estabilização microbiológica

A uva contém uma rica flora microbiana, composta por várias espécies e raças de fungos, leveduras e bactérias. Ao ser vinificada, a cultura pura de leveduras utilizada na fermentação suplanta rapidamente a flora natural e promove a fermentação alcoólica, a qual termina quando não há mais açúcares fermentescíveis no meio e os teores de álcool formado tornam-se elevados. As leveduras então morrem e dissolvem-se no vinho, em um processo conhecido como autólise, o qual libera no vinho grandes quantidades de peptídeos, aminoácidos e outros compostos nitrogenados que constituem fatores de crescimento para outros microrganismos. Nessas condições, as bactérias láticas tendem a se proliferar rapidamente. Por sua vez, as bactérias acéticas são inibidas pelo SO_2 residual do meio. Desse modo, ocorre a fermentação malolática, ao final da qual uma nova correção do vinho em SO_2 deve ser efetuada, a fim de evitar a proliferação de fungos filamentosos e de bactérias acéticas. O SO_2 adicionado bloqueia o crescimento de quaisquer microrganismos, mas muitas células viáveis de fungos, leveduras e bactérias permanecem no vinho, mesmo que boa parte dessas células sejam retiradas junto com a borra.

Em uma vinificação em tinto normal, não são necessárias ações específicas para a estabilização microbiológica. Entretanto, um minucioso controle analítico e um rigoroso protocolo de práticas de sanitização e higiene são necessários ao longo da vinificação, a fim de prevenir o crescimento de microrganismos no vinho engarrafado.

14.6.13.5 Quando acaba a estabilização?

A estabilização de um vinho tinto acaba quando este encontra-se límpido, brilhante, com aroma secundário agradável e com ausência completa de sinais de instabilidade dos ácidos, polifenóis, proteínas e microrganismos. Essa condição é verificada por análises de controle de qualidade de rotina e devem estar em conformidade com os teores de SO_2 adicionado e de oxigênio dissolvido. Uma vez que todas as variáveis mencionadas estejam em parâmetros ótimos, o vinho está apto a ser engarrafado.

14.6.14 Cortes

Normalmente os vinhos são elaborados em lotes varietais e assim permanecem até o final da estabilização. Nessa fase, podem ser engarrafados como tal (são os chamados vinhos varietais) ou podem ser misturados, por meio de procedimento denominado corte ou assemblage, com o objetivo de obter um produto final mais harmônico, evitando o excesso ou a deficiência de certos componentes. Uma vez realizados os cortes de acordo com a conveniência de cada estabelecimento elaborador, faz-se as últimas correções antes do engarrafamento. Usualmente, é feita a correção do teor de SO_2 e, eventualmente, a adição de goma arábica. Esse polissacarídeo natural possui a propriedade de melhorar a capacidade coloidal do vinho, sem interferir em suas propriedades gustativas. Em outras palavras, aumenta a capacidade do vinho em manter partículas e moléculas em solução e/ou suspensão. Por isso, é empregado, sobretudo, em vinhos tintos.

14.6.15 Engarrafamento e arrolhamento

Atualmente a indústria de equipamentos enológicos disponibiliza no mercado uma vasta gama de máquinas de envase de vinho, de diversos tamanhos.

Há modelos manuais, semiautomáticos ou automáticos, com controle de nível e injeção de gás nitrogênio, o qual contribui para a preservação do vinho engarrafado.

Em relação aos recipientes de envase de vinhos, as garrafas de vidro verdes, de 750 mL de capacidade unitária, são universalmente utilizadas na embalagem de vinhos tintos de qualidade. A indústria enológica também utiliza recipientes de vidro de outros tamanhos. Os mais utilizados são: 375 mL ou ½ garrafa (denominação *tenth*); 500 mL ou 2/3 de garrafa (denominação "meio litro"); 1,5 L ou duas garrafas (denominação "Magnum").

Para o fechamento hermético das garrafas de vinho, existem boas opções. As rolhas de cortiça natural são, ainda hoje, os melhores objetos para tampar garrafas contendo vinho tinto de alta qualidade. Por outro lado, rolhas fabricadas com material sintético têm sido cada vez mais utilizadas, principalmente para vinhos jovens, os quais permanecem na garrafa por, no máximo, três ou quatro anos. Para o mesmo tipo de produto têm sido também usadas garrafas com tampas metálicas rosqueáveis.

Além dos recipientes de vidro, para a embalagem de certos vinhos tintos jovens de consumo corrente, têm sido utilizadas embalagens de folhas flexíveis de alumínio, contendo internamente um recipiente plástico tipo alimentar, conhecidos universalmente como *bag-in-box*. Elas têm formato de caixas, sendo que as mais utilizadas são de 3,0 L e 5,0 L de capacidade unitária, com ou sem torneira para o escoamento do vinho.

14.6.16 Envelhecimento em garrafas

Uma vez o vinho engarrafado, restam pequenos teores de oxigênio dissolvidos. Esse oxigênio residual reage completamente com outros compostos em semanas ou meses. O vinho passa então de um ambiente propenso à oxidação para um ambiente redutor. Nessas condições, desenvolve o aroma terciário ou de envelhecimento (buquê), o qual é percebido se permanecer na garrafa por um tempo suficientemente longo (pelo menos dois anos). Com o tempo, a matéria corante muda paulatinamente de cor, passando de um vermelho-violeta a um vermelho-amarronzado, com reflexos alaranjados. Essa mudança é o resultado visível de uma série de reações químicas naturais e é tanto mais lenta quanto maior for a longevidade do vinho.

Em geral, os vinhos tintos podem ficar estocados na garrafa de alguns meses a vários anos, dependendo do potencial de longevidade. Todos os vinhos apresentam um ponto ótimo de envelhecimento, a partir do qual a qualidade diminui.

Após o engarrafamento é recomendável deixar as garrafas de pé por alguns dias para que as rolhas ajustem-se perfeitamente ao gargalo da garrafa. A seguir, devem ser empilhadas horizontalmente em local seco, fresco e escuro. A temperatura de estocagem nunca deveria ser superior a 16 °C.

14.7 OPERAÇÕES EXECUTADAS AO LONGO DA VINIFICAÇÃO

Os procedimentos relativos à vinificação em tinto foram descritos em ordem cronológica, do processamento da uva ao envelhecimento do vinho em garrafas, nos itens 14.6.1 a 14.6.16 deste capítulo. Entretanto, certas operações são efetuadas ao longo de toda a vinificação e, portanto, não seguem necessariamente a ordem descrita. Por essa razão, elas estão listadas e descritas a seguir.

14.7.1 Trasfegas e desborras

As trasfegas consistem em transferir o vinho de um recipiente para outro, visando separá-lo dos sólidos insolúveis (borras) que sedimentam e depositam-se no fundo do tanque, numa operação denominada desborra. Ao longo da vinificação em tinto são realizadas de três a cinco trasfegas. A primeira é realizada logo após a maceração, por ocasião da descuba. Ela é realizada de modo a incorporar ao vinho certa quantidade de oxigênio via aeração. Nessa fase da vinificação, o oxigênio favorece a completa fermentação do açúcar, ajuda a desprender o excesso de gás carbônico e evita a formação de gás sulfídrico, que possui odor particularmente desagradável (ovo podre). A segunda trasfega é realizada após o término da fermentação malolática, em torno de 30 dias após a primeira. Se o vinho for pouco estruturado, de estilo jovem, a fase de estabilização dura no máximo seis meses. Nesse caso, realiza-se uma terceira e última trasfega ao final da estabilização, a qual deve ser realizada sem a incorporação de oxigênio e pode ou não ser acompanhada de filtração do vinho. Por outro lado, se o vinho tiver alto potencial de longevidade, a fase de estabilização será longa (um a dois anos), podendo incluir a passagem por barricas de carvalho. Nesse caso, uma ou duas trasfegas intermediárias devem ser efetuadas, sem aeração ou com aeração moderada, dependendo do potencial de oxidorredução do vinho.

14.7.2 Atestos

Atestos são operações de reposição de vinho nos recipientes de estocagem após a retirada das borras e, periodicamente, a fim de repor perdas por evaporação. Visam ao enchimento completo dos recipientes, evitando espaços de ar dentro deles, os quais favorecem a oxidação descontrolada do vinho, bem como o desenvolvimento de bactérias nocivas à qualidade, principalmente acéticas. O vinho utilizado nos atestos deve ser o mesmo daquele contido no recipiente a ser atestado. É necessário que na vinícola haja recipientes de pequeno volume para estocagem de porções de vinho para atestos. Excepcionalmente, e por período não superior a duas semanas, a conservação do vinho em recipientes não atestados é possível, por meio do uso de gás nitrogênio ou de pastilhas que boiam na superfície do vinho e liberam dióxido de enxofre na parte vazia do recipiente.

14.7.3 Sulfitagens

A sulfitagem objetiva neutralizar possíveis reações químicas e bioquímicas de oxidação e evitar o crescimento de microrganismos indesejáveis no vinho. Deve ser efetuada ao longo da vinificação, sempre que a análise química do vinho indicar a necessidade. Para maior detalhes, ver o item 14.6.5 deste capítulo.

14.7.4 Filtrações

A filtração é a prática mais empregada em enologia para a retirada de micropartículas inorgânicas e orgânicas. Os equipamentos de filtração mais usados para vinhos tintos são filtros a vácuo, usando-se como elemento filtrante perlita ou terra diatomácea e filtros de placas dispostas em série, com ou sem o uso de perlita ou terra diatomácea como elemento filtrante.

A filtração de vinhos em geral, e de tintos em particular, deve servir para a retirada de micropartículas indesejáveis do vinho, sem no entanto diminuir demasiadamente sua estrutura e sua intensidade aromática. A moderna enologia preconiza a elaboração de vinhos com o máximo de precisão e controle, de modo a aproveitar todo o potencial de qualidade da uva. A filtração, por mais precisa que seja, retira boa parte dos atributos do vinho, junto com as substâncias que se quer retirar, de modo que é uma prática dispensada para muitos vinhos tintos de qualidade.

14.7.5 Gestão do oxigênio

O fenômeno básico da oxidação ao longo da vinificação conduz à evolução da cor e da qualidade sensorial do vinho tinto. Após a estabilização, o vinho é radicalmente diferente de como era antes, no nível das sensações organolépticas e da qualidade geral. Assim, a estabilização nada mais é do que a revelação do potencial intrínseco do vinho.

A gestão do oxigênio ao longo da vinificação é fundamental à obtenção de vinhos de qualidade. É tanto mais importante quanto maior o potencial de qualidade do produto. Ela é efetuada em função dos recipientes empregados (tanques de aço inoxidável com fechamento hermético ou barricas de madeira são os mais usados), das técnicas e procedimentos empregados na vinificação, bem como suas variáveis (trasfegas, micro-oxigenação etc.) dos equipamentos disponíveis para o trabalho do vinho, dos volumes de vinho considerados e dos aditivos enológicos (antioxidantes, clarificantes, taninos enológicos etc.) utilizados ao longo da vinificação.

Em tanques, há pouco oxigênio dissolvido. O oxigênio pode entrar, nesse caso, apenas no momento das trasfegas. Já no caso da barrica, ocorre a entrada lenta e contínua de pequenas quantidades de oxigênio pelos microporos da madeira. Esse oxigênio é responsável pelos fenômenos de oxidorredução, responsáveis pela evolução e estabilização química do vinho.

Se o vinho estabilizado em tanques for exposto ao ar por longo tempo ou muitas vezes, sua qualidade intrínseca diminuirá rapidamente, pois ele não contém os elementos indispensáveis para suportar a oxigenação. Quando a estabilização em tanques ocorre normalmente, isto é, deixando-se o vinho o máximo possível ao abrigo do ar, ele praticamente não evolui. O contrário é verificado sob estabilização em barricas, desde que o tempo de passagem do vinho por elas não seja excessivamente longo.

O potencial de oxidorredução é menor em vinhos estabilizados em tanques. Ele é da ordem de 150 a 250 miliVolts (mV). Um potencial dessa ordem significa que não há oxidação nem redução apreciáveis. Na verdade, denota uma situação de frágil equilíbrio. Por outro lado, em barricas, sobretudo em barricas novas, o potencial é sempre mais elevado (entre 250 e 350 mV), o que significa que os fenômenos oxidativos são mais efetivos. Isso é certamente um ponto positivo, pois o oxigênio, por si só, não é suficiente para provocar oxidação. O potencial de oxidorredução tem de ser minimamente elevado para que as reações comecem efetivamente a acontecer. Nas barricas, além da entrada lenta e contínua de pequeníssimas doses de oxigênio, pequenas quanti-

dades de metais e de taninos elágicos também passam da madeira ao vinho, catalisando reações de oxidação. Junto a essas moléculas oxidantes, que fazem aumentar o potencial de oxidorredução, encontram-se no vinho outros compostos que favorecem a redução. Esses compostos são abundantes na borra. São as proteínas e os peptídeos, antioxidantes muito eficazes que diminuem o potencial de oxidorredução do vinho. Ademais, há os taninos da uva, que são antioxidantes muito potentes, além das antocianinas e de outros antioxidantes secundários.

A evolução do vinho sob condições de oxidação controlada em barricas deve-se principalmente aos taninos elágicos, que são os taninos da madeira, e que passam ao vinho durante a estabilização. Esses compostos são liberados facilmente no vinho, o que explica a relativa dureza, agressividade e adstringência dos vinhos estabilizados em barricas novas de carvalho durante os três ou quatro primeiros meses. Uma vez dissolvidos no vinho, os taninos elágicos vão, aos poucos, participando das reações de oxidação controlada. À medida que reagem, mais taninos elágicos vão sendo liberados pela madeira. Se, no entanto, for adicionado um extrato de tanino das sementes ao vinho, estar-se-á pura e simplesmente aumentando as quantidades dos taninos de baixo peso molecular e, portanto, desequilibrando o balanço gustativo do vinho.

A estabilização de vinhos em barricas ou em tanques deve ser rigorosamente acompanhada, pois vários problemas podem ocorrer, em função da inaptidão dos recipientes. Considerando que a barrica traz três benefícios principais ao vinho – a entrada lenta de pequenas quantidades de oxigênio, a passagem de taninos elágicos e a passagem de substâncias aromáticas ao vinho –, o monitoramento desses aspectos determina a durabilidade da barrica.

A prática de tomar apenas uma alíquota de vinho em estabilização em um tanque, aerá-la e remetê-la em contato com o restante do vinho, é longa e os resultados são muito pequenos para justificá-la. Melhor seria tomar o vinho que está em tanques, colocá-lo em barricas por um curto período (um a dois meses) e recolocá-lo nos tanques. Aí, sim, ter-se-ia um melhor balanço dos fenômenos de oxidorredução.

A microborbulhagem de oxigênio (micro-oxigenação) é uma técnica que, eventualmente, pode dar bons resultados na estabilização de vinhos ricos em taninos. Mas, para a maioria dos vinhos, as vantagens do seu emprego estão ainda para serem provadas. Isso porque o aporte de oxigênio, por si só, não garante uma evolução química adequada do vinho. Normalmente, o vinho se torna redondo e aveludado rapidamente, mas em seguida torna-se magro e desequilibrado.

A utilização de pedaços de carvalho, serragem, chips etc., no vinho, não substitui a barrica, pois quando se adicionam esses elementos, tudo o que se faz é uma infusão de carvalho. Ao assim proceder, a superfície de contato madeira/vinho é consideravelmente aumentada, o que faz com que, em um curto tempo, se tenha a liberação de todos os compostos extratíveis da madeira. Normalmente, o aporte brutal de compostos da madeira leva a um grande desequilíbrio da qualidade organoléptica do vinho. Em vinhos de qualidade média, cujo preço de venda não compense o custo da barrica, pode-se utilizar esse expediente, mas com muita parcimônia. O ideal é utilizar pedaços de carvalho de primeira qualidade, secados naturalmente. Nesse caso, o vinho terá uma pequena nota de carvalho e se enriquecerá em taninos elágicos. Entretanto, ao cabo de alguns meses, o aroma de madeira se extingue e o vinho se torna excessivamente magro e desequilibrado.

Em uma vinícola há tanques, barricas usadas e barricas novas. Cabe ao enólogo utilizar os três tipos de recipientes, de modo a obter o máximo de qualidade. E, para tanto, a prática de cortes tem uma importância fundamental. Quem produz somente vinhos varietais fica bastante limitado no que diz respeito à utilização racional dos três tipos de recipientes citados.

14.7.6 Controles analíticos

Nas uvas tintas, são efetuados ao longo da maturação, para avaliar a evolução das maturações tecnológica e fenólica. Para a maturação tecnológica, avaliam-se variáveis do mosto, que são o teor de sólidos solúveis totais (°Brix ou °Babo), a densidade, a acidez total e, complementarmente, o teor de açúcar. Para a maturação fenólica, analisam-se os teores de antocianinas e taninos das cascas, bem como sua extratibilidade e o teor de taninos das sementes.

No vinho, os controles analíticos devem ser efetuados ao longo de toda a vinificação, do esmagamento à expedição, incluindo o tempo de envelhecimento em garrafa. As principais variáveis a serem monitoradas são: acidez titulável, acidez volátil, ocorrência de fermentação malolática, cor, taninos, antocianinas, anidrido sulfuroso total e livre, açúcar residual, extrato seco e teor alcoólico.

Além dos controles listados aqui, outros mais detalhados podem ser efetuados, dependendo da estrutura laboratorial da vinícola e da necessidade. Também são efetuadas regularmente, degustações, cujos objetivos variam em função da fase da vinificação. Os principais são: monitorar o desenvolvimento das fermentações alcoólica e malolática, verificar o eventual aparecimento de defeitos tecnológicos, monitorar a evolução geral do vinho e seu potencial de guarda, o qual determinará o tempo de estabilização e as técnicas utilizadas durante o período, subsidiar a decisão de cortes e avaliar os procedimentos a adotar ao longo da vinificação e a época de execução de cada um.

14.8 PRINCIPAIS TÉCNICAS ALTERNATIVAS DE VINIFICAÇÃO EM TINTO

As técnicas, procedimentos e variáveis tratadas neste capítulo constituem a chamada vinificação em tinto clássica. Todavia, existem formas alternativas de vinificação que podem ser empregadas em casos específicos. Um resumo das principais é dado a seguir.

14.8.1 Maceração carbônica

A maceração carbônica é o processo pelo qual as uvas intactas são estocadas à temperatura ambiente (entre 20 e 25 °C), em atmosfera saturada com gás carbônico. Nessas condições, sofrem transformações químicas intracelulares, com a formação de pequenas porções de álcool e de certos compostos aromáticos. Normalmente, as uvas são deixadas sob a atmosfera inerte por um período de oito a 12 dias, ao final do qual são esmagadas, desengaçadas e seguem o protocolo de vinificação clássica normal.

A maceração carbônica gera vinhos leves, com intenso aroma frutado e floral, aveludados e de estilo jovem. Os vinhos *Beaujolais nouveaux*, produzidos na região francesa de Beaujolais, são elaborados com a técnica. No Brasil, nos anos 1980 e 1990, algumas empresas elaboraram com sucesso vinhos tintos pela técnica da maceração carbônica, utilizando uvas das variedades Gamay, Merlot e Cabernet Franc. No final da década de 1990, os consumidores brasileiros de vinhos tintos foram aderindo paulatinamente à tendência mundial de privilegiar o consumo de tintos mais estruturados. Com isso, os vinhos de maceração carbônica perderam mercado e deixaram de ser elaborados.

14.8.2 Termovinificação

A termovinificação consiste no aquecimento da uva tinta esmagada e desengaçada à temperatura de 65 a 70 °C. Ao atingir a temperatura desejada, espera-se alguns minutos e procede-se ao rápido resfriamento da massa vinária. Uma vez resfriada a cerca de 20 °C, adiciona-se anidrido sulfuroso e leveduras para a fermentação. A partir desse ponto, seguem-se todos os procedimentos de uma vinificação em tinto clássica.

Atualmente, existem no mercado aparatos de aquecimento e resfriamento sob vácuo. Utilizando-se esse sistema, obtém-se vinhos estruturados, mas, ao mesmo tempo, harmônicos, aveludados, densos e com aroma secundário complexo e agradável.

A termovinificação constitui um sistema interessante para a obtenção de vinhos harmônicos e estruturados, desde que a uva apresente um grau adequado de sanidade e de maturação. Não é correto considerar que a técnica possa ser usada para corrigir matérias-primas com baixo potencial enológico. Do mesmo modo, a técnica aplica-se a algumas variedades de uvas-tintas, mas não a todas. Em caso de não se ter experiência com a uva de determinada variedade, aconselha-se efetuar testes prévios em laboratório.

14.8.3 Vinificação em tinto fracionada

Essa técnica tem sido bastante empregada para vinhos tintos de alta gama. Trata-se de uma vinificação em tinto clássica, na qual o total de uvas a vinificar é subdividido em lotes. Cada lote é submetido a um processo diferente, como, por exemplo, maceração pré-fermentativa a frio, termovinificação, maceração longa etc. Ao final das fermentações e após certo tempo de estabilização, os vinhos são submetidos a avaliações químicas e sensoriais detalhadas. São feitos testes de assemblage com diferentes percentagens de cada lote. A melhor combinação é utilizada para a assemblage final. Pelas técnicas empregadas, pelo controle exigido para o processo e pelos resultados, o fracionamento na vinificação em tinto pode ser chamado de "enologia de precisão".

14.9 PROBLEMAS TECNOLÓGICOS MAIS FREQUENTES NA ELABORAÇÃO DE VINHOS TINTOS

Por sua composição química complexa, o vinho tinto é o mais completo dentre todos os tipos de vinho. Entretanto, a complexidade traz consigo alguns inconvenientes. Um deles é a dificuldade de obtenção de um produto completamente harmônico. De fato, quanto mais complexa é a estrutura química de um vinho, mais difícil torna-se harmonizá-la. Na degus-

tação, é relativamente comum encontrar vinhos tintos vendidos a preços elevados, mas que apresentam leve secura em fim de boca, taninos ligeiramente agressivos, amargos ou adstringentes, pequena sensação cáustica devida ao álcool, aroma indefinido, persistência limitada etc. São alguns exemplos de um grande número de pequenas imperfeições que podem aparecer nos vinhos tintos, a despeito de todo o esforço do enólogo em obter um produto o mais harmônico possível.

Além das imperfeições na composição química, percebidas pelo degustador ou pelo consumidor, alguns defeitos tecnológicos são passíveis de serem encontrados em certos vinhos tintos. Os principais são:

14.9.1 Oxidação descontrolada

Em termos gerais, considera-se que um vinho tinto deve permanecer sob condições oxidativas da fermentação até o final da estabilização, as quais devem ser cada vez menos severas à medida que a estabilização avança. Sob essas condições, o vinho evolui, transforma-se e revela seu potencial de qualidade. Quando o potencial de evolução e transformação esgota-se, o vinho deve ser engarrafado. A partir de então, passa a estar sob ausência completa de oxigênio, em condições ditas redutoras.

Se por qualquer motivo, em algum momento, da fermentação ao final da estabilização, o processo oxidativo for maior do que a capacidade do vinho em suportar a oxidação, ocorre o fenômeno chamado oxidação descontrolada. Nesse caso, as reações químicas que promovem a revelação da qualidade aromática e gustativa tornam-se demasiadamente rápidas e intensas, havendo degradação precoce de certos compostos e formação de outros, indesejáveis à qualidade. Nessas condições, a cor do vinho passa rapidamente de um vermelho violeta para um marrom-alaranjado. O aroma frutado diminui em intensidade e em qualidade, e surgem aromas típicos de oxidação, descritos como "ferruginosos" e "aventados".

14.9.2 Redução

Se, por um lado, a entrada lenta e contínua de pequenas quantidades de ar no vinho contribuem para sua oxidação controlada, um déficit de oxigênio resulta na ocorrência de outro grupo de reações químicas, as chamadas reações de redução. Estas levam ao aparecimento de aromas desagradáveis, como de ovo podre, couro cru, repolho cozido etc. Em virtude do caráter altamente volátil dos compostos que apresentam tais aromas, os mesmos podem ser "retirados" do vinho, mas parte de sua qualidade aromática estará comprometida.

14.9.3 Aparecimento de aromas desagradáveis

Um controle microbiológico estrito é essencial para uma perfeita evolução química, microbiológica e organoléptica do vinho tinto. Descontroles microbiológicos podem ocasionar consequências nefastas diversas, desde a mais comum, que é o avinagramento, até o desenvolvimento de aromas indesejáveis, tais como aroma de pano sujo, lodo, esmalte, tinta acrílica, cachorro molhado etc. Tais aromas se devem à proliferação de microrganismos indesejáveis, como as leveduras dos gêneros *Dekkera* e *Brettanomyces*. Esses microrganismos são oportunistas, desenvolvendo-se quando as leveduras *Saccharomyces* e as bactérias láticas tiverem morrido e sofrido autólise, ou mais tarde, no vinho já engarrafado.

A formação de fenóis voláteis é também um fator de aparecimento de aromas extremamente desagradáveis ao vinho tinto.

BIBLIOGRAFIA

AMRANI JOUTEI, K. **Localisation des anthocyanes et des tanins dans le raisin.** Étude de leur extractibilité. Thèse de Doctorat. Université de Bordeaux II, 1993.

BRAND-WILLIAMS, W.; CUVELIER, M.; BERSET, C. Use of a free radical method to evaluate antioxidant activity. **Lebensm. Wiss. Technol.**, v. 28, p. 25-30, 1995.

BRASIL. Lei n. 7.678, de 08 de novembro de 1988. Dispõe sobre a produção, circulação e comercialização do vinho e derivados da uva e do vinho, e dá outras providências. Disponível em: <http://extranet.agricultura.gov.br/sislegis-consulta/consultarLegislacao.do?operacao=visualizar&id=189>. Acesso em: 03 mar. 2009.

BRASIL. Lei n. 10.970 de 12 de novembro de 2004. Altera dispositivos da Lei n. 7.678, de 08 de novembro de 1988. Dispõe sobre a produção, circulação e comercialização do vinho e derivados da uva e do vinho, e dá outras providências. Disponível em: <http://extranet.agricultura.gov.br/sislegis-consulta/consultarLegislacao.do?operacao=visualizar&id=10011>. Acesso em: 03 mar. 2009.

BRÉMOND, E. **Técnicas modernas de vinificación y de conservación de los vinos.** Barcelona: José Montesó, 1996, p. 253-271.

FALCÃO, L. D. et al. A Survey of Seasonal Temperatures and Vineyard Altitude Influences on 2-Methoxy-3-isobutylpyrazine, C13-Norisoprenoids, and the Sensory Profile of Brazilian Cabernet Sauvignon Wines. **J. Agric. Food Chem.** v. 55, p. 3605-3612, 2007.

GUERRA, C. C.; ZANUZ, M.; RIZZON, L. A.;. Influência da termovinificação sobre a qualidade química e organoléptica de vinhos tintos. In: JORNADAS LATINOAMERICANAS DE VITICULTURA Y ENOLOGÍA, 5, Montevidéu, Uruguai. Associação dos enólogos do Uruguai editores, 1992. 2p.

GUERRA, C. C.; GLORIES, Y. Rôle des flavan-3-ols, des anthocyanes et de l'éthanal dans la formation de complexes colorés. In: **OENOLOGIE 95;** SYMPOSIUM INTERNATIONAL D'OENOLOGIE, 5., Bordeaux – França. Lonvaud-Funel/ Lavoisier editores, Paris, 1996. p. 424-428.

GUERRA, C. C.; GLORIES, Y. Influence des conditions de formation de combinaisons anthocyane-flavanol-3-éthanal sur leur couleur. In: **POLYPHÉNOLS COMMUNICATIONS 1996, INTERNATIONAL CONFERENCE ON POLYPHÉNOLS,** 18., Bordeaux França. Vercauteren J., Chèze C., Dumon M. C. e Weber J.F./Groupe Polyphénols editores, v. 2, 1996. p. 289-290.

GUERRA, C. et al. Partial characterization of coloured polymers of flavanols-3/ anthocyanins by mass spectrometry. In: **In vino analytica scientia.** Soc. Fr. Chim. Anal. Editores, v. 1, p. 124-127, 1997.

GUERRA, C. C. **Recherches sur les interactions anthocyanes-flavanols:** application à l'interprétation chimique de la couleur des vins rouges. 1997. 155f. Thèse de Doctorat d'Université. Université Victor Segalen Bordeaux II. 1997.

GUERRA, C. Evolução Polifenólica: Longevidade e Qualidade dos Vinhos Tintos Finos. In: SEMINÁRIO FRANCO-BRASILEIRO DE VITICULTURA, ENOLOGIA E GASTRONOMIA. **Anais.** Embrapa Uva e Vinho, 2002. p.55-65.

GUERRA, C. C. Maturação da uva e condução da vinificação para a elaboração de vinhos tintos. In: REGINA, M. A. et al. (Eds.) **Viticultura e enologia:** atualizando conceitos. Caldas: Epamig / FECD, 2002, p. 179-192.

GUERRA, C. C.; ANGELUCCI DE AMORIM, D. Avaliação da qualidade de vinhos tintos elaborados sob diferentes parâmetros de remontagem na fase de maceração. In: **Sympósio Nacional de Fermentações.** UFSC Ed. Florianópolis, Brasil, 2003. p. 57-64.

GUERRA, C. C. Aspectos tecnológicos e operacionais da maturação fenólica. In: CONGRESSO LATINO-AMERICANO DE VITICULTURA E ENOLOGIA, 10., 2005. Bento Gonçalves. **Anais...** Embrapa Uva e Vinho, 2005. p. 57-60.

GUERRA, C.; BARNABÉ, D. Vinho. In: VENTURINI FILHO, W. G. (Coord.). **Tecnologia de Bebidas.** São Paulo: Blucher, 2005. p. 423-451.

GUERRA, C. C. et al. 2005. **Conhecendo o essencial sobre uvas e vinhos.** Série Documentos. 68p.

GUERRA, C.; TONIETTO, J.; MION-GUGEL, G. Potentiel oenologique de raisins rouges: encépagement et origine géographique des vignobles. In: CONGRÉS INTERNATIONAL DES TERROIRS VITICOLES, 7., 2008, Nyon, Suisse. Comptes rendus... Pully, Suisse: Agroscope Changins Wädenswill, 2008. 300-306.

GUERRA, C.; ZUCOLOTTO, M.; TONIETTO, J. Profil Chimique et sensoriel de vins rouges brésiliens selon le cépage et l'origine géographique des vignobles. In: CONGRÉS INTERNATIONAL DES TERROIRS VITICOLES, 7., 2008, Nyon, Suisse. Comptes rendus... Pully, Suisse: Agroscope Changins Wädenswill, 2008. 493-499.

JACKSON, D. I., LOMBARD, P. B. Environmental and Management Practices Affecting Grape Composition and Wine Quality – A Review. **American Journal of Enology and Viticulture**, v. 44, n. 4, p. 409-430, 1993.

SAUCIER, C. et al. (+)-catechin-acetaldehyde condensation products in relation to wine ageing. *Phytochemistry*, v. 46, n. 2, p. 229-234, 1997.

SAUCIER, C. et al. Tannin-anthocyanin interactions: influence on wine color. In: WATERHOUSE, A. L.; KENNEDY, J. A. (Eds.). **Red wine color**: exploring the mysteries. Washington, DC: ACS, 2004. p. 265-273. (ACS Symposium Series, 886).

SUN, B. S.; RICARDO DA SILVA, J. M. SPRANGER, M. I. Proanthocyanidin content of several grapevine varieties from Portugal. In: CONGRÈS MONDIAL DE LA VIGNE ET DU VIN, 23., Paris: OIV Ed. p. 651-655.

WINKLER, A. J. et al. **General viticulture**. Berkeley: Univ. Calif. Press, 1974. 710p.

Parte II

BEBIDAS DESTILADAS

15

AGUARDENTE DE CANA

MÁRCIA JUSTINO ROSSINI MUTTON
MIGUEL ANGELO MUTTON

15.1 INTRODUÇÃO
15.1.1 Histórico

A cana-de-açúcar é conhecida e empregada para a produção de açúcar desde as mais antigas civilizações. Durante a segunda viagem de Cristóvão Colombo à América, em 1493, ele trouxe mudas de cana da Ilha da Madeira e plantou na região correspondente à República Dominicana. Não houve desenvolvimento significativo da cultura de cana-de--açúcar, pois logo a seguir os espanhóis descobriram o ouro e a prata das civilizações Asteca e Inca e, no início do século XVI, essa cultura foi abandonada. Em 1516, por ordem de D. Manuel, rei de Portugal foi promulgado o primeiro alvará que promoveu o plantio da cana, determinando que se iniciasse a instalação e o funcionamento de um engenho de açúcar no Brasil. Entretanto, somente após a instalação das Capitanias Hereditárias, em 1530, é que a cana-de--açúcar foi introduzida em terras brasileiras, por intermédio de Martim Afonso de Souza, donatário da capitania de São Vicente, Estado de São Paulo. Nesta, em 1532, a cana-de-açúcar foi plantada a partir de mudas trazidas da Ilha da Madeira, sendo fundado então o primeiro engenho, denominado *São Jorge dos Erasmos*, para produzir açúcar para a Europa. O solo fértil e o clima quente e úmido permitiram o rápido desenvolvimento da cultura, marcando o início de uma atividade que iria se transformar em grande fonte de riqueza para Portugal, tendo como objetivo a produção dos pães de açúcar.

Mas foi na Região Nordeste que os engenhos de açúcar se multiplicaram, principalmente, nas Capitanias de Pernambuco e Bahia. Em 1535, Jerônimo de Albuquerque fundou o primeiro engenho de açúcar no Nordeste, em Pernambuco, chamado de engenho da Nossa Senhora da Ajuda, nas proximidades de Olinda.

De acordo com a literatura, a produção da aguardente teve início no período de 1538-1545, quando se observou que a borra separada do processo de concentração da garapa (denominada *cachaza*), visando a cristalização do açúcar, para a produção dos pães de açúcar, colocada em recipiente e deixada de um dia para outro, fermentava espontaneamente produzindo um líquido com cheiro e sabor diferente. Esse vinho, submetido a destilação, em pequenos alambiques de barro, resultava em líquido transparente, brilhante e ardente se ingerido. Considerando-se que parecia com água, denominou-se chamá-lo *água ardente,* originando a *aguardente.* Outro nome que lhe foi atribuído foi *cachaça* por ser originada da borra ou *cachaza* ou ainda, por que servia de alimentação para os porcos (cachaços). E, considerando-se que durante a destilação o líquido pingava sempre, surgiu o nome *pinga.*

Tipicamente brasileira, é conhecida por abre--coração, a-do-diabo, água-benta, água-que-gato não-bebe, água-que-passarinho-não-bebe, aguardente-de-cana, a-que-matou-o-guarda, arrebenta-peito, birita, birinaite, branquinha, braseiro, brava, caninha, catinguenta, catrau, cinquenta-e-um, cura-tudo, da-nada, doidinha, dona-branca, dormideira, ela, engasga-gato, esquenta-corpo, esquenta-peito, filha-do-senhor-de-engenho, fogosa, forra-peito, gasolina, girumba, goró, homeopatia, imbiriba, isca, januária, jeribá, jinjibirra, juçara, malvada, marafo, maria-teimosa, mariquinhas, mata-bicho, mé, meu-consolo, nó-cego, óleo-de-cana, parati, perigosa, petróleo, pinga, pingona, pura, purinha, quebra-goela, remédio, restilo, saideira, sumo-de-cana, suor-de-alambique, talagada, teimosa, trago, três-tombos, uca, uma, upa, urina-de-santo, vela, veneno, virgem, ximbica, xinapre, zuninga, dentre muitos outros nomes.

No início do Século XIX, a família Imperial se instalou no Brasil, intensificando a elitização da sociedade, surgem os Barões do Café, reduz-se os hábitos rurais. Essa "nova sociedade" se identificou mais com os produtos e hábitos da Europa, abandonando e negligenciando os produtos nacionais. Dentre eles destacava-se a cachaça, tida como um produto de baixo valor aquisitivo e, portanto, destinada a pessoas pobres, sem cultura e negras. Esse comportamento resultou em um "preconceito do produto" que ainda persiste até nossos dias.

Com a decadência dos Barões do Café e após a libertação dos escravos, em 1888, a cachaça passou por um período de maior decadência, ampliando ainda mais o preconceito. Como era produto de baixo custo, servia de consolação para os escravos que andavam a esmo pelos campos e pelas ruas sem ter mais abrigo, deixados à sua própria sorte. O sofrimento dos negros marginalizados, como historicamente foram, continuou sendo amenizado pela bebida que ele ajudou a criar. O preconceito ganhou termos de deboche como cachaceiro, pau d'água, pinguço, pé-de-cana, dentre outros.

Em contraposição a essa mentalidade preconceituosa e discriminatória, surgiram os movimentos que buscaram resgatar a brasilidade em todos os seus aspectos, por meio da união de intelectuais, artistas e estudiosos, em eventos como a Semana de Arte Moderna, realizada em São Paulo em 1922. Nesta, Mário de Andrade, um dos seus maiores expoentes, dedicou um estudo chamado "Os Eufemismos da Cachaça", sendo esta escolhida como a bebida símbolo dessa Semana.

Os Modernistas ao adotarem a cachaça como bebida genuinamente brasileira, deram-lhe a identidade como patrimônio cultural nacional, o que constituiu um dos vestígios mais significativos da cultura brasileira, que de alguma forma foi marcante no passado da nação.

Por estas razões, desde então tem sido fonte inesgotável de inspiração para artistas, compositores e músicos, em poemas, cantigas, sambas, frevos, serestas e piadas, além de outras formas de expressão que compõem a realidade histórica e social brasileira.

De acordo com Trindade (2006), outros intelectuais como Luís da Câmara Cascudo, Gilberto Freire e Mário Souto Maior, estudaram a importância cultural, econômica e histórica para o Brasil.

Desde esse início até o fim da 2ª Guerra (1939-1945), o plantio e o processamento da cana-de-açúcar, além da comercialização da aguardente, eram realizadas por engenhos de pequena capacidade, empresas rurais e familiares.

Considerando-se que a quantidade consumida era menor que a produzida, este volume excedente era armazenado em pipas ou tonéis de grande capacidade. Entretanto, como a venda também era pequena, os estoques remanescentes de safras anteriores resultavam em uma bebida com sabor, cor e aroma variados, conferindo-lhe propriedades organolépticas peculiares. O envelhecimento não era programado, resultava da defasagem entre a produção e a comercialização, que era lenta e em pequenos volumes. A aguardente envelhecida apresentava melhores características sensoriais que a recém-destilada.

Após o fim da Guerra, diversos fatores, tais como o aumento da população e do consumo, resultaram em redução desses estoques, estimulando uma maior produção, iniciando-se no plantio, por meio da ampliação da área cultivada, até a ampliação da capacidade de produção dos engenhos ou destilarias. Os pequenos alambiques foram substituídos por maiores, e os equipamentos intermitentes e os de menor capacidade, por aparelhos contínuos. Em paralelo, as produções passaram a ser controladas por empresas, perdendo o caráter familiar.

A necessidade de incrementar a produção requereu o domínio de conhecimentos técnicos e científicos. Como consequência, surgiram empresas engarrafadoras, que, por não produzirem a bebida, implantaram em paralelo a cultura do engarrafamento. Para subsidiar esse crescimento, várias pesquisas foram desenvolvidas, e os resultados obtidos possibilitaram a renovação e a modernização da indústria aguardenteira e, posteriormente, mediante o emprego direto da tecnologia disponível, o surgimento da indústria do álcool etílico.

Deve-se ressaltar que esse desenvolvimento observado na indústria de aguardente foi fundamental por oferecer a base tecnológica necessária para a implementação futura do processo destinado à produção de álcool combustível.

A cachaça foi um dos produtos identificados e priorizados para ter sua conformidade avaliada pelo Programa Brasileiro de Avaliação da Conformidade (PABC). Nesse contexto, o Ministério da Agricultura, Pecuária e Abastecimento, juntamente com o Ministério do Desenvolvimento, Indústria e Comércio Exterior (MDIC) e o Instituto Nacional de Metrologia, Normalização e Qualidade Industrial (INMETRO), regulamentam por meio de Portarias, Instruções Normativas e Regulamentos Técnicos, dentre outras, objetivando desenvolver a cadeia produtiva da cachaça, promover a sustentabilidade do produto, promover a melhoria contínua da qualidade por meio da avaliação e certificação do produto, estabelecendo os procedimentos e a metodologia necessários à certificação.

Em 1996, o presidente Fernando Henrique Cardoso regularizou a cachaça como produto tipicamente brasileiro, estabelecendo critérios de fabricação e comercialização.

De acordo com Maccari (2013) "a certificação é um mecanismo de avaliação da conformidade do produto. Ela é estabelecida por meio de um processo bem organizado, seguindo-se normas e critérios, nacionais e internacionais, para verificar o atendimento aos requisitos determinados. Assim, um estabelecimento pode pleitear como empresa as seguintes certificações: Sistema de Gestão da Qualidade (ISO 9.001); Sistema de Gestão Ambiental (ISO 14.001); Sistema de Gestão de Responsabilidade Social (ABNT 16.001); orgânico; *fair trade* ou mercado; Qualidade, dentre outras."

As principais certificações que podem ser adotadas pelo setor produtivo da cachaça (MACCARI, 2013) são:

1) **Certificações Socioambientais:**

   a) *Orgânico* – assegura que o produto, processo ou serviço segue as normas e práticas da produção orgânica.

   b) *Comércio Justo* – para produtos e serviços que seguem critérios específicos de comercialização (sem intermediação especulativa, com garantia de preço justo aos produtores etc.) e socioambientais (garantia de preservação da saúde das pessoas e do meio ambiente).

2) **Certificação de Produto Kosher:** produto obtido com a supervisão de um rabino ou rabinato, o que o torna autorizado para consumo dentro das normas religiosas, conforme as leis judaicas.

3) **Certificação no âmbito do Sistema Brasileiro de Avaliação da Conformidade.**

   Os documentos para a certificação da cachaça se referem a requisitos técnicos, legais, sociais e ambientais, seguindo: 1-Instrução Normativa (IN) n. 13 do Ministério da Agricultura, Pecuária e Abastecimento (MAPA), de 29/06/2005 e suas atualizações (Instrução Normativa n. 28, de 08 de agosto de 2014); 2- Portaria Inmetro n. 276, de 24 de setembro de 2009; 3- Portaria Inmetro/MDIC n. 71 de 15 de março de 2010.

A certificação é um processo voluntário do produtor e estabelece uma garantia de segurança de qualidade para o consumidor, além de evidenciar que o produto e o produtor atendem aos requisitos ambientais, de saúde pública e responsabilidade social. Assim, ela passa a ser de fundamental importância nos processos de concorrência interna e externa para a comercialização da bebida, geralmente agregando valor.

15.1.2 Caracterização da aguardente de cana – Padrões de Identidade e Qualidade

Os Padrões de Identidade e Qualidade da aguardente de cana e cachaça deverão atender às disposições legais contidas na Instrução Normativa n. 13 de 29/06/2005, alterada pelas Instruções Normativas n. 58 de 19/12/2007, n. 27 de 15/05/2008 e n. 28 de 08/08/2014, do Ministério da Agricultura, Pecuária e Abastecimento (MAPA), conforme as seguintes definições:

◆ *Aguardente de Cana* é a bebida com graduação alcoólica de 38 a 54% (v/v) a 20 °C, obtida do destilado alcoólico simples de cana-de-açúcar ou pela destilação do mosto fermentado do caldo de cana-de-açúcar, podendo ser adicionada de açúcares até 6 g/L expressos em sacarose.

◆ *Cachaça* é a denominação típica e exclusiva da aguardente de cana, produzida no Brasil, com graduação alcoólica de 38 a 48% (v/v) a 20 °C, obtida pela destilação do mosto fermentado do caldo de cana-de-açúcar com características sensoriais peculiares, podendo ser adicionada de açúcares até 6 g/L, expressos em sacarose.

- *Destilado Alcoólico Simples de Cana-de-açúcar*, destinado à produção da aguardente de cana, é o produto obtido pelo processo de destilação simples ou por destilo-retificação parcial seletiva do mosto fermentado do caldo de cana-de-açúcar, com graduação alcoólica superior a 54% em volume e inferior a 70%; a 20 ºC.

As Denominações utilizadas são:

- *Aguardente de Cana* – é a bebida com graduação alcoólica de 38 a 54% (v/v) a 20 ºC, obtida do Destilado Alcoólico Simples de Cana-de--Açúcar ou pela destilação do mosto fermentado do caldo de cana-de-açúcar, podendo ser adicionada de açúcares até 6 g/L expressos em sacarose.
- *Aguardente de Cana Adoçada* – quantidade de açúcares superior a 6 g/L e inferior a 30 g/L.
- *Aguardente de Cana Envelhecida* – contém no mínimo 50% de aguardente de cana ou de destilado alcoólico simples de cana-de-açúcar envelhecidos em recipiente de madeira apropriado, com capacidade máxima de 700 L por um período não inferior a um ano.
- *Aguardente de Cana Premium* – contém 100% de aguardente de cana ou de destilado alcoólico simples de cana-de-açúcar envelhecidos em recipiente de madeira apropriado, com capacidade máxima de 700 L por um período não inferior a um ano.
- *Aguardente de Cana Extra Premium* – contém 100% de aguardente de cana ou de destilado alcoólico simples de cana-de-açúcar envelhecidos em recipiente de madeira apropriado, com capacidade máxima de 700 L por um período não inferior a três anos.
- *Destilado Alcoólico Simples de Cana-de-açúcar Envelhecido* – é a bebida com graduação alcoólica de 38 a 54% (v/v) a 20 ºC, obtida do destilado alcoólico simples de cana-de-açúcar ou pela destilação do mosto fermentado do caldo de cana-de-açúcar e que contém açúcares em quantidade superior a 6 g/L e inferior a 30 g/L expressos em sacarose, armazenado em recipiente de madeira apropriado, com capacidade máxima de 700 litros, por um período não inferior a um ano.
- *Cachaça* – é a denominação típica e exclusiva da aguardente de cana, produzida no Brasil, com graduação alcoólica de 38 a 48% (v/v) a 20 ºC, obtida pela destilação do mosto fermentado do caldo de cana-de-açúcar com características sensoriais peculiares, podendo ser adicionada de açúcares até 6 g/L, expressos em sacarose.
- *Cachaça Adoçada* – quantidade de açúcares superior a 6 g/L e inferior a 30 g/L.
- *Cachaça Envelhecida* – contém no mínimo 50% de cachaça ou aguardente de cana, envelhecidas em recipiente de madeira apropriado, com capacidade máxima de 700 L por um período não inferior a um ano.
- *Cachaça Premium* – contém 100% de cachaça ou aguardente de cana, envelhecidas em recipiente de madeira apropriado, com capacidade máxima de 700 L por um período não inferior a um ano.
- *Cachaça Extra Premium* – contém 100% de cachaça ou aguardente de cana, envelhecidas em recipiente de madeira apropriado, com capacidade máxima de 700 L por um período não inferior a três anos.

As bebidas denominadas de *Premium* e *Extra Premium* poderão ter padronizadas a graduação alcoólica mediante a adição de destilado alcoólico simples de cana-de-açúcar ou de aguardente de cana ou de cachaça envelhecidas pelo mesmo período da categoria ou de água potável.

15.1.2.1 Composição química e requisitos de qualidade

15.1.2.1.1 Coeficiente de congêneres

O Coeficiente de congêneres (componentes voláteis "não álcool", ou substâncias voláteis "não álcool", ou componentes secundários "não álcool", ou impurezas voláteis "não álcool") é a soma de: a) acidez volátil (expressa em ácido acético); b) aldeídos (expressos em acetaldeído); c) ésteres totais (expressos em acetato de etila); d) alcoóis superiores (expressos pela soma do álcool n-propílico, álcool isobutílico e alcoóis isoamílicos); e e) furfural + hidroximetilfurfural.

A soma dos congêneres não deverá ser inferior a 200 mg e nem superior a 650 mg por 100 mL de álcool anidro, sendo que os componentes do coeficiente de congêneres, segundo Regulamento Técnico, devem observar os seguintes limites:

- acidez volátil – máximo de 150 mg de ácido acético/100 mL de álcool anidro;
- aldeídos totais – máximo de 30 mg de acetaldeído/100 mL de álcool anidro;

- ésteres totais – máximo de 200 mg de acetato de etila/100 mL de álcool anidro;
- alcoóis superiores – máximo de 360 mg, expressos pela soma do álcool n-propílico (1-propanol), álcool isobutílico (2-metil propanol) e alcoóis isoamílicos (2-metil-1-butanol + 3 metil-1-butanol), em mg/100 mL de álcool anidro;
- furfural + hidroximetilfurfural – máximo de 5 mg/100 mL de álcool anidro.

Os ingredientes básicos para produção de cachaça, aguardentes de cana-de-açúcar e destilado alcoólico simples de cana-de-açúcar é o mosto fermentado obtido do caldo de cana-de-açúcar.

Como ingredientes opcionais tem-se a água e os açúcares/sacarose que deverão obedecer aos valores estabelecidos pela legislação.

É permitido como aditivo o uso de caramelo somente para correção e/ou padronização da cor da aguardente de cana e da cachaça envelhecidas.

De acordo com a Instrução Normativa n. 58 de 19/12/2007 é vedado o uso de corantes de qualquer tipo, extrato, lascas de madeira ou maravalhas ou outras substâncias para correção ou modificação da coloração original do produto armazenado ou envelhecido ou do submetido a esses processos. Veta, ainda, a utilização de quaisquer substâncias ou ingredientes que altere as características sensoriais naturais do produto final.

15.1.2.1.2 Contaminantes

1) Orgânicos
   - Álcool metílico – quantidade inferior a 20 mg/100 mL de álcool anidro;
   - Carbamato de etila – quantidade inferior a 210 µg/L;
   - Acroleína (2-propenal) – quantidade inferior a 5 mg/100 mL de álcool anidro;
   - Álcool sec-butílico (2-butanol) – quantidade inferior a 10 mg/100 mL de álcool anidro;
   - Álcool n-butílico (1-butanol) – quantidade inferior a 3 mg/100 mL de álcool anidro.

2) Inorgânicos
   - Cobre – valores inferiores a 5 mg/L;
   - Chumbo – valores inferiores 200 µg/L;
   - Arsênio – valores inferiores a 100 µg/L.

A água a ser utilizada deve ser potável, obedecendo às normas e padrões aprovados por legislação específica. Para as aguardentes de cana e cachaças envelhecidas deve-se detectar também a presença de compostos fenólicos totais.

O açúcar (sacarose) empregado poderá ser substituído total ou parcialmente por açúcar invertido, glicose ou seus derivados reduzidos ou oxidados.

15.1.3 Mercado atual e potencialidades

A aguardente de cana, que começou a ser produzida no Brasil no final do século XVI, difundiu-se rapidamente, tornando-se a bebida preferida dos brasileiros, tão popular quanto o samba e o futebol, além de ser inspiradora de músicas e textos literários. Ao longo dos tempos, venceu uma série de preconceitos, saiu da zona rural e conquistou os centros urbanos, passando a ser consumida também pelas classes mais abastadas da população, melhorou de qualidade e passou a ser exportada.

Na década de 1990, estimava-se que os volumes de produção eram da ordem de 1,5 bilhão de litros/ano, sendo que os dados da Carteira de Comércio Exterior do Banco do Brasil (Cacex) demonstravam que o volume de exportação não passava de 0,2% do produzido. Isso indicava que, apesar da sua tradição e importância, a indústria de aguardente, até este período cresceu em direção aos aumentos de produção, sem se preocupar com a qualidade final do produto entregue ao consumidor.

A partir de 1990, vários segmentos ligados à produção da aguardente se articularam, criando grupos de trabalho constituídos por pesquisadores e técnicos, alertando os produtores para a necessidade de se incrementar medidas que viessem a possibilitar o salto de qualidade da bebida, tão almejado ao longo de décadas. Para tanto, era fundamental a permuta de informações, possibilitando o desenvolvimento e o fortalecimento de conceitos, além da atualização do sistema e da técnica de produção da aguardente, promovendo melhorias na produtividade e na qualidade, resultando em maior lucratividade para o produtor.

Segundo o Ministério do Desenvolvimento, Indústria e Comércio Exterior as exportações brasileiras têm alcançado, nos últimos anos, valores médios da ordem de 10 milhões de litros. Estas são direcionadas para países europeus, sul-americanos e os Estados Unidos, que se consolidam como maiores consumidores da cachaça fora do Brasil (Figura 15.1). Entretanto, deve-se destacar que os maiores retornos econômicos são originados de exportações para países europeus e Estados Unidos, que optam por produtos mais elaborados, como os orgânicos e envelhecidos, que apresentam maior valor agregado (Figura 15.2).

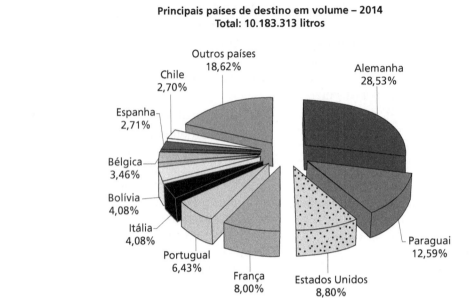

Figura 15.1 Distribuição percentual dos principais países importadores da cachaça, em volume (litros).

Fonte: MDIC – ALICEWEB – NCM 2208.40.00/ Elaboração: Instituto Brasileiro da cachaça – IBRAC.

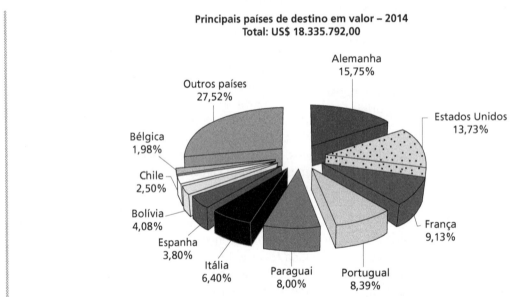

Figura 15.2 Distribuição percentual dos principais países importadores da cachaça, em valor (US$).

Fonte: MDIC – ALICEWEB – NCM 2208.40.00/ Elaboração: Instituto Brasileiro da cachaça – IBRAC.

Deve-se salientar que do total de volume exportado pelo Brasil nos últimos anos, inferior a 1% do volume total produzido, destacam-se os estados de São Paulo, Pernambuco, Ceará, Minas Gerais e Paraíba, sendo 70% da cachaça produzida em coluna e 30% em alambique. Considerando-se o mercado informal, a produção brasileira atinge cerca de 2 bilhões de litros/ano. A aguardente/cachaça é a bebida destilada mais consumida pelos brasileiros (11,5 L/habitante/ano), representando 87% do *Market share* do mercado de destilados do Brasil, apresentando-se como o terceiro destilado mais consumido no mundo.

Essa produção é resultante da atuação de 40 mil produtores, dos quais 98% são pequenos e microempresários, que geram 600 mil empregos diretos e indiretos. De acordo com informações disponíveis na CBRC (2014), tem-se 4.000 marcas disputando o mercado, resultando em um movimento anual de 7 bilhões de reais.

Os destinos das exportações brasileiras se concentram na União Europeia, que absorveu 57,1% do volume total exportado nos últimos três anos, destacando-se a Alemanha que representa 30,8% do total. Destaca-se, ainda, o Paraguai, com 10,68% do volume, Estados Unidos, com 8,67%, e o Uruguai, com 7,91%.

Atualmente, o setor de bebidas alcoólicas experimenta no Brasil um momento muito promissor. Estão envolvidos em torno de uma mesma meta diversos segmentos do setor produtivo, tais como, sindicatos, cooperativas e associações, além de órgãos governamentais, todos interessados no desenvolvimento da cadeia produtiva da aguardente/cachaça.

Por outro lado, deve-se ressaltar a criação de grupos de trabalho e programas de apoio, objetivando a união dos setores envolvidos com o processo produtivo para tratar de temas comuns que deverão alavancar a produção com qualidade da bebida, possibilitando manter o produto no mercado externo e melhorar o preço de comercialização para o produtor.

15.2 SISTEMA DE PRODUÇÃO AGRÍCOLA DA CANA-DE-AÇÚCAR

A agroindústria canavieira do Brasil tem sido, nas últimas décadas, um dos setores produtivos que mais tem utilizado inovações tecnológicas, objetivando aumentar a produção qualitativa e quantitativamente, minimizar custos e maximizar resultados. Dentro desse enfoque, há de se considerar que nem todo o setor, principalmente o da produção de cachaça, apresenta o mesmo desenvolvimento tecnológico no seu todo, pois uma série de aspectos técnicos, econômicos, sociais e mesmo culturais interferem significativamente no processo, indicando realidades diferentes, em consonância com os estratos de produção.

A produtividade agrícola é avaliada em termos de toneladas de colmos por hectare, sendo que, recentemente, passou-se a considerar, também, o volume de cachaça produzida por tonelada de colmos e por hectare.

O resultado final de um canavial destinado à produção de matéria-prima para a agroindústria é condicionado por diversos fatores inter-relacionados, dos quais podem-se destacar: a) o potencial genético da planta (variedade) e sua adaptabilidade ao ambiente; b) as condições físicas, químicas e bioló-

gicas do solo; c) as condições climáticas do local; d) o sistema de produção empregado (preparo do solo, mudas, plantio, tratos culturais, controle de plantas infestantes, pragas e doenças); e) o sistema de colheita, carregamento e transporte; e, f) a qualidade da matéria-prima.

O ciclo da cultura da cana-de-açúcar prolonga-se, em média, por cinco ou seis cortes; após o qual é feita a reforma do canavial ou replantio da cana. O fator condicionante que estabelece a reforma de um canavial é a sua produtividade, que normalmente se reduz ao longo do tempo, atingindo valores antieconômicos para sua exploração. Portanto, quanto mais cortes com boa produtividade o produtor conseguir fazer, menor será o custo de produção.

A combinação entre clima, solo, variedade e sistema de manejo determinam a produtividade e a longevidade do canavial. Desta forma, as melhores condições são obtidas empregando-se variedade adequada ao seu ambiente (solo e clima) com apropriado sistema de cultivo.

15.2.1 Exigências climáticas

A cana-de-açúcar é uma planta tropical que se desenvolve bem em regiões com clima quente (temperaturas mínimas de 20 °C), tendo seu cultivo concentrado em áreas subtropicais entre 15° e 30°-35° de latitude norte e sul, com temperaturas variando de 18 a 35 °C.

O principal constituinte da planta, cerca de 65 a 75% do peso da matéria fresca, é a água, sendo que para o acúmulo de 1 grama de matéria seca são necessários cerca de 125 gramas de água. Tais aspectos demonstram a importância das relações hídricas para a cultura. De um modo geral, regiões cuja precipitação anual esteja na faixa de 1.000 a 3.000 mm/ano bem distribuídos, são as ideais. Entretanto, na fase de maturação deve ocorrer restrição hídrica (período de seca), para que haja uma diminuição ou paralisação do crescimento da planta e maior acúmulo de sacarose nos colmos.

A cana-de-açúcar é uma "planta de sol" que apresenta alta eficiência fotossintética, respondendo, em produtividade, à luminosidade que predomina nas regiões tropicais e subtropicais. A radiação solar influi em todos os estágios fenológicos, sendo que, em condições de luminosidade deficiente, os colmos brotam e perfilham menos, são mais finos, alongados e menores; as folhas mais amareladas e estreitas; e o sistema radicular é menos desenvolvido.

15.2.2 Exigências edáficas e adubação

A cultura apresenta características de rusticidade e amolda-se a diversos tipos de solos, inclusive aos que apresentam propriedades físico-químicas pouco adequadas ao seu desenvolvimento. Porém, se o produtor objetiva alta produtividade e longevidade, deve escolher o tipo de solo mais adequado às exigências da cultura.

A cultura desenvolve-se melhor e apresenta maiores produtividades em solos de boa fertilidade, profundos e de textura areno-argilosa a argilosa, sem apresentar camadas compactadas/adensadas, com boa capacidade de retenção de água, bons níveis de matéria orgânica e de capacidade de troca de cátions. A presença de sódio no solo (salinidade) geralmente é prejudicial para o desenvolvimento das raízes e parte aérea.

Embora a cana-de-açúcar seja uma cultura semiperene, as perdas de solo por erosão ocorrem de modo mais intenso quando da sua implantação, podendo ser da ordem de 12-15 t/ha. Assim, o planejamento conservacionista que envolve o emprego de curvas de nível e terraços, plantio em nível, sistema e época de plantio, emprego de rotação de culturas e manejo de resíduos culturais tornam-se práticas essenciais para se obter bons resultados.

A cana-de-açúcar é uma gramínea que apresenta boa rusticidade e certa tolerância à acidez do solo, cujo pH deve estar entre 5,5 e 6,5, sendo que em níveis menores há a necessidade de se fazer a calagem da área.

A cana-de-açúcar possui um sistema de raízes que explora camadas mais profundas do solo, quando comparado com culturas anuais. Em função do seu ciclo cultural, o sistema radicular passa a ter uma estreita relação com as propriedades químicas das camadas subsuperficiais do solo (pH, saturação por bases, porcentagem de alumínio e teores de cálcio), que, por sua vez, estão correlacionados com a produtividade agrícola, principalmente, em solos de baixa fertilidade e/ou de menor capacidade de retenção de água. Assim, é imprescindível promover a melhoria da fertilidade dessa camada por meio de quantidades adequadas de corretivos (calcário e gesso), que devem ser utilizadas de maneira a propiciar melhorias nestas características e, consequentemente, promover a produtividade. Para a cana-de-açúcar, a calagem e a gessagem nessas condições tem possibilitado uma maior produtividade e longevidade do canavial.

As necessidades nutricionais da cana-de-açúcar são altas. As quantidades extraídas de N, P, K, Ca, Mg e S pela parte aérea da planta são respectivamente de 1,5; 0,2; 1,5; 1,0; 0,5 e 0,5 kg/t de colmos para cana-planta, e de 1,3; 0,2; 1,7; 0,7; 0,5 e 0,4 kg/t de colmos para as soqueiras. Dessas quantidades, 50-60% estão contidos nos colmos, e são retirados da área pela colheita, o que significa que esses nutrientes são extraídos e exportados do solo em níveis consideráveis e, portanto, necessitam ser restituídos ao solo por meio da adubação (de plantio e de soca).

A adubação mineral de plantio (NPK), a ser colocada no fundo do sulco, deve considerar a produtividade esperada e os resultados da análise de solo. O mesmo deve ser considerado para a adubação da soqueira, porém o fertilizante deverá ser aplicado ao lado da linha e a ± 10 cm de profundidade.

De um modo geral, as formulações de fertilizantes sólidos mais empregados são: a) para cana-planta, cujas dosagens médias oscilam de 400 a 650 kg/ha: 04-20-20; 04-25-25; 04-25-20; 05-25-25; 05-20-25; 05-20-30 etc.; b) para soqueiras, cujas dosagens médias oscilam de 350 a 500 kg/ha: 20-05-20; 15-05-20; 12-05-25; 15-05-30; 18-05-32; 18-00-27; 18-00-36 etc.

Na cana-de-açúcar, os micronutrientes mais importantes são: boro, cobre e zinco, sendo que a ausência ou a deficiência desses elementos no solo pode causar prejuízos na produção, fato pelo qual recomenda-se sua inclusão nas fórmulas de adubação.

Com relação à utilização de resíduos da agroindústria, a vinhaça ou vinhoto (resíduo do processo de destilação da cachaça) é normalmente empregado, sendo geralmente muito rico em potássio e pobre em fósforo. O emprego desse resíduo também é uma forma de diminuir os problemas de poluição, com bons resultados na produtividade e longevidade do canavial. Normalmente, é distribuído nas áreas de socas, empregando-se veículos-tanque ou por irrigação de aspersão. A dosagem empregada na soca é bem variável e, como é aplicada em área total e não localizada, como o adubo mineral, recomenda-se utilizar quantidades de potássio duas a três vezes maiores que as recomendadas na adubação mineral, podendo ser realizada uma complementação com nitrogênio.

A aplicação de vinhaça em doses adequadas oferece uma série de benefícios, tais como:

- substituição de toda adubação potássica da soqueira, necessitando apenas de complementação com nitrogênio;
- aumento da matéria orgânica do solo ;
- favorecimento do processo de mineralização do nitrogênio;
- melhora as propriedades físicas, químicas e biológicas do solo;

melhora a retenção de água;

aumento da produtividade e da longevidade do canavial.

15.2.3 Manejo varietal

Uma das tecnologias que contribuem para a obtenção de elevados potenciais de produtividade agroindustrial e auxiliam na minimização dos custos, é o manejo adequado das variedades.

Existe elevado número de variedades comerciais disponíveis no mercado, e um volume crescente tem sido disponibilizado quase anualmente pelas entidades de pesquisa do setor. Entretanto, é necessária a escolha do material mais adequado, que reúna características desejáveis e também se adapte às condições ambientais de produção e apresente resultado econômico satisfatório.

Entre as características que uma variedade deve apresentar, a elevada produtividade agrícola ao longo do ciclo de exploração da cultura (cinco a seis cortes) é uma das que devem ser priorizadas. Tal característica deve estar associada a materiais que apresentem: rápida brotação e desenvolvimento inicial bom; perfilhamento que propicie rápido fechamento das entrelinhas; uniformidade de crescimento sem ocorrer brotações tardias e florescimento intenso; apresentação de pouco tombamento. É primordial apresentar uma boa à excelente brotação de socas, além de boa resistência ou tolerância às principais pragas e doenças.

Outras características essenciais de uma variedade, que define o potencial de produtividade da indústria, são o elevado teor de sacarose, precocidade de maturação e amplo período de industrialização. Entretanto, outros fatores devem ser considerados, como, por exemplo, o teor de fibra, que irá se refletir na quantidade de material (bagaço) que será empregado para gerar energia na indústria aguardenteira.

É recomendável empregar um grupo de variedades que atendam e se ajustem às condições agroindustriais e à época de colheita do produtor e, como regra geral, estabelece-se que a utilização de uma variedade não deva ultrapassar 20-25% de sua área.

15.2.4 Preparo do solo

O preparo do solo objetiva promover as condições físicas e químicas para garantir a brotação, o crescimento radicular e o desenvolvimento ao longo do ciclo da cultura, sendo que a produtividade e longevidade estão diretamente relacionadas com o adequado emprego dessa prática. Assim, considera-se o alicerce do processo produtivo cujos efeitos perdurarão por alguns anos, ou seja, até a próxima reforma da área.

Um preparo do solo profundo (mínimo de 25 cm), principalmente em solos argilosos, na implantação da lavoura é condição essencial para garantir bons resultados durante o ciclo, uma vez que nas soqueiras se recomenda apenas escarificação superficial.

O preparo do solo poderá ser feito pelo sistema convencional ou reduzido/mínimo. No sistema convencional, em áreas de renovação do canavial, realiza-se a erradicação da soqueira por meio de gradagens ou erradicador mecânico, geralmente em período mais seco. Após, procede-se à adequação química da área (calagem), seguindo-se o preparo profundo com arado de aiveca ou subsolador (quando necessário) e, em pré-plantio, realiza-se nova gradagem.

Em solos arenosos, sem problemas de adensamento/compactação e com baixas necessidades de adequação química, recomenda-se o emprego do plantio direto. Nesse caso, a erradicação da soqueira deve ser feita quimicamente por meio de emprego do herbicida glifosato em área total, quando as plantas apresentarem 60 a 100 cm de altura (sem a formação de colmos). Cerca de 20-30 dias após a aplicação, procede-se à sulcação direta e o plantio.

Após o plantio, a lavoura de cana-de-açúcar permite em média cinco a seis colheitas consecutivas, dependendo de vários fatores, como variedade, solo e clima. No primeiro ano de implantação da cultura até o seu primeiro corte a lavoura recebe o nome de cana-planta; no segundo corte recebe o de soca ou segunda folha; no terceiro corte o de ressoca ou terceira folha; no quarto corte o de quarta folha e, assim sucessivamente até a última colheita, completando, assim, o ciclo da cana plantada, quando é feita a renovação do canavial. No segundo caso, emprega-se o cultivo de espécies de ciclo curto, como o amendoim e a soja, que proporcionam ao produtor uma série de vantagens econômicas e agronômicas.

A utilização de culturas em rotação ou reforma envolve operações como: retirada da cana (entre setembro e outubro), destruição mecânica ou química da soqueira, calagem, preparo do solo, semeadura da cultura anual, colheita (entre fevereiro e março) e plantio da cana logo em seguida.

15.2.5 Plantio

Para o plantio de um canavial, o produtor deve inicialmente calcular a necessidade de área para satisfazer as suas necessidades de produção de cachaça. Por exemplo:

- Produção de 500 L/dia de cachaça com 40% de grau alcoólico (75.000 L por ano);
- Vinho com grau alcoólico da ordem de 6%;
- Mosto necessário cerca de 3.400 L;
- Cerca de 5.700 kg de colmos de cana por dia para serem moídos;
- Safra de sete meses (30 semanas), processando somente de segunda a sexta, o que equivale a 150 dias de trabalho;
- Assim tem-se 5.700 kg colmos/dia x 150 dias = 85.500 kg/safra;
- Produtividade média do canavial de 70 t/ha com cinco cortes (1º. Corte = 100 t/ha; 2º. corte = 80 t/ha; 3º. corte = 70 t/ha; 4º. corte = 55 t/ha e 5º. corte = 45 t/ha)
- Deste modo: 85.500 kg / 70.000 kg/ha = 1,22 ha. Acrescentando-se 15% para eventualidades tem-se a necessidade de 1,40 ha de área a ser colhida anualmente (nos cinco cortes);
- 1,40 ha / 5 cortes = 0,28 ha para cada corte;
- Acrescenta-se ainda a área de 0,28 ha que será efetuado o plantio no ano em questão, área esta que será colhida somente no ano seguinte, quando o quinto corte será reformado;
- Assim tem-se uma necessidade de 0,28 ha × 6 = 1,68 ha de área total com cultivo de cana-de-açúcar, condição esta em equilíbrio de produção e menor custo de manutenção. Demonstra ainda que poderemos instalar a parte agrícola em diversas etapas, para minimizar o impacto dos custos de sua implantação.

15.2.5.1 Épocas de plantio

As épocas de plantio da cana-de-açúcar tradicionalmente empregadas nas regiões sudeste, sul e centro-oeste são:

a) *Cana de ano e meio ou de 18 meses*: plantio realizado de janeiro a março/abril, sendo que a colheita ocorre a partir de maio do ano seguinte, compreendendo um ciclo de desenvolvimento de 14 a 18 meses. Nessa época, em face das condições de temperatura e precipitação, a brotação, o desenvolvimento do sistema radicular e o estabelecimento da cultura são rápidos; há menores riscos de perda do plantio devidos às chuvas intensas; geralmente menor competição de plantas infestantes; e menores problemas fitossanitários. A produtividade alcançada é maior que a cana de ano.

b) *Cana de ano ou de 12 meses*: plantio ocorrendo de setembro a outubro, e a colheita geralmente de setembro a novembro, compreendendo dez a 14 meses de desenvolvimento. Essa época é normalmente utilizada quando se necessita de um rápido fornecimento da matéria-prima, pois no ano seguinte já se realiza a colheita, embora com menor produtividade agrícola, há uma tendência a maior longevidade de cortes. Por outro lado, é necessário que a área esteja logo liberada para a realização do preparo; em áreas de renovação há muita rebrota, a intensidade de chuvas é maior, bem como os riscos de perdas do plantio e a infestação por mato são mais severos. Recomenda-se plantio em solos de melhor fertilidade e em regiões onde as geadas de inverno não sejam comuns.

c) *Plantios extemporâneos*: Quando se tem disponibilidade de água e/ou vinhaça para realizar a irrigação na implantação e manutenção da cultura, pode-se executar o plantio em outros períodos. Nas regiões onde não há limitação à temperatura, principalmente nos estágios de brotação e desenvolvimento inicial, esse período pode abranger o ano todo.

15.2.5.2 Espaçamento

O espaçamento entre linhas usualmente empregado em plantios é de 1,3 a 1,6 m, que é mais indicado e adequado às operações mecanizadas na cultura. Entretanto, espaçamentos de 0,9 a 1,2 m em solos de menor fertilidade e em regiões de distribuição irregular de chuvas, têm apresentado maiores produtividades, em razão da maior população de colmos (que se apresentam com diâmetro e altura um pouco menor) que se mantêm com os cortes.

Deve-se ressaltar que, quando se realiza tráfego de caminhões dentro da área para o transporte da colheita, ocorre um pisoteio da soqueira, devido ao fato de sua bitola ser ao redor de 1,8 m, e o espaçamento da cultura de 1,4-1,5 m. Tal situação é extremamente prejudicial à cultura, talvez de maior efeito que a compactação do solo, com relação à produtividade.

15.2.5.3 Sulcação

A sulcação geralmente é feita em conjunto com a adubação, com o auxílio de sulcadores de uma, duas (método mais empregado) ou três linhas, acoplados a distribuidores de adubos (para fertilizantes sólidos ou líquidos). Pode-se empregar também o arado de discos (com 1 disco) ou de aiveca, e mesmo realizar a abertura com o auxílio de tração animal e manualmente.

A profundidade do sulco geralmente é de 20 a 30 cm, e não deve ultrapassar a profundidade de preparo convencional do solo. Quando as condições de umidade do solo forem desfavoráveis, o sulco mais profundo deverá propiciar melhores condições de brotação e de desenvolvimento.

O tipo de sulco tradicional é na forma de "V". A sulcação deve ser realizada, logo antes de realizar a distribuição das mudas, para conservar a umidade, e evitar seu assoreamento pelas chuvas de alta intensidade.

15.2.5.4 Densidade de gemas no plantio

Muitos trabalhos desenvolvidos em condições de campo têm demonstrado que os melhores resultados são observados quando se empregam pelo menos 12 gemas viáveis por metro de sulco, o que normalmente representa o consumo de 8 a 12 t/ha de mudas.

15.2.5.5 Mudas

Para garantir rentabilidade ao empreendimento é fundamental obter boa produtividade e longevidade do canavial. Para atingir estes objetivos é necessário que o produtor escolha a(s) variedade(s) que melhor se adaptem ao ambiente de sua propriedade (solo e clima).

Daí a importância de certificar-se se a variedade escolhida também é resistente às principais moléstias e pragas que podem ocorrer em canaviais. Para isso, deve-se prestar atenção em características, como o porte da cana e o fechamento da entrelinha – que podem levar à redução dos custos de manejo e colheita – além de maturação, volume de matéria-prima.

As mudas devem ser provenientes de viveiros com idade de 10-12 meses; os colmos devem ser despontados e parcialmente despalhados para proteger as gemas de danos mecânicos durante o manuseio. Assim que cortadas, as mudas devem ser utilizadas.

O produtor poderá adquirir toda a quantidade de mudas necessárias para o plantio de viveiros devidamente credenciados ou poderá adquirir mudas de viveiro secundário e fazer uma multiplicação em sua propriedade.

15.2.5.6 Distribuição das mudas

O sistema de plantio mais utilizado emprega carretas ou caminhões, sendo a distribuição (lançamento) das mudas dentro dos sulcos feita manualmente.

No sistema de plantio com carretas, geralmente a distribuição é feita em quatro sulcos por vez, sendo que, com caminhões, realiza-se em seis a oito sulcos (podendo chegar até 12 sulcos). No caso das carretas, elas normalmente trafegam dentro do sulco, sendo que para os caminhões há a necessidade de deixar dois sulcos centrais sem serem abertos (banquetas) para ocorrer sua passagem, sendo sulcados posteriormente.

Após a distribuição, logo atrás dos veículos, um grupo de pessoas arruma os colmos nos sulcos. A seguir, pessoas munidas de podões (facões) realizam o seccionamento (picação) das mudas em toletes (pedaços) de ±3 gemas cada. Essa prática objetiva garantir uma brotação boa e uniforme, além de evitar que ocorra envergamento do colmo no sulco de plantio e elevação das pontas, surgindo brotações aéreas e, portanto, desuniformidade de estande.

15.2.5.7 Cobrimento e compactação dos toletes

A cobertura dos toletes com terra é feita com implementos apropriados (cobridores de cana), cultivadores adaptados, e mesmo manualmente com enxada (normalmente empregada para correção/repasse do cobrimento mecânico). Nessa operação, colocam-se 5 a 10 cm de terra sobre os toletes e realiza-se a compactação, para promover melhor brotação, enraizamento e favorecer a emergência. Normalmente, emprega-se menor camada quando se tem condição ambiental favorável de temperatura e umidade do solo.

15.2.6 Tratos culturais (cana-planta e cana-soca)

Caracterizam-se como tratos culturais as operações realizadas após o plantio (tratos culturais da cana-planta) e após as colheitas (tratos culturais da cana-soca). Os tratos culturais têm por objetivo controlar plantas infestantes, realizar a adubação complementar (em cobertura da cana-planta ou de produção em cana-soca), cultivar o solo, favorecendo a aeração e a manutenção da umidade, e promover também a atividade microbiana.

15.2.6.1 Controle de plantas infestantes

O primeiro aspecto de que temos de ter conhecimento para realizar o controle é sabermos como ocorre a mato-competição, que é o período em que as plantas infestantes, desenvolvendo-se juntamente com a cultura, interferem no seu desenvolvimento e na sua produção. O período mais crítico de mato-competição ocorre dos 30 aos 90 dias para o plantio de cana de ano, dos 30 aos 120 dias para o plantio de cana de ano e meio, sendo que para as socas, normalmente ocorre dos 30 aos 60 dias. Após esses períodos, geralmente a ocorrência de mato promove pouca interferência, não havendo necessidade de controle. Nessa situação, geralmente a cana já começou a "fechar" na entrelinha da cultura e "abafar" o mato, ou seja, restringir as condições de seu desenvolvimento.

As principais interferências negativas das plantas infestantes nos canaviais são:

◆ competição por água, luz, oxigênio, gás carbônico e nutrientes existentes nos solo;

◆ liberação de substâncias alelopáticas, que podem comprometer o desenvolvimento da cana-de-açúcar;

◆ hospedeiras de doenças e pragas.

O controle pode ser realizado por meio de métodos físicos e químicos. Nos métodos físicos, considera-se a capina manual, o cultivo mecânico, a cobertura morta (resíduos culturais – palha) e mesmo o fogo. Nos métodos químicos, empregam-se herbicidas que poderão ser seletivos ou não, aplicados em pré ou pós-emergência da cultura e/ou das plantas infestantes. Esses controles apresentam vantagens e limitações e demandam o uso simultâneo de, no mínimo, duas práticas complementares.

Pode-se e deve-se associar os métodos de controle para se obter melhores eficiências, sendo que um dos mais empregados é a associação de herbicida com cultivo mecânico em cana-planta. Nesse caso, aplica-se o herbicida em área total e em pré-emergência, e após cerca de 60 dias, realiza-se o cultivo mecânico na fase de emergência das plantas daninhas, e antes do fechamento da cultura e da formação de colmos.

15.2.6.2 Cultivo e adubação de cobertura

Após a colheita, as soqueiras devem ser submetidas aos mesmos tratos culturais da cana-planta (controle de plantas infestantes, adubação e cultivo) além de se realizar o enleiramento do palhiço (somente no caso de cana queimada).

15.2.6.3 Enleiramento do palhiço

Depois da colheita, fica uma grande quantidade de resíduos vegetais sobre o solo, denominada de palhiço ou simplesmente palha. Esse material é constituído pelas pontas e as folhas resultantes do desponte e despalhamento efetuado na colheita.

Quando não se realiza a queima da cana para auxiliar na despalha e na colheita, esse material pode ter de 5 a 15 t/ha de matéria seca.

Antigamente, o agricultor realizava a queima desse material, sendo que, atualmente, a manutenção dele sobre o solo tem diversos efeitos benéficos, tais como:

◆ manutenção da umidade do solo;

◆ controle de ervas daninhas sem a utilização ou com a diminuição da quantidade de herbicidas;

◆ melhor proteção do solo e controle da erosão;

◆ aumento de matéria orgânica e reciclagem de nutrientes;

◆ aumento da atividade de microrganismos;

◆ melhoria da qualidade da matéria-prima entregue;

◆ redução da poluição atmosférica provocada pela queima.

Por outro lado, pode apresentar as seguintes desvantagens:

◆ dificuldade de mão-de-obra disponível para a adoção da técnica e resistência do próprio cortador em executá-la;

◆ menor rendimento do cortador, implicando maiores custos de produção;

◆ aumento de matéria estranha vegetal na matéria-prima;

◆ perigo de fogo acidental no período de entressafra e durante a colheita;

◆ menor brotação de soqueiras em algumas variedades;

◆ na cana crua há maior incidência de animais peçonhentos, que podem provocar sérios acidentes durante o corte manual;

◆ maior incidência de cigarrinha-da-raiz.

Quando a cana é queimada, para a realização dos tratos culturais de modo mais adequado, faz-se necessário o enleiramento, que pode ser feito manualmente ou mecanicamente com ancinhos rotativos.

De acordo com a legislação de alguns estados brasileiros, a queima da cana-de-açúcar somente será permitida por mais alguns anos em áreas de pequenos produtores, e quando não seja possível realizar a mecanização da colheita.

15.2.6.4 Cultivo, escarificação e adubação

A escarificação da entrelinha tem por finalidade "quebrar o meio", ao mesmo tempo em que se realiza a adubação e o cultivo mecânico, para nivelamento e destorroamento do solo. Pode ser realizada em operações separadas com implementos específicos ou com equipamentos denominados de tríplice operação, que realizam ao mesmo tempo a escarificação superficial, a aplicação do fertilizante e o cultivo.

Na cana queimada, a melhor localização do adubo na soca é enterrada ao lado e ao longo da linha; sendo que na cana sem queima, o adubo pode ser colocado sobre a linha, utilizando-se de uma fonte de adubo nitrogenado não volátil.

15.2.7 Estado sanitário

Segundo Mutton (2008), na cultura da cana-de-açúcar, os fatores bióticos podem acarretar interferências significativas na cultura. A ocorrência de pragas e doenças, tais como o ataque de cigarrinha-das-raízes, cupim, *Migdolus*, *Sphenophorus*, broca gigante, o complexo broca-podridões, e as ferrugens marrom e alarajada, dentre outras, resultam em grandes prejuízos para o setor produtivo. Sob este prisma devem-se considerar as perdas diretas sobre a produtividade dos colmos, bem como a redução no teor de sacarose e de caldo, aumentando a quantidade de fibra, dentre outros. Entretanto, os prejuízos não param por aí.

Em situações de estresse biótico, causado pelo ataque de pragas ou pela ocorrência de doenças, a planta lança mão da reserva de açúcares para a produção de biomoléculas, que auxiliarão no processo de defesa contra o agente agressor. Essas biomoléculas por si só representam perdas de açúcares que já estavam armazenados nos tecidos de reservas dos colmos, diminuindo a quantidade de sacarose por hectare. Por outro lado deve-se ressaltar que elas podem apresentar efeitos negativos diretos sobre o processamento industrial, como a morte das leveduras durante o processo fermentativo.

Os benefícios decorrentes de um controle eficiente das pragas, assim como os reflexos provocados pelas alterações decorrentes da qualidade da matéria-prima no processo fermentativo, têm sido estudados por Garcia et. al. (2010), Ravaneli, et al. (2011), Rossato Jr. et al. (2011) e Rossato Jr. et al. (2013).

Assim, observa-se que os efeitos negativos do ataque de pragas e/ou doenças não se limitam ao detectado pelo setor agrícola, mas adentram à fábrica, podendo comprometer o rendimento do processamento agroindustrial.

O produtor deve estar consciente de que um canavial comprometido por pragas e doenças, além de resultar em menor produtividade, pode, em algumas situações, interferir sobre o desenvolvimento do processo fermentativo, resultando em menor rendimento e/ou qualidade do produto final obtido. Assim, um bom estado fitossanitário da cultura deverá contribuir para se ter menores interferências nos resultados finais do empreendimento agroindustrial.

15.2.8 Sistemas de colheita, carregamento e transporte

Conforme foi mencionado anteriormente, as condições climáticas definem a maturação e, portanto, definem a colheita da cana-de-açúcar para ser industrializada e se obter os melhores resultados. Assim, pode-se encontrar nas diferentes regiões climáticas que caracterizam o Brasil, duas épocas distintas, em que se concentra a colheita da cultura. Nos estados da região Centro-Sul, normalmente ocorre de maio até novembro, sendo que, nos estados da região Nordeste, se processa de agosto/setembro até março/abril.

A colheita e o transporte da cana-de-açúcar podem comprometer, significativamente, a qualidade do produto final bem como a produtividade dos cortes subsequentes. Por essa razão, tais atividades devem ser executadas do modo mais adequado possível.

O corte manual ainda é o sistema de colheita predominante no Brasil, principalmente em pequenos e médios produtores. Na região Sudeste, em grandes unidades produtoras de açúcar e álcool, a mecanização da colheita, empregando-se colhedora de colmos picados, é amplamente utilizada, chegando em algumas regiões a ser aplicada em 100% da área. Um dos empecilhos para adoção mais generalizada é seu elevado custo. Deve-se salientar que, nessa região há alguns anos, quase 100% da área de colheita era feita com cana queimada, sendo que atualmente o emprego da cana crua está atingindo quase 100% das áreas passíveis de mecanização.

O corte manual é realizado por cortadores munidos de facões (podões) de tipo/formato variáveis. Geralmente, um cortador leva um "eito" por vez (cinco linhas paralelas de cana), e realiza o corte basal o mais rente do solo, seguido do desponte (região imatura do colmo) e despalha. A seguir, esses colmos são dispostos transversalmente ao sentido dos sulcos. Essa disposição dos colmos pode ser esteirada solta ou amontoada, dependendo do sistema de carregamento posterior. Uma variável muito empregada para aumentar o rendimento do cortador é a realização do desponte dos colmos na leira, já disposta sobre o solo.

Após o corte, os colmos são carregados em carroças, carretas ou caminhões de diferentes capacidades, de acordo com a necessidade da indústria e a distância a transportar. O corte, o transporte e o abastecimento de cana devem estar sincronizados com as atividades da indústria, principalmente a capacidade de moagem, para que não ocorram interrupções por falta de matéria-prima, nem sobras pelo excesso, afetando a qualidade do processo.

Esse carregamento pode ser feito manualmente, enfeixando-se a cana (feixes de 10-15 kg), cujo rendimento é muito baixo e de custo elevado. O emprego de carregadoras mecânicas montadas sobre o chassi dos tratores tem sido o equipamento mais empregado, que propicia bom rendimento e é de baixo custo de aquisição e operacional. Esses equipamentos amontoam a cana dos eitos com o rastelo, e a garra hidráulica apanha os colmos e os colocam e ajeitam na carroceria do veículo transportador.

Antes do descarregamento, é importante a realização da determinação do peso da cana entregue, que irá permitir cálculos mais adequados dos rendimentos agrícolas e industriais, como também possibilitará a obtenção dos custos de produção reais e não estimados.

O descarregamento nas pequenas unidades é feito manualmente, sendo que nas demais se utiliza o sistema de guincho. Esse descarregamento pode ser feito em pátios de armazenamento, sendo que nas pequenas unidades geralmente é realizado em barracões, onde pode apresentar melhor conservação, além de favorecer o seu manuseio para moagem.

15.2.9 Maturação da cultura

A produção de cachaça é função da qualidade da cana processada e do seu teor de açúcares (sacarose, glicose e frutose) por ocasião da colheita. Assim, é essencial que a colheita se processe quando os colmos estejam com maior acúmulo de açúcares, ou seja, estejam bem maduros.

Além da característica varietal, outros fatores interferem no processo de maturação da cana-de-açúcar, tais como tipo de solo, adubação, época de plantio e de colheita, irrigação, adubação etc., sendo os mais determinantes as condições de temperatura ambiente e a umidade do solo.

O processo de maturação necessita de condições díspares das de crescimento da cultura. Assim, quando predominam temperaturas mais elevadas e maior disponibilidade de água, há maior atividade do crescimento da planta, ou seja, de seu desenvolvimento vegetativo. Quando começam a ocorrer restrições na disponibilidade de água e diminuição da temperatura, a planta reduz seu crescimento e aumenta o acúmulo de sacarose, ou seja, inicia o amadurecimento. A cana atinge sua máxima maturação quando o seu crescimento encontra-se drasticamente reduzido, e isso ocorre em condições de déficit hídrico acentuado, que é potencializado quando também ocorrem baixas temperaturas.

Conforme se pode inferir, condições edafo-climáticas e de manejo da cultura, que favoreçam o crescimento, mantendo a atividade vegetativa, afetam diretamente a maturação.

Por outro lado, deve-se levar em conta que as variedades de cana-de-açúcar apresentam o máximo de acúmulo de sacarose (maturação) em diferentes épocas do período de safra (maio a novembro). Assim, o ideal é que se conheça esse comportamento, de modo a que possa ser planejado o plantio de diferentes materiais que possibilitem realizar o processamento de matéria-prima ao longo da safra, sempre com elevados teores de sacarose.

Dentro desse enfoque, podemos classificar as variedades em três categorias, quanto ao início de sua maturação:

a) *Precoces*: são aquelas que apresentam características mais adequadas para serem processadas no início da safra, ou seja, maio/junho. Atualmente, já temos disponíveis materiais que apresentam tais características a partir de abril; são as chamadas superprecoces.

b) *Médias*: são aquelas indicadas para processamento no meio da safra, ou seja, julho/agosto/setembro.

c) *Tardias*: são aquelas adequadas para o final da safra, ou seja, setembro/outubro/novembro.

Pode-se indicar uma distribuição das variedades em cerca de 20-30% para precoces, 40-60% para as médias e 15-25% para as tardias.

No entanto, este parâmetro por si só não é suficiente, uma vez que o tempo que uma cana leva para atingir a maturação, bem como o tempo que leva mantendo-se nessa condição é também uma característica varietal. Assim, é importante conhecer o comportamento de cada variedade quanto ao acúmulo de sacarose, ou seja, a sua curva de maturação.

De posse dessas informações, pode-se estabelecer as condições iniciais e finais da qualidade da matéria-prima a ser processada, como, por exemplo, 13% e 16% de Pol. Esse parâmetro aplicado à variedade define o período útil de industrialização (PUI), que consiste no tempo em que a variedade poderá ser processada com melhores condições químico-tecnológicas e, por conseguinte, melhores retornos econômicos. Assim, as variedades podem ser classificadas como de PUI curto, médio ou longo, em função do período ser de ± 60, ± 90, ou ± 120 dias, respectivamente.

Quando se realiza a colheita e o processamento da cana-de-açúcar em condições de boa maturação, espera-se melhor eficiência industrial, pois essas condições favorecem o rendimento e o desenvolvimento do processo fermentativo, resultando em bom rendimento do destilado e, por conseguinte, favorecendo sua qualidade e reduzindo os custos de produção.

15.2.10 Sistemas de determinação da maturação da cana

Para iniciar e realizar o melhor aproveitamento do seu canavial, o produtor deverá determinar a maturação, que poderá ser feita de diferentes modos:

a) *Refratômetro de campo*: Critério simples que determina o teor de sólidos solúveis do caldo (Brix) próximo do teor real. Deve-se considerar que o teor de sacarose cresce com o aumento do Brix, havendo uma relação bem estreita. O acúmulo da sacarose no colmo, ao longo do tempo de amadurecimento, ocorre da base para ponta da cana. As canas bem maduras apresentam teor de sacarose nos internódios da ponta, que se aproximam aos do meio e são ligeiramente menores que os da base. Para canas maduras, o sistema reflete melhor o teor de sacarose e o estágio de maturação da cana. O procedimento a ser realizado é o seguinte: a) com auxílio de um furador/extrator, retiram-se algumas gotas de caldo do 4° internódio a partir da base e do internódio da ponta (último internódio desenvolvido) de 12-15 colmos seguidos representativos da área, e colocam-se no prisma do aparelho; b) realiza-se a leitura do Brix (escala 0 a 30%); c) os resultados obtidos são empregados para determinar o Índice de Maturação = Brix ponta ÷ Brix da base; d) a interpretação dos resultados considera: índice menor que 0,6, a cana está imatura; de 0,6 a 0,7, a maturidade está baixa; de 0,7 a 0,85, a maturidade está média e, acima de 0,85 e menor que 1,0, está com ótima maturação. A utilização de amostragem de colmos, sua moagem e determinação do Brix do caldo extraído com areômetro, apenas nos dão indicativo da riqueza da cana, não de sua maturação.

b) *Análises tecnológicas*: A análise químico-tecnológica completa da matéria-prima é o melhor referencial de maturação, mas nem sempre está disponível ou ao alcance do pequeno produtor. Geralmente, frente aos seus custos, é realizada nos talhões, onde a avaliação pelo refratômetro indicou canas maduras. Para tal, amostram-se 12-15 colmos seguidos na linha representativos do talhão, faz-se a extração do caldo (por moenda ou prensa hidráulica), e determinam-se os teores de Brix, Pol e açúcares redutores (pode-se avaliar também a fibra). Os resultados obtidos podem ser interpretados de acordo com alguns critérios, que serão apresentados nas Tabelas 15.1 e 15.2.

Tabela 15.1 Critério de avaliação da maturação com base na análise do caldo.

Parâmetros	Início da safra	Durante a safra
Brix (mínimo) em %	18,0	18,0
Pol (mínima) em %	14,4	15,3
Açúcares redutores (máximos) em %	1,5	1,0
Pureza aparente (mínima) em %	80,0	85,0
Açúcares totais (mínimos) em %	15,1	16,1

Tabela 15.2 Critério da avaliação da maturação pelo sistema de pontos (análise da cana).

Brix % Cana-ponto	Pol % Cana-ponto	Pureza % Cana-ponto	Pureza % Cana-ponto	Açúcar redutor % Cana-ponto	Açúcar redutor % Cana-ponto
13,00-0,00	11,00-0,00	70,00-0,00	84,50-2,90	2,20-0,00	1,15-3,15
13,25-0,25	11,15-0,25	70,50-0,10	85,00-3,00	2,15-0,15	1,10-3,30
13,50-0,50	11,50-0,50	71,00-0,20	85,50-3,10	2,10-0,30	1,05-3,30
13,75-0,75	11,75-0,75	71,50-0,30	86,00-3,20*	2,05-0,45	1,00-3,60
14,00-1,00	12,00-1,00	72,00-0,40	86,50-3,30	2,00-0,50	0,95-3,75
14,25-1,25	12,25-1,25	72,50-0,50	87,00-3,40	1,95-0,75	0,90-3,90
14,50-1,50	12,50-1,50	73,00-0,60	87,50-3,50	1,90-0,90	0,85-4,05
14,75-1,75	12,75-1,75	73,50-0,70	88,00-3,60	1,85-1,05	0,80-4,20*
15,00-2,00	13,00-2,00	74,00-0,80	88,50-3,70	1,80-1,20	0,75-4,35
15,25-2,25	13,25-2,25	74,50-0,90	89,00-3,80	1,75-1,35	0,70-4,50
15,50-2,50	13,50-2,50	75,00-1,00	89,50-3,90	1,70-1,50	0,65-4,65
15,75-2,75	13,75-2,75	75,50-1,10	90,00-4,00	1,65-1,65	0,60-4,80
16,00-3,00	14,00-3,00	76,00-1,20	90,50-4,10	1,60-1,80	0,55-4,95
16,25-3,25	14,25-3,25	76,50-1,30	91,00-4,20	1,55-1,95	0,50-5,10
16,50-3,50	14,50-3,50	77,00-1,40	91,50-4,30	1,50-2,10	0,45-5,25
16,75-3,75	14,75-3,75	77,50-1,50	92,00-4,40	1,45-2,25	0,40-5,40
17,00-4,00	15,00-4,00	78,00-1,60	92,50-4,50	1,40-2,40	0,35-5,55
17,25-4,25	15,25-4,25	78,50-1,70	93,00-4,60	1,35-2,55	0,30-5,70
17,50-4,50	15,50-4,50	79,00-1,80	93,50-4,70	1,30-2,70	0,25-5,85
17,75-4,75	15,75-4,75	79,50-1,90	94,00-4,80	1,25-2,85	0,20-6,00
18,00-5,00	16,00-5,00	80,00-2,00	94,50-4,90	1,20-3,00	
18,25-5,25	16,25-5,25	80,50-2,10	95,00-5,00		
18,50-5,50	16,50-5,50*	81,00-2,20			
18,75-5,75	16,75-5,75	81,50-2,30			
19,00-6,00*	17,00-6,00	82,00-2,40			
19,25-6,25	17,25-6,25	82,50-2,50			
19,50-6,50	17,50-6,50	83,00-2,60			
19,75-6,75	17,75-6,75	83,50-2,70			
20,00-7,00	18,00-7,00	84,00-2,80			

Número mínimo de pontos:
Início da safra: 9
Durante a safra: 12
Exemplo*

Brix:	19,0	6,00
Pol.:	16,50	5,50
Pureza:	86,0	3,20
Açúcar redutor:	0,80	4,20
Soma:	18,90	pontos

Fonte: Stupiello (2006).

15.2.11 Alguns aspectos da qualidade da matéria-prima

A região terminal do colmo de canas em amadurecimento apresenta-se com baixa concentração de açúcares (elevado teor de açúcares redutores) e proporcionalmente maior de fibras. O processamento dessa matéria-prima poderá provocar vários problemas, tais como o "embuchamento" da moenda, formação excessiva de espumas na fermentação, entre outros, resultando na redução do rendimento do processo produtivo.

A realização do desponte (corte da porção apical imatura do colmo), na colheita, objetiva minimizar os efeitos dessa condição. Desse modo, a altura do desponte deve variar com a maturidade da planta, ou seja, em colmos imaturos deve-se realizar um desponte maior (colmo com menor altura), em colmos totalmente maduros, despontar menos (colmo com maior tamanho). Nesse caso, quando a colheita é feita em período seco e a despalha pelo fogo foi eficiente, pode-se dispensar o desponte. Uma regra prática que define a região do desponte consiste em pegar algumas canas totalmente despalhadas (retirada das folhas) e vergar o colmo na região do ponteiro com as duas mãos; o local onde quebrar deverá ser o local do corte (desponte).

Quando se utiliza cana verde, imatura (IM < 0,6), o desponte deverá ser drástico para garantir a qualidade da matéria-prima. Por outro lado, quando se realiza o processamento dessa cana sem despontar, o processo fermentativo será drasticamente influenciado. Esse fato se deve à presença de compostos, como ácidos orgânicos, que promovem inibição da atividade das leveduras, podendo influenciar o processo fermentativo, até mesmo inviabilizá-lo economicamente.

O emprego do fogo na cultura tem por principal objetivo auxiliar a despalha, facilitando o corte manual e o rendimento do cortador. Entretanto, essa prática pode provocar a exudação de açúcares na região da casca e propiciar a evaporação de água. Esses açúcares podem se perder, quando se realiza o processo de lavagem dos colmos na indústria, utilizada para eliminar as impurezas, como a terra que fica aderida ao colmo, em razão da exudação. Há ainda outros inconvenientes, como a produção de compostos associados ao aumento dos teores de furfural e compostos correlatos, que se formam durante o processamento, alterando a qualidade do vinho e da bebida produzida.

A queima a "quente", que é realizada no período das dez às 16 horas, pode provocar exudação mais intensa, especialmente nos meses secos do ano. A queima em horários de menores temperaturas, como no início da noite ou ao amanhecer (se for possível), promove menores danos.

A deterioração é um processo de natureza enzimática, química ou microbiológica, que resulta na redução gradativa da qualidade da matéria-prima e dos teores de sacarose, em face de sua inversão em açúcares redutores e da formação de compostos indesejáveis.

De um modo geral, a cana começa a se deteriorar a partir do momento em que ocorre o corte dos colmos, independentemente de serem queimados ou não, sendo que a sua intensidade é influenciada por diversos fatores ambientais, como a umidade e a temperatura, além de sistemas de manejo. Após 48-72 horas, a deterioração da cana queimada passa a ser mais acentuada.

Canas queimadas e deixadas em pé, cortadas por muitos dias e mantidas no campo ou em pátios/barracões, em condições de altas temperaturas e umidade, apresentam elevada deterioração, e causam problemas sérios na fermentação. Geralmente, nessas condições, as contaminações microbiológicas são facilitadas, pois leveduras e fungos, se instalam no processo, aumentando a produção de gomas e ácidos que podem resultar na floculação e morte das células de levedura. Ao mesmo tempo, estes microrganismos metabolizam o açúcar presente no caldo, formando compostos que interferem negativamente nos aspectos sensoriais da bebida, tais como acetaldeído, álcool iso-butílico, iso-amílico, dentre outros.

Outro fator que ocorre após o corte, é a perda de massa, devida à evaporação, sendo que isso pode se refletir em um aparente aumento do Brix e da Pol, resultante da concentração do caldo. A cana crua geralmente perde menos peso que a cana queimada, em virtude de o fogo eliminar a cera que protege o colmo, e também provoca o surgimento de fissuras no colmo.

De uma maneira geral, admite-se que o intervalo ideal entre o corte e a moagem da matéria-prima não ultrapasse as 24 horas, tanto para cana crua como para queimada.

15.3 MOAGEM
15.3.1 Introdução

A matéria-prima destinada ao processo de produção de aguardente deve estar limpa, com menor teor de impurezas vegetais e minerais, e ser moída com a maior brevidade possível.

A cana-de-açúcar, sob o ponto de vista da industrialização, é constituída de uma parte dura, formada pela casca e nós, representando cerca de 25% do peso da cana, contendo 15% de caldo e uma parte mole, composta pela medula, representando 75% de peso, contendo 85% de caldo.

O processo de extração do caldo é um dos fatores mais importantes que governam o rendimento do processo produtivo. O principal objetivo dessa etapa é recuperar o açúcar que está dissolvido no caldo, que se acha armazenado nos tecidos de reserva ou células parenquimatosas dos colmos da cana-de-açúcar.

A extração do caldo dos colmos ocorre por meio de um processo físico de separação da fibra (bagaço) do caldo que está contido nos tecidos de armazenamento. Ela pode ser realizada, por meio dos processos de moagem ou difusão. Para que a extração do caldo seja realizada com bons índices de rendimento, em ambos sistemas, é necessário que os colmos da cana sejam preparados, antes que a matéria-prima seja submetida ao trabalho dos equipamentos de extração (Figura 15.3).

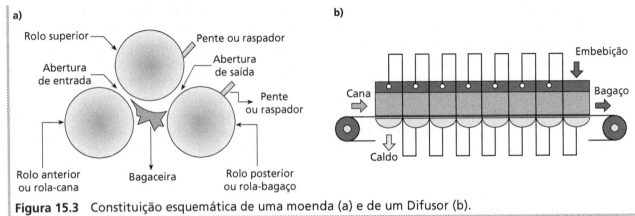

Figura 15.3 Constituição esquemática de uma moenda (a) e de um Difusor (b).

Fonte: Oliveira et al. (1978) e HYPERLINK "http://www.google.com.br/imagens".

Na moagem, a extração ocorre por meio de um processo físico, no qual a separação é feita pela pressão mecânica exercida pelos rolos da moenda, sobre o colchão de cana desfibrada. Nesse caso, o caldo é liberado após a passagem da cana preparada entre dois rolos, submetidos a determinadas pressões ao passar sucessivamente pelos vários ternos da moenda (Figura 15.3a).

No processo de difusão, o caldo é extraído graças ao rompimento de parte do tecido de armazenamento, permitindo assim o deslocamento do conteúdo das células por líquidos na embebição ou por meio da separação por osmose. O processo é realizado por meio de duas operações: a difusão (separação por osmose, relativa apenas às células não rompidas da cana) e a lixiviação (arraste por líquidos da embebição da sacarose e das impurezas contidas nas células abertas), segundo Cavalcanti (2005)(Figura 15.3b).

Embora a extração e o rendimento dos difusores sejam considerados superiores aos das moendas em 3% a 4%, para os produtores de cachaça, deve-se destacar que o método tradicional de extração do caldo por moendas ainda é o mais utilizado.

As moendas são compostas por cilindros ou rolos, responsáveis pela extração do caldo dos colmos de cana, além da bagaceira que é colocada entre os cilindros anterior e posterior e abaixo do superior, para conduzir o bagaço entre o primeiro e o segundo esmagamento.

As moendas podem ser acionadas por motores elétricos, diesel ou a vapor; podem, ainda, ser providas de reguladores de pressão, que têm a função de controlar as aberturas de entrada e saída de cana, além da pressão exercida sobre a massa de bagaço, que está em processo. Quando a moenda não tem esse dispositivo, é comum a ruptura ou quebra do cilindro, e, então, ocorre excesso de alimentação ou ainda a presença de metais ou pedras acompanhando a matéria-prima.

O número de ternos (moendas) nas diversas unidades de produção pode variar entre um e cinco. Atualmente, existe a possibilidade de se empregar moendas otimizadas, dotadas dos rolos de pressão e compressão (*top roller* e *press roller*), que mantêm a alimentação regular, possibilitando ganhos de rendimento, com eficiências de 97% (Figura 15.4).

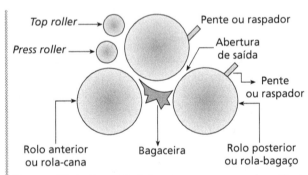

Figura 15.4 Constituição de uma moenda otimizada.

Várias unidades produtoras utilizam um terno de extração, sem preparo prévio dos colmos, apresentando uma extração comprometida, não superando os índices de 50 a 60%. Essas moendas são do tipo queixo duro, ou seja, são desprovidas de reguladores de pressão, podendo processar colmos isolados ou enfeixados de sete a dez colmos.

Com mais de um terno de moagem, a capacidade de extração é ampliada. Deve-se enfatizar que ela também depende do número de ternos, do tipo, do equipamento, da regularidade de alimentação, do estado de conservação dos equipamentos, do preparo da cana e da embebição, entre outros fatores. Considerando-se a moenda com vários ternos, do preparo da matéria-prima, além do emprego de embebição, a extração poderá ser de 75 a 90%.

A velocidade de rotação dos cilindros deve ser de sete a dez rotações por minuto (rpm). Moendas que trabalham com velocidades elevadas comprometem a eficiência de extração, acarretando outros prejuízos, como desgastes e quebras do equipamento.

15.3.2 Preparo da cana

A finalidade dessa operação é destruir a resistência das partes duras dos colmos de cana, aumentando a capacidade de trabalho das moendas e a extração. Consiste na desintegração dos colmos, objetivando romper o maior número de feixes fibrovasculares, onde estão as células de armazenamento, facilitando o trabalho das moendas.

O preparo normalmente é realizado por aparelhos preparadores (facas preparadoras ou picadoras e desfibradores), que funcionam com alta velocidade e baixa pressão, não extraindo caldo. A presença de impurezas na matéria-prima provoca o desgaste e a quebra das lâminas, levando a sua substituição. Atualmente, pode-se verificar nas unidades de médio e grande porte a presença de desintegradores, complementando o preparo dos colmos, otimizando a capacidade de extração.

15.3.3 Embebição

A cana preparada é submetida à ação das moendas com o objetivo de se separar a fração líquida (caldo) do resíduo fibroso (bagaço). Para se conseguir uma maior recuperação de caldo, é comum a passagem do mesmo bagaço várias vezes pela moenda. Após certo limite, a extração do caldo a seco torna-se nula. Então, faz-se necessária a realização de lavagem desse resíduo em processo com água ou água mais caldo diluído, com a finalidade de diluir o caldo remanescente. Essa operação é chamada *embebição*.

Ao passar pelas primeiras moendas, o teor de caldo residual diminui rapidamente e o teor de fibra aumenta, atingindo valores de 50% de umidade, em função do caldo residual que não pode ser extraído.

Nesse caso, é inútil comprimir o bagaço a seco, visando aumentar a extração. Para que a extração seja otimizada, é necessário substituir o caldo residual por água. Por meio dessa operação, a extração da sacarose, que seria de no máximo 85% com a extração a seco, atinge valores de 90 a 92%, com a embebição.

A embebição pode ser única, dupla, tripla etc., dependendo do número de vezes em que é realizada. Considerando-se o líquido empregado para a lavagem do bagaço, ela é *simples*, quando se utiliza somente água e *composta*, quando se adiciona, além de água, caldo diluído.

A embebição simples é a mais empregada pelos produtores, mas nem sempre é a mais indicada. Quando se trabalha com dois ou três ternos de moagem, a embebição simples, com um ou dois pontos é recomendada e funciona como diluidora do mosto. Com mais de três ternos, recomenda-se embebição composta, para que a extração seja otimizada.

A embebição do bagaço normalmente é feita por meio de tubos perfurados (pressurizados) ou calhas localizadas sobre os condutores intermediários, logo após a saída das moendas, quando o bagaço comprimido está iniciando sua expansão.

A alimentação das moendas deve ser o mais regular possível, para que sua capacidade de extração seja otimizada. É realizada pela introdução de colmos isoladamente ou em feixes, quando se trabalha com apenas um terno de moagem e não há operação de preparo. Entretanto, quando a moagem é realizada por meio de vários ternos, com preparo dos colmos e embebição, a alimentação das moendas é realizada pela esteira de cana, auxiliada pelo bicão (45-60°) ou pela calha *Donnelly*, além dos rolos de pressão (*press roller*) e/ou rolo de compressão (*top roller*).

15.3.4 Tratamento do caldo

O caldo extraído é constituído por água, sólidos solúveis e insolúveis.

Os sólidos solúveis podem ser representados pelos açúcares e não açúcares. Os açúcares correspondem a matéria-prima básica do mosto, que será transformada pelas leveduras em etanol.

Os não açúcares podem ser subdivididos em substâncias orgânicas (ceras, gomas, corantes, proteínas, aminoácidos, ácidos orgânicos etc.) e inorgânicas (sais presentes no caldo como K_2O, P_2O_5, CaO, etc). De modo geral, os sais são utilizados pelas leveduras nos diferentes processos metabólicos que ocorrem durante a fermentação. Destaque especial merecem os macronutrientes (N, P, K, Ca, Mg) e micronutrientes (Mn, Zn, Cu). Os demais constituintes devem ser removidos durante o processo de tratamento do caldo, favorecendo a clarificação do caldo.

Os sólidos insolúveis ou em suspensão, tais como bagacilhos e terra ou areias, devem ser totalmente removidos. O bagacilho é rico em pectinas que poderá sofrer hidrólise ácida levando à formação de metanol, álcool extremamente tóxico, cujos teores máximos estão estabelecidos pela legislação. A terra/areia além de se acumular no fundo das dornas, resultando no fundo de dornas ou lodo, contribui diretamente para o aumento dos microrganismos contaminantes, favorecendo os processos de floculação do fermento e a formação de compostos, tais como acetaldeído, álcool iso-butílico, iso-amílico, dentre outros, comprometendo diretamente a qualidade do produto a ser obtido. Devem-se ressaltar ainda outros inconvenientes, tais como o desgaste natural de equipamentos, aumento nos tempos de parada das dornas para limpeza, maior gasto com insumos para a higienização e biocidas.

Os compostos não açúcares presentes no caldo são essenciais em quantidades adequadas, uma vez que são constituintes das estruturas das células, sendo imprescindíveis para o funcionamento das enzimas. Merecem destaque o nitrogênio (constituinte do DNA das leveduras), o fósforo (produção da molécula de energia da célula – ATP), o magnésio, o zinco e o cálcio (ativação de enzimas). Dentre os não açúcares orgânicos, merecem atenção os compostos fenólicos e as proteínas. Os compostos fenólicos apresentam efeitos tóxicos para a levedura durante processo fermentativo. De acordo com Ravaneli et al. (2011) teores superiores a 450 mg/kg caldo podem promover a morte celular.

Caso a matéria-prima seja colhida antes do ponto ideal de maturação, pode-se detectar a presença de ácidos orgânicos, que devem ser neutralizados no caldo extraído, pois atuam como inibidores do metabolismo da levedura durante o processo fermentativo. As ceras e os lipídios são componentes que podem afetar negativamente o processo fermentativo, acumulando-se na superfície do mosto em fermentação, formando espumas. Quando em excesso podem provocar derramamentos do substrato presente na dorna, favorecendo o desenvolvimento de microrganismos contaminantes, além do maior consumo de insumos, tais como biocidas, antiespumantes e produtos de limpeza.

O caldo extraído pelas moendas arrasta várias impurezas grosseiras, tais como bagacilho e terra, que aumentam sua quantidade com o maior preparo da cana, assentamento inadequado da bagaceira, além do carregamento mecanizado.

Essas partículas são denominadas impurezas ou bagacilho. Sua separação é importante pelos inconvenientes que promovem, uma vez que agem como focos de infecções, provocando entupimentos de canalizações e bicos, além da formação de produtos indesejáveis para qualidade da aguardente.

A separação dessas impurezas inicia-se por meio do peneiramento, empregando-se peneiras fixas, rotativas ou vibratórias. Nas unidades de pequeno porte, utilizam-se os coadores fixos, normalmente de náilon, enquanto nas de médio porte, as peneiras vibratórias, além das do tipo fixa dotadas de rastelos.

O processo de clarificação do caldo ocorre a partir de reações químicas entre os fosfatos dissolvidos na matéria-prima e o cálcio adicionado por meio do leite de cal, objetivando promover a coagulação de proteínas e o arraste de impurezas para o fundo do decantador, de modo a remover materiais insolúveis e demais substâncias dissolvidas indesejáveis (DOHERTY; RACKEMANN, 2009). Para acelerar a velocidade de sedimentação dos flocos, normalmente são adicionados polímeros de origem sintética e de elevado custo. Nesse caso, o caldo clarificado obtido é um produto em desacordo com o modelo de produção orgânica. Por esta razão, a utilização de produtos naturais, tais como extratos de folhas, de sementes de plantas como a *Moringa oleífera* Lam, representa uma alternativa aos processos convencionais (MACRI, 2014; MACRI et al., 2014).

A seguir, o caldo peneirado, submetido ao tratamento químico é enviado aos decantadores de caldo (Figura 15.5), que são recipientes ou tanques, por onde o caldo passa lentamente, enquanto se separa das impurezas menores, que não foram eliminadas no coamento e que poderão prejudicar a fermentação. As impurezas retidas no fundo deverão ser eliminadas imediatamente depois de concluída a operação, lavando-se o decantador com água em abundância para eliminar qualquer sobra de caldo. Nesse caso, o decantador deve ter o fundo inclinado para facilitar a drenagem da água de lavagem, e ser dimensionado, de modo que o tempo de retenção do caldo seja curto, evitando que se transforme em um ponto de inoculação ou multiplicação de contaminantes.

O tratamento ou clarificação do caldo é um processo relativamente simples, de baixo custo, que deve ser realizado logo após a extração, antecedendo ao preparo do mosto e a inoculação da levedura para fermentação. O caldo clarificado obtido resulta em matéria-prima de melhor qualidade graças à remoção de compostos que desqualificam o produto, possibilitando a produção de uma bebida com características sensoriais aprovadas pelo consumidor e que atendam à legislação em vigor.

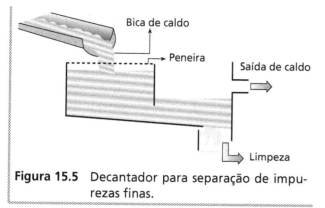

Figura 15.5 Decantador para separação de impurezas finas.

Fonte: Chaves (1998).

Cabe ressaltar que uma parcela significativa de pequenos e médios produtores ainda não realiza a operação de tratamento do caldo. Como resultado verifica-se uma maior dificuldade ao atendimento da legislação, especialmente no que se refere aos teores de contaminantes no destilado obtido, tais como o carbamato de etila, furfural, hidroximetilfurfural e acroleína.

15.3.5 Assepsia dos equipamentos e controles

A limpeza dos equipamentos utilizados no preparo dos colmos, na extração do caldo, na embebição do bagaço, no coamento do caldo e na condução do caldo extraído, deve ser regular e bastante rigorosa, empregando-se água de boa qualidade, escovas e vapor, se possível. Sem esse manejo adequado dos equipamentos, observa-se a formação de focos de contaminações, indesejáveis à fermentação, que se desenvolvem por falta de assepsia, resultando em perda de açúcar e de rendimento do processo.

Quando a moagem ocorrer de modo contínuo (diurna e noturna), sugere-se interrompê-la a cada 12 horas, para que se efetue a lavagem dos equipamentos.

Considerando-se a previsão de paradas regulares aos finais de semana, pode-se realizar sua limpeza geral, inclusive com o preparo de uma solução de biocidas, que poderá ser aplicado nas moendas, bicas e caixas de recepção, coadores e tubulações. Antecedendo seu uso, deve-se lavar muito bem os equipamentos para eliminar todos os resíduos de quaisquer produtos que tenham sido empregados ou, mesmo, sobras de caldos.

Além da lavagem periódica das moendas, recomenda-se uma revisão diária para os ajustes, lubrificações, desgastes dos rolos, pentes e bagaceira.

15.4 PREPARO E CORREÇÃO DO MOSTO

Denomina-se mosto, todo líquido açucarado apto a sofrer fermentação. O caldo da cana puro, extraído sem embebição apresenta elevados teores de açúcares, sendo impróprio para receber o inóculo. Por esse fato, deve ser diluído para ajustar-se às exigências da levedura alcoólica. A água de diluição deve ser de qualidade, apresentando todas as características de uma água potável (incolor, inodora e insípida, não contendo sais minerais em excesso, e ser bacteriologicamente pura).

Para destilarias de médio e grande porte, que utilizam mais de um terno de moagem para a extração do caldo, o processo de correção se inicia por meio da operação de embebição, destinada a aumentar a extração dos açúcares. Em consequência, ocorre a sua diluição, ajustando a concentração de açúcares que passa a ser da ordem de 13 a 15 °Brix. Caso a unidade de produção não empregue a embebição, deve-se proceder à diluição, após a extração e peneiramento do caldo.

O preparo e a correção do mosto compreendem as operações tecnológicas que visam adequar a matéria-prima de acordo com a exigência da levedura alcoólica. Pode ser dividida em duas operações: diluição e correções.

15.4.1 Diluição

O mosto deve apresentar uma concentração de açúcares compatível com a linhagem da levedura e com o processo de fermentação a ser utilizado. Na prática, existe certa correlação entre o teor de açúcares totais e o de sólidos solúveis, expresso em termos de graus Brix. Não obstante, há vários inconvenientes para o emprego de mostos muito diluídos ou muito concentrados.

De acordo com Oliveira et al. (1978), mostos muito diluídos produzem fermentações mais fáceis, resultando em menor teor alcoólico do vinho; maior consumo de água de diluição, requerendo dornas de maior capacidade; necessidade de maior capacidade dos aparelhos de destilação, maior consumo de água de condensação e maior consumo de vapor; maior facilidade de infecção do mosto e maiores gastos com mão de obra. Mostos muito concentrados favorecem fermentações incompletas, mais demoradas, resultando em perdas de açúcares que provocam incrustações nos aparelhos destiladores e, consequentemente, menores rendimentos na destilação.

Havendo necessidade de diluir o caldo para que o mosto passe a ter determinada concentração de açúcares (Brix), o cálculo da quantidade de diluente (água) a ser adicionado ao caldo é dado pelo Diagrama de Cobenze ou Regra das Misturas:

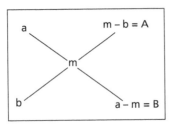

Onde:
A = Peso do caldo, em kg;
B = Peso do diluente, em kg;
a = Brix do caldo;
b = Brix do diluente;
m = Brix do mosto desejado.

A diluição deve ser realizada em recipientes limpos, normalmente tanques metálicos providos de sistema de agitação, podendo ser intermitente ou contínua.

15.4.2 Correções

O caldo de cana é um excelente meio para o desenvolvimento dos microrganismos, em especial as leveduras da fermentação alcoólica. De modo geral, possui acidez e teor de nutrientes suficientes para que a fermentação se processe adequadamente.

As leveduras fermentativas crescem melhor em meio ácido quando o pH varia de 4,0 a 5,0. Quanto à fisiologia das células, sabe-se que a respiração das células ocorre quando o pH varia entre 5 e 6. Entretanto, com valores menores, da ordem de 4 a 5, predominam as enzimas e o metabolismo relacionado com a fermentação dos açúcares. Para se obter esses valores, pode-se adicionar ácido sulfúrico a 10% até o limite de 250 mL/100 litros de caldo. Essa operação deve ser lenta e homogênea. A acidez total, expressa em ácido sulfúrico, deve-se enquadrar na faixa de 2,5 a 3,0 g/L de mosto, não devendo ultrapassar a 5,0 g/L. Com baixos valores de acidez, não há condições favoráveis ao desenvolvimento da levedura, facilitando a ocorrência das infecções bacterianas. Entretanto, teores excessivos de ácidos podem destruir as células de leveduras. Em meio com pH neutro, poderá haver o desenvolvimento das bactérias contaminantes, resultando em aumento significativo nos teores da acidez volátil.

Alguns caldos podem conter teores de alguns nutrientes, como o potássio, fósforo e nitrogênio, abaixo do necessário ao metabolismo ótimo, para a boa ação do fermento. Nesses casos, deve-se ajustar o teor de sais adicionando-se 0,1 g/L de mosto de superfosfato e sulfato de amônio para torná-lo adequado ao desenvolvimento da fermentação. O emprego de fontes não adequadas de nitrogênio pode acarretar um aumento na produção de componentes secundários no vinho, como os alcoóis amílico, isoamílico, propílico, butílico etc. que devem ser eliminados durante a destilação.

Os teores de sais minerais, tanto do ponto de vista da qualidade como da quantidade, devem ser considerados, uma vez que podem favorecer as reações enzimáticas da fermentação alcoólica. Sais como o magnésio, manganês e cobalto são importantes. Não obstante, o caldo de cana já apresenta níveis suficientes, não sendo necessária a sua adição.

Quando os níveis de contaminação são muito elevados e as técnicas de manejo e condução da fermentação não são suficientes para reduzir a população de microrganismos estranhos ao processo, pode-se recomendar o uso de antissépticos. Não obstante, deve-se realizar uma adaptação prévia das leveduras.

A levedura sintetiza as vitaminas de que necessita para o bom desempenho do seu metabolismo. Entretanto, segundo Chaves (1998), para as pequenas unidades de produção é comum o emprego de farelo de arroz, fubá ou quirera de milho, que, além de fornecerem vitaminas, auxiliam na decantação das células ao final da fermentação. Nesse caso, deve-se cuidar para que o milho seja sadio, sem caruncho ou resíduos de inseticidas ou agentes tóxicos, e os farelos e fubás devem ser de grau alimentar, frescos, não apresentando rancidez.

As leveduras mais empregadas nas destilarias de cachaça trabalham entre 20 e 35 °C, sendo temperatura ótima entre 26 e 32 °C. Considerando-se que a safra é realizada no período de abril/maio a outubro/novembro, na região Centro-Sul, verifica-se que a levedura deverá estar adaptada a uma ampla variação de temperatura. No início, as temperaturas são mais baixas (15-20 °C), requerendo um aquecimento prévio do caldo antes da inoculação do fermento. Ao final da safra, ocorre o contrário, as temperaturas são mais elevadas (30-35 °C), exigindo refrigeração das dornas (serpentina ou coroa), ou ainda o emprego de leveduras que resistam a temperaturas mais elevadas, denominadas termotolerantes.

15.5 FERMENTO
15.5.1 Generalidades

As leveduras são fungos de interesse industrial pertencentes à classe dos Ascomicetos, sendo a espécie mais importante a *Saccharomyces cerevisiae*.

Nas regiões onde há o desenvolvimento de processos fermentativos, a presença de "leveduras nativas ou selvagens" é frequente. Elas estão ecologicamente adaptadas e sobrevivem nas superfícies dos colmos da cana, nas folhas, no solo e até no ar, provocando fermentações naturalmente, sem que haja necessidade de inoculação. Essa fermentação é inadequada, lenta, irregular e de baixo rendimento.

A levedura utilizada no processo deve apresentar determinadas características que garantam o rendimento fermentativo. A massa de células para se iniciar a fermentação denomina-se *pé de cuba*, *pé de fermentação, lêvedo alcoólico* ou *fermento*, e deverá estar ativa e em quantidade adequada para que o processo ocorra de modo satisfatório.

Entre as características pretendidas, o fermento escolhido deverá apresentar alta velocidade de fermentação, tolerância ao álcool, resistência à acidez e à temperatura elevada, estabilidade genética, além de maior rendimento do processo.

Segundo Mutton e Mutton (1992), para uma fermentação sadia, regular e de alto rendimento, é necessário introduzir no mosto, uma população vigorosa de leveduras, capaz de conduzir o processo fermentativo de forma eficiente.

15.5.2 Tipos de fermento

Denomina-se *fermento* a suspensão de células de leveduras suficientemente concentrada, de modo a garantir a fermentação de um determinado volume de mosto em condições econômicas. Esse número varia de 2 a 5 $\times$ 10^6 cel/mL, sendo que durante o preparo do pé de cuba, objetiva-se otimizar essa concentração.

Os fermentos mais empregados na prática são: fermentos naturais (selvagens), fermentos prensados, fermentos mistos, fermentos secos (granulado) e fermento selecionado.

15.5.3 Preparo do fermento

É variável com o tipo do fermento a ser utilizado e com a região produtora.

15.5.3.1 Fermento natural ou selvagem

É constituído por células de leveduras que já estão naturalmente adaptadas ao ambiente. Vivem na superfície dos colmos da cana-de-açúcar. Pelo fato de não terem sofrido alterações genéticas programadas ou melhoramentos, são chamadas leveduras naturais, nativas ou selvagens. Geralmente, apresentam pequena tolerância ao álcool, pouco superando outros microrganismos contaminantes.

Entretanto, por conter uma flora mista, formada de vários microrganismos, durante o desdobramento dos açúcares na fermentação são produzidos diversos compostos, além do etanol e do gás carbônico, favorecendo o aroma e sabor da aguardente produzida.

O fermento é preparado a partir das leveduras que acompanham a cana, o mosto ou ar, sendo variável entre os produtores, que geralmente utilizam receitas regionais.

Não havendo contaminantes durante a fermentação, um bom fermento pode ser reutilizado várias vezes, até durante toda a safra. Caso contrário, deve ser substituído.

15.5.3.2 Fermento prensado

É constituído por uma massa sólida, contendo um aglomerado de células no estado sólido da espécie *Saccharomyces cerevisiae*, que é um fermento alcoólico por excelência. Esse fermento pode ser conservado em geladeira por, no máximo, uma semana.

O inóculo poderá ser preparado a partir da diluição de 20 a 50 g de fermento/litro de mosto, em água morna ou mosto. No início do processo, a concentração de açúcares deverá ser baixa, para facilitar a multiplicação do fermento. Normalmente, quando o Brix do mosto em fermentação cair à metade do mosto de alimentação, dobra-se o volume, alimentando-se com mosto a concentrações crescentes, adotando-se procedimento semelhante até obter o volume final de pé de cuba desejado. A seguir, deve-se transferir o fermento para as dornas de fermentação, na proporção de 20-30% em relação ao volume útil da dorna, realizar a alimentação com mosto e conduzir a fermentação no sistema de trabalho utilizado na unidade de produção.

Os recipientes a serem utilizados deverão ter uma capacidade de 20% superior ao volume do mosto que vai ser fermentado, para que a espuma formada não transborde.

Nas primeiras fermentações, o Brix não deve ser maior que 12 °Brix. Baixas concentrações de açúcares facilitam a multiplicação das células de leveduras, assim como sua adaptação ao meio, evitando sua exaustão.

A temperatura do mosto deve ser mantida entre 28 e 32 ºC. Se necessário, o mosto deve ser resfriado ou aquecido, sendo o seu controle realizado com um termômetro.

15.5.3.3 Fermento misto

Esse tipo de fermento consiste na associação do fermento natural ou selvagem e do prensado. Nesse caso, empregam-se de 10 a 20 g de fermento prensado/litro de mosto. É um sistema muito difundido em diversas regiões do Brasil.

15.5.3.4 Fermento seco (granulado)

De acordo com Novaes (2002), esse fermento dispensa refrigeração, apresenta uma concentração de células três vezes maior que o fermento prensado, por isso requer menor quantidade de fermento, possibilitando início mais rápido da fermentação.

Independentemente do tipo de fermento empregado ou do sistema de condução da fermentação, ao término de um ciclo fermentativo, deve-se proceder ao tratamento do fermento, buscando eliminar os contaminantes e revigorar as células de leveduras, desintoxicando-as do etanol, de ácidos e outros metabólitos que, normalmente, são formados. Esse tratamento pode ser feito por meio da lavagem do fermento com água potável, isenta de cloro, ácido e aeração. Após duas horas de repouso, desprezar a fração sobrenadante, avaliar a viabilidade das células e reiniciar a adição de mosto para novo ciclo fermentativo. A viabilidade deverá ser superior a 90% de células vivas no mosto. Concluída a alimentação da dorna, recomenda-se determinar a concentração de fermento no mosto, que deverá estar entre 8-10% de células na dorna.

15.5.3.5 Fermento selecionado

A utilização de leveduras selecionadas como inoculo para o processo fermentativo destinado à produção de cachaça, tem se mostrado muito importante quando se tem por objetivo a obtenção de um destilado que atenda aos padrões de qualidade (CANUTO, 2013).

As linhagens selecionadas são facilmente multiplicadas favorecendo o rápido preparo do inóculo e a introdução de altas populações de leveduras nas dornas (GOMES et al., 2010). Esses microrganismos podem ser considerados mais competitivos pela maior capacidade de suplantarem leveduras selvagens, de fácil ocorrência nas fermentações em que se utilizam os fermentos prensados ou nativos, aumentando o número de ciclos realizados pela unidade industrial (SOARES; SILVA; SCHWAN, 2011).

Deve-se destacar ainda que as leveduras selecionadas para a produção de cachaça apresentam característica floculante, ou seja, se desenvolvem de modo agrupado, formando flocos que se aglomeram no funda das dornas. Essa particularidade pode ser utilizada pelo produtor como uma estratégia para redução de custos operacionais, dispensando o uso de centrífugas ou ainda os elevados tempos de espera para separação do fermento do vinho, que compromete a qualidade da bebida, uma vez que nessa etapa ocorre a multiplicação de bactérias, como as acéticas, que realizam fermentações paralelas que serão discutidas no item 15.6.5 (VASCONCELOS, 2007). Nesse sentido, pode-se citar os fermentos S. cerevisiae CA-11 e CanaMax. Segundo Cardoso (2013), alambiques que utilizam a levedura CA-11, demonstram aumento no rendimento e melhorias nos teores de compostos aromáticos desejáveis da cachaça.

Pode-se ainda optar por leveduras selecionadas para a produção de etanol, como a CAT1 e PE2, BG1, FT858, entre outras, que caracterizam-se por apresentar elevados rendimentos em etanol, assim como permanência no processo. Entretanto, não são microrganismos floculantes, sendo necessária a utilização de centrífugas para separação. Dessa maneira, esses fermentos são utilizados principalmente por grandes produtores.

15.6 FERMENTAÇÃO
15.6.1 Generalidades

Fermentação é todo fenômeno causado por microrganismos vivos, sejam bactérias, fungos ou leveduras, que se decompõem e transformam o substrato. Esse desdobramento resulta em produtos variados, dependendo da composição do substrato e dos microrganismos presentes.

No caso específico da fermentação alcoólica, o processo é realizado em substrato açucarado, que é transformado em gás carbônico (CO_2) e etanol, por meio da ação predominante de leveduras. Assim como as bactérias, as leveduras estão espalhadas por toda a natureza e podem inocular espontaneamente os caldos açucarados, mesmo antes de estarem adequadamente preparados para receber o fermento. Deve-se cuidar para que a fermentação inicie somente após a inoculação do mosto, dentro da dorna.

Após o preparo do fermento ou lêvedo alcoólico, deve-se proceder à sua alimentação com um mosto convenientemente preparado, a fim de que a fermentação se inicie o mais rápido possível.

Essa alimentação pode ocorrer pela adição de todo o volume de mosto de uma só vez; adições parceladas de pequenos volumes a determinados intervalos de tempo, até totalizar o volume de mosto; ou adição do mosto em filete contínuo. Deve-se evitar os dois primeiros tipos por provocarem elevações bruscas dos teores de açúcares no meio, debilitando a célula e reduzindo sua viabilidade.

A levedura é um microrganismo facultativo, que pode realizar respiração ou fermentação com grande facilidade. Quando respira (metabolismo aeróbico ou oxidativo), transforma o açúcar em H_2O e CO_2. Nesse caso, promove-se a multiplicação das células, sendo esse processo utilizado no início da safra. Quando fermenta (metabolismo anaeróbico), produz etanol e CO_2, além de outros subprodutos, como ácidos orgânicos e glicerol.

15.6.2 Fases da fermentação alcoólica do mosto

A fermentação alcoólica é um processo constituído basicamente por três etapas importantes, conhecidas como: *fermentação preliminar (pré-fermentação)*; *fermentação principal (tumultuosa)*; e *fermentação complementar (pós-fermentação)*.

Na fermentação preliminar, observa-se que o consumo de açúcares resulta na predominante multiplicação de leveduras. Não há produção de álcool, liberação de CO_2, sendo a elevação da temperatura muito pequena. Essa etapa deve ser curta, para adaptação das leveduras ao meio.

Durante a fermentação principal, já se observa significativo desprendimento de CO_2, com intensa produção de álcool, elevação rápida da temperatura e dos teores de ácidos, formação de espumas e redução significativa da densidade do mosto em fermentação, pela transformação dos açúcares em álcool e outros compostos líquidos.

Finalizando o processo, na fermentação complementar há o consumo dos açúcares que ainda estão disponíveis no meio. Verifica-se aumento da acidez, redução da temperatura e do desprendimento de CO_2, em virtude da menor formação de etanol, devida ao esgotamento do meio. Completa-se a fermentação alcoólica, a superfície do vinho fica tranquila e limpa de espumas, sendo então considerada concluída.

15.6.3 Condução da fermentação alcoólica

De acordo com relato de diversos autores, a fermentação alcoólica pode ser conduzida por sistemas intermitentes, semicontínuos ou contínuos. Entretanto, a grande maioria das unidades de produção emprega os sistemas intermitentes, sendo que os mais empregados na indústria de aguardente de cana são os seguintes: processo de cortes, processo de decantação, processo Melle-Boinot e processo Melle-Boinot-Almeida.

15.6.3.1 Processos de cortes

É um dos processos mais empregados nos engenhos de produção de cachaça, especialmente no início da safra, visando a multiplicação do fermento. Nesse caso, prepara-se inicialmente o inóculo para uma dorna, aproximadamente 20% do volume útil da dorna. Alimenta-se a dorna com mosto em filete contínuo até o seu enchimento. Com a fermentação em plena atividade, quando o Brix cair à metade do valor do mosto de alimentação, divide-se o volume à metade com outra dorna. Realimenta-se a dorna que cedeu o pé-de-fermento com o mosto de alimentação até completar o volume, deixando-se fermentar até o final, quando o vinho será encaminhado para destilação. À dorna que recebeu o pé-de-fermento acrescenta-se também mosto, até completar o volume. O Brix final, após a mistura, terá um valor inferior ao de alimentação. Quando cair à metade do valor do mosto de alimentação, terá seu volume cortado para outra dorna, seguindo o procedimento já descrito anteriormente. Deve-se cuidar para que dornas contaminadas não sejam cortadas.

15.6.3.2 Processo de decantação

Este processo propõe a reutilização do fermento, separado de uma fermentação anterior, por decantação das células que se depositam no fundo da dorna. De modo idêntico ao processo de cortes, é um dos preferidos pelos produtores de cachaça.

A fermentação tem início por meio do preparo do fermento, seguindo as recomendações técnicas, com alimentação posterior do mosto em filete contínuo, até que as dornas estejam cheias. A partir desse ponto, aguarda-se que as fermentações terminem, a superfície do vinho fique tranquila e o fermento deposite-se no fundo das dornas. A seguir, separa-se o vinho para destilação através de canalização lateral. Com o fermento recuperado, reinicia-se nova fermentação (Figura 15.6).

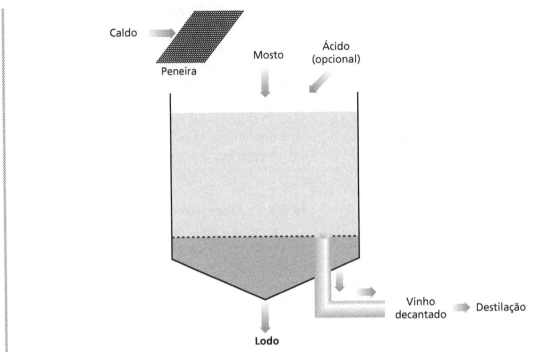

Figura 15.6 Processo de condução da fermentação por decantação.

Segundo Novaes et al. (1974), a decantação é um processo que requer instalações simples, de fácil execução e supervisão, porém, para se conseguir bons resultados é necessário que se observe uma série de recomendações, tais como utilizar linhagem de levedura adequada, usar volume correto de lêvedo em relação ao volume útil da dorna, preparar tecnicamente o lêvedo inicial, e controlar a temperatura do mosto em fermentação.

Após determinados intervalos, deve-se realizar a reativação ou o revigoramento do fermento, por meio do abaixamento do pH, para reduzir a quantidade de bactérias contaminantes. Recomenda-se também a adição de farelos e/ou fubá, antes da adição de novo mosto. Estes contribuem com a liberação de componentes favoráveis para o meio, além de auxiliar a decantação mais rápida e eficiente das células de leveduras após concluída a fermentação, otimizando o processo.

15.6.3.3 Processo Melle-Boinot

Fundamenta-se no reaproveitamento das células de leveduras provenientes de uma fermentação anterior e que são separadas do vinho por centrifugação (Figura 15.7). A seguir, as células obtidas são tratadas com ácido até pH 2,5 a 3,0 por três horas, em dornas menores, denominadas cubas de tratamento, onde também recebem nutrientes, água e agitação, revigorando-se antes de uma nova fermentação.

Considerando-se a necessidade do emprego da centrífuga e o seu custo elevado, normalmente ela é utilizada em unidades de produção de médio e grande porte.

De acordo com Novaes et al. (1974), Oliveira et al. (1978) e Novaes (1992), esse processo resulta em maior rendimento em etanol, pois possibilita fermentações mais rápidas, necessitando de menor volume de dornas e, portanto, de menor custo de instalação; garante pureza das fermentações, diminuindo os riscos de contaminações; propicia economia de nutrientes; permite parada da destilaria e reinício de trabalho, sem prejuízos acentuados para o fermento; conduz a um aumento do rendimento em álcool, em virtude do consumo mínimo de açúcar na multiplicação de células; e economia de mão de obra.

Deve-se considerar, ainda, que o tratamento do fermento possibilita a obtenção de um inóculo bastante uniforme, que, estando presente em maior quantidade no meio, poderá promover a degradação dos açúcares, transformando-os nos compostos desejados, tendo ao final um vinho de melhor qualidade.

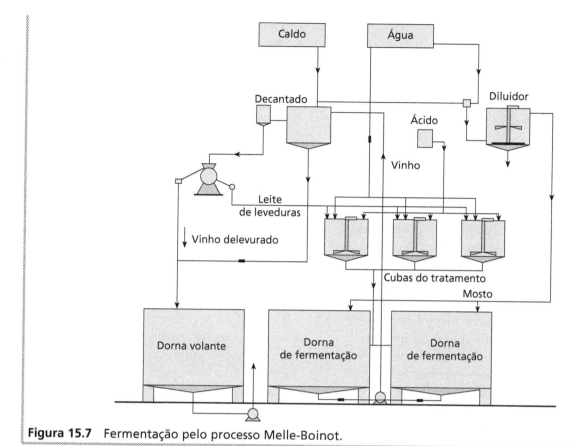

Figura 15.7 Fermentação pelo processo Melle-Boinot.

Fonte: Oliveira et al. (1978).

15.6.3.4 Processo Melle-Boinot-Almeida

Esse processo é resultante de uma combinação entre o processo de decantação e o Melle-Boinot. Propõem a recuperação das células pela decantação da maior parte das leveduras na dorna, após o término da fermentação, enquanto o vinho sobrenadante, retirado por uma canalização lateral, é enviado às turbinas ou centrífugas. As células obtidas dessa operação são tratadas conforme descrito no processo Melle-Boinot, retornando em seguida ao processo.

Entre muitas vantagens, pode-se destacar a possibilidade de se trabalhar com mostos um pouco mais concentrados, resultando em vinho com maiores teores alcoólicos, melhorando a capacidade de destilação.

15.6.4 Tratamento do fermento

Durante o período de multiplicação das células, a alimentação deve ser lenta e gradual em filete contínuo, mantendo-se o Brix do mosto em fermentação, no máximo à metade do Brix de alimentação, para facilitar a manutenção dessa etapa, enquanto for conveniente. A adição rápida do mosto poderá inibir a multiplicação do fermento (afogamento), facilitando o aparecimento das infecções.

Concluída a fermentação, deve-se separar o vinho sobrenadante das células de fermento. A manutenção das leveduras no meio rico em álcool e outros metabólitos prejudica as células, favorecendo as contaminações indesejáveis no processo.

A seguir, acidifica-se o meio por duas horas, selecionando-se leveduras jovens e sadias, reduzindo-se os níveis de contaminantes. Após, reinicia-se a adição de mosto, observando os parâmetros temperatura e concentração do mosto de alimentação, assim como a alimentação das dornas.

Entre os períodos de parada do engenho, provocados por quebras de equipamentos, finais de semana, falta de matéria-prima, entre outros, recomenda-se não deixar o fermento na presença do vinho residual, que normalmente compõe o pé de cuba. Nesse caso, deve realizar sua lavagem com água de boa qualidade, separando-se o sobrenadante, rico em álcool e outros compostos tóxicos para o fermento, deixando-o em repouso na dorna após essa operação. As células não morrerão, porque estarão utilizando os açúcares de reserva que armazenam normalmente, denominados trealose. Se essa parada for longa, deve-se adicionar mosto bastante diluído para garantir a manutenção da fisiologia básica das células.

15.6.5 Controles e rendimentos do processo fermentativo

Considera-se que o tempo ideal para a realização de uma fermentação seja variável de 12 a 24 horas, dependendo do microrganismo empregado, da concentração de açúcares do mosto de alimentação, do sistema de condução do processo etc.

Quando essa fermentação é realizada com a predominância de leveduras no meio, resultará em fermentação conhecida como pura, apresentando cheiro agradável, lembrando o aroma de frutas. Verifica-se também a formação de espumas leves, com bolhas pequenas e regulares que se rompem com facilidade. A conclusão da fermentação ocorrerá no intervalo de tempo previsto.

Entretanto, quando o processo ocorre na presença de contaminantes, geralmente bactérias, o tempo de fermentação é maior, o cheiro exalado é desagradável, normalmente característico do metabolismo que está ocorrendo em paralelo. Assim, o cheiro de vinagre indica que está havendo uma fermentação acética, enquanto o de ranço é característico da fermentação butírica. A espuma que se forma é persistente, formando bolhas grandes que não se rompem, provocando o derramamento de material, até mesmo, o transbordamento do mosto em fermentação.

Várias características devem ser consideradas para que os problemas sejam identificados e solucionados com a maior brevidade possível. De acordo com Oliveira et al. (1978), as mais importantes estão relacionadas a seguir:

a) *Fermentação acética*: ocorre pela ação de bactérias do gênero *Acetobacter*, em condição de aerobiose, temperatura de 15 a 34 °C, concentração alcoólica de 11 a 12%. É diagnosticada pelo forte odor de vinagre e presença da mosca do vinagre (*Drosophila*).

b) *Fermentação lática*: ocorre pela ação de bactérias do gênero *Lactobacillus*, em condição de anaerobiose, pH próximo da neutralidade, temperatura de 30 a 45 °C, concentração alcoó-

lica até 20%. É diagnosticada pelo aumento da acidez do mosto, redução da produção de CO_2 e da formação de espumas.

c) *Fermentação butírica*: ocorre pela ação de bactérias do gênero *Clostridium*, em condição de anaerobiose, pH próximo da neutralidade, temperatura de 30 a 35 °C. É diagnosticada pelo odor penetrante de ranço e aumento da acidez do mosto.

d) *Fermentação dextrânica*: ocorre pela ação da bactéria *Leuconostoc mesenteroides*, em condições de pH neutro ou alcalino, temperatura de 30 a 35 °C, caldo de cana queimada e armazenada por longos períodos. É diagnosticada pela formação de aglomerados gelatinosos conhecidos como "cangica", aumento da viscosidade.

e) *Fermentação levânica*: ocorre pela ação de bactérias *Bacillus*, *Aerobacter* e *Streptomices*, em condições de pH neutro ou alcalino, temperatura de 30 a 35 °C, caldo de cana queimada e armazenada por longos períodos. É diagnosticada pelo aumento da viscosidade dos mostos, dificultando a liberação do CO_2 formado na fermentação. Pode ocorrer a formação de grandes bolhas no interior da dorna, provocando o seu transbordamento.

Quando o fermento estiver infeccionado, deve-se tratar utilizando antissépticos e antimicrobianos sintéticos ou naturais, que atuam de forma diferente, agindo sobre um ou mais grupos de microrganismos contaminantes. Entretanto, o uso contínuo de antimicrobianos sintéticos pode favorecer o desenvolvimento de linhagens resistentes, que se tornam cada vez menos sensíveis à sua ação, além do alto custo. Ao mesmo tempo, verifica-se uma exigência cada vez maior, para o consumo de produtos obtidos sem o uso desses insumos. Neste sentido, há uma demanda por antimicrobianos naturais, em substituição total ou parcial aos atualmente utilizados pela indústria, os quais deixam traços remanescentes do produto nas células de leveduras e destilados (MONTIJO et al., 2014).

Dentre os biocidas naturais, a própolis tem se destacado não só pelo eficiente controle de microrganismos contaminantes da fermentação alcoólica para produção da cachaça (BREGAGNOLI et al., 2009; MONTIJO et al., 2014; MUTTON, et al., 2014) como também por ser um produto economicamente viável, fácil preparo do extrato, além de não deixar resíduos na bebida ou na levedura. Dependendo de sua procedência, pode apresentar coloração que pode variar do marrom escuro ao marrom avermelhado, além das tonalidades esverdeadas (MARCUCCI, 1996). Relatos de Bispo Junior et al. (2012), destacam que a atividade antibacteriana da própolis pode estar relacionada ao teor de flavonoides, sendo que a maior concentração desses compostos determina maior atividade antibacteriana.

Entretanto, caso a contaminação do fermento seja muito elevada, provocando redução significativa na viabilidade das células e dos brotos de leveduras, pode-se optar por descartar essas células do processo. Nesse caso, deve-se lavar a dorna com bastante água, preparando-se novo pé de cuba para o próximo ciclo de fermentação. Pode-se dizer que as contaminações ou acidentes da fermentação fazem parte da rotina das unidades de produção, independentemente do seu tamanho, capacidade ou mesmo técnica de condução empregada, em maior ou menor proporção. Entre os fatores facilitadores, pode-se destacar a qualidade da matéria-prima processada, a higiene e a limpeza dos equipamentos e do ambiente de trabalho, o emprego do fermento adequado, o preparo correto do mosto, inoculação da quantidade adequada de fermento, a condução e os controles da fermentação.

15.6.5.1 Parâmetros de controle da fermentação

a) *Concentração de açúcares*: avaliada por meio da medida do Brix do mosto, durante toda a fermentação, em intervalos regulares, do início ao final do processo. Os valores obtidos devem indicar sua queda contínua, revelando que as leveduras estão transformando os açúcares (dão leitura em Brix) em álcool (não dão leitura em Brix). A paralisação precoce ou queda lenta do Brix pode indicar que está acontecendo algum desequilíbrio (matéria-prima deteriorada, fermento ou concentração de açúcar inadequada, refrigeração excessiva e fermento debilitado, entre outros), favorecendo a ocorrência das contaminações.

b) *Temperatura do mosto em fermentação*: o ideal é que a temperatura permanecesse entre 26-32 °C. Na prática, os valores observados na fase principal poderão apresentar-se superiores, alcançando até 35-36 °C, dependendo da região e da época do ano em que se trabalha,

exigindo a refrigeração das dornas. Quando a temperatura estiver muito baixa no início da safra, recomenda-se o aquecimento do mosto antecedendo a inoculação do fermento.

c) *Tempo de fermentação*: a fermentação regular deve se processar em um período de 12 a 24 horas. O aumento exagerado desse tempo pode indicar irregularidades do processo.

d) *Cheiro*: deve ser agradável, penetrante, característico, frutado, variando com a matéria-prima e natureza do mosto. Se desagradável, indica possíveis contaminações.

e) *Aspecto da espuma*: normalmente leve, rompe-se com facilidade quando a fermentação é pura ou regular. Quando ocorrem contaminações, apresentam-se pesadas, dificultando o desprendimento do CO_2 formado durante a produção do etanol. Pode haver agrupamento das menores, formando grandes bolhas na superfície da dorna, que não se rompem, como, por exemplo, na fermentação levânica.

f) *Acidez e pH*: o pH do caldo da cana em estágio adequado de maturação é da ordem de 5,0-5,5. Como as leveduras são microrganismos acidófilos, o pH ótimo para fermentação é da ordem de 4,5, enquanto para multiplicação do fermento, entre 5,0 e 6,0. Com relação aos teores de ácidos no meio, devem estar entre 2,5 e 3,0 g H_2SO_4/L de mosto. Valores inferiores favorecem o estabelecimento das infeções, enquanto valores muito elevados promovem a debilidade e morte do fermento.

g) *Açúcares residuais*: ao final da fermentação, esperam-se valores inferiores a 0,5%.

h) *Rendimento*: é o fator mais importante para o controle da fermentação, pois reflete todos os demais que, de modo direto ou indireto, interferem no processo produtivo.

Segundo Novaes et al. (1974), o cálculo do rendimento em álcool pode ser expresso por unidade de área de plantio, peso de matéria-prima processada, volume de mosto ou peso de açúcar processado, sendo este o mais indicado para o controle:

a) *Rendimento ideal (Gay-Lussac)*: considera a equação fundamental de desdobramento dos açúcares em etanol e CO_2:
180 g Glicose → 92 g Etanol + Gás Carbônico;
100 g Glicose → X1 = 51,11 g ou 64,75 mL de etanol (densidade = 0,79432).

b) *Rendimento teórico (Pasteur)*: considera também a formação de outros compostos, como ácidos, glicerol, outros alcoóis de cadeia mais longa. Quando a fermentação é bem conduzida, o Rendimento Teórico pode representar até 95% do Rendimento Ideal.

c) *Rendimento prático ou industrial*: refere-se ao rendimento obtido na unidade de produção, após todas as interferências do processo (qualidade da matéria-prima, tipo e qualidade do fermento, preparo do mosto, condução da fermentação, contaminações, destilação, perdas, período da safra etc.).

Sob esses aspectos, verifica-se que se todos os parâmetros envolvidos com o processamento da cana forem desenvolvidos de acordo com orientações técnicas, o Rendimento Industrial deve ser da ordem de 95% do Rendimento Teórico.

O acompanhamento rigoroso dos parâmetros empregados para condução da fermentação deve ser realizado diariamente pelo produtor. Inicialmente, por meio do controle do volume do fermento utilizado (pé de cuba) e do volume, Brix e temperatura do mosto. A seguir, pelo controle da evolução da temperatura e pH, queda do Brix até alcançar valores menores que 1,0 (sendo o ideal zero). Esse controle permite identificar irregularidades do processo, facilitando o controle.

15.7 DESTILAÇÃO
15.7.1 Introdução

É o processo de volatilizar líquidos pelo aquecimento, condensando-os a seguir, objetivando especialmente a purificação ou formação de produtos novos por decomposição das frações. Na produção de cachaça, deve-se considerar ainda a formação de componentes, em virtude de reações que ocorrem dentro dos alambiques de cobre, que funcionam como verdadeiros reatores.

Concluída a fermentação do mosto, obtém-se o vinho, que apresenta agora diversos constituintes de natureza gasosa, líquida e sólida, em virtude das transformações que se desenvolveram durante a fermentação.

O vinho adequadamente decantado, com teores de 5-10% de etanol, 89-94% de água e 2-4% de outros componentes, é submetido ao processo de separação dos constituintes, por meio das diferenças dos pontos de ebulição, denominado destilação.

Fundamentado no conhecimento da volatilidade das substâncias, pode-se separar os compostos voláteis (água, álcool etílico, aldeídos, alcoóis superiores, ácido acético etc.), dos não voláteis ou fixos (células de leveduras, bactérias, sólidos em suspensão, sais minerais, açúcares não fermentescíveis e proteínas, entre outros resíduos), obtendo-se duas frações, conhecidas como flegma e vinhaça. A flegma, produto principal da destilação do vinho, é constituída por uma mistura hidroalcoólica impura, cuja graduação depende do tipo de aparelho utilizado na destilação do vinho. A vinhaça é o resíduo da destilação do vinho, constituída por água, sais, células de leveduras e bactérias, além de resíduos diversos.

Entre os componentes de natureza gasosa, predomina o gás carbônico, formado durante a transformação do ácido pirúvico em acetaldeído e CO_2.

As substâncias líquidas têm como principal representante o álcool etílico, que aparece nos vinhos em uma proporção de 5 a 10% em volume, e a água em maior proporção, variando de 89 a 94% em volume. Além desses dois componentes, outras substâncias líquidas se fazem presentes em menor proporção: os ácidos succínico e acético, a glicerina, o furfural, os alcoóis superiores (amílico, isoamílico, propílico, isopropílico, butílico, isobutílico), aldeído acético etc.

As substâncias sólidas presentes no vinho encontram-se em suspensão e em solução. As primeiras são representadas pelas células de leveduras e bactérias, além de substâncias não solúveis que acompanham o mosto, tais como o bagacilho. Os sólidos em solução são representados por açúcares não fermentados, substâncias infermentescíveis, matérias albuminoides, sais minerais etc.

Antecedendo a destilação, deve-se eliminar as substâncias sólidas que se encontram em solução ou suspensão no vinho, pois são prejudiciais na destilação. Os açúcares não fermentados e o bagacilho podem formar furfural, influenciando negativamente o aroma e o paladar da aguardente.

Relatos de Lima (1964), Ribeiro (1997) e Chaves (1998), entre outros, confirmam que a qualidade do destilado obtido depende da composição qualitativa dos constituintes presentes em mínimas quantidades, mas, principalmente, da proporção adequada dos componentes na mistura que condicionará o aroma e o sabor típico da cachaça. Essa composição depende da natureza e composição do vinho, do sistema e da condução da destilação, entre outros fatores. Estes controlam e determinam o buquê do destilado, que é o resultado da combinação de aromas dos componentes não alcoóis.

A destilação deve ser realizada de modo lento e gradual, possibilitando a formação e separação dos compostos aromáticos dentro do destilador, provenientes da fermentação ou resultantes das reações que se processam dentro da caldeira do destilador, dando ao destilado uma composição de não alcoóis totais (aldeídos, ácidos voláteis, ésteres, furfural e alcoóis superiores) entre 200 e 650 mg/100 mL de álcool a 100%, para atender aos padrões de identidade e qualidade da aguardente de cana (CHAVES, 1998).

15.7.2 Processo de destilação
15.7.2.1 Destilação intermitente
a) Alambique simples

Utilizado nas destilarias de cachaça de pequena e média capacidade. O destilado obtido é a flegma, cuja riqueza alcoólica varia de 45 a 55 °GL.

Os aparelhos intermitentes utilizados nas indústrias de cachaça são alambiques simples conhecidos por "cebolão" ou "alegria" (Figura 15.8) e alambiques de dois ou três corpos. Mais recentemente, os alambiques podem ser equipados com dispositivo deflegmador, aquecidos a fogo direto ou a vapor. Embora o aparelho possa ser bastante simples, o desenho do capitel merece atenção especial, uma vez que a retrogradação dos vapores é fundamental para a qualidade do destilado. Um traçado inadequado poderá impedir a ocorrência da retrogradação ou torná-la excessiva, resultando em prejuízos para a bebida ou para o processo de produção.

Seu funcionamento inicia-se com o carregamento de vinho na caldeira de destilação, tomando-se o cuidado de fechar a canalização de retirada de vinhaça e abrir a válvula igualadora das pressões, até que o vinho alcance o nível de trabalho. A seguir, fecha-se a válvula igualadora de pressões, iniciando o aquecimento da caldeira de destilação gradualmente para evitar que o aparelho "vomite". Além disto, o aumento gradativo da temperatura possibilita a produção de vapores que, alcançando o capitel, condensem-se parcialmente, retornando à cucúrbita (caldeira). Os vapores não condensados alcançam a alonga e, encontrando uma superfície mais fria, condensam-se parcialmente, atingindo, nesse estado, a superfície do refrigerante, onde se completa sua condensação.

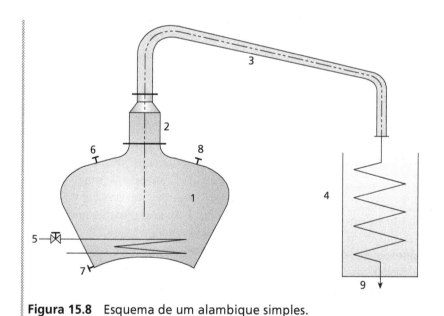

Figura 15.8 Esquema de um alambique simples.

1 – Caldeira
2 – Capitel, Domo ou Elmo
3 – Alonga ou tubo de condensação
4 – Resfriador
5 – Tubulação de vapor
6 – Entrada de vinho
7 – Descarga de vinhaça
8 – Válvula igualadora das pressões
9 – Canalização de flegma

Fonte: Stupiello (1992).

No início, o destilado apresenta elevada graduação alcoólica (65-70% v/v). Porém, à medida que o líquido gerador esgota-se em álcool, o destilado torna-se mais pobre. Recomenda-se a separação de 5-10% do volume teórico total da aguardente a ser obtida pela destilação inicial, conhecida como fração de cabeça ou destilado de cabeça, rica em ésteres, aldeídos, acetaldeídos, metanol, acetato de etila e outros compostos voláteis. A seguir, separa-se a fração rica em etanol, contendo menor proporção dos componentes mais leves (cabeça), além de alcoóis superiores, ácidos voláteis e demais produtos secundários formados na fermentação ou dentro do próprio alambique. Essa é a fração de coração ou destilado de coração, e representa 80% do volume do destilado. Por apresentar menor quantidade de substâncias indesejáveis, constitui-se na melhor fração do destilado: a aguardente. Na prática, costuma-se controlar a graduação da flegma em torno de 45-50% (v/v) na caixa de recepção, quando então se efetua o "corte".

Por último, é retirada a água-fraca, fração de cauda ou destilado de cauda correspondente a 10% do volume total do destilado, constituída por produtos mais pesados, menos voláteis que o etanol, com maior afinidade pela água. Essa fração rica em compostos indesejáveis, tais como furfural, ácido acético, alcoóis superiores, entre outros, é coletada desde a graduação alcoólica de 38% (v/v) até aproximadamente 10% (v/v). A definição sobre o término da destilação deverá ser estabelecida em função de vários parâmetros, tais como qualidade da fermentação, destilação etc., além de análises do destilado.

Posteriormente, pode-se adicionar essa fração ao vinho a ser destilado, aumentando o seu rendimento. De fato, essa operação nem sempre é realizada, considerando-se o enfoque econômico, em virtude do maior gasto de combustível (vapor), água de refrigeração, tempo e mão de obra, até que ocorra o esgotamento do vinho. Outro ponto a ser considerado é que, nesse conjunto de substâncias, encontram-se algumas que poderão, em excesso, provocar sintomas conhecidos, tais como dor de cabeça e ressaca, algum tempo após a ingestão. Não obstante, recomenda-se misturar cabeça e cauda com o novo vinho para que todo álcool seja recuperado, mas principalmente para possibilitar as reações entre os compostos das frações de cabeça (acetaldeído, acetato de etila), de cauda (ácido acético e lático) com o álcool do vinho, produzindo componentes aromáticos importantes para a qualidade da cachaça. Para tanto, a destilação deve ser cuidadosa, possibilitando a separação dos componentes indesejáveis e prejudiciais à saúde.

A fração residual que sobrou dentro da caldeira do alambique corresponde à vinhaça que deverá ser recolhida em tanque próprio e, posteriormente, ser aplicada na lavoura, permitindo a reposição de diversos nutrientes e água ao solo.

A formação e condensação dos vapores são especialmente importantes nos alambiques simples. Estes são determinados pelo desenho do capelo (capitel) que possibilita a condensação e o refluxo dos vapores no interior da caldeira de destilação. Quanto mais equilibrada for a taxa de refluxo dos vapores, melhor poderá ser a composição do destilado obtido.

Atualmente, alguns equipamentos podem ser dotados de uma coluna prolongada, denominada deflegmadora, localizada acima da caldeira, facilitando a obtenção de destilado com maior teor alcoólico (85%). Verifica-se também o aumento do rendimento no destilador, além de melhor controle dos teores dos produtos secundários nas diversas frações destiladas.

b) Alambique de três corpos

Constitui numa evolução dos alambiques simples para a coluna de destilação. É muito utilizado nas destilarias de cachaça. Neste aparelho, elimina-se totalmente a necessidade de destilar água-fraca, uma vez que ela é incorporada ao processo. Esse procedimento propicia uma redução no gasto de vapor, de água e de mão de obra. Há também significativo aumento no rendimento da destilação, em virtude do melhor esgotamento do vinho, os ciclos de destilação são mais curtos, em função do preaquecimento do vinho. Não há perda de álcool nem de água-fraca.

Funcionamento: inicia-se o processo pela alimentação das três caldeiras, que têm a mesma capacidade, conforme Figura 15.9. A seguir, com as válvulas de segurança, igualadora de pressões e esgotamento de vinhaça fechadas, abre-se a alimentação de vapor, aquecendo-se o vinho da caldeira de esgotamento (1). À medida que o vinho é aquecido, alcançando a temperatura de ebulição dos compostos mais voláteis, inicia-se a emissão de vapores que alcançam o capitel e a alonga (2 e 3), e acabam borbulhando no vinho da caldeira de destilação (4), aquecendo-o.

À medida que o teor alcoólico se eleva, a temperatura de ebulição do vinho diminui, possibilitando a formação de vapores gerados a partir do vinho enriquecido. Este, evaporando, atinge o capitel e a alonga, e através da tubulação que se localiza no aquecedor de vinho (5), possibilita a condensação dos vapores, originando o destilado, flegma ou cachaça.

Nesse processo, a operação de destilação deve ser muito bem conduzida, para garantir que os teores dos produtos secundários no destilado se mantenham dentro dos padrões de qualidade estabelecidos ou desejados.

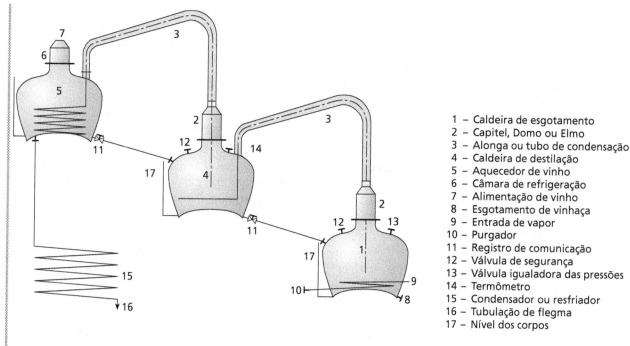

Figura 15.9 Esquema de um alambique "três corpos".

1 – Caldeira de esgotamento
2 – Capitel, Domo ou Elmo
3 – Alonga ou tubo de condensação
4 – Caldeira de destilação
5 – Aquecedor de vinho
6 – Câmara de refrigeração
7 – Alimentação de vinho
8 – Esgotamento de vinhaça
9 – Entrada de vapor
10 – Purgador
11 – Registro de comunicação
12 – Válvula de segurança
13 – Válvula igualadora das pressões
14 – Termômetro
15 – Condensador ou resfriador
16 – Tubulação de flegma
17 – Nível dos corpos

Fonte: Stupiello (1992).

15.7.2.2 Destilação sistemática

Processo utilizado nas destilarias de média e de grande capacidade de produção. Com ela, é possível obter-se flegmas de alto e de baixo grau.

15.7.2.2.1 Colunas de destilação

As colunas de destilação são constituídas por uma série de caldeiras de destilação superpostas, as quais recebem a denominação especial de pratos ou bandejas. Cada bandeja constitui uma unidade de destilação.

As colunas utilizadas para a produção de cachaça são as de baixo grau, também chamadas de esgotamento, e produzem flegmas de teor alcoólico variando de 35 a 65 °GL. As colunas de alto grau são as que produzem flegmas com teores alcoólicos variando de 90 a 96 °GL, mais adequadas para outras indústrias.

As colunas são dotadas de diversos acessórios, que permitem o controle do processo, assim como do rendimento. Entre eles, podem-se destacar: caixa de vinho; aquecedores de colunas; regulador de vapor; aquecedor de vinho; condensador; resfriadeira; provetas; entre outros.

De acordo com Stupiello (1992), o destilado obtido nas colunas de destilação pode ser considerado como de melhor qualidade, se comparado aos de aparelhos descontínuos, dependendo do tipo de projeto. O projeto mais adequado é de um aparelho clássico, com condensadores independentes, permitindo um melhor esgotamento do vinho, controle da retrogradação dos condensadores E e E1, resultando em condição seletiva mais adequada para obtenção de uma cachaça de qualidade.

Considerando-se o emprego do sistema contínuo de destilação, sabe-se que qualquer irregularidade ocorrida durante o processo, em um curto período de trabalho, pode comprometer a qualidade de todo o destilado, refletindo de modo mais significativo sobre o rendimento e o sistema produtivo.

Para Novaes et al. (1974), o funcionamento das colunas de destilação (Figura 15.10) é simples, mas requer cuidados especiais para o controle e condução da operação.

Funcionamento: inicia-se o procedimento por meio da alimentação das caixas de vinho e de água, que deverão apresentar níveis normais de trabalho. A seguir, carrega-se a coluna com o vinho da caixa de vinho, localizada na parte superior do prédio. Com os registros de comando abertos, o vinho passa inicialmente pelo esquenta-vinho ou aquecedor de vinho, onde trocará calor com os vapores alcoólicos que saem do topo da coluna, entrando na parte superior da coluna de destilação (bandeja 14). Através dos sifões, desce de bandeja em bandeja, alcançando a caldeira de aquecimento, localizada na base da coluna, atingindo assim o nível de trabalho.

Em seguida, abre-se o registro de vapor, iniciando o aquecimento do vinho que está na caldeira. Logo após, observa-se a formação de vapores que rapidamente alcançam as chaminés da bandeja imediatamente superior, e passando pelas fenestras, acumulam-se nas calotas, onde encontram uma resistência oferecida pela junta hidráulica, formada pelo nível do líquido e a calota. Com o acúmulo dos vapores alcoólicos, ocorre o aumento da tensão ou força expansiva desses vapores, vencendo a resistência imposta pela junta hidráulica e borbulhando no vinho da bandeja superior.

Como consequência desse borbulhamento, haverá um aquecimento e um enriquecimento em álcool do vinho contido na bandeja, que, por sua vez, emitirá vapores de teor alcoólico maior do que o emitido na bandeja inferior. Isso repete-se nas bandejas seguintes, de maneira que as temperaturas são decrescentes, da base ao topo da coluna, enquanto a riqueza alcoólica aumenta.

A temperatura na base da coluna deve ser de 103-105 °C, enquanto, no topo da coluna, ao redor de 94 °C. Quando a temperatura do termômetro do topo assinalar os 94 °C, reabre-se a válvula de alimentação de vinho, em fluxo contínuo, que, ao passar pelo aquecedor de vinho, aumenta sua temperatura aquecendo-se, sendo encaminhado à coluna. O vinho aquecido descendo entre as bandejas, encontrando temperaturas mais elevadas, evapora, desalcoolizando-se, sendo retirado na base da coluna como vinhaça.

Os vapores alcoólicos obtidos no topo da coluna são encaminhados ao aquecedor de vinho, onde trocam calor com o vinho, e, em seguida, ao condensador auxiliar, promovendo em ambos retrogradação ao topo da coluna A, pela condensação dos vapores menos voláteis. Os vapores condensados são enviados ao refrigerante e, daí, para a proveta. A degasagem ou liberação dos compostos incondensáveis através da trombeta deve ser realizada tanto no aquecedor de vinho como no condensador, objetivando manter a estabilidade das condições de trabalho da coluna.

Outro ponto importante é a estabilização do grau da flegma e a perda de álcool na vinhaça, que devem ser controladas por meio da entrada de vapor, do fluxo de vinho e da retirada de vinhaça.

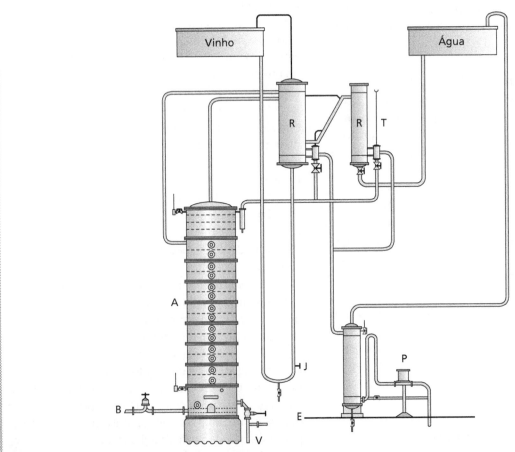

Figura 15.10 Coluna de destilação clássica.

Fonte: Stupiello (1992).

15.7.3 Controle da destilação

Durante a destilação, deve-se controlar diversos parâmetros, tais como tempo de destilação, volume do destilado obtido e grau alcoólico das frações cabeça, coração e cauda. Para a obtenção do grau real, deve-se efetuar a correção da temperatura do destilado no momento da leitura. Considerando-se as frações alcoólicas, pode-se ainda priorizar as análises sensoriais para que, por meio dos resultados obtidos, possa-se avaliar a eficiência dos equipamentos e do processo produtivo.

Segundo Ribeiro (1997), uma destilação pode ser considerada boa quando o destilado de coração, correspondente a, pelo menos, 85% do volume total, atinge um grau alcoólico em torno de 50% (v/v). Os controles do processo de destilação deverão estar fundamentados na interpretação dos resultados analíticos.

Portanto, recomenda-se ao produtor que anote e interprete todos os resultados diariamente para que possa tomar as decisões em tempo hábil, aproveitando os recursos disponíveis por meio da condução técnica do processo produtivo.

15.7.4 Controle do Carbamato de Etila

O carbamato de etila é o éster etílico do ácido carbâmico, também conhecido como uretana, que pode ser encontrado em alimentos como o pão e iogurte e em bebidas fermentadas, alcoólicas (cerveja e vinho) ou não. Estudos realizados avaliando sua toxicidade em animais evidenciaram sua potencialidade em provocar tumores cancerígenos nos pulmões, fígado, boca e laringe (NOVAES, 2009).

Sua formação ocorre durante a fermentação do mosto, pela reação entre o álcool etílico e os compostos nitrogenados, ou ainda durante os processos de destilação. Deve-se destacar que os compostos nitrogenados precursores do carbamato estão presentes no próprio caldo da cana, na forma de aminoácidos e proteínas. Entretanto pode-se adicionar tais elementos durante o processo fermentativo, objetivando proporcionar condições nutricionais ideais para o desenvolvimento metabólico da levedura. Neste sentido, destaca-se o uso da ureia e do sulfato de amônio.

O álcool etílico é resultante do próprio metabolismo da levedura em fermentação, e produto de interesse na tecnologia da cachaça. Considerando-se a síntese do carbamato de etila durante o processo de destilação, observa-se que o vapor utilizado para aquecimento de colunas de destilação, assim como os íons cianeto, cianato e os complexos cobre-peptídeo-proteína e cobre-cianeto presentes no mosto e

no vinho e o cobre das tubulações dos condensadores e da resfriadeira. Os cianetos, que são sais do ácido cianídrico originarão o cianeto de cobre durante o processo de destilação, sendo este o principal precursor para a formação desse composto durante e após a destilação (NOVAES, 2009).

Pode-se também determinar sua formação durante o armazenamento do destilado e, até mesmo, na bebida engarrafada.

Neste contexto, a adoção de boas práticas de fabricação, tais como o tratamento físico-químico do caldo, a redestilação da aguardente ou a utilização do "gomo retificador" reduzem significativamente a presença desse contaminante na bebida. Assim, pelo aquecimento do caldo, elimina-se o ácido cianídrico que é muito volátil, reduzindo-se o teor de carbamato de etila no caldo tratado, no mosto e no vinho resultante da fermentação.

Quanto ao processo de redestilação da aguardente, o carbamato já formado e presente no destilado tem forte tendência em sair junto com a água pela base da coluna, por sua afinidade com ela. Entretanto, cabe destacar que, via de regra, essa não é uma das opções preferidas.

Considerando-se que, no processo de destilação contínuo, a alimentação do vinho, normalmente ocorre através do último prato (14), situado no topo da coluna, logo abaixo da tubulação que conduz os vapores hidroalcoólicos em direção aos condensadores. De acordo com Novaes (2009), esta constituição permite que parcela desse vinho oriundo de caldo não tratado termicamente (caldo cru) seja continuamente arrastada por aqueles vapores, contaminando a futura aguardente pelos compostos indesejáveis constituintes. Esse arraste pode ser agravado caso o aparelho trabalhe acima de sua capacidade nominal, em virtude de trabalhar com vinhos de baixo teor alcoólico e com uma pressão de vapor excessiva, provocando uma velocidade muito elevada dos vapores alcoólicos ascendentes.

A utilização do "Gomo Retificador" com retorno ou refluxo de aguardente na última bandeja, cria uma "barreira" física, impedindo que o carbamato saia em grandes quantidades na aguardente e que, ao mesmo tempo, seja eliminado pela base da coluna de destilação pela vinhaça, aparecendo como a melhor das alternativas.

De acordo com estudos conduzidos pela Copacesp e pela Companhia Muller de Bebidas em diversas unidades de produção no Estado de São Paulo os resultados obtidos demonstraram que a instalação do gomo retificador (Figura 15.11), foi de extrema importância, evidenciando que a acumulação do carbamato de etila ocorreu preferencialmente nas bandejas 3 a 6. Nesse caso, optou-se pela instalação de um registro para facilitar a drenagem do carbamato de etila, possibilitando sua retirada para a dorna volante, resultando na produção de uma aguardente com teores significativamente menores deste contaminantes (Tabelas 15.3, 15.4 e 15.5).

Nesse sentido, para que se possa reduzir significativamente os teores de carbamato, em níveis inferiores a 210 µg/L, deve-se trabalhar obedecendo à capacidade nominal do aparelho de destilação, proceder à instalação do Gomo Retificador, conforme orientação técnica, conduzir o processo de destilação dentro das Boas Práticas de Fabricação e acompanhar todo o processo por meio de análises químico-tecnológicas.

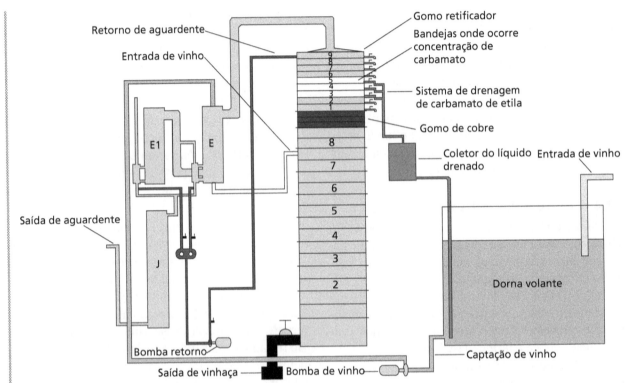

Figura 15.11 Representação esquemática da coluna de destilação com "gomo retificador" conforme PI0804603-4 A2.

Fonte: Bertazi e Gonçalves (2008).

Tabela 15.3 Resultados de testes efetuados em unidades de produção de aguardente sem refluxo ou retorno de aguardente na coluna.

Data	Destilação sem refluxo ou retorno de aguardente na coluna			
	Ureia – ppb	Carbamato – ppb		Destilação
	Vinho	1ª. bandeja	Aguardente	
20/05	419	621	712	Sem refluxo
29/05	360	640	404	Sem refluxo
30/05	301	480	501	Sem refluxo

Fonte: Rodrigues, 2013.

Aguardente de cana

Tabela 15.4 Resultados de testes efetuados em unidades de produção de aguardente com refluxo ou retorno de aguardente na coluna.

Data	Ureia – ppb	Carbamato – ppb										Destilação
	vinho	Bandejas									Aguardente	
		1ª.	2ª.	3ª.	4ª.	5ª.	6ª.	7ª.	8ª.	9ª.		
04/06	914	316	424	311	124	---	210	191	180	193	204	com refluxo
12/06	1024	280	302	416	914	123	801	98	415	284	217	com refluxo
13/06	905	111	621	887	306	231	259	146	167	172	169	com refluxo
05/09	816	304	210	102	711	689	206	122	106	135	162	com refluxo
10/09	1056	444	209	157	822	503	342	219	144	175	152	com refluxo
02/10	945	320	277	421	915	333	201	162	172	136	130	com refluxo

Fonte: Rodrigues, 2013.

Tabela 15.5 Resultados de testes efetuados em unidades de produção de aguardente com refluxo na coluna e drenagem do carbamato.

Data	Ureia – ppb	Carbamato – ppb										Destilação
	vinho	Bandejas									Aguardente	
		1ª.	2ª.	3ª.	4ª.	5ª.	6ª.	7ª.	8ª.	9ª.		
02/10	945	320	277	421	915	333	201	162	172	136	130	normal
02/10	945	---	---		784		82	64	77	54	62	drenado
16/10	1003	201	212	199	479	887	316	240	157	144	141	normal
16/10	1003	---	---		694		102	81	86	77	72	drenado
05/12	1009	307	314	401	604	902	306	154	160	132	138	normal
05/12	1009	---	---		709		104	110	106	82	85	drenado

Fonte: Rodrigues, 2013.

15.7.5 Bidestilação da cachaça

Após a destilação do vinho, obtém-se o destilado com teor alcoólico variável de 45-50% (v/v), denominado flegma, aguardente ou cachaça, rica em componentes de cabeça e de cauda. Este poderá ser destinado para o envelhecimento e posterior comercialização após as operações de filtração, embalagem e identificação do produto. Entretanto, há a possibilidade de se realizar uma nova destilação nessa flegma, objetivando-se reduzir os teores dos componentes secundários, melhorando a qualidade sensorial da bebida, aumentando o grau alcoólico do novo destilado para 70-80% (v/v). Este, submetido ao envelhecimento em tonéis, resulta na incorporação de diversas modificações na composição e características, em razão da extração de componentes da madeira.

Com a segunda destilação, há redução significativa de volume para armazenamento (coração) pela eliminação de novas frações de cabeça e cauda. Por outro lado, com a elevação do grau alcoólico desse novo destilado, muitas vezes acima dos valores recomendados para comercialização, antecedendo o engarrafamento, deve-se corrigir o teor alcoólico do destilado por meio da adição de água destilada.

Considerando-se que essa técnica requer o conhecimento e cuidados especiais, recomenda-se aos produtores a orientação e o treinamento por técnicos habilitados.

15.8 OPERAÇÕES FINAIS DA PRODUÇÃO DE AGUARDENTES

15.8.1 Envelhecimento

Da destilação dos vinhos, obtém-se um produto constituído basicamente por água, alcoóis, aldeídos, ácidos, cetonas, ésteres, entre outros, que recebe a denominação de aguardente. Na sua composição média, predomina a água (59%), o álcool (40%), além de 1% de outros compostos, como o acetaldeído, acetato de etila, propanol, butanol, isoamílico, amílico, ácido acético, conhecidos por majoritários (estão presentes em maiores concentrações), além dos minoritários.

As aguardentes recém-destiladas apresentam-se incolores, com gosto ardente, agressivo, sabor repugnante, além de buquê irregular, não sendo recomendado o seu consumo imediato. Por esse motivo, recomenda-se a alteração parcial da composição química do produto após sua destilação.

Denomina-se envelhecimento de um destilado, o conjunto das reações químicas que ocorrem ao longo do tempo, resultando em alteração da cor e melhoria do aroma e do sabor (arredondamento).

Esse armazenamento deve ser realizado em recipientes de madeira (tonéis), para que ocorra o descanso da bebida, além de reações de oxidação e esterificação entre o destilado e os compostos da madeira, originando novas substâncias químicas, como compostos aromáticos, conferindo-lhe boas características sensoriais. Por exemplo, ácidos reagem com alcoóis formando ésteres, que são as substâncias mais aromáticas que as anteriores. As reações de esterificação deverão ser lentas e contínuas. Segundo Lima (1992), uma cachaça de boa qualidade deve apresentar uma relação entre ésteres e aldeídos próxima da unidade. Podem ocorrer também as reações entre alcoóis e aldeídos formando ácidos.

O envelhecimento se dá somente quando o armazenamento é realizado em recipientes de madeira, independentemente do seu tipo. Na conservação em garrafas plásticas, de vidro, barro etc. a aguardente não é considerada como envelhecida, pois embora possa ter ocorrido o descanso da bebida, esses recipientes não favorecem as reações e interações para promoverem as alterações pretendidas.

Na Europa, emprega-se tradicionalmente o carvalho como madeira para confecção dos tonéis e envelhecimento dos destilados. No Brasil, são usadas amburana, amendoim, ararubá, bálsamo, cabreúva, cedro, cerejeira, freijó, ipê, jequitibá, peroba, vinhático, entre outras, além do reaproveitamento de tonéis de carvalho, oriundos da importação de bebidas.

Durante o envelhecimento em madeira, ocorrem trocas com o meio ambiente – uma vez que a madeira é semipermeável –, tais como a entrada de oxigênio e saída de água, etanol e outros compostos, resultando em significativa contribuição sensorial para a bebida. Deve-se tomar o cuidado de não encher totalmente o tonel, deixando um espaço livre, que permita as mudanças de volume da aguardente, além do acesso de oxigênio à bebida.

Com relação ao ambiente que abriga os tonéis, deverá ser fresco, bem protegido das intempéries e limpo. Quando o armazenamento é realizado em ambiente cujo ar é seco, haverá tendência de evaporação da água, resultando em acréscimo do grau alcoólico da bebida envelhecida. Se, ao contrário, o ar for úmido, haverá saída de álcool, com redução do grau alcoólico da bebida armazenada.

As reações desejadas devem se processar em condições naturais, lentamente, até alcançar o equilíbrio, quando a cachaça envelhecida passa a apresentar aspecto, cheiro, cor, gosto e sabor de melhor qualidade. Deve-se ressaltar que a aguardente envelhecida só será de qualidade, se quando recém-destilada já apresentar qualidade. Uma aguardente ruim, depois de envelhecida, continuará de baixa qualidade.

Segundo Ribeiro (1997) e Boscolo (2002), a técnica recomendada para os produtores é a do envelhecimento natural, uma vez que o emprego de técnicas artificiais poderá descaracterizar o produto, e, até mesmo, agregar-lhe componentes indesejáveis ou prejudiciais à saúde.

15.8.2 Filtração

Consiste na passagem do destilado obtido, após sua destilação, por filtros ou membranas, com o objetivo de eliminar possíveis impurezas, dando ao destilado maior limpidez, transparência e brilho, ou corrigir possíveis defeitos, como elevados teores de cobre.

Os tipos de filtros empregados podem ser variados; utiliza-se algodão, resinas neutras, de celulose, filtros domésticos etc., não devendo influir sobre as características sensoriais da bebida.

De acordo com Ribeiro (1997), os filtros de carvão ativado e resinas de troca iônica deverão ser empregados, quando houver necessidade de se corrigir um defeito, e estiverem esgotadas as possibilidades técnicas. Para eliminação dos teores de cobre, recomenda-se o uso dos filtros de trocas iônicas. Entretanto, o uso desse filtro requer orientação técnica, pois, a partir da saturação da resina, é necessário realizar a lavagem inversa para recuperar a capacidade de troca da resina. Caso contrário, o filtro poderá funcionar como fonte de contaminação.

15.8.3 Engarrafamento

É a operação que consiste no acondicionamento da aguardente em embalagens de volumes variáveis de 600 a 1.000 mL, normalmente de vidro. Esse processo pode ser manual ou mecânico, seguido do fechamento da garrafa com a tampa e a colocação do rótulo com as características da bebida, local de produção, grau alcoólico, identificação do produtor, entre outras informações.

Deve-se cuidar para que os vasilhames empregados sejam apropriados, dotados de tampas tipo conta-gotas ou embalagens invioláveis, evitando-se tampas de metal, com lacre tipo cerveja. Considerando-se a possibilidade do emprego de rolhas, estas devem ser limpas e de boa qualidade, não quebradiças, evitando assim transferir pedaços para a bebida.

15.8.4 Padronização

Consiste no estabelecimento de um padrão uniforme para a bebida produzida durante toda a safra, independentemente do sistema de condução da fermentação, cepa de levedura, variedades de matéria-prima processada etc. Por esse motivo, o produtor deve estabelecer as características do processo e equipamentos empregados mediante a elaboração de um projeto, determinando todos os parâmetros desejados, para que a bebida esteja sempre dentro dos padrões de qualidade.

BIBLIOGRAFIA

BERTAZI, J. E.; GONÇALVES, R. Processo de redução de carbamato de etila na aguardente utilizando gomo retificador. Patente depositada em 17/10/2008. Titular: Companhia Muller de Bebidas, Inventores: José Emílio Bertazi e Ricardo Gonçalves. Disponível em: <http://patentesonline.com.br/processo-de-redu-o-de-carbamato-de-etila-na-aguardente-utilizando-gomo-retificador-231897.html adsense1>. Disponível em: <http://patentesonline.com.br/processo-de-redu-o-de-carbamato-de-etila-na-aguardente-utilizando-gomo-retificador-231897.html#adsense1>. Acesso em: 19 nov. 2015.

BISPO JÚNIOR, W. et al. Atividade antimicrobiana de frações da própolis vermelha de Alagoas, Brasil. Semina: Ciências Biológicas e da Saúde, Londrina, v. 33, n. 1, p. 3-10, 2012. Disponível em: <DOI: 10.5433/ 1679-0367.2012v33n1p03>. Acesso em: 19 nov. 2015.

BRASIL. Ministério da Agricultura, Pecuária e Abastecimento. Decreto n. 4.062, de 21 de dezembro de 2001. Define as expressões "cachaça", "Brasil" e "cachaça do Brasil" como indicações geográficas e dá outras providências. **Diário Oficial da União**, Brasília, DF, 26 dez. 2001, Seção 1, p. 4.

BRASIL. Ministério da Agricultura, Pecuária e Abastecimento. Instrução Normativa n. 13, de 29 de junho de 2005. Aprova o Regulamento Técnico para Fixação dos Padrões de Identidade Qualidade para Aguardente de Cana e para Cachaça. **Diário Oficial da União**, Brasília, DF, 30 jun. 2005, Seção 1, p. 3.

BRASIL. Ministério da Agricultura, Pecuária e Abastecimento. Instrução Normativa n. 58, de 19 de dezembro de 2007. Altera os itens 4 e 9 da Instrução Normativa n. 13 de 29/06/2005. **Diário Oficial da União**, Brasília, DF, 08 jan. 2008, Seção 1, p. 5.

BRASIL. Ministério da Agricultura, Pecuária e Abastecimento. Instrução Normativa n. 27, de 15 de maio de 2008. Altera o item 9.4 da Instrução Normativa n. 13, de 29 de junho de 2005. **Diário Oficial da União**, Brasília, DF, 16 maio 2008, Seção 1, p. 1.

BREGAGNOLI, F. C. R. et al. Controle de contaminantes da fermentação etanólica por biocidas naturais. Expressão (Guaxupé), v. 10, p. 175-183, 2009.

Canal direto. Disponível em: <aliceweb.desenvolvimento.gov.br>. Acesso em 20 jan. 2009.

CÂMARA, G. M. de S.; OLIVEIRA, E. A. M. de. **Produção de cana-de-açúcar.** Piracicaba: USP, Esalq, 1993. 242p.

CANUTO, M. H. **Influência de alguns parâmetros na produção de cachaça:** linhagem de levedura, temperatura de fermentação e corte do destilado. 2013. 119f. Tese (Doutorado em Ciências) – Universidade Federal de Minas Gerais, Belo Horizonte, 2013.

CARDOSO, M. das G. **Produção de aguardente de cana.** 3. ed. Lavras: Universidade Federal de Lavras, Editora UFLA, 2013. 340p.

CASAGRANDE, A. A. **Tópicos de morfologia e fisiologia da cana-de-açúcar.** Jaboticabal: Funep, Unesp, 1991. 157p.

CAVALCANTI, D. A. B. Moenda x difusor: qual o melhor processo de extração? **Revista opiniões**, v. 6, p. 4, 2005.

CHAVES, J. B. P. **Cachaça:** produção artesanal de qualidade. Viçosa: CPT, 1998. 78p. (Manual técnico.)

DOHERTY, W. O. S.; RACKEMANN, D. W. Some aspects of calcium phosphate chemistry in sugarcane clarification. International Sugar Journal, v. 111, p. 448-455, 2009.

FERNANDES, A. C. Colheita e qualidade da cana-de-açúcar. Piracicaba: Centro de Tecnologia Copersucar, 1997. 28p.

FERNANDES, A. J. Manual da cana-de-açúcar. Piracicaba: Livroceres, 1984. 196p.

GARCIA, D. B. et al. Damages of spittlebug on sugarcane quality and fermentation process. Scientia Agrícola (USP. Impresso), v. 67, p. 555-561, 2010.

GERMEK, H. A. Processo de destilação. Piracicaba: Planalsucar, 1980. 60p.

GOMES, F. C. O. et al. Identification of lactic acid bacteria associated with traditional cachaça fermentations. Brazilian Journal of Microbiology, Belo Horizonte, v. 41, n. 2, p. 486-492, 2010. Disponível em: <http://dx.doi.org/10.1590/S1517-83822010000200031>. Acesso em: 22 out. 2015.

INMETRO. Portaria n. 126, de 2005. Aprova o Regulamento de Avaliação da Conformidade da Cachaça. Diário Oficial da União. Brasília, DF, 28 jun. 2005, Seção 1, p. 54.

LENHINGER, A. L. Princípios de bioquímica. São Paulo: Sarvier, 1995. 839p.

LIMA, U. A. Aguardentes. In: AQUARONE, E.; LIMA, U. A.; BORZANI, W. (Eds.). Alimentos e bebidas produzidos por fermentação. v. 5. São Paulo: Blucher, 1983. 227p.

LIMA, U. A. Estudos dos principais fatores que afetam os componentes do coeficiente não álcool das aguardentes de cana. 1964. 141f. Tese (Cátedra em Tecnologia do Açúcar e Álcool) – Escola Superior de Agricultura "Luiz de Queiroz", Universidade de São Paulo, Piracicaba, 1964.

LIMA, U. A. Produção nacional de aguardentes e potencialidade dos mercados interno e externo. In: MUTTON, M. J. R.; MUTTON, M. A. (Eds.). Aguardente de cana: produção e qualidade. Jaboticabal: Funep, Unesp, 1992. p. 151-163.

LIMA, U. A.; AQUARONE, E.; BORZANI, W. Biotecnologia: tecnologia das fermentações. São Paulo: Blucher, 1975. 285p.

LUCCHESI. A. A. Processos fisiológicos da cultura da cana-de-açúcar (Saccharum spp). Piracicaba: Universidade de São Paulo, Escola Superior de Agricultura "Luiz de Queiroz", 1995. 50p. (Boletim técnico 7.)

MACRI, R. C. V. et al. Moringa extracts used in sugarcane juice treatment and effects on ethanolic fermentation. African Journal of Biotechnology, v. 13, p. 4124-4130, 2014.

MACRI, R. C. V. Extratos de moringa no tratamento do caldo de cana e reflexos sobre a fermentação alcoólica. 2014. 46f. Dissertação (Mestrado EM Produção Vegetal) – Faculdade de Ciências Agrárias e Veterinárias – Jaboticabal, 2014.

MACCARI, L. D. B. R. Certificação de cachaça: como diferenciar seu produto: conheça os procedimentos para agregar valor a sua cachaça por meio da certificação. Brasília: SEBRAE, 2013, 68p.

MARCUCCI, M. C. Propriedades biológicas e terapêuticas dos constituintes químicos da própolis. Química Nova, São Paulo, v. 19, n. 5, p. 529-535, 1996.

MELLONI, G. l'Indústria dell'alcole: I.alcolometria. Milan: Hoepli, 1952. 508p.

MONTIJO, N. A. et al. Yeast CA-11 fermentation in musts treated with brown and green propolis. African Journal of Microbiology Research, v. 8, p. 3515-3522, 2014.

MUTTON, M. J. R. et al. Green and brown propolis: efficient natural biocides for the control of bacterial contamination of alcoholic fermentation of distilled beverage. Ciência e Tecnologia de Alimentos (Online), v. 34, p. 767-772, 2014.

MUTTON, M. J. R. Reflexos da qualidade da matéria-prima sobre a fermentação alcoólica. In: WORKSHOP SOBRE PRODUÇÃO DE ETANOL: "QUALIDADE DE MATÉRIA-PRIMA". Lorena 2008.

MUTTON, M. J. R.; MUTTON, M. A. Aguardente de cana: produção e qualidade. Jaboticabal: Funep, 1992. 171p.

NOVAES, F. V.; OLIVEIRA, E. R.; SPUPIELLO, J. P. Curso de extensão em tecnologia de aguardente de cana. Apontamentos ... Piracicaba: Copacesp, 1974. 105p.

NOVAES, F. V. Processos fermentativos. In: MUTTON, M. J. R.; MUTTON, M. A. (Eds.). Aguardente de cana: produção e qualidade. Jaboticabal: Funep, Unesp, 1992. p. 37-48.

NOVAES, F. V. Destilando com qualidade. SIMPÓSIO DE PRODUÇÃO DE AGUARDENTE DE QUALIDADE. 1. Copacesp. 2009.

OLIVEIRA, E. R. et al. Tecnologia dos produtos agropecuários I: tecnologia do açúcar e das fermentações industriais. Piracicaba: Universidade de São Paulo, Escola Superior de Agricultura "Luiz de Queiroz", 1978. 209p.

PARANHOS, S. B. Cana-de-açúcar: cultivo e utilização. Campinas: Fundação Cargill, 1987. 856p.

PLANALSUCAR. Sistemas de produção. Piracicaba: Planalsucar, 1982. 23p. (Cadernos Planalsucar.)

RAVANELI, G. C. et al. Spittlebug impacts on sugarcane quality and ethanol production. **Pesquisa Agropecuária Brasileira** (Online), v. 46, p. 120-129, 2011.

RODRIGUES, G. A. Análise da redução do carbamato de etila na aguardente de cana por meio da utilização do gomo retificador na coluna de destilação. Trabalho de conclusão de curso – Engenharia Química – Centro Universitário da Fundação Educacional de Barretos. 2013, dezembro. 46p.

ROSSATO JÚNIOR, J. A. S.; FERNANDES, O. A. et al. Sugarcane response to two biotic stressors:Diatraea saccharalis and Mahanarva fimbriolata. **International Sugar Journal**, v. 113, p. 453-455, 2011.

ROSSATO, J. A. de S. et al. Characterization and impact of the sugarcane borer on sugarcane yield and quality. **Agronomy Journal** (Print), v. 105, p. 643-648, 2013.

RIBEIRO, J. C. G. M. **Fabricação artesanal da cachaça mineira**. Belo Horizonte: Perform, 1997. 72p.

SOARES, T. L.; SILVA, C. F.; SCHWAN, R. F. Acompanhamento do processo de fermentação para produção de cachaça através de métodos microbiológicos e físico-químicos com diferentes isolados de Saccharomyces cerevisiae. **Ciência e Tecnologia de Alimentos**, Campinas, v. 31, n. 1, p. 184-187, 2011. Disponível em: <http://dx.doi.org/10.1590/S0101-20612011000100027>. Acesso em: 19 nov. 2015.

STUPIELLO, J. P. Destilação do vinho. In: MUTTON, M. J. R.; MUTTON, M. A. (Eds.). **Aguardente de cana**: produção e qualidade. Jaboticabal: Funep, Unesp, 1992. p. 67-78.

STUPIELLO, J. P. **Curso de qualidade da matéria-prima**. STAB SUL, 2006. 1. CD ROOM.

TRINDADE, A. G. **Cachaça, um amor brasileiro**. São Paulo: Ed. Melhoramentos, 2006. 160p.

VALSECHI. O. **Aguardente de cana-de-açúcar**. Piracicaba: Ceres, 1960. 116p.

VASCONCELOS, Y. Fermentação vantajosa: uso de novas linhagens de levedura para produzir custo de produção das usinas de açúcar e álcool. Pesquisa Fapesp, São Paulo, n. 135, p. 67-69, maio 2007. Disponível em: <http://revistapesquisa.fapesp.br/wp-content/uploads/2007/05/66-69-fermentacao-135.pdf>. Acesso em: 06 jun. 2014.

AGUARDENTE DE CANA BIDESTILADA

16

ANDRÉ RICARDO ALCARDE
ALINE MARQUES BORTOLETTO

16.1 INTRODUÇÃO

A aguardente de cana brasileira é a quarta bebida destilada mais produzida no mundo, atrás do *Baijiu*, da *Vodka* e do *Soju*. No entanto, em geral, a qualidade da aguardente de cana nacional ainda deixa a desejar, em decorrência do fato de o processo de produção, muitas vezes, ser realizado de maneira empírica e rudimentar. Entretanto, com a adoção de boas práticas de fabricação, o uso de equipamentos adequados e a aplicação de novas tecnologias no processo de produção, tem se observado melhorias significativas na qualidade da aguardente de cana produzida no Brasil. Consequentemente, a aguardente agregou valor e proporcionou o surgimento de novos consumidores dessa bebida que já pode ser comparada aos mais nobres destilados do mundo. Nesse sentido, o processo de dupla destilação, usual na produção de *cognac* e *whiskies*, tem importante contribuição para a qualidade e padronização da aguardente de cana.

A bidestilação propicia a produção de aguardentes com concentrações reduzidas de compostos secundários e contaminantes, tendo, portanto, composição química mais apropriada para o envelhecimento.

A dupla destilação emprega duas destilações sucessivas. Na primeira, a do vinho, é produzido um destilado denominado flegma. Na segunda, a do flegma, origina-se a aguardente de cana duplamente destilada.

16.2 DEFINIÇÃO

As definições legais para Destilado Alcoólico Simples de Cana-de-Açúcar, Aguardente de Cana e Cachaça, foram abordadas no capítulo "Aguardente de cana", deste livro.

A diferenciação legal entre aguardente de cana e cachaça está na concentração alcoólica máxima permitida para cada uma dessas bebidas, 54% vol. para a aguardente e 48% vol. para a cachaça. No entanto, são raras as aguardentes de cana que apresentam concentração alcoólica superior a 48% vol. Portanto, a principal diferença entre aguardente de cana e cachaça é o líquido de origem. A aguardente pode ser produzida a partir de mosto fermentado do caldo de cana-de-açúcar ou de destilado alcoólico simples de cana-de-açúcar (54 a 70% vol.). Por sua vez, cachaça deve ser produzida exclusivamente a partir de mosto fermentado do caldo de cana-de-açúcar.

Assim sendo, com base nas definições legais, quando se utiliza o processo de dupla destilação, a bebida produzida deve ser obrigatoriamente denominada de *aguardente de cana* bidestilada, e nunca cachaça bidestilada, pois, invariavelmente, o "coração" obtido da segunda destilação será um *destilado alcoólico simples de cana-de-açúcar*, com concentração alcoólica de, aproximadamente, 65% em volume.

16.3 PROCESSO DE PRODUÇÃO

Na indústria de aguardente, a cana-de-açúcar é moída, separando o caldo do bagaço. O caldo é peneirado, decantado, para separação do bagacilho, e diluído, para ajuste da concentração de sólidos solúveis (Brix), passando a se denominar mosto. O mosto é fermentado pela ação de leveduras (fermento). O mosto fermentado, chamado de *vinho*, é destilado, com separação das frações "cabeça", "coração" e "cauda". A fração "coração", que dará origem à aguardente de cana ou à cachaça, pode ser armazenada ou envelhecida. A Figura 16.1 mostra o processamento para a obtenção de aguardentes mono e bidestilada.

Um aspecto importante a ser observado no preparo do mosto visando uma melhor qualidade química e microbiológica para a fermentação é submeter o caldo extraído a um tratamento térmico, que consiste no seu aquecimento a temperaturas superiores a 70 °C, com posterior resfriamento natural em tanque apropriado. O tratamento térmico visa a redução da carga microbiana contaminante presente no caldo e a eliminação, por decantação durante o resfriamento, de coloides floculados, proporcionando fermentações mais assépticas, limpas e rápidas.

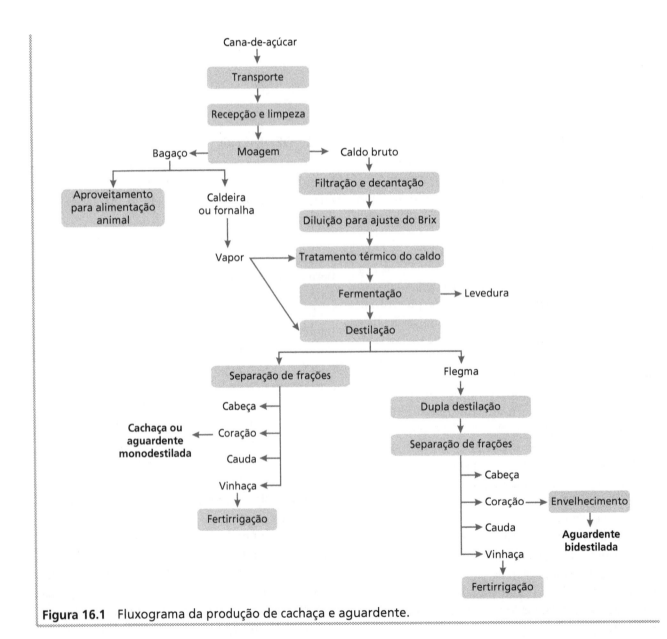

Figura 16.1 Fluxograma da produção de cachaça e aguardente.

Quando se emprega fermento selecionado para a fermentação do mosto, o tratamento térmico é indispensável, para que se eliminem as leveduras nativas do caldo, oriundas da matéria-prima. Dessa forma, o tratamento térmico do caldo possibilita a prevalência da levedura selecionada inoculada durante os ciclos de fermentação (Figura 16.2).

Feitas essas considerações iniciais, faz-se, a seguir, a discussão do tema foco deste capítulo: a produção de aguardente de cana pelo processo da bidestilação.

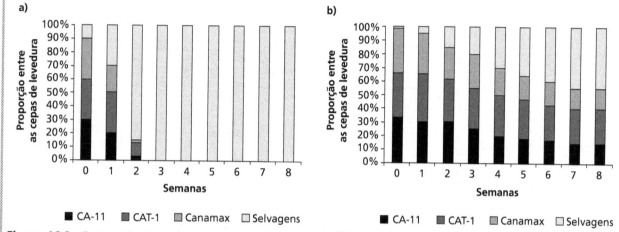

Figura 16.2 Permanência e dominância de leveduras selecionadas durante oito semanas de processo industrial de produção de aguardente de cana na ausência (a) e na presença (b) de tratamento térmico do mosto.

16.3.1 Destilação

A destilação consiste no aquecimento de um líquido em sistema fechado até sua vaporização, com posterior coleta seletiva dos vapores condensados por resfriamento. O processo de destilação pode ser efetuado em colunas ou em alambiques, que podem ser simples, de dois ou três corpos e retificadores (Figura 16.3).

Os alambiques funcionam em sistema intermitente (processo descontínuo). A caldeira é alimentada com vinho, o qual, mediante aquecimento, emite vapores hidroalcoólicos que são conduzidos através do capitel e da alonga até o condensador.

As colunas de destilação são operadas por processo contínuo. Elas são compostas de uma sequência de pratos superpostos, os quais funcionam como caldeiras independentes. Os vapores hidroalcoólicos gerados no prato inferior são conduzidos ao prato superior e assim sucessivamente até o topo da coluna, de onde são direcionados aos condensadores.

Portanto, o conceito da dupla destilação se aplica apenas aos processos de destilação conduzidos em alambiques, nos quais duas destilações são realizadas de forma intermitente e sequencial. Já a aguardente ou cachaça produzida em colunas é denominada multidestilada, pois teoricamente sofre tantas destilações sucessivas quanto for o número de pratos.

Vale ressaltar que é possível produzir aguardente ou cachaça de qualidade mediante monodestilação, dupla destilação ou destilação contínua. No entanto, considerando as características inerentes de cada processo de destilação, a composição química da bebida varia em função do tipo de aparelho destilador utilizado.

O mosto fermentado apresenta a seguinte composição de compostos voláteis: 90 a 92% de água, 7 a 9% etanol e 1 a 2% em compostos secundários. O vinho é submetido ao processo de destilação para separação dos seus componentes voláteis, resultando no aumento de sua concentração alcoólica.

A aguardente de cana-de-açúcar e a cachaça são normalmente produzidas por processo de monodestilação. No início da destilação do vinho, realiza-se a separação da fração "cabeça", correspondendo de 1 a 2% do volume útil da caldeira. A fração "coração", que dará origem à aguardente/cachaça, corresponde ao destilado recuperado após a fração "cabeça" e até que o teor alcoólico do destilado na saída do condensador atinja 38 a 40% vol., resultando em concentração alcoólica média entre 42 e 48% nesta fração do destilado. A fração "cauda" é destilada após a fração "coração" e até que o destilado na saída do condensador apresente-se isento de etanol (Figura 16.4).

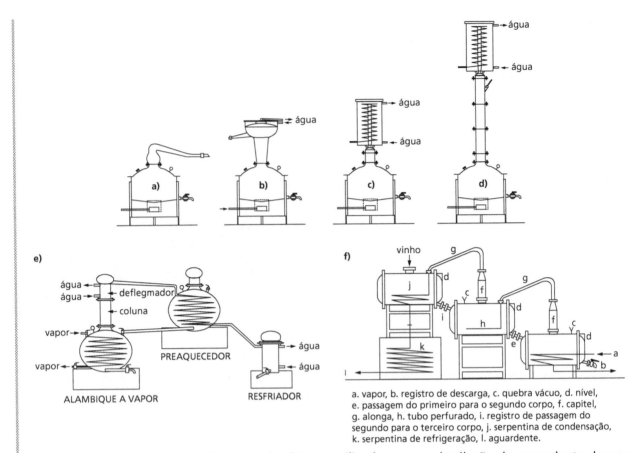

Figura 16.3 Conformação de diferentes alambiques utilizados para a destilação de aguardente de cana: a) cabeça quente; b) capelo; c) deflegmador, d) retificador, e) dois corpos com deflegmador e f) três corpos.

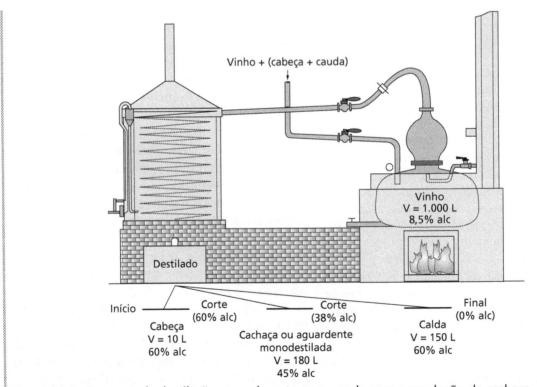

Figura 16.4 Esquema da destilação normalmente empregada para a produção de cachaça.

16.3.1.1 Dupla destilação

A dupla destilação, também conhecida por bidestilação, consiste na realização de duas destilações sucessivas em alambique (Figura 16.5). Na primeira, o vinho é destilado para recuperar praticamente todo álcool nele contido, sem separação de frações, originando um destilado denominado flegma, com aproximadamente 28% vol. de álcool (Figura 16.6). Na segunda destilação, o flegma é destilado e procede-se a separação das frações: "cabeça" (1 a 2% do volume útil da caldeira), "coração" (destilado recuperado com até 60% vol. de etanol na saída do condensador) e "cauda" (destilado recuperado de 60% até o esgotamento do etanol na saída do condensador) (Figura 16.7).

Essa metodologia de dupla destilação proposta para a produção de aguardente foi baseada nos processos de destilação usualmente empregados para a produção de *whisky* de puro malte e de *cognac*.

Para *whisky* de puro malte, a primeira destilação recupera o etanol do mosto fermentado, sem "cortes" de frações, originado o *low wines*. Na segunda destilação, o *low wines* é destilado e procede-se a separação das frações "cabeça" (2% do volume útil da caldeira, recuperados de 78 a 75 °GL), "coração" que dará origem ao *whisky* (destilado recuperado de 75 a 60 °GL) e "cauda" (destilado recuperado de 60 a 0 °GL). As frações "cabeça" e "cauda" são recirculadas nas primeiras destilações da próxima rodada (PIGGOTT, 2003).

Para *cognac*, na primeira destilação já há separação das frações "cabeça" (0,4% do volume útil da caldeira), "coração" ou *brouillis* (destilado recolhido após a fração "cabeça" e até o destilado apresentar 5% de álcool) e "cauda" (destilado recolhido de 5 a 0% de álcool). Na segunda destilação, a do *brouillis*, o destilado é dividido em quatro frações: "cabeça" (1,0% do volume útil da caldeira), "coração 1" que dará origem ao *cognac* (destilado recolhido após a fração "cabeça" e até o destilado apresentar 60% de álcool), "coração 2" (destilado recolhido entre 60 e 5% de álcool) e "cauda" (destilado recolhido entre 5 e 0% de álcool). As frações "cabeça" e "cauda" das duas destilações são recirculadas nas primeiras destilações da próxima rodada e a fração "coração 2" é redestilada juntamente com o *brouillis* da rodada seguinte (LEAUTÉ, 1990).

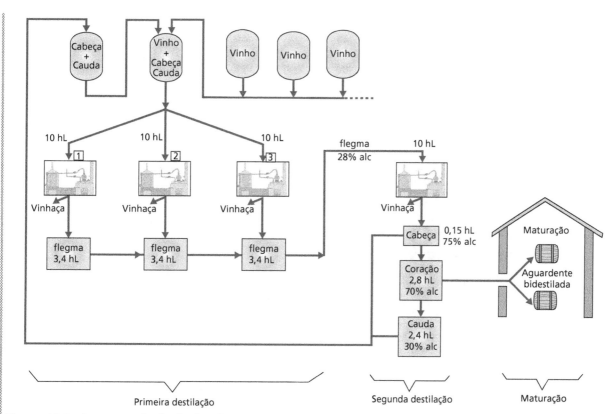

Figura 16.5 Esquema da dupla destilação para a produção de aguardente bidestilada.

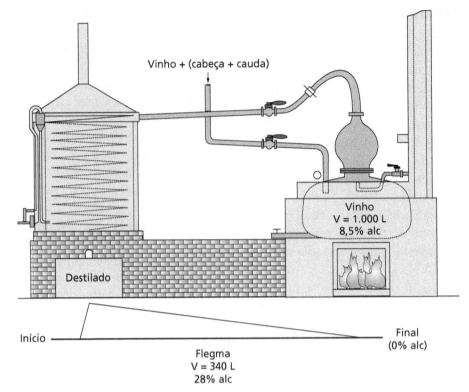

Figura 16.6 Esquema da primeira destilação para a produção de aguardente bidestilada.

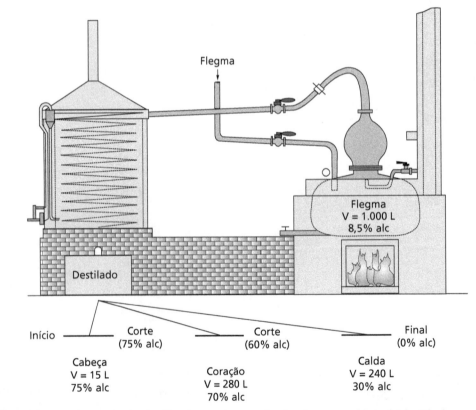

Figura 16.7 Esquema da segunda destilação para a produção de aguardente bidestilada.

16.3.1.1.1 Volatilização de compostos secundários durante a destilação

Os principais componentes voláteis secundários presentes no vinho, oriundos da fermentação do mosto de caldo de cana, são aldeído acético, acetato de etila, metanol, ácido acético, furfural e alcoóis superiores (1-propanol, iso-butanol, 1-butanol, 2-butanol e isoamílico). Esses compostos se destilam segundo dois fatores, volatilidade e solubilidade preferencial. A volatilidade refere-se ao ponto de ebulição característico de cada substância pura, e a solubilidade diz respeito à afinidade preferencial pelo etanol ou pela água, de acordo com o teor alcoólico do líquido gerador e do vapor durante a destilação.

Esses compostos podem ser agrupados em três categorias: i) compostos mais voláteis que o etanol, tais como aldeído acético, acetato de etila e metanol, que se acumulam na fração "cabeça"; ii) compostos menos voláteis que o etanol, tais como ácido acético e furfural, que concentram-se na fração "cauda"; e iii) compostos que são mais voláteis que o etanol em líquidos geradores com baixa concentração alcoólica e menos voláteis que o etanol em líquidos geradores concentrados em álcool. São representantes dessa categoria os alcoóis superiores.

A Figura 16.8 mostra a volatilização de componentes secundários do vinho durante a primeira e a segunda destilação para a produção de aguardentes, evidenciando o comportamento típico dos diferentes compostos que se acumulam nas frações "cabeça" e "cauda".

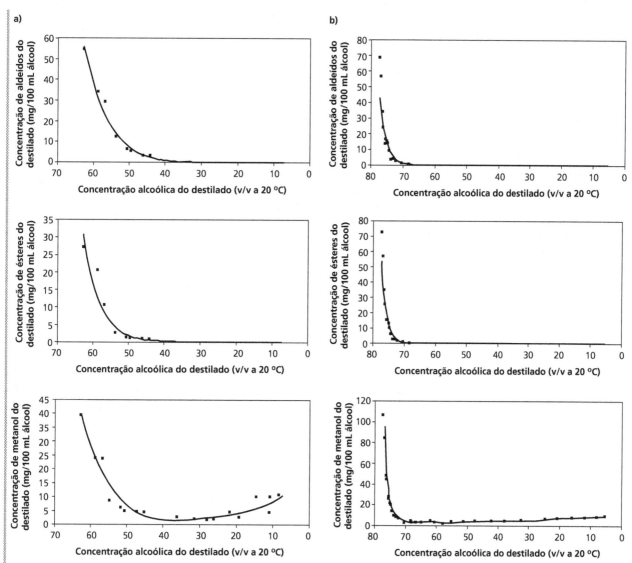

Figura 16.8 Volatilização de componentes secundários do vinho durante a primeira destilação (a) e a segunda destilação (b) para a produção de aguardente bidestilada. (*continua*)

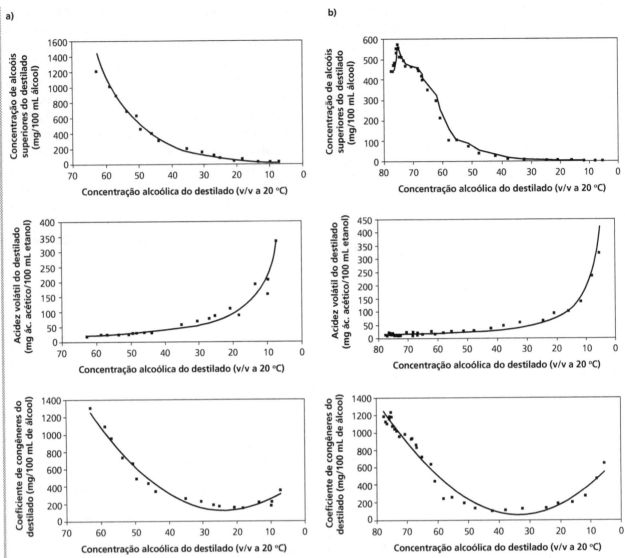

Figura 16.8 Volatilização de componentes secundários do vinho durante a primeira destilação (a) e a segunda destilação (b) para a produção de aguardente bidestilada. (*continuação*)

Aguardentes bidestiladas apresentam redução significativa das concentrações de ácidos voláteis e contaminantes, tais como alcoóis sec-butílico e n-butílico, carbamato de etila e cobre, como pode ser observado na Tabela 16.1.

Alcarde et al. (2012) mostraram o efeito da dupla destilação na redução da concentração de carbamato de etila em aguardente de cana. Na segunda destilação, as concentrações de cobre e de carbamato de etila aumentaram com o decorrer do processo (Figura 16.9), no entanto, em função do ponto de corte entre as frações "coração" e "cauda", a dupla destilação promoveu redução de 97% da concentração de carbamato de etila na aguardente.

Tabela 16.1 Composição química de aguardente monodestilada e destilado alcoólico simples destinado à produção de aguardente bidestilada.

Componente	Aguardente monodestilada	Destilado alcoólico simples destinado à produção de aguardente bidestilada	% de redução
Etanol[1]	42,16	69,26	–
Acetaldeído[2]	18,16	14,90	18
Acetato de etila[2]	17,83	14,39	19
Metanol[2]	14,17	8,17	42
2-butanol[2]	23,14	0,93	96
1-propanol[2]	89,15	74,21	17
Iso-butanol[2]	57,91	46,07	20
1-butanol[2]	1,66	1,51	9
Álcool iso-amílico[2]	191,58	166,66	13
Acido acético[2]	67,88	11,54	83
Furfural[2]	0,12	0,02	83
Alcoóis superiores[2]	338,64	286,95	15
Coeficiente de congêneres[2]	442,63	327,80	26
Carbamato de etila[3]	170,35	6,42	97
Cobre[4]	4,41	0,62	86

[1]% (v/v) a 20 °C, [2]mg/100 mL de álcool anidro, [3]µg/L, [4]mg/L.

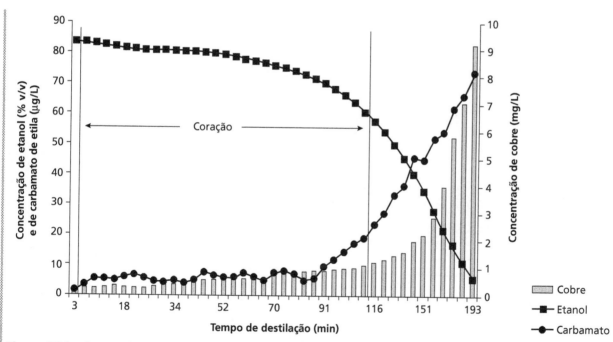

Figura 16.9 Curvas de concentração de etanol, carbamato de etila e cobre nas frações do destilado durante a segunda destilação para produção de aguardente bidestilada.

Ao final do processo de bidestilação, obtém-se uma aguardente de cana denominada *branca*. Essa bebida pode ser consumida dessa forma, porém, por apresentar teor reduzido de congêneres (compostos voláteis não etanol), é um destilado apropriado para o envelhecimento em tonéis de madeira. O envelhecimento é basicamente o processo pelo qual a bebida permanece por um período de tempo dentro de um barril de madeira a fim de afinar o seu perfil sensorial e melhorar sua a qualidade. O processo de envelhecimento será abordado em detalhes no capítulo "Envelhecimento de bebidas destiladas", do livro *Indústria de bebidas: inovação. Gestão e produção*, segunda edição, volume 3 da Série Bebidas.

BIBLIOGRAFIA

BIZELLI, L. C.; RIBEIRO, C. A. F.; NOVAES, F.V. Dupla destilação da aguardente de cana: teores de acidez total e de cobre. **Scientia Agricola**, Piracicaba, v. 57, n. 4, p. 623-627, 2000.

CARDOSO, M. G. **Produção de aguardente de cana-de-açúcar**. 2. ed. Lavras: Universidade Federal de Lavras, 2006. 444p.

CRISPIM, J. E. **Manual da produção de aguardente de qualidade**. Guaíba: Agropecuária, 2000. 333p.

LIMA, U. A. **Aguardente**: fabricação em pequenas destilarias. Piracicaba: Fealq, 1999. 187p.

LIMA, U. A. Aguardentes. In: AQUARONE, E. et al. (Eds.). **Biotecnologia industrial**: biotecnologia na produção de alimentos. São Paulo: Blucher, 2001. p. 145-182.

MAIA, A. B. R. A.; CAMPELO, E. A. P. **Tecnologia da cachaça de alambique**. Belo Horizonte: Sebrae/MG; Sindbebidas, 2005. 129p.

MIRANDA, J. R. **História da cana-de-açúcar**. Campinas: Komedi, 2008. 167p.

MUTTON, M. A.; MUTTON, M. J. Aguardente de cana. In: VENTURINI FILHO, W. G. (Coord.). **Bebidas alcoólicas**: ciência e tecnologia. São Paulo: Blucher, 2010. p. 237-266.

SOUZA, L. M. et al. **Produção de cachaça de qualidade**. Piracicaba: Esalq, 2013. 72p.

YOKOYA, F. **Fabricação de aguardente de cana**. Campinas: Fundação Tropical de Pesquisas e Tecnologia "André Tosello", 1995. 87p.

17

CACHAÇA DE ALAMBIQUE

CARLOS AUGUSTO ROSA
ACIR MORENO SOARES JÚNIOR
JOÃO BOSCO FARIA

17.1 INTRODUÇÃO

A cachaça é denominação típica e exclusiva da bebida, produzida no Brasil, com graduação alcoólica de 38 a 48% em volume a 20 °C, obtida pela destilação do mosto fermentado do caldo de cana-de-açúcar com características sensoriais peculiares, podendo ser adicionada de açúcares até 6 g/L expressos em sacarose (BRASIl, 2005). Os componentes "não álcool" são representados pelo coeficiente de congêneres e correspondem à soma dos aldeídos, ésteres, alcoóis superiores, furfural, hidroximetilfurfural e acidez volátil contidos na bebida, o qual deverá estar entre o limite mínimo de 200 mg/L e o limite máximo de 650 mg/L de álcool anidro (Tabela 17.1).

Tabela 17.1 Requisitos de qualidade para a cachaça.

Componentes	Máximo	Mínimo
Acidez volátil, expressa em ácido acético, em mg/100 mL de álcool anidro	150	–
Ésteres totais, expressos em acetato de etila, em mg/100 mL de álcool anidro	200	–
Aldeídos totais, expressos em acetaldeído, em mg/100 mL de álcool anidro	30	–
Soma de furfural e hidrometilfurfural, em mg/100 mL de álcool anidro	5	–
Soma dos alcoóis isobutílico (2 metil proponol), isoamílicos (2 metil-1-butanol + 3 metil-1-butanol) e n-propilico (1-propanol), em mg/100 mL de álcool anidro	360	–

Fonte: Brasil (2005).

Atualmente, existem dois tipos de cachaça no Brasil, que são diferenciados pelo processo de destilação utilizado. A primeira é a "cachaça de coluna" (também chamada popularmente de cachaça industrial) em que a destilação da bebida ocorre em colunas de aço inoxidável. Esse tipo de cachaça é geralmente produzido por grandes indústrias. O segundo tipo de cachaça, que será o tema deste capítulo, é denominado de cachaça de alambique, e representa a maior parcela dos produtores brasileiros da bebida. Normalmente, produzida em alambiques de cobre, essa cachaça também é conhecida como "cachaça artesanal" em razão do grande número de diferentes receitas utilizadas pelos produtores e da grande dependência da atuação humana no processo, em especial na definição dos chamados cortes da cachaça, quando se separam as frações de cabeça, coração e cauda.

O Brasil possui cerca de 30.000 produtores de cachaça, sendo a grande maioria constituída por produtores de cachaça de alambique. Desse total, 1.483 são registrados oficialmente no Ministério da Agricultura e são responsáveis por 4.182 marcas comerciais (IBRAC, 2013). Com capacidade instalada de 1,2 bilhões de litros, o setor ainda exporta um volume muito reduzido. O volume de cachaça exportado em 2012 chegou a pouco mais de 8 milhões de litros, sendo os principais destinos a Alemanha e os Estados Unidos. Com o reconhecimento oficial dos Estados Unidos de que a cachaça é uma bebida exclusivamente brasileira (em vigor desde 11 de abril de 2013), há uma expectativa de aumento da participação da cachaça no mercado americano. Entre as categorias, observa-se o aumento e a valorização dos produtos considerados "Premium" enquanto os produtos mais populares têm reduzido a sua participação no mercado, perdendo espaço para outros destilados. De olho nesse mercado mais nobre, produtores tradicionais de cachaça de coluna têm investido simultaneamente na produção da cachaça de alambique.

17.2 MATÉRIA-PRIMA

A matéria-prima para a produção da cachaça é exclusivamente o caldo da cana-de-açúcar, uma planta alógama, semiperene, pertencente à família Poaceae e ao gênero *Saccharum* L. Bem adaptada a diversas regiões do planeta, a cana-de-açúcar apresenta um cultivo em larga escala, principalmente nas regiões situadas entre os paralelos 35° N e 35° S. A cana-de-açúcar é propagada vegetativamente por meio de toletes. O processo clássico de plantio dessa cultura, adotado em todas as áreas canavieiras do mundo é o corte do colmo em toletes de duas a quatro gemas, reduzindo, dessa forma, o efeito da dominância apical (SILVEIRA, 2011).

A cultura da cana de açúcar ainda se encontra em expansão com grande relevância econômica para setor sucroalcooleiro (CONAB, 2013). A cachaça de alambique, por sua vez, se beneficia das pesquisas e dos programas de melhoramento genético, com investimentos setoriais que desenvolvem novas variedades mais resistentes às pragas, mais adaptadas ao clima, às condições de solo e de manejo, e com maior rendimento em sacarose. As novas variedades liberadas comercialmente são identifi-

cadas com iniciais relativas ao programa que as desenvolveu: CB – Campos (RJ); RB – Planalsucar, hoje desenvolvida pela Rede Inter-universitária para Desenvolvimento do Setor Sucroalcooleiro (Ridesa); Instituto Agronômico de Campinas (IAC); SP-Copersucar; Centro de Tecnologia Canavieira (CTC); Canavialis (CV). Por outro lado, o trabalho em pequena escala também permite que alguns produtores de cachaça de alambique, em razão da tradição ou mesmo da dificuldade de se adquirir mudas de variedades adaptadas à região, mantenham o cultivo de variedades não comerciais como no caso da cana Java (SILVEIRA et al., 2002).

Com a maturação, o teor de sacarose na cana situa-se na faixa de 16 a 24 °Brix. Cada variedade apresenta uma curva de maturação característica ao longo do tempo e são separadas em três diferentes grupos: precoces, médias e tardias. Além da variedade, o clima também é fator determinante do período de maturação da cana-de-açúcar, sendo preponderante o binômio, temperatura e umidade do solo. No Brasil, as variações climáticas entre as regiões possibilitam duas épocas de colheitas anuais, uma no Norte-nordeste de setembro a fevereiro e a outra no Centro-sul de maio a novembro; épocas em que se dá a produção da bebida. Enquanto grandes produtores tendem a ampliar o período da safra, utilizando variedades com diferentes períodos de maturação, com o objetivo de otimizar o uso das plantas industriais, pequenos produtores tendem a concentrar o corte da cana em períodos mais curtos, de um a quatro meses, aproveitando o pico de maturação da variedade cultivada com o emprego de mão de obra temporária.

Com as restrições ambientais relativas à queima da cana em alguns estados, a colheita manual da cana tende a ficar restrita apenas aos pequenos produtores, enquanto as grandes unidades têm aderido gradativamente ao corte mecanizado (SÃO PAULO, 2003). Após o corte, a cana de açúcar é transportada para a destilaria onde deve ser processada no menor tempo possível com o objetivo de se minimizar o desenvolvimento de microrganismos contaminantes.

Nas destilarias de cachaça de alambique, a produção da bebida tem início com a obtenção do caldo de cana a partir do esmagamento direto das canas em moendas (Figura 17.1). Nas grandes empresas, o sistema de extração é semelhante ao das usinas com o uso de três ternos de moenda em série e com sistemas de embebição do bagaço que elevam o rendimento de extração para valores acima de 95%. Nas destilarias menores, o sistema de extração com apenas um terço apresenta um rendimento relativamente baixo, cerca de 70% de extração do conteúdo de açúcar. O caldo, é então, filtrado e clarificado por decantação que retira parte das impurezas em suspensão. O pH do caldo a ser fermentado apresenta valor entre 5,2 e 5,8. A fermentação ideal ocorre com o caldo de cana em uma concentração de açúcar entre 14 e 16 °Brix (PEREIRA et al., 2006), sendo necessário, na maioria das vezes, a diluição do caldo extraído nas moendas. A concentração de açúcar no caldo deve ser diferente nas duas etapas distintas do processo fermentativo. A primeira etapa está relacionada com a propagação de microrganismos que é feita sob intensa aeração. Normalmente é recomendado que o teor de açúcar não seja superior a 2-3% (p/v), já que concentrações mais altas prejudicam a respiração da célula, que é indispensável para um crescimento eficiente.

Para a produção de cachaça não é permitido o uso de aditivos. A matéria-prima para a sua produção é exclusivamente o caldo fresco de cana-de-açúcar. Todavia para a inicialização do pé de cuba, é comum, entre pequenos produtores, o emprego de alguns farelos, como o de soja, de arroz ou mesmo o fubá de milho.

A segunda etapa do processamento está relacionada com a fermentação propriamente dita, ou seja, a conversão de açúcar em etanol e gás carbônico, além de todos os compostos secundários responsáveis pelo sabor e aroma da bebida. Como já foi dito, o teor máximo de açúcar sugerido para um bom desempenho fermentativo pelas leveduras seria em torno de 14 a 16 °Brix. Este limite pode ser variável, de acordo com a levedura e as demais condições do processo fermentativo. Alguns pequenos produtores de cachaça de alambique utilizam o caldo de cana sem diluir, e a concentração pode chegar a até 22 °Brix. No entanto, essa prática não seria recomendável já que uma alta concentração do açúcar pode acarretar um estresse osmótico nas populações de leveduras fermentadoras.

17.3 FERMENTAÇÃO

A fermentação para a produção da cachaça de alambique é feita em dornas dos mais diferentes materiais (Figura 17.2). Normalmente, para se obter fermentações mais higiênicas é recomendável o uso de dornas de aço inoxidável. No entanto, em diversas regiões, são utilizadas dornas de alvenaria, dornas de plástico, tambores ou cochos. Essas dornas normalmente apresentam graves problemas de contaminação por microrganismos indesejáveis. A comunidade microbiana responsável pela fermentação do caldo de cana durante a produção da cachaça de alambique é constituída normalmente por leveduras e bactérias. As leveduras envolvidas na fermentação do caldo de cana incluem, principalmente, os gêneros *Saccharomyces, Debaryomyces, Hanseniaspora, Kluyveromyces, Lachancea, Pichia, Schizosaccharomyces, Wickerhamiella* e *Zygosaccharomyces* (PATARO et al., 2000; SCHWAN et al., 2001; PEREIRA et al., 2011; BADOTTI et al., 2013). Os resultados do acompanhamento das populações de leveduras durante a produção de cachaça de alambique têm mostrado que o ciclo fermentativo é um complexo processo microbiano caracterizado pela ocorrência de diferentes espécies de leveduras, com a predominância de *Saccharomyces cerevisiae*, responsável pela maior parte da fermentação (PATARO

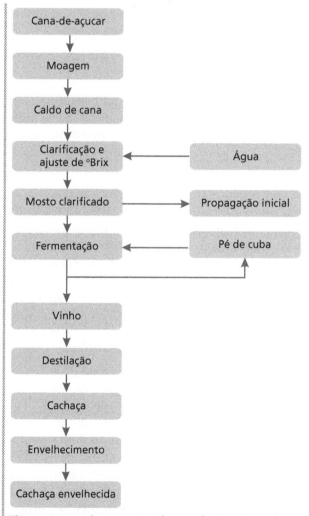

Figura 17.1 Fluxograma de produção da cachaça de alambique.

et al., 2000). Isso ocorre, principalmente, pela capacidade desta levedura de produzir e tolerar altas concentrações de etanol. Normalmente, durante a preparação do pé de cuba (fermento *caipira*), as concentrações de etanol aumentam gradativamente até atingir, no final do processo, cerca de 8% (p/v). Essa concentração de etanol é tóxica para a maioria das espécies de leveduras, no entanto, as linhagens de *S. cerevisiae* são capazes de crescer em concentrações de etanol superiores a esta. Alguns trabalhos têm mostrado que as linhagens de leveduras usadas na produção de cachaça são capazes de crescer em concentrações de até 15% (p/v) de etanol (BADOTTI et al., 2010).

Figura 17.2 Exemplos de diferentes tipos de dornas de fermentação na produção da cachaça de alambique. a) e c), dornas de alvenaria, cobertas com plástico, característicos de sistemas com baixo nível tecnológico de produção da bebida; b) e d), dornas de aço inoxidável que garantem um maior controle da higiene do processo fermentativo.

17.3.1 Processos fermentativos

17.3.1.1 Origem das populações de Saccharomyces cerevisiae

Durante a adaptação a ambientes fermentativos, o genoma de *S. cerevisiae* foi moldado por forte pressão seletiva, aplicada inconscientemente pelo homem desde o primeiro processo fermentativo controlado para produzir alimentos e bebidas. Esse processo de seleção pode ser descrito como uma "domesticação" e poderia ser responsável pelas características genéticas especiais que as linhagens industriais de *S. cerevisiae* possuem. A origem das populações de *S. cerevisiae* que colonizam os mostos de cana-de-açúcar para a produção de cachaça ainda é fonte de muitas controvérsias. Muitos produtores ainda acreditam que as leveduras são originárias dos complementos (fubá de milho, farelo de arroz etc.) que se adicionam ao caldo de cana durante a preparação do pé de cuba (fermento *caipira*). No entanto, estes substratos não contêm populações de *S. cerevisiae*. Alguns estudos têm mostrado que o caldo de cana extraído de plantas que foram adubadas com vinhoto e outros resíduos de fermentação apresentam populações de *S. cerevisiae*. Outros trabalhos feitos em destilarias de cachaça de alambique mostram que canas que não são adubadas com esses resíduos de fermentação não apresentam populações detectáveis de *S. cerevisiae*. Estudos recentes, mas ainda não publicados, sugerem que a levedura *S. cerevisiae* está presente em vários substratos vegetais, incluindo casca de árvore, exsudados e madeira em decomposição (C. A. Rosa, dados não publicados). Possivelmente, essas populações naturais alcançam também as dornas de fermentação, e isto pode explicar a grande diversidade de linhagens dessa espécie de levedura que ocorre nos processos de fermentação para a produção da cachaça de alambique. Outra fonte pode ser os insetos que visitam a moendas de extração de caldo, principalmente abelhas e drosófilas. Esses insetos, principalmente os últimos, são responsáveis pela dispersão de várias espécies de leveduras, e poderiam representar a fonte das populações de *S. cerevisiae* que chegam às dornas de fermentação.

Diversos trabalhos têm mostrado a ocorrência de uma grande diversidade de linhagens de *S. cerevisiae* no ambiente de fermentação. Em geral, as destilarias de cachaça de alambique apresentam mais de uma linhagem de *S. cerevisiae* responsável pelo processo fermentativo. Em algumas destilarias, podem ser encontradas cinco ou mais linhagens de *S. cerevisiae* coabitando uma mesma dorna de fermentação (BADOTTI et al., 2010). Isso tem implicações diretas na qualidade da cachaça produzida, já que cada linhagem pode apresentar um perfil diferente de produção dos compostos secundários responsáveis pelo sabor e aroma da bebida.

Os trabalhos para caracterizar as diferentes linhagens de *S. cerevisiae* utilizam diferentes técnicas de biologia molecular que incluem análise do perfil dos cromossomos das leveduras, amplificação de diferentes regiões do DNA utilizando PCR (reação em cadeia da polimerase), análise do perfil de restrição do DNA mitocondrial, entre outras (PATARO et al., 2000; SCHWAN et al., 2001; VICENTE et al., 2006; BERNARDI et al., 2008; PEREIRA et al., 2010; SOUZA et al., 2012). Todos estes trabalhos têm mostrado que existe uma grande variabilidade genética entre as populações de *S. cerevisiae* responsáveis pela produção de cachaça de alambique. Essas populações podem ter origem ambiental (novas linhagens chegando às dornas de fermentação) ou serem residentes das destilarias, sobrevivendo nos equipamentos e estruturas das fábricas (populações já estabelecidas nos locais de produção da cachaça).

A diversidade genética das populações de *S. cerevisiae* em destilarias de cachaça de alambique foi recentemente descrita em um estudo que utilizou o sequenciamento de três diferentes genes nucleares e um gene mitocondrial (BADOTTI et al., 2014). O trabalho foi feito com linhagens de *S. cerevisiae* isoladas de destilarias de seis estados diferentes: Santa Catarina, Rio de Janeiro, Minas Gerais, São Paulo, Pernambuco e Tocantins. O estudo mostrou que as populações de *S. cerevisiae* associadas com fermentações no Sul e Sudeste do Brasil, são mais próximas geneticamente de linhagens vinícolas. As linhagens do Nordeste e Norte do Brasil foram caracterizadas mais como "mestiças", ou seja, com uma predominância de alelos considerados nativos e uma menor frequência de alelos de origem vinícola nesses locais. As regiões Sul e Sudeste do Brasil são conhecidas pela produção de vinhos. Possivelmente linhagens de origem vinícola foram introduzidas ao longo dos anos por vetores (insetos) nos ambientes de produção de cachaça, e como consequência ocorreu uma troca de material genético entre leveduras nativas e aquelas de origem vinícola. Isto foi mostrado no trabalho pela predominância de alelos de origem vinícola nas populações de *S. cerevisiae* do Sul e Sudeste, com uma menor frequência de alelos nativos. No Nordeste e Norte, a produção de vinhos não é bem estabelecida, sendo que apenas a região do Vale do São Francisco, produz vinho atualmente, mas esta produção tem aproximadamente dez anos. Portanto, pode-se concluir que as populações de *S. cerevisiae* associadas com a produção de cachaça representam uma mistura genética entre linhagens de origem vinícola e nativas, principalmente nas regiões Sul e Sudeste. Nos outros locais, ainda ocorre uma prevalência de linhagens nativas, com pouca influência das linhagens de vinhos.

17.3.1.2 Uso de linhagens selecionadas de S. cerevisiae na produção de cachaça

A alta diversidade genética das populações de *S. cerevisiae* responsável pela fermentação pode ter um efeito direto na qualidade sensorial da bebida produzida. Como relatado anteriormente, diferente linhagens de *S. cerevisiae* podem estar presentes em uma mesma dorna de fermentação, além disto, ao longo da safra, essas linhagens também podem ser substituídas por outras. Com isto, o produtor pode estar fabricando cachaças sensorialmente diferentes durante a safra, e nada assegura que em anos posteriores, a bebida com a mesma qualidade sensorial seja produzida. Isto tem levado a vários grupos de pesquisa no Brasil a proporem, de forma semelhante aos processos de fermentação de outras bebidas, a utilização de linhagens selecionadas de *S. cerevisiae* para a produção da cachaça. Essas linhagens garantiriam um início mais rápido da fermentação, menor risco de contaminação e maior uniformidade sensorial da bebida produzida. Essas linhagens seriam selecionadas dentre aqueles encontradas no processo de fermentação para a produção da cachaça (GOMES et al., 2007; OLIVEIRA et al., 2008; SILVA et al., 2009; CAMPOS et al., 2010; de SOUZA et al., 2012; DUARTE et al., 2013; VIDAL et al., 2013). O uso de linhagens selecionadas poderia garantir a qualidade sensorial da cachaça produzida ao longo da safra e entre safras diferentes. Com isto, o produtor teria uma bebida mais homogênea sensorialmente.

Varias estratégias têm sido utilizadas para selecionar linhagens de *S. cerevisiae* para a produção da cachaça. A principal delas é a seleção das linhagens isoladas de dornas de fermentação com excelente rendimento, principalmente de regiões reconhecidamente produtoras de cachaças de alta qualidade sensorial. Essas linhagens são, então, testadas quanto aos parâmetros fermentativos (rendimento de etanol, produção de ácidos, biomassa, ésteres, aldeídos, alcoóis superiores, invertase, entre outros) e resistências aos estresses do processo de fermentação (alta concentração de álcool e de açúcar, temperaturas elevadas, entre outros). Após a seleção, essas linhagens selecionadas são testadas no nível produtivo em destilarias de cachaça, sendo a bebida produzida caracterizada química (compostos secundários) e sensorialmente. Outra estratégia é a seleção de linhagens oriundas do ambiente de fermentação da cachaça, pela exposição a drogas que selecionam leveduras com alta expressão de alcoóis superiores e ésteres (OLIVEIRA et al., 2008). Essas linhagens são também posteriormente testadas quanto a produção de cachaças com alta qualidade sensorial. Todos esses trabalhos têm mostrado que a utilização de linhagens selecionadas de *S. cerevisiae* agrega um ganho de qualidade sensorial à bebida, e evita as perdas com dornas contaminadas, muito comuns com a utilização do fermento *caipira*. Normalmente, essas linhagens selecionadas são produzidas na forma desidratada, e podem começar a produzir a cachaça em um período de 24 horas após o início da propagação. A preparação do fermento *caipira* geralmente leva de cinco a dez dias, o que pode atrasar o processo de produção da cachaça. Uma terceira estratégia seria a seleção pela própria destilaria de cachaça das linhagens indígenas encontradas no processo de fermentação que apresentem qualidades fermentativas interessantes e que produzam cachaça de excelente aceitação sensorial. Com isto, uma destilaria teria a sua própria linhagem iniciadora característica daquele local de produção.

O uso do fermento *caipira* teria como vantagem a obtenção, durante algumas safras, por alguns produtores, de cachaças com excepcional qualidade sensorial, pela ocorrência de linhagens indígenas de *S. cerevisiae* com propriedades fermentativas únicas. No entanto, nada garante que essas linhagens continuariam dominando o processo fermentativo em safras posteriores, e, caso isto não ocorra, a qualidade sensorial da cachaça poderia diminuir consideravelmente. O uso das linhagens selecionadas garantiria a produção de uma cachaça com qualidade

sensorial parecida entre as diferentes safras, propiciando ao produtor uma maior segurança quanto à qualidade da bebida produzida. No entanto, a utilização de um ou outro processo depende do tipo de cachaça que o produtor gostaria de produzir, se cachaças com qualidades sensoriais únicas, obtidas em algumas safras, ou uma cachaça com qualidade sensorial mais homogênea, obtida ao longo das safras. Tudo isso depende muito do tipo de mercado consumidor (nacional ou internacional) e das condições tecnológicas de fermentação encontradas nas diferentes destilarias. O uso de linhagens selecionadas implica a implementação de boas práticas de produção e um controle rigoroso do processo de fabricação da bebida.

17.3.1.3 Outras leveduras associadas à fermentação da cachaça

A ocorrência de espécies de leveduras diferentes de *S. cerevisiae* é muito comum durante a fermentação para a produção da cachaça de alambique. Essas leveduras normalmente entram no processo fermentativo trazidas por insetos que visitam as moendas de extração de caldo. Normalmente são associadas com flores, frutos, exudatos açucarados, folhas, madeira em decomposição e animais, inclusive o homem. Durante as etapas iniciais do ciclo fermentativo é comum a ocorrência de espécies de *Debaryomyces*, *Hanseniaspora*, *Kluyveromyces*, *Lachancea*, *Pichia*, *Rhodotorula*, *Schizosaccharomyces*, *Wickerhamiella* e *Zygosaccharomyces*. Como a maioria das espécies desses gêneros de leveduras é sensível à concentração elevada de etanol do mosto fermentado (8% v/v), elas não conseguem dominar o processo fermentativo, permanecendo em baixas populações ou não sobrevivendo, em razão do efeito do etanol. Essas leveduras têm também sido estudadas quanto à produção de cachaça de alambique (DATO et al., 2005; OLIVEIRA et al., 2004; DUARTE et al., 2013). Duarte et al. (2013) sugeriram o uso de coculturas de leveduras não *Saccharomyces* com *S. cerevisiae* para a produção da cachaça. Os autores propuseram a utilização uma cultura mista, ou seja, uma linhagem de *Meyerozyma (Pichia) caribbica* e uma linhagem de *S. cerevisiae*, pois essa fermentação mista foi capaz de melhorar a qualidade sensorial da cachaça.

A fermentação de cachaça também tem sido fonte de novas espécies de leveduras. Três espécies de leveduras foram recentemente descritas a partir de isolados provenientes de fermentação de cachaça.

Lachancea mirantina foi isolada em baixas populações de dornas de fermentação de cachaça em Pernambuco (PEREIRA et al., 2011). Duas espécies de *Wickerhamiella*, *W. cachassae* e *W. dulcicola*, foram isoladas de mosto fermentado e/ou caldo de cana em destilarias de Minas Gerais e Tocantins (BADOTTI et al., 2013). Possivelmente, a origem dessas leveduras está relacionada com os insetos que visitam as moendas, pois normalmente espécies destes gêneros estão presentes em flores e substratos açucarados.

17.3.1.4 Bactérias associadas com a fermentação da cachaça

As bactérias são consideradas os principais contaminantes do processo de fabricação da cachaça. Elas são responsáveis pela produção de ácidos, principalmente os ácidos lático e acético, que aumentam os valores de acidez do mosto fermentado, resultando em cachaças de elevada acidez. No entanto, muito pouco ainda é conhecido cientificamente sobre o papel dessas bactérias durante o processo fermentativo. As principais bactérias estudadas são as do ácido lático. Essas bactérias sempre ocorrem durante a fabricação da cachaça com populações entre 10^5 e 10^8 unidades formadoras de colônias (UFC) por mililitro de mosto. É possível que essas bactérias tenham um papel importante no processo fermentativo, que pode, inclusive, em alguns casos, ser benéfico para a qualidade sensorial da bebida. As principais espécies encontradas são *Lactobacillus casei*, *L. fermentans* e *L. plantarum* (GOMES et al., 2010). Outras espécies são encontradas em menor frequência como *L. ferintoshensis*, *L. fermentum*, *L. jensenii*, *L. murinus*, *Lactococcus lactis*, *Enterococcus* sp. e *Weissella confusa*. Duarte et al. (2011) sugeriram o uso de *L. fermentum* concomitantemente a *S. cerevisiae* para a produção de cachaça. A cachaça produzida pela cultura mista apresentou maiores concentrações de aldeído, etilacetato e acetaldeído, em comparação com a bebida produzida apenas por *S. cerevisiae*. As cachaças produzidas pela cultura mista tiveram uma nota inferior em aroma e sabor na análise sensorial, em relação àquelas produzidas com linhagens selecionadas de *S. cerevisiae*. No entanto, apesar de mais baixas, as notas foram próximas àquelas obtidas pelas linhagens selecionadas de *S. cerevisiae*. Isto mostra que são necessários mais estudos sobre o papel dessas bactérias no processo de fermentação da cachaça, e sobre a possibilidade do uso destes microrganismos, em conjunto com linhagens iniciadoras de *S. cerevisiae*, na fabricação da cachaça.

17.4 DESTILAÇÃO

Após o processo de fermentação do mosto de cana-de-açúcar, a mistura resultante agora denominada vinho de cana, contém juntamente com a água e o etanol, vários outros compostos voláteis formados durante a fermentação, assim como substâncias sólidas e gasosas.

O passo seguinte para a obtenção da cachaça, baseia-se na separação e concentração dos constituintes voláteis presentes no vinho, com vistas a obter uma nova mistura, com maior teor alcoólico e contendo principalmente aquelas substâncias que contribuem positivamente para a formação do aroma e sabor característicos da cachaça.

17.4.1 Destilação em alambiques

No caso dos pequenos e médios produtores de cachaça, o vinho, após decantação adequada, é submetido a um processo de destilação, utilizando-se alambiques simples, de dois ou de três corpos, que são aquecidos por vapor ou fogo direto (Figura 17.3). Nesse tipo de processo, também denominado intermitente, devem ser separadas três frações do destilado: a cabeça, o coração e a cauda.

A fração cabeça, que representa de 5 a 10% do destilado e que contém também os compostos mais voláteis, como ésteres e aldeídos, juntamente com a fração cauda, que corresponde a cerca de 10% do destilado e que contém em maiores concentrações compostos menos voláteis como ácidos e alcoóis superiores, devem ser separadas da fração coração, que tem em torno de 80% do destilado e que representa a aguardente de cana que se quer obter.

Assim, ao se aquecer o alambique contendo o vinho, cujo teor alcoólico varia entre 5 e 10%, inicia-se um processo de evaporação e condensação dos voláteis presentes, que vai produzir inicialmente a fração cabeça, um destilado com 65-70% de etanol, contendo os compostos mais voláteis, tais como metanol e acetaldeído, reconhecidos por sua toxidade e sabor agressivo. Ao longo do processo e na medida em que o teor alcoólico do destilado vai diminuindo, vão aumentando as concentrações dos compostos menos voláteis, mais pesados e com maior afinidade pela água, resultando finalmente a fração cauda, contendo alguns compostos francamente indesejáveis, como o furfural, o ácido acético e alcoóis superiores, em maiores concentrações.

Figura 17.3 Exemplos de alambiques. a) alambique em forma de tromba de elefante, utilizado por pequenos produtores em algumas regiões do Brasil; b) alambiques utilizados normalmente para a produção da cachaça.

Um aspecto importante relacionado com o uso de alambiques tem a ver com o cobre, que, embora possa contaminar o destilado pela dissolução do azinhavre – sal que se forma nas paredes internas dos equipamentos –, também desempenha importante papel, relacionado com sua capacidade de catalisar reações envolvendo componentes voláteis (FARIA, 2012), assim como de reagir com compostos indesejáveis como o dimetilsulfeto, responsável pelo reconhecido defeito sensorial das cachaças destiladas na ausência de cobre. Assim, por conta da presença do cobre no processo de destilação em alambique, os novos compostos formados, principalmente ésteres e outros componentes sensorialmente agradáveis, tornam possível a obtenção de um destilado com composição mais rica e complexa.

Outro aspecto importante, ainda relacionado com a contaminação dos alambiques pelo cobre, tem a ver com a formação de carbamato de etila a partir de precursores destilados com a cachaça e posteriormente catalisados pelo cobre (BRUNO et al., 2007).

A utilização de dispositivos de cobre na parte ascendente dos alambiques, associada à substituição do cobre por aço inoxidável na sua parte descendente (FARIA, 1989), também representa opção interessante, não só evitando a contaminação pelo cobre e a formação do carbamato de etila, como garantindo os já mencionados efeitos positivos do cobre durante o processo de destilação da cachaça.

Analisando-se, portanto, as características do processo de destilação em alambiques e a composição do vinho de cana, verifica-se que é perfeitamente possível, conduzindo-se o processo de forma correta e realizando-se os cortes necessários, obter-se a fração coração com uma composição mais rica em voláteis sensorialmente desejáveis e garantindo ainda a eliminação de compostos indesejáveis.

Nesse sentido, também merecem destaque algumas inovações que foram introduzidas ao longo do tempo, com vistas a otimizar o processo de destilação da cachaça, tais como:

- o uso de deflegmadores –, dispositivos introduzidos no capitel, logo acima da caldeira, que favorecem a retrogradação dos vapores, permitindo uma melhor separação dos voláteis e tornando possível a obtenção de um destilado com maior teor alcoólico;
- a destilação em alambiques de três corpos que, além do significativo aumento de rendimento do processo, representa também um avanço em direção da destilação em coluna, com diminuição das perdas de etanol devidas à separação das frações cabeça e cauda, como também com os gastos de vapor, água e mão de obra, relacionados com o processo de aquecimento do vinho;
- o processo de dupla destilação –, outra maneira de destilar mostos fermentados, já consolidada

no caso de importantes bebidas como o uísque, rum e conhaque, e que baseia-se na condução de duas destilações consecutivas, como forma de se obter um destilado de melhor qualidade. Nesse caso, obtém-se, na primeira destilação, uma mistura contendo praticamente todos os voláteis presentes no vinho e, na segunda, separando-se as frações cabeça e cauda, uma aguardente mais padronizada e com melhor qualidade sensorial.

Como o processo da dupla destilação, adotado na produção das bebidas aqui mencionadas, pode ser dispensável no caso da cachaça, isto não significa que a sua adoção não represente vantagens, que possam justificar sua incorporação ao processo de produção dessa bebida. Nesse sentido, vários trabalhos já demonstraram que o processo de dupla destilação, principalmente quando associado ao envelhecimento (ALCARDE et al., 2010; BIZELLI, 2000; ROTA et al., 2013), permite a obtenção de produtos diferenciados, padronizados e de melhor qualidade, representando assim uma nova opção que tem atraído, cada vez mais, produtores interessados em melhorar a qualidade de seus produtos.

Finalmente, cabe destacar que essa forma tradicional de se obter as chamadas cachaças de alambique, utilizando-se alambiques simples, de dois ou três corpos ou, ainda, a dupla destilação, produzem destilados com características sensoriais bem distintas, daqueles obtidos pelos processos industriais de destilação contínua, utilizados para obtenção das chamadas cachaças de coluna.

17.5 ARMAZENAMENTO E ENVELHECIMENTO

Dadas as características sensoriais mais agressivas da cachaça recém-destilada, a prática de armazenar a bebida por algum tempo em recipientes de madeira, tem por principal objetivo modificar seu perfil sensorial, pela incorporação de compostos extraídos da madeira e também produzidos pelas reações entre seus componentes, favorecidas ainda pela presença de oxigênio no ar, que é incorporado ao destilado através da madeira.

Os efeitos desse armazenamento, historicamente adotado pelos primeiros produtores brasileiros, já que os recipientes disponíveis para armazenamento das aguardentes eram necessariamente de madeira, foram sendo percebidos e valorizados, levando ao desenvolvimento de práticas mais efetivas e eficientes, tais como o uso de distintas madeiras, recipientes de tamanhos mais adequados, queima das paredes internas dos tonéis, assim como a definição dos tempos necessários às mudanças sensoriais que se desejavam.

17.5.1 O armazenamento da cachaça

No caso da cachaça, a técnica de armazenamento, que não é tão regulada e controlada como no processo de envelhecimento, apresenta também benefícios sensoriais facilmente perceptíveis, o que tem feito que cada vez mais, esta prática seja adotada por produtores interessados em melhorar a qualidade de sua bebida. A cachaça armazenada que deve informar no rótulo, o tipo de madeira que foi utilizada, apresenta além do aroma e sabor característicos dos diferentes tipos de madeira, distintas cores, que podem ser geralmente percebidas pela embalagem da bebida.

Embora não classificada pela Legislação como um tipo de bebida envelhecida, a técnica de obtenção da cachaça armazenada baseia-se nos mesmos mecanismos responsáveis pelo processo de envelhecimento, representando assim, uma forma efetiva de melhorar a qualidade da cachaça.

17.5.2 O envelhecimento da cachaça

Conforme já mencionado, o processo de envelhecimento é hoje etapa fundamental na produção das principais bebidas internacionalmente reconhecidas, sendo diretamente responsável por seus atributos sensoriais mais importantes.

Como a cachaça recém-destilada, apesar de suas características sensorialmente agressivas, reúne condições suficientes para ser assim consumida, a adoção da prática de envelhecimento, essencial no caso da maioria das bebidas destiladas, tem sido ignorada pela maioria dos produtores brasileiros, que têm, assim, desperdiçado uma grande oportunidade de melhorar a qualidade sensorial da cachaça e estabelecer padrões de qualidade, compatíveis com as principais bebidas internacionalmente reconhecidas (FARIA, 2012).

O processo de envelhecimento das bebidas destiladas envolve basicamente a extração de compostos da madeira pelo destilado, a retirada de compostos presentes no destilado pela madeira e pelo carvão produzido durante a tosta, as diversas reações entre seus componentes favorecidas pela presença do oxigênio, assim como importantes interações entre a estrutura molecular da mistura água–álcool com os demais componentes da bebida.

No caso da cachaça, o recipiente de madeira deve ter um volume entre 200 e 700 litros e o tempo mínimo de envelhecimento, variar entre um e três anos, dando assim origem as cachaças denominadas: *Envelhecidas, Premium e Super Premium* (BRASIL, 2005). O carvalho, dada a facilidade de se adquirir tonéis normalmente utilizados no transporte de uísque importado, é ainda a madeira mais usada no envelhecimento da cachaça, porém novas madeiras têm sido estudadas, com resultados muito interessantes (ALCARDE et al., 2010).

Ao longo do processo de envelhecimento, por conta dos compostos que vão sendo extraídos da madeira, das reações entre eles favorecidas pela presença do oxigênio, assim como pela interação entre a matriz água–álcool com os diferentes componentes presentes, ocorre uma mudança gradual na composição do destilado, responsável por alterações sensoriais significativas, capazes de transformar a bebida, inicialmente agressiva, em uma nova bebida, com características significativamente diferentes e certamente com melhor qualidade sensorial.

Resultados obtidos em trabalhos relacionados com o envelhecimento da cachaça revelam com clareza as mudanças aqui descritas (FARIA, 2003). Os perfis sensoriais de amostras de cachaça sem envelhecer e envelhecidas, apresentam, ao longo do tempo, mudanças claramente favoráveis às envelhecidas, em razão do aparecimento de atributos positivos, tais como sabor e aroma de madeira, doçura, aroma de baunilha e cor amarela, além de redução significativa de atributos negativos, como aroma e sabor alcoólicos, adstringência e agressividade, assim como importantes mudanças nas características dos perfis tempo–intensidade das amostras envelhecidas.

17.6 CONCLUSÕES

O crescimento do segmento *Premium* do mercado de destilados tem impulsionado o desenvolvimento de cachaças mais sofisticadas. Concomitantemente, os recentes avanços nas pesquisas relacionadas a cada uma das etapas do processo produtivo (Figura 17.1) têm dado suporte à indústria na sua busca por produtos diferenciados.

Quando comparada com outros destilados, a cachaça de alambique apresenta uma riqueza inigualável de produtos com diferentes características sensoriais. Essa diversidade de aromas e sabores resulta justamente das inúmeras possibilidades de combinações de matéria-prima, processos fermentativos, leveduras e bactérias presentes durante a fermentação, processos e técnicas de destilação, espécies de madeiras e tempo de envelhecimento empregado na elaboração de cada cachaça.

Há ainda um enorme potencial para a melhoria dessa tradicional bebida brasileira. Patamares mais altos de qualidade vêm sendo alcançados por meio da incorporação das novas tecnologias disponíveis por um número cada vez maior de produtores, elevando assim o padrão da categoria como um todo e habilitando a cachaça de alambique a competir internacionalmente com outros destilados.

BIBLIOGRAFIA

ALCARDE, A. R.; SOUZA, P. A.; BELLUCO, A. E. S. Aspectos da composição química e aceitação sensorial da aguardente de cana de açúcar envelhecida em tonéis de diferentes madeiras. **Ciência e Tecnologia de Alimentos**, Campinas, v. 30, p. 226-232, 2010. Supl. 1.

BADOTTI, F. et al. Physiological and molecular characterisation of *Saccharomyces cerevisiae* cachaça strains isolated from different geographic regions in Brazil. **World Journal of Microbiology and Biotechnology**, Dordrecht, v. 26, p. 579-587, 2010.

BADOTTI, F. et al. *Wickerhamiella dulcicola* sp. nov. and *Wickerhamiella cachassae* sp. nov., yeasts isolated from cachaça fermentation in Brazil. **International Journal of Systematic and Evolutionary Microbiology**, Berks, v. 63, p. 1169-1173, 2013.

BADOTTI, F.; VILAÇA, S. T.; ARIAS, A.; ROSA, C. A; BARRIO, E. Two interbreeding populations of *Saccharomyces cerevisiae* strains coexist in cachaça fermentations from Brazil. FEMS Yeast Research, Oxford, v. 14, p. 289-301, 2014.

BIZELLI, L. C. Influência da condução da dupla destilação nas características físico-químicas e sensoriais de aguardente de cana. 2000. 61f. Dissertação (Mestrado em Ciência e Tecnologia de Alimentos) – Escola Superior de Agricultura "Luiz de Queirós", Universidade de São Paulo, Piracicaba, 2000.

BRASIL. Ministério da Agricultura, Pecuária e Abastecimento. Instrução Normativa n. 13 de 30 de junho de 2005. Aprova o regulamento técnico para fixação dos padrões de identidade e qualidade para aguardente de cana e para cachaça. **Diário Oficial da União**, Brasília, DF, 30 jun. 2005. Seção 1.

BRUNO, S. N. F. et al. Influence of the distillation Process from Rio de Janeiro in the ethyl carbamate formation in Brazilian sugar cane spirits. **Food Chemistry**, Amsterdam, v. 104, p. 1345-1352, 2007.

CAMPOS, C. R. et al. Features of *Saccharomyces cerevisiae* as a culture starter for the production of the distilled sugar cane beverage cachaça in Brazil. **Journal of Applied Microbiology**, Chichester, v. 108, p. 1871-1879, 2010.

DATO, M. C. F.; PIZAURO, J. M.; MUTTON, M. J. R. Analysis of the secondary compounds produced by *Saccharomyces cerevisiae* and wild yeast strains during the production of "cachaça". **Brazilian Journal of Microbiology**, São Paulo, v. 36, p. 70-74, 2005.

DUARTE, W. F. et al. Effect of co-inoculation of *Saccharomyces cerevisiae* and *Lactobacillus fermentum* on the quality of the distilled sugar cane beverage cachaça. **Journal of Food Science**, Hoboken, v. 76, p. C1307-C1318, 2011.

DUARTE, W. F.; AMORIM, J. C.; SCHWAN, R. F. The effects of co-culturing non-*Saccharomyces* yeasts with *S. cerevisiae* on the sugar cane spirit (cachaça) fermentation process. **Antonie van Leeuwenhoek**, Dordrecht, v. 103, p.175-194, 2013.

FARIA, J. B. **Dispositivo para eliminação de cobre contaminante das aguardentes**. BR n. PI 8206688, 28 nov. 1989.

FARIA, J. B. Sugar cane spirits: cachaça and rum production and sensory properties. In: PIGGOTT, J. R. (Ed.) **Alcoholic Beverages**: sensory evaluation and consumer research. Oxford: Woodhead Publishing Limited, 2012. p. 349-358.

FARIA, J. B. et al. Cachaça, pisco and tequila. In: LEA, A. G. H.; PIGGOTT, J. R. (Eds.). **Fermented beverage production**. 2. ed. New York: Kluwer Academic/Plenum, 2003. p. 335-363.

GOMES, F. C. O. et al. Use of selected indigenous *Saccharomyces cerevisiae* strains for the production of the traditional cachaça in Brazil. **Journal of Applied Microbiology**, Chichester, v. 103, p. 2438-2447, 2007.

GOMES, F. C. O. et al. Identification of lactic acid bactéria associated with traditional cachaça fermentations. **Brazilian Journal of Microbiology**, São Paulo, v. 41, p. 486-492, 2010.

OLIVEIRA, E. S. et al. Fermentation characteristics as criteria for selection of cachaça yeast. **World Journal of Microbiology and Biotechnology**, Dordrecht, v. 20, p. 19-24, 2004.

OLIVEIRA, V. A. et al. Biochemical and molecular characterization of *Saccharomyces cerevisiae* strains obtained from sugar-cane juice fermentation and their impact in cachaça production. **Applied and Environmental Microbiology**, Washington, DC, v. 74, p. 693-701, 2008.

PATARO, C. et al. Yeast communities and genetic polymorphism of *Saccharomyces cerevisiae* strains associated with artisanal fermentation in Brazil. **Journal of Applied Microbiology**, Chichester, v. 89, p. 24-31, 2000.

PEREIRA, J. A. M.; ROSA, C. A.; FARIA, J. B. **Cachaça de alambique**. Brasília: LK Editora, 2006. 179 p.

PEREIRA, L. F. et al. *Lachancea mirantina* sp. nov., an ascomycetous yeast isolated from the cachaça fermentation process. **International Journal of Systematic and Evolutionary Microbiology**, Berks, v. 61, p. 989-992, 2011.

ROTA, M. B.; PIGGOTT, J. R.; FARIA, J. B. Sensory profile and acceptability of traditional and Double-distilled cachaça aged in oak casks. **Journal of Institute of Brewing**, Chichester, v. 119, n. 4, p. 251-257, 2013.

SCHWAN, R. F. et al. Microbiology and physiology of cachaça (aguardente) fermentations. **Antonie van Leeuwenhoek**, Dordrecht, v. 79, p. 89-96, 2001.

SILVA, C. L. et al. Selection, growth, and chemo-sensory evaluation of flocculent starter culture strains of *Saccharomyces cerevisiae* in the large-scale production of traditional Brazilian cachaça. **International Journal of Food Microbiology**, Amsterdam, v. 131, p. 203-210, 2009.

SILVEIRA, L. C. I. **Adaptabilidade e estabilidade de clones de cana-de-açúcar no Estado de Minas Gerais**: o melhoramento da cana-de-açúcar no país. 2011. 60f. Dissertação (Mestrado em Ciências Agrárias) – Faculdade de Agronomia, Universidade Federal do Paraná, Curitiba, 2011.

SILVEIRA, L. C. I.; BARBOSA, M. H. P.; OLIVEIRA, M. W. Manejo de variedades de cana-de-açúcar predominantes nas principais regiões produtoras de cachaça em Minas Gerais. **Informe Agropecuário**, Belo Horizonte, v. 23, n. 217, p. 25-32, 2002.

SOUZA, A. P. G. et al. Strategies to select yeast starters cultures for production of flavor compounds in cachaça fermentations. **Antonie van Leeuwenhoek**, Dordrecht, v. 101, p. 379-392, 2012.

VICENTE, M. A.; FIETTO, L. G.; CASTRO, I. M.; DOS SANTOS, A. N., COUTRIM, M. X.; BRANDÃO, R. L. Isolation of Saccharomyces cerevisiae strains producing higher levels of flavoring compounds for production of "cachaça" the Brazilian sugarcane spirit. **International Journal of Food Microbiology**, Amsterdam, v. 108, p. 51-59, 2006.

VIDAL, E. E. et al. Influence of nitrogen supply on the production of higher alcohols/esters and expression of flavor-related genes in cachaça fermentation. **Food Chemistry**, Amsterdam, v. 138, p. 701-708, 2012.

18

COGNAC

ANDRÉ RICARDO ALCARDE

18.1 INTRODUÇÃO

O *cognac* é um destilado de vinho, de Denominação de Origem Controlada (*Appelation d'Origine Contrôlée* – AOC), elaborado em uma região de produção delimitada desde 1909 e dividido em 6 *crus*. É obtido pela destilação de vinhos produzidos a partir de variedades de uvas brancas, e deve permanecer por vários anos em tonel de carvalho para adquirir sabor, aroma e cor característicos.

Há mais de um século, foram definidas regras para que, desde sua produção até sua comercialização, a identidade e a especificidade do produto sejam preservadas. Quem não respeitar a regulamentação em vigor, perde o direito de utilizar o nome de AOC *Cognac*.

A qualidade do destilado *cognac* é reconhecida no mundo todo, resultado da escolha das áreas de cultivo, da seleção de variedades de uva adaptadas à destilação, da preocupação com a qualidade da matéria-prima e dos processos e equipamentos industriais, das tecnologias de colheita e de processamento (especialmente a técnica da destilação), de pesquisas sobre envelhecimento da bebida, assegurando assim a qualidade da bebida.

O desenvolvimento de técnicas analíticas nos anos 1980 permitiu a realização de estudos aprofundados sobre a composição do *cognac* e, assim, um melhor entendimento da influência dos diversos compostos na definição da qualidade dessa bebida.

Experimentos vitícolas e enológicos possibilitaram um melhor entendimento de cada etapa do processo de produção dos destilados, permitindo também a integração de novas tecnologias. É a harmonia entre a contribuição da madeira carvalho e das qualidades iniciais dos destilados que assegura ao *cognac* sua distinção. Alguns anos de envelhecimento são necessários para obter a harmonia sensorial do *cognac*.

18.1.1 Histórico

Os vinhos de Poitou, de La Rochelle e de Angoumois começaram a ser transportados por barcos até os países do norte da Europa no início do século XIII. Só a partir do século XVII, eles passaram a ser destilados e envelhecidos em tonéis de carvalho tornando-se *cognac*.

A história do *cognac* ao longo dos séculos pode ser assim resumida:

Século III: criação do vinhedo de Saintonge. O imperador romano Probus estende a todos os gauleses o "privilégio" de ter vinhedos e de fazer vinhos.

Século XII: criação por Guillaume X, Duque de Guyenne e de Comte de Poitiers, de um grande vinhedo chamado Vignoble de Poitou.

Século XIII: o vinhedo de Poitou produz vinhos que, transportados por navios holandeses que vinham buscar sal na costa francesa, eram apreciados pelos habitantes costeiros dos países do norte da Europa. Graças a isso, nasceu, desde a Idade Média, na bacia do Charente, uma mentalidade propícia às trocas comerciais.

O vinhedo se estendeu progressivamente ao interior do país, em Saintonge e Angoumois. A cidade de Cognac se distingue, desde então, por seu comércio de vinho, que se junta à atividade de seu entreposto de sal, já conhecido desde o século XI.

Século XVI: os vinhedos produzem grande quantidade de uvas, as quais apresentavam menor concentração de açúcares. Isso fez com que a qualidade do vinho diminuísse, pois, com uma graduação alcoólica mais baixa, se deterioravam com a estocagem e com as longas viagens marítimas.

Nessa época, os comerciantes holandeses utilizavam esses vinhos para alimentar suas novas destilarias, transformando-os em vinho "queimado" (*brulê*), o *brandwijn*.

Século XVII: no início desse século aparece na região o processo da dupla destilação, que permitiu ao vinho viajar sob a forma de destilado, não deteriorável devido ao maior teor alcoólico. Ainda, uma bebida destilada, concentrada em etanol, era menos oneroso para transportar.

Os primeiros alambiques instalados em Charente pelos holandeses foram progressivamente modificados pelos franceses, que aprimoraram a técnica da dupla destilação.

Em razão do atraso no carregamento dos barcos e do tempo de transporte, percebeu-se que o destilado se beneficiava do envelhecimento em tonéis de carvalho, que eram os recipientes da época para o transporte da bebida.

Século XVIII: no final desse século e principalmente no início do século XIX, o mercado se organiza e, para responder à demanda, criam-se as Câmaras de Comércio (*Comptoirs*) nas principais cidades da região. Algumas existem até hoje. Elas coletavam os destilados produzidos e mantinham relação regular com os compradores, na Holanda, na Inglaterra e na Escandinávia, depois nas Américas e no Extremo Oriente.

Século XIX: nascem numerosas Câmaras de Comércio que, em meados desse século, começam a comercializar o destilado engarrafado, e não mais em tonéis de carvalho.

Essa nova forma de comércio promove o surgimento de indústrias conexas: de garrafas de vidro, de caixas de madeira, de rolhas de cortiça e de rótulos. Os vinhedos se extendem a quase 280.000 ha. Em 1875 aparece em Charente a *phylloxera (Daktulosphaira vitifoliae)*. Essa praga dizimou a maior parte dos vinhedos, que passaram a ocupar não mais que 40.000 ha em 1893. Esse drama demandou vários anos de esforços e paciência para reerguer a economia da região.

Século XX: a reconstituição dos vinhedos se efetua lentamente, com videiras de origem americana, durante o primeiro quarto desse século.

Mesmo nunca alcançando sua superfície anterior, os cuidados intensos fizeram o rendimento dos vinhedos aumentar. Todos os estágios da fabricação do *cognac* são regulamentados para que o produto mantenha sua notoriedade.

18.1.2 A Appelation d'Origine Contrôlée Cognac – AOC Cognac

A região de produção do *Cognac*, delimitada por um decreto de 1° de maio de 1909, inclui praticamente todo o Departamento Charente Maritime, uma grande parte do Departamento Charente e alguns setores dos Departamentos Deux-Sèvres e Dordogne (Figura 18.1), totalizando aproximadamente 700.000 ha, divididos entre aproximadamente 13.000 produtores que elaboram o vinho branco de Charente destinado ao *cognac*. Em função das características particulares dos destilados produzidos na região, dentro dessa zona geográfica foram formadas seis subdivisões de áreas típicas ou *crus* (AUDEMARD et al., 1973), repartidos de modo concêntrico a partir da cidade de Cognac, sendo: Grande Champagne, Petite Champagne, Borderies, Fins Bois, Bons Bois e Bois Ordinaires (Figura 18.2).

Figura 18.1 Localização da região de Cognac na França.

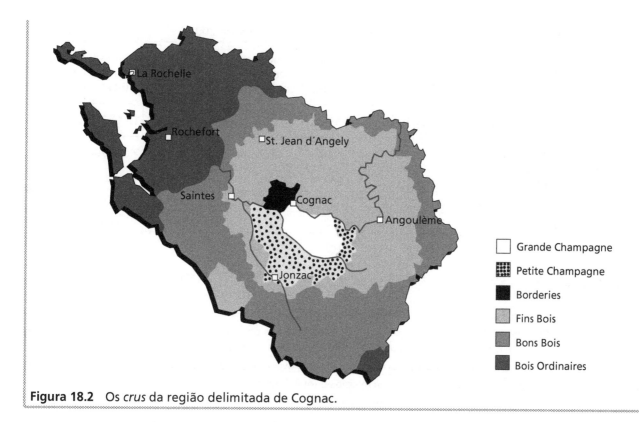

Figura 18.2 Os *crus* da região delimitada de Cognac.

Grande e Petite Champagne: dos 76.440 ha de terra calcárea rica em carbonato de cálcio, a Grande Champagne ocupa uma área de 24.470 ha, abrigando 13.340 ha de vinhedos destinados à produção de vinhos brancos para a elaboração de *cognac*, produzindo destilados finos e leves, com *bouquet* floral. Esses destilados normalmente necessitam de um longo período de envelhecimento em tonel de carvalho para adquirir sua plena maturidade. A Petite Champagne ocupa os outros 51.970 ha, dos quais 15.810 ha de vinhedos destinados ao *cognac*; produz *cognac* com praticamente as mesmas características daqueles produzidos em Grande Champagne, porém sem a mesma "finesa", pois possui um solo calcáreo menos compacto que o da Grande Champagne.

Borderies: é o menor dos seis *crus* (7.770 ha), com cerca de 4.000 ha plantados com vinhedos, produzindo destilados "redondos", finos, aromáticos e suaves, caracterizados por um perfume de violetas. Eles normalmente adquirem sua qualidade ideal após um tempo de envelhecimento mais curto que aqueles provenientes de Grande Champagne.

Fins Bois e Bons Bois: o Fins Bois circunda os três *crus* anteriormente citados e se estende por 235.000 ha de solo calcáreo. Cerca de 32.450 ha de vinhedos produzem destilados "redondos", suaves, macios, de envelhecimento rápido e cujo *bouquet* lembra o odor de uvas prensadas. Ao redor de Fins Bois, o Bons Bois forma um grande cinturão de 222.340 ha de terras argilosas, pobres em calcáreo. Nessa área, cerca de 10.600 ha de uvas plantadas para *cognac* produzem um destilado mais agressivo na boca e de envelhecimento rápido.

Bois Ordinaires: esta região, de 158.070 ha, possui somente cerca de 1.650 ha de vinhedos destinados a produção de *cognac*. Produz destilados que envelhecem rapidamente e que possuem características específicas desse local, em decorrência de seu tipo de solo e da influência marítima.

No total, a AOC *Cognac* possui cerca de 77.870 ha de vinhedos repartidos nos seis *crus*. A área destinada à produção de uvas brancas é de 73.800 ha, ocupando, portanto, 94,8% da área total. É o único vinhedo do mundo cujo primeiro e principal destino dos vinhos é a destilação (Tabela 18.1).

Tabela 18.1 Vinhedos nos *crus* da região delimitada de *cognac* no ano de 2004.

Cru	SAEU (ha)	Vinhedos (ha)	Taxa de viticultura (%)	Vinhedos com uvas brancas (ha)	Participação na AOC *cognac* (%)	Taxa de uvas brancas nos vinhedos (%)	Vinhos brancos (hL) *	Produção relativa (%)
Grande Champagne	24.473	13.343	54,5	13.159	17,8	98,6	1.716.215	17,3
Petite Champagne	51.973	15.813	30,4	15.246	20,7	96,4	2.090.780	21,1
Borderies	7.775	4.015	51,6	3.987	5,4	99,3	526.484	5,3
Fins Bois	235.052	32.451	13,8	31.001	42,0	95,5	4.175.458	42,1
Bons Bois	222.340	10.600	4,8	9.308	12,6	87,8	1.266.181	12,8
Bois Ordinaires	158.071	1.649	1,0	1.101	1,5	66,8	134.076	1,4
Total	699.684	77.871	11,1	73.802	100	94,8	9.909.194	100

SAEU = superfície agrícola efetivamente utilizada
Taxa de viticultura = superfície plantada com vinhedos em relação à superfície agrícola efetivamente utilizada.
Participação na AOC *Cognac* = superfície plantada em cada *cru* com uvas brancas para a produção de *cognac* em relação à superfície total da AOC *Cognac* plantada com uvas brancas para a produção de *cognac*.
Taxa de uvas brancas no vinhedo = superfície plantada com uvas brancas em relação à superfície total dos vinhedos.
Produção relativa = produção relativa de cada *cru* em relação ao total de vinho branco produzido para elaboração de *cognac*.
* A título indicativo: vinhos brancos para outros fins que não a elaboração de *cognac* (91.776 hL); vinhos tintos (233.620 hL).

18.2 MATÉRIAS-PRIMAS

Por decreto de 1936, os vinhos destinados à destilação para a obtenção do *cognac* podem ser produzidos de uvas brancas das variedades *Ugni blanc*, *Colombard* e *Folle Blanche*. Outras variedades, tais como *Semillon*, *Montils*, *Blanc ramé*, *Jurançon blanc* e *Select 100 T*, são permitidas até a proporção de, no máximo, 10% da mistura para destilação.

Porém, atualmente, a variedade *Ugni blanc* (Figura 18.3) representa aproximadamente 95% das variedades de uvas brancas plantadas na região. A variedade *Colombard* ocupa 3% dos vinhedos e a variedade *Folle Blanche* 1%. Todas as outras variedades juntas não chegam a perfazer 1% das uvas cultivadas na região para produção de *cognac*. A variedade *Ugni blanc* é relativamente recente e foi introduzida na região por ser vigorosa e produtiva. Por ser uma variedade de maturação tardia e devido às condições de clima e à latitude da região de Cognac, as uvas dessa variedade não atingem o pico de maturação, produzindo vinhos com alta acidez (6 a 9 g H_2SO_4/L de vinho) e baixo teor alcoólico (8 a 10% vol), mais apropriados para a destilação. Desde a crise da *phylloxera*, todas as variedades utilizadas são enxertadas em diferentes porta-enxertos de variedades americanas, escolhidos em função dos tipos de solos de cada área.

Figura 18.3 Uva *Ugni Blanc*.

18.3 PROCESSO DE PRODUÇÃO

A qualidade dos destilados depende do processo de destilação e, principalmente, da qualidade dos vinhos, a qual, por sua vez, depende da escolha correta das variedades de uva, da colheita sadia das uvas no ponto ideal de maturação e do processo de vinificação. A produção de vinhos destinados à elaboração de *cognac* possui certas características que a distingue da produção de vinhos de mesa.

A colheita das uvas normalmente ocorre durante o mês de outubro. A colheita mecânica (Figura 18.4) foi introduzida na região de Cognac no início da década de 1970 e se tornou rapidamente conhecida e utilizada. Atualmente mais de 90% das uvas da região são colhidas mecanicamente. Diferentemente da produção de vinhos de mesa, para o *cognac* os engaços (parte lignificada dos cachos de uva) são prensados juntamente com as bagas das uvas. A prensagem das uvas para obtenção do suco deve ser feita com baixa pressão para evitar a extração de compostos indesejáveis presentes na casca, sementes e engaço das uvas. A liberação de sólidos insolúveis no mosto deve ser limitada, pois, em excesso, contribuem para a formação de alcoóis superiores nos destilados. Não há adição de SO_2 para clarificação ou estabilização química ou microbiológica. A chaptalização (adição de açúcar ao mosto) é proibida por um decreto de 1936. A fermentação é conduzida de 20 a 25 °C e leva aproximadamente três semanas. Os vinhos obtidos, possuindo cerca de 8% de etanol em volume, são ácidos e pouco agradáveis ao consumo direto, mas apropriados para a destilação.

Figura 18.4 Colheita mecânicas das uvas na região de Cognac.

Os vinhos são de coloração amarela clara, ácidos, secos e possuem delicado aroma de frutas e praticamente nenhum amargor. As características químicas dos vinhos destinados à destilação para a produção de *cognac* estão na Tabela 18.2.

Por um decreto de 1936, a destilação deve ocorrer obrigatoriamente até o dia 31 de março do ano seguinte à colheita. Ela é realizada em duas etapas, segundo uma técnica específica tradicional, sendo:

- **1ª etapa:** nesta primeira destilação o destilado é dividido em três frações: "cabeça", "coração" (*brouillis*) e "cauda".

- **2ª etapa:** o *brouillis* é redestilado em uma segunda destilação, chamada *bonne chauffe*. Após a eliminação das frações "cabeça" e "cauda", somente o "coração" é recolhido e envelhecido, tornando-se *cognac*.

Tabela 18.2 Características químicas dos vinhos típicos para produção do *cognac*.

Concentração alcoólica (v/v)	7-9
Extrato seco (g/100 mL)	2-2,5
Acidez total (g de ac. tartárico/100 mL)	0,7-1,0
Acidez volátil (mg de ácido gálico/L)	0,01-0,02
Açúcares redutores (mg/L)	< 1.000
Compostos fenólicos totais (mg/L)	< 200
SO_2 total (mg/L)	0,0 ou traço

18.3.1 Fermentação

O suco extraído das uvas é fermentado em dornas, nas quais o vinho permanece até ser encaminhado à destilação. Os constituintes essenciais de aroma do destilado recém-produzido são formados durante a fermentação, e a estocagem antes da destilação. As leveduras estão naturalmente presentes no suco das uvas e multiplicam-se durante o processo até atingirem uma população de 10^7 a 10^8 células por mL de mosto em fermentação plena. Mais de 650 cepas de leveduras selvagens, divididas em 31 espécies e 11 gêneros, já foram identificadas nos sucos das uvas, porém, praticamente apenas uma espécie domina as dornas de fermentação, a *Saccharomyces cerevisiae* (RIBES, 1986; PARK, 1974; VERSAVAUD et al., 1992).

As principais reações para conversão dos açúcares das uvas em álcool e dióxido de carbono são acompanhadas de reações secundárias que levam à formação de diversos outros componentes, tais como, ésteres, aldeídos, alcoóis superiores, glicerol, ácido pirúvico, ácido succínico, butanodiol etc. Levando em consideração que as espécies de levedura possuem diferentes potenciais de síntese de compostos aromáticos e que a expressão desses potenciais varia de acordo com a composição do mosto (acidez, pH, açúcares etc.) e com as condições de fermentação (temperatura, oxigênio etc.), pode-se facilmente entender a variação na composição dos vinhos. A variação da flora de leveduras do solo e da área de produção é um dos mais importantes aspectos que determinam o *bouquet* final dos destilados.

A utilização de leveduras secas ativas leva à produção de destilados de qualidade inferior àqueles obtidos por meio de fermentação com leveduras selvagens (CANTAGREL; GALY, 2003). Consequentemente, reveste-se de importância os estudos a respeito da microflora natural da região e a sua influência na qualidade aromática do *cognac*. O objetivo desses estudos é a seleção e o preparo de leveduras *Saccharomyces cerevisiae* mais representativas e adaptadas às condições de produção do vinho em Charente.

18.3.2 Destilação
18.3.2.1 História da destilação

Destilação é uma técnica muito antiga que foi usada inicialmente pelos chineses em 3000 a.C., depois pelos indianos em 2500 a.C., pelos egípcios em 2000 a.C., pelos gregos em 1000 a.C. e pelos romanos em 200 a.C. O líquido destilado era usado para propósito medicinal e para a elaboração de perfumes.

No século VI d.C., os árabes, por meio das invasões à Europa, levaram a técnica da destilação a esse continente. Alquimistas progressivamente aprimoraram tanto a técnica, quanto o equipamento de destilação. Em 1250, Arnaud de Villeneuve foi o primeiro a destilar vinhos na França, denominando o produto resultante do processo de *eau-de-vie* (água da vida), por atribuir a ele a virtude de prolongar a vida.

18.3.2.2 Origem do alambique

Atualmente, o equipamento utilizado para a destilação do vinho na região de Cognac é conhecido por alambique. *Ambix* é uma palavra grega que significa vaso com uma pequena abertura. Esse vaso era parte do equipamento de destilação da época. Os árabes mudaram a palavra *Ambix* para *Ambic* e denominaram o equipamento de destilação de *Al Ambic*. Posteriormente, na Europa, a palavra foi mudada para *alambic*. Os holandeses, franceses, irlandeses e escoceses iniciaram a produção de destilados nos séculos XV e XVI. As bebidas inicialmente produzidas foram o *gin* (Holanda), *whiskies* (Escócia e Irlanda) e *armagnac* e *cognac* (França).

18.3.2.3 O alambique para destilação do *cognac*

O cobre é o metal mais eficiente para a confecção de alambiques, por oferecer as seguintes vantagens: é maleável, é um bom condutor de calor, resiste à corrosão pelo fogo e pela acidez do vinho, complexa componentes indesejáveis do vinho, tais como compostos sulfurosos e ácidos graxos, e catalisa reações favoráveis entre os componentes do vinho.

As partes constituintes de um alambique (Figura 18.5a e 18.5b) para a produção de *cognac* são:

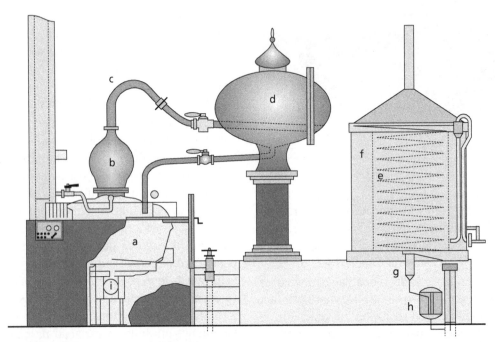

Figura 18.5a Esquema do alambique para destilação do *cognac*. a) caldeira, b) capitel, c) alonga, d) preaquecedor, e) serpentina, f) condensador, g) porta-alcoômetro, h) tanque de "cabeças", i) aquecedor a gás.

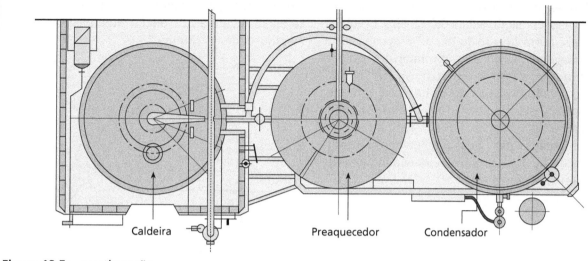

Figura 18.5a continuação.

Figura 18.5b Alambique para destilação do *cognac*.

Caldeira de cobre (chaudière) (A): o volume total da cadeira é de 30 hL e o útil é de 25 hL. A caldeira é a parte principal do alambique e é especialmente construída para suportar o contato direto e constante com a chama aquecedora. A parede interna do alambique é polida para que o cobre apresente uma superfície de fácil limpeza. Os equipamentos da caldeira incluem a canalização de entrada de vinho, o respiro, o vidro lateral, o aspersor para limpeza da caldeira e a válvula de descarga (Figura 18.6).

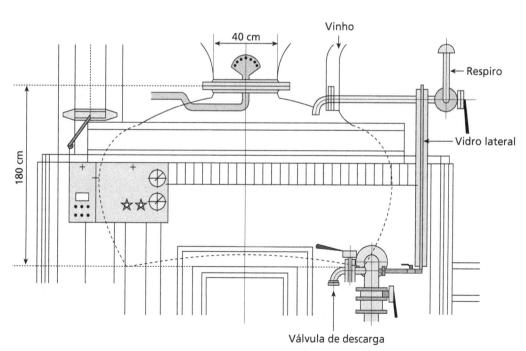

Figura 18.6 Caldeira do alambique para produção de *cognac*.

Capitel (chapiteau, chapeau) (B): essa parte se localiza diretamente acima da caldeira. O volume do capitel é normalmente de 10 a 12% da capacidade da caldeira. A sua forma e o seu volume determinam a concentração, a seleção e a separação dos diferentes componentes voláteis do vinho. Esse processo de seleção ocorre quando os compostos do vinho, volatilizados pelo calor, se condensam no capitel e retornam líquidos para a caldeira, onde são destilados novamente. Esse processo é denominado refluxo (Figura 18.7).

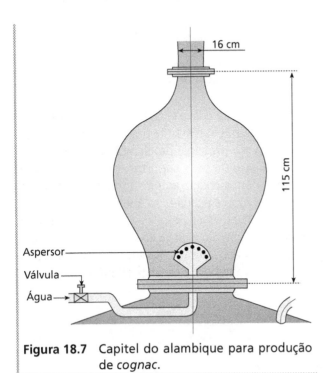

Figura 18.7 Capitel do alambique para produção de *cognac*.

Alonga ou pescoço de cisne (col de cygne) (C): esta parte do alambique é curvada como o pescoço de um cisne e direciona os vapores à serpentina do condensador, passando através do preaquecedor de vinho. O seu comprimento e sua curvatura são extremamente importantes para o processo de refluxo (Figura 18.8).

Preaquecedor ou aquecedor de vinho (chauffe-vin) (D): é o economizador de calor do alambique. A canalização da alonga atravessa internamente o preaquecedor de vinho. No início do processo de destilação, uma carga de vinho é nele colocada para ser utilizada na rodada seguinte de destilação. Os vapores quentes da destilação em processo, atravessando – realizam o aquecimento do vinho que será utilizado na rodada seguinte de destilação. Uma canalização alternativa, que circunda o preaquecedor, é usada quando o vinho que nele está, atinge a temperatura ideal, evitando assim seu superaquecimento (Figura 18.9).

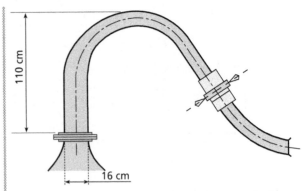

Figura 18.8 Alonga do alambique para produção de *cognac*.

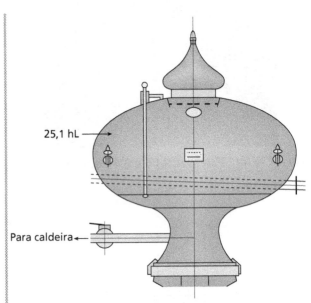

Figura 18.9 Preaquecedor do alambique para produção de *cognac*.

Serpentina (serpentin) (E): a serpentina também é construída em cobre. Durante a condensação dos vapores provenientes da caldeira, o cobre reage com componentes do destilado (compostos sulfurosos e ácidos graxos) proporcionando reações químicas e a formação de precipitados insolúveis que são removidos do destilado por filtração. Para facilitar a condensação e o resfriamento do líquido condensado, o diâmetro da serpentina é maior no seu início, diminuindo progressivamente até seu final (Figura 18.10).

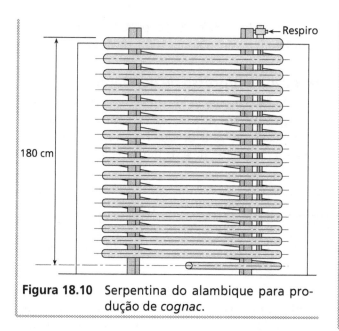

Figura 18.10 Serpentina do alambique para produção de *cognac*.

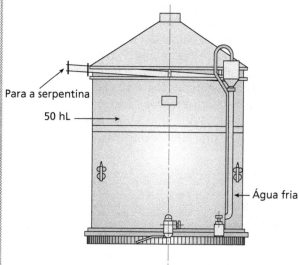

Figura 18.11 Condensador do alambique para produção de *cognac*.

Condensador (condenseur) (F): é um tanque cilíndrico de cobre ou aço inoxidável que envolve a serpentina. Sua capacidade é de aproximadamente 50 hL. O condensador é preenchido com água durante a destilação. A água fria entra por sua base, e a quente, aquecida pelo processo de condensação dos vapores do destilado, sai por sua parte superior (Figura 18.11).

Porta-alcoômetro (porte-alcoomètre) (G): no porta-alcoômetro, é controlado o andamento do processo de destilação, pelo monitoramento do teor alcoólico e da temperatura do destilado. Nele, é realizada também a filtração do destilado (Figura 18.12).

Tanque de "cabeças" (H): é um pequeno tanque em aço inoxidável, de 68 L de capacidade, usado para coletar a primeira fração do destilado, denominada "cabeça" (Figura 18.12).

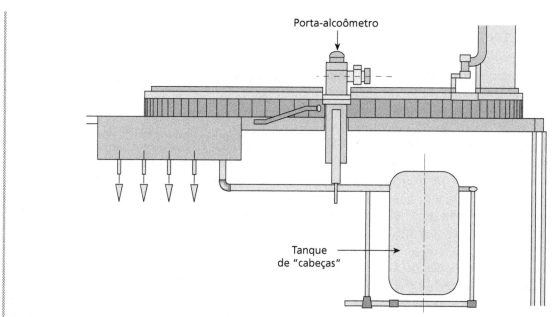

Figura 18.12 Porta-alcoômetro e tanque de "cabeças" do alambique para produção de *cognac*.

Aquecedor a gás (I): o aquecedor a gás é equipado com uma lâmpada piloto e um sistema de segurança. Os gases combustíveis mais utilizados são: propano, butano e gás natural. Um painel para monitorar o aquecimento se localiza na frente do alambique. As altas temperaturas atingidas (760 a 870 °C) são essenciais para aquecer e ferver o vinho, favorecendo a formação de compostos aromáticos específicos durante o processo de destilação. Normalmente, são requeridos 200 kg de propano líquido para produzir 380 L de destilado a 100% de etanol.

18.3.2.4 O processo de destilação

O vinho é destilado para produzir o *brouillis*. Quando o volume de *brouillis* é suficiente, ele é então redestilado para produzir o *cognac*. Isso é conhecido como a técnica da dupla destilação.

	1ª Destilação		2ª Destilação	
VINHO	→	**BROUILLIS**	→	**COGNAC**
8% álcool v/v		28% álcool v/v		70% álcool v/v

Existem três processos de destilação na região de Cognac, sendo mais comum o processo de destilação *Charente*. Duas destilações sucessivas são necessárias para a obtenção do *cognac*. A primeira destilação, a do vinho, produz o *brouillis*, com um teor alcoólico de 27 a 30% em volume. Nessa primeira destilação, o destilado é dividido em três frações: "cabeça", "coração" (*brouillis*) e "cauda". A fração "cabeça" é retirada com aproximadamente 60% de álcool (v/v) e representa o volume inicial de destilado recolhido, equivalente a 0,4% do volume de vinho adicionado na caldeira do destilador. A fração "coração" ou *brouillis* é o destilado recolhido de 60 a 5% de álcool (v/v), sendo o teor médio 28% (v/v). A fração "cauda" corresponde ao destilado recolhido de 5 a 0% de álcool (v/v), com um teor médio 3% (v/v) (Figura 18.13). As frações "cabeça" e "cauda" dessa primeira destilação são redestiladas juntamente com o vinho da rodada seguinte (Figura 18.14).

O coração ou *brouillis* é utilizado para a segunda destilação, também chamada de *bonne chauffe*. Nessa segunda destilação, o destilado do *brouillis* é dividido em quatro frações: "cabeça", "coração 1" (*cognac*), "coração 2" (*secondes*) e "cauda". A fração cabeça dessa destilação é o destilado recolhido entre 78 e 75% de álcool (v/v), equivalendo a 1,0% do volume de *brouillis* adicionado na caldeira para ser destilado. A fração "coração 1" ou *Cognac* é o destilado recolhido entre 75 e 60% de álcool (v/v), sendo o teor médio de 70% (v/v). A fração "coração 2" ou *secondes* constitui o destilado recolhido entre 60 e 5% de álcool (v/v), com um teor médio de 30% (v/v). A fração "cauda" corresponde ao destilado recolhido entre 5 e 0% de álcool (v/v), possuindo um teor médio de 3% (v/v) (Figura 18.15). As frações "cabeça" e "cauda" desta segunda destilação também são redestiladas juntamente com o vinho da rodada seguinte. A fração "coração 2" ou *secondes* é redestilada juntamente com o *brouillis* da rodada seguinte, sendo as proporções dessa mistura: *brouillis* (mínimo 75%) e *secondes* (máximo 25%) (Figura 18.16).

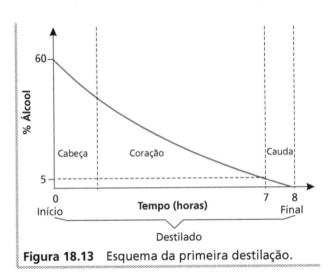

Figura 18.13 Esquema da primeira destilação.

A fração "cabeça" contém os elementos mais voláteis, os quais frequentemente são prejudiciais à qualidade do destilado. O seu volume representa de 1 a 2% do volume útil do alambique. A fração "coração 1" contém os componentes mais nobres de aroma nas proporções ideais, sendo considerada o autêntico *cognac*, que será submetido ao envelhecimento em tonéis de carvalho. A fração "cauda" é a parte do destilado recolhida após a fração coração. Essa fração é rica em etanol e também em alcoóis menos voláteis que o etanol, notadamente, os alcoóis homólogos superiores. Assim, essa fração necessita ser separada para evitar a contaminação do *cognac* com componentes prejudiciais ao equilíbrio do aroma e do sabor da bebida. Para o aproveitamento do etanol que a acompanha, essa fração é normalmente reciclada no processo de destilação.

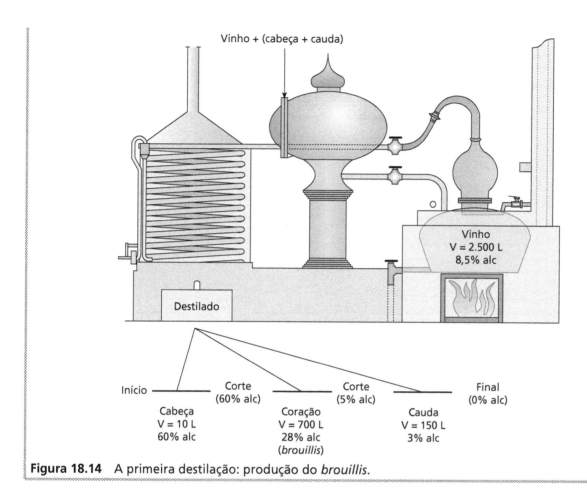

Figura 18.14 A primeira destilação: produção do *brouillis*.

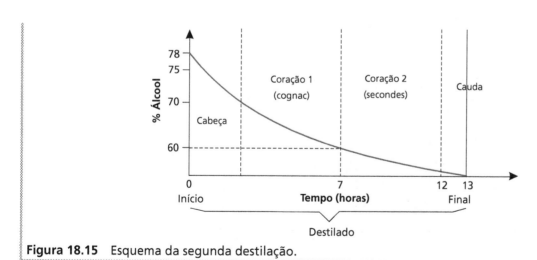

Figura 18.15 Esquema da segunda destilação.

É importante destacar que uma concentração alcoólica ligeiramente superior (28,5 a 29% v/v) é atingida no *brouillis* a partir da segunda rodada de destilação, em virtude da mistura do *brouillis* da primeira destilação dessa rodada com o *secondes* da segunda destilação da rodada anterior.

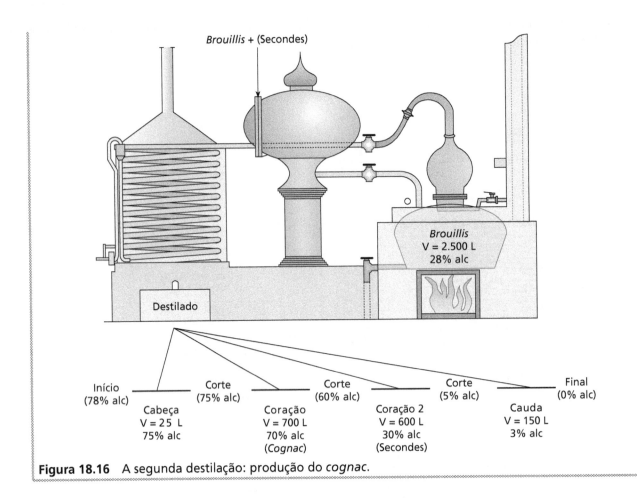

Figura 18.16 A segunda destilação: produção do *cognac*.

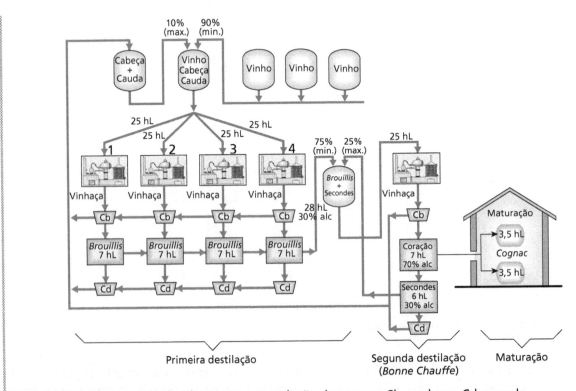

Figura 18.17 Processo de destilação para a produção do *cognac*. Cb = cabeça, Cd = cauda.

Embora este modelo seja o processo de destilação para a produção do *cognac*, algumas diferenças podem existir entre as técnicas de destilação adotadas por alguns produtores. Essas particularidades permitem que cada produtor confira um caráter autêntico e diferenciado para o seu destilado. O processo completo da destilação para a produção do *cognac* segue o esquema da Figura 18.17.

18.3.2.5 Destilação dos compostos voláteis do vinho

Os vinhos contêm aproximadamente 300 compostos voláteis, os quais se destilam de acordo com três critérios: ponto de ebulição, solubilidade preferencial em álcool ou água e variação do teor alcoólico do vapor durante a destilação. Com relação à solubilidade preferencial em álcool ou água, há principalmente as seguintes possibilidades: (1) o componente é completa ou parcialmente solúvel em álcool e, consequentemente, será destilado quando o vapor for rico em álcool; (2) o componente é solúvel em água e, consequentemente, será destilado quando o vapor for pobre em álcool; e (3) o componente é solúvel tanto em álcool como em água, e será destilado ao decorrer de todo o processo de destilação.

Leauté (1990) classifica em cinco grupos os compostos voláteis do vinho por ocasião da primeira destilação (destilação do vinho):

Grupo 1: Componentes que destilam primeiro, ou seja, aqueles que têm baixo ponto de ebulição e são solúveis em álcool. A maioria desses compostos é separada no início da destilação e sua concentração é muito alta na fração "cabeça" e no início da fração "coração" (Figura 18.18). O acetaldeído (PE = 21 °C) e o acetato de etila (PE = 77 °C) estão incluídos nesse grupo.

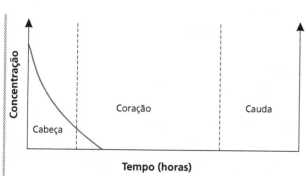

Figura 18.18 Curva de destilação de compostos do grupo 1.

Grupo 2: Componentes que destilam no início do processo de destilação porque, apesar de terem ponto de ebulição relativamente alto, são completa ou parcialmente solúveis em álcool. São integrantes deste grupo os ácidos graxos e os ésteres de ácidos graxos: caprilato de etila (PE = 208 °C), caprato de etila (PE = 244 °C), laurato de etila (PE = 269 °C), caproato de etila (PE = 166,5 °C) e acetato de isoamila (PE = 137,5 °C). Esses componentes são separados desde o início da destilação até o meio da fração "coração" (Figura 18.19).

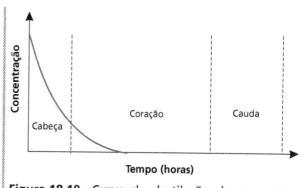

Figura 18.19 Curva de destilação de compostos do grupo 2.

Grupo 3: Os componentes deste grupo estão presentes nas frações "cabeça" e "coração" (Figura 18.20), pois têm ponto de ebulição não muito alto (menor que 200 °C), são solúveis em álcool, e são completa ou parcialmente solúveis em água. O metanol (PE = 65,5 °C) e os alcoóis superiores 1-propanol, isobutanol, 2-metil-butanol e 3-metil-butanol fazem parte deste grupo.

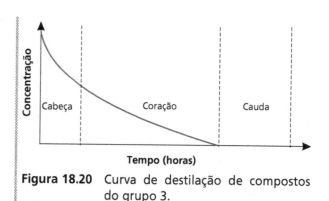

Figura 18.20 Curva de destilação de compostos do grupo 3.

Grupo 4: Os componentes deste grupo começam a destilar a partir da metade da fração "coração"

(Figura 18.21) porque têm ponto de ebulição maior que o da água e são solúveis ou parcialmente solúveis em água. Como exemplos têm-se o ácido acético (PE = 110 °C), o 2-fenil-etanol, o lactato de etila e o succinato de dietila.

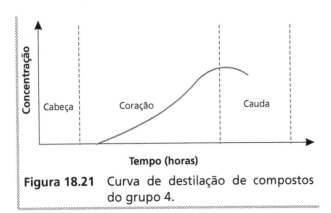

Figura 18.21 Curva de destilação de compostos do grupo 4.

Grupo 5: São componentes com alto ponto de ebulição e muito solúveis em água, começando a destilar a partir da metade da fração "coração" (Figura 18.22). O furfural (PE = 167 °C) faz parte desse grupo, e sua concentração aumenta a partir do meio da fração "coração" até a fração "cauda".

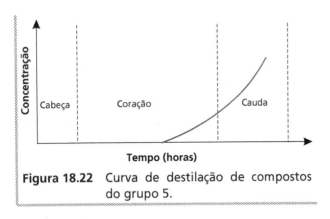

Figura 18.22 Curva de destilação de compostos do grupo 5.

É importante ressaltar que essa classificação é válida para o destilado obtido na primeira destilação, a do vinho. Na segunda destilação, a do *brouillis*, o comportamento dos compostos é diferente, em virtude da maior concentração de álcool do *brouillis*. A intensidade do aquecimento do líquido em destilação também influencia a concentração dos componentes nos destilados. O aquecimento intenso favorece a maior destilação de compostos menos voláteis logo no início do processo, aumentando assim a sua concentração na fração "cabeça" do destilado.

18.3.2.6 Reações entre os compostos durante a destilação

A destilação é a seleção e a concentração de compostos voláteis, os quais dão a característica específica para o *cognac*. Ainda, as altas temperaturas do alambique durante a destilação do vinho ou do *brouillis* favorecem a ocorrência de muitas reações entre os compostos, gerando aromas delicados.

A primeira destilação, a do vinho, leva aproximadamente 10 horas, e a segunda, a do *brouillis*, aproximadamente 14 horas. Durante essas destilações, ocorrem muitas reações químicas entre os compostos do líquido em ebulição. A caldeira do alambique pode ser comparada a um reator.

Em relação às características futuras do *cognac*, as reações que ocorrem durante a primeira destilação são as mais importantes. Essas reações dependem das características do vinho, do seu pH e acidez, do reciclo das frações "cabeça" e "cauda", do tamanho do alambique, da temperatura gerada pelo aquecedor da caldeira, da duração do processo de destilação e da limpeza do alambique. Em decorrência da alta temperatura, os compostos do líquido em ebulição podem reagir entre si, originando novos compostos químicos, geralmente importantes para os aromas do *cognac*.

A presença de leveduras no vinho em destilação favorece a produção de *cognac* com maiores concentrações de ésteres graxos (caprilato de etila, caprato de etila, laurato de etila e outros ésteres de cadeia longa – C14 a C18) e de ácidos graxos. Os ésteres graxos contribuem para o aroma frutado do *cognac*. Os ácidos graxos dão "corpo" à bebida e são fixadores de muitos outros compostos aromáticos.

Algumas dessas reações são conhecidas, tais como a hidrólise, a esterificação, a acetalização, as reações com o cobre e a produção de furfural. As reações de *Maillard* (reações químicas entre carboidratos e aminoácidos ou proteínas) também podem ocorrer, sendo a principal fonte de compostos heterocíclicos presentes no *cognac*, tais como furanos, piridinas e pirazinas. Ocorrem também reações do cobre com compostos sulfurados e ácidos graxos (Léaute, 1990).

18.3.3 Envelhecimento

O processo de envelhecimento dos destilados e seus efeitos na composição e na qualidade do *cognac* não estão ainda completamente elucidados, porém alguns mecanismos envolvidos no envelhecimento de destilados em tonéis de madeira já estão descritos.

O destilado recém-produzido é inicialmente colocado em tonéis novos de carvalho por um período de 8 a 12 meses, para depois ser transferido para tonéis mais velhos. Esse procedimento evita o aparecimento de adstringência e aromas amargos na bebida.

O carvalho para a confecção dos tonéis é obtido preferencialmente de florestas de Tronçais ou Limosin. Após o corte da madeira, as ripas são secas ao ar por um período não inferior a três anos, chegando a um teor de umidade entre 13 e 14%. Cada etapa da construção do tonel é importante: a espessura das ripas, o tamanho do tonel e a intensidade e a duração do tratamento de queima. O aquecimento do tonel para moldar as ripas é uma operação delicada. A intensidade da queima do tonel influencia o aroma que os destilados adquirirão durante o envelhecimento. Uma queima intensa do tonel facilita a extração dos componentes da madeira pelo destilado. Assim, destilados envelhecidos em tonéis intensivamente queimados extraem maior quantidade de taninos e aldeídos da madeira (CANTAGREL et al., 1993a; PUECH et al., 1992, 1993).

A madeira do carvalho é composta de celulose, hemicelulose, lignina e taninos. Os destilados não somente extraem esses componentes, mas também transformam alguns deles, formando assim o aroma do *cognac* envelhecido. O fenômeno do envelhecimento é dependente da concentração alcoólica do destilado. Por exemplo, os aldeídos aromáticos, tal como a vanilina, são mais extraídos por um destilado com alta concentração de álcool (60 a 70% vol), enquanto os açúcares e polióis são mais bem extraídos sob baixa concentração alcoólica do destilado (40 a 50% vol).

Uma distinção geral pode ser feita entre dois tipos de compostos de aroma que passam ao destilado durante o envelhecimento:
- Aqueles cuja liberação depende somente do período de tempo, tendo um potencial de liberação constante, independentemente do tipo de tonel (novo, velho, tipo de carvalho etc.). Exemplos: vanilina, ácido gálico e seringaldeído.
- Aqueles que possuem um potencial de liberação variável, determinando a "identidade" de cada tonel (tempo de uso, tipo de carvalho, intensidade de queima etc.). Exemplos: furfural, coniferaldeído e sinapaldeído.

A qualidade dos *cognacs* depende do equilíbrio harmonioso entre todos os seus componentes químicos. Essa harmonia parece ser atingida no envelhecimento a uma concentração alcoólica de 50 a 55% vol (CANTAGREL et al., 1993b).

A madeira do tonel é permeável ao ar, permitindo a passagem de oxigênio, o qual ocasiona reações de oxidação nos compostos extraídos da madeira e naqueles originais do destilado. A madeira também atua como uma membrana seletiva em relação aos componentes do destilado, permitindo a evaporação lenta de moléculas menores e mais voláteis. As perdas progressivas de água e álcool proporcionam a concentração das moléculas maiores.

Durante um longo período em tonéis de carvalho, o *cognac* envelhece, graças ao contato permanente com a madeira e com o ar, conferindo-lhe sua cor e seu *bouquet* definitivos. O envelhecimento, operação indispensável para que o destilado se torne *cognac*, é realizado em tonéis de carvalho de 250 a 450 L (Figura 18.23).

Figura 18.23 Tonéis de carvalho para o envelhecimento do *cognac*.

18.3.4 Produção do *blend* (*assemblage*)

Os destilados recém-produzidos possuem um teor alcoólico de aproximadamente 70% vol. O envelhecimento geralmente contribui para uma progressiva redução da concentração alcoólica do destilado, porém o destilado não atinge a graduação alcoólica final de 40% vol, requerida para a comercialização da bebida. Assim, há a necessidade de um processo de redução do teor alcoólico do destilado. Na prática, a redução progressiva da concentração alcoólica do *cognac* é realizada por meio de *blendings* durante o período de envelhecimento, para que o produto atinja a qualidade e o equilíbrio químico desejados (JOUMIER, 1988; CANTAGREL, et al. 1991).

O *blend* se faz por meio da mistura de diversos *cognacs*. A técnica do *blending* consiste em selecionar as bateladas de *cognac* que irão ser misturadas. Como a mistura de líquidos é definitiva e seus componentes, após misturados, não mais podem ser separados, o *blending* começa com a mistura de alíquotas das bateladas de *cognac*, as quais são testadas, analisadas e comparadas com referências. Somente quando a mistura das alíquotas estiver adequada é que a mistura em escala industrial é realizada. Se a mistura final não ficar satisfatória, cada *cognac* deve ser reexaminado e testado individualmente para refinar os resultados e retificar as porcentagens da mistura.

O *blending* não é realizado ao acaso. Existem referências de qualidade que governam o refino do *blend*. Análises sensoriais assumem um papel muito importante e são a principal "ferramenta de trabalho" para definir o *blend* final.

A mistura de destilados com diferentes tempos de envelhecimento e provenientes de diferentes *crus* permite ao *cognac* conservar ao longo dos anos não somente sua personalidade e harmonia, mas também sua fidelidade a seus consumidores que reconhecem e apreciam aquele *cognac* de sua preferência.

18.3.5 Rotulagem e etiquetas

Um *cognac* não pode ser comercializado sem ter passado por um período de envelhecimento em tonel de carvalho de, no mínimo, dois anos, contados a partir de 1º de abril do ano seguinte à colheita das uvas. É a idade do destilado mais jovem que entra na *assemblage* que determina o tempo de envelhecimento do *cognac*, independentemente da porcentagem da sua participação no *blend*. Um *cognac* apresenta em seu rótulo denominações facilmente identificáveis pelo consumidor, como, por exemplo:

- V.S. = Very Special ou *** (três estrelas); para *cognac* cujo destilado mais jovem do *blend* tem pelo menos dois anos (*compte 2*).
- V.S.O.P. = Very Superior Old Pale ou Reserve; se a idade do destilado mais jovem do *blend* é de, no mínimo, quatro anos (*compte 4*) (Figura 18.24).
- Napoléon, X.O., Hors d'age; para *cognac* cujo destilado mais jovem do *blend* envelheceu, no mínimo, seis anos (*compte 6*).

Figura 18.24 Etiqueta de *Cognac* V.S.O.P.

Assim, as classificações indicam o tempo mínimo de envelhecimento pelo qual passou o destilado mais jovem utilizado no *blend* do *cognac* (Figura 18.25). Não se refere à idade do *cognac* contido na garrafa. A classificação 00 (*compte 00*) refere-se ao período de destilação (até 31 de março). A classificação de envelhecimento inicia-se com 0 (*compte 0*), em 1º de abril do ano seguinte à colheita das uvas.

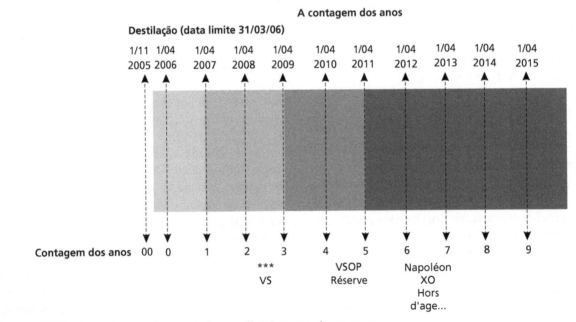

Figura 18.25 A contagem dos anos de envelhecimento do *cognac*.

O termo *Fine Champagne*, autorizado por uma lei de 1928, designa um *cognac* oriundo da mistura de destilados de Grande Champagne e Petite Champagne, com, no mínimo, 50% de destilados produzidos no cru Grande Champagne.

18.3.6 Comercialização

O teor alcoólico mínimo do *cognac* para comercialização é 40% (v/v). É proibida a utilização de aditivos, com exceção de água destilada ou desmineralizada para correção do grau alcoólico final do destilado envelhecido, e de corante caramelo para o "ajuste" da coloração de certos destilados. O rótulo das garrafas deve apresentar a denominação AOC *Cognac*.

Os viticultores possuem a grande maioria dos vinhedos e, consequentemente, produzem a quase totalidade dos vinhos. Grande parte desse vinho é vendida aos destiladores profissionais que revendem os destilados obtidos aos negociantes. Apenas uma pequena parte dos viticultores produz seu próprio *cognac* e os vende diretamente.

Cerca de 870 mil pessoas habitam a região de Cognac. Desses, 13.000 são viticultores para *cognac*, 2.500 são destiladores e/ou negociantes e 3.500 são profissionais associados, totalizando 19.000 pessoas diretamente envolvidas com a produção do *cognac*. Isso representa 50% da população agrícola ativa da região. Considerando os dependentes, cerca de 48.000 habitantes da região de Cognac vivem desse produto.

A produção anual média de *cognac*, em álcool puro, é de aproximadamente 450 mil hL. Os estoques atuais de *cognac* em envelhecimento representam 3,1 milhões de hL de álcool puro, o que equivale a aproximadamente 1,1 bilhão de garrafas. Esses estoques representam 6,1 anos de expedição.

BIBLIOGRAFIA

AUDERMAND, J. et al. **Précis sur la dégustation du cognac**. Cognac: Organization Economique du Cognac, Lithographie Nouvell, 1990. 32p.

CANTAGREL, R. et al. Evolution analytique et organoleptique des eaux-de-vie de Cognac au cours du vieillissement. 1ère partie: incidence des techniques de tonnelleries. In: SYMPOSIUM SCIENTIFIQUE INTERNATIONAL DE COGNAC, 1., 1992, Bordeaux. **Elaboration et connais-**

sance des spiritueux: recherché de la qualité, tradition et innovation... Paris: BNIC, Dif. Tec et Doc Lavoisier, 1993a, p. 567-572.

CANTAGREL, R. et al. Evolution analytique et organoleptique des eaux-de-vie de Cognac au cours du vieillissement. 3ème partie: potentiel d'extraction vis-à-vis des composés du bois en fonction de la richesse alcoolique. In: SYMPOSIUM SCIENTIFIQUE INTERNATIONAL DE COGNAC, 1., 1992, Bordeaux. **Elaboration et connaissance des spiritueux**: recherché de la qualité, tradition et innovation... Paris: BNIC, Dif. Tec et Doc Lavoisier, 1993b, p. 577-582.

CANTAGREL, R. et al. La destillation charentaise pour l'obtention des eaux-de-vie de Cognac. In: SYMPOSIUM INTERNATIONAL LES EAUX-DE-VIE TRADITIONNELLES D'ORIGINE VITICOLE, 1., 1990, Bordeaux. **Actes du Symposium International les Eaux-de-vie Traditionnelles d'Origine Viticole**. Paris: Ed. Tec et Doc Lavoisier, 1991, p. 60-69.

CANTAGREL, R.; GALY, B. From wine to cognac, In: LEA, A. G. H.; PIGGOTT, J. R. **Fermented beverage production**. New York: Kluwer Academic, Plenum Publishers, 2003. cap. 9, p. 195-212.

GUIDE de la vinification charentaise: elaboration du Cognac: de la récolte au pressurage. Charente: Bureau National Interprofessionel du Cognac, Chambres d'Agriculture de Charente, Charente Maritime, 1992. 48p.

JOUMIER, J. F. et al. **Le vieillessement du Cognac et les assemblages**. Charente: Cours Université Internationale, 1988. 51p.

LÉAUTÉ, R. Distillation in alambic. **American Journal of Enology and Viticulture**, Davis, v. 41, n. 1, p. 90-103, 1990.

PARK, Y. H. **Contribution à l'étude dês levures de Cognac**. 1974. 104p. Thèse (Microbiologie) – Université de Bordeaux, Bordeaux, 1974.

PUECH, J. L. et al. Influence du thermotraitement des barriques sur l'évolution des quelques composants issus du bois de chêne dans les eaux-de-vie. In: SYMPOSIUM SCIENTIFIQUE INTERNATIONAL DE COGNAC, 1., 1992, Bordeaux. **Elaboration et connaissance des spiritueux**: recherché de la qualité, tradition et innovation... Paris: BNIC, Dif. Tec et Doc Lavoisier, 1993, p. 583-588.

PUECH, J. L. et al. Influence du thermotraitement des barriques et du vieillissement des eaux-de-vie sur l'évolution des constituants volatils et non volatils. In:

SYMPOSIUM INTERNATIONAL CONNAISSANCE ARO-MATIQUE DES CÉPAGES ET QUALITÉ DES VINS, 1., 1993, *Montpellier. Actes du Symposium International Connaissance Aromatique Des Cépages et Qualité des Vins*. Montpellier: Revue Française d'Oenologie, 1994, p. 230-236.

RIBES, P. **Identification de la flore levurienne du moût de deux chais e la región de Cognac**: étude des propriétés biochimiques de quelques souches em vue de leur sélec-tion. 1986. 81p. Thèse (Biologie) – Université Paul Saba-tier de Toulouse, Toulouse, 1986.

VERSAVAUD, A. et al. Étude de la microflore fermentai-re spontanée des vins de destillation de la región de Cog-nac. In: SYMPOSIUM SCIENTIFIQUE INTERNATIONAL DE COGNAC, 1., 1992, Bordeaux. **Elaboration et con-naissance des spiritueux**: recherché de la qualité, tradi-tion et innovation... Paris: BNIC, Dif. Tec et Doc Lavoi-sier, 1993, p. 208-212.

DESTILADO DE VINHO

LUIZ ANTENOR RIZZON
JÚLIO MENEGUZZO

19.1 INTRODUÇÃO

A Serra Gaúcha, no Rio Grande do Sul, é a região vitivinícola mais importante do Brasil. A uva produzida é utilizada, principalmente, para a elaboração de vinho de mesa, tinto e branco. Uma parte da produção, no entanto, é destinada para a elaboração de vinho para destilar, constituindo a matéria-prima para a produção de *brandy* e conhaque. O volume dessa bebida produzida atualmente na região é de aproximadamente 1,8 milhão de litros, absorvendo para tal, pouco mais de dez milhões de quilos de uva.

Entre as bebidas feitas a partir do destilado de vinho, as mais conhecidas são o *cognac* (conhaque) e o *armagnac* na França, o *brandy de jerez* na Espanha, o *pisco* no Peru e Chile, e o *singani* na Bolívia.

Além dos fatores naturais da Serra Gaúcha que permitem a obtenção de uvas com elevado teor de acidez, a estrutura agroindustrial existente também é favorável para a produção de destilados de vinho. As características físico-químicas e organolépticas finais da bebida, feitas a partir do destilado de vinho, são devidas à uva, ao vinho, às técnicas de destilação e ao envelhecimento em barricas de carvalho.

Nesse sentido, a produção na Serra Gaúcha de uma bebida típica a partir do destilado de vinho poderá ser mais uma alternativa para a vitivinicultura da região.

Um dos aspectos que participam da qualidade do destilado de vinho é a cultivar de videira utilizada para a elaboração do vinho. De modo geral, os destilados mais afamados são elaborados em regiões de clima frio, onde a uva não alcança um estágio de maturação adequado, como é o caso do *cognac* e *armagnac* na França.

As cultivares aromáticas não são recomendadas para a elaboração de destilados que tenham de envelhecer. No entanto, atribuem as principais características aromáticas aos destilados de vinho do tipo *pisco* e *singani*.

As cultivares mais difundidas para produção de vinhos para destilar são as de ciclo longo e de maturação tardia, visto que, nas cultivares precoces, geralmente, os compostos aromáticos são destruídos pela oxidação, originando destilados de qualidade inferior. Pelo mesmo motivo, devem ser evitadas as cultivares sensíveis à podridão do cacho.

Os destilados devem ser elaborados a partir de vinhos brancos, em virtude do menor teor de metanol.

As principais cultivares de videira utilizadas para a elaboração de destilados de vinho são a Trebbiano (*Ugni-Blanc, Saint-Émilion*) e *Folle Blanche* na região de Charante e de *Armagnac* para produção de *cognac* e do *armagnac* na França. A cultivar *Airen* é a mais difundida na Espanha para a produção do *brandy* de Jerez. As cultivares Moscatéis são as mais utilizadas para a produção de *pisco* no Peru e Chile e do *singani* na Bolívia.

19.2 PRINCIPAIS CULTIVARES DE VIDEIRA PARA ELABORAÇÃO DE DESTILADO DE VINHO

19.2.1 Trebbiano

É uma cultivar de *Vitis vinifera* originária da Toscana, na Itália, de película branca. Trata-se de uma cultivar de brotação e de maturação tardia, de elevada produtividade, adaptada ao cultivo nas condições de clima e solo da Serra Gaúcha. Foi uma das primeiras cultivares da espécie *Vitis vinifera* produzida comercialmente na Serra Gaúcha. Atualmente, a superfície de vinhedo com essa cultivar está diminuindo, em decorrência do pouco incentivo dado ao seu plantio.

Esta cultivar origina vinho branco com pouca característica varietal, geralmente ácido, utilizado para corte com outros vinhos brancos, como base para espumante e especialmente para destilar. Não apresenta potencial alcoólico elevado, uma vez que o vinho elaborado dificilmente alcança 9,0 °GL de álcool quando elaborado sem correção.

19.2.2 Herbemont

É uma cultivar de *Vitis bourquina* muito difundida na Serra Gaúcha. Embora sendo uma cultivar de película tinta, geralmente é vinificado em branco. No entanto, mesmo quando vinificado em tinto, o seu vinho apresenta pouca intensidade de cor. É uma cultivar de maturação tardia e de boa produtividade. É sensível à podridão do cacho nos anos em que a maturação acontece em tempo chuvoso. A área de plantio com essa cultivar vem decaindo nos últimos anos, em consequência ao problema de morte de plantas devida à fusariose, doença da raiz, causada por *Fusarium oxysporum*.

Esta cultivar, quando vinificada em branco, origina vinho branco ou levemente rosado, neutro, com boa estrutura ácida. Apresenta bom potencial alcoólico. A uva é utilizada para elaboração de vinho branco comum, especialmente para base de vinho composto e para destilar. Quando destilado, dá origem a um produto neutro muito apreciado para elaboração do *Brandy* na Serra Gaúcha.

19.2.3 Couderc 13

É uma cultivar híbrida obtida do cruzamento entre *Vitis lincecumii*, *Vitis vinifera* e *Vitis rupestris*. Trata-se de uma cultivar de uva de película branca, tardia, produtiva e rústica. Origina um vinho que se caracteriza por apresentar baixa acidez, com pouca intensidade aromática. A uva, nas condições de cultivo da Serra Gaúcha, apresenta baixo potencial alcoólico. O vinho obtido dessa cultivar é utilizado, principalmente, para consumo como vinho de mesa comum e para destilar.

19.2.4 Isabel

É a principal cultivar de *Vitis labrusca*. Trata-se da principal cultivar de videira plantada na Serra Gaúcha, representando atualmente, aproximadamente, 45% da superfície de vinhedo da região. É uma cultivar de uva de película tinta, de maturação tardia, produtiva e rústica. Apresenta, nas condições de cultivo da Serra Gaúcha, bom potencial alcoólico em relação às uvas do grupo das americanas. A uva produzida, além do consumo *in natura* como uva de mesa, é destinada para a elaboração de vinho tinto comum, suco de uva, produção de vinagre e para destilar. Quando destinada para a produção de destilado de vinho, recomenda-se vinificar em branco, para reduzir o teor de metanol.

19.3 ELABORAÇÃO DE VINHO PARA DESTILAR

A produção de destilado de qualidade requer a elaboração de vinho especialmente para destilar. Geralmente, na Serra Gaúcha, os destilados de vinho são obtidos a partir de vinhos com defeitos, e, por isso, não são comercializados como vinhos de mesa.

Os vinhos a destilar, normalmente, são elaborados pelo processo de vinificação em branco, sem a clarificação do mosto e sem a utilização de dióxido de enxofre. Como não é utilizado nenhum antisséptico, o álcool e a acidez funcionam como conservadores para o vinho até o momento da destilação. Esse é um dos motivos pelos quais os vinhos para destilar devem apresentar acidez total elevada.

As características de um vinho para destilar são diferentes daquelas de um vinho para consumo. O primeiro deve apresentar aroma fino, acidez fixa elevada, baixo teor de tanino e de álcool.

Após a fermentação, o vinho pode ser conservado sobre as borras sem trasfegas. A destilação deve ser feita imediatamente após a conclusão de fermentação alcoólica, principalmente quando o vinho apresentar acidez baixa. Em alguns casos de acidez fixa baixa, é recomendável a acidificação com ácido tartárico para conservar o vinho.

A utilização de dióxido de enxofre não é recomendável, pois favorece a formação de aldeído acético no vinho, componente que participa negativamente na qualidade do destilado. Além disso, determina uma fermentação alcoólica mais pura em relação às linhagens de leveduras e ainda favorece o arraste de cobre durante a destilação.

O grau alcoólico do vinho para destilar não deve ser elevado, por isso a chaptalização não é recomendada. Teor compreendido entre 7,0 °GL e 10,5 °GL de álcool é o ideal para vinhos para destilar. Vinhos com grau alcoólico mais baixo são mais fáceis para destilar, e como para produzir a mesma quantidade de destilado é necessário maior volume de vinho, há maior concentração de substâncias aromáticas.

O teor de taninos do vinho para destilar deve ser baixo, uma vez que teores elevados são responsáveis pela produção de gosto amargo desagradável no destilado. Esse é, além do problema do metanol já referido, outro aspecto pelo qual os vinhos tintos não são recomendados para destilar.

Vinhos de acidez fixa baixa e pH elevado são mais suscetíveis ao ataque de bactérias e, consequente, formação de compostos secundários como a acroleína, responsável por aroma e sabor desagradável nos vinhos e destilados. Por isso, é recomendável efetuar a destilação antes que o vinho sofra a transformação de agentes bacterianos, quando estiverem ainda protegidos por uma camada de CO_2, formada na fermentação alcoólica. Além disso, a conservação do vinho por um período prolongado com as borras favorece a formação de compostos que liberam aromas desagradáveis, tais como o ácido sulfídrico e o mercaptano.

A utilização de leveduras secas ativas não é aconselhável, visto que, segundo alguns autores, a flora nativa dá origem a vinhos de melhor qualidade para destilar.

Os vinhos para destilar devem ser secos com a fermentação malolática concluída. As variedades ricas em pectinas, especialmente as tintas, devem ser evitadas, pois liberam quantidades elevadas de metanol.

19.4 DESCRIÇÃO DO DESTILADOR *CHARANTAIS*

O destilador *Charantais*, também designado alambique, é construído em cobre martelado ou laminado para aumentar a resistência e tornar a superfície mais lisa, de modo a evitar a formação de crosta pelas borras ou ácidos graxos e facilitar a limpeza.

O cobre foi escolhido por apresentar as seguintes características:

- É um metal maleável.
- É um bom condutor de calor.
- Possui boa resistência à corrosão.
- Apresenta efeito catalítico a certas reações químicas.
- Favorece a complexação de ácidos graxos, mercaptanos e tióis que provocariam sabores desagradáveis ao destilado.

O destildor *Charantais* é formado pelas seguintes partes:

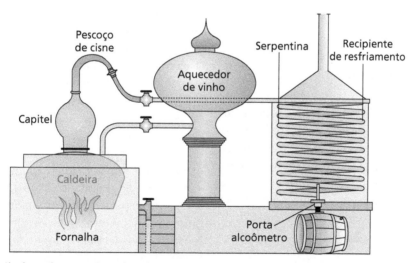

Figura 19.1 Destilador *Charantais* utilizado para a produção do conhaque.

19.4.1 Fornalha

Deve ser construída de tal modo que a chama não alcance nas laterais o nível superior da vinhaça, quando a destilação estiver concluída. O tubo de esvaziamento da caldeira deve estar envolto pela alvenaria da fornalha, para evitar o contato direto com a chama.

19.4.2 Caldeira

Construída de cobre, deve propiciar boa uniformidade de aquecimento do vinho. A capacidade máxima estabelecida é de 30 hL dos quais 25 hL de carga. A forma da caldeira é reta ou de "cebola", sendo o fundo ligeiramente convexo para facilitar a retirada da vinhaça e a limpeza. A espessura máxima das paredes deve ser de 5 mm; o fundo deve apresentar maior espessura. A parte superior da caldeira deve ficar fora da alvenaria para facilitar o resfriamento. O aquecimento deve ser feito por fogo direto, utilizando-se lenha ou gás de cozinha. O aquecimento a gás é atualmente o mais difundido e o mais prático.

19.4.3 Capitel

A função do capitel é canalizar os vapores formados na caldeira, permitindo sua recondensação parcial, melhorando assim a separação dos constituintes do vinho.

As formas mais antigas e baixas do capitel designadas "cabeça de mouro" proporcionam pouca retificação, assim como aquelas de forma de azeitonas. Atualmente, predominam as formas de "cebola" que são mais difundidas e propiciam maior grau de retificação.

19.4.4 Pescoço de cisne

É a parte contínua e curva do capitel. Serve para efetuar a operação complementar de retificação, canalizando os vapores até a serpentina. Deve ser o mais estreito possível no início, próximo ao aquecedor de vinho.

19.4.5 Aquecedor do vinho

Constitui um dispositivo para recuperação do calor. Quando bem utilizado, serve para economizar tempo, combustível e água de refrigeração. Permite elevar a temperatura do vinho, antes de entrar na caldeira para 45 a 50 °C. Quando utilizado inadequadamente, pode prejudicar a qualidade do destilado, pois é responsável por oxidações acentuadas. A capacidade do aquecedor do vinho deve ser próxima àquela da caldeira.

19.4.6 Serpentina

É a parte contínua do pescoço de cisne formada por um tubo cilíndrico, de diâmetro maior na parte superior para facilitar a condensação dos vapores alcoólicos. Fica submersa em um recipiente de água fria e corrente para condensar e resfriar o destilado.

19.4.7 Recipiente de resfriamento

É um reservatório de água para condensação e resfriamento do destilado. Apresenta um gradiente de temperatura elevado, pois mede de 70 a 80 °C na parte superior e aproximadamente 15 °C na inferior. A temperatura de saída do destilado é importante para sua qualidade. Assim, na primeira destilação, o destilado deve sair com uma temperatura entre 15 e 20 °C. Já, para o destilado na segunda destilação, a temperatura de saída recomendada é de 17 a 19 °C.

19.4.8 Porta-alcoômetro

Permite controlar continuamente o grau alcoólico e a temperatura de saída do destilado. Além disso, possibilita efetuar a filtração do destilado, retendo os complexos cúpricos formados com os ácidos graxos antes de encaminhar para a barrica. É nesse momento que se evapora uma parte de alguns constituintes mais voláteis indesejáveis, como é o caso do aldeído acético e do acetato de etila. O porta-alcoômetro permite também a retirada de amostra para análise.

19.5 ASPECTOS PRÁTICOS DA DESTILAÇÃO

Na destilação, o ponto de ebulição do vinho na caldeira aumenta gradativamente, em decorrência da saída progressiva do etanol. A proporção de álcool nos vapores que se formam é maior em relação ao vinho.

Nem todos os compostos voláteis do vinho que são arrastados pelos vapores hidroalcoólicos passam com a mesma velocidade na destilação, pois pertencem aos mais diferentes agrupamentos químicos: alcoóis, aldeídos, cetonas, ésteres e substâncias nitrogenadas, entre outros.

O desafio de produzir bons destilados é complexo, pois é necessário eliminar ou controlar o teor de compostos prejudiciais ao sabor da bebida e à saúde do consumidor, como é o caso do metanol e do 2-butanol, e, ao mesmo, tempo favorecer a presença de outras substâncias responsáveis pelos aromas específicos do destilado. Determinados constituintes do vinho passam integralmente para o destilado, outros apresentam comportamento diferente. O teor final do destilado depende, por exemplo, das borras finas conservadas no vinho. Deve-se preferir, para destilar vinhos bem elaborados, ácidos com aroma fino e pouco intenso.

É recomendável efetuar a destilação, logo após concluída a fermentação alcoólica. A conservação do vinho com as borras por um período prolongado não é indicado, em razão dos riscos de ataques microbianos (volta, produção de acreloína, oxidações). Em casos de destilação de um grande volume que requer um longo período de armazenamento, é conveniente trasfegar o vinho para recipientes menores, mantendo-os cheios.

As bombas utilizadas para transferir o vinho para o destilador não devem provocar oxidações violentas, pois estas prejudicam a qualidade do destilado.

Antes de que seja destilado, não convém conservar o vinho em locais de temperatura elevada, como, por exemplo, próximo ao destilador, e em recipientes de grande capacidade.

A aeração do vinho antes da destilação, geralmente, é prejudicial à qualidade do destilado, por isso deve ser evitada. Em determinados casos, quando o vinho apresenta cheiro de mercaptano, devido a uma longa permanência com as borras, uma aeração contribui para eliminar o problema. Caso a aeração não seja suficiente para eliminar o cheiro de mercaptano, a adição de 2 a 3 g de sulfato de cobre por hectolitro é recomendada.

19.6 PAPEL DO COBRE NA DESTILAÇÃO

Na saída do destilador, o destilado contém entre 1 mg/L e 5 mg/L de cobre, o qual é arrastado na condensação dos vapores alcoólicos no pescoço de cisne e na serpentina. Observa-se frequentemente, no destilado, a presença de partículas gordurosas de coloração esverdeadas, retiradas na flanela de filtração. Essas partículas são constituídas por sabões de cobre formados com os ácidos graxos butírico, capróico, caprílico, cáprico e láurico e, por serem leves, permanecem em suspensão no destilado.

O cobre da caldeira do destilador tem uma participação importante, pois fixa esses ácidos graxos, eliminando-os por meio de sabões insolúveis. Por isso, o cobre é indispensável para obter destilados de qualidade. No entanto, para o bom funcionamento, o destilador deve estar perfeitamente limpo. A lavagem deve ser feita a cada oito dias, quando se realiza a primeira destilação do vinho e, a cada quatro dias, quando se efetua a segunda destilação. Todo o ano, antes de iniciar a destilação, é recomendável efetuar uma operação com água. Por outro lado, um excesso de cobre favorece a produção de destilados duros, secos e, algumas vezes, até amargos, tal como constatado nas primeiras operações de um destilador novo.

19.7 DESTILAÇÃO DO VINHO

O processo de destilação foi introduzido na Europa Ocidental pelos árabes, através do norte da África. Na época, a técnica despertou interesse dos alquimistas e dos monges. A destilação consiste na separação, por ebulição, dos componentes voláteis de uma mistura homogênea, sendo que o componente mais volátil destila preferencialmente em relação ao menos volátil.

O vinho é uma solução de água, etanol e outros compostos voláteis de diferentes pontos de ebulição. O etanol, álcool mais importante do vinho, apresenta a densidade relativa de 0,792 a 20 °C, e o ponto de ebulição de 78,4 °C, enquanto a água tem densidade relativa de 1,000, na mesma temperatura, e seu ponto de ebulição é 100 °C, no nível do mar. Dessa forma, durante a destilação, o etanol destilará preferencialmente em relação à água, fazendo com que o destilado apresente teor alcoólico mais elevado em relação ao vinho que lhe deu origem.

Uma vez concluída a fermentação alcoólica, o processo de destilação pode ser iniciado. A destilação é realizada em alambique de cobre seguindo a técnica *Charantais*, isto é, em duas etapas.

O vinho, separado das suas borras mais grossas ou na presença das borras finas, inicialmente, sofre um preaquecimento de 45 a 50 °C; a seguir, é colocado na caldeira para ser destilado. O vinho não deve ocupar todo volume da caldeira.

A primeira etapa da destilação não é seletiva. O destilado é recolhido até que o alcoômetro não detecte mais álcool. Nesse momento, a destilação é interrompida. Essa etapa da destilação concentra o vinho em, aproximadamente, 30% do seu volume inicial. O destilado obtido apresenta entre 27 °GL e 32 °GL de álcool e é designado "corrente". O vinho sem álcool que permanece na caldeira, conhecido por vinhaça, é descartado.

A presença de células de leveduras no vinho para destilar é benéfica para a qualidade do destilado, uma vez que os ácidos graxos liberados atribuem características próprias ao destilado. No entanto, quantidades excessivas de ácidos graxos são prejudiciais. Por outro lado, uma redução acentuada desses compostos ocorre pela formação de sais insolúveis com o cobre das paredes do destilador.

Três destilações sucessivas produzem um volume suficiente para efetuar uma segunda destilação. Essa segunda etapa da destilação é seletiva, pois a primeira porção é designada "cabeça", e contém a maior parte do aldeído acético, por isso deve ser separada. Essa porção do destilado ou é descartada ou adicionada ao vinho para redestilar. A separação da "cabeça" na destilação pode ser feita em relação ao volume da "corrente" na caldeira; nesse caso, representa, aproximadamente, 1% do volume, por meio do grau alcoólico do destilado, ou pela prática do destilador, por meio da análise sensorial do destilado.

A fração seguinte do destilado é o "coração" e representa o maior volume, sendo a base do destilado de vinho. O coração corresponde ao volume de destilado recolhido até que o alcoômetro indique 58 °GL a 60 °GL de álcool (média de 70 °GL na barrica de recepção). A partir desse momento, o destilado com menos de 58 °GL de álcool é separado e adicionado à "corrente" para ser redestilado. Essa porção do destilado, que é recolhida até que o alcoômetro assinale 5 °GL, é conhecida por "segunda". O restante do destilado recolhido, denominado "cauda", apresenta teor mais elevado de óleo fúsel e de furfural, e é adicionado ao vinho para ser redestilado.

19.8 PRINCIPAIS ALTERAÇÕES DO DESTILADO DE VINHO

19.8.1 Turvações

Uma das principais causas do aparecimento de turvações no destilado de vinho é a utilização de água com excesso de cálcio por ocasião da redução do grau alcoólico. O cuidado que se deve ter é utilização de água destilada e com baixos teores de sais, especialmente de cálcio.

Outra causa de turvação é a insolubilização de alcoóis superiores, em decorrência da redução do grau alcoólico. Nesse caso, o destilado apresenta aspecto leitoso. Para evitar esse problema, recomenda-se, antes do engarrafamento, resfriar o destilado até –10 a –15 °C por, no mínimo, 48 horas, e filtrar, quando a temperatura ainda estiver baixa.

19.8.2 Aparecimento de cor amarela

A causa provável é a presença de ferro em teores acima de 2,0 mg/L, proveniente de alguma parte do destilador ou recipiente utilizado no transporte e conservação, como mangueira, balde e barrica. O tratamento recomendável é a redestilação do destilado.

19.8.3 Cheiro de mofo

Ele ocorre em consequência da limpeza inadequada do destilador e também da participação de uva atacada por podridão do cacho, para elaboração do vinho para destilar. O tratamento recomendado é a limpeza total do destilador antes de iniciar o processo de destilação, além de utilizar uva sã na vinificação. A utilização de carvão desodorizante na proporção de 0,5 até 1,0 g/L, poderá reduzir o cheiro de mofo no destilado.

19.8.4 Cheiro de fumaça e queimado

Deve-se ao aquecimento excessivo durante o processo de destilação, principalmente, na presença de quantidade elevada de partículas sólidas. Recomenda-se destilar em fogo brando de modo suave. A redestilação com separação adequada dos componentes de "cabeça" reduz o defeito.

19.8.5 Sabor metálico

Ocorre pela passagem de elementos minerais, especialmente o cobre, na destilação. É importante que o destilador esteja em condições de limpeza adequada para iniciar o processo de destilação. Convém realizar uma destilação com água antes da época de destilação. A separação das partes é recomendada, visto que, o cobre sai em quantidades maiores com os componentes de "cabeça". A redestilação com separação adequada das partes também é recomendável.

19.8.6 Gosto amargo

Dá-se em consequência da presença no destilado de componentes que atribuem gosto amargo, provavelmente, devido à destilação de vinhos alterados. A recomendação, nesse caso, é destilar vinhos que não estejam alterados e separar adequadamente as partes do destilado.

19.8.7 Teor elevado de metanol

Ele ocorre em consequência da destilação de vinhos com elevado teor desse álcool, especialmente, vinhos tintos e separação deficiente dos componentes de "cabeça" na destilação. Recomenda-se utilizar vinho branco com baixo teor de metanol e separar adequadamente os componentes de "cabeça".

Entre as principais causas responsáveis pelo aparecimento de defeitos no destilado, destacam-se:

- A excessiva quantidade de borras nos vinhos ou a presença de borras alteradas.
- A falta de controle da temperatura de saída do destilado, na parte final da serpentina.
- Fracionamento feito de maneira inadequada das partes do destilado; presença de quantidade excessiva de componentes de "cabeça".
- Realização de destilações muito rápidas, originando destilados desequilibrados.
- Aquecimento excessivo.
- Limpeza inadequada do destilador.

19.9 REDUÇÃO DO GRAU ALCOÓLICO DO DESTILADO

O destilado alcoólico, depois de envelhecido, geralmente, apresenta graduação alcoólica entre 50 e 60 °GL. Antes do engarrafamento, deve-se reduzir o grau alcoólico para 38 °GL a 40 °GL, através da adição de água. A legislação brasileira estabelece que o conhaque deve ter entre 38 e 54 °GL de álcool.

Para reduzir o grau alcoólico do destilado, pode-se utilizar a seguinte fórmula:

$$X = \frac{A - B}{B} * 100$$

onde:

X = Quantidade em litros de água a adicionar em 100 L de destilado;

A = Grau alcoólico inicial do destilado;

B = Grau alcoólico desejado para a bebida.

A água utilizada para reduzir o grau alcoólico deve possuir baixo teor de sais, especialmente de cálcio, que, em meio alcoólico, é pouco solúvel e causa problema de turvação e depósito. Por isso, recomenda-se utilizar água destilada.

19.10 O DESTILADO DE VINHO E A LEGISLAÇÃO BRASILEIRA

Os parâmetros analíticos estabelecidos pela legislação brasileira para conhaque são indicados na Tabela 19.1.

Para a legislação brasileira, "conhaque" é a bebida com graduação alcoólica de 38 a 54 °GL, obtida da aguardente de vinho e/ou do destilado de vinho e/ou do álcool vínico retificado, podendo ser envelhecido em barris de carvalho ou outra madeira equivalente. A destilação deve ser efetuada, de modo que o destilado tenha o aroma e o sabor dos elementos naturais voláteis contidos no vinho, derivados do processo fermentativo ou formados durante a destilação.

Baseados em direitos adquiridos, de uma lei anterior que permitia a denominação de "conhaque" aos produtos obtidos da destilação do fermentado de cana-de-açúcar, adicionado de substâncias aromáticas ou medicinais, tais como o gengibre, o mel e o alcatrão, muitos produtores comercializam aguardentes compostas com a denominação de "conhaque".

Nesse sentido, a utilização generalizada da denominação "conhaque" para uma bebida elaborada a partir da cana-de-açúcar, provocou um problema grave no setor de destilado de vinho da Serra Gaúcha, prejudicando a sua credibilidade. Para diferenciar desse tipo de bebida, foi criado o *brandy* ou "Conhaque Fino", que devem ser elaborados a partir do vinho, e obrigatoriamente envelhecidos em barris de carvalho ou de outra madeira com características semelhantes, com capacidade máxima de 600 L e por um período de seis meses.

Tabela 19.1 Limites analíticos estabelecidos pela legislação brasileira para o conhaque.

Variável	Limite	
	Máximo	Mínimo
Álcool, °GL	54,0	38,0
Acidez volátil em ácido acético, g/100 mL de álcool anidro	0,100	–
Ésteres em acetato de etila, g/100 mL de álcool anidro	0,200	–
Aldeídos em aldeído acético, g/100 mL de álcool anidro	0,010	0,003
Furfural, g/100 mL de álcool anidro	0,005	–
Álcool superior, g/100 mL de álcool anidro	0,450	0,150
Soma das impurezas totais "não álcool" (aldeído, acidez volátil, ésteres, furfural e alcoóis superiores), g/100 mL de álcool anidro	0,795	0,250
Metanol, mL/100 mL de álcool anidro	0,50	–
Cobre, mg/L	5,0	–
Açúcar redutores totais, g/L	20,0	–

Fonte: Ministério da Agricultura. Portaria 069, de 13 de janeiro de 1983.

Na verdade, o destilado de vinho brasileiro não deveria ser designado "conhaque", pois este termo refere-se a uma região da França que tem essa denominação. Por isso, no decorrer do trabalho procuramos utilizar o termo destilado de vinho.

Outro aspecto que deve ser considerado na legislação brasileira é a possibilidade de elaboração da bebida a partir do álcool vínico, visto que, no processo de destilação para obtenção do álcool vínico a quantidade de congêneres (impurezas voláteis), componentes que atribuem as características próprias do vinho, é muito reduzida. A legislação brasileira estabelece um teor mínimo desses congêneres de 0,250 g/100 mL de álcool anidro. Além disso, a legislação brasileira não define o tipo de destilador e a técnica de destilação para obtenção do destilado de vinho.

Outro aspecto que é contestado na legislação brasileira é o estabelecimento de um limite máximo de congêneres, atualmente definido em 0,795 g/100 mL de álcool anidro. O questionamento, nesse caso, é que esses componentes são os que caracterizam a bebida elaborada a partir do vinho. Além disso, no envelhecimento do destilado, a tendência é para aumentar o seu teor devido, principalmente, à evaporação do álcool. No entanto, tendo em vista que muitas vezes são destilados vinhos tintos com teores elevados desses componentes, é recomendado apresentar um teor máximo da soma de impurezas não álcool e também de metanol.

Em relação ao teor máximo de açúcar permitido, 20 g/L, a quantidade é muito elevada e contribui para mascarar e encobrir as características naturais da bebida.

Quanto à utilização do caramelo, corante natural permitido pela legislação brasileira, o seu uso não é permitido em alguns países produtores. A cor do destilado deve ser aquela natural, extraída da madeira do recipiente de envelhecimento.

19.11 CARACTERÍSTICAS ANALÍTICAS DO DESTILADO DE VINHO DA SERRA GAÚCHA

As principais características físico-químicas do destilado de vinho da Serra Gaúcha são indicadas na Tabela 19.2.

Tabela 19.2 Características analíticas do destilado de vinho.

Variável	Média[1]		Desvio padrão
Densidade a 20 °C (g/mL)	0,9567	±	0,0030
Álcool (°GL)	38,31	±	0,45
Acidez total (g de ácido acético/100 mL de álcool anidro)	0,041	±	0,015
pH	3,55	±	0,24
Extrato seco (g/L)	13,1	±	6,6
Açúcares redutores totais (g/L)	9,4	±	2,1
Cinzas (g/L)	0,17	±	0,08
DO (420 nm)	0,75	±	0,32

[1] Média e desvio padrão de 12 amostras de destilados de vinho da Serra Gaúcha.

Os produtos referidos como destilado de vinho correspondem àqueles comercializados com a designação de "conhaque" e *Brandy*.

As principais características físico-químicas do destilado de vinho estão relacionadas com o próprio vinho utilizado na destilação, com teor alcoólico final, com a utilização de produtos enológicos (açúcar, caramelo, bonificador) ou devidas à conservação e envelhecimento em barricas de carvalho. Nesse sentido, a densidade está relacionada com o grau alcoólico do destilado de vinho e com o teor de extrato seco, o qual por sua vez depende do teor de açúcares redutores totais. A cor do destilado de vinho está relacionada com os componentes extraídos da madeira, mas também com o caramelo adicionado.

Os compostos voláteis determinados nos destilados de vinho da Serra Gaúcha são indicados na Tabela 19.3.

Tabela 19.3 Compostos voláteis de destilados de vinho.

Compostos voláteis (g/100 mL de álcool anidro)	Média[1]		Desvio padrão
Aldeído acético	0,035	±	0,010
Acetato de etila	0,072	±	0,023
Metanol	0,075	±	0,019
1-Propanol	0,028	±	0,016
2-Metil-1-propanol	0,052	±	0,020
2-Metil-1-butanol + 3-Metil-1-butanol	0,127	±	0,049
Soma dos alcoóis superiores	0,207	±	0,073

[1] Média e desvio padrão de 12 amostras de destilado de vinho da Serra Gaúcha.

Os compostos voláteis do destilado de vinho estão relacionados com o próprio vinho e com a técnica de destilação. O etanal ou aldeído acético participa com aroma desagradável no destilado. A adição de dióxido de enxofre na vinificação favorece a formação desse composto no vinho, sendo por isso que a sua utilização é limitada no vinho para destilar. Em virtude de sua volatilidade, o etanal é separado no início da destilação, constituindo um componente típico de "cabeça".

O acetato de etila, da mesma forma que o etanal, participa de forma negativa na qualidade do destilado de vinho, por isso, teores baixos são sempre desejados.

O metanol está regularmente presente, em baixos teores, nos vinhos e nos destilados. A destilação de vinho tinto determina a obtenção de destilados com teor mais elevado desse componente. A destilação do vinho no destilador *Charantais* não permite separar o metanol do etanol porque não tem retificação, por consequência o metanol do vinho passa para o destilado.

Os alcoóis superiores representam a maior fração dos congêneres do destilado de vinho, que representam as impurezas totais "não álcool". O teor de alcoóis superiores do destilado varia com a cultivar, o grau de maturação e as condições fermentativas para obtenção do vinho. Esses componentes têm participação importante para garantir a origem vínica do destilado. O envelhecimento do destilado, em barricas de madeira, determina a concentração desses compostos voláteis, uma vez que o álcool etílico evapora em maior quantidade. O destilado de vinho branco apresenta teor mais baixo de alcoóis superiores, em relação ao destilado de vinho tinto.

Os principais elementos minerais presentes no destilado de vinho são indicados na Tabela 19.4.

Entre os elementos minerais analisados, alguns como, por exemplo, o potássio e o sódio, têm origem da madeira dos recipientes e passam para o destilado, por ocasião do envelhecimento. Embora, principalmente no caso do sódio, a utilização de bonificador possa aumentar o teor.

Tabela 19.4 Elementos minerais de destilados de vinho.

Minerais (mg/L)	Média[2]		Desvio padrão
Potássio	37,6	±	23,9
Sódio	23,6	±	17,9
Cálcio	11,0	±	3,3
Manganês	0,3	±	0,2
Ferro	0,6	±	0,7
Cobre	2,4	±	1,3
Zinco	0,2	±	0,1
Lítio[1]	1,6	±	1,5

[1] µg/L. [2] Médias e desvio padrão de 12 amostras de destilado de vinho da Serra Gaúcha.

O ferro, o cobre e o cálcio são componentes importantes na composição do destilado de vinho, em virtude das precipitações que podem ocasionar.

O cobre, elemento que participa da construção dos destiladores, tem seu teor limitado, pela limpeza do destilador e pela técnica de destilação. O teor de cálcio, nos destilados, pode ser incorporado por meio da utilização de placas filtrantes.

O ferro, o zinco, o manganês e o lítio detectados no destilado de vinho podem ter sido adicionados por meio dos recipientes ou de produtos utilizados (açúcar, caramelo e bonificador).

19.12 ENVELHECIMENTO DO DESTILADO DE VINHO

Tradicionalmente, os destilados de vinho são envelhecidos em barricas de carvalho, as quais, geralmente, são novas ou com pouco tempo de uso, no caso do conhaque. Para o *brandy* de Jerez, as barricas disponíveis são aquelas utilizadas para envelhecer o vinho de Jerez.

Segundo a maneira de condução do processo de envelhecimento, ele pode ser estático, como no caso do conhaque, ou dinâmico na forma de soleiras, adotado pelo *brandy* de Jerez.

A influência da barrica se verifica quanto à origem da madeira e às técnicas utilizadas para a confecção, tais como a duração e o modo de secagem da madeira após o corte, intensidade da queima, por ocasião da montagem, e limpeza da barrica antes do uso. O tamanho da barrica também interfere no envelhecimento. Nesse sentido, o destilado para a produção de conhaque é envelhecido em barricas de 350 L de capacidade, enquanto o *brandy* de Jerez, em recipiente de 500 L.

O envelhecimento do destilado de vinho em barricas de carvalho é um processo lento, de longo período de duração que transforma o destilado novo em bebida com caraterísticas físicas, químicas e organolépticas superiores.

Para que o processo de envelhecimento interfira positivamente na qualidade do destilado, três fatores devem contribuir: a liberação de compostos agradáveis da madeira, a oxigenação do destilado e o tempo de permanência na barrica.

Entre os compostos liberados pela madeira no período de envelhecimento, destaca-se a quercetina que, juntamente com outros taninos, atribui cor ao destilado, além de aroma particular. Estudos mostram que a intensidade de cor e determinados aromas, tais como baunilha, torrefação e de madeira estão relacionados com a intensidade de aquecimento aplicado à madeira por ocasião da confecção da barrica.

O oxigênio que penetra através dos poros da madeira, participa das reações de oxidorredução, interferindo no aroma e no sabor do destilado envelhecido.

Em relação ao período de permanência do destilado na barrica, distinguem-se três fases:

◆ Fase de extração dos componentes da madeira, que dura de um a dois anos. Nessa fase, o aroma torna-se mais suave e o destilado adquire tonalidade amarelada.

◆ Fase de hidrólise ou degradação, que geralmente vai do segundo ao terceiro ano de barrica. Nessa fase, o sabor torna-se mais agradável e, no destilado, percebe-se o aroma de baunilha.

◆ Fase de oxidação que inicia no terceiro ano e dura todo o tempo em que o destilado permanece na barrica. Nessa fase, o destilado adquire cor mais escura e aparece o sabor típico de ranço.

As principais alterações que ocorrem no destilado de vinho, por ocasião do envelhecimento em barrica de carvalho, são descritas a seguir:

◆ Redução do volume e do grau alcoólico. A redução de volume do destilado pode variar de 3 a 6% ao ano, em função das condições higroscópicas e da temperatura do local de envelhecimento. O álcool e a água não evaporam na mesma proporção, em virtude do grau diferente de volatilidade. Em ambiente úmido, o álcool evapora mais facilmente. Em ambiente seco, a água evapora mais. Um local para envelhecimento mais úmido, geralmente, é favorável para obtenção de destilados mais finos.

◆ Aumento da intensidade de cor de destilado. O destilado adquire cor mais escura com o tempo de barrica, em decorrência dos componentes extraídos da madeira.

◆ Variação da acidez do destilado. Observa-se uma redução do pH do destilado com o envelhecimento. O pH inicial de aproximadamente 4,0 baixa para 3,0 com o envelhecimento. Essa variação deve-se à solubilização de ácidos fenólicos da madeira.

◆ Alteração do aroma do destilado. O aroma mais agressivo do álcool vai se alterando para aromas mais suaves, com notas de madeira especialmente baunilha e, finalmente, adquire um aroma agradável e complexo. Além dos componentes da madeira, o aroma é alterado pelas reações químicas, especialmente a esterificação.

A classificação do conhaque em relação ao período de envelhecimento é a seguinte:

◆ VS (*Very Superior*) ou três estrelas: aquele que permanece, no mínimo, quatro anos e meio, em barris de carvalho.

◆ VSOP (*Very Superior Old Pale*), VO (*Very Old*) ou Reserva: quando o destilado permanecer por um período compreendido entre quatro anos e meio e seis anos e meio, em barris de carvalho.

◆ *Napoléon*, XO (*Extra Old*), *Hors d'Age*: quando o destilado permanece por mais de seis anos e meio em barris de carvalho.

19.13 CARACTERÍSTICAS SENSORIAIS DO DESTILADO DE VINHO

As características organolépticas de um destilado de vinho são a consequência de um equilíbrio da sua composição que depende da uva e da tecnologia da vinificação, da destilação e do envelhecimento.

A maneira mais tradicional de consumo do conhaque é como digestivo após as refeições. Atualmente, está sendo generalizado o seu consumo como aperitivo, do mesmo modo que outras bebidas fermento-destiladas. Além disso, o conhaque é utilizado também na elaboração de coquetéis e na composição de certos pratos e molhos, atribuindo sabor especial.

O copo geralmente utilizado para o consumo do conhaque é do tipo balão. Segundo alguns especialistas, o formato exageradamente arredondado desse copo mantém aromas aprisionados, não favorecendo a sua liberação para a percepção do degustador. O copo na forma de tulipa, com a boca levemente fechada para concentrar o aroma é o mais recomendado para apreciar o conhaque.

A degustação de um conhaque é principalmente um desafio para o olfato. A complexidade aromática de um conhaque de qualidade não se libera em apenas alguns segundos. Requer entre cinco e dez minutos para revelar todas as suas nuances e personalidade. É recomendável oxigenar progressivamente o conhaque, agitando o copo e fazendo circular a bebida no seu interior. Não é obrigatoriamente necessário aquecer o copo na palma da mão. A temperatura elevada que alcança, muitas vezes superior a 30 °C, faz prevalecer os constituintes mais pesados em detrimento dos aromas mais finos e sutis.

A adição de um pouco de água favorece a percepção de aromas finos, que geralmente são encobertos pelo cheiro do álcool.

É difícil descrever todos os aromas que podem apresentar os diferentes conhaques. No entanto, é justamente nesse aspecto que reside o charme e o interesse da sua descoberta na degustação. Essa diversidade de aroma provém dos diferentes aspectos que interferem em sua produção, como os fatores naturais onde a uva é produzida; o modo de vinificação; a destilação; o envelhecimento em barris de carvalho e os cortes entre os destilados. Entre esses fatores, o envelhecimento em barris de carvalho acrescenta maciez, suavidade e equilíbrio ao destilado de vinho, assim como atribui notas de baunilha muito apreciadas. Além de dois anos nesses recipientes, salientam-se sabores particulares de frutas passas e aroma balsâmico, típico de um produto evoluído.

O olfato, como foi visto, desempenha um papel fundamental na degustação do conhaque. No entanto, a visão deve apreciar inicialmente a limpidez da bebida e a sua cor, que pode variar desde o amarelo-dourado para aqueles de pouca intensidade de cor até os tons mais escuros para aqueles de maior intensidade. A absorção do conhaque e sua apreciação na boca são menos importantes em relação à avaliação olfativa, uma vez que o álcool modifica os aromas sentidos através do olfato.

BIBLIOGRAFIA

BERTRAND, A.; SÉGUR, M.C.; JADEAU, P. Comparaison analytique des euax-de-vie d' Armagnac obtenues par distillation continue et double chauffe. **Connaissance de Ia Vigne et du Vin**, Talence, v. 22, n. 1, p. 89-92, 1988.

BONNET, J. Évolution du pressurage en Charentes en vue de l'amélioration qualitative des eaux-de-vie de Cognac. In: CANTAGREL, R. **Élaboration et connaissance des spiritueux**: recherche de Ia qualité, tradition et innovation. Paris: Lavoisier Tec & Doc, 1992. p. 205-207.

CANTAGREL, R. et al. La distillation charantaise pour l'obtention des eaux-de-vie de Cognac. In: BERTRAND, A. **Les eaux-de-vie traditionnelles d'origine viticole**. Paris: Lavoisier Tec & Doc, 1991. p. 60-69.

CANTAGREL, R. et al. Évolution analytique et organoleptique des eaux-de-vie de Cognac au cours du vieillissement. Incidence des techniques de tonnelleries. In: CANTAGREL, R. **Élaboration et connaissance des spiritueux**: recherche de Ia qualité, tradition et innovation. Paris: Lavoisier Tec & Doc, 1992. p. 567- 572.

DELOS, G. **Le monde du Cognac**. Paris: Hatier Littérature Générale, 1997. 160p.

GAY-BELLILE, F. **Élaboration du Cognac**. Marseille: Institut de Chimie Analytique et du Controle de Ia Qualité, 1983. 40p.

KNISPEL, M. **O brandy na Serra Gaúcha**. Bento Gonçalves: Escola Agrotécnica Federal "Presidente Juscelino Kubitschek", 1998. 63p. Relatório de Conclusão do Curso Superior de Tecnologia em Viticultura e Enologia.

KOURAKOU-DRAGONAS, St. Eaux-de-vie de vin et brandy. **Bulletin de l'O.I.V.**, Paris, v. 61, n. 693-694, p. 901-944, 1988.

LAFON, J.; COUILLARD, P.; GAY-BELLILE, F. **Le Cognac**: sa distillation. Paris: Éditions J.B. Baillieri, 1973. 287p.

LIMA, U. A. de **Aguardente**: fabricação em pequenas destilarias. Piracicaba: Fealq, 1999. 187p.

LUJÁN, N. **Libro del Brandy y de Ios destilados**. Barcelona: Editorial Laia, 1985. 167p.

MENIER, M. Le traitement des vinasses de distilleries das Charentes. In: CANTAGREL, R. **Élaboration et connaissance des spiritueux**: recherche de Ia qualité, tradition et innovation. Paris: Lavoisier Tec & Doc, 1992. p. 322-327.

ODELLO, L. **Come fare e apprezzare Ia grappa**. Colognola ai Colli: Demetra S.r.I., 1997. 115p.

PRULHO, R. La distillerie et son environnement. In: CANTAGREL, R. **Élaboration et connaissance des spiritueux**: recherche de Ia qualité, tradition et innovation. Paris: LavoisierTec & Doc, 1992, p. 245-256.

PUECH, J. L. et al. Influence du thermotraitement des barriques sur l'évolution de quelques composants issus du bois de chêne dans Ias eaux-de-via. In: CANTAGREL, R. **Élaboration et connaissance des spiritueux**: recherche de Ia qualité, tradition et innovation. Paris: Lavoisier Tec & Doc, 1992, p. 583-588.

RIPONI, C. et al. Aptitude de certains souches de levures à l'élaboration de vins pour Ia production d'eaux-de-vie. In: CANTAGREL, R. **Élaboration et connaissance des spiritueux**: recherche de Ia qualité, tradition et innovation. Paris: Lavoisier Tec & Doc, 1992, p. 161-171.

RIZZON, L. A. et al. Características analíticas dos "Conhaques" da Microrregião Homogênea Vinicultora de Caxias do Sul (MRH 311). **Ciência e Tecnologia de Alimentos**, Campinas, v. 12, n. 1, p. 43-51, 1992.

RIZZON, L. A.; ZANUZ, M. C.; MANFREDINI, S. **Como elaborar vinho de qualidade na pequena propriedade**. Bento Gonçalves: Embrapa-CNPUV, 1994. 36p. (Documentos, 12).

SALTON, M. A. Influência do dióxido de enxofre e cultivares de videira na composição química e na qualidade do destilado de vinho. 1998. 157f. Tese (Mestrado) – Universidade Federal de Santa Maria, Santa Maria, 1998.

SÉGUR, M. C.; PAGES, J.; BERTRAND, A. Aproche analytique de Ia dégustation des eaux-de-vie d'Armagnac. In: BERTRAND, A. **Les eaux-de-vie traditionnelles d'origine viticole**. Paris: Lavoisier Tec & Doc, 1991, p. 271-278.

SOUFLEROS, E.; BERTRAND, A. La production artesanale du "Tsipouro" a Naoussa (Grece). In: BERTRAND, A. **Les eaux-de-vie traditionnelles d'origine viticole**. Paris: LavoisierTec & Doc, 1991, p. 19-26.

VARNAN, A. H.; SUTHERLAND, J. P. **Bebidas**: tecnología química y microbiología. Zaragoza: Editorial Acribia, 1994. 487p.

VANDERLINDE, R.; BERTRAND, A.; SEGUR, M. C. Dosage des aldéhydes dans les eaux-de-vie. In: CANTAGREL, R. **Élaboration et connaissance des spiritueux**: recherche de Ia qualité, tradition et innovation. Paris: Lavoisier Tec & Doc, 1992, p. 506-511.

VERRE. P. Le cuivre et ses applications dans Ia distillerie du Cognac, In: CANTAGREL, R. **Élaboration et connaissance des spiritueux**: recherche de Ia qualité, tradition et innovation. Paris: Lavoisier Tec & Doc, 1992, p. 272-277.

20

GRASPA

LUIZ ANTENOR RIZZON
JÚLIO MENEGUZZO
VITOR MANFROI

20.1 INTRODUÇÃO

A descoberta de que o bagaço de uva poderia ser usado para a extração de álcool é muito antiga. Inicialmente, a destilação do bagaço era feita para a produção de álcool com a finalidade farmacológica; somente mais tarde foi utilizada para a produção da graspa. Por volta do ano de 1400, já havia indicação da produção de graspa na região de Friuli, na Itália. No entanto, somente depois, com a utilização de destiladores equipados com retificadores, é que a produção da graspa foi aperfeiçoada.

O ambiente típico onde a graspa surgiu e ainda hoje é mais apreciada é aquele da região fria do norte da Itália. Por isso, é considerada uma bebida típica de pessoas que desenvolvem atividades agrícolas. Nesse sentido, a graspa tornou-se, com o tempo, uma bebida evocadora das origens agrícolas, especialmente nas regiões montanhosas e frias. Para a Itália, a graspa não é simplesmente um destilado, mas também um símbolo da colonização antiga.

É comum no norte da Itália o consumo da graspa adicionada ao café preto ou tomada pura em pequena quantidade, de manhã, antes de iniciar as atividades, ou como digestivo após as refeições.

O termo *grappa* (grafia italiana) não é de origem latina, como se poderia supor, mas de origem germânica. Os diversos dialetos italianos atribuem diferentes grafias à graspa: *grapa* (Lombardia), *rapa* (Piemonte), *graspa* (Vêneto). Essa última é a mais utilizada no Brasil, provavelmente porque os imigrantes italianos que colonizaram a Serra Gaúcha, na sua maioria, eram oriundos do Vêneto.

Na Itália, onde a graspa atinge maior produção mundial, as maiores regiões produtoras são o Vêneto e o Piemonte, onde é definida como: destilado de forte graduação alcoólica (38 a 60 °GL), com aroma particular, obtido por destilação e retificação do bagaço de uva. Inicialmente, a graspa era utilizada com finalidade terapêutica, passando depois a ser consumida como bebida.

No Brasil, existem poucas referências históricas da graspa, no entanto, há indícios de que ela já tenha sido elaborada no final do século XIX, pelos imigrantes italianos, na Serra Gaúcha. Nessa região, já se elaboraram quantidades apreciáveis de graspa. Atualmente, poucas empresas se dedicam a essa atividade, e os pequenos produtores, agricultores que faziam da graspa um subproduto do vinho que elaboravam artesanalmente, ou do bagaço oriundo de empresas de maior porte, também deixaram de produzi-la. A diminuição da produção está associada a algumas causas: dificuldade de estocar o bagaço, baixo rendimento de produção, qualidade da matéria-prima e a dificuldade de conservação dos alambiques.

Não se têm dados precisos sobre a quantidade de graspa consumida no Brasil e nem no Rio Grande do Sul. Várias campanhas antialcoolismo promoveram ataques contra o consumo da graspa, utilizando o conceito de que a bebida possuía elevado teor alcoólico. Entretanto, é importante afirmar que seu teor alcoólico, regulamentado por lei, é igual ao de outras bebidas destiladas.

Acredita-se que a graspa bem elaborada, seguindo uma tecnologia correta, pode vir a ser um produto mais popularizado, com características específicas como é na Itália, transformando-se em mais uma alternativa para o pequeno vitivinicultor.

20.2 MATÉRIA-PRIMA PARA ELABORAÇÃO DA GRASPA

O bagaço de uva é a matéria-prima para produzir a graspa. Trata-se de um subproduto da vinificação e corresponde ao conjunto formado pela película, semente e eventualmente a ráquis. Atualmente, as máquinas utilizadas para esmagar a uva, efetuam primeiramente a separação da ráquis, fato que favorece a elaboração de graspas de melhor qualidade. De outra parte, a porção nobre do bagaço, para a produção da graspa, é a película que representa aproximadamente 60% do peso do bagaço, enquanto a semente participa com 25 a 30% do peso.

O bagaço utilizado para a elaboração da graspa é classificado em três grupos:

20.2.1 Bagaço fermentado

É aquele que completou a fermentação alcoólica junto com o próprio mosto, por ocasião da vinificação em tinto. Portanto, foi submetido a um período de maceração relativamente longo. Esse bagaço deve ser destilado o mais rapidamente possível. Períodos prolongados de ensilagem, no caso desse tipo de matéria-prima, podem causar perdas de álcool e de aroma, além do risco de desenvolvimento bacteriano. É o tipo de matéria-prima preferida para elaboração da graspa. Macerações longas (8 a 12 dias) extraem do bagaço maior quantidade de compostos fenólicos, aromas primários, pectinas, ácidos orgânicos e elementos minerais, constituintes presentes em maior quantidade na película da uva. Por outro lado, o bagaço absorve compostos aromáticos, que se formam na fermentação alcoólica, e que transmitem características organolépticas próprias para a graspa. Assim, a graspa obtida a partir do bagaço fermentado apresenta mais corpo, sabor mais agradável, delicado e fino.

Para aproveitar melhor as características do bagaço fermentado, a sua prensagem durante o processo de vinificação não deve ser muito intensa, pois um determinado grau de umidade é favorável para a produção de graspa de qualidade e a destilação deve iniciar imediatamente após a separação do bagaço.

20.2.2 Bagaço parcialmente fermentado

É aquele bagaço proveniente da elaboração de vinho tinto com curto período de maceração (quatro a seis dias). Esse tipo de matéria-prima deve passar por um período de ensilagem para completar a fermentação alcoólica dos açúcares residuais. Trata-se da matéria-prima mais disponível para a elaboração da graspa na Serra Gaúcha, uma vez que os vinhos tintos são elaborados por meio de macerações curtas.

20.2.3 Bagaço doce

É aquele que não fermentou com o mosto, obtido do processo de vinificação em branco. Essa matéria-prima geralmente apresenta aroma herbáceo, cor viva e boa consistência ao tato. Nesse caso, o bagaço deve obrigatoriamente fermentar, geralmente, num silo.

Os cuidados com o bagaço para destilar, devem iniciar quando o mosto é separado da parte sólida, visto que é nesse momento que ele se torna um subproduto e deixa de despertar atenção, em razão do baixo valor comercial. Para o produtor de graspa, o bagaço não deveria ser considerado um subproduto da fermentação alcoólica, mas uma matéria-prima com participação significativa na qualidade da bebida. Por isso, o valor comercial do bagaço para a produção da graspa depende mais da sua conservação do que da qualidade de mosto ou vinho que originou.

20.3 ENSILAGEM DO BAGAÇO

O bagaço fermentado pode ser destilado logo após ter sido separado no processo de vinificação. No entanto, mesmo nesse caso, as destilarias têm dificuldades em operar por muito tempo com bagaço fresco. De outra parte, os bagaços doces (não fermentados) e os parcialmente fermentados devem, obrigatoriamente, fermentar para garantir a transformação do açúcar em álcool.

Em princípio, o bagaço fermentado fresco origina a graspa de melhor qualidade, visto que a ensilagem favorece determinadas reações bioquímicas, com a produção de compostos secundários indesejáveis sob o aspecto qualitativo. Quando a ensilagem do bagaço é necessária, convém que seja realizada com critérios. Os silos podem ser feitos de concreto, madeira, ferro revestido com epóxi ou qualquer outro material, desde que tenha hermeticidade, não libere componentes tóxicos e não favoreça a formação de odores e sabores desagradáveis. É necessário que esses recipientes estejam perfeitamente limpos, isentos de mofo ou substâncias que liberem sabor estranho prejudicial à qualidade.

A ensilagem deve ser feita logo após concluída a prensagem, uma vez que, poucas horas depois, podem ocorrer contaminações por microrganismos. Para efetuar corretamente a ensilagem, o bagaço deve ser colocado em camadas no silo, e deve-se comprimi-lo para evitar bolsas de ar. Quando completo, o silo deve ser protegido, na parte superior, do contato com o ar. No caso dos silos a céu aberto, a parte superior deve ser coberta com lona de plástico, sobre a qual deverá ser colocada uma camada de areia, para mantê-la aderida ao bagaço, evitando, assim, uma exposição maior ao ar.

O pH do bagaço, que é relativamente elevado, pois varia de 4,0 a 5,0, favorece o desenvolvimento de bactérias acéticas e láticas, e a consequente produção de compostos indesejáveis, como o ácido acético, ácido butírico e o 2-butanol. Portanto, um pH mais baixo induz à formação de determinados compostos secundários que atribuem à graspa melhor qualidade.

Na ensilagem, os cuidados principais devem ser no sentido de evitar perdas acentuadas de álcool, formação de quantidades elevadas de produtos secundários e desenvolvimento bacteriano.

20.4 FERMENTAÇÃO ALCOÓLICA DO BAGAÇO DOCE

Assim como acontece no mosto, também no bagaço as leveduras transformam os açúcares em álcool etílico e outros produtos secundários da fermentação alcoólica. O desenvolvimento normal da fermentação alcoólica no bagaço depende do tipo de levedura, temperatura, presença de oxigênio, teor e nível do dióxido de enxofre e umidade.

Em relação à levedura, a quantidade de células no bagaço da uva, e especialmente na película, normalmente é elevada. Eventuais dificuldades de fermentação do bagaço não se devem ao número de células de leveduras, mas às condições inadequadas ao seu desenvolvimento, tais como teor elevado de dióxido de enxofre, temperatura muito baixa ou muito elevada. Em alguns casos, a ausência de dióxido de enxofre ou um pH muito elevado provocam uma fermentação alcoólica muito rápida que, consequentemente, reduz o rendimento alcoólico e a

qualidade dos componentes secundários. Temperaturas muito elevadas favorecem o desenvolvimento de bactérias acéticas, com produção de acidez volátil. O controle da temperatura de fermentação do bagaço é difícil, por tratar-se de substância sólida, e apresentar coeficiente de troca de calor muito baixo.

O bagaço deve apresentar certo grau de umidade remanescente de uma prensagem não muito severa. Essa umidade garantirá um nível de acidez elevado ao bagaço e, em consequência, uma proteção ao desenvolvimento bacteriano.

O oxigênio necessário à fermentação alcoólica é suprido pelo ar dissolvido no interior do bagaço, uma vez que é constituído por uma massa porosa. Como já referido, é recomendável comprimir ao máximo o bagaço no silo, para reduzir a quantidade de ar em seu interior. Caso essa compressão não seja suficiente, o rendimento alcoólico baixa, em razão do favorecimento do metabolismo respiratório das leveduras e ao desenvolvimento de mofos e bactérias.

Quanto ao dióxido de enxofre, é aconselhável a utilização de pequenas quantidades, pois contribui para melhorar a qualidade da graspa. Doses excessivas são prejudiciais à qualidade da bebida, pois favorecem a formação do aldeído acético. Em bagaços doces, recomenda-se a aplicação de 6 g a 8 g de metabissulfito de potássio por 100 kg de bagaço. Essa concentração garante um efeito antisséptico, inibindo o desenvolvimento de bactérias acéticas e láticas.

A destilação de bagaço com teor elevado de dióxido de enxofre pode formar sulfato de cobre que, no decorrer das sucessivas destilações, passa para o destilado, atribuindo coloração azulada. Esse problema é observado, também, quando o alambique permanece desativado por longo período. Nesse caso, é aconselhável redestilar a graspa ou efetuar uma destilação com água pura, antes de iniciar a destilação do bagaço.

20.5 ALTERAÇÕES DO BAGAÇO

O bagaço pode se alterar ainda na fermentação alcoólica, especialmente na vinificação em tinto, quando se localiza na parte superior do mosto, ocorrendo ataque de bactérias acéticas e consequente formação de ácido acético. As alterações mais graves, no entanto, acontecem na ensilagem, principalmente no caso do bagaço doce obtido da vinificação em branco. Nesse caso, as alterações são causadas por leveduras autóctones, bactérias acéticas e mofos. Assim, uma ensilagem prolongada do bagaço favorece a formação de ácido acético, especialmente quando no interior do silo há disponibilidade de oxigênio. Essas transformações reduzem o teor alcoólico, formam quantidades elevadas de ácido acético e de acetato de etila, componentes que irão interferir nas características organolépticas da graspa. As alterações mais prejudiciais à qualidade da graspa são aquelas em que o ácido tartárico é degradado pela ação de bactérias, com formação de ácido propiônico e butírico.

A ensilagem do bagaço doce libera mais metanol em relação à ensilagem do bagaço fermentado, pois a hidrólise enzimática da pectina é mais acentuada no primeiro caso. Essa transformação é mais importante no primeiro mês da ensilagem.

A ensilagem do bagaço favorece também a formação dos alcoóis superiores 1-propanol e o 2-butanol.

20.6 ALAMBIQUE PARA OBTER GRASPA

A qualidade da graspa depende, principalmente, do tipo e das características do bagaço, da técnica de destilação e do alambique utilizado.

O alambique para elaboração da graspa, difundido na região vitícola da Serra Gaúcha, é fabricado totalmente em cobre martelado ou laminado, para aumentar a resistência e tornar a superfície lisa (Figura 20.1). Desse modo, evita-se a formação de crostas, devidas à aderência das partículas do bagaço, ou de substâncias graxas nas paredes, facilitando a limpeza.

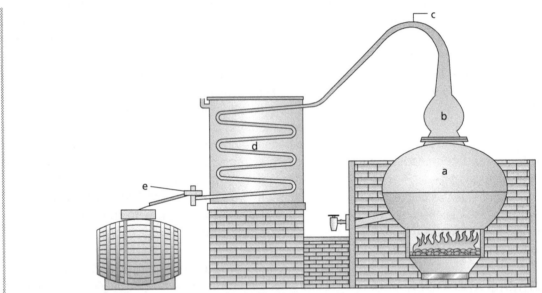

Figura 20.1 Alambique utilizado para a destilação do bagaço. a) caldeira; b) capitel ou capacete; c) pescoço de cisne; d) serpentina; e) porta-alcoômetro.

O cobre é o metal escolhido, pois apresenta as seguintes características:
- É um metal muito maleável.
- É um bom condutor de calor.
- É fácil de limpar.
- Apresenta resistência à corrosão causada pelo fogo e por produtos destilados.
- Fixa os ácidos graxos e os componentes com enxofre, precipitando-os na forma de combinações insolúveis.
- Favorece determinadas reações de esterificação.

O alambique utilizado para a elaboração da graspa é formado das seguintes partes: caldeira, capitel, pescoço de cisne, serpentina e porta-alcoômetro.

20.6.1 Caldeira e sistema de aquecimento

A caldeira corresponde ao recipiente, onde é colocado o bagaço diluído com água para destilar. A capacidade da caldeira, dos alambiques utilizados na Serra Gaúcha, varia entre 100 e 300 L. Geralmente, apresentam a forma de cebola, com o fundo ligeiramente inclinado para facilitar a retirada do resíduo final. As caldeiras devem ter o fundo com uma espessura mínima de 5 mm e sua parte superior não deve ser encoberta para facilitar a troca de calor com o exterior e permitir a condensação dos vapores na destilação.

A fornalha deve ser montada de maneira que a chama seja conduzida em todo o redor da caldeira. A altura da chama deve ficar sempre 6 a 8 cm abaixo do nível do líquido, considerando quando todo o álcool foi extraído. O aquecimento deve ser feito a fogo direto, obtido pela combustão de lenha ou do gás de cozinha.

20.6.2 Capitel ou capacete

Corresponde à parte do destilador colocada sobre a caldeira, podendo ter a forma de pera, que continua com a tubulação designada "pescoço de cisne", ou em forma de "cabeça de mouro", que continua com um braço reto e levemente inclinado. O formato "cabeça de mouro" favorece a extração de aromas. Em ambos os casos, é interessante que o capitel fique um pouco elevado, em relação à superfície do líquido a destilar, pois favorece a obtenção de graspas de melhor qualidade.

20.6.3 Pescoço de cisne

Tubulação de cobre que serve para conduzir o vapor alcoólico do capitel ou capacete até a serpentina. Ele complementa a retificação iniciada no capitel.

20.6.4 Serpentina

Formada por um tubo cilíndrico com maior diâmetro na parte superior, próxima ao pescoço de cisne, colocado em um recipiente no qual circula água fria, para condensar os vapores alcoólicos. Para uma caldeira com capacidade de 100 litros, a serpentina deve ter um comprimento mínimo de 2,6 m.

20.6.5 Porta-alcoômetro

Dispositivo que permite medir permanentemente, durante o processo de destilação, o grau alcoólico e a temperatura do destilado. Permite, também, retirar amostras para efetuar análise sensorial para a separação das diferentes partes do destilado.

20.7 MANUTENÇÃO DO ALAMBIQUE

Durante a destilação, deposita-se no fundo da caldeira uma borra de natureza orgânica, constituída de substâncias corantes, tartarato e resíduos de produtos destilados. A presença de microrganismos, como bactérias e fungos, que se desenvolvem sobre esses compostos, proporciona a formação de substâncias de sabores e odores desagradáveis para a graspa.

A retirada desses resíduos orgânicos pode ser feita com uma lavagem com detergente alcalino em solução aquosa de 2 a 3%, seguida de uma passagem de escova e rinsagem com água limpa. Dessa maneira, as paredes ficam limpas, sem que o cobre seja atacado. Não é recomendável utilizar ácidos fortes, como o clorídrico e o sulfúrico, que agridem o cobre.

Outra parte que necessita de manutenção cuidadosa é a serpentina. A água utilizada na refrigeração contém sempre cálcio e magnésio que formam sais que aderem à superfície da serpentina. O uso prolongado do alambique, forma incrustações de 1 a 2 mm de espessura, que dificultam as trocas térmicas entre a água de refrigeração e os vapores alcoólicos na serpentina, provocando condensações inadequadas. Esses depósitos minerais são eliminados facilmente com detergentes ácidos, utilizados em soluções de 4 a 5%.

20.8 DESTILAÇÃO DO BAGAÇO PARA ELABORAÇÃO DA GRASPA

O termo destilação corresponde à separação das substâncias voláteis presentes no bagaço, inicialmente transformadas em vapor, e depois condensadas. A operação é conseguida por meio do calor, necessário para a ebulição, e do frio para a condensação.

O princípio da destilação se baseia na diferença entre o ponto de ebulição da água (100 °C) e do álcool (78,4 °C). A mistura água e álcool, contida na solução de bagaço da uva, apresenta ponto de ebulição variável em função do grau alcoólico. Assim, o ponto de ebulição de uma solução hidroalcoólica é intermediário entre aquele da água e do álcool, e será tanto mais próximo desse último, quanto maior o grau alcoólico da solução.

De modo geral, os alambiques utilizados para a elaboração da graspa na região vitícola da Serra Gaúcha são do tipo *Charantais*, e não estão equipados de colunas retificadoras ou de deflegmadores, que permitem obter destilados com graduação alcoólica mais elevada. São alambiques simples, a fogo direto, que operam com bagaço submerso, e que, para obtenção da graspa, requerem duas destilações.

O processo de destilação inicia com a colocação do bagaço e de um determinado volume de água, suficiente para submergi-lo na caldeira do alambique. A proporção de água utilizada, normalmente, é de uma parte de bagaço, para uma parte de água. Deve-se ter o cuidado para que o bagaço não fique em contato direto com o fundo do alambique. Nesse sentido, pode-se usar uma grade de ferro, colocada no fundo da caldeira. Na prática é utilizado, também, colocar no fundo da caldeira uma camada de palha de trigo ou de milho para a mesma finalidade.

A seguir, o capitel deve ser colocado sobre a caldeira e acende-se o fogo na fornalha. A chama deve ser mais intensa no início, até que o destilado comece a sair da serpentina. Nesse momento, a intensidade da chama deve ser reduzida e a destilação continuar até que o alcoômetro assinale 10 °GL. Por motivos econômicos, não convém extrair completamente o álcool da solução. Na falta de alcoômetro, pode-se considerar a destilação concluída quando, a partir de 100 kg de bagaço de uva, tenham sido extraídos 20 a 25 L de destilado. Esse destilado, designado corrente, que corresponde à totalidade do álcool extraído do bagaço, apresenta entre 15 e 20 °GL de álcool, e deverá ser submetido a uma segunda destilação. O tempo gasto nessa primeira destilação é variável em função do tamanho do alambique, da intensidade da chama e do teor alcoólico do bagaço. O produto obtido na primeira destilação deve ser armazenado em recipiente adequado, até que se obtenha um volume suficiente para efetuar a segunda destilação.

A segunda destilação deve ser feita lentamente, controlando a intensidade do fogo e, consequentemente, a vazão do destilado. Nessa fase, para garantir a qualidade da graspa, deve-se obrigatoriamente separar as diferentes partes do destilado – cabeça, corpo ou coração e cauda –, conforme o desenrolar do processo de destilação.

A cabeça é formada pela fração do destilado que sai primeiro do alambique com graduação alcoólica de 75 a 70 °GL e representa entre 2 e 4% do volume total do líquido da caldeira. É formada principalmente por compostos voláteis de ponto de ebulição inferior ao álcool etílico. São componentes característicos da cabeça o aldeído acético e o acetato de etila.

O corpo ou coração do destilado representa a fração que sai do alambique após a cabeça, com graduação alcoólica de 70 até 40 °GL. Em volume, o coração representa entre 70 e 80% do destilado. É formado por um conjunto de componentes, cujo ponto de ebulição varia entre 78,4 e 100 °C. É a porção mais importante do destilado, pois apresenta a maior quantidade de álcool etílico e a menor proporção de componentes secundários (impurezas, componentes não alcoóis ou congêneres).

A cauda é formada por compostos voláteis, cujo ponto de ebulição é superior a 78,4 °C (ponto de ebulição do álcool), recolhidos no final da destilação. Entre os componentes característicos da cauda, destacam-se o furfural e o lactato de etila. A passagem dos componentes da cauda para o destilado é rápida quando a ebulição é mais intensa, uma vez que determinados constituintes são arrastados. O volume correspondente à porção da cauda representa entre 10 e 20% do volume total do destilado.

Concluída a destilação, a porção referente ao corpo ou coração é separada para receber os tratamentos adequados até ser consumida na forma de graspa. As demais partes, referentes à cabeça e à cauda, devem ser armazenadas conjuntamente e depois redestiladas isoladamente, ou junto com a corrente. A graspa obtida da destilação da mistura entre as porções de cabeça e cauda não apresenta a mesma qualidade daquela proveniente da destilação normal.

20.9 RENDIMENTO DA GRASPA

De modo geral, 100 kg de uva originam entre 70 e 75 L de mosto e 25 a 30 kg de resíduos da fermentação, também denominado bagaço. O mesmo é formado pela película, semente e ráquis, matéria-prima para elaboração da graspa.

O rendimento médio do processo, considerando o destilado a 50 °GL, é de aproximadamente 10 L de graspa para 100 kg de bagaço. No entanto, o rendimento é variável em função do tipo de bagaço e das condições de ensilagem. Considera-se, na prática, que a partir de 100 kg de bagaço seja possível extrair tantos litros de destilado a 50 °GL, quanto tenha sido o grau alcoólico do vinho obtido a partir daquela uva.

20.10 REDUÇÃO DO GRAU ALCOÓLICO DA GRASPA

O destilado alcoólico obtido a partir do bagaço da uva, geralmente, apresenta graduação compreendida entre 50 e 60 °GL. Quando a graspa é destinada à venda direta, sem envelhecer, deve-se reduzir o grau alcoólico para 38 a 40 °GL, pela adição de água. A legislação brasileira estabelece que a graspa deve ter entre 38 e 54 °GL de álcool.

Para reduzir o grau alcoólico da graspa, pode-se utilizar a seguinte fórmula:

$$X = \frac{A - B}{B} \times 100$$

onde:

X = quantidade em litros de água a adicionar em 100 L de destilado;

A = grau alcoólico inicial do destilado;

B = grau alcoólico desejado para a graspa.

A água utilizada para reduzir o grau alcoólico deve possuir baixo teor de sais, especialmente de cálcio, que, em meio alcoólico, é pouco solúvel e causa problema de turvação e depósito. Por isso, recomenda-se utilizar água destilada. Caso a redução do grau alcoólico provoque problemas de turvação, deve-se filtrar a graspa.

20.11 ENVELHECIMENTO DA GRASPA

A graspa apresenta na sua constituição um número elevado de compostos aromáticos, que lhe atribuem características particulares de aroma e sabor. Para harmonizar esses constituintes e, consequentemente, os aspectos organolépticos, a graspa deve passar por um período de envelhecimento, geralmente, em recipiente de madeira, por um período mínimo de seis meses. O objetivo é melhorar a qualidade sensorial, e não corrigir possíveis defeitos da bebida. Entretanto, o fato de envelhecer não implica obrigatoriamente a melhoria da qualidade, visto que o somatório do aroma próprio da bebida acrescido daquele extraído da madeira nem sempre é compatível.

Nesse período, as transformações mais significativas ocorrem em consequência da oxidação de determinados componentes, da solubilização de compostos da madeira e posterior passagem para a bebida, além da diminuição do volume e do grau alcoólico.

20.12 PREPARAÇÃO DA GRASPA PARA ENGARRAFAMENTO

Com o tempo, determinados componentes da graspa se insolubilizam, precipitam e causam turvações, alterando o aspecto e prejudicando a qualidade da bebida. Esses componentes devem ser eliminados por meio da clarificação e da refrigeração seguida de filtração, antes do engarrafamento.

A clarificação pode ser feita tanto com produto orgânico ou mineral, os quais, depois de diluídos na água, são introduzidos na graspa lentamente e de modo homogêneo. Esses produtos têm a capacidade de arrastar as impurezas para o fundo do recipiente. Um clarificante muito utilizado é a gelatina líquida, na quantidade de 30 a 100 g/hL.

A refrigeração tem o objetivo de insolubilizar determinados óleos essenciais para separá-los depois por filtração. A graspa deve ser resfriada a uma temperatura de –10 a –15 ºC por, no mínimo, 48 horas. A filtração tem por finalidade garantir a limpidez e a estabilização da graspa, até o consumo. Recomen-

da-se que o engarrafamento seja feito somente após rigoroso controle analítico e organoléptico.

20.13 CARACTERÍSTICAS SENSORIAIS DA GRASPA

O copo mais adaptado para degustar a graspa é o tipo tulipa pequeno e a temperatura ideal para a avaliação sensorial está entre 18 e 20 ºC. Em relação ao aspecto, a graspa deve sempre apresentar-se límpida. A sua tonalidade varia, por exemplo, de uma graspa envelhecida em recipiente de madeira, com coloração amarela, de outra graspa nova, conservada em recipiente inerte, com coloração branca. As sensações olfativas provêm dos componentes voláteis contidos na graspa, os quais pertencem, na maior parte, a quatro grupos de compostos.

20.13.1 Ésteres

Representados por um conjunto de componentes que atribuem aromas florais e frutados à graspa. Assim, o acetato de isoamila lembra o aroma da banana, enquanto o caproato de etila lembra a violeta e o abacaxi. No entanto, o acetato de etila não tem participação positiva na qualidade da graspa, pois possui aroma acético e de solvente, além de provocar sensação de secura na boca. O teor de acetato de etila da graspa é variável segundo a origem do bagaço, o seu estado de conservação e o modo de destilação.

20.13.2 Alcoóis superiores

Em comparação com outras bebidas fermento-destiladas, a graspa se destaca por apresentar teores mais elevados de alcoóis superiores, especialmente em 2-butanol. Em princípio, os alcoóis superiores apresentam sensação tipicamente alcoólica. No entanto, alguns possuem aroma que lembra remédio (álcool amílico ativo); outros apresentam aroma herbáceo (hexanol); e outros, ainda, possuem aroma floral que lembra rosa (2-fenil-etanol) ou mel (tirosol).

Em geral, apenas três alcoóis superiores – 3-metil-1-butanol, 2-metil-1-butanol e 2-metil-1-propanol – representam aproximadamente 90% do total dos alcoóis superiores encontrados na graspa.

Os alcoóis terpênicos são característicos das variedades aromáticas, tais como Moscato, Gewürztraminer e Malvasia.

20.13.3 Ácidos voláteis

Entre os ácidos voláteis, o ácido acético corresponde de 85 a 95% do total dos ácidos orgânicos livres presentes na graspa. Os ácidos propiônico, isobutírico e isovalérico participam negativamente na formação do aroma da graspa. Os ácidos graxos de cadeia mais longa, ao contrário, apresentam aromas mais suaves e agradáveis.

20.13.4 Aldeídos

Geralmente, formam-se pela oxidação dos alcoóis na fermentação alcoólica, no envelhecimento do vinho e no processo de destilação. No decorrer do período de envelhecimento da graspa, observa-se, também, um aumento do teor de aldeídos. Os dois principais componentes desse grupo na graspa são o acetaldeído ou aldeído acético, que têm como origem a oxidação do álcool etílico na fermentação alcoólica, e o furfural, que se forma pelo aquecimento dos açúcares não fermentescíveis. O teor de acetaldeído depende principalmente da quantidade de dióxido de enxofre utilizada no mosto, antes da fermentação alcoólica. Esses componentes atribuem sabores desagradáveis à graspa.

O exame gustativo é realizado por meio da absorção pela boca, de uma pequena quantidade de graspa. Primeiramente, observa-se a sensação alcoólica, em seguida, o gosto doce, depois, o ácido, o amargo, e, no final, as demais sensações tácteis. Com a boca ligeiramente aberta, e inspirando ar, pode-se avaliar a sensação olfato-gustativa.

O gosto doce é devido ao álcool e também à sacarose, que eventualmente foi adicionada, e contribui para atenuar a sensação cáustica provocada pelo álcool que desidrata a mucosa da boca. O sabor ácido é devido aos ácidos voláteis que passam para a graspa na destilação. Além de atribuir sabor ácido, esses componentes conferem também corpo à graspa. O gosto amargo é devido à presença dos ácidos butírico e propiônico. Alguns polifenóis extraídos da madeira, no caso das graspas envelhecidas, também podem causar gostos amargos.

Geralmente, a graspa é avaliada organolepticamente, com o mesmo grau alcoólico em que é consumida. No entanto, determinados degustadores preferem diluí-la entre 30 e 35 °GL para efetuar a avaliação. Esse procedimento é útil para detectar possíveis defeitos. No entanto, deve-se considerar que a diluição reduz a concentração de todos os componentes.

Outro procedimento utilizado para avaliação da graspa, especialmente quanto ao aspecto olfativo, consiste em cheirar o copo vazio que continha graspa. Essa técnica favorece a percepção de determinados aromas mais evidentes no final da degustação. Na prática, os destiladores colocam um pouco de graspa na palma da mão e, depois de esfregá-la fortemente, levam-na ao nariz, para detectar determinados defeitos.

20.14 ALTERAÇÕES DA GRASPA

Nas Tabelas 20.1, 20.2, 20.3 e 20.4, são descritas, de forma esquemática, as principais alterações que podem ocorrer na graspa, com as possíveis causas e os tratamentos aconselhados para elas.

Tabela 20.1 Principais alterações que podem ocorrer na limpidez e na cor da graspa.

Alteração	Causa	Correção
Turvação	Utilização de água com excesso de cálcio, na redução do grau alcoólico.	Filtração
	A redução do grau alcoólico insolubiliza componentes de peso molecular elevado.	
Coloração amarelada	Liberação de ferro por alguma parte do alambique ou outro recipiente utilizado.	Redestilação
	Presença de componentes oriundos da queima do bagaço (empireumáticos)	Descoloração com carvão
Coloração azulada	Presença de cobre em quantidade elevada	Redestilação Limpeza do alambique

Tabela 20.2 Principais alterações que podem ocorrer no aroma da graspa.

Alteração	Causa	Correção
Cheiro de mofo	Destilação de bagaço atacado pelo mofo ou devido à falta de limpeza do alambique	Tratamento com carvão
Cheiro de vinagre	Destilação de bagaço acetificado	Redestilação com separação adequada dos componentes da cabeça
Cheiro de uva atacada de podridão	Destilação de bagaço com teor elevado de ácido sulfídrico e de mercaptano	Redestilação com separação adequada dos componentes da cabeça
Cheiro de fumaça ou de queimado	Aquecimento excessivo do bagaço na destilação, com formação de furfural	Redestilação suave com separação adequada dos componentes da cabeça

Tabela 20.3 Principais alterações que podem ocorrer no sabor da graspa.

Alteração	Causa	Correção
Sabor metálico	Passagem de elementos minerais no período de conservação ou de destilação do bagaço	Redestilação
Sabor de madeira	Extração acentuada de tanino, pouco nobre, devida a um período de envelhecimento muito prolongado	Clarificação com gelatina
	Envelhecimento da graspa em pipas novas feitas com madeira inadequada	
Gosto amargo	Conservação do bagaço de modo inadequado e consequente formação de quantidades elevadas de ácido propiônico e butírico, e falta de separação desses componentes na destilação	Clarificação com gelatina e redestilação
Sabor ácido	Separação inadequada dos componentes da cauda	Desacidificação com carbonato de cálcio e redestilação

Tabela 20.4 Principais alterações que podem ocorrer na composição físico-química da graspa.

Alteração	Causa	Correção
Teor elevado de metanol	Conservação inadequada e muito prolongada do bagaço	Redestilação
	Separação insuficiente dos componentes da cabeça	
Teor elevado de alcoóis superiores	Conservação inadequada do bagaço	Redestilação
	Separação insuficiente dos componentes da cabeça e da cauda	
Teor elevado de acidez	Destilação de bagaço acetificado devida à conservação inadequada	Desacidificação com carbonato de cálcio e redestilação

BIBLIOGRAFIA

ALMEIDA FURTADO, D. de. **Tecnologia agrícola.** Porto Alegre: Centro Acadêmico Leopoldo Cortez, 1969. 240p.

ASSOCIAZIONE NAZIONALE ASSAGGIATORI GRAPPA. **L'assagio della grappa.** Brescia: ANAH, 1982. 71p.

BELCHIOR, A. P. Qualidade e composição química de aguardentes de bagaço. I. Influência dos tempos de ensilagem dos bagaços. **De vinea e vino Portugaliae documenta,** Lisboa, v. 7, n. 4, p. 1-8, 1977.

BELCHIOR, A. P.; CARVALHO, E. C. Implicações da termovinificação nos teores de metanol e nas fermentações dos bagaços. **De vinea e vino Portugaliae documenta,** Lisboa, v. 8, n. 3, p. 1-14, 1978.

BRASIL. Leis, decretos etc. Portaria 9, 13 de janeiro de 1983. Dispõe sobre a complementação dos padrões de identidade e qualidade para o destilado alcoólico simples, conhaque (cognac) e graspa ou bagaceira. **Diário Oficial,** Brasília, 17 jan. 1983.

DE ROSA, T.; CASTAGNER, R. **Tecnologia delle grappe e dei distillati d'uva.** Padova: Edagricola, 1994. 416p.

FENOCCHIO, P. **Pesquisa sobre análise de aguardentes.** Pelotas: Instituto de Pesquisas Agropecuárias do Sul, 1972. 47p. (Ipeas. Boletim Técnico, 79)

FERRARESE, M. **Distillazione pratica moderna.** Bologna: Edagricole, 1980. 296p.

GONÇALVES, V. A. Les eaux-de-vie de marc du Portugal. In: BERTRAND, A. **Les eaux-de-vie traditionnelles d'origine viticole.** Paris: Lavoisier Tec & Doc, 1991. p. 38-42.

KUBLER, L. M. Contribution a l'analyse des eaux-de-vie de l'est de la France (Eaux-de-vie de fruits, marc de Gewurztraminer): determination e signification de Ia fonction "alcools supérieurs + methanol". 1979. 198f. Thèse (Doctorat) – Université Louis Pasteur, Strasbourg, 1979.

LAFON, J.; COUILLAUD, P.; GAY-BELLlLE, F. **Le Cognac:** sa distillation. 5. ed. Paris: J.B. Bailliere, 1973. 287p.

MUNOZ, R. J. **Enciclopedia de las alcoholes.** Barcelona: Editorial Planeta, 1996. 412p.

ODELLO, L. **Como fare e apprezzare la grappa.** Brescia: AEB, 1983. 118p.

ODELLO, L. **La distíllazione delle essenze.** Verona: Casa Editrice Demetra, 1983. 74p.

ODELLO, L. **Assagio della grappa e dell'acquavite d'uva.** Sommacampagna: La Casa Verde, 1989. 43p.

RIZZON, L. A. et al. Características analíticas dos conhaques da Microrregião Homogênea Vinicultora de Caxias do Sul (MRH 311). **Ciência e Tecnologia de Alimentos,** Campinas, v. 12, n. 1, p. 43-51, 1992.

SALTON, M. A. **Elaboração de graspa:** manual prático para o pequeno produtor de bebidas. Santa Maria: 1997. 22p. (Mimeografado.)

SOUFLEROS, E.; BERTRAND, A. Étude sur le "Tsipouro", eau-de-vie de marc traditionnelle de Grece, precurseur de l'ouzo. **Connaissance Vigne Vin,** Talence, v. 21, n. 2, p. 93-111, 1987.

SOUFLEROS, E.; BERTRAND, A. La production artesanale du "Tsipouro" a Naoussa (Grece). In: BERTRAND, A. **Les eaux-de-vie traditionnelles d'origine viticole.** Paris: Lavoisier Tec & Doc, 1991. p. 19-26.

UBIGLI, M. Le grappe a D.O.C.; e ruolo dell'analisi sensoriale alia luce delle attuali conoscenze. **Vini d'ltalia,** Roma, v. 34, n. 2, p. 159-173, 1992.

VERSINI, G.; ODELLO, L. Grappa: considerations on the italian traditional distillation. In: BERTRAND, A. **Les eaux-de-vie traditionnelles d'origine viticole.** Paris: Lavoisier Tec & Doc, 1991. p. 32-37.

VERSINI, G.; MARGUERI, G. Rapporto fra i constituenti volatili della grappa e le caratteristiche organolettiche. **Vini d'ltalia,** Roma, v. 21, n. 122, p. 269-277, 1979.

21

PISCO

BEATRIZ HATTA

21.1 INTRODUÇÃO

21.1.1 História

O pisco é originário do departamento de Ica, Peru, e seu nome vem do porto de Pisco, pelo qual se exportava e onde ancoravam todos os navios que navegavam pela costa ocidental das Américas, para comerciar e adquirir essa bebida.

A palavra "pisco" é de origem quéchua, idioma dos Incas, que significa "pássaro". Os numerosos bandos de aves marinhas que por dezenas de milhares habitam o porto de Pisco, contribuíram para dar seu nome ao porto desde a época pré-colombiana.

Pela Lei n. 26.426 de 8 de agosto de 1995, o Pisco tem sido declarado denominação de origem e patrimônio nacional.

21.1.2 Legislação

De acordo com a Norma Técnica Peruana NTP 211.001-2002, o pisco se define da seguinte maneira: "é aguardente obtida exclusivamente por destilação de mostos frescos de 'uvas pisqueiras' recentemente fermentados, utilizando métodos que mantenham o princípio tradicional da qualidade estabelecida nas zonas de produção reconhecidas".

O pisco deve ser elaborado exclusivamente com as denominadas "uvas pisqueiras", variedades da espécie *Vitis vinifera*:

- ◆ Quebranta
- ◆ Negra Corriente
- ◆ Mollar
- ◆ Itália
- ◆ Moscatel
- ◆ Abilla
- ◆ Torontel
- ◆ Uvina

Para a produção de pisco, é indispensável que tanto os vinhedos como as adegas estejam localizadas nas zonas de produção reconhecidas. As zonas permitidas pela denominação de origem são: Lima, Ica, Arequipa, Moquegua e Tacna.

Os tipos de pisco considerados na NTP são:

- ◆ **Pisco puro:** é o pisco obtido exclusivamente de uma só variedade de uvas pisqueiras. Pode ser aromático ou não aromático.
- ◆ **Pisco mosto verde:** é o pisco obtido da destilação de mostos frescos de uvas pisqueiras com fermentação interrompida.
- ◆ **Pisco Acholado:** é o pisco obtido da destilação de mostos frescos completamente fermentados, provenientes da mistura de diferentes variedades de uvas pisqueiras aromáticas ou não aromáticas, ou da mistura dos piscos de diferentes variedades de uvas pisqueiras.

21.1.3 Componentes do pisco

O pisco é um destilado alcoólico no qual se encontram também outros compostos distintos que constituem as denominadas impurezas ou componentes voláteis minoritários que aparecem em quantidades variáveis, dando ao produto as suas características sensoriais próprias. Essas impurezas derivam da matéria-prima, da fermentação e da destilação.

Do ponto de vista químico, as principais impurezas podem ser agrupadas em terpenos, ácidos, alcoóis superiores, aldeídos, éster e metanol.

Terpenos: são compostos que dão aroma aos piscos; provêm da uva e se encontram na casca e no mesocarpo.

As uvas aromáticas como a Itália e a Torontel possuem uma alta quantidade de terpenos. O linalol é o terpeno mais abundante nos piscos da variedade Itália, encontrando-se também geraniol e nerol.

Ácidos: o predominante é o acido acético que é produzido pela levedura durante a fermentação alcoólica. Este ácido também pode ser produzido em quantidades anormais, por bactérias acéticas.

Também existem ácidos graxos como o propiônico, butírico, hexanoico, octanoico etc., alguns formados pelas leveduras e outros por bactérias contaminantes, como as láticas e butíricas. Alguns desses ácidos graxos poderiam conferir sabor desagradável ao destilado, mas são saponificados pelo cobre do alambique e outros esterificam com os alcoóis.

Alcoóis superiores: estão constituídos pelo álcool amílico, isoamílico, isobutílico, propílico, butílico, hexanol, feniletanol etc.

Os alcoóis superiores são formados pela levedura durante a fermentação alcoólica por redução e descarboxilação de ácidos cetônicos, os quais podem originar-se a partir de aminoácidos ou de açúcares. O hexanol é a exceção, já que provém da redução do hexanal, produto sintetizado nas folhas e logo transportado à baga.

A quantidade de alcoóis superiores formados durante a fermentação será mais ou menos importante, dependendo da raça das leveduras e da natureza dos aminoácidos contidos no mosto.

A temperatura de fermentação também influi no conteúdo de alcoóis superiores, já que a menor temperatura de fermentação (15 a 20 °C) resulta em maior quantidade de álcool isoamílico, amílico e feniletanol que são compostos agradáveis e melhoram a qualidade sensorial do vinho e destilado. Outros, como o propanol, se produzem em maior concentração a temperaturas mais altas de fermentação (30 °C).

Os alcoóis superiores destilam principalmente na primeira fração do destilado e logo decrescem rapidamente nas frações de corpo e cauda; portanto, podem ser considerados compostos de cabeça.

Os alcoóis amílicos, propanol, propanol-1 e butanol-1 destilam principalmente na cabeça do destilado, e, em seguida, sua concentração decresce rapidamente no corpo e na cauda, enquanto o hexanol e o feniletanol são produtos de cauda.

Os alcoóis superiores são componentes voláteis essenciais do complexo aromático por seu aroma próprio e também por sua ação de solvente sobre outras sustâncias aromáticas que se encontram no vinho e que são muito voláteis.

O álcool amílico resulta em odor particularmente agradável em quantidades normais. No entanto, em quantidades excessivas confere odor e sabor desagradáveis; o mesmo acontece com os alcoóis isoamílico e isobutanol. O propanol e butanol, em concentrações normais, são inodoros, porém contribuem para as características alcoólicas da bebida. O fenil-2--etanol tem odor de rosa muito agradável. O hexanol tem cheiro herbáceo (vegetal), podendo ser responsável pelo esverdeado dos destilados.

Aldeídos: dentro desse grupo temos o acetaldeído (etanal) e o furfural.

O acetaldeído, o mais importante no pisco, se forma durante a fermentação, sendo um produto intermediário entre o açúcar e o álcool. A oxidação do álcool pelas bactérias acéticas também produz acetaldeído, mas em menor quantidade. O acetaldeído está presente no vinho e na aguardente e se encontra em maior proporção na primeira fração do destilado (cabeça).

O furfural é um aldeído de cheiro agradável, inexistente no vinho. Forma-se em pequenas quantidades no curso da destilação, a partir dos açúcares residuais, como consequência do aquecimento em meio ao ácido. Alguma quantidade de furfural se produz por decomposição das pentoses durante o aquecimento do vinho. O furfural começa a destilar na fração corpo, aumentando sua concentração de forma paulatina, à medida que transcorre a destilação, pelo qual se considera um produto da fração cauda.

Ésteres: responsáveis pelo buquê do pisco, são formados principalmente durante a fermentação alcoólica, no interior das leveduras. Alguns também se formam durante a destilação, quando os ácidos graxos de alto peso molecular saem da célula de levedura e estereficam com o álcool etílico e os alcoóis superiores.

A produção de éster pelas leveduras depende da disponibilidade de oxigênio durante a fermentação.

Geralmente, em condições anaeróbicas, decresce a produção de acetato de butila, acetato de isoamila, acetato de feniletila e acetato de hexila, enquanto que a de acetato de etila aumenta.

A existência dos ésteres no pisco deve-se principalmente à presença de leveduras no alambique. Os vinhos destilados com suas borras dão destilados com maior quantidade de ésteres do que aqueles destilados sem elas (pois as leveduras estão presentes nas borras).

Alguns dos ésteres do pisco provém da uva, sendo parte integrante de essências específicas da cepa. Uvas muito maduras resultam em aguardentes pobres em ésteres.

Os ésteres, em geral, se comportam como produtos de cabeça já que destilam principalmente na primeira fração e sua concentração decresce rapidamente durante o processo, aumentando em pequena quantidade no final da destilação, pela presença de lactato de etila e, principalmente, succinato de dietila que são produtos de cauda.

Os ésteres etílicos de monoácidos graxos de alto peso molecular, como o hexanoato, octanoato e decanoato de etila, conferem um odor agradável ao destilado, ainda que provenham de ácidos com odores desagradáveis.

Entre os ésteres, o que se encontra em maior quantidade no pisco, é o acetade de etila. Também se encontram outros ésteres como acetato de isoamila, formiato de etila, hexanoato, octanoato e decanoato de etila. O acetato de etila é um componente negativo à qualidade do pisco por ser o responsável pelo odor picante (ácido), enquanto o acetato de isoamila, que tem cheiro de banana, é um indicador de qualidade.

Metanol: é formado pela desmetilação da pectina da uva, reação catalisada pelas enzimas pectinametilesterases que se encontram principalmente nas cascas das uvas e que se liberam durante a obtenção do mosto. A quantidade de metanol aumenta se a fermentação do mosto se dá com a maceração do bagaço (cascas e sementes). É por isso que os piscos aromáticos, cujos mostos são fermentados na presença de bagaço (para obter os terpenos), contêm mais metanol que os piscos não aromáticos, cuja fermentação é conduzida na ausência de bagaço.

21.2 MATÉRIAS-PRIMAS

São as variedades de uvas, cujas características, por sua vez, são influenciadas por fatores como clima, solo, cultivo, adubo, poda, tratamento fitossanitário etc. Cada variedade tem diferente composição química, que varia de acordo com o lugar de cultivo.

a. Variedades para a elaboração de pisco puro

Quebranta: é uma variedade de uva tinta, que é o resultado da adaptação nos vales peruanos de uma variedade das Ilhas Canárias, trazida ao Peru pelos espanhóis. Seu primeiro lugar de cultivo no Peru foi Cuzco de onde passou para Ica e demais vales da Costa. A Quebranta, dada as modificações sofridas, é uma variedade considerada como própria do Peru.

O fruto dessa variedade apresenta um grão redondo, de tamanho mediano, de grande riqueza em açúcares, porém, com baixo conteúdo de acidez (4-4,5 g/L em ácido tartárico). Seu rendimento em mosto é alto, chegando, em alguns casos, a 75-80% do peso da uva colhida.

A casca apresenta cor não bem definida que tende para uma coloração intermédia entre o vermelho e o violáceo, podendo ser clara. As variações na cor, conteúdo de açúcar, tamanho etc., que de um ano para outro se apresentam nos grãos, obedecem ao clima e a alguns dos cuidados culturais. Portanto, em um clima seco, no qual a quantidade de água no terreno seja deficiente, o grão resulta menor, de menor rendimento em mosto e de uma coloração mais intensa.

Sua rusticidade tem permitido que seu cultivo alcance grande difusão na maioria dos vales vitivinícola do Peru.

Negra corriente: é utilizada como complemento da uva Quebranta. Seus cachos são cônicos, alongados e soltos. Os grãos são achatados, medianos e de cor púrpura a avermelhado escuro.

Uvina: apresenta bagas pequenas de cor azul-escuro, cacho grande e muito abundante. Sua origem é desconhecida, porém tem se adaptado bem às condições do solo e clima de Lunahuaná, Pacarán e Zúnhiga, vales pertencentes ao departamento de Lima e que possuem certa altitude (400 a 900 m). Os piscos produzidos são agradáveis e bem estruturados, com uma nota de verde, similares a Quebranta, porém um pouco mais adstringente que este.

b. Variedades para a elaboração de pisco aromático

Itália: esta variedade de uvas brancas é utilizada tanto para a uva de mesa como para elaborar um pisco aromático, resultando em um excelente produto. Seus cachos são soltos, seus grãos grandes, de forma oval, sua pele é grossa e de cor verde-clara que passa para o amarelo-palha pelo efeito da insolação e de um amadurecimento mais intenso. Caracteriza-se pela sua riqueza em compostos aromáticos tipo moscato muito pronunciado, fazendo com que se obtenham piscos com um delicioso perfume.

Albilla: é também uma variedade de uva branca de origem europeia. Acredita-se que esteja relacionada com o "Albillo" espanhol e que agora se apresenta modificada pela adaptação ao meio distinto àquele que lhe deu origem. O cacho apresenta-se solto, o grão é de uma cor verde-amarelado, redondo, cheio e semiduro. Resulta em um pisco de boa qualidade e de aroma suave.

Torontel: esta variedade aromática pertence à família dos *moscazos*. Apresenta pele de cor verde-pálida, mas, pela ação dos raios solares, as uvas podem tornar-se da cor dourada-tostada. Oferece aromas de moscatel, similares à uva Itália, porém mais fina. Seus piscos são elegantes, de aromas delicados e bem estruturados, lembram frutas tropicais e flores brancas, como jasmim e magnólia.

Moscatel: esta variedade é importada. Seus cachos, de tamanho médio e de forma quase cilíndrica, possuem grãos da cor amarela-esverdeada. Seu mosto possui o aroma característico de moscato, sendo muito açucarado. Apresenta rendimento menor que as demais variedades, porém, fornece um pisco muito fino de aromas e sabor delicados.

21.3 PROCESSAMENTO

No Peru, a produção artesanal do pisco é predominante e os métodos de elaboração são variáveis (obtenção do mosto, fermentação e destilação). Na Figura 21.1, pode ser observado o fluxograma de operações para elaborar o pisco.

Em seguida, são descritas as operações com algumas recomendações para elaborar um pisco de qualidade.

a) Colheita: deve ser feita quando a uva atinge um amadurecimento adequado, o qual se determina medindo a concentração de açúcar e acidez. Recomenda-se realizar a colheita quando a uva tiver uma quantidade de açúcar de 222 g/l (que equivale a 13 °GL potencial) e quando a acidez estiver entre 5-8 g de ácido tartárico por litro (pH 3,2 a 3,5).

Durante a colheita deve-se evitar desgranar, amassar e aquecer os cachos, pois isso traria como consequência a contaminação e fermentação indesejável.

b) Transporte da uva para a adega: deve ser feito em caixas plásticas de pouca capacidade para assegurar que os grãos não se rompam e se produza em seu interior deterioração microbiana e oxidativa.

c) Recepção e peso da uva: a uva é pesada e recepcionada nos lagares, que são depósitos de cimento amplos, de pouca altura, construídos na entrada das adegas.

Figura 21.1 Fluxograma de operações para a elaboração do pisco.

d) Esmagamento: realiza-se para romper os grãos e liberar o suco e, dessa forma, obter o mosto. Nessa operação, deve-se evitar triturar em excesso a casca, que proporciona maior produção de metanol, em função da liberação e ativação das enzimas pectinases que se encontram na casca, evitar que haja uma maior oxidação do mosto, em virtude da liberação e ativação das enzimas polifenoloxidases, e que se diminua o rendimento pela formação de uma maior quantidade de lodo.

Nas adegas artesanais, essa operação é realizada nos lagares, mediante a pisa, que consiste em amassar os cachos com os pés (de um grupo de pessoas), enquanto, nas adegas, industriais esta operação é realizada mediante o uso de moedores ou prensas mecânicas.

e) Encubação e fermentação: o mosto enche os tanques ou as cubas de fermentação deixando um quarto da sua capacidade vazia.

A fermentação alcoólica, processo no qual o açúcar é transformado em álcool etílico e gás carbônico, é realizada pelas leveduras selvagens que se encontram na casca das uvas.

A temperatura adequada para a fermentação é de 25 °C, não podendo ultrapassar os 30 °C. Durante a fermentação, deve-se controlar a temperatura e a densidade do mosto diariamente com a finalidade de determinar a finalização desse processo.

A fermentação pode ser realizada sem maceração, ou com maceração parcial ou completa do bagaço (casca e semente) das uvas. Recomenda-se fazer uma maceração curta (24 horas) para que as leveduras presentes nas cascas passem para o suco e a fermentação tenha início o mais rápido possível. No caso da elaboração de piscos aromáticos, a maceração poderia durar um tempo maior (48 horas) para permitir uma maior extração dos terpenos. Não é recomendável fazer macerações mais longas (mais de 48 horas), pois isso poderia aumentar o conteúdo de metanol significativamente.

No início, deve-se agitar o mosto, principalmente quando este se encontra em contato com suas cascas (remontagem), com a finalidade de propiciar a reprodução das leveduras naturais e a extração dos aromas.

Considera-se que a fermentação está concluída quando se obtiver uma densidade menor que 1.000 (aproximadamente 994-996).

f) Trasfega: é realizada quando a fermentação está concluída. Consiste em separar o vinho de suas borras (sedimentos), mediante decantação, de tal maneira que se obtenha um líquido limpo para ser destilado. Porém, recomenda-se deixar um pouco de borra de levedura, pois isso confere um melhor aroma, em virtude de as leveduras liberarem ácidos graxos, durante a destilação, que, por sua vez, reagem com alcoóis (etílico e superiores), resultando em ésteres (compostos aromáticos).

g) Destilação do vinho: é realizada em destiladores de cobre de diferentes desenhos como: falcas, alambique simples e alambiques com "esquenta vinhos".

A falca é o destilador mais antigo e tradicional. É constituída por uma caldeira (*paila*) de cobre bastante grossa e um tubo longo, também de cobre denominado "alonga" (*cañon*), embutidos em uma estrutura de tijolos ou concreto.

A caldeira é aquecida pela combustão de lenha dentro de uma fornalha, localizada sob a caldeira. A alonga vai se estreitando e inclinando, à medida que se distancia da caldeira e passa por um condensador (reservatório de água chamado "alberca") onde se produz a condensação dos vapores alcoólicos que percorrem o canhão (Figura 21.2).

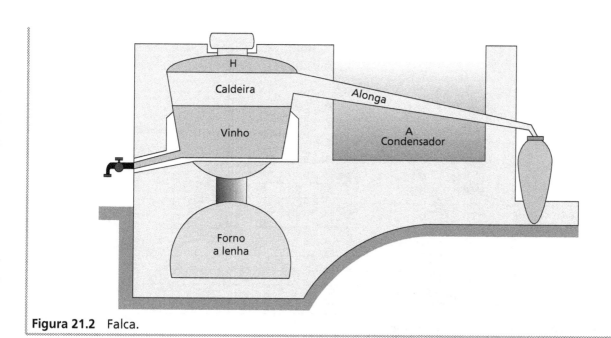

Figura 21.2 Falca.

O alambique simples é constituído por uma caldeira, o capitel (ou elmo), a alonga (ou pescoço do cisne) e o condensador. Esse tipo de destilador ao apresentar o capitel, diferentemente da falca, não permite que os compostos voláteis pesados passem facilmente para o destilado, visto que, no capitel, há um resfriamento dos vapores alcoólicos, o qual produz uma condensação dos compostos voláteis mais pesados que regressem à caldeira (Figura 21.3).

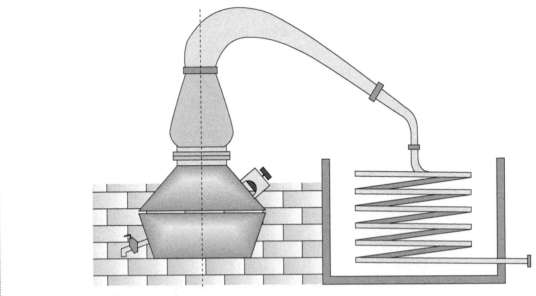

Figura 21.3 Alambique simples.

O alambique com esquenta-vinho é similar ao alambique simples, só que apresenta um tanque intermediário (esquenta-vinho) entre a caldeira e o condensador. No esquenta-vinho, coloca-se o vinho que vai ser destilado na próxima batelada de destilação, para que ganhe calor e, ao mesmo tempo, sirva para resfriar os vapores alcoólicos que saem da caldeira. Esses vapores condensam-se por completo no condensador, saindo do aparelho na forma de destilado (Figura 21.4).

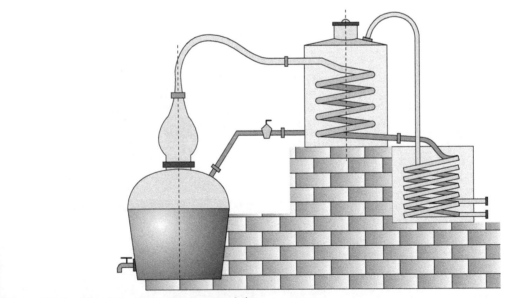

Figura 21.4 Alambique com esquenta-vinho.

O cobre é um elemento essencial nos alambiques, visto que tem um papel muito importante no rol catalítico de certas reações químicas, como a esterificação dos ácidos graxos com os alcoóis e a complexação de moléculas de odores pouco agradáveis para as características organolépticas do pisco, se estas forem muito abundantes (tióis, mercaptanas e ácidos gordurosos).

O cobre produz uma redução da acidez e dos teores de aldeídos e compostos de enxofre que participam no defeito organoléptico observado nas aguardentes destiladas na ausência do cobre. O cobre fixa os ácidos graxos (butílico, caprílico, cáprico e láurico), puros ou diluídos que possuem um odor muito penetrante e excessivamente desagradável, formando sais insolúveis (sabão).

Durante a destilação, o aquecimento do vinho deve ser lento, para que os ésteres se formem e/ou se liberem da levedura.

Na destilação descontínua (falca e alambiques), a composição do destilado varia com o tempo, obtendo-se, em uma primeira etapa, os componentes mais voláteis e solúveis em álcool. A graduação inicial do destilado é alta, 60 a 70 °GL, dependendo da graduação do vinho base, para depois decrescer constantemente. Além da temperatura de ebulição, a solubilidade dos compostos é um dos fenômenos fundamentais na obtenção de alcoóis, pois permite que os compostos de maior solubilidade em álcool se encontrem na primeira fração do destilado, e os compostos mais solúveis em água se encontrem na fração final. Isso explica, por exemplo, a presença de componentes do buquê, cujo ponto de ebulição é superior aos 170 °C, sendo que o vinho base só alcança 105 °C na caldeira do alambique. Assim, a separação dos compostos do vinho base dependerá da pressão de vapor resultante de se solubilizar em água e/ou álcool.

Os diferentes compostos voláteis podem ser classificados segundo sua afinidade com o etanol e/ou água, o que determinará o momento em que serão destilados:

◆ Compostos de baixo ponto de ebulição (menor que 100 °C), e solúveis em etanol destilam, primeiro, na fração cabeça (acetaldeído e acetato de etila).

◆ Compostos cujo ponto de ebulição é próximo ao da água e são solúveis em água, destilam na metade da fração coração (ácido acético, 2-feniletanol, lactato de etilo e succinato de dietila).

◆ Compostos de alto ponto de ebulição e muito solúveis em água, destilam na parte final da fração coração e na fração cauda (furfural).

◆ Compostos com maior ponto de ebulição e completa ou parcialmente solúveis em etanol, destilam durante a primeira fase da destilação (ácidos graxos e éster).

◆ Compostos de baixo ponto de ebulição, solúveis em etanol e completa ou parcialmente solúveis em água destilam durante a cabeça e todo o coração do destilado (metano e, alcoóis superiores).

Segundo o que foi dito anteriormente, os distintos compostos destilados podem ser classificados segundo a etapa em que destilam:

Produtos de cabeça:

a) positivos: ésteres (acetato de hexila, acetato de 2-feniletila, butirato de etila, hexanoato de etila, octanoato de etila, decanoato de etila, dodecanoato de etila) e terpenos (linalol, óxidos de linalol e nerol);

b) negativos: aldeídos, acetato de etila, alcoóis superiores (propanol, isobutanol, hexanol, butanol, amílico e isoamílico), homólogos insaturados de hexanol (cis-3-hexeno-1-ol, trans-2--hexeno-1-ol, trans-3-hexeno-1-ol) e metanol.

Produtos de coração:

a) positivos: acetato de 3-feniletila e terpenos (hotrienol, a-terpineol, linalol);

b) negativos: ácido isobutílico e metanol.

Produtos de cauda:

a) positivos: ésteres (lactato de etila, succinato de dietila) e 2-feniletanol;

b) negativos: furfural, ácido butírico e metanol;

c) neutros: ácido hexanoico, ácido octanoico e ácido decanoico, se considerariam positivos já que evitariam a hidrólises dos correspondentes ésteres.

Ao iniciar a destilação, se separam os primeiros litros que são denominados "cabeças", constituídas por compostos como o metanol, acetaldeído, ésteres e alcoóis superiores, e ao final da destilação, de acordo com o grau final do pisco (recomenda-se 42 °GL) se separam as "caudas" constituídas por compostos como o furfural, também metanol e alguns alcoóis superiores. A Figura 21.5 mostra a evolução dos componentes majoritários voláteis durante a destilação do pisco.

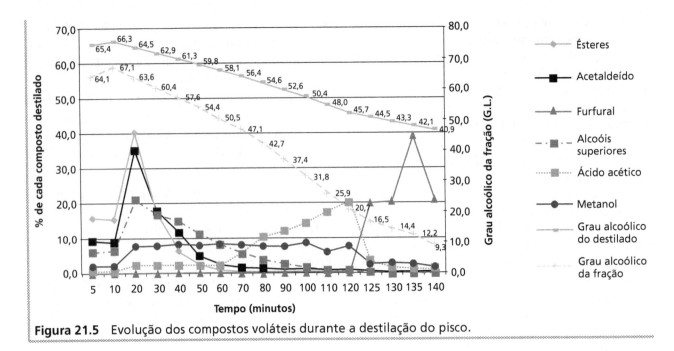

Figura 21.5 Evolução dos compostos voláteis durante a destilação do pisco.

h) **Repouso:** de acordo com a Norma Técnica Peruana NTP 211.001-2002, o pisco deve ter um repouso mínimo de três meses em recipientes de vidro, aço inoxidável ou qualquer outro material que não altere as suas características físicas, químicas e organolépticas, antes de seu engarrafamento e comercialização. No repouso, ocorre o desenvolvimento de processos de equilíbrio químicos que resulta no afinamento e na eliminação do gosto de caldeira. Esse tempo baseia-se na experiência dos produtores, os quais indicam que, para conseguir uma melhora das características sensoriais do pisco, bastam três meses de repouso.

Ainda não existe investigação a respeito de quanto deve ser o tempo e a temperatura adequada para o repouso. O que deve ser levado em conta é que, diferentemente de outras aguardentes que se envelhecem em barris de carvalho, para que a madeira lhes confira aromas, sabores e cor característicos, no pisco, o desejável é que se mantenham os aromas primários e secundários, ou seja, os aromas da uva e os que procedem da fermentação e destilação. Em função disso, não é recomendável um repouso muito prolongado, pois poderia ocasionar a perda desses aromas.

i) **Engarrafamento:** o pisco é acondicionado em garrafas de vidro transparente, de 500 e 750 mL de capacidade, que se fecham com tampas de metal. Na Figura 21.6, são mostradas as garrafas de 750 mL de capacidade.

Figura 21.6 Garrafas de pisco.

21.4 CARACTERÍSTICAS SENSORIAIS E QUÍMICAS DO PISCO, QUE DETERMINAM SUA QUALIDADE

O pisco deve-se distinguir por suas características químicas e sensoriais. Dentro das características sensoriais, se observam o aspecto, a cor, o aroma e o sabor, enquanto, nas químicas, se consideram o teor de álcool etílico, o álcool metílico, os ácidos voláteis, os ésteres, os aldeídos, o furfural e os alcoóis superiores.

Quanto às características sensoriais, o pisco apresenta um aspecto transparente e incolor, e seu aroma e sabor dependem fundamentalmente da variedade da uva e do método de elaboração.

Entre os componentes químicos, o álcool etílico representa, em média, 42-46% em volume da composição do pisco; os ácidos, principalmente o acético, alcançam até 0,7 g/L de pisco; o álcool metílico pode chegar até níveis de 100-150 mg/100 cm³ de álcool anidro (A.A). Os ésteres (expressos em acetato de etila) devem estar na faixa de 3-60 mg/100 cm³ de A.A.; o furfural não deve ultrapassar os 5 mg/100 cm³ de A.A.; os alcoóis superiores (expressos como álcool amílico) devem ter de 60 a 350 mg/100 cm³ de A.A. O total de componentes voláteis e odoríferos oscila entre 150 a 750 mg/100 cm³ de A.A.

As características químicas, assim como as sensoriais, sofrem variações, às vezes, muito grandes derivadas da matéria-prima e do processamento. Assim, o conteúdo de impurezas, como metanol, alcoóis superiores, ésteres e aldeídos (acetaldeído e furfural), dependerá da variedade da uva, do método de obtenção do mosto, das condições de fermentação e do método de destilação.

Os ácidos voláteis, ésteres, aldeídos e alcoóis superiores que são os compostos que constituem buquê do pisco, têm diferentes pontos de ebulição e solubilidade em álcool e água e, portanto, sua presença no pisco varia segundo a proporção de componentes de cabeça e cauda que se separam na destilação. O destilador pode, em consequência, obter um pisco mais ou menos carregado desses componentes, de acordo com a quantidade de cabeça que elimine ou cortando a destilação no momento em que for conveniente.

O pisco é uma aguardente que, diferentemente dos produtos produzidos em outros países, não sofre retificação, diluição com água, nem envelhecimento; isso para manter os compostos aromáticos que provêm da uva, da fermentação e da destilação, os quais fazem que esta bebida seja única no mundo.

BIBLIOGRAFIA

ALONSO, P. **Estudio sobre la destilación de los principales constituyentes de los vinos destinados a la elaboración de pisco**. 1985. 72f. Tesis (Ingeniero Agrónomo) – Facultad de Facultad de Agronomía e Ingeniería Forestal, Pontificia Universidad Católica de Chile, Santiago, 1985.

BAUTISTA, J. et al. **Estrategias para el desarrollo de la industria del pisco**. Lima: Fondo Editorial Pontificia Universidad Católica del Perú, 2004. 131p. (Colección gerencial al día).

COMISIÓN DE REGLAMENTOS TÉCNICOS Y COMERCIALES. **NTP 211.001-2002**: bebidas alcohólicas: piscos: requisitos. Lima, 2002. 11p.

DOMENECH, A. **Influencia de la maceración de orujos y corte de cabeza en el contenido de terpenos en piscos de la variedad Italia** (*Vitis vinifera* L. var. *Italia*). 2006. 154f. Tesis (Ingeniero en Industrias Alimentarias) – Facultad de Industrias Alimentarias, Universidad Nacional Agraria La Molina, Lima, 2006.

FLANZY, C. **Enología**: fundamentos científicos y tecnológicos. Madrid: Editorial AMV; Mundi Prensa, 2000. 782p.

GNEKOW, B.; OUGH, C. Methanol in wines and must: source and amounts. **American Journal of Enology and Viticulture**, Davis-California, v. 27, n. 1, p. 1-6, 1975.

HATTA, B. **Influencia de la fermentación con orujos en los componentes volátiles del pisco de uva italia** (*Vitis vinifera l.* var *italia*). 2004. 88f. Tesis (Magíster Scientiae en Tecnología de Alimentos) – Escuela de Postgrado, Universidad Nacional Agraria La Molina, Lima, 2004.

LOYOLA, E. Influencia de la maceración fermentativa y del grado alcohólico de destilación sobre los compuestos volátiles mayoritarios del pisco. **Alimentos**, Santiago, v. 20, n. 1-2, p. 45-54, 1995.

MARAIS, J.; RAPP, A. Effect of skin-contact time and temperatura on juice and wine. Sudáfrica. **South African Journal of Enology and Viticulture**, Stellenbosch, v. 9, n. 1, p. 22-30, 1988.

MIGONE, O. **Estudio sobre la destilación de diversas sustancias aromáticas de vinos destinados a la elaboración de piscos**. 1986. 91f. Tesis (Ingeniero Agrónomo) – Facultad de Agronomía e Ingeniería Forestal, Pontificia Universidad Católica de Chile, Santiago, 1986.

PALMA, J. C.; SCHULER, J. Evaluación del efecto de tres sistemas de destilación en la calidad del pisco de uva Quebranta en el Perú. In: CONGRESO NACIONAL DEL PISCO, 3., 14 al 16 de Octubre de 2004, Lunahuaná, Cañete-Perú: CD-ROM de ponencias.

PEREA, J. **El pisco tiene sabor peruano**. Lima: Cadenas Productivas del MITINCI, 1999. 146p.

22

RUM

EMILIO HECHAVARRÍA FERNÁNDEZ

22.1 INTRODUÇÃO

Cristovão Colombo fez sua segunda viagem às terras americanas em 1493. Nas ilhas Canárias, ordenou o carregamento de colmos de cana-de-açúcar. O grande almirante nunca imaginou que esse cultivo seria a base de uma florescente indústria americana. A cana-de-açúcar marcou, com sua monocultura, a agricultura e a economia do Caribe e de boa parte de América, dando origem a uma das bebidas destiladas mais universalmente conhecidas, o rum.

Massa pegajosa e de cor marrom, o açúcar de cana era conhecido na Idade Média como *Sal Indicum*. Foi introduzido pelos árabes, no Mediterrâneo, no século X de nossa era.

A cana-de-açúcar, *Saccharum officinarum*, é originária de Nova Guiné, passando para Sumatra e Índia. É uma gramínea que pode alcançar mais de dois metros de altura. Seu talo fibroso contém uma grande quantidade de açúcar. Tornou-se conhecida na Europa a partir das guerras de conquista de Alexandre, o Grande, na Índia (353-323 a.C.). O cultivo da cana e o produto obtido foram explorados no Chipre, na Sicilia e no sul da Itália, de onde passou para o sul da Espanha e para as Ilhas Canárias.

Veneza e Barcelona, centros do comércio do açúcar medieval, cotavam, entre seus produtos, o melaço da cana, que tinha fama de substituta do mel de abelha.

Enrique "o marinheiro", filho de João I de Portugal, a introduziu, em 1420, na Ilha da Madeira.

Colón, casado com Beatriz Muniz de Perestrello, neta do descobridor dessa ilha, conhecia perfeitamente as potencialidades econômicas dessa cultura.

As primeiras canas semeadas em 1493, no Caribe, se perderam; mas, tentando novamente o seu cultivo com novas variedades, conseguiu-se a primeira produção de açúcar comercial no engenho de Pedro de Atiensa, em Santo Domingo, no ano de 1506.

A partir desse momento, começa a introdução do cultivo nas terras da América. Diego Velásquez as levou para Cuba no primeiro terço do século XVI.

No Brasil, a introdução da cana-de-açúcar não tem uma data precisa, porque a ênfase do comércio colonial de exportação, desde o descobrimento em 1500 até a terceira década do século XVI, esteve dedicado, primordialmente, à exportação do pau-brasil, com fama de colorante natural.

O cronista espanhol Antonio de Herrera escreveu que existia um engenho em operação em 1518; mas, seja isso verdadeiro ou não, já em 1519 existiam evidências da presença de açúcar no Brasil. Em 1526, a Casa do Comércio de Lisboa (Alfândega) recebia açúcar do nordeste brasileiro.

Em 1532, a expedição do capitão Martin Afonso de Sousa, encarregada de colonizar as terras, trouxe para o Brasil o cultivo da cana-de-açúcar. Em 1533, logo que o rei de Portugal João III instituiu o sistema de capitanias hereditárias, se estabeleceram numerosos engenhos na atual costa oriental do Brasil, conseguindo-se uma base firme para o desenvolvimento da indústria açucareira.

Valorizada inicialmente pelo açúcar que produz, logo se descobriu que existiam outros usos para os subprodutos da cana-de-açúcar. Era possível fermentar o espesso líquido marrom (melaço) que restava, logo após a extração do açúcar, e destilar para produzir uma estimulante bebida alcoólica.

22.1.1 História do rum

A origem da palavra "rum" é ainda objeto de discussão entre historiadores e filólogos. Alguns a associam a *saccharum*, nome latim do açúcar. Outros a associam a derivações do termo *rumbullion*, palabra original de Devonshire, Inglaterra, cujo sentido original era o de "grande tumulto", termo da época para briga ou confusão.

Como indicava Campoamor (1985), o fonema inglês *rum* entra em bom número de termos de marinharia e licoreria, como *rummage* (lugar de estiva nos antigos veleiros), *rummager* (encarregado da estiva nos barcos ou aparatos para bater o líquido em sua destilação), *rummer* (copo alto ou taça onde se bebe licor), *rummey* (vinho muito forte e muito comum entre os marinheiros ingleses, durante os séculos XVI a XVIII) e *rumbistion*, cujo sentido original era o de definir os destilados obtidos dos melaços de cana.

A primeira menção da palavra "rum" vem de um documento do Governador Geral da Jamaica, emitido, em 3 de julho de 1661, e daí se derivaram os termos castelhanos de *ron* e francês *rhum*.

Mencionado pela primeira vez em documentos de Barbados em 1650 como *kill-devil* ou "mata demônio", foi modificado nas Antilhas francesas como *guildive*. Os colonizadores e a população escrava, trazida à força da África, logo se acostumaram ao consumo desta bebida. Os escravos, batizaram-na como *tafia*.

As Antilhas francesas e Barbados abasteceram inicialmente de rum, as populações da costa leste dos Estados Unidos. Rapidamente, substitui-se a exportação de rum pela de melaço, que passou a ser destilado em mais de 150 destilarias ao longo da costa leste americana. O rum serviu como meio de pagamento no florescente comércio triangular dos escravos, desenvolvido pelos ingleses. Os barcos negreiros zarpavam das costas africanas repletos de escravos que eram, por sua vez, trocados por melaço nos portos do Caribe. Posteriormente, as destilarias da costa oeste dos Estados Unidos converteram aquele melaço em rum para completar o ciclo do comércio triangular.

Um fato fortuito contribuiu para a difusão do conhecimento e o consumo do rum. O vice-Almirante William Penn, durante a campanha 1655, tomou e ocupou a Jamaica. Sua missão era arrebatar colônias do império espanhol em West Indies por ordem de Cromwell. Ocupada a ilha, não encontrou reservas de cerveja ou vinho, com o qual iria garantir a porção diária estabelecida a seus marinheiros, porém, rum em quantidade suficiente. Substituiu a porção estabelecida de um galão de cerveja por dia e por homem, por meio litro de rum puro, o que foi estendido a todos os marinheiros ingleses que estavam em serviço em West Indies, por um regulamento de 1731, e logo estendido a toda a Armada. Posteriormente, o vice-Almirante Edward Vernom introduziu, em 1756, a mistura da porção com água, o que se popularizou com o nome de *grog* até os nossos dias. A marinha inglesa repartiu a última porção de rum em 30 de julho de 1970.

A produção de rum se espalhou por todos os territórios do Caribe, da América Central e boa parte do Sul da América. Seu consumo se popularizou nos Estados Unidos a partir do produto das destilarias da Nova Inglaterra durante a ocupação inglesa.

O comércio do rum de Antigua, Barbados e Jamaica se baseava na troca por bacalhau com os atuais territórios marítimos do Canadá, *New Foundland* e Nova Escócia; deu lugar ao popular *screech*.

A Europa foi e é, primariamente, um importador de rum, envelhecendo e misturando-o com seus próprios alcoóis, em seus territórios, sobretudo a partir da importação dos pesados runs da Jamaica, que, na Alemanha, diluídos em uma relação de 1:19 se denominam *Rum verschnitt* e, na Áustria e nos antigos territórios do extinto império austro-húngaro, *Inländer Rum*.

A difusão mundial do cultivo da cana-de-açúcar tem dado lugar a produções regionais fora do Caribe, da América Central e do Sul. Hoje, países como Índia, Filipinas, Austrália e África do Sul são produtores e grandes consumidores de rum.

22.1.2 Mercado

O rum é, depois do uísque e da vodka, a bebida destilada mais consumida no mundo. Pelos níveis estimados de venda no mercado de destilados da categoria *Premium*, no fim de 2006, o rum ocupava o 3º lugar no mundo (41 milhões caixas de 9 L), somente superado pelo uísque (escocês) e pela vodka. Na Tabela 22.1, estão relacionadas as bebidas destiladas *Premium* mais vendidas em 2006.

Tabela 22.1 Vendas estimadas de bebidas destiladas em 2006.

Classificação	Categoria	Milhões de caixas de 9 L
1	Uísque (escocês)	63,9
2	Vodca	60,8
3	Rum	45,5
4	Outros uísques	32,4
5	Licores	24,3
6	Conhaque e *brandy*	20,0
7	Gin	16,7
8	Tequila	12,3
9	*Bitters*	11,3
10	Anis / Pastis	7,2
11	Outros	6,6
Todos os destilados *Premium*		301,0

Fonte: Impact Data Bank. Citado em Impact, v. 36, fev. 2007.

Os dez mercados mais importantes para o consumo do rum em nível mundial, ao final de 2003, são mostrados na Tabela 22.2.

Tabela 22.2 Os dez principais mercados de rum em nível mundial em 2003.

Classificação	País	Milhões de caixas de 9 L
1	Índia	21,03
2	E.U.A.	18,62
3	Filipinas	13,65
4	México	5,95
5	República Dominicana	4,45
6	Alemanha	3,86
7	Canadá	2,83
8	Espanha	2,65
9	Venezuela	2,54
10	Brasil	2,50

Fonte: Impact Data Bank. Citado em Impact, v. 35, jan. 2005.

22.1.3 Definição legal de rum

O Decreto n. 6.871 de 4 de junho de 2009, do Ministério da Agricultura, Pecuária e Abastecimento (MAPA), regulamentou a padronização, a classificação, o registro, a inspeção, a produção e a fiscalização de bebidas no Brasil.

Art. 93. Ron, rhum ou rum é a bebida com graduação alcoólica de trinta e cinco a cinquenta e quatro por cento em volume, a vinte graus Celsius, obtida do destilado alcoólico simples de melaço, ou de misturas de destilados de caldo da cana-de-açúcar e de melaço, envelhecido total ou parcialmente, em recipientes de carvalho ou madeira equivalente, conservando suas características sensoriais peculiares.

§ 1° Ao produto poderão ser adicionados açúcares até uma quantidade máxima de 6 gramas por litro.

§ 2° Será permitido o uso de caramelo para correção da cor e de carvão ativado para sua descoloração.

§ 3° O coeficiente de congêneres não poderá ser inferior a quarenta miligramas nem superior a quinhentos miligramas por cem mililitros de álcool anidro.

§ 4° O rum poderá denominar-se: I rum leve (*light rum*), quando o coeficiente de congêneres da bebida for inferior a duzentos miligramas por cem mililitros de álcool anidro. II rum pesado (*heavy rum*), quando o coeficiente de congêneres da bebida for de duzentos a quinhentos miligramas por cem mililitros de álcool anidro, obtido exclusivamente de melaço. III rum envelhecido ou rum velho é a bebida que foi envelhecida em sua totalidade por um período mínimo de dois anos.

22.1.3.1 Outras definições e classificações

Possivelmente, não existe outra bebida destilada com tanta variedade de definições, classificações e qualidades como o rum. O rum é também a bebida destilada mais desprotegida legalmente quanto a sua definição de origem. Enquanto na França se protege a definição de conhaque, no México a da tequila, e no Brasil a da cachaça, não existe nenhuma tentativa por parte dos países produtores de legitimar a origem do rum. Todos concordam, no entanto, em afirmar sua origem caribenha.

Enquanto, na maioria dos países americanos, se define como rum somente aquele que foi envelhecido em ou com madeira de carvalho, na Europa, Estados Unidos e Índia somente se menciona nas definições a origem da matéria-prima fundamental a partir da qual se obtém a bebida.

Existem, igualmente, diversidades de critérios quanto à definição dos tempos de envelhecimento. O rum é um produto de mistura, e muitos países produtores declaram a idade de envelhecimento, bem como a do produto mais jovem integrante da mistura. Outros países produtores usam sua idade ponderada.

Para outros, a idade não tem relação com o contato do produto com a madeira de carvalho, e definem o processo como de maturação, que pode se realizar em outras embalagens, geralmente tanques de aço inoxidável.

Da mesma forma, diferem de país para país os critérios para definir o rum como velho, branco ou escuro, ligeiro ou pesado etc. O mesmo sucede com as qualidades do produto. Cuba define em seu NC 113:2001 uma grande variedade de tipos tradicionais de rum, com base em % mínimas de aguardentes envelhecidas e tempos de envelhecimento nas misturas que dão origem a cada tipo, enquanto no Brasil, os critérios que definem se o rum é pesado ou ligeiro se remetem ao conteúdo de congêneres.

Por último, nos territórios franceses de Ultramar, o rum é definido, segundo a origem da matéria-prima (garapa ou melaço), em dois tipos de bebidas: a) agrícola, se procede de suco de cana; b) industrial, se procede de melaço.

22.1.4 Composição química e valor nutritivo

Os runs, como todas as bebidas alcoólicas destiladas, têm em sua composição uma grande quantidade de compostos orgânicos provenientes de quatro fontes fundamentais: o substrato de fermentação, a fermentação, a destilação e o processo de envelhecimento.

A água constitui mais da metade do volume total de um rum e, em razão das atuais práticas de fabricação, confere pouco ou nenhum mineral de interesse já que, geralmente, se emprega água desmineralizada ou suavizada para a fabricação de runs.

Os principais compostos orgânicos presentes podem agrupar-se em alcoóis, ésteres, ácidos, aldeídos, furfural e compostos provenientes do envelhecimento.

22.1.4.1 Alcoóis

O etanol constitui, em todos os runs, mais de 99% dos alcoóis presentes, sendo o resultado do metabolismo anaeróbico das leveduras que convertem os açúcares do melaço em etanol e gás carbônico. O seguem, em ordem de importância, os alcoóis superiores (n-propanol, isobutanol e álcool isoamílico), com níveis variáveis entre si, dependendo do tipo de fermentação, dos nutrientes presentes e do tipo de destilação empregado, e sempre em quantidades não maiores que 0,5-0,7%. O metanol cujo teor não supera nos runs o 0,015%, segue em ordem de importância. O baixo teor desse composto em

relação a outras bebidas destiladas como as aguardentes de ameixa, maçã e pera, faz dos runs a bebida alcoólica destilada com menor nível de metanol, com exceção da vodka. Outros alcoóis, em níveis ínfimos, têm sido detectados em runs, como o butanol, o hexanol e o feniletanol.

22.1.4.2 Ésteres

Os principais ésteres presentes nos runs são os alifáticos, principalmente o acetato de etila, representando aproximadamente 90% do total dos ésteres presentes. Estes são formados durante a fermentação ou sintetizados durante a destilação, sobretudo se esta se realiza a partir de mostos com levedura. Levando em conta o padrão de presença de alcoóis e o de ácidos, que veremos mais adiante, encontram-se também membros de toda a série alifática de ésteres etílicos até o dodecanoato de etila, assim como o fenil acetato.

22.1.4.3 Ácidos

O principal ácido que se encontra presente em rum é o acético, representando mais de 90% do total. Outros ácidos da série alifática até o decanoico, têm sido detectados nessa bebida. Níveis variáveis de ácidos propílico e butírico se detectam, em especial em runs pesados, como os da Jamaica. Durante o envelhecimento em barris de carvalho, se obtém um incremento de ácido acético presente por oxidação do acetaldeído.

22.1.4.4 Aldeídos

O acetaldeído é o principal aldeído encontrado em rum, sendo que sua concentração no mosto fermentado provém, em grande parte, da cepa de levedura utilizada. Altas concentrações de aldeídos são indesejáveis já que dão ao rum sabor oleoso, lembrando a maçã. No entanto, em boa parte dos casos, o processo de destilação se encarrega de manter reduzida a sua concentração e seus níveis se reduzem por oxidação durante o envelhecimento.

Nas fermentações do mosto pode haver produção de algumas dicetonas vicinais, produto do metabolismo de aminoácidos, como o diacetil e a 2-3 pentadiona, mas o contato permanente com a levedura costuma reduzir, em grande quantidade, a influência desses compostos, que são removidos pela própria levedura e convertidos em compostos com menor sabor, como a acetoína e o 2-3 butanodiol.

22.1.4.5 Furfural

O furfural é o produto de aquecimento das pentoses. As pentoses se convertem em 5-metilfurfural e a hexoses em 5-hidroximetil furfural. Períodos prolongados de aquecimento do mosto fermentado produzem teores relativamente altos desses compostos que são responsáveis pelo odor de caramelo ou requentado nas aguardentes. De forma geral, em aguardentes de cana produzidas por destilação contínua, seu nível é baixo.

22.1.4.6 Compostos provenientes do envelhecimento

Ainda que nos melaços tenham sido quantificadas concentrações milimolares de ácido ferúlico, siríngico e paracumárico, aceita-se que, nos runs, a presença desses ácidos e seus aldeídos como a vanilina, o siringaldeído, o sinapaldeído etc. representa fragmentos da lignina hidrolisada, depois de sua extração da madeira do barril de carvalho. A pirólise da lignina, extraída dos barris com superfície interna queimada, produz o fenol, guaiacol, 4-etilfenol e 4-vinilderivados de fenol e guaiacol.

Muito importante, sobretudo para o odor dos runs envelhecidos durante vários anos, são as chamadas "lactonas de carvalho". De fato, os dois diastereoisómeros (3S,4S) *cis* e (3S,4R) *trans* gama lactonas do 3-metil-4-ácido hidroxioctanoico têm uma enorme importância sensorial em runs envelhecidos, que se caracterizam por tênue matiz a coco, como parte de seu buquê de amadurecimento.

22.1.4.7 Valor nutritivo

Ainda que as bebidas alcoólicas não sejam consideradas de valor nutritivo, sua ingestão aporta calorias ao ser humano. Um grama de etanol aporta 7 cal e 1 grama de açúcar 4 cal. A ingestão de 100 mL de rum com 40% de álcool e um teor máximo de 0,6% de açúcar aportará 221,8 calorias.

22.2 MATÉRIAS-PRIMAS E ADITIVOS
22.2.1 Água

A água empregada no processo de elaboração do rum deve ser potável. Não requer tratamento especial, sendo que alguns fabricantes utilizam cloro nas águas utilizadas na fermentação em níveis superiores aos empregados para tornar água potável. Essa prática não afeta as leveduras e contribui para eliminar uma boa parte da contaminação microbiana do melaço com o qual a água é misturada.

22.2.2 Substratos da fermentação

Os substratos empregados exclusivamente para se obter o rum são os derivados do processo de extração do açúcar; em primeiro lugar, os caldos ou garapas (classificados ou não), as espumas do processo de concentração ou *skimmings*, os resíduos das destilações por carga ou *dunder* e os melaços. Os caldos de cana ou garapas são muito utilizados pelas destilarias localizadas nas proximidades de usinas açucareiras. Possuem entre 12 e 16% de açúcares, resultando em mostos fermentados com 6-8% v/v de etanol. No entanto, existem três grandes desvantagens: a) sua disponibilidade é limitada somente no período de colheita e processamento da cana, já que não se pode armazená-lo, em razão de suas suscetibilidades às contaminações microbianas; b) a elevada contagem microbiana dos caldos causada pelas contaminações em decorrência do arrasto do solo, que se mistura com o suco na moenda, afetando negativamente os rendimentos; c) seu preço é relativamente mais caro que o dos melaços, já que representa um passo intermediário da produção de açúcar, enquanto os melaços são um subproduto. Os fabricantes de rum, que destilam por batelada e se especializam em runs pesados, empregam as espumas do processo de cozimento do caldo (*skimmings*) e parte dos resíduos de destilações anteriores que se contaminam com bactérias acéticas e butíricas fundamentalmente, que dão a seus produtos uma carga grande de congêneres, porém limitam os rendimentos em álcool.

Os melaços constituem um líquido escuro, viscoso e doce, com um sabor ligeiramente amargo, e com lembrança de odor de cozimento de caldos de cana durante o processo de concentração. Constituem o resíduo das sucessivas cristalizações, até geralmente três, que ocorrem durante o processo de produção do açúcar cristal.

Os melaços mais utilizados na produção do rum são os chamados méis finais ou, por seu nome em inglês *blackstrap molasses*. Esses melaços constituem entre 2,5-3% do total de cana moída em uma safra açucareira. O mel final é o substrato mais conveniente para a fermentação alcoólica, por causa de seu preço e pela facilidade de poder usá-lo diretamente após sua diluição com água, contrariamente aos substratos amiláceos que requerem tratamentos prévios para hidrolisar o amido. Sua composição química geral é a seguinte:

Tabela 22.3 Composição química de melaço.

Constituintes	%
Água	15-20
Matéria orgânica	74
Substâncias redutoras totais	46-52
Substâncias redutoras livres	0,2-1,2
Sacarose	30-40
Glicose	14
Frutose	16
Substâncias redutoras não fermentáveis	2-4
Nitrogênio total	0,51
Proteína Kjeldahl	3,2
Não açúcares orgânicos	9-12
Cinzas	8-11

Fonte: Otero (1990).

Com mais de 80% de sólidos dissolvidos, 46 a 52% de substâncias redutoras totais e elevadas concentrações de sacarose, glicose e frutose, o melaço é um substrato quase ideal para fermentação alcoólica e produção de rum. Existem, no entanto, três grandes defeitos: sua alta carga microbiana, os lodos acompanhantes e os relativamente altos níveis de cinzas.

O melaço possui uma notável contaminação de microrganismos termófilos e mesófilos. A Tabela 22.4 mostra a carga microbiana de melaços cubanos.

Tabela 22.4 Contagem bacteriana dos melaços de Cuba.

Fonte	Mesófilas totais	Termófilas totais
Meade (1967)	$3 \times 10^3 - 3,1 \times 10^4$	$1,2 \times 10^3 - 1,6 \times 10^4$
Biart (1982)	$2,1 \times 10^2 - 4,2 \times 10^3$	$1,6 \times 10^2 - 4,9 \times 10^2$

Fonte: Otero (1990).

Tabela 22.5 Bactérias acidogênicas e esporogênicas em méis finais.

Mesófilas		Termófias	
Acidogênicas	Esporogênicas	Acidogênicas	Esporogênicas
$1,5 \times 10^2 - 3,3 \times 10^3$	$1,5 \times 10^2 - 2,3 \times 10^3$	$6,3 \times 10^2 - 1,2 \times 10^3$	$9 \times 10^2 - 2,8 \times 10^3$

Fonte: Otero (1990).

Há que se lembrar que o melaço é o subproduto de um processo que tem sua origem na colheita dos colmos de cana nos campos e o consecutivo arraste da terra com eles (lodos que se arrastam no processo posterior). A composição primária dos lodos dos méis finais, a partir de resultados cubanos, é dada na Tabela 22.6.

Tabela 22.6 Composição primária dos lodos de três fábricas cubanas.

Componente (%)	Procedência		
	Fábrica 1	Fábrica 2	Fábrica 3
pH	6,20	6,30	6,08
Matéria seca	95,40	98,40	97,90
Cinzas	40,92	49,35	43,60
Matéria orgânica	54,56	49,21	54,33
Nitrogênio total	0,50	0,56	0,98
SRL (*)	22,74	4,98	8,42

(continua)

Tabela 22.6 Composição primária dos lodos de três fábricas cubanas. (continuação)

Componente (%)	Procedência		
	Fábrica 1	Fábrica 2	Fábrica 3
SRT (**)	22,74	11,48	18,82
Dextrana	0,69	1,66	1,41
P como P_2O_5	10,29	1,09	1,19
Capacidade de absorção de água[a]	25,98	22,05	26,56

Fonte: Otero (1990).

[a] Expressa como g/100 g de matéria seca;
* SRL = substâncias redutoras livres;
** SRT = substâncias redutoras totais.

Aproximadamente 80% das cinzas dos melaços é formada por carbonatos, basicamente de Ca, K, Mg e Na. O restante, está combinado com sulfatos, fosfatos e cloretos. Os conteúdos de fosfatos compõem 0,2% da matéria seca do melaço e são assimiláveis pelos microrganismos em 80%. Os conteúdos de vitaminas dos melaços são muito importantes para seu uso como substrato de fermentação (Tabela 22.7).

Tabela 22.7 Conteúdo de vitaminas em melaços de cana.

Vitamina	mg/kg
Biotina	1,2-3,2
Cloridrato de Colina	600-800
Pantotenato de Cálcio	55-65
Riboflavina	2,5
Tiamina	1,8
Inositol	6000,0

Fonte: Otero (1990).

A biotina, em especial, tem um papel fundamental no crescimento da levedura na biossíntese de ácidos graxos, usados na construção das membranas celulares. Os requerimentos para o crescimento da levedura (*Cândida utilis*) foram estimados por Schiweck (1979) em 0,25 ukg^{-1}, sendo que os melaços de cana possuem essa vitamina de forma suficiente, como também o pantotenato de cálcio, do qual requerem 12 ukg^{-1}. Os caldos de cana, no entanto, requerem suplementação, sendo então misturados a certa quantidade de melaço, para fermentar.

Defeitos mais comuns encontrados nos melaços

O armazenamento dos melaços com temperaturas superiores a 40 °C, em períodos de tempos prolongados, resulta em reações de Maillard, com reações exotérmicas que podem dar lugar a sua destruição explosiva. Por outro lado, méis contaminados com altos níveis de *Leuconostoc mesenteroides* produzem elevadas concentrações de dextranas que dificultam a fermentação do rum.

22.2.3 Nutrientes

Como mostrado na Tabela 22.3, os níveis de nitrogênio disponíveis para a nutrição das leveduras do gênero *Saccharomyces*, empregadas geralmente para a fermentação do rum, são insuficientes, havendo necessidade de suplementação do mosto com nitrogênio adicional. O nitrogênio é fundamental, pois sua deficiência afeta negativamente a fermentação, limitando a síntese de proteína e, consequentemente, a formação de novas células.

A concentração de fósforo no melaço é muito baixa, recomendando-se a sua adição principalmente na fase de propagação da levedura, para se conseguir um inóculo com elevada concentração de leveduras. Os nutrientes de uso comum são o di-amônio sulfato e o di-amônio fosfato, conforme se deseja

suplementar com nitrogênio ou fósforo. Antigamente, a ureia era de uso comum, como suplemento nitrogenado da fermentação para runs, porém tem sido demonstrada a influência desse nutriente na produção do cancerígeno carbamato de etila, sendo seu uso não mais recomendado.

Alguns fabricantes utilizam extratos de levedura ou produtos derivados dela, como forma de suplementação de alguns micronutrientes.

22.3 MICROBIOLOGIA

Os microrganismos mais utilizados para se obter o rum são as leveduras do gênero *Saccharomyces*, porém também têm sido empregadas as *Shizosaccharomyces* e as do gênero *Cândida* (*Cândida utilis*). Empregam-se cultivos propagados a partir de cepas puras, isoladas nas próprias destilarias ou compradas como leveduras secas ativas comerciais.

Os fabricantes de runs pesados, sobretudo os da Jamaica, empregam os resíduos de destilações anteriores (*dunder*), para fermentar em tanques abertos, nos quais adquirem uma ampla flora bacteriana.

Para garantir uma fermentação mais controlada, inocula-se a cepa selecionada, a partir de um tubo com ágar inclinado, em vários *erlenmeyers* com quantidades crescentes do meio de cultivo, contendo extrato de malte em escala crescente. Os meios de cultura dos *erlenmeyers* são transferidos a volumes cada vez maiores em períodos de 12-24 h, até alcançar o frasco Carlsberg, com aproximadamente 20 L de capacidade. A partir desse frasco, se inocula um pequeno fermentador ou cultivador de 200 L de capacidade, com diluição do melaço previamente esterilizado e adição de nutrientes.

O cultivador é mantido sob aeração de 8-12 h, sendo o meio de cultivo transferido para tanques pré-fermentadores que se mantêm sob aeração constante. Nesses tanques, se faz uma alimentação contínua de mosto diluído de melaço, de 2.000 L iniciais até alcançar 10% da capacidade do fermentador industrial. Estes pré-fermentadores são a base da propagação em escala industrial e alcançam uma contagem celular de aproximadamente 200 milhões de células/ml. Os produtores de runs pesados, que empregam a propagação de microrganismos, inoculam logo nas primeiras 6-12 horas da fermentação principal, cultivos de bactérias, como o *Clostridium saccharobutyricum*, em aproximadamente 2% do volume útil total do fermentador, após ter ajustado o pH a 5,5 para oferecer melhor condição de desenvolvimento às bactérias. Esse procedimento garante quantidades apreciáveis de ácidos butírico, propriônico e acético, que, por sua vez, esterificam-se durante o processo de destilação e envelhecimento.

22.4 PROCESSAMENTO

22.4.1 Descrição geral do processo de elaboração de rum

Na Figura 22.1, encontra-se o fluxograma do processamento de rum, a partir de caldo de cana ou melaço.

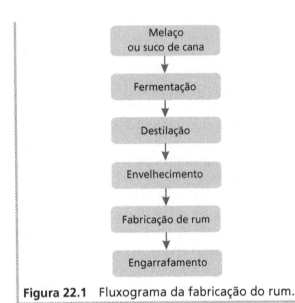

Figura 22.1 Fluxograma da fabricação do rum.

Enquanto o caldo de cana se emprega diretamente na fermentação, o melaço necessita ser diluído para um teor de sólidos solúveis adequado (14-18 Brix), por meio de misturadores estáticos ou contínuos. Geralmente, o mosto assim preparado não se esteriliza. Alguns fabricantes ajustam o pH com ácido sulfúrico ou nítrico para aproximadamente 4,0-5,5, a fim de diminuir a possibilidade de ataque bacteriano.

22.4.2 Fermentação

A fermentação tem por objetivo transformar em álcool a maior quantidade possível dos açúcares fermentáveis presentes no caldo de cana ou no melaço. A equação simplificada da fermentação alcoólica é a seguinte:

$$C_6H_{12}O_6 \rightarrow 2\ C_2H_5OH + 2\ CO_2 + 2\ ATP$$

O rendimento teórico da fermentação alcoólica é 51,11% (m/m) e o rendimento real é de, aproximadamente, 47%, já que uma parte da hexose se emprega na formação de novas células e na produção de congêneres.

Exemplificaremos o processo mediante a descrição da fermentação por lote fechado ou sistema *Jacquemin* para aguardente de cana.

Inocula-se 5-10% do volume total do fermentador com o inóculo proveniente do pré-fermentador, sobre uma parte do mosto de melaço a fermentar e, em seguida, vai se acrescentando mosto de pouco a pouco até completar o enchimento do fermentador.

Nos primeiros momentos, se emprega uma forte aeração destinada a incrementar a população de leveduras (2-3 h). Durante esse tempo, a temperatura do fermentador se mantém por volta dos 30 °C. Em fermentadores abertos, 20% do calor gerado é expulso com o CO_2 resultante; porém, se o gás é recuperado, faz-se necessário o esfriamento mediante serpentinas internas ou cortinas exteriores de água de esfriamento. O avanço da fermentação é monitorado mediante o controle do Brix do mosto. Esse tipo de fermentação dura geralmente de 24-30 h. Após seu término, o mosto fermentado é levado para destilação, com separação prévia ou não da levedura por centrifugação. Em fermentações para runs pesados, seu tempo pode se duplicar, já que uma vez concluída a fermentação alcoólica, o mosto fermentado é deixado repousar para possibilitar a fermentação bacteriana.

Foi também empregada com êxito a fermentação com reutilização de levedura ou processo *Melle-Boinot*, que consiste na recuperação da levedura posterior à fermentação, sua purificação com ácido sulfúrico diluído em baixa temperatura, para evitar a morte das leveduras, e a sua reutilização em novas fermentações. A produtividade desse sistema é o dobro da fermentação por lote fechado ou *Jacquemin*.

22.4.2.1 Defeitos da fermentação

A contaminação bacteriana é o principal problema que afeta os rendimentos na fermentação do rum. A concentração mínima de ácido acético inibidora do crescimento da levedura em um meio definido (2% p/v de glicose como fonte de carbono) é 0,6% p/v (100mM), e a de ácido lático é 2,5% p/v (278 mM). Concentrações inferiores a essas, no entanto, já produzem efeitos de estresse no crescimento das leveduras.

Além disso, outro problema na fermentação é o aparecimento de acroleína, relacionada com o glicerol produzido pela levedura que reage com Beta-

-hidroxipropionaldeído sintetizado por contaminantes bacterianos. Em especial, durante a destilação posterior, a molécula de acroleína reage com outros congêneres presentes e se formam aguardentes com sabores "picantes". Concentrações tão pequenas como 0,25 ppm de acroleína no ar afetam os olhos e o sistema respiratório dos operadores. Sua presença na fermentação é combatida utilizando-se penicilina no substrato a fermentar.

22.4.3 Destilação

O processo de destilação do rum tem o objetivo primário de separar do vinho (mosto fermentado) todo o álcool produzido na fermentação alcoólica; e, adicionalmente, de garantir, mediante a operação correta, a passagem dos congêneres favoráveis produzidos na fermentação em quantidades adequadas para o produto final. O destilado obtido do mosto fermentado do caldo ou melaço da cana-de-açúcar se denomina "aguardente". Não é ainda o produto final que desejamos, porém dá a ele seu espírito e seu coração aromático.

A destilação da aguardente para rum é realizada de dois modos: a destilação por batelada (descontínua) e a destilação contínua. Para isso, se emprega o mosto fermentado procedente das cubas de fermentação com separação prévia da levedura ou não.

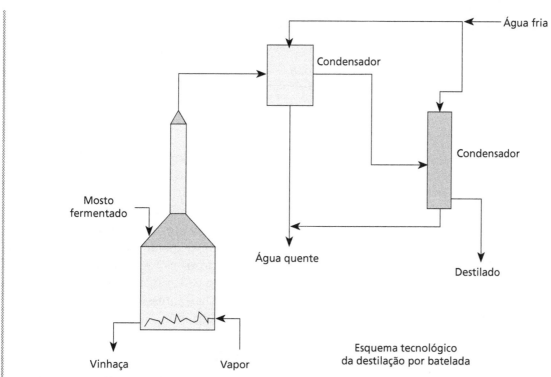

Figura 22.2 Desenho esquemático da destilação descontínua ou por batelada.

A destilação por batelada se realiza em duas etapas, de maneira similar à pratica usual para destilados de vinhos. Utilizam-se todos os tipos de destiladores de batelada, sempre construídos completamente de cobre, com deflegmadores e retificadores, ou sem eles. Para o aquecimento, se empregam aquecimento interno por meio de um distribuidor de vapor ou calandria, ou o aquecimento direto do destilador por meio do fogo de lenha ou bagaço. Os vapores passam pela alonga do destilador e se condensam em uma ou várias etapas. Em uma primeira destilação, retira-se o álcool do mosto fermentado, eliminando as cabeças. Em uma segunda etapa, destila-se o coração que tem as características aromáticas mais desejáveis. Cabeças e caudas se acrescentam ao vinho de um novo ciclo de destilação para enriquecê-lo em álcool. Alguns fabricantes conectam os destiladores de batelada em série, como forma de economizar energia, de tal forma que o produto da primeira destilação passe diretamente à caldeira do segundo e, inclusive, até um terceiro destilador.

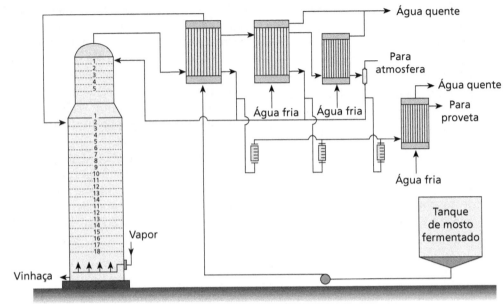

Figura 22.3 Desenho esquemático da destilação contínua.

A destilação contínua tem ganhado terreno na produção industrial de runs, sendo que todos os fabricantes importantes do Caribe usam esse processo de destilação para a produção de suas aguardentes. O mosto fermentado com uma graduação alcoólica entre 5 e 7% de álcool em volume, a 20 °C, é preaquecido no primeiro condensador, sendo introduzido na coluna na região que a divide em duas zonas: a de concentração, por cima da entrada do vinho e a de esgotamento, abaixo desse ponto, em direção ao fundo, onde se evacua a vinhaça quente. O material empregado na zona de concentração é cobre, pelo seu efeito catalítico benéfico para diminuição de compostos de enxofre e amino, assim como para potencializar as reações de esterificação. É importante aumentar o tempo de residência nessa zona, bem como a superfície de contato entre os vapores e os constituintes da coluna.

Na zona de esgotamento, tem ganhado espaço o uso do aço inoxidável e bandejas de válvulas perfuradas. O balanço dos refluxos (vapores que retornam dos condensadores para a coluna) depende do manejo da coluna pelo Mestre Destilador, em função das características da aguardente que se quer para envelhecer.

22.4.3.1 Defeitos dos destiladores de rum

- **Arrasto de líquido:** quando se excede o fluxo máximo de vapor especificado no projeto da coluna;
- **Arrasto de espuma:** às vezes, resulta imperceptível para o operador, mas seu efeito sensorial é grave. Se o arrasto de espuma for apreciável, modificará a cor da aguardente produzida.
- **Superaquecimento da aguardente:** produz-se por superaquecimento da caldeira, principalmente na destilação em batelada, ou por aumento do fluxo de vapor na destilação contínua, sendo que sua expressão sensorial é o aumento no teor de furfural.

22.4.4 Envelhecimento

A aguardente produzida com uma graduação alcoólica entre 60 e 80% de álcool em volume é submetida à primeira etapa de envelhecimento em barris de carvalho.

O envelhecimento de rum é uma etapa crucial para o desenvolvimento do buquê típico dessa bebida destilada. Caracteriza-se pela combinação das reações físico-químicas dos componentes entre si e com o oxigênio disponível, a extração de produtos aromáticos da madeira de carvalho e sua transformação durante o tempo de guarda do líquido no interior do barril. O envelhecimento pode ser conduzido em uma só etapa e a uma só graduação alcoólica, ou em várias etapas, com diferentes graduações alcoólicas. É sempre fundamental o contato com o carvalho, por meio de sua permanência em barris, ou pelo uso de extratos, ou lasca do mesmo material.

Nesse ponto, merecem especial atenção as características das madeiras de carvalho utilizadas para o envelhecimento de rum, sua estrutura anatômica e composição química. Um barril para envelhecimento realiza dois trabalhos: permite, de forma lenta, a introdução de oxigênio no produto e a extração de componentes da madeira. Os componentes mais importantes são os taninos (1% da massa do carvalho americano *Quercus alba* e 8% do europeu *Quercus robur*), a lignina e seus derivados, entre os quais os mais importantes são a vanilina e hemiceluloses modificadas, que são produzidas por ocasião do processo de queima interna, à qual os barris são submetidos por muitos fabricantes.

Existem três sistemas ou disposições para colocar os barris nos armazéns previstos para o envelhecimento:

- **Soleira galega**, que consiste em dispor uma primeira série de barris sobre duas madeiras e colocar os barris restantes em pirâmide sobre primeira linha, até dois níveis mais de barris, de forma tal que, no segundo nível de cada barril descansa entre dois da linha anterior, e assim sucessivamente. Esse sistema apresenta a desvantagem de não se aproveitar a altura do armazém e não ser possível as operações de encher/esvaziar dos barris sem afetar a estrutura da pirâmide que se forma.

- **Soleira estante** (*entrepaño*), que consiste em estruturas de madeira ou aço nos quais repousam os barris em linha. Cada barril pode ser enchido/esvaziado de forma independente e, se a estanquidade do recipiente é assegurada, seu volume pode ser completado *in situ* com mais bebida para eliminar o espaço vazio que se forma por conta da evaporação do rum sob envelhecimento. Embora esse seja o sistema mais eficiente no aproveitamento do espaço, requer um alto custo de inversão inicial e equipamentos especiais para o levantamento e remoção dos barris.

- **Paletização de embalagens,** que consiste em colocar até quatro barris em um palete e formar com até três paletes de altura uma torre. Dessa forma, se otimiza o espaço do armazém. Este sistema tem a mesma desvantagem que a soleira galega, porque os paletes têm de ser desmontados para o uso dos barris.

A primeira etapa de envelhecimento, com uma duração variável segundo o tipo de produto e o sistema de fabricação que se utiliza, pode combinar-se com até duas outras etapas sucessivas que requerem a fabricação de runs intermediários segundo o seguinte esquema.

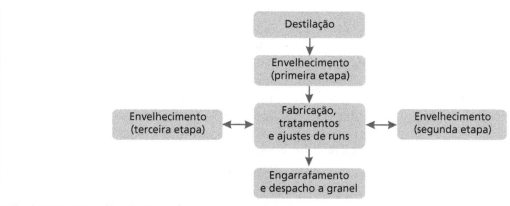

Figura 22.4 Envelhecimento de rum por etapas.

22.4.5 Fabricação do rum final, ingredientes, tratamentos e ajustes

Uma vez transcorridos os períodos de envelhecimento estabelecidos, de acordo com as formulações para cada tipo de rum, se procede a sua extração dos barris de envelhecimento. Utilizam-se basicamente dois sistemas para esse fim:

- A extração da quase totalidade do rum envelhecido dos barris instalados nas estantes fixas e seu enchimento imediato com produto fresco.

A bebida envelhecida é transferida para tanques de armazenamento na área de fabricação de rum.

- O desmonte dos paletes ou das soleiras de barris que são transferidos para a área de fabricação de rum, onde são esvaziados em cisternas apropriadas e o rum envelhecido é bombeado para tanques de armazenamento diferenciados em função tipo de produto.

22.4.5.1 Ingredientes de fórmulas

- **Álcool fino para bebidas:** álcool retificado, com grau alcoólico de 95,5% a 20 ºC, é empregado como diluidor de nota aromática de alguns runs e é parte importante em fórmulas, sobretudo nos runs da segunda etapa.
- **Água:** deve ser tratada, e geralmente na elaboração de rum *Premium*, emprega-se água desmineralizada.
- **Caramelo:** usado na produção de rum com certo grau de envelhecimento em barris com a finalidade de uniformizar a sua cor. É utilizado caramelo do processo sulfito/amoníaco denominado E-150 E na União Europeia.
- **Xarope de açúcar:** todos os runs, em maior ou menor grau, são adocicados. Os níveis de adoçamento são variáveis, sendo que alguns chegam até 10 g/L de açúcar. Geralmente, todos os açúcares de cana têm, em maior ou menor grau, níveis variáveis de polissacarídeo (impureza). Uma boa prática de clarificação do xarope é a sua alcoolização, seguida de decantação ou filtração, antes do seu uso.
- **Outros ingredientes:** o Brasil e alguns países do Caribe proíbem o uso de outros aditivos que não sejam os que foram citados anteriormente, o que não limita alguns fabricantes de utilizar extratos vegetais ou adição de percolados de uva-passa ou ameixa em quantidades variáveis.

22.4.5.2 Tratamentos

- **Diluição:** todos os runs provenientes das etapas de envelhecimento apresentam teores alcoólicos superiores às graduações estabelecidas para o consumo, e requerem uma diluição prévia, tanto no caso de serem submetidos a misturas posteriores ou de vierem a sofrer tratamentos com carvão ativo.
- **Tratamentos com carvão ativo:** esta operação é quase tão antiga como o próprio rum e já era

conhecida desde o século XVIII. Geralmente, o carvão ativo é usado para eliminar aromas desagradáveis ou correção de cor e aspereza dos runs. Existem dois tipos: os carvões – talco que se dosam em quantidades de 0,5-2 g/L com tempos de contato variáveis, desde 30 minutos até 2 h; e os carvões granulados que se colocam em colunas, através das quais o produto passa com velocidades variáveis.

- **Filtração clarificante:** o rum misturado é submetido a uma filtração, geralmente por placas filtrantes de celulose. Dessa maneira, são removidas as partículas que têm origem nos barris ou nos tratamentos com carvão ativo; além disso, elimina-se eventual turbidez.
- **Filtração de polimento:** antes de ser enviado para o engarrafamento ou para o despacho a granel, o rum é filtrado novamente, porém, dessa vez, são utilizados filtros de poros menores, próximos ao nível esterilizante. Os filtros de cerâmica ou de cartucho de celulose são geralmente utilizados para esse fim.

22.4.5.3 Misturas e ajuste

- **Misturas:** consiste na mistura de todos os ingredientes de fórmula nas proporções convenientes. A ordem da mistura é importante; a água desmineralizada, por exemplo, é acrescentada no final. Deve-se levar em consideração se não se dispõem de recipientes calibrados com um grau suficiente de precisão, e não se trabalha livre da influência da contração de volume ao misturar soluções hidroalcoólicas.
- **Ajuste:** uma vez que foram misturados convenientemente todos os ingredientes, é necessário ajustar o grau alcoólico dentro da tolerância estabelecida para cada tipo de produto. Se os cálculos foram suficientemente precisos, o ajuste não é necessário, porque se garantirá o grau alcoólico apropriado da mistura.

22.4.6 Engarrafamento ou despacho a granel

O rum filtrado e ajustado é enviado para o setor de engarrafamento ou de despacho a granel, nesse caso, se o engarrafamento é feito em outro lugar ou se o rum é exportado.

Uma linha de engarrafamento implica um conjunto de operações que podem ser realizadas manualmente, com recursos mínimos de maquinaria ou com um maior grau de sofisticação, como ocorre nas linhas de engarrafamento das fábricas líderes do mercado mundial (velocidades nas linhas de engarrafamento acima de 6.000 garrafas/h).

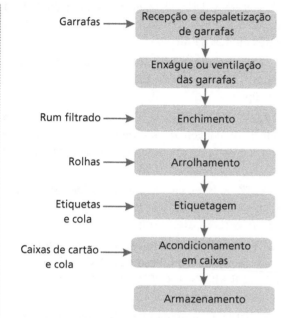

Figura 22.5 Fluxograma de uma linha típica de engarrafamento de rum.

22.4.6.1 Recepção e despaletização de garrafas

Neste ponto do processo, as garrafas são despaletizadas. Se as garrafas não são novas e estão sendo reutilizadas, há necessidade de uma operação prévia de lavagem, que é feita em máquina lavadora ou mesmo manualmente.

22.4.6.2 Enxágue ou ventilação

As garrafas despaletizadas passam por uma máquina de enxágue ou de ventilação. No caso da primeira, a água deve ser tratada e ser drenada do interior da garrafa, o máximo possível, para que não altere o grau alcoólico da bebida que se engarrafa.

22.4.6.3 Enchimento

Pode ser feito de forma artesanal ou com máquinas individuais ou automáticas. Posteriormente a essa operação, é conveniente estabelecer um controle do nível de líquido nas garrafas. O volume de enchimento deve estar dentro das tolerâncias estabelecidas pelos fabricantes das garrafas, já que volumes inferiores representam níveis desiguais no recipiente, e volumes superiores representam perdas sensíveis para o fabricante.

22.4.6.4 Arrolhamento

Essa operação pode ser executada também de forma manual, no caso de serem utilizadas rolhas plásticas. Nas linhas rápidas das empresas líderes do mercado, as rolhas do sistema *pilfer proof*, de alumínio, de rosca, e as plásticas, do sistema *guala*, ficaram populares.

22.4.6.5 Etiquetagem

Tanto para as etiquetas que são coladas manualmente como para as que se fixam com máquinas, deve-se levar em conta a gramagem do papel, a direção do corte e a impressão que se umedece com a cola. As tintas e o verniz que se utilizam não devem descolorar com o produto, nem perder sua cor na prateleira. As colas que se utilizam são desiguais, porém, as mais conhecidas são a elaboradas à base de dextrina/caseína ou polivinil. Nos últimos anos, foi desenvolvida a etiqueta autoadesiva, que requer máquinas especiais para sua colocação.

22.4.6.6 Acondicionamento em caixas

O acondicionamento das garrafas em caixas é a última operação da linha e consiste em colocar as garrafas arrolhadas e já etiquetadas em caixas de papelão de dimensões apropriadas. Depois, as caixas são paletizadas e enviadas ao armazém. Por último, os paletes podem ser selados com filme plástico.

22.4.6.7 Despacho a granel

Alguns fabricantes vendem parte de sua produção para terceiros que engarrafam o rum fora da origem. Essa prática tem muitas variantes, podendo-se comercializar aguardentes ou runs de primeira etapa para envelhecer em destinos fora da origem como ingredientes de outros produtos ou produto pronto para engarrafar. Nesses casos, são usados contêineres, cisternas de diferentes volumes para o transporte, os quais devem cumprir requisitos especiais já que o rum é considerado uma mercadoria perigosa.

BIBLIOGRAFIA

BACHURIN, P. A.; SMIRNOV, B. A. **Texnologia likerno-vodochnogo proizvodstba**. Pichevaia: Promishlennnost, 1975. 326p.

BONERA, M. **Oro blanco**: una historia empresarial del ron cubano. v. 1. Havana: Club Collection Lugus Libros, 2000. 165p.

BRASIL. Ministério da Agricultura, Pecuária e Abastecimento. Decreto n. 6.871, de 4 de junho de 2009. Altera dispositivos do Regulamento aprovado pelo Decreto n. 2.314, de 4 de setembro de 1997, que dispõe sobre a padronização, a classificação, o registro, a inspeção, a produção e a fiscalização de bebidas. Disponível em: <http://extranet.agricultura.gov.br/sislegis-consulta/consultarLegislacao.do?operacao=visualizar&id=3055>. Acesso em: 04 fev. 2009.

CAMPOAMOR, F. G. **El hijo alegre de la caña de azúcar**: biografía del ron cubano. Habana: Editorial Científico Técnica, 1985. 147p.

RON, palabra polémica. **Trabajadores**, Habana, p. 6-11, jun. 1983.

CARTA de Diego Alvarez Chanca sobre el segundo viaje de Cristóbal Colon. Disponível em: <http://www.fortunecity.com/victorian/churchmews/1216/Chanca.html>. Acesso em: 22 abr. 2006.

CHEZ CHECO, J. **El Ron en la historia Dominicana**. Santo Domingo: Ediciones Centenario de Brugal, 1988. v. 1, 248p.

INTRODUCCIÓN y cultivo de la caña de azúcar en Canarias. Disponível em: <http://www.mgar.net/azucar.htm>. Acesso em: 16 mayo 2005.

JACQUES, K. A.; LYONS, T. P.; KELSALL, D. R. **The alcohol text book**. 3. ed. Nottingham: University Press, 1999. 386p.

MAINGOTA, A. P. **Rum**: revolution and globalization. Miami: Florida International University, 2004. 41p. (Presentation to the Cuban Lecture Series). The Cuban Research Institute. The Biltmore Hotel. March 25, 2004.

OLBRICH, H. Molasses. In: HONING, P. **Principles of sugar technology**. v. 3. New York: Elsevier, 1963. 709p.

ORIGINS of oak. Disponível em: <http://waterhouse.ucdavis.edu/ven219/origins_of_oak.htm>. Acesso em: 17 dec. 2007.

OTERO, M. **Las mieles finales de caña**: composición, propiedades y usos. Habana: ICIDCA, 1990. 147p.

PUSSER'S: the original Navy Rum. Disponível em: <http://www.pussersbar.de/grog.htm>. Acesso em: 06 abr. 2005.

QUERIS HERNÁNDEZ, O. **Ciencia y tecnología de bebidas destiladas**: rones. Havana: Instituto de Investigaciones para la Industria Alimenticia, 2007. 134p.

ROIG, J. T. **Diccionario botánico de nombres vulgares cubanos**: A-L. v. 1. Habana: Editorial Científico Técnica, 1988. 599p.

SANTILLÁN VALVERDE, M. C.; GARCÍA GARIBAY, M. Biosíntesis de congenéricos durante las fermentaciones alcohólicas. **Revista Latino-Americana de Microbiología**, México, v. 40, p. 109-119, 1998.

SCHWARTZ, S. B. **Sugar plantations in the formation of brazilian society**: Bahia 1580-1835. Cambridge: Cambridge University Press, 1985. 615p.

SINGLETON, V. L. **Maturation of wines and spirits**: comparisons, facts and hypotheses. In: ANNUAL MEETING OF THE AMERICAN SOCIETY FOR ENOLOGY AND VITICULTURE, Anaheim, California, 1994, p. 28-41

THE ALCOHOLIC fermentation. Disponível em: <http://lfbisson.ucdavis.edu/PDF/VEN124%20Section%203.pdf>. Acesso em: 23 out. 2007.

THE CONTEMPLATOR'S history of grog. Disponível em: <http://www.contemplator.com/history/grog.html>. Acesso em: 06 abr. 2005.

THE NORTHAMERICAN lallemand team. **Nutrients for alcoholic fermentation**: what,when, and how: guidelines for North America. Montreal, 2002. 7p.

WILLIAMS caramel colors. Disponível em: <http://www.caramel.com/>. Acesso em: 12 mar. 2008.

WÜSTENFELD, H.; HAESSELER, G. **Trinkbranntweine und Liköre**. Berlin: Verlag Paul Parey, 1964. 623p.

TEQUILA

23

MIGUEL CEDENÕ CRUZ
JOSÉ IGNACIO DEL REAL LABORDE

23.1 INTRODUÇÃO

A tequila, produto originário do México, é considerada uma bebida de identidade nacional, está associada à cultura mexicana e conta com a proteção de uma Denominação de Origem, de forma semelhante ao *champagne* e o *cognac*, entre outras. O processo de produção da tequila atravessou, ao longo de mais de dois séculos, diferentes etapas, desde um processo rústico e tradicional, em que se moía o agave cozido, com um moinho de pedra denominado *tahona*, e a fermentação era feita em tanques de madeira, até a produção atual, na qual foram incorporadas inovações tecnológicas em cada uma das etapas, tanto do processo de produção da bebida, como do cultivo do *Agave tequilana* Weber variedade azul, única variedade de agave permitida sob a Norma Oficial Mexicana, NOM, para elaborar a tequila (MÉXICO, 2005).

Neste capítulo, é mencionada a história da tequila, as definições dos diferentes tipos e classes da bebida e as matérias-primas utilizadas em sua elaboração, com uma descrição detalhada da planta agave e seu cultivo; também é descrito o processo de produção da tequila, mencionando os fatores mais importantes em cada umas de suas etapas. Além do processo de produção, explicam-se os métodos de avaliação sensorial do produto final, os métodos de tratamento de subprodutos, como as

vinhaças e o bagaço, as estatísticas de produção, os métodos para determinar a autenticidade da tequila, concluindo-se com análises das novas tecnologias propostas para a cadeia produtiva agave-tequila.

23.2 HISTÓRIA

A história da tequila remonta à época pré-histórica, durante a qual os antigos habitantes de várias regiões do centro do México, utilizavam diferentes variedades de agaves, as quais denominavam *mezcal*, palavra que provém do vocábulo náuatle *metl*, que significa mão, para a elaboração de bebidas fermentadas com fins religiosos e cerimoniais. Quando os espanhóis chegaram ao México, conheciam a destilação, herdada dos árabes; foi quando se elaborou uma bebida destilada a partir do suco do agave fermentado, a qual, num primeiro momento, chamou-se de *vinho mezcal* e, depois, *tequila.*

A origem da palavra *tequila* é incerta, sendo que as duas teorias mais aceitas indicam, primeiro, que provém das palavras náuatle *tequitl* (trabalho, tarefa) e *tlan* (lugar); e segundo, que deriva do nome dos antigos povoadores dessa região denominados *ticuilas* (MURIA, 1990).

As primeiras destilarias instalaram-se em duas zonas principais, no século XXVII, a mais antiga, na região de Arenal-Amatitán-Tequila, localizada a oeste do atual estado de Jalisco, e a mais recente nos altos do Jalisco, a qual floresceu a partir do século XIX. Essas destilarias e tabernas instalaram-se, a princípio, para atender aos trabalhadores dos povos mineiros do estado de Jalisco e estados próximos, os quais preferiam consumir a tequila em vez de bebidas espanholas importadas como *brandy* e vinhos de mesa.

Foi no ano de 1636, durante o qual o governador de Nueva Galicia impôs um imposto real para a tequila, que teve início a sua fabricação de maneira legal, visto que não puderam diminuir seu consumo. As primeiras destilarias formais que se instalaram foram Tequila Cuervo, em 1785, Tequila Herradura, em 1870, e Tequila Sauza, em 1873, as quais continuam operando nos dias de hoje.

A exportação de tequila iniciou-se por volta de 1712 através do litoral do pacífico, principalmente para América do Norte e Europa, porém se deteve pela proibição decretada em 1785 pelo Rei Carlos III da Espanha, que durou oito anos, até 1793, quando Fernando IV a revogou. Após o início da guerra de independência do México em 1810, os produtos espanhóis ficaram cada vez mais caros e difíceis de adquirir, motivo pelo qual o consumo de tequila no mercado nacional cresceu e também pelo patriótico gosto pelos produtos mexicanos.

Com a finalidade de garantir a qualidade da tequila, no ano de 1949, o Governo Mexicano publicou a primeira Norma Oficial Mexicana para regular os processos agrícola, industrial e comercial em toda a cadeia produtiva, sendo que, em 1974, a Secretaria de Indústria e Comércio publicou a primeira declaração geral de proteção à Denominação de Origem para a Tequila (GUTIERRE, 2001).

Atualmente, existem mais de 130 destilarias registradas no Conselho Regulador da Tequila (CRT),[1] fundado em 1994. Com aproximadamente 300 marcas no mercado nacional, e por volta de 500 no mercado internacional, uma produção durante o ano de 2007 de 284,2 milhões de litros de tequila a 40% v/v, dos quais 135,1 milhões foram exportados, a indústria tequileira, que já tem conquistado o mercado mexicano com 33% de participação no setor de bebidas destiladas, se dirige para a conquista do mercado internacional.

---

[1] Conselho Regulador da Tequila, instituição autônoma, criada em 1994, com a participação do governo federal, empresas tequileiras e produtores de agave, para certificar e verificar o cultivo do agave e a produção de tequila de acordo com a Norma Oficial Mexicana.

Por isso, a indústria está se desenvolvendo em campos tão diversos como a mercadologia, o planejamento estratégico, a tecnologia de fermentações, a micropropagação, os métodos analíticos de identificação, a fitopatologia, a prospecção remota de cultivos agrícolas, um manejo integrado de cultivos, a melhoria e automatização do processo de produção, a tecnologia de embalar, o desenvolvimento de novos produtos, os sistemas de tratamento de efluentes, o aproveitamento de subprodutos e no novo conceito de biorrefinaria, para conseguir um aproveitamento integral da matéria-prima. Nessa etapa, é necessário o esforço em conjunto de todos os atuantes da cadeia produtiva; os produtores de agave, a indústria, os centros de investigação, as instâncias governamentais, o Conselho Regulador da Tequila, a Câmara Nacional da Indústria Tequileira, o comércio e as entidades financeiras, com a finalidade de oferecer ao consumidor no mundo todo, um produto inovador, com qualidade, consistência, e segurança em seu consumo, a um preço competitivo. Esse esforço, ao qual se aplicam recursos tecnológicos, humanos, financeiros e logísticos, está dando frutos, porém mesmo sendo apreciado pelos consumidores, ainda falta muito a colher.

23.3 DEFINIÇÕES

No México, as bebidas alcoólicas são elaboradas a partir de diferentes espécies de agaves, têm sido estudadas há muitos anos, e algumas dessas bebidas contam com as Normas Oficiais Mexicanas para controlar sua qualidade.

O **Mezcal**, bebida destilada obtida a partir de *A. angustifolia* Haw, *A. esperrima* Jacobi, *A. weberi cela, A. potatorum, zucc, A. salminiana* Otto e outras espécies que crescem na zona de denominação de origem, principalmente no estado de Oaxaca, sob a Norma Oficial Mexicana NOM-070-SCFI-1994 (MÉXICO, 1994).

O **Bacanora**, bebida destilada produzida no estado de Sonora, utiliza como principal matéria-prima o agave da espécie *A. angustifolia* Haw, sob a Norma Oficial Mexicana NOM-168-SCFI-2004 (MÉXICO, 2004).

O **Sotol**, do estado de Chihuahua, é uma bebida destilada a partir do *Dasylirion* spp., com um projeto de Norma Oficial Mexicana NOM-159-2003 (MÉXICO, 2003).

O **Pulque**, que é uma bebida fermentada, não destilada, é obtida a partir do *Agave atrovirens*, cujo consumo ocorre principalmente na região central do país.

Finalmente, a **Tequila**, por muito tempo a bebida mais conhecida e com maior produção, que utiliza exclusivamente o *Agave tequilana* Weber variedade azul, ao qual também se denomina comumente *agave tequileiro*. (SANCHEZ-MARROQUIN; HOPE, 1953; BAHRE; BRADBURY, 1980; TELLO-BALDERAS; GARCÍA-MOYA, 1985; GUZMÁN, 1997).

A tequila, de acordo com a Norma Oficial Mexicana vigente, NOM-006-SCFI-2005 (SECRETARIA DE ECONOMIA, 2005), é definida como:

> Bebida alcoólica regional obtida por destilação de mosto, preparado direta e originalmente do material extraído, nas instalações da fábrica de um produtor autorizado a qual deve ser localizada no território compreendido na Declaração,[2] derivados das cabeças de *Agave tequilana* Weber variedade azul, prévia ou posteriormente hidrolisadas ou cozidas, e submetidas à fermentação alcoólica com leveduras, cultivadas ou não, podendo os mostos serem enriquecidos e misturados conjuntamente na formulação com outros açúcares até em uma proporção não maior do que 49% de açúcares redutores totais expressados em unidades de massa, nos termos estabelecidos por esta NOM e que não estão permitidas as misturas a frio.[3] A Tequila é um líquido que, de acordo com sua classe, é incolor; colorido, quando é envelhecida, ou quando é *abocada*[4] sem envelhecer. À Tequila podem ser acrescentados edulcorantes, corantes, aromatizantes e/ou sabores[5] permitidos pela Secretaria da Saúde, com objetivo de proporcionar ou intensificar sua cor, aroma e/ou sabor. A tequila é um líquido que, de acordo com seu tipo, é incolor, ou amarelado quando é envelhecida em recipientes de madeira de carvalho ou azinheira, ou quando se *aboca* sem estar maduro.

De acordo com essa norma, existem duas categorias de tequila: Tequila 100% de agave e Tequila (aquela em que se utilizou 51% de açúcares de agave no processo de fermentação). Para cada categoria existem cinco classes:

- ◆ **Tequila Branca**, que se obtém diretamente do processo de destilação, diluída de acordo com sua classificação comercial.
- ◆ **Tequila Jovem ou Ouro**, é aquela à qual se adicionou o caramelo ou outros tipos de substâncias *abocantes* permitidas pelas autoridades de saúde.
- ◆ **Tequila Repousada**, que deve permanecer pelo menos dois meses em barris ou recipientes de carvalho branco.
- ◆ **Tequila Envelhecida**, que se mantém em barris ou recipientes de carvalho branco, de no máximo 600 litros de capacidade, no mínimo por 12 meses.
- ◆ **Tequila Extraenvelhecida**, que se mantém em recipientes de carvalho branco, de no máximo 600 litros de capacidade, no mínimo por três anos.

A tequila, como o *champagne, cognac, bourbon* e *xerez*, conta com uma denominação de origem, que é o reconhecimento das características de qualidade de uma matéria-prima e do produto obtido e fabricado respectivamente em uma zona geográfica que define seu sabor e aroma. Por esse motivo, o agave e a tequila somente podem ser cultivados e produzidos em uma zona de denominação de origem que compreende 181 municípios dentre dos seguintes estados: Jalisco (todos os 125 municípios), Michoacán (30), Guanajuato (7), Nayarit (8) e Tamaulipas (11).

Além da norma da tequila, existe uma norma que regulamenta a produção de bebidas baseadas em tequila, como, coquetéis, licores, cremes e bebidas alcoólicas preparadas (MÉXICO, 2004), a mesma que estabelece as normas de especificação de qualidade e normas de embalagem e etiquetagem para esses produtos.

23.4 MATÉRIAS-PRIMAS

As principais matérias-primas empregadas no processo de produção da tequila são o agave para a *Tequila 100% agave*; o agave e o açúcar no caso de produção da *Tequila*, que de acordo com a normativa previamente assinalada, pode levar até 49% de outros açúcares no processo de fermentação.

23.4.1 Agave

O gênero *Agave*, que em grego significa "admirável", foi descrito por Carlos Linneu em 1753, sendo

---

[2] Declaração Geral de Proteção à Denominação de Origem "Tequila", publicada no Diário Oficial da Federação no dia 13 de outubro de 1977 e suas subsequentes modificações e adições. Este território também é conhecido como Zona de Denominação de Origem.

[3] Refere-se à adição de álcool etílico potável independente de sua origem.

[4] *Abocado*, refere-se ao processo de adição de caramelo à tequila ou de sabores permitidos pela Secretaria de Saúde.

[5] A nova norma para a tequila permite a elaboração de tequilas com sabores para competir em um nicho de mercado de destilados com sabores como a vodka e o rum.

cultivado em muitas regiões áridas e semiáridas do mundo para a produção de fibra e alimento para o gado, como é o caso do *Agave fourcroydes* no estado de Yucatán – México, como planta ornamental e para a produção de bebidas alcoólicas. O gênero *Agave* contém 140 espécies, as quais constituem a maioria da família *Agavaceae* (GENTRY, 1982; NOBEL, 1988). O único agave que pode ser empregado na indústria tequileira pertence ao Reino *Plantae*, Divisão *Antophyta*, Classe *Monocotiledoneae*, Ordem das *Liliales*, Família *Agavaceae*, Subfamília *Agavoidea*, Gênero *Agave*, Subgênero *Agave*, Seção *Rigidae*, Espécie *Agave tequilana* Weber, variedade azul.

O *Agave tequilana* é uma planta perene, com raízes fibrosas e que formam rizomas e *rebentos* em sua base. As folhas suculentas e fibrosas são de grande tamanho, entre um e dois metros de comprimento, em forma de roseta, de cor verde-azulada e com espinhos nas bordas e um espinho terminal. Só apresenta uma floração em seu ciclo biológico, seguida de sua morte. Essa inflorescência que pode chegar a medir de três a quatro metros, é conhecida como *quiote* e pode ter forma de espiga ou ramificada, com flores que crescem em grandes aglomerados, desenvolvendo frequentemente bulbos e produzindo sementes planas e pretas pouco viáveis (ERGUIARTE, 2000).

23.4.1.1 *Reprodução do agave*

A propagação da planta de agave pode seguir dois tipos de reprodução: sexuada e assexuada. Na reprodução sexuada, por sementes, pode-se ter uma variação genética entre as plantas filhas, um período de desenvolvimento da planta de aproximadamente dez anos e sementes frequentemente inférteis. A polinização e a produção de sementes que ocorrem são pouco produtivas e o polinizador primário é o *Leptonycteris sanborni*, um morcego do deserto. O *Agave deserti* emite um aroma de musgo produzido por ácido butírico que é irresistível para os morcegos. Grupos de morcegos que migram anualmente para o México fazem uma parada para alimentar-se nos agaves que florescem. A relação simbiótica entre essas duas espécies tem tanta sintonia, que o agave produz em seu néctar dois aminoácidos de que não precisa, porém são essenciais para o morcego: a prolina, para a construção de seu tecido muscular e a tirosina, utilizada para as mães lactantes como um estimulador do crescimento para suas crias (HEACOX, 1989). Há relatos de que algumas espécies de agaves que crescem em formas silvestres se reproduzem somente de maneira assexuada, em decorrência das baixas taxas de polinização por insetos, aves e morcegos (EGUIARTE et al., 2000).

Os bulbos, umas das formas de reprodução assexuada, se desenvolvem em meristemas axiais da inflorescência, na base das flores (BINH et al., 1990) e se desprendem da planta como uma forma de assegurar a propagação da espécie. Esses bulbos também não são utilizados para semear as novas plantações de agave, em razão do alto custo da operação, do longo tempo de desenvolvimento requerido e da possibilidade de que se transmitam doenças presentes na planta-mãe.

Os rizomas se apresentam como outra forma de reprodução assexuada dos agaves, na qual novas plantas se desenvolvem a partir da planta-mãe. Essas plantas denominadas *filhotes,* são a forma mais utilizada de propagação do agave tequileiro e são retirados da planta-mãe anualmente, a partir do terceiro ou quarto ano, para sua plantação. Desenvolvem-se em seis anos e conservam as características genéticas da planta-mãe, que pode ser uma vantagem para a uniformidade do cultivo, mas representa uma grande desvantagem pela perda de variabilidade genética da espécie, como já aconteceu com o *A. fourcroydes* no estado de Yucatán (ROBERT; GARCIA, 1985), e por uma maior suscetibilidade a fatores fitossanitários. Acredita-se que esse foi um dos fatores que influenciou em uma perda aproximada de 25% de todas as plantações de *A. tequilana* durante o período de 1997-1999 (CRT, 2004). Recentemente, demonstrou-se, mediante o uso de AFLP (*Amplification Fragment Length Polymorphism*), a presença de variabilidade genética em rizomas de *A. fourcroydes* que pudesse permitir a seleção de indivíduos de uma população clonal para a melhora do cultivo (INFANTE et al., 2003; GONZALEZ et al., 2003). Esses achados podem ser aplicados aos cultivos de *A. tequilana* com a finalidade de selecionar plantas com melhores características, tais como resistência a pragas e doenças, um bom conteúdo de inulina e menos tempo de desenvolvimento; portanto, existe uma oportunidade de melhora genética da espécie. Adicionalmente, demonstrou-se que a taxa de sobrevivência de plantas de semente ou bulbo em outras espécies de agaves como *A. macroacantha* é menor que a obtida com as plantas procedentes de rizoma (ARIZAGA; EZCURRA, 2002).

23.4.1.2 Cultivo

O agave é cultivado sob condições de terra seca e durante seu ciclo de vida, que é de seis a oito anos aproximadamente, emprega-se a seguinte sequência de atividades:

1) Realiza-se uma seleção do terreno para o cultivo sob os seguintes requisitos: estar dentro da zona de denominação de origem tal como estabelece a Norma Oficial Mexicana, em uma zona sem temperaturas baixas extremas, o solo com uma boa drenagem, para evitar acumulação de água, e com um bom conteúdo inicial de nutrientes.

2) Faz-se uma análise físico-química do solo para elaborar um programa de fertilização, de acordo com as necessidades nutricionais do agave.

3) Realiza-se a preparação física do terreno mediante subssolagem, aração e gradagem cruzadas, segundo as necessidades do terreno.

4) Efetua-se a seleção de *filhotes* de *A. tequilana* Weber variedade azul entre três e quatro anos, sãos e com um registro de sua procedência;

5) Os *filhotes* são plantados a uma distância entre plantas que permite o seu desenvolvimento futuro e o manejo adequado do terreno, com densidades de plantio entre 2 a 4 mil plantas por hectare, dependendo da zona de plantio e das características nutricionais do solo. Quanto mais fértil o solo, é possível ter uma maior densidade de plantio.

6) Efetua-se o replantio dos *filhotes* danificados durante o primeiro ano de desenvolvimento.

7) Durante todo o ciclo de desenvolvimento da planta, deve-se monitorar sua nutrição, bem como as pragas, as doenças e os incêndios.

No final do ciclo de desenvolvimento do agave, dependendo da qualidade da planta inicial, das condições ambientais e do manejo agronômico que tenha recebido, a plantação está pronta para a colheita.

23.4.1.3 Fatores que influenciam o desenvolvimento do agave

Temperatura: o *A. tequilana* é pouco tolerante às baixas temperaturas, havendo um aumento de células danificadas pelo frio de −6 °C (NOBEL et al. 1998).

No estado de Jalisco existem duas zonas importantes para o cultivo do agave: a região de Tequila e a região dos Altos. Nessa última, podem ocorrer temperaturas de até −10 °C, motivo pelo qual tem se elaborado mapas desse estado, com distribuição de temperaturas e probabilidades de ocorrência de geadas, para definir as melhores regiões para o cultivo do agave (RUIZ-CORRAL et al., 2002)

Nutrição: um nível adequado de nutrientes é essencial para conseguir o correto desenvolvimento da planta e obter uma boa produção de *agavina*, que é como tem se denominado o polímero de frutose que a planta acumula e que será utilizado no processo de produção de tequila (LOPEZ et al., 2003). O agave é um cultivo que tem requerimentos nutricionais modestos, porém precisos, como mostra estudo que analisou a extração total de nutrientes do solo pela planta, durante o seu ciclo de vida (Tabela 23.1). Também foram estudados os níveis de macronutrientes e micronutrientes presentes nas folhas de plantas de 6 anos, conforme Tabela 23.2 (CASTILLO, 2003).

Tabela 23.1 Consumo de nutrientes do solo em uma plantação de *A. tequilana* com 3200 plantas por hectare durante um ciclo de 7 anos.

Nutriente	Consumo (kg/ha)
N	284
P_2O_5	108
K_2O	614
Mg	84
Ca	780

Tabela 23.2 Níveis de nutrientes foliares presentes em plantas de *A. tequilana* de 6 anos.

Nutriente	Teor
N, %	1,5-3,5
P, %	0,10-0,20
K, %	1,80-3,00
Ca, %	3,00-4,00
Mg, %	0,50-1,00
S, %	0,10-0,25
Fe, ppm	50-200
Mn, ppm	30-100
Cu, ppm	8-20
Zn, ppm	15-50

Esta informação é de grande utilidade para o manejo de adubação, no entanto, ainda há necessidade de estudos adicionais com a finalidade de otimizar os níveis de agavina na colheita.

Sanidade: uma vez plantado, o agave deve lutar por sua sobrevivência contra o ataque de uma grande quantidade de organismos vivos, sozinhos ou combinados, que podem provocar danos severos à planta, chegando a causar a perda de plantações completas.

O agave encontra-se exposto ao ataque de uma grande quantidade de organismos e desde o século XIX, quando se reportou um dano causado pela larva do inseto *Teria agavis* (PEREZ, 1990), até os estudos realizados nas últimas décadas, foram detectados problemas com:

◆ **Bactérias:** como *Erwinia carotovora, Bacillos* sp., *Pseudomonas fluorescen.*

◆ **Fungos:** como as espécies *Coletotrichum agaves Cav, Altemaria* sp., *Fusarium, oxysporum., Phytophthora agaves, Chalariopsis* sp., *Diploidia* sp., *Aspergillus* sp., entre outras.

◆ **Insetos:** entre eles o bicudo ou *barrenador do maguey, Scyphophorus acupunctatus* Gyll; cerambicídeo *Acanthoderes funeraria;* piolho farinhento, *Planococcus harinoso*; pulgão, *Rhopalosiphum maidis*; escaravelho rinoceronte, *Stratégus aloeus L.* (VERGARA-CABRERA, 2006); galinha-cega, *Phyllophaga* sp.; verme branco, *Acentrocneme hesperiaris* Wilk; verme vermelho, *Hipoptha agavis* Blanquez; larvas de galinha-cega, *Anomala* sp.; tatuzinho, *Dactylopius coccus*; escamas, *Aonidiella* sp.

◆ **Maleza:** de diversas espécies como *Digitaria* spp., *Chloris gayana* e *Rhynchelytrum repen.*

◆ **Nematoides:** associados à raiz, *Pratylenchus* sp., *Dorylaimus* sp. e *Heliocotylenchus* sp., (LEZAMA, 1952; GRANADOS, 1993; VALENZUELA-ZAPATA, 1997; VIRGEN-CALLEROS, 2000; FUSCIKOVSKY-ZAK, 2000; SOLIS-AGUILAR et al., 2001; CRT, 2005; GONZÁLEZ-HERNÁNDEZ et al., 2007).

Recentemente, iniciou-se um esforço integral para estabelecer práticas agronômicas que contribuam para uma produção organizada, estável e um rendimento elevado (PÉREZ-DOMÍNGUEZ; REAL-LABORDE, 2007).

23.4.2 Açúcares

Ainda que a norma oficial para a elaboração de tequila não restrinja os tipos de açúcares que possam ser empregados em seu processo de produção, quando é chamada de *tequila mista*, a indústria utiliza aqueles que se encontram disponíveis o ano todo nas quantidades que se requerem, com as características de qualidade adequadas para um processo de elaboração de bebidas, que possam ser armazenados de uma forma fácil, que requisitem um tratamento prévio mínimo para a fermentação, que não representem um risco de contaminar a fermentação, que não sejam fontes de compostos que possam inibir os microrganismos durante a fermentação, e logicamente, que tenham um preço razoável.

Os produtos mais empregados pela indústria tequileira como fonte de açúcares, para formular o mosto até com 49% em peso, são o melaço de cana, subproduto da indústria açucareira, o *piloncillo* que é uma forma cristalizada de caldo de cana crua, o açúcar de cana padrão dado que o açúcar refinado contém compostos de enxofre capazes de inibir a fermentação e, finalmente, os xaropes derivados do milho, que contêm principalmente glicose e frutose. No item 23.5, "processo de produção", serão dados mais detalhes sobre o uso desses açúcares no processo de fermentação.

23.5 PROCESSO DE PRODUÇÃO

O processo de produção da tequila pode ser dividido em seis etapas básicas:

1) hidrólises do polímero presentes na planta;
2) extração dos açúcares;
3) fermentação;
4) destilação do suco de agave fermentado;
5) envelhecimento da tequila;
6) acondicionamento.

Em algumas empresas, o processo tem uma variação na ordem da realização das etapas, já que, primeiramente, realiza-se a extração (2) dos polímeros do agave cru, logo se realiza a hidrólise química (1) e, posteriormente, continua-se com a fermentação e as demais etapas indicadas.

A Figura 23.1 mostra um diagrama de fluxo simplificado do processo, o qual será descrito em detalhes.

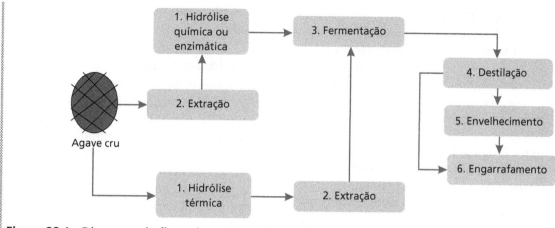

Figura 23.1 Diagrama de fluxo do processo de produção de tequila.

23.5.1 Hidrólises do polímero

O processo de colheita do agave se conhece como *jima*, na qual os *jimadores* cortam manualmente as folhas da parte central da planta e obtêm uma bola semelhante ao fruto da pinha. O agave utilizado no processo de produção da tequila, *Agave tequilana* Weber variedade azul, armazena um polímero de frutose denominado *Agavina* (LOPEZ et al., 2003) como parte de seu processo metabólico, o qual deve ser hidrolisado em açúcares livres que possam ser fermentados pelos microrganismos utilizados no processo da obtenção da tequila. A hidrólise da agavina pode ser realizada mediante o uso das seguintes técnicas:

1) hidrólise enzimática: mediante o uso de enzimas específicas;
2) hidrólise química: mediante a adição de ácidos;
3) hidrólise térmica: mediante o cozimento do agave.

A Figura 23.2 mostra a estrutura química proposta para a agavina, que é convertida em açúcares livres, principalmente frutose e uma pequena quantidade de glicose, mediante os processos de hidrólises.

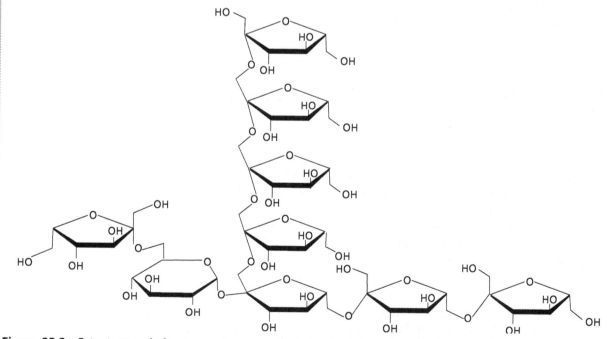

Figura 23.2 Estrutura química proposta para o frutano de *A. tequilana* Weber variedade azul, de 8 anos.

Fonte: Lopez et al. (2003).

23.5.1.1 Hidrólise enzimática

As pinhas cruas do agave são, primeiramente, trituradas em um triturador de facas, para facilitar o processo de extração da agavina. Essa polpa passa através de um difusor, do mesmo tipo que a indústria da uva utiliza para extrair os açúcares da uva ou o álcool da casca previamente fermentada, em um sistema de extração contracorrente, no qual, por um lado, entra o agave triturado e, pelo lado oposto, água limpa. Pode-se utilizar água à temperatura ambiente ou água quente entre 50-95 °C, para melhorar a eficiência da extração de agavina e reduzir o tempo de extração.

Essa suspensão que contém a agavina e material particulado fino é filtrada através de um tambor rotatório que é lavado com água para extrair a maior quantidade de agavina.

Todo líquido resultante dessa etapa pode ser filtrado, usando-se um filtro-prensa com placas de celulose, ou passar por uma centrífuga, com a finalidade de retirar-se as partículas pequenas. Os sólidos obtidos nessa operação são misturados com aqueles da primeira etapa de filtração em tambor rotativo e enviados para o seu descarte ou para um processo de compostagem, que resultará em adubo orgânico que é utilizado durante o plantio do agave.

Posteriormente, o extrato aquoso de agavina é tratado mediante o uso de enzimas denominadas *inulinases*, EC 3.2.1.7, para produzir um extrato rico em frutose e pequenas proporções de glicose. As condições de hidrólise podem variar de empresa para empresa, porém, normalmente, encontram-se em uma faixa de pH entre 4,9-5,5 e entre 50-56 °C (ROCHA et al., 2006).

Foi proposto, experimentalmente, um processo simultâneo de hidrólises e fermentação, mediante o uso de uma cepa de fungo produtor de enzimas inulinases (*Aspergillus niger*) e a fermentação por meio da levedura *Saccharomyces cerevisiae*. Com esse processo, é possível obter uma conversão de inulina para etanol de 83-84%, com produtividade de álcool etílico de, aproximadamente, 6 g/L.h e teor alcoólico final de até 21% v/v, o qual pode reduzir os custos de energia do processo (OHTA et al., 1993). Adicionalmente, trabalhou-se no isolamento de microrganismos produtores de inulinases (GUPTA et al., 1998; CRUZ-GUERRERO et al., 1995; VRANESIC et al., 2002), assim como na busca daqueles que pudessem fermentar diretamente a inulina em álcool (GIRAUD et al., 1981). Existem algumas patentes que descrevem o método de hidrólise enzimática e o uso das folhas residuais do processo de colheita do agave para a obtenção da tequila. (ZUÑIGA et al., 1998; WHITNEY, 2002).

23.5.1.2 Hidrólise química

Nesse segundo método, o líquido filtrado ou centrifugado resultante da extração crua da agavina é submetido a uma hidrólise ácida na qual se pode empregar ácido clorídrico, sulfúrico, fosfórico ou acético, com a finalidade de obter açúcares fermentescíveis (BLECKER et al., 2002; LEON et al., 2005; GOMEZ et al., 2004), sendo o sulfúrico o mais utilizado na indústria por sua eficiência e seu menor custo.

Alguns resultados obtidos na hidrólise ácida, utilizando outro tipo de matéria-prima, como a alcachofra de Jerusalém, *Helianthus tuberosus L.,* têm demonstrado que o ácido sulfúrico em uma solução ajustada para pH 2, temperatura de hidrólise de 100 °C e tempo de 60 minutos, foram suficientes para obter maior quantidade de açúcares fermentescíveis. No entanto, essas condições devem ser melhoradas para o caso do agave na produção de tequila, já que a estrutura da molécula de inulina na alcachofra de Jerusalém e na agavina do *Agave tequilana* são diferentes, como se tem determinado em recentes investigações (LOPEZ et al., 2007). Também é necessário contemplar a variabilidade da matéria-prima agave, durante as diferentes estações do ano, para se estabelecer as melhores condições de hidrólise. Esse método requer o uso de equipamentos resistentes a essas condições de pH e temperatura, que não são comuns na indústria tequileira, assim como todas as medidas de segurança para proteger o pessoal que opera o processo.

23.5.1.3 Hidrólise térmica

Esse método, que é o mais amplamente utilizado na indústria, realiza a hidrólise da agavina por uma combinação de temperatura e o pH ácido (4-5), normalmente encontrado nas plantas de agave de maneira natural.

O processo pode ser realizado empregando os tradicionais fornos de alvenaria que são carregados com pinhas de agave; estas são submetidas à injeção de vapor vivo, em várias etapas, a pressão atmosférica. Na primeira etapa, injeta-se o vapor por 1-3 horas, dependendo do tamanho e do desenho do forno, com a finalidade de realizar uma limpeza das pinhas de agave na temperatura de 90-92 °C e fundir as ceras presentes na cutícula das bases das folhas da planta. O líquido condensado, conhecido como "mel amargo", é drenado do forno, sendo enviado normalmente à planta de tratamento. Na segunda etapa, torna-se a injetar vapor por um período de aproximadamente 24 horas, mantendo a temperatura entre 90 e 95 °C. Ao final desse tempo, o líquido condensado, chamado mel doce, pelo seu alto teor de açúcares (mais que 30%), é drenado e coletado para seu posterior uso na formulação do mosto. A etapa final consiste em um período de esfriamento que permita operar de maneira manual ou semiautomática a descarga do agave cozido para a etapa seguinte, que é a da moenda.

Esse processo de hidrólise térmica também pode ser feito em autoclave, normalmente de aço inoxidável com a finalidade de evitar uma contaminação dos líquidos obtidos por ferro. No cozimento das pinhas em autoclaves, o agave é colocado em seu interior e são realizadas basicamente as mesmas etapas de limpeza, cozimento e esfriamento, como nos fornos de alvenaria. Porém, a grande diferença é que as temperaturas na autoclave são maiores, aproximadamente de 120 °C, já que a pressão em seu interior pode estar entre 1-2 kg/cm^2, o que reduz os tempos de cozimento de maneira considerável.

Na Figura 23.3, é mostrado o perfil de temperatura e pressão durante o cozimento de agave, tanto em fornos de alvenaria como em autoclaves de aço inoxidável, em que se pode observar que a temperatura máxima em autoclaves pode chegar a alcançar os 120 °C, enquanto, nos fornos, ao trabalhar-se próximo à pressão atmosférica, não ultrapassa os 95 °C, dependendo altitude onde se encontram localizados os fornos.

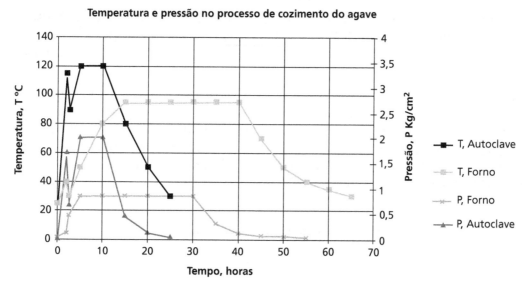

Figura 23.3 Pressão e temperatura durante o cozimento em fornos e autoclaves.

Neste gráfico, observa-se a diminuição, tanto da pressão como da temperatura, pela purificação do mel amargo, ao redor das 2,5 horas, quando se encerra temporariamente o fornecimento de vapor ao forno ou autoclave. Posteriormente, abre-se a válvula de descarga, com a finalidade de eliminar os condensados gerados que lavam o agave da terra do campo e, principalmente, das ceras presentes na cutícula de suas folhas, pois, se isso não for realizado, serão produzidos sabores amargos e o produto final ficará turvo. Logo após essa operação, fecha-se novamente a válvula de purificação e se abre novamente a entrada de vapor, com a finalidade de continuar o cozimento.

Durante o cozimento do agave, além da hidrólise da agavina, são produzidos vários compostos voláteis, principalmente compostos de Maillard, muitos dos quais têm um impacto importante no sabor da tequila e nos processos de crescimento dos microrganismos presentes no mosto e de fermentação. Os compostos de Maillard mais abundantes são metil-2-furoato, 2,3-dihidroxi-3,5-dihidro-6-metil-4-(H)-pirano e 5-hidroximetil furfural, além de ácidos graxos de cadeias curtas e longas (MANCILLA-MARGALLI et al., 2002). Esses compostos se formam principalmente quando se utilizam autoclaves, em razão das temperaturas mais elevadas, às quais o agave é submetido durante o cozimento (PINAL, 2001), tal qual se mostra na Figura 23.4.

Esses compostos podem ter os seguintes efeitos no processo de produção da tequila:
- causar inibição do crescimento microbiano;
- causar inibição da fermentação alcoólica;
- criar sabores e aromas agradáveis na tequila;
- ocasionar turvação no produto final.

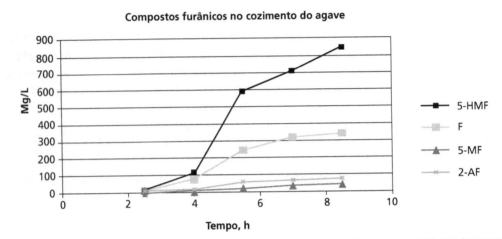

Figura 23.4 Formação de compostos furânicos durante o cozimento do agave a 121 °C, (5-HMF: 5-hidroximetil furfural, F: Furfural, 5-MF: 5-metil furfural, 2-AF: 2-acetil-furano).

Fonte: Pinal (2001).

Na Figura 23.5, pode ser observada a diferença na população microbiana de *Saccharomyces cerevisiae* em suco de agave, obtido de diferentes tipos de cozimento, a partir dos quais se obtiveram valores da velocidade específica máxima de crescimento (μmax) de 0,223 h^{-1} para o agave cozido durante 2,5 h e de 0,138 para o agave cozido durante 8,5 h. Essa diminuição se deve provavelmente à formação de furanos, principalmente furfural, os quais são inibitórios para o crescimento de *S. cerevisiae* (PINAL, 2001; PALMQVIST et al., 1998).

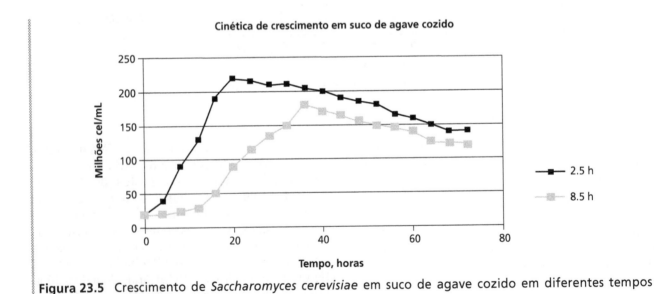

Figura 23.5 Crescimento de *Saccharomyces cerevisiae* em suco de agave cozido em diferentes tempos (2.5 e 8.5 h em autoclave a 121 °C).

Alguns resultados obtidos (MUÑOZ, 2005) confirmam que o perfil dos aldeídos furânicos obtidos depende do tipo de frutose contido na matéria-prima e do tipo de tratamento térmico aplicado.

Assim, é importante melhorar esta etapa com a finalidade de evitar os problemas na etapa de fermentação e o impacto desses compostos no perfil sensorial da tequila final.

A Figura 23.6 mostra o efeito da etapa de cozimento sobre a produção e rendimento de álcool durante a fermentação de suco do agave cozido em diferentes tempos, em escala de laboratório. Os resultados mostraram um melhor rendimento (85%) na conversão de açúcares fermentescíveis em álcool, em um suco de agave cozido durante 2,5 h; enquanto no suco cozido durante 8,5 h, o rendimento foi de 54%, causado provavelmente pela formação de furanos. Kim et al. (1986) demonstraram que 0,1% de hidroximetil furfural inibe o crescimento das leveduras, afetando a produção de etanol. Outro fator importante é o pH durante a fermentação, já que o efeito inibitório dos produtos de Maillard não foi detectável a um pH de 4 e aumentou à medida que os valores de pH aumentaram (TAUER et al., 2004).

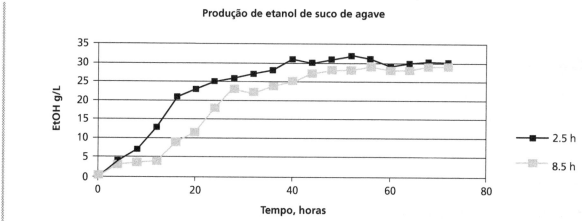

Figura 23.6 Produção de etanol durante a fermentação de suco de agave cozido em diferentes tempos (2,5 e 8,5 h em autoclave a 121 °C) por *Saccharomyces cerevisiae*.

Fonte: Pinal (2001).

23.5.2 Extração dos açúcares

Nos processos de hidrólise enzimática e ácida, os açúcares já se encontram em forma livre e podem ser fermentados pela levedura alcoólica. No caso da hidrólise térmica, mediante o uso de fornos ou autoclave, o agave cozido já tem a agavina hidrolisada, porém os açúcares devem ser extraídos mediante o uso de moinho ou difusor.

No primeiro caso, emprega-se um sistema de moenda de rolos, semelhante aos moinhos da indústria de cana, porém de menor tamanho. O agave cozido, na temperatura ambiente (para facilitar seu manejo), é retirado dos fornos ou autoclaves e passado, primeiramente, por um processo de trituração mediante moinho de facas que separa as fibras e a polpa do agave para facilitar o processo de extração. O agave triturado passa por quatro ou cinco etapas de moagem e extração com água potável ou, em alguns casos, desmineralizada para extrair os açúcares. O líquido obtido é conhecido como suco de moagem e será utilizado para formular o mosto para o processo de fermentação.

A segunda opção para a extração de açúcares do agave é o difusor.

Esse equipamento realiza a extração dos açúcares em processo de contracorrente, onde por um extremo se introduz o agave cozido triturado e pelo outro extremo (oposto) se introduz a água potável. Em um dos extremos se coleta o suco de agave do difusor e por outro o bagaço. Esse bagaço praticamente tem um conteúdo de açúcares próximo de zero, o que assegura uma extração total do açúcar de agave que é uma matéria-prima de alto valor. Quando se produz uma tequila 100% agave, são enviados à fermentação todos os líquidos dos processos de hidrólise, cozimento, moagem ou extração, dependendo do tipo de processo utilizado.

Para a elaboração da tequila que não é 100% agave, conhecida como tequila mista ou tequila 51/49, é utilizada uma mescla de açúcares procedentes do agave, em uma proporção mínima de 51% em peso, com açúcares de outras matérias-primas, em uma proporção máxima de 49%. A Norma Oficial Mexicana não restringe os tipos de açúcares que podem ser utilizados e, normalmente, a indústria tequileira utiliza açúcares procedentes de cana ou de milho. Na Figura 23.7, é mostrado um diagrama dessa etapa do processo, na qual se indicam as entradas de outras matérias-primas que serão utilizadas no processo de fermentação.

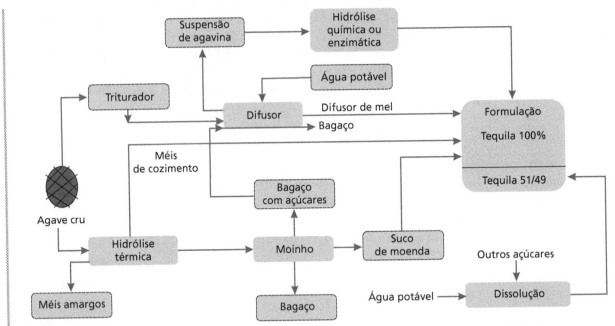

Figura 23.7 Diagrama de fluxo das diferentes opções de processo para a extração e hidrólises da agavina presente no agave.

O bagaço do agave, que representa aproximadamente 25%, com base em peso úmido, do agave processado, pode ser enviado para o descarte ou submetido a um processo de compostagem, como visto anteriormente. O produto obtido desse processo demonstra ter boas propriedades e carecer de fitotoxicidade para o agave (IÑIGUEZ-COVARRUBIAS et al., 2005). A análise química realizada no bagaço mostra um conteúdo de celulose, 43%, lignina, 15%, hemicelulose, 19%, matéria nitrogenada total, 3%, pectinas, 1%, lipídios, 1%, açúcares redutores, 5-10% e cinzas, 6% (ALONSO et al., 2005). Têm sido realizados diversos estudos para encontrar usos alternativos como alimento para animais e confecção de tabuleiros aglomerados (IÑIGUEZ-COVARRUBIAS; LANGE; ROWELL, 2001) além de elaboração da polpa para fabricação de papel (IDARRAGA et al., 1999).

23.5.3 Fermentação

O processo de fermentação é uma etapa importante na produção da tequila, já que o etanol produzido é o resultado da conversão dos açúcares presentes no mosto, mediante uso das leveduras alcoólicas. Adicionalmente, uma boa parte dos aromas do produto final provém da ação dos microrganismos empregados, de sua interação com o meio do cultivo, nutrientes presentes e as condições ambientais durante o processo (SANCHEZ-MARROQUIN; HOPE, 1953; PINAL; GSCHAEDLER, 1998).

23.5.3.1 O meio do cultivo

A maioria das indústrias formula seus mostos empregando misturas dos méis de cozimento, o suco do agave da moenda e o suco de agave do difusor, quando este é utilizado. No caso de fabricação da tequila 51/49, ou mista, é adicionada ao suco de agave uma solução concentrada de outros açúcares, cujo Brix é ajustado com água ao valor inicial desejado, que dependerá da tolerância da levedura às elevadas concentrações de sólidos solúveis.

A solução de outros açúcares é normalmente formulada a partir de:

1) melaço da cana;
2) *piloncillo*, que é uma forma cristalizada de suco de cana sem refinar;
3) açúcar de cana padrão;
4) soluções de frutose ou glicose de milho em diferentes proporções.

A decisão sobre o tipo de açúcar que será utilizado baseia-se em uma comparação dos custos unitários do kg de açúcares fermentescíveis presentes em cada fonte, selecionando a mais barata. Isso normalmente traz como consequência variações na qualidade do produto final. Há empresas que formulam seus mostos mantendo sempre os mesmos tipos de açúcares e seguindo as especificações de qualidade para eliminar essa possível fonte de variação no processo.

O pH do mosto não requer ajuste, já que o pH dos sucos procedentes do agave encontram-se, normalmente, na categoria ácido entre 4,0 e 4,5, que é adequado para o desenvolvimento da maioria dos microrganismos utilizados no processo de fermentação.

O mosto formulado com os sucos de agave e outros açúcares, para a tequila 51/49, normalmente não se encontra balanceado em todos os nutrientes requeridos para uma fermentação alcoólica eficiente. Na maioria das vezes, é necessário complementar com uma fonte de nitrogênio, que, normalmente, é o sulfato de amônio ou fosfato de amônio, que proporciona, ainda, o fósforo e o enxofre (SAITA; SLAUGHTER, 1984). Isso é particularmente certo em fermentações com altas concentrações de açúcares iniciais 170 g/L (ARRIZON; GSCHAEDLER, 2002). Algumas empresas utilizam fontes de nutrientes disponíveis no mercado, seguindo as recomendações do fabricante. Há que se ter cuidado com as doses de sulfato de amônio, já que uma dose elevada pode criar compostos de enxofre, tais como tióis e mercaptanas, os quais têm odores muito desagradáveis, facilmente perceptíveis no produto final.

O uso da ureia, como fonte de nitrogênio, não é recomendável, pois estudos demonstraram que, em vinhos aquecidos a 88 °C, para simular as condições de um alambique, podem produzir elevadas concentrações de carbonato de etila, 163.500 μg/L (ppb), que é carcinogênico. Os limites para bebidas destiladas no Canadá são de um máximo de 150 ppb (OUGH et al., 1988; INGLEDEW, 1987).

É importante formular os mostos de uma maneira correta, mantendo o balanceamento dos nutrientes requeridos pelos microrganismos para as etapas de crescimento e de fermentação. Isso pode ser feito utilizando metodologias de otimização como as superfícies de respostas, tendo como variáveis os diferentes nutrientes no mosto a otimizar. Um desequilíbrio no mosto pode trazer a formação excessiva de alguns subprodutos da fermentação, como os alcoóis superiores, os quais são limitados

em sua concentração máxima pela Norma Oficial Mexicana, e costumam ter uma influência negativa sobre as características organolépticas do produto final (PINAL et al., 1997).

23.5.3.2 *Microrganismos*

A indústria tequileira utiliza diferentes cepas de microrganismos para realizar o processo de fermentação, porém, entre as mais utilizadas, encontram-se as seguintes: a) cepas microbianas industriais; b) cepas de microrganismos isolados dos próprios mostos da empresa; c) cepas comerciais para outros usos e d) fermentação natural.

As cepas microbianas industriais são adquiridas, normalmente, por meio de fornecedores que vendem leveduras secas ou liofilizadas, principalmente do gênero *Saccharomyces* para as indústrias de vinhos, rum e uísque. Essas cepas devem ser selecionadas cuidadosamente e avaliadas no processo de produção de tequila para garantir um bom rendimento e um adequado perfil de compostos aromáticos. As vantagens desse tipo de levedura é que produz uma bebida mais uniforme, e não há necessidade de fazer crescer um inóluco, porém se adiciona quantidade fixa diretamente nos tanques de fermentação. Isso reduz os tempos de fermentação e, finalmente, os custos do processo. Outra vantagem desse tipo de levedura é que podem ser realizadas misturas de diferentes estirpes em proporções controladas para obter-se um perfil sensorial diferente, o que normalmente se requer para o lançamento de um novo produto.

Algumas indústrias utilizam cepas de leveduras especialmente selecionadas a partir de mostos de suco de agave que são mantidas utilizando técnicas de liofilização ou conservação em sílica gel, ágar ou nitrogênio líquido, para serem utilizadas, posteriormente, no desenvolvimento de um inóculo para o processo fermentativo. Isso traz a vantagem de uma diferenciação no processo e no produto final em relação a outras empresas tequileiras, porém requer um pessoal capacitado e um equipamento adequado para a conservação dos microrganismos selecionados. Também é necessária a realização de provas bioquímicas e de avaliação microscópica para se assegurar de que se está trabalhando com a cepa original. Caso contrário, há o risco de conservar um mutante diferente da cepa original.

Certas empresas utilizam leveduras que normalmente são empregadas para processos de panificação ou elaboração de cerveja para inocular os mostos de suco do agave. As razões pelas quais isso é feito é que o custo é baixo e não se requer nenhuma infraestrutura complexa para o manejo e a conservação das leveduras que se adquirem diariamente de maneira comercial em estabelecimentos especializados. As desvantagens são a baixa produtividade na produção do etanol, um perfil sensorial do produto final geralmente pobre, e o risco de contaminação dos mostos, já que, normalmente, as embalagens de levedura úmida não são esterilizadas e costumam trazer uma carga elevada de microrganismos alheios ao processo.

Como alternativa, algumas empresas utilizam um processo de fermentação natural, controlada, na qual uma grande quantidade de microrganismos tão diversos como *Clavispora lusitaniae, Metschnikowia agaveae, Hanseniaspora spp., Pichia kluyveri, Candida krusei, Schizosaccharomyces pombe, Torulaspora delbrueckii, Kluyveromyces marxianus, Hanseniaspora spp, Zygosaccharomyces bailii, Brettanomyces spp.* e *Saccharomyces cerevisiae*, principalmente, proporciona uma complexidade de aromas e sabores aos produtos finais (LACHANCE; 1995). No entanto, dentro de suas desvantagens, encontram-se: a necessidade de controlar um processo muito particular; de manter as condições de processo constantes; não utilizar nutrientes que poderiam mudar o balanço da população microbiana original e abster-se de utilizar produtos de limpeza nos fermentadores que possam inibir o desenvolvimento dos microrganismos na complexa fermentação.

O tipo e a quantidade de compostos aromáticos formados no processo de fermentação dependem de vários fatores, entre eles a cepa do microrganismo utilizado. A escolha correta de uma boa levedura, não somente permitirá o cumprimento da Norma com relação ao teor final de aldeídos e alcoóis superiores, mas definirá as características de aroma e sabor da tequila (ARELLANO, 2000), além de obter bons rendimentos que permitam a produção de maneira econômica. No estudo anteriormente citado, encontraram-se eficiências de fermentação para as diferentes cepas em categorias tão variáveis como 75,1 a 80,5%, assim como produtividades na faixa de 0,31 a 3,85 g/L.h^{-1}. No que se refere ao conteúdo final de alguns componentes analisados ao final da fermentação, foram obtidas as seguintes concentrações em mg/L, para acetaldeído de 10,06-21,04, acetado de etila 3,96-34,69, 1-Propanol 14,25-21,92, Isobutanol 15,38-48,91, álcool amílico total 16,51-

147,60 e lactato de etila 1,87-21,56. Isso nos dá uma ideia da importância do microrganismo utilizado para se obter bons custos de produção, uma tequila com aroma e sabor agradáveis ao consumidor, e que cumpra a normativa mexicana para a tequila.

23.5.3.3 As condições de fermentação

Os microrganismos envolvidos na fermentação são sistemas biológicos que requerem parâmetros físico-químicos dentro de certas faixas para realizar com eficiência a conversão de açúcar em álcool etílico, a formação de compostos aromáticos que contribuirá para o aroma e sabor do produto, e, logicamente, para executar o metabolismo que lhes é próprio, a fim de crescerem e se manterem vivos. Entre os parâmetros que devem ser controlados estão os nutrientes contidos no meio do cultivo que permitirão aos microrganismos, principalmente leveduras, realizar todas suas funções metabólicas. Os macronutrientes como o carbono, o nitrogênio, o fósforo e o enxofre provêm do suco do agave e de alguns nutrientes que são adicionados de maneira regulada para manter adequado o nível de C:N:P:S no mosto. Os micronutrientes, como o magnésio, zinco, vitaminas, especialmente do complexo B, e alguns outros, que normalmente são utilizados como cofatores nas reações enzimáticas essenciais para seu crescimento e fermentação, vêm do suco de agave, da água e como impurezas dos macronutrientes.

A concentração inicial de açúcares é importante, já que a maioria dos microrganismos não é do tipo osmotolerantes que resistem a altas concentrações, maiores que 14% m/v. A concentração inicial de açúcar também está ligada à concentração final de álcool que pode ser obtida, e novamente os microrganismos variam na sua tolerância ao teor alcoólico final, o qual está relacionado com a temperatura. Em geral, os microrganismos toleram concentrações menores que 10% álcool em volume em temperaturas inferiores a 38 °C. Para se obter concentrações maiores de álcool, normalmente, utilizam-se microrganismos resistentes a concentrações elevadas de açúcar e álcool ou diminui-se a temperatura de fermentação. Alguns microelementos, como o magnésio, têm demonstrado um impacto positivo na resistência das leveduras a essas concentrações elevadas.

Existem alguns fatores que podem gerar estresse nos microrganismos durante a fermentação, sendo os principais as concentrações elevadas de açúcares e etanol; concentrações elevadas de ácido acético e lático; como resultado de uma contaminação bacteriana; temperaturas elevadas; altas concentrações de sódio e sulfitos (que podem provir de fontes de açúcares refinados); além de pH abaixo de 3,0 (INGLEDEW, 1999). Às vezes, em algumas empresas tequileiras, são utilizadas as vinhaças para formular o meio de cultivo. Isso impõe condições de estresse muito forte aos microrganismos durante a fermentação; assim, essa alternativa deve ser avaliada muito cuidadosamente para determinar a porcentagem de volume de vinhaça que pode ser utilizada sem afetar os rendimentos do processo e o perfil aromático do produto final.

As leveduras empregadas normalmente no processo de fermentação pertencem ao gênero *Saccharomyces* e são organismos anaeróbicos facultativos; isso significa que são capazes de crescer na presença ou na ausência do oxigênio. Os níveis de açúcar e oxigênio definem as vias metabólicas que serão utilizadas pela levedura. Perante baixos níveis de fonte de carbono e com oxigênio suficiente, a levedura normalmente cresce, incrementando sua população e produzindo muito pouco etanol (metabolismo respiratório). À medida em que o teor de açúcares aumenta, e dado que o oxigênio tem uma solubilidade limitada no mosto, as leveduras trocam seu metabolismo e produzem principalmente álcool (metabolismo fermentativo). A equação global da fermentação alcoólica é a seguinte:

$$(C_6H_{10}O_5)n + n\,H_2O \rightarrow nC_6H_{12}O_6 \rightarrow 2n\,C_2H_5OH + 2n\,CO_2 + \text{energia} + \text{subprodutos}$$

Nesta reação, pode-se notar que a agavina se hidrolisa (mediante calor, enzimas ou ácidos) para produzir frutose, a qual é assimilada pelas leveduras que excretam etanol e gás carbônico, gerando ATP e calor (que deve ser removido para manter uma temperatura adequada para a levedura). Finalmente, por meio de outras vias metabólicas se dá a formação de subprodutos e compostos aromáticos, alguns deles favoráveis para o perfil sensorial da tequila e outros que podem ter um efeito negativo no aroma e no sabor. Entre esses produtos, podem-se citar os ácidos orgânicos, o glicerol, os alcoóis superiores, ésteres, aldeídos e compostos de enxofre, entre outros.

23.5.3.4 A contaminação no processo de fermentação

A contaminação dos mostos formulados para a elaboração de tequila, causada por microrganismos alheios à fermentação alcoólica, tem efeitos negativos tais como: a) a competição pela fonte de carbono e outros nutrientes com as leveduras de processo; b) a formação de metabólitos que podem ser inibitórios para as leveduras de processo; c) mudanças nas propriedades reológicas dos mostos que podem afetar os processos de transferência de massa e oxigênio; d) mudanças no pH que podem ser inibitórias às leveduras de processo; e) a formação de compostos que podem ter efeitos negativos no perfil aromático da tequila final.

A regra de ouro nos processos microbianos diz que é melhor prevenir do que corrigir. O microbiologista deverá analisar todas as possíveis fontes de contaminação e eliminá-las. Uma vez que esses microrganismos contaminantes entram no sistema, torna-se mais difícil controlá-los.

É necessário checar as matérias-primas empregadas e seus conteúdos microbianos, os tanques, a tubulação, as bombas, as válvulas, os trocadores de calor, as zonas mortas nos tanque, a fonte e os filtros de abastecimento de ar, os sistemas de limpeza (*clean in place* – CIP), os agentes químicos utilizados para limpezas e a água utilizada no processo.

Mesmo assim, deve se realizar controle microbiológico durante todo o processo para medir os níveis de contaminação, principalmente por bactérias, por meio de observações diretas no microscópio e métodos indiretos, como a determinação de acidez titulável no mosto. É importante ter um programa de limpeza e saneamento para assegurar que os equipamentos de processo estejam em ótimas condições para evitar a contaminação, realizar inspeções visuais periódicas e medições utilizando métodos como o luminômetro ATP.

O odor dos mostos durante a fermentação é um bom alarme e nos indica algum problema de contaminação. Convém estar atento a qualquer aroma estranho no processo, já que pode ser resultado de uma contaminação bacteriana. Também é importante observar a aparência física dos mostos, já que, em alguns casos, a formação de espumas fora do padrão (e estáveis) indica contaminações provocadas por bactérias do tipo *Leuconostoc mesenteroides*.

Outro tipo de contaminação que pode estar presente nos mostos para a elaboração de tequila são as bactérias lácteas, principalmente dos gêneros *Lactobacillus*, *Pediococcus* e *Leuconostoc*. Essas bactérias são gram-positivas e produzem ácido lático como resultado do metabolismo dos carboidratos presentes no mosto. Elas afetam negativamente o processo de fermentação, já que competem pelos nutrientes disponíveis e produzem ácido lático e acético que inibem as leveduras alcoólicas, porque ambos combinados atuam de maneira sinérgica. Um problema adicional da presença dessas bactérias nos mostos em fermentação é a formação de subprodutos, tais como acroleína e diacetil que possuem odores desagradáveis.

Um grupo que também pode se apresentar como contaminante da fermentação alcoólica é o das bactérias acéticas que compreendem aos gêneros *Gluconobacter* e *Acetobacter*, que são conhecidas na produção de vinagre, tolerando baixo pH e elevada acidez. Essas bactérias também inibem as leveduras de processo pela formação de ácido acético e competem pelos nutrientes, além de produzir odores desagradáveis no produto final.

Outros grupos de microrganismos também podem estar presentes, contaminando o processo de fermentação como as Enterobactérias, o grupo *Zymomonas* (especialmente *Zymomonas mobilis)*. Sua presença é comum quando se utiliza melaço como fonte de (outros) açúcares na fermentação. Esses organismos produzem odores desagradáveis, sobretudo compostos de enxofre como ácido sulfídrico e dimetil sulfóxido, além de acetaldeído, facilmente detectáveis no produto final por seu baixo limiar de detecção.

Uma vez que a contaminação por esse tipo de microrganismo se faz presente, deve se executar medidas de controle para eliminá-la, já que o problema pode se agravar. Existem diferentes compostos antimicrobianos que podem ser usados, porém, todos devem ser aprovados pelas regulamentações sanitárias vigentes. Entre eles, podem ser mencionados os antibióticos, sendo os mais importantes as penicilinas, estreptomicinas e virginiamicine. O uso desses antibióticos deve ser realizado seguindo cuidadosamente os protocolos de utilização, as doses recomendadas, e levando em consideração o tipo de contaminante encontrado com a finalidade de minimizar a seleção de microrganismos resistentes a esses produtos.

Finalmente, é importante insistir que sempre será melhor manter as condições de higiene para manter a contaminação sob controle, do que enfrentar as consequências de baixas produtividades, produto final de qualidade inferior e um maior custo de produção (NARENDRANATH, 2003; LARSON; POWER, 2003).

23.5.3.5 *O processo de fermentação*

A indústria tequileira, em geral, utiliza processo de fermentação por batelada. O processo tem muitas vantagens, porém, uma de suas limitações é a baixa produtividade e o tempo requerido para que as leveduras utilizadas passem da *lag* fase, no início da fermentação, à fase de crescimento exponencial, na qual se consegue a maior produção de etanol.

Foi proposta a utilização de um sistema contínuo para se obter bebidas alcoólicas, com base em boas experiências na obtenção de etanol, principalmente para seu uso como combustível (CYSEWSKI; WILKIE, 1978). No entanto, os sistemas contínuos têm problemas críticos para a elaboração de bebidas, tais como: a) a estabilidade genética das cepas de leveduras usadas na fermentação, que podem mudar a produtividade e o perfil sensorial do produto final; b) a contaminação por bactérias e leveduras selvagens que deslocam os microrganismos de processo; c) problemas operacionais para manter o reator trabalhando de maneira estável e com a máxima produtividade. Tudo isso, faz com que o processo contínuo ainda não seja uma alternativa aceita na indústria tequileira.

O processo por batelada, apesar da menor produtividade e eficiência, é um processo mais simples de controlar e tem vantagens que o faz preferido para a produção de tequila. Esse processo consiste na carga dos fermentadores com sucos de agave, obtidos pelos diferentes processos de hidrólise da inulina, e o ajuste da concentração inicial de açúcares, dependendo da tolerância das leveduras ou microrganismos empregados no processo. Se o produto que vai ser elaborado é tequila (mista) e não tequila 100% de agave, é aqui que pode ser adicionada uma solução de outros açúcares até uma concentração máxima de 49% do total de açúcares redutores presentes, de acordo com a Norma Oficial Mexicana.

Uma vez ajustado o conteúdo de açúcares, podem ser adicionados os nutrientes requeridos, e durante essa etapa, pode-se injetar ar filtrado ao mosto para favorecer o crescimento das leveduras. A inoculação pode ser realizada simplesmente adicionando-se a levedura comercial ao mosto. Ela deve ser previamente suspensa em água, já que, normalmente, é comprada seca ou liofilizada, com exceção de quando são empregadas leveduras de panificação, que vêm prensadas e úmidas. O inóluco também pode provir de um tanque de preparação (pré-fermentador), com aproximadamente 10% de volume do tanque de fermentação, que foi previamente preparado com os microrganismos que serão utilizados e se manteve arejado para obter uma população entre 10^6-10^7 células/ mL. Se o sistema que está sendo empregado é o de recuperação de leveduras por centrifugação dos tanques que terminaram a fermentação, essas leveduras são lavadas com uma solução de ácido sulfúrico, com a finalidade de eliminar as bactérias presentes, e essa suspensão de leveduras, já desinfectada, é utilizada como inóculo em um novo ciclo de fermentação. Esse sistema é conhecido como fermentação com reciclagem de células, que diminui o tempo de fermentação; porém, há que se controlar a população de bactérias contaminantes do inóluco, já que, de outra forma, será uma fonte de problemas para o processo.

No momento em que o mosto está completamente formulado e inoculado, suspende-se o arejamento (nas indústrias que fazem uso desse procedimento), com a finalidade de favorecer a mudança metabólica rumo à produção de etanol. Esta também é favorecida pela elevada concentração de açúcares iniciais que pode estar numa faixa de 6 até 18% m/v, dependendo da tolerância da levedura empregada às elevadas concentrações de açúcares.

Nas fábricas nas quais se realiza a fermentação natural, simplesmente se deixa que os microrganismos presentes, que provêm de todos os processos prévios, além da carga microbiana já presente em tubulações e tanques, iniciem o processo de fermentação. Algumas empresas também costumam propagar esse consórcio microbiano com antecedência, e inoculá-lo da mesma maneira como se faz com as leveduras comerciais utilizadas.

O tempo de fermentação pode ser muito variável, já que cada empresa define suas condições de processo, como a concentração inicial de açúcares e quantidade de inóculo, porém, aceita-se uma faixa de 20 a 24 horas para as fermentações muito rápidas (sistema com reciclo de células), de 25 a 48 horas para as fermentações comuns e mais de 48 horas para as fermentações lentas (processos naturais).

Durante o processo de fermentação, é necessário realizar análises para determinar o teor de açúcar, de álcool, o pH e o nível de bactérias presentes no mosto, com a finalidade de controlar o processo.

Sendo a fermentação alcoólica um processo exotérmico, é necessário contar com um sistema de refrigeração a fim de manter a temperatura numa faixa ótima para a produção de etanol. Em dias quentes, especialmente durante o verão, em que a temperatura dos fermentadores sem seu controle, pode chegar a mais de 40 °C, há perdas de álcool e moléculas de aromas, uma maior toxidade do etanol para as leveduras, podendo, inclusive, deter completamente o processo e deixar sem fermentar os açúcares, o que pode gerar perdas econômicas.

Os fermentadores podem ser abertos ou fechados, fabricados com diversos materiais, predominando os de aço inoxidável por sua facilidade de limpeza, acabamento sanitário e durabilidade. Os tanques apresentam volume entre 1.000 e 500.000 litros, dependendo da capacidade de produção da destilaria.

23.5.4 Destilação

Uma vez terminado o processo de fermentação, a etapa seguinte é a destilação dos mostos fermentados para recuperar o álcool etílico produzido e todos os componentes de odores agradáveis, assim como os compostos que contribuem para o corpo do produto, como o glicerol e os alcoóis superiores, entre outros. Outra finalidade da destilação é deixar na fração que não evapora, todos os componentes líquidos ou sólidos que podem causar algum problema na tequila final. Por exemplo, o arrasto de grandes quantidades de ácidos graxos pode causar problemas de turbidez no produto final, sobretudo em baixas temperaturas. Finalmente, a destilação deve ser controlada de tal forma que a tequila final cumpra os requisitos da Norma Oficial Mexicana (SECRETARIA DE ECONOMIA, 2005) e de todos os regulamentos solicitados pelo cliente final ou pelo país de destino.

Os processos de destilação podem ser realizados por batelada, mediante o uso de alambique, ou de maneira contínua, mediante o uso de colunas de destilação. Os dois tipos de equipamentos podem ser de cobre ou de aço inoxidável.

23.5.4.1 Cobre

O cobre foi o primeiro metal utilizado na fabricação de equipamentos para a destilação de tequila, em virtude de sua maleabilidade e das boas propriedades para transferir o calor (LÉAUTE, 1990), somadas às experiências positivas com outras bebidas, dado o efeito catalítico do metal ao reduzir os compostos de enxofre presentes nos mostos em diferentes bebidas alcoólicas (NEDJMA; HOFFMANN, 1996).

No entanto, a Norma Oficial Mexicana 142, (Secretaria da Saúde) estabelece um conteúdo máximo de cobre residual em bebidas alcoólicas de 2.0 mg/L. Em decorrência disso, algumas empresas têm trocado seus tradicionais alambiques de cobre pelos de aço inoxidável, com a finalidade de reduzir os níveis residuais de cobre na tequila final e de estar dentro da normativa mexicana e de outras internacionais.

Estudos realizados para determinar o efeito da temperatura sobre a velocidade de corrosão nos alambiques de cobre mostraram que ela aumentou de maneira proporcional à elevação da temperatura, durante a destilação até os 70 °C, porém diminuiu de maneira drástica ao aumentar-se a temperatura até os 85 °C, em razão da uma diminuição da concentração de oxigênio na tequila (CARREON et al., 2001).

Adicionalmente, têm sido realizados estudos para reduzir os níveis de cobre na tequila, empregando métodos eletroquímicos como a voltamperometria cíclica, que mostrou uma redução do cobre, mas modificou alguns dos compostos que contribuem para o perfil sensorial da tequila (CARREON, 2003). Por outro lado, a passagem da tequila através de resinas de troca catiônica para a redução do teor final de cobre, foi realizada com sucesso.

23.5.4.2 Processo por batelada ou descontínuo

O tipo de processo mais utilizado na indústria tequileira é a destilação por batelada, empregando alambiques denominados *olla*, tanto de cobre como de aço anoxidável.

A destilação se conclui em duas etapas: a primeira é conhecida como *esgotamento* e a segunda, como *retificação*. Os alambiques de destilação estão normalmente conectados a um sistema de condensação de vapores que pode utilizar serpentina, tubos ou placas para as trocas térmicas, usando água fria como meio de condensação.

Na Figura 23.8, mostra-se um diagrama do processo de destilação, empregando alambiques.

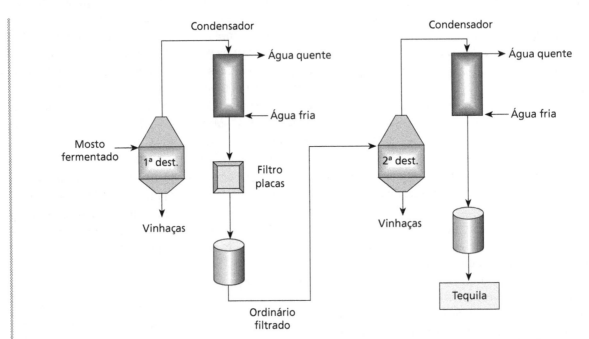

Figura 23.8 Diagrama simplificado de fluxo do processo de destilação da tequila em alambique.

Na primeira etapa, o mosto já fermentado com um teor de álcool entre 3-7% v/v é introduzido no alambique de esgotamento. É aquecido mediante vapor, através de uma serpentina localizada no interior da caldeira do alambique, para obter-se a temperatura de ebulição. A alimentação com vapor deve realizar-se de maneira cuidadosa para evitar uma ebulição muito intensa que pode causar uma intensa formação de espuma que passa do alambique ao recipiente coletor do líquido destilado, contaminando-o. As temperaturas de ebulição podem variar entre 85 e 95 °C, dependendo da concentração alcoólica no mosto fermentado e da pressão atmosférica.

O tempo de destilação pode estar entre uma e quatro horas, em razão do tamanho do alambique e da quantidade de tequila a destilar. O primeiro líquido condensado (*cabeça*) é coletado, separado e processado separadamente. O volume a separar varia de empresa a empresa, porém, geralmente abrange entre 2 e 5% do volume do mosto. Continua-se a destilação por algum tempo, até que o destilado, recebido em um tanque de aço inoxidável, apresente teor alcoólico final entre 15 e 25% v/v, dependendo de cada fabricante. Esse líquido é denominado *ordinário* e, normalmente, tem uma aparência turva, devida aos ácidos graxos que são arrastados na destilação. Continua-se destilando e o líquido coletado (*cauda*) é separado, para recuperação do seu o etanol, juntando-o com a fração *cabeça* para o seu reprocessamento.

A separação das frações de *cabeça* e *cauda* se realiza fundamentalmente para separar aqueles componentes voláteis muito leves ou muito pesados que podem gerar odores ou sabores desagradáveis no produto final. No final do processo de destilação, descarrega-se do alambique o líquido residual conhecido como *vinhaça*, que é enviado para o descarte ou à planta de tratamento de efluentes.

O *ordinário* se mantém em um tanque para atingir a temperatura ambiente; em algumas empresas, é resfriado e, posteriormente, filtrado através de placas de celulose para eliminação dos ácidos graxos que, de outra forma, criarão sedimentos insolúveis na tequila final, sobretudo em países de clima muito frio.

Na segunda destilação, o *ordinário* é introduzido na caldeira do alambique de retificação (de menor tamanho), já que há uma redução de quatro a cinco vezes do volume original do mosto. Realiza-se uma destilação semelhante à primeira, mudando os tempos de destilação em função da concentração alcoólica final no líquido coletado, que já se denomina tequila, podendo apresentar teor alcoólico entre 35 e 55% v/v. Nessa segunda destilação, também se faz a separação de *cabeça* e *cauda* que se juntam com a da primeira destilação, para o seu reprocessamento. O reprocessamento das frações de *cabeça* e *calda* da primeira e segunda destilação consiste em uma destilação no alambique de retificação para recuperar o álcool presente. As *cabeças* e *caudas* desse processo são descartadas. O produto obtido dessa etapa mistura-se com a tequila final, já que tem as mesmas características. Como subproduto dessa segunda etapa de destilação, se obtém um líquido denominado *flegmaça* que é também enviado para o descarte ou à planta de tratamento de efluentes.

A capacidade dos alambiques pode variar de 500 a 10.000 litros e cada empresa tequileira, normalmente, tem um desenho específico para seus alambiques, já que disso dependem os componentes aromáticos destilados e, logicamente, o perfil sensorial do produto final.

23.5.4.3 Processo contínuo

O processo contínuo de destilação da tequila pode fazer uso de colunas de cobre ou de aço inoxidável. Nesse último caso, colocam-se barras de cobre para exercer o efeito catalítico desse metal na eliminação de compostos sulfurados.

O mosto fermentado é introduzido na coluna, devendo se fixar as condições de operação, para manter estável o processo de destilação, bem como as características físico-químicas e sensoriais do produto. Se as condições do processo não são as adequadas, o mais provável é que termine a destilação com um produto demasiadamente neutro e que tenha perdido tanto os aromas procedentes do processo de fermentação como os próprios do agave.

Uma das vantagens do uso de sistemas contínuos é seu menor consumo de energia térmica, comparado com o dos alambiques tradicionais, e a possibilidade de reduzir de maneira mais eficiente o conteúdo de metanol que normalmente pode estar presente. O metanol provém das pectinas altamente metiladas presentes no agave e que, por efeito do pH e da temperatura, são liberadas majoritariamente na etapa de destilação. O alto grau de metilação das pectinas é um recurso que protege as plantas de sua degradação pelas enzimas denominadas poligalacturonase [poli (1,4-α-D-galacturonido) glucanohidrolase, EC 3.2.1.15] (DINU, 2001). Outra vantagem das colunas de destilação é sua versatilidade para obter produtos com um perfil sensorial muito diferente, o qual é importante no desenvolvimento de novos produtos.

Algumas empresas realizam a destilação da tequila empregando, paralelamente, tanto o método por batelada, em alambiques, como o contínuo, em colunas. Ao final, realiza-se a mistura de ambos os destilados para obter o perfil sensorial desejado.

23.5.5 Envelhecimento

Diferentemente de outras bebidas alcoólicas, a tequila, tal como se obtém do processo de destilação, é uma bebida agradável ao paladar, uma vez que apresenta as características sensoriais desejáveis, provenientes do agave, o que tem motivado o desenvolvimento da tequila tipo branco. No entanto, o envelhecimento da tequila branca em barris de carvalho branco (*Quercus Alba*) ou azinheira (*Quercus ilex*), tem dado um impulso muito grande às categorias das tequilas repousadas, que contam com uma participação de aproximadamente 70%, e das envelhecidas, com cerca de 20% do mercado mexicano (CNIT, 2003).

As características sensoriais das tequilas submetidas ao envelhecimento devem-se a compostos químicos aromáticos presentes na bebida, provindo de diferentes fontes: a) a matéria-prima, agave; b) o processo de cozimento do agave; c) o processo de fermentação; d) o processo de destilação; e, finalmente, e) o envelhecimento em barris de carvalho branco.

O envelhecimento da tequila branca em barricas de carvalho produz mudanças adicionais em sua composição. Por outro lado, tanto álcool como água se perdem em decorrência de um processo de difusão através das paredes e tampas do barril, e a subsequente evaporação para a atmosfera. A velocidade desse processo depende da resistência oferecida pela parede de madeira e a diferença de concentrações na interface tequila–madeira–ar. Isso, por sua vez, é uma função da espessura da parede, da umidade relativa exterior, da temperatura do ambiente, da área superficial disponível para a evaporação e do peso molecular dos compostos que estão sendo evaporados. Isso significa que os compostos de grande peso molecular são menos permeáveis que o etanol ou a água, concentrando-se durante o processo de envelhecimento.

As bebidas alcoólicas, durante o processo de envelhecimento, extraem alguns compostos da madeira, tais como aldeídos, ácidos, açúcares, taninos e fenólicos (MAGA, 1984); além disso, ocorrem reações de oxidação e esterificação, e, finalmente, a adsorção de alguns componentes sobre a capa interior de carvão que se forma durante o processo de queima da barrica, com a qual se proporciona suavidade ao produto final. Todas essas mudanças estão influenciadas por vários fatores que serão descritos a seguir.

23.5.5.1 O tipo de carvalho utilizado

A madeira com a qual se fabricam os barris, tonéis e tanques utilizados no processo de envelhecimento da tequila, é normalmente de carvalho que pertence ao gênero *Quercus*, sendo que as espécies de interesse comercial estão na Europa (*Quercus pedunculata – roble rouvre* e *Quercus sessilis – roble sessile*) e na América do Norte (*Quercus alba – roble blanco*). Os principais componentes da madeira de carvalho são a celulose, a hemicelulose e a lignina, conforme é mostrado na Tabela 23.3.

Tabela 23.3 Composição química aproximada da madeira de carvalho (%).

Espécie	Celulose	Hemicelulose	Lignina	Extraíveis
Q. pedunculata	39-42	19-26	25-34	4-6
Q. sessilis	22-50	17-30	17-30	2-10
Q. alba	42-44	24-28	24-25	5

Os extraíveis são representados, principalmente, por ligninas, cumarinas, ácidos fenólicos e taninos. Os taninos da madeira de carvalho, denominam-se *elagitaninos,* são polímeros do ácido elágico com a glicose, e proporcionam um sabor amargo aos produtos contidos nos barris. Os teores de elagitaninos variam com o tipo de madeira, cujo valor, expresso em mg/g de madeira seca, é, em média: carvalho sessilis 8,0; carvalho pedunculado 15,0; e carvalho branco 6,0. Os teores de elagitaninos podem diminuir por processo de cura e secagem natural da madeira antes da sua utilização, sendo importante a seleção do tipo de carvalho que será usado no envelhecimento da tequila.

As diferenças entre o carvalho americano e o europeu indicam que este último contém mais sólidos extraíveis e mais compostos fenólicos por unidade de sólidos extraídos; no entanto, os carvalhos americanos proporcionam mais "sabor ao carvalho" por unidade de tanino (MAGA, 1984). No caso de utilizar carvalho branco europeu, principalmente francês, é importante considerar que os níveis de furfural na tequila final podem chegar a valores de 8,1 mg por 100 mL de álcool anidro, quando se utilizam barris novos, sendo que a normativa mexicana estabelece limites de 1,0 mg por 100 mL de álcool anidro (LOPEZ, 2002). Normalmente, a indústria tequileira utiliza barris de carvalho branco americano com a finalidade de manter um nível adequado entre os aromas e sabores procedentes do agave e aqueles derivados da madeira. No caso de alguns produtos especiais, como as tequilas envelhecidas, se utilizam misturas de tequilas envelhecidas em barris de carvalho americano com tequilas envelhecidas em barris europeus, principalmente franceses, que proporcionam características de aroma e sabor mais intensos.

23.5.5.2 Condições de queima da barrica

As condições de queima das barricas empregadas na indústria tequileira são de vital importância, já que isso vai definir, em parte, a cor e o sabor do produto. A queima deve ser realizada com uma chama baixa, com a finalidade de não carbonizar demais a madeira, pois isso daria sabor acre à tequila final. O nível de queima depende basicamente do tempo que se deixa queimar a madeira. Os diferentes níveis de queima nas barricas se definem como leve, médio e intenso. Uma queima rápida, com 3 ou 4 mm de profundidade, limita a vida aromática do barril, enquanto que uma queima lenta e profunda, de até 7 mm, assegura maior tempo de utilidade do barril.

O nível de queima a selecionar, dependerá do tempo em que a tequila permanecerá nos barris. Usa-se, normalmente, uma queima média para produtos repousados e uma combinação de queima lenta e rápida para produtos envelhecidos, que permanecerão mais tempo no barril com a finalidade de conseguir um nível adequado de cor, sabor e aroma no produto final. Finalmente, cada empresa deverá definir o critério de queima com seu fornecedor de barris, para assegurar um produto de qualidade constante e uniforme.

23.5.5.3 O uso de barris novos ou previamente utilizados

A indústria tequileira utiliza, em geral, barris de carvalho branco que tenham sido previamente utilizados para envelhecer outros produtos, ainda que algumas companhias utilizem barris novos com a finalidade de não conferir aromas e sabores diferentes à tequila durante essa etapa. No caso da normativa mexicana, os barris podem ser reutilizados sem limite de uso; como também, podem ser utilizados barris usados procedentes de outras indústrias como a do *bourbon*, uísque e *xerez*, entre outras.

Com a finalidade de restaurar a capacidade de desenvolver cor, sabor e aromas, os barris podem ser novamente queimados depois de vários ciclos de uso. Isso se realiza, geralmente, quando não se deseja adicionar caramelo para padronizar a cor do produto final, e pode ser feito com a realização de misturas de diferentes lotes de tequila para obtenção de um produto com cor natural constante (RODRIGUEZ, 2001).

23.5.5.4 Graduação alcoólica da tequila no envelhecimento

Um fator de importância para definir os compostos que serão extraídos da madeira é o teor alcoólico inicial da tequila que é introduzida ao tonel ou barril de carvalho. Sabe-se, por experiência, que a concentração alcoólica mais baixa permitida pela Norma (35% v/v) favorece a extração de cor, sólidos, taninos, furfural, ésteres e aldeídos, pela qual os barris chegarão a um esgotamento de forma

mais rápida, enquanto a concentração mais alta permitida (55% v/v) diminui a extração dos compostos indicados. Esse comportamento é semelhante ao encontrado em estudo realizado com *bourbon* por Baldwin e Andreasen (1974). Finalmente, cada empresa define o teor alcoólico inicial para seus produtos, com base na idade da barrica e no perfil sensorial da tequila final.

23.5.5.5 O tempo de envelhecimento

O tempo de envelhecimento para as diferentes classes de tequila, de acordo com a Norma Oficial Mexicana são os seguintes:

- **Repousada**: deve envelhecer em contato direto com a madeira de recipientes de carvalho ou azinheira, pelo menos, por dois meses. Não existe restrição na capacidade desses recipientes.

- **Tequila envelhecida**: deve envelhecer em contato direto com a madeira de recipientes de carvalho ou azinheira, cuja capacidade máxima seja de 600 litros, durante um tempo mínimo de um ano.

- **Tequila extraenvelhecida**: deve envelhecer em contato direto com a madeira de recipientes de carvalho ou azinheira, cuja capacidade máxima seja de 600 litros, pelo menos, por três anos.

O processo de envelhecimento deve ser realizado dentro da zona de denominação de origem da tequila. As adegas utilizadas para o envelhecimento da tequila, normalmente, devem permanecer a uma temperatura ao redor dos 25 °C e uma umidade relativa entre 50-65%, para diminuir as perdas por evaporação. Uma umidade relativa acima de 65% pode propiciar o crescimento de fungos na madeira do barril, afetando sua integridade física e provocando mudanças no sabor e no aroma do produto final. O balanço de umidade relativa pode ser mantido mediante sistemas automáticos de nebulização com água, sem chegar a níveis de riscos. As perdas dependem da temperatura e umidade relativa ambiental, do teor alcoólico da tequila de entrada ao barril e logicamente, do tempo que permanece a tequila no barril. Porém, os valores de perda de produto podem variar em torno de 2% de volume para as tequilas repousadas e 40% para as extras envelhecidas.

23.5.5.6 Esvaziamento de barris e acondicionamento

Quando se atinge o tempo de envelhecimento que cada empresa tenha definido para seus produtos, respeitando os tempos mínimos estabelecidos pela Norma, a tequila é retirada dos barris para interromper o processo de envelhecimento. Esse processo é realizado levando-se os barris ao local de esvaziamento ou mediante o seu esvaziamento *in situ* na adega. A tequila que sai dos barris normalmente é filtrada para retirar algumas partículas de carvão que provêm do processo de queima do barril e, posteriormente, tem seu teor alcoólico ajustado à graduação comercial, empregando-se para isso água potável, com baixo conteúdo de sais para evitar problemas de precipitação e turbidez. Pode-se utilizar água de osmose inversa para esse fim.

A tequila, uma vez envelhecida, pode ser corrigida para cor, empregando caramelo, ou sabor pelo uso de *flavorizantes* autorizados pela Secretaria da Saúde. Algumas empresas fazem misturas de diferentes lotes de tequila para ajustar a cor, e não utilizam corante ou *flavorizantes*, especialmente naqueles produtos denominados *Premium*. Para restabelecer a capacidade de gerar cor, sabor e aromas, os barris podem ser recondicionados mediante um processo de raspagem interna com a finalidade de eliminar a camada de carvão do interior do barril e efetuar novamente a queima, em condições muito simples.

23.5.6 Análises, avaliação sensorial e acondicionamento

A tequila branca que sai do processo de destilação e a tequila que provém dos barris de carvalho, podem ser submetidas a diferentes processos de filtração e oxigenação com a finalidade de imprimir um perfil sensorial definido. Em ambos os casos, o teor alcoólico do produto deve ser ajustado para a graduação comercial. A NOM permite a exportação a granel do produto denominado *Tequila* e, no caso de *Tequila 100%*, esta deve, obrigatoriamente, ser embalada dentro da zona de denominação de origem.

Antes do processo de acondicionamento, a tequila deve ser submetida a análises físico-químicas e de cromatografia gasosa para garantir o cumprimento da NOM, de acordo com os valores assinalados na Tabela 23.4.

Tabela 23.4   Especificações físico-químicas da tequila de acordo com a NOM.

Parâmetros	Tequila branca		Tequila jovem ou ouro		Tequila "reposado"		Tequila envelhecida		Tequila extra envelhecida		Método de ensaio (prova) (1)
	Mín.	Máx.	Mín.	Máx.	Mín.	Máx.	Mín.	Máx.	Mín.	Máx.	
Conteúdo alcoólico a 293 K (20 °C) (% Alc. Vol.)	35	55	35	55	35	55	35	55	35	55	NMX-V-013- -NORMEX
Extrato seco (g/L)	0	0,30	0	5	0	5	0	5	0	5	NMX-V-017- -NORMEX
Valores expressos em mg/100 mL de álcool anidro											
Alcoóis superiores (como álcool amílico)	20	500	20	500	20	500	20	500	20	500	NMX-V-005- -NORMEX
Metanol (2)	30	300	30	300	30	300	30	300			NMX-V-005- -NORMEX
Aldeídos (como acetaldeído)	0	40	0	40	0	40	0	40			NMX-V-005- -NORMEX
Ésteres (como acetato de etila)	2	200	2	200	2	250	2	250	2	250	NMX-V-005- -NORMEX
Furfural	0	4	0	4	0	4	0	4	0	4	NMX-V-004- -NORMEX

De acordo com requerimentos adicionais, a tequila pode ser analisada para determinar seu teor de metais pesados por métodos de absorção atômica, carbamato de etila, por cromatografia gasosa e espectrometria de massa, e alguns outros requerimentos especiais, por exigência do país ou cliente. A indústria tequileira conta com um laboratório registrado no Conselho Regulador da Tequila (CRT) para realizar todas essas análises e, assim, garantir o cumprimento da NOM, antes de comercializar a tequila tanto no mercado nacional como internacional.

A tequila, antes de ser acondicionada, deve passar também por um processo de avaliação sensorial mediante o uso de diferentes metodologias, por uma equipe treinada e capacitada com a finalidade de assegurar a qualidade do produto final. Os resultados obtidos por essa equipe podem ser processados estatisticamente mediante programas especializados em avaliação sensorial que eliminam o erro humano e entregam uma resposta imediata, conforme os provadores introduzem os seus registros no computador. Na atualidade, existe a possibilidade de utilizar tecnologias avançadas, como a cromatografia gasosa com a olfatometria para a avaliação do perfil sensorial, método de especial interesse para o desenvolvimento de novos produtos.

Uma vez cumpridos todos os requerimentos analíticos e sensoriais, a tequila está pronta para ser acondicionada por um dos engarrafadores autorizados pelo CRT, exclusivamente no México, para a Tequila 100%, e em qualquer lugar do mundo, para a Tequila. A tequila pode ser acondicionada em recipientes de vidro, polietilenotereftalato (PET) e outras embalagens permitidas pelas autoridades sanitárias, com uma capacidade máxima de cinco litros.

23.5.7 Tratamento dos subprodutos

Durante o processo de elaboração da tequila se obtêm alguns subprodutos que podem ser tratados ou aproveitados para eliminar danos ao meio ambiente.

23.5.7.1 Subprodutos líquidos

Os efluentes líquidos resultantes do processo de cozimento do agave (méis amargos) e os resultantes da destilação (vinhaça) podem ser utilizados para irrigar os terrenos, onde o agave está plantado. A dosagem máxima de 1.000 m^3/ha/ano não prejudica o agave e nem o solo. Uma alternativa, é o tratamento anaeróbico para reduzir de forma significativa a elevada carga orgânica das vinhaças, gerando, como subproduto, o biogás que pode ser aproveitado para geração de vapor. Nesse caso, é importante que, durante o processo de fermentação anaeróbia, se observe o teor de enxofre no momento da adição de nutrientes, já que seu excesso pode gerar enxofre livre e ácido sulfídrico, durante o processo de tratamento. Essas substâncias são um inconveniente em razão do custo de seu tratamento, de seu nível corrosivo e de seu mau cheiro.

Os reatores anaeróbicos para o tratamento dos resíduos líquidos normalmente estão baseados no sistema Upflow Anaerobic Sludge Blanket Digestion (Vasb). Este conta com um biorreator tubular que opera em regime contínuo e em fluxo ascendente, com alimentação do efluente e manutenção do leito fluidizado com os microrganismos anaeróbicos que realizam a digestão para conseguir altas eficiências na remoção da carga orgânica. Uma das vantagens do sistema anaeróbico é a baixa geração de matéria orgânica, e aquela que se desenvolve pode ter valor comercial, já que sempre existirão novas plantas de tratamento interessadas em carregar seus reatores durante a etapa inicial, utilizando esses lodos ativados que contêm uma carga microbiana importante para o arranque e estabilização de um novo digestor anaeróbico.

Posteriormente ao tratamento anaeróbico, que reduz 90-95% da carga orgânica, dependendo do desenho do reator, o efluente com o restante da matéria orgânica passa por um sistema aeróbico que permite o desenvolvimento de microrganismos aeróbicos para a remoção da carga orgânica residual. No final da etapa aeróbica, realiza-se a separação de lodos, os quais podem ser misturados com o bagaço (obtido na moagem do agave), a fim de serem aproveitados no processo de compostagem. O efluente é tratado, finalmente, mediante um processo de cloração para eliminar a presença de microrganismos. Durante esse processo, os parâmetros físico-químicos do efluente são ajustados aos valores exigidos pelas autoridades ambientais e a água pode ser utilizada para irrigação ou refrigeração. Já existem algumas plantas de tratamento instaladas na indústria tequileira que utilizam essa tecnologia. A Tabela 23.5 mostra a composição típica de vinhaças tanto da Tequila 100% como da Tequila, na qual pode se observar a sua elevada carga orgânica e o pH ácido.

Tabela 23.5 Análise de vinhaças do processo de destilação da tequila.

Parâmetro	Tequila 100%			Tequila 51/49		
	Média	Faixa		Média	Faixa	
Cor (Pt-Co)	7.500,0	4.500,0	11.000,0	6.000,0	5.000,0	8.000,0
Condutividade 25 °C (ohm/cm)	2.009,0	1.007,0	2.660,0	1.995,3	1.820,0	2.330,0
Fósforo total (mg/L)	57,7	11,9	110,0	17,1	0,6	26,8
Matéria flutuante	AUSENTE	AUSENTE	PRESENTE	50:50	AUSENTE	PRESENTE
pH a 25 °C	3,45	3,39	3,51	3,28	3,18	3,43
Sólidos sedimentaveis (mL/L)	234,0	34,0	505,0	82,8	0,6	318,0
Sólidos suspendidos (mg/L)	3.250,0	2.100,0	3.850,0	1.873,3	303,0	4.090,0
Sulfatos (mg/L)	150,6	54,9	215,0	231,0	202,0	259,0
Temperatura (°C)	52,4	42,4	62,7	49,6	38,9	59,5
DBO (mg/L)	14.824,7	7.324,0	18.850,0	22.094,5	16.728,0	28.500,0
DQO (mg/L)	35.513,3	17.906,0	46.461,0	40.365,0	33.645,0	46.721,0
Nitrogênio total (mg/L)	242,3	140,0	307,0	168,1	143,0	206,0
Susbtâncias ativas ao azul de metileno (mg/L)	0,253	0,178	0,323	0,282	0,197	0,346
Gorduras e azeites (mg/L)	28,8	24,8	31,2	17,1	12,6	23,0
Cianeto como Cn (mg/L)	0,022	0,017	0,028	0,013	<0,01	0,017
Arsénico (mg/L)	<0,005	<0,005	<0,005	<0,005	<0,005	<0,005
Cadmio (mg/L)	<0,050	<0,050	<0,050	<0,050	<0,050	<0,050
Cobre (mg/L)	0,208	0,164	0,256	0,148	<0,100	0,224
Cromo total (mg/L)	<0,250	<0,250	<0,250	<0,250	<0,250	<0,250
Mercurio (mg/L)	<0,001	<0,001	<0,001	<0,001	<0,001	<0,001
Niquel (mg/L)	<0,100	<0,100	<0,100	<0,100	<0,100	<0,100
Chumbo (mg/L)	0,086	0,052	0,155	0,088	<0,052	0,100
Zinco (mg/L)	0,449	0,232	0,748	0,507	0,310	0,697
Coliformes fecais promédio (NMP/100 mL)	<3,0	<3,0	<3,0	<3,0	<3,0	<3,0
Ovos de helmintos (H/L)	<1,0	<1,0	<1,0	<1,0	<1,0	<1,0

23.5.7.2 Subprodutos sólidos

O bagaço resultante do processo de extração de açúcares, efetuado mediante o tradicional método de cozimento e moagem, ou sob as novas tecnologias de extração e hidrólise química, pode ser utilizado em: a) alimentação de gado; b) substrato para o crescimento de fungos comestíveis; c) geração de energia elétrica e térmica; d) chapas; e) hidrólise e posterior conversão para etanol; f) papel e polpa de celulose; g) compostagem.

O uso como alimento de gado requer suplementação com uma fonte de nitrogênio para elevar seu conteúdo para no mínimo 17%, a fim de usá-lo na alimentação de ruminantes. Seu uso é limitado e depende fundamentalmente do custo de outras opções disponíveis no mercado. Com esse mesmo propósito, foi proposta a recuperação dos sólidos das vinhaças e seu uso em alimentação animal (IÑIGUEZ-COVARRUBIAS et al., 1996).

O cultivo de fungos comestíveis de valor econômico, como o cogumelo da espécie *Agaricus bisporus* é uma opção que tem sido explorada com êxito comercial. A quantidade de bagaço gerada pela indústria é tão grande (aproximadamente de 40 milhões de toneladas por ano) que não é possível utilizá-lo apenas para esse fim.

A geração de energia térmica mediante um processo de pirólise e seu posterior uso para a geração de energia elétrica e vapor de baixa pressão é uma alternativa, porém, isso requer o transporte do bagaço até uma planta central para tornar o processo econômico.

A fabricação de chapas é uma possibilidade técnica, porém é difícil que possa competir com outros substratos de menor custo e que não requerem um processo de lavagem para eliminar os açúcares residuais do bagaço.

A hidrólise do bagaço, por via química ou enzimática, ou mediante uma combinação de ambas, e a posterior fermentação dos açúcares obtidos para produzir etanol combustível, tem sido realizada com sucesso em nível de planta piloto, porém, o custo da hidrólise torna o processo pouco competitivo.

O uso do bagaço do agave para elaboração de papel e polpa de celulose também é uma alternativa que tem sido explorada, porém ainda com resultados limitados (IDARRAGA et al., 1999).

Finalmente, a compostagem, processo de degradação microbiana acelerada, é uma opção que está sendo utilizada em grande escala por algumas empresas, com bons resultados, para geração de um adubo orgânico que se aplica no solo onde será plantado o agave. Nesse processo de compostagem, podem ser incorporados os sólidos obtidos durante o processo aeróbico de tratamento dos efluentes líquidos, resultantes do processo de produção da tequila.

Durante o processo de colheita do agave, as folhas da planta são deixadas no campo para sua incorporação ao solo e, com isso, reciclar os nutrientes. Tem sido descrito (IÑIGUEZ-COVARRUBIAS et al., 2001) que 54% do peso fresco do agave é representado pela pinha central da planta, que é usada para elaborar a tequila, e 14% são as folhas. O restante constitui parte da planta que se retira da pinha e a base que permanece no solo. Foi proposto o uso da fibra presente nas folhas para elaboração de papel ou algum tipo de celulose modificada de alto valor, como carboximetil celulose (CMC), com bons resultados técnicos. O estudo econômico, no momento, mostra que não é rentável recuperar todas as folhas dispersas em diferentes zonas da colheita.

23.6 ESTATÍSTICAS DE PRODUÇÃO

A seguir, são apresentados os mais recentes dados estatísticos da indústria tequileira, publicados pelo Conselho Regulador da Tequila (CRT) em 2007.

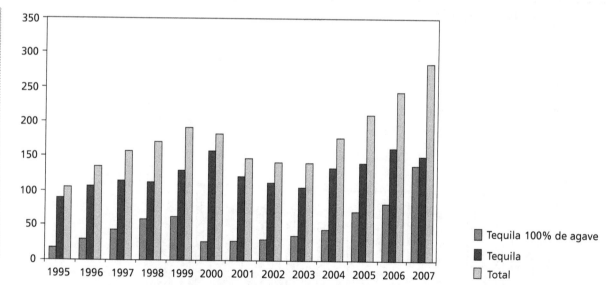

Figura 23.9 Volumes de produção de tequila, expressos em milhões de litros a 40% de álcool v/v, durante o período compreendido entre 1995 e 2007.

Fonte: CRT (2008).

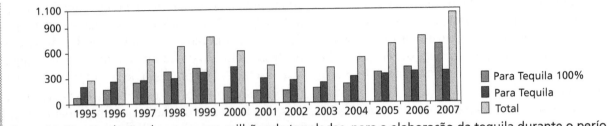

Figura 23.10 Produção de agave, em milhões de toneladas, para a elaboração da tequila durante o período compreendido entre 1995 e 2007.

Fonte: CRT (2008).

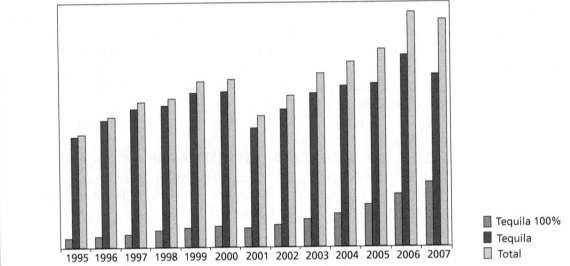

Figura 23.11 Exportação de tequila, em milhões de litros a 40% álcool v/v, durante o período compreendido entre 1995 e 2007.

Fonte: CRT (2008).

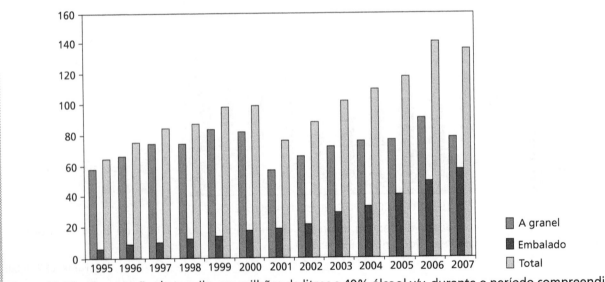

Figura 23.12 Exportação de tequila, em milhões de litros a 40% álcool v/v, durante o período compreendido entre 1995 e 2007.

Fonte: CRT (2008).

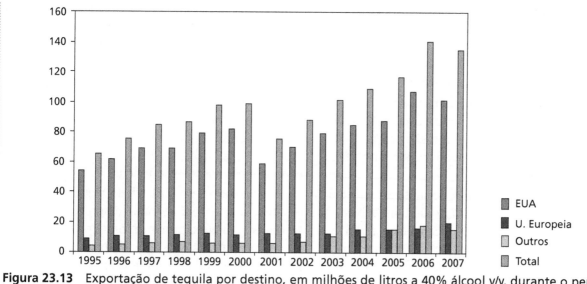

Figura 23.13 Exportação de tequila por destino, em milhões de litros a 40% álcool v/v, durante o período compreendido entre 1995 e 2007.

Fonte: CRT (2008).

23.7 AUTENTICIDADE

Um dos problemas que enfrenta a tequila como bebida, devido a seu êxito comercial em todo mundo, é a sua adulteração ou a elaboração de produtos que, sem ser tequila, se denominam como tal. Esse fenômeno não é exclusivo da tequila, tanto que outras bebidas como uísque, conhaque, *brandy*, vinhos etc., se encontram na mesma situação.

Atualmente, existe o reconhecimento internacional de que a tequila é um produto original do México; no entanto, é comum encontrar alguns produtos que não o são e que causam perdas econômicas às empresas produtoras de tequila e às autoridades da alfândega, enganando e colocando em risco a saúde dos consumidores.

O desenvolvimento de metodologias para identificação de bebidas não autênticas é um tema que tem ocupado a comunidade científica do mundo, assim como as autoridades encarregadas dos aspectos comerciais e alfandegários, com a finalidade de proteger o consumidor e eliminar perdas econômicas.

Uma metodologia desenvolvida e validada com êxito para assegurar a autenticidade de bebidas alcoólicas é a espectrometria de massas de razão isotópica de carbono e oxigênio. Esta tem como fundamento que as matérias-primas utilizadas para a elaboração das bebidas são plantas que têm diferentes formas de assimilar o CO_2 atmosférico, por meio do processo fotossintético.

A maioria das plantas utiliza o ciclo fotossintético de Calvin que fixa o CO_2 à molécula de Ribulose-bifosfato (RuBP), formando duas moléculas de 3-fosfoglicerato que contém três átomos de carbono, mediante a seguinte reação:

$$CO_2 + RuBP \rightarrow 2 \text{ Fosfoglicerato}$$

A este grupo de plantas, conhecidas como C_3, pertencem o arroz, trigo, soja, beterraba, batata e uva. O valor isotópico do carbono ($\delta^{13}C$) dessas plantas, medido no espectrômetro de massa de razão isotópica (IRMS), situa-se no intervalo de –22 a –33‰.

As plantas C_4, utilizam o ciclo fotossintético de Hatch-Slack e são competitivamente superiores às C_3 sob condições de seca, altas temperaturas e baixos teores de nitrogênio no solo. São chamadas assim porque produzem o oxaloacetato, uma molécula de quatro átomos de carbono, por meio da fixação do CO_2 atmosférico ao fosfoenolpiruvato (PEP), mediante a enzima PEP carboxilase, conforme a seguinte reação:

$$CO_2 + PEP \rightarrow \text{Oxaloacetato}$$

A cana, sorgo, algodão e milho são exemplos típicos de plantas C_4 e seus valores isotópicos de carbono ($\delta^{13}C$), medidos no IRMS, se encontram dentro do intervalo de –10 a –20‰.

Existe um terceiro grupo de plantas que realiza a fixação de CO_2, principalmente durante a noite, mediante uma combinação dos mecanismos anteriores. Esse grupo vegetal é conhecido como o do ciclo do ácido crasuláceo (CAM). Essas plantas fecham seus estômatos durante o dia com o fim de conservar água e abrem-nos durante a noite para incorporar o CO_2. Armazenam o CO_2 como malato e outros compostos orgânicos simples. O malato em particular se converte facilmente em piruvato que pode ser fosforilado em fosfoenolpiruvato para fixar mais CO_2.

A esse grupo de plantas pertencem os cactos e os agaves, entre os quais se encontram o *Agave tequilana* Weber, utilizado para a elaboração da tequila. Os seus valores de $6^{13}C$ se encontram na faixa entre –12 e –30%.

Pode-se identificar o tipo de substrato utilizado durante o processo de produção de uma bebida alcoólica em razão do valor isotópico do carbono ($6^{13}C$) de seu etanol e, com isso, determinar se o produto é genuíno. Existem vários trabalhos que descrevem em detalhes essa metodologia (AGUILAR-CISNEROS, 2002; BAUER-CHRISTOPH et al., 2003).

Outro tipo de metodologia que pode ser usada como ferramenta para discriminar uma bebida autêntica de outra adulterada, é a Cromatografia Iônica (CI) e a espectroscopia infravermelha com transformação de Fourier (FTIR) que são muito mais simples e podem ser realizadas em combinação com outras técnicas como a ressonância magnética nuclear (NMR) (LACHENMEIER et al., 2005). A análise de metais em bebidas na Venezuela pelo método de absorção atômica, também tem sido utilizada para diferenciar aguardentes genuínas de possíveis adulterações (HERNANDEZ-CARBALLO et al., 2003). Aguilar-Cisneros et al. (2002) propuseram o uso de cromatografia gasosa capilar, a razão isotópica por espectrometria de massas na forma de combustão e pirólise (HRGC-C/P-IRMS) em combinação com a técnica de espaço vazio (*head space*, SPME) para a análise de autenticidade de vários tipos de tequilas.

23.7.1 Diferenças entre tequilas 100% produzidas em duas regiões produtoras

No México, existem duas regiões produtoras de tequila: a região Centro, que compreende os municípios de Arenal, Amatitán e Tequila, localizados no Estado de Jalisco, e a região dos Altos, integrada pelos municípios de Arandas, Atotonilco, Jesus Maria e Tepatitlán, localizados no mesmo estado.

Em um estudo com análise estatística, mediante cromatografia gasosa associada à espectrometria de massas, que incluiu diferentes marcas de tequila, dos tipos branco, repousado e envelhecido, e produzidas nas regiões Centro e Altos, se demonstrou que é possível encontrar compostos aromáticos específicos que permitem diferenciar tanto a região produtora como o tipo de tequila.

Os resultados mostraram que o ácido hexadecanoico, delta-cadineno, 1-terpineol e 3-metil-3-buteno-1-ol se encontram em maior concentração nas tequilas brancas, enquanto, o benzaldeído, decanol, 1-heptanol, vanilina e vanilato de etila tem uma maior concentração nas tequilas repousadas e envelhecidas.

O acetato de benzila, beta-ciclocitral, lactato de etila, linalol 1 e 2-nonanol, óxido de linalol, alfa-terpineol e 3-etoxi propanal foram encontrados em maior concentração nas tequilas procedentes da região dos Altos, enquanto o levulinato de etila, o tereftalato de dibutila, o octanoato de etila e a 1-pentanol-tetrahidrofuranona foram encontrados em maior concentração nas tequilas procedentes da região Centro (GUTIERREZ, 2004).

23.8 NOVAS TECNOLOGIAS

Depois de ter revisado o processo de produção de tequila, desde a semeada até o cultivo do agave, passando pelo processo de fabricação da bebida até seu acondicionamento, não se duvida que a indústria tequileira se encontra diante de uma etapa de modernização, onde a utilização do conhecimento tecnológico deve fazê-la capaz de melhorar todo o processo, de maneira mais amigável com o meio ambiente, com um menor consumo de energia e com atividades produtivas menos intensivas no emprego da mão de obra e com trabalhos que requeiram menor esforço físico do pessoal.

A interação da indústria tequileira com os geradores do conhecimento tecnológico mediante a formação de grupos de investigação e desenvolvimento tecnológico, com a finalidade de melhorar a cadeia produtiva agave-tequila, já é uma realidade.

Não há dúvida que a participação de outros atores desse processo, tais como o Conselho Regulador da Tequila (CRT), a Câmara da Indústria Tequileira e os governos federal e estaduais, por meio de vários de seus programas de apoio ao campo, em especial à cadeia produtiva, trarão maiores êxitos para a tequila.

O desenvolvimento e a adoção de novas tecnologias na cadeia produtiva agave–tequila, requerem esforços e recursos adicionais, assim como a formação de recursos humanos em disciplinas muito diversas.

Podemos indicar alguns rumos pelos quais convém que a cadeia produtiva oriente seus esforços:

1) A obtenção de plantas de *A. tequilana* com maiores teores de agavina do que as utilizadas atualmente, com um menor tempo de desenvolvimento, maior peso no momento da colheita e incorporando fatores genéticos de resistência às condições ambientais, pragas e doenças.

2) O uso da micropropagação de plantas de agave selecionadas e a mecanização dos processos de semeadura e colheita.

3) O controle biológico de pragas.

4) O uso de técnicas de prospecção remota via satélite para o monitoramento de inventários das plantações de agave, assim como de seu estado fitossanitário.

5) O controle de mato, mediante técnicas que não utilizem agrotóxicos, como o cultivo de cobertura e controle por calor.

6) A necessidade de melhorar a eficiência global do processo de produção de tequila, mediante o emprego de técnicas mais eficientes de uso da energia.

7) A recuperação do CO_2 no processo de fermentação.

8) O desenvolvimento de controle de qualidade cada vez mais exigente para todas as bebidas alcoólicas, tanto no mercado nacional como internacional.

9) A implementação de métodos analíticos que permitam identificar a tequila genuína de bebidas adulteradas.

10) O desenvolvimento de processos que aproveitem, de maneira integral, a matéria-prima.

11) O uso de tecnologias mais amigáveis com o meio ambiente.

12) O desenvolvimento de novas bebidas com base na tequila, como resposta às demandas dos consumidores em todo o mundo.

A difusão de informações sobre o estado atual da cadeia produtiva agave–tequila em livros como este, nos parece um fator importante, não somente para expor o conhecimento atual, como para despertar nas gerações de novos profissionais e estudantes a inquietude para empreender uma carreira que contribua para o crescimento da indústria tequileira.

BIBLIOGRAFIA

AGUILAR-CISNEROS, B. O. et al. Tequila authenticity assessment by headspace SPMEE-HRGC-IRM analysis of 13C/12C and 18O/16O ratios of ethanol. **Journal of Agricultural and Food Chemistry**, Davis, v. 50, n. 26, p. 7520-7523, 2002.

ALONSO, G. M. S. Valorisation de la bagasse de l'agave *tequilana* W. cv *azul:* caractérisation, étude de la digestibilité et de la fermentation des sucres. 2005. 201f. These (Docteur in Sciences des Agroressources) – Institut Nacional Polytechnique, Toulouse, 2005.

ARELLANO, M. P. **Determinación del perfil de compuestos organolépticos de cuatro cepas aisladas de jugo de** *Agave tequilana* Weber var. Azul. 2000. 126f. Thesis (Procesos Biotecnológicos) – CUCEI. Universidad de Guadalajara, Guadalajara, 2000.

ARIZAGA, S.; EZCURRA, E. Propagation mechanisms in *Agave macroacantha* (Agavaceae), a tropical arid-land succulent rosette. **American Journal of Botany**, St. Louis, v. 89, p. 632-641, 2002.

ARRIZON, G. P.; GSCHAEDLER, A. Increasing fermentation efficiency at high sugar concentration by supplementing an additional source of nitrogen during the exponential phase in the tequila fermentation process. **Canadian Journal of Microbiology**. Saskatoon, v. 48, n. 11, p. 965-966, 2002.

BAHRE, C. J.; BRADBURY, D. E. Manufacture of mescal in Sonora, Mexico. **Economic Botany**, St. Louis Missouri, v. 34, n. 4, p. 391-400, 1980.

BALDWIN, S; ANDREASEN, A. A. **Congener development in bourbon whisky matured at various proofs for twelve years. Journal of the Association of Official Analytical Chemists, AOAC**. Gaithersburg, v. 57, n. 4, p. 940-950, 1974.

BAUER-CHRISTOPH, C. et al. Authentication of tequila by gas chromatography and stable isotope ratio analyses. **European Food Research and Technology**, Garching, v. 217, p. 438-443, 2003.

BENN, S.; PEPPARD, T. Characterization of tequila flavor by instrumental and sensory analysis. **Journal of Agriculture and Food Chemistry**, Davis, v. 44, n. 21, p. 557-566, 1996.

BINH, L. T. et al. **Rapid propagation of agave by in vitro tissue culture. Plant Cell, Tissue and Organ Culture**, New York, v. 2, p. 123-132, 1990.

BLECKER, C. et al. Kinetic study of the acid hydrolysis of various oligofructose samples. **Journal of Agriculture and Food Chemistry**, Davis, v. 50, p. 1602-1607, 2002.

CARREON, A. M. A. et al. Corrosion of copper in tequila at different temperatures. **Materials Performance**, v 40. n. 12. Kingsville, p. 50-52, 2001.

CARREON, A. M. A. **Estudio electroquímico de la remoción de cobre en tequila**. 2003. 131f. Tesis (Maestría en Ingeniería Química) – Universidad de Guadalajara, Guadalajara, 2003.

CASTILLO, F. M. Determinación de la edad fisiológica de cosecha más apropiada del *Agave tequilana* Weber Var. Azul de acuerdo a la acumulación de azúcares. Simorelos. Centro de Investigación y Asistencia en Tecnología y Diseño del Estado de Jalisco. Guadalajara, 2003. 160p.

CAMARA NACIONAL DE LA INDUSTRIA TEQUILERA. **Reporte de producción a diciembre**. Guadalajara, 2003. 24p.

CONSEJO REGULADOR DEL TEQUILA. **Avances de la investigación en el agave tequilero**. Editorial Agata. Guadalajara, 2004. 472p.

CONSEJO REGULADOR DEL TEQUILA. **Plagas y enfermedades del** *Agave tequilana* **Weber var. azul**. Informe del Comité Técnico Agronómico. Guadalajara, 2005. 26p.

CRUZ-GUERRERO, A. et al. Klyveromyces marxianus CDBB-L-278: A wild inulinase hyperproducing strain. **Journal of Fermentation and Bioengineering**, Osaka, v. 80, n. 2, p. 159-163, 1995.

CYSEWSKI, G. R.; WILKIE, C. W. Process design and economic studies of alternative fermentation methods for the production of ethanol. **Biotechnology and Bioengeneering**, Hoboken, v. 20, p. 1421-1430, 1978.

DINU, D. Enzymatic hydrolysis of pectic acid and pectins by polygalacturonase from *Aspergillus niger. Roum.* **Biotechnology Letters**, New York, v. 6, n. 5, p. 397-402, 2001.

EGUIARTE, L. E.; SOUZA V.; SILVA-MONTELLANO, A. Evolución de la familia Agavaceae: Filogenia, biología reproductiva y genética de poblaciones. **Boletín de la Sociedad Botanica de Mexico**, v. 66, p. 131-150, 2000.

FUSCIKOVSKY-ZAK, L. Estudio de la fitosanidad de *Agave tequilana* Weber var. Azul. Informe tecnico. Chapingo. Instituto de Fitosanidad, Secretaría de Agricultura, Ganadería, Desarrollo Rural, Pesca y Alimentación. Colegio de Postgraduados, Texcoco, Montecillo, Estado de México, 2000. 46p.

GENTRY, H. S. **Agaves of continental North America**. Tucson: University of Arizona Press, AZ., 1982. 670p.

GIRAUD, J. P.; DAURELLES, J.; GALZY, P. Alcohol production from Jerusalem artichoke using yeast with inulinase activity. **Biotechnology and Bioengeneering**, Hoboken, v. 23, n. 7, p. 1461-1465, 1981.

GOMEZ, A. R. C.; JACQUES, C.; RAMIREZ DE LEON, J. A. Extracción de la inulina y azúcares del agave con métodos químicos. In: CONGRESO REGIONAL EN CIENCIAS DE LOS ALIMENTOS, 5., 2003. **Revista de la Facultad de Salud Publica y Nutricion**. Edicion especial n. 1, Monterrey, 2004. p. 121-123.

GONZALEZ, G.; ALEMAN, S.; INFANTE, D. Asexual genetic variability in *Agave fourcroydes* II: Selection among individuals in a clonally propagated population. **Plant Science**, St. Louis, v. 165, n. 3, p. 595-601, 2003.

GONZALEZ HERNANDEZ, H.; REAL LABORDE, J. I.; SOLÍS AGUILAR, J. F. **Manejo de plagas del Agave tequilero**. Tequila Sauza: Secretaría de Agricultura, Ganadería, Desarrollo Rural, Pesca y Alimentación. Reporte. Colegio de Postgraduados, Texcoco, 2007. 123p.

GRANADOS, S. D. **Los agaves en Mexico**. Chapingo: Universidad Autónoma de Chapingo, Chapingo, 1993. 252p.

GUPTA, A. K.; GILL, A.; KAUR, N. A $HgCl_2$ insensitive and thermally stable inulinase form *Aspergillus oryzae*. **Phytochemistry**, St. Louis, v. 49, n. 1, p. 55-58, 1998.

GUTIERREZ, C. A. C. **Determinación de diferencias en perfiles cromatográficos de tequila 100% Agave**. Septiembre 2004. 115f. Tesis (Químico Farmacobiologo) – Centro Universitario de Ciencias Exactas e Ingenierias. Universidad de Guadalajara, Guadalajara, 2004.

GUTIERREZ, G. S. **Realidad y mitos del tequila**: Criatura y genio del mexicano a través de los siglos. Guadalajara: Editorial Agata, 2001. 342p.

GUZMAN, P. M. Aguardientes de México: tequila, mezcal, charanda, bacanora, sotol. **Bebidas Mexicanas**. México, D.F., p. 37-40, agosto-sept. 1997.

HEACOX, K. Fatal attraction. **International Wildlife Magazine**, Reston, v. 19, n. 3, May/June 1989.

HERNANDEZ-CARBALLO, E. A. et al Classification of Venezuelan spirituous beverages by means of discriminant analysis and artificial neural networks based on their Zn, Cu and Fe concentrations. **Talanta**, St. Louis, v. 60, n. 6, p. 1259-1267, 2003.

IDARRAGA, G. et al. Pulp and paper from blue agave waste from tequila production. **Journal of Agriculture Food Chemistry**, Davis, v. 47, p. 4450-4455, 1999.

INCITTI, S.; TOMMASINI, A; PASCUCCI, E. Determination of minor volatile constituents of spirits. 1. Tequila. **Rivista della Società Italiana di Scienze dell'Alimentazione.**, Roma, n. 9, v. 1, p. 43-50, 1980.

INFANTE, D. et al. Asexual genetic variability in *Agave fourcroydes*. **Plant Science**. Amsterdam, v. 164, n. 2, p. 223-230, 2003.

INGLEDEW, W. M.; MAGNUS, C. A.; PATTERSON, J. R. Yeast foods and ethyl carbamate formation in wine. **American Journal of Enology and Viticulture.**, Davis, v. 38, n. 4, p. 332-335, 1987.

INGLEDEW, W. M. Alcohol production by *Saccharomyces cerevisiae*: a yeast premier. In: JACQUES, K. A.; LYONS, T. P.; KELSALL, D. R. (Eds.). **The alcohol textbook**. 3. ed. Nottingham: Nottingham University Press, 1999. p. 49-87.

IÑIGUEZ-COVARRUBIAS, G.; FRANCO-GOMEZ, M. J.; LOPEZ-ORTIZ, G. Utilization of recovered solids from tequila industry vinasse as fodder feed. **Bioresource Technology**, Amsterdam, v. 55, n. 2, p. 151-155, 1996.

IÑIGUEZ-COVARRUBIAS, G.; LANGE, S. E.; ROWELL, R. M. Utilization of byproducts from the tequila industry: part 1: agave bagasse as a raw material for animal feeding and fiberboard production. **Bioresource Technology**, Amsterdam, v. 77, p. 25-32, 2001.

IÑIGUEZ-COVARRUBIAS, G. et al. Utilization of by-products from the tequila industry. Part 2: potential value of *Agave tequilana* Weber azul leaves. **Bioresoruce Technology**, Amsterdam, v. 77, p. 101-108, 2001.

IÑIGUEZ-COVARRUBIAS, G. et al. Utilización de subproductos de la industria tequilera. Parte 7. Compostaje de bagazo de agave y vinazas tequileras. **Revista Internacional sobre Contaminacion Ambiental**. Centro de Ciencias de la Atmósfera, UNAM, Ciudad Universitaria Coyoacán, v. 21, n. 1, p. 43-56, 2005.

KIM, J.; HAMADAY, M. K. Acid hydrolysis of *Jerusalem artichoke* for ethanol fermentation. **Biotechnology and Bioengineering**, Hoboken, v. 28, p. 138-141, 1986.

LACHANCE, M.-A. Yeast communities in a natural tequila fermentation. **Antonie van Leeuwenhoek**, Netherlands, v. 68, n. 2, p. 151-160, 1995.

LACHENMEIER, D. W. et al. Multivariate Analysis of FTIR and Ion Chromatographic Data for the Quality Control of Tequila. **Journal of Agricultural and Food Chemistry**, Davis, v. 53, p. 2151-2157, 2005.

LARIOS, M. I. **Caracterización del tequila y su proceso de elaboración**. 1995. 152f. Thesis (Master en Procesos Biotecnológicos) – Universidad de Guadalajara, Guadalajara, 1995.

LARSON, J.; POWER, J. Managing the four Ts of cleaning and sanitation: time, temperature, titration and turbulence. In: JACQUES, K. A.; LYONS, T. P.; KELSALL, D. R. **The alcohol textbook**. 4. ed. Nottingham: Nottingham University Press, 2003. p. 299-318.

LÉAUTE, R. Distillation in alambic. **American Journal of Enology and Viticulture.** Davis, v. 41, p. 90-100, 1990.

LEON, M. O. et al. Optimización de la hidrólisis acida de la inulina: obtención de jugo fermentable para la producción de bioetanol. **Ingeniería Química**, Madrid, v. 423, p. 199-203, 2005.

LEZAMA, M. M. **Historia, producción, industrialización y algunas plagas de los agaves.** *Parasitología Agrícola*. Universidad Autónoma de Chapingo, 1952.

LOPEZ, M. G. **Tequila aroma**: flavor chemistry of ethnic foods. New York: Plenum, 1999. p. 211-217.

LOPEZ, M. G.; MANCILLA-MARGALLI, N. A.; MENDOZA-DIAZ, G. Molecular structures of fructans from agave tequilana Weber var. azul. **Journal of Agricultural and Food Chemistry.**, Davis, v. 51, p. 7835-7840, 2003.

LOPEZ, M. G.; MANCILLA-MARGALLI, A. The nature of fructooligosaccharides in agave plants. In: NORIO, S.; NOUREDDINE, B.; SHUICHI, O. (Eds.). **Recent advances in fructooligosaccharides research**. Kerala: Research Signpost, 2007. p. 1-21.

LOPEZ, R. J. E. **Influencia del tipo de barrica y tiempo de maduración en la calidad fisicoquímica del tequila**. 2002. 98f. Tesis (Quimico Farmacobiologo) – Centro Universitario de Ciencias Exactas e Ingenierias. Universidad de Guadalajara, Guadalajara, Oct. 2002.

MAGA, J. A. Flavor contribution of wood in alcoholic beverages. In: ADDA, J. (Ed.). **Progress in flavour research**. Amsterdam: Elsevier Science, 1984. p. 409-416.

MANCILLA-MARGALLI, N. A.; LOPEZ, M. G. Generation of Maillard Compounds from Inulin during Termal Processing of *Agave tequilana* Weber Var. azul. **Journal of Agricultural and Food Chemistry**, Davis, v. 50, p. 806-812, 2002.

MANJARES, A.; LLAMA, M. Cuantificación de los componentes volátiles en tequilas y mezcales por cromatografía en fase vapor. **Revista de la Sociedad Quimica Mexicana.** México, v. 13, p. 1A-5A, 1969.

MÉXICO. Secretaria de Economía. Bebidas alcohólicas-Mezcal-Especificaciones. Norma Oficial Mexicana NOM-070-SCFI-1994, de 12 de junio de 1997. **Diario Oficial de la Federación**, México, D.F., p. 28-34, 12 jun. 1997.

MÉXICO. Secretaria de Salud. Bienes y servicios: bebidas alcohólicas: especificaciones sanitarias. Etiquetado sanitario y comercial. Norma Oficial Mexicana NOM-142-SSAI-1995 de 9 de Julio de 1997. **Diario Oficial de la Federación**, México, D.F., p. 28-65, 1997.

MÉXICO. Secretaria de Economía. Bebidas alcohólicas-Sotol-Especificaciones y Métodos de Prueba. Proyecto de Norma Oficial Mexicana PROY-NOM-159-SCFI-2003 de 16 de Junio de 2004. **Diario Oficial de la Federación**, México, D.F., p. 2-30, 2004.

MÉXICO. Secretaria de Economía. Bebidas alcohólicas-Bacanora-Especificaciones de elaboración, envasado y etiquetado. Norma Oficial Mexicana NOM-168-SCFI-2004, de 14 de Diciembre de 2005. **Diario Oficial de la Federación**, México, D.F., p. 37-49, 2005.

MÉXICO. Normex. Bebidas alcohólicas, Bebidas alcohólicas que contienen tequila-Denominación, etiquetado y especificaciones.Norma Mexicana. NMX-V-049-NORMEX-2004, de 20 de Junio de 1994. **Sociedad Mexicana de Normalización y Certificación, S.C.** México, D.F., p. 1-10, 20 jun. 2004.

MÉXICO. Secretaría de Economía. Bebidas alcohólicas-Tequila-Especificaciones. Norma Oficial Mexicana NOM-006-SCFI-2005, de 6 de Enero de 2006. **Diario Oficial de la Federación.** México, D.F., p. 6-24, 2006.

MUÑOZ, R. D. Determination of aldehydes in tequila by high-performance liquid chromatography with 2,4-dinitrophenylhydrazine derivatization. **European Food Research and Tecnology**, Berlin, v. 221, n. 6, p. 798-802, 2005.

MURIA, J. M. El tequila: Boceto histórico de una industria. **Cuadernos de Difusión Científica**, Universidad de Guadalajara. Guadalajara, v. 18, p. 13, 1990.

NARENDRANATH, N. V. Bacterial contamination and control in ethanol production. In: JACQUES, K. A.; LYONS, T. P.; KELSALL, D. R. **The alcohol textbook**. 4. ed. Nottingham: Nottingham University Press, 2003. p. 287-298.

NEDJMA, M.; HOFFMANN, N. Hydrogen sulfide reactivity with thiols in the presence of copper (II) in hydroalcoholic or Cognac brandies: formation of symmetrical and unsymmetrical dialkyl trisulfides. **Journal of Agriculture and Food Chemistry**, Davis, v. 44, p. 3935-3938, 1996.

NOBEL, P. S. **Environmental biology of agaves and cacti.** New York: Cambridge University Press., 1988. 270p.

NOBEL, P. S. et al. Temperature influences on leaf CO_2 exchange, cell viability and cultivation range for *Agave tequilana*. **Journal or Arid Environments**, Amsterdam, v. 39, p. 1-9, 1998.

NOBLE, R. E. Effects of UV-irradiation on seed germination. **The Science of the Total Environment**. Amsterdam, v. 1-3, n. 1, p. 173-176, 2002.

OHTA, K.; HAMADA, S.; NAKAMURA, T. Production of high concentrations of ethanol from inulin by simultaneous saccharification and sermentation using *Aspergillus niger* and *Saccharomyces cerevisiae*. **Applied and Environmental Microbiology**, Washington, D.C., v. 59, n. 3, p. 729-733, 1993.

OUGH, C. S.; CROWELL, E. A.; GUTLOVE, B. R. Carbamyl compound reactions with ethanol. **American Journal of Enology and Viticulture.**, Davis, v. 39, n. 3, p. 239-242, 1988.

PALMQVIST, E., ALMEIDA J. S. AND HAGERDAL B.H. Influence of furfural on anaerobic glycolytic kinetics of *Saccharomyces cerevisiae* in batch culture. **Biotechnology and Bioengineering.** Hoboken, v. 62, p. 447-454, 1998.

PEREZ DOMINGUEZ, J. F. Y.; REAL LABORDE, J. I. (Eds.) **Conocimiento y prácticas agronómicas para la producción de** *Agave tequilana* **Weber en la zona de denominación de órigen del tequila.** Libro técnico n. 4. 195p. Lagos de Moreno: Instituto Nacional de Investigaciones Forestales, Agrícolas y Pecuarias. Centro de Investigación Regional del Pacífico Centro, 2007.

PEREZ, L. **Estudio sobre el maguey llamado mezcal en el estado de Jalisco.** Guadalajara: Instituto del Tequila, 1990. 22p.

PINAL, Z. L. M. et al. Fermentation parameters influencing higher alcohol production in the tequila process. **Biotechnology Letters**, Amsterdam, v. 19, n. 1, p. 45-47, 1997.

PINAL, Z. L. M.; GSCHAEDLER, M. La etapa de fermentación y la generación de compuestos organolépticos en producción de tequila. **Bebidas Mexicanas**, México, p. 10-13, feb./marzo, 1998.

PINAL, Z. L. M. **Influencia del tiempo de cocimiento sobre la generación de compuestos organolépticos en las etapas de cocimiento y fermentación en la elaboración de tequila.** 2001. 134f. Thesis (Master en Procesos Biotecnológicos) – Universidad de Guadalajara, Guadalajara, 2001.

ROBERT, M.; GARCIA, A. El cultivo de tejidos vegetales y su posible aplicación en el mejoramiento genético de las agavaceas. In: CRUZ, C. et al. (Eds.). **Biología y aprovechamiento integral del henequén y otros agaves.** Mérida: Centro de Investigación Científica de Yucatán, Merida, Yucatán. México, p. 83-89, 1985.

ROCHA, J. R. et al. Design and characterisation of an enzyme system for inulin hydrolysis. **Food Chemistry**, Amsterdam, v. 95, n. 1, p. 77-82, 2006.

RODRIGUEZ, F. A. **Evaluación del proceso de reacondicionamiento de barricas utilizadas en la industria tequilera.** 2001. 98f. Tesis (Quimico Farmacobiologo) – Universidad de Guadalajara, Guadalajara, 2001.

RUIZ-CORRAL J. A.; PIMIENTA-BARRIOS, E.; ZAÑUDO-HERNANDEZ, J. Regiones térmicas optimas y marginales para el cultivo de *Agave tequilana* en el estado de Jalisco. **Agrociencia**, Colegio de Postgraduados. Texcoco, v. 36, p. 41-53, 2002.

SAITA, J. M.; SLAUGHTER, J. C. Acceleration of the rate of fermentation by *Saccharomyces cerevisiae* in the presence of ammonium ion. **Enzyme and Microbial Technology**, Amsterdam, v. 6, p. 375-378, 1984.

SANCHEZ-MARROQUIN, A.; HOPE, P. H. Agave juice: fermentation and chemical composition studies of some species. Journal of Agricultural and Food Chemistry, Davis, v. 1, n. 3, p. 246-249, 1953.

SOLIS-AGUILAR, J. F. et al. *Scyphophorus acupunctatus* Gyllenhal, plaga del agave tequilero en Jalisco, Mexico. Agrociencia, Colegio de Postgraduados. Texcoco, v. 35, p. 663-670, 2001.

TAUER, A. et al. Influence of thermal processed carbohydrate/amino acid mixtures on the fermentation by saccharomyces cerevisiae. Journal of Agricultural and Food Chemistry, Davis, v. 52, p. 2042-2046, 2004.

TELLO-BALDERAS, J. J.; GARCIA-MOYA, E. The mezcal industry in the altiplano Potosino-Zacatecano of north-central Mexico. Desert Plants, Phoenix, v. 7, p. 81-87, 1985.

VALENZUELA-ZAPATA, A. G. El agave tequilero: Su cultivo e Industria. Guadalajara, Jalisco. México, 1997. 119p.

VERGARA-CABRERA, T. G. Escarabajo rinoceronte *Strategus aloeus* L. ¿Una plaga potencial del agave tequilero (*Agave tequilana* Weber) en el estado de Jalisco? 2006. 126f. Tesis (Doctor en Ingenieria Agrónomica) – Universidad Autonoma de Chapingo, Chapingo, 2006.

VIRGEN-CALLEROS, G. et al. Epidemiología y manejo integrado de problemas fitosanitarios en *Agave tequilana* Weber variedad azul. Universidad de Guadalajara: CUCBA, Departamento de Producción Agrícola, Guadalajara, 2000. 26pp. (Informe técnico).

VRANESIC, D. et al. Optimisation of inulinase production by *Klyveromyces bulgaricus*. Food Technology and Biotechnology, Croatia, v. 40, p. 67-73, 2002.

UNITED STATES. Whitney, Gordon K., Lioutas, Theodore S., Henderson, Lincoln W., Combs, Larry, Production for tequila. US 20020119217. Patent date: August 29, 2002. Deposit date: December 7, 2001.

UNITED STATES. Partida Virgilio Zuniga, Lopez Arturo Camacho, Gomez Alvaro de Jesus Martinez. Method of producing fructose syrup from agave plants. US 5,846,333. Patent date: December 8, 1998. Deposit date: March 12, 1996.

24

TIQUIRA

MARNEY PASCOLI CEREDA
VITOR HUGO DOS SANTOS BRITO

24.1 INTRODUÇÃO

O Brasil herdou da cultura dos ameríndios a tradição do preparo de alimentos fermentados obtidos da mandioca (*Manihot esculenta* Crantz), produtos esses já bem enraizados na alimentação de base do brasileiro, em todas as regiões do país (CHUZEL; CEREDA, 1995). Entre eles, cita-se o *polvilho azedo,* que é o amido de mandioca naturalmente fermentado por 40 a 60 dias no processo tradicional ou 15 dias no processo industrial e depois seco ao sol e a *farinha d'água, carimã* ou mandioca *puba* que têm em comum uma etapa a fermentação natural das raízes em água. Dentre todos os produtos, o menos conhecido desses fermentados é a aguardente feita de mandioca, denominada *tiquira,* uma bebida tradicional do Estado do Maranhão. Ainda existem muitas outras bebidas que são de uso dos povos indígenas brasileiros, entretanto são pouco divulgadas. O presente capítulo se propõe a reunir informações sobre estas bebidas alcoólicas obtidas da mandioca, com ênfase na *tiquira.*

Souza (1875) citado por Gonçalvez-Lima (1974) descreve uma síntese de todas as bebidas preparadas a partir de raízes de mandioca por índios. As raízes (descascadas) eram raladas e espremidas no *tipiti* (Figura 24.1a). O líquido (manipueira) era desprezado e com a massa eram feitos grandes *beijus*, que eram tostados no mesmo forno onde era feita a farinha de mandioca. Depois de cozidos, os *beijus* eram colocados sobre taboas cobertas por uma camada de 2 a 3 cm de folhas de bananeira. Posteriormente os *beijus* eram borrifados com água, e sobre eles era colocada uma camada de folhas de mandioca picadas chamada de *manissoba.* Essa camada recebia outra de folhas de bananeira de mesma espessura que a primeira. A pilha era consolidada por madeiras sobrepostas para que não desmoronassem. Depois de três a quatro dias, as camadas de folhas eram removidas e os *beijus*, já cobertos de mofos, eram colocados em grandes recipientes, fechados com folhas superpostas e amarradas com cipó. Após de dois dias, ao desfazer a cobertura, os indigenas verificavam que os *beijus* estavam úmidos e que deles escorria um líquido amarelado e cristalino, com sabor de "vinho branco". Os *beijus* dissolvidos em água apresentavam variação de cor, que ia de amarelo "gema de ovo" a pardacento, com consistência cremosa. A bebida, denominada *caxiri*, tinha sabor agradável e era considerada diurética. Caso o *caxiri* não fosse consumido rapidamente, após dois a três dias fermentava e dava origem a uma bebida embriagante, que, quando destilada, dava origem a uma excelente aguardente chamada *tiquira.*

Portanto, a origem da *tiquira* não é do Estado do Maranhão, mas se tornou conhecida nesse estado. Os autores Venturini Filho e Mendes (2003) citam que o Estado do Maranhão é o principal produtor da *tiquira*, com fabricação que era então concentrada nas cidades de Santa Quitéria, Barreirinhas e Humberto de Campos. A produção de *tiquira* ainda é artesanal, e sua comercialização se faz no mercado informal, não sendo conhecidos dados estatísticos de produção ou registro de produtor no Ministério da Agricultura.

Segundo o imaginário popular, a *tiquira* é muito forte e com duas ou três doses "derruba" qualquer um. Dizem, no Maranhão, que quando uma pessoa toma algumas doses de *tiquira* não deve tomar banho ou molhar a cabeça ou os pés, pois, assim, poderá até morrer ou ficar "*aluada*" ou ruim da cabeça (TIQUIRA, 2004).

Contrastando com essa potencialidade, a *tiquira* está desaparecendo do Maranhão, sem condições de competir com os baixos preços da aguardente de cana-de-açúcar, proveniente do Sudeste do país e do próprio Nordeste. A razão dessa falta de competitividade é seu processo artesanal de obtenção, que aumenta o custo de produção em decorrência da baixa produtividade.

Nesse processo artesanal, a transformação do amido da mandioca em açúcares é feita por bolores autóctones (mofos) que surgem sobre os *beijus* e a fermentação alcoólica é feita por leveduras selvagens. Esse tipo de produção tradicional é demorado e de baixo rendimento. Para alterar este padrão, o processo deverá ser modernizado, sem alterar as características da bebida e sem se tornar complicado demais, com tecnologia adaptada às comunidades rurais.

24.1.1 Bebidas à base de mandioca

Os ameríndios preparavam diversas bebidas a partir de diferentes matérias-primas, incluindo frutas e amiláceos como milho e mandioca. A maioria das referências sobre as bebidas, fermentadas ou não, à base de mandioca, tem a região Amazônica como origem, sendo a *tiquira* descrita como preparada por índios do Pará e do Amazonas.

Gonçalvez-Lima (1974) relata a origem de diversas bebidas das comunidades autóctones das Américas, algumas vezes fazendo as conexões com bebidas similares de outros países. O autor divide essas bebidas em mitigadoras de sede, nutritivas e alcoólicas. O autor lembra ainda, citando os visitantes estrangeiros que tiveram longo contato com os hábitos dos índios, que, na verdade, estes preferiam ingerir os alimentos líquidos aos sólidos.

Como os índios evitavam beber água pura, considerando que os debilitava, preparavam uma bebida pela suspensão de farinha de mandioca em água, a qual usavam para matar a sede e, ao mesmo tempo,

se alimentar. Essa bebida era denominada *tiquara*. Esse tipo de bebida era também usual dos indígenas de outras regiões da América do Sul. Sob a denominação de *chibé*, sendo esta ainda comum na Bolívia.

A palavra *caxiri* se aplicava tanto a diferentes bebidas amazônicas quanto ao autêntico fermentado dos *beijus* tostados, mas também a fermentados de frutas. A confusão criada em torno da palavra *caxiri* e das designações de outras bebidas resultou de informações apressadas de alguns viajantes, porque os indígenas sabiam bem distinguir as diversas bebidas por nomes adequados. É o que se conclui da diversidade de vocábulos, indicando diferentes bebidas em uma mesma região. Aparece na língua *tupi*, significando caldo obtido de qualquer dos frutos da mata, como o *açaí*, o *patauá* e a *pupunha*. Entretanto, o autor ressalta a paixão dos índios pelas bebidas fermentadas, e nesse caso o *caxiri* se prepara a partir de grandes *beijus* de mandioca, enquanto o *paiauaru* é bebida mais elaborada do que o *cauim* e o *caxiri*, resultando da preparação de uma papa feita de farinha de *beijus* ou da própria mandioca cozida, que se dilui com água e se deixa fermentar um pouco.

No diário do Padre Cristóvão d'Acuña, denominado *Novo descobrimento do Grande rio das Amazonas*, no qual se apresentam os costumes dos indígenas amazônicos ribeirinhos, tais como ainda viviam em 1639, já havia referências às bebidas que preparavam, à base da mandioca. Segundo essa fonte, as bebidas feitas a partir dos *beijus* eram muito apreciadas, e serviam também de pão cotidiano, o qual acompanha todas as comidas. Os *beijus* secos podiam ser guardados por muito tempo nas partes mais altas e secas das casas. Para usar, bastava juntar água, desfazer e cozinhar ao fogo. Após isso, deixava-se decantar o caldo e, estando frio, o "vinho" estava pronto para beber e era tão forte quanto o vinho de uvas. O *mocororó* era diferente do *caxiri* feito pelos povos aruaques, porque era previamente embolorado, o que não ocorria com o *caxiri*. O nome *caxiri* parece haver se tornado uma designação genérica, pouco precisa, já no século XVIII, a julgar pela frequência com que é citado apenas como mero significado de bebida fermentada indígena (GONÇALVEZ-LIMA, 1974).

Gonçalvez-Lima (1974) cita que José Veríssimo, em publicação de 1878 sobre as populações indígenas da Amazônia, estabelece uma valiosa caracterização sistemática dos principais fermentados. A partir do *mbeiu-açu* (*beiju-açu*), preparavam diversas bebidas, doces ou embriagantes. A *caissuma* é descrita como um *tucupi* engrossado com farinha, cará (taro) ou outro tubérculo, até a consistência de mingau. O autor cita ainda que os índios elaboravam diversos tipos de "vinhos" e "aguardentes". Essas bebidas alcoólicas eram consumidas com abundância nas festas e banquetes.

Diversas bebidas alcoólicas eram derivadas das raízes de mandioca. A base para elaboração dessas bebidas era o *beiju*, que, segundo o autor, podia ser de dois tipos, os *beijus* secos e os *beijus* d'água. Os *beijus* d'água seriam os mais comuns, por dar origem a bebidas do tipo cerveja, vinho e aguardente. Como variação, os *beijus* podem ser colocados ao relento, sobre folhas de palmeira, onde recebem sol e chuva. Com isso, seria favorecido o crescimento de bolores na superfície. Para fazer o *mocororó*, um tipo de fermentado, os *beijus* eram mastigados pelas idosas da aldeia até se desfazerem como um mingau. Esse mingau era então colocado em vasos de barro e diluído com água para fazer o "vinho" doce. Este podia ser deixado fermentar naturalmente por mais alguns dias para ficar com sabor mais acentuado. Segundo o autor, o *mocororó* seria a transição entre os ensalivados simples de amiláceos cozidos ou tostados e as bebidas do Extremo Oriente, do grupo *tsiu-djin* chinês, isto é, as cervejas elaboradas por utilização da capacidade sacarificante dos bolores.

De acordo com o informe de Le Cointe e Bernardino de Souza (1873), a bebida de nome *tarubá*, também era preparada pelos índios com *beijus* mofados, mas não era fermentada. Nesse caso, os *beijús-assus* mofados eram conservados envolvidos em folhas de bananeira por oito dias. Depois, eram pulverizados em água juntamente com folhas de *curumy (Muntingia calabura* L. Elaeocarpaceae) e em seguida, a suspensão era peneirada para ser usada como bebida adocicada. O *tarubá* era uma bebida inofensiva, um sacarificado de mandioca não alcoólico. Essa bebida não alcoólica correspondia ao *paiwari* não fermentado, ou ao próprio *caxiri* primitivo, como descrito em 1839 por Ladislau Monteiro Baena, citado por Gonçalvez-Lima (1974), para quem a partir da massa ralada e prensada da mandioca se faziam *beijus* grandes (*beiju-açu*) que depois de cozidos eram postos em camadas sobre a folha de *curumicaá*, colocados em um paneiro (cesta) feito com a folha do açaizeiro. Passados dois dias, era feito o *caxiri*, pela dissolução do *beiju* em água, seguida de peneiragem.

Uma variante da fabricação do *paiauaru* é encontrada na descrição de 1786, feita por Alexandre Rodrigues Ferreira citado por Gonçalvez-Lima (1974).

Nesse caso, o *beiju-guaçu* ainda quente era ensopado em água, disposto no solo entre duas camadas de folha de embaúba, permanecendo por quatro a cinco dias até embolorarem. Quando o líquido apresentava sabor doce, era coado em vasilhames de cerâmica.

Gonçalves-Lima (1974) assinala que na categoria de bebida-alimento estava o *massato*, uma massa ralada de mandioca parcialmente sacarificada pela saliva. A massa insalivada era acondicionada em folhas de bananeira e sofria um cozimento parcial do amido, devido ao aumento da temperatura causada pela fermentação natural. Mesmo entre os índios *tapuias*, havia o hábito de levar esses bolos de *massato* como um alimento de viagem. Desta forma, era considerada uma bebida-alimento de fácil preparo, disponível e de longa duração. A preservação se dava pela formação de ácidos e álcool, que faziam dos bolos um tipo de conserva. Sugere também o autor a provável origem da bebida *paiauaru*, esta já derivada de um processo de sacarificação da massa ralada de mandioca por bolores. Ainda segundo o autor, essa bebida derivou do hábito dos índios de guardar e mesmo esconder os bolos de *massato* em cavidades das árvores nas florestas úmidas, para poder comê-los quando necessário.

Um tipo de "cerveja" denominada *chicha*, semelhante ao *cauim* preparado do milho, usava massa ralada de raízes de mandioca. Era preparada a partir de *beijus* finos que eram assados no forno e guardados em locais secos e arejados. Com esses *beijus* secos, eles preparavam um tipo de "vinho", desmanchando-os em água e deixando decantar e fermentar. A bebida, correspondente ao sobrenadante, podia embriagar como vinho de uva (GONÇALVEZ-LIMA, 1974).

Segundo Gonçalvez-Lima (1974), o beiju embolorado seria o correspondente indígena do "bolo-fermento" de *Sikkim* (Índia), ao *chew* ou *pia* chinês, ao *ragi* malaio (Java), ao *tane-koji* (fungo-fermento) japonês. Barbosa Rodrigues, citado por Gonçalvez-Lima (1974), em seus informes sobre os *ipurucotó* de Uraricuera e Parimá, informa que as festas eram animadas com um tipo de "vinho" inebriante chamado de *anaruapá*, que, como o *caxiri*, era feito com o *paiauaru*. A bebida era feita a partir de um grande *beiju* de massa ralada e prensada de mandioca, torrado sobre a chapa do forno. Acamado em um *cotai* (paneiro) e borrifado com água até ficar azedo, embolorado e fermentado, era metido em potes ou *yaçahuas (cahaná)* para fermentar mais. Dissolvido na água e coado, originava então o *anaruapá,* bebida usada em suas festas. Além deste fermentado, faziam também o *pajuá* ou *caxiri* preto e o *anaecó*. O primeiro era feito de mandiocas pequenas, raspadas e cortadas em lâminas, que eram secas ao sol e depois torradas no forno. Depois de pulverizadas em pilão, o pó era misturado com polvilho fresco (amido de mandioca), a fim de fazer os *beijus*. O *anaecó* era feito com milho cozido, mascado, fermentado e coado.

Dessas bebidas, a única destilada é a *tiquira*, conhecida também como pinga de mandioca. A raiz, depois de processada na forma de *beiju*, é fermentada por técnicas próprias e destilada (TIQUIRA, 2004).

Le Cointe (1922), citado por Gonçalvez-Lima (1974), informa que, terminada a fermentação, o caldo fermentado e coado era destilado em alambique, que mais frequentemente era feito de barro. A Figura 24.1b ilustra um destilador de cerâmica encontrado em um antiquário da cidade de Itú, SP.

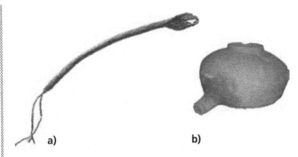

Figura 24.1 *Tipiti* (a) e caldeira de destilador de cerâmica usado por povos indígenas do Amazonas (b).

Fonte: Cereda e Costa (2008).

A existência de alambiques de cerâmica na América do Sul poderia ser explicada pela origem asiática dos ameríndios. Alambique do mesmo material foi encontrado na província de Jiangxi na China e datado da dinastia Yun (1271-1368). Antes desta descoberta a existência de destiladores em cerâmica era desconhecida.

24.1.2 Definição e legislação da *tiquira*

A literatura esclarece a etimologia da palavra. Segundo Stradelli, citado por Gonçalvez-Lima (1974), *tiquira* é palavra *nheengatu*, significando "destilada" ou "obtida a pingos", a partir do *beiju* de mandioca fermentada. Para Anchieta, citado por Gonçalvez-Lima (1974), a palavra *tiquira* é tupi, derivando de *ti* (água, sumo ou caldo, como em *tiquire* ou *tiquiri* pingar, destilar). Esta etimologia também aponta para a existência de destilados já na época do descobrimento do Brasil.

Entre as bebidas derivadas da mandioca, apenas a *tiquira* possui legislação específica. A graduação alcoólica especificada no Decreto 6.871 (BRASIL, 2009) é de 36 a 54% v/v, a 20 °C. Embora haja especificação da graduação alcoólica mínima, dificilmente ela é aferida, em razão do nível artesanal de sua fabricação e da comercialização dispersa.

A destilação da *tiquira* deve ser efetuada, de modo a garantir ao destilado características sensoriais, como aroma e sabor semelhantes aos elementos naturais voláteis contidos no mosto fermentado, derivados do processo fermentativo ou formados durante a destilação. Segundo a mesma legislação, a *tiquira* pode conter até 30 g L^{-1} de açúcar. Quando a quantidade de açúcar adicionado for superior a 6 g L^{-1}, a denominação deve ser seguida da palavra *adoçada*. O coeficiente de congêneres (impurezas voláteis não etanol) deve estar na faixa de 200 a 650 mg por 100 mL de álcool anidro.

24.1.3 Consumo e saúde

A *tiquira* não pode ser considerada como nutritiva, sendo apenas uma bebida alcoólica destilada, portanto energética. O consumo crônico de bebidas alcoólicas é um problema social e pode causar diversos agravantes à saúde, tais como danos físicos severos ao estômago e ao fígado (NASCIMENTO et al., 1992).

Em trabalho realizado por Nascimento et al. (1992), os pesquisadores demonstraram o efeito do consumo de bebidas alcoólicas, inclusive *tiquira* com grau alcoólico de 48% v/v (20 °C) sobre o sistema imunológico. Os testes foram realizados com fornecimento *ad libitum* a camundongos adultos com 2 a 3 meses de idade e de 16 a 17 g de massa corporal. O ensaio foi avaliado e comparado a um controle que recebeu apenas ração e água sem *tiquira*. Os resultados (Tabela 24.1) demonstraram que o consumo continuado dessa concentração de *tiquira* por 30 dias induziu à produção de anticorpos auto-reativos nos camundongos e interferiu nas reações imunológicas por reduzir o número total de células secretoras de imunoglobulina e aumentar a produção de anticorpos.

Tabela 24.1 Efeito do consumo de *tiquira* sobre o sistema imunológico de camundongos (consumo diário de 8 mL de *tiquira* 48% v/v por 30 dias).

Grupos		Controle	*Tiquira*
Consumo	Ração (g dia^{-1})	15,00 ± 4,00	13,00 ± 4,00
	Água (mL dia^{-1})	24,00 ± 5,00	16,00 ± 2,00
	Tiquira (mL dia^{-1})	0,00 ± 0,00	8,00 ± 2,00
Níveis no *sérum*	Imunoglobulina UE	1.600,00 ± 30,00	193,00 ± 20,00
	Anticorpo RBC	119,00 ± 16,00	800,00 ± 20,00
Número de células	Proteínas A	482,00 ± 22,00	58,00 ± 3,00
	Anticorpos RBC	183,00 ± 14,00	272,00 ± 16,00

Legenda: Total de líquidos: 24 ± 2 mL dia^{-1}; UE: Unidades ELISA.

Fonte: Nascimento et al. (1992).

A pesquisa prosseguiu para verificar se esse efeito se deve apenas ao álcool presente na *tiquira* ou a outro composto presente na bebida, mas deve-se levar em conta que a quantidade administrada aos camundongos foi de 47 a 50% sobre a massa corporal dos animais, por dia, durante 30 dias, não sendo, portanto, uma dosagem comparável à do consumo humano, mesmo exagerado.

24.2 MATÉRIA-PRIMA

A matéria-prima para a produção de *tiquira* é a raiz de mandioca ralada e moída. Embora não tenha sido localizada a composição específica de massa ralada e prensada de mandioca usada para fabricação de *tiquira*, pode-se considerar a sua composição como semelhante à de outros cultivares de mandioca em uso no Brasil. Além da massa ralada e prensada de raízes, apenas água é adicionada no momento de diluir os *beijus* e preparar o mosto.

Como pode ser observado na Tabela 24.2, as raízes de mandioca apresentam predominantemente amido, com cerca de 2% de açúcares redutores, que poderiam também ser transformados em álcool, caso se adotasse um processo sem prensagem (Figura 24.4). A maior diferença entre os cultivares maranhenses e sulistas está na massa seca, maior para o cultivar sulino, mas o teor de amido dos cultivares maranhenses foi ligeiramente maior.

O amido de mandioca é composto por moléculas de amilose e amilopectina (Figura 24.2a e 2b). Ambos os polímeros são formados por unidades de glicose, entretanto a estrutura da amilose é essencialmente linear, formada por unidades conectadas por ligações α 1-4, enquanto a amilopectina possui ligações α 1-4 e ligações α 1-6, proporcionando arranjo ramificado à estrutura (GARCIA et al., 2009; UTHUMPORN et al., 2010). Para que ocorra a conversão do amido em açúcares de menor massa molecular é necessário usar enzimas específicas para o rompimento da estrutura.

Tabela 24.2 Composição média de raízes de mandioca do cultivar *Liberato* do Estado do Maranhão, comparada a um valor médio na região Sudeste.

Composição	Cultivar Liberato	Região Sudeste (*)
Massa seca (%)	38,92	40,60
Distribuição na massa seca		
Amido (%)	86,66	82,50
Açúcares redutores (%)	2,12	2,00
Fibras (%)	1,63	2,70
Gordura (%)	0,91	0,30
Proteína bruta (%)	1,07	2,60
Cinzas (%)	1,72	2,40
Outras		
pH	6,38	6,47
Acidez (mL de NaOH N 100 g^{-1})	2,52	2,91

* Venturini Filho e Mendes (2003).

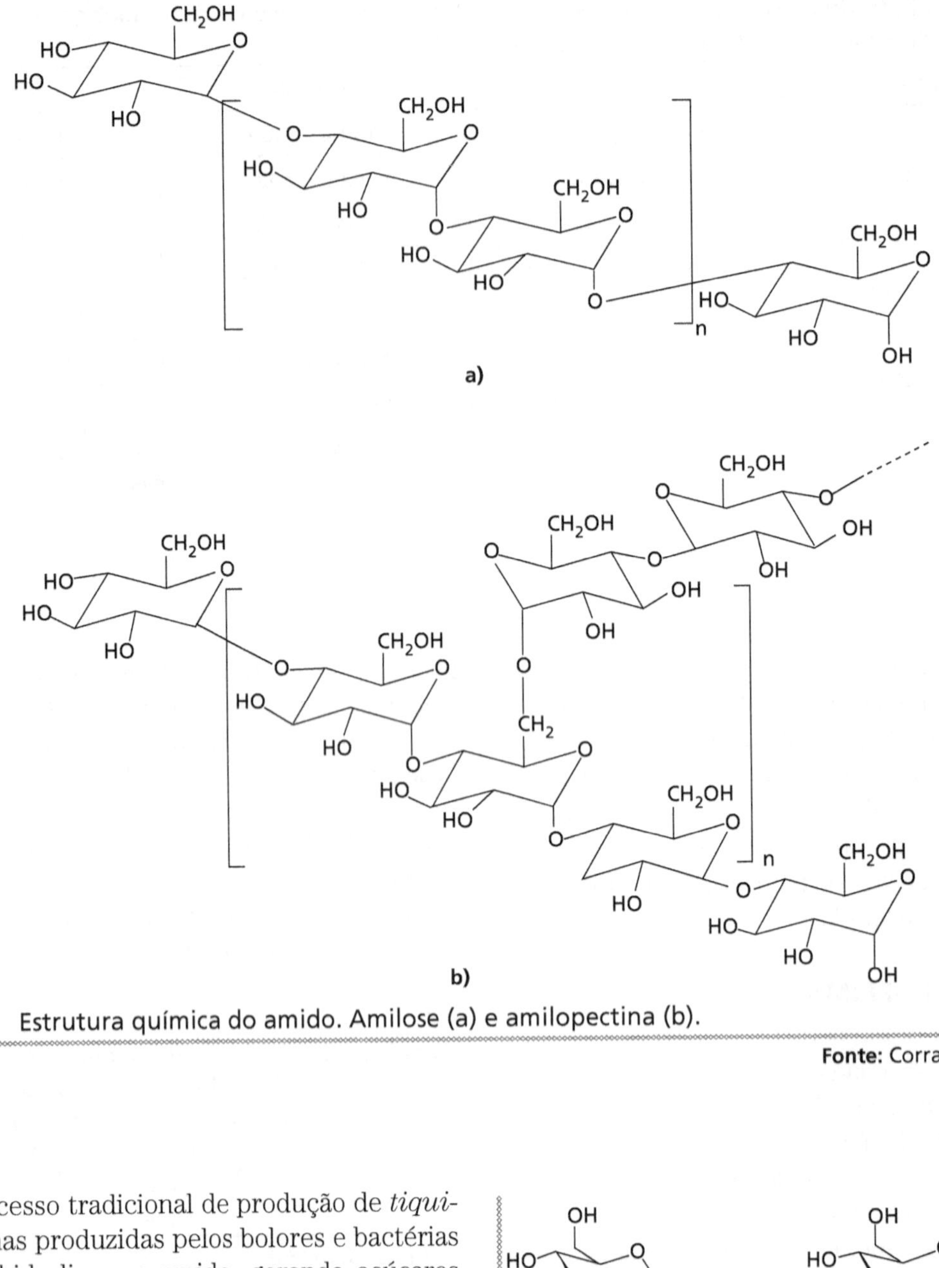

474   BEBIDAS ALCOÓLICAS

Figura 24.2   Estrutura química do amido. Amilose (a) e amilopectina (b).

Fonte: Corradini et al. (2005).

No processo tradicional de produção de *tiquira*, as enzimas produzidas pelos bolores e bactérias autóctones hidrolisam o amido, gerando açúcares que as leveduras fermentam a etanol. Para não deixar essa importante fase ao acaso, no processamento apresentado na Figura 24.4, empregam-se enzimas e leveduras comerciais.

As massas secas de mandioca dos cultivares maranhenses apresentam valor médio de 39% (Tabela 24.2). Os teores de proteínas (1,1%) e gorduras (0,9%) são baixos, o que é uma característica da mandioca. O teor de proteína não representa adequadamente os compostos nitrogenados da mandioca, que, além do nitrogênio proteico, apresenta nitrogênio não proteico, destacando o cianeto (CN⁻) dos glicosídeos linamarina e lotaustralina, cujas fórmulas estão apresentadas na Figura 24.3.

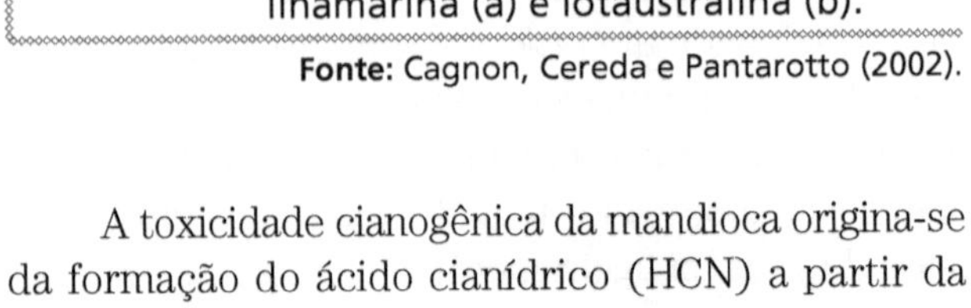

Figura 24.3   Estrutura química dos cianoglicosídeos linamarina (a) e lotaustralina (b).

Fonte: Cagnon, Cereda e Pantarotto (2002).

A toxicidade cianogênica da mandioca origina-se da formação do ácido cianídrico (HCN) a partir da hidrólise enzimática dos cianoglicosídeos por ação das enzimas linamarase e hidroxinitriliase. A concentração de glicosídeos pode variar amplamente entre as cultivares, tanto por razões genéticas, como por fatores ambientais (localização, tipos de solo, estação), podendo atingir valores de até 2.000 mg kg^{-1}, tanto nas raízes, quanto nas folhas.

A presença desses glicosídeos cianogênicos pode influir na geração de carbamato de etila, pois o cianeto é considerado um precursor. Portanto o potencial tóxico da *tiquira* tem início na maior ou menor presença de cianeto na raiz, e se esse cianeto permanece ou não na bebida, em sua forma original ou como produto metabólico.

24.3 PROCESSAMENTO DA TIQUIRA
24.3.1 Operações unitárias

Para produzir álcool a partir do amido, são necessárias três etapas, a gomificação/sacarificação do amido, fermentação alcoólica e destilação.

No processamento tradicional, a sacarificação é feita por bolores e a fermentação por leveduras, ambos da flora autóctone. No processo tecnológico moderno (CEREDA; COSTA, 2008), os bolores são substituídos por enzimas comerciais. Outra vantagem do processo moderno é que o resíduo líquido se reduz à vinhaça, eliminando a produção de *manipueira*.

As operações unitárias para o preparo da *tiquira* são:

- **Pesagem das raízes:** tem objetivo de calcular o pagamento e de controlar o rendimento da produção.
- **Descascamento e lavagem das raízes:** tem por objetivo a retirada da casca marrom (epiderme), pois a entrecasca (córtex) possui amido que pode ser convertido em açúcares e álcool. Pode ser feito à mão ou em lavadores-descascadores.
- **Ralação:** rompe os tecidos, expondo o amido e facilita a retirada do excesso de umidade na prensagem.
- **Prensagem:** tem por finalidade a remoção do excesso de umidade e facilita a confecção dos *beijus*. A linamarina, o composto cianogênico da mandioca, é solúvel em água, razão pela qual a prensagem pode remover grande parte dela, mas também parte dos 2% de açúcares solúveis presentes na raiz. No processo moderno, não é necessária essa prensagem, pois não há necessidade de fazer os *beijus*.
- **Gomificação do amido:** permite que a enzima tenha melhor acesso ao amido, para transformá-lo em açúcares de menor massa molecular. A gomificação deve ser feita à temperatura acima de 60 °C. Nesse processo, o grânulo per-

de a cristalinidade, sua estrutura se abre, as cadeias em espiral esticam, facilitando a ação das enzimas. Detalhes sobre a estrutura do amido e o efeito do calor podem ser encontrados em Cereda (2001).

- **Sacarificação:** nessa etapa, as ligações α 1-4 e α 1-6 do amido são rompidas. Quanto mais completo esse rompimento, maior a produção de açúcares fermentescíveis. Na conversão, há aumento do rendimento, pois a reação de hidrólise incorpora uma molécula de água por ligação rompida. O cálculo prático dos açúcares fermentescíveis é feito dividindo-se o teor de amido por 0,9. As enzimas envolvidas são principalmente a α-amilase e a amiloglucosidase. Detalhes sobre a ação dessas enzimas podem ser encontrados em Surmely et al. (2003).
- **Preparo do mosto:** o preparo do mosto é feito simplesmente por diluição dos açúcares com água, sem complementações. O teor de sólidos solúveis deve ficar entre 12 e 14 °Brix. No processo moderno, são usados refratômetros para esse fim, o que deve ser recomendado também no processo tradicional.
- **Fermentação:** no processo tradicional, ocorre por leveduras autóctones, no moderno com leveduras comerciais na forma prensada ou seca.
- **Destilação:** no processo tradicional era feita em alambiques de cerâmica (citado na literatura como usada pelos ameríndios) ou de cobre. No processo moderno, recomenda-se o uso de destiladores de aço inoxidável, mas a presença de cobre na destilação continua importante, pois melhora o aroma do destilado. Deve ser obrigatoriamente usado um alcoômetro para estabelecer o teor alcoólico do destilado e o final do processo de destilação.
- **Engarrafamento:** é feito preferencialmente em garrafas de vidro, em geral, transparentes. No entanto, comercialmente o armazenamento tem sido feito em garrafas de politereftalato de etileno (PET).
- **Envelhecimento e armazenamento:** embora não tenham sido encontradas informações, depois de elaborada, a *tiquira* deveria passar pelas mesmas fases de envelhecimento e armazenamento que a cachaça ou aguardente de cana.

O fluxograma exposto na Figura 24.4 apresenta todas as etapas para elaboração de *tiquira* pelo processo tradicional (linhas cheias) e pelo processo moderno (linhas tracejadas).

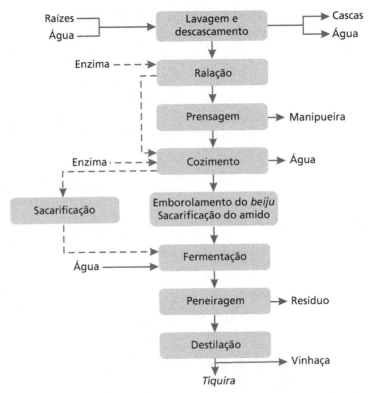

Figura 24.4 Fluxograma da produção de *tiquira* pelo processo tradicional (linhas cheias) e moderno (linhas tracejadas).

Fonte: Adaptado de Cereda e Costa (2008).

24.3.2 Processamento tradicional

O procedimento tradicional é claramente uma adaptação da fabricação da farinha de mandioca. O preparo da *tiquira* é iniciado pelo descascamento das raízes, que são, em seguida, raladas e prensadas sem adição de água. Com a massa ralada, os *beijus* são elaborados, diretamente sobre a placa do forno de farinha, com cerca de 30 cm de diâmetro e 3 a 4 cm de espessura (Figura 24.5), pesando aproximadamente um quilograma e com 50% de umidade (CHUZEL; CEREDA, 1995).

Para Paul Le Cointe, citado por Gonçalvez-Lima (1974), os *beijus* eram cozidos até tostarem. Chuzel e Cereda (1995) complementam essa informação lembrando que os *beijus* são virados de vez em quando para cozer e tostar os dois lados. Uma vez resfriados, os *beijus* apresentam teor de umidade entre 30 e 35%, portanto perdem parte da umidade durante a fase de cozimento.

Paul Le Cointe, citado por Gonçalvez-Lima (1974), lembra que, uma vez resfriados, os *beijus* podiam ser pulverizados com um pouco de água nos dois lados e estendidos no solo sobre um leito de folhas de bananeira ou de palmeira e recobertos também de folhas.

Figura 24.5 Fabricação de *beijus* em empresa artesanal do Maranhão.

Fonte: Raízes ONG (2003).

Como variante, os *beijus* podiam ser colocados sobre estrados e mesas. Os *beijus* permaneciam nessas condições por cerca de oito dias, após os quais se apresentavam recobertos de mofos negros. Se as manchas eram de outras cores, o autor considerava que o processo não havia se desenvolvido de forma adequada. Para Gonçalvez-Lima (1974), a observação de Le Cointe sobre a cor negra da frutificação dos bolores nos *beijus* indica se tratar de *Aspergillus niger* e, ainda mais, que a presença de bolores com esporulação diversamente colorida era considerada uma contaminação indesejável. O autor cita ainda que nos *beijus* de elaboração industrial da *tiquira,* no Maranhão, o agente sacarificante predominante era o *A. niger,* o qual, segundo Bronse, citado por Gonçalvez-Lima (1974), apresentava desempenho em sacarificação semelhante ao *A. oryzae,* sendo capaz de hidrolisar completamente o amido, transformando-o em glicose.

Nesse ponto, os *beijus* estavam prontos para o uso, mas podiam ser secos e, assim, guardados por muito tempo. Para a produção de fermentados, os *beijus* eram esfarelados em água no interior de grandes vasilhas de cerâmica ou escavadas em madeira. No dia seguinte, a mistura era passada em peneiras e deixada fermentar naturalmente por cerca de oito dias. Depois, o fermentado era destilado em destiladores que, em geral, eram de cerâmica (PAUL LE COINTE apud GONÇALVEZ-LIMA, 1974).

A questão dos bolores que se desenvolvem sobre os *beijus* foi objeto de vários estudos, inclusive por pesquisadores estrangeiros. Park et al. (1982) estudaram a flora natural (bolores) de *beijus* coletados em três unidades de fabricação de *tiquira* no Maranhão, próximas da capital. Os autores dosaram também a atividade de α-amilase e amiloglucosidase (Tabela 24.3).

Tabela 24.3 População de bolores em três amostras de *beijus* coletados no Estado do Maranhão.

Fungos	Contagem (UFC/g)			Atividade (UI/g)	Atividade (UI/g)
	Beiju 1	*Beiju* 2	*Beiju* 3	α-amilase (*)	Amiloglucosidase (**)
Aspergillus niger	7. 10^5	6. 10^5	3,9. 10^5	–	1.497,00 ± 6,00
Paecilomyces sp	1,1. 10^6	1,2. 10^6	–	57,00 ± 3,00	448,00 ± 2,00
Penicillium sp	–	–	1,7. 10^5	–	–
Rhizopus sp	1,5. 10^5	1,0. 10^5	1,8. 10^5	9,00 ± 1,00	1.276,00 ± 3,00
Neurospora sp	1,9. 10^4	–	1,2. 10^4	–	452,00 ± 3,00

– ausente; UFC: unidades formadoras de colônias; (*) em dextrina; (**) em glicose.

Fonte: Park et al. (1982).

Esses resultados são conflitantes com os de Gonçalvez-Lima (1974), para quem a sacarificação do amido era feita principalmente pelo bolor *Neurospora crassa* que foi isolado de *beijus* e caracterizado pelo autor em 1937, mas estão em acordo com os de Bronse, citado por Gonçalvez-Lima (1974), para o qual o *Aspergillus niger*, além de caracterizar os bolores do *beiju*, apresentava atividade de amiloglucosidase elevada.

Chuzel e Cereda (1995) citaram também a identificação de *Monilia sitophila*, bolor de cor rosada e com forte atividade amilolítica, presentes quando os *beijus eram* envoltos em folhas de mandioca, além de cepas de *Aspergillus niger* e de *Penicillium* sp., ambos citados na literatura. Os autores observaram também a produção de aroma agradável, de fruta madura.

A variação de espécies tem em comum a produção de enzimas, pois, como visto anteriormente, a mandioca é nutricionalmente pobre. Embora estes resultados sejam importantes, devem ser vistos com cuidado, pois não houve avaliação de bactérias com atividade hidrolítica para amido e, nas condições em que se faz a incubação dos *beijus*, a presença de bactérias não pode ser descartada. A pesquisa de bolores é valorizada pela literatura. Como é comum em fermentações naturais, é difícil determinar que uma espécie possa apresentar maior importância que outra, pois em geral ocorre uma sucessão de espécies, em razão das necessidades nutricionais de cada uma delas. Também a produção de amilases por bolores não deve ser o único enfoque para determinar a importância de microrganismos nas bebidas à base de mandioca.

Park et al. (1982) informaram que bolores do gênero *Neurospora* (raça que foi depositada como ATCC 46892 e também disponível como FGSC 6673), presentes em massa ralada e fermentada naturalmente de mandioca, produziam aroma agradável de frutas. Posteriormente, esse aroma agradável foi atribuído ao composto hexanoato de etila (YOSHIZAWA et al., 1988). Essa raça de *Neurospora* tem sido objeto de muitos estudos relativos à produção e uso dessa substância, incluindo testes em escala piloto da cepa 46892, no Japão, para produzir *koji* e *sake* (YAMAUCHI et al.,1989). Entretanto, não há comprovação de que o aroma desenvolvido pelo *Neurospora* passe para a *tiquira* destilada.

Nesse ponto, os *beijus* podem ser deixados secar e estão prontos para serem usados (Figura 24.6). Chuzel e Cereda (1995) citaram que, à medida que passam os dias, os *beijus* perdem parte de sua umidade e ainda assim ocorre a proliferação de fungos, tanto na parte externa, quanto na parte interna das massas.

Figura 24.6 Armazenamento dos *beijus* embolorados em empresa artesanal do Maranhão.
Fonte: Raízes ONG (2003).

Entre dez e 12 dias, a reação do amido com iodo (lugol) passara de azul (positiva para amido) para amarela (negativa), indicando que não há mais amido. Isto não significa que todo o amido tenha se hidrolisado a açúcares fermentescíveis, pois na presença de dextrina a coloração não é mais azul, mas não chega a ser negativa (amarela).

No preparo das amostras para a etapa de fermentação alcoólica os *beijus* são esfarelados em um recipiente de madeira ou em grandes potes de barro cheios de água. Os *beijus* desintegrados na água apresentam aspecto de um xarope denso, com teor de sólidos solúveis entre 14 e 15 °Brix. No dia seguinte pela manhã, toda a suspensão é passada por peneira e o caldo deixado fermentar naturalmente por oito dias.

O líquido com consistência cremosa, obtido no processo de fermentação, é deixado fermentar por mais de 48 horas. Entre as leveduras selvagens presentes na fermentação, foram identificadas as do gênero *Saccharomyces*.

As leveduras responsáveis pela fermentação alcoólica dependem da presença de compostos nitrogenados para seu crescimento, tais como proteínas e ácidos nucleicos, os quais são fundamentais à biossíntese celular (POLASTRO et al., 2001). O teor inicial de nitrogênio total do mosto e as concentrações relativas de cada um dos constituintes nitrogenados afetam o crescimento das leveduras, a velocidade de fermentação e a formação do produto final (BELL; OUGH; KLIEWER, 1979 apud POLASTRO et al., 2001).

A ureia não é adicionada no processo de fabricação da *tiquira* e também não é reportada a presença de ureia na bebida ou na mandioca. Assim, é possível que se forme durante o processo de fermentação. Esses resultados são preocupantes e provavelmente expliquem os elevados teores de carbamato de etila encontrados na *tiquira*, como citado por Andrade Sobrinho et al. (1998), pois, como se sabe, esse composto pode ser formado a partir da ureia (POLASTRO et al., 2001).

24.3.3 Processamento moderno

O processo moderno foi desenvolvido como descrito a seguir e transferido para produtores de *tiquira* no Estado do Maranhão (CEREDA; COSTA, 2008), por meio de cursos ministrados pelos autores.

Nesse processo, as enzimas e leveduras comerciais substituem com vantagem a microflora autóctone durante a fase de sacarificação e fermentação do processo tradicional. O descascamento e a lavagem das raízes foram considerados desnecessários e eliminados, pois fazem parte do processamento de farinha de mandioca, que foi a base da elaboração da *tiquira*. Também nesta linha de raciocínio, as raízes serão apenas raladas, sem necessidade de prensagem. Essa modificação do processo tradicional permite aproveitar cerca de 2% de açúcares (sacarose, glicose e frutose) da água de constituição da raiz de mandioca, contribuindo para o aumento de rendimento de produção da bebida.

Surmely et al. (2003) avaliaram as amilases comerciais disponíveis no Brasil, para a produção de glicose a partir do amido de mandioca. As principais enzimas envolvidas no processo são as alfa-amilases (dextrinizantes), beta-amilases (sacarificantes) e as glucoamilases (sacarificantes). Na Figura 24.7, são indicados os pontos em que as ligações são rompidas pela ação das enzimas.

Na etapa de sacarificação, foi utilizada a enzima AMG 300 L.

A massa ralada de mandioca tem em torno de 20% de amido, correspondente a um *beiju* padrão, como citado na literatura. Neste caso, a proporção foi de 0,6 mL de Thermamyl ou BAN e 0,4 mL de AMG por quilo de massa ralada. Considerando essas quantidades, pode-se usar os dados obtidos por Sumerly et al. (2003) para amido de mandioca, a fim de calcular o tempo de reação em temperaturas ideais.

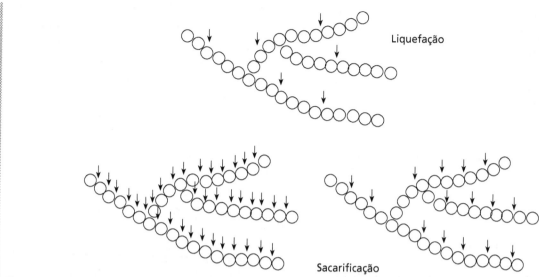

Figura 24.7 Representação das fases de hidrólise do amido. Superior, liquefação por ação de alfa-amilase (dextrinizante), inferior esquerda sacarificação por glucoamilase e inferior direita sacarificação por beta-amilase.

Fonte: Surmely et al. (2003).

Surmely et al. (2003) apresentaram um exemplo de como essas enzimas são calculadas, usando produtos comerciais da empresa Novozymes® disponíveis no Brasil.

Os autores avaliaram duas α-amilases para a fase de liquefação ou dextrinização. Foram selecionadas a Thermamyl 120L de origem bacteriana e resistente ao calor e a BAN 120L, mais sensível ao calor.

THERMAMYL 120 L

Thermamyl é um preparado enzimático líquido e concentrado à base de α-amilase termoestável, produzido a partir de uma cepa selecionada de *Bacillus licheniformes*. A enzima hidrolisa as ligações α-1,4 da amilose e da amilopectina, convertendo rapidamente o amido em dextrinas e oligossacarídeos solúveis. A Thermamyl foi desenvolvida para promover a liquefação (dextrinização) do amido e produção de maltodextrinas.

O aumento da concentração de açúcares redutores expressos em dextrose equivalente (DE) em função do tempo, para uma determinada concentração enzimática, em uma suspensão com 35% de amido e temperatura de reação de 90 °C é apresentado na Figura 24.8.

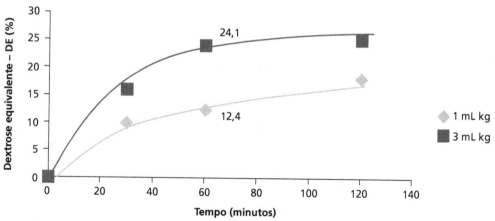

Figura 24.8 Evolução do teor de Dextrose Equivalente (DE) com o tempo de reação para amido (35% m/v) a 90 °C, com duas concentrações da enzima Thermamyl.

Fonte: Surmely et al. (2003).

A concentração máxima de Dextrose Equivalente atingida pela enzima Thermamyl foi de 26%, obtida com 3 mL de enzima por quilo de amido, depois de 60 minutos. Para concentração de enzima de 1 mL kg^{-1}, a reação foi mais lenta e não atingiu máximo em 120 minutos.

A Figura 24.9 apresenta o perfil dos carboidratos de amido de mandioca hidrolisada. A concentração de Thermamyl de 3 mL kg^{-1} gera 30,60% de dextrinas (Gp>7), enquanto com concentração de 1 mL kg^{-1} sobram cerca de 62% desses carboidratos, indicando uma atividade incompleta.

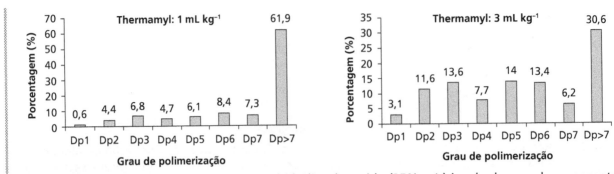

Figura 24.9 Perfil de moléculas obtidas após hidrólise de amido (35% m/v) incubada com duas concentrações Thermamyl a 90 °C por 60 minutos.

Fonte: Surmely et al. (2003).

Legenda: Dp1: Glicose; Dp2: Maltose; Dp3: Maltotriose; Dp4: Maltotetraose; Dp5: Maltopentaose; Dp6: Maltohexaose; Dp7: Maltoheptaose e Dp>7: dextrinas (Dp = grau de polimerização).

BAN 120 L

A BAN – *Bacterial Amylase* da Novozymes é uma α-amilase produzida por fermentação submersa de uma cepa selecionada de *Bacillus amyloliquefaciens*. A enzima hidrolisa as ligações α-1,4 da amilose e amilopectina, o que resulta em redução rápida da viscosidade do amido gelificado. Os produtos provenientes da decomposição são dextrinas e oligossacarídeos solúveis, como as maltodextrinas.

O aumento da concentração de DE em função do tempo, para uma determinada concentração enzimática, com 35% de amido e temperatura de reação de 80 °C é apresentado na Figura 24.10. O perfil da curva das duas concentrações de BAN é diferenciado, apresentando maiores concentrações com o uso de 3 mL kg^{-1}.

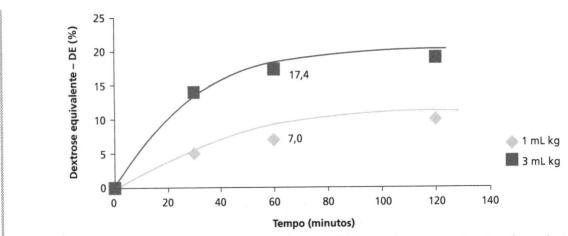

Figura 24.10 Evolução do teor de Dextrose Equivalente (DE) com duas concentrações da enzima BAN, em função do tempo de reação para amido de mandioca (35% m/v) a 80 °C.

Fonte: Surmely et al. (2003).

A Figura 24.11 mostra o perfil de carboidratos para os dois teores de BAN. De forma semelhante à Thermamyl, a concentração de 3 mL kg⁻¹ resultou em maior hidrólise do amido.

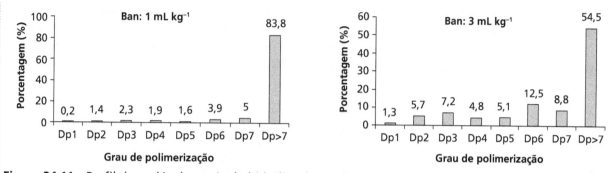

Figura 24.11 Perfil de moléculas após de hidrólise de amido (35% m/v) incubada com duas concentrações da enzima BAN a 80 °C por 60 minutos.

Fonte: Surmely et al. (2003).

Legenda: Dp1: Glicose; Dp2: Maltose; Dp3: Maltotriose; Dp4: Maltotetraose; Dp5: Maltopentaose; Dp6: Maltohexaose; Dp7: Maltoheptaose e Dp>7: dextrinas (Dp = grau de polimerização> 7).

AMG 300 L

A AMG é uma amiloglicosidase de grau alimentício, produzida a partir de uma cepa selecionada de *Aspergillus niger*. A enzima hidrolisa as ligações α-1,4 e α-1,6 do amido liquefeito. Durante a hidrólise, as unidades de glicose são produzidas gradualmente a partir da extremidade não redutora do amido ou da dextrina. A velocidade de hidrólise depende do tipo de ligação e do comprimento da cadeia. A AMG é recomendada para sacarificação do amido para produção de glicose.

O aumento da concentração de DE para uma determinada concentração enzimática, em função do tempo, em uma suspensão de amido a 35% e temperatura de reação de 60 °C é apresentado na Figura 24.12.

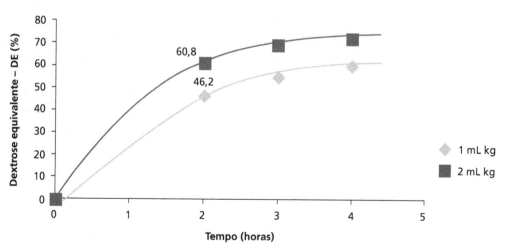

Figura 24.12 Evolução do teor de Dextrose Equivalente (DE) com o tempo de reação para amido (35% m/v) a 60 °C, para duas concentrações da enzima AMG.

Fonte: Surmely et al. (2003).

A atividade da enzima AMG permite obtenção de teores de DE maiores em relação às enzimas descritas anteriormente, o que explica sua recomendação para produção de glicose. A evolução do teor de DE também é diferenciado de acordo com a quantidade de enzima empregada, com uma tendência à estabilização depois de 4 horas.

A Figura 24.13 apresenta o perfil dos carboidratos, obtido a partir do amido hidrolisado. Os oligossacarídeos Gp1 (glicose) e Gp2 (maltose) são predominantemente produzidos. Nesse caso, a duplicação da concentração da enzima alterou o perfil do hidrolisado. Com 2 mL kg^{-1} predominaram glicose e maltose, sendo que os teores de oligossacarídeos intermediários (Gp3 a Gp6) apresentaram maior concentração na com 1 mL kg^{-1}. A maior concentração de dextrina com 1 ml kg^{-1} indica menor atividade hidrolítica nesse tratamento.

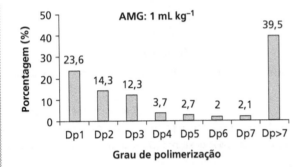 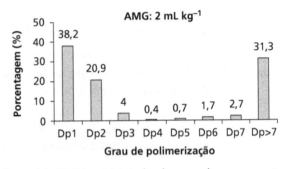

Figura 24.13 Perfil de moléculas obtidas após hidrólise de amido (35% m/v) incubada com duas concentrações da enzima AMG por 2 horas, com temperatura de 60 °C.

Fonte: Surmely et al. (2003).

Legenda: Dp1: Glicose; Dp2: Maltose; Dp3: Maltotriose; Dp4: Maltotetraose; Dp5: Maltopentaose; Dp6: Maltohexaose; Dp7: Maltoheptaose e Dp>7: dextrinas (Dp = de grau de polimerização).

Com a substituição do crescimento de bolores pelo uso de enzimas comerciais, torna-se possível prever que a liquefação se completaria em 60 minutos, tanto com a Thermamyl como com a BAN, nas concentrações propostas. O pH ideal para a ação enzimática é o mesmo pH natural do tecido da raiz da mandioca. A temperatura ideal para a Thermamyl é de 90 a 105 °C, próprio da fervura, mas para a enzima BAN pode-se usar temperatura menor, de 70 a 80 °C.

A liquefação pode ser feita concomitantemente com a gomificação do amido. A sacarificação com a AMG estaria completa em duas horas, ganhando em tempo e padronização, o que se refletirá em melhoria de qualidade, produtividade e eficiência na fabricação de *tiquira*. Neste caso, o pH deve ser ajustado entre 4,0 e 4,5 e a temperatura ideal é obtida apenas deixando o mosto resfriar.

Uma vez terminada a mosturação, o mosto deve ser fervido para desativar as enzimas, o que reduz em muito a contaminação e garante uma fermentação vigorosa, rápida e com elevado rendimento.

Em seguida, a suspensão de massa ralada de mandioca deve ser diluída com água potável para 12 a 14 °Brix, valores adequados para que ocorra o processo fermentativo. Com esse ajuste, é mais difícil ocorrer inibição da levedura pelo teor de açúcares ou de etanol.

Na inoculação do mosto, devem ser adicionados cerca de dez gramas de fermento prensado por litro de mosto. O fermento seco conserva-se melhor, entretanto, para ser usado, primeiramente deve ser ativado por duas horas em água morna com açúcar. A levedura pode ser reutilizada, mas para isso deve-se recuperá-la do fundo da dorna de fermentação e tratá-la com ácido sulfúrico (pH 2,0 - 3,0), por duas horas. Depois deve receber água, e novamente é utilizada. Mas é preciso levar em conta que estará mais diluída. O tratamento com ácido tem como função eliminar as leveduras fracas e bactérias contaminantes.

Ao final da fermentação, a filtragem do mosto é obrigatoriamente feita para evitar que os sólidos em suspensão queimem no fundo do destilador. Em pesquisa realizada pelos autores para avaliar possíveis interferentes dos resíduos sólidos gerados no processo (moderno), foram preparados dois mostos. No primeiro, seguiu-se normalmente a etapa de fermentação acompanhada pela filtragem, e, no segundo, foi realizada uma filtragem logo após o preparo do mosto. Em ambos os testes usou-se um tecido limpo e esterilizado. Os resultados mostraram que, no final do processo fermentativo, no teste de filtragem após o preparo do mosto, os valores de açúcares redutores foram 14 g L^{-1} contra 17 g L^{-1} para filtrado depois, mas em ambos os testes o teor alcoólico final foi o mesmo, com 45% v/v.

O único problema que decorre dessa filtragem é que a recuperação das leveduras fica prejudicada, uma vez que saem juntamente com a borra na filtragem o que dificulta a sua recuperação. Com a filtragem antes da destilação, é gerado um único resíduo sólido, uma borra contendo, fibras e restos de leveduras que pode ser destinado à alimentação animal.

24.3.4 Destilação

O processo mais empregado faz uso de alambiques de cobre para evitar o mau odor (CHUZEL; CEREDA, 1995). A filtração do mosto fermentado, antes da destilação, é obrigatória, como já foi explicado. A partir de cem litros de mosto fermentado, é possível destilar de 15 a 20 litros, com *tiquira* de teor alcoólico de é de 36 a 54% v/v, a 20 °C.

A destilação da *tiquira* é feita em alambique simples (Figura 24.14), portanto por meio de processo descontínuo. Independentemente do modo de aquecimento da caldeira do alambique (fogo ou vapor), a destilação deve ser conduzida de forma branda, sem pressa, devendo-se identificar e separar as frações de cabeça, coração e cauda.

Na fração *cabeça*, a primeira a sair do destilador, estão presentes os componentes mais voláteis, entre eles os ésteres e os aldeídos. Na fração *cauda*, a última a deixar o alambique, permanecem os componentes menos voláteis que o álcool etílico, entre eles os ácidos e os alcoóis superiores (fúsel). Tanto a cabeça como a cauda devem ser separadas e destiladas novamente na batelada seguinte. A parte nobre da destilação é constituída pelo coração, que é pobre de impurezas de cabeça e de cauda (VENTURINI FILHO; MENDES, 2003). Essa é a fração que deve ser aproveitada para a produção da *tiquira* de qualidade.

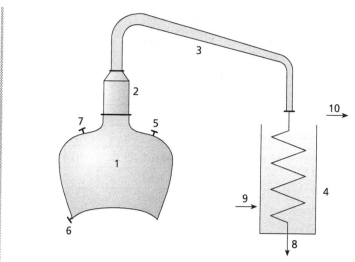

Figura 24.14 Alambique de destilação simples.

1 – Cucurbita ou caldeira
2 – Capitel, domo ou elmo
3 – Alonga ou tubo de condensação
4 – Condensador
5 – Entrada de vinho
6 – Descarga de vinhaça
7 – Válvula igualadora das pressões
8 – Saída de destilado
9 – Entrada de água
10 – Saída de água

Fonte: Venturini Filho e Mendes (2003).

Como a obtenção da *tiquira* tem sido basicamente artesanal e submetida a um controle técnico inferior ao da cachaça, deve-se esperar que a contaminação química durante a destilação da *tiquira* seja maior. Assim, um controle mais eficaz do processo de destilação poderá reduzir ou mesmo eliminar a presença de ureia e aminoácidos nos destilados (ANDRADE SOBRINHO et al., 1999).

Cabe frisar que a técnica adotada no Maranhão para estabelecer a graduação alcoólica da *tiquira* é muito peculiar, assim como é a própria técnica de fabricação. Consiste em passar a bebida de um recipiente para outro. A quantidade de espuma formada e a duração para seu colapso são consideradas fatores determinantes da graduação alcoólica.

Cereda e Costa (2008) relatam que, após cada destilação, o alambique é lavado para retirada dos resíduos da borra que pode acompanhar o mosto fermentado. No Maranhão, a medida de volume utilizada ainda é a lata, recipiente de 20 litros utilizado

484 BEBIDAS ALCOÓLICAS

como medida comercial. A comercialização da *tiquira* é feita por intermédio de atravessadores que a revendem nas cidades turísticas do Maranhão.

A destilação deve ser feita sob as melhores condições disponíveis; nesse caso, o rendimento teórico esperado é aquele citado por Venturini Filho e Mendes (2003) para a mandioca, que seria de aproximadamente 480 litros de tiquira a 45% v/v por tonelada de raiz de mandioca.

24.3.5 Controle de qualidade

Furtado et al. (2007) abordaram a necessidade do controle de qualidade da *tiquira* e de bebidas semelhantes, relacionando a problemática de íons metálicos e cianeto residual nas aguardentes.

A tradição informa que no Maranhão são adicionadas folhas de *lima* (citros) à *tiquira* recém-destilada, o que proporcionaria uma fraca coloração azul à bebida. Essa informação não é confirmada por pesquisa, ficando em nível de conhecimento popular, entretanto pode estar associada à acidez do líquido fermentado, que reage com óxido de cobre de destiladores mal lavados. Mais recentemente, esse corante natural foi substituído por forte corante de arroxeado, o cristal violeta, correspondendo este a um corante do grupo dos trifenilmetanos. Por ser um composto de intensa ação biológica, cujas consequências para o organismo ainda não estão bem esclarecidas, a prática de colorir a tiquira com o cristal violeta deve ser reprimida (SANTOS et al., 2005).

Em bebidas alcoólicas, ainda não existem limites de referência de cianeto, entretanto o limite máximo fixado pela Organização Mundial da Saúde para ingestão é de 10 mg kg^{-1} de massa corpórea. Em pesquisa realizada por Brito et al. (2009a), foi avaliado o teor de cianeto, durante as etapas do processamento proposto como moderno na fabricação de *tiquira*. Os valores estão dispostos na Tabela 24.4. Os autores relatam que, na etapa de preparo do mosto, com a trituração de raízes de mandioca (cv *Fécula Branca*) em água, o teor médio de cianeto foi de 55,6 mg L^{-1}.

Tabela 24.4 Valores de concentração de cianeto em *tiquira* destilada e bidestilada.

Repetição	Preparo do mosto	Hidrólise Thermamyl	Hidrólise AMG	*Tiquira* destilada	*Tiquira* bidestilada
	Concentração (mg L^{-1})				
1	55,50 ± 0,11	8,87 ± 0,10	5,36 ± 0,11	1,96 ± 0,05	0,41 ± 0,00
2	55,71 ± 0,11	8,87 ± 0,10	5,36 ± 0,11	1,96 ± 0,05	0,41 ± 0,00
3	55,71 ± 0,11	8,87 ± 0,10	5,36 ± 0,11	1,96 ± 0,05	0,41 ± 0,00
4	55,71 ± 0,10	8,67 ± 0,10	5,57 ± 0,11	2,06 ± 0,05	0,41 ± 0,00
Média	55,66	8,82	5,41	1,98	0,41
CV%	0,18	1,13	1,94	0,02	0,00

Fonte: Brito et al. (2009b).

Com o tratamento enzimático com Thermamyl, o conteúdo médio foi reduzido a 8,82 mg L^{-1}. Na terceira etapa, com ajuste do pH e da temperatura para o tratamento com enzima sacarificante AMG, a concentração média foi reduzida para 5,41 mg kg^{-1}. Após o processo fermentativo de 24 horas, quando o mosto fermentado foi destilado em alambique de cobre, a *tiquira* apresentou concentração média de 1,98 mg L^{-1}.

Na *tiquira* bidestilada, os teores foram ainda mais baixos, em torno de 0,4 mg L^{-1}. Os autores lembram que estando presentes as enzimas responsáveis pela hidrólise da linamarina nas primeiras etapas do processamento, os cianoglicosídeos liberam HCN, reduzindo os teores de cianeto das amostras, que se perderam por volatilização. Essa redução foi significativa e, nessas condições, não há riscos de intoxicação pelos íons remanescentes.

Entretanto, se não há risco de intoxicação diretamente com o radical cianeto, há relatos que este ainda pode estar envolvido em outras reações químicas, principalmente na formação de carbamato. Segundo Andrade Sobrinho et al. (2009), o carbamato de etila ($C_3H_7NO_2$) ou uretana é um composto potencialmente carcinogênico. Esse composto é formado naturalmente em alimentos fermentados, como pão, iogurte, vinho, cerveja e saquê (ANDRADE SOBRINHO et al., 2002), sendo citado como presente em bebidas fermentadas e destiladas, de origem estrangeira, como uísque, rum, vodca, graspa ou nas nacionais, como na cachaça (NAGATO et al., 2003).

Segundo Andrade Sobrinho et al. (2001), o Brasil é um dos maiores produtores de destilados alcoólicos do mundo, sendo de grande importância o conhecimento dos níveis de ocorrência de uma substância potencialmente carcinogênica, como o carbamato de etila, pois, além dos aspectos ligados à saúde pública, a sua presença em concentrações superiores a 0,150 mg L^{-1} constitui também uma barreira para a exportação de bebidas para a Europa e América do Norte.

As amostras de *tiquira* analisadas pelos autores apresentaram teor médio de carbamato de etila (2,4 mg L^{-1}) muito superior ao da cachaça. Observou-se que as amostras de *tiquira* com a concentração de carbamato de etila inferior a 0,65 mg L^{-1} apresentaram graduação alcoólica de 28% v/v, abaixo do mínimo especificado pelo Ministério da Agricultura e do Abastecimento (2009), que é 36% v/v, a 20 °C.

Vários autores citam que as vias possíveis para a formação de carbamato de etila nas bebidas destiladas, geralmente envolvem a reação entre o etanol e precursores nitrogenados. Entre os precursores nitrogenados, citam a ureia, o fosfato de carbamila e o cianeto (ANDRADE SOBRINHO, 2002; BRITO et al., 2009b), indicando que este último é considerado um precursor de carbamato de etila, durante e após o processo de destilação.

Quando o cobre é empregado na parte ascendente do fluxo de vapor, como ocorre nos alambiques, é esperado que ocorra uma fixação de cianeto (ANDRADE SOBRINHO et al., 2002; BRITO et al., 2009b), com a formação de compostos, tais como CuCN, Cu(CN)$_2$, Cu$_2$(CN)$_3^-$, Cu$_3$(CN)$_4^-$, diminuindo a concentração de cianeto no destilado (ANDRADE SOBRINHO et al., 2009) e, consequentemente, reduzindo o teor de carbamato de etila. Porém os autores Andrade Sobrinho et al. (2002) não encontraram diferenças significativas para as cachaças analisadas. Tal resultado indica que a formação de carbamato de etila após o engarrafamento, se ocorrer em proporções consideráveis, é independente da radiação luminosa incidente sobre a bebida. Também não foi encontrada correlação do tempo de envelhecimento da cachaça e o teor de carbamato de etila.

Por ser o carbamato de etila uma substância de potencial carcinogênico, esses resultados indicam a necessidade urgente de alterações no processo de produção de aguardente de cana e *tiquira*, tanto para eliminar esse problema de saúde pública, bem como para o enquadramento destes produtos nos

padrões internacionais. Um fato importante que deve ser realçado é que esses resultados referem-se às bebidas disponíveis no mercado. Somente o acompanhamento da bebida ao longo do processo de produção e armazenagem irá permitir uma melhor avaliação da gênese do carbamato de etila em cachaças e *tiquiras* (ANDRADE SOBRINHO et al., 2002).

Além do cianeto, também a ureia é considerada precursora de carbamato de etila. Segundo Polastro et al. (2001), foram utilizados métodos colorimétricos na investigação da presença de íon amônio, ureia e aminoácidos em 51 amostras de aguardente de cana-de-açúcar (cachaça) e em nove amostras de *tiquira*. As nove amostras de *tiquira*, todas sem marca registrada, eram oriundas do Estado do Maranhão. Os resultados das análises são apresentados na Tabela 24.5.

Tabela 24.5 Valores de concentração (mmoles L^{-1}) de ureia, íon amônio e aminoácidos em *tiquira*.

Amostras de *tiquiras*	Amônia	Ureia	Aminoácidos
1	0,015	2,52	0,008
2	0,013	1,42	0,175
3	0,014	1,42	0,514
4	0,015	1,42	0,117
5	0,006	1,42	0,233
6	0,004	1,67	0,387
7	0,004	2,07	0,131
8	0,001	0,92	0,579
9	0,014	0,15	0,470
Média	0,010	1,45	0,290

Fonte: Polastro et al. (2001).

Foi possível identificar e quantificar íon amônio, ureia e aminoácidos nas amostras de aguardente de cana e de *tiquira*. Os resultados obtidos indicam que as *tiquiras* apresentaram concentrações médias de ureia e aminoácidos superiores aos das aguardentes de cana, ao passo que os teores médios de íon amônio são equivalentes nas duas bebidas. A presença indesejável desses compostos nos destilados é provavelmente devida a falhas relacionadas ao processo de destilação. As variações dos teores de ureia e íon amônio, em função das regiões produtoras, podem, ao menos em parte, ser explicadas pela não-padronização da adição das fontes de nitrogênio ao mosto.

Para as características sensoriais, o dimetils-sulfeto é relatado como causador de aroma desagradável em bebidas alcoólicas. Segundo Cardoso et al. (2004), foi possível quantificar dimetilssulfeto em bebidas alcoólicas por cromatografia. Foram analisadas 60 amostras, assim especificadas: 22 de cachaça, oito de *tiquira*, sete de graspa, oito de uísque, nove de *brandy*, dez de vodca, quatro de rum e uma de tequila. Todas as amostras de *tiquira* foram obtidas no Estado do Maranhão. As amostras de cachaça exibiram a maior concentração de dimetilssulfeto (mediana de $3,16 \times 10^{-4}$ mol L^{-1}), seguidas pelas amostras de graspa (mediana de $1,45 \times 10^{-4}$ mol L^{-1}). Apenas uma amostra de *tiquira* apresentou dimetilssulfeto ($9,66$ µmol L^{-1}) na faixa de concentração de sensibilidade do método (8×10^{-9} mol L^{-1}).

Os autores explicam a presença de elevados teores de dimetilssulfeto nas aguardentes analisadas como causada pela presença de traços de cobre nas colunas de destilação de aço inoxidável. Essa explicação é difícil de aceitar, uma vez que as *tiquiras* apresentaram baixos teores e são sempre, destiladas em alambiques de cobre. Os autores destacam que, embora a *tiquira* seja produzida em condições de controle de qualidade deficiente em relação às outras bebidas alcoólicas, exibiu baixos teores de dimetilssulfeto, mesmo quando comparada com bebidas internacionais.

Como epílogo, o capítulo destaca a necessidade de introduzir conceitos de tecnologia para elaboração da *tiquira* como exigência do consumidor para manutenção do padrão de qualidade, caso contrário a bebida tradicional não conseguirá se adequar às normas atuais. Apenas a proteção da pequena indústria artesanal não garante uma bebida com condições para competir com a cachaça, que atingiu nos últimos 20 anos um nível mais estável de tecnologia, que permite que seja produzida em vários estados brasileiros. A tiquira ainda resiste em seu estado de origem, mas gradualmente menos produtores tradicionais podem ser encontrados.

BIBLIOGRAFIA

ANDRADE SOBRINHO, L. G. et al. Presença de carbamato de etila em aguardente de mandioca (Tiquira). **Engarrafador Moderno**, São Paulo, n. 58, p. 62-64, 1998.

ANDRADE SOBRINHO, L. G. et al. Determination of amino acids, urea and ammonium íon in tiquira by a spectrophotometric method. In: BRAZILIAN MEETING ON CHEMISTRY OF FOOD AND BEVERAGES, 2., Araraquara. **Anais**...Araraquara: Unesp, 1999. v. 1, p. 48.

ANDRADE SOBRINHO, L. G. et al. Carbamato de etila em bebidas alcoólicas (cachaça, tiquira, uísque e grapa). **Química Nova**, São Paulo, v. 25, n. 6, p. 1074-1077, 2002.

ANDRADE SOBRINHO, L. G. et al. Teores de carbamato de etila em aguardente de cana e de mandioca. **Química Nova**, São Paulo, v. 32, p. 116-119, 2009.

BRASIL. Decreto n. 6.871, de 4 de junho de 2009 que regulamenta a Lei n. 8.918, de 14 de julho de 1994, que dispõe sobre a padronização, a classificação, o registro, a inspeção, a produção e a fiscalização de bebidas. **Diário Oficial da União**, 20 set. 2012. Seção 1. p.4

BRITO, V. H. S. et al. Colorimetric method for free and potential cyanide analysis of cassava tissue. **Gene Conserve**, Brasília, v. 8, p. 841-852, 2009a.

BRITO, V. H. S. et al. Monitoramento do teor de cianeto livre e potencial durante etapas de processamento na produção de tiquira. In: SIMPÓSIO EM BIOTECNOLOGIA, 1., 2009b, Campo Grande. **Anais**...Campo Grande: UCDB, 2009b. v. 1, p. 35. 1 CD-ROM.

CAGNON, J. R.; CEREDA, M. P.; PANTAROTTO, S. Glicosídeos cianogênicos da cassava: biossíntese, distribuição, destoxifição e métodos de dosagem. In: CEREDA, M. P. (Coord.). **Agricultura: tuberosas amiláceas latino americanas**. São Paulo: Fundação Cargill, 2002. v. 2, cap. 5, p. 83-99.

CARDOSO, D. R. et al. A rapid and sensitive method for dimethylsulphide analysis in Brazilian sugar cane sugar spirits and other distilled beverages. **Journal of the Brazilian Chemical Society**, Campinas, v. 15, n. 2, p. 277-281, 2004.

CEREDA, M. P. (Coord.). **Propriedades gerais do amido**. São Paulo: Fundação Cargill, 2001. v. 1, 250p.

CEREDA, M. P.; COSTA, M. S. C. **Manual de fabricação de tiquira (aguardente de mandioca), por processo tradicional e moderno: tecnologias e custos de produção**. Cruz das Almas: Embrapa Mandioca e Fruticultura, 2008. 44p.

CORRADINI, E. et al. Estudo comparativo de amidos termoplásticos derivados do milho com diferentes teores de amilose. **Polímeros: Ciência e Tecnologia**, São Carlos, v. 15, n. 4, p. 268-273, 2005.

CHUZEL, G.; CEREDA M. P. La tiquira: une boisson fermentée à base du manioc. In: AGBOR EGBE, T. et al. (Eds.). **Transformation alimentaire du manioc**. Paris: Orstom, 1995.

FISCH, G.; MARENGO, J. A.; NOBRE, C. A. Uma revisão geral sobre o clima da Amazônia. **Acta Amazonica**, Manaus, v. 28, n. 2, p. 101-126, 1998.

FURTADO, J. L. B. et al. Cianeto em tiquiras: riscos e metodologia analítica. **Ciência e Tecnologia de Alimentos**, Campinas, v. 27, n. 4, p. 694-700, 2007.

GARCIA, N. L; FAMA, L. et al. Comparison between the physico-chemical properties of tuber and cereal starches. **Food Research International**, Barking, v. 42, p. 976-982, 2009.

GONÇALVEZ-LIMA, O. Identificação e estudo dos mofos sacarificantes na elaboração da aguardente tiquira, uma bebida regional do Maranhão. **Anais da Sociedade de Biologia de Pernambuco**, Recife, v. 4, n. 1, p. 11-30, 1974.

NAGATO, L. A. F.; NOVAES, F. V.; PENTEADO, M. V. C. Carbamato de etila em bebidas alcoólicas. **Boletim da Sociedade Brasileira de Ciência e Tecnologia de Alimentos**, Campinas, v. 37, n. 1, p. 40-47, 2003.

NASCIMENTO, F. R. et al. Voluntary intake of tiquira, na alcoholic beverage prepared from fermented manioc, decreases immunoglobulin production and increases self-reactivity in mice. **Brazilian Journal of Medical Biological Research**, Ribeirão Preto, v. 25, p. 35-37, 1992.

PARK, Y. et al. Microflora in beiju and their biochemical characteristics. **Journal of Fermentation Technology**, Osaka, v. 60, n. 1, p. 1-4, 1982.

POLASTRO, L. R. et al. Compostos nitrogenados em bebidas destiladas: cachaça e tiquira. **Ciência e Tecnologia de Alimentos**, Campinas, v. 21, n. 1, p. 78-81, 2001.

SANTOS, G. S. et al. Identificação e quantificação do cristal violeta em aguardentes de mandioca (tiquira). **Química Nova**, São Paulo, v. 28, n. 4, p. 583-586, 2005.

SURMELY, R. et al. Hidrólise do amido. In: CEREDA, M. P. (Coord.). **Culturas de tuberosas amiláceas latino-americas**. São Paulo: Fundação Cargill. v. 3, cap. 15, p. 337-449, 2003.

TIQUIRA. Disponível em: <http://adm.supernet.com.br/lucarelliediego/destilariaslenzi/tiquira.asp.>. Acesso em: 1 jul. 2004.

TIQUIRA. Origem. Disponível em: <http:/WWW.soutomaior.eti.br/Mario/paginas/dic_t.htm>. Acesso em 1 jun. 2004.

UTHUMPORN, U; ZAIDULB, I. S. M; KARIMA, A. A. Hydrolysis of granular starch at sub-gelatinization temperature using a mixture of amylolytic enzymes. **Food and bioproducts processing**, Rugby, v. 88, p. 47-54, 2010.

VENTURINI FILHO, W. G.; MENDES, B. P. Fermentação alcoólica de raízes tropicais. In: CEREDA, M. P.; VILPOUX, O. F. (Coord.). **Tecnologia, usos e potencialidades de tuberosas amiláceas sul-americanas**. São Paulo: Fundação Cargill, v. 3, Cap. 19, 2003. p. 530-575.

YOSHIZAWA, K. et al. Production of a fruity odor by Neurospora sp. **Agricultural and Biological Chemistry**, Tokyo, v. 52, n. 8, p. 2129-2130, 1988.

25

UÍSQUE

GIULIANO DRAGONE
MARÍA D. GONZÁLEZ FLÓREZ
MIGUEL A. VÁZQUEZ GARCÍA
JOÃO BATISTA DE ALMEIDA E SILVA

25.1 INTRODUÇÃO

O uísque é uma bebida destilada, produzida a partir da fermentação de grãos de cereais que apresentam de 40 a 90% da massa seca constituída por amido, e que no Brasil deve conter um teor alcoólico entre 38 e 54% v/v à 20 °C.

A palavra uísque vem do gaélico *uisge beatha* ou *usquebaugh* que significam "água da vida". Embora existam informações sobre o surgimento dessa bebida entre os anos 1100 a 1300, o primeiro relato de produção de uísque foi encontrado na Escócia e datado de 1494. Naquela época, o consumo de uísque pode ter sido para o prazer da corte real, mas legalmente era um tônico usado para "fins medicinais". Prova disso é que a cidade de Edimburgo concedeu o monopólio da destilação do uísque para uma associação médica em 1505, recebendo aprovação real em 1506.

Embora seja aceito que a arte da destilação foi trazida para a Escócia por monges irlandeses, posteriormente, as destilarias domésticas de uísque se desenvolveram e essa prática foi comum em meados do século XVI. A despeito das raízes monásticas na Irlanda e na Escócia, a destilação do uísque foi desenvolvida comercialmente ao longo de vários séculos em diferentes continentes. O primeiro registro de uma transação comercial envolvendo o fornecimento de uísque ocorreu entre o Monastério Beneditino, na cidade de Fife, e o Tribunal do rei James IV de Holyrood, em Edimburgo em 1494.

No mercado, existem vários tipos de uísques que podem ser classificados em função do país de origem, da natureza do cereal empregado e da forma na qual o produto é obtido, ou seja, puro ou cortado (a partir da mistura de outros uísques). Dessa forma, são várias as maneiras possíveis de se produzir essa bebida, as quais variam de acordo com a matéria-prima, o processo utilizado e a legislação aplicada no país produtor.

Escócia, Irlanda, Canadá, Estados Unidos e Japão são os principais países produtores de uísque no mundo, mas apenas os quatro primeiros países têm desenvolvido produtos tradicionais a partir de cereais obtidos de sua agricultura local. No entanto, outros países, tais como Índia, Espanha, Austrália, Nova Zelândia, Paquistão e República Tcheca também vêm crescendo e se destacando como importantes mercados produtores desse destilado.

No Brasil existem 69 indústrias produtoras de uísque, que parecem insuficientes para abastecer o mercado interno, uma vez que, em 2012 o país era o 11º maior importador de uísque escocês do mundo, com um total de 83,65 milhões de libras esterlinas em compras do produto.

É importante destacar que a palavra *whisky* é utilizada em todo o mundo com exceção da Irlanda, Estados Unidos e em alguns produtos canadenses onde é usada a palavra *whiskey*. No Brasil, a grafia correta é uísque, embora sejam aceitas as outras duas, citadas anteriormente.

25.1.1 Mercado
25.1.1.1 Mercado global

O mercado mundial das bebidas destiladas apresentou um crescimento moderado nos últimos anos, com um volume de vendas de 19,84 bilhões de litros em 2010.

Nesse ano, as vendas de uísque foram responsáveis por um volume total de 209,5 milhões de caixas de nove litros (Figura 25.1), sendo, portanto a principal bebida na categoria de destilados.

Das cem marcas de bebidas destiladas mais vendidas no mundo, várias delas são de uísque. Em 2012, cada uma dessas marcas vendia anualmente mais de 1 milhão de caixas (de nove litros) em diferentes países (Tabela 25.1).

Na Tabela 25.1 observa-se que oito das dez marcas mais vendidas de uísque no mundo em 2012 corresponderam a uísque indiano. No entanto, quando consideradas as vendas de uísque por país, a Escócia aparece como o maior exportador mundial de uísque. Em 2012, as vendas de uísque escocês bateram recorde, atingindo o valor de 4,273 bilhões de libras, um aumento de 1% em relação a 2011.

Entre as diferentes categorias de *scotch whisky*, as exportações de garrafas de uísque malte puro em 2012 aumentaram 6% em valor (para 905 milhões de libras) enquanto as de uísques cortados foram 0,4% maiores em valor (3,35 bilhões de libras), em relação às de 2011.

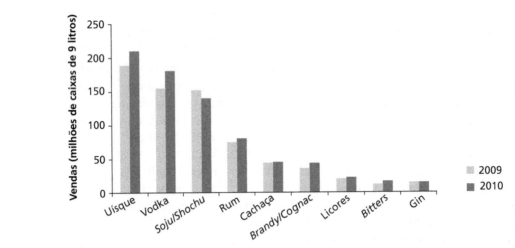

Figura 25.1 Comparação da segmentação do mercado mundial de bebidas destiladas, por vendas, em 2009 e 2010.

Fonte: Drinks International; Euromonitor International (2011).

Tabela 25.1 Marcas de uísque com vendas acima de 1 milhão de caixas (nove litros) e posição no *ranking* mundial das cem marcas mais vendidas de bebidas destiladas.

Posição no *ranking*	Marca	Categoria	Fabricante	Vendas em 2012 (milhões de caixas)	Mercado
8	McDowell's No.1	Indiano	United Spirits	19,5	Regional
9	Johnnie Walker	Escocês	Diageo	18,9	Internacional
11	Officer's Choice	Indiano	Allied Blenders & Distillers	18,1	Regional
14	Bagpiper	Indiano	United Spirits	14,1	Regional
15	Royal Stag	Indiano	Pernod Ricard	12,8	Regional
16	Old Tavern	Indiano	United Spirits	11,6	Regional
19	Original Choice	Indiano	John Distilleries	10,9	Regional
20	Jack Daniel's	Americano-Tennessee	Brown-Forman	10,7	Internacional
25	Imperial Blue	Indiano	Pernod Ricard	7,8	Regional
29	Hayward's	Indiano	United Spirits	7,1	Regional
34	Jim Beam	Americano--Bourbon	Beam	6,3	Internacional
35	Ballantine's	Escocês	Pernod Ricard	6,2	Internacional
45	Crown Royal	Canadense	Diageo	4,9	Internacional
46	8PM	Indiano	Radico Khaitan	4,9	Regional
47	Chivas Regal	Escocês	Pernod Ricard	4,9	Internacional
49	J&B Rare	Escocês	Diageo	4,6	Internacional
51	William Grant's	Escocês	William Grant & Sons	4,5	Internacional
53	Director's Special	Indiano	United Spirits	4,3	Regional
58	Jameson	Irlandês	Pernod Ricard	4,0	Internacional
70	Blenders Pride	Indiano	Pernod Ricard	3,7	Regional
72	Gold Riband	Indiano	United Spirits	3,5	Regional
76	The Famous Grouse	Escocês	Edrington	3,3	Internacional
78	McDowell's Green Label	Indiano	United Spirits	3,3	Regional
80	Dewar's	Escocês	Bacardi	3,0	Internacional
83	Director's Special Black	Indiano	United Spirits	2.9	Regional
85	Suntory Kakubin	Japonês	Suntory	2,8	Regional
89	William Lawson's	Escocês	Bacardi	2,6	Internacional
90	Label 5	Escocês	La Martiniquaise	2,5	Internacional
91	William Peel	Escocês	Belvédère	2,5	Regional
92	Bell's	Escocês	Diageo	2,5	Internacional
98	Seagram's 7 Crown	Americano	Diageo	2,4	Regional

Fonte: Drinks International (2013).

As exportações de uísque escocês para os Estados Unidos, o maior mercado em termos de valor, ultrapassaram 757,99 milhões de libras em 2012, estando 16% acima do valor registrado em 2011, seguido pela França, o segundo maior mercado, que viu reduzir o montante de suas importações em 19% no mesmo período, atingindo 433,96 milhões de libras. Na América do Sul, a Venezuela foi o país que registrou os valores de importação de uísque escocês mais elevados em 2012, totalizando 102,26 milhões de libras. Por outro lado, o Brasil ocupou a 11ª posição com 83,65 milhões de libras. A Tabela 25.2 mostra os valores, em milhões de libras, para os dez maiores importadores da bebida em 2012.

Tabela 25.2 Valores movimentados pela comercialização de uísque escocês pelos dez maiores importadores mundiais em 2012.

Posição no *ranking*	País	Valores por importação (milhões de libras)
1	Estados Unidos	757,99
2	França	433,96
3	Cingapura	339,16
4	Espanha	195,34
5	Alemanha	168,87
6	Taiwan	165,41
7	África do Sul	161,57
8	Coreia do Sul	135,73
9	Venezuela	102,26
10	México	91,85

Fonte: Scotch Whisky Association (2012).

Quando considerados os volumes de uísque escocês importados por país, a França (Tabela 25.3) aparece no topo do *ranking* com 153,9 milhões de garrafas de 0,7 L (40% v/v de álcool) em 2012. Nessa classificação, o Brasil ocupava a 8ª posição com 46,1 milhões de garrafas.

Na China, as vendas de uísque aumentaram para aproximadamente 2,7 bilhões de dólares em 2010, 10% maior que o ano anterior. De 2005 para 2010, as vendas cresceram 125%, sendo a Pernod Ricard o maior fornecedor de uísque em 2010, com 37,5% do mercado, enquanto a Diageo ficou com 27%.

Como demonstração da importância e do mercado conquistado pelo uísque, a Diageo, uma das maiores multinacionais do ramo de bebidas, inaugurou a Johnnie Walker House em 2011, localizada na Sinan Mansions, em Xangai, que é a primeira embaixada da cultura do uísque fora da Escócia. Concomitantemente à abertura, ocorreu o lançamento da edição comemorativa da Johnnie Walker 1910, com somente 1.000 garrafas numeradas, cada uma vendida a 1.300 libras. Essa foi a primeira vez que a Diageo comercializou Johnnie Walker cortado em um único local no mundo.

Tabela 25.3 Volumes movimentados pela importação de uísque escocês pelos dez maiores mercados mundiais em 2012.

Posição no *ranking*	País	Volumes por importação (milhões de garrafas)
1	França	153,9
2	Estados Unidos	127,5
3	Cingapura	64,2
4	Espanha	60,0
5	Índia	58,6
6	África do Sul	56,8
7	Alemanha	52,5
8	Brasil	46,1
9	México	35,3
10	Tailândia	33,6

Fonte: Scotch Whisky Association (2012).

Atualmente, em muitos segmentos industriais existe uma demanda por produtos que ofereçam características diferenciadas aos consumidores. Esses produtos de nicho oferecem ao público a possibilidade de escolha, e uma clara percepção de qualidade, permitindo em consequência, um maior valor agregado. Em todo o mundo, o consumidor de uísque escolheu esta bebida destilada como uma forma refinada de degustação, de forma que as grandes empresas produtoras de uísque se estruturaram para atender a essa demanda, possibilitando oferecer uísques normalmente envelhecidos por até 30 anos. Esses uísques oferecem ao consumidor a oportunidade de escolha, de acordo com as condições econômicas individuais, e eles optam por uísques com menor ou maior custo, dependendo do tempo de envelhecimento em barris de carvalho e das matérias-primas utilizadas para sua produção.

25.1.1.2 *Mercado brasileiro*

No Brasil, os uísques escoceses cortados incluem marcas importadas e uísques nacionais produzidos no país a partir de maltes nacionais e importados. De acordo com a indústria, 27% dos uísques consumidos no Brasil são engarrafados aqui. Tais produtos têm ganhado uma vantagem extra, dado que, enquanto mantêm níveis aceitáveis de qualidade, seus preços são geralmente 40% menores do que os das marcas importadas. A razão para essa diferença de preços é que os produtos nacionais são taxados com menores impostos do que os produtos importados. Em geral, uma garrafa de uísque nacional custa em média R$ 35 (U$S 15), enquanto marcas importadas custam entre R$ 90 (U$S 40) e R$ 160 (U$S 70). Entre as marcas mais populares no Brasil encontram-se Teachers e Passport, da empresa Pernod Ricard Brasil Indústria e Comércio Ltda., e Johnnie Walker e Bell's, da empresa Diageo Brasil Ltda.

O Brasil é o maior mercado do uísque escocês Johnnie Walker Red Label no mundo inteiro. Apesar das temperaturas elevadas, o Nordeste é a principal região consumidora desse tipo de bebida, com 35% do volume total distribuído pelos estados da Bahia, Pernambuco e Ceará, entre outros. Por tal motivo, várias empresas do setor realizam campanhas de marketing voltadas especificamente para essa região. Outra característica desse mercado regional revela que, aproximadamente, duas vezes mais de consumidores mesclam uísque com água de coco em comparação com a média nacional. Tem sido relatado que a maioria (63%) dos consumidores de uísque no Nordeste prefere consumir esse destilado misturado com gelo. Seguidamente, a preferência é para seu consumo na forma de coquetéis. Uma de cada três pessoas mistura o uísque com energético, água de coco ou alguma outra bebida.

25.1.2 Histórico

Descoberta na China por volta do ano 800 a.C., a destilação é um dos exemplos mais antigos de tecnologia química, sendo que a primeira bebida destilada de que se tem conhecimento foi elaborada a partir do vinho de arroz. Desde então, os segredos da destilação permaneceram na China até os primeiros anos do século I, quando o processo começou a ser estudado no Egito. Essa arte foi logo aprendida por alquimistas árabes, que levaram a destilação à Europa ocidental através do norte da África. A arte da destilação foi muito apreciada pelos alquimistas e monges, que a aplicaram na produção de bebidas destiladas. Os alquimistas europeus pensavam que o destilado era um novo elemento e, assim, consideravam que as bebidas destiladas possuíam um valor medicinal. Por esse motivo, o nome genérico em latim dado a esses produtos destilados foi *aqua vitae* o que significa "água da vida".

Os primeiros relatos sobre a produção de uísque surgiram na Irlanda no século XII, e a primeira descrição de um processo de produção dessa bebida foi encontrada em registros escoceses datados de 1494. Nesse ano, John Cor, um monge de Lindores Abbey, recebeu do rei James IV, da Escócia, grãos de malte para elaborar a *aqua vitae*. Esse uísque de malte, que apresentou uma qualidade superior à do líquido fermentado que o originou, foi então consumido pelas classes sociais mais altas. O consumo de uísque na corte real da Escócia pode ter ocorrido, em parte, por prazer, mas, além disso, essa bebida era também considerada um tônico. A legalização da produção do uísque para "fins medicinais" passou do mundo eclesiástico para o secular por meio dos médicos daquele tempo. Por exemplo, a cidade de Edimburgo concedeu o monopólio da destilação do uísque a uma associação de cirurgiões em 1505, tendo sua aprovação real em 1506. Desde então, não só na Escócia, mas também em qualquer outro país onde seja realizada a destilação de uísque, tem sido mantida uma constante disputa entre o estado e as empresas privadas pelo controle dessa valiosa mercadoria.

A referência mais antiga de uma destilaria nas atas do parlamento escocês data de 1690, quando foi feita uma menção à destilaria Ferintosh, pertencente a Duncan Forbes de Culloden.

O destilador contínuo desenvolvido por Aeneas Coffey, em Dublin, em 1830, pode ser considerado a última importante inovação tecnológica na destilação, embora o desenho de destiladores contínuos continue ainda sendo aperfeiçoado.

25.1.3 Definição legal

A legislação é um conjunto de leis acerca de determinada matéria, e está sujeita às determinações de cada país, estado etc. Para o uísque, a sua regulamentação seguirá as normas estabelecidas em cada região.

25.1.3.1 No mundo

A definição do uísque na União Europeia (UE) é bastante ampla, abrangendo desde as matérias-primas (qualquer cereal) utilizadas e as enzimas de degradação do amido, até os processos de fermentação, destilação (com concentração de etanol inferior a 94,8% v/v, de forma que o sabor derive das matérias-primas) e maturação pelo tempo mínimo de três anos em barris de madeira com menos de 700 litros, oferecendo para a venda uma concentração mínima de etanol de 40% v/v.

A definição do uísque escocês no Reino Unido, dada pela Comissão Real de 1909 era claramente similar a esta, porém permitia, dentre outras coisas, a utilização de cereais diferentes da tradicional cevada maltada. Atualmente, a definição dada no Reino Unido é praticamente a mesma, diferindo daquela da UE apenas em três pontos, nos quais diz que o processo deve ser realizado na Escócia, que as enzimas devem proceder do malte e que outros aditivos diferentes do caramelo estão expressamente proibidos.

As outras principais áreas produtoras de uísque também possuem seu próprio conjunto de normas. A definição básica dessa bebida nos Estados Unidos, por exemplo, especifica um destilado de cereais com teor alcoólico menor que 190 ºUS (95% v/v) que mantenha as características de sabor comumente atribuídas ao uísque. Por outro lado, as normas do Canadá são relativamente irrestritas e apresentam muitos pontos em comum com as normas europeias. No entanto, ambas as legislações, americana e canadense, permitem a utilização de "líquidos para corte" (*xerez*, vinhos e outros destilados) em vários níveis. As normas japonesas classificam os uísques cortados em três tipos, dependendo da quantidade de uísque de grãos (qualquer grão, incluindo a cevada maltada) que resulta na aplicação de impostos diferentes. Como resultado disso, é possível encontrar vários uísques japoneses cortados.

25.1.3.2 *No Brasil*

O Decreto n. 6.871 de 4 de junho de 2009, regulamenta a Lei n. 8.918 de 14 de julho de 1994, e trata na Seção IV do Capítulo VII sobre os destilados alcoólicos e bebidas alcoólicas destiladas. O Artigo 55 dessa Seção define uísque, *whisky* ou *whiskey*, como a bebida com graduação alcoólica de 38 a 54% v/v, a 20 °C, obtida do destilado alcoólico simples de cereais envelhecidos, parcial ou totalmente maltados, podendo ser adicionado álcool etílico potável de origem agrícola, ou destilado alcoólico simples de cereais, bem como água para redução da graduação alcoólica e caramelo para correção da cor (BRASIL, 2009).

O parágrafo primeiro daquele artigo denomina o uísque como: I) uísque malte puro ou *whisky* puro malte ou pure *malt whisky*, quando a bebida for elaborada exclusivamente com destilado alcoólico simples de malte envelhecido ou *Malt Whisky*, com o coeficiente de congêneres não inferior a 350 mg/100 mL de álcool anidro; II) uísque cortado (*blended whisky*), quando a bebida for obtida pela mistura de, no mínimo, 30% de destilado alcoólico simples de malte envelhecido ou *Malt Whisky*, com

destilados alcoólicos simples de cereais, álcool etílico potável de origem agrícola ou ambos, envelhecidos ou não, com o coeficiente de congêneres não inferior a 100 mg/100 mL de álcool anidro; III) uísque de cereais ou *grain whisky*, quando a bebida for obtida a partir de cereais reconhecidos internacionalmente na produção de uísque, sacarificados, total ou parcialmente, por diástases da cevada maltada, adicionada ou não de outras enzimas naturais e destilada em alambique ou coluna, envelhecido por período mínimo de dois anos, com o coeficiente de congêneres não inferior a 100 mg/100 mL de álcool anidro; e IV) *bourbon whisky*, *bourbon whiskey*, *tennessee whisky* ou *tennessee whiskey*, quando o uísque for produzido nos Estados Unidos, de acordo com a sua legislação, sem prejuízo ao estabelecido no *caput* (BRASIL, 2009).

O parágrafo segundo do Artigo 55 regulamenta que o uísque engarrafado no território nacional somente poderá fazer uso das denominações de origem, ou seja, *scotch whisky*, *canadian whisky*, *irish whisky*, *bourbon whisky*, *tennessee whisky* e outras reconhecidas internacionalmente, quando elaborado, exclusivamente, com matérias-primas importadas a granel, cujos destilados sejam produzidos e envelhecidos em seus respectivos países de origem e que mantenham as características determinadas por suas legislações, podendo apenas ser adicionado água para redução da graduação alcoólica e caramelo para a correção da cor. E, no parágrafo terceiro, subscreve que a porcentagem do destilado alcoólico simples de malte envelhecido, de milho ou de outros cereais empregados na elaboração do uísque, será calculada em função do teor alcoólico expresso em volume de álcool anidro (BRASIL, 2009).

A Seção VI da mesma lei acima citada, trata das bebidas alcoólicas por mistura, e subscreve no Capítulo VIII, Artigo 75, que destilado alcoólico simples de origem agrícola é o produto com graduação alcoólica superior a 54 e inferior a 95% em volume, a 20 °C, destinado à elaboração de bebida alcoólica e obtido pela destilação simples ou por destilo-retificação parcial seletiva de mosto ou subproduto proveniente unicamente de matéria-prima de origem agrícola de natureza açucarada ou amilácea, resultante da fermentação alcoólica. O parágrafo primeiro daquele artigo define que a destilação deverá ser efetuada de forma que o destilado apresente aroma e sabor provenientes da matéria-prima utilizada, dos derivados do processo fermentativo e dos formados durante a destilação (BRASIL, 2009).

25.1.4 Composição

Assim como a maioria das bebidas destiladas, o uísque pronto para consumo constitui essencialmente uma mistura de água, álcool etílico e congêneres, em concentrações aproximadas de 59,9, 40 e 0,1% v/v, respectivamente. O álcool etílico é obtido da fermentação dos cereais, sendo concentrado durante a destilação. Os congêneres são traços de componentes secundários provenientes das matérias-primas utilizadas e dos processos de fermentação, destilação e maturação. Esses compostos conferem aos uísques suas características sensoriais únicas.

Embora o uísque tenha uma longa história, sua composição química era pouco conhecida até final do século XIX. Os primeiros trabalhos incluindo o uísque escocês descreviam métodos para a detecção de álcoois, aldeídos, ésteres, aminas e furfural. Com o avanço nas técnicas cromatográficas e seu acoplamento com a espectrometria de massas, o número de compostos identificados nessa bebida aumentou significativamente. Compostos orgânicos voláteis, por exemplo, podem ser identificados e quantificados por cromatografia gasosa. Constituintes não voláteis podem ser determinados como um conjunto, por espectrofotometria, ou individualmente, por cromatografia líquida de alto desempenho (Clae). Atualmente, já são conhecidas centenas de congêneres nos uísques, os quais incluem álcoois, ácidos, ésteres, compostos de carbonila, fenóis, hidrocarbonetos e compostos com nitrogênio e com enxofre. De uma forma geral, os uísques destilados em alambiques são mais ricos em congêneres do que os produzidos com uma maior retificação nos destiladores contínuos.

Em virtude do uso de diferentes matérias-prima utilizadas no processo de preparação de uísque, que varia desde apenas cevada maltada até misturas de diversos tipos de cereais, como o milho, trigo, aveia, centeio e cevada não maltada, a proporção desses cereais pode influenciar na composição e no aroma da bebida, resultando em um perfil aromático como aquele mostrado na Figura 25.2.

Figura 25.2 Círculo de aromas e sabores observado na degustação de uísque.

Fonte: SMC (2014).

25.1.4.1 Alcoóis, ácidos carboxílicos e ésteres

Após o etanol, os principais congêneres voláteis presentes no uísque são os alcoóis superiores, principalmente n-propanol (1-propanol), isobutanol (2-metil-1-propanol) e 2- e 3-metilbutanol. Porém, por análise cromatográfica, são identificados ainda metanol, acetaldeído e acetato de etila. Todos esses congêneres são formados durante a fermentação e suas concentrações finais são influenciadas particularmente pelo processo de destilação e pelos cortes dos diferentes uísques. Alguns resultados dessas análises para os uísques escocês, irlandês, *bourbon* e canadense são mostrados na Tabela 25.4.

Tabela 25.4 Concentrações dos principais congêneres voláteis (g/100 L álcool absoluto) em amostras de diferentes uísques.

Tipo de uísque	Acetaldeído	Metanol	Acetato de etila	n-Propanol	Isobutanol	2-metil-butanol	3-metil-butanol	2- e 3-metil-butanol	Relação 1	Relação 2
Escocês puro de malte	17	6,3	45	41	80	46	130	176	2,2	2,8
Escocês de grãos	12	8,5	18	72	68	6	17	23	0,3	2,8
Escocês cortado	5,4	8,9	23	55	62	19	53	72	1,2	2,8
Irlandês	4,1	10	13	28	15	13	36	49	3,1	2,8
Bourbon	15	17	89	28	160	104	281	385	2,4	2,7
Canadense	3,3	7,9	7,1	6,2	6,9	5	11	16	2,3	2,2

Fonte: Aylott (2003).

Relação 1 = 2- e 3-metilbutanol/isobutanol.

Relação 2 = 3-metilbutanol/2-metilbutanol.

A análise de alcoóis superiores é considerada um método importante para verificação da autenticidade do uísque escocês, sendo essa análise facilmente realizada com cromatografia gasosa com fase estacionária polar e detector de ionização de chama.

Entre os ácidos orgânicos, o ácido acético é responsável por 50 a 90% do conteúdo total de ácidos voláteis, sendo formado principalmente a partir do etanol em uma reação oxidativa em que o acetaldeído atua como intermediário. A madeira dos barris também contribui com a sua formação. A maior parte desse ácido é formada durante os primeiros seis meses da maturação e logo sua concentração diminui levemente em virtude da reação com etanol para formação de acetato de etila. Os ácidos octanoico, decanoico e dodecanoico também são encontrados nos uísques e são quantitativamente importantes, apesar de que ácidos de baixo peso molecular, tais como butanoico e pentanoico podem apresentar um maior impacto sensorial. Os ésteres mais abundantes nesta bebida são os ésteres de etila dos ácidos mencionados anteriormente, sendo que suas concentrações refletem a presença relativa desses ácidos.

No Brasil, o Ministério da Agricultura, Pecuária e Abastecimento (MAPA), por meio da Instrução Normativa n. 15, de 31 de março de 2011, definiu os limites de concentração de diferentes componentes no uísque (Tabela 25.5).

25.1.4.2 Compostos de carbonila

A maior parte dos compostos de carbonila é produzida pelo metabolismo das leveduras durante a etapa de fermentação. Porém, esses compostos também podem ser formados em outras etapas do processo, por oxidação de ácidos graxos insaturados ou pela degradação de Strecker. O acetaldeído é o composto mais comumente formado e, por esta razão, geralmente é usado como referência na determinação do conteúdo total de aldeídos.

Tabela 25.5 Padrões de identidade e qualidade para uísques comercializados no Brasil.

	Limite mínimo	Limite máximo	Classificação
Acidez volátil, em ácido acético, em mg/100 ml de álcool anidro	–	150	–
Álcool superior (somatório de álcool n-propílico, álcool isobutílico e alcoóis isoamílicos), em mg/100 ml de álcool anidro	–	300	–
Aldeídos, em aldeído acético, mg/100 ml de álcool anidro	–	20	–
Coeficiente de congêneres, em mg/100 ml de álcool	> 350	–	Uísque malte puro
	> 100	–	Uísque cortado ou uísque de cereais
	> 150	–	*Bourbon whisky*
Ésteres, em acetato de etila, em mg/100 ml de álcool anidro	-	150	–
Graduação alcoólica, em % v/v a 20 °C	38	54	–
Somatório de furfural e hidroximetilfurfural, em mg/100 ml de álcool anidro	–	5	–

Fonte: Brasil (2011).

25.1.4.3 Compostos com nitrogênio e enxofre

As leveduras possuem a capacidade de utilizar aminoácidos contendo enxofre, enxofre inorgânico e vitaminas, e produzem a partir dessas fontes, compostos voláteis que contêm esse elemento. O conjunto desses compostos detectados em uísques inclui heterociclos, como tiazóis e tiofenos e mono, di e trisulfetos alifáticos. A formação de compostos de enxofre também tem sido observada durante a etapa de destilação, sendo que as concentrações são máximas em destilados novos, pois os extratos da madeira e traços de cobre elementar degradam esses compostos durante a maturação. Compostos heterocíclicos de nitrogênio, tais como pirazinas, pirróis e piridinas, são formados por reações de Maillard durante o cozimento, mosturação, destilação e queima dos barris. Por apresentarem limiares de odor relativamente baixos, esses compostos podem promover uma boa contribuição ao aroma do uísque.

25.1.4.4 Fenóis

Uma ampla variedade de compostos fenólicos é encontrada em uísques nos quais se usa turfa na secagem da cevada maltada. Esses congêneres do sabor estão presentes em vários uísques escoceses puros de malte, particularmente naqueles procedentes do Islay (ilha da costa oeste da Escócia). Além disso, fenóis voláteis são encontrados em vários uísques escoceses cortados produzidos a partir desses uísques puros de malte. Fenóis simples, tais como fenol, isômeros do cresol, xilenol e guaiacol, provêm da degradação térmica de derivados de ácido ben-

zoico do malte e da fumaça da turfa. Aldeídos fenólicos como vanilina, siringaldeído, coniferaldeído e sinapaldeído são formados pela degradação da lignina da madeira durante a queima dos barris e liberados à bebida durante a maturação. Também já foram detectados seus correspondentes ácidos e ésteres de etila. Polifenóis extraídos da madeira incluem ligninas solúveis em etanol e taninos derivados dos ácidos gálico e elágico.

25.1.4.5 Compostos heterocíclicos de oxigênio

Os principais tipos desses compostos encontrados no uísque são os furaldeídos e as lactonas. Furfural (2-furaldeído) é formado a partir de pentoses e 5-hidroximetil-2-furaldeído a partir de hexoses, por meio de reações de Maillard durante a mosturação e a destilação. As lactonas são formadas pela desidratação de ácidos hidroxi alifáticos e a maioria são derivados de 2-(3H)-furanonas. As mais abundantes delas são os isômeros de 5-butil-4-metil-dihidro-2(3H)-furanona, chamadas lactonas do uísque ou do carvalho, que são formadas e extraídas dos barris de carvalho durante a maturação.

25.2 MATÉRIAS-PRIMAS

Os principais cereais utilizados para a elaboração de uísques são: milho, centeio, cevada e trigo. Esses grãos da família das gramíneas (*Gramineae*) apresentam uma alta concentração de amido que possibilita a obtenção de elevados rendimentos de álcool na bebida. A composição desses quatro cereais é mostrada na Tabela 25.6.

Tabela 25.6 Composição dos principais cereais utilizados para a produção de uísques.

	Composição (% do total)			
	Milho	**Centeio**	**Cevada**	**Trigo**
Endosperma	82	87	84	85
Germe	12	3	3	3
Farelo	6	10	13	12
Composição química (base seca)				
Extrato livre de nitrogênio	69,2	70,9	66,6	69,9
Amido	72	68	63-65	69
Açúcares	2,6	0	2-3	0
Proteínas	8	12,6	12	13,2
Nitrogênio solúvel (% do total)	4,7	0	11	0
Fibras	2	2,4	5,4	2,6
Gordura	3,9	1,7	1,9	1,9
Cinzas	1,2	1,1	2	1,9

Fonte: Piggott et al. (1989).

O milho (*Zea mays*) é o cereal mais utilizado para a produção de uísque nos Estados Unidos, pois além de apresentar um elevado conteúdo de amido, normalmente é o mais barato dentre os grãos, em virtude da grande quantidade cultivada e da disponibilidade. Além disso, as legislações federais obrigam o uso desse cereal na elaboração do uísque *bourbon* e de milho. Os produtores desse destilado nos Estados Unidos usam principalmente o milho dentado (*Zea mays indentato*), classificação Grau 2, seco até 14% ou menos de umidade e livre de odores estranhos, tais como os de mofo, bolor, óleo etc. Até cerca de 1984, o milho de Grau 3 (de qualidade inferior à dos milhos de Graus 1 e 2) proveniente dos Estados Unidos, foi a principal matéria-prima para a produção do uísque escocês de grãos. Desde então, como resultado de fatores econômicos, tais como o aumento nos impostos de importação e outras medidas adotadas para melhorar a competitividade da União Europeia, a utilização do milho tem diminuído substancialmente, sendo esse cereal substituído pelo trigo. Porém, algumas destilarias ainda utilizam milho, pelo menos periodicamente, embora ele seja atualmente obtido quase exclusivamente do sul da França.

O centeio (*Secale montanum*) é um cultivo secundário nos Estados Unidos e Canadá, estando sua maior produção concentrada em países da Europa oriental e em estados da antiga União Soviética. A principal função do centeio na elaboração de uísques é a sua contribuição de sabor, dado que esse cereal contém menos amido do que o milho ou trigo. Além disso, o centeio não pode ser utilizado como grão predominante na mosturação, pois pode causar problemas de espuma. Ocasionalmente, utiliza-se o centeio maltado, só ou em combinação com outros grãos, para dar um aroma e sabor especial ao uísque.

A cevada (*Hordeum polystichum*), quando empregada para elaboração de uísques, é utilizada principalmente na forma de malte, em razão das características de sabor que proporciona ao destilado. Porém, sua principal função na produção de destilados de cereais é como fonte de enzimas para converter o amido do malte e dos grãos não maltados, tais como trigo ou milho, em açúcares fermentáveis. As variedades de cevada utilizadas para este fim são selecionadas considerando o seu poder diastático (basicamente uma medida da atividade da β-amilase e α-amilase) e teor de extrato fermentável. Geralmente, o requisito padrão para a elaboração de uísque de cereais é a utilização de malte de cevada com poder diastático de 180-200 unidades. A Tabela 25.7 lista alguns dos cultivares de cevada mais bem-sucedidos para a produção de uísque, utilizadas de 1983 a 2004. Os principais produtores desse cereal são a UE e a antigas repúblicas soviéticas.

O uísque escocês é singular pois o malte utilizado é aromatizado com a fumaça da turfa, usada como principal combustível para a secagem do malte. A intensidade do turfado é usualmente medida em termos da concentração de compostos fenólicos na fumaça da turfa, embora outros componentes também possam contribuir com o sabor. Essa intensidade pode ser dividida em três categorias, de acordo com o nível de fenóis totais presentes: levemente turfado (1-5 ppm), medianamente turfado (5-15 ppm) e fortemente turfado (15-50 ppm). Esta última categoria varia muito de acordo com exigências individuais, sendo o malte Islay conhecido como mais fortemente turfado.

A contaminação do malte com nitrosaminas, resultante do uso de gás natural em fornos com queima direta, tem sido um problema para o uísque escocês. No entanto, isso pode ser controlado pelo uso de queimadores projetados para reduzir a produção de óxidos de nitrogênio ou, ainda, pela queima de enxofre para adicionar dióxido de enxofre na corrente do ar de secagem ou pelo aquecimento indireto do ar utilizado na secagem.

Tabela 25.7 Algumas cultivares de cevada utilizadas com êxito para produção de uísque, consideradas pela produção de sementes (período 1983-2004, com mais de 4% da produção total de cevada).

Variedade	Tipo	Variedade	Tipo	Variedade	Tipo
Ingri	I	Pastoral	I	Pearl	I
Triumph	P	Marinka	I	Fighter	I
Optic	P	Panda	I	Golden Promise	P
Chariot	P	Halcyon	I	Blenheim	P
Atem	P	Regina	I	Puffin	I

Fonte: Buglass et al. (2011).

P = Primavera; I = Inverno.

O trigo (*Triticum vulgare*) é o principal cereal cultivado na Comunidade Europeia (UE), nos Estados Unidos e nas antigas repúblicas soviéticas. Embora seu conteúdo de amido seja similar ao de outros grãos, o rendimento em álcool é menor. Alguns produtores de uísque acreditam que os destilados produzidos a partir de trigo são mais leves do que os destilados obtidos a partir de milho. Uma das vantagens da utilização de trigo é o grande número de variedades que existem desse cereal, embora apenas alguns trigos moles (vermelho de inverno e branco) sejam geralmente reconhecidos como os mais apropriados para a produção de álcool. Por outro lado, o trigo tem sido associado com problemas de viscosidade, os quais se acredita que possam ser devidos a diversos fatores, tais como o conteúdo de glúten e a presença de polímeros de pentosanas, como as arabinoxilanas. As paredes do endosperma do trigo contêm cerca de 75% de arabinoxilanas enquanto as do milho contêm aproximadamente 25%. Por este motivo, da mesma forma que o centeio, no processamento do trigo são também encontrados problemas de espuma.

Alguns exemplos de variedades de trigo de inverno e cultivares de cevada de inverno e primavera que têm sido consideradas como mais apropriadas para a produção de uísque encontram-se listados na Tabela 25.8, junto com os pesos específicos, rendimento de cultivo e outros dados. Nessa tabela pode ser observado que os rendimentos têm geralmente aumentado ao longo dos anos e as perdas de cultivo pela falta de aplicação de fungicidas parecem diminuir.

Recentemente tem havido um interesse considerável na avaliação de cereais alternativos, tais como painço e sorgo, para a produção de uísque de grãos (e etanol industrial). Ao comparar o milho, painço, sorgo e trigo com esse propósito, tem sido demonstrado que, exceto para o trigo com elevado conteúdo de nitrogênio, os quatro cereais apresentaram desempenhos similares em relação ao processamento e à produção de álcool.

A água é uma matéria-prima de grande importância em todas as etapas do processo de produção do uísque, necessária na maltagem, na mosturação, no resfriamento durante a destilação, na diluição da bebida destilada e na limpeza da planta. Além disso, a qualidade do produto final pode ser influenciada pela natureza da água fornecida. Portanto, várias destilarias possuem seu próprio abastecimento a partir de cursos de água ou de poços especiais. A água mole é normalmente usada em destilarias para a produção de uísques puros de malte, enquanto um certo grau de dureza é recomendado para a produção de uísques de cereais, pois proporciona um efeito

500 BEBIDAS ALCOÓLICAS

estabilizante nas enzimas amilases. Em ambos os casos, a água deve ser monitorada para evitar contaminações químicas e microbiológicas e deve ser livre de matéria orgânica em decomposição. Quando utilizada na diluição do destilado, esta deve apresentar uma baixa concentração de cálcio e ferro para minimizar o risco de descoloração ou de precipitação no produto final.

Tabela 25.8 Algumas variedades de cevada e trigo utilizadas para a produção de uísque escocês.

Cultivar	Status	Tipo	Primeira data de listado	Rendimento do grão (t/ha)	Perda de rendimento pela falta de aplicação de fungicida (%)	Peso específico (kg/ha)	Comentários
Cevada							
Publican	Pr	P	2007	9,3	9	69,7	Também para produção de cerveja
Appaloose	Pr	P	2006	9,1	12	68,7	
Oxbridge	Re	P	2005	9,0	9	70,2	
Cocktail	Re	P	2003	9,0	12	70,2	
Troon	Re	P	2003	8,5	7	69,7	
Decanter	Re	P	1999	8,3	8	70,1	
Pearl	S	I	1999	8,6	18	70,8	
Optic	Re	P	1995	8,4	17	70,4	Também para produção de cerveja
Trigo							
Alchemy	Pr	I	2006	10,2	15	77,3	
Istabraq	Re	I	2004	10,4	22	78,3	
Robigus	Re	I	2003	10,0	18	76,4	
Consort	Re	I	1995	9,8	27	76,8	

Fonte: Buglass et al. (2011).

Pr = Provisório; Re = Recomendado; S = Variedade de uso específico; P = Primavera; I = Inverno.

25.3 MICROBIOLOGIA

25.3.1 Leveduras

As cepas de leveduras utilizadas na etapa de fermentação durante a elaboração do uísque são tradicionalmente divididas em duas classes: cepas primárias e secundárias. As cepas primárias são aquelas desenvolvidas especialmente para a produção de uísques. Taxonomicamente, estas são cepas de leveduras da espécie *Saccharomyces cerevisiae*. Até pouco tempo atrás, as leveduras para a indústria de destilados eram vendidas em sacos de 25 kg, na forma prensada (24-30% peso seco), ou a granel, na forma de pasta, denominada "creme de leveduras" (≈18% peso seco). Em razão do elevado teor de umidade, essas leveduras deviam ser armazenadas a 3-4 °C e utilizadas em até três semanas, para evitar a deterioração. Atualmente, uma proporção cada vez maior de leveduras especialmente desenvolvidas para a produção de destilados é secada a 45-55 °C em atmosfera de gás inerte, geralmente nitrogênio, sob vácuo parcial. Essas leveduras secas (92-96% peso seco) apresentam vida útil de até dois anos e não requerem armazenamento a frio, embora em algumas destilarias o estoque seja resfriado por segurança.

As cepas secundárias podem pertencer à espécie *S. cerevisiae*, utilizadas na fermentação de cervejas tipo *ale* (alta fermentação) ou *S. uvarum* ou *S. carlsbergensis*, usadas na fermentação de cervejas tipo *lager* (baixa fermentação). Entretanto, essa divisão das leveduras cervejeiras é atualmente obsoleta, dado que os taxonomistas têm designado todas as cepas empregadas na produção de cerveja como pertencentes à espécie *S. cerevisiae*. Por serem excedentes de leveduras cervejeiras que apresentam um rendimento inferior, fermentam mais lentamente e são menos tolerantes ao etanol, as cepas secundárias são normalmente usadas em combinação com cepas primárias nas destilarias de uísque puro de malte. De acordo com vários produtores deste tipo de uísque, essa mistura de leveduras (de destilaria e cervejaria) proporciona maiores rendimentos de etanol em relação aos obtidos quando são utilizadas apenas as leveduras para destilados. Por estes motivos, as leveduras cervejeiras são utilizadas na proporção de até 50% do inóculo empregado para fermentação. As leveduras de padaria também são utilizadas em combinação com as leveduras de destilaria, neste caso, por simples razão econômica, pois as primeiras são mais baratas do que as cepas especialmente desenvolvidas para a produção de uísque. As leveduras de destilaria aceleram a fase inicial da fermentação e são mais tolerantes ao etanol do que as leveduras de padaria.

Em geral, para serem usadas na fermentação, as leveduras devem apresentar as seguintes características: eficiente utilização do substrato, rápida velocidade de fermentação, elevado rendimento e tolerância ao etanol, produção do sabor desejado e resistência às infecções. Em termos de condições de cultivo, algumas leveduras de destilarias são capazes de trabalhar em temperaturas de até 46 °C, em um intervalo de pH de 3 a 10, na presença de 0 a 15% v/v de álcool ou concentração de açúcares de 0,1 a 25%.

25.3.2 Bactérias

As principais bactérias encontradas durante a fermentação para produção do uísque são as bactérias ácido-láticas. Na elaboração do uísque escocês, esses microrganismos não são intencionalmente introduzidos no processo, mas procedem dos grãos e do próprio ambiente da destilaria. Algumas espécies de *Leuconostoc* também são comumente encontradas em grande número, assim como os *Lactobacillus brevis*, *Lb. casei*, *Lb. collinoides*, sub-espécies de *Lb. delbrueckii*, *Lb. fermentum*, *Lb. plantarum*, *Pediococcus damnosus* e sub-espécies de *Streptococcus lactis*. Esses tipos de bactérias são capazes de utilizar açúcares do tipo pentoses (os quais não são facilmente consumidos pelas leveduras), crescer em pH 4 a 5 e tolerar altas concentrações de etanol (10 a 12% v/v).

O crescimento das bactérias ácido-láticas ocorre no final da fermentação e é acentuado pela presença dos compostos de nitrogênio liberados pelas leveduras. Uma baixa higiene no processo pode levar a um número excessivo de bactérias ácido-láticas no mosto e a um crescimento antecipado delas durante a fermentação. Como consequência disso, o rendimento em etanol é inaceitavelmente reduzido (Tabela 25.9) e pode ocorrer ainda uma superacidificação e produção de compostos de sabor indesejáveis. O mais importante desses compostos é o sulfeto de hidrogênio, embora alguns problemas possam surgir em virtude do metabolismo do glicerol a β-hidroxipropionaldeído, composto que é degradado a acroleína durante a destilação, provocando um aroma penetrante e apimentado no uísque. Os problemas devidos ao excessivo crescimento das bactérias ácido-láticas têm se tornado pouco comuns nos últimos anos, depois das melhorias realizadas nas medidas de higiene e também em razão da utilização de elevadas concentrações de leveduras nos inóculos.

Tabela 25.9 Diminuição do rendimento em etanol devida ao crescimento de *Lactobacillus* no começo da fermentação para elaboração de uísque puro de malte.

Concentração de Lactobacillus (UFC/mL)	Perda (%)
Até 10^6	1
10^6 a 10^7	1 – 3
10^7 a 10^8	3 – 5
Acima de 10^8	> 5

Fonte: Campbell (2003).

25.4 PROCESSO DE PRODUÇÃO
25.4.1 Maltagem da cevada

A maltagem é um processo que tem por finalidade elevar o conteúdo enzimático dos grãos de cevada (ou qualquer outro cereal) por meio da síntese de amilases, proteases, glucanases e de outras enzimas, aumentando assim o seu poder diastático. O termo malte é atribuído ao produto da germinação controlada das sementes de cevada. Quando outros cereais são maltados, o nome do cereal acompanha a palavra malte, identificando-o. Assim, podemos ter malte de milho, de trigo, de centeio etc.

O processo de maltagem é constituído por três etapas: maceração, germinação e secagem. A seleção das variedades de cevada para maltagem depende geralmente da disponibilidade, do custo e de o malte ser usado para a produção de uísque puro de malte ou de uísque de grãos. A primeira utilização requer uma cevada capaz de desenvolver uma elevada quantidade de extrato fermentável. Para os destilados de grãos, em que uma proporção relativamente pequena de malte é requerida para converter o amido dos cereais não maltados (trigo, milho ou centeio) em açúcares fermentáveis, são necessárias cevadas que sejam capazes de gerar maltes com elevado conteúdo enzimático.

Ao chegar às maltarias, a cevada passa por várias análises para verificar, entre outros, o seu poder ou capacidade germinativa (CG), a energia de germinação (EG) e o teor de nitrogênio dos grãos. O valor da CG representa a porcentagem de grãos vivos, enquanto a EG é definida como a porcentagem de grãos com capacidade de germinar no momento do teste.

Para a elaboração de uísque puro de malte são geralmente selecionadas cevadas com um conteúdo de nitrogênio de aproximadamente 1,6%. Para a produção de uísque de grãos, são utilizadas cevadas com um conteúdo mais elevado de nitrogênio (1,8 a 2%).

Quando encaminhados para o processo de produção do malte, os grãos de cevada devem passar previamente por etapas de pré-limpeza, limpeza e classificação. As duas primeiras etapas têm como objetivo remover as impurezas que comprometem a sanidade da cevada armazenada, bem como as matérias estranhas que podem prejudicar a conservação dos grãos, provocar faíscas e danificar equipamentos e instalações. As impurezas incluem: cascas, palha, grão partidos e pó; enquanto as matérias estranhas compreendem pedras, terra, sementes de outras espécies vegetais, materiais ferrosos, parafusos e pregos.

Na etapa de classificação, a cevada é passada por peneiras com aberturas de 2,2 e 2,5 mm, sendo separada em frações com tamanhos uniformes de grãos. Através destas duas peneiras, a cevada é classificada em três qualidades: a de primeira qualidade, que agrupa os grãos de maior espessura (>2,5 mm), a de segunda qualidade, formada pelos grãos que passam pela peneira de 2,5 mm e ficam retidos na de 2,2 mm, e a de terceira qualidade, constituída pelos grãos que passam pela peneira de 2,2 mm e são impróprios para a maltagem, sendo vendidos para ração animal. A quantidade de cevada de segunda qualidade deve ser pequena e geralmente é maltada separadamente da cevada de primeira qualidade. Usualmente, a cevada limpa, classificada e com teor de umidade inferior a 13% é armazenada em silos durante um período de tempo que pode chegar a até seis a oito semanas.

O processo de maltagem inicia-se com a etapa de maceração, a qual tem por objetivo fornecer um volume de água suficiente para umedecer o grão de cevada, de forma que o embrião inicie a germinação. Durante décadas, a maceração foi conduzida em recipientes cilindrocônicos construídos de aço. Recentemente, esse processo tem sido realizado em grandes maceradores de fundo plano (tipo Nordon) feitos de aço inoxidável, os quais podem ser usados tanto individualmente (Figura 25.3), quanto como um segundo recipiente de maceração, em combinação com um macerador de fundo cônico.

Tradicionalmente, essa etapa era conduzida a uma temperatura de aproximadamente 13 ºC, porém temperaturas mais elevadas (16 a 18 ºC) têm sido frequentemente usadas para acelerar a absorção de água. Os grãos embebidos em água, são mantidos nessa temperatura durante 4 a 6 h até atingir cerca de 32% de umidade, alternando períodos de dez a 20 minutos de aeração. Após esse tempo, a água de maceração é retirada e o CO_2 formado é extraído em diferentes intervalos, permitindo que a cevada absorva a película de água aderida à sua superfície. Após 20 h, outros períodos de imersão/aeração dos grãos seguidos da sucção de CO_2 podem ser realizados até que a cevada atinja o teor de umidade desejado. Em geral, é necessário um tempo médio de 36 a 52 h para que os grãos atinjam um teor de umidade (grau de maceração) de 44 a 48%. Perto do final da maceração, torna-se visível a formação de uma radícula por uma das extremidades do grão. Quando o grão atinge o grau de maceração esperado, a água é removida e os grãos são transferidos para o recipiente de germinação. Em algumas indústrias, a maceração, a germinação e às vezes, também a secagem, são realizadas em um único recipiente.

Quando os grãos são destinados à produção de uísque puro de malte, a finalidade da germinação é maximizar o extrato fermentável, promovendo modificações do endosperma e o desenvolvimento de enzimas amilolíticas. Para a produção de uísque de cereais, existe uma menor exigência para a modificação completa do endosperma, mas uma demanda maior por um elevado conteúdo enzimático. Esse tipo de malte também deve fornecer quantidade suficiente de nitrogênio amínico para a atividade das leveduras durante a fermentação. Para alcançar esses objetivos, a germinação deve ser monitorada de forma a manter os níveis de umidade ótimos dentro do grão, controlando-se o fornecimento de ar, retirando o dióxido de carbono e o excesso de calor da respiração, e revolvendo-se mecanicamente os grãos.

Atualmente, a germinação é quase sempre realizada em caixas de germinação circulares ou retangulares, que apresentam um fundo falso perfurado.

A temperatura dos grãos é controlada pela passagem forçada de uma corrente de ar úmido, a uma determinada temperatura através do leito de cevada. O começo da germinação, realizado a uma temperatura de 17 °C, induz uma rápida produção de enzimas. Após alguns dias, a redução da temperatura para 13 °C permite manter estável a velocidade de produção de enzimas, possibilitando a obtenção de maltes com um elevado conteúdo enzimático em um período de tempo relativamente curto. As maltarias tradicionais geralmente preferiam utilizar temperaturas de germinação de 12 a 13 °C durante sete a dez dias, mas atualmente é comum o uso de temperaturas de até 18 a 20 °C, durante períodos de três, cinco ou seis dias. Para manter a umidade da cevada em aproximadamente 45%, passa-se continuamente um fluxo de ar saturado com água, através da massa de grãos. Os sinais visíveis de que os grãos estão germinando são o aparecimento de um germe branco em um do seus extremos, seguido por um penacho de radículas. Ao mesmo tempo, cresce um folículo (acrospira) por baixo da casca de cevada. Essa etapa é, então, interrompida pela secagem da cevada germinada, também chamada de malte verde.

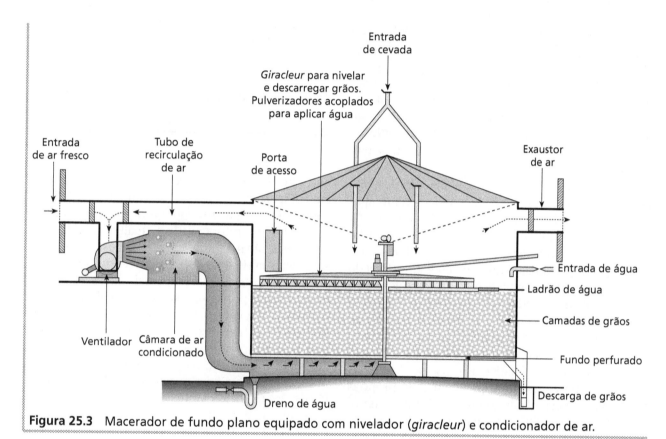

Figura 25.3 Macerador de fundo plano equipado com nivelador (*giracleur*) e condicionador de ar.

Fonte: Briggs (1998).

O objetivo da etapa de secagem é obter um produto seco e armazenável e impedir o posterior desenvolvimento da atividade biológica após terem sido alcançados o conteúdo enzimático e o grau de modificação desejados. Essa etapa também facilita a remoção das radículas e a moagem do malte na etapa de preparo do mosto. Componentes de sabor não desejados são eliminados pela secagem, enquanto outros compostos desejáveis são introduzidos, tanto a partir de precursores existentes como de fontes externas, como a fumaça de turfa.

Nos secadores ou estufas, o malte verde é colocado sobre uma malha metálica, formando uma camada de até 1 m de espessura. A secagem consiste na passagem de um fluxo de ar quente através da camada de malte, a diferentes velocidades e temperaturas crescentes à medida que o produto vai secando. Antigamente, o ar de secagem era aquecido por meio de aquecimento direto. Entretanto, com a descoberta de que esse tipo de aquecimento, particularmente com gás natural, provocava elevados níveis de nitrosaminas (substâncias carcinogênicas)

504 BEBIDAS ALCOÓLICAS

no malte, tornou-se necessária uma rápida mudança na forma de aquecimento do ar de secagem, que passou a ser feita de forma indireta, utilizando tanto vapor ou fluídos térmicos como meio para os trocadores de calor (radiadores).

A utilização da fumaça de turfa na secagem do malte é importante na determinação da característica do uísque escocês. Antigamente, a maltagem era realizada na própria destilaria, sendo o malte secado no piso sobre o fogo de turfa e coque. A turfa era utilizada como combustível principal no começo da etapa de secagem, de forma que o malte verde úmido absorvia seu forte aroma característico. Atualmente, com o uso do aquecimento indireto do ar de secagem, têm sido instalados fornos separados para a queima da turfa, como uma ação secundária para produzir a fumaça. Para prevenir a formação de nitrosaminas, podem ser queimadas pedras de enxofre ou pode ser aplicado dióxido de enxofre gasoso na corrente de ar de secagem, de forma que sejam detectados 10 a 30 ppm de SO_2 no malte turfado.

Idealmente, o malte deve ser secado a uma baixa temperatura e elevado fluxo de ar. Portanto, nas primeiras 10 a 12 h (período denominado de secagem "livre") ocorre remoção de umidade na temperatura de 60 a 65 °C. Após o malte atingir 10 a 20% de umidade, a temperatura de secagem é aumentada para 70 °C, e a velocidade dos ventiladores é reduzida sendo mantidas estas condições até o final do processo. O teor de umidade ótimo requerido para o malte destinado à produção de uísque puro de malte é de 4,5 a 5%. Normalmente, os maltes utilizados na elaboração de uísques de grãos são secados em temperaturas mais baixas (cerca de 50 °C) para preservar seu conteúdo enzimático. No caso de destilarias de uísques de cereais que possuem suas próprias maltarias no mesmo lugar ou pouco distantes entre si, muitas vezes é utilizado o malte verde (não secado), com um elevado poder diastático, diretamente para converter o amido dos cereais não maltados. Desta forma, o malte deve ser usado antes que seja contaminado com microrganismos deteriorantes.

Os maltes com umidade inferior a 5%, são então resfriados pela passagem de ar frio, até uma temperatura de, no máximo, 35 °C, procedendo em seguida à remoção das radículas. Posteriormente, o produto é armazenado até a expedição e, muitas vezes, é limpo (polido) antes do despacho para melhorar sua aparência. Após o armazenamento durante algumas semanas nas maltarias, o malte é preparado para ser despachado, sendo realizados controles que verificam se o material apresenta as especificações requeridas (Tabela 25.10).

Tabela 25.10 Especificações de malte para a produção de uísque malte puro.

Umidade (%)	4,5 – 5,0
Extrato solúvel (0,2 mm, dwb) (ES2) (%)	> 76
Extrato solúvel (0,7 mm, dwb) (ES7) (%)	> 75
Diferença de ES fino/grosso (%)	< 1,0
Fermentabilidade (%)	> 88
Fiabilidade (%)	> 96
Homogeneidade (%)	> 98
Fenóis (ppm)	0 - 50
SO_2	< 15
Nitrosaminas	< 1,0

Fonte: Dolan (2003).

25.4.2 Moagem, cozimento e mosturação

O processo de transformação das matérias-primas em mosto é denominado mosturação. Durante este processo, as enzimas do malte catalisam as reações de quebra das macromoléculas (amido, proteínas, glucanos etc.) presentes nas matérias-primas, em compostos menores solúveis no mosto. A finalidade dessa etapa é recuperar a maior quantidade possível de extrato a partir do malte ou da mistura de cereais não maltados e malte. A mosturação pode ser realizada de duas formas diferentes, dependendo de serem ou não usados cereais maltados. No primeiro caso, o processo é similar ao realizado para a elaboração de cervejas, no qual é obtido um mosto filtrado (sem turbidez, para evitar ser "queimado") que posteriormente é fermentado e destilado em alambiques descontínuos. No segundo caso, nos processos conduzidos em colunas de destilação contínuas, a etapa de clarificação é desnecessária e a fermentação e destilação são comumente efetuadas com todos os sólidos presentes.

25.4.2.1 Uísque malte puro

A primeira etapa a ser realizada na preparação da mostura é a moagem dos grãos. O objetivo da moagem é obter uma eficiente recuperação do extrato fermentável contido no malte. Para isso, alguns cuidados devem ser tomados, pois, se a moagem for muito grosseira, ocorrerá uma perda de extrato, enquanto, se for muito fina, podem ocorrer problemas durante a etapa de filtração. Na produção de uísques puros de malte, geralmente são utilizados moinhos de rolos nos quais os grãos são comprimidos à medida que passam entre pares de cilindros (normalmente é utilizado um conjunto de três pares). Em alguns casos, os pares de rolos operam em diferentes velocidades para que a moagem dos grãos seja ainda mais eficiente. Em geral, os moinhos de rolos proporcionam uma boa separação dos grãos evitando o rompimento excessivo das cascas, tornando-se apropriados para uso em processos que requerem a separação do mosto em tanques de filtração onde as cascas atuam como camada filtrante.

O processo convencional de mosturação em uma destilaria que produz "whisky" puro de malte baseia-se na produção do extrato do malte em múltiplas etapas. Inicialmente, o malte é moído e carregado na tina de mostura, juntamente com uma primeira água a 64-68 °C, mantendo uma relação de 4 a 4,5 t de água / t de malte. A água é drenada e, em seguida, é adicionada uma segunda água a 72-74 °C, mantendo uma relação de 1,5 a 2 t de água/t de malte. Esse procedimento é repetido pela adição de uma terceira e até uma quarta água, a 80-90 °C, cujos volumes variam de acordo com a concentração de extrato desejada no início da fermentação. A temperatura da primeira e da segunda água devem ser especialmente controladas para minimizar danos às enzimas, dado que parte da conversão do amido ocorre no tanque de fermentação mesmo após a mosturação. O tempo total requerido para a etapa de mosturação, incluindo enchimento, mistura, drenagem e descarga final dos resíduos sólidos é de 8 a 11 h.

25.4.2.2 Uísque de cereais

A preparação de um mosto fermentável a partir de cereais não maltados é um processo bastante diferente daquele realizado a partir de cereais maltados. Neste caso, como o amido do trigo e do milho apresentam uma temperatura de gelatinização elevada, é necessário um cozimento destes cereais antes da etapa de mosturação.

O processo descontínuo, tradicionalmente empregado nas destilarias de uísque escocês, pode ser aplicado tanto para o milho como para o trigo, sendo que os grãos podem estar ou não moídos. O custo da moagem deve ser comparado com a economia de energia alcançada pelo cozimento mais rápido do grão moído. Na produção de uísque de cereais, geralmente são utilizados moinhos de martelo, em virtude da possibilidade de se obter uma farinha homogênea e fina que possa ser manipulada com relativa facilidade.

O processo de cozimento a partir desses cereais consiste em carregar os grãos nos cozinhadores de pressão descontínuos, juntamente com a água (2,5 t de água/t de grãos). Em seguida, é introduzido vapor para aumentar a pressão até aproximadamente 207 kPa (30 psig). Durante o cozimento, a agitação

deve ser mantida constante para evitar a adesão da massa nas paredes do recipiente e, portanto, queimar a mistura (caramelização). Normalmente, o cozinhador é programado para operar em determinados ciclos pré-otimizados para cada tipo de cereal. Por este motivo, as temperaturas e os tempos de cozimento podem variar nas diferentes destilarias. Na prática, a temperatura é programada para ser aumentada até um máximo de 130-150 °C, sendo mantida nesse valor durante um período de tempo relativamente curto. Algumas destilarias operam vários cozinhadores em paralelo como forma de manter uma capacidade de produção suficiente para sustentar a destilação contínua. A Tabela 25.11 mostra os intervalos das temperaturas de cozimento utilizados nas diferentes destilarias.

Tabela 25.11 Condições de cozimento utilizadas em diferentes destilarias de uísque escocês de cereais.

Cozimento	Temperaturas máximas (°C)
Atmosférico	95 – 100
Descontínuo com pressão	125 – 150
Contínuo com pressão	120 – 130

Fonte: Bringhurst et al. (2003).

Após o cozimento descontínuo, o cereal é transferido para a tina de mostura, sendo resfriado até 62,5 °C, quando é então adicionado o malte moído para atingir a conversão necessária do amido. O malte a ser utilizado pode estar seco ou pode ser o malte verde, o que permite, neste último caso, uma economia nos custos de energia na secagem. O mais importante é que o malte possua uma elevada atividade enzimática a fim de minimizar a quantidade requerida, que geralmente é de 10 a 15% em peso seco.

No processo contínuo (Figura 25.4), a pasta de cereal é misturada com certa proporção do malte moído (pré-malte) e preaquecida a 50 °C. Quando a conversão do amido se inicia, a viscosidade da mistura começa a diminuir, o que facilita as etapas posteriores do processo. A mistura é então bombeada através de tubos de cozimento de aço inoxidável, sendo aquecida pela passagem de vapor direto. A etapa principal de cozimento é conduzida a aproximadamente 130 °C durante 5 min, sendo seguida por um resfriamento até 68 °C e posterior adição de malte para completar a conversão. Finalmente o mosto é resfriado e transferido para a etapa de fermentação.

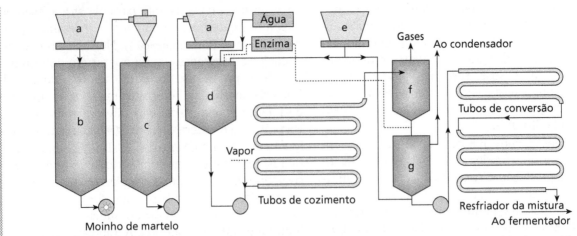

Figura 25.4 Processamento contínuo de milho para a produção de uísque de cereais; a) balança, b) armazenamento de grãos inteiros, c) armazenamento de grãos moídos, d) tanque com pasta de milho, e) balança de malte, f) resfriador flash, g) resfriador a vácuo.

Fonte: Piggott e Cornner (1995).

O processo contínuo apresenta como vantagem a redução do tempo de cozimento que permite gelatinizar completamente o amido e minimizar a proporção da degradação térmica. Dessa forma, consegue-se diminuir a caramelização do amido devida a reações de escurecimento. Por outro lado, com a redução do tempo de processamento, a suspensão pode não ser exposta à alta temperatura por um período suficiente para garantir ao amido um cozimento adequado. Além disso, é possível que a suspensão ainda não esteja estéril após o cozimento, o que pode causar problemas de contaminação nas etapas seguintes do processo. O cozimento contínuo possui também a desvantagem adicional de estar limitado pela capacidade da fermentação, a qual é conduzida de forma descontínua.

A composição de um mosto típico para a produção de uísque escocês de cereais é mostrada na Tabela 25.12.

A indústria de uísque escocês utilizou durante muito tempo o milho como principal cereal não maltado. No entanto, durante a década de 1980, grandes oscilações no preço desse cereal levaram várias destilarias a usarem a farinha de trigo em substituição ao milho. Para evitar problemas durante a mosturação, a farinha de trigo somente deve ser utilizada após remoção prévia das pentosanas, pequenos grânulos de amido e proteínas. Os gastos desse procedimento de remoção podem ser, de alguma forma, abatidos pela venda do glúten extraído.

Tabela 25.12 Composição química de mosto para produção de uísque escocês de cereais.

	Conteúdo
Carboidratos solúveis totais (como glicose) (%)	9,00
Sólidos insolúveis (%)	2,20
Açúcares (%)	
Frutose	0,13
Glicose	0,29
Sacarose	0,28
Maltose	4,65
Maltotriose	0,96
Maltotetraose	0,15
Dextrinas	2,54
Nitrogênio amínico, como leucina (%)	0,09
Cinzas totais (%)	0,27
P_2O_5	0,09
K_2O	0,09
MgO	0,02
Vitaminas (µg/ml)	
Tiamina	0,46
Piridoxina	0,61
Biotina	0,01
Inositol	236
Ácido nicotínico	11,1
Pantotenato	0,71

Fonte: Pyke (1965).

O consumo de energia na etapa do cozimento a elevada temperatura tem motivado pesquisas por processos de "cozimento a frio", mas esses métodos requerem uma moagem muito fina dos grãos, e, consequentemente, parte da energia economizada no cozimento a uma temperatura mais baixa é compensada pela energia requerida por essa moagem mais drástica.

25.4.3 Fermentação

Após a etapa de mosturação, o mosto doce é filtrado e, posteriormente, enviado ao tanque de fermentação. A fermentação alcoólica consiste na bioconversão dos açúcares fermentescíveis em álcool, gás carbônico, energia na forma de adenosina tri-fosfato (ATP) e calor, pela ação da levedura *S. cerevisiae*, em condições anaeróbias, além da produção de compostos de aroma e sabor. O etanol é produzido a partir de duas reações consecutivas. A primeira reação é a descarboxilação do piruvato a acetaldeído e CO_2, que é catalisada pela enzima piruvato descarboxilase. Na segunda reação, o acetaldeído formado é reduzido a etanol pela regeneração do cofator nicotinamida (NAD) oxidado na reação catalisada pela enzima álcool desidrogenase.

A partir de uma molécula de glicose são produzidas duas moléculas de ATP e, aproximadamente, 218 kj de calor, pois a fermentação alcoólica é uma reação exotérmica. Teoricamente, 51,14 g de etanol e 48, 86 g de CO_2 são gerados a partir de 100 g de glicose. Quando isso acontece, o rendimento da fermentação é de 100%. No entanto, o rendimento da fermentação é ligeiramente menor que o valor teórico, porque uma parte da energia proveniente dos açúcares é usada para o crescimento das leveduras e geração de subprodutos, com um rendimento de 80 a 83% do açúcar total (açúcar fermentescível e açúcar não fermentescível).

A etapa de fermentação na produção de uísque é similar a qualquer outra fermentação alcoólica, na qual os açúcares obtidos a partir da hidrólise do amido dos grãos são metabolizados pelas leveduras e convertidos em etanol, dióxido de carbono, subprodutos e material celular. As diferenças consistem nas matérias-primas utilizadas, nas cepas de leveduras, nas condições de fermentação e possíveis contaminações bacterianas. Outra importante diferença é que, na elaboração do uísque, o mosto não é fervido como no processo de elaboração de cerveja. Portanto,

ainda que a hidrólise do amido aconteça na sua maior parte durante a etapa de mosturação, as enzimas do malte não são desnaturadas e continuam atuando durante a fermentação.

Na fermentação, o mosto proveniente da etapa de mosturação é resfriado até 20-25°C e inoculado com leveduras, normalmente uma cepa específica de destilação de alto desempenho. Na maioria dos casos, o inóculo consiste em levedura prensada ou seca, acrescentada com levedura excedente de cervejaria, fornecida em uma suspensão de cerveja. Apenas as grandes destilarias possuem instalações para a propagação de levedura.

Em termos de concentração, no passado eram utilizados inóculos com 5×10^6 a 2×10^7 células/mL, mas atualmente são usadas concentrações de até 10^8 células/mL. Estas mudanças nas concentrações de inóculo e no tipo de levedura utilizada causam grande influência na produção de compostos responsáveis pelo sabor, tais como os alcoóis superiores e ésteres.

A etapa de fermentação pode ser dividida em três fases: 1) fase de crescimento ativo da levedura e fermentação, 2) fase linear da fermentação e 3) fase estacionária e declínio. Para que a levedura cresça de forma adequada e a fermentação alcoólica ocorra de forma eficiente, é necessária a presença de diversos nutrientes no meio de cultivo. O mosto utilizado na fermentação para produção de uísque constitui uma fonte suficientemente rica de açúcares, compostos nitrogenados, vitaminas, sais (sulfatos e fosfatos) e minerais (potássio, magnésio, cálcio, zinco etc.) para o crescimento e metabolismo das leveduras.

Durante a fase de crescimento, os açúcares do mosto são rapidamente metabolizados e a temperatura, quando não controlada, pode aumentar para 33-34 °C. Nas fermentações controladas, a temperatura é mantida constante a 30 °C, pois, embora as leveduras específicas para a produção de destilados sejam capazes de crescer entre 5-35 °C, a velocidade de crescimento em temperaturas abaixo de 25 °C é considerada muito baixa para a produção de uísque.

Embora a fase de crescimento ativo da levedura finalize após 24 h aproximadamente, o metabolismo dos açúcares continua, mesmo com uma velocidade menor, aumentando ainda mais a concentração de etanol. A densidade específica do meio diminui de 1,050-1,055 no início para 0,998-1,000 g/ml no final da fermentação (após 48-72 h), obtendo-se uma concentração máxima de etanol de 7 a 10% v/v.

O pH do mosto também diminui (de 5,0-5,5 para 4,0-4,5) durante a fermentação para produção do uísque puro de malte, como resultado da produção de ácidos orgânicos, tais como acético, pirúvico e succínico.

Para as produções de uísque em pequena escala, os fermentadores utilizados são recipientes fechados, feitos de madeira e sem nenhum controle da temperatura. Esses recipientes são difíceis de lavar e impossíveis de serem esterilizados, mas ainda são comuns em destilarias de uísques puros de malte. Por outro lado, para produções de uísque em larga escala (por exemplo, nas destilarias de uísques de cereais), os fermentadores são recipientes de aço inoxidável com dispositivos para resfriamento, e, em alguns casos, com capacidade para coletar o dióxido de carbono formado, sendo similares aos encontrados nas indústrias cervejeira e farmacêutica, cujas capacidades podem chegar a até 250.000-500.000 litros.

Vale a pena salientar que, como a fermentação não é conduzida de forma estéril, é possível ocorrer contaminação com bactérias. A maior parte destas bactérias, que são introduzidas com as matérias-primas, morrem durante a primeira fase da fermentação. Porém, alguns lactobacilos podem sobreviver e crescer formando ácido lático durante a fase final da fermentação. A contaminação da fermentação pode ser detectada no final dessa etapa pela queda elevada do pH, pelos baixos rendimentos em etanol, pelo cheiro desagradável ou, simplesmente, pela presença de microrganismos indesejáveis no mosto, detectados por meio de inspeção visual ou de métodos de cultivo.

25.4.4 Destilação

A destilação é um processo de volatizar líquidos pelo aquecimento, condensando-os a seguir, objetivando especialmente a purificação ou formação de produtos novos por decomposição das frações.

A etapa de destilação durante o processo de produção do uísque é conduzida após a fermentação, sem a necessidade de separação das leveduras presentes no mosto fermentado.

Dois diferentes sistemas de destilação são utilizados para a produção de uísque: o descontínuo ou de alambique (do inglês: "pot still"), que permite produzir um destilado fortemente saborizado, e o contínuo de coluna, para a elaboração de destilados levemente saborizados, utilizados geralmente como base para misturas (cortes).

25.4.4.1 Destilação descontínua

A destilação descontínua é geralmente empregada na elaboração de uísques puros de malte. Os equipamentos nesse processo (o alambique e o sistema condensador) são normalmente construídos em cobre, material que, além de ser bom condutor de calor, apresenta elevada resistência ao desgaste e é maleável. Além disso, o cobre é capaz de influenciar no sabor do destilado, pois esse material ajuda na remoção de compostos de enxofre.

O sistema descontínuo de destilação é formado por cinco partes importantes: a caldeira, que contém o líquido alcoólico a ser destilado, o domo (capitel ou élmo), o pescoço de cisne, o tubo de condensação (alonga) e o condensador (resfriador) (Figura 25.5).

Alterações nessa configuração básica do sistema de destilação (Figura 25.6) podem influenciar nas características do destilado. Por exemplo, é sabido que variações no pescoço de cisne e no tubo de condensação conferem diferentes graus de refluxo podendo alterar o sabor do destilado.

O aquecimento da caldeira pode ser realizado por chama direta ou de forma indireta, pela passagem de vapor em serpentinas ou camisa. O destilador pode também ser provido de um agitador ou revolvedor para evitar o acúmulo de material parcialmente queimado, no caso de aquecimento direto usando carvão ou gás. Deve-se também evitar a sobrecarga do destilador com o mosto fermentado, devido a possíveis problemas de controle ocasionados pelo excesso de espuma. Idealmente, o destilador deve ser alimentado até dois terços da capacidade da caldeira e, em nenhum momento, durante ou após a destilação, as superfícies de aquecimento podem ficar expostas.

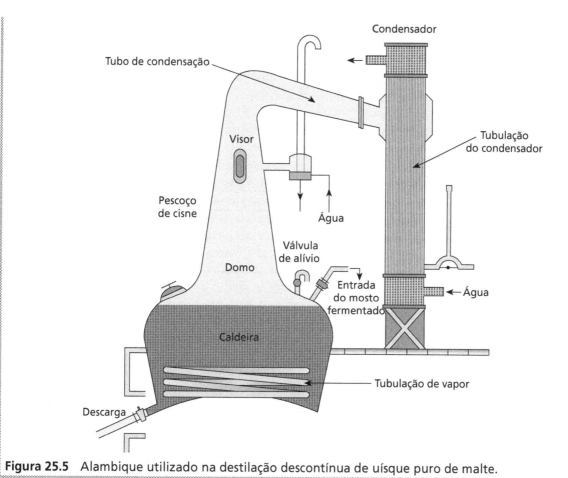

Figura 25.5 Alambique utilizado na destilação descontínua de uísque puro de malte.

Fonte: Nicol (1989).

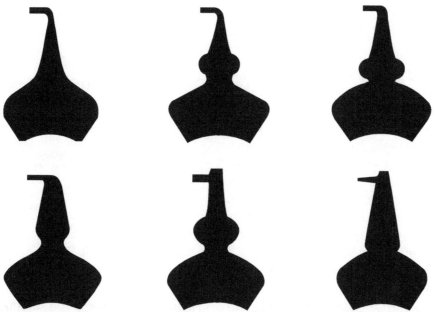

Figura 25.6 Diferentes formas de alambiques utilizados para destilação descontínua de uísque puro de malte.

Fonte: Piggot e Cornner (1995).

O uísque escocês puro de malte é destilado duas vezes (Figura 25.7). Após a primeira destilação não seletiva que leva em média 5-6 h, o mosto fermentado ou cerveja, com uma concentração média de 8% v/v de etanol, resulta em um destilado denominado vinho fraco, com 21-23% v/v de álcool. Geralmente essa destilação é efetuada até que a concentração de etanol no destilado seja de 1% v/v, permitindo a obtenção de um volume de vinho fraco de aproximadamente um terço do volume original da carga de mosto fermentado. A cerveja residual da caldeira pode ser misturada com o bagaço do malte proveniente da etapa de mosturação e vendida como suplemento para ração.

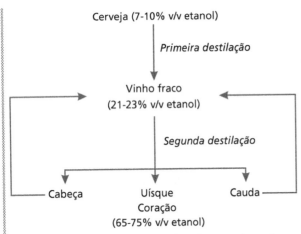

Figura 25.7 Esquema de destilação do uísque escocês puro de malte.

Fonte: Varnam e Sutherland (1994).

A segunda destilação (dos vinhos fracos) é seletiva e requer um elevado nível de controle e de habilidade do operador. Durante essa etapa, são coletadas três frações: a cabeça, o coração (uísque) e a cauda. A seleção dos pontos de corte do começo e do fim da coleta do coração é decisiva para a qualidade do produto final e varia para cada destilaria. As frações inicial e final do destilado, ou seja, a cabeça e a cauda, contêm congêneres indesejáveis juntamente com o etanol e podem ser reciclados para redestilação com os vinhos fracos.

A cabeça, com 75-80% v/v de etanol, é coletada durante os primeiros 15 a 30-45 min dependendo da destilaria. A fração correspondente ao uísque, começa a ser coletada com 75% v/v de etanol e continua até atingir o ponto de corte onde a concentração de etanol é de 57-64% v/v, mantendo um fluxo lento de destilado. Uma vez atingido esse ponto de corte, a cauda passa a ser coletada em uma velocidade mais rápida do que as frações de cabeça e coração. A destilação é finalizada quando o destilado coletado contém 1% v/v de etanol. O resíduo resultante na caldeira (borras) pode ser descartado ou usado como ração para animais.

O uísque irlandês puro de malte é destilado em um alambique que o difere do seu equivalente escocês quanto à caldeira utilizada, a qual apresenta forma de uma esfera achatada e possui um tubo de condensação mais longo. Esse tipo de uísque é destilado três vezes (Figura 25.8). A primeira destilação no destilador de cerveja produz duas frações. A primeira dessas frações, chamada de "vinho baixo forte" é coletada e transferida diretamente para o destilador de destilados, enquanto a segunda fração, o "vinho baixo fraco", é transferida para um destilador intermediário de vinhos baixos. Esse destilador, por sua vez, também produz duas frações, a "cauda forte" que é misturada com os vinhos baixos fortes e transferidas para o destilador de destilados, e a "cauda fraca" que é reciclada. O uísque é obtido a partir da segunda das três frações coletadas no destilador de destilados, enquanto a primeira (cabeça) e terceira (cauda) fração são recicladas. O uísque irlandês apresenta pouco sabor característico de turfa presente no uísque escocês, mas possui um sabor mais intenso, é encorpado e pode conter uma concentração de etanol mais elevada.

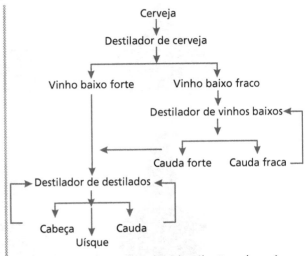

Figura 25.8 Esquema de destilação do uísque irlandês.

Fonte: Varnam e Sutherland (1994).

25.4.4.2 Destilação contínua

Os destiladores de coluna são normalmente usados para produzir destilados suaves de grãos para cortes, e ocasionalmente para produzir destilados a serem consumidos como tal. O destilador contínuo foi inicialmente adotado para a produção do uísque escocês, em 1827, sendo subsequentemente melhorado por Aeneas Coffey em 1830. Desde então, esse equipamento é conhecido como destilador Coffey, ou Patente. O destilador contínuo é composto por duas colunas dispostas lado a lado (Figura 25.9), o destilador de cerveja (ou analisador), para separar o etanol do mosto fermentado, e o retificador, para separar os compostos voláteis indesejáveis do etanol. Geralmente, ambas as colunas são construídas de cobre ou aço inoxidável, embora, nesse último caso, o cobre também deva estar presente no sistema para remover compostos de sabor indesejável (compostos de enxofre).

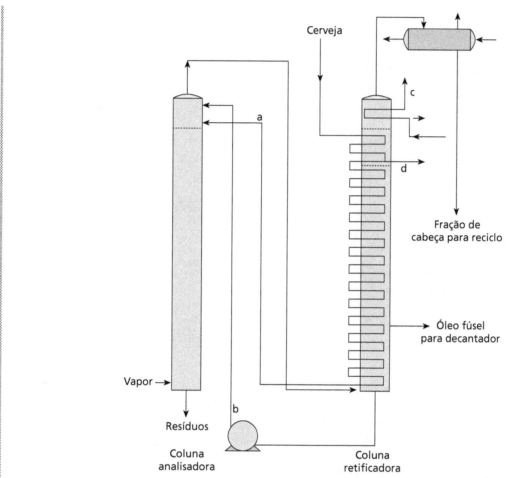

Figura 25.9 Destilador Coffey: a) cerveja quente, b) refluxo, c) tubos de resfriamento, d) produto com ≈ 94% v/v.

Fonte: Panek e Boucher (1989).

Inicialmente, o mosto fermentado (cerveja) é preaquecido até 90 °C pela passagem por um cano de cobre através da segunda coluna (retificador), que posteriormente alimenta a primeira coluna (analisador) próximo ao topo. Pela base da primeira coluna, é injetado vapor, e a medida que a cerveja vai descendo de prato em prato, os compostos voláteis são arrastados pelo vapor, sendo removidos pelo topo dessa coluna, passando então à base do retificador. Dentro do retificador, estes diferentes componentes são separados de acordo com sua volatilidade: os menos voláteis condensam na seção inferior e os mais voláteis nas seções superiores. Dessa forma, o produto final é coletado em um nível próximo do topo do retificador (cinco a dez pratos do topo), a fração de cabeça é retirada do condensador e os álcoois superiores (principalmente o álcool isoamílico), também denominados óleo fúsel, são coletados próximos à base do retificador (sete a dez pratos acima da base). Ambas as frações de cabeça e cauda podem ser recicladas, retornando pelo topo do analisador.

Internamente, as colunas consistem de uma série de pratos com orifícios que permitem o fluxo ascendente de vapor, ligados por tubos de descida com terminação no prato inferior (Figura 25.10a). Em geral, cada uma das colunas de um destilador Coffey contém de 35 a 40 pratos, mas em alguns casos (na falta de refluxo) são necessários acima de 60 pratos no retificador.

Os orifícios dos pratos apresentam um tamanho que permite um fluxo adequado de vapor ascendente e, no caso do analisador, devem ser suficientemente grandes (por exemplo, 12 mm) para permanecer desobstruídos quando há grãos de cereais e leveduras na cerveja. Os tubos de descida ficam alternados de um lado ao outro da coluna, de forma que o líquido descendente escoe sobre cada prato, sendo exposto ao vapor que sobe pelos orifícios (Figura 25.10b).

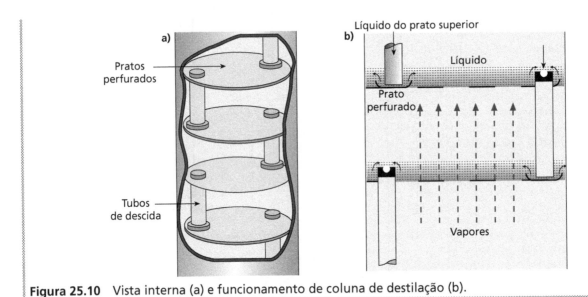

Figura 25.10 Vista interna (a) e funcionamento de coluna de destilação (b).

Fontes: Panek e Boucher (1989); Varnam e Sutherland (1994).

O processo americano para a elaboração do uísque bourbon e de outros destilados de grãos é realizado em uma única coluna de destilação, geralmente em combinação com um outro equipamento denominado duplicador. A coluna de destilação consiste em uma estrutura vertical contendo uma série de pratos tipo peneira, dispostos em três seções: arraste, remoção e retificação. Uma malha de cobre é algumas vezes fixada acima da seção de retificação para remover os compostos voláteis de enxofre do vapor. O destilado proveniente da coluna destiladora de cerveja, com cerca de 62,5% v/v de etanol, é alimentado no duplicador, aquecido pela passagem de vapor e novamente destilado, sendo coletado a 67,5-70% v/v de etanol. Essa redestilação, além de remover os congêneres com pontos de ebulição mais elevados, também permite uma redução da concentração de aldeídos, devida à remoção da fração de cabeça, o que garante um sabor mais suave ao produto final maturado.

Sistemas com múltiplas colunas facilitam a produção de destilados com uma maior pureza (maior concentração alcoólica) e de forma econômica. Tais sistemas são usados para a produção de destilados pouco saborizados, como a vodka, por exemplo.

25.4.5 Maturação ou envelhecimento

A maturação é uma etapa importante no desenvolvimento do sabor, uma vez que os uísques recentemente destilados geralmente apresentam características sensoriais inaceitáveis. Por este motivo, os destilados são maturados em barris (tonéis) de carvalho para que desenvolvam um sabor agradável. Os períodos de conservação nos barris estão sujeitos às exigências legais de cada país. Por exemplo, os uísques *bourbon* e de grãos americano devem ser armazenados por pelo menos um ano, enquanto os uísques puros de malte escocês, de grãos escocês, irlandês e canadense, devem ser maturados pelo tempo mínimo de três anos.

Embora várias das reações que ocorrem durante a maturação tenham sido identificadas, não existe um índice químico ou físico confiável para medir o avanço da maturação. Consequentemente, a maneira mais segura de acompanhar o progresso dessa etapa é por meio de avaliações sensoriais.

A concentração alcoólica dos destilados quando colocados nos barris de carvalho para maturação varia para os diferentes tipos de uísque: os uísques escocês puro de malte e *bourbon* são maturados com 63% v/v aproximadamente, o uísque escocês de grãos com até 68% v/v, o uísque irlandês com 71% v/v e o uísque americano de grãos com até 95% v/v. O uísque canadense de grãos é colocado nos barris com cerca de 70% v/v o e uísque japonês puro de malte com 60 a 70% v/v. A concentração de etanol pode influenciar na quantidade e na composição dos componentes da madeira extraídos durante a maturação.

As principais espécies de carvalho utilizadas na produção dos barris podem ser divididas em dois grupos, o carvalho branco americano (natural da América do Norte) e o carvalho europeu. Os barris também são classificados em função do tamanho e da forma, nos seguintes tipos: *American* (180 L), *Hogsheads* (250 L), *Butts* (480-520 L) e *Puncheons* (480-520 L). Os barris tipo *American,* feitos de carvalho branco (principalmente da espécie *Quercus alba*) e usados para armazenar uísque *bourbon*, são parcialmente queimados na superfície interna com queimadores de chama antes de serem cheios com a bebida. Como as leis dos Estados Unidos exigem que esse tipo de barril seja usado somente uma vez, vários deles são reutilizados para o armazenamento de outros tipos de uísques, como o escocês, canadense, irlandês e japonês. Em muitos casos, esses barris são desmontados nos Estados Unidos e enviados para a Escócia, Japão e outros países, onde são reconstruídos após reparação das tábuas danificadas.

Barris tipo *Butts* de 500 L comprados de produtores de *xerez* na Espanha são também utilizados no envelhecimento do uísque escocês. A indústria de *xerez* espanhola utiliza carvalho americano para o *xerez* "fino" e "amontillado" e carvalho espanhol (principalmente *Quercus petraea* e *Quercus robur*) para xerez "oloroso". Os barris utilizados na maturação do uísque são usados, consertados e reutilizados indefinidamente até que o recipiente não seja mais considerado seguro ou tenha perdido sua capacidade de proporcionar uma melhora sensorial no produto, durante um determinado período de maturação.

Os uísques irlandês e canadense também são maturados em barris feitos a partir de tábuas novas e usadas, predominantemente de carvalho branco americano. Os barris usados incluem aqueles empregados anteriormente na produção do uísque *bourbon*, *xerez* e rum. Nos Estados Unidos, existem regras quanto ao tempo de envelhecimento e tipo de barril utilizado para a maturação. Barris parcialmente queimados e novos são exigidos por lei para a maturação dos uísques *bourbon*, de centeio, trigo, malte e de centeio maltado. Por outro lado, o uísque de milho pode ser maturado em barris de carvalho usados previamente com uísque *bourbon*, ou em barris novos que não tenham sido queimados. Uísques leves de grãos e destilados de grãos neutros são maturados em barris previamente utilizados com *xerez*.

A mudança no sabor do destilado durante a maturação ocorre em virtude das alterações na composição e na concentração dos compostos que influenciam no gosto e aroma da bebida. Essas alterações podem ser ocasionadas por: 1) extração direta de componentes da madeira, 2) decomposição de macromoléculas da madeira e extração de seus produtos no destilado, 3) reações entre componentes da madeira e constituintes do destilado, 4) reações envolvendo apenas extrativos da madeira, 5) reações envolvendo apenas componentes do destilado e 6) evaporação de compostos voláteis.

A natureza do extrato da madeira, ou seja, sua composição química, exerce um importante efeito durante a maturação. O carvalho é constituído de aproximadamente 45% m/m de celulose, 15% m/m de hemicelulose, 30% m/m de lignina e 10% m/m de uma fração composta por óleos voláteis, ácidos voláteis e não voláteis, açúcares, esteróis, taninos, pigmentos e compostos inorgânicos. Essa composição varia de acordo com a espécie de carvalho utilizada, o pré-tratamento a que é submetida a madeira antes da maturação e também com o número de ciclos de maturações realizadas. Geralmente, os carvalhos espanhol e francês apresentam concentrações mais elevadas de taninos e mais baixas de lactonas, escopoletinas e vanilina, do que o carvalho americano.

O processo de queima parcial da superfície interna dos barris também contribui significativamente para o sabor dos uísques, pois proporciona um aumento nas concentrações de lactonas, de extratos fenólicos coloridos e de compostos aromáticos provenientes da degradação da lignina, tais como vanilina, siringaldeído e coniferaldeído, que são extraídos pelo destilado durante a maturação.

Outro parâmetro que interfere na maturação é a relação entre a área superficial e o volume do barril. Em barris pequenos, em que essa relação é elevada, a extração dos componentes da madeira é mais rápida, porém, a velocidade de evaporação de etanol e água também é mais alta, sendo estes compostos perdidos por difusão através da superfície porosa do barril, e evaporados à atmosfera. A velocidade de evaporação aumenta quanto maior for a temperatura do depósito dos barris, no entanto, é a umidade que determina se a perda será de etanol ou de água. Em geral, a concentração de etanol no destilado em um barril aumenta durante o envelhecimento sob umidade baixa ou moderada, e diminui sob alta umidade.

25.4.6 Cortes ou mistura

O corte (*blend*) consiste na mistura, em diferentes proporções, de um destilado pouco encorpado com vários destilados fortemente encorpados, visando a obtenção de um produto consistente de sabor característico. Os destilados "pouco encorpados" com elevadas concentrações de etanol, obtidos em destiladores contínuos de coluna, incluem os uísques escocês e americano de grãos e os destilados alcoólicos de grãos (com concentração alcoólica acima de 95% v/v). Por outro lado, os uísques "fortemente encorpados" incluem aqueles obtidos a partir de destiladores descontínuos e os de baixas concentrações de etanol, obtidos em destiladores de coluna.

Tradicionalmente os uísques são avaliados por pessoas especialistas em cortes, que possuem muitos anos de experiência e treinamento dentro das indústrias. Essas pessoas conhecem quais sabores do destilado podem ser produzidos por determinado destilador, quais desses sabores são desejáveis no produto final e como as características do uísque se desenvolvem durante a maturação. Logo, esses especialistas são capazes de selecionar a proporção ideal de corte no qual o uísque poderá contribuir mais com a mistura. O objetivo dessas pessoas não é apenas manter uma alta qualidade das bebidas, mas também garantir um produto com qualidade e características constantes no mercado a cada ano.

Os uísques presentes nos barris escolhidos para a mistura são transferidos por tubos de aço inoxidável para as dornas de cortes onde são mesclados com o auxílio de agitadores mecânicos e injeção de ar comprimido. Quando a mistura está completamente mesclada, é adicionada a água de diluição para diminuir a concentração alcoólica até o teor adequado para o engarrafamento. Para evitar precipitados no uísque, a água a ser usada nas diluições deve ser desmineralizada ou apresentar um baixo teor de minerais dissolvidos. Na etapa final, é adicionada uma pequena quantidade de corante caramelo de grau alimentício para manter uniformidade na cor do produto. Em alguns casos, a etapa da mistura pode ser seguida por um novo período de maturação de até seis meses (Escócia) ou então os destilados podem ser misturados antes da maturação (Canadá).

Para a produção do uísque escocês, os cortes podem incluir misturas de 20 a 50 uísques puros de malte com dois a cinco uísques de grãos, sendo que a mistura final geralmente contém uma maior proporção de uísques de grãos (60 a 70%).

É importante destacar que os uísques cortados que possuem elevada porcentagem de uísques puros de malte, não são necessariamente de qualidade superior à daqueles que contêm uma porcentagem menor de uísques puros de malte. Por exemplo, uma mistura contendo 50% de uísques puros de malte selecionados de forma incorreta (que ainda não apresentam sabor adequado) e maturados em madeiras de baixa qualidade, provavelmente, será uma mistura de qualidade inferior. Por outro lado, uma mistura contendo 75% de uísques de grãos e 25% de uísques puros de malte pode ser de uma qualidade superior, caso os uísques puros de malte sejam escolhidos corretamente e combinados com uísques de grãos completamente maturados.

Para aumentar a variedade de destilados disponíveis para os cortes, os Estados Unidos utilizam diferentes cereais e variam as condições de fermentação, os parâmetros da destilação, os períodos de maturação e os tipos de barris. Além disso, é também permitida a adição de outros líquidos de corte (até 2,5% v/v), como *xerez* ou vinhos para cortes. Na Irlanda, no Japão e no Canadá também são usados diferentes cereais, condições de fermentação, parâmetros de destilação, tempos de maturação e tipos de barris, em razão do limitado número de destilarias existentes nesses países.

25.4.7 Filtração

A filtração do uísque tem como objetivo remover o material particulado, a fim de que o produto se torne claro e translúcido para o consumidor. A maior parte dos uísques são filtrados antes do engarrafamento para reduzir o risco de formação de turbidez. Isto porque os destilados são normalmente diluídos para então serem engarrafados, e essa diluição pode proporcionar a formação de turbidez, causada por lipídeos, ésteres de alto peso molecular e ligninas solúveis em etanol, compostos que são menos solúveis em água do que em etanol. O problema da turbidez pode ser controlado por uma filtração a frio, na qual o uísque é resfriado entre –10 ºC e 10 ºC e mantido por um determinado período de tempo nessa temperatura. Em seguida, os compostos que causam turbidez são separados fisicamente pelo mecanismo de filtração por profundidade. O tipo de filtro mais frequentemente utilizado para clarificar o uísque é o filtro de placas e quadro que utiliza folhas de celulose ou de celulose impregnadas ou pré-cobertas com terra diatomácea, com uma capacidade de retenção de partículas entre 5 e 7 µm.

25.4.8 Engarrafamento

As linhas de engarrafamento de uísque em armazéns centrais ou grandes destilarias são, na sua maioria, totalmente automatizadas, capazes de trabalhar com até 600 garrafas por minuto, incluindo despaletizado de garrafas vazias, carregamento em esteiras, enchimento, rotulagem, tampado e paletizado de garrafas cheias. O sofisticado controle por computador de algumas linhas de engarrafamento permite uma rápida alteração do formato e do tamanho de garrafas processadas, juntamente com mudança no etiquetado e selado das embalagens.

O uísque é ainda embalado, quase na sua totalidade, em garrafas de vidro. As garrafas tradicionais contêm aproximadamente 700 mL, são cilíndricas, de vidro incolor, com uma protuberância no gargalo e, muitas vezes, fechadas com tampa de rosca metálica. Algumas garrafas de menor capacidade são de aparência bojuda e plana. Outros tamanhos (por exemplo, 1 L, 500 mL, 350 mL até 5 mL) podem também ser encontrados junto com uísques em garrafas de vidro verde ou com rosca de plástico.

25.5 BENEFÍCIOS À SAÚDE

Muitos artigos usam a frase "consumo de álcool", mas seria mais correto dizer "consumo de bebidas alcoólicas", pois a maioria das pessoas consome álcool na forma de uma bebida, como cerveja, vinho ou destilados. Essas bebidas não contêm somente álcool, mas também substâncias vegetais extraídas durante o processo de elaboração, possuindo muitos compostos fenólicos, tais como antocianinas, procianidinas, catequinas, taninos, e grupos desses compostos, comumente chamados de flavonoides. Esses compostos têm uma variedade de efeitos potencialmente benéficos sobre a incidência de doenças cardiovasculares.

Portanto, os compostos polifenólicos derivados de plantas encontrados em muitas bebidas alcoólicas, ao invés do álcool, podem ser os responsáveis por inibir os mecanismos que contribuam para a iniciação e progressão do processo aterosclerótico que provoca algumas doenças cardiovasculares. Dentro do processo de pesquisa para avaliar o desenvolvimento da aterosclerose estão os estudos epidemiológicos, que têm sugerido que o consumo moderado de qualquer tipo de bebida alcoólica pode conferir proteção contra a incidência de morte por infarto do miocárdio. No entanto, parece que as bebidas alcoólicas com maiores teores de substâncias polifenólicas, podem oferecer melhor proteção contra a aterosclerose e doenças cardiovasculares.

É relatado que o consumo de bebidas ricas em fenol, como o vinho tinto, aumentam transitoriamente a capacidade antioxidante do plasma, sugerindo que alguns dos compostos fenólicos presentes nessas bebidas poderia ter um papel antioxidante *in vivo*.

Durante a última década, os efeitos saudáveis do vinho tinto foram estudados, e estudos epidemiológicos têm mostrado que a ingestão moderada desse tipo de vinho reduziu a incidência da doença cardíaca coronariana. Por outro lado, também tem sido reportado que o consumo de 100 mL de vinho tinto ou uísque melhorou a capacidade antioxidante do plasma de indivíduos masculinos saudáveis, e, proporcionalmente, uma maior proporção de fenóis do uísque em comparação aos do vinho foram absorvidos pelo intestino.

Os ácidos gálico e elágico, derivados de taninos e lioniresinol, são os principais polifenóis encontrados no uísque de puro malte, enquanto os compostos derivados da catequina são os principais fenólicos presentes no vinho tinto.

BIBLIOGRAFIA

ALMEIDA e SILVA, J. B. Cerveja. In: VENTURINI FILHO, W. G. **Tecnologia de bebidas**. São Paulo: Blucher, 2005. p. 347-380.

ANDERSON, R. G. Current practice in malting, brewing and distilling. In: MORRIS, P. C.; BRYCE, J. H. **Cereal biotechnology**. Cambridge: Woodhead, 2000. p. 183-216.

AYLOTT, R. Whisky analysis. In: RUSSELL, I. **Whisky:** technology, production and marketing. handbook of alcoholic beverages series. London: Academic Press, 2003. p. 277-309.

BAMFORTH, C. W. Distilled alcoholic beverages. In: BAMFORTH, C.W. **Food, fermentation and micro-organisms.** Oxford: Blackwell Science Ltd, 2005. Cap. 6. p. 122-132.

BATHGATE, G. N. History of the development of whiskey distillation. In: RUSSELL, I. et al. **Whisky:** technology, production, marketing. London: Academic Press, 2003. p. 1-24.

BERRY, D. R. Whisky, whiskey and bourbon: products and manufacture. In: MACRAE, R.; ROBINSON, R. K.; SADLER, M. J. **Encyclopaedia of food science, food technology and nutrition,** London: Academic Press, 1993. v. 7, p. 4908-4912.

BRASIL. Decreto n. 6.871, de 4 de junho de 2009. Regulamenta a Lei n. 8.918, de 14 de julho de 1994. **Diário Oficial da União,** Brasília, DF, 4 jun. 2009.

BRASIL. Instrução normativa n. 15, de 31 de março de 2011. **Diário Oficial da União,** Brasília, DF, 1 abr. 2011.

BRIGGS, D. E. et al. **Malting and brewing science:** Volume 1. Malt and sweet wort. 2. ed. Suffolk: Kluwer Academic, 1981. 388p.

BRIGGS, D. E. **Malts and malting.** London: Blackie Academic & Professional, 1998. 796p.

BRINGHURST, T. A.; FOTHERINGHAM, A. L.; BROSNAN, J. Grain whisky: raw materials and processing. In: RUSSELL, I. **Whisky:** technology, production and marketing. London: Academic Press, 2003. p. 77-115.

BUGLASS, A. J.; McKAY, M.; LEE, C. G. Distilled spirits. In: BUGLASS, A. J. **Handbook of alcoholic beverages:** technical, analytical and nutritional aspects. West Sussex: John Wiley, 2011. p. 455-628.

CAMPBELL, I. Yeast and fermentation. In: RUSSELL, I. **Whisky:** technology, production and marketing. London: Academic Press, 2003. p. 117-152.

CRAIG, H. C. **The Scotch whisky industry record.** Cheshire: Index Publishing, 1994. 659p.

DIAGEO. Johnnie Walker House opening in Shanghai. London, 2014. Disponível em: <http://www.diageo.com/en-row/ourbrands/infocus/Pages/InFocus-JohnnieWalkerHouse. aspx>. Acesso em: 16 jan. 2014.

DRINKS INTERNATIONAL; EUROMONITOR INTERNATIONAL. Millionaires 2011.The definitive ranking of the world's biggest spirits brands. West Sussex, 2011. Disponível em: <http://www.drinksint.com/files/Supplements/2011/Millionaires-2011-supplement.pdf>. Acesso em: 16 jan. 2014.

DRINKS INTERNATIONAL. The Millionaires' Club 2013. The definitive ranking of the world's million-case spirits brands. West Sussex, 2011. Disponível em: <http://www. drinksint.com/files/The_Millionaires_Club_2013.pdf>. Acesso em: 16 jan. 2014.

DOLAN, T.C.S. Malt whiskies: raw materials and processing. In: RUSSELL, I. **Whisky:** technology, production and marketing. London: Academic Press, 2003. p. 27-74.

GAISER, M. et al. Computer simulation of a continuous whisky still. **Journal of Food Engineering,** Oxford, v. 51, p. 27-31, 2002.

GUEDES, R. P. Obtenção de uísque cortado a partir de destilados alcoólicos simples de malte de cevada (*Hordeum vulgare*) e de quirera de arroz preto (*Oryza sativa*). 2013. 142f. Tese (Doutorado em Biotecnologia Industrial). Escola de Engenharia de Lorena da Universidade de São Paulo, 2013.

HOUAISS, A.; VILLAR, M. S.; FRANCO, F. M. M. (Eds.). **Dicionário eletrônico Houaiss da lingua portuguesa.** Rio de Janeiro: Objetiva, 2001. 1 CD-ROM.

KUNZE, W. **Technology, brewing and malting.** Berlin: VLB, 1996. 726p.

LEE, M. K. Y. et al. Sensory discrimination of blended scotch whiskies of different product categories. **Food Quality and Preference,** Oxford, v. 12, p. 109-117, 2001.

LIMA, U. A. Aguardentes. In: LIMA, U. A. et al. **Biotecnologia industrial.** v. 4. São Paulo: Blucher, 2001. p. 145-182.

MOSEDALE, J. T.; PUECH, J-L. Wood maturation of distilled beverages. **Trends in Food Science & Technology,** London, v. 9, p. 95-101, 1998.

PIGGOTT, J. R.; CONNER, J. M. Whisky, whiskey and bourbon: composition and analysis of whisky. In: MACRAE, R.; ROBINSON, R. K.; SADLER, M. J. **Encyclopaedia of food science, food technology and nutrition.** v. 7. London: Academic Press, 1993. p. 4913-4917.

NICOL, D. Batch distillation. In: PIGGOTT, J. R.; SHARP, R.; DUNCAN, R. E. B. **The science and technology of whiskies.** Harlow: Longman Scientific & Technical, 1989. p. 118-149.

PANEK, R. J.; BOUCHER, A. R. Continuous Distillation. In: PIGGOTT, J. R.; SHARP, R.; DUNCAN, R. E. B. **The science and technology of whiskies.** Harlow: Longman Scientific & Technical, 1989. p. 150-181.

PIGGOTT, J. R.; CONNER, J.M. Whiskies. In: LEA, A. G. H.; PIGGOTT, J. R. **Fermented beverage production.** Glasgow: Blackie Academic and Professional, 1995. p. 247-274.

PIGGOTT, J. R.; SHARP, R.; DUNCAN, R. E. B. **The science and technology of whiskies.** Harlow: Longman Scientific & Technical, 1989. 410p.

PYKE, M. The manufacture of scotch grain whisky. **Journal of the Institute of Brewing**, London, v. 71, p. 209-218, 1965.

REINOLD, M. R. **Manual prático de cervejaria.** São Paulo: Aden, 1997. 213p.

SCOTCH WHISKY ASSOCIATION. Statistical Report 2012. Edinburgh, 2012. Disponível em: <http://www.scotch-whisky.org.uk/media/62024/2012_statistical_report.pdf>. Acesso em: 16 jan. 2014.

SINGLE MALT WHISKY CLUB. **A prova:** conselhos. Lisboa, 2014. Disponível em: <http://www.whisky.com.pt/index.php?option=com_content&view=article&id=95%3Aa-prova-conselhos&catid=41%3Apaginas-fixas&Itemid=117&limitstart=2>. Acesso em: 16 jan. 2014.

STEWART, G. G. Technological developments in the scotch whisky industry. **MBAA Technical Quarterly**, St. Paul, v. 42, p. 305-308, 2005.

VARNAM, A. H.; SUTHERLAND, J.P. Alcoholic beverages: distilled spirits. In: VARNAM, A. H.; SUTHERLAND, J. P. **Beverages:** Technology, Chemistry and Microbiology. London: Chapman & Hall, 1994. p. 400-447.

VENTURINI FILHO, W. G.; CEREDA, M. P. Cerveja. In: LIMA, U. A. et al. **Biotecnologia industrial:** biotecnologia na produção de alimentos. v. 4. São Paulo: Blucher, 2001. p. 91-144.

Parte III

BEBIDAS RETIFICADAS

26

VODKA E GIN

ANDRÉ RICARDO ALCARDE

26.1 INTRODUÇÃO

A matéria-prima básica das bebidas destilo-retificadas é o etanol de alta pureza, denominado álcool etílico potável de origem agrícola; um líquido retificado, contendo no mínimo 96% v/v de concentração alcoólica. A *vodka* (ou vodca) é normalmente produzida mediante simples diluição com água deste álcool etílico potável. Gin é o álcool etílico potável odorizado com zimbro. Genebra e *steinhager* são bebidas destilo-retificadas também odorizadas com zimbro. Outras bebidas dessa classe são: *aquavit*, odorizada com alcarávia (*Carun carvi*), e anis, *pastis* e ouzo, odorizadas com anis. A graduação alcoólica dessas bebidas é, normalmente, de 35 a 40% v/v. Essas bebidas são normalmente incolores e não passam por envelhecimento.

Vodca é o álcool etílico potável, obtido de matérias-primas agrícolas, filtrado através de carvão ativado. A vodca é originária da Polônia e da Rússia, tendo sido desenvolvida, provavelmente, no século XIV. Finlândia e Suécia são também grandes produtores. No século XVII, espalhou-se por toda a Europa oriental, com mais intensidade nos países nórdicos. No século XVIII foi desenvolvido um método de purificação do álcool, utilizando carvão de lenha. Em 1894, um decreto estabeleceu a vodca como um monopólio do estado Russo, reconhecendo essa bebida de forma oficial no país. Todas as destilarias adotaram uma técnica de produção padronizada, resultando em vodca de qualidade uniforme. A popularidade da vodca nos países ocidentais aumentou consideravelmente a partir da segunda metade do século XX. Atualmente, é produzida em diversos países do mundo, porém as marcas mais famosas são produzidas na Europa oriental: Stolichnkaya, Moscouskaya, Sibirskaya e Rouskaya (Rússia), Absolut (Suécia), Finlândia (Finlândia) e Smirnoff (Estados Unidos). É a bebida destilo-retificada mais consumida no mundo.

Gin é elaborado mediante a odorização do álcool etílico potável com aromatizantes vegetais, tais como zimbro, coriandro e angélica. O gin destilado é produzido pela destilação do álcool etílico potável na presença de aromatizantes vegetais. O gin é originário da Holanda e foi levado à Inglaterra no final do século XVI pelos soldados que retornavam da guerra nos países baixos. O nome gin vem da palavra *genievre*, que significa zimbro em francês. O gin logo começou a competir com os outros dois destilados da Inglaterra àquela época, o rum, proveniente das Índias Ocidentais, e o *cognac*, proveniente da França. Em 1688, o rei da Inglaterra William de Orange proibiu a importação desses destilados como uma forma de incentivar a produção doméstica de gin.

26.2 LEGISLAÇÃO BRASILEIRA PARA BEBIDAS ALCOÓLICAS RETIFICADAS

O Decreto n. 6.871 (BRASIL, 2009) de 4 de junho de 2009 regulamenta a Lei n. 8.919 de 14 de julho de 1994, a qual dispõe sobre a padronização, a classificação, o registro, a inspeção, a produção e a fiscalização de bebidas. Tal Decreto apresenta o Capítulo V sobre bebidas alcoólicas retificadas:

CAPÍTULO V
DAS BEBIDAS ALCOÓLICAS RETIFICADAS
SEÇÃO I
Da Vodca

Art. 100. Vodca, "vodka" ou "wodka" é a bebida com graduação alcoólica de trinta e seis a cinquenta e quatro por cento em volume, a vinte graus Celsius, obtida de álcool etílico potável de origem agrícola, ou destilados alcoólicos simples de origem agrícola retificados, seguidos ou não de filtração através de carvão ativo, como forma de atenuar os caracteres organolépticos da matéria-prima original, podendo ser aromatizada com substâncias naturais de origem vegetal, e adicionada de açúcares até dois gramas por litro.

Parágrafo único. O coeficiente de congêneres não poderá ser superior a cinquenta miligramas por cem mililitros, em álcool anidro.

SEÇÃO II
Da Genebra

Art. 101. Genebra é a bebida com graduação alcoólica de trinta e cinco a cinquenta e quatro por cento em volume, a vinte graus Celsius, obtida de destilados alcoólicos simples de cereais, redestilados, total ou parcialmente, na presença de bagas de zimbro (*Juniperus communis*), misturado ou não com álcool etílico potável de origem agrícola, podendo ser adicionada de outras substâncias aromáticas naturais, e de açúcares na proporção de até quinze gramas por litro.

§ 1º As características organolépticas do zimbro deverão ser perceptíveis, mesmo quando atenuadas.

§ 2º O coeficiente de congêneres não poderá ser superior a cento e cinquenta miligramas por cem mililitros, em álcool anidro.

SEÇÃO III
Do Gim

Art. 102. Gim ou "gin" é a bebida com graduação alcoólica de trinta e cinco a cinquenta e quatro por cento em volume, a vinte graus Celsius, obtida pela redestilação de álcool etílico potável de origem agrícola, na presença de bagas de zimbro (*Juniperus communis*), com adição ou não de outras substâncias vegetais aromáticas, ou pela adição de extrato de bagas de zimbro, com ou sem outras substâncias vegetais aromáticas, ao álcool etílico potável de origem agrícola, e, em ambos os casos, o sabor do zimbro deverá ser preponderante, podendo ser adicionada de açúcares até quinze gramas por litro.

§ 1º O gim será denominado de:

a. Gim destilado, quando a bebida for obtida exclusivamente por redestilação.

b. "London dry gin", quando gin destilado seco. (**Redação dada pelo Decreto n. 3.510, de 2000**).

c. Gim seco ou "dry gin", quando a bebida contiver até seis gramas de açúcares por litro.

d. Gim doce, "old ton gin" ou gim cordial, quando a bebida contiver acima de seis e até quinze gramas de açúcares por litro.

§ 2º O uso das expressões gim destilado ou "london dry gin" é facultativo.

§ 3º O coeficiente de congêneres não poderá ser superior a cinquenta miligramas por cem mililitros, em álcool anidro.

SEÇÃO IV
Do Steinhaeger

Art. 103. "Steinhaeger" é a bebida com graduação alcoólica de trinta e cinco a cinquenta e quatro por cento em volume, a vinte graus Celsius, obtida pela retificação de destilados alcoólicos simples e cereais, ou pela retificação do álcool etílico potável, adicionado de substâncias aromáticas naturais, em ambos os casos provenientes de um mosto fermentado contendo bagas de zimbro.

Parágrafo único. O coeficiente de congêneres não poderá ser superior a cento e cinquenta miligramas por cem mililitros, em álcool anidro.

SEÇÃO V
Do Aquavit

Art. 104. "Aquavit", "akuavit" ou "acquavitae" é a bebida com graduação alcoólica de trinta e cinco a cinquenta e quatro por cento em volume, a vinte graus Celsius, obtida pela destilação ou redestilação de álcool etílico potável de origem agrícola, na presença de sementes de alcarávia (*Carun carvi*), ou pela aromatização do álcool etílico potável de origem agrícola, retificado com extratos de sementes de alcarávia, podendo em ambos os casos ser adicionadas outras substâncias vegetais aromáticas, e açúcares na proporção de até trinta gramas por litro.

Parágrafo único. O coeficiente de congêneres não poderá ser superior a cento e cinquenta miligramas por cem mililitros, em álcool anidro.

SEÇÃO VI
Do Corn

Art. 105. Corn ou "korn" é a bebida com graduação alcoólica de trinta e cinco a cinquenta quatro por cento em volume, a vinte graus Celsius, obtida pela retificação do destilado alcoólico simples e cereais, ou pela retificação de uma mistura mínima de trinta por cento de destilado alcoólico simples e cereais com álcool etílico potável de origem agrícola, podendo ser aromatizada com substâncias naturais de origem vegetal.

Parágrafo único. O coeficiente de congêneres não poderá ser superior a cento e cinquenta miligramas por cem mililitros, em álcool anidro.

26.3 TIPOS DE BEBIDAS DESTILO-RETIFICADAS

As bebidas destiladas podem ser classificadas como congenéricas ou não congenéricas (Figura 26.1). As congenéricas, representadas pelo uísque, *cognac*, cachaça e rum, possuem padrões definidos quanto às matérias-primas utilizadas e às condições de fermentação, destilação e envelhecimento da bebida. As não congenéricas, representadas pela vodca e gin, são provenientes da retificação de um destilado que pode ser obtido de diferentes matérias-primas.

Figura 26.1 Principais tipos de bebidas destiladas.

Fonte: Varnam; Sutherland (1994).

26.4 PRINCÍPIOS BÁSICOS DE DESTILAÇÃO E DE RETIFICAÇÃO

A destilação permite a separação dos componentes voláteis de uma solução, tomando como base a sua volatilidade (ponto de ebulição) e a sua solubilidade preferencial no etanol a quente. Conforme a destilação se processa, os vapores gerados se tornam mais concentrados nos componentes mais voláteis da solução original, a qual, por consequência, se torna mais pobre desses componentes. É possível o enriquecimento contínuo dos vapores em compostos voláteis mediante repetidas vaporizações e condensações, isto é, mediante uma sequência de destilações (Figura 26.2). Para esse fim, na prática, se utiliza uma coluna de retificação, a qual, além de proporcionar o aumento da concentração alcoólica, também permite a purificação do destilado.

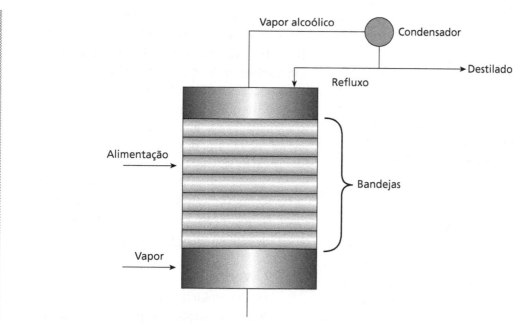

Figura 26.2 Esquema de processo de destilação contínuo.

Fonte: Varnam; Sutherland (1994).

Uma típica coluna de retificação consiste de uma torre com uma série de pratos internos. Essa coluna pode ser independente ou integrada à coluna de destilação. Os pratos permitem a subida dos vapores gerados a partir da caldeira da coluna, ao mesmo tempo que permitem a descida do líquido a ser destilado (Figura 26.3). O líquido entra em contato com os vapores e vai sendo destilado ao longo do trajeto percorrido através dos pratos, liberando seus compostos mais voláteis e saindo pela base da coluna praticamente exaurido de seus compostos voláteis. A operação de retificação permite a obtenção de um destilado com uma concentração de compostos voláteis maior que aquela obtida por destilação simples.

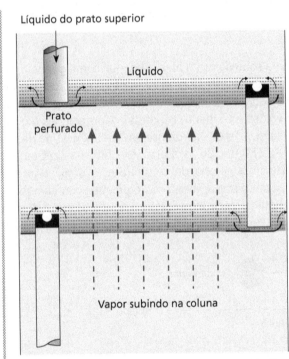

Figura 26.3 Movimentação dos vapores e do líquido dentro da coluna retificadora.

Fonte: Varnam; Sutherland (1994).

Além da concentração do destilado em compostos mais voláteis, a retificação permite, também, a purificação do destilado mediante a eliminação dos alcoóis superiores, os quais, a partir de certa concentração alcoólica do destilado dentro da coluna, tendem a se tornar de natureza fixa, não se destilando e, consequentemente, acumulando-se no líquido dos pratos.

26.5 DEFINIÇÕES

26.5.1 Álcool etílico potável de origem agrícola

A produção de bebidas destilo-retificadas permite apenas a utilização de álcool etílico potável, proveniente de qualquer matéria-prima de origem agrícola. Obviamente, o uso de álcool sintético, produzido de combustíveis fósseis, é proibido. As características do álcool etílico potável para a produção destas bebidas encontram-se no Tabela 26.1.

Tabela 26.1 Características do álcool etílico potável de origem agrícola, segundo a Comunidade Europeia.

Concentração alcoólica mínima (% v/v)	96,0
Acidez (g ácido acético/100 L etanol anidro)	1,5
Ésteres (g acetato de etila/100 L etanol anidro)	1,3
Aldeídos (g acetaldeído/100 L etanol anidro)	0,5
Alcoóis superiores (g de isobutanol/100 L de etanol anidro)	0,5
Metanol (g/100 L de etanol anidro)	50
Extrato seco (g/100 L de etanol anidro)	1,5
Furfural (g/100 L de etanol anidro)	Não detectável

Fonte: Council Regulation (1989).

De acordo com a legislação brasileira, álcool etílico potável de origem agrícola é definido como o produto com graduação alcoólica mínima de 95% em volume, a 20 °C, obtido pela destilo-retificação de mostos provenientes unicamente de matéria-prima de origem agrícola, de natureza açucarada ou amilácea, resultante da fermentação alcoólica, como também o produto da retificação de aguardente ou de destilado alcoólico simples. Na denominação do álcool etílico potável de origem agrícola, quando houver referência à matéria-prima utilizada, o álcool deverá ser obtido exclusivamente dessa matéria-prima (BRASIL, 2009).

26.5.2 Vodca

Na Comunidade Europeia, vodca é definida como "destilado produzido pela retificação do álcool etílico potável de origem agrícola, com filtração através de carvão ativado, para que as características organolépticas da matéria-prima sejam seletivamente reduzidas" (COUNCIL REGULATION, 1989).

A definição americana para vodca é "destilado neutro tratado com carvão ativado, isento de aroma, sabor ou cor". A concentração alcoólica minima é de 40% v/v. No Canadá, vodca é definida como "bebida alcoólica potável obtida de cereais ou batata, filtrada em carvão ativado para que o destilado não apresente características de aroma ou de sabor" (AYLOTT, 2003).

A legislação brasileira define vodca, *vodka* ou *wodka* como a bebida com graduação alcoólica de 36 a 54% em volume, a 20 °C, obtida de álcool etílico potável de origem agrícola, ou destilados alcoólicos simples de origem agrícola retificados, seguidos ou não de filtração através de carvão ativo, como forma de atenuar os caracteres organolépticos da matéria--prima original, podendo ser aromatizada com substâncias naturais de origem vegetal, e adicionada de açúcares até dois gramas por litro (BRASIL, 2009).

26.5.3 Gin

Na União Europeia, gin é o destilado elaborado pela odorização do álcool etílico potável de origem agrícola com flavorizantes naturais, tendo sabor predominante de zimbro. Gin destilado é a bebida produzida pela redestilação do álcool etílico potável de origem agrícola em alambiques na presença de zimbro ou outras substâncias aromatizantes vegetais, sendo predominante o sabor do zimbro. O gin elaborado simplesmente pela adição de essências ou flavorizantes ao álcool etílico potável não pode ser chamado de gin destilado, sendo classificado com gin composto (COUNCIL REGULATION, 1989). Na Europa, a graduação alcoólica mínima do gin para consumo é de 37,5% v/v. Nos Estados Unidos, é de 40% m/m e no Canadá é de 40% v/v (AYLOTT, 2003).

Pela legislação brasileira, gim ou "gin" é definido como a bebida com graduação alcoólica de 35 a 54% em volume, a 20 °C, obtida pela redestilação de álcool etílico potável de origem agrícola, na presença de bagas de zimbro (*Juniperus communis*), com adição ou não de outras substâncias vegetais aromáticas, ou pela adição de extrato de bagas de zimbro, com ou sem outras substâncias vegetais aromáticas, ao álcool etílico potável de origem agrícola, e, em ambos os casos, o sabor do zimbro deverá ser preponderante, podendo ser adicionada de açúcares até 15 gramas por litro (BRASIL, 2009).

26.6 PROCESSO DE PRODUÇÃO
26.6.1 Álcool etílico potável de origem agrícola

O processo de produção do álcool etílico potável varia de acordo com a matéria-prima agrícola utilizada, que pode ser grãos (centeio, cevada, milho, trigo, arroz etc.), tubérculos (batatas), raízes (mandioca) ou melaço. O preparo do mosto varia em função do tipo de carboidrato da matéria-prima. Normalmente, as etapas principais do processo são: cozimento, sacarificação, fermentação e destilação.

A produção a partir de batata e de cereais, tais como milho, trigo ou centeio, requer inicialmente que o amido seja gelatinizado. Normalmente, essa etapa é realizada mediante moagem dos grãos e cozimento sob altas pressões (2,5 a 4 atmosferas) e altas temperaturas (135 a 150 °C). Como não há a exigência de que o álcool etílico potável seja produzido a partir de grãos integrais, como é o caso do uísque, existe a possibilidade do aproveitamento de subprodutos, como farelo e proteína dos grãos. A conversão do amido em carboidratos fermentescíveis durante a mosturação pode ocorrer através das enzimas naturais do malte ou por meio de enzimas comerciais. A mosturação é desnecessária quando se utiliza beterraba ou cana-de-açúcar como matérias-primas, pois seus carboidratos são prontamente fermentescíveis.

A fermentação ocorre pela inoculação de cepas específicas da levedura *Saccharomyces cerevisiae*, na proporção de 1,5 a 2,0 g/L. A fermentação leva aproximadamente 60 horas e o vinho (mosto fermentado) apresenta uma graduação alcoólica de 14% v/v. A temperatura da fermentação, que inicia a 32 °C, é controlada para um máximo de 38 °C durante o processo.

A qualidade da vodca depende fundamentalmente da pureza do álcool potável. Por esse motivo, a matéria-prima e o processo de fermentação têm menos influência na qualidade da bebida do que o grau de retificação necessário para a obtenção da pureza desejada do álcool potável. Em escala industrial, o álcool etílico potável é produzido em múltiplas colunas de destilação contínua, as quais permitem a remoção efetiva dos congêneres do destilado.

Normalmente, o etanol do vinho é concentrado e purificado em quatro a cinco colunas de destilação sequenciais (Figura 26.4a e 26.4b). A primeira coluna, chamada de coluna de destilação, separa praticamente todo o etanol do vinho. O vinho aquecido entra pelo topo dessa coluna e, conforme vai descendo dentro da coluna, encontra vapor em contracorrente, destilando-se. Os vapores hidralcoólicos sobem pelo interior da coluna, passando para a segunda coluna, a de purificação de produtos de "cabeça". A vinhaça, que sai pela base da coluna de destilação, é rica em proteínas e ácidos graxos, podendo ser utilizada para alimentação animal.

A condição de seletividade na coluna de purificação de produtos de "cabeça", decorrentes da diferença de volatilidade das substâncias, permite uma separação mais eficiente dos produtos de "cabeça" (aldeídos, ésteres, acetais, diacetil e metanol) do que aquela que seria obtida se os vapores provenientes da coluna de destilação fossem enviados diretamente à coluna de retificação. Essa condição de seletividade é facilitada pela injeção de água nos vapores provenientes da coluna de destilação, proporcionando uma alteração na volatilidade relativa dos componentes mais voláteis (produtos de "cabeça").

Em conjuntos de quatro colunas de destilação, a fração "cabeça" é enviada diretamente à coluna de óleo fusel. Conjuntos de cinco colunas têm uma coluna de concentração de "cabeças", a qual realiza a separação e a recuperação do etanol que acompanha esses produtos de "cabeça".

A coluna de retificação realiza a purificação e a concentração do etanol do destilado até a graduação mínima requerida, 96% v/v. Os alcoóis superiores são separados na coluna de retificação e enviados à coluna de óleo fúsel, a qual permite a recuperação de uma fração do etanol que acompanha os alcoóis superiores, a qual é enviada à coluna purificadora para redestilação.

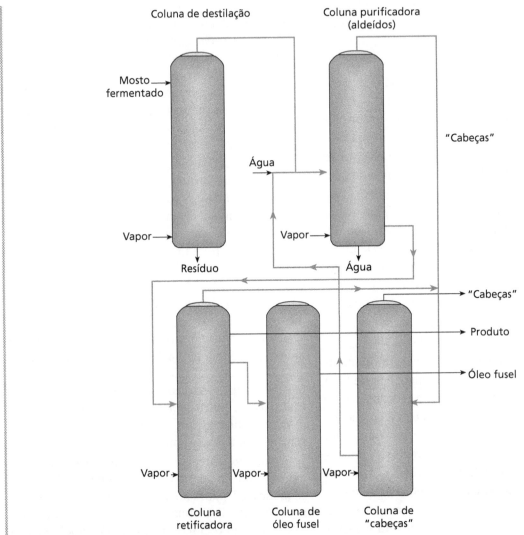

Figura 26.4a Esquema de conjunto de cinco colunas de destilação para a produção de álcool etílico potável.

Fonte: Varnam e Sutherland (1994).

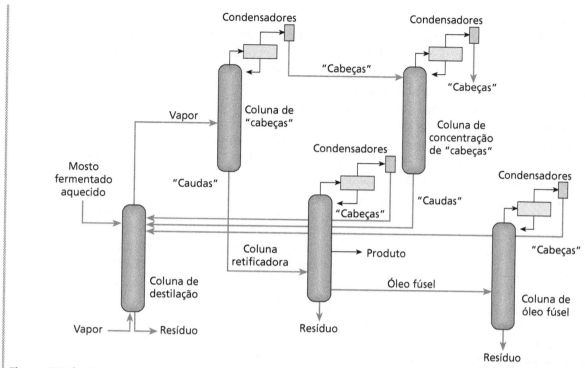

Figura 26.4b Esquema de conjunto de cinco colunas de destilação para a produção de álcool etílico potável.

Fonte: Wilkin (1983).

26.6.2 Vodca

Para a produção da vodca, o álcool etílico potável é tratado com carvão ativado para diminuir sua concentração de congêneres e, consequentemente, minimizar suas características sensoriais. Isso pode ser feito mediante dispersão e agitação de carvão ativado no álcool etílico potável e posterior filtração ou mediante circulação contínua do álcool etílico potável através de carvão ativado empacotado em colunas de desodorização.

Os efeitos na redução da concentração dos congêneres da bebida dependem do tipo de carvão ativado utilizado. Alguns, tais como o Carvão PKH, atuam sobre a acidez total, fenóis, furfural e aldeídos, não afetando a concentração de alcoóis superiores. Outros, tais como o Carvão DW, reduzem sensivelmente a acidez e a concentração de alcoóis superiores e ligeiramente a concentração de furfural e de fenóis, além de clarificar a bebida. Os carvões SX-1 e SX-II pouco afetam a acidez e a concentração de alcoóis superiores, porém diminuem sensivelmente a concentração de fenóis e de furfural e a coloração da bebida. O carvão SX-1 diminui a concentração dos ésteres etílicos superiores e dos ácidos graxos superiores (C8, C10 e C12). Normalmente, os produtores de vodca utilizam várias colunas de depuração do álcool potável, preenchidas com diferentes tipos de carvão ativado.

26.6.3 Gin

As três matérias-primas principais para a produção de gin são: o álcool etílico potável de origem agrícola, os aromatizantes vegetais e a água. A baga de zimbro (*Juniperus communis*) é o flavorizante vegetal fundamental para a aromatização do gin. No entanto, outros vegetais também podem ser utilizados, tais como a semente de coriandro (*Coriandrum sativum*), a raíz de angélica (*Archangelica officinalis*) e cascas de laranja (*Citrus sinensis* e *Citrus aurantium*) e de limão (*Citrus limon*).

O gin pode ser produzido por destilação do álcool etílico potável na presença das substâncias aromatizantes ou simplesmente pela odorização do álcool etílico potável. O gin "destilado" é produzido pela destilação do álcool etílico potável em alambiques tradicionais na presença de bagas de zimbro e de outros flavorizantes naturais. O destilado produzido é diluído com água para o engarrafamento. O gin "composto" é produzido pela aromatização por mistura do álcool etílico potável com bagas de zimbro e com outros flavorizantes naturais. Os gins destilados são considerados como de melhor qualidade sensorial que os gins compostos.

O processo de destilação para a produção do gin destilado utiliza um alambique de cobre similar ao utilizado para a produção do uísque. O alambique, de 5.000 L, é enchido com o álcool etílico potável diluído com água para 60% v/v. Os aromatizantes vegetais são introduzidos no alambique e o aquecimento por vapor através de serpentina na caldeira promove o aquecimento do líquido. Os componentes mais voláteis do material vegetal se destilam juntamente, como o etanol. A taxa de aquecimento é regulada mediante o controle do fluxo de vapor e a concentração alcoólica do destilado é monitorada por alcoômetro na saída do condensador. A primeira fração do destilado, a "cabeça", é coletada separadamente e não fará parte do destilado final. A segunda fração, correspondente ao gin, é coletado até que o volume do destilado apresente uma graduação alcoólica média de 80% v/v. Após essa fração, a graduação alcoólica do destilado tende a diminuir e os compostos menos voláteis do material vegetal se destilam. Essa terceira fração, a "cauda", é coletada e, juntamente com a fração "cabeça", é redestilada para purificação e reaproveitamento do etanol que as acompanha. Alternativamente, essas frações são retornadas ao produtor do álcool etílico potável para reaproveitamento desse etanol. O gin destilado é então diluído com água para ser engarrafado na concentração alcoólica desejada.

26.6.4 Outros tipos de bebidas destilo-retificadas

Embora distintas, as bebidas gin e vodca caracterizam tipicamente destilados não congenéricos. No entanto, o gin holandês (genebra ou *genever*) é um destilado fortemente congenérico e envelhecido, tal como os destilados alemães *korn* e *doppelkorn*. A genebra e o *korn* representam a interface entre os destilados congenéricos e os não congenéricos.

Existem dois tipos de genebra, o *oude* (velho), destilado oriundo de mosto de cereal e aromatizado com zimbro e outros flavorizantes vegetais, e o *jonge* (jovem), que é menos flavorizado.

A genebra é produzida a partir de álcool etílico potável flavorizado, o *moutwijn*, que é um destilado de mosto fermentado proveniente de uma mistura de cevada, milho e centeio, em iguais proporções. A fermentação, que leva 48 h, é iniciada sob condições aeróbicas. O mosto fermentado é submetido a uma dupla destilação em alambique, o que eleva a concentração de etanol do destilado a 46% v/v. As destilações não são seletivas, isto é, não se efetuam cortes de frações do destilado, e não há retificação. *Moutwijn* é produzido apenas por algumas destilarias especializadas, as quais fornecem esse destilado-base para os produtores de genebra.

O *oude genever* é produzido por destilação da mistura do *moutwijn* com vegetais aromáticos ou por mistura do *moutwijn* com extratos vegetais e álcool etílico potável. Além do zimbro, a semente de alcarávia contribui diretamente para as características sensoriais da bebida. Coriandro e anis podem também ser utilizados como vegetais aromáticos. O *oude genever* é maturado em tonéis de madeira antes de ser engarrafado. O *jonge genever* recebe uma maior proporção de álcool etílico potável na mistura a ser destilada e é maturado por um menor período de tempo.

O *steinhager* difere dos outros tipos de gin por ser flavorizado com bagas de zimbro fermentadas e destiladas, o *wacholderlutter*. O mosto para a produção do *wacholderlutter* é preparado a partir de bagas de zimbro secas e moídas, maceradas em água morna e adicionado de nutrientes nitrogenados. A fermentação é lenta, levando de dez a 14 dias a 25 °C. O mosto fermentado é destilado uma única vez em alambique. A destilação não é seletiva, isto é, não há separação de frações do destilado, e os óleos essenciais do zimbro são coletados juntamente com o destilado final. A bebida *steinhager* é resultante da redestilação em alambique de álcool etílico potável com participação de 10% de *wacholderlutter*. Essa destilação é seletiva e o *steinhager* corresponde à fração intermediária do destilado.

BIBLIOGRAFIA

AYLOTT, R. I. Vodka, gin and other flavored spirits. In: LEA, A. G. H.; PIGGOTT, J. R. **Fermented beverage production**. 2. ed. New York: Kluwer Academic/Plenum Publishers, 2003. p. 289-308.

BRASIL. Decreto n. 6.871 de 4 de junho de 2009. Regulamenta a Lei n. 8.918, de 14 de julho de 1994, que dispõem sobre a padronização, a classificação, o registro, a inspeção, a produção e a fiscalização de bebida. Disponível em: <http://extranet.agricultura.gov.br/legis-consulta/consultarLegislacao.do?operacao=visualizar&id=20271>.

COUNCIL REGULATION (EC) N. 1576/89 of 29 May 1989. General rules on the definition, description and presentation of spirits drinks. **Official Journal of the European Communities**, v. 32, L160.1, 12 june 1989.

LIMA, U. A. Aguardentes. In: AQUARONE, E. et al. **Biotecnologia industrial**: biotecnologia na produção de alimentos. 2. ed. São Paulo: Blucher, 2001. p. 145-182.

PIGGOTT, J. R., CONNER, J. M. Whiskies. In: LEA, A. G. H.: PIGGOTT, J. R. **Fermented beverage production**. 2. ed. New York: Kluwer Academic/Plenum Publishers, 2003. p. 239-261.

VARNAM, A. H.; SUTHERLAND, J. P. Alcoholic beverages III: distilled spirits. In: VARNAM, A. H.; SUTHERLAND, J. P. **Beverages**: technology, chemistry and microbiology. London: Chapman & Hall, 1994. p. 400-448.

WILKIN, G. D. Raw matherials, milling, mashing and extract recovery. In: PRIEST, F. G.; CAMPBELL I. **Current developments in malting, brewing & distilling**. London: Institute of Brewing, 1983. p. 35-44.

Parte IV

BEBIDAS OBTIDAS POR MISTURA

27

LICORES

URGEL DE ALMEIDA LIMA

27.1 BREVE HISTÓRICO

Ao se referir a licores, o primeiro cuidado é saber o que são. Pelo dicionário, licor é bebida aromatizada e doce, obtida pela mistura de álcool ou aguardentes com substâncias aromatizantes, adicionada de sacarose, glicose ou mel. Esta definição não é totalmente satisfatória, opinião compartilhada com a bibliografia especializada, que trata do assunto com detalhes e inclui obras clássicas de mais de um século.

De acordo com Robinet (1891), os licores são misturas de água, álcool, açúcar e princípio aromático extraído de plantas, raízes, cascas, sementes ou frutos, preparadas cuidadosamente para obter um produto que agrade ao consumidor. Ele destaca que para obtê-los não basta dispor de boas formulações, mas saber escolher bem os ingredientes e agir com discernimento para manipulá-los de forma a produzir bebida delicada, agradável e de características organolépticas harmoniosas.

Segundo Brevans (1897), é difícil definir com precisão o termo "licor", por causa das diferentes acepções desta palavra, que designa preparações químicas ou farmacêuticas, tanto quanto bebidas. Para o autor, são "licores as bebidas alcoólicas que entram como acessório na economia doméstica, englobando sob o título, as aguardentes, os licores de mesa e os vinhos aromatizados".

A ingestão de álcool por prazer se perde na História, consumido em caldos fermentados de uva e de cereais. Vinho e cerveja tiveram origem há milênios e foram usados para o deleite do homem, sem que ele tivesse consciência da presença do álcool. Ele, que, desde séculos, fez parte das bebidas, teve suas propriedades embriagadoras identificadas após o século XII.

Após a descoberta do álcool e sua obtenção por destilação, por volta do século X, ele foi usado pelo homem em misturas com vegetais para fins medicinais. É sabido, por referências muito antigas, anteriores à Idade Média, que essas misturas eram de uso restrito a certas classes sociais e que suas boas qualidades de aroma e paladar estimularam a generalização de seu uso; a posterior adição de açúcar transformou-as em bebidas reconfortantes e de luxo, de larga aceitação no século XVIII e o álcool tornou-se objeto consciente de prazer.

Os *hippocras* eram os licores consumidos até Idade Média e sua invenção atribuída a Hipócrates. Denominados de *Vinum hippocraticum*, são licores aromáticos obtidos por infusão ou maceração de produtos muito odorantes em vinhos generosos durante alguns dias, depois adicionados de tinturas, após a côa, e submetidos a filtração.

Brevans (1897) escreveu que os *hippocras* eram licores muito apreciados, mas seu uso estava quase totalmente perdido em seu tempo. Poucos devem ter ouvido falar desses licores, mas o autor deu algumas receitas tiradas de uma obra publicada em 1737 com o título de *Confeiteiro real (Le confiseur royal)*, em uma época que esses licores estavam na moda.

Os licores derivados de aguardente de vinho apareceram muito tempo depois da destilação se tornar generalizada, mas admite-se que o primeiro licor à base de álcool foi preparado por Arnaud de Villeneuve e Raimundo Lulio, misturando aguardente, açúcar, limão, rosas, flores de cítricos e outros aromas. Nessa época, era costume colocar na bebida partículas de ouro, que na Idade Média era considerado remédio para todos os males. A aguardente com partículas de ouro, cortadas de finíssimas lâminas era denominada aguardente de Dantzig.

Pela bibliografia, os religiosos dos séculos XIII e XIV, contemplativos, de vida austera e dedicada ao trabalho rude e ao estudo das ciências, criaram a arte da produção de licores, mas, supostamente, a invenção dos licores como os atuais ocorreu no século XV, em Florença, Veneza e Turim, e daí transmitida a outros povos. Catarina de Médicis teria levado os conhecimentos técnicos italianos à França, estimulado a preparação dos licores, aumentado e popularizado seu uso. A moda era consumir os rosólios (licores) e um licor popular feito com aguardente, açúcar, almíscar, âmbar, anis e canela. Dessa forma, de remédios, as aguardentes passaram à mesa e chegaram a ser bebida favorita.

27.2 LEGISLAÇÃO

A legislação brasileira (lei n. 8.918, de 14 de julho de 1994, regulamentada pelo decreto n. 6.871, de 4 de junho de 2009), define licores e estabelece seus padrões. Por ela, licor é a bebida com graduação alcoólica de 15 a 54% em volume, a 20 °C, e um percentual de açúcar superior a 30 gramas por litro, elaborado com álcool etílico potável de origem agrícola, destilado alcoólico simples de origem agrícola, ou bebidas alcoólicas adicionadas de extrato ou de substâncias de origem vegetal ou animal, substâncias aromatizantes, saborizantes, corantes e outros aditivos permitidos em ato administrativo complementar.

Para que o licor tenha a designação de uma substância de origem animal ou vegetal, obrigatoriamente tem de conter essa substância, proibida a sua substituição.

Um licor pode ser seco, fino ou doce, creme, escarchado ou cristalizado, significando seco a bebida que contém mais de 30 e, no máximo, cem gramas de açúcares por litro, fino ou doce com mais de cem e, no máximo, 350 gramas de açúcares por litro. O licor creme contém mais de 350 gramas de açúcares por litro e escarchado ou cristalizado o que contiver açúcar em proporção de saturação ou açúcares parcialmente cristalizados.

As denominações licor de café, cacau, chocolate, laranja, ovo, doce de leite e outras, só serão permitidas às bebidas em cujas preparações predomine a matéria-prima que originar essas denominações.

As denominações *Cherry, Apricot, Peach, Curaçau, Prunelle, Maraschino, Peppermint, Kümmel, Noix, Cassis, Ratafiá,* Anis e outras de uso corrente se aplicam aos licores elaborados principalmente com as frutas e plantas citadas ou partes delas.

Um licor elaborado com mais de um material vegetal sem predominância de um deles, pode ser genericamente denominado de licor de ervas, de frutas ou receber outra denominação que o caracterize em relação à matéria-prima empregada.

Advocat, Avocat, Advokat ou *Advocaat* é o licor à base de ovo, com graduação alcoólica mínima de 14% em volume, a 20 °C.

O licor que contiver lâminas de ouro puro poderá ser denominado licor de ouro e os licores de anis com, no mínimo, 350 gramas de açúcares por litro, são comumente conhecidos por anis.

O licor preparado por destilação de cascas de frutas cítricas, adicionado ou não de substâncias aromatizantes ou saborizantes, ou ambas, permitidas em ato administrativo próprio, poderá denominar-se *triple sec* ou extra-seco, independentemente de seu conteúdo de açúcares.

O licor que contiver em sua composição, no mínimo, 50% em volume de conhaque, uísque, rum ou outras bebidas alcoólicas destiladas poderá conter a expressão "licor de...", acrescida do nome da bebida utilizada.

O licor com denominação específica de café, chocolate e outras que caracterizem o produto, que contiver em sua composição conhaque, uísque, rum ou outras bebidas alcoólicas poderá conter a expressão "licor de ...", seguida da denominação específica do licor e da bebida alcoólica utilizada e, nesse caso, deverá declarar no rótulo principal a percentagem da bebida utilizada.

27.3 GLOSSÁRIO

Há uma série de expressões usuais na fabricação de licores, citadas a seguir, que devem ser conhecidas para bem entender as formulações ou receitas registradas na bibliografia.

Águas aromáticas – Produtos de destilação de partes de plantas (flores, frutos, folhas, cascas, raízes) em água.

Alcoolatos ou espíritos aromáticos – Líquidos de uso comum em farmácia, resultante de destilação de álcool em presença de materiais aromáticos nele macerados, dos quais se desejam obter aromas e gosto. São denominados de *tinturas*, quando a maceração é feita com material seco; em alguns casos é feita após digestão, que é a maceração em álcool quente. O álcool sequestra os princípios voláteis e toma seu gosto e aroma. Também podem ser obtidos fazendo os vapores alcoólicos passarem através do material contido em sacos ou em recipientes metálicos perfurados.

Alcoolatos compostos – São os alcoolatos ou tinturas obtidas com mais de uma planta.

Alcoolaturas – São os alcoolatos ou as tinturas obtidas pela ação do álcool sobre vegetais frescos ou aquosos. O mesmo que infusões, são obtidas por maceração, difusão ou deslocamento dos princípios aromáticos.

Corte – Operação que consiste no aquecimento do licor pronto a temperatura alta (60-70 °C) inferior à da destilação do álcool, em recipiente hermético para não causar sua perda, seguida de resfriamento lento e natural, para conferir melhor qualidade à bebida.

Decocto – Água rica em aromatizantes obtida por longa fervura com plantas e delas separada por côa e filtração.

Deslocamento – Extração de materiais aromáticos de vegetais por lixiviação com álcool. Pedaços do material são colocados em contato com álcool por algum tempo em recipiente fechado, provido de torneira na base, pela qual é feita drenagem do líquido. Novas operações de lavagem e drenagem são feitas até a extração total dos aromatizantes.

Difusão – É a ação de extração dos aromas por lixiviação com álcool, como no deslocamento. O material cominuído é continuamente lavado por passagem do álcool. A operação é contínua, ao contrário de no deslocamento.

Digestão – É a operação para obter produto pela ação prolongada de álcool aquecido de 35 a 60 °C sobre partes de uma planta; é o contato prolongado em temperatura intermediária à de infusão e a da maceração, com o objetivo de impregnar o álcool lentamente com os aromas.

Elixir – São xaropes adicionados de alcoolatos. Os vegetais macerados em álcool são destilados e adicionados a uma solução concentrada de açúcar em água.

Espírito ou *espírito simples* – Destilado de líquidos fermentados, com a graduação alcoólica de 50° GL ou mais.

Espíritos aromáticos ou *espíritos perfumados* – O mesmo que alcoolato.

Essências – Produtos aromáticos encontrados nos vegetais, comumente junto com óleos essenciais.

Extratos – Produtos obtidos por maceração em água, álcool ou éter e prensagem, eventualmente concentrados em baixa temperatura.

Hidrolatos – O mesmo que águas aromáticas.

Infusões – São obtidas pela passagem de água fervente ou de álcool quente sobre vegetais para extrair seus princípios aromatizantes.

Licores higiênicos – Compreendem toda uma gama de produtos com as mais variadas propriedades, classificados como tônicos, aperitivos, vulnerários, purgativos e estomacais.

Maceração – Pode ser descrita como infusão sem ação de calor, com um líquido frio em contato com o vegetal durante um tempo suficiente para arrastar os princípios aromáticos, geralmente essências e óleos, que ficam em solução no álcool.

Óleos – Produtos voláteis de aspecto oleoso, encontrados nos vegetais aromáticos e normalmente constituídos de óleos essenciais.

Óleos essenciais - Produtos voláteis de aspecto oleoso, em cuja composição entram hidrocarbonetos. Não se trata de ésteres glicerínicos de ácidos graxos, como as gorduras e óleos vegetais e animais.

Tinturas – O mesmo que alcoolato; são produtos obtidos pela destilação de partes de vegetais após maceração, difusão ou deslocamento de aromatizantes com álcool. São alcoóis saturados com os princípios aromáticos das plantas, geralmente com concentração alcoólica igual a 60, 80 ou 90° GL.

Xaropes – Solução aquosa concentrada de açúcar, com 50 a 60% de sacarose, ou 50 a 60° Brix.

Em resumo, *alcoolatos*, *espíritos aromáticos*, *espíritos perfumados*, *alcoolatura* e *tintura* significam praticamente, a mesma coisa, ou seja, líquido destilado em presença de materiais aromáticos responsáveis por aroma e paladar. Quando a maceração é feita com material seco é tintura e quando feita com material fresco é alcoolatura.

27.4 DEFINIÇÕES E CLASSIFICAÇÃO DOS LICORES

Tanto quanto as definições, não há uma única classificação de licores, porque há diversas maneiras de ordená-los, começando por sua origem ou maneira de preparar.

Há várias propostas de classificação: de acordo com sua *origem* (naturais e artificiais), com a *maneira de obter* (a quente e a frio), pelo *percentual de açúcar e de álcool* e pela *qualidade* (comuns, finos e superfinos). São denominados de aguardente, rosólio, creme, elixir e alguns especiais, agrupados como ratafiás e amargos, e se incluem os *vinhos aromatizados* ou *vinhos aromáticos* e os vinhos de licor, que devem ser tecnicamente considerados licores, pois foram os únicos conhecidos na antiguidade, antes da separação do álcool dos líquidos fermentados. Eles são preparados com vinho ou suco de uvas frescas, misturados com um edulcorante e com os ingredientes aromatizantes.

27.5 LICORES NATURAIS

Os diferentes autores denominam de licores naturais aos líquidos obtidos pela destilação de sucos vegetais fermentados, com a denominação de *espíritos*. No passado, os licoristas eram destiladores. Para obtê-los há fermentação de um líquido açucarado e, em seguida, a destilação para separar o álcool contido (*spirit, esprit*, "espírito") em teor variável de 50% ou mais, acompanhado de mínimas quantidades de componentes, como aldeídos, alcoóis superiores, ácidos, ésteres e outros que impurificam o álcool obtido, mas contribuem para o buquê do destilado. Esses destilados são consumidos tal como obtidos ou após armazenamento, durante o qual sofrem modificações e adquirem características organolépticas especiais. Também podem ser consumidos em mistura com outras substâncias aromatizantes ou apenas saborizantes, como ponches e outros produtos com concentração alcoólica de 40 a 65%, embora na maioria dos casos entre 40 e 50%.

Por definição, os licores naturais são as aguardentes de vinho (conhaque, *armagnac*, destilados de bagaço de uvas), as aguardentes de frutas (de ameixa ou *kirsch*, de maçã, de peras), aguardentes de cana (rum, cachaça), aguardente de grãos (uísque, gim, genebra) e aguardentes artificiais (álcool de beterraba ou outro, adicionado de aromatizantes) para produzir imitações de bebidas consagradas.

As aguardentes resultam da destilação de vinhos e de outros líquidos fermentados e os licores

são obtidos sem fermentação, por mistura de álcool, água, extratos aromáticos e açúcar em proporções adequadas para formar conjunto homogêneo, agradável e higiênico. Entretanto, eles podem ser destilados depois de feita a mistura de água, álcool e aromatizantes, para obtenção de bebida de melhor qualidade e a seguir adoçados.

Os licores naturais são classificados em:

- ◆ *Aguardente simples* – Bebida alcoólica ou mistura de água e álcool em proporções diversas, obtidas por destilação de bebidas fermentadas ou por mistura de álcool com água, que, além de princípios aromáticos, apresentam elevado percentual de álcool de 40 a 72% e uma mínima quantidade de açúcar (2%). Uísque, conhaque, gim, *kirsch* não o contêm e são considerados licores naturais.
- ◆ *Aguardentes duplas* – São bebidas que, além dos princípios aromáticos e de elevado percentual de álcool, contêm de 2 a 12% de açúcar.

27.6 LICORES ARTIFICIAIS

Os licores artificiais são os licores propriamente ditos, obtidos pela mistura de espírito aromático com álcool, água e açúcar, e, em certos casos, adicionados de corantes. Comumente, contêm de 12 a 30% de açúcar e de 25 a 50% de álcool.

De acordo com a origem, são bebidas que têm por base álcool mais ou menos diluído, ou aguardente, de sabor e aroma agradáveis conferidos por substâncias aromáticas, durante a fabricação e adoçadas com açúcar.

De acordo com o método de preparação, podem ser licores por destilação, licores por maceração (a frio) ou digestão (impropriamente denominados "por infusão" porque em álcool aquecido) e licores por mistura de óleos essenciais (essências e extratos).

Existem outras expressões, tais como elixires, ratafiás, águas, óleos e cremes, que não são bem determinadas e se referem a preparações especiais e patentes de fabricantes.

Creme, rosólio e elixir são licores muito finos, com 30% de açúcar e percentual não muito elevado de álcool (20-40%). Os rosólios contêm elevada percentagem de açúcar e, por isso, são densos, possuem suavidade de sabor e de aroma, sendo considerados licores ótimos entre os finos.

Amargo ou *bitter* é categoria especial de bebida rica de substâncias amargas adequadamente associadas, de percentual de álcool não muito elevado e escassamente edulcorados ou não.

Pela qualidade, uma antiga classificação agrupa os licores em comuns, semifinos (ou meio finos), terço-finos, finos e superfinos, de acordo com a proporção de álcool e de açúcar em sua composição.

27.7 CLASSIFICAÇÃO

◆ *Licores comuns (ordinários)* – As proporções de açúcar e de álcool são invariáveis: 25 L de álcool a 85° GL, descontado o álcool do alcoolato, 12,5 kg de açúcar e água para 100 L de licor. Deve ser usado xarope para maior delicadeza da preparação. Preparar o xarope a quente, esfriar, adicionar a alcoolatura e completar com água. Para 10 L do licor 2,5 L de álcool, 1,25 kg de sacarose e 6,6 L de água.

◆ *Licores duplos* – A proporção de álcool e de açúcar muda. Em lugar de 25 L de álcool, 50 L, e 25 kg de açúcar em lugar de 12,5 kg, para 100 L de licor.

◆ *Licores meio finos* – As quantidades de açúcar e de álcool ficam a meio termo entre os ordinários e duplo, ou 2,8 L de álcool a 85%, 2,5 kg de açúcar e 5,5 L de água, para 10 L de licor.

◆ *Licores um terço finos* – Mistura em partes iguais de ordinários e meio finos.

◆ *Licores finos* – Para 100 L de licor, 32 L de álcool a 85° GL, 43,75 kg de açúcar em xarope a 25 a 30° Brix. Sua qualidade depende da qualidade dos ingredientes usados, ou 3,3 L de álcool a 85%, 4,37 kg de açúcar, e 3,8 L de água para 10 L.

◆ *Licores superfinos* – 38 a 40 L de álcool e 56 kg de açúcar em xarope com 35 a 40° Brix, ou 4 L de álcool a 85%, 5,6 kg de açúcar e 2,6 L de água.

◆ *Licores por xaropes* – São licores preparados com xaropes de vegetais (frutos, flores, folhas, raízes) quando o licorista não dispõe de matéria-prima fresca. Às vezes, esses xaropes não têm suficiente aroma, e é necessário complementá-lo com adição de essências ou óleos aromáticos.

◆ *Licores por infusões aquosas* – Não são muito comuns.

◆ *Licores por águas aromatizadas* – As águas aromáticas são preparadas pela destilação de aromáticos com água, e são usadas na produção dos licores, adicionando álcool a 85° GL e açúcar. Podem ser comuns, meio finos, finos e superfinos.

◆ *Licores por essências* – São preparados com mistura de álcool, água e açúcar e adicionados de essências. Feita a seleção do licor desejado (comum, meio fino, fino, ou superfino), as essências são adicionadas a um terço do volume de álcool a usar e, quando totalmente dissolvidas, são postas em contato a frio, com o restante do álcool, da água e do açúcar. Em seguida, é feito o corte em temperatura baixa, a coloração e a filtração, após 24 horas de repouso.

◆ *Licores por alcoolatos ou espíritos aromáticos* – Os licores feitos com eles não são tão finos como os obtidos pela destilação direta, mas são razoavelmente bons. São obtidos com a mesma técnica empregada nos licores por essência. A quantidade de álcool adicionada deve levar em conta o teor alcoólico do alcoolato.

◆ *Ponches* – Pela bibliografia, ponches são misturas de infusões de chá, suco de limão e de aguardente de vinho, de rum ou de *kirsch*. De acordo com a definição, a batida de limão e a caipirinha brasileiras podem ser classificadas nessa categoria.

◆ *Ratafiás* – São os licores feitos com infusões alcoólicas de frutos frescos e são classificados entre os comuns e os meio finos.

◆ *Licores mistos* – Estão classificados entre os licores por misturas.

27.8 LICORES POR DESTILAÇÃO

Nesses licores, os aromas são obtidos por maceração ou digestão seguida de destilação. Os licores destilados contêm toda a parte aromática da matéria-prima empregada, e são normalmente isentos dos óleos essenciais livres, que, em geral, comunicam sabor áspero e causam turvação.

Os licores por destilação apresentam elevado grau de delicadeza e perfume não conseguido pela simples maceração de material aromático ou mistura de essências e extratos. A destilação causa mistura íntima dos princípios aromáticos entre si e com o álcool. Os perfumes se confundem e originam buquê delicado e fino que não é possível conseguir de outra forma. Os licores destilados são puros, isentos de princípios inúteis, prejudiciais ou perigosos, como os alcaloides, que compõem as tinturas preparadas por maceração.

A maneira de conduzir a destilação influi na qualidade. A forma de aquecer é fundamental; quanto menos intenso for o aquecimento e mais lenta a destilação, melhor a qualidade do destilado. A destilação lenta, com menor aquecimento, conduz à obtenção do que se define como a quinta essência do aroma.

Os destilados são transformados em licores ao serem reduzidos à graduação alcoólica conveniente e acrescidos de açúcar ou xarope e tintura corante.

27.8.1 Aparelhos para destilar e retificar

São muitas as formas dos destiladores para álcool ou aguardentes, descontínuos e contínuos. Os descontínuos são os alambiques ditos simples e os contínuos são as colunas de destilação. Para as fábricas de licores, em que a destilação é feita sobre as misturas de ingredientes, os destiladores mais usados são os simples (descontínuos) dos quais há numerosos tipos, feitos por numerosos fabricantes, aquecidos a fogo direto, em banho-maria, a vapor, com aquecedor de vinho e, às vezes, retificadores (Figura 27.1).

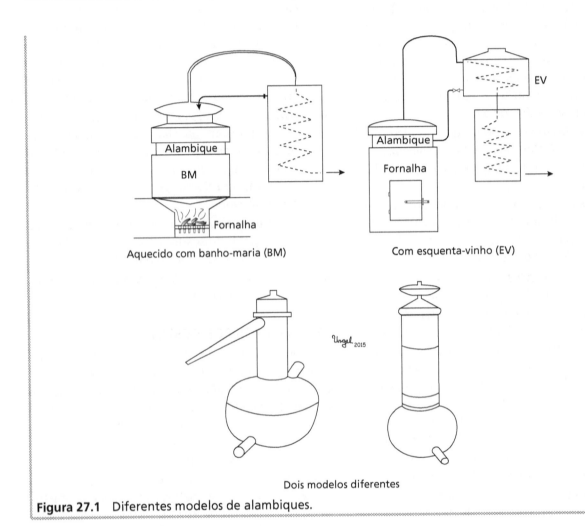

Figura 27.1 Diferentes modelos de alambiques.

Há alambiques com caldeira provida de cesta perfurada para receber macerados com partes sólidas, aparelhos com descarga basculante, aparelhos com agitação, para destilar bagaços e engaços, e os aparelhos contínuos, para retificar destilados.

27.9 LICORES POR MACERAÇÃO

A bibliografia quando se refere a essa categoria de licores usa termos com mais de um significado. É frequente o uso de maceração, infusão, digestão, difusão para designar operações quase similares.

Por definição, maceração é a colocação de material sólido em um líquido para que este se impregne dos princípios solúveis contidos no sólido. Assim, os licores por maceração são obtidos pela maceração das matérias aromáticas em álcool forte ou diluído, por tempo mais ou menos prolongado, dependendo da natureza de matéria-prima. É o método mais antigo e praticamente o único seguido nas preparações domésticas, porque não exige aparelhagem especial.

Maceração é infusão sem uso de calor e requer mais tempo de contato do que nas infusões para a obtenção de aromas. É usada quando a matéria-prima é afetada pelo calor, ou quando seus componentes são facilmente solúveis a frio. A maceração é feita para obter licores com produtos aromáticos estáveis e com os que são alteráveis por ação de calor. Este é o método mais aconselhável para a preparação de ratafiás, para os que devem receber a coloração da matéria-prima e para a maior parte dos amargos. A trituração da matéria-prima facilita a extração e aumenta o rendimento da operação.

A infusão, resultante da ação do álcool sobre material vegetal fresco, às vezes confundida com alcoolato, é usada para extrair matérias solúveis a quente, de materiais que não podem ser submetidos à destilação. Se as substâncias não são facilmente solúveis e pouco voláteis, ou se a matéria-prima é desidratada, como flores e folhas, é recomendado colocar água aquecida sobre ela em recipiente fechado e deixar em repouso por tempo necessário para a extração do que se deseja, o que pode ser de horas a dias, dependendo da matéria-prima. A colocação de toda a água, ou líquido de maceração de uma única vez torna o extrato deficiente em aroma.

Digestão, repetindo, é uma infusão prolongada em baixa temperatura de 35 a 60 °C, com o objetivo de impregnar lentamente o álcool com os aromas.

A maceração ou digestão são operações prévias para obter tinturas quando o álcool extrai os princípios voláteis dos vegetais e substâncias solúveis e estáveis que não se pode separar por destilação. Na industrialização de ratafiás e amargos, as tinturas (alcoolatos e alcoolaturas) apresentam interesse quando forem empregadas para preparar misturas para colorir licores. As de alta qualidade são obtidas macerando por uma semana ou mais a 20 °C com álcool a 85° GL; álcool de mais alta graduação exige temperatura mais alta, como 38 °C.

As tinturas podem melhorar com o tempo desde que armazenadas em recipientes fechados e de preferência ao abrigo da luz. Quando compostas, concentradas, ricas de princípios aromáticos e corantes são empregadas nas preparações domésticas de licores sob a designação de extratos, misturados em proporções adequadas com álcool, açúcar e água.

A indústria prefere a fabricação de licores por destilação ou pela mistura de essências, que propiciam a obtenção de produtos mais finos, de aroma e sabor delicados, ou de fabricação mais econômica.

27.10 LICORES POR MISTURA DE ÓLEOS ESSENCIAIS OU DE ESSÊNCIAS

Estes licores são os mais fáceis de preparar, bastando dissolver a essência em álcool e levar a mistura à graduação conveniente. A qualidade depende da qualidade das essências e das proporções dos ingredientes.

Há três tipos, a saber: licores não doces, vinhos aromatizados e medicinais e os amargos e *bitters*.

Os óleos essenciais são componentes extraídos diretamente dos vegetais e diferem de essências ou extratos, que são soluções dos óleos essenciais simples ou de misturas deles no álcool concentrado.

A obtenção de licores por mistura de óleos essenciais ou de essências é simplificação do método por destilação, procedimento pelo qual os licores são preparados com simplicidade e rapidez, mas considerados de qualidade medíocre porque a mistura de óleos essenciais ou diluição das essências não ocorre de forma íntima e completa, como a conseguida com destilação. Há economia de tempo, de material e de combustível.

A preparação é a frio e consiste em dissolver as essências exatamente dosadas no álcool forte, misturar o xarope, a água e os corantes. Em certos casos, o licorista destila a mistura das essências adicionadas ao álcool para obter fragrância homogênea, o que reverte ao processo de destilação.

27.11 ESSÊNCIA E ÓLEOS ESSENCIAIS

Essência é a substância aromática, princípios odorantes extraídos das plantas, ou substância artificial fragrante obtida por síntese, com procedimentos químicos complexos a partir de matéria-prima de origem orgânica, com propriedades, constituição química e perfume, semelhantes às substâncias naturais.

Os óleos essenciais se formam durante a vegetação das plantas, têm composição variável e não são propriamente óleos, embora com características físicas parecidas, como imiscibilidade ou insolubilidade em água e densidade menor que a dela. Em geral, são solúveis em alcoóis, éteres e clorofórmio e podem ser absorvidos por óleos, resinas e cera.

Entre vegetais de mesma espécie, sua composição depende das variedades, da forma de cultivá-las, da idade da planta, da colheita, da conservação e do órgão do vegetal, como tronco, cascas, ramos, folhas, flores, frutos, sementes e raízes.

Comumente são extraídos por destilação, mas podem ser obtidos por espremedura de partes dos vegetais, como os óleos de citros, quando da extração dos sucos. Assim obtidos, apresentam aroma mais delicado, mas se deterioram mais facilmente por efeito de substâncias acompanhantes, como mucilagens, que os turvam e facilitam sua modificação, afetando sua solubilidade em álcool. De características variáveis, como ponto de ebulição entre 80 °C (lavanda) e 270 °C (patchuli), são alterados com a luz e com o passar do tempo; incolores no início escurecem depois, mas em mistura alcoólica de 10 a 50%, em recipientes de metal e vidro escuro hermeticamente fechados, se conservam bem em ambiente fresco e escuro.

Algumas substâncias aromáticas possuem propriedades medicinais e terapêuticas, como ruibarbo e aloés, purgativos; camomila, calmante; café, chá e cacau, estimulantes, e a genciana, tônica.

Seu rendimento é baixo em comparação com a quantidade de matéria-prima exigida quando obtidas por destilação, como pode ser observado a seguir pela indicação de quantos gramas de essência podem ser obtidos com 10 kg da matéria-prima:

- Absinto grande – 12 a 12,5 g
- Absinto pequeno – 4,5 a 5 g
- Amêndoas amargas – 18 a 60 g
- Angélica (raízes) – 28 a 60 g
- Anis verde – 118 a 200 g
- Badiana (anis estrelado) – 112 a 430 g
- Camomila – 8 a 40 g
- Canela do Ceilão – 75 a 170 g
- Canela da China – 22 a 75 g
- Cardamomo (pequeno) – 280 g
- Cascarilha – 62 a 75 g
- Coentro – 13 a 14 g
- Estragão – 39 a 40 g
- Funcho – 21 a 23 g
- Macis – 12 a 60 g
- Hortelã pimenta – 70 g
- Noz-moscada (essência) – 130 g
- Flor de laranjeira – 5 a 30 g
- Rosas – 0,4 a 1,6 g
- Sassafrás – 6 a 50 g
- Zimbro – 48 a 85 g

27.12 PROPRIEDADES SENSORIAIS DE VEGETAIS

Nos vegetais, Ghersi (1950) distingue sabores nitidamente amargo, amargo aromático e puramente aromático, ele afirma que o amargo aromático e o puramente aromático dependem da presença de óleos essenciais e faz uma classificação mais ampla, com as seguintes designações:

- Sabor *amaríssimo*, de madeira de cássia e das folhas de aloés;
- Sabor *amargo intenso,* de raízes de genciana;
- Sabor *amargo menos intenso*, mas aromático de madeira de Angostura, casca de laranja amarga;
- Aroma *intenso sem amargo,* especificado de semente de angélica, de chicória e folha de rosmaninho;
- Aroma *adocicado sem amargo,* especificado de flores de arnica e de lavanda;
- Aroma *intenso sem amargo*, de nozes de cola, noz-moscada e chá;
- Sabor *ardente,* de canela e funcho;
- Aroma de *baunilha* ou *cumarina,* de baunilha e meliloto (trevo de cheiro);
- Sabor *sacarino,* de casca de laranja e de anis comum;
- Sabor de *amêndoas amargas* de semente de pêssego, de folhas de louro e amêndoas amargas.

27.13 VINHOS AMARGOS

Os amargos ou *bitters* são licores sem açúcar, adicionados de água, cascas de laranjas amargas (curaçau), quina, xarope de frutas e outros.

27.14 VINHOS DE LICOR

Vinhos comuns, fortificados ou não com álcool, aromatizados pela adição de vegetais em infusão e contendo excesso de açúcar. Após um período de maceração, os vinhos generosos são coados, filtrados e ficam em repouso por certo período. Há vinhos de licor secos e doces, preparados da mesma maneira, com vinhos secos ou doces.

27.15 VINHOS AROMATIZADOS

São as bebidas que resultam da adição de aromas a líquidos fermentados, mais geralmente aos vinhos, como os vermutes e alguns cordiais.

27.16 VINHOS MEDICINAIS

Também denominados estomacais ou reconstituintes, são a base de licores aperitivos como os quinados. De maneira geral, são obtidos com ervas colocadas em álcool a 60° GL, maceradas por horas ou dias, filtradas; e o filtrado é misturado a um vinho.

27.17 VERMUTES

São vinhos aromatizados, considerados como variações ou descendentes do *hippocras*, aromatizados com diversos condimentos, laranja, baunilha e outros ingredientes.

27.18 CORDIAIS

São denominadas de cordiais, as bebidas ou medicamentos tidos como estimulantes do coração.

Usualmente são feitos com destilado alcoólico (espírito), mas são considerados melhores os preparados com destilado envelhecido de vinho (*brandy*). Um extrato obtido pela destilação de frutas e ervas é misturado ao *brandy* e a mistura é destilada para produzir bebida de características de sabor e aroma limpo e homogêneo. Os de qualidade inferior são produzidos a frio, misturando essências e amargos com álcool neutro.

Também podem ser usados óleos essenciais e amargos artificiais, assim como substâncias aromáticas animais.

27.19 FABRICAÇÃO DE LICORES ARTIFICIAIS

Neste item são discutidos os licores artificiais elaborados com álcool, açúcar e aromatizantes e não são tratados os naturais, definidos como aguardentes, sobre os quais há muita informação na bibliografia.

A preparação dos licores é operação delicada que exige muito cuidado para obter bons produtos e inicia pela qualidade da matéria-prima e pela maneira de usá-la e tratá-la, porque cada uma participa da composição em proporções convenientes e com suas propriedades características. A limpidez e a qualidade dos licores produzidos dependem do cuidado na manipulação e da escolha das substâncias empregadas e estão diretamente associadas à capacidade do licorista saber combinar convenientemente os aromas para obter produto agradável e de composição constante.

Já foi dito que é indispensável empregar álcool de primeira qualidade, retificado, puro, de preferência fino ou neutro, açúcar refinado, água quimicamente pura destilada, plantas, raízes, flores, drogas recentes e bem conservadas, óleos essenciais, essências e tinturas puras, frutas e sucos irrepreensíveis, bem como substâncias corantes de perfeita inocuidade.

Entretanto, para obter bom licor não é necessário seguir estritamente as formulações, pois elas não são mais do que um guia. O licorista deve reconhecer as substâncias aptas a produzir compostos agradáveis, saber tirar proveito de produtos locais e corrigir ou acrescentar aroma ao licor com adequadas modificações ou adições. A formulação se torna característica pessoal.

A Figura 27.2 esquematiza a fabricação de licores.

27.19.1 Local

A fabricação deve ser executada em um local próprio, especial, bem projetado, com pisos e paredes construídos com material fácil de higienizar, com disponibilidade de água potável em abundância, longe de emanações de aromas estranhos que possam ser absorvidos e prejudicar os produtos a elaborar. Esse local deve estar provido de sistema de escoamento rápido e total de água de lavagem, enfim deve dispor de facilidades para manter-se em perfeitas condições de higiene.

Deve haver um almoxarifado para equipamentos, utensílios e instrumentos, e outro para insumos e matérias-primas, incluindo material aromatizante e essências, assim como compartimento especial para preparar misturas, manusear a matéria-prima e outro para equipamentos de destilação. Os locais de manipulação e de armazenamento de produto acabado devem manter temperatura estável e uniforme, ser construídos de paredes grossas para evitar sua oscilação.

27.19.2 Utensílios e equipamentos para licoristas

O material relacionado a seguir é indicado para obtenção industrial de licores e, dentre eles, podem ser identificados os necessários para produção doméstica, imprescindíveis para fabricação com uniformidade e qualidade.

Recipientes de vidro, aço inoxidável ou de plásticos inócuos, para fazer a mistura dos ingredientes, devem ter tampa e torneira na base, para descarga dos líquidos. Podem ser equipados com filtros de mangas e serpentinas de vapor e devem dispor de escala graduada, para indicar os volumes armazenados a adicionar.

Como equipamentos indispensáveis alinham-se fogões, tachos, estufas, gerador de vapor e aparelhos de destilação diversos, incluindo os de vidro, alambiques e colunas de destilação, de preferência providos de aquecimento a vapor. Na destilação, devem ser evitados combustíveis que gerem fumos e cheiros que possam contaminar a preparação.

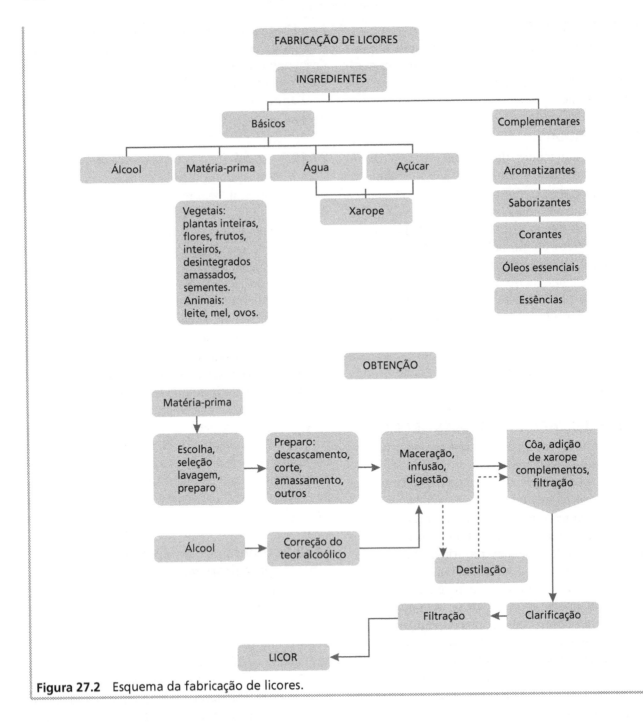

Figura 27.2 Esquema da fabricação de licores.

Outros utensílios e equipamentos são prensas para frutas, almofarizes diversos (ferro fundido, de vidro, de louça, de pedra), aparelhos para esmagar amêndoas diversas, moinhos, ralos diversos, torradores, como os de café, frascos de diversos volumes, peneiras de materiais e malhas diversas, areômetros de Brix, refratômetros, alcoômetros de Gay Lussac ou ponderais, conta-gotas, balanças diversas (de precisão a básculas de grande capacidade), lamparinas de álcool, bombas de vácuo, compressores de ar, bomba para xaropes, espátulas de diferentes tipos, vidraria para análises laboratoriais e manipulação e outros que auxiliem o trabalho do licorista, incluindo garrafões, bombonas, funis, máquina de engarrafar e de arrolhar garrafas e de encapsular, colheres, facas, espumadeiras, conchas, panelas e muitos outros.

Antigos manuais de preparação de licores apresentam gravuras de recipientes denominados vasos florentinos, que os destiladores usavam para recolher destilados e, ao mesmo tempo, permitir a separação de duas fases líquidas, uma menos densa que outra, e sua descarga, sem as misturar.

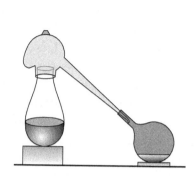
Destilador simples

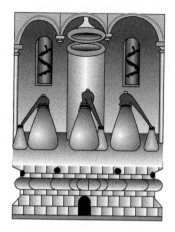
Conjunto de destiladores

Figura 27.3 Figuras de destiladores obtidos de livros antigos.

Fonte: Robinet (1891) e Brevans (1897).

A Figura 27.4 ilustra duas versões dos vasos florentinos. A primeira tem um tubo que sai da base e ascende lateral e verticalmente até certa altura, de onde flui a fase mais densa de um destilado, e retém a menos densa.

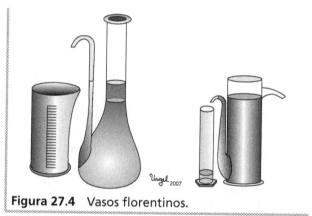

Figura 27.4 Vasos florentinos.

Fonte: Robinet (1891).

A outra versão é a de um vaso com saída inferior semelhante à do primeiro. O destilado é alimentado pelo fundo, por meio de um funil de fino diâmetro, e voltado para cima sem tocar o fundo, para permitir a alimentação contínua sem turbulência, ao mesmo tempo em que favorece a separação de fases. Uma flui para o exterior pela saída no topo do vaso e a outra pelo fundo. Essa construção permite a permanência de um volume constante no vaso, mesmo que se adicione mais líquido.

Nesses vasos, os líquidos de maceração, que contêm óleos essenciais ou substâncias aromáticas normalmente de menor densidade do que a da água são separados do material mais leve, sem perda na descarga, pois ficam à superfície. A adição de mais líquido permite a saída da água sem arrastar os óleos.

27.20 MATÉRIAS-PRIMAS

As matérias-primas da indústria licoreira são água, álcool, matérias aromáticas, essências, espíritos aromáticos, alcoolatos, alcoolaturas, tinturas, águas destiladas ou hidrolatos, infusões, decoctos, macerados e sucos, que comunicam aroma, sabor e açúcar.

Água

Deve ser potável, ter grau hidrotimétrico muito baixo (baixa dureza), não conter contaminação microbiana, particularmente patogênicos, não ter odores e nem gosto. Em resumo, deve ser potável e isenta de produtos que possam transmitir sabor e odor, ainda que sejam usados para impedir a contaminação microbiana.

Quando ela for submetida a aquecimento para facilitar operações de maceração ou digestão, basta que seja potável, mas se for usada para operações a frio, é conveniente que seja destilada, para evitar a contaminação do produto com sabores e aromas estranhos.

A água proveniente de distribuição urbana, em geral estéril pelo uso de desinfetantes, como o cloro, ou que contém sais minerais, como o de flúor, tem de ser purificada por tratamento com carvão ativo ou com resinas de troca iônica. Quando a água é dura, com presença de sais de cálcio e de magnésio, deve ser submetida a precipitação dos sais em solução.

Álcool

Na bibliografia licoreira clássica, os alcoóis são citados como "espíritos", alcoóis com no mínimo 70% de etanol, ou 70º Gay Lussac, comumente obtidos por destilação de vinho, de mostos fermentados de beterraba, de melaço, de grãos e de batata. No passado era aconselhado apenas o uso de álcool vínico e havia restrições ao uso de álcool de tubérculos e de grãos; embora, até meados do século XX, o álcool de cereais tenha sido considerado mais adequado para perfumaria e confecção de bebidas, incluindo os licores.

Como ilustração, vale a pena registrar que a bibliografia clássica denominava os destilados como espíritos 3/5, 3/6, 3/7 e 3/8, forma de avaliação dos alcoóis conhecida como prova da Holanda, relacionada com a aguardente com concentração de 19º Cartier, correspondente a 50% de álcool puro (absoluto) em volume. Segundo os manuais franceses, os principais tipos de espíritos eram:

- Os *três sextos do Languedoc* provenientes da destilação de vinhos, com 80º GL, usados na preparação de conhaques;
- Os *três sextos neutros* ou *extrafinos*, obtidos pela retificação de alcoóis de arroz, tidos como os melhores espíritos industriais, vendidos com 90 a 95º GL;
- Os *três sextos do Norte*, vendidos com 90º GL, finos, alcoóis de beterraba retificados, que conservavam o gosto de origem. Os obtidos com melaços, eram considerados melhores do que os destilados do suco de beterraba.

A indústria sucroalcooleira produz alcoóis de alta qualidade originados da cana-de-açúcar, neutros e isentos dos componentes que afetem sabor e aroma. O álcool para licor deve ser um destilado neutro de alta graduação alcoólica (95-96% em volume, correspondente a 92% em peso), que em todas as formulações é diluído com água a 80-85% em volume (80-85º Gay Lussac). Há tabelas que facilitam a redução da força alcoólica do álcool para a concentração apropriada. Entre elas, a Tabela 27.2 organizada por Guillemin.

A maioria das formulações de licores recomenda o uso de álcool a 85º GL, mas a bibliografia não explica o porquê desse proceder, pois os aromatizantes são extraídos tanto com alcoóis mais fracos, como as aguardentes, quanto com alcoóis mais fortes. Provavelmente, isso se deve ao fato de que os alcoóis usados na fabricação de licores no século XIX e anteriores terem sido "espíritos" obtidos em alambiques, que não permitem produzir destilados com máxima concentração de etanol, o que veio a ser possível com a modernização dos aparelhos de produção de álcool, no final do século.

As aguardentes com teor alcoólico ao redor de 50% extraem os aromas, porém afetam o buquê com os componentes secundários que não são eliminados na destilação com alambiques e por isso devem ser evitadas, mesmo em preparações domésticas. Na prática as formulações dos licores continuaram a recomendar o uso de álcool a 85º GL, o que exige diluição dos alcoóis finos industriais com água.

A bibliografia, além de alguns espíritos 3/6, não cita formulações com alcoóis mais fortes, mas seu uso é viável e sua diluição pode ser feita com maior quantidade de água ou de xarope, para manter a graduação alcoólica adequada aos licores comuns, meio finos, finos e superfinos.

Para controlar a diluição do álcool são usados alcoômetros graduados em graus Gay Lussac ou ponderal. Ao usá-los é preciso ter a cautela de medir a força alcoólica do álcool à temperatura de aferição do instrumento de 15 ºC ou 20 ºC, gravada na haste do areômetro.

- INPM – Instituto Nacional de Pesos e Medidas. A referência a graus INPM significa valores na escala ponderal e indica o grau alcoólico em massa percentual avaliada pela densidade do álcool a 20 ºC em relação à água a 4 ºC (20 ºC/4 ºC);
- Gay Lussac – Escala instituída por Gay Lussac no século XIX. A referência a graus Gay Lussac, ou a graus GL indica volume percentual de álcool no líquido avaliado pela densidade medida a 15 ºC, em relação à água a 15 ºC (15 ºC/15 ºC).

A leitura da graduação em temperaturas diferentes da de aferição exige a medição da temperatura e o auxílio de uma tabela apropriada, como a Tabela 27.1. Quando a temperatura é mais alta do que a de aferição do aparelho a densidade do álcool diminui e a haste do alcoômetro mergulha mais e indica força alcoólica diferente da real. Ao contrário, quando a temperatura do líquido é mais baixa, aumenta a sua densidade, o alcoômetro mergulha menos e também indica força alcoólica diferente da real. A Tabela 27.1 indica a graduação alcoólica em ºGL, em relação à temperatura.

Licores

Tabela 27.1 Parcial da graduação alcoólica dos alcoóis mais usados em fabricação de licores, em relação à temperatura e em alcoômetros graduados a 15 °C.

T° C	Graduação alcoólica em graus GL, correspondente às temperaturas lidas								
	45	50	55	60	80	85	90	95	100
10	47,1	52,0	57,0	62,0	81,9	86,8	91,7	96,5	–
11	46,7	51,7	56,6	61,6	81,5	86,4	91,4	96,2	–
12	46,3	51,2	56,2	61,2	81,1	86,0	91,0	95,9	–
13	45,9	50,9	55,8	60,8	80,8	85,7	90,7	95,6	–
14	45,4	50,4	55,4	60,4	80,4	85,4	90,3	95,3	–
15	**45,0**	**50,0**	**55,0**	**60,0**	**80,0**	**85,0**	**90,0**	**95,0**	**100,0**
16	44,6	49,6	54,6	59,6	79,6	84,6	89,6	94,7	99,7
17	44,1	49,2	54,2	59,2	79,2	84,2	89,3	94,4	99,5
18	43,7	48,8	53,8	58,8	78,9	83,9	88,9	94,0	99,2
19	43,4	48,4	53,4	58,4	78,5	83,6	88,6	93,7	98,9
20	43,0	48,0	53,0	58,0	78,1	83,2	88,3	93,4	98,6
21	42,5	47,6	52,6	57,6	77,8	82,8	87,9	93,1	98,4
22	42,1	47,1	52,2	57,2	77,4	82,4	87,6	92,8	98,1
23	41,6	46,7	51,8	56,8	77,0	82,1	87,2	92,4	97,8
24	41,2	46,3	51,4	56,4	76,6	81,7	86,8	92,1	97,5
25	40,8	46,0	51,0	56,0	76,3	81,3	86,5	91,8	97,2
26	40,4	45,5	50,5	55,6	75,9	80,9	86,1	91,5	97,0
27	40,0	45,1	50,2	55,2	75,5	80,5	85,7	91,1	96,7
28	39,6	44,7	49,8	54,8	75,1	80,2	85,4	90,8	96,4
29	39,1	44,3	49,4	54,4	74,7	79,8	85,0	90,4	96,1
30	38,7	43,8	49,0	54,0	74,3	79,4	84,7	90,1	95,8

Fonte: Almeida (1940).

27.20.1 Diluição dos alcoóis

Os alcoóis comerciais acusam, no mínimo, 95% de etanol em volume (92,8% em massa) e as formulações indicam que os licores devem ser preparados com álcool a 80-85% de álcool em volume após diluição com água. Para serem diluídos com água pura não basta calcular a quantidade de água a adicionar, pois em mistura com água o álcool apresenta o fenômeno de contração de volume e o simples cálculo conduz a equívoco. Há uma tabela organizada por Guillemin (Tabela 27.2), que indica a quantidade de água a adicionar para cada 100 volumes de álcool, levando em consideração a contração de volume. Essa tabela é útil para a confecção dos licores.

No alto da tabela, são indicadas as concentrações dos alcoóis a usar e, nas linhas horizontais abaixo, as concentrações desejadas. Pelo cruzamento de uma linha vertical, da indicação da concentração do álcool disponível, com uma linha horizontal, iniciada na concentração desejada do álcool diluído, é encontrado o volume de água a adicionar a cem volumes do álcool original. Como exemplo, se o álcool existente acusa 96° GL e o diluído deverá ter 85° GL, a cada 100 mL do álcool original adicionar 14,0 mL de água. Se o desejado for 80% de álcool em volume, adicionar 22,4 mL de água.

Como a legislação modernamente adota a escala ponderal para definir a força alcoólica do etanol e a temperatura de 20 °C na aferição dos alcoômetros, antes de usar a tabela de Guillemin para a diluição dos alcoóis, vale lembrar que álcool a 95,01° GL a 15 °C corresponde a 92,43% de etanol em peso a 15 °C e álcool a 96,51° GL a 15 °C corresponde a 94,58% em peso a 15 °C e 95,2° GL a 92,8% em peso.

546 BEBIDAS ALCOÓLICAS

Tabela 27.2 Tabela de Guillemin (parcial) para diluição de alcoóis.

Graduação a obter	Graduação do álcool a diluir, em °GL a 15 °C							
	98	97	96	95	94	93	92	91
97	1,25							
96	2,53	1,26	Volume de água para 100 volumes de álcool					
95	3,80	2,51	1,24					
94	5,09	3,79	2,50	1,24				
93	6,38	5,07	3,78	2,50	1,24			
92	7,70	6,38	5,06	3,78	2,50	1,24		
91	9,03	7,69	6,37	5,07	3,78	2,51	1,24	
90	10,39	9,04	7,70	6,39	4,97	3,80	2,52	1,26
85	**17,54**	**16,11**	**14,00**	**13,31**	**11,94**	**10,59**	**9,23**	**7,89**
80	**25,41**	**23,90**	**22,40**	**20,94**	**19,49**	**18,06**	**15,62**	**15,20**
75	34,23	32,63	31,03	29,48	27,94	26,28	24,88	23,38
70	44,19	42,49	40,80	39,15	37,40	35,88	34,25	32,64
65	55,59	53,78	51,98	50,20	48,44	46,70	44,95	43,23
60	68,77	66,82	64,88	52,97	62,28	59,20	57,32	55,47
55	84,27	82,16	80,06	78,00	75,94	73,91	71,87	69,86
50	102,71	100,42	98,13	95,88	93,63	91,41	89,18	86,98
45	125,05	122,53	120,03	117,54	115,06	112,61	110,16	107,63
40	152,81	150,01	147,21	144,54	141,69	138,96	136,24	133,51
35	188,17	185,00	181,84	178,72	175,60	172,51	169,41	166,33
30	234,97	231,33	227,90	224,09	220,50	216,93	213,35	209,80
25	300,16	295,85	291,56	287,29	283,03	278,79	274,55	270,33
20	397,83	392,53	387,23	381,97	376,71	371,48	366,74	361,03
15	550,57	553,60	546,64	539,72	532,80	525,91	519,01	512,13
10	886,41	876,12	865,84	855,59	845,35	835,13	824,91	814,71

Fonte: Almeida (1940).

27.20.2 Edulcoração

Como foi definido, os licores são misturas de álcool, água e açúcar. A sacarose é o edulcorante comum e o mais barato. Em temperatura ambiente (24-30 °C), a água dissolve açúcar em até três vezes seu peso, e, aquecida, dissolve-o em muito maior proporção, dependendo da temperatura.

A sacarose deve ser refinada, sob forma cristalizada ou amorfa e ser a mais branca possível, para não afetar a coloração do licor, que eventualmente poderá ser colorido por corantes permitidos pela legislação.

O mel, citado na bibliografia, era usado na preparação de vinhos aromatizados e nos licores primitivos, assim como a glicose, identificada como o açúcar de uva.

A glicose, obtida de materiais amiláceos, não é comumente usada, porque é mais cara do que a sacarose e porque sua capacidade adoçante é duas vezes e meia menor do que a sacarose. Em lugar da sacarose, pode ser usado açúcar invertido, mistura em partes iguais de glicose e frutose, obtida pela inversão da sacarose por via enzimática ou ácida. Na prática comercial, é usado açúcar líquido, em cuja composição figuram sacarose, glicose e frutose.

Vários autores recomendam que a edulcoração seja feita com xaropes, ou seja, solução aquosa concentrada de açúcar, em lugar da adição direta de sacarose. O xarope preparado por dissolução a quente e adicionado frio na elaboração conduz à obtenção de licores mais suaves e delicados.

É comum usar xarope a 65% de açúcar que é obtido pela dissolução de 1,75 kg de sacarose em um litro de água, adicionando-se, aos poucos, o açúcar na água em ebulição e agitando sempre. A água perdida com a fervura é reposta para manter a concentração. Depois da dissolução total do açúcar, o xarope é mantido em fervura por algum tempo e, depois, clarificado, filtrado, se necessário, e resfriado. É nessa condição que é adicionado ao extrato alcoólico. Para produzir licores menos doces, usar xarope obtido pela dissolução de 1,25 kg de açúcar em um litro de água.

A turvação ou coloração do xarope indica a necessidade de clarificação que é feita pela precipitação de impurezas dissolvidas ou em suspensão, comumente por fervura com albumina de ovo e remoção do precipitado, ou pela descoloração, com o uso de carvão ativo animal ou vegetal. A filtração completa a operação, eliminando precipitados e quaisquer outras sujidades.

A adição de açúcar ao licor melhora sua qualidade, ou cria condições de qualidade, de acordo com o tipo de bebida que se deseja. Conhecida a densidade do xarope, sabe-se quanto de açúcar contém. A Tabela 27.3 indica o percentual de açúcar em gramas, o teor de água e a densidade. Se o xarope é feito com sacarose pura, a concentração ou a densidade pode ser determinada com densímetros graduados em graus Brix, pois 1° Brix corresponde a 1% de sacarose na solução, mas para determiná-la corretamente é necessário que a leitura do densímetro ou do sacarímetro seja feita na temperatura de aferição do instrumento, que, em geral, é calibrado a 15 °C ou a 20 °C. Se a solução de açúcar não é de sacarose pura, há diferença entre os graus Brix e a percentagem de sacarose na solução.

Pela tabela, nota-se que a temperatura afeta a densidade das soluções e que, por dedução, a medição da concentração de açúcares se altera também. Na confecção dos licores, normalmente não se levam em consideração essas variações, a não ser que se trate do uso de xaropes quentes.

Se a mistura de xaropes é feita em temperatura ambiente, as variações serão significativas se o ambiente estiver em temperaturas muito frias ou muito quentes ao que o fabricante deve prestar atenção, para manter as características inalteradas de seus licores, feitos no verão ou no inverno.

Não foram encontradas, na bibliografia, citações sobre licores produzidos com outros adoçantes que não sacarose ou açúcar de uva, ou com adoçantes artificiais.

Tabela 27.3 Concentração de açúcar nas soluções de sacarose.

Massa de açúcar em g	Volume de água em mL	°Brix	Densidade 17,5 °C	Densidade 20,0 °C
0	100	0	1,00000	0,99823
5	95	5	1,01970	1,0197
10	90	10	1,04014	1,0400
15	85	15	1,06133	1,0610
20	80	20	1,08329	1,0829
25	75	25	1,10607	1,1055
30	70	30	1,12967	1,1290
35	65	35	1,15411	1,1533
40	60	40	1,17943	1,1785
45	55	45	1,20565	1,2047
50	50	50	1,23278	1,2317
55	45	55	1,26086	1,2598
60	40	60	1,28989	1,2887

Fonte: Almeida (1940) e Leme Jr. (1948). Dados obtidos na Tabela de Stammer para soluções de açúcar a 17,5 °C e na densidade da água a 20 °C.

A concentração de açúcar no xarope é medida por meio de refratômetros (Figura 27.5) ou de areômetros de Brix (Figura 27.6).

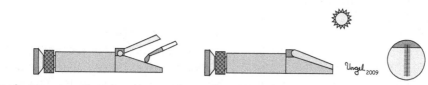

Figura 27.5 Refratômetro de mão com escala graduada em graus Brix.

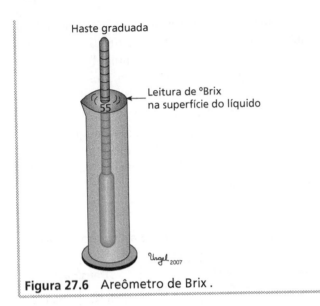
Figura 27.6 Areômetro de Brix.

27.20.3 Aromatizantes

A maior parte das substâncias aromatizantes é de origem vegetal, mas o almíscar e o âmbar são de origem animal.

É comum uma substância aromatizante sozinha, não transmitir completamente suas características ao produto, motivo pelo qual o licorista deve dispor de materiais alternativos para auxiliar na elaboração, como acompanhante.

O âmbar tem pouco perfume, mas com mínima quantidade de almíscar desenvolve aroma adequadamente. O cravo corrige a canela, o anis verde corrige o anis estrelado, a baunilha moída com açúcar adquire perfume mais intenso do que isoladamente.

A repetição das formulações com os mesmos ingredientes e nas mesmas proporções, não é garantia de invariabilidade de características de um licor para outro, porque as características da matéria-prima são afetadas por fatores como procedência, maturação, conservação, temperatura, idade e outros, e sua variação se reflete nas características dos licores.

27.20.4 Mistura dos ingredientes

Em geral, a mistura dos materiais deve ser a frio, para obter a melhor qualidade do produto final. Nisso, se inclui o açúcar, como xarope preparado a quente, mas misturado depois de frio.

As misturas devem seguir um critério na manipulação, adicionando os ingredientes na seguinte ordem: o álcool recebe o açúcar, os aromatizantes, depois água e, finalmente, as matérias corantes. Se o açúcar é adicionado como xarope, a água já está compreendida, pelo menos, em parte. A mistura deve ser bem homogeneizada por agitação constante e depois clarificada (colagem) e filtrada. Os corantes são adicionados aos poucos, para atingir gradualmente a coloração desejada.

Para julgar o resultado, a mistura deve ser deixada em repouso por dois a três dias.

Os licoristas clássicos recomendam que os licores devem ser armazenados ao menos por um ano antes de começar a ser consumido ou comercializado, mas a questão econômica é que determina o momento de comercialização.

27.20.5 Materiais que não podem ser usados na confecção de licores

Substâncias ou essências naturais ou artificiais que contenham compostos pirídicos, clorofórmio, ácido cianídrico acima das doses permitidas por lei, éteres nitrosos, benzol, brometo e cloreto de etila, aldeído salicílico, substâncias usadas para desnaturar álcool, como o metanol acima de 2%, acetona e corantes proibidos por lei, metais e sais prejudiciais à saúde ou materiais tóxicos.

Algumas essências naturais ou artificiais podem ser usadas em solução alcoólica a 20% em proporção não superior a um grama da essência por litro da bebida.

27.21 CLARIFICAÇÃO DOS LICORES

A turvação de um licor é um defeito e, mesmo que seja um néctar, não será apreciado se não tiver transparência e limpidez. Para os licoristas, na maioria dos casos, a presença de substâncias que causam turvação de um licor é decorrência de preparação imperfeita.

No início da elaboração de um licor, a mistura dos ingredientes água, álcool e aromatizantes é grosseira, pois na maceração de um vegetal em álcool há, ao mesmo tempo, sólidos em mistura heterogênea (cascas, sementes, detritos), em suspensão (coloides do suco vegetal) e em dissolução (corantes, açúcares).

No seu contato com partículas sólidas, o álcool difunde sucos, arrasta corantes e óleos essenciais, formando mistura normalmente turva por decorrência das suspensões e da presença de óleos. Para que ele fique transparente, límpido e brilhante, as impurezas são eliminadas com a clarificação, que envolve filtração e clarificação propriamente dita.

27.21.1 Filtração

A separação das partículas sólidas durante a elaboração dos licores é feita pela passagem do líquido através de peneira, malha, chapa perfurada ou superfície porosa, cujas dimensões da área de passagem determinam a capacidade de retenção dos sólidos (A dimensão da área filtrante determina a capacidade do filtro (litros/hora). O tamanho dos poros determina a capacidade de retenção das partículas.) O processo de filtração varia de acordo com o líquido e com grau de remoção necessária.

Há que distinguir uma separação de sólidos que antecede a mistura dos ingredientes e uma posterior. A que antecede é, em geral, executada por côa, para separar o álcool dos vegetais em maceração ou para separar as partículas grosseiras do líquido em coadores ou filtros de manga de tecido de algodão, de lã, de feltro e de flanela de diferentes malhas, cada uma adequada a um tipo de líquido a filtrar.

Os filtros de camurça são bons para separar óleos essenciais, que também podem ser retidos em fibras de algodão colocadas em funil. A mecha de algodão é colocada no funil e o líquido a filtrar é vertido sobre ela, inicialmente escorrendo pelas paredes e, depois de sua embebição completa diretamente sobre o algodão. É bom processo, mas exige troca frequente do material filtrante.

Após a mistura dos ingredientes, incluído o edulcorante, pode haver turvação e ser necessária uma nova filtração, agora de um líquido xaroposo, operação mais difícil do que a filtração apenas do líquido de maceração, porque os líquidos xaroposos filtram com mais dificuldade.

A decisão de fazer uma ou duas filtrações e que tipo de elemento filtrante será usado depende do bom senso do licorista, que saberá escolher o material de acordo com as características físicas do produto.

São muito usados os filtros de papel, os de pasta de papel ou de celulose e lã de vidro. Os filtros de papel, encontrados com diferentes gramaturas e porosidade, são usados de acordo com a viscosidade do líquido. Há ainda filtros com camada filtrante de terra diatomácea, de infusórios, ou de pasta de celulose, que trabalham sob pressão ou vácuo.

As pastas filtrantes podem ser preparadas com papel de filtro picado ou com folhas de celulose quebradas, macerados em água. Essas pastas requerem o uso de funis próprios como o de Büchner e aparelhamento produtor de vácuo, bomba ou trompas, para efetuar a filtração.

Em grandes volumes industriais, há filtros contínuos ou descontínuos que trabalham com elementos filtrantes especiais e sob pressão.

27.21.2 Clarificação propriamente dita

A clarificação propriamente dita é caracterizada por decantação dos sólidos em suspensão; é a quebra do equilíbrio coloidal dos elementos causadores da turvação e sua separação em um líquido claro sobrenadante e uma borra de material denso que sedimenta.

Há decantação natural, mas quando ela é demorada, convém acelerá-la pela adição de agentes que agem quebrando a suspensão ou agindo como coloides de proteção, que envolvem as partículas suspensas e facilitam sua sedimentação. A indução à precipitação do material coloidal que não decanta naturalmente e à sua sedimentação é denominada comumente de colagem, sendo o método mais comum.

De preferência, deve-se esperar a clarificação natural do licor, mas quando esta não é possível, é feita artificialmente pela adição de clarificantes. As substâncias empregadas como tal devem ser eliminadas ao final, para não causar efeito danoso ao produto. Normalmente a clarificação é feita por colagem, isto é, por adição de cola, gelatina ou albumina (clara de ovos), seguida de decantação e filtração, porém há casos em que há necessidade de adicionar uma substância mais ativa.

Para isso, alguns autores aconselham o uso de alúmen de potássio (sulfato duplo de alumínio e potássio) sob condições especiais, pois, dissolvido, pode passar à composição do licor. Seu uso é complementar à adição de leite.

Bentonitas especiais e caulim são bons elementos clarificantes, motivo pelo qual há casos em que a colagem é combinada com a adição de caulim, de bentonita, de *kieselguhr* ou terra diatomácea, para maior eficiência na eliminação da turvação.

Albumina, ou clara de ovo – Boa colagem para licores de maceração e outros turvos ou leitosos, por efeito de óleos voláteis ou substâncias resinosas. Para cem litros do licor, usar três claras, bater bem em um litro de água, juntar ao licor, agitar fortemente e deixar em repouso por 24 a 48 horas. Em licores de infusão usar menos claras, apenas um terço do recomendado. Após a precipitação esperar a decantação e filtrar.

Cola de peixe – Dissolver 10 g de cola de peixe moída bem fina em pequena quantidade de vinho branco ou de água, à qual se adiciona pequena quantidade de vinagre. Agitar de vez em quando, adicionando mais vinho ou água avinagrada até obter próximo de um litro. Depois da dissolução total, verter a cola sobre cem litros do licor, agitar vigorosamente durante dez minutos e deixar repousar por vários dias. Boa colagem para licores muito alcoólicos.

Gelatina – Dissolver 30 g de gelatina por litro de água aquecida, juntar a cem litros do licor; bater fortemente e deixar repousar vários dias, ao fim dos quais, decantar e filtrar. Bom para licores brancos pouco alcoólicos.

Leite – É um bom coadjuvante de clarificação. Adicionar um litro de leite fervente em cem litros de licor, agitar vigorosamente e adicionar imediatamente 15 g de alúmen dissolvido em um copo de água. Bater de novo e deixar repousar durante vários dias para decantar e filtrar em seguida.

Argilas e bentonitas são adicionadas aos líquidos a clarificar em proporções variáveis de acordo com a natureza do clarificante. De forma geral, são adicionados de 2 a 10 g por litro. Como não são solúveis, devem ser colocadas em água por um período de 10 ou mais minutos para se embeberem (formar um barro), após o que são homogeneizadas e adicionadas a um volume aleatório de líquido a clarificar sob vigorosa agitação. Essa alíquota é vertida sobre todo o volume do licor a clarificar, o qual de novo é agitado vigorosamente para homogeneizar e deixado em repouso por tempo necessário para sedimentar. Após a decantação total, fazer trasfega e filtrar.

27.21.3 Conservação dos licores

Depois da filtração, os licores devem ser conservados em locais secos e sem ação da luz ou submetidos a algumas operações que visam à melhoria de suas qualidades organolépticas. A bibliografia cita o corte e o envelhecimento.

Corte

Artifício dos licoristas que não podem guardar por longo tempo seus licores para torná-los mais suaves, o que só se consegue pelo envelhecimento. Nos manuais em francês, a operação é denominada "tranchage", executada por aquecimento do líquido a 60 °C em banho-maria, usando um equipamento especial ou um alambique comum. Atingida a temperatura de 60 °C, desligar o aquecimento e deixar resfriar lentamente. Evitar colorir o licor antecipadamente.

São usados também aparelhos especialmente construídos, fechados hermeticamente e munidos de válvula de segurança e internamente de uma serpentina de vapor para aquecimento.

Envelhecimento

Normalmente afeito aos destilados, causa modificação do aroma e torna os licores mais agradáveis promovendo mistura mais íntima dos ingredientes ou a oxidação de óleos essenciais. Ele ocorre com o passar do tempo, naturalmente por repouso e não há como chegar artificialmente aos resultados desejados.

Entretanto, os licoristas consideram que o corte, semelhantemente ao envelhecimento torna os licores artificiais mais finos. Há quem afirme que tratamento com oxigênio sob alta pressão ou uso de água oxigenada conduzem a bom resultado.

27.22 MATÉRIAS AROMÁTICAS

São muito numerosas e referidas nas obras sobre preparação de licores, incluindo as mais antigas, que as descrevem detalhadamente.

Absintos (*Arthemisia absinthum*), alcarávia (*Carum carvi*), alcaparra (*Capparis spinoza*), aloés, amêndoas, angostura (casca de *Galipes officinalis*), anis verde, anis estrelado ou badiana, Bálsamo do Peru (*Myroxylum peruifernum*), Bálsamo de Tolu (*Myrospermum toluiferum*), baunilha (*Vanilla sp.*), cacau, café, calamita, cálamo, camomila (*Matricaria camomilla*), canela do Ceilão (*Cinnamomum zeylaneum*) e da China (*Cinnamomum cassia*), cardamomo (*Elettaria cardamomum*), chá (*Camelia sinensis*), coca (Erythroxylum *coca*), cola (Sterculia *acuminata*), limão, cominho (*Menisperium palmatum*), casca de laranja amarga (curaçau), casca de laranja azeda, funcho, zimbro, genciana, gengibre, cravo da Índia (*Caryophyllus aromaticus*), hisopo, íris, macis, melissa, menta, noz moscada e quina (*Calisaya zamba* e *Calisaya blanc*) são aromatizantes de origem vegetal. Almíscar e âmbar são de origem animal.

27.23 ESSÊNCIAS

Ou óleos essenciais, têm aspecto oleoso, mas são constituídos de hidrocarbonetos em mistura com aldeídos, alcoóis e ésteres. Em geral, todas as matérias odorantes são voláteis, mas em temperaturas diferentes. A tensão de seus vapores é grande, o que explica a difusão do perfume das flores odoríferas e de vegetais aromáticos a grandes distâncias. Com raras exceções, as essências são muito voláteis e líquidas à temperatura comum.

Embora haja algumas coloridas (amarelas, castanhas, verde e azul), a maioria é incolor. Normalmente não se dissolvem em água, mas em álcool, éter, éter de petróleo, clorofórmio, óleos e outros hidrocarbonetos.

Em água, elas se difundem e se subdividem em minúsculas gotas em suspensão. A luz as altera e o oxigênio do ar causa modificações profundas, mais ou menos rapidamente, por oxidação e mudança de odor e resinificação.

A densidade das essências é variável, algumas são mais densas que a água, outras, menos densas.

A refringência é característica também importante e a alteração dessas duas características é importante para testar falsificações.

27.24 EXTRAÇÃO DAS ESSÊNCIAS

É indústria comum em regiões quentes. A indústria de perfumes é muito antiga e os processos de sua extração, já citados em manuscritos árabes, mudaram pouco ao longo dos anos.

Sua extração se faz por prensagem, destilação, maceração, enfloragem e por meio de dissolventes.

27.24.1 Prensagem

É muito simples, mas nem sempre aplicável, a não ser com plantas muito ricas em óleos voláteis, tais como cítricos. A prensagem de peças ricas em essências permite sua extração e seu recolhimento em mistura com água, que facilita sua separação por flutuação, quando são mais leves. Decantação e filtração são as operações para separar os sólidos que são arrastados. Os vasos florentinos facilitam a tarefa.

27.24.2 Destilação

Método antigo, mas ainda empregado. Um exemplo é o destilador de essência de rosas, de flores de laranjeira e outros em que a cucúrbita é cheia de pétalas mais água suficiente e, depois, aquecida moderadamente a fogo nu. A água destila e arrasta a essência, passa pelo resfriador e é recebida em vaso florentino que permite a separação da água do óleo essencial. Quando se trata de flores delicadas, são colocadas sobre uma malha longe da água e a essência é removida pelo vapor d'água. A cucúrbita funciona como um gerador de vapor que remove a essência, condensa na serpentina e é recolhido no vaso florentino.

A destilação não pode ser usada sem restrições quando a essência possui óleos essenciais que podem se decompor em temperaturas mais altas que 100 °C. Para retirar os óleos sensíveis a operação é realizada a frio, por meio de dissolventes.

27.24.3 Maceração

Ela se aplica às plantas cujas essências não podem ser submetidas a temperaturas elevadas sem se decompor. As plantas odorantes são mergulhadas em banho de óleo vegetal ou de gorduras finas, ou parafina, aquecido levemente em banho-maria. A matéria graxa dissolve a essência e forma um óleo ou pomada perfumada, de onde é removida com etanol.

27.24.4 Enfloragem

Modificação do processo anterior, a enfloragem é a retenção da essência que evola naturalmente da matéria odorífera.

Sobre um quadro de vidro é estendida uma camada de material graxo purificado (sebo, sebo mais parafina, sebo com vaselina) de 6 a 7 mm de espessura e, sobre ela, são distribuídas flores que aí ficam em repouso por 12 a 72 horas para que a matéria graxa absorva os aromas. Quando a matéria graxa é óleo, vaselina ou parafina líquida, é embebida em um tecido grosso. Ao final da enfloragem, a matéria graxa é extraída por prensagem e a essência é separada por destilação ou com dissolvente.

27.24.5 Dissolventes

Para substituir as duas técnicas anteriores passou-se a usar dissolventes, como clorofórmio, éter, sulfeto de carbono, éteres de petróleo, cloreto de metila e outros. Há três operações envolvidas: dissolução da essência por dissolventes de alta volatilidade, destilação em baixa temperatura e evaporação dos últimos traços do dissolvente, tudo feito em vasos fechados.

As flores são colocadas em um cesto e este em um recipiente hermético (digestor). Por meio de vácuo, o dissolvente é introduzido, fica algum tempo em contato com o odorífero (15 min) e, depois, é passado para outro vaso sob vácuo. A água das flores decanta em outro recipiente e forma duas camadas líquidas. O dissolvente rico em essências passa para outro recipiente onde é evaporado em temperatura ambiente, condensado e refrigerado em evaporador com amoníaco, ácido sulfuroso, cloreto de metila ou outro meio. Pode ser usado também um líquido extrator em temperatura supercrítica.

27.24.6 Membranas

A técnica de extração de essências evoluiu muito com o uso de membranas semipermeáveis e permeáveis, que permitem a obtenção das essências pela passagem de um líquido através delas. A técnica, conhecida por pervaporação, facilita a extração das essências e seu reúso em processos industriais em que o processamento afeta a qualidade do produto final, como na produção de café solúvel.

27.25 MATÉRIAS CORANTES

São permitidas para alguns licores, como anisete, menta verde e perfeito amor, que não são naturalmente coloridos. Não podem ser venenosas nem tóxicas. A legislação prevê o uso de determinados corantes e veda sua adição aos licores naturalmente coloridos.

27.26 XAROPES COMPOSTOS

São os que se prepara com mistura de várias substâncias aromáticas, obtidas como sucos, alcoolatos, alcoolaturas, essências, águas destiladas e hidrolatos.

27.27 FRUTAS AO ESPÍRITO OU FRUTAS EM AGUARDENTE

Pouco conhecidas e usadas no Brasil, são produtos apreciados em outras regiões e constituem uma conserva de frutas com adição de açúcar. Há abricós, pêssegos, abacaxi, cidra, cerejas, castanha, nozes, pêras, uvas (em geral de polpa dura), ameixas e tangerinas comumente preparados ao espírito.

Para prepará-las, algumas recomendações devem ser seguidas. Em primeiro lugar, é necessário escolhê-las bem; devem ser carnosas, perfeitamente sadias, bem conformadas, colhidas antes do amadurecimento completo e sem sinais de murchidão, para garantir sua firmeza e boa conservação.

A limpeza com tecido suave, com escovas para eliminar poeira, ou lavagem antes do processamento para eliminar sujidades é um cuidado precioso. Após lavagem, devem ser secas por simples exposição ou sob corrente de ar, sem choques, para evitar danos físicos.

As frutas carnosas devem ser picadas com agulhas, até o caroço, para facilitar a penetração do álcool e depois submergidas em água gelada para tornarem-se mais firmes. Com algumas frutas é recomendável fazer branqueamento para reduzir ou eliminar o sabor ácido.

Em linhas gerais, sua elaboração segue a seguinte ordem:

1. Escolher frutos carnosos e colhidos antes da maturação completa.
2. Limpar, lavar, esfregar, ou escovar, para eliminar toda sujidade.
3. Fazer branqueamento em água a 95° C, por tempo suficiente para eliminação de ar, inativar enzimas, manter a cor e a firmeza. Esfriar em seguida, de preferência com água gelada. Após o perfeito resfriamento, a água é escorrida, os frutos são deixados em repouso sobre tecido ou tela, para secar e, depois, colocados em um recipiente com a aguardente, que deve ter alta graduação alcoólica, de 53 a 58° GL, reservada a mais forte para os frutos mais aquosos.
4. O conjunto de fruta e aguardente é deixado em repouso por um período de aproximadamente seis semanas, ao fim do que é feita a adição de açúcar. Os frutos são retirados da aguardente, escorridos e dispostos cuidadosamente em frascos, onde serão, de novo, recobertos com a aguardente em que foram macerados, previamente adicionada de 125 a 250 g de açúcar por litro, completamente dissolvido no líquido alcoólico. Os licoristas recomendam que as frutas sejam adoçadas à medida que a conserva seja solicitada, para evitar que percam a cor e a firmeza.

Outra forma de preparar e mais cara, é mergulhar as frutas logo depois do branqueamento em xarope pouco concentrado (12° Brix) quente, repousar por 24 horas e refazer essa operação até três vezes com xarope cada vez mais concentrado até 36° Brix. Em seguida adicionar 320 mL de álcool a 85° GL e 187 g de açúcar por kg de fruta. Os frutos confeitados não absorvem tanto álcool como os não confeitados.

A conserva também pode ser feita fazendo mergulhar as frutas três vezes em xarope e recobrir com suco da fruta clarificado, adicionado de 320 mL de álcool a 85° GL e 187 g de açúcar por litro.

Frutas previamente confeitadas, já encontradas em calda ou xarope podem ser usadas, direta e mais economicamente, apenas fazendo sua cobertura com aguardente de 53 a 58° GL.

27.28 RECEITUÁRIO

As formulações ou receitas de licores são milhares e constituem matéria para a confecção de livros ou manuais de fabricação, porém em um capítulo de obra didática sobre o assunto só são citadas algumas. Pela bibliografia, há licores clássicos de origem italiana, francesa, alemã e espanhola, como os Absintos, Chartreuses, Beneditinos, licores Perfeito Amor, Crema di Menta, Rosólio de Cacao, Elisir di China, Rosólio Florentino e Kümmel.

Neste capítulo, são descritas algumas receitas de licores classificados como artificiais não doces e licores doces, além de receitas clássicas, cujos ingredientes são dimensionados para a obtenção de um litro de licor, aproximadamente. Para maiores quantidades, o cálculo dos ingredientes deve ser feito por regra de três simples e direta.

27.29 LICORES ARTIFICIAIS NÃO DOCES

Receitas de licores comuns, meio finos e finos.

27.29.1 Licores por destilação

Há numerosas receitas, englobando os licores comuns, meio finos e finos, dos quais são citadas as receitas seguintes.

Absinto comum – Macerar em 560 mL de álcool a 85º GL, em banho-maria suave, 25 g de umbelas, 25 g de umbelas florescidas e folhas de absinto, 5 g de umbelas florescidas de hisopo, 5 g de erva-cidreira, 20 g de anis verde. Após 24 horas, juntar 500 mL de água e destilar muito lentamente até retirar 56 mL de produto. Adicionar 440 mL de água para completar volume de 1 L com graduação alcoólica de 46º GL. Colorir de verde, repousar, decantar e filtrar.

Absinto meio fino – Amassar, dividir e macerar em 200 mL de álcool a 85º GL, 25 g de grande absinto, 10 g de pequeno absinto, 5 g de umbelas florescidas de hisopo, 5 g de erva-cidreira, 1,2 g de raiz de angélica, 40 g de anis verde. Após 24 horas, juntar 200 mL de água e destilar muito lentamente até retirar 230 mL de alcoolato. Adicionar 350 mL de álcool a 85º GL, e 420 mL de água para completar volume de 1 L com graduação alcoólica de 40º GL. Colorir de verde com clorofila.

Absinto fino – Macerar em 550 mL de álcool a 85º GL, 25 g de umbelas florescidas e folhas de grande absinto, 5 g de pequeno absinto, 10 g de hisopo, 10 g de erva-cidreira, 50 g de anis-verde, 10 g de anis-estrelado, 20 g de funcho e 10 g de coentro. Após 24 horas juntar 275 mL de água e destilar lentamente até obter 250 mL de alcoolato. Adicionar 275 mL de álcool a 85º GL, e 200 mL de água para obter 1 L de licor com graduação alcoólica de 65º GL. Colorir de verde com clorofila e caramelo.

27.29.2 Absintos por essências

Absinto comum – Dissolver 0,3 g de essência de grande absinto, 0,5 g de anis-estrelado, 0,1 g de essência de anis, 0,1 g de essência de funcho em 510 mL de álcool a 90º GL, adicionar 490 mL de água para perfazer 1 L a 40º GL e corante verde vegetal. Repousar, decantar, filtrar.

Absinto meio fino – Dissolver 0,33 g de grande absinto, 0,1 g de essência de pequeno absinto, 0,05 g de essência de menta, 0,02 g de essência de hisopo, 0,6 g de essência de angélica, 0,3 g de essência de anis, 0,02 g de essência de anis-estrelado, 0,02 g de essência de coentro, 0,15 g de essência de funcho

em 620 mL de álcool a 90º GL, adicionar 380 mL de água para obter 1 L a 53º GL. Colorir com verde vegetal e caramelo.

Absinto fino – Dissolver 0,3 g de grande absinto, 0,1 g de essência de pequeno absinto, 0,06 g de essência de hisopo, 0,6 g de essência de melissa, 1 g de essência de anis, 1 g de essência de anis-estrelado, 0,3 g de essência de funcho e 0,02 g essência de coentro em 750 mL de álcool a 85º GL, adicionar 250 mL de água para obter 1 L a 65º GL. Colorir com verde vegetal e caramelo.

27.30 LICORES ARTIFICIAIS DOCES
27.30.1 Licores por destilação

São os obtidos com alcoolatos ou "espíritos perfumados", divididos entre os comuns, duplos, meio finos, finos e superfinos

Licores comuns – Categoria de bebida que contém pouco álcool e pouco açúcar, em geral de 18 a 21% de álcool e 10 a 15% de açúcar. São preparados misturando os destilados de aromas com o álcool, juntando-se o açúcar dissolvido em uma parte da água a quente e o restante da água depois. Deixar em repouso, clarificar e filtrar.

Anisete – 50 mL de destilado de anis, 200 mL de álcool a 85º GL, 125 g de açúcar e 660 mL de água.

Perfeito amor – 20 mL de destilado de limão, 20 mL de destilado de coentro, 200 mL de álcool a 85º GL, 660 mL de água.

Licores duplos – Por definição devem ser licores com o dobro de álcool, de açúcar e de aromatizantes que os licores comuns. São preparados misturando os destilados com o álcool, juntando o açúcar dissolvido em uma parte da água a quente e o restante depois. Deixar em repouso, clarificar e filtrar.

Comumente são consumidos por adição de água, e, por essa razão, ao desdobrá-los com água, normalmente turvam pela precipitação de óleos essenciais. Para evitar o inconveniente da turvação é comum misturar quantidade do aromatizante suficiente para diluí-los sem turvar. São preparados como os licores comuns.

Anisete – 80 mL de destilado de anis, 420 mL de álcool a 85º GL, 250 g de açúcar e 330 mL de água.

Curaçau – 100 mL de destilado de laranjas amargas, 400 mL de álcool a 85º GL, 250 g de açúcar e 330 mL de água.

Licores meio finos – As quantidade de álcool e de açúcar são as mesmas dos licores comuns, e são preparados da mesma forma.

Anisete – 60 mL de destilado de anis, 100 mL de água de flores de laranjeira, 220 mL de álcool a 85° GL, 250 g de açúcar e 540 mL de água.

Curaçau – 120 mL de destilado comum de laranjas amargas, 3,5 mL de infusão de laranjas azedas, 150 mL de álcool a 85° GL, 250 g de açúcar e 550 mL de água. Colorir de vermelho.

Perfeito amor – 20 mL de destilado de limão, 50 mL de destilado de coentro, 430 mL de álcool a 85° GL, 250 g de açúcar e 330 mL de água.

Licores finos – Em sua preparação, são usadas proporções maiores de álcool e de açúcar que nos licores meio finos. São preparados misturando os alcoolatos aromáticos com o álcool, juntando o açúcar dissolvido em uma parte da água a quente e o restante depois. Deixar em repouso, clarificar e filtrar.

Anisete – 250 mL de destilado de anis, 10 mL de água de flores de laranjeira, 2 mL de infusão de íris, 70 mL de álcool a 85° GL, 437 g de açúcar e 380 mL de água.

Perfeito amor – 30 mL de destilado de limão, 30 mL de destilado de laranjas, 30 mL de destilado de coentro, 20 mL de destilado de anis, 200 mL de álcool a 85° GL, 437 g de açúcar e 380 mL de água.

Licores superfinos – Os licores superfinos são preparados por destilação prévia dos aromatizantes para obter alcoolatos perfumados e complexos, diferentes dos usados nos licores anteriores, em que os aromas são preparados isoladamente. Dizem os licoristas que esse procedimento mescla mais intimamente os aromas e conduz à obtenção de licores mais uniformes.

Anisete – Misturar 12,5 g de anis estrelado, 12,5 g de amêndoas amargas, 12,5 g de sementes de coentro, mais 6,2 g de íris pulverizada e macerar por oito dias em 425 mL de álcool a 85° GL. Adicionar 200 mL de água, destilar e recolher 400 mL do destilado. Sobre o destilado, adicionar a frio um xarope preparado a quente com 300 g de sacarose e 200 mL de água destilada. Completar a 1 L e filtrar. São preparados misturando os destilados com o álcool, juntando o açúcar dissolvido em uma parte da água a quente e o restante depois. Deixar em repouso, clarificar e filtrar.

Chartreuse – Mantida a grafia francesa e clássica, que se refere à Cartuxa, convento de frades cartuxos. Há várias receitas para esse licor, mas todas são imitações das verdadeiras preparadas nos mosteiros, guardadas em segredo como as receitas de beneditinos e trapistinos. A formulação recomenda 0,15 g de canela de China, 0,15 g de macis, 5 g de melissa, 2,5 g de inflorescência de hisopo, 2,5 g hortelã pimenta, 0,3 g de timo, 1,25 g de balsamita, 2,5 g de genepi (*Arthemisia gracilis*), 0,1 g de flores de anis, 0,15 g de brotos de balsameiro, 1,25 g de sementes de angélica, 0,65 g de raízes de angélica, 0,63 mL de álcool a 85° GL e 250 g de sacarose. São preparados com os aromatizantes pilados e macerados em álcool por 24 horas. A água é adicionada em volume igual à metade ou 2/3 do volume do álcool e, em seguida, é feita a destilação para recolher quase todo o álcool. Outro volume de água igual é adicionado antes da retificação para obter o máximo de bons produtos, aos quais é misturado a frio um xarope preparado pela dissolução do açúcar em volume de água correspondente à metade ou a 2/3 de seu peso. O volume é completado a 1 L com água, aquecido, colorido de verde com clorofila, deixado a repousar e, em seguida, filtrado.

Beneditino – Também uma imitação. Misturar 0,2 g de cravos, 0,2 g de noz-moscada, 0,3 g de canela, 2,5 g de mistura de melissa, hortelã pimenta, raízes frescas de angélica e de genepi dos Alpes, 1,5 g de cálamo, 5 g de pequeno cardamomo e 0,8 g de flores de arnica, amassar e macerar por dois dias em 400 mL de álcool a 85° GL. Adicionar 300 mL de água, destilar e recolher 400 mL, aos quais é adicionado a frio um xarope feito com 400 g de açúcar e 200 mL de água. Completar a 1 L, colorir de amarelo com açafrão e filtrar.

Trapistino – Também é imitação e segue a maneira de elaborar do beneditino e do *cartuxa (chartreuse)*. Macerar os aromatizantes por dois dias, destilar e retificar o macerado, colorir o destilado de amarelo ou verde, como os dois anteriores. A formulação indica 4 g de absinto, 4 g de angélica, 8 g de menta, 4 g de cardamomo, 3 g de melissa, 2 g de mirra, 2 g de cálamo, 0,4 g de canela, 0,4 g de cravo, 0,2 g de macis, 450 mL de álcool a 85° GL e 375 g de açúcar.

27.30.2 Licores por infusão

São os licores elaborados com substâncias cujo princípio aromático não pode ser extraído por destilação com água ou com álcool. Alguns desses licores recebem o nome de ratafiá, termo de difícil interpretação, mas, em geral, são preparados com partes frescas de vegetais, tais como frutas.

Licores comuns – Categoria de bebida que contém pouco álcool e pouco açúcar, em geral de 18 a 21% de álcool e 10 a 15% de açúcar.

Ratafiá de cassis – Para um litro do licor, usar 150 mL de infusão de cassis, 120 mL de álcool a 85° GL, 125 g de açúcar e 540 mL de água.

Cassis comum – Misturar 250 mL de álcool a 85° GL, 180 mL de infusão de cassis a 50° GL, 70 mL de vinho branco de boa qualidade e 150 g de açúcar.

Cassis é uma baga não tropical, não encontrada no Brasil. Nesse caso, para obter licor assemelhado usar bagas como pitanga, uvaia e acerola.

Licores duplos

Ratafiá de cassis – Para um litro do licor, usar 500 mL de infusão de cassis, 240 mL de álcool a 85° GL, 250 g de açúcar e 100 mL de água.

Licores meio finos – As quantidade de álcool e de açúcar são as mesmas dos licores comuns e são preparados da mesma forma.

Cassis meio fino – 230 mL de infusão, 80 mL de vinho branco, 30 mL de infusão de cerejas, 30 mL de infusão de framboesas, 280 mL de álcool a 85° GL e 250 g de açúcar.

Ratafiá de cerejas – 350 mL de infusão de cerejas, 50 mL de espírito de sementes de abricó, 40 mL de álcool a 85° GL, 250 g de açúcar e 300 mL de água.

Licores finos – Na sua preparação, são usadas proporções maiores de álcool e de açúcar que nos licores meio finos. São preparados misturando as infusões com o álcool, juntando o açúcar dissolvido a quente em parte da água e adicionado o restante depois. Deixar em repouso, clarificar e filtrar.

Ratafiá de cassis – 360 mL de infusão de cassis, 80 mL de infusão de framboesas, 100 mL de álcool a 85° GL, 375 g de açúcar e 210 mL de água.

Ratafiá de cerejas – 400 mL de infusão de cerejas, 60 mL de espírito de caroços de abricós, 40 mL de espírito de framboesas, 500 g de açúcar e 160 mL de água. Moer sem esmagar os caroços de abricó e colocar em infusão em álcool a 85° GL por um mês. Coar e juntar o açúcar dissolvido a quente em quantidade de água para completar um litro.

27.30.3 Licores com essências

A elaboração é a mais fácil de executar, porque basta dissolver o óleo essencial em álcool, reduzir a graduação alcoólica ao teor conveniente com água e adicionar o açúcar em quantidade adequada.

Para um litro de licor, as proporções de álcool, açúcar e água são as seguintes para cada tipo de bebida:

Licores comuns: 250 mL de álcool, 125 g de açúcar e 660 mL de água.

Anisete comum – 3 g de essência de anis, 3 g de essência de badiana, 0,5 g de essência de funcho, 0,05 g de essência de coentro, 250 mL de álcool a 85° GL, 660 L de água e 125 g de açúcar.

Licores meio finos: 280 mL de álcool, 250 g de açúcar e 550 mL de água.

Creme de caroços meio fino – 5 g de essência de caroços (pêssego, abricó), 280 mL de álcool a 85° GL, 550 mL de água e 250 g de açúcar.

Licores finos: 320 mL de álcool, 438 g de açúcar e 380 mL de água.

Aguardente de Dantzig – 0,05 g de essência de canela da Ceilão, 0,13 g de essência de canela da China, 0,03 g de essência de coentro, 0,25 g de limão destilado, mais álcool a 85° GL, açúcar e água nas proporções indicadas.

Licores superfinos: 400 mL de álcool, 560 g de açúcar e 260 mL de água.

Anisete – Uma receita de anisete superfino por essência recomenda misturar 300 mL de álcool a 85° GL, 560 g de açúcar, 260 mL de água e as essências, nas seguintes proporções: 0,7 g de essência de anis estrelado, 0,2 g de anis comum, 0,08 g de essência de funcho, 0,01 g de essência de coentro, 0,06 g de essência de sassafrás, 0,6 g de extrato de íris e 0,08 g de âmbar não moscado.

27.31 LICORES FORMULADOS PELO AUTOR

O autor tem elaborado licores por maceração com frutas nacionais com características que favorecem a preparação de licores finos, ou muito finos. Além dos licores preparados apenas com as frutas, foram feitos outros com a inclusão de aromatizantes.

27.31.1 Licor de jabuticaba

As jabuticabas, bagas de *Myrciaria sp.*, família *Myrtaceae*, compostas de 85 a 90% de água e de 5 a 12% de açúcares, são adequadas para a obtenção de ratafiás, mas permitem a obtenção de bons licores por maceração. Há muitas receitas domésticas, quase sempre preparadas com aguardente de cana. Para preparar ratafiás, é feita a extração do suco, adição de açúcar e aguardente e filtração. Geralmente são licores muito doces e de baixo teor de álcool. O uso de aguardente comunica sabor medíocre.

Feito por maceração e com álcool de boa qualidade, o licor de jabuticaba pode ser fino ou muito fino.

Em um recipiente de vidro, aço inoxidável ou de plástico inatacável pelo suco, são esmagados 500 g de jabuticabas inteiras, graúdas, bem escolhidas, maduras, lavadas e escorridas. Sobre elas é colocado 1 L de álcool a 85° GL para macerar por 15 a 20 dias, ao fim dos quais cascas e sementes são separadas por peneiragem. O líquido obtido é mantido por mais uma semana em repouso e, em seguida, submetido a côa, clarificação e filtração, após o que lhe é adicionado 1 L de xarope de açúcar, aromatizado ou não com extrato de vegetais. O xarope é preparado dissolvendo 1,25 kg ou 1,8 kg de açúcar em 1 L de água, em temperatura de ebulição sob agitação. Se houver turvação é feita colagem e nova filtração.

A clarificação é feita por colagem com albumina e nem sempre é fácil, por causa do tanino presente no suco. O uso de bentonita auxilia a floculação e sedimentação. Filtração em pasta de papel ou pasta de celulose sob vácuo conduz à obtenção de licor transparente, límpido, brilhante e colorido naturalmente de cor rubi, que se conserva bem por longos períodos. Entretanto, quando o licor não é bem clarificado pode escurecer com o passar do tempo e adquirir coloração acastanhada, perdendo qualidade organoléptica.

27.31.2 Licor de uvaia

As uvaias, bagas de *Eugenia uvalha*, família *Myrtaceae*, compostas de 88 a 92% de água, muito ácidas, com 2 a 5% de açúcares totais são adequadas para a preparação de ratafiás e de licores por maceração. Feito por maceração com álcool de boa qualidade, o licor de uvaia pode ser fino ou muito fino.

Em um recipiente de vidro, aço inoxidável ou de plástico inatacável pelo suco são esmagados 500 g de frutas inteiras, graúdas, bem escolhidas, maduras, lavadas e escorridas. Sobre elas é colocado 1 L de álcool a 85° GL para macerar por 15 a 20 dias, ao fim dos quais cascas e sementes são separadas por peneiragem. O líquido obtido é mantido por mais uma semana em repouso e, em seguida, submetido a côa, clarificação e filtração, após o que lhe é adicionado 1 L de xarope de açúcar, aromatizado ou não com extrato de vegetais. O xarope é preparado dissolvendo 1,25 kg ou 1,8 kg de açúcar em 1 L de água em temperatura de ebulição sob agitação. Se houver turvação é feita colagem e nova filtração.

A clarificação feita por colagem com albumina é fácil. A filtração em pasta de papel ou pasta de celulose sob vácuo conduz à obtenção de licor transparente, límpido, brilhante e colorido naturalmente de cor amarela, que se conserva bem por longos períodos.

27.31.3 Licor de acerola

As bagas de acerola ou cereja das Antilhas, *Malpighia glabra*, família *Malpighiaceae*, com-

postas de 85% de água e aproximadamente 8,5% de açúcares totais são adequadas para a preparação de ratafiás e de licores por maceração. Os ratafiás são feitos com a polpa da fruta e o licor por maceração com frutas inteiras. Com álcool de boa qualidade, o licor de acerola pode ser fino ou muito fino.

Em um recipiente de vidro, aço inoxidável ou de plástico inatacável pelo suco são esmagados 500 g de frutas inteiras, graúdas, bem escolhidas, maduras, lavadas e escorridas. Sobre elas é colocado 1 L de álcool a 85° GL para macerar por 15 a 20 dias, ao fim dos quais cascas e sementes são separadas por peneiragem. O líquido obtido é rico em material em suspensão, de difícil decantação, motivo pelo qual é aconselhado o uso de bentonita ou argilas apropriadas para auxiliar a sedimentação. Depois, o líquido é submetido a colagem com albumina ou gelatina, mas a clarificação é difícil e demorada. Finalmente, o líquido é submetido a filtração a vácuo em camada de pasta de papel ou de celulose, mas a passagem é difícil e exige frequente troca do material filtrante. No entanto o filtrado é transparente, brilhante, naturalmente vermelho e tem aspecto muito bonito.

A edulcoração é feita após a filtração, com adição de xarope preparado por dissolução de 1,25 kg ou de 1,8 kg de açúcar em 1 L de água. Após a adição do xarope, pode ocorrer turvação, o que exige nova filtração em camada filtrante de papel ou de celulose, mais demorada, porque se trata da filtração de líquido xaroposo. O resultado final é um licor fino ou muito fino de ótima aparência, de aroma e sabor excelentes e de boa e longa conservação.

27.31.4 Licor de mexerica

As mexericas, denominadas também de mexericas do rio, do gênero *Citrus*, são tangerinas de casca amarela quando maduras, de fácil descasque, ricas em óleo essencial de aroma agradável, forte e penetrante. Elas são adequadas para o preparo de licores por maceração.

Um litro de álcool a 85° GL é colocado sobre 500 g de cascas cortadas em pedaços pequenos deixado em repouso por 15 a 20 dias, ao fim do que é feita côa para separar o líquido dos sólidos grosseiros e deixado em repouso por mais sete dias. Depois é feita colagem com albumina, deixado sedimentar, feita trasfega e filtração a seguir. Ao filtrado é adicionado 1 L de xarope frio de açúcar, mas feito a quente, por dissolução de 1,25 kg ou 1,8 kg de açúcar em um litro de água. Após a adição do xarope pode ocorrer turvação, o que exige nova filtração em camada filtrante de papel ou de celulose, mais demorada porque se trata da filtração de líquido xaroposo.

O resultado final é um licor fino ou muito fino de ótima aparência, de aroma e sabor excelentes e de boa e longa conservação.

27.31.5 Aromatização

Os licores descritos, elaborados apenas com as frutas, são de boa qualidade, mas podem ser acrescentados de extratos de aromatizantes ou de essências.

Um exemplo é a adição de 10 a 20 mL de extrato alcoólico por litro de licor, preparado com 0,8 g de canela da China, 0,4 g de noz moscada ou de macis, 0,2 g de coentro, 0,2 g de baunilha e 1 g de anis verde macerado em 50 mL de álcool. Esta receita é modificada ao prazer do licorista. A adição de aromatizantes aos licores descritos tem adeptos, mas há quem os prefira ao natural.

27.31.6 Ratafiá de abacaxi

Repetindo, por definição ratafiá é um licor preparado com frutas frescas ou com suco fresco de frutas. O de abacaxi é elaborado com suco de frutas frescas, maduras e em perfeito estado de sanidade.

Há várias receitas para se elaborar com suco, das quais foram selecionadas duas, descritas a seguir.

Tomar um abacaxi maduro e perfeito, lavar e cortar em pedaços pequenos com casca, amassar e colocar em maceração por dois a quatro dias em mistura de álcool e água na proporção de 2,3 L de álcool a 95° GL e 1,7 L de água. Decantar, coar e adicionar 2,3 kg de açúcar, 25 g de baunilha e 2 a 3 g de essência de pera, filtrar em papel e colorir de amarelo com açafrão.

Por outra receita, dissolver a quente 1,2 kg de açúcar em um litro de água, esfriar e colocar pedaços de abacaxi descascado ou com casca. Juntar 1 L de álcool a 85° GL e deixar repousar por dez dias, ao fim dos quais, filtrar em papel. Colorir com açafrão e usar puro ou aromatizado com 2 g de baunilha ou canela.

BIBLIOGRAFIA

ALMEIDA, J. R. **Álcool e destilaria**. Piracicaba: Natanael dos Santos, 1940. 333p.

BREVANS, J. **La fabrication des liqueurs**. Paris: J.B. Baillière et fils, 1897. 456p.

GHERSI, I. **Il liquorista**. Duemila recette e procedimenti pratici per la composizione e fabbricazione dei liquori. 7. ed. Milano: Ulrico Hoepli, 1950. 623p.

LEME JÚNIOR, J. **Práticas de tecnologia agrícola** – indústria do açúcar, indústria do álcool etílico, Tabelas. Piracicaba: Esalq, 1948. 88p.

LIMA, U. A. Licores In: VENTURINI FILHO, W. G. **Bebidas alcoólicas**: ciência e tecnologia. São Paulo: Blucher, 2010. 461p.

HIRSCH, I. **Manufacture of whiskey, brandy and cordials**. 2. ed. Newark: Sherman Engineering Co., 1937. 183p.

ROBINET, É. **Guide pratique du distillateur** – fabrication des liqueurs. Paris: Bernard Tignol, 1891. 424p.

THOMSON, A. D. The Alcoholic in Wonderland. In: BIRCH, C. G.; LINDLEY, M.G. (eds.). **Alcoholic beverages**. London/New York: Elsevier. 1985. 232p.

VALLEJO, F. J. **Alcoholes** – su fabricación y usos. Buenos Aires: Editorial Hasa. 1945. 251p.

WÜSTENFELD, H. **Trinkbranntweine und liköre ihre herstellung, untersuchung und beschaffenheit**. Berlin: Paul Parey, 1953. 530p.

XANDRI TAGUEÑA, J. M. **Elaboración de aguardientes simples compuestos y licores**. Barcelona: Salvat, 1958. 900p.

28

SANGRIA, COOLER E COQUETEL DE VINHO

VALTER MARZAROTTO
DANIELA BARNABÉ

28.1 INTRODUÇÃO

As bebidas podem ser divididas em dois grandes grupos, diferenciados pela presença ou não de álcool em sua composição. O teor alcoólico das que apresentam etanol pode variar entre limites muito amplos, geralmente entre 3 e 40%. Encontram-se próximas do nível mais baixo as cervejas e os vinhos de mesa, no intermediário estão os vinhos compostos e licorosos e, no superior, os licores e as bebidas destiladas. Entre as não alcoólicas, encontram-se os sucos de fruta e as respectivas diluições (néctares, bebidas de frutas e sucos tropicais), os refrigerantes, os refrescos etc.

Bebidas refrescantes são muito procuradas no decorrer dos verões quentes, com o objetivo de saciar a sede. Para ganhar esse mercado, algumas bebidas de baixo teor alcoólico, especialmente a cerveja, têm competido fortemente com os refrigerantes, fundamentando as estratégias de marketing justamente no "poder de matar a sede".

A diversificação de produtos dentro de um empreendimento produtor de bebidas, permite reduzir custos em virtude da economia de escala, repartir riscos e sobreviver, levando em conta o ciclo de vida dos produtos. Apesar dessas motivações, pesquisas realizadas na França em meados da década de 1980, especificamente com o setor vinícola, demonstraram que o nível de inovação no setor era bastante raro, limitando-se a alguns produtos gasosos e de baixo teor alcoólico que disputavam o mercado das bebidas de verão. Na Espanha, havia a Sangria, bebida típica local, que posteriormente foi remodelada com a criação do *wine cooler* nos Estados Unidos.

Mais recentemente, como resultado da política de diversificação, surgiram também os Coquetéis de Vinho, que constituem um grupo bastante heterogêneo, em virtude da grande variabilidade de ingredientes utilizados na sua preparação. Além do vinho, os coquetéis podem incluir, na sua preparação, outras bebidas alcoólicas, sucos de fruta, extratos vegetais, especiarias e outros ingredientes. Em razão da diversidade de matérias-primas, essa categoria de bebida não tem uma identidade própria, sendo os produtos reconhecidos por sua marca comercial.

28.1.1 Histórico

A sangria é originária da Espanha, definida por Garoglio como

> bebida nacional à base de vinho tinto (ou outro vinho similar), água mineral, duas ou três colheres de açúcar, duas rodelas de casca de laranja ou limão, alguma fruta doce e, às vezes, uma colher de licor, em maceração durante uma hora.

A demanda do mercado pela sangria deu oportunidade para que ocorresse a industrialização das receitas caseiras. No Brasil, entretanto, a sangria é elaborada para substituir o vinho, servindo de alternativa mais barata, com raras exceções. A maioria das marcas iniciou recentemente sua produção industrial.

Nos anos 1970, a sangria espanhola foi reinventada e rebatizada nos Estados Unidos com o nome de *wine cooler*. A bebida teria surgido em uma festa, em uma praia da Califórnia onde alguns amigos misturaram vinho branco, água mineral carbonatada e sucos de fruta (limão, pomelo, pêssego e abacaxi). Porém, somente depois de 1980 o *wine cooler* foi lançado no mercado de bebidas, sendo, no início, produzido artesanalmente pela empresa Société Califórnia Cooler.

O lançamento do *wine cooler*, uma bebida sensivelmente diferente das disponíveis até então, teve o efeito de uma bomba no mercado de bebidas, devido à rapidez de sua expansão. O consumo foi muito favorecido pelo interesse do mercado por bebidas com menor teor alcoólico que permitiam uma ingestão em maior escala. Para a indústria vinícola, foi visto como um produto de introdução de novos consumidores, familiarizando-os com o mundo do vinho e, assim, possibilitando o desenvolvimento de um mercado de massa. Direcionado inicialmente para o público jovem como alternativa às bebidas gaseificadas – especialmente a cerveja –, o *wine cooler* acabou atingindo uma grande parcela da população, notadamente o público feminino e os que desejavam consumir bebidas menos alcoólicas.

A venda do *wine cooler* era feita, geralmente, em garrafas similares às de cerveja, utilizando a mesma estrutura de distribuição e consumo. Embalagens maiores (50 litros) foram disponibilizadas para venda em hotéis e restaurantes, com uso de máquinas de refrigeração e injeção de gás carbônico. Menos de dois anos após seu lançamento, o volume de vendas de *wine cooler* nos Estados Unidos atingiu 23,4 milhões de litros. O consumo, que no ano de 1986 foi de 650 milhões de litros (2,5% do mercado de bebidas), cresceu muito rapidamente, chegando a 1,2 bilhão de litros em 1992 (cinco litros *per capita*/ano). Com intensas campanhas publicitárias, sem as restrições impostas às bebidas com maior teor alcoólico, os *wine coolers* ganharam o mundo, atingindo mercados como o Japão, Austrália, Inglaterra, Canadá e outros países.

A bebida designada *wine cooler*, ou simplesmente *cooler*, ganhou notoriedade também no Brasil, tão logo surgiu nos Estados Unidos. Várias marcas foram industrializadas em embalagens constituídas por coloridas rotulagens, garrafas exclusivas de pequena capacidade, cerca de 200 mL, e prático sistema de fechamento (tampa metálica rosqueável). Poucas dessas marcas ainda persistem em produção. Na atualidade, significativa parcela do mercado brasileiro é ocupada por *cooler* sem gás que, apesar de descaracterizado, conta com o abrigo da legislação e a preferência de alguns consumidores.

A categoria coquetel de vinho surgiu recentemente no Brasil, e sua produção foi regulamentada apenas no ano de 2005. Alguns produtores dessa categoria introduziram novas combinações de sabor, empregando o vinho como base, enquanto outros limitaram-se a imitar bebidas já existentes, como vinhos compostos, apenas reduzindo a quantidade de vinho. Para evitar erros de interpretação, a legislação estabeleceu uma série de restrições quanto a ingredientes e parâmetros analíticos.

Pesquisas realizadas, na década de 1980, com grupo representativo de consumidores franceses, demonstraram que mais de 70% dos consumidores, de todas as idades e categorias sociais, apreciavam as bebidas derivadas de vinho, sob o ponto de vista de sabor ou impressão geral. O aroma sangria foi menos aceito, notadamente pelas mulheres, e os aromas morango e cassis, os mais apreciados. O consumo regular foi observado com maior frequência entre jovens e mulheres, o qual se verificava fora das refeições. Consumidores com idade superior a 25 anos preferiram as bebidas como aperitivo.

Em resumo, o resultado da pesquisa realizada na França, comprovou que as mulheres demonstraram-se dispostas a pagar mais pelas bebidas derivadas de vinho. Todas as faixas etárias e categorias sociais apresentaram boa aceitação das bebidas, sendo os adultos mais favoráveis que os jovens, os homens mais que as mulheres, mesmo que estas tenham relatado consumo mais regular. A maioria pesquisada preferiu o consumo como aperitivo, de maneira ocasional, como "bebida de lazer", privilegiando, assim, a apresentação em embalagens de maior volume.

Na Tabela 28.1, encontram-se as quantidades comercializadas de *cooler*, coquetel de vinho e sangria no Rio Grande do Sul, a partir de 1990. Observa-se que o aumento no consumo de *cooler* de vinho ocorreu a partir de 1996, mais de uma década após a explosão de consumo da bebida nos Estados Unidos. A comercialização de *cooler* cresceu até 2002 e, a partir de então, diminuiu, até se estabilizar ao redor de 4 milhões de litros. Já o consumo de coquetel de vinho e sangria é bem mais recente, a partir de 2003, e em menor volume que o *cooler*.

Tabela 28.1 Comercialização de *cooler*, coquetel de vinho e sangria no Estado do Rio Grande do Sul, em litros.

Ano	*Cooler*	Coquetel de vinho	Sangria
1990	2.649.267		
1991	3.190.379		
1992	1.975.289		
1993	2.756.302		
1994	2.798.706		
1995	2.664.342		
1996	3.078.523		
1997	4.571.501		
1998	5.764.233		
1999	9.424.282		
2000	10.847.415		
2001	10.994.658		
2002	10.423.992		
2003	7.355.796	1.002.149	330.576
2004	6.676.776	1.428.500	1.118.654
2005	6.005.392	1.286.524	1.142.453
2006	5.067.810	932.979	1.208.403
2007	5.008.953	798.624	541.088
2008	4.366.443	791.532	455.704
2009	4.561.959	1.354.734	192.082
2010	4.674.272	977.962	172.214
2011	4.684.087	805.235	158.868
2012	4.258.333	907.199	73.590
2013	4.028.017	806.955	76.039
2014	4.045.218	736.496	86.279

Fonte: Embrapa (2014).

Diferentemente de outros países, onde as bebidas derivadas do vinho são uma alternativa de bebida com teor alcoólico reduzido e de boa qualidade, no mercado brasileiro ainda há problemas a serem resolvidos. Pesquisa realizada pelo Inmetro (2006), avaliou nove amostras de coquetéis e sangrias, e constatou não conformidade em sete das amostras analisadas. As principais não conformidades encontradas estavam relacionadas com a quantidade de vinho utilizada, menor que o mínimo exigido pela legislação, e o uso de conservantes em teores acima dos limites oficiais permitidos.

28.1.2 Definição legal
28.1.2.1 *Sangria*

A sangria é definida como a bebida derivada de vinho, composta de vinho tinto (mínimo de 50%) e água natural ou carbonatada, com sucos, extratos ou essências naturais de sucos cítricos e de outras frutas, com adição ou não de açúcar (VICENTE, 1991). O teor alcoólico pode variar de 7 a 12%. Poderá conter polpa ou cascas de frutas cítricas. No rol de práticas permitidas para a sangria estão a adição de mosto, mistela, caramelo de açúcar, mosto concentrado de uva, água, especiarias e determinados antifermentativos. Está proibida a adição de corantes e edulcorantes artificiais, ácidos minerais, bem como de vinhos, sucos e outros ingredientes que não atendam aos padrões de identidade e qualidade da legislação vigente. De acordo com o tipo de vinho utilizado, a presença de destilados ou licores, a sangria tem outras denominações. A Sangria Zurra, além de vinho tinto e dos demais ingredientes tradicionais contém até 5% de aguardentes, licores e outras bebidas derivadas de alcoóis naturais, respeitando uma elevação do teor alcoólico máxima de 2%. A Sangria Clarea é preparada com no mínimo 50% de vinho branco, e a Sangria Clarea-Zurra é preparada como a Sangria Zurra, porém utilizando um mínimo de 50% de vinho branco.

A legislação brasileira (BRASIL, 2005b) define sangria como sendo a "bebida com graduação alcoólica de 7 a 12%, em volume, a 20 °C, obtida pela mistura de vinho de mesa em um mínimo de 50%, suco de uma ou mais frutas cítricas em quantidade mínima de 10%, água potável, podendo ser adicionada de açúcares". Opcionalmente, podem ser agregados extratos ou essências aromáticas naturais de frutas, partículas ou pedaços sólidos de polpa de frutas, açúcares, anidrido carbônico e outras bebidas alcoólicas em quantidade não superior a 10% do volume total. Sendo adicionado exclusivamente suco de limão, a sangria deverá conter no mínimo 2,5% em volume do referido ingrediente com 5% de acidez. A Tabela 28.2 apresenta as características analíticas da sangria e os limites de emprego de alguns aditivos. A Tabela 28.3, por sua vez, relaciona todos os aditivos autorizados para a sua produção e o seu respectivo limite de uso.

BEBIDAS ALCOÓLICAS

Tabela 28.2 Características analíticas da sangria, requisitos definidos pela legislação.

	Mínimo	Máximo
Álcool etílico (% volume, 20 °C)	7,0	12,0
Ácido sórbico (mg/L)	–	400,0
Ácido benzoico (mg/L)	–	500,0
Dióxido de enxofre total (mg/L)	–	350,0
Acidez total (meq/L)	55,0	130,0
Acidez volátil (meq/L)	–	15,0
Álcool metílico (mg/L)	–	300,0
Cinzas (g/L)	0,75	–
Extrato seco (g/L)	8,0	–

Fonte: Brasil (2005b).

Tabela 28.3 Aditivos permitidos para a sangria.

Ação	Aditivo	Código INS	Limite máximo (g/100 ml)
Acidulantes	Ácido cítrico	330	q.s.p
	Ácido lático (L-, D- e DL-)	270	q.s.p
	Ácido tartárico (L(+)-)	334	0,300
Antioxidantes	Ácido ascórbico (L-)	300	0,030 (como ácido ascórbico) sozinhos ou combinados.
	Ascorbato de sódio	301	
	Ascorbato de cálcio	302	
	Ascorbato de potássio	303	
Aromatizantes	Todos os autorizados no Mercosul, exceto aromas artificiais.		
Conservadores	Ácido sórbico	200	0,040 (como ácido sórbico) sozinhos ou combinados
	Sorbato de sódio	201	
	Sorbato de potássio	202	
	Sorbato de cálcio	203	
	Ácido benzoico	210	0,050 (como ácido benzoico) sozinhos ou combinados
	Benzoato de sódio	211	
	Benzoato de potássio	212	
	Benzoato de cálcio	213	
	Dióxido de enxofre	220	0,035 (como SO_2) sozinhos ou combinados
	Sulfito de sódio	221	
	Bissulfito de sódio	222	
	Metabissulfito de sódio	223	
	Metabissulfito de potássio	224	
	Sulfito de potássio	225	
	Bissulfito de cálcio	227	
	Bissulfito de potássio	228	

(*continua*)

Sangria, cooler e coquetel de vinho

Tabela 28.3 Aditivos permitidos para a sangria (*continuação*).

Ação	Aditivo	Código INS	Limite máximo (g/100 ml)
Estabilizantes	Goma garrofina, goma caroba, goma alfarroba, goma jataí	410	0,050
	Goma guar	412	
	Goma tragacanto, tragacanto, goma adragante	413	
	Goma arábica, goma acácia	414	
	Goma caraia, goma sterculia	416	
	Carboximetilcelulose	466	0,500

Fonte: Brasil (2013).

28.1.2.2 *Wine cooler*

Cada país tem legislação própria para regulamentar a produção de *wine cooler*, variando o teor de vinho, sucos, aditivos e teor alcoólico. Na Espanha, se diferencia da sangria basicamente pelo teor alcoólico, que pode flutuar entre 3 e 7%. A bebida é composta por, no mínimo, 30% de vinho tinto, rosado ou branco, e água natural ou gaseificada, com extratos ou essências naturais de frutas, com adição ou não de açúcar. Poderá conter partículas de polpa ou cascas de frutas.

A legislação brasileira (BRASIL, 1988) define o *cooler* como a bebida resultante da mistura de vinho de mesa e suco de uma ou mais frutas. O teor alcoólico mínimo é 3% e o máximo 7%, em volume, a 20 °C, o qual deverá ser proveniente exclusivamente do vinho, sendo proibida a adição de álcool etílico ou outra bebida alcoólica. O *cooler* deve conter no mínimo 50% de vinho de mesa, que poderá ser parcialmente substituído por suco de uva integral ou reconstituído. Pode ser adicionado de açúcar, extratos ou essências aromáticas naturais, corantes naturais, caramelo, dióxido de carbono e água potável. As características analíticas são apresentadas na Tabela 28.4 e os aditivos permitidos pela legislação estão listados na Tabela 28.5.

Tabela 28.4 Características analíticas do *cooler*, requisitos definidos pela legislação.

	Mínimo	Máximo
Vinho de mesa (% v/v)	50,0	–
Suco de frutas (% v/v)	10,0	–
Acidez total (meq/L)	30,0	–
Acidez volátil (meq/L)	–	20,0
Dióxido de carbono (atm a 10 °C)*	1,0	3,0
Álcool etílico (% volume, 20 °C)	3,0	7,0

Fonte: Brasil (1988).
* Apenas para o *cooler* gaseificado.

Tabela 28.5 Aditivos permitidos para o cooler.

Ação	Aditivo	Código INS	Limite máximo g/100 ml
Acidulantes	Ácido lático (L-, D- e DL-)	270	q.s.p
	Ácido cítrico	330	q.s.p
	Ácido tartárico (L(+)-)	334	0,300
Antioxidantes	Ácido ascórbico	300	0,030, sozinhos ou combinados
	Ascorbato de sódio	301	
	Ascorbato de cálcio	302	
	Ascorbato de potássio	303	
	Ácido isoascórbico, ácido eritórbico	315	0,010, sozinhos ou combinados
	Isoascorbato de sódio, eritorbato de sódio	316	
Aromatizantes	Todos os autorizados no Mercosul, exceto aromas artificiais.		
Corantes	Curcuma, curcumina	100i	0,010
	Riboflavina e	101i,	q.s.p.
	Riboflavina 5' fosfato de sódio	101ii	
	Carmim de cochonilha, ácido carmínico, sais de sódio, potássio, cálcio e amônio	120	0,020 (como ácido carmínico)
	Clorofila	40i	q.s.p.
	Clorofilina	40ii	
	Clorofila cúprica	41i	
	Clorofilina cúprica e seus sais de sódio e potássio	41ii	
	Caramelo I – simples	150a	q.s.p.
	Caramelo II – processo sulfito cáustico,	150b	5,0
	Caramelo III – processo amônia	150c	
	Caramelo IV – processo sulfito amônia	150d	
	Betacaroteno (sintético idêntico ao natural)	160a i	0,020
	Carotenos (extratos naturais)	160a ii	0,060
	Urucum, bixina, norbixina, annatto extrato e sais de Na e K	160b	0,001 (como norbixina) 0,003 (como bixina)
	Páprica, capsorubina, capsantina	160c	q.s.p.
	Licopeno	160d	0,02
	Beta-apo-8'- carotenal	160e	0,02
	Ester metílico ou etílico do ácido beta-apo-8' carotenoico	160f	0,02
	Luteína	161b	0,01
	Vermelho de beterraba, betanina	162	q.s.p.
	Antocianinas (de frutas e hortaliças)	163i	q.s.p.
	Extrato de cascas de uva	163ii	q.s.p.

(continua)

Tabela 28.5 Aditivos permitidos para o cooler (*continuação*).

Ação	Aditivo	Código INS	Limite máximo g/100 ml
Conservadores	Ácido sórbico	200	0,100 (como ácido sórbico) sozinhos ou combinados
	Sorbato de sódio	201	
	Sorbato de potássio	202	
	Sorbato de cálcio	203	
	Ácido benzoico	210	0,050 (como ácido benzoico) sozinhos ou combinados
	Benzoato de sódio	211	
	Benzoato de potássio	212	
	Benzoato de cálcio	213	
	Dióxido de enxofre	220	0,035 (como dióxido de enxofre residual) sozinhos ou combinados
	Sulfito de sódio	221	
	Bissulfito de sódio	222	
	Metabissulfito de sódio	223	
	Metabissulfito de potássio	224	
	Sulfito de potássio	225	
	Bissulfito de cálcio	227	
	Bissulfito de potássio	228	
Estabilizantes	Goma garrofina, goma caroba, goma alfarroba, goma jataí	410	0,050
	Goma guar	412	
	Goma tragacanto, tragacanto, goma adragante	413	
	Goma arábica, goma acácia	414	
	Goma caraia, goma sterculia	416	
	Carboximetilcelulose sódica	466	0,500

Fonte: Brasil (2013).

28.1.2.3 Coquetel de vinho

O "coquetel de vinho" ou "bebida alcoólica mista de vinho", é definido pela legislação brasileira (BRASIL, 2005a) como a bebida com teor alcoólico entre 5 e 14%, em volume, a 20 °C, resultante da mistura de vinho de mesa com uma ou mais bebidas alcoólicas, ou álcool etílico potável de origem agrícola, ou destilado alcoólico simples, suco de frutas e xarope de frutas. O suco e o xarope não poderão ser derivados de uva, bem como as bebidas alcoólicas não poderão ser originárias da uva ou vinho.

Opcionalmente, o coquetel de vinho pode ser adicionado de frutas maceradas, extratos vegetais, outras partes de vegetais, matérias-primas de origem animal autorizadas, açúcar (cristal ou na forma líquida), caramelo de uva, de açúcar ou de milho, aromas naturais, dióxido de carbono e água potável. É proibida a adição de qualquer corante natural ou artificial, especialmente a antocianina ou corante equivalente que forneça à bebida a coloração do vinho tinto. O coquetel de vinho deverá observar os limites fixados na Tabela 28.6.

BEBIDAS ALCOÓLICAS

Tabela 28.6 Características analíticas e composição do coquetel de vinho definidas pela legislação.

	Mínimo	Máximo
Vinho de mesa (% v/v)	50,0	–
Suco de frutas, exceto uva (%)*	10,0	–
Dióxido de carbono (atm)**	–	2,0
Álcool etílico (% volume, 20 °C)	5,0	14,0
Ácido sórbico (mg/L)	–	400,0
Ácido benzoico (mg/L)	–	400,0
Anidrido sulforoso total (mg/L)	–	250,0
Acidez total (meq/L)	55,0	130,0
Acidez volátil (meq/L)	–	20,0
Álcool metílico (mg/L)	–	200,0
Cinzas (g/L)	0,75	–
Extrato seco (g/L)	8,0	–

Fonte: Brasil (2005a, 2008).

* No caso da adição exclusiva de suco de limão, o Coquetel de Vinho ou Bebida Alcoólica Mista de Vinho deverá conter, no mínimo, 2,5% em volume de suco de limão com 5% de acidez.

** Apenas para o coquetel gaseificado.

Tabela 28.7 Principais aditivos permitidos para o Coquetel de Vinho ou Bebida Alcoólica Mista de Vinho.

Ação	Aditivo	Código INS	Limite máximo g/100 ml
Acidulantes	Ácido cítrico	330	q.s.p
	Ácido lático (L-, D- e DL-)	270	q.s.p
	Ácido tartárico (L(+)-)	334	0,300
Antioxidantes	Todos os autorizados como BPF no Mercosul		q.s.p.
Aromatizantes	Todos os autorizados no Mercosul, exceto aromas sintéticos.		q.s.p.
Conservadores	Ácido sórbico e seus sais de, e (sozinhos ou em combinação)	200	0,050 (como ácido sórbico) sozinhos ou combinados
	Sorbato de sódio	201	
	Sorbato de potássio	202	
	Sorbato de cálcio	203	
	Ácido benzoico	210	0,050 (como ácido benzoico) sozinhos ou combinados
	Benzoato de sódio	211	
	Benzoato de potássio	212	
	Benzoato de cálcio	213	
	Dióxido de enxofre	220	0,020 (como SO_2) sozinhos ou combinados
	Sulfito de sódio	221	
	Bissulfito de sódio	222	
	Metabissulfito de sódio	223	
	Metabissulfito de potássio	224	
Estabilizantes	Todos os autorizados como BPF no Mercosul		q.s.p.

Fontes: Brasil (2005a, 2008, 2013).

No que se refere às quantidades de aditivos empregados na produção das bebidas, seja na Sangria, no *Wine Cooler* ou no Coquetel de Vinho, alguns critérios devem ser respeitados, conforme estabelecido pela legislação vigente (BRASIL, 2013):

A quantidade de cada aditivo não poderá ser superior ao seu limite máximo individual;

Quando para uma determinada função forem autorizados dois ou mais aditivos com limite máximo numérico, a soma das quantidades utilizadas no alimento não poderá ser superior ao maior limite máximo numérico estabelecido entre eles;

Se um aditivo é autorizado com limite máximo numérico em duas ou mais funções para uma mesma categoria de produto, a quantidade máxima do aditivo a ser utilizada neste produto não pode ser superior ao maior limite máximo estabelecido para este aditivo dentre as funções nas quais é autorizado.

28.1.3 Composição e valor nutritivo

A diversidade de ingredientes com que podem ser elaboradas as bebidas à base de vinho determina produtos com características sensoriais muito diferenciadas entre si. Entretanto, como 50% da composição das bebidas são constituídos de vinho, este acaba por determinar as características predominantes. O vinho é fonte de energia não armazenável proporcionada pelo conteúdo alcoólico, que é de cerca de 56 kcal para cada 1% v/v, além de pequenas quantidades de vitaminas (A, C, B1, B2 e B12) e minerais (especialmente potássio). O vinho participa ainda com polifenóis, os quais beneficiam o consumidor moderado por seu efeito antioxidante, ativo contra doenças do sistema cardiovascular.

O açúcar, ingrediente comum das bebidas derivadas de vinho, determina um acréscimo de conteúdo energético da ordem de 40 kcal a cada 1% de açúcar participante da composição. Os sucos cítricos, além de proporcionar frescor às bebidas, estimulam o apetite, facilitam a digestão e incrementam o conteúdo vitamínico com o aporte de vitamina C. A adição de suco de uva, prática limitada à elaboração de *cooler*, pressupõe o acréscimo significativo de vitaminas B1, B2 e PP.

28.2 MATÉRIA-PRIMA

As principais matérias-primas definidoras da qualidade sensorial das bebidas alcoólicas derivadas do vinho são o próprio vinho, os sucos de fruta, o açúcar, os aromas e/ou extratos, outras bebidas e a água.

Por se tratar de bebidas com caráter refrescante, é indispensável que *coolers* e sangrias reúnam as qualidades de acidez e doçura, resultado da harmonização do vinho com os edulcorantes, sucos e os demais ingredientes. Os vinhos tintos combinam bem com sucos de frutas vermelhas como o de morango; os rosados se identificam com suco de pêssego e os brancos com sucos cítricos e frutas como o abacaxi, por exemplo. Os vinhos derivados de uvas americanas, por sua característica aromática frutada, potencializam o sabor dos coquetéis de vinho e frutas. É favorável a utilização de vinho com nível de acidez mais elevado, sendo que o equilíbrio gustativo melhora muito se, ao menos, parte da acidez for proveniente de ácido cítrico, que pode ser encontrado nos sucos de laranja e limão.

Os vinhos tintos de uvas europeias também podem compor a base de boas bebidas refrescantes, devendo, para tanto, ser elaborados de modo diferenciado, a fim de evitar uma carga tânica excessiva e privilegiar o frescor. Os brancos finos podem dar origem a coquetéis com sabor mais delicado, por sua vez. Os vinhos deverão estar acabados e estáveis sob o ponto de vista químico, físico e microbiológico.

Para a produção de coquetéis de vinho, as matérias-primas devem ser harmonizadas de modo que o equilíbrio de aroma e sabor seja alcançado, de acordo com a natureza das matérias-primas utilizadas. Vinhos jovens, leves e com sabor frutado harmonizam bem com sucos de frutas, enquanto vinhos envelhecidos combinam com extratos vegetais.

A preparação das bebidas derivadas de vinho é facilitada com o uso de sucos concentrados, os quais têm uma logística de transporte e conservação bem mais econômica que os equivalentes sob a forma integral. O volume para transportar e armazenar é substancialmente reduzido e o menor teor de água permite a conservação do suco em temperaturas mais elevadas.

Tendo em consideração a elevada proporção de uso, o açúcar tem papel fundamental na composição das bebidas derivadas do vinho. Além de participar do sabor do produto no que se refere à doçura e corpo, o açúcar interfere ainda na coloração e no aroma. A intensidade e a conotação dessa interferência dependem da qualidade do açúcar utilizado.

O açúcar cristal, comumente utilizado na preparação de bebidas, apresenta coloração escura, além de odor intenso e característico. Daí vem a necessidade de submeter o açúcar ao tratamento com carvão ativo a fim de atenuar os efeitos negativos. O mercado oferece alternativas tecnologicamente adequadas para substituir o açúcar comum, como os refinados e aqueles na forma de xarope. Nessa última categoria, se encontram o açúcar líquido (xarope de sacarose) e o invertido (xarope de sacarose parcialmente hidrolisada), os quais são fornecidos desodorizados, descoloridos e filtrados. As operações de carga, descarga e armazenagem podem ser executadas com muita rapidez e em condições ótimas de assepsia.

Os aromas têm o papel principal de conferir aroma e sabor, melhorando a qualidade dos alimentos transformados, e podem ser classificados em constituintes, complementares ou suplementares. Os do tipo constituinte são o elemento essencial do alimento, como é o caso dos aromas para bebidas não alcoólicas que conferem sabor para a água e o açúcar, seus constituintes principais. Os complementares reforçam o sabor de certos alimentos, como biscoitos e alimentos prontos, e podem desaparecer, em parte ou totalmente, durante o processo de preparo do alimento. Os suplementares fornecem um aroma totalmente novo ao alimento, como é o caso das bebidas alcoolizadas, permitem reproduzir uniformemente um aroma com baixo custo e tornam os alimentos mais atrativos.

As substâncias aromatizantes são classificadas de naturais quando obtidas exclusivamente por processos físicos, utilizadas tal e qual ou transformadas para o consumo humano. Podem ser sintéticas, ou idênticas às naturais, quando obtidas por síntese ou contendo ao menos uma substância sintética idêntica à natural. Podem ser artificiais, quando obtidas por síntese e constituídas por pelo menos uma substância aromática não idêntica ao produto natural. Para a preparação das bebidas derivadas de vinho, a legislação admite apenas o uso de aromatizantes naturais. Para a escolha da substância aromática adequada, além da apreciação gustativa, o produto deve atender a diversos requisitos de qualidade, como se descreve:

◆ manter a intensidade do sabor durante o armazenamento;
◆ ser estável a oxidação luminosa e do calor;
◆ ser solúvel;
◆ atender a legislação;
◆ exigir baixas dosagens;
◆ ter custo compatível com a aplicação.

Os aditivos empregados na preparação das bebidas devem participar da formulação, sem interferir nas características sensoriais da bebida. Para tanto, os produtos empregados deverão ser quimicamente puros, ter boa solubilidade e utilizados na menor dosagem possível para alcançar os objetivos propostos. Os aditivos devem ser previamente testados em laboratório para se verificar a presença de insolúveis, bem como a presença de aromas e/ou sabores estranhos, relativamente frequentes em conservadores.

Várias e importantes funções são cumpridas pelos aditivos. Uma das principais é o ajuste da acidez, que pode ser feito com a adição do ácido cítrico, lático e/ou tartárico. O dióxido de enxofre e seus sais, por sua vez, contribuem com sua ação antioxidante e antisséptica, preservando o frescor aromático e colaborando com a estabilidade microbiológica da bebida. Os sais dos ácidos sórbico e benzoico são frequentemente utilizados para controlar o crescimento de microrganismos, e sua eficácia melhora quando aplicados de forma associada e com nível adequado de assepsia. A estabilidade tartárica pode ser obtida por meio da refrigeração ou pelo emprego do aditivo ácido metatartárico. A precipitação da matéria corante das bebidas preparadas com vinho tinto poderá ser evitada com o uso de goma arábica.

Outro ingrediente de vital importância é a água. Esta deverá ser potável, portanto isenta de contaminantes de qualquer natureza. Não deverá conter cloro, o qual poderá ser eliminado pela passagem da água por leito de carvão ativo e filtro para retenção de insolúveis. O teor residual de defensivos agrícolas e de contaminantes inorgânicos também deverá atender à legislação vigente.

28.3 MICROBIOLOGIA

As bebidas derivadas do vinho contêm nutrientes e álcool em pequena quantidade, logo são altamente suscetíveis ao ataque microbiológico. A preparação da bebida deverá ser feita em ambiente com a necessária assepsia e as matérias-primas deverão estar estáveis sob o ponto de vista microbiológico. O processo de preparação deverá transcorrer com desenvoltura suficiente para evitar a proliferação de microrganismos antes da aplicação do procedimento de estabilização microbiológica escolhido.

As bebidas à base de vinho são suscetíveis à degradação por mofos, leveduras e bactérias, microrganismos que podem ser combatidos com procedimentos físicos (pasteurização e filtração) e/ou químicos (adição de conservadores). Os diferentes meios físicos passíveis de uso podem ser utilizados para inibir, afastar ou destruir a flora microbiana presente, com a vantagem de não agregar substâncias estranhas à composição da bebida, condição cada vez mais valorizada pelo consumidor. Os conservadores químicos têm ação restrita e sua eficácia está na dependência do nível e tipo de contaminação. Em razão da natureza ácida das bebidas de vinho, estas não estão sujeitas ao ataque por bactérias de origem entérica.

Para que a proliferação de microrganismos esteja sob controle, as máquinas, utensílios e instalações devem apresentar um elevado nível de limpeza e sanitização. Utensílios e recipientes feitos de materiais porosos, como a madeira, devem ser evitados, pois servem de abrigo para microrganismos. Todos os equipamentos que entram em contato direto com o produto devem ser construídos com aço inoxidável com acabamento sanitário. Os procedimentos de limpeza e sanitização deverão ser executados antes do início da jornada de trabalho e ao seu término. São muito convenientes as instalações do tipo *cleaning in place* – CIP, as quais tornam os procedimentos rápidos e eficazes.

As etapas a serem cumpridas em um programa básico de limpeza são as seguintes:

- Pré-lavagem: lavagem com água limpa, destinada a remoção de resíduos depositados sobre a superfície dos equipamentos e instalações.
- Lavagem: executada com água e detergente próprio para remoção de incrustações. Para remoção de sais de tártaro, são utilizados detergentes alcalinos, e para incrustações minerais, os de natureza ácida. Os detergentes devem ser fáceis de enxaguar e formulados com ingredientes biodegradáveis. Podem ser aplicados a quente para facilitar a remoção dos resíduos.
- Enxágue intermediário: essa etapa destina-se à remoção do detergente aplicado e pode ser facilitada com a utilização de água quente.
- Sanitização: objetiva destruir os microrganismos presentes nas superfícies que vão entrar em contato com o produto e que resistiram à ação de lavagem. Pode ser feita por meio de água aquecida a 80 °C, com 20 minutos de tratamento ou por via química. O ácido peracético cumpre bem essa função, pois dispensa enxágue posterior a sua aplicação. Observando restrições específicas, podem ser empregados também compostos de cloro, iodo, quaternário de amônia, biguanida e outros.

- Enxágue final: dependendo da natureza da sanitização realizada, essa etapa pode ser suprimida, uma vez que tem por finalidade remover os resíduos dos sanitizantes empregados. A qualidade física, química e microbiológica da água utilizada para o enxágue final deverá ser de tal nível que não venha a comprometer a lavagem e sanitização realizadas.

28.4 PROCESSAMENTO

De acordo com as características da bebida elaborada e o processo escolhido para sua preparação e estabilização, o processamento varia significativamente. O fluxograma de produção das bebidas de vinho pode envolver as seguintes etapas:

- dissolução do açúcar;
- preparação da bebida – mistura;
- desaeração;
- filtração;
- refrigeração;
- carbonatação;
- pasteurização;
- envase.

28.4.1 Dissolução do açúcar

O açúcar cristal, normalmente utilizado para a preparação de bebidas, possui coloração escura, odor característico de cana e um conteúdo variável de sólidos insolúveis, características que interferem negativamente na qualidade do produto acabado. A neutralização dessas características pode ser feita no decorrer da dissolução do açúcar, que pode ser levada a cabo por meio de processo contínuo ou por bateladas. Já o açúcar refinado pode ser dissolvido no próprio vinho sem que ocorram alterações significativas de cor e sabor.

Processo contínuo: neste método de trabalho, a água e o açúcar alimentam continuamente um dispositivo de mistura. Um sistema vibratório desfaz os grumos de açúcar eventualmente formados, garantindo dosagem constante e uniforme. A suspensão é bombeada até um trocador de placas onde o açúcar é dissolvido e pasteurizado sob a ação do calor (75 a 88 °C).

Na saída do pasteurizador, se necessário, o xarope de açúcar é adicionado de uma suspensão de carvão ativo através de uma bomba dosadora. A mistura vai para um tanque de retenção onde permanece pelo tempo necessário para obter o nível de descoloração desejado.

O xarope descolorido e desodorizado é filtrado com o auxílio de filtro de terra diatomácea e/ou perlita. Na sequência do processo, um dispositivo eletrônico de medição de sólidos solúveis regula a dosagem de água que ainda é necessária para obtenção da concentração de açúcar programada. O xarope de açúcar, que ainda está quente, retorna para o trocador de calor para ser refrigerado com a suspensão de açúcar que vai entrando no circuito, providência que promove uma considerável economia de energia.

Processo descontínuo: a dissolução do açúcar é efetivada em tanque de aço inoxidável equipado com sistema de agitação e aquecimento. A operação transcorre a temperatura de 55-60 °C e se completa com auxílio do agitador. Dependendo da qualidade do açúcar utilizado, pode ser necessário agregar carvão ativo para desodorizar e descolorir a dissolução. Ainda com o xarope quente segue-se uma filtração para remoção dos sólidos em suspensão. Antes de sua utilização, o xarope é refrigerado, analisado e padronizado.

28.4.2 Preparação das bebidas – mistura
28.4.2.1 *Processo tradicional*

O processo tradicional de preparação dos derivados de vinho com baixo teor alcoólico prevê a utilização de grandes tanques. Estes devem ser construídos de aço inoxidável e equipados com sistema de agitação, porta para acesso, termômetro, controle de nível, tubulação e conexões para carga e descarga dos ingredientes líquidos, circuito de aquecimento e refrigeração, sistema CIP de limpeza.

A escolha do sistema de agitação deverá considerar a necessidade de preservar a integridade dos ingredientes selecionados para a elaboração da bebida, evitando a incorporação de ar e os danos dela decorrentes, tais como a alteração da cor, aroma e sabor. Para alcançar esse objetivo é muito conveniente o uso do agitador de pás rotativas de baixa velocidade. O sistema é constituído por um eixo vertical paralelo às paredes do tanque, ancorado por mancais nos tampos superior e inferior do tanque em posição não coincidente com o centro do tanque. As pás são distribuídas ao longo da extensão do eixo, desde o fundo até o terço superior. A movimentação é proporcionada por um conjunto motorredutor instalado na extremidade superior do eixo que transpassa o tampo superior. Um cuidado especial deverá ser dispensado para evitar que eventuais vazamentos de óleo lubrificante contaminem o tanque de mistura.

Iniciando-se com o vinho, os ingredientes são medidos e sucessivamente enviados ao tanque de mistura. Os componentes sólidos da fórmula são medidos e dissolvidos antes de serem agregados à mistura, que é mantida em agitação. Depois de todos os ingredientes estarem completamente homogeneizados, o produto é analisado. De posse do resultado da análise, são realizados os ajustes finais da bebida para obter a padronização de sabor e a estabilidade física, química e microbiológica.

O processo tradicional permite o emprego da clarificação com uso de bentonita, a qual facilita o processo de filtração e permite alcançar a estabilidade proteica da bebida. Testes de laboratório devem ser conduzidos para identificar a menor dose do coadjuvante que seja suficiente para alcançar o efeito desejado. A bebida pronta pode ser submetida à estabilização tartárica por meio da refrigeração.

O processo tradicional apresenta inconvenientes por ser descontínuo, ocupar muito espaço e mão de obra, pelas variações de qualidade ocasionadas pela dificuldade de controlar a concentração de açúcar e outros insumos. Sucessivas amostragens e análises laboratoriais são necessárias para padronizar a bebida. A medição dos ingredientes em recipientes com escala graduada é demorada, trabalhosa e incerta. O uso de células de carga dispostas sob o tanque de mistura torna a operação mais rápida e precisa. Basta conhecer a densidade dos líquidos dosados para estabelecer a sua relação com o volume.

28.4.2.2 *Processo contínuo*

A produção em contínuo de derivados de vinho com uso de bombas dosadoras exige a utilização de equipamentos de alta tecnologia, dotados de mecanismos de medição e mistura muito precisos. Apesar do elevado custo dessas instalações, o sistema oferece vantagens, como economia de matéria-prima, sistema hermético de fácil limpeza e higienização, padronização de qualidade e sabor, elevada capacidade de produção, eliminação de tanques de agitação e mistura, dosagem e mistura de pequenos e grandes volumes.

A dissolução dos ingredientes é feita separadamente e a dosagem realizada de forma simultânea ou em etapas sucessivas. Podem-se misturar os ingredientes líquidos, como água, vinho, suco e açúcar (sob a forma de xarope filtrado e pasteurizado), para dosar, em seguida, os componentes sólidos.

A dosagem dos componentes líquidos é feita com o uso de medidores volumétricos de deslocamento positivo. Estes têm a vantagem de trabalhar em modo contínuo, boa precisão (± 0,2%), não induzem perdas de carga significativas, não sofrem influência da viscosidade e nem da pressão. Os demais ingredientes, como extratos de frutas e especiarias, essências naturais e conservantes, que participam da formulação em quantidades muito pequenas, são dosados por bombas especiais de alta precisão. Para que a fórmula resulte equilibrada e estável, a dosagem deve ser rigorosamente calculada e previamente testada em laboratório.

Para que se possa usufruir as vantagens do processo contínuo, os ingredientes utilizados não devem gerar qualquer espécie de instabilidade no produto acabado. O vinho, em particular, deverá ser previamente estabilizado quanto a proteínas e sais do ácido tartárico.

28.4.2.3 *Processo misto*

Esse processo utiliza a mesma tecnologia empregada para a preparação de refrigerantes. Parte-se de dois componentes básicos: a) xarope açucarado adicionado de todos os ingredientes necessários, tais como suco de fruta concentrado, acidulantes, conservadores, extratos, aromas, estabilizantes etc.; b) mistura de água potável e vinho.

O xarope é preparado em um tanque equipado com um sistema de mistura e um sistema de medição de volume. A preparação se inicia com a introdução no tanque da quantidade prevista de xarope de açúcar. Na sequência, são incorporados e misturados os demais ingredientes, os quais são previamente dissolvidos em certa quantidade de água. O sistema de agitação deverá evitar a incorporação de ar, que além de desnecessária é muito prejudicial.

Deverá ser observada uma ordem de adição dos ingredientes para evitar eventuais reações de insolubilização de algum componente da fórmula, muito frequente com os conservadores sorbato de potássio e benzoato de sódio. A sequência pode iniciar com a dissolução do açúcar, seguido dos conservadores, acidulantes, sucos, aromatizantes e, por fim, os corantes. Finalizada a mistura, uma amostra do xarope é levada ao laboratório para conferência de aspectos sensoriais, acidez e sólidos solúveis, especialmente.

Em outro tanque, faz-se a mistura da quantidade necessária de água e vinho para completar a fórmula, sempre respeitando a proporcionalidade estabelecida por ocasião da formulação do produto. Essa solução, se necessário, pode ser desaerada para facilitar a dissolução de dióxido de carbono, evitar a for-

mação de espuma durante o engarrafamento e a ocorrência de fenômenos decorrentes da oxidação causada pelo oxigênio dissolvido. A filtração também pode ser necessária para a remoção de eventuais sólidos suspensos.

A mistura água e vinho é refrigerada e enviada ao equipamento de mistura. Ao mesmo tempo chega o xarope, que é misturado de forma contínua e proporcional por meio de um sistema de cubas, registros e dispositivos de manutenção de nível. No fundo da cuba de xarope existe uma chapa com furo calibrado por onde escorre uma quantidade constante de produto que cai diretamente na cuba de mistura. Ao lado da cuba do xarope fica a cuba da água e vinho. Essa cuba possui um registro micrométrico que é usado para dosar a quantidade necessária da mistura vinho e água, que também é conduzida à cuba de mistura.

A homogeneização é finalizada por uma bomba centrífuga de alta capacidade que está acoplada à cuba de mistura. Essa bomba, além da homogeneização, é utilizada para enviar a bebida ao sistema de envase ou para introduzi-la no carbonatador. Esse último equipamento é constituído por um cilindro pressurizado com dióxido de carbono, onde a bebida é pulverizada e saturada. Por diferença de pressão, a bebida carbonatada é conduzida à envasadora isobarométrica.

28.4.3 Desaeração

A eliminação do oxigênio dissolvido não é indispensável, mas é conveniente por produzir um ganho qualitativo importante. Evita efeitos oxidativos posteriores que provocam perdas de vitamina C, escurecimento da bebida, alterações de aroma e sabor.

A desaeração é efetuada com a introdução contínua da bebida em câmara de vácuo circular equipada com condensador para retenção dos aromas. O vácuo produzido no interior da câmara faz com que o produto "ferva", fenômeno produzido pela liberação de vapores e gases que ascendem à parte superior da câmara, onde se encontram com o condensador. Os vapores condensáveis se reincorporam ao produto e os gases não condensáveis são extraídos do sistema.

A correta operação e escolha de agitadores e bombas que fazem parte do conjunto farão com que a incorporação de ar seja reduzida, de tal modo que será desnecessário o procedimento de desaeração. Para a mistura dos ingredientes, deve ser preferido o agitador vertical de pás rotativas de baixa velocidade.

572   BEBIDAS ALCOÓLICAS

Os agitadores laterais de hélice e a técnica da remontagem são lentos e incorporam muito ar à bebida, motivo pelo qual devem ser evitados.

28.4.4 Filtração

A filtração visa obter um produto brilhante e livre de impurezas em suspensão. É realizada com filtros de pressão, empregando-se a terra diatomácea ou perlita como auxiliar filtrante, com filtros de placas ou discos de celulose. Quando se busca obter a estabilidade microbiológica por meio da filtração, a etapa final deverá ser efetivada com o uso de membranas filtrantes com porosidade absoluta. Entretanto, quando se pretende elaborar uma bebida turva, ou com a presença de polpa de fruta, a filtração é suprimida do processo.

28.4.5 Carbonatação

Mesmo sendo opcional, é importante ressaltar que a carbonatação desempenha um papel importante na valorização das bebidas, tanto no que se refere ao aspecto visual, como no gustativo. O dióxido de carbono proporciona à bebida um caráter refrescante que se pode classificar de indispensável para as sangrias e *coolers*. Os critérios qualitativos são determinados pela "finesse" das bolhas, persistência, agressividade tênue e boa dissolução do dióxido de carbono.

Como a boa dissolução do gás carbônico está em função das condições de trabalho (temperatura e pressão) e da natureza do produto (teor de álcool, água e açúcar), a refrigeração da bebida é uma operação que facilita sobremaneira a carbonatação. A temperatura necessária depende da pressão de funcionamento do carbonatador e da quantidade de gás carbônico a ser incorporado. De modo geral, temperaturas próximas de 1 °C facilitam a execução da operação.

O processo consiste em refrigerar, injetar e pulverizar a bebida no interior do cilindro carbonatador com o auxílio de uma bomba de alta pressão. O dióxido de carbono que pressuriza o cilindro, rapidamente satura a bebida. A intensidade da saturação pode ser variada, modificando a temperatura e a pressão de trabalho. A bebida saturada de dióxido de carbono, por diferença de pressão, flui do carbonatador para a enchedora isobarométrica para o procedimento de envase.

Uma variação desse procedimento de carbonatação é o citado no item 28.4.2.3 – Processo misto.

28.5 ENGARRAFAMENTO

As bebidas derivadas de vinho podem ser envasadas em diversos tipos de embalagem, retornáveis ou não, selecionadas segundo critérios técnicos e comerciais. Alguns dos aspectos a serem considerados são a eventual carbonatação e o processo de estabilização adotado. Produtos engarrafados a quente exigem embalagens resistentes ao calor como o vidro e o alumínio. O engarrafamento em temperatura ambiente permite empregar também as embalagens plásticas, como o polietileno tereftalato (PET), e as cartonadas. Bebidas carbonatadas podem ser envasadas em frascos de vidro, PET e latas de alumínio. Envases de vidro e alumínio permitem uma vida de prateleira mais prolongada, enquanto embalagens plásticas determinam uma validade máxima ao redor de seis meses, em virtude de não serem totalmente impermeáveis ao oxigênio.

28.5.1 Estabilização microbiológica

Vários microrganismos encontram nos derivados de vinho meios muito favoráveis ao seu crescimento. Embora sejam desejáveis no processo de elaboração do vinho, as fermentações produzidas por leveduras e bactérias determinam prejuízos irreparáveis aos produtos engarrafados, razão pela qual o engarrafamento deverá ocorrer o mais rapidamente possível e com a aplicação do processo de estabilização microbiológica previsto.

28.5.1.1 *Pasteurização*

A técnica de conservação de alimentos com uso de calor tem o nome de "pasteurização" em homenagem ao químico francês Louis Pasteur, que estabeleceu as bases da tecnologia. É aplicada, atualmente, em uma infinidade de alimentos e bebidas. A pasteurização no ambiente industrial vem sendo aperfeiçoada continuamente, com o uso de sofisticados equipamentos de controle e propagação do calor. A tecnologia tem levado a aumentar as temperaturas e reduzir os tempos de exposição dos alimentos, conseguindo, dessa maneira, o desejado efeito germicida e a redução das perdas de qualidade nutritiva e organoléptica.

A pasteurização permite que a bebida prolongue a sua vida, uma vez que destrói os microrganismos que teriam sua multiplicação facilitada pelo baixo teor alcoólico e o açúcar presente. Além da estabilidade microbiológica, o calor produz outros efeitos, cujas consequências devem ser consideradas ao aplicar a pasteurização. O aquecimento desnatura as proteínas que podem coagular e sedimentar, ou produzir uma suspensão estável. De outra parte, o calor ativa o oxigênio dissolvido na bebida, o qual produz a oxidação e o envelhecimento do produto. Esses inconvenientes podem ser facilmente superados com a eliminação das proteínas com o uso de clarificação com bentonita e da desaeração prévia da bebida.

A definição da temperatura ideal e do tempo de exposição do produto ao calor depende do teor alcoólico da bebida, do nível e tipo de contaminação microbiológica. Quanto maior o teor alcoólico e mais reduzida a presença de microrganismos, menor é a temperatura necessária para alcançar a estabilidade. Tendo em vista as particularidades de cada caso, é conveniente conduzir testes de laboratório para determinar os parâmetros mínimos de pasteurização necessários para obter o efeito desejado.

Basicamente, são três os sistemas aplicáveis à pasteurização das bebidas derivadas de vinho.

Pasteurização seguida de envase a frio

É também conhecida por *flash*-pasteurização, tendo em vista a rapidez com que as alterações de temperatura ocorrem, minimizando os riscos do excesso de aquecimento e o consequente surgimento do gosto de cozido. O envase a frio exige rigorosas condições de assepsia, pois existe o risco de recontaminação do produto por meio das instalações de envase e/ou embalagens. Não havendo garantia de assepsia absoluta, a *flash*-pasteurização é muito útil para viabilizar a redução da dose dos conservadores.

Para produzir a variação de temperatura necessária, são utilizados trocadores de calor constituídos por placas, os quais podem ser substituídos pelos tubulares ou espiralados. O aquecimento até 75 – 85 ºC, por 25 a 45 segundos, seguido de resfriamento e engarrafamento, geralmente, permite destruir os microrganismos eventualmente presentes. Outras combinações de temperatura e tempo também podem proporcionar resultados satisfatórios.

O processo de *flash*-pasteurização prevê o uso de pasteurizadores com três seções. Na primeira seção, a bebida que entra no sistema é aquecida pela bebida já pasteurizada. Essa seção é também conhecida como de "recuperação", pois proporciona economia de energia superior a 80%.

Na segunda seção, o produto atinge a temperatura de pasteurização programada por meio da circulação de água quente ou vapor em contracorrente. Na saída dessa seção, há uma tubulação com comprimento e diâmetro calculados para manter a temperatura de pasteurização por um tempo determinado, suficiente para destruição de leveduras e bactérias. Após o retardo, a bebida passa pela primeira seção onde se esfria parcialmente.

O esfriamento é finalizado na terceira seção com uso de água em contracorrente, resfriada em torre. Se for necessário carbonatar a bebida, entretanto, um resfriamento adicional deverá ser realizado, dessa vez com uso de equipamento frigorífico. É recomendável a filtração da bebida pasteurizada para separação de substâncias insolubilizadas por ação do calor.

Pasteurização seguida de envase a quente

O envase a quente tem a vantagem de não permitir a recontaminação da bebida no momento de sua passagem por encanamentos, enchedoras e embalagens, pois ela própria esteriliza os elementos com os quais mantém contato. Como o resfriamento ocorre espontaneamente na garrafa, o calor necessário para alcançar a estabilidade microbiológica pode ser reduzido substancialmente, cerca de 72-78 ºC. A aplicação de temperaturas suaves por tempos prolongados evita a ocorrência de prejuízos organolépticos importantes. Esse processo de estabilização permite reduzir a dose de dióxido de enxofre e torna desnecessário o uso de outros conservadores.

A pasteurização seguida de envase a quente permite o aquecimento uniforme da bebida, proporciona a criação de vácuo no interior da embalagem que favorece a fixação dos dispositivos de fechamento, além de facilitar a rotulagem pela rápida secagem da embalagem, proporcionada pelo calor. Como desvantagem, não permite carbonatar a bebida e limita ao uso de embalagens resistentes ao calor. É conveniente filtrar a bebida pasteurizada para reter proteínas desnaturadas pelo calor.

Pasteurização depois do envase

Após o envase, as embalagens, já com sua vedação definitiva, são movimentadas lentamente ao longo de túneis de pasteurização, onde é promovida a esterilização do conjunto produto/embalagem. As embalagens devem ser resistentes ao calor, à pressão e apresentar boa condutividade térmica, tal como garrafas e latas. Este processo é largamente utilizado na indústria cervejeira.

O ciclo de pasteurização dura entre 50 e 100 minutos, iniciando por uma fase de aquecimento progressivo, um tempo de permanência na temperatura escolhida e uma fase final em que a temperatura é reduzida progressivamente.

Este método pode ser empregado para estabilizar tanto bebidas tranquilas como as carbonatadas, com garantia de estabilização microbiológica. Permite eliminar o uso de conservadores. A pasteurização em túnel, entretanto, produz um aquecimento desigual do produto, uma vez que o aquecimento ocorre com maior intensidade nas camadas externas e a pressão interna pode deslocar a rolha eventualmente utilizada como meio de fechamento.

Não havendo necessidade de alta produção, os túneis de pasteurização podem ser substituídos por tanques com água aquecida por vapor onde as garrafas são mergulhadas. Após o tempo de aquecimento, as garrafas são retiradas e esfriadas espontaneamente.

28.5.1.2 Filtração esterilizante

A estabilização microbiológica por filtração consiste na retirada da totalidade das células microbianas através de elementos filtrantes de grau absoluto. Esses meios são constituídos por membranas com estrutura contínua formada por variados materiais, ésteres de celulose, policarbonato, polipropileno, *nylon* e fibra de vidro, entre outros. Em virtude da sua fragilidade, as membranas filtrantes são montadas sobre estruturas rígidas com forma de disco, cartucho ou tubo.

Os poros das membranas têm diâmetro definido e uniforme, o que as torna capazes de reter em sua superfície todos os sólidos não deformáveis com dimensão superior. Os cartuchos de uso industrial apresentam padrões de porosidade selecionáveis segundo o objetivo a ser alcançado. Membranas com poros de 1,2 μm permitem separar leveduras e as de 0,45 μm separam inclusive bactérias. Deve-se ter em consideração, entretanto, que há determinadas formas de bactérias de pequeno tamanho, como *Leuconostoc oenos*, e os menores esporos de leveduras que podem não ser retidos por membranas de 0,45 μm (DELFINI, 1995).

Para que a estabilização microbiológica por filtração seja economicamente viável, as bebidas devem ser trabalhadas de modo a eliminar a totalidade dos sólidos em suspensão. Para alcançar tal objetivo pode-se fazer uso da centrifugação, seguida de filtração de desbaste, onde podem ser empregados filtros a vácuo ou de pressão (diatomáceas e/ou perlita), filtração a placas ou discos de celulose e finalizando com cartuchos de materiais sintéticos como o polipropileno. O uso de membranas plissadas, que possuem maiores áreas filtrantes, permite obter maiores rendimentos dos ciclos de filtração.

A eficácia do processo depende de que o elemento filtrante, a linha, o equipamento de envase e as embalagens estejam em condições de assepsia total. Para tanto, tudo o que tem contato com o produto filtrado deve ser sanitizado e mantido estéril durante todo o processo, assim como ocorre com a pasteurização seguida de envase a frio. Essa condição é muito difícil de obter, o que limita seu uso para proporcionar as condições necessárias para reduzir a dose dos conservadores químicos.

Por suas características, a técnica não pode ser aplicada em produtos com polpa em suspensão e é muito difícil de aplicar em bebidas onde não se tenha eliminado os coloides eventualmente presentes.

28.5.1.3 Estabilização por meios químicos

Os processos químicos de estabilização microbiológica implicam adicionar substâncias com capacidade de impedir o crescimento de microrganismos, ou até mesmo de destruí-los. Podem ser utilizados os sais derivados de ácido sórbico e do ácido benzoico, de forma individual ou combinados. O uso conjunto dos conservadores permite obter um efeito sinérgico positivo, permitindo diminuir a dose e reduzir os efeitos organolépticos desfavoráveis. É importante ter presente que os conservadores autorizados pela legislação, com exceção do dióxido de enxofre, não têm ação sobre bactérias.

A dose suficiente para a estabilização microbiológica das bebidas derivadas do vinho depende de vários aspectos. Quanto mais baixa a população microbiana presente maior é a garantia de sucesso e, por outro lado, altas contagens praticamente inviabilizam a estabilização. A acidez do produto desenvolve papel fundamental, pois interfere na dissociação da molécula dos conservadores, aumentando sua eficácia à medida em que se reduz o pH. O uso concomitante do dióxido de enxofre potencializa o efeito conservador e evita a degradação do ácido sórbico por bactérias. O teor alcoólico, por sua vez, também desempenha importante papel, pois, à medida que aumenta sua concentração, a dose dos conservadores químicos pode ser diminuída. A carbonatação também favorece a estabilidade microbiológica e permite trabalhar com menores concentrações de aditivos conservadores.

A manutenção de teores de dióxido de enxofre livre ao redor de 35 mg/L favorece a conservação microbiológica e a preservação do frescor do produto. Para que o dióxido de enxofre seja eficaz, o nível de acidez deverá ser suficiente para conduzir o pH para valores ao redor de 3,0-3,2. O dióxido de enxofre por si só não garante a conservação das bebidas, pois nas doses usuais têm ação restrita sobre as bactérias.

A literatura cita que doses de 0,2-0,3 g/L de sorbato de potássio permitem a conservação da sangria não pasteurizada apenas por alguns meses. A experiência indica que as mesmas doses, de acordo com as várias condições interferentes, podem ser suficientes para conservar as bebidas carbonatadas derivadas de vinho. Os *coolers* sem gás, pasteurizados e engarrafados a frio, podem manter-se microbiologicamente estáveis com doses de aproximadamente 0,5 g/L de sorbato de potássio. A definição do conservador e da respectiva dose está na dependência de vários fatores, razão pela qual é conveniente a realização de testes nas condições específicas da aplicação considerada.

28.6 GUARDA E CONSERVAÇÃO

As alterações mais comuns a que estão sujeitos a sangria, o *wine cooler* e os coquetéis à base de vinho, referem-se a perdas ou mudanças de cor ocasionadas por oxidação, precipitações por variadas causas e alterações de origem microbiológica. O uso de ácido ascórbico, a clarificação, a filtração, o uso de dióxido de enxofre, além de outros tratamentos, podem ser alternativas das quais se pode fazer uso para promover a estabilização física, química e microbiológica.

Embora não seja necessário armazenar as bebidas derivadas de vinho sob refrigeração para sua conservação, é importante saber que temperaturas mais amenas permitem que as características sensoriais se prolonguem por mais tempo e favoreçam a manutenção de sua estabilidade. Tanto mais elevada é a temperatura de guarda, mais rápida é a degradação do produto. Logo, a armazenagem em temperaturas ao redor de 15 °C permite prolongar a vida das bebidas derivadas de vinho.

BIBLIOGRAFIA

BRASIL. Ministério da Agricultura. Decreto n. 8198, de 20 de fevereiro de 2014. Regulamenta a Lei n. 7.678, de 08 de novembro de 1988, que dispõe sobre a produção, circulação e comercialização do vinho e dos derivados do vinho e da uva. **Diário Oficial da União**, Brasília, DF, 21 fev. 2014, p. 1-6. Edição Extra 1.

BRASIL. Ministério da Agricultura. Instrução Normativa n. 2, de 28 de janeiro de 2005. Aprova o regulamento técnico para a fixação dos padrões de identidade e qualidade para coquetel de vinho ou bebida alcoólica mista de vinho. **Diário Oficial da União**, Brasília, DF, p. 11, 28 jan. 2005a. Seção 1.

BRASIL. Ministério da Agricultura. Instrução Normativa n. 05, de 06 de maio de 2005. Aprova os padrões de identidade e qualidade para sangria. **Diário Oficial da União**, Brasília, DF, p. 5, 9 maio 2005b. Seção 1.

BRASIL. Ministério da Agricultura. Instrução Normativa n. 51, de 07 de outubro de 2008. Altera os itens 4 e 10, do Anexo, da Instrução Normativa n. 2, de 27 de janeiro de 2005. **Diário Oficial da União**, Brasília, DF, 8 out. 2008. Seção 1.

BRASIL. Ministério da Agricultura. Portaria n. 91, de 19 de julho de 1988. Aprova os padrões de identidade e qualidade do cooler com vinho. **Diário Oficial da União**, Brasília, DF, p. 13993, 26 set. 1988. Seção 1, p. 13993.

BRASIL. Ministério do Desenvolvimento, Indústria e Comércio Exterior. Instituto Nacional de Metrologia, Normalização e Qualidade Industrial – Inmetro. **Relatório sobre análise em sangrias e coquetéis de vinho**. Disponível em: <http://www.inmetro.gov.br/consumidor/produtos/sangrias.pdf>. Acesso em: 27 mar. 2014.

BRASIL. Resolução RDC n. 05, de 04 de fevereiro de 2013. Agência Nacional de Vigilância Sanitária. Aprova o uso de aditivos alimentares com suas respectivas funções e limites máximos para bebidas alcoólicas (exceto as fermentadas). **Diário Oficial da União** n. 26, Brasília, DF, 06 fev. 2013. Seção 1, p. 74.

DELFINI, C. **Scienza e tecnica di microbiologia enológica**. Asti: Il Lievito, 1995. 631p.

EMPRESA BRASILEIRA DE PESQUISA AGROPECUÁRIA. EMPRAPA UVA E VINHO. Comercialização de vinhos e derivados no Rio Grande do Sul, em litros. Disponível em: <http://www.vitibrasil.cnpuv.embrapa.br>. Acesso em: 14 set. 2015.

FLANZY, C. **Enologia**: fundamentos científicos y tecnológicos. 2. ed. Madrid: Mundi-Prensa, 2003. 797p.

INSTITUT TECHNIQUE DE LA VIGNE ET DU VIN. **Les boissons nouvelles faiblement alcoolisées à base de raisin**. Paris: Compte-rendu dês Journées Techniques, 1987. 144p. (Collections vignes et vins).

PUJOL, J. N. **Enotecnica industrial**. Lerida: Dilagro, 1974. 763p.

VICENTE, A. M. **Tecnologia del vino y bebidas derivadas**. Madrid: Mundi-Prensa, 1991. 296p.